U0239012

内容简介

　　本手册内容包括临床诊断检查技术、临床治疗技术和方法、各种动物（包括家畜、家禽、宠物、经济动物、野生动物、观赏动物等）常见和多发疾病（包括内科病、外科病、产科病、新生仔畜病、营养代谢病、中毒病、传染病、寄生虫病）、兽用药品的临床应用。在临床诊断技术中较为详尽地介绍了 X 线诊断、B 型超声诊断、心电图检查、内窥镜检查等的临床应用；在临床治疗技术和方法中较为详尽地介绍了临床常用的液体疗法和休克的急救；在各种动物疾病中重点介绍了常见和多发疾病的诊断要点和防治技术；在兽用药品的临床应用中介绍了最新的兽用药品，去除了近年来国家已禁止使用的药品。本手册突出了专业性、实用性、科学性和新颖性；具有内容丰富、文字简明、图文并茂、通俗易懂等特点，是门诊兽医工作者的得力助手。

门诊兽医手册

第二版

李宏全　主编

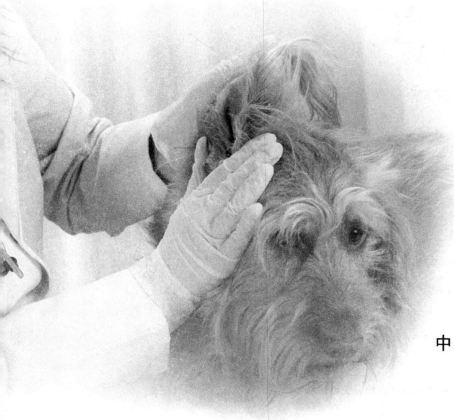

中国农业出版社

图书在版编目（CIP）数据

门诊兽医手册 / 李宏全主编 . —2 版 . —北京：
中国农业出版社，2016.4（2020.12 重印）
ISBN 978 - 7 - 109 - 21571 - 9

Ⅰ.①门…　Ⅱ.①李…　Ⅲ.①兽医学-手册　Ⅳ.
①S85 - 62

中国版本图书馆 CIP 数据核字（2016）第 072557 号

中国农业出版社出版
（北京市朝阳区麦子店街 18 号楼）
（邮政编码 100125）
责任编辑　刘　玮　黄向阳

北京中兴印刷有限公司印刷　　新华书店北京发行所发行
2016 年 4 月第 2 版　　2020 年 12 月北京第 2 次印刷

开本：787mm×1092mm　1/16　印张：33.5
字数：785 千字
定价：96.00 元
（凡本版图书出现印刷、装订错误，请向出版社发行部调换）

本书编者名单

主　　编　李宏全

副主编　马海利

参　　编　庞全海　高文伟　高　海　王金明

　　　　　孙耀贵　牛瑞燕　吴国清　尹　伟

第二版前言

本书自 2004 年第一次出版以来，受到了广大兽医临床工作者的青睐。十余年过去了，随着经济社会的发展和人们生活水平的提高，我国养殖动物的种类、规模、饲养方式发生了很大改变，城市饲养宠物种类和数量急剧上升，野生动物保护和动物福利受到高度重视，对动物性食品质量要求不断提高，兽医临床门诊工作因社会的需求而充满生机。在新的形势下，由于动物疾病的病因日趋复杂、新病不断增多、疾病流行范围扩大、兽医临床服务对象和范围的变化等，对兽医服务水平和质量需求日益增高，使得门诊兽医必须利用先进技术和方法对动物疾病进行诊断和治疗。因此，需要对第一版《门诊兽医手册》进行修订，以满足动物医院门诊兽医的需要。

本手册编著者长期从事兽医临床门诊工作，有着丰富的专业知识和临床实践经验。本手册内容取材丰富，资料新颖，既重实践又有理论，诊疗措施先进实用，力求体现最新兽医科技发展水平。全书内容包括临床诊断技术、临床治疗技术和方法、内科病、营养代谢病和中毒病、外科病、产科病和新生仔畜病、传染病、寄生虫病、兽用药品的临床应用。在临床诊断技术中较为详尽地介绍了 X 线诊断、B 型超声诊断、心电图检查和内窥镜检查技术，并附有部分常见病的 X 线诊断照片。在临床治疗技术和方法中对组织缝合、部分外科手术等采用了图示加文字说明的方式，并较为详尽地介绍了临床常用的液体疗法和休克的急救；还介绍了安乐死的概念、方法和判定标准。在动物疾病中以常见和多发病的临床诊断、预防和治疗为主，涉及家畜、家禽、宠物、经济动物、野生动物、观赏动物等多种动物。在兽用药品的临床应用中介绍了最新的兽用药品，去除了国内外最新禁止使用的药品。

本手册在修订过程中参考了国内外多位作者的资料和著作，在此表示衷心的感谢！由于编著者的业务水平有限，书中缺点和错误在所难免，诚恳希望广大读者和同行批评指正。

编 者

2015.6.20

第一版前言

改革开放以来，我国养殖动物的种类和规模不断扩大，城市饲养宠物的人群急剧上升，野生动物的保护受到空前重视，对兽医技术服务的需求日益增加。在新的形势下，兽医临床服务的对象和范围发生了较大的变化，动物疾病的发生和流行也出现了许多新的特点，病因日趋复杂，新病不断增多，动物保健和疾病的诊疗技术水平亟待提高。因此，提高动物医院门诊兽医利用先进技术手段进行动物疾病诊疗的技术水平是当务之急。

本手册编著者长期从事动物医院门诊工作，有着较丰富的专业知识和临床实践经验。手册内容取材丰富，资料新颖，既重实践又有理论，诊疗措施先进实用，力求体现最新兽医科技发展水平。全书共分九章，包括临床诊断技术、临床治疗技术和方法、内科病、营养代谢病和中毒病、外科病、产科病和新生仔畜病、传染病、寄生虫病、兽用药品的临床应用。以常见和多发病的临床诊断、预防和治疗为主，涉及家畜、家禽、宠物、经济动物、野生动物、观赏动物等多种动物。在临床诊断技术中较为详尽地介绍了 X 线诊断、B 型超声诊断、心电图诊断和内窥镜检查技术，并附有部分常见病的 X 线诊断照片。对组织缝合、部分外科手术等门诊常用治疗技术采用了图示加文字说明的方式，直观、实用。较为详尽地介绍了临床常用的液体疗法和休克的急救。兽用药品的临床应用中去除了国内外最新禁止使用的药品。此外，还介绍了安乐死的概念、方法和判定标准。

本手册参考了国内外多位作者的资料和著作，在此表示衷心的感谢！由于编著者的业务水平有限，书中缺点错误在所难免，诚恳希望广大读者和同行批评指正。

编　者

目 录

第二版前言

第一版前言

第一章　临床诊断检查技术 ················· 1

　第一节　临床检查基本方法 ············· 1
　　一、病史调查（问诊） ··········· 1
　　二、视诊 ····················· 1
　　三、触诊 ····················· 1
　　四、叩诊 ····················· 2
　　五、听诊 ····················· 2
　　六、嗅诊 ····················· 2
　第二节　整体及一般检查 ············· 3
　　一、整体状态检查 ··········· 3
　　二、被毛及皮肤检查 ········· 3
　　三、可视黏膜检查 ··········· 5
　　四、体表淋巴结检查 ········· 5
　　五、体温测定 ··············· 6
　　六、脉搏数检查 ············· 6
　　七、呼吸数检查 ············· 6
　第三节　系统检查 ··················· 8
　　一、循环系统检查 ··········· 8
　　二、呼吸系统检查 ·········· 11
　　三、消化系统检查 ·········· 14
　　四、泌尿生殖系统检查 ······ 17
　　五、神经系统检查 ·········· 20
　　六、运动系统检查 ·········· 21
　第四节　特殊检查方法 ············· 21
　　一、X线检查 ··············· 21
　　二、B型超声诊断法 ········· 31

　　三、心电图检查 ············· 37
　　四、内窥镜检查法 ··········· 40
　　五、直肠检查 ··············· 41
　　六、穿刺检查 ··············· 41
　第五节　化验室检查项目及临床意义 ···· 42
　　一、血液检查 ··············· 42
　　二、尿液检查 ··············· 46
　　三、粪便检查 ··············· 50
　　四、胃液检查 ··············· 54
　　五、渗出液和漏出液检查 ····· 55
　　六、脑脊髓液检验 ··········· 56
　　七、病理组织学、病原学和免疫
　　　　学检查 ················· 57
　第六节　病历登记 ··················· 57
　　一、门诊病历 ··············· 57
　　二、住院病历 ··············· 58

第二章　临床治疗技术和方法 ··········· 60

　第一节　临床治疗技术 ············· 60
　　一、经鼻给药法 ············· 60
　　二、经口给药法 ············· 60
　　三、直肠给药 ··············· 61
　　四、注射法 ················· 61
　　五、穿刺法 ················· 63
　　六、洗胃法 ················· 65
　　七、灌肠法 ················· 66
　　八、导尿法 ················· 66
　　九、冲洗、涂擦及涂布法 ····· 66
　　十、麻醉技术 ··············· 67
　　十一、手术止血技术 ········· 69

十二、组织缝合技术 …………… 70
十三、外科打结技术 …………… 72
第二节 临床治疗方法 …………… 73
一、物理疗法 …………………… 73
二、激素疗法 …………………… 78
三、输血疗法 …………………… 79
四、给氧疗法 …………………… 80
五、封闭疗法 …………………… 80
六、血液疗法 …………………… 81
七、蛋白疗法 …………………… 82
八、药物气雾疗法 ……………… 82
第三节 液体疗法 ………………… 82
一、水、电解质代谢紊乱 ……… 82
二、酸碱平衡失调 ……………… 86
三、液体疗法的临床应用 ……… 89
第四节 休克的急救 ……………… 92
一、休克概述 …………………… 92
二、失血性休克 ………………… 98
三、创伤性休克 ………………… 98
四、感染性休克 ………………… 99
第五节 常用外科手术 ………… 100
一、牛脑包虫摘除术 ………… 100
二、马副鼻窦圆锯术 ………… 101
三、马浑睛虫穿刺术 ………… 102
四、犬耳成形术 ……………… 103
五、犬耳矫形术 ……………… 104
六、犬外耳道外侧壁切除术 … 105
七、犬颌下腺及舌下腺摘除术 … 106
八、喉室声带切除术（消声术） 106
九、眼睑内翻成形术 ………… 107
十、眼睑外翻成形术 ………… 108
十一、犬、猫拔牙术 ………… 108
十二、食道切开术 …………… 109
十三、大动物腹胁部切开术 … 110
十四、肠管吻合术 …………… 111
十五、犬小肠套叠整复术 …… 112
十六、瘤胃切开术 …………… 112
十七、犬肾脏切除术 ………… 113
十八、犬肾脏切开术 ………… 113

十九、输尿管吻合术 ………… 114
二十、犬、猫膀胱切开术 …… 115
二十一、犬、猫膀胱破裂修补术 … 116
二十二、公犬尿道切开术 …… 117
二十三、公猫尿道切开术 …… 117
二十四、大动物尿道切开术 … 118
二十五、大动物尿道造口术 … 119
二十六、犬、猫尿道造口术 … 120
二十七、阴茎截除术 ………… 120
二十八、公马去势术 ………… 121
二十九、公牛、公羊去势术 … 123
三十、公猪去势术 …………… 124
三十一、公犬去势术 ………… 124
三十二、公猫去势术 ………… 125
三十三、隐睾去势术 ………… 125
三十四、猪卵巢摘除术 ……… 128
三十五、犬、猫卵巢子宫切除术 … 130
三十六、犬前列腺摘除术 …… 131
三十七、犬、猫剖腹产术 …… 132
三十八、牛剖腹产术 ………… 132
三十九、腱断裂碳纤维植入术 … 133
四十、猫断爪术 ……………… 134
第六节 安乐死 ………………… 134
一、安乐死的概念 …………… 134
二、安乐死的适应证 ………… 134
三、安乐致死的方法 ………… 134
四、死亡的标准 ……………… 135

第三章 内科病 ………………… 136

第一节 消化器官疾病 ………… 136
一、口炎 ……………………… 136
二、咽炎 ……………………… 136
三、腮腺炎 …………………… 137
四、食道梗塞 ………………… 137
五、前胃弛缓 ………………… 138
六、瘤胃积食 ………………… 139
七、瘤胃臌胀 ………………… 140
八、瘤胃酸中毒 ……………… 140
九、牛创伤性网胃心包炎 …… 141

十、牛皱胃变位 ……………… 141
十一、胃扩张 ………………… 143
十二、犬、猫胃内异物 ……… 143
十三、犬、猫胃肠炎 ………… 144
十四、大动物胃肠炎 ………… 144
十五、犬出血性胃肠炎综合征 … 144
十六、肠阻塞 ………………… 145
十七、肠痉挛 ………………… 146
十八、肠臌气 ………………… 146
十九、犬、猫肠套叠 ………… 147
二十、急性盲、结肠炎 ……… 147
二十一、幼畜消化不良 ……… 147
二十二、犬肛门腺囊肿 ……… 148
二十三、腹膜炎 ……………… 149
二十四、急性实质性肝炎 …… 149
二十五、肝营养不良 ………… 150
二十六、慢性肝炎 …………… 150
二十七、急性胰腺炎 ………… 151
二十八、慢性胰腺炎 ………… 151
二十九、腹水 ………………… 152
第二节　呼吸器官疾病 ……… 152
一、鼻出血 …………………… 152
二、鼻炎 ……………………… 153
三、感冒 ……………………… 153
四、副鼻窦蓄脓 ……………… 154
五、喉炎 ……………………… 154
六、支气管炎 ………………… 155
七、肺充血和肺水肿 ………… 156
八、肺泡气肿 ………………… 156
九、支气管肺炎（小叶性肺炎
　　或卡他性肺炎） ………… 157
十、纤维素性肺炎（大叶性
　　肺炎） …………………… 157
十一、肺坏疽 ………………… 158
十二、霉菌性肺炎 …………… 159
十三、猫呼吸道综合征 ……… 160
十四、猫支气管哮喘（过敏性
　　支气管炎） ……………… 160
十五、胸膜炎 ………………… 161

十六、胸腔积水 ……………… 161
第三节　泌尿生殖器官疾病 … 162
一、肾小球肾炎 ……………… 162
二、慢性间质性肾炎 ………… 162
三、肾盂肾炎 ………………… 163
四、肾病 ……………………… 163
五、肾功能衰竭 ……………… 164
六、膀胱炎 …………………… 165
七、膀胱麻痹 ………………… 165
八、尿道炎 …………………… 166
九、尿石症 …………………… 166
十、尿毒症 …………………… 167
十一、犬、猫前列腺炎 ……… 168
十二、犬、猫前列腺囊肿 …… 168
第四节　神经系统疾病 ……… 169
一、脑及脑膜充血 …………… 169
二、脑膜脑炎 ………………… 170
三、脑震荡及脑挫伤 ………… 170
四、脑水肿 …………………… 171
五、脊髓炎及脊髓膜炎 ……… 172
六、犬、猫癫痫 ……………… 172
七、犬、猫肝性脑病 ………… 173
第五节　循环器官疾病 ……… 173
一、心力衰竭 ………………… 173
二、心肌炎 …………………… 174
三、急性心内膜炎 …………… 175
四、慢性心内膜炎 …………… 175
第六节　血液及造血器官疾病 … 176
一、贫血 ……………………… 176
二、仔猪营养性贫血 ………… 177
三、血斑病 …………………… 177
四、血小板减少性紫癜 ……… 178
五、犬、猫血友病 …………… 178
第七节　内分泌系统疾病 …… 179
一、犬、猫尿崩症 …………… 179
二、甲状腺机能亢进 ………… 179
三、甲状腺机能减退 ………… 180
四、甲状旁腺机能亢进 ……… 180
五、甲状旁腺机能减退 ……… 181

六、肾上腺皮质机能减退 ……… 181
七、肾上腺皮质机能亢进 ……… 182
八、胰岛素分泌过多症 ………… 182
九、犬、猫糖尿病（胰岛素
　　分泌减少） ………………… 183

第四章　营养代谢病和中毒病 ……… 184

第一节　糖、脂肪及蛋白质代谢
　　　　障碍疾病 ………………… 184
　一、牛酮病 …………………… 184
　二、低血糖症 ………………… 185
　三、马麻痹性肌红蛋白尿症 … 185
　四、黄脂症 …………………… 186
　五、肥胖母牛综合征
　　　（牛脂肪肝病） …………… 186
　六、犬、猫肥胖综合征 ……… 187
　七、猫脂肪肝综合征 ………… 188
　八、犬、猫糖尿病 …………… 188
　九、家禽痛风 ………………… 189
　十、禽脂肪肝综合征 ………… 189
　十一、羊妊娠毒血症 ………… 190
　十二、肉鸡腹水症 …………… 190
　十三、家禽猝死综合征 ……… 191
　十四、异食癖 ………………… 191

第二节　矿物质代谢障碍性疾病 … 193
　一、佝偻病 …………………… 193
　二、纤维性骨营养不良 ……… 194
　三、骨软症 …………………… 194
　四、母牛血红蛋白尿 ………… 195
　五、躺卧母牛综合征 ………… 196
　六、生产瘫痪 ………………… 196
　七、笼养蛋鸡疲劳综合征 …… 197
　八、青草搐搦 ………………… 198

第三节　微量元素缺乏性疾病 …… 199
　一、铜缺乏症 ………………… 199
　二、锌缺乏症 ………………… 199
　三、锰缺乏症 ………………… 200
　四、硒缺乏症 ………………… 200
　五、钴缺乏症 ………………… 202

六、碘缺乏症 …………………… 202
七、铁缺乏症 …………………… 203

第四节　维生素缺乏症 …………… 203
　一、维生素 A 缺乏症 ………… 203
　二、维生素 E 缺乏症 ………… 204
　三、维生素 B_1 缺乏症 ……… 205
　四、维生素 B_2 缺乏症 ……… 205
　五、泛酸（维生素 B_3）缺乏症 … 206
　六、胆碱（维生素 B_4）缺乏症 … 206
　七、烟酸（维生素 B_5）缺乏症 … 207
　八、维生素 B_6 缺乏症 ……… 207
　九、生物素（维生素 H）缺乏症 … 208
　十、叶酸（维生素 M）缺乏症 … 208
　十一、维生素 B_{12} 缺乏症 …… 208
　十二、维生素 C 缺乏症 ……… 209
　十三、维生素 D 缺乏症 ……… 209

第五节　中毒性疾病 ……………… 210
　一、硝酸盐和亚硝酸盐中毒 … 210
　二、生氰糖苷类饲料中毒
　　　（氢氰酸中毒） …………… 211
　三、棉叶及棉子饼中毒 ……… 211
　四、菜子饼中毒 ……………… 212
　五、酒糟中毒 ………………… 212
　六、马铃薯中毒 ……………… 213
　七、黑斑病甘薯中毒 ………… 213
　八、食盐中毒 ………………… 214
　九、光敏性饲料中毒 ………… 214
　十、蓖麻子中毒 ……………… 215
　十一、禽劣质鱼粉中毒 ……… 215
　十二、水中毒 ………………… 215
　十三、黄曲霉毒素中毒 ……… 216
　十四、磺胺类药物中毒 ……… 216
　十五、呋喃类药物中毒 ……… 217
　十六、喹乙醇中毒 …………… 218
　十七、牛蕨中毒 ……………… 218
　十八、牛栎树叶中毒 ………… 219
　十九、羊黄花菜根中毒 ……… 219
　二十、有毒紫云英中毒 ……… 220
　二十一、蛇毒中毒 …………… 220

二十二、铅中毒 …………… 221
二十三、砷中毒 …………… 221
二十四、铜中毒 …………… 222
二十五、硒中毒 …………… 223
二十六、钼中毒 …………… 224
二十七、有机磷农药中毒 …… 224
二十八、氟乙酰胺中毒 …… 225
二十九、敌鼠钠中毒 ……… 226
三十、磷化锌中毒 ………… 227
三十一、呋喃丹中毒 ……… 227
三十二、玉米赤霉烯酮中毒 … 228

第五章　外科病 ……………… 229

第一节　损伤性疾病 ……… 229
一、创伤 …………………… 229
二、挫伤 …………………… 230
三、血肿 …………………… 230
四、淋巴外渗 ……………… 231
五、烧伤 …………………… 231
六、窦道 …………………… 232
七、瘘 ……………………… 233

第二节　外科感染 ………… 233
一、脓肿 …………………… 233
二、蜂窝织炎 ……………… 234
三、败血症 ………………… 235
四、厌氧性感染 …………… 235

第三节　风湿病 …………… 236
一、诊断要点 ……………… 236
二、治疗 …………………… 237
三、预防 …………………… 239

第四节　皮肤疾病及常见肿瘤 … 239
一、湿疹 …………………… 239
二、脓皮病 ………………… 239
三、激素性皮肤病 ………… 240
四、寄生虫性皮肤病 ……… 240
五、犬、猫过敏性皮炎 …… 241
六、黑色棘皮症 …………… 242
七、瘙痒症 ………………… 242
八、犬、猫真菌性皮肤病 …… 243

九、观赏鸟皮肤病 ………… 243
十、常见肿瘤 ……………… 244

第五节　眼病 ……………… 245
一、眼睑内翻 ……………… 245
二、眼睑外翻 ……………… 245
三、结膜炎 ………………… 246
四、角膜炎 ………………… 246
五、白内障 ………………… 247
六、青光眼 ………………… 248
七、马浑睛虫病 …………… 249
八、瞬膜腺突出 …………… 249

第六节　头颈部疾病 ……… 250
一、鼻旁窦蓄脓 …………… 250
二、下颌骨骨折 …………… 250
三、牙齿磨灭不整 ………… 251
四、齿周炎 ………………… 251
五、齿槽骨膜炎 …………… 252
六、耳血肿 ………………… 252
七、中耳炎 ………………… 253
八、舌下囊肿 ……………… 253
九、咽后脓肿 ……………… 253
十、扁桃体炎 ……………… 254
十一、腮腺炎 ……………… 254
十二、颈静脉炎 …………… 255

第七节　胸腹壁疾病 ……… 255
一、胸壁透创 ……………… 255
二、脓胸 …………………… 256
三、肋骨骨折 ……………… 257
四、腹壁透创 ……………… 257
五、腹壁疝 ………………… 258
六、脐疝 …………………… 259
七、腹股沟阴囊疝 ………… 260

第八节　直肠及肛门疾病 …… 261
一、肛门和直肠垂脱 ……… 261
二、直肠麻痹 ……………… 262
三、锁肛 …………………… 263
四、犬肛周瘘 ……………… 263

第九节　泌尿生殖器官疾病 … 263
一、膀胱破裂 ……………… 263

二、膀胱结石 …………………… 264
三、尿道结石 …………………… 264
四、包皮龟头炎 ………………… 265
五、犬阴茎骨骨折 ……………… 265
六、睾丸炎 ……………………… 266
七、鞘膜积水 …………………… 266
八、精索瘘 ……………………… 266
第十节 骨的疾病 ………………… 267
一、骨膜炎 ……………………… 267
二、骨折 ………………………… 267
三、骨髓炎 ……………………… 270
第十一节 关节疾病 ……………… 270
一、关节透创 …………………… 270
二、关节扭伤 …………………… 271
三、关节脱位 …………………… 271
四、浆液性关节炎 ……………… 272
五、化脓性关节炎 ……………… 272
六、髋部发育异常 ……………… 273
七、犬累-卡-佩氏病 …………… 273
第十二节 腱、腱鞘及黏液囊
　　　　　疾病 ………………… 273
一、腱炎 ………………………… 273
二、腱断裂 ……………………… 274
三、屈腱挛缩 …………………… 275
四、腱鞘炎 ……………………… 275
五、黏液囊炎 …………………… 276
第十三节 外周神经疾病 ………… 277
一、外周神经损伤 ……………… 277
二、神经炎 ……………………… 278
三、四肢外周神经麻痹 ………… 278
四、面神经麻痹 ………………… 279
第十四节 蹄部疾病 ……………… 280
一、蹄钉伤 ……………………… 280
二、蹄底、蹄叉刺创 …………… 280
三、蹄叉腐烂 …………………… 280
四、白线裂 ……………………… 281
五、蹄叶炎 ……………………… 281
六、指（趾）间皮炎 …………… 282
七、指（趾）间蜂窝织炎 ……… 282

第六章 产科病及新生仔畜病 ………… 283
第一节 妊娠期疾病 ……………… 283
一、流产 ………………………… 283
二、妊娠动物水肿 ……………… 284
三、子宫出血 …………………… 284
四、胎水过多 …………………… 284
五、阴道脱出 …………………… 285
六、假孕 ………………………… 286
七、马属动物妊娠毒血症 ……… 286
八、孕畜截瘫 …………………… 287
第二节 分娩期疾病 ……………… 288
一、阵缩及努责微弱 …………… 288
二、阵缩及努责过强 …………… 288
三、阴门及阴道狭窄 …………… 288
四、子宫颈狭窄 ………………… 289
五、子宫扭转 …………………… 289
六、胎儿性难产 ………………… 289
七、子宫破裂 …………………… 294
第三节 产后期疾病 ……………… 294
一、胎衣不下 …………………… 294
二、子宫内翻及脱出 …………… 296
三、产后截瘫 …………………… 297
四、产后败血症 ………………… 297
五、阴道及阴门损伤 …………… 297
六、阴道炎 ……………………… 298
七、犬、猫产后子痫 …………… 298
第四节 非传染性疾病所致
　　　　　不孕症 ……………… 299
一、子宫颈炎 …………………… 299
二、子宫弛缓 …………………… 299
三、子宫内膜炎 ………………… 299
四、子宫积液及子宫积脓 ……… 301
五、输卵管炎 …………………… 301
六、卵巢机能减退及萎缩 ……… 301
七、卵巢炎 ……………………… 302
八、卵巢囊肿 …………………… 303
九、持久黄体 …………………… 303
第五节 乳房疾病 ………………… 304

一、乳头管狭窄及闭锁 …………… 304
二、乳池狭窄及闭锁 ……………… 304
三、无乳及泌乳不足 ……………… 304
四、乳房浮肿 ……………………… 305
五、牛乳房炎 ……………………… 305
第六节　新生仔畜疾病 …………… 307
一、窒息 …………………………… 307
二、脐炎 …………………………… 307
三、胎粪停滞 ……………………… 307
四、幼仔膀胱破裂 ………………… 308
五、新生仔畜溶血病 ……………… 308

第七章　动物传染病 ……………… 309
第一节　牛传染病 ………………… 309
一、牛口蹄疫 ……………………… 309
二、牛流行热 ……………………… 309
三、牛恶性卡他热 ………………… 310
四、牛病毒性腹泻/黏膜病 ……… 310
五、牛传染性鼻气管炎 …………… 311
六、牛白血病 ……………………… 311
七、牛传染性角膜结膜炎 ………… 312
八、牛海绵状脑病 ………………… 312
九、牛炭疽 ………………………… 313
十、牛气肿疽 ……………………… 313
十一、牛巴氏杆菌病 ……………… 314
十二、犊牛大肠杆菌病 …………… 314
十三、牛沙门菌病 ………………… 315
十四、牛布鲁菌病 ………………… 315
十五、牛支原体肺炎 ……………… 316
十六、牛结核病 …………………… 316
十七、牛坏死杆菌病 ……………… 317
十八、牛冬痢 ……………………… 317
十九、牛弯杆菌性流产 …………… 318
二十、牛副结核病 ………………… 318
二十一、牛放线菌病 ……………… 319
二十二、钱癣 ……………………… 319
第二节　马传染病 ………………… 320
一、马传染性贫血 ………………… 320
二、马流行性感冒 ………………… 320

三、马日本乙型脑炎 ……………… 321
四、马传染性支气管炎 …………… 321
五、马腺疫 ………………………… 322
六、马破伤风 ……………………… 322
七、马鼻疽 ………………………… 323
八、马副伤寒 ……………………… 323
九、马流行性淋巴管炎 …………… 324
十、马传染性胸膜肺炎 …………… 324
第三节　羊传染病 ………………… 325
一、羊口蹄疫 ……………………… 325
二、小反刍兽疫 …………………… 325
三、羊痘 …………………………… 326
四、羊传染性脓疱病 ……………… 326
五、羊蓝舌病 ……………………… 327
六、绵羊溃疡性皮炎 ……………… 327
七、羔羊大肠杆菌病 ……………… 328
八、羊沙门菌病 …………………… 328
九、绵羊巴氏杆菌病 ……………… 329
十、羊布鲁菌病 …………………… 329
十一、羊支原体性肺炎 …………… 330
十二、羊肠毒血症 ………………… 330
十三、羊快疫 ……………………… 331
十四、羊猝疽 ……………………… 331
十五、羔羊痢疾 …………………… 332
十六、羊黑疫 ……………………… 332
十七、羊链球菌病 ………………… 333
十八、羊弯杆菌病 ………………… 333
十九、羊衣原体病 ………………… 334
二十、羊坏死杆菌病 ……………… 334
二十一、羊炭疽 …………………… 335
第四节　猪传染病 ………………… 335
一、猪瘟 …………………………… 335
二、猪口蹄疫 ……………………… 336
三、猪水疱病 ……………………… 337
四、猪繁殖与呼吸综合征 ………… 337
五、猪伪狂犬病 …………………… 337
六、猪传染性胃肠炎 ……………… 338
七、猪流行性腹泻 ………………… 339
八、猪轮状病毒感染 ……………… 339

九、猪细小病毒病 …………… 339
十、猪圆环病毒病 …………… 340
十一、猪流行性感冒 …………… 340
十二、猪日本乙型脑炎 …………… 341
十三、猪大肠杆菌病 …………… 342
十四、仔猪副伤寒 …………… 343
十五、猪气喘病 …………… 343
十六、猪肺疫 …………… 344
十七、猪丹毒 …………… 344
十八、仔猪梭菌性肠炎 …………… 345
十九、猪痢疾 …………… 345
二十、猪传染性萎缩性鼻炎 …………… 346
二十一、猪传染性胸膜肺炎 …………… 347
二十二、猪链球菌病 …………… 347
二十三、副猪嗜血杆菌病 …………… 348
二十四、猪附红细胞体病
　　　　（猪嗜血支原体病）…………… 348
二十五、猪增生性肠炎 …………… 349
二十六、猪钩端螺旋体病 …………… 350
二十七、猪坏死杆菌病 …………… 350
二十八、猪李氏杆菌病 …………… 351

第五节　禽传染病 …………… 351
一、鸡新城疫 …………… 351
二、禽流感 …………… 352
三、鸡传染性法氏囊病 …………… 353
四、鸡马立克病 …………… 353
五、禽痘 …………… 354
六、鸡传染性支气管炎 …………… 355
七、鸡传染性喉气管炎 …………… 356
八、鸡减蛋综合征 …………… 356
九、禽白血病 …………… 357
十、禽脑脊髓炎 …………… 357
十一、鸡传染性贫血 …………… 358
十二、病毒性关节炎 …………… 358
十三、网状内皮组织增生症 …………… 358
十四、鸡包涵体肝炎 …………… 359
十五、小鹅瘟 …………… 359
十六、鸭瘟 …………… 360
十七、鸭病毒性肝炎 …………… 360

十八、雏番鸭细小病毒病 …………… 361
十九、鹌鹑支气管炎 …………… 361
二十、禽霍乱 …………… 362
二十一、鸡白痢 …………… 362
二十二、禽伤寒 …………… 363
二十三、禽副伤寒 …………… 364
二十四、鸡大肠杆菌病 …………… 364
二十五、鸡毒支原体病 …………… 365
二十六、鸡传染性鼻炎 …………… 366
二十七、鸡葡萄球菌病 …………… 366
二十八、鸡绿脓杆菌病 …………… 367
二十九、鸡弧菌性肝炎 …………… 368
三十、鸡坏死性肠炎 …………… 368
三十一、鹌鹑溃疡性肠炎 …………… 369
三十二、禽衣原体病 …………… 369
三十三、鸭传染性浆膜炎 …………… 370
三十四、鸡曲霉菌病 …………… 370
三十五、念珠球菌病 …………… 371
三十六、禽结核病 …………… 371

第六节　兔传染病 …………… 371
一、兔病毒性出血症 …………… 371
二、传染性水疱性口炎 …………… 372
三、兔痘 …………… 373
四、兔轮状病毒病 …………… 373
五、兔黏液瘤病 …………… 374
六、兔纤维瘤病 …………… 374
七、兔乳头状瘤病 …………… 375
八、兔巴氏杆菌病 …………… 375
九、兔沙门菌病 …………… 376
十、兔大肠杆菌病 …………… 377
十一、兔魏氏梭菌病 …………… 377
十二、兔泰泽氏病 …………… 378
十三、兔葡萄球菌病 …………… 378
十四、兔链球菌病 …………… 379
十五、兔肺炎球菌病 …………… 379
十六、兔棒状杆菌病 …………… 380
十七、兔绿脓杆菌病 …………… 380
十八、兔坏死杆菌病 …………… 381
十九、野兔热 …………… 381

二十、兔李氏杆菌病 …………… 382

二十一、兔支气管败血波氏
杆菌病 ………… 382

二十二、兔肺炎克雷伯氏菌病 … 383

二十三、兔伪结核病 …………… 383

二十四、兔结核病 ……………… 384

二十五、兔类鼻疽 ……………… 384

二十六、兔密螺旋体病 ………… 385

二十七、兔体表真菌病 ………… 385

二十八、兔念珠菌病 …………… 386

二十九、兔曲霉菌病 …………… 386

第七节　貂传染病 ………………… 386

一、貂阿留申病 ……………… 386

二、貂传染性脑病 …………… 387

三、貂病毒性肠炎 …………… 387

四、貂犬瘟热 ………………… 388

五、水貂伪狂犬病 …………… 388

六、貂冠状病毒感染 ………… 388

七、貂巴氏杆菌病 …………… 389

八、貂肉毒梭菌中毒症 ……… 389

九、貂大肠杆菌病 …………… 390

十、貂副伤寒 ………………… 390

十一、貂假单胞菌病 ………… 390

十二、貂双球菌病 …………… 391

十三、貂气单胞菌病 ………… 391

十四、貂丹毒 ………………… 392

十五、貂李氏杆菌病 ………… 392

第八节　狐传染病 ………………… 393

一、狐病毒性肠炎 …………… 393

二、狐脑炎 …………………… 393

三、狐肉毒梭菌中毒 ………… 393

四、狐巴氏杆菌病 …………… 394

五、狐大肠杆菌病 …………… 394

六、狐沙门菌病 ……………… 395

七、狐结核病 ………………… 395

八、狐李氏杆菌病 …………… 395

第九节　鹿传染病 ………………… 396

一、鹿口蹄疫 ………………… 396

二、鹿出血性肠炎 …………… 396

三、鹿流行性出血热 ………… 397

四、鹿黏膜病 ………………… 397

五、鹿恶性卡他热 …………… 397

六、鹿巴氏杆菌病 …………… 398

七、鹿坏死杆菌病 …………… 398

八、鹿快疫 …………………… 399

九、鹿肠毒血症 ……………… 399

十、鹿诺卡氏菌病 …………… 400

第十节　犬、猫传染病 …………… 400

一、犬瘟热 …………………… 400

二、犬传染性肝炎 …………… 401

三、犬病毒性肠炎 …………… 402

四、狂犬病 …………………… 402

五、伪狂犬病 ………………… 403

六、犬疱疹病毒感染 ………… 403

七、犬冠状病毒感染 ………… 404

八、犬副流感 ………………… 404

九、犬轮状病毒感染 ………… 404

十、犬病毒性呼吸道病 ……… 405

十一、猫泛白细胞减少症 …… 405

十二、猫传染性腹膜炎 ……… 406

十三、猫病毒性鼻气管炎 …… 406

十四、猫杯状病毒感染 ……… 406

十五、猫白血病 ……………… 407

十六、猫艾滋病 ……………… 407

十七、猫流行性感冒 ………… 407

十八、猫肠道冠状病毒感染 … 408

十九、犬、猫沙门菌病 ……… 408

二十、犬、猫大肠杆菌病 …… 408

二十一、犬、猫皮肤真菌病 … 409

二十二、犬、猫念珠菌病 …… 409

二十三、犬、猫曲霉菌病 …… 409

二十四、犬布鲁菌病 ………… 410

二十五、犬肉毒梭菌中毒症 … 410

二十六、犬钩端螺旋体病 …… 410

二十七、犬葡萄球菌病 ……… 411

二十八、犬弯曲菌病 ………… 411

二十九、犬、猫放线菌病 …… 412

三十、犬附红细胞体病 ……… 412

三十一、猫血巴尔通氏体病 ……… 413

第十一节　野生及观赏动物传染病…… 413

一、痘病毒感染 ………………… 413

二、猴流行性囊状疹 …………… 414

三、猴B病毒感染症 …………… 414

四、牛假块状皮病 ……………… 414

五、猫科动物呼吸道病综合征 … 415

六、海狮杯状病毒感染症 ……… 415

七、猴脊髓灰质炎 ……………… 415

八、猴出血热 …………………… 416

九、猴科萨努尔森林热 ………… 416

十、猴黄热病 …………………… 416

十一、细小病毒性肠炎 ………… 417

十二、猴艾滋病 ………………… 417

十三、海豚肝炎 ………………… 417

十四、猴麻疹 …………………… 418

十五、松鼠纤维素瘤病 ………… 418

十六、鸽新城疫 ………………… 418

十七、火鸡出血性肠炎 ………… 419

十八、雉鸡大理石脾病 ………… 419

十九、大肠杆菌病 ……………… 420

二十、志贺氏菌病 ……………… 420

二十一、沙门菌病 ……………… 421

二十二、巴氏杆菌病 …………… 421

二十三、丹毒 …………………… 421

二十四、变形杆菌感染症 ……… 422

二十五、河马嗜水气单胞菌病 … 422

二十六、李氏杆菌病 …………… 422

二十七、土拉杆菌病 …………… 423

二十八、熊钱癣 ………………… 423

二十九、孔雀白色念珠菌病 …… 424

三十、鹦鹉热 …………………… 424

第八章　寄生虫病 ……………… 425

第一节　反刍兽寄生虫病 ……… 425

一、毛圆线虫病 ………………… 425

二、食道口线虫病（结节虫病） … 425

三、仰口线虫病（钩虫病） …… 426

四、毛尾线虫病（鞭虫病） …… 426

五、犊新蛔虫病 ………………… 426

六、网尾线虫病 ………………… 427

七、羊原圆线虫病 ……………… 427

八、牛吸吮线虫病（牛眼虫病） … 427

九、片形吸虫病 ………………… 428

十、前后盘吸虫病（胃吸虫病） … 429

十一、阔盘吸虫病 ……………… 429

十二、双腔吸虫病 ……………… 429

十三、脑多头蚴病 ……………… 430

十四、棘球蚴病 ………………… 430

十五、绦虫病 …………………… 431

十六、巴贝斯虫病 ……………… 431

十七、牛泰勒虫病 ……………… 432

十八、羊泰勒虫病 ……………… 433

十九、牛球虫病 ………………… 433

二十、羊球虫病 ………………… 434

二十一、犊牛隐孢子虫病 ……… 434

二十二、牛贝诺孢子虫病 ……… 434

二十三、伊氏锥虫病 …………… 435

二十四、牛胎儿毛滴虫病 ……… 436

二十五、牛皮蝇蛆病 …………… 436

二十六、羊鼻蝇蛆病 …………… 437

二十七、牛、羊螨病 …………… 437

第二节　马主要寄生虫病 ……… 438

一、马副蛔虫病 ………………… 438

二、马圆线虫病 ………………… 438

三、马尖尾线虫病（马蛲虫病） … 439

四、马胃线虫病（马柔线虫病） … 439

五、马网尾线虫病（马肺丝
　　虫病） ……………………… 440

六、马副丝虫病（血汗症） …… 440

七、马脑脊髓丝虫病 …………… 440

八、马绦虫病 …………………… 441

九、马梨形虫病 ………………… 441

十、伊氏锥虫病 ………………… 441

十一、马胃蝇蛆病 ……………… 442

第三节　猪寄生虫病 …………… 443

一、猪蛔虫病 …………………… 443

二、猪食道口线虫病（结节
　　虫病） ……………………… 443

三、仔猪类圆线虫病（杆虫病） …… 444

四、猪毛尾线虫病（猪鞭虫病） …… 444

五、猪胃线虫病 …………………… 444

六、猪后圆线虫病（猪肺线
虫病） ………………………… 445

七、猪冠尾线虫病（猪肾虫病） …… 445

八、猪旋毛虫病 …………………… 446

九、猪棘头虫病 …………………… 446

十、猪姜片吸虫病 ………………… 447

十一、猪囊尾蚴病 ………………… 447

十二、细颈囊尾蚴病 ……………… 447

十三、猪绦虫病 …………………… 448

十四、弓形虫病 …………………… 448

十五、猪疥螨病 …………………… 449

第四节　禽寄生虫病 ………………… 449

一、禽蛔虫病 ……………………… 449

二、异刺线虫病（盲肠虫病） …… 450

三、禽胃线虫病 …………………… 450

四、禽比翼线虫病 ………………… 450

五、禽毛细线虫病 ………………… 451

六、鸭龙线虫病 …………………… 451

七、鸭棘头虫病 …………………… 451

八、禽前殖吸虫病 ………………… 452

九、鸡绦虫病 ……………………… 452

十、鸭、鹅绦虫病 ………………… 453

十一、鸡球虫病 …………………… 453

十二、鸭球虫病 …………………… 455

十三、组织滴虫病 ………………… 456

十四、鸽毛滴虫病 ………………… 456

十五、鸡住白细胞虫病 …………… 457

十六、突变膝螨病 ………………… 457

十七、鸡羽虱 ……………………… 457

第五节　犬、猫寄生虫病 …………… 458

一、蛔虫病 ………………………… 458

二、钩虫病 ………………………… 458

三、犬毛尾线虫病（犬鞭虫病） …… 459

四、犬食道线虫病 ………………… 459

五、猫胃线虫病 …………………… 459

六、犬心丝虫病 …………………… 460

七、肝吸虫病 ……………………… 460

八、肺吸虫病 ……………………… 461

九、绦虫病 ………………………… 461

十、犬巴贝斯虫病 ………………… 461

十一、犬等孢球虫病 ……………… 462

十二、犬黑热病 …………………… 462

十三、螨病 ………………………… 463

十四、犬蠕形螨病 ………………… 463

第六节　兔寄生虫病 ………………… 464

一、兔蛲虫病 ……………………… 464

二、兔球虫病 ……………………… 464

三、兔螨病 ………………………… 465

第七节　野生及观赏动物寄生虫病 …… 466

一、天鹅肾球虫病 ………………… 466

二、鸟类兰克斯特虫病 …………… 466

三、鸟类拉氏等孢球虫病 ………… 466

四、锥虫病 ………………………… 467

五、猴疟疾 ………………………… 467

六、华支睾吸虫病 ………………… 467

七、海洋哺乳动物吸虫病 ………… 468

八、鹈鹕东方次睾吸虫病 ………… 468

九、海洋哺乳动物胃线虫病 ……… 469

第九章　兽用药品的临床应用 …………… 470

第一节　抗生素 ……………………… 470

一、β-内酰胺类抗生素 …………… 470

二、氨基糖苷类抗生素 …………… 472

三、四环素类抗生素 ……………… 473

四、酰胺醇（氯霉素）类抗生素 …… 474

五、大环内酯类抗生素 …………… 474

六、林可胺类抗生素 ……………… 476

七、多肽类抗生素 ………………… 476

八、其他抗生素 …………………… 477

第二节　化学合成抗菌药 …………… 477

一、磺胺类及其增效剂 …………… 477

二、喹诺酮类 ……………………… 479

三、喹噁啉类 ……………………… 480

四、其他 …………………………… 481

第三节　抗真菌药与抗病毒药 ……… 481

一、抗真菌药 …………… 481
二、抗病毒药 …………… 482

第四节　抗蠕虫药 ……… 483
一、驱线虫药 …………… 483
二、驱绦虫药 …………… 486
三、驱吸虫药 …………… 486
四、抗血吸虫药 ………… 487

第五节　抗原虫药 ……… 488
一、抗球虫药 …………… 488
二、抗锥虫药 …………… 489
三、抗梨形虫药（抗焦虫药）… 490
四、抗滴虫药 …………… 490

第六节　杀虫药 ………… 491
一、有机磷类杀虫药 …… 491
二、拟菊酯类杀虫药 …… 491
三、大环内酯类杀虫药 … 492
四、其他杀虫药 ………… 492

第七节　特效解毒药 …… 492
一、金属络合剂 ………… 492
二、胆碱酯酶复活剂 …… 493
三、高铁血红蛋白还原剂 … 493
四、氰化物解毒剂 ……… 493
五、其他解毒剂 ………… 494

第八节　作用于消化系统的药物 … 494
一、健胃药 ……………… 494
二、助消化药 …………… 495
三、止吐药与催吐药 …… 496
四、瘤胃兴奋药 ………… 496
五、制酵药与消沫药 …… 496
六、泻下药 ……………… 496
七、止泻药 ……………… 497

第九节　作用于呼吸系统的药物 … 498
一、祛痰药 ……………… 498
二、镇咳药 ……………… 498
三、平喘药 ……………… 499

第十节　利尿药与脱水药 … 499
一、常用利尿药 ………… 499

二、常用脱水药 ………… 500

第十一节　作用于生殖系统的药物 … 500
一、性激素类药物 ……… 500
二、促性腺激素和促性腺激素释放
　　激素类药物 ………… 501
三、子宫收缩药 ………… 501

第十二节　皮质激素类药物 … 502
一、应用 ………………… 502
二、不良反应与注意事项 … 503
三、常用药物 …………… 503

第十三节　自体活性物质与解热镇痛
　　　　　抗炎药 ……… 504
一、抗组胺药 …………… 504
二、前列腺素 …………… 505
三、解热镇痛抗炎药 …… 505

第十四节　作用于外周神经系统
　　　　　药物 ………… 507
一、拟胆碱药 …………… 507
二、抗胆碱药 …………… 507
三、拟肾上腺素药 ……… 508
四、抗肾上腺素药 ……… 508

第十五节　作用于中枢神经系统
　　　　　的药物 ……… 509
一、镇静药 ……………… 509
二、抗惊厥药 …………… 509
三、镇痛药 ……………… 510
四、中枢兴奋药 ………… 511

第十六节　作用于血液循环系统
　　　　　的药物 ……… 512
一、强心苷类 …………… 512
二、抗心律失常药 ……… 512
三、促凝血药 …………… 513
四、常用抗凝血药 ……… 514

第十七节　兽医生物制品 … 514
一、灭活疫苗 …………… 514
二、弱毒疫苗 …………… 515
三、抗病血清 …………… 515

第一章

临床诊断检查技术

第一节　临床检查基本方法

一、病史调查（问诊）

问诊是兽医以询问的方式，向动物主人或有关人员了解患病动物的饲养管理情况以及现病史和既往史。主要内容包括现病史，即发病情况（如发病时间和地点、发病数量、附近有无类似疾病发生、病后临床症状、病势急缓以及饮食欲、大小便、生产性能和行为有无改变等）、治疗情况（如治疗过程、使用的药物、治疗效果等）、饲养管理情况（如饲料种类、质量及搭配情况，饲喂的数量，管理、生产、防疫、气候变化等）、活动情况（如使役、运动情况），以及既往史（如以前患过什么病，是否与本次发病有相似表现，其经过及结局如何等）等。

二、视诊

视诊是兽医利用视觉或借助器械观察患病动物的整体或局部表现的诊断方法，包括群体动物检查和个体检查。视诊的一般程序是先检视群体动物，再对个体患病动物检查。个体检查时应先观察其整体状态，再观察其各个部位的变化。一般应先距患病动物一定距离，观察其全貌，然后由前到后，由左到右，边走边看，围绕患病动物行走一周，细致观察；先观察其静止状态的变化，再进行牵遛，以发现其运动过程及步态的改变。观察动物的全身状态，如精神、营养、体格发育、姿势、步态、运动等；发现表在组织或器官的病理变化；注意某些生理活动是否正常，如呼吸、采食、咀嚼、吞咽、反刍、嗳气、排便、排尿等。对体型较小的动物视诊时，可将其放入笼内或小室内，最好在饲喂时观察。必要时借助器械（如开口器、咽喉镜、眼底镜、内窥镜等）观察患病动物相应部位的病变。

三、触诊

触诊是用检查者的手（手指、手掌或手背，有时可用拳）触摸按压动物体的相应部位，判定病变的位置、大小、形状、硬度、湿度、温度及敏感性（疼痛、喜按、拒按）等，以推断疾病的部位和性质。触诊可分为浅部和深部触诊。浅部触诊时，将手指伸直平贴于体表，不加按压而轻轻触摸，检查体表的敏感性、温度、湿度、皮肤下组织弹性、质地、硬度等；深部触诊时，用不同的力量对患部进行按压，判断腹腔及内脏器官的性状及大小、位置、形态，包括大动物的直肠检查和小动物的肛检；冲击式触诊时，手不离体表而用力做短而急的触压，用于检查胃肠内容物的性状，如腹侧壁触诊有回击波或振荡音，提示腹腔积液或胃、大肠中有多量液状内容物。间接触诊时，借助一定器械对食管、尿道、瘘管等进行探诊。常见触诊感知的病变性质有以下几种：

1. 捏粉样　感觉柔软如生面团状，指压留痕，除去压迫后可缓慢恢复，多见于皮下水肿，表明皮下组织间浆液性浸润。

2. 坚实　触压坚实致密，硬度如肝，常见于蜂窝织炎，表明组织间细胞浸润。

3. 硬固　触压硬度似骨，如骨瘤、结石。

4. 波动性　触压时柔软而有弹性，指压不留痕，多见于血肿、脓肿、淋巴外渗、小动物腹腔积水等，表明组织间存在液体的囊腔。

5. 气肿　触压时感觉柔软有弹性并有捻发音，多见于皮下气肿、气肿疽、恶性水肿。

6. 疝　触压柔软，内容物不定，常为气体、液体或固体，大小不定，有回纳性，可摸到疝孔和疝轮，常见于腹侧、腹下、脐孔或阴囊等部位。

四、叩诊

直接叩诊应用较少，仅用于检查脊柱、鼻旁窦、咽囊等；间接叩诊分为指指叩诊（中、小动物常用）和槌板叩诊（大动物常用）2种，用于肺、心、肝等内脏器官的检查。根据表面组织的厚薄、组织的弹性及叩诊部有无液体、气体，叩诊音有以下几种：

1. 清音　音调低、音响强、振动时间较长，是正常肺组织的叩诊音。

2. 浊音　音调高、音响弱、振动时间较短，叩打不含气体的实质器官如肝、心、肌肉时呈浊音。在大叶性肺炎的肝变期时，肺泡充满渗出物，叩打紧靠肺脏的胸壁，也出现浊音。

3. 半浊音　介于清音和浊音之间，叩打肺边缘时即呈此音。

4. 鼓音　音调高、音响强、振动有规律，腔体器官大量充气时，叩诊即产生鼓音，如肺气肿、瘤胃臌气、盲肠臌气等。

5. 过清音　介于清音与鼓音之间的过渡音响，表明被叩击部位的组织或器官内含有多量气体，但弹性减弱。额窦、上颌窦的正常叩诊音为过清音。

五、听诊

听诊是借助听诊器或直接用耳朵听取机体内脏器官活动过程中发出的自然或病理性声音，根据声音的性质特点判断其有无病理改变的一种方法，临床上常用于对心血管系统、呼吸系统和消化系统功能的检查，如心音、呼吸音、胃肠蠕动音的听诊等。直接听诊法是用耳直接贴于被检查动物体表某部位听取脏器运动时发出的音响，已不常应用。间接听诊法是借助听诊器进行听诊，为临床常用方法。听诊时要注意保持环境安静，精神集中，听诊器的听头要紧贴体表，但要避免摩擦等的干扰。

六、嗅诊

动物的呼出气以及口腔、排泄物和病理性分泌物的异常气味与疾病之间存在一定的关系。嗅诊主要是嗅闻动物的呼出气体、排泄物、分泌物的气味，在诊断某些疾病时有重要意义。呼出气体及鼻液的特殊腐败臭味，提示呼吸道及肺坏疽性病变；尿液及呼出气体有烂苹果味，可提示牛、羊酮病；皮肤及汗液发尿臭味，常有尿毒症；排泄物腥臭应怀疑胃肠道发生严重炎症。

第二节　整体及一般检查

一、整体状态检查

全身状况检查指对动物外貌形态特征和行为综合表现的检查。包括动物精神状态、体格发育、营养状况、姿势与体态、运动与行为等的变化和异常表现。

（一）精神状态

观察动物对外界刺激的反应能力，如眼、耳、尾的活动及防卫性反应等。正常健康动物对外界的反应灵敏，表现头耳灵活，目光明亮有神，经常注意外界，反应迅速、行动敏捷。幼龄动物活泼好动，宠物表现亲近主人。患病动物的异常表现为抑制和兴奋，抑制时多表现精神沉郁、低头闭眼、茫然呆立、反应迟钝等，重者昏睡或昏迷；兴奋时表现狂奔乱跳、嘶鸣吼叫、烦躁不安等。

（二）体格发育

观察动物骨骼与肌肉的发育程度，重点观察或测量体高、体长、颅径、胸围、管围及体重等。检查体格时应考虑动物品种、年龄等因素的差异。一般分为发育良好、发育中等和发育不良 3 级。

（三）营养检查

动物营养状况通常根据被毛的状态和光泽，肌肉的丰满程度，特别是皮下脂肪的蓄积量而判定，分为良好、中等、不良 3 种。营养良好的动物，肌肉和皮下脂肪丰满，轮廓丰圆，骨不显露，被毛光泽，皮肤富有弹性。营养不良的动物，骨骼显露，肋骨可数，轮廓棱角突出，皮肤干燥而缺乏弹性，被毛粗乱且无光泽。

（四）姿势与体态

姿势与体态是指动物在相对静止或运动过程中的空间位置和呈现的姿态。健康动物的姿态自然、动作灵活而协调。患病动物的异常姿势可为诊断疾病提供重要依据，如破伤风的"木马"状、乳牛产后瘫痪的曲颈侧卧姿势、鸡马立克氏病的"大劈叉"姿势等。

（五）运动与行为

检查动物运动步态时，可对能走动的动物进行牵遛（或跑动），观察其步态是否有异常。运动异常多指动物运动的方向性和协调性发生改变，常见的运动异常有运动失调、强迫运动、跛行等。检查行为表现应注意动物的表情、眼神、动作姿势、采食、饮水等。

二、被毛及皮肤检查

（一）被毛状态

健康动物的被毛整洁、平滑而有光泽、生长牢固，禽类的羽毛平顺、富有光泽而美丽。被毛粗乱无光泽或羽毛蓬松、逆立无光、换毛迟缓是营养不良的表现，常见于慢性消耗性疾病，如鼻疽、结核、慢性消化不良、肠道寄生虫病等；被毛成片脱落常见于湿疹或外寄生虫病。动物换毛及被毛状态与季节、气候、品种、皮肤护理以及饲养管理有密切的关系。

（二）皮肤温度

皮肤温度检查通常用手背或手掌触诊被检部位进行。全身性皮温增高见于发热性疾病及中暑等；局部性皮温增高多见于皮炎、皮下蜂窝织炎等局部炎症；皮温降低见于大失血、心力衰竭、休克、中毒等；皮温分布不均、对称部位有冷热差异见于发热初期和胃肠性腹痛病的末期。

（三）皮肤湿度

皮肤湿度受汗腺分泌状态的影响。健康动物在安静状态下，汗随出随蒸发，因而皮肤不干不湿而有黏腻感。全身性出汗增多见于中暑、剧烈腹痛和高度呼吸困难等；局部性多汗见于末梢神经损伤；冷汗（汗出如油、黏腻而冷感）常是预后不良的征兆，见于内脏破裂、休克等；出汗减少或无汗，见于剧烈腹泻、呕吐及大失血等。牛鼻镜、猪鼻盘、犬鼻端在健康时是凉而湿润，如变干燥甚至龟裂，则是发热性疾病及脱水等的表现。

（四）皮肤弹性

健康动物的皮肤弹性良好。检查时，用手在皮肤松弛部位将皮肤捏皱并提起后随即松开，根据皱褶消失的快慢来判定皮肤的弹性。如很快消失，说明皮肤弹性良好；如缓慢消失，说明皮肤弹性减退，常见于脱水、营养不良、慢性皮肤病及慢性消耗性疾病等。

（五）皮下肿胀

1. 气肿　肿胀界限不明显，触压时柔软而容易变形，并可感觉到由于气泡破裂和移动所产生的捻发音（沙沙声）。常见于肺、气管等破裂及气肿疽、恶性水肿、黑斑病甘薯中毒等。

2. 水肿　皮肤表面光滑、紧张而有冷感，弹性减退，指压留痕，呈捏粉样，无痛感，肿胀界限多不明显。多发生于胸腹下、阴囊、四肢及眼睑皮下，多见于贫血、肾炎及慢性心力衰竭等。

3. 血肿　肿胀迅速增大，局部微热，肿胀界限明显，触之有波动感，穿刺可抽出血液。

4. 脓肿　初期局部出现界限不很明显的热痛性肿胀，以后肿胀界限逐渐明显，中央部逐渐软化，触之有波动感，穿刺可抽出脓汁。

5. 淋巴外渗　肿胀发生缓慢，波动明显，局部温度不高，穿刺流出橙黄色透明淋巴液，且抽出后很快又胀满。

（六）皮肤病变

1. 斑疹　局部皮肤发红，但不隆起于皮肤表面。指压红色即褪的斑疹称红斑，见于猪丹毒、荞麦中毒等；小而呈粒状的红斑称蔷薇疹，见于绵羊痘；指压红色不褪的出血性小点称红疹，见于猪瘟等。

2. 丘疹　呈圆形、硬而小的皮肤隆起，由米粒到豌豆粒大，见于马传染性口炎、滤泡性鼻炎、湿疹、痘病初期等。

3. 荨麻疹　皮肤表面突发鞭痕状隆起，大小不等，表面平坦，伴有剧烈痒感，其特点是突然发生、此起彼伏、迅速消退。多见于血清病、药物过敏、昆虫螫、某些饲料中毒等。

4. 饲料疹　如采食感光物质的饲料（如荞麦、三叶草、灰菜等）后经日光照晒时皮肤充血、潮红、水泡及灼热、痛感等。

5. 水疱和脓疱　皮肤隆起如黄豆大，内含透明液体的称水疱，内含脓液的称脓疱，见于水疱病、口蹄疫、湿疹、痘疱等。

6. 象皮肿　皮肤增厚变硬、轮廓变粗、无热无痛、缺乏移动性，见于慢性系部皮炎、蹄冠蜂窝织炎等。

三、可视黏膜检查

可视黏膜是指肉眼能看到或借助简单器械可观察到的黏膜，如眼结膜、鼻腔、口腔、直肠、阴道等部位的黏膜，临床上一般以检查眼结膜为主，牛则主要检查巩膜。根据可视黏膜颜色的变化，可推断血液循环状态和血液成分的变化。健康动物的可视黏膜湿润，有光泽，呈淡红色。临床上常见的可视黏膜病理变化有以下几种。

（一）潮红

是充血的表现。弥漫性潮红见于眼病、热性病及传染病等；树枝状充血见于脑炎及心机能不全。

（二）苍白

是贫血的表现。速发苍白见于大创伤、内出血或偶见于内脏破裂（如肝、脾破裂）；缓发苍白见于全身营养衰竭，如营养不良、慢性传染病、肠道寄生虫病等。

（三）黄疸

是血液中胆红素含量增高的表现，见于肝脏疾病、胆道阻塞、溶血性疾病及钩端螺旋体病等。

（四）发绀

主要见于呼吸和循环障碍的疾病，如肺水肿、重症胃肠炎、重剧腹痛、心力衰竭、亚硝酸盐中毒、猪瘟、牛出血性败血症等。

（五）出血

呈现出血点或出血斑，是血管通透性增大所致，见于某些传染病和出血性疾病，如血斑病、败血症、传染性贫血、焦虫病、巴贝斯原虫病等。

四、体表淋巴结检查

淋巴结的检查主要用触诊的方法，必要时可配合穿刺检查法。大动物主要检查下颌淋巴结、颈浅淋巴结、股前淋巴结；猪主要检查股前淋巴结和腹股沟浅淋巴结；犬通常检查下颌淋巴结、腹股沟浅淋巴结和腘淋巴结等。检查内容包括淋巴结的位置、大小、形状、硬度、温度、敏感性、移动性等。猪和肉食动物的体表淋巴结很小，正常时不易触及，只有在病理情况下方能触及，其位置与大动物大致相同。体表淋巴结的主要病理变化有以下几种：

（一）急性肿胀

触诊淋巴结明显肿大，温热而敏感，坚实、表面光滑，伴有明显的热痛反应。下颌淋巴结急性肿胀见于流行性感冒、咽炎、牛结核等；体表淋巴结均肿大，见于牛白血病和泰勒虫病，腹股沟浅淋巴结肿大见于乳房炎。

（二）慢性肿胀（淋巴结增生）

触诊淋巴结肿大、坚硬，表面不平，与周围组织粘连，无热痛，无移动性；下颌淋巴结慢性肿胀常见于牛慢性结核、放线菌病、马慢性鼻疽等；牛腹股沟浅淋巴结慢性肿胀见于结核性乳房炎。

（三）化脓性肿胀

触诊淋巴结肿大，皮肤紧张，有波动感，伴有明显的热痛反应；下颌淋巴结化脓是马腺疫的特征性病变；颈浅淋巴结化脓见于猪结核病；全身淋巴结肿胀化脓见于化脓性葡萄球菌病。

五、体温测定

哺乳动物通常测定直肠内温度，禽类测定翅膀下或泄殖腔内温度。对运动、使役、训练、大量饮冷水、长时间日晒后的动物，应让其休息 30 min 后测定温度；对直肠内有蓄粪的动物，应排除蓄粪后再测定。健康动物 24 h 的体温差不超过 1 ℃，一般上午稍低，下午稍高。病理情况下，体温超过生理范围的升高或降低，对于某些疾病的诊断和预后判定具有重要意义。

临床上应对患病动物逐日检温，最好每昼夜定期检温两次，并将测温结果记录病历上或体温记录表上，对住院或复诊病例应描绘出体温曲线表，以观察、分析病情的变化。

（一）体温升高（发热）

体温升高见于各种病原体（病毒、细菌、真菌、寄生虫）所引起的感染，也见于某些变态反应性疾病和内分泌代谢障碍性疾病。

1. 发热程度 微热，体温升高 0.5～1 ℃；中热，体温升高 1～2 ℃；高热，体温升高 2～3 ℃；过高热，体温升高 3 ℃以上。

2. 热型 根据体温曲线的波形可将发热分为以下几种：

（1）稽留热型 高热持续 3 d 以上，每日温差在 1 ℃以内，见于纤维素性肺炎、猪瘟等。

（2）弛张热型 体温日差在 1 ℃以上而不降到正常体温，见于支气管肺炎、败血症等。

（3）间歇热型 有热期和无热期交替出现，呈间歇性发作，有热期短，无热期不定，见于马梨形虫病、慢性马传染性贫血等。

（4）回归热型（双相热） 高热持续几天之后，有一定时期的无热期，以后又出现了持续几天的高热，见于犬瘟热、传染性肝炎等。

（5）不定热型 每昼夜的体温变化不规则，发热的持续时间不定，变动无规律，有时出现巨大波动，见于许多非典型过程的疾病。

（二）体温降低

见于严重贫血、营养不良（如衰竭症、仔猪低血糖症等）、休克、大出血、内脏破裂以及多种疾病的濒死期等，多提示预后不良。

六、脉搏数检查

在动物保持安静状态下检查脉搏数，马属动物通常是触摸颌外动脉，牛通常是触摸尾中动脉，羊、犬、兔、猪、禽等其他中小动物可触摸股动脉或借助心脏听诊来检查脉搏数。脉搏数增多临床上多见，常见于各种发热性或疼痛性疾病、贫血、心力衰竭、各种心脏和呼吸器官疾病等。脉搏数减少临床上少见，可见于慢性脑室积水、窦性心动过缓、房室传导阻滞、洋地黄中毒、盲肠便秘及濒死期等。

七、呼吸数检查

动物在安静状态下，以胸腹壁的一起一伏计为一次呼吸；也可将手背放在鼻孔前方，感觉或直接观察呼出的气流，呼出一次气流计为一次呼吸；也可通过听诊肺泡呼吸音来计算呼吸数；禽可通过观察肛门处羽毛的缩动来计算呼吸数次数。

呼吸数受许多因素的影响，如动物的种类、性别、年龄、营养、兴奋、运动、外界温度、湿度、海拔高度等。因此，健康动物呼吸数的变动范围很大。病理状态下，呼吸次数增多见于呼吸器官疾病、多数发热性疾病、心力衰竭及心功能不全、影响呼吸运动的其他疾病、剧烈疼痛性疾病、中枢神经系统疾病、某些中毒性疾病及血液病等；此外，呼吸疼痛性疾病，如胸膜炎、肋骨骨折、腹膜炎、创伤性网胃炎等，也可引起呼吸数增多。呼吸次数减少在临床上比较少见，主要是呼吸中枢的高度抑制，见于脑部疾病、濒死期等。呼吸次数显著减少并伴有节律的改变常提示预后不良。

健康动物体温、脉搏和呼吸数生理参考值见表1-1。

表1-1 动物体温、脉搏和呼吸数生理参考值

动物的种类	体温（肛温，℃）	脉搏（次/min）	呼吸（次/min）
马	37.5~38.5	26~42	8~16
骡	38.0~39.0	42~54	8~16
驴	37.0~38.0	40~50	8~16
黄（乳）牛	37.5~39.5	60~80	10~30
水牛	36.5~39.5	30~50	10~50
肉牛	37.5~39.0	50~80	15~35
牦牛	38.5~39.5	50~96	10~30
犊牛	38.5~39.5	70~100	20~50
猪	38.0~39.5	60~80	10~30
绵羊	38.0~40.0	70~80	12~320
山羊	380~40.5	70~80	12~30
鸡、鸭	40.0~42.0	120~200	15~30
鹅	39.5~41.5	120~160	12~20
鸽	41~42.5	140~200	20~35
骆驼	36~38.5	32~52	5~12
犬	37.5~39.0	70~120	10~30
猫	38~39.5	110~130	10~30
兔	38.5~39.5	120~140	50~60
鹿	38.0~39.0	30~60	15~25
水貂	39.5~40.5	90~180	40~70
貉	37.1~39.1	180~190	21~43
银黑狐	38.7~40.7	80~140	14~30
北极狐	39.4~41.1	90~130	18~48

第三节　系统检查

一、循环系统检查

(一) 心搏动检查

将动物左前肢前提，用手掌触压心区部即可感知胸壁的颤动，对犬等中、小动物，也可用两手掌抱住动物左右两胸侧，两手同时进行触诊。各种动物的心搏动大致在肘头稍后上方第3～5肋间心区部（猪、羊、牛3～5肋间，马4～5肋间，犬4～6肋间），以第4肋间最为明显。心搏动的强弱与心肌的收缩力、胸壁的厚度、胸壁与心脏间介质的状态等有关。常见的异常变化有：

1. 心搏动增强　触诊心搏动强而有力，振动面积大，见于发热性疾病的初期、心肌炎、心内膜炎、心脏肥大及伴有剧烈疼痛的疾病；生理性心搏动增强则见于动物运动、兴奋、恐惧时。

2. 心搏动减弱　触诊搏动力量弱而振动面积小，甚至难以感知，见于心力衰竭、胸壁浮肿、胸腔积液、肺泡气肿、心包积液等。

3. 心搏动移位　多由心脏附近肿瘤及临近器官或渗出液压迫所致；向前移位见于胃扩张、腹水、膈疝等；向右侧移位见于左侧胸腔积液、积气等。

(二) 心脏听诊

在健康动物的每个心动周期中，可以听到"噜-塔"、"噜-塔"有节律的交替出现的两个声音，称为心音。其前一个声音称第一心音，后一个声音称第二心音。

1. 心音听诊方法及最强音的听取点　将左前肢拉向前方，使心区部充分暴露，用听诊器在肘头后上方的心区部听取。在心区部的任何一个点都可以听到第一、第二心音，但因心音的产生与瓣膜的关系密切，同时由于心音沿血流方向传导，因此，只有在一定部位听诊，心音才最清楚，各种动物的心音最强听取点见表1-2。

表1-2　各种动物的心音最强听取点

动物	第一心音		第二心音	
	二尖瓣口	三尖瓣口	主动脉瓣口	肺动脉瓣口
猪	左侧第4肋间	右侧第3肋间，胸廓下1/3中央水平线上	左侧第4肋间，肩关节线下1、2指处	左侧第3肋间，胸廓下1/3中央水平线上方
牛、羊	左侧第4肋间	右侧第3肋间	左侧第4肋间，肩关节线下1、2指处	左侧第3肋间，胸廓下1/3中央水平线上方
马	左侧第5肋间，胸廓下1/3中央水平线上	右侧第4肋间，胸廓下1/3中央水平线上	左侧第4肋间，肩关节线下1、2指处	左侧第3肋间，胸廓下1/3中央水平线上方
犬	左侧第5肋间，胸廓下1/3中央水平线上	右侧第4肋间，肋骨和肋软骨结合部	左侧第4肋间，肱骨结节水平线上	左侧第3肋间，靠近胸骨边缘处

2. 心音的病理改变

(1) 心率改变

窦性心动过速：兴奋来自窦房结，由于兴奋起源发生紊乱，使心率均匀而快速，超过正常值的上限，马＞60 次/min，牛、猪＞90 次/min，犬＞160 次/min，见于发热性疾病和心力衰竭等。

窦性心动过缓：由于兴奋形成发生障碍或迷走神经紧张性增高而导致均匀而缓慢的心率，马＜25 次/min，牛、猪＜60 次/min，犬＜70 次/min，见于黄疸、颅内压增高的疾病及洋地黄中毒等。

（2）心音强度改变　临床上常见两个心音都增强或减弱，及某一个心音增强或减弱等。

心音增强：两心音增强见于热性病初期、剧痛性疾病、贫血、心肥大及心脏病的代偿机能亢进时。第一心音增强见于贫血、心力衰竭、心肌炎初期等。第二心音增强见于肾炎、左心室肥大、肺淤血、慢性肺泡气肿、二尖瓣闭锁不全。

心音减弱：当心肌收缩力减弱，心脏驱血量减少时，则两心音都减弱。常见于心力衰竭的后期、濒死期、心包炎、渗出性胸膜炎、慢性肺泡气肿等。第一心音减弱临床少见，心肌梗死或心肌炎末期可能发生。第二心音减弱多见于血容量减少的疾病，如严重脱水、大失血、休克等。

（3）心音性质改变

心音浑浊：心音低浊、含混不清，两心音界限不清楚，见于多种传染病、严重贫血、高度衰竭症等。

金属样心音：心音异常高朗、清脆，带有金属样音响，见于破伤风和邻近心区的肺空洞等。

（4）心音分裂　第一心音分裂听诊时好似"特、通-嗒"的声音，见于一侧房室束支传导阻滞或一侧心肌收缩力减弱，但健康动物在高度兴奋或一时性血压升高时，也可出现第一心音分裂。第二心音分裂听诊时好似"通-嗒、啦"的声音，见于主动脉瓣口狭窄、左房室口狭窄、左房室束支传导阻滞等。

（5）心音节律改变　健康动物的心音节律是规则的，心音的快慢、强弱和间隔一致。由于某些病理因素的影响，心音常出现快慢不定、强弱不一、间隔不等，称为心律失常。

期前收缩：临床听诊时，期前收缩的第一心音增强，第二心音减弱，期前收缩后有较长的间歇期；偶尔发生的期前收缩一般无诊断意义，频繁发生的期前收缩可见于洋地黄中毒、心肌病及重危急病。在正常心律中，连续发生三次以上的期前收缩为阵发性心动过速，其临床特点是心律快，一阵阵发生，每次发作持续时间短，可见于心力衰竭和重危急病过程中。

心动间歇：指在正常心律中突然停跳一次的心律，可见于洋地黄、奎尼丁中毒及迷走神经过度紧张等，健康老龄动物也可见到。

（6）心脏杂音

心内杂音：按发生的时期分为缩期杂音、张期杂音和连续性杂音。缩期杂音发生在心室收缩期，跟随或与第一心音同时出现，见于二、三尖瓣闭锁不全和主、肺动脉瓣口狭窄。张期杂音发生在心室舒张期，跟随或与第二心音同时出现，见于二、三尖瓣口狭窄和主、肺动脉瓣闭锁不全。连续性杂音是起始于心室收缩期，越过第二心音而延续至舒张期的杂音，在第一心音之后出现，至收缩期终末声音最响，掩盖了第二心音，并在舒张期中逐渐减弱，常见于动物的先天性心脏畸形，如犬动脉导管未闭、主动脉与肺动脉间隔缺损以及房间隔缺损并发二尖瓣口狭窄等。

按发生原因分器质性和非器质性心杂音。器质性心内杂音是由心脏瓣膜或瓣口有形态学改变而引起，特点是声音尖锐、粗糙，如锯木音、箭鸣音、嘶嘶音，杂音稳定，长期存在，运动或用强心剂后杂音增强；如左房室瓣闭锁不全，在左心室收缩的瞬间，一部分血液经闭锁不全的缝隙逆流入左心房，产生漩涡运动，而呈现缩期杂音；如左房室口狭窄，在左心室舒张瞬间，血液经过狭窄的左房室口，产生漩涡运动，振动瓣口和瓣膜而发生张期杂音。非器质性心杂音又称功能性心杂音，其产生有两种情况，一种情况是瓣膜和瓣口无形态变化，但因心室扩张，造成瓣膜相对闭锁不全而产生的杂音，另一种情况是由于血液稀薄，血流速度加快，形成湍流，振动瓣膜和瓣口而引起的所谓贫血性杂音；非器质性心内杂音的特点是声音不稳定，音性柔和如吹风样，运动或用强心剂后，相对闭锁不全性杂音减弱或消失，而贫血性杂音则有增强的趋势。

心内杂音临床上较多见，如只是心脏出现杂音而无其他心力衰竭症状，使役、运动能力又不降低，就不能认为都是心脏病。而且，心内杂音的强弱并不与心脏瓣膜和瓣口的病变相一致，而是决定于瓣膜的弹性、瓣口的大小、血流速度和血液的黏稠度。瓣膜弹性强的、瓣口大的、血流速度慢的、血液黏稠度大的，心内杂音较弱；反之，则杂音较强。

心外杂音：由心包或靠近心区的胸膜发生病变而引起。其特点是随心搏动而产生，听之距耳较近，有的如在耳下，一般很明显，杂音较固定并可长时间存在。心外杂音可分为心包摩擦音、心包拍水音和心包胸膜摩擦音。心包摩擦音是由于心包的壁层与脏层变得粗糙，心搏动时则两粗糙膜面相互摩擦而发生如皮革相摩擦的音响，见于牛创伤性心包炎初期。心包拍水音是由于心包内积聚了大量的渗出液，心搏动时产生的一种类似河水击打河岸的声音，见于渗出性心包炎与心包积液。心包胸膜摩擦音是由于心包与胸膜间的炎性渗出物（纤维素性）沉着，在心搏动时产生的杂音，见于纤维性胸膜炎，主要出现于左心区，在深呼吸时心包胸膜摩擦音可增强。

（三）血管检查

1. 脉性检查　判定脉搏的大小、强弱及动脉管的充盈度。若脉搏强大有力，动脉管充实，比正常脉显著，表示心肌收缩力增强。每搏输出量增多或动脉血压升高，称强脉，见于健康动物兴奋、运动时以及热性病初期或心脏代偿性肥大等；反之为弱脉，见于心力衰竭、热性病及中毒病的后期。

2. 脉搏节律检查　主要检查脉搏的规整性和时间间隔的均匀性，诊断意义与心音节律改变相同。

3. 毛细血管再充盈时间测定　测定部位在上切齿的齿龈黏膜，方法是用拇指按压齿龈 $1\sim2\ \mathrm{s}$，然后除去拇指的压迫，观察齿龈黏膜恢复原来色泽的时间，以了解微循环的功能状态，正常情况下为 $1\sim1.5\ \mathrm{s}$。在伴有高度全身淤血的情况下，毛细血管再充盈时间延长，见于心力衰竭、严重脱水、中毒性休克等。

4. 静脉充盈度检查　通过可视黏膜的色泽及体表静脉充盈情况来判定。

静脉萎陷：表现为体表静脉不显露，压迫静脉不见其远心端膨隆，穿刺针刺入静脉内后常不见有血液流出或流出缓慢，见于休克、严重毒血症等。

静脉过度充盈：又称淤血，全身性静脉淤血表现为可视黏膜潮红、树枝状充血，体表静脉膨隆如绳索状，严重者可见体躯下部浮肿，见于心包炎、心包积液、心肌营养不良、三尖瓣闭锁不全、右房室口狭窄等。局部静脉淤血仅见淤血的静脉管周围水肿。

二、呼吸系统检查

（一）呼吸运动的观察

1. 呼吸方式　健康动物多为胸腹式呼吸，即在呼吸时，胸壁和腹壁的起伏动作协调，呼吸肌的收缩强度大致相等，又称混合式呼吸。异常呼吸方式有：

（1）胸式呼吸　多因膈肌和腹肌运动障碍所引起，常见于急性胃扩张或肠膨胀、急性瘤胃臌气和积食、膈肌炎、腹膜炎等。

（2）腹式呼吸　多由胸廓运动障碍所致，见于胸膜炎、心包炎、肺气肿及肋骨骨折等。

2. 呼吸节律　临床上呼吸节律改变主要表现为：

（1）吸气延长　吸气时间显著延长，吸气动作吃力，见于上呼吸道狭窄等。

（2）呼气延长　呼气时间显著延长，严重时表现二重呼吸，见于细支气管炎、慢性肺泡水肿等。

（3）断续性呼吸（抑制性呼吸）　在吸气过程中突然中断，呈断续性的浅而快的呼吸运动，见于细支气管炎、胸膜炎和伴有胸腹部疼痛的疾病。

（4）潮式呼吸（陈-施二氏呼吸）　呼吸由浅而加深加快，达到高峰后又逐渐变浅变慢，乃至呼吸暂停，约经 $10 \sim 30\ s$ 的短暂间歇后，又重新以上述方式呼吸，如此反复交替，呈波浪式呼吸节律，是呼吸中枢衰竭的早期表现，见于脑炎、心力衰竭、尿毒症、肺炎和中毒等。

（5）间歇呼吸（毕欧特氏呼吸）　连续数次深度均匀的深呼吸与呼吸暂停交替出现，是呼吸中枢兴奋性显著降低的表现，见于脑炎、脑膜炎及某些中毒病。

（6）深长呼吸（库斯茂尔氏呼吸）　呼吸运动显著深长，呼吸数减少，无呼吸中断期，混有呼吸杂音，是呼吸中枢衰竭的晚期表现，表明病情危重，预后不良，见于脑炎或伴有意识障碍呈昏迷状态的疾病，如代谢性酸中毒、糖尿病、尿毒症等。

3. 呼吸困难

（1）吸气性呼吸困难　呼吸时吸气用力、时间延长，动物鼻孔开张、头颈伸直、肘头外展、肛门内陷，见于所有导致上呼吸道狭窄的疾病，如鼻炎、咽喉炎、猪传染性萎缩性鼻炎、鸡传染性喉气管炎等。

（2）呼气性呼吸困难　呼吸时呼气用力、时间延长，呈两段呼气，在肋骨和肋软骨接合部形成一条明显的凹沟，动物弓背缩腹、肷窝平满、肛门外凸，见于细支气管炎、慢性肺泡气肿等。

（3）混合性呼吸困难　吸气、呼气都困难，并伴有呼吸数增多，见于各种肺脏病、心脏病、热性病及中毒病等。

4. 呼吸运动对称性　正常呼吸时，两侧胸腹壁的起伏运动强度一致。若表现一侧运动减弱或消失，则表示该侧胸腹壁有疾患存在，如一侧性胸膜炎、肋骨骨折、气胸等。

（二）上呼吸道检查

1. 鼻液检查　鼻液按其性质分为以下几种：

（1）浆液性鼻液　鼻液呈稀薄水样、无色透明，见于呼吸道急性炎症初期以及犬瘟热初期等。

（2）黏液性鼻液　鼻液呈牵丝状、黏稠不透明，见于呼吸道急性炎症的中期。

（3）**脓性鼻液**　鼻液黄色黏稠，见于呼吸道急性炎症的后期，鼻窦炎等。

（4）**腐败性鼻液**　鼻液呈污秽不洁的灰黄或绿褐色，液状，有恶臭味，见于肺坏疽和腐败性支气管炎等。

（5）**血液性鼻液**　鼻液呈红色液状，见于呼吸道损伤和肺出血。

（6）**铁锈色鼻液**　鼻液呈铁锈色，是纤维素性肺炎肝变期的重要特征。

如果鼻液中混有气泡，见于肺充血、水肿；如混有唾液、饲料碎粒，见于咽炎、喉炎、食管梗塞等咽下障碍性疾病；如混有呕吐物，提示胃内容物返流，往往预后不良。

2. 鼻部检查　鼻的外部观察要注意鼻孔周围组织、鼻甲骨形态的变化及鼻的痒感；鼻腔内检查注意黏膜的色泽变化，有无肿胀、出血斑、水疱、结节、溃疡和瘢痕等。鼻孔周围组织发生鼻翼肿胀、水疱、脓肿、溃疡和结节等，见于皮肤或口腔，亦可因鼻黏膜的疾患而继发；鼻端干燥甚至发生龟裂，见于牛流感、牛瘟、猪瘟、猪丹毒、犬瘟热及其他发热性疾病；鼻甲骨发生增生、肿胀、萎缩和凹陷等，见于严重的软骨病、肿瘤、猪传染性萎缩性鼻炎、外伤等。

3. 咳嗽检查　可采用人工诱咳法听取动物自然发生的咳嗽。临床上常见的有：干咳，声音脆短，表示炎症初期；湿咳，声音浊长，说明分泌物多；痛咳，声音短弱，同时动物表示为不安，摇头，时作咽下状；痉咳，连续剧烈的咳嗽，表明呼吸道被强烈刺激或刺激因素不易被排除。同时要注意区别非呼吸道因素引起的咳嗽与病理性咳嗽。

4. 喉及支气管检查　视诊注意观察喉是否肿胀，气管是否变形及头颈姿势有无改变；触诊注意喉及气管温度、形态及敏感性；听诊注意喉及气管的呼吸音有无异常。必要时行内窥镜检查。

（三）胸部检查

主要检查胸廓的大小、外形、对称性及胸壁的敏感性。一般用视诊和触诊的方法，通常应由前向后、由上而下、从左到右进行全面检查。

1. 视诊　观察胸廓形状，胸壁有无外伤、肿胀及其他病变。

（1）**桶状胸**　特征为胸廓向两侧扩张，左右横径显著增加，呈圆桶形，常见于严重的气胸、肺气肿、胸腔积液等。

（2）**扁平胸**　特征为胸廓狭窄而扁平，左右径显著狭小，呈扁平状，可见于骨软症、营养不良和慢性消耗性疾病的幼龄动物。

（3）**鸡胸**　特征是胸骨柄明显向前突出，常在肋骨与肋软骨交接处出现串珠状突起，并见有脊柱凹凸，四肢弯曲，全身发育障碍，是佝偻病的特征。

（4）**两侧胸廓不对称**　特征为两侧胸壁明显不对称，见于肋骨骨折、单侧性胸膜炎、胸膜粘连、单侧气胸、单侧膈疝、单侧间质性肺气肿等。

2. 触诊　检查胸壁的温度、有无肿胀及敏感性等。胸壁肿胀、增温及敏感性增高常见于胸壁的炎症；若是单纯的胸壁敏感，则见于胸膜炎；肋骨与肋软骨交接处有串珠状肿，见于佝偻病等。

3. 叩诊

（1）**肺脏叩诊区**　采用弱叩诊判定肺部叩诊区。正常叩诊区因动物种类不同而有很大差异，但在胸部均略呈三角形。先确定髋关节、坐骨结节、肩关节3条水平线，然后分别沿这3条水平线由前向后，按肋间顺序依次叩打，出现半浊音处是肺脏的边缘，依次标记，并从最后肋间向前计数，确定该点位于第几肋间，确定三点之后将其连接，即为肺的后界；自肩胛骨后角，沿肘肌向下所划的直线为马、猪肺的前界，所划的类似 S 形曲线为牛、羊、鹿肺的前界，沿肩胛骨后缘所引之线为犬的前界；与脊柱平行的髂肋肌沟为上界。肺叩诊区的病理变化主要有：肺叩诊区扩大，由肺容积增大或胸腔内气体积聚引起，多见于急性肺泡气肿等；叩诊区缩小，由肺的前界后移或肺的后界前移所致，见于心肥大、心扩张、心包炎、心包积液、急性胃扩张、肠膨胀、间质性肝炎等。

（2）肺脏叩诊音　采用强叩诊，从上到下、由前向后地沿肋骨间顺序进行叩打，直至叩完整个肺区。若有异常音出现，应在对侧相应部位进行叩诊音比较。大动物正常叩诊音为清音，在肺中部最明显；小动物正常叩诊音为鼓音。肺的病理叩诊音常见下列几种：浊音，类似叩打肌肉时发出的音响，见于大叶性肺炎的肝变期、肺疫等；半浊音，类似叩打正常肺边缘时发出的音响，声音钝浊而又略带清音调，肺泡内含气量减少，但肺泡弹性不变，如支气管肺炎；鼓音，音调较清音高，大动物肺泡中空气含量减少并伴有弹性减退（大叶性肺炎的充血期和溶解吸收期）或肺部形成大的含气空洞与外界相通时（坏疽性肺炎、肺脓肿），叩诊呈鼓音；水平浊音，叩诊浊音上界呈水平，并随动物体位变换而改变，见于胸膜腔积有大量液体时，如渗出性胸膜炎；过清音，介于清音和鼓音之间、类似敲打空纸盒的音响，见于肺泡含气量增多并伴有弹性减退时，如急、慢性肺泡气肿和间质性肺气肿。

4. 听诊　生理状况下，肺泡呼吸音类似"夫"的声音，其声柔和、微弱；幼龄动物的呼吸音比成年的强烈、明显和粗厉，老年的则比中年的大为减弱；在不同种类的动物中，以犬、猫等肉食动物的肺泡呼吸音最强，牛、羊次之，马、骡最弱。支气管呼吸音类似"赫"的声音，健康马骡的胸部听不到支气管呼吸音，健康犬可在整个肺部听到支气管呼吸音。混合性呼吸音是混有肺泡呼吸音的一种支气管呼吸音，健康牛、羊和猪，可在第 3～4 肋间肩关节水平线上下听到混合性呼吸音。常见病理性呼吸音有：

（1）肺泡呼吸音增强　如整个肺脏区域内肺泡呼吸音普遍增强，不断重复听到"夫、夫"的声音，是呼吸中枢兴奋性增强的结果，是全身症状的表现而不一定是肺实质的病理变化，见于热性病、贫血、酸中毒等；如肺泡呼吸音呈局部性增强（代偿性增强），主要是肺脏一侧或局灶性病变，健康部分代偿的结果，见于纤维素性肺炎、支气管肺炎和渗出性胸膜炎等。

（2）肺泡呼吸音减弱　由于进入肺泡内的空气减少所致，见于支气管炎、肺炎、慢性肺泡气肿、胸膜炎、胸水及血胸等。

（3）肺泡呼吸音消失　空气完全不能进入肺泡时，肺泡呼吸音消失。见于支气管堵塞，大叶性肺炎的肝变期和渗出性胸膜炎等。

（4）病理性支气管呼吸音　马、骡出现支气管呼吸音始终是病理现象，其他动物在正常范围外出现支气管呼吸音也是病理现象，主要见于大叶性肺炎的肝变期、渗出性胸膜炎和胸水等。

（5）病理性混合性呼吸音　吸气时以肺泡呼吸音为主，呼气时以支气管呼吸音，类似"夫-赫"的声音，在正常肺泡呼吸音的胸部范围内如听到混合性呼吸音即为病态，见于大叶性肺炎初期，有时见于支气管肺炎、肺泡气肿等。

（6）干性啰音　当支气管黏膜有黏稠分泌物、发炎、肿胀时，管腔变窄，空气通过狭窄处时产生类似高调笛哨的声音，是支气管炎的典型症状；广泛性干性啰音见于弥散性支气管炎、支气管肺炎、慢性肺气肿及犊牛、绵羊肺线虫病等。

（7）湿性啰音　支气管内有稀薄分泌物，当气体通过时引起分泌物移动或小泡破裂产生的声音，类似水泡破裂声、沸腾音或含漱音，是支气管疾病和肺部许多疾病最常见的症状，如支气管炎、支气管肺炎、肺脓肿、肺坏疽及肺结核等。

三、消化系统检查

（一）饮食欲的观察

观察动物采食和饮水的情况，注意饲料的种类及质量、饲养制度和方式以及环境条件等因素。病理状态下，饮食欲可能发生减少、废绝或亢进及异嗜等变化。食欲废绝见于各种热性疾病、胃肠炎等；食欲减少见于热性病、口、咽、食管病，胃肠炎，消化不良及肝病等；食欲亢进见于重病后的恢复期、肠道寄生虫病、甲状腺机能亢进及某些消耗性疾病（如糖尿病）；异嗜一般认为是动物机体内缺乏某种营养物质所引起的，如佝偻病、维生素或矿物质缺乏症，另外，神经机能紊乱的疾病也可引起异嗜；饮欲增加见于呕吐、腹泻、大出汗、多尿和胸腹腔有大量渗出液；饮欲减退见于伴有意识障碍的脑病及某些胃肠病，马、骡在剧烈腹痛时常拒绝饮水。

（二）反刍与嗳气检查

观察反刍动物的反刍活动和嗳气对疾病的诊断和预后有重要意义。健康牛每昼夜反刍 4~8 次，每次 40~50 min，总计 5~7 h，但反刍常因外界影响而停止。反刍迟缓、稀少、短促、无力的临床意义与食欲的变化相同。牛和鹿平均嗳气 15~20 次/h、羊 9~12 次/h，嗳气时，可在左侧颈部沿食管沟处看到由下向上的气体移动波，有时还可听到嗳气的咕噜音。嗳气减少是瘤胃运动机能降低或前胃内容物干涸的结果，见于前胃弛缓、瘤胃积食、创伤性网胃炎、瓣胃阻塞和热性病等；嗳气停止则表明前胃机能严重障碍，或食管阻塞等，常伴发瘤胃臌气；嗳气增多是因瘤胃内容物异常发酵所致。

（三）摄食障碍检查

1. 采食障碍　表现采食方法异常、动作不灵活，难以把食物纳入口内或刚纳入口内未经咀嚼即吐出，见于唇、舌、齿的疼痛性疾病。某些脑病如慢性脑水肿、脑炎、面神经麻痹及破伤风等也可引起。

2. 咀嚼障碍　表现咀嚼缓慢、无力或带痛，见于口炎、牙齿磨灭不整、颊部刺伤、咬肌肿胀、麻痹等。

3. 吞咽障碍　吞咽时表现摇头、伸颈、咳嗽，并由鼻孔逆流出混有饲料残渣的唾液和饮水。常见于咽炎及咽周围组织压迫性疾病等。

4. 咽下障碍　动物吞咽动作正常，但在吞咽后不久，表现不安、伸颈、摇头或食管的逆蠕动，并由鼻孔逆流出混有饲料残渣的唾液或蛋清样唾液。见于食管梗塞、食管炎、食管痉挛及食管狭窄等。

（四）流涎与呕吐检查

流涎是由许多原因引起、伴有多种疾病的综合征，原发病治愈后，流涎症状也随之消失。原发性口炎、口蹄疫、破伤风、咽喉炎、马腺疫、狂犬病、食道麻痹、癫痫发作时，常有泡沫状流涎，并伴有其他症状（如痉挛、发热等）；老龄马如无其他并发症而流涎，多为胃硬化症。

呕吐在各种动物均属病态，但各种动物呕吐的难易程度不同。肉食动物易呕吐，猪及禽次之，牛、羊再次之，马一般不发生呕吐。犬、猪采食后一次大量呕吐，以后消失，多见于过食；马发生呕吐见于胃扩张或破裂；采食后频繁呕吐见于胃炎。呕吐物的性质和成分因病理过程不同而异，呕吐物中混有血液，见于出血性胃炎及某些出血性疾病（如猪瘟、犬瘟热及副伤寒等）；呕吐物中混有胆汁见于十二指肠阻塞；粪性呕吐物常发生于猪及肉食动物的大肠阻塞。

（五）口腔、咽、食管及嗉囊的检查

1. 口腔检查　主要注意流涎、气味、口唇及黏膜的温度、湿度、颜色和完整性，舌和牙齿等有无变化。动物口腔一般无特殊臭味，口腔臭味见于各种类型的口腔炎症、齿槽骨膜疾病、咽炎及食管疾病、胃肠道的炎症和阻塞等；牛酮病时，可闻到有类似氯仿的气味。口腔温度应与体温相一致，口温升高见于一切热性病及口腔黏膜的各种炎症等；口温低下见于重度贫血、虚脱及动物的濒死期，在牛、猪、犬，要同时触诊鼻镜、鼻盘的温度加以比较。健康动物的口腔湿度中等，口腔干燥多是热性病、消化机能障碍的结果，口腔过度湿润见于口腔、咽、食管疾病及某些中毒病。口腔黏膜颜色诊断意义与其他部位的可视黏膜及皮肤颜色变化的意义相同，口黏膜的极度苍白或发绀，提示预后不良。口腔黏膜破溃见于牛瘟、恶性卡他热、球虫病、副伤寒、犊白痢、猪化脓杆菌病、霉菌性口炎（鹅口疮）、犬钩端螺旋体病等。舌上有苔是胃肠疾病的表现，舌苔薄且色淡表示病程短、病势较轻，舌苔厚而色深，则标志病程长且病势较重。检查牙齿应注意其磨灭情况，有无松动齿、过长齿、波状齿等，牙齿磨灭常表示钙质不足或严重氟中毒，牛的切齿动摇多为矿物质缺乏的症状，若齿过长常造成舌和颊黏膜损伤。

2. 咽的检查　当动物表现有吞咽障碍，并伴有饲料或饮水从鼻孔返流时，应进行咽部的检查。外部视诊注意咽部有无肿胀、吞咽动作及头部姿势。怀疑有咽部异物阻塞或麻痹性病变时，可借助喉镜进行咽的内部检查。健康动物压迫咽不引起疼痛反应，如出现明显肿胀和热感并引起敏感反应或咳嗽时，多为急性炎症过程；如附近淋巴结弥漫性肿胀而吞咽障碍表现不明显时，见于腮腺炎、马腺疫等，猪咽部及周围组织肿胀并有热痛反应，除咽炎外，还应考虑急性猪肺疫、咽型炭疽、仔猪链球菌病等。

3. 食管检查　视诊发现食管局限性膨隆时，见于食管梗塞或扩张；食管有逆蠕动现象时，见于马急性胃扩张等。触诊食道时，应注意是否有肿胀、异物、波动感及敏感反应等，有疼痛反应及痉挛性收缩见于食管炎，有硬固物见于食管梗塞。此外，食管探诊是临床上一种有效诊断食管阻塞的方法，也常是一种治疗手段，并可作为胃扩张的鉴别方法之一。当食管阻塞时，可根据插入长度判断阻塞的部位；食管憩室时，胃管前端只有通过憩室后方能继续插入；食管炎时，插入胃管时动物疼痛不安且不断作吞咽动作；急性胃扩张时，插入胃管后有大量酸臭气体或稀薄胃内容物从胃管排出。

4. 嗉囊的检查　嗉囊的病变有软嗉囊和硬嗉囊两种。软嗉囊的特征是视诊嗉囊膨大，凸出于颈下部，触诊呈气球感并有波动，将头部倒垂并压迫嗉囊可见有内容物排出，主要是摄取变质饲料所致，此外还见于鸡新城疫时的嗉囊卡他。硬嗉囊的特征是视诊嗉囊显著膨大，触诊坚硬或捏粉状，压迫时可排出少量未经消化的饲料，多见于雏鸡食入过多粗纤维饲料所致。

（六）腹部检查

1. 视诊　着重观察腹围的大小、外形及有无肿胀等。健康状况下，动物腹围的大小与外形主要取决于胃肠内容物的数量、性状以及是否妊娠后期等，同时也受腹膜状态及腹壁紧张度的影响。病理状况下，腹围增大多见于各种类型的腹水、腹壁脓肿、腹壁疝、肿瘤、卵巢囊肿、子宫蓄脓、膀胱内高度充满尿液、胃肠臌气及积食、积粪、急性胃扩张、大面积腹下浮肿等；腹围缩小见于剧烈持久的腹泻、慢性消化不良、长期发热、慢性消耗性疾病等。

2. 触诊　肠胃积气时，触诊腹壁紧张而有弹性；腹腔积液时，触诊有波动感；腹膜炎时，触诊腹壁敏感性增高；猪胃扩张时，在剑状软骨后方可触及胃大弯；肠套叠时，可触及筒状肠管；肠便秘时，左腹部能触到结粪块。触诊犬有局限性疼痛时，应注意有无胃肠炎、肝炎、蛔虫、肠便秘及肠变位等。

3. 听诊　通过胃肠蠕动音来判断胃肠的运动机能和肠内容物性状。正常情况下，动物的胃蠕动音很难听到。各种动物的肠音基本相同，右侧腹部小肠音如流水、含漱声，左侧腹部大肠音如雷鸣音、远炮声。肠音增强见于急性肠炎、肠痉挛、肠臌胀初期及消化不良等；肠音减弱或消失见于肠便秘及肠变位的后期等；肠音不整见于消化不良及大肠便秘初期；金属肠音见于肠臌胀及肠痉挛等。

（七）反刍动物胃的检查

1. 瘤胃检查　正常时，视诊左肷部稍凹陷，饱食后稍平坦；当发生瘤胃积食和臌气时，肷部展平，甚至凸出；肷部凹陷加深则见于饥饿和长期腹泻等；健康牛的瘤胃蠕动音呈雷鸣音或远炮音，2～3 次/min。瘤胃收缩次数减少、收缩力量减弱、收缩时间短促见于前胃弛缓、瘤胃积食、创伤性网胃炎、发热和其他全身性疾病。瘤胃蠕动停止见于瘤胃臌气和积食后期及其他重度的全身性疾病。瘤胃臌气时，触诊上部腹壁紧张而有弹性，冲击式触诊难以感知瘤胃内容物性状；前胃弛缓时，内容物柔软；瘤胃积食时，内容物坚硬；瘤胃炎时触诊敏感性增高。健康牛瘤胃上部叩诊为鼓音，由饥窝向下逐渐变为半浊音，下部完全为浊音。大片鼓音提示臌气，大片浊音提示积食。

2. 网胃检查　触诊网胃如动物表现呻吟、不安、躲闪、反抗等行为，表明网胃有疼痛；如疑为创伤性网胃炎，应做进一步检查，如金属探查器检查、上下坡运动等。听诊最适宜的部位是左侧第 7 肋间下部，正常网胃蠕动音似液体流动声，1～2 次/min。网胃蠕动音减弱或次数减少见于创伤性网胃炎、前胃弛缓、热性病和中毒病等。

3. 瓣胃检查　触诊时，检查者站在动物右侧，在第 7～9 肋间与肩关节水平线上下用拳压迫，如果出现呻吟、抗拒，则为疼痛表现，见于瓣胃阻塞或瓣胃炎。正常瓣胃听诊可听到微弱的沙沙声。瓣胃蠕动音减弱或消失见于瓣胃阻塞、严重的前胃疾病及热性疾病。

4. 真胃检查　触诊时尽可能将手指插入右侧第 9～11 肋间的肋骨弓下方深处，向前下方行强压迫。患真胃炎动物会表现呻吟或躲闪；真胃阻塞可触到坚实、形如枕状的真胃，且动物有痛感；真胃变位、幽门和十二指肠阻塞触诊有波动感并可听到振水音。听诊真胃蠕动音类似流水声，真胃炎时蠕动音增强；真胃阻塞、弛缓和热性病等时蠕动音减弱。健康动物真胃叩诊呈浊音，真胃积食时浊音界扩大；真胃扩张时叩诊呈鼓音且扩增至肋弓后缘，此时冲击或触诊右腹壁，可听到明显的振水音。另外，临床上还运用听诊和叩诊相结合的方法进行真胃变位检查，真胃左侧变位时，运用听、叩结合的方法，可在左侧第 9～12 肋间肩关节水平线上听到钢管音，这时在右侧听不到正常真胃蠕动音。

（八）肝脏检查

马的肝脏叩诊无肝浊音区；患急性肝炎时，肝肿胀而包膜紧张，触诊有回头、摇尾等疼痛性反应。牛在右侧第 10～12 肋间的上部可叩出正常肝浊音区，肝肿大时浊音区扩大，如肝高度肿大，外部触诊还可触及硬固物，并随呼吸而运动，见于肝炎、肝脓肿、肝片吸虫病等。山羊、绵羊的肝脏在右侧第 8～12 肋间有正常浊音区，肝肿大时浊音区扩大，见于实质性肝脏炎症或肝变性。小动物触诊即可确定肝脏的大小、厚度及敏感性，猪和犬的肝脏在右侧第 7～12 肋间、肺的后缘 1～3 指宽、左侧第 7～9 肋间沿肺的后缘均有肝浊音界与肺浊音界的融合，肝脏疾病可见肝浊音区扩大。

（九）排粪及粪便检查

动物排粪动作异常及粪便感官变化是兽医临床检查需要经常注意的问题。排粪动作检查包括排粪次数、姿势及排粪时有无疼痛、努责等，粪便检查主要包括粪便的形状、数量、硬度、颜色、气味及混合物等。在临床中常见的病理性排粪异常有：

1. 腹泻　动物排粪次数和数量增多，粪便稀软，即称为腹泻，见于急性肠卡他、肠炎、沙门杆菌病、大肠杆菌病、病毒病、消化不良等。

2. 大便失禁　由于肛门括约肌松弛或麻痹，动物未取排粪姿势而不自主地排出粪便，见于荐部脊髓损伤、大脑的疾病、持续性腹泻。

3. 便秘　动物排粪次数减少、排粪费力、排粪量少，粪便质地干硬而色暗，呈小球状，常被覆黏液，临床上称排粪迟缓或便秘，见于严重的发热性疾病、腰脊髓损伤、肠弛缓、大肠便秘、前胃弛缓和瘤胃积食、犬前列腺炎等疾病。肠管完全阻塞时，排粪停止。

4. 排粪痛苦　动物排粪时，表现疼痛不安、惊恐、呻吟，拱腰努责，见于腹膜炎、直肠损伤、胃肠炎、创伤性网胃炎、尖锐异物、无肛和肛门堵塞等。

5. 里急后重　动物表现为频取排粪姿势，并强力努责，但仅排出少量粪便或黏液，见于直肠炎及肛门括约肌疼痛性痉挛、犬肛门腺炎。

6. 颜色异常　粪便呈褐色或黑色（沥青样便）表明前部肠管或胃出血；血液附着在粪便表面而呈红色表明后部肠管出血；粪呈淡黏土色（灰白色）表明阻塞性黄疸；粪呈白色糊状表明白痢等。

7. 气味异常　粪便呈现酸臭味见于酸性肠卡他、单纯性消化不良等；粪便呈现腐败臭味见于碱性肠卡他、中毒性消化不良等；粪便呈现腥臭味见于黏液膜性肠炎、急性结肠炎、白痢等。

8. 粪便中混杂物　黏液量增多见于胃肠卡他、肠阻塞、肠套叠等；黏液膜见于黏液膜性肠炎（主要见于水牛）；伪膜见于纤维素性坏死性肠炎；血液见于胃肠道出血性疾病；脓液见于直肠有化脓灶或肠脓肿破裂；粪便中沙粒、小金属片、破布、塑料薄膜碎片、毛球、骨头、毛发等是异物。有时还可在粪中发现寄生虫，如线虫、吸虫和绦虫节片等。

四、泌尿生殖系统检查

（一）排尿检查

1. 排尿动作检查　健康动物每昼夜排尿次数和尿量为：马 5～8 次，尿量 3～6 L；牛5～10 次，尿量 6～12 L；羊 2～5 次，尿量 0.5～2 L；猪 2～3 次，尿量 2～5 L；犬尿量同羊相近。临床常见的排尿异常有：

（1）频尿和多尿　频尿是指排尿次数增多，而 24 h 内尿的总量并不多，多见于膀胱受机械性刺激、尿路炎症等。多尿是指 24 h 内尿的总量增多，多见于慢性肾炎、渗出性疾病吸收期、糖尿病等以及发热性疾病的退热期，等等。

（2）少尿或无尿　动物 24 h 内排尿总量减少甚至接近没有尿液排出，见于休克、脱水、急慢性肾功能衰竭、尿毒症、心功能不全、肝硬变出现腹水时，等等。

（3）尿闭　肾脏的尿生成仍能进行，但尿液滞留在膀胱内而不能排出者称为尿闭，又称尿潴留，见于因结石、炎性渗出物或血块等导致尿路阻塞或狭窄时。临床上尿闭也表现为排尿次数减少或长时间内不排尿，临床上出现少尿或无尿。

（4）排尿困难和疼痛　又称为痛尿，见于膀胱炎、膀胱结石、膀胱过度膨满、尿道炎、尿道阻塞、阴道炎、前列腺炎、包皮疾患、肾盂肾炎、肾梗死或炎性产物阻塞肾盏。

（5）尿失禁　动物未取排尿姿势而不自主地排出尿液，见于腰荐部脊髓损伤和膀胱括约肌麻痹；排尿疼痛时，见于膀胱炎、尿道炎和尿道结石等。

2. 尿液的感观检查

（1）尿液颜色　尿中含有多量的胆色素时呈棕黄色或黄绿色，振荡后产生黄色泡沫，见于各种类型的黄疸。血尿见于肾脏、膀胱和尿道出血等。血红蛋白尿见于血液原虫病、钩端螺旋体病、新生仔畜溶血病、牛血红蛋白尿病等。肌红蛋白尿见于肌病和肌损伤等。

（2）尿液浑浊　可能是含有炎性细胞、血细胞、上皮细胞、管型、坏死组织碎片、细菌或混入大量黏液等，多见于肾脏、肾盂、输尿管、膀胱、尿道或生殖器官疾病。

（3）尿液气味　尿有刺鼻的氨臭味，见于膀胱炎、尿潴留等；尿带腐败臭味见于膀胱或尿道有溃疡、坏死、化脓或组织崩解；羊妊娠毒血症、牛酮病或消化系统某些疾病发生一种烂苹果味。

（二）泌尿器官检查

1. 肾脏检查　大动物以直肠内检查为主，中小动物可进行外部触诊。直肠内检查可判定肾脏的大小、形状、位置、表面性状、硬度和敏感性等；肾有压痛或肿大，见于急性肾炎和肾盂肾炎等；肾表面凹凸不平成结节状，硬度增加，见于慢性肾炎；肾脏体积缩小，见于肾萎缩。小动物外部触诊时，取站立姿势，将两手拇指放于腰部，其余手指在两侧肋弓后方与髋结节之间的腰椎横突下方，左右两侧同时施压并前后滑动，进行触诊。犬的左肾在腰窝的前角可触知，右肾常不易触到。小犬、猫及兔，可取其横卧式进行肾触诊。猫及兔肾脏正常时为光滑硬固能移动的豆状体。

2. 输尿管检查　正常时，直肠内触诊不能感知输尿管。牛肾盂肾炎时，输尿管肿大，在肾与膀胱之间可感觉到粗如手指、紧张而有压痛的索状物。

3. 膀胱检查　注意膀胱内尿液的多少、有无异物、膀胱壁厚度和敏感性等。大动物膀胱空虚时，可感到如拳头大的梨状物；膀胱中等充满时，轮廓明显且有波动感；膀胱过度充满时，占据整个骨盆腔；膀胱平滑肌麻痹时，只有压迫膀胱才有尿液排出；膀胱括约肌痉挛时，压迫膀胱无尿排出，且不易插入导尿管；膀胱炎时，触压膀胱有疼痛反应，膀胱空虚，壁增厚；膀胱结石时，多伴有尿潴留。触诊小动物膀胱时，动物仰卧，用手在腹中线处由前向后触压或用两手分别由腹部两侧逐渐向体中线压迫，膀胱充满时，在耻骨前缘的下腹壁触到一个有弹性的球形光滑体，过度充满时可达脐部；检查是否有结石时，一手食指插入直肠，另一手拇指与食指于腹壁外将膀胱向后方挤压，使直肠内的食指易于触到膀胱。

4. 尿道检查　母畜尿道可用手指直接检查，也可借助器械开张阴道后进行尿道口视诊，或用导尿管进行探诊。母畜发生尿道结石少见，但常发生炎性变化。公畜位于骨盆腔内的尿道部分，可经直肠，连同精囊、前列腺一同检查；坐骨弯曲以下部分，可进行外部触诊；常见的异常变化是尿道结石。

（三）外生殖器检查

1. 雄性动物外生殖器检查

（1）睾丸及阴囊检查　用视诊和触诊检查。注意检查阴囊及睾丸的大小、形状、硬度、有无肿胀、发热和疼痛反应等。一侧性阴囊显著膨大，触诊时无热，柔软而现波动，似有肠管存在，有时经腹股沟管可以还纳，为腹股沟管阴囊疝的特征表现。阴囊肿大，同时睾丸实质也肿胀，触诊时发热，有压痛，睾丸在阴囊中的移动性很小，见于睾丸炎或睾丸周围炎。

（2）阴茎和阴鞘检查　主要检查阴茎有无损伤、肿胀、糜烂等，阴鞘和包皮是否发生肿胀等。阴茎脱垂常见于支配阴茎肌肉的神经麻痹或中枢神经机能障碍。公猪包皮炎常见于猪瘟。

2. 雌性动物外生殖器检查

（1）阴门检查　检查时如发现阴门红肿，应注意雌性动物是否处于发情期或有阴道炎症等。如阴门流出腐败坏死组织块或脓性分泌物时，常提示胎衣不下或患有阴道炎、子宫炎。阴唇边缘附近出现色素缺乏斑，并表现水肿，应考虑马媾疫的可能。

（2）阴道检查　当发现阴门红肿或有异常分泌物流出时，应借助开膣器，详细观察阴道黏膜的颜色、湿度、损伤、炎症、肿物、溃疡及阴道分泌物的变化。同时注意子宫颈的状态。健康雌性动物阴道黏膜呈粉红色，光滑而湿润。病理状态下，阴道黏膜潮红、肿胀、糜烂或溃疡、分泌物增多。阴道流出浆液黏性或黏液脓性、污秽腥臭的液体，是阴道炎的表现。阴道黏膜呈现出血斑，可见于马传染性贫血等。子宫颈口潮红、肿胀，为子宫颈炎的表现。子宫颈口松弛，有多量分泌物不断流出，则提示子宫炎。

3. 乳房检查　检查乳房时，首先要注意全身状态，其次应注意生殖系统有无异常变化。乳房检查的主要内容包括以下方面。

（1）乳房视诊　注意乳房的大小、形状，乳房和乳头的皮肤颜色，有无发红、橘皮样变、外伤、隆起、结节及脓疱等。牛、绵羊和山羊的乳房皮肤上出现疹疱、脓疱及结节多为痘疹、口蹄疫等疾病的症状。

（2）乳房触诊　注意乳房皮肤的温度、厚度、硬度，有无肿胀、疼痛和硬结以及乳房淋巴结的状态。检查乳房各部位温度时，应将手贴在相对称的部位进行。检查乳房皮肤厚薄和软硬时，应将皮肤捏成皱襞或由轻到重施加压力而判定。触诊乳房实质及硬结病灶时，须在挤奶后进行。当乳房肿胀、发硬，其范围局限于乳腺的一叶或一个叶的某部分，也可侵害整个乳房，皮肤呈红紫色，有热痛反应，有时乳房淋巴结肿大，这是乳房炎的表现；如乳房表面出现丘状突出，急性炎症反应明显，以后有波动感，则提示是乳房脓肿；如乳房淋巴结显著大，硬结，触诊无热无痛，常见于奶牛乳房结核。

（3）乳汁的感观检查　除轻度炎症外，多数乳房炎患病动物乳汁性状都有变化。检查时，可将乳汁挤入器皿内进行观察，注意乳汁颜色，黏稠度及性状有无变化。如挤出的乳汁浓稠，内含有絮状物或纤维蛋白性凝块，或混有脓汁、血液，是乳房炎的重要特征。必要时对乳汁进行实验室检查。

五、神经系统检查

（一）精神状态检查

1. 精神兴奋　高度兴奋表现为狂躁不安，狂奔乱跳，攻击人畜，高声鸣叫等，见于脑膜充血、炎症、狂犬病、有机磷中毒以及神经型酮血病等。

2. 精神抑制　根据程度不同分为沉郁、昏睡和昏迷。精神沉郁是轻度抑制现象，动物对周围的注意力减弱，反应迟钝，离群呆立，闭眼低头，不听呼唤，见于许多疾病的经过中。昏睡时动物表现沉睡状态，给以强烈刺激才能产生迟钝和暂时的反应，但很快又陷于沉睡状态，见于脑炎和颅内压升高等。昏迷为高度抑制现象，动物意识和机能高度丧失，即使给以强烈刺激也无反应，仅保持呼吸和心搏动，但心率失常，呼吸节律不齐，见于重症脑炎、中毒及肝肾机能衰竭等，是预后不良的征兆。

（二）运动机能检查

1. 强迫运动　常见盲目运动和转圈运动。盲目运动时，动物作无目的的徘徊走动，头或后躯抵于障碍物后不动，人为改变其方向后又开始作无目的的徘徊走动，对外界刺激缺乏反应，见于脑髓损伤和意识障碍时，如脑炎等。转圈运动时，动物按一定方向作圆圈运动，圆圈的直径不变或逐渐缩小，见于牛、羊的多头蚴病和各种动物的脑炎。

2. 体位平衡失调和运动失调　体位平衡失调指动物在站立状态下，不能保持体位平衡，极易跌倒，见于小脑或前庭传导径路受损时；运动失调指动物运动时的步幅、运动强度和方向性发生异常，动作缺乏准确性、协调性和节奏性，见于大脑皮质、小脑、前庭核及脊髓的损伤等。

3. 痉挛　临床上根据病性分为阵发性痉挛和强直性痉挛。阵发性痉挛是肌肉的收缩与弛缓交替出现，时间短暂，发作快速，主要是神经肌肉的应激性增强和大脑皮层运动区受刺激而过度兴奋的结果，见于重度的传染病、中毒病、某些代谢病等。强直性痉挛是肌肉长时间连续性收缩而无弛缓，主要是大脑皮质受抑制，基底神经节受损或脑干、脊髓的低级运动中枢受刺激的结果，见于破伤风、马钱子中毒、有机磷中毒、脑炎等。

4. 瘫痪（麻痹）　按致病原因分为器质性瘫痪和机能性瘫痪，器质性瘫痪是由运动神经损伤所造成，如脊髓受压、脊椎骨骨折、脑脊髓丝虫病等；机能性瘫痪则运动神经无器质性损伤，由血液循环障碍、中毒等引起，消除病因可恢复。按解剖部位分为中枢性与外周性瘫痪，中枢性瘫痪表现为肌肉紧张而带有痉挛性，反射亢进，肌肉不发生快速萎缩，腱反射增强，提示脑、脊髓损伤，细菌性、病毒性或中毒性脑脊髓炎，大脑皮层运动区的出血、寄生虫、脓肿、肿瘤等占位性病变而使脑部受压；外周性瘫痪表现为肌肉紧张力降低、反射减弱或消失、肌肉萎缩等，临床常见的有面神经麻痹及坐骨神经、桡神经麻痹等。

（三）感觉机能检查

1. 浅感觉检查　临床主要检查痛觉。感觉过敏（轻度刺激呈现强烈反应）提示脊髓膜炎、脊髓背根损伤、视丘部损伤、末梢神经炎等；局限性痛觉减退或消失提示脊髓损伤、多发性神经炎等；全身性痛觉减退或消失见于各种疾病所引起的精神抑制和昏迷。

2. 深感觉检查　深感觉障碍时，人为地使动物采取不自然姿势后，可在较长时间内保持人为姿势而不改变肢体的位置，且强使动物运动时，步行缓慢，方向不准，见于慢性脑室积水、脑炎、脊髓损伤、严重肝脏病和中毒病等。

3. 特殊感觉检查

（1）视觉　动物视觉减弱或消失除与某些眼病有关外，可因视神经异常所引起。瞳孔对光反射减弱或消失，见于视网膜、视神经或脑的功能减弱或丧失；两侧瞳孔散大、对光反应消失，甚至用手指按压眼球时眼球不动，表示中脑受损，是病情危重的征兆；瞳孔缩小，主要见于有机磷中毒或颈部损伤。眼球突出见于严重呼吸困难、剧烈疼痛；眼球凹陷主要见于严重脱水等。

（2）听觉　听觉迟钝或完全散失除因耳病所致外，见于延脑或大脑皮层颞叶受损伤时，某些品种特别是白毛的犬和猫有时为遗传性的。听觉过敏见于脑和脑膜疾病，偶见于反刍动物酮病。

（3）嗅觉　临床以犬、猫嗅觉检查有意义，尤其是警犬、猎犬，如发生嗅觉障碍则失去其经济价值；嗅神经或鼻黏膜疾病（如鼻炎）时常引起嗅觉迟钝甚至缺失，如犬瘟热、猫传染性胃肠炎、马传染性脑脊髓炎等。

（四）反射检查

以判定神经系统损伤的部位为目的。临床常用的有：耳反射，用细棍轻触耳内侧皮毛，正常时动物摆耳和转头，反射中枢在延髓及脊髓的第一、二节颈椎段；肛门反射，轻触或针刺肛门部皮肤，正常时肛门括约肌产生一连串短而急的收缩，反射中枢在荐髓；腱反射，检查时动物呈横卧姿势，抬平被检后肢使肌肉松弛，用叩诊棒叩击膝中直韧带，正常时后肢膝关节部强力伸张，反射中枢在延脑。反射减弱或消失是反射弧的径路受损伤所致；反射亢进是反射弧或中枢兴奋性增高或刺激过强所致，也可由大脑对低级反射弧的抑制作用减弱、消失所引起，如破伤风、士的宁中毒、有机磷中毒、狂犬病等。

六、运动系统检查

（一）肢蹄检查

通过视诊观察是否有跛行，肢蹄上是否有破溃、结节、囊肿等；通过触诊检查肢蹄的敏感性、有无肿胀、骨疣或骨折等；对骨、关节、蹄等硬组织器官多用 X 线拍片或透视检查；对肌、腱、韧带及关节囊等软组织多用 B 超检查；关节内部结构可用关节内窥镜观察。

（二）骨骼检查

主要对头骨、下颌骨、脊柱、肋骨、四肢长骨通过视诊、触诊、穿刺、X 线等进行检查。通过视诊观察是否瘫痪、跛行、拱腰、变形等；通过触诊进行触摸、拉伸等，检查是否敏感、疼痛、脱位、骨折等；通过穿刺检查是否骨质疏松；通过 X 线拍片观察骨骼是否发生变化。

第四节　特殊检查方法

一、X 线检查

（一）透视检查

1. 应用范围　主要用于胸部及腹部的侦察性检查。也用于骨折、脱位的辅助复位，异物定位及其摘除手术等。对骨关节疾病，一般不采用透视检查。

2. 透视技术

（1）透视检查的条件　管电流通常用 2～3 mA；管电压小动物为 50～70 kVp，大动物为 60～85 kVp；焦点至荧光屏的距离，小动物约 50～75 cm，大动物为 75～100 cm；曝光时间为 3～5 s，间歇 2～3 s，断续地进行，一般胸部透视约需 1 min。

（2）透视检查的顺序 预先了解透视目的或临床初步意见，在被检动物确实保定后，将荧光屏贴近被检部位，并与 X 线中心相垂直，以免影像放大和失真。先对被检部位进行全面浏览观察，注意有无异常。当发现可疑病变时，则缩小光门作重点深入观察，并与对称部位比较。纪录检查结果，必要时进一步作摄影检查。

3. 注意事项 进行 X 线透视检查前，检查者应戴上红色护目镜 10～15 min，作眼睛暗适应。除去动物体表被检部位的泥沙污物、敷料油膏和含碘、铋、汞等高原子序数药物。注意对 X 线的防护，如穿戴铅橡皮围裙与手套，或使用防护椅等。全面系统检查，避免遗漏。调节光门，使照射野小于荧光屏的范围。熟练技术，在正确诊断的前提下，缩短透视时间，不作无必要的曝光观察。患病动物须作适当保定，以确保人员、动物和设备的安全。

（二）摄影检查

1. 摄片的应用范围 广泛应用于全身各系统器官，尤其是四肢和骨骼、关节的检查。

2. 摄影条件的选择

（1）摄影的技术条件

千伏（kV）：为管电压峰值单位，决定 X 线的穿透力。千伏变化的标准是：一般厚径每增减 1 cm，电压相应增减 2 kV。较厚密的部位（当需用 80 kV 以上者），厚径每增减 1 cm，则要增减 3 kV 或更多。

毫安（mA）：根据需要和 X 线机的性能选择，毫安值越大，单位时间内 X 线输出量越大。

焦片距（cm）：即 X 线球管阳极焦点面至胶片的距离，故也称为焦点胶片距离，以 cm 表示。一般选择 80 cm，胸部照片距离可延至 100～150 cm。

曝光时间：管电流通过 X 线管的时间，以秒（s）表示。常以毫安秒（mAs）计算 X 线的总量，即毫安与秒的乘积，它决定每张照片上的感光度。

（2）摄影曝光条件表的制订 根据所用 X 线诊断机的性能和 X 线胶片、增减屏、滤线器的型号，制订一份详细的摄影曝光条件表，可供本单位日常摄影使用。在拍摄某部位的照片时，可以方便地从表内挑选适宜的 X 线曝光条件。在套用其他的现成技术资料时，应按本单位实际情况适当调整条件参数。

如制订一份中、小动物的胸部摄影曝光条件表，可先参考"厚度（cm）×2＋25＝kV"的公式确定千伏数，然后试以 6 mAs 为基础进行不同的曝光试验，优选出最佳的毫安秒。通常将一张胶片分成 4 等份，拍摄相同部位，每次投照时只暴露要照相的 1/4，而用铅板覆盖其他 3/4。第 1 份用 1/2 的基础 mAs，第 2 份用基础 mAs，第 3 份用加倍基础 mAs，第 4 份用 4 倍基础 mAs。在相同的暗室条件下冲洗照片，然后通过对比试验选出其中最满意的一份，以其条件为标准。如果试验的结果全部不佳，则改变千伏或毫安秒值再进行试验直到满意为止。一旦找出了最佳条件，即可以此为基准，按被检部厘米厚度的变化制订一份技术条件表。

（三）胶片处理的暗室技术

1. 胶片装卸 预先取好与 X 线胶片尺寸一致的暗盒置于工作台上，松开固定弹簧。在暗室中打开暗盒。然后从已启封的 X 线胶片盒内取出一张胶片放入暗盒内。确保胶片四周已在暗盒内后，紧闭暗盒后则可送去进行 X 线投照。如果需要较小尺寸的胶片，可在暗室中用裁片刀裁切。已经投照的暗盒，送回暗室。在暗室中开启暗盒，轻拍暗盒使 X 线胶片脱离增感屏，以手指捏住胶片一角轻轻提出。注意勿用手指向暗盒内挖取或以手触及胶片中心部分，以免胶片或增减屏受污损。胶片取出后，送自动冲片机。如人工冲洗，则将胶片夹在洗片架上。

2. 胶片冲洗

（1）显影　显影时一手拿起显影筒盖，另一手把夹好胶片的洗片架放入显影桶的药液内，上下移动数次再放好，把盖盖回。显影完毕即可取出。显影温度为 20 ℃，显影时间一般为 4～6 min。如无把握者，可在显影 2～3 min 后取出在红灯下短暂观察一次。发现曝光过度或曝光不足时，及时调整显影时间。

（2）漂洗　显影完毕后取出胶片，置漂洗桶内清水中上下移动数次。

（3）定影　取出已漂洗的胶片，滴去多余的清水，放入定影桶内加盖定影。定影温度为 18～20 ℃，定影时间为 15～20 min。

（4）水洗　定影完毕后，取出胶片，滴回多余的药液于定影筒内，放入冲洗池内用缓慢流动清水冲洗 30～60 min。

（5）干燥　水洗完毕的胶片，取出后置于晾片架上晾干或在胶片干燥箱内干燥。胶片干燥后，从洗片架中拆下并装入封套，登记后送交阅片诊断保存。

3. 显影剂及定影剂

（1）显影剂配方　50 ℃温水 800 mL，加入甲基对氨基酚 3.5 g、无水亚硫酸钠 60 g、对苯二酚 90 g、无水碳酸钠 40 g、溴化钾 3.5 g，按顺序溶解后，加水加至 1 000 mL。

（2）定影剂配方　50 ℃温水 600 mL，加入硫代硫酸钠 240 g、无水亚硫酸钠 15 g、99% 冰醋酸 14 mL、硼酸 7.5 g、钾矾 15 g，按顺序溶解后，加水加至 1 000 mL。

（四）骨与关节常见疾病的 X 线诊断

1. 骨与关节病变的基本 X 线表现

（1）骨骼的异常

骨质疏松：X 线表现为骨的密度降低，骨小梁数目明显减少、变细，小梁间隙增宽。重者骨小梁几乎消失，密度明显降低，骨皮质变薄，骨髓腔变宽。广泛性骨质疏松见于老龄动物、营养不良、代谢障碍等。局限性骨质疏松见于外伤后固定、肢体废用、炎症、感染或肿瘤等。

骨质软化：X 线表现为骨的密度均匀降低，骨小梁模糊变细，骨皮质变薄，负重骨骼可发生变形弯曲。骨质软化多见于佝偻病、骨软症、纤维性骨营养不良等。

骨质破坏：X 线表现为骨质发生密度降低的透明区，骨皮质缺损。透明区的大小、形状和边缘可有差异。边缘模糊不规则，一般为恶性或病变发展的表现。边缘清楚锐利或有密度加带包围者，多为良性或好转的表示。破坏区内可出现密度增高、边缘轮廓清晰、块状或条状死骨阴影。骨质破坏常见于骨髓炎、骨脓疡、骨结核、骨囊肿、骨肿瘤和放线菌病等。

骨质增生硬化：X 线表现为骨质密度增高，骨皮质增厚，骨髓腔变窄或消失，骨小梁增生增粗甚至失去海绵状结构，变成致密骨质。局限性骨质硬化多见于慢性炎症、成骨性肉瘤和骨折的愈合等。泛发性骨质硬化，最常见于鸡的骨型白血病和羊的骨质石化症等。

（2）关节的异常

关节肿胀：X 线表现为软组织层阴影肿大增厚，密度稍增浓，组织层次模糊不清，多见于急性关节炎、化脓性关节炎或软组织急性炎症早期。

关节间隙改变：间隙增宽多见于炎症的关节腔积液，外伤的关节腔积血以及软骨增生与肥厚，并可伴有密度增加以及骨端密度减低和边缘模糊。间隙变窄为软骨的变性与破坏，见于关节炎、化脓性关节炎与微动关节的骨关节病。

关节破坏：轻症 X 线表现为关节面骨质变薄、模糊和粗糙，重症显示为关节面和附近骨质大小不等的不规则破坏性缺损，甚至骨关节面全部消失，见于关节腔内积脓、关节囊蜂窝织炎和中后期的化脓性关节炎。

关节强直：骨性关节强直有关节软骨的全层破坏，关节骨端由骨组织所连接，在 X 线上表现为关节间隙明显狭窄或完全消失，且可见骨小梁通过关节间隙将两骨端连接融合。纤维性强直虽然关节活动消失，但在 X 线上仍可显示狭窄的关节间隙，且无骨小梁贯穿，关节面可以完整或略不规则，但边界都较清晰。关节强直多见于化脓性关节炎，这类病例由于关节活动受限制，常伴发废用性骨质疏松和肌肉萎缩。

2. 骨与关节常见疾病

（1）骨折　X 线照片可显示黑色、透明的骨折线（纹），但只在 X 线平行通过骨的断裂面时，才能清楚显示出骨折线，故常规检查需拍摄包括上下两个关节在内的、两张互成 $90°$ 角的前后位（正位）和侧位片。确定骨折断端是否移位，以骨折近端为准，借以判断骨折远端的移位方向和程度（图 1-1）。

骨折的愈合可表现为骨折断端及其周围出现骨痂形成的致密阴影，骨折线模糊和消失。骨折后局部先形成纤维性骨痂，数周后骨痂开始硬化，其密度增加，骨小梁在局部形成，软组织肿胀也见消退。骨折的愈合可因局部血液供应、骨折类型、骨折固定、患病动物的年龄和感染情况而异。

骨折愈合延迟，骨折线迟迟不见消失，骨折断端不见硬化骨痂出现。通常见于骨折固定不良、局部供血不佳、全身营养代谢障碍和骨折后发生感染等。

骨折如不愈合，可见原骨折线增宽，断端光滑，骨髓腔闭塞，密度增高硬化，可形成假关节。多见于骨折固定不良、断端经常摩擦、骨痂生长不佳以致骨折停止愈合。

（2）脱位　对半脱位和深在性脱位，临床诊断较为困难，须进行 X 线检查。全脱位的 X 线表现为关节内两骨端的关节面对应关系完全脱离（图 1-2）。半脱位的 X 线表现是相对应的关节面部分脱离，失去正常相互平行的弧度和间隙。先天性脱位多见于膝关节，X 线显示股内踝关节面平坦，外滑车发育不良等。

（3）化脓性骨髓炎　急性骨髓炎的 X 线表现以骨质破坏为主，骨皮质和骨松质局部骨质溶解；多沿长骨骨干出现骨膜新生骨反应，极少影响关节；围绕患骨周围的软组织肿胀，密度增浓，层次模糊。慢性骨髓炎的 X 线表现以骨质增生硬化为主（图 1-3），骨质破坏区周围有明显的密度增高的骨质增生硬化，骨质破坏区内常出现边缘锐利的条、块状死骨阴影。

（4）全骨炎　又称嗜酸性全骨炎，是一种长骨疼痛性炎症。多见于 5～18 月龄大型犬，尤以德国牧羊犬多发。X 线表现为在骨干或干骺端的骨髓腔内出现斑块状致密阴影，骨小梁结构模糊不清（图 1-4）。骨内膜增厚，骨膜新生骨反应。

（5）骨肿瘤　四肢骨肿瘤常见于老龄的大型犬或巨型犬，较少见于猫。X 线显示干骺端处有边界不清的骨皮质溶解破坏区，骨膜形状不规则或太阳曝射状新生骨增生，软组织明显肿胀（图1-5）。一般不侵犯关节，可能有病理性骨折。

（6）髋关节发育不良　该病存在于犬（多见于重型犬和大型犬）、猫、鸡、马、牛、猪、熊和大猩猩等多种动物。通常仅需一张后肢伸直位的骨盆部腹背位X线照片。如作高级评估，则尚需补充一张后肢弯曲位的骨盆部腹背位X线照片。X线表现为关节间隙增宽，髋臼与股骨头的关节面不和谐，股骨头变平、变形，髋臼变浅，股骨头半脱位或脱位（图1-6）。

（7）腐蹄病　X线表现为蹄部软组织肿胀、密度增浓。如软组织腐败溃破或形成瘘管后，可见有半圆形密度降低的透明区和液平面。蹄关节间隙因关节腔内的渗出和积脓而增宽。如关节囊破坏后，蹄关节呈半脱位或脱位。第二、三指（趾）常出现骨质破坏。有些病例蹄尖部骨质破坏，形成大的缺损。因感染可引起广泛性骨化性骨膜炎（图1-7）。

（五）食管常见疾病的X线诊断

1. 食管异物与阻塞　金属异物、骨头、石块呈高度致密阴影，边缘锐利清楚，在常规X线照片上即可根据其形状而确定（图1-8）。X线可透性异物如木块、布片、塑料、块根、饲料等，因缺乏密度异常的阴影，在常规X线检查中不易检出。可灌服少量钡剂，借助残钡涂布而显示异物。如食管完全阻塞，阻塞上段的食管有积气积液，X线显示出透明的气影和液平面。食管的造影检查，可准确显示阻塞的部位，钡剂到达异物阻塞处而停止，不能通过。如继发食管穿孔破裂，钡剂则从破损溢出食管外的组织中。

2. 食管狭窄　普通X线检查不能显示食管狭窄。食管造影检查，可以了解狭窄的部位、范围和程度，在透视下可见狭窄的上段食管轻度扩张，钡流在狭窄处受阻，通过缓慢，食管狭窄度纤细不能扩张。如为瘢痕性狭窄，管腔粗糙不整齐，狭窄前端食管可呈圆锥形，锥尖向后。食管壁及黏膜炎性肿胀引起的狭窄，一般狭窄程度较轻，狭窄部较光滑整齐。食管肿瘤或异物引起的狭窄，可使钡剂产生充盈缺损，钡流变慢和变细绕过，并在局部遗留残钡，显示肿物的形状轮廓（图1-9）。如为压迫狭窄，狭窄部多呈半圆形，但需注意与正常的蠕动波区别，勿将蠕动波误为狭窄。在胸段食管发生的压迫性狭窄，由于肺的对比，可能同时显示出与狭窄部一致的肿物阴影。

（六）胸部疾病的X线诊断

1. 正常胸部的X线表现　胸椎、肋骨和胸骨可较清楚显示。两侧的肋骨重叠，靠近胶片或荧光屏一侧肋骨影像较小而且清晰，远离胶片的对侧肋骨影像放大且较模糊。前至第一对肋骨，后至向前倾斜隆突的横膈，胸椎和胸骨之间的广大透明区域，为肺野。肺野中部呈斜置的类圆锥形软组织密度的阴影为心脏。心基部向前的一条带状透明阴影为气管。胸主动脉是一由心基部上方升起弯向背与胸椎平行的较粗宽带状软组织阴影。心基部后方有一向后的较窄短的带状软组织密度阴影，为后腔静脉。在主动脉与后腔静脉之间的肺野，由心基部向后上方发出的树状分枝的阴影，为肺门和肺纹理阴影。心脏后缘与膈肌前下方构成锐角三角区，为心膈三角区（图1-10）。

2. 肺部病变的基本X线表现

（1）渗出性病变　肺的急性炎症，肺泡内气体被炎性渗出物代替而发生实变。X线表现为云雾状密度增加的阴影，密度均匀或不一致，大小不定，边缘模糊，界限不清，小片状阴影可融合而形成大片状阴影。

（2）增殖性病变　为肺的慢性炎症在肺组织内形成肉芽组织，特点为细胞和纤维组织大量增殖。X线表现为密度较高，边缘较清楚，呈粒状、腺泡结节状或梅花瓣状的阴影，缺乏融合现象。

（3）**纤维性病变** 肺急性或慢性炎症吸收不全的愈合表现。X线表现为局限性条索状、星芒状或网状密度较高的阴影，界限较清楚，常无一定的走向，与肺纹理不同。广泛性的纤维病变，往往引起肺组织萎缩，导致附近器官向患侧移位、胸廓塌陷、肋间隙变窄等现象。

（4）**钙化** 坏死病变组织愈合的一种表现，多见于肺和淋巴结干酪样坏死病灶的愈合。X线表现为密度增高，边缘锐利的斑点状、斑块状或形状不规则的球形致密阴影。

（5）**空洞性病变** 肺内病变组织坏死液化的表现，见于肺结核、肺脓肿和肺坏疽。据其病理发生分为3种：

多发性空洞：X线影像表现为多发性不规则的透亮区，周围有大量炎性实变阴影，见于坏疽性肺炎、肺结核或转移性肺脓肿。

厚壁空洞：空洞周围有较厚的结缔组织及渗出阴影，空洞内壁光滑，外壁往往不规则，见于肺脓肿、慢性肺结核或肿瘤性空洞。

薄壁空洞：空洞周围有薄层纤维组织围绕，由于肺组织向四周的牵引形成圆形空洞。X线表现为边缘清晰，内壁光滑的圆形透亮区，周围很少有浸润性病变，见于肺结核。

（6）**肿块** 肿瘤或囊肿代替了正常肺组织的表现。X线特征为圆形或类圆形中等密度的致密阴影，一般边缘清晰锐利，可单发或多发，最常见于牛、羊肺包虫。

3. 肺部常见疾病的X线表现

（1）**支气管肺炎** X线摄影显示，在透亮的肺野中可见多发的密度不均匀、边缘模糊不清、大小不一的点状、片状或云絮状渗出性阴影，多发于肺心叶和膈叶，呈弥漫性分布，或沿肺纹理的走向散在于肺野，肺纹理增多、增粗和模糊（图1-11）。病变可侵犯一个或多个肺叶，并以肺的腹侧部最为严重。

（2）**大叶性肺炎** 大叶性肺炎充血期无明显的X线特征，仅可见病变部肺纹理增粗增浓。肝变期肺野中下部呈大片均匀致密的阴影，上界呈弧形隆起，与临床叩诊时弧形浊音区一致。消散期表现为大片密实阴影逐渐缩小、稀疏变淡，肺透亮度逐渐增加，病变呈不规则、大小不一的斑片状模糊阴影。

（3）**坏疽性肺炎** 又称异物性肺炎或吸入性肺炎。根据吸入异物的性质和病程的长短不同，X线表现有一定差异。病初吸入异物，在肺门区呈现小叶性渗出性阴影，随病情的发展，呈团块状或弥漫性阴影，密度不均匀。当肺组织腐败崩解、液化的肺组织被排出后，呈现大小不一、无一定境界的空洞阴影，多呈蜂窝状或多发性虫蚀状阴影，较大空洞也能呈现环带状空壁。

（4）**肺结核**

急性粟粒性肺结核：X线透视表现为整个肺野透明度降低，呈磨玻璃状改变。X线片可见整个肺野均匀分布、大小相等的点状或颗粒状边缘较清楚的致密阴影，有些病例可见到小病灶融合成较大的点状阴影。

结核性肺炎：多为大片状渗出性阴影，与融合性支气管肺炎相似，有时在大片状模糊阴影之间出现密度减低区或较明显的空洞形成，并常伴发结核性胸膜炎。

肺硬变：X线表现为范围不等、密度较高、边缘清楚的致密阴影，有时在病变区出现单发或多发的空洞透明区，并有点状或片状钙化灶混杂其间。

4. 胸腔积液　X线检查仅可证实胸腔积液，但不能区别液体性质。胸腔积液包括游离性、包囊性和叶间积液。极少量的游离性胸腔积液（小型犬、猫＜50 mL；中大型犬＜100 mL），在X线上不易发现。游离性胸腔积液量较多时，站立侧位水平投照显示胸腔下部均匀致密的阴影，其上缘呈凹面弧线（图1-12）。大量游离性胸腔积液时，心脏、大血管和中下部的膈影均不可显示。当液体被纤维结缔组织包围并因粘连而固定某一部位，形成包囊性胸腔积液时，X线表现为圆形、半圆形、梭形、三角形，密度均匀的密影。如发生于肺叶之间的叶间积液，X线显示梭形、卵圆形、密度均匀的密影。

5. 膈疝　X线检查，膈肌的部分或大部分不能显示，肺野中下部密度增加，胸、腹腔的界限模糊不清。因常并发血胸或胸腔积液，肺野中下部出现广泛性密影，胸腔内的正常器官影像不能辨认。如胃肠疝入，在胸腔内可显示胃的气泡和液平面、软组织密度的肠曲影和其中的气影。先天性心包疝时，心脏阴影普遍增大，密度均匀，边界清晰，或可同时显示疝入肝脏的块状影像或疝入肠管的气体阴影。

（七）腹部疾病的X线诊断

1. 食管贲门痉挛　多见于犬。X线显示上段食管为粗带状的软组织阴影。造影检查钡流受阻，胸段食管普遍性扩张并有积气。扩张食管的远端光滑呈圆锥状，锥尖向后。持续时间较长者，食管内的钡剂沉淀，使食管下缘及后段阴影浓密，中间密度较淡而不均匀，并出现液平面，上缘及前段显示透明气影（图1-13）。痉挛通常间歇性发生，缓解时钡剂可以通过。必要时可注射解痉药作鉴别。

2. 胃扩张-胃扭转　以犬多发，猫偶尔发生。各种品种犬均可发病，但以德国牧羊犬、圣伯纳、大丹、爱尔兰㹴利、杜伯文等大型犬多发。作前腹部X线照片显示，胃高度扩张，充盈气体和食物。一条细长的软组织密度样的皱褶横跨胃，将胃分成两部分（图1-14）。

3. 肠梗阻　X线检查对小动物的肠梗阻有重要的意义。动物应站立侧位，X线水平投照。阻塞部上段肠管积气、积液。X线特征性表现为多发性半圆形或拱形透明气影，在其下部有致密的液平面。这些液平面大小、长短不一，高低不等，如阶梯样（图1-15）。如发生肠套叠，钡剂灌肠可显示肠腔内套叠形成的肿块密影，套入部侧面呈杯口状的特征性影像。

4. 腹水　X线显示腹部膨胀，呈烟雾朦胧阴影，清晰度下降，正常腹内组织器官结构被遮蔽而不能清晰显示，仅可显示肠内气体阴影（图1-16）。腹腔穿刺放出液体后重新拍片，可显示腹内结构影像。

5. 子宫蓄脓　排空直肠后作腹部X线摄片。在中腹部、后腹部以及骨盆前区，子宫蓄脓通常显示为轮廓清楚、密度均匀、盘旋曲管状、团块状或袋状密影，肠管被挤向前方移位（图1-17）。

6. 尿结石　尿结石按其发生部位分为肾结石、输尿管结石、膀胱结石和尿道结石。临床上以膀胱结石和公畜的尿道结石多见。多数尿结石为X线不透性结石，普通X线摄影检查可以显示其高密度阴影。但尿酸盐结石密度低，与软组织密度相同，普通X线摄影检查不可显示，为X线可透性结石。膀胱结石多为X线不透性结石，X线表现单个或多个圆形、椭圆形密影（图1-18），阴影呈分层者多为磷酸钙结石，桑葚形者多为草酸钙结石。对疑有X线可透性结石者，应作膀胱充气造影检查。

图 1-1 猫股骨远端骨骺分离

侧位显示股骨远端骨骺分离，并向后
移位与股骨骨干成 90°角

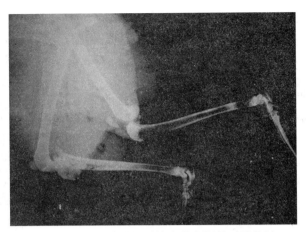

图 1-2 猫左膝关节脱位合并右胫骨近端骨折

侧位显示左膝关节正常位置发生改变，左胫骨向前移位。
右胫骨近端骨折、移位重叠，骨干有骨裂

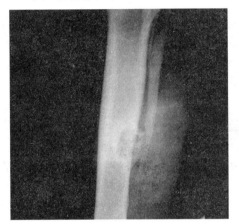

图 1-3 马跖骨骨髓炎

侧位显示跖骨骨干中段一椭圆形骨质溶解，
有明显骨质增生硬化并压迫跖骨

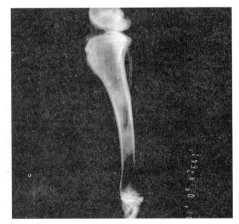

图 1-4 犬胫骨全骨炎

侧位显示胫骨上下 1/3 处骨髓腔内出现致密阴影

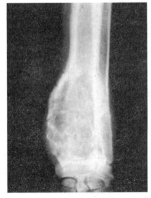

图 1-5 犬桡骨远端骨肉瘤

前后位显示桡骨远端肿胀，广泛
性骨质破坏与骨质增生

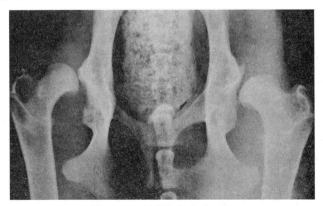

图 1-6 犬髋关节发育不良

腹背位显示两髋臼与股骨头吻合不佳，髋臼变浅，髋臼前缘软骨下骨
质硬化，股骨头蘑菇状变形，左侧髋关节半脱位，右侧髋关节脱位

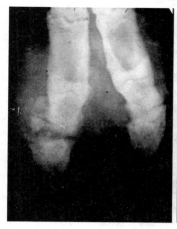

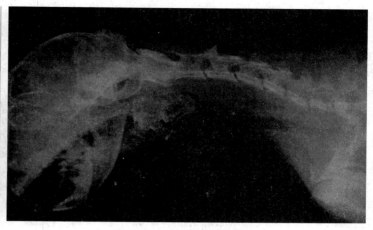

图1-7　牛腐蹄病

背跖位显示一侧蹄关节软组织肿
胀，关节缘骨质破坏，骨膜新
骨增生，蹄骨外侧脱位

图1-8　猫颈段食管异物

侧位显示咽后食管处一大块骨性密影

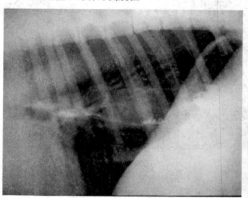

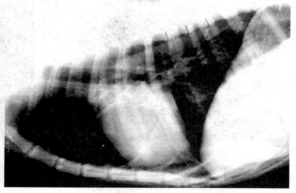

图1-9　犬胸段食管狭窄（血色食道虫病）

食管造影侧位显示心基部后上方肿块密影
（血色食道虫包块）

图1-10　犬正常胸部

显示胸骨、胸椎、横膈、肺野、心脏、
主动脉、肺纹理等

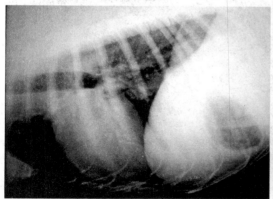

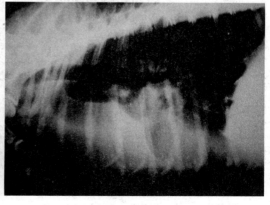

图1-11　犬支气管肺炎

显示心基部后上方、沿支气管走向分布渗出性密影

图1-12　犬胸腔积液

侧位显示胸腔下部均匀致密的阴影，上缘呈3个凹面弧线

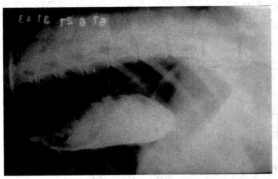

图 1-13 犬食管贲门痉挛

犬坐式侧位水平投照，显示胸段食管膨胀，钡剂与食料
混杂并沉积，后端密度最高，贲门处尖细

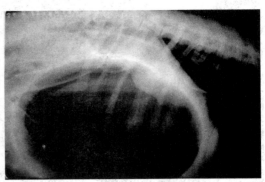

图 1-14 犬胃扭转

侧位显示胃高度充气扩张，一条细长的软组织密度样
的皱褶横跨胃，将胃分成背腹两部分

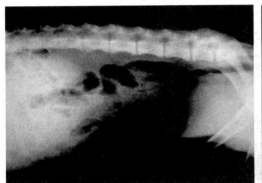

图 1-15 犬肠梗阻

站立侧位水平投照显示多发性肠管扩张
积气及高低不等的梯级样液平面

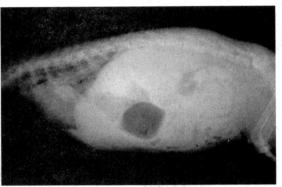

图 1-16 犬腹水

侧卧位显示腹部明显膨胀，密度增高，结构模糊，
仅显示胃气泡和肠内气体阴影。心肺受压

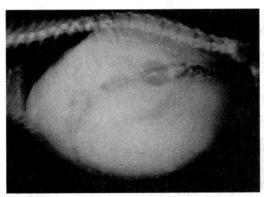

图 1-17 犬子宫蓄脓

侧位显示中腹部盘绕的子宫块状密影，
肠管受挤压向前背侧移位

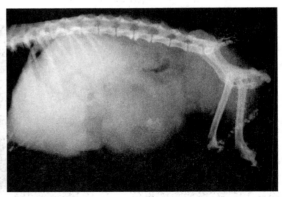

图 1-18 犬膀胱结石合并尿道结石

侧位显示膀胱内由许多高度致密、边缘清晰聚集
成堆的小结石阴影，骨盆曲至阴茎骨段尿
道充盈同样大小、成串的小结石密影

二、B型超声诊断法

（一）有关的声像图术语

1. 回声　振源发射的声波经物体表面或媒质界面反射回到接收点的声波。

2. 管腔回声　由脉管系统的管壁及其中流动的液体所组成的回声，又称"管状回声"。管壁厚的有边缘，如门脉；管壁薄的边缘不明显，如肝静脉。

3. 气体回声　由肠腔、肺、气胸、皮下气肿、腐败气肿胎儿等含气组织与器官反射的回声。气体可使超声波散射，导致能量减低形成衰退，声像图上呈强回声，其后方也可出现声影，但边缘不清，共同构成似云雾状。

4. 囊肿回声　囊肿壁呈清晰强回声，囊肿后方回声增强（蝌蚪尾症），囊肿内无回声，囊肿侧壁形成侧后方声影。新鲜血肿、稍稠的脓肿或均质的实质性肿物，也可出现囊肿样回声。

5. 光团　声像图中大于 1 cm 的实质性占位所形成的球形亮区。提示存在有肿瘤、结石（其后有声影）或结缔组织重叠等。

6. 光环　声像图中呈圆形或类似圆环形的回声亮环。回声强的为包膜或肿块边缘，回声弱的多见于肝内肿瘤膨胀性生长对周围组织压缩所致的暗圈。

7. 光点　声像图中小于 1 cm 的亮区。小于 0.5 cm 的为小光点，小于 0.1 cm 的为细小光点。

8. 光斑　声像图中大于 0.5 cm 的不规则的片状明亮部分，见于炎症及融合的肿瘤组织等。

9. 暗区　声像图中范围超过 1 cm 的无回声或低回声的区域，可分实质性暗区和液体暗区。

10. 无回声暗区　声像图中无光点，明显灰黑，加大增益后也无相应反射增强的暗区，通常为液体，如胆汁、胎水、尿液、卵泡液、囊肿液、眼房水、胎儿的胃液、尿液、心血以及子宫积水、胸腹腔积液、寄生虫囊泡液等。

11. 胚斑　在子宫的无回声暗区（胎水）内出现的光点或光团，为妊娠早期的胎体反射。一般在胎体反射中可见到脉动样闪烁的光点，为胎心搏动，突出子宫壁上的光点或光团为早期的胎盘或胎盘突，均为弱回声。回声强的光点或光团为胎儿肢体或骨骼的断面。暗区中出现细线状弱回声光环为胎膜的反射，可随胎水出现波状浮动。胎儿的颅腔和眼眶随骨骼的形成和骨化，可呈现由弱到强的回声光环。

12. 声影　出现在强回声后的无回声阴影区域。一般出现在与机体软组织声阻抗差异很大的含气肠腔和骨骼及胎儿骨骼强回声之后，它的出现和增强可显示骨骼的存在和胎儿骨骼的骨化程度。

（二）应用基础

1. 主机和探头　超声诊断仪由主机和探头组成。探头是用来发射和接受超声，进行电声信号转换的部位，其形状和大小根据探查部位和用途不同，分为体壁用、腔内用（直肠内、阴道内、腹腔内、血管内）和穿刺用探头；另外，根据超声扫描方式，探头可分为线阵扫描和扇形扫描，前者因探头接触面小，更适合小动物的探查。主机由显示器、基本电路和记录部分组成，电脑化的记录部分可记录各种数据和测量长宽及面积，并可配录像、照相和自动打印设备。

2. 探头频率 常用的超声频率为 3.5 MHz 和 5.0 MHz（即每秒振动 350 万和 500 万次）。探头频率高则分辨力好，但探查深度浅；频率低则探查深，但分辨力差。从体壁进行探查，一般用 2.25、3.5 或 5.0 MHz 探头，也可用 7.5 MHz 和 10 MHz 探头。7.5 MHz 以上的高频探头可更精细观察眼、脑、睾丸、卵巢、初期胚胎和子宫壁及乳头结构的变化。小动物一般用 5.0 或 7.5 MHz 探头，也可用 10.0 MHz 探头。

3. 耦合剂 机体软组织与空气介质密度相差甚远，声阻抗差距很大，分别为 1.410～1.684 和 0.004 28。因此，从体壁进行探查时，为使超声能透射入机体内，不致被空气所反射，需在探头与体壁之间涂布耦合剂，使探头与皮肤密合。为保护探头和提高超声的透射，最好使用专用的医用耦合剂。

4. 探查方法 有滑行探查和扇形探查两种。前者是探头与体壁密接后，贴着体壁作直线滑行移动扫查；后者是将探头固定于一点，作各种方向的扇形摆动。具体操作时可两者结合，灵活应用。

5. 探查部位及处理 犬、猫、兔等中小动物均取体外探查。动物的被毛影响探头与皮肤的密合和超声的透射，探查前应剃毛，尤其是绒毛较厚的小动物。为不影响宠物外观，也可将被毛分开后进行探查，但探查范围受到很大限制，并影响探查质量。体外探查诊断早孕时，一般在耻骨前缘和沿子宫角分布的腹部两侧探查；在探查胃损伤或胃内异物时，可大量饮水或向胃内灌入液体，以便帮助诊断。其他脏器的探查依据解剖部位而定。

6. 局部解剖学 超声诊断是形态学诊断，所以被探查部位器官和组织的局部解剖关系及其正常的形态学特点，即正常的声像图要非常清楚，否则即使探查到了，也不能正确识别进行诊断。

(三) 生殖器官的探查

1. 生殖器官声像图特点

（1）犬子宫 B 超通常探查不到正常无腔子宫，用 7.5 MHz 高频探头，可能看到呈卵圆形弱回声团块的子宫颈、呈管状结构的子宫角，位于膀胱和直肠之间，但通常与圆形的肠管难区别。充尿的膀胱可作为探查子宫时的声窗和解剖标界。发情前期和发情期子宫开始增加弱回声，伴有中心区强回声。产后 3 d 内子宫直径变化迅速。怀孕后，子宫中出现孕囊，呈圆形暗区。

（2）犬胎盘 环状胎盘，位于胎囊中部，在子宫壁一侧可观察到胎盘层和胎盘带，为均质弱回声。

（3）犬卵巢 外形似桑葚状，位于第 3 或 4 腰椎下方，肾脏之后 1～4 cm 处，体积为 (1.5～3) cm×（0.7～1.5）cm×（0.5～0.75）cm。发情时，成熟卵泡数约为 3～15 个，直径约 4～5 mm，黄体直径 2～5 mm。在发情后 2～3 d 才能探查到卵泡，为多个无回声区，基本呈圆形。

（4）犬睾丸 正常时，睾丸实质为粗介质回声结构，睾丸纵隔呈均匀的 2 mm 宽的线状强回声结构，在睾丸中心的长轴。附睾的声像图是变化的，附睾尾从均匀的无回声到弱回声结构。正常的睾丸声像图结构可以与病理状态（睾丸囊肿和肿瘤）加以鉴别。

2. 诊断早孕

（1）犬 排卵后 27～34、35～44、47～56 d 用 3.0 MHz 线阵探头测量母犬孕囊的直径分别平均为 23～30、25～49、46～89 mm。在子宫壁一侧观察到犬的胎盘为均质弱回声。先用 7.5 MHz 扇扫探头，当深度超过 3 cm 时用 5.0 MHz 线阵探头，最早在配种后 20 d 可在子宫内探到直径 20 mm 的绒毛膜腔（暗区），即孕囊（GS），GS 周围子宫壁的回声比子宫角强。23～35 d 可观察到子宫壁上呈椭圆形结构的胚体，大小约 3.0 mm×2.0 mm。配种后 30 d 前，唯一能观察到的是胎儿的胎心搏动。在 23～25 d 即可根据检测到 GS、胚胎结构和胎心搏动确定妊娠。妊娠 34～37 d 可分辨胎头和胎体，适合测量胎儿大小和诊断死胎。

（2）猫 用 7.5 MHz 扇扫探头从腹壁探查，最早在配种后第 4～14 天观察到子宫增大；第 11～14 天观察到妊娠囊，第 15～17 天观察到胚极在 GS 中为一小的亮点，第 16～18 天观察到胎心搏动。最早可在配种后 11～14 d 根据探查到 GS 而诊断妊娠。

（3）兔 探查部位在耻骨前缘 1～2 cm、腹中线两侧 1～2 cm、最后乳头外侧或后方 1 cm 处，以最后乳头后方 1 cm 处为佳。在配种后第 6 天可观察到充液的子宫，为一串球形暗区，每个暗区直径约 10 mm，第 9 天可区分胎体和胎盘，胎盘呈均质弱回声，12 d 后可见胚体，18 d 后可见胎心搏动。

（4）海狸鼠 用 5.0 MHz 探头腹壁探查，配种后第 8 天可观察到 GS（2 mm×8 mm），12 d 可探查到胎体反射（4 mm），13 d 见胎心搏动，18 d 见胎动，15 d 头躯干明显可辨，18 d 显出胎儿固有形态，27 d 头骨骨化出现声影。

（5）豚鼠 用 5.0 MHz 探头后肋部探查，最早在配种后 16 d 可见到充液的子宫，为一串球形暗区，每个暗区直径不到 10 mm，25 d 后可见胎体反射，34 d 后可见胎心搏动和胎儿脊柱。

（6）大鼠 用 5.0 MHz 探头探查，最早在配种后第 8 天可见到妊娠的子宫（即 GS），第 14 天可在妊娠子宫中见到胎体，19 d 后见胎心搏动。

3. 观察胚胎发育

（1）估测怀胎数目 主要用于怀多胎的羊、犬、猫及实验动物。估测犬怀胎数的时间在妊娠 28～35 d 最适合，怀胎 5 只以下的较怀胎多的准确率高。

（2）预测胎龄和分娩 犬胎龄增长与绒毛膜囊直径、胎头径和胎内结构变化密切相关，根据这些指标估测胎龄最好；根据子宫径估测兔、豚鼠的胎龄最好，豚鼠子宫直径与胎龄的相关性很高。犬分娩前 21～24 d，胎儿的冠臀长大约相当于胎盘带的横宽，分娩前 8～11 d 可观察到胎儿的胸腔以及初次观察到心腔、胃、肾、膀胱和 GS 失去圆形的时间，可用于预测母犬的分娩时间。

（3）预测胎儿性别 根据胎儿生殖结节的分化和位移、胎儿的外生殖器，可预测动物的性别。

（4）监护分娩 小动物分娩一般不让监护，但在发生过期不产、难产和产仔少时，需要进行检查以确定是否怀孕、胎儿是否存活和分娩是否结束。B 超可以根据探查到胎体、胎心搏动做出确切诊断。

（5）监护产后子宫复旧 犬在产后 1 周用 7.5 MHz 扇扫探头扫查子宫角为管状结构，声像图呈多层次的不同回声；在胎盘部位为多个分离、不连续的肿大，伴有中心的低回声；胎盘部位子宫角直径为 11～38 mm，非胎盘部位子宫角直径为 5～14 mm。产后 15 周子宫复旧完成，子宫角形成均匀的低回声，没有肿大的管状结构，直径缩小到 3～6 mm。

4. 诊断繁殖疾病

（1）胚胎吸收和流产 声像图特征为子宫内暗区缩小（表示胎水容量减少和变化），子宫壁变厚、孕体萎陷、胚胎心搏消失，进而胚胎消失。胚胎吸收后，子宫呈现适度的低回声，如同产后子宫一样。

（2）气肿胎　腹壁触诊可明显触及胎儿，但B超探查不见胎儿形态，完全被气肿的强反射所挡。

（3）子宫积液　犬在腹部横向扫描时，腹腔后部或中部出现充满液体、大小不等的圆形或管状或不规则形结构；腔内呈无回声暗区，或呈雪花样回声图像，内无胎体反射；子宫壁很薄，反射不强。

（4）子宫蓄脓　在膀胱与直肠间有一囊状或管状弱回声区，边界为次强回声带，轮廓不甚清楚。

（5）睾丸疾病　可检出睾丸肿瘤，但还不易区分肿瘤的细胞类型。还可诊断出非肿瘤性的血管损伤、睾丸萎缩、阴囊水肿、阴囊肠疝和隐睾。

（6）前列腺疾病　犬前列腺的大小变化较大，老龄犬有时显著增大，位置也常有变化；膀胱空虚或收缩时，腺体全部位于骨盆腔，甚至后移至耻骨前缘的后方2～3 cm处；膀胱充满时，常大部分移位于耻骨前方。犬背侧卧保定，中等充尿的膀胱，在接近盆腔入口的边缘进行扫查。B超能观察前列腺的结构，可区别前列腺肥大是囊性还是实性，但不能明确区分实性前列腺肥大是良性增生还是肿瘤。B超还可观察前列腺的退化。前列腺旁囊肿不常见，可发生于老龄犬（8岁以上），其声像图特征为无回声结构，内有隔膜形成的回声，有的在前列腺实质内出现中等大的无回声囊或囊肿。

（四）腹部脏器的探查（以犬、猫为例）

1. 正常声像图

（1）肝脏　在剑突后方或右侧肋骨边缘扫查，先纵扫、后横扫，按顺序扫查整个肝脏，胃内液体可作为探查肝的声窗。正常声像图边缘平滑，实质呈均匀点状（粗质）回声结构。在同样条件下，回声强度比肾脏稍强，比脾脏稍低。在前腹部后腔静脉的腹侧可见到呈强回声门静脉管壁。肝静脉管壁回声较弱，位于门静脉的背侧，除在膈附近进入后腔静脉的大静脉外，往往难于发现。超声可定量测肝脏大小。肝与膈相贴连处，膈呈一有弯度的曲线，回声较肝实质强，可随呼吸而动。

（2）胆囊　多数在扫查肝脏时即能扫查到胆囊，对胸深的犬或肠管过度充盈时，可取斜卧位，从右侧前腹部肋下横切扫查，可观察到胆囊和肝外胆管，此时肝的尾叶和右外叶可作为总胆管、后腔静脉和主动脉的声窗。胆囊位于腹中线稍偏右侧肋弓下，为一光滑、规则的圆形结构。胆囊壁很薄，难观察到，内容为无回声，其大小与充盈度有关。横切时呈圆形，矢状切时呈卵圆形。

（3）脾脏　在左侧前下腹部扫查，可观察到脾实质和脉管；在下腹部和左侧腹壁接合处扫查，可清楚地观察到脾头的图像。外形平滑，边界清晰，实质回声较肝脏强，呈均匀的细质状回声结构。由于犬的脾脏游离性较大，有时在左侧腹腔较后的部位也能观察到。由于探查时的实际位置和切面的水平不同，可呈圆形、卵圆形或带状。

（4）肾脏　用5.0 MHz探头进行横向和纵向扫查。扫查左肾以脾为透声窗，由于左肾的游走性大，探头应尽量平稳轻压，以免肾脏滑走；右肾的腹侧为小肠，小肠中的气体会妨碍超声的传播，应将探头在右肾所在部位反复推按以排开肠管的干扰，或者在右侧腹壁10～13肋间进行探查。纵向扫查犬肾脏为一卵圆形或蚕豆形、界限分明的声像结构，外周为一强回声光环，皮质呈弱回声区，髓质呈多个无回声或稍显弱回声区。肾脏中央或偏中央区为肾盂和肾盂周围的脂肪囊，呈放射状排列的强回声结构，正常情况下肾盂部分蓄有尿液，会出现暗区。横向扫查与纵向扫查肾脏声像图相似，不同的是横向扫查肾呈圆形轮廓。肾脏中央横向扫查时所见的强回声为肾门。声像图能测量肾的长度、直径和容积，为诊断肾病提供真实的量的数据。

（5）肾上腺　实质呈均质弱回声结构，边界光滑呈强回声。

（6）膀胱　膀胱充盈尿液时声像图很易识别，如无尿，可用导管注入生理盐水后再探查。膀胱壁回声较强，其内的尿液为无回声暗区。膀胱远壁回声增强。尿液充盈时，膀胱内壁光滑、薄，排尿后壁较厚。正常膀胱横切时呈圆形、矢状切时呈梨形，细锥形处朝向膀胱颈。

（7）胃肠道　采用 5.0 MHz 或 7.5 MHz 扇扫或线扫探头。进行测量时，需麻醉，使胃肠道松弛。胃肠道内的空气与器官和组织的声阻抗差大，对超声产生强烈反射；检查时，每千克体重用胃管灌入 30 ℃的水 15 mL，可为探查提供良好的声窗，灌水前需先排出胃肠内气体。犬胃肠道壁可分为 5 个超声回声层，最内的强回声为黏膜表层，其内的弱回声为黏膜层，中等回声层为黏膜下层，外面的弱回声层为肌肉层，最外面的强回声层为浆膜下层和浆膜层。胃壁厚 3～5 mm，肠壁厚 2～3 mm，患病时胃壁厚可达 6～7 mm 以上，小肠壁厚达 5 mm 以上。胃肠道内容物如为液体呈无回声，如为黏液性内容物则呈强回声，但回声后无声影。如为气体时则显示高强度回声界面，似云雾状，远端伴有声影。内容物为液体或黏液时，胃肠道壁容易识别，如为气体时则不能识别。

2. 肝脏疾病声像图

（1）弥漫性回声异常　确定弥漫性回声异常必须和肾实质回声进行比较，以排除由于仪器增益加大产生的假性改变。

回声强度增加：可提示有继发性严重肝硬化；犬发生肝硬化时，声像图上可见肝实质弥漫性回声增强，也有的病例在许多区域出现粗糙、斑片状的强回声暗区；肝硬化同时伴有腹水时，呈现无回声暗区；脂肪肝也是弥漫性回声增强。

回声强度降低：犬肝脏回声强度普遍降低主要见于肝脏淋巴腺瘤；肝硬化时肝体积缩小；脂肪肝和患淋巴肉瘤时，肝体积增大或正常。对于大多数弥漫性肝实质疾患，可在超声引导下进行肝脏活体组织检查以确定其性质。

（2）局灶性回声异常

无回声病变：见于肝脏囊肿，声像图形态是囊肿内无回声，边界和远壁界限清晰，周边有反射和折射带；有的囊肿可伴有间隔，内有条索状和不同程度的回声增强；肝囊肿一般都单发，不影响肝脏的大小；无回声病变还可见于血肿、脓肿、肝坏死、原发性或转移性肿瘤疾病。

弱回声病变：见于血肿或脓肿的某一阶段、原发性或转移性肿瘤的实质性肿块；根据血肿的机化程度，可呈现不同的回声图像，初为强回声，后变为弱回声或混合性回声；根据脓肿的形成阶段，也可呈现不同的回声图像，在急性期为强回声，进而为无回声、弱回声或混合性回声，确定脓肿通常是在弱回声期，有时内部有少许高强度回声；不同类型的原发性或转移性肿瘤，可显现弱回声，也可显现混合性回声；弱回声图像是非特异性的，要结合其他诊断综合分析、确诊。

强回声病变：见于致密纤维组织或钙化、气体、血肿和脓肿形成的早期，并伴有不同程度的声影；局灶性纤维化或钙化，可继发于以前的创伤或炎症疾病。

混合性病变：可见于血肿、脓肿、坏死或不同类型的肿瘤；这些病变主要是伴有液体成分的固体病变或大量液体伴有固体成分，也可能是液体和固体成分均等；液体因其稠度不同可表现为无回声或弱回声；在肿块内不同类型的条索状物聚积和坏死，可产生混合性回声；某些肿瘤过程产生强回声的中心，环绕一个透声的环状靶病变。

3. 胆囊和胆道疾病声像图

（1）胆汁阻塞　B超探查有助于鉴别是肝外还是肝细胞疾病引起，并可发现总胆管阻塞的原因。犬胆管实验性完全阻塞实验中，观察到的声像图是胆囊迅速扩张和伴随有胆管增大，总胆管增大往往在阻塞后48 h就可看出，肝外胆管阻塞约在3 d后，肝小叶和叶间胆管扩张约在阻塞7 d后出现。

（2）胆石症和总胆管石症　结石呈强回声，当有足够大小和密度时，出现强的声影。改变动物姿势时，结石和沉积物在胆囊内可发生位移，能和沉积物相区分。总胆管结石除伴有胆管阻塞外，由于缺乏无回声的胆汁环绕，且这个部位的肠气经常妨碍观察，故难与沉积物鉴别。

（3）胆囊壁增厚　犬的胆囊壁正常时观察不到。在疾病的急性期由于胆囊水肿，胆囊壁增厚时，B超可观察到内外壁形成的一个"双环"的声像图征象。在慢性胆囊炎时，由于慢性炎症和瘢痕组织导致不可逆的胆囊壁增厚，呈不规则的、厚的回声增强。

（4）胆囊排空实验　在B超监护下进行，用于鉴别诊断犬的堵塞性和非堵塞性黄疸。注射利胆药后，正常犬在1 h内排空40%，反应最大在5～20 min内。患非堵塞性肝病，也在1 h内排空40%，胆囊堵塞的在1 h内排空不到20%。

4. 脾脏疾病声像图

（1）回声降低而无实质异常　脾脏弥漫性增大而实质回声正常，可发生于急性或被动性充血、血管受到损害和弥漫性细胞浸润。败血症或毒血症均会引起脾脏急性充血和整个脾脏增大。被动性充血可由麻醉、慢性肝脏疾病或右心衰所致。脾扭转、脾静脉栓塞、淋巴腺瘤和白血病也可使脾脏肿大，在大多数情况下，呈现脾脏回声正常或低回声。

（2）局灶性回声异常　局灶性回声异常时，常伴有脾脏增大征象。类似肝脏探查，可以诊断脾脏囊肿、血肿、脓肿、肿瘤、坏死和梗塞。囊肿可由创伤后血肿变性所致。其他局灶性病变多为血肿或肿瘤，脓肿少见。脾脏淋巴腺瘤也可出现局灶性低回声。犬脾感染时，开始为弱回声或混合性回声，随后由于瘢痕组织的形成而发展为强回声的楔性病变。

（3）脾破裂　继发于创伤或在病理情况下所致脾破裂时，B超探查可呈现脾血肿或游离性腹水。

（4）脾血肿　显示不规则、大的无回声和弱回声脾脏团块，跟随探查，团块进行性溶解消散，血肿吸收。

5. 肾脏疾病声像图

（1）肾结石　结石处形成极强回声和结石后方伴有声影。B超可检出直径大于0.5 cm和透X线或不透X线的肾结石，回声强度与结石的不透X线性或成分无关，还能查出X线摄影不能显示结石密度的肾结石病，肾实质回声强度增加并有声影存在，肾结石病就易诊断，如仅有肾实质回声增强而无声影就不能做出肾结石病的诊断，因肾纤维化也会增加肾实质回声强度。

（2）肾盂积水 肾实质内出现大的无回声区，是由尿液使肾盂扩张所致。肾皮质的多少随肾盂积水程度而定。肾盂积水轻微，无回声区可把肾盂的回声隔开。在声像图上偶尔可看到肾脏阻塞的部位。

（3）肾实质疾病 任何慢性、进行性和不可逆的肾实质疾病，最终的结局是肾实质纤维化和瘢痕组织形成。B超检查不能明显区分肾实质疾病，但可相应提示疾病的严重程度。不可逆肾脏疾病的声像图是皮质回声强度增加，均质性消失，皮髓质结合处明显丧失。肾脏体积比正常小，边界不明显或不规则。

（4）肾囊肿 囊肿内无回声，囊肿壁界限清楚，囊的深部呈强回声。肾囊肿有单个或多个，进行性多囊肾病有多个间隔囊区，伴有肾脏边缘不规则或没有明显的界限。

（5）肾脏肿瘤 犬的肾脏肿瘤有血管肉瘤、肾母细胞瘤、组织细胞淋巴瘤、软骨肉瘤和肾腺癌等，它们的声像图有很大差异，最常见的是混合型回声。肿瘤发生钙化和纤维化时呈强回声；肿瘤内发生坏死、出血和液化时呈无回声和弱回声，偶见肿瘤呈均质弱回声。除淋巴腺瘤呈弱回声外，根据回声不能确定肿瘤细胞的类型，也不能鉴别肿瘤是原发性还是转移性。当声像图上呈现有固体肿块时，要考虑与肾脓肿、血肿和出血性囊肿的鉴别，结合病史、临床症状及其他检查方法做出鉴别诊断。

6. 胃肠道疾病声像图

（1）胃肠道异物 高密度物质如骨头、石子、玻璃球、果核等，呈强回声，有的球状物呈强回声环，均伴有声影；中密度物质如橡胶瓶塞、泡沫塑料等，呈次强回声；低密度物质如棉丝、线团、海绵、塑料袋等，呈弱回声，量少时不易探查到；纤细物如缝针、细金属丝等，虽是高密度物质，但太细难以探查到。胃肠道内异物可引起梗阻，胃内会积有液体，或在阻塞部附近积有流体，有利观察到异物。

（2）胃肠套叠 肠套叠呈多层靶样声像图，并伴有邻近部位液体蓄积，出现暗区。套叠前段出现积液，呈暗区。

（3）胃肠道肿瘤 B超能观察到的胃肠道肿瘤有平滑肌瘤、平滑肌肉瘤、淋巴肉瘤、退行性肉瘤和腺癌等。平滑肌瘤、平滑肌肉瘤和淋巴肉瘤呈分离、均质圆形回声，胃平滑肌肉瘤是一大的无柄回声团块，其中央有一不规则的似火山口样的强回声，提示肿瘤有深的溃疡。淋巴肉瘤均为孤立的同质圆形回声。退行性肉瘤呈现明显不规则、肠壁增厚的图像，肠壁层次结构遭破坏，邻近有液体。

（4）胃肠道炎症 犬胃炎伴发胃溃疡，声像图特征是广泛性胃壁增厚（达6 mm），胃窦部增厚区内有2 cm长的火山样中心，其他部位变化不显。肠炎时，小肠内积有多量液体，呈无回声暗区，为小肠液性扩张，肠壁厚度变化不大，但蠕动消失。

（5）腹腔积液 呈广泛的无回声区，其中有游离的、不同断面的强回声肠管反射，并在无回声区内游动。

三、心电图检查

（一）描记心电图的导程

1. 双极肢导程 属标准导联，电极连接方法是：第一导程（L_I）正极接于左前肢与躯干交界处，负极接于右前肢与躯干交界处；第二导程（L_{II}）正极接于左后肢与躯干交界处，负极接于右前肢与躯干交界处；第三导程（L$_{\text{III}}$）正极接于左后肢与躯干交界处，负极接于左前肢与躯干交界处。

2. 加压单极肢导程 常用的有加压单极右前肢导程（aVR）、加压单极左前肢导程（aVL）和加压单极左后肢导程（aVF）3 种。aVR：探查电极的部位在右前肢，无关电极（负电极）的连接方法是左前肢与左后肢电极各通过 5 KΩ 电阻后相互连接；aVL：探查电极的部位在左前肢，无关电极（负电极）的连接方法是右前肢与左后肢电极各通过 5 KΩ 电阻后相互连接；aVF：探查电极的部位在左后肢，无关电极（负电极）的连接方法是右前肢与左前肢电极各通过 5 KΩ 电阻后相互连接。

3. 单极胸导程 马的胸导程有 7 个部位，即 V$_1$～V$_7$，V$_1$ 反映右心室的心电图，V$_2$ 反映室中隔的心电图，V$_3$～V$_7$ 反映左心室的心电图，一般情况下只描记 V$_1$、V$_2$、V$_6$ 即可反映整个心脏的动作电位。V$_1$ 位于右侧第四肋间，肩关节水平线下方 12 cm 处，电极与胸骨垂直，主要对向右心室前侧壁；V$_2$ 位于左侧肘端垂直线与胸骨交叉点的后方 3 cm，胸骨中线上，电极与胸骨垂直，主要对向室中隔部；V$_6$ 位于鬐甲顶点偏左 6 cm 处，电极与背部垂直，主要对向心尖部。

牛的胸导程有 4 个部位，一般只描记 V$_1$、V$_2$、V$_4$；V$_1$ 位于右侧第四肋间，肩关节水平线下方 12 cm 处，主要对向右心室侧壁；V$_2$ 位于胸骨柄的左缘与左腋窝连线中点处，主要对向室中隔；V$_4$ 位于右侧肩胛骨前缘的中点处，主要对向左心室侧壁的基底部。

犬的胸导程有 6 个：V$_1$ 位于左侧肩关节正后，V$_2$ 位于左侧第 2 肋间，V$_3$ 位于左侧第 5 肋间，V$_4$ 位于右侧第 7 肋间，V$_5$ 位于右侧第 5 肋间，V$_6$ 在右侧第 3 肋间。以上均在肋骨与肋软骨接合部。

（二）心电图描记方法

1. 被检动物要绝缘，置放电极部位剪毛并以酒精棉球充分擦拭脱脂并涂擦导电液，然后将电极夹持。

2. 连接电源、地线，打开电源开关，校正标准电压。

3. 连接肢导线，并将肢导线的总插头连于心电图机上。肢导线按规定连接：红色（R）——连接右前肢；黄色（L）——连接左前肢；蓝色或绿色（LF）——连接左后肢；黑色（RF）——连接右后肢；白色（C）——连接胸导联。

4. 按下或转动导程选择器，基线稳定，无干扰时即可描记。一般按 L$_{\text{I}}$、L$_{\text{II}}$、L$_{\text{III}}$、aVR、aVL、aVF、V$_1$、V$_2$……每个导程描记 4～6 个心动周期，并打一个标准电压。

5. 描记完毕，关闭电源开关，旋回导程选择器，卸下肢导线及地线，并在心电图纸上注明动物号及描记时间。

（三）心电图各波及其间期的意义

1. P 波 代表左右心房的兴奋（图 1-19）。主要变化有：P 波增大，表现为 P 波增宽、时限延长，见于交感神经兴奋、心房肥大和房室瓣口狭窄等；P 波增高、尖锐，见于窦性心动过速；P 波呈锯齿状，见于心房颤动；P 波分裂或重复，表示左右心房不同时收缩，或兴奋沿心房壁传导时间延长，如心房局部病变；P 波阴性（P 波倒置），表示有异位兴奋灶存在。

2. P-R（Q）间期 自 P 波开始到 R（Q）波开始时间，代表兴奋通过房室结及房室束的时间。常见变化有：P-R 间期延长，见于房室传导障碍，迷走神经紧张度增高；P-R 间期缩短，表明在房室间兴奋传导中，除正常传导途径外同时存在一个附加的传导径路，并快于正常传导系统。

3. QRS 综合波　自 R（Q）波开始到 S 波终了的时间，代表心室肌和室中隔的兴奋传导过程，其宽度表示心室兴奋传导时间。QRS 时间延长，见于心室内传导障碍，也有人认为见于心肌广泛性损伤并有房室束传导障碍；QRS 综合波振幅缩小，见于心脏功能不全，心肌损伤，心包积液等；Q 波增大或加深与心肌梗死有关。

4. S-T 段　自 S 波终了至 T 波开始。反映心室除极结束后到心室复极开始前的一段时间。S-T 段上升见于心肌梗死，下降见于冠状血管供血不足、心肌炎、贫血。

5. T 波　代表心室复极化时的电位变化，很不规律。T 波形态的变化常是病理性的，与心肌代谢有密切关系，如高钾血症时 T 波不仅高尖且升支与降支对称，急性心肌缺血时呈现深尖的倒置 T 波。

6. P-P（R-R）间期　相当于一个心动周期所占时间。P-P 间期缩短，见于窦性心动过速；P-P 间期延长，见于窦性心动徐缓；P-P 间期不整，见于窦性心律失常。

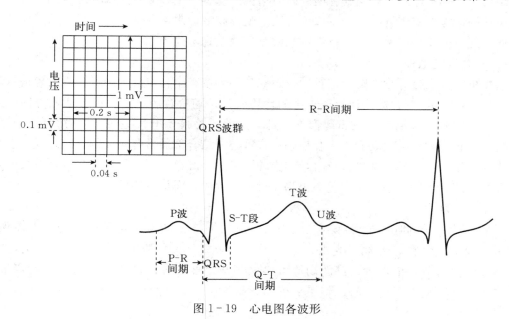

图 1-19　心电图各波形

（四）分析心电图步骤

1. 将各导联心电图剪好，按 L_I、L_{II}、L_{III}、aVR……的顺序贴好，各导程的 P 波要上下对齐。

2. 找出 P 波，确定心律，尤其要注意 aVR 和 aVF 导联。窦性心律时，aVR 为阴性 P 波，aVF 为阳性 P 波。同时观察有无额外节律如期前收缩等。仔细观察 QRS 或 T 波中有无微小隆起或凹陷，以发现隐没于其中的 P 波。

3. 测量 P-P 或 R-R 间距以计算心率，一般要测量 5 个以上间距求平均数（s），每分钟心率＝60÷［平均 P-P 或 R-R 间距（s）］。如有心房纤颤等心律紊乱时，应连续测量 10 个 P-P 间距。

4. 测 P-R 间期、Q-T 间期、V_1 及 V_6 室壁兴奋时间、心电轴等。

5. 观察各导联中 P、QRS 波的形态、时间及电压，注意各波间关系和比例，S-T 段有无移位等，并结合临床，做出心电图诊断。

四、内窥镜检查法

内窥镜检查是将特制的内窥镜插入天然孔道或体腔内观察某些组织、器官病变的一种特殊检查方法。目前，内窥镜检查主要用于犬、猫的临床检查，以下以犬、猫为例进行叙述。

（一）支气管镜检查

适用于临床上具有气管或支气管阻塞症状的犬、猫。检查前 30 min 进行全身麻醉，鼻内或咽部喷雾 2% 利多卡因 1 mL。取俯卧姿势，头部尽量向前上方伸展，经鼻或经口插入内窥镜（装置开口器）。根据个体大小选择不同型号的可屈式光导纤维支气管镜，镜体直径以 3～10 mm、长度以 25～60 cm 为宜。插入时，先缓慢将镜端插入喉腔，并对声带及其附近的组织进行观察，然后送入气管内。此时边插入边对气管黏膜进行观察。对中、大型犬，镜端可达肺边缘的支气管。对病变部位可用细胞刷或活检钳采取病料，进行组织学检查，还可吸取支气管分泌物或冲洗物进行细胞学检查和微生物学检查。

（二）食管镜检查

选用可屈式光导纤维内窥镜进行检查。取左侧卧位，全身麻醉。经口插入内窥镜（装置开口器），进入咽腔后，沿咽峡后壁正中的食管入口，随食管腔走向，调节插入方向，边插入边送气，同时进行观察。颈部食管正常是塌陷的，黏膜光滑、湿润，呈粉红色，皱襞纵行；胸段食管腔随呼吸运动而扩张和塌陷；食管与胃结合部通常是关闭的，胃黏膜皱襞粗大而不规则，呈深红色。急性食管炎时，黏膜肿胀，呈深红色，天鹅绒状；慢性食管炎时，黏膜弥漫性潮红、水肿，附有淡白色渗出物，可见有糜烂、溃疡或肉芽肿。

（三）胃镜检查

禁食 24 h，左侧卧，全身麻醉。镜头一过贲门即停止插入，先对胃腔进行大体观察。正常胃黏膜呈暗红色，湿润、光滑，半透明状，皱襞呈索状隆起。上下移动镜头，可观察到胃体的大部分，依据大弯部的切迹可将体部与窦部区分开，镜头上弯，沿大弯推进，便可进入窦部。检查贲门部时，将镜头反曲，呈 J 形。常见的病理变化有胃炎、溃疡、出血等。

（四）结肠镜检查

检查前 2 d 给予流体食物，而后禁食 24 h。用温水灌肠，排空直肠和后部结肠的蓄粪；犬左侧卧，全身麻醉；经肛门插入结肠镜，边插边吹入空气。在未发现直肠或结肠开口时，切勿将镜头抵至盲端，以免造成穿孔。当镜头通过直肠时，顺着肠管自然走向插入内窥镜，将镜头略向上方弯曲，便可进入降行结肠。常见的病理变化有结肠炎、慢性溃疡性结肠炎、肿瘤、寄生虫等。

（五）腹腔镜检查

术部选择依检查目的而定，先在术部旁刺入封闭针，造成适度气腹，再在术部做一小的皮肤切口，将套管针插入腹腔，拔出针芯，插入腹腔镜，观察腹腔脏器的位置、大小、颜色、表面性状及有无粘连等。

（六）膀胱镜检查

母犬站立保定，排出直肠内蓄粪和膀胱内积尿，硬膜外腔麻醉。先插入导管并向膀胱内打气，而后取出导尿管，插入硬质窥镜。膀胱黏膜正常时富有光泽、湿润，血管隆凸，呈深红色，输尿管口不断有尿滴形成。慢性膀胱炎时，黏膜增厚，形如山峡或类似肿瘤样增生。

五、直肠检查

（一）牛的直肠检查

由助手牵住牛鼻绳或柱栏内保定。先用适量温肥皂水灌肠，排除积粪；术者剪短磨光指甲，手臂涂润滑剂，检手作圆锥状旋转伸入直肠，碰到粪便时及时取出；若牛强力努责，应暂停前进或将手稍后退，待其弛缓，再继续伸入检查，检查完毕退出检查时，应缓慢拨出。牛直肠检查顺序：肛门→直肠→骨盆→耻骨前缘→膀胱→子宫→卵巢→瘤胃→盲肠→结肠袢→左肾→输尿管→腹主动脉→子宫中动脉→骨盆部尿道。肠便秘时，直肠空虚而干涩，且直肠黏膜上附有干燥、碎小的粪屑；肠变位时，直肠内有大量黏液；膀胱无尿时，感觉如同梨子状；膀胱充满时，触压有波动感；膀胱炎时，触压有疼痛。在骨盆腔前口左侧可摸到瘤胃背囊，表面光滑，内容物呈捏粉样；瘤胃积食时，触压有疼痛反应。正常时，直肠检查摸不到真胃，发生变位时可摸到真胃；真胃左侧变位时，右腹上方空虚，而瘤胃体积缩小。盲肠扭转时，可摸到高度积气的肠段，横于骨盆前口的前方。右腹侧中部的结肠呈圆盘状，发生便秘时，感到肠内容物坚实而有压痛反应。肠套叠时，可摸到如香肠状的肠管，触压有剧痛。肠扭转时，可触到一小团柔软的肠袢，游离性较大，且与紧张的肠系膜相连。沿腹中线向前至第3～6腰椎下方可摸到左肾，呈游离状，肾肿大、触之敏感，见于肾炎。

（二）马的直肠检查

方法与牛的基本相同。检查顺序是：肛门→直肠→膀胱→小结肠→左侧大结肠→腹主动脉→左肾→脾脏→前肠系膜根→十二指肠→胃→盲肠→胃状膨大部。检查时注意肠内容物的多少、硬度，脏器的形状、位置及有无损伤等。直肠肠壁紧缩并有大量黏液是肠变位的征兆；黏膜损伤、直肠破裂时检手沾鲜血。膀胱触诊敏感见于膀胱炎。小结肠粪球超过鸡蛋大、触诊表现疼痛不安为小结肠便秘。其他部位的秘结、膨胀、变位、套叠等均可通过直肠检查进行确诊。

（三）中、小动物直肠检查

取站立或横卧保定，根据动物个体的大小，用食指或中指进行检查。手指应涂上润滑剂或肥皂，另一手由腹部下壁徐缓向后压迫，使内脏后移，检查直肠内容物的性状及黏膜等。猪和犬直肠内可发现硬固的粪块，或梗塞在肠内的异物；肠套叠时，可感知被套入肠段的纽扣状端，压迫有剧痛。

六、穿刺检查

可以对胸腔、腹腔、骨髓腔、窦腔、关节腔、肝及肿胀部位等进行穿刺（具体方法详见第二章相关内容），对其病理产物进行理化以及病理组织学检查。

第五节 化验室检查项目及临床意义

一、血液检查

(一) 血常规检查

1. 血沉测定 (ESR)

(1) 正常参考值 见表 1-3。

表 1-3 动物正常血沉值 (刻度：mm)

动　物	15 min	30 min	45 min	60 min	测定方法
马	31.0	49.0	53.0	55.0	六五型
骡	23.00	47.00	52.00	54.00	六五型
驴	32.00	75.00	96.70	110.70	六五型
牛	0.10	0.25	0.40	0.58	六五型
绵羊	0.20	0.40	0.60	0.80	六五型
山羊	0	0.10	0.30	0.50	六五型
猪	3.00	8.00	20.00	30.0	六五型
犬	0.20	0.90	1.20	2.50	魏氏法
猫	0.10	0.70	0.80	3.00	魏氏法
兔	0	0.30	0.90	1.50	魏氏法
骆驼	0.45	0.90		1.60	魏氏法
驯鹿	0.70	3.25	4.90	6.20	魏氏法
水貂	0.20	0.50	1.25	1.90	魏氏法
紫貂	0.50	1.50	2.00	2.70	魏氏法
北极狐	0.58	0.80	1.20	2.00	魏氏法
银黑狐	0.92	1.51	2.10	3.36	魏氏法

(2) 临诊意义 血沉增快常见于各种贫血、急性全身性传染病、各种急性局部炎症、风湿病、活动性结核病、白血病、创伤、手术、烧伤、骨折、恶性肿瘤、某些毒物中毒、肾炎、肾病、妊娠期营养不良等。血沉减慢常见于各种性质脱水、严重的肝脏疾病、黄疸、心脏代偿性功能障碍、红细胞形态异常、某些垂危病例。血沉测定可推断潜在的病理过程、了解疾病的进展程度和用于疾病的鉴别诊断。

2. 血红蛋白 (Hb) 测定

(1) 正常参考值 (g/L) 马 127.7±20.5，骡 127.4±21.8，驴 109.9±30.2，黄牛 95.5±10.0，水牛 109.3±14.2，乳牛 113.8±07.3，骆驼 118.0±10.3，绵羊 118.0±8.7，山羊 78.2±4.5，猪 116.0±9.9，猫 164.9±12.7，犬 175.9±34.0，兔 117.2±10.6，鸡 124.9±28.6。

(2) 临床意义 Hb 含量增多见于机体脱水而血液浓缩的各种疾病，如腹泻、呕吐、大出汗、多尿等，也见于肠便秘、反刍兽的瓣胃阻塞及某些中毒病等；真性红细胞增多症以及心肺性疾病时，由于代偿作用所致的红细胞增多，Hb 也相应增高。Hb 减少见于各种贫血、血孢子虫病、急性钩端螺旋体病、胃肠寄生虫病及毒物中毒等。

3. 红细胞压积 (PCV) 测定

(1) 正常参考值 (温氏管法) 健康动物红细胞压积正常值为：马 0.26～0.40，骡

0.27～0.34，驴0.30～0.39，乳牛0.33～0.50，黄牛0.31～0.50，水牛0.32～0.50，山羊0.26～0.37，绵羊0.30～0.37，猪0.38～0.44，犬0.47～0.59，兔0.31～0.50，猫0.37～0.44，鸡0.24～0.45。

（2）临床意义 生理性增高多因动物在兴奋、紧张或运动后，脾脏收缩，一时性的将脾中贮存的红细胞释放到外周血液所致。病理性增高见于各种性质脱水，如急性肠炎、马继发性液胀性胃扩张、牛瓣胃阻塞、急性腹膜炎、急性胸膜炎、食管梗塞、咽炎、小动物的呕吐等，PCV的增高值与脱水程度成正比，可推断应补液的数量及判断补液的效果。PCV降低主要见于各种原因引起的贫血。

4. 红细胞计数（RBC）

（1）正常参考值（个/L） 马（5.13～10.7）$\times 10^{12}$，驴（4.95～10.2）$\times 10^{12}$，骡（5.0～7.0）$\times 10^{12}$，牛（5.5～7.2）$\times 10^{12}$，猪（3.4～7.9）$\times 10^{12}$，绵羊（8.8～11.2）$\times 10^{12}$，山羊（10.3～18.8）$\times 10^{12}$，兔（5.5～7.7）$\times 10^{12}$，犬（5.0～8.7）$\times 10^{12}$，猫（6.6～9.7）$\times 10^{12}$，鹿（8.5～10.5）$\times 10^{12}$，水貂（7.7～13.1）$\times 10^{12}$，北极狐（4.9～11.4）$\times 10^{12}$，银黑狐（5.2～13.6）$\times 10^{12}$，貂（8.5～10.5）$\times 10^{12}$。

（2）临床意义 红细胞数增高一般为相对性增多，见于各种原因所致脱水，如急性胃肠炎、肠便秘、肠变位、牛的瓣胃或真胃阻塞、渗出性胸膜炎与腹膜炎、日射病与热射病、某些传染病及发热性疾病等；绝对性增多少见，一般为红细胞增生过剩所致，偶尔见于老年或中年动物，也有由于代偿作用而使红细胞绝对数增多，见于代偿机能不全的心脏病及慢性肺部疾患。红细胞数减少见于各种原因引起的贫血、营养代谢病、血孢子虫病、白血病及恶性肿瘤等，此外，红细胞生成不足或破坏增多也导致红细胞数显著减少。

5. 白细胞计数（WBC）

（1）正常参考值（个/L） 马（5.4～13.5）$\times 10^9$，驴（7.0～9.0）$\times 10^9$，骡（6.7～13.4）$\times 10^9$，牛（6.8～9.4）$\times 10^9$，绵羊（6.4～10.2）$\times 10^9$，山羊（4.3～14.7）$\times 10^9$，猪（10.2～21.2）$\times 10^9$，犬（6.8～11.8）$\times 10^9$，猫（5.0～15.0）$\times 10^9$，兔（7.0～9.0）$\times 10^9$，鹿（7.0～10.7）$\times 10^9$，北极狐（4.7～6.9）$\times 10^9$，银黑狐（5.6～8.4）$\times 10^9$，水貂（8.0～10.0）$\times 10^9$。

（2）临床意义 白细胞增多见于细菌和真菌感染、炎症、白血病、肿瘤、急性出血性疾病以及注射异源蛋白之后。白细胞减少见于某些病毒性传染病、长期使用某些药物或一时用量过大（如磺胺类药物、氨基比林等）、各种疾病的濒死期、某些血液原虫病、营养衰竭症以及骨髓再生功能不全等。

6. 白细胞分类计数

（1）动物各类白细胞数的百分比参考值 见表1-4。

（2）临床意义 中性粒细胞增多见于某些传染病、急性化脓性疾病、急性炎症及严重的外伤感染等；中性粒细胞核的分叶增多，且分叶核型的百分比增大，称为核型右移，见于重症贫血和严重的化脓性疾病等。中性粒细胞减少见于病毒性疾病及各种疾病的重危期，也可见于造血机能抑制或衰竭。嗜酸性粒细胞增多见于某些内寄生虫病（如肝吸虫、球虫、旋毛虫等）、过敏性疾病、湿疹及疥癣等。嗜酸性粒细胞减少见于毒血症、尿毒症、严重创伤、中毒、饥饿及过劳等，大手术后5～8 h，嗜酸性粒细胞常消失，2～4 d后又往往急剧增多，病性也见好转。淋巴细胞增多见于某些慢性传染病（如结核、布鲁菌病等）、急性传染病的

表 1-4　健康动物各类白细胞数的百分比例（％）

动物种类		嗜碱性粒细胞	嗜酸性粒细胞	中性粒细胞			淋巴细胞	单核细胞
				幼稚型	杆核型	分叶型		
马	平均数	0.5	4.5	0.5	4.0	53.5	34.5	2.5
	变动范围	0~0.6	1.0~9.5	0~0.9	2~10	45~68	20~49	1.5~8.0
牛	平均数	0.5	4.0	0.5	3.0	33.0	57.0	2.0
	变动范围	0~2.0	1.0~8.0	0~0.5	1.0~8.0	28~53	42~71	0.5~6.0
绵羊	平均数	0.5	5.0	0.5	1.5	32.5	58.0	2.0
	变动范围	0~1.0	1.0~9.0	0~0.5	0.5~6.0	26~52	37~65	1.0~6.0
山羊	平均数	0.1	6.0		1.0	34.0	57.4	1.5
	变动范围	0~0.2	3.0~12.0		0.5~5.0	29~38	50.0~63.5	1.0~2.2
猪	平均数	0.5	2.5	1.0	5.5	31.5	55.5	3.5
	变动范围	0~1.0	0~5.8	0~5.4	3.0~7.0	28~45	40~70	2.0~6.0
兔	平均数	4.0	1.5	1.0	1.5	30.0	58.0	4.0
	变动范围	2.0~8.0	0.5~2.0	0~4.0	0~6.0	21~40	46~78	1.0~12.5
鸡	平均数	4.0	12.0	0		1.0	25.0	52.0	6.0
	变动范围	2.0~7.0	0~2.4		0~2.2	10~40	34~82	0~12
犬	平均数	稀少	4			70.8	20	5.2
	变动范围	稀少	2~10			60~80	12~30	3~10
猫	平均数	稀少	5.5			59.50	32	3.0
	变动范围	稀少	2~12			35~78	20~55	1~4

恢复期、某些病毒性疾病（如猪瘟、流感等）及血孢子虫病等。淋巴细胞减少多发生在急性细菌性传染病的初期，或因中性粒细胞增多而相对减少，放射性损伤时，淋巴细胞也急剧减少。单核细胞增多见于某些原虫性疾病（如焦虫病、锥虫病）及某些病毒性疾病（如马传染性贫血等）。嗜碱性粒细胞变化较少见。

（二）血浆二氧化碳结合力测定（CO_2CP）

1. 正常参考值（mmol/L）　马 26.31±5.20，骡 27.39±6.86，驴 24.04±6.38，黄牛 24.00±2.51，水牛 25.46±4.31，奶牛 26.73±3.09，山羊 25.15±2.13，奶山羊 25.22±3.46，绵羊 22.00±3.03，兔 17.84±3.26。注：CO_2CP 的 mEq/L＝mmol/L÷2.24。

2. 临床意义　CO_2CP 降低见于代谢性酸中毒和呼吸性碱中毒。CO_2CP 增高见于代谢性碱中毒和呼吸性酸中毒，也偶见于大量注射碳酸氢钠引起的碱中毒。

（三）血液葡萄糖的测定

1. 正常参考值（邻甲苯胺法）（mmol/L）　马 3.61~7.5，骡 3.16~6.11，驴 3.61~4.81，水牛 2.83~4.76，黄牛 4.28~6.39，绵羊 3.06~7.28，山羊 2.39~5.56，猪 3.33~7.56，犬 4.44~9.17，猫 3.33~8.06，鸡 8.44~10.11。

2. 临床意义　病理性血糖升高见于糖尿病、胰腺炎、酸中毒、癫痫、搐搦、脑内损伤、肾上腺皮质功能亢进、甲状腺和脑垂体前叶功能亢进及濒死期等。血糖降低见于胰岛素分泌增多、肾上腺和肾上腺皮质功能不全、甲状腺和脑垂体前叶功能障碍、饥饿、衰竭症、慢性贫血、牛酮血症、羊妊娠病、仔猪低血糖症、功能性低血糖症及毒物中毒等。

（四）血钙测定

1. 正常参考值（EDTA 二钠法）（mmol/L）　马 2.33~3.27，骡 2.19~3.06，乳牛 2.20~3.04，绵羊 2.96~3.10，山羊 2.40~2.76，猪（妊娠）2.26~2.80，仔猪（哺乳）

2.09～3.33，小猪（断奶）2.08～3.15，犬2.03～3.05，猫1.82～2.30。

2. 临床意义　血清钙增高见于甲状旁腺机能亢进、维生素D中毒、骨内肿瘤转移、慢性肺气肿、慢性心脏病、胃肠炎和由于脱水而发生酸中毒时。血清钙降低可见于甲状旁腺机能降低、骨软症（羊、牛）、马纤维性骨营养不良、佝偻病、青草搐搦症、产后瘫痪、低蛋白血症、妊娠后期、泌乳期及衰竭症和急性胰腺炎等。

（五）血清无机磷测定

1. 正常参考值（mmol/L）　马0.92～1.95，骡0.88～1.5，乳牛（母）1.07～3.39，乳牛（公）1.36～2.90，绵羊0.81～2.90，山羊0.97～3.55，猪1.29～3.55，仔猪（哺乳）1.68～3.43，犬0.90～1.65，猫1.43～2.13。

2. 临床意义　血清无机磷增高见于处在发育期的健康幼龄动物、骨质疏松症（马、牛）、维生素D补充过多、血样溶血、肾功能不全或衰竭、骨折愈合期、纤维性骨营养不良、甲状旁腺机能减退症及肠道高度阻塞和胃肠道疾病所致的酸中毒等。血清无机磷减低见于骨软症、低磷所致的佝偻病、原发性甲状旁腺机能亢进症、大量注射葡萄糖之后及肾小管变性疾病。

（六）血液中酶的测定

1. 血液中谷-丙转氨酶（GPT）测定

（1）正常参考值（U/L）　不同方法测得的正常值各不相同，国内测得的正常值见表1-5。

表1-5　健康动物血清谷-丙转氨酶活性正常值

动物种类	方　法	平均值
马	金氏法	23.8
马	改良穆氏法	14.075
骡	改良穆氏法	25.66
驴	改良穆氏法	29.915
水牛	改良穆氏法	36.65±1.0
猪	改良穆氏法	46.7±1.04
兔（公）	改良穆氏法	36.25±17.92
兔（母）	改良穆氏法	44.73±22.82
犬、猫	改良穆氏法	<50

（2）临诊意义　GPT在灵长类、犬和猫的肝细胞中含量最多。怀疑其肝细胞损伤时，应检查此酶。马、牛、羊、猪的肝细胞中含有少量的此酶，因此，不适于用此酶来测定这些动物的肝功能。GPT增多见于犬传染性肝炎、猫传染性腹膜炎、马传贫、肝脓肿和胆管堵塞、甲状腺机能降低、心脏机能不全、严重贫血、休克等。GPT减少无临床意义。

2. 血清谷-草转氨酶（GOT）测定

（1）正常参考值（U/L）　见表1-6。

表1-6　健康动物GOT活性正常值

动　物	方　法	平均值	动　物	方　法	平均值
马（公）	金氏法	397.06±81.44	空怀母驴	金氏法	444.2±72.18
马（母）	金氏法	328.48±62.50	水牛	改良穆氏法	76.98±2.20
马	改良穆氏法	362.42	猪	改良穆氏法	17.80±0.97
骡	改良穆氏法	329.25	兔（公）	改良穆氏法	18.22±6.48
骡	金氏法	417.00	兔（母）	改良穆氏法	19.98±4.84
驴	金氏法	432.00	犬、猫	改良穆氏法	<50

（2）临诊意义　该酶在血清中的活性升高时，不仅反映肝细胞的损害（如肝炎、黄曲霉毒素和砷等毒物引起的损害），而且对肌肉的疾患（如动物的肌营养不良、牛羊的白肌病等）、心肌的损害也有一定的诊断和预后意义，肝脏肿时，谷-草转氨酶在血清中的活性有所下降。

3. 血清碱性磷酸酶（ALP）测定

（1）正常参考值（金氏法，U/L）　马 87.9（38.3～137.5），骡 94.3（32.1～156.5），水牛 102.9（8.3～195.7），猪 82.3（79.1～85.1），犬 10～82，猫 7～30。

（2）临诊意义　正常情况下，幼龄动物血清中含量较高，随年龄增长逐渐下降。母畜在妊娠期也有轻度增高。病理性升高见于阻塞性黄疸、骨骼疾病（如纤维素性骨炎、骨瘤、佝偻病、骨软症、骨折、继发性甲状旁腺机能亢进等）和肾炎；病理性的活性下降见于贫血、恶病质及低镁血症搐搦时。

（七）血清胆红素定量检验

1. 正常参考值（μmol/L）　马 12.0～42.8，骡 0～18.8，驴 0～12.0，乳牛 0～7.0，水牛 <6.8，绵羊 1.7～0.42，山羊 1.7～0.30，哺乳仔猪 0.2～3.4，猪 <6.8，犬 0.8～9.4，猫 2.6～5.1，兔 <6.8。

2. 临诊意义　隐性黄疸：血清胆红素在 13.7～27.4 μmol/L 之间。显性黄疸：血清胆红素在 27.4 μmol/L 以上，可视黏膜显淡黄色，严重者可达 513.7～684.9 μmol/L。

二、尿液检查

（一）尿液的物理学检查

1. 尿量　健康动物 1 d 的排尿量：马 3～6 kg，牛 9～12 kg，绵羊、山羊 0.5～1.0 kg，猪 2～4 kg，犬 0.5～1.0 kg，猫 0.1～0.2 kg。尿量增加见于肾充血、肾萎缩、饲料中毒、犊牛发作性血红蛋白尿症、急性热病的解热期、渗出液和漏出液等的吸收期及犬糖尿病等；尿量减少见于肾淤血、急性肾炎、心脏机能不全、发热时渗出液和漏出液的潴留、下痢、发汗和呕吐等。

2. 尿色　健康动物尿液颜色因饲料、饮水及使役状况等略有差异。一般马尿呈黄色，牛尿呈淡黄色，猪尿颜色更淡，有时呈水样无色，犬尿呈鲜黄色。若尿中含血液、血红蛋白或肌红蛋白时尿呈红色或红褐色；含胆色素时呈黄绿色。某些药物也可引起尿色的改变，如注射台盼蓝和美蓝后，尿色变蓝；内服核黄素和痢特灵后，尿色变黄；服用大黄、芦荟、安替比林等，尿色变红。

3. 透明度　正常马尿因含有大量的碳酸钙和不溶性的磷酸盐类而浑浊不透明。其他动物新排出的尿液澄清透明，无沉淀物，仅长时间静置才发生沉淀。马尿若透明，多为酸性尿，常是病理现象。牛、羊、猪、犬等的新鲜尿若变浑浊，常见于肾脏和尿路疾病。

4. 气味　正常新鲜马尿具有氨臭味，牛羊尿臭味较轻，猪和犬的尿臭比较强烈。某些疾病经过中，尿味可发生改变，如牛酮病时，尿有酮味；膀胱炎时，尿有氨臭味；膀胱或尿道发生溃疡、坏疽时，尿有腐败臭味。

（二）尿液的化学检查

1. 尿液 pH　健康动物尿液的 pH：马 7.2～7.8，山羊 8.0～8.5，牛 7.2～8.7，羔羊 6.4～6.8，犊牛 7.0～8.3，猪 6.5～7.8，犬 6～7。草食动物的尿变为酸性，见于酮病、骨软病、大出汗、饥饿、消耗性疾病、营养不良及一些热性病等。肉食动物的尿液变碱性或草食动物的尿变强碱性，见于剧烈呕吐、膀胱炎等。

2. 尿中蛋白质检查　健康动物尿中含极微量的蛋白质，普通方法不能检出。尿中检出蛋白质，要区分是肾性蛋白尿还是肾外性蛋白尿。肾性蛋白尿见于肾炎、肾病变；肾外性蛋白尿见于膀胱炎和尿道炎等。尿中检出蛋白质时，还需结合临床症状和尿沉渣检查，以判定患病的部位。此外，某些急性热性传染病（如流感、马腺疫、传染性胸膜肺炎、马传染性贫血、猪丹毒、犬瘟热、牛恶性卡他热）、急性中毒或慢性细菌性传染病（如鼻疽、结核、副结核）以及血孢子虫病等，均可出现蛋白尿。

3. 尿中血液及血红蛋白检查　血尿是伴有肾功能障碍的疾病以及肾盂、输尿管、膀胱和尿道损伤的重要症候，见于肾破裂、肾恶性肿瘤、肾炎、肾盂结石、肾盂炎、膀胱炎及膀胱结石、尿道黏膜损伤、尿道结石、尿道溃疡和尿道炎；此外，在许多传染病，如炭疽、犬瘟热、猪瘟等，可发生肾性血尿。血红蛋白尿见于血孢子虫病、新生畜溶血病、牛产后血红蛋白尿病、焦虫病、锥虫病、大面积烧伤及各种溶血性毒物中毒。

4. 尿中肌红蛋白的检查　临床上很容易和血红蛋白相混淆，应注意加以鉴别。肌红蛋白尿见于马的麻痹性肌红蛋白尿病、硒-维生素 E 缺乏症、大面积创伤及肌肉损伤等。

5. 尿中酮体检查　正常尿中酮体含量甚少，一般方法不能检出。尿中酮体增多主要见于乳牛的酮血症、羊妊娠毒血症、仔猪低血糖症及犬、猫的严重糖尿病。另外，也见于各种原因所致的长期采食减少或拒食、长期饥饿和酸中毒等。

6. 尿中葡萄糖的检查　糖尿分生理性糖尿和病理性糖尿种。动物采食含大量糖的饲料或因恐惧兴奋，可发生生理性糖尿，但多为暂时性的。妊娠母马和母牛尿中含糖也属生理现象。病理性糖尿见于糖尿病、狂犬病、产后瘫痪、神经型犬瘟热、长期痉挛、头盖骨损伤、脑膜炎和脑出血等。

7. 尿中胆色素的检查　尿中胆色素包括胆红素、尿胆素原和尿胆素。正常尿液胆红素试验为阴性，尿中检出胆红素见于阻塞性黄疸或肝实质受损伤的肝细胞性黄疸及磷、氟化物、四氯化碳或二硫化碳中毒等。溶血性黄疸的动物胆红素试验为阴性。健康动物尿中含有少量尿胆素原，若尿中出现大量尿胆素原和尿胆素时，见于肝实质性黄疸和溶血性黄疸；阻塞性黄疸时，尿胆素原消失。

8. 尿蓝母检查　尿蓝母是健康动物尿中的正常成分，马尿为 184 mg/L，牛为 40～50 mg/L。尿蓝母增多可分为肠型和组织型 2 种：肠型尿蓝母增多见于各种肠阻塞和肠内蛋白质分解旺盛的疾病；组织型尿蓝母增多主要见于组织的自解，如腐败性胸膜炎、子宫炎、肺坏疽、脓毒败血症和内脏器官的脓肿等，尿蓝母减少见于腹泻和胃功能不全等。

（三）尿沉渣的显微镜检查

1. 尿中的无机沉渣检查

（1）草酸钙结晶　见于酸性、中性和弱酸性尿中，为各种动物尿的正常成分，犬尿中尤为多见。多呈无色而屈光力强的四角 8 面体，有两条对角线呈西式信封状，晶体大小相差甚大。少数呈无色哑铃状、球形和各种不同的 8 面体。尿中出现大量草酸钙见于某些代谢紊乱疾病和慢性肾炎，另外动物采食富含草酸盐的饲料，尿中草酸钙结晶有所增多。

（2）尿酸盐结晶　尿酸盐结晶多见于肉食兽尿中，草食兽尿中含量极少，呈黄褐色，有锭状、块状、针状及磨石状等各种形状。当肾脏机能不全时，可有尿酸盐结晶的形成；草食兽见于发热、传染病及寄生虫病。

（3）无定形尿酸盐结晶　主要为尿酸钠和尿酸钾，还有尿酸钙及尿酸镁，肉眼观察为黄色或砖红色，如砖灰样沉淀物；在淡色尿内可呈灰白色细小颗粒状。在浓缩及强酸性尿中常见，天气寒冷时更易出现，一般无诊断意义。

（4）硫酸钙结晶　主要见于肉食动物和强酸性尿中。为无色细长的棱柱状或针状结晶，聚积成束，常排列成放射状，有时为块状，和磷酸钙结晶相似。临床上见于马的小肠卡他及内服硫酸钠后。

（5）碳酸钙　见于碱性尿中，为草食动物，尤其是马尿的正常成分。其结晶多为球形，有放射条纹，大的球形结晶为黄色，有时可见磨石状、哑铃状和十字形的无色小晶体，有时也呈无色或灰白色无定形颗粒。尿中缺乏碳酸钙时，表明尿液为酸性反应，若能排除饲养因素影响，则属病态，若尿中重新出现碳酸钙，表明疾病好转。

（6）磷酸铵镁　新鲜碱性尿中出现，为无色的两端带有斜面的三角棱柱体，或为6面或多角棱柱体，偶有呈雪花状或羽毛状的。见于膀胱炎、肾盂肾炎。注意，尿液放置时间过久，可因发酵而产生磷酸铵镁。

（7）磷酸钙　多为单个无色三菱形结晶，呈星状或针束状，排列成禾束。也可形成无色不规则、大而薄的片状物。无临诊意义。

（8）尿酸铵　结晶呈黄褐色不透明的球形体，表面有刺状突起。见于膀胱炎、肾盂炎的新鲜尿液中。

2. 尿中的有机沉渣检查

（1）红细胞　正常尿中无红细胞，在剧烈运动后偶见极少数红细胞。尿中出现红细胞，常见于急性和慢性肾炎、肾结核等泌尿系统出血症。

（2）白细胞　正常尿中有极少数白细胞，当出现大量白细胞时，表明泌尿系统有炎症。

（3）上皮细胞　尿中上皮细胞一般有肾上皮细胞、膀胱上皮细胞及尿路上皮细胞。肾上皮细胞多数呈多角形或圆形，也有呈圆柱状的，细胞轮廓清晰，核大呈圆形，质内有颗粒，急性肾炎和肾病等时，尿中可出现大量肾上皮细胞；膀胱上皮细胞大而扁平，核小而圆，细胞边缘稍卷起或几个聚集在一起，正常尿中有少量膀胱上皮细胞，大量出现时，表明膀胱或尿道黏膜的表层有炎症；尿路上皮细胞呈梨形或梭形，有圆形或椭圆形的核，这种细胞来自肾盂、输尿管、膀胱和尿道黏膜深层。尿中出现尿路上皮细胞表明尿路黏膜有严重炎症。

（4）管型

透明管型：是其他各种管型的基础，无色半透明，构造均匀，无颗粒，见于轻度肾脏疾病或肾炎，在肾炎末期，尿中出现粗大的透明管型。

颗粒管型：尿中出现颗粒管型表示肾小管有严重损害，多见于急性肾炎、肾病和发热性疾病等，患急性肾炎动物尿中，粗颗粒管型最多。

红细胞管型：管型内含有许多红细胞，尿中出现红细胞管型，表示肾小球、肾小管有出血现象，见于急性肾炎、慢性肾炎及慢性肾炎急性发作。

脓细胞管型：管型内充满白细胞或退行性变化的白细胞，该管型少见，尿中出现多量的脓细胞管型，表示肾内有化脓性病变，见于肾盂肾炎。

3. 尿中特殊结晶检查

（1）白氨酸　为淡黄色球形结晶，具有圆形及放射条纹。尿中白氨酸结晶是严重代谢障碍指征，同时提示可能存在急性肝炎疾病、磷和二硫化碳中毒等。

（2）酪氨酸　常与白氨酸同时存在，呈黄色纤细丝状，尿中出现该结晶提示动物的中枢神经系统和肝脏存在严重疾病，以及由于长期以来前胃弛缓所引起的自体中毒等。

（3）胱氨酸　正常尿液含量极少，不易检出，为无色，折光性强边缘清晰的六边形厚板状结晶。在风湿病，肝脏病的尿中可出现胱氨酸结晶。

（4）胆固醇　该结晶很少存在。为闪光透明无色长方形缺角的平板状，大小不一，见于肾脂肪变性、肾盂炎及囊尾蚴病动物的尿中。

尿液中无机沉渣及管型见图1-20。

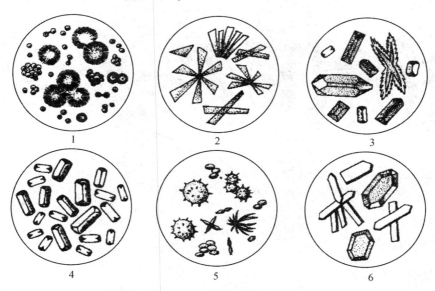

图1-20（1）　碱性尿中的无机沉渣

1.碳酸钙结晶　2.磷酸钙结晶　3，4.磷酸铵镁结晶　5.尿酸铵结晶　6.马尿酸结晶

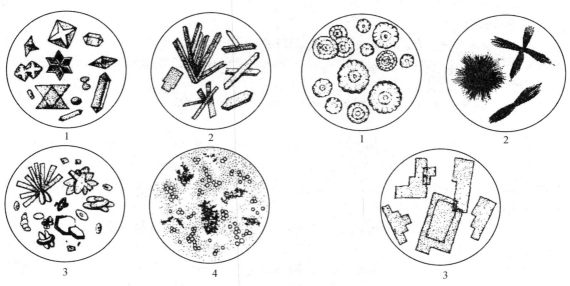

图1-20（2）　酸性尿中的无机沉渣

1.草酸钙结晶　2.硫酸钙结晶

3.尿酸结晶　4.尿酸盐结晶

图1-20（3）　患病动物尿中的沉渣

1.白氨酸结晶　2.酪氨酸结晶　3.胆固醇结晶

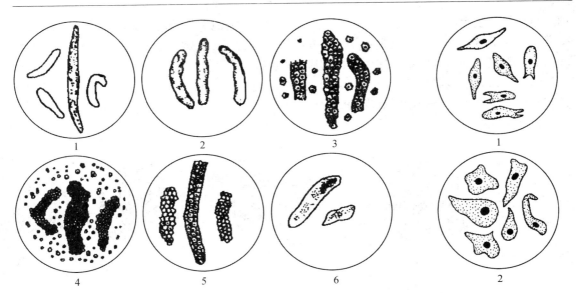

图 1-20（4）　尿沉渣中的各种管型

1. 透明管型　2. 颗粒管型　3. 上皮管型　4. 红细胞管型
5. 白细胞管型　6. 血红蛋白管型

图 1-20（5）　尿路上皮细胞

1. 肾盂、输尿管上皮细胞
2. 膀胱上皮细胞

三、粪便检查

（一）粪便潜血检查

肉食动物正常粪便内含有微量血液，在粪便潜血检查前需禁食肉类 2～3 d。粪便潜血试验阳性，见于出血性胃肠炎、创伤性网胃炎、马血管栓塞性疝病、犬钩虫病等。

（二）粪便中寄生虫和虫卵的检查

1. 虫卵检查

（1）直接涂片法　在载玻片上滴一些甘油与水的等量混合液，用牙签或火柴棍挑取少量粪便加入其中混匀，夹去较大的或过多的粪渣，使玻片上留有一层均匀的粪液（其要求是将此玻片放于报纸上，能通过粪便液膜模糊地辨认其下的字迹），覆以盖玻片，置显微镜下检查，顺序地查遍盖玻片下的所有部分。当体内寄生虫数量不多而粪便中虫卵少时，此时不易查出虫卵。

（2）集卵法

沉淀法：取粪便 5 g，加清水 100 mL 以上，搅匀成粪液，40～60 目筛过滤，滤液集于三角烧瓶或烧杯中，静置沉淀 20～40 min，倾去上层液，保留沉渣，再加水混匀，再沉淀，如此反复操作直到上层液透明后，吸取沉渣检查。也可将粪液置于离心管中离心后取沉渣检查。此法适宜于检查吸虫卵。

漂浮法：取粪便 10 g，加饱和食盐水 100 mL，混合，过 60 目铜筛滤入烧杯中，静置 30 min，则虫卵上浮；用直径 5～10 mm 铁丝圈，与液面平行接触以蘸取表面液膜，抖落于载玻片上检查。另外，也可取粪便 1 g，加饱和食盐水 10 mL，混匀，筛滤，滤液注入试管中，补加饱和盐水溶液使试管充满，上覆以盖玻片并使液体与盖玻片接触，其间不留气泡，直立 30 min 后，取下盖玻片，覆于载玻片上检查。此法适用于线虫卵的检查。在检查比重较大的后圆线虫卵时，则可先将粪便按沉淀法操作，取得沉渣后，在沉渣中加入饱和硫酸镁溶液，进行漂浮，收集虫卵。也可将粪液置于离心管中离心后取上清液检查。

水洗沉淀法：适用于比重较大的吸虫卵和棘头虫卵。从供检粪便的不同部位采取粪块，放入杯内或其他容器内，加入少量水，捣成泥状，再加较少量水充分搅拌，通过两层纱布（或 40～60 目筛）滤到另一容器内，然后加满常水，静置 0.5 h 后，小心倾去上层液体（避免沉渣浮起），再加水与沉淀物重新拌匀，再静置，如此反复数次，直至上清液透明为止。然后小心倾去上层液，用吸管吸取沉渣滴于载玻片上，加盖玻片镜检。

2. 线虫幼虫检查法（贝尔曼氏法） 主要用于诊断牛、羊肺虫病，也用于从动物的组织或器官、饲草和土壤中分离线虫幼虫。供检粪便应直接采自动物的直肠。取 15～20 g 粪便，放入直径约 10 cm 的铜丝筛中。再取直径约 15 cm 的玻璃漏斗，下端连接一个长约 10 cm 的胶皮管。将漏斗放于漏斗架上，向漏斗里注入 40 ℃ 的温水，然后将铜丝筛浸入水中，使粪便淹没，在室温下静置 1～2 h，此时新孵出的活泼幼虫都沉于胶皮管的底部，弃去上清液，取其沉渣滴于载玻片上镜检，即可看到活动的幼虫。

各种动物体内的寄生虫虫卵形态见图 1-21。

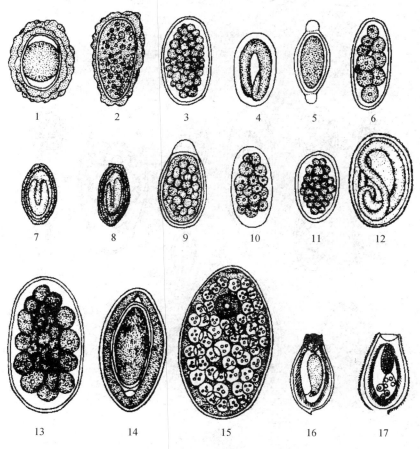

图 1-21（1） 猪体内的寄生虫虫卵形态

1. 猪蛔虫卵 2. 猪蛔虫的未受精卵 3. 猪结节虫卵 4. 蓝氏类圆线虫卵 5. 猪鞭虫卵 6. 红色猪圆虫卵
7. 螺咽胃虫卵 8. 环咽胃虫卵 9. 刚棘颚口线虫卵 10. 球首线虫卵 11. 鲍杰线虫卵 12. 猪肺虫卵
13. 猪肾虫卵 14. 猪棘头虫卵 15. 姜片吸虫卵 16. 华支睾吸虫卵 17. 截形微口线虫卵

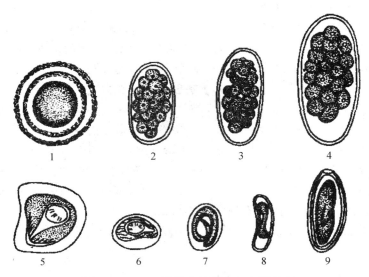

图 1-21（2）　马体内的寄生虫虫卵形态

1. 马蛔虫卵　2. 圆形线虫卵　3. 毛线虫卵　4. 细颈三齿线虫卵　5. 裸头线虫卵

6. 侏儒副裸头线虫卵　7. 韦氏类圆线虫卵　8. 柔线虫卵　9. 马蛲虫卵

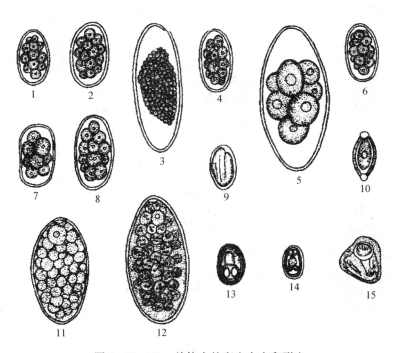

图 1-21（3）　羊体内的寄生虫虫卵形态

1. 捻转胃虫卵　2. 奥斯特线虫卵　3. 马歇尔线虫卵　4. 毛圆线虫卵　5. 钝刺细颈线虫卵

6. 结节虫卵　7. 钩虫卵　8. 阔口圆虫卵　9. 乳突类圆线虫卵　10. 鞭虫卵　11. 肝片形吸虫卵

12. 前后盘吸虫卵　13. 双腔吸虫卵　14. 胰阔盘吸虫卵　15. 莫尼茨绦虫卵

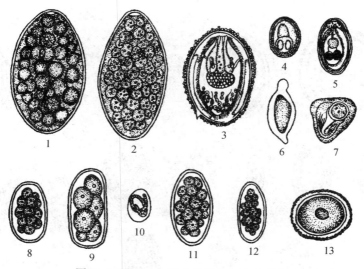

图 1-21（4）　牛体内的寄生虫虫卵形态

1. 肝片形吸虫卵　2. 前后盘吸虫卵　3. 日本血吸虫卵　4. 双腔吸虫卵　5. 胰阔盘吸虫卵　6. 东毕血吸虫卵　7. 莫尼茨绦虫卵　8. 结节虫卵　9. 钩虫卵　10. 吸吮线虫卵　11. 指形长刺线虫卵　12. 古柏线虫卵　13. 牛蛔虫卵

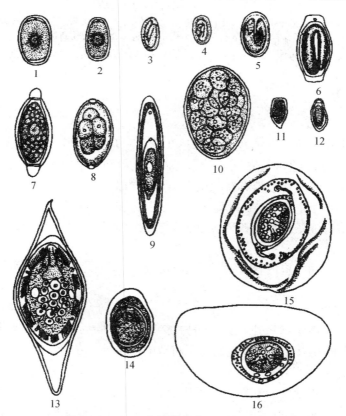

图 1-21（5）　禽体内的寄生虫虫卵形态

1. 鸡蛔虫卵　2. 鸡异刺线虫卵　3. 鸡类圆线虫卵　4. 孟氏眼线虫卵　5. 螺状胃线虫卵　6. 四棱线虫卵
7. 毛细线虫卵　8. 比翼线虫卵　9. 多型棘头虫卵　10. 卷棘口吸虫卵　11. 前殖吸虫卵　12. 次睾吸虫卵
13. 毛毕吸虫卵　14. 有轮赖利绦虫卵　15. 矛形剑带绦虫卵　16. 片形皱褶绦虫卵

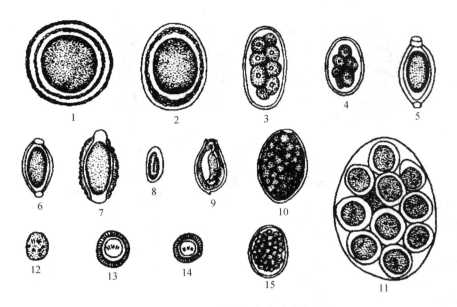

图 1 - 21 (6)　犬体内的寄生虫虫卵形态

1. 犬蛔虫卵　2. 狮蛔虫卵　3. 犬钩虫卵　4. 巴西钩虫卵　5. 犬鞭虫卵　6. 毛细线虫卵
7. 肾膨结线虫卵　8. 血色食道线虫卵　9. 华支睾吸虫卵　10. 并殖吸虫卵　11. 犬复孔绦虫卵
12. 线中绦虫卵　13. 泡状带绦虫卵　14. 细粒棘球绦虫卵　15. 裂头绦虫卵

四、胃液检查

(一) 物理性质检验

1. 数量　健康马、骡一次抽取胃液可达 150～500 mL。当马幽门痉挛或小肠阻塞时，可抽出数升，而在胃酸分泌不定的胃炎时，一次仅能得到少量胃液。

2. 气味　健康动物的胃液带有特殊的芳香味。当饲料在胃中停滞而异常发酵时，带有恶臭味，化脓性出血性胃炎时，有尸臭味。胃液带有酸味，见于急性胃扩张。

3. 颜色　正常胃液颜色与饲料种类有关。当混有血液时呈现红色或红褐色；混有胆汁时，呈现黄绿色。

4. 黏稠度　健康动物胃内容物通常呈水样状态。胃消化不良时则混有大量黏液，呈牵丝状乃至胶冻状。

(二) 胃液化学检验

1. 潜血检验　除肉食动物外，其他动物胃液潜血检验为阴性。如呈阳性反应，则可能为胃溃疡、急性出血性胃炎、马胃蝇蚴寄生所致的损伤等。在口、咽、食道损伤或有出血性病时，也呈阳性反应。

2. 总酸度测定　胃液总酸度包括游离盐酸、结合盐酸、有机酸和各种酸性盐类的酸度。马正常为 12～30 U，猪为 30～60 U。总酸度增加见于酸性胃卡他、继发性胃扩张及胃内异常发酵产酸的过程。

3. 结合盐酸的测定　指与食物内蛋白质结合的盐酸。正常值马为 5～15 U；猪为 15～30 U。在检验中，如胃液内游离盐酸存在，则不必再作结合盐酸的测定。结合盐酸缺乏或减少，说明胃腺分泌盐酸不足，见于萎缩性胃炎，碱性胃卡他等。

4. 游离盐酸的测定　指胃腺壁细胞分泌的盐酸。正常值马为 1~16 U；猪为 10~30 U。当发生酸性胃卡他、胃溃疡、继发性胃扩张时，游离盐酸明显增高。

5. 乳酸测定　正常胃液不含乳酸。在胃弛缓及胃的其他病理状态时，因乳酸菌引起剧烈发酵而生成乳酸。临床上遇到胃液内游离盐酸显著减少或完全缺乏时，应做乳酸的检验。

（三）胃液显微镜检查

1. 红细胞　正常胃液内无红细胞，当少量存在时被胃酸溶解而难以识别，如有多量红细胞，表示胃黏膜损伤，见于出血性胃肠炎、胃溃疡等。

2. 白细胞　正常胃液中白细胞数量很少。胃黏膜病变时，白细胞和黏液均增多。

3. 上皮细胞　胃液常有来自口腔、咽喉及食道的少量鳞状上皮细胞，无临床意义。正常胃液中来自胃壁的柱状上皮细胞很少，但如患胃炎时可能大量存在。

4. 微生物　正常胃液内可有少量酵母菌、链球菌、乳酸杆菌等。当细菌或酵母菌大量存在时，应进一步确定其种类，对疾病的诊断有一定参考价值。

5. 寄生虫（虫卵或幼虫）　多为肠道逆蠕动时，虫卵及幼虫进入胃内。

（四）瘤胃内容物的生化检验

1. pH　健康牛、羊瘤胃液 pH 在 6.0~7.5；采食 2.0~2.5 h 后是微生物活动最旺盛的时期，挥发性脂肪酸产量多，也是 pH 最低的时期，以此时 pH 作为健康牛、羊 pH 的标准。pH<6.0 和 pH>8.0 时，均能阻碍瘤胃内微生物的发育，使其活性降低或死亡，引起瘤胃机能障碍。

2. 发酵强度测定　健康牛瘤胃液发酵强度为每 24 h 2~5 mL；发酵强度减小，说明微生物及纤毛虫被抑制，瘤胃内消化代谢障碍，气体产生减少。

3. 瘤胃纤毛虫计数　可因饲料种类、季节、采样时间不同而存在差异。平均值为：黄牛 30 万~60 万/mL，水牛 20 万~50 万/mL，绵羊 40 万~70 万/mL。瘤胃疾病时，纤毛虫数可降至 3 万/mL，甚至更低。

五、渗出液和漏出液检查

（一）物理学检查

渗出液与漏出液呈现不同色泽。一般渗出液为淡黄色或黄色，浑浊或半透明，可含各种凝固物而呈脓性或血性，富有黏稠性。漏出液一般为无色或淡黄色透明的浆液性液体。渗出液和漏出液均为稀薄的液体，子宫囊肿液较黏稠。一般渗出液比重在 1.018 以上，漏出液在 1.015 以下，渗出液易凝固，而漏出液不易凝固。

（二）化学检查

李凡他（Revalt）氏法定性检验蛋白质，漏出液为阴性反应，渗出液为阳性反应。莫里茨（Moritz）氏反应定性检验蛋白质，渗出液浑浊，漏出液不浑浊。爱司巴赫氏法定量检验蛋白质，一般渗出液蛋白质高于每百毫升 3 g，漏出液蛋白质低于每百毫升 3 g。

（三）细胞学检查

1. 细胞总数计数　渗出液内细胞较多，中性粒细胞增多者，见于急性化脓性疾病；淋巴细胞增多者，常见于慢性疾病；红细胞增多者，提示发炎部位伴有出血。漏出液内细胞较少，且以间质细胞为主或有少数淋巴细胞与红细胞。

2. 白细胞分类计数　渗出液内细胞较多，一般超过 $0.5×10^9$ 个/L，主要是中性粒细胞，见于急性化脓性炎症；若主要是淋巴细胞，见于慢性炎症；大量出现嗜酸性粒细胞时，见于过敏性疾病和某些寄生虫病；如见有多量形态不规则而较大体积的细胞，且有空泡、核仁或核分裂等现象，可能为肿瘤细胞，但鉴别时要慎重。漏出液的细胞较少，常少于 $0.1×10^9$ 个/L，且形态完整，变性细胞较多，其中主要是内皮细胞，该种细胞有较大体积，常聚集成堆；有时可见少数淋巴细胞。

3. 细菌学检查　可直接进行涂片、染色、镜检，或在直接镜检基础上进行细菌分离、鉴定。必要时，可进行动物接种试验。

六、脑脊髓液检验

（一）样本采集

1. 颈椎穿刺法　穿刺部位在第 1～2 颈椎间隙。保定动物并使其头部尽量向下屈曲以充分显露术部，经剪毛消毒后穿刺。穿刺针向垂直于皮肤方向缓慢刺入，首先感知皮肤阻力，穿透肌肉时阻力减轻，穿透 1～2 颈椎的弓间韧带时，又有相当大阻力，继续穿透硬膜时有穿透薄膜样的特殊感觉，再小心推进 2～3 mm，刺入蛛网膜下腔时即可拔出针芯，脑脊髓液自动流出或点滴状流出，盛于消毒容器内备检。

2. 腰椎穿刺法　穿刺部位在腰荐孔。保定动物，术部进行剪毛消毒后，用专用穿刺针或长的封闭针头于"百会穴"的侧方靠近第一荐椎前缘垂直刺入，当进入蛛网膜下腔时，脑脊液便以点状滴出，也可用注射器抽取，盛于容器内送检。

（二）物理性质的检查

1. 颜色及透明度　正常脑脊液为无色水样液体，在室温下放置一段时间后，变为乳白色且随时间延长愈加浑浊。严重焦虫病时呈淡黄色；脑出血时呈红色；日射病时呈玫瑰红色；化脓性脑膜炎时呈浑浊状态。

2. 相对密度　正常值，马 1.000～1.007，牛 1.006～1.008，羊 1.004～1.008。比重增大，见于马传染性脑脊髓炎和化脓性脑膜脑炎、牛的恶性卡他热等。

3. 气味　正常脑脊液无臭无味。马化脓性脑脊髓膜炎时有腐败臭味，尿毒症时有尿臭味。

（三）化学性质的检查

1. pH 测定　脑脊髓液 pH：马、牛、犬、兔 7.4～7.6，羊 7.3～7.4。pH 降低见于马传染性脑脊髓炎、肌红蛋白尿、犬的狂犬病等。

2. 蛋白质定性、定量检验　正常脑脊髓液中蛋白质含量甚微（mg/L），马 287.5～712.5，牛 200～330，绵羊 200～250，山羊 120～360，猪 240～290，犬 110～550，定性试验为阴性。蛋白质含量增高见于各种疾病所致的脑炎、脑膜炎、脑脊髓炎、颅内出血及其他高热性疾病等。但马破伤风、慢性脑水肿及牛产后瘫痪时，脑脊髓液中蛋白质含量可能在正常范围内。

3. 葡萄糖测定　健康动物脑脊髓液葡萄糖含量（mmol/L）为：马 1.24～2.43，牛 1.09～2.18，绵羊 1.21～1.93，山羊 2.18，猪 1.4～2.71，犬 1.4～2.39。病理情况下，脑脊髓液葡萄糖含量增高少见，而含量降低可见于化脓性胸膜炎、结核性脑膜炎和产后瘫痪等。

4. 氯化物测定　健康动物脑脊髓液氯化物含量（mmol/L）为：马 117.3～134.3，牛 110.5～123.3，绵羊 127.5～147.6，山羊 115.8，犬 102.3～133.1。含量增高见于尿毒症、麻痹性肌红蛋白尿症等；含量降低见于沉郁型脑脊髓炎。

5. 细胞学检查　健康动物脑脊液中白细胞总数为（10^6 个/L）：马 1～7，牛 0～10，羊 1，猪 0～7，犬 0～8。脑脊髓液白细胞增多，见于严重的脑脊髓炎、日射病、热射病、恶性卡他热等。

七、病理组织学、病原学和免疫学检查

具体检验方法和临床应用等请参考有关著作。

（一）病理组织学检测

采集病料，经过制片、染色、镜检，观察组织学病变。

（二）病原学检查

无菌采集病料，通过一些方面进行检查。

1. 病原镜检　通过对病料制片、染色、镜检（细菌类用光学显微镜、病毒用电子显微镜检查），观察病原的形态、结构。

2. 病原分离、鉴定　对病料进行接种培养（细菌类接种人工培养基、病毒接种易感细胞或鸡胚培养），观察病原的培养、生长特性，并对分离病原进行鉴定。

3. 动物接种试验　将病料或培养病原接种易感动物，观察是否致病，并对其病原进一步确证。

4. 分子病原鉴定　从病料或分离病原提取基因，用 PCR 或核酸杂交进行鉴定。

（三）免疫学检查

1. 血清学试验　采集发病动物血清（发病期和恢复后），用血清学方法检测抗体水平变化。

2. 变态反应　对患病动物进行变态反应试验，观察是否为阳性。

第六节　病历登记

病历是兽医临床工作者对患病动物疾病发生、发展、转归以及临床检查、诊断、治疗等医疗活动过程的记录。病历既是临床实践工作的总结，又是探索疾病规律及处理医疗纠纷的法律依据，对医疗、预防、教学、科研、医院管理等都有重要的作用。目前兽医尚无关于病历登记的统一规定或法律、法规，动物医院可根据工作需要、特点，参考国家卫生部医政司 2010 年颁布的《病历书写基本规范》，或国家卫生和计划生育委员会医政医管局编制的《2014 病历书写基本规范详解》，编制病历登记基本要求及病历登记表格。

一、门诊病历

1. 封面内容包括医院名称、徽标等，并注明是门诊病历。

2. 首页内容应包括动物主人及患病动物的基本信息（包括动物主人或单位的有关信息，动物种类、品种、性别、年龄、毛色、用途、体重以及动物个体的特征标志，如动物的名称、特征、号码及其他标识等），就诊的日期和时间，X 片号、心电图及其他特殊检查号，

药物过敏情况，住院号等。兽医师要逐项认真填写。

3. 初诊病例的病历中应记述主诉、病史、现症检查、初步诊断、处理意见等。其中，病史应包括现病史、既往史以及与疾病有关的饲养管理情况等；初步诊断的可能的疾病名称分行列出；处理意见应分行列举所用药物及特种治疗方法、进一步检查的项目、饲养管理注意事项等。最后要有兽医师的签名。

4. 复诊病例应重点记述前次就诊后各项诊疗结果和病情演变情况；补充必要的辅助检查及特殊检查。三次不能确诊的病例，接诊兽医师应邀请其他兽医师会诊，并将请求会诊目的、要求及初步诊断意见在病历上填清楚，被邀请会诊的兽医师应在会诊病历上填写检查所见、诊断和处理意见。

5. 与上次不同的疾病，一律按初诊病例书写门诊病历。

6. 每次就诊均应填写就诊日期，急诊病例应加填具体时间。

7. 对需要住院检查和治疗的门诊病例，由兽医师填写住院证。

8. 法定传染病应注明免疫情况和疫情报告情况。

二、住院病历

1. 封面内容包括医院名称、徽标等，并注明是住院病历。

2. 入院病史的收集　询问病史时既要全面又要抓住重点，更要应实事求是，避免主观臆测和先入为主。当动物主人叙述不清或为了获得必要的病历资料时，可适当进行启发，但不要主观片面和暗示。

（1）**一般项目**　主要是动物主人和患病后动物的相关个体信息，还包括入院时间、记录时间。

（2）**主诉**　主要是动物主人对患病动物入院就诊的主要症状、体征及其发生时间、性质或程度、部位等的描述，但兽医师记录时要简洁明了，一般根据主诉能形成第一诊断。

（3）**既往史**　指患病动物本次发病以前的健康及疾病情况，特别是与现病有密切关系的疾病。其内容主要包括：①既往一般健康状况。②有无患过传染病和其他疾病，发病时间及诊疗情况，之前确诊疾病的病名（对未确诊的应简述其症状）。③预防接种情况、手术史以及过敏史等。

（4）**现病史**　现病史是病史中的主体部分。根据主诉，按症状出现的先后，详细记录从起病到就诊时疾病的发生、发展及其变化的经过和诊疗情况。其内容主要包括：①发病时间、起病缓急，可能的病因和诱因，甚至起病前的一些情况。②主要症状（或体征）出现的时间、部位、性质、程度及其演变过程。③伴随症状的特点及变化，对具有鉴别诊断意义的重要阳性和阴性症状（或体征）加以说明。④对旧病复发或患有与本病相关的慢性病的患病动物，则应着重了解其初发时的情况以及最近复发的情况。⑤发病后曾在何处接受过何种诊疗。⑥发病以来的一般情况，如精神、饮食欲等。

（5）**饲养管理等情况**　了解和观察动物体况，记录饲养、训练或使役、饲料品质、气候变化、是否疫源地、环境卫生、有毒有害物质接触史、妊娠胎次、分娩次数等情况。

3. 临床检查

（1）**生命体征**　体温（T）、脉率（P，次/min）、呼吸频率（R，次/min）、血压（BP，kPa）。

（2）一般情况　发育（正常与异常）、营养（良好、中等、不良）、步态、神志等。

（3）皮肤及黏膜　颜色、温度、湿度、弹性，有无水肿、皮疹、淤点淤斑、皮下结节或肿块、溃疡及疤痕，被毛情况等。

（4）淋巴结　全身或局部浅表淋巴结有无肿大。

（5）头颈部、胸部、腹部、肛门及直肠、脊柱及四肢、神经系统检查所见。

4. 实验室检查　记录与诊断有关的实验室检查结果。如系入院前所做的检查，应注明检查地点及日期。

5. 初步诊断　按疾病的主次列出，与主诉有关或对生命有威胁的疾病排列在前。诊断除疾病全称外，还应尽可能包括病因、疾病解剖部位和功能的诊断。

6. 入院诊断　入院诊断由主治兽医师作出，标出诊断确定日期并签名。

第二章

临床治疗技术和方法

第一节　临床治疗技术

一、经鼻给药法

（一）应用

多用于马、牛等大动物灌服多量水剂、可溶于水的药品以及带有特殊气味、经口不易投服的药品。用特制的胃管，用前以温水清洗干净，排出管内残水，前端涂以润滑剂（如液状石蜡，凡士林等）。

（二）方法

将动物在柱栏内站立保定并使头部适当抬高，投药者站在动物右（左）侧，用左（右）手掀开右（左）侧鼻翼，右（左）手持胃管经鼻腔送至咽喉部，待吞咽时乘机送入食道，当判定已插入食道无误时再适当插入后连接漏斗灌药。灌完后，取下漏斗并用力吹气使胃管内药液排尽，再堵捏管口拔出胃管。

（三）注意事项

1. 插入或抽动胃管时要缓慢、仔细，不要粗暴；当动物呼吸极度困难或有鼻炎、咽喉炎、高热时，忌用胃管投药；胃管进入咽部或上部食道时如有呕吐发生，将动物头部放低，以防呕吐物被误入气管，如呕吐物较多时，则应抽出胃管，待吐完后再投；因操作粗暴、反复投送、管壁干燥等造成鼻部血管破裂，引起鼻出血时，如出血较少，可将动物头部适当抬高或吊起，冷敷额部，如出血较多时，可向鼻中喷入0.1%盐酸肾上腺素液，必要时可注射止血药物。

2. 必须正确判断胃管是否插入食道，否则，会将药误灌入肺内引起肺炎，甚至造成死亡。胃管进入食管或气管的鉴别方法见表2-1。

表2-1　胃管进入食管或气管的鉴别方法

鉴别方法	插入食道	插入气管
胃管前送的感觉	稍有阻力感，动物安静并有吞咽动作	无吞咽动作，无阻力，多数引起强烈咳嗽
胃管后端突然充气	在左侧颈沟内随气流进入而产生的明显波动	无波动
胃管后端听诊	不规则咕噜声或水泡音，无气流冲击耳边	随呼吸有气流冲击耳边
胃管后端浸入水中	水内无气泡	随呼吸动作水内出现气泡
触摸颈沟部	手摸颈沟区感到有一坚硬索状物	无
胃管后端嗅诊	有胃内酸臭味	无

二、经口给药法

（一）应用

用于投服少量的水剂药物或将粉剂、研碎的片剂加适量的水而制成的溶液、混悬液、糊剂等；中药及其煎剂以及片剂、丸剂、舔剂等。各种动物均可应用。

（二）方法

1. 拌食给药法　当动物有食欲、能采食时，可将药物直接混入饲粮或饮水中，让其自食自饮。为顺利给药，可将药物拌入适口性好的饲粮中，或在给药前一定时间内禁食。

2. 灌药法

（1）马、牛等大动物给药时，助手用手或鼻钳子保定头部，使口角和舌根平行，给药者用灌角、投药橡皮瓶、注射器等自一侧口角插入口中，送至舌背部或舌根，将药灌入，用手托起下颌部，使头稍高，待其咽下再灌。

（2）犬、猫、羊等中小动物给药时，给药者一手掌心横越鼻梁，用手指将上腭两侧的皮肤包住上齿列，打开口腔，另一手持小勺沿舌面送入口腔，并将药物倒在舌根部，迅速抽回小勺，用手托起下颌部，将嘴合拢；当犬、猫舌尖伸出牙齿之间，出现吞咽动作，或者用舌舔鼻子时，说明已将药物咽下。另外，犬、猫给药时，还可在打开口腔后，用注射器将药物从口角注入。灌药时，动作要缓慢、仔细，切忌粗暴，头部不宜过高（嘴角不宜高于耳根），谨防将药物灌入气管或肺中。

（3）胃导管投药法　适于牛、猪、犬、猫等的投药。动物站立保定，助手抓住两耳向上提举，投药者打开口腔，先将中间钻有圆孔的木棒横置于口腔内并做固定，胃导管（牛用胃管，猪、犬、猫可选用大动物导尿管或人用鼻饲硅胶管）通过其孔并穿入口腔，刺激咽部使其吞入食管；若有咳嗽、气喘及挣扎不安时，则为插入气管，立即抽出重新插入；当判断已插入食道无误后，连接漏斗或注射器灌入药液，灌完后吹尽药液并堵捏管口后拔出胃管。

三、直肠给药

（一）应用

常用于出现严重呕吐症状的犬、猫，经口投药的药液常随呕吐物损失。

（二）方法

抓住犬或猫两后肢，抬高后躯，将尾拉向一侧，用 12～18 号导尿管，猫经肛门向直肠内插入 3～5 cm，犬插入 8～10 cm；用注射器吸取药液后，经导管灌入直肠，一般情况下，猫灌入 30～45 mL，犬灌入 30～100 mL；拔下导管，将尾根压迫在肛门上片刻，防止努责，然后松解保定。

四、注射法

（一）皮内注射

1. 应用　多用于诊断结核病、假性结核及鼻疽病等的变态反应诊断或作药物过敏试验、预防接种等。

2. 方法　注射部位可根据不同动物选择在颈侧中部或尾根内侧。注射时，左手拇指与食指将皮肤捏起皱襞，右手持注射器使针头与皮肤 30°角刺入皮内约 0.1～0.3 cm，深达真皮层，即可注射规定量的药液。正确注入的标志是注射局部形成稍硬的豆粒大的隆起，并感到推药时有一定阻力，如误入皮下则无此现象。

（二）皮下注射

1. 应用　凡是易溶解、无强刺激性的药品及疫苗等均可作皮下注射。

2. 方法 注射部位多选择在皮肤较薄、富有皮下组织、松弛易移动、活动性较小的部位。大动物多在颈部两侧，猪在耳根后或股内侧，羊在颈侧、肘后或股内侧，禽类在翼下，犬可在颈侧及股内侧。注射时，左手指捏起注射部位的皮肤，同时以食指尖压皱褶向下陷呈窝，右手将注射器从皱褶基部的陷窝处刺入皮下，如感觉针头无抵抗且能自由活动针头时，右手稍抽动注射器内栓，确认没有回血后注射药液。注射大量药液时应分点注射。

（三）肌内注射

1. 应用 一般情况下，刺激性较强和较难吸收的、进行血管内注射有副作用的、油剂和乳剂而不能进行血管内注射的、为了缓慢吸收以持续发挥作用的药液等可应用肌内注射。

2. 方法 大动物与犊、驹、羊等的注射部位在颈侧及臀部，猪在耳根后、臀部或股内侧，禽类在胸肌部，犬猫在股内侧、背部或臀部，但均应避开大血管及神经径路。注射时，左手拇指与食指轻压注射局部，右手持注射器如执笔式使针头与皮肤呈垂直，迅速刺入肌肉内；用左手拇指与食指握住露出皮外的针头结合部，其余手指压在皮肤上，再用右手抽动注射器内栓，确认无回血后即可缓慢注入药液。

（四）静脉内注射

1. 应用 主要用于大量的输液、输血和以治疗为目的的急需速效的药物，注射刺激性较强的药物或皮下、肌内不能注射的药物等。

2. 方法

（1）颈静脉内注射 马、牛、羊、骆驼、鹿等大动物常用。妥善保定，确定颈静脉径路，局部剪毛消毒，用左手拇指横压在注射部位稍下方（近心端）的颈静脉沟上，使脉管充盈怒张；右手持针头，针尖斜面向上，与皮肤成30°～45°角，在压迫点前上方准确、迅速刺入静脉内，见有回血后，再沿脉管向前进针，松开左手，同时用拇指和食指固定针头的连接部，靠近皮肤，连接注射器或输液器，即可注入药液或输入药液。

（2）猪静脉内注射

耳静脉注射：保定确实后，助手捏住猪耳背侧根部静脉管处，使静脉怒张，或用酒精棉反复涂擦，并用手指头弹叩，以引起血管充盈；注射者用左手把持耳尖并将其托平，右手持针头沿静脉管径路刺入血管内，见有回血后，再沿血管向前进针，松开压迫静脉的手指，注射者用左手拇指压住注射针头，连接注射器或输液器后即可注入药液。

前腔静脉注射：站立保定时，注射部位取右侧耳根至胸骨柄的连线上，距胸骨端1～3 cm处，注射者拿带针头注射器，稍斜向中央并刺向第一肋骨间胸腔入口处，边刺入边回血，见有回血时，即已刺入前腔静脉内，可徐徐注入药液。仰卧保定时，胸骨柄可向前突出，并在两侧第一肋骨结合处的前面侧方呈两个明显的凹陷窝，用手指沿胸骨柄两侧触诊时更感明显，多在右侧凹陷窝处进行注射；先固定好猪两前肢及头部，消毒后，注射者持带针头的注射器，在右侧沿第1肋骨与胸骨结合部前侧方的凹陷窝处刺入，并稍偏斜刺向中央及胸腔方向，边刺边回血，见回血后可注入药液。

（3）犬、猫静脉内注射

前臂皮下静脉注射：犬胸俯卧保定，助手站在犬的左侧，其手放在犬颊下部控制头颈不摆动，右手越过犬背部抓住犬右前肢肘关节下方并使之伸直，拇指稍向内转，使静脉显露怒张（也可用橡皮管扎紧），注射者左手握住前肢掌部，右手持注射器在腕关节上方刺入静脉，当针头感空虚，见有回血后，松开压迫静脉的拇指或橡皮管，即可徐徐将药液注入。

小隐静脉注射：动物侧卧保定，助手左手握住前肢并用前臂部压住犬颈部，右手握住上侧后肢膝关节上部并使后肢向后伸展，拇指用力压迫静脉上端，使其怒张，注射者左手握住下端防止活动，右手持针刺入静脉。

猫股静脉注射：侧卧保定，助手左手抓住猫两耳之间，右手握住猫两前肢及侧卧一上后肢，下后肢内侧静脉周围剃毛消毒，注射者左手食指和中指按压股内静脉上 1/3 处，大拇指固定注射部位，右手持针，呈 $10°\sim15°$ 角刺入静脉，见有回血后即可进行注射。

（五）腹腔内注射

1. 应用　用于静脉注射难以满足需要或有困难时，以及腹膜炎、某些疾病的腹腔封闭疗法。

2. 方法　大动物在右䏽部注射，犬、猫、仔猪、羊等中小动物注射时高抬后肢呈倒立保定，使内脏下垂，在耻骨前缘腹正中线或腹正中线旁垂直刺入，回抽注射器，如无液体或血液抽出，将药物注入。应注意所用器具及注射部位的严格消毒，一般不要注入有刺激性的药物，注入的药物应事先加温至 $37\sim38\ ℃$，药液过冷可引起肠管痉挛而产生腹痛。

（六）心脏内注射

1. 应用　当患病动物心脏功能急剧衰竭，静脉注射急救无效时，可将强心剂等直接注入心脏内，以恢复心功能。

2. 方法

（1）注射部位　牛在左侧肩端水平线下第 $4\sim5$ 肋间，马在左侧肩端水平线的稍下方第 $5\sim6$ 肋间，猪在左侧肩端水平线下第 4 肋间，犬猫在左侧胸部下 1/3 处的第 $5\sim6$ 肋间。

（2）注射方法　左手稍移动注射部位的皮肤后压住，右手持连接针头的注射器，垂直刺入胸腔，再进针，当针头刺入心肌时有心搏动感，注射器摆动，继续刺针可达左心室内，此时感到阻力消失，回抽注射器内栓时回流暗红色血液，然后徐徐注入药液。

（3）注意事项　由于刺入部位的不同，可引起各种危险，应严格操作，以防意外。当注入心房壁时，因心房壁薄，伴随搏动而有出血的危险，应改换位置，重新刺入；如将药液注入心内膜时，有引起心脏停搏的危险；如将药液注入心肌内，也易发生各种危险，应继续刺入并经回血后再注入。心室内注射效果确实，但注入过急，可引起心肌的持续性收缩，易诱发急性心搏动停止，必须缓慢注入药液。心脏内注射不得反复应用，此种刺激可引起传导系统发生障碍。

（七）乳房内注射

1. 应用　用于动物乳房炎的治疗以及乳牛生产瘫痪时的乳房送风疗法。

2. 方法　以左手将乳头握于掌内，轻轻向下拉，右手持消毒的导乳管自乳头口徐徐导入，然后将注射器与导乳管结合，注入药液；注射完毕，拔出导乳管，用手指捏紧乳头口，防止药液外流，同时轻轻按摩乳房，促进药液充分扩散。如为了洗涤乳房而注入药液，可将药液注入后随即挤出，反复数次，直至挤出液透明为止，最后注入抗生素液。如治疗乳牛生产瘫痪需要向乳房送风时，可在导乳管上连接乳房送风器。

五、穿刺法

（一）马喉囊穿刺

1. 应用　喉囊内蓄积炎性渗出物而发生咽下及呼吸困难时，应用本法排出炎性渗出物和洗涤喉囊。

2. 方法　穿刺部位在第一颈椎突中央向前 1 指宽处。剪毛消毒后，左手压住术部，右手持穿刺针垂直穿过皮肤后，针尖转向对侧外眼角的方向缓慢进针，当针进入肌肉时稍有抵抗感，达喉囊后抵抗力立即消减，拔出套管内的针芯，然后连接洗涤器送入空气，如空气自鼻孔逆出而发生特有的声响时除去洗涤器，再连接注射器，吸出喉囊内炎性渗出物或脓液。如以治疗为目的，可在排脓洗涤后注入药液，喉囊洗涤后再灌入汞溴红洗液，经喉囊自鼻孔流出后，拔去套管。

（二）牛心包穿刺

1. 应用　排除心包腔内的渗出液、漏出液或血液，并进行冲洗和治疗，或检查心包液性状。

2. 方法　穿刺部位一般在左侧第 6 肋骨前缘肘突水平线上。剪毛消毒后，左手将术部皮肤稍向前移，右手持针头沿肋骨前缘垂直刺入，然后连接注射器，边进针边抽吸，直至抽出心包液为止。如为脓液需冲洗时，可注入防腐剂，反复洗净为止。

（三）骨髓穿刺

1. 应用　临床用于焦虫病、锥虫病、马传染性贫血等的诊断。

2. 方法　马穿刺部位是由鬐甲顶点向胸骨引一垂直线，与胸骨中央隆起线相交，在交点侧方 1 cm 处的胸骨上；牛是由第三肋骨后缘向下作一垂线，与胸骨正中线相交，在交点前方 1.5～2 cm 处。穿刺时取站立保定，剪毛消毒。左手确定术部，右手将骨髓穿刺针微向内上方倾斜，穿透皮肤及胸肌，抵于骨面时用力向骨内刺入。成年马、牛约刺入 1 cm，幼龄动物约 0.5 cm，当针尖阻力变小时即为骨髓。这时可拔出针芯，接上注射器，徐徐吸引，即可抽出骨髓液。

（四）胸腔穿刺

1. 应用　排出胸腔积液，或洗涤胸腔及注入药液；多用于胸膜炎、胸膜内出血、胸水的治疗以及排出胸腔内积气。也可用于检查胸腔内有无积液及积液的采取，供鉴别诊断。

2. 方法　马穿刺部位在左胸侧第 7 肋间，右胸侧第 6 肋间；反刍兽和猪在左胸侧第 6 肋间，右胸侧第 5 肋间；犬在左胸侧第 7 肋间，右胸侧第 6 肋间，胸外静脉上方。穿刺时局部剪毛消毒，左手将术部皮肤稍向上方移 1～2 cm，右手持套管针用指头控制 3～5 cm 处，在靠近肋骨前缘垂直刺入。穿刺肋间肌时有阻力感，当阻力消失而有落空感时，表明已刺入胸腔内，拔去内针，即可流出积液或血液。放液不宜过急，以免胸腔减压过急而影响心肺功能。放完积液后可通过穿刺针进行胸腔洗涤，或注入治疗性药物。

（五）腹腔穿刺

1. 应用　排除腹腔积液和洗涤腹腔及注入药液进行治疗。也用于采取腹腔积液，以助于胃肠破裂、肠变位、内脏出血、腹膜炎等疾病的鉴别诊断。

2. 方法　马穿刺部位在剑状软骨突起后方约 10～15 cm，白线两侧 2～3 cm 处作穿刺点；牛、羊在脐与膝关节连线的中点；犬猫在脐与耻骨前缘连线中点的白线旁两侧。穿刺时牛、马取站立保定。术者蹲下，左手稍移动皮肤，右手控制套管针（或针头）的深度，由下向上垂直刺入 3～4 cm。其余的操作方法同胸腔穿刺。当洗涤腹腔时，马属动物在左侧肷窝中央；小动物在肷窝或两侧后腹部。右手持针头垂直刺入腹腔，连接输液瓶胶管或注射器，注入药液。再由穿刺部位排出，如此反复冲洗 2～3 次。犬猫取横卧姿势，用套管针或注射针穿刺，参照胸腔穿刺法进行。排出内容物时不宜过快。若肠系膜及网膜将针孔阻塞，妨碍内容物的排出，要在孔内插入针芯，解除阻塞。

（六）瘤胃穿刺

1. 应用 反刍兽急性瘤胃臌气时的急救排气和向瘤胃内注入药液。

2. 方法 穿刺部位在左肷部上部，由髋关节向最后肋骨所引水平线的中点，也可在瘤胃隆起的最高点进行穿刺。动物取站立保定，在术部作一小的皮肤切口（或不作切口），再以左手将皮肤切口移向穿刺点，右手持套管针，向对侧肘头方向迅速刺入 10～12 cm，固定套管，抽出内针，用手指间断地堵住管口，间歇放气。拔针前需插入内针，并用力压住皮肤慢慢拔出，以防套管内污物污染创道或落入腹腔。对皮肤切口行一针结节缝合。

（七）肠穿刺

1. 应用 常用于盲肠或结肠内积气的紧急排气治疗或向肠腔内注入药液。

2. 方法 马盲肠穿刺部位在右肷窝的中心处或在肷窝最明显的突起点，结肠穿刺部位在左侧腹部膨胀最明显处。穿刺操作要领同瘤胃穿刺。盲肠穿刺时，向对侧肘头方向刺入6～10 cm；结肠穿刺时，可与腹壁垂直刺入 3～4 cm。针头刺入肠管后，气体则自然排出。

（八）膀胱穿刺

1. 应用 尿道完全阻塞发生尿闭时，为防止膀胱破裂或发生尿中毒，进行膀胱穿刺。

2. 方法 大动物可通过直肠穿刺膀胱；将连有长胶管的针头握于手掌中，手呈锥形伸入直肠，确认膀胱位置并在其充满的最高处将针头向前下方刺入，直至尿液排完后，再将针头拔出，同样握手掌中，带出肛门，如需洗涤膀胱时，可经橡胶管另端注入药液，然后再排出，直至透明为止。中小动物在下腹部耻骨前缘，触摸有膨满弹性感即为术部，剪毛消毒，由耻骨前缘的下腹壁刺入膀胱，尿液即排出。

六、洗胃法

（一）马属动物洗胃法

1. 应用 急性食滞性或气胀性胃扩张，食入毒物或有毒饲料等尚未完全吸收时，可进行洗胃。

2. 方法 将胃管经鼻插入胃后，即有气体或胃内容物排出，若无胃内容物排出，可灌入适量 36～39 ℃的温开水或温盐水，将动物头部拴低，排出与胃内容物混合的液体，再灌水，再排出，必要时可抽吸，如此反复数次，直到将胃内容物充分洗出为止。

（二）牛瘤胃冲洗法

1. 应用 用于治疗中毒、瘤胃积食、前胃弛缓等。

2. 方法 将胃管经鼻或口腔插入瘤胃中后，尽量压低头部，即有瘤胃内容物或恶臭气体流出，可反复多次将胃管前后移动，一定时间后再将牛头部压低，排出胃内容物。若不外流时，灌入大量温水或 1％碳酸氢钠溶液，多次抽出、插入地移动胃管后再使牛低头，即有大量胃内容物流出，反复操作直至将胃内容物全部导出为止。结合体外按摩瘤胃。洗胃中若牛发生呕吐，应停止操作，同时尽量压低牛头，以免造成异物性肺炎。洗胃后，可立即注入健康牛瘤胃液适量，促进消化系统机能恢复正常。对严重肺泡气肿及心脏衰弱的动物不应洗胃。

（三）犬、猫洗胃法

1. 应用 对急性胃扩张，摄入有毒食物而尚未完全被吸收时，可进行洗胃。

2. 方法　参照胃管投药法将胃管送入胃内，将动物头部和胸部稍低于腹部，迅速用注射器经胃管向胃内注入洗胃液（常用 1%～2% 温食盐水、温开水、温肥皂水、浓茶水或 1% 碳酸氢钠溶液等），注入洗胃液的量为每千克体重 5～10 mL，然后尽快用注射器回抽胃内液体，再注入洗液，再回抽胃内液体，如此反复数次，直到将内容物充分洗出为止。

七、灌肠法

（一）应用

向直肠内注入大量的药液（包括某些麻醉剂）、营养液、温生理盐水等，直接作用于肠黏膜，使药液、营养液等被吸收或使蓄粪排出，达到治疗疾病等目的。

（二）方法

1. 大动物灌肠法　柱栏内站立保定，吊起尾巴。浅部灌肠时，将灌肠器胶管一端缓慢插入肛门直肠内，举起连接在另一端的漏斗并倾入灌肠液，溶液即可徐徐注入直肠，边流边向漏斗内倾注溶液，直至灌完，并随时用手指刺激肛门周围使肛门紧缩，防止注入的溶液流出；灌完后拉出胶管，放下尾巴。深部灌肠前用 1%～2% 盐酸普鲁卡因 10～20 mL 后海穴封闭，使肛门与直肠弛缓后将塞肠器插入肛门固定，然后将灌肠器的胶管插入木质塞肠器的小孔到直肠深部，高举漏斗，溶液即可注入深部直肠内。

2. 中小动物灌肠法　将动物确实保定，稍抬高后躯，将吸有药液等的注射器（不接针头）头部插入肛门内注射即可。深部灌肠时，用人医 14 号导尿管，前端涂液状石蜡或植物油，从肛门插入至一定深度，由助手捏紧肛周皮肤与导尿管，灌肠者将盛有药液等的注射器接在导尿管上注入；根据需要反复向直肠内注入；灌注完毕后，立即用棉球塞住肛门，15～30 min 后取下。

八、导尿法

（一）应用

收集尿液化验、排尿、直接注射药物至膀胱。

（二）方法

1. 雄性动物导尿法　大动物取站立保定，中小动物取仰卧保定。一手翻开包皮，露出龟头，拉出阴茎，用无刺激性消毒液冲洗干净，再用硼酸棉球拭尿道口，另一手将已消毒并涂油的导尿管慢慢插入尿道内，直至尿液流出为止。如遇膀胱平滑肌痉挛，可行直肠按摩，或用温水灌肠，或在尿道管前端涂上阿托品以解除膀胱平滑肌痉挛。犬、猫可用男性小中号导尿管，术者持导尿管与腹壁呈 45° 角插入尿道。

2. 雌性动物导尿法　先用弱消毒液洗净外阴部，将消毒过的左手或手指伸入阴道内，摸到尿道外口，右手持消毒导尿管插入其中（犬、猫可用人医女性导尿管），若膀胱有尿，即可顺管流出。

九、冲洗、涂擦及涂布法

（一）冲洗法

1. 洗眼法与点眼法

（1）应用　用于各种眼病，特别是结膜与角膜炎症的治疗。

（2）方法　确实保定头部，翻开上下眼睑，冲洗器前端斜向内眼角，向结膜上灌注药液冲洗眼内分泌物。或用细胶管由鼻孔插入鼻泪管内，从胶管游离端注入洗眼药液，更有利于洗去眼内分泌物和异物。如冲洗不彻底时，可用硼酸棉球轻拭结膜囊。洗净之后，左手食指向上推眼睑，以拇指与中指捏住下眼睑缘向外下方牵引，使下眼睑呈一囊状，右手拿点眼药瓶，靠在外眼角眶上，斜向内眼角，将药液滴入眼内，闭合眼睑，用手轻轻按摩 1～2 下以防药液流出，或直接将眼膏挤入结膜囊内。

2. 呼吸器官的冲洗

（1）应用　鼻腔的冲洗主要用于鼻炎，特别是慢性鼻炎的治疗。鼻窦的冲洗主要用于额窦炎及上下颌窦炎圆锯术的治疗。

（2）方法　鼻腔冲洗时，一手固定鼻翼，另一手持漏斗（或注射器）连接的橡胶管，插入鼻腔，缓慢注入药液，冲洗数次，禁用强刺激性或腐蚀性的药冲洗。鼻窦冲洗时，需先行圆锯术，将冲洗器胶管放入圆锯孔内，缓慢注入药液，由鼻孔流出，反复冲洗，洗净窦内分泌物。

3. 口腔的冲洗

（1）应用　主要用于口炎、舌及牙齿疾病的治疗，有时也用于洗出口腔内的不洁物。

（2）方法　一手持橡胶管一端从口角伸入口腔，并用手固定在口角上，另手将冲洗药液的漏斗举起，药液即可流入口腔，连续冲洗。冲洗时用的药液可稍加温或者用注射器经口角将冲洗液直接注入口腔。

4. 尿道及膀胱的冲洗

（1）应用　主要用于尿道炎及膀胱炎的治疗。

（2）方法　同导尿法将导尿管插入尿道和膀胱内，导尿管另端连接洗涤器或注射器。注入冲洗药液，反复冲洗，直至排出药液呈透明状为止。

5. 阴道及子宫的冲洗

（1）应用　阴道冲洗主要为了排出炎性分泌物，用于阴道炎的治疗。子宫冲洗用于治疗子宫内膜炎，排出子宫内的分泌物及脓液，促进黏膜修复，尽快恢复生殖功能。

（2）方法　充分洗净外阴部后开张阴道，用洗涤器冲洗阴道。如冲洗子宫时，先用颈管钳子钳住子宫外口左侧下壁，拉向阴唇附近，然后依次应用由细到粗的颈管扩张棒，插入颈管使之扩张，再插入子宫冲洗管。通过直肠检查确认冲洗管已插入子宫角内之后，用手固定好颈管钳子与冲洗管。然后将洗涤器的胶管连接在冲洗管上，可将药液注入子宫内，边注入边排除，直至排出透明液为止。

（二）涂擦及涂布法

1. 应用　水溶性药剂、酊剂、擦剂、流膏及软膏等的应用方法，主要用于皮肤或黏膜疾病的治疗。

2. 方法　水溶剂、酊剂、擦剂用毛刷，流膏与膏剂用手指或竹片、木板等充分涂擦在皮肤面上，涂附要均匀。涂布就是用棉棒浸上鲁格尔氏液、碘甘油等药液，涂在黏膜面。

十、麻醉技术

（一）局部麻醉

1. 表面麻醉　麻醉角膜和结膜可用 0.5%～1% 丁卡因或 2%～5% 可卡因、利多卡因点入结膜囊内 5～6 滴；麻醉口腔、鼻腔、直肠或阴道黏膜可用 1%～2% 丁卡因或 5%～10% 可卡因涂布或浸渍、填塞、喷雾；麻醉膀胱黏膜可用 0.5%～1% 普鲁卡因注入膀胱内；麻醉关节、腱鞘及黏液囊中的滑膜可用 4%～6%普鲁卡因注入；体腔手术时常用 3%～5%普鲁卡因喷洒，以麻醉浆膜。

2. 浸润麻醉　将局麻药注射到手术区局部的各层组织中，以麻醉神经末梢。常用 0.25%～1%普鲁卡因，为增强麻醉效果，可加入微量的 0.1%肾上腺素液。根据需要，操作方法有直线浸润、分层浸润、菱形浸润、扇形浸润、基底部浸润等多种，四肢及尾部手术时，可用环行浸润。在操作中，均应注意使麻醉药液能浸润到手术区的各层组织内。

3. 传导麻醉　将局麻药注射于支配手术区的神经干或神经丛周围。常用 3%～5%普鲁卡因或 2%利多卡因。实施额部及上眼睑手术可作眶上神经传导麻醉；上臼齿拔出术可作上颌神经传导麻醉；下颌臼齿、下唇及颏部手术可作下颌齿槽神经传导麻醉；舌手术可麻醉舌神经和舌下神经；髂区剖腹手术可作腰旁神经干传导麻醉。

4. 椎管内麻醉　临床多用的是将局麻药注入椎管的硬膜外腔内，使某些脊髓神经被阻滞。穿刺部位可选在腰椎与荐椎间隙或第一、二尾椎间隙或荐骨与第一尾椎间隙。注射剂量：牛、马为 2%普鲁卡因 20～30 mL，也可用 2%利多卡因；猪、羊、犬为 3%普鲁卡因 2～5 mL 或 1%～2%利多卡因 1～5 mL。

（二）全身麻醉

1. 吸入麻醉　常用吸入麻醉剂有氟烷、甲氧氟烷、乙醚、氯仿、安氟醚、异氟醚、氧化亚氮、环丙烷等，需使用相应的吸入麻醉机进行麻醉。对中、小动物也可实施开放式点滴法进行麻醉，先用凡士林涂于动物口、鼻周围，再用 4～6 层纱布的口罩将口、鼻罩住，周围用纱布或毛巾塞紧，最后在口罩上点滴乙醚或氟烷等进行麻醉。

2. 非吸入麻醉　常用药物有二甲苯胺噻唑（静松灵）类麻醉剂、巴比妥类麻醉剂、水合氯醛、乙醇（酒精）、氯胺酮、丙泊酚等。临床上常将几种麻醉药及镇痛药（如吗啡、静松灵）、镇静药（如氯丙嗪类）、肌肉松弛药（如司可林）、抗胆碱药（如阿托品）混合应用，以期提高麻醉效果，减少麻醉药量，减轻麻醉药的副作用。

（1）马的全身麻醉

水合氯醛麻醉法：一般采用静脉内注射，剂量为每 100 kg 体重 6～8 g（浅麻醉）、8～10 g（中麻醉）、10～12 g（深麻醉），用 5%葡萄糖配成 5%～10%的浓度，注射时一般以 15 min 内注完 500 mL 的速度为宜，注意药液不可漏于血管外。临床也常用水合氯醛酒精和水合氯醛硫酸镁溶液作静脉注射麻醉。

盐酸二甲苯胺噻唑麻醉法：马、骡每千克体重 0.8～1.2 mg，驴每千克体重 2～3 mg，肌内注射，手术时间达 1 h 以上者，按全量追加 1 次，以后按半量追加。保定宁是由二甲苯胺噻唑和依地酸（EDTA）合并制成的，麻醉效果好，镇静作用时间可持续 1～1.5 h。

戊巴比妥钠麻醉法：用生理盐水配成 5%浓度，静脉注射，镇静剂量为每 50 kg 体重 75 mg，麻醉剂量为每 50 kg 体重 1.5 g。也可先静脉注射水合氯醛每 50 kg 体重 3 g 作基础麻醉，再按每 50 kg 体重 400～640 mg 给予戊巴比妥钠作维持麻醉。

（2）牛的全身麻醉

盐酸二甲苯胺噻唑麻醉法：通常按每千克体重 0.2～0.5 mg，肌内注射，可产生良好的镇静、镇痛和肌松效果。

酒精麻醉法：96%酒精 300 mL、25%葡萄糖 70 mL、水合氯醛 10 g，混合后静脉注射，1 mL/kg，最好能先给予阿托品。或口服 40%酒精，250～300 mL/kg，但术前必须禁食

12～24 h，并用氯丙嗪作麻醉前给药。

（3）羊的全身麻醉 基本上同牛，但更多应用巴比妥类药物。戊巴比妥钠按每千克体重 30 mg，静脉注射，可麻醉 30～40 min。异戊巴比妥钠按每千克体重 5～10 mg，静脉或肌内注射。硫喷妥钠按每千克体重 15～20 mg，静脉注射，麻醉持续时间 10～20 min。

（4）猪的全身麻醉 戊巴比妥钠按每千克体重 10～25 mg，静脉或腹腔注射，可麻醉 30～60 min。硫喷妥钠按每千克体重 10～25 mg，静脉或腹腔注射，可麻醉 10～15 min。异戊巴比妥钠按每千克体重 5～10 mg，静脉或肌内注射。

（5）犬的全身麻醉 846 麻醉剂（眠乃宁）是由保定宁 60 mg、双氢埃托啡 4 μg、氟哌啶醇 2.5 mg 复合而成，推荐剂量为每千克体重 0.04 mL 肌内注射。盐酸吗啡常按每千克体重 1 mg，皮下注射，可麻醉 1 h 以上。氯胺酮，先皮下注射硫酸阿托品每千克体重 0.03～0.05 mg 和甲苯噻嗪每千克体重 1～2 mg（或安定每千克体重 1～2 mg，或肌内注射丙酰丙嗪每千克体重 0.3～0.5 mg），10～20 min 后肌内注射盐酸氯胺酮每千克体重 5～20 mg。戊巴比妥钠按每千克体重 25～30 mg，静脉或腹腔注射，可麻醉 2～4 h。硫喷妥钠按每千克体重 20～25 mg，静脉或腹腔注射。盐酸氯丙嗪按每千克体重 1～2 mg，肌内注射，可麻醉 1 h 以上。

十一、手术止血技术

（一）全身预防性止血

1. 输血 可以提高动物血液的凝固性，可在术前 30～60 min 输入相合血。

2. 注射药物 注射提高动物血液凝固性和使血管收缩的药物，如 0.3% 凝血质、维生素 K$_3$、安络血、止血敏等。

（二）局部预防性止血

1. 肾上腺素止血 常与局部麻醉配合进行，可在 1 000 mL 普鲁卡因中加入 0.1% 肾上腺素 2 mL。也可加入生理盐水中，与压迫止血配合进行或直接喷洒于手术切口内。

2. 止血带止血 适用于细长部位的止血。在手术切口部位上方加衬垫物后，用绷带、乳胶管、绳索等扎紧，以止血带远侧端脉搏将消失为度。止血带保留时间不超过 2～3 h，期间可松解数次。最后去除止血带时，按"松、紧、松、紧"的方法逐次松开，严禁一次松开。

（三）手术过程中的止血

1. 纱布块压迫止血法 适用于清除术部血液、辨清组织和神经、血管通路，以及毛细血管出血的止血。这种止血法只能是按压，不可来回的用纱布拭擦血液，以免损伤组织。

2. 钳夹止血法 先用纱布块压迫，看清出血点或血管后，用止血钳的尖端垂直对准出血点进行迅速准确的钳夹，或钳夹后捻转，使血管闭塞而止血。一般小的出血点经持续钳夹，松开止血钳后不再出血。

3. 结扎止血法 常用且可靠的基本止血法，一切动脉出血或较大的血管出血都采用结扎止血法。首先用止血钳钳夹血管断端，如果失败，用纱布先压迫止血，清洗创面，取掉纱布，在刚冒血的部位立即垂直钳夹，切勿钳夹过多周围组织，然后用缝线绕过止血钳所夹持的血管及少量组织而结扎；对较大血管或重要部位的出血，可采用贯穿结扎止血，将结扎线用缝针穿过所夹持的组织后进行结扎（不可穿透血管）。对于暴露完整的血管，可相距 1 cm 左右作两道结扎，然后从中间切断。

4. 创内留钳止血 将止血钳留在创伤内 24～48 h，主要用于大动物去势后防止精索内动脉的出血。

5. 填塞止血 适用于一时找不到出血的血管断端以及钳夹或结扎止血困难时，用灭菌纱布紧塞于出血的创腔或解剖腔内。如创伤处理，可同时加入消炎、防腐药物，填塞1～3 d后取出；如为手术创腔，则应在手术结束时，采取彻底的止血措施。

6. 局部化学及生物学止血

（1）麻黄素、肾上腺素止血 用1％～2％麻黄素或0.1％肾上腺素浸湿的纱布进行压迫止血。也可用上述药品浸湿系有棉线绳的棉包作鼻出血、拔牙后齿槽出血的填塞止血，待止血后拉出棉包。

（2）止血明胶海绵止血 用于一般方法难以止血的创面出血，实质器官、骨松质及海绵质出血。常用的止血海绵有纤维蛋白海绵、氧化纤维素、白明胶海绵及淀粉海绵等。使用时将其铺在出血面上或填塞在出血的伤口内，即能达到止血的目的，如再加以组织缝合，更能发挥优良的止血效果。

（3）活组织填塞止血 用自体组织如网膜，或用取自腹部切口的带蒂腹膜、筋膜和肌肉瓣等填塞于出血部位。通常用于实质器官的止血。

7. 其他止血措施 如可用高频电刀、激光、电凝止血器等止血。

十二、组织缝合技术

（一）结节缝合
用于皮肤、皮下组织、黏膜或筋膜等的缝合，基本特点是缝一针打一结（图2-1）。

（二）螺旋缝合
用于肌肉、腹膜及肠、胃吻合口内层黏膜等的缝合（图2-2）。

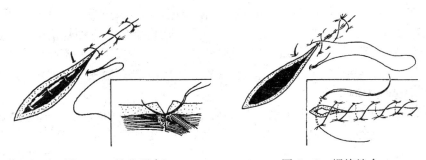

图2-1　结节缝合　　　　　　　　　　图2-2　螺旋缝合

（三）钮孔状缝合
可分为水平、垂直、重叠三种钮孔状缝合法，前两者主要用于张力较大的肌肉和筋膜的缝合以及子宫阴道突出整复后的固定，后一种常用于疝孔的修补。水平钮孔状缝合可形成外翻，又用于闭合疝孔（图2-3至图2-5）。

（四）圆枕缝合
圆枕缝合是一种减张缝合。在结节缝合完毕后，用一条较粗的双线套一个小纱布卷，在距离创缘两侧较远的部位（约3 cm），较深地刺入组织，于对侧相应部位穿出，再系一纱布卷，抽紧打结（图2-6）。可视切口长度作数针圆枕缝合，用于腹侧和腹下张力较大的创口缝合。

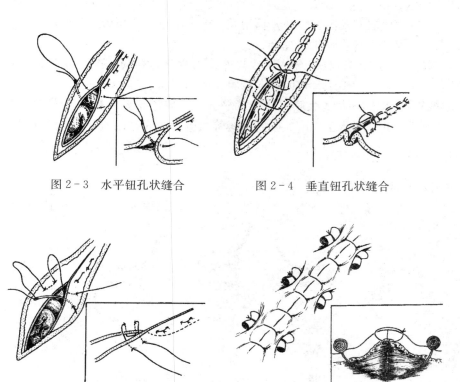

图 2-3　水平钮孔状缝合　　　　　图 2-4　垂直钮孔状缝合

图 2-5　重叠钮孔状缝合　　　　　图 2-6　圆枕缝合

（五）内翻缝合

用于肠、胃、子宫、膀胱等空腔器官的缝合。要求缝合后组织内翻，表面光滑平整。

1. 伦勃特氏缝合法　分间断与连续两种，常用的为间断法。在胃肠或肠吻合时，用以缝合浆膜肌层。

（1）间断内翻缝合　缝线分别穿过切口两侧的浆膜及肌层即行打结，使部分浆膜内翻对合，用于胃肠道的外层缝合（图 2-7）。

（2）连续内翻缝合　于切口一端开始，先作一浆膜肌层间断内翻缝合，再用同一缝线作浆膜肌层连续缝合至切口另一端（图 2-8）。其用途与间断内翻缝合相同。

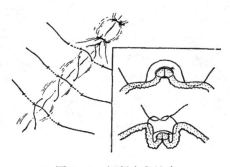

图 2-7　间断内翻缝合

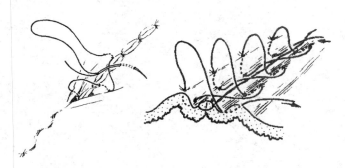

图 2-8　连续内翻缝合

2. 库兴氏缝合法 这种缝合法是从伦勃特氏连续缝合演变来的。缝合方法是于切口一端开始先做一浆膜肌层间断内翻缝合，再用同一缝线平行于切口做浆膜肌层连续缝合至切口另一端。适用于胃、子宫浆膜肌层缝合。

3. 康乃尔氏缝合法 这种缝合法大致与连续内翻缝合相同，仅在缝合时针要贯穿全层组织，当将缝线拉紧时，则肠管切面翻向肠腔。多用于胃、肠、子宫壁缝合。

4. 荷包缝合 即作环状的浆膜肌层连续缝合。主要用于胃肠壁上小范围的内翻，如缝合小的胃肠穿孔。此外还用于胃肠、膀胱造瘘等引流管的固定或埋存蒂的残端等。

十三、外科打结技术

（一）外科结的种类

外科结的种类共有 3 种：方结、外科结和三重结，错误的结有假结和滑结（图 2-9）。

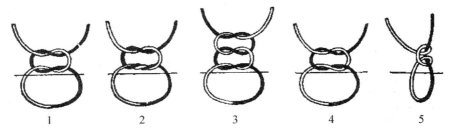

图 2-9 外科结
1. 方结 2. 外科结 3. 三重结 4. 假结 5. 滑结

（二）打结的方法

打结的方法有单手打结、双手打结和器械打结（图 2-10 至图 2-12）。

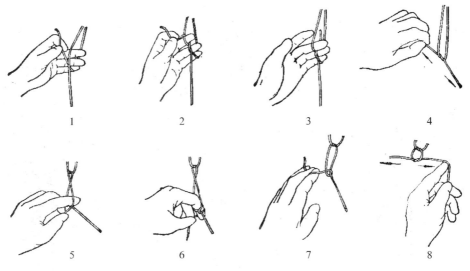

图 2-10 左手单手打结

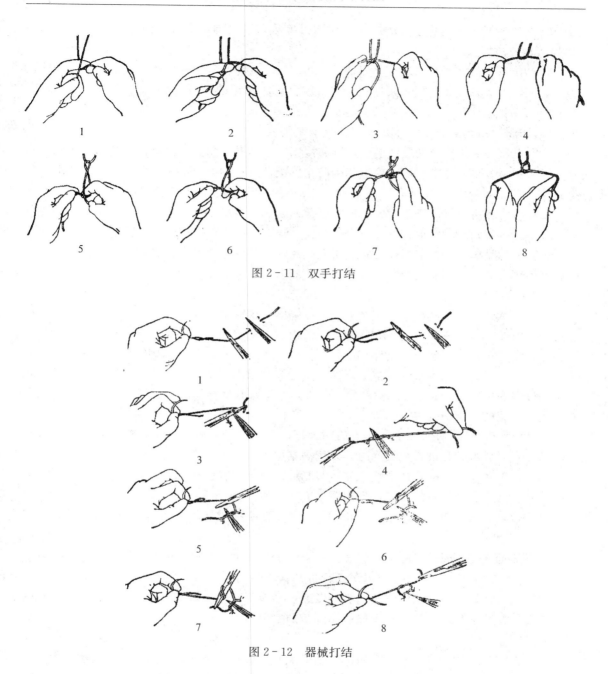

图 2-11 双手打结

图 2-12 器械打结

第二节 临床治疗方法

一、物理疗法

（一）水疗法

1. 泼浇法 牛前胃弛缓及瘤胃臌气时，用冷水泼浇腹部；胃肠道痉挛时，用热水泼浇腹部；日射病、鼻出血及昏迷状态时，用冷水泼浇头部和四肢等。

2. 淋浴法 温水及热水淋浴应用于肌肉过度疲劳、肌肉风湿及肌红蛋白尿等；冷水淋浴常用动物体的锻炼。

3. 沐浴法 温暖季节经常适当的沐浴，可提高动物的新陈代谢能力，改善神经和肌肉紧张度。动物沐浴最好是在河床坚硬、有斜坡且河床平坦的水域进行。水温应不低于 $18\sim20\ ℃$。禁忌证有皮肤湿疹、心内膜炎、肠炎、衰弱、恶性肿痛、妊娠等。

4. 局部冷水疗法

（1）冷敷法　用叠成两层的毛巾或纱布浸以冷水，敷于患部，经常地保持敷料低温。也可使用冰囊、雪囊及冷水袋局部冷敷。为防止感染，可选用 2%硼酸、高渗盐水或硫酸镁等消炎剂。

（2）冷脚浴法　常用于治疗蹄、指、趾关节疾病。将冷水盛于木桶或帆布桶后，将患部浸入水中。长时间冷脚浴时蹄角质需涂蹄油。局部冷水疗法可用于手术后出血、软组织挫伤、血肿、骨膜挫伤、关节扭伤、腱及腱鞘疾患，马的急性蹄叶炎及蹄底挫伤等。凡化脓性炎症、患部有外伤时不能用湿性冷疗，需用冰囊、雪囊或冷水袋等干性疗法。

5. 局部温热疗法

（1）水温敷法　局部温敷适用于消炎、镇痛等。温敷用四层敷料：第一层为湿润层，可直接敷于患部，用叠成四层的纱布或两层的毛巾、木棉等；第二层为不透水层，用玻璃纸或塑料布、油布等；第三层为不良导热层，用棉花、毛垫等；第四层为固定层，可用绷带、棉布带等。先将患部用肥皂水洗净擦干，然后将湿润层以温水或 3%醋酸铅溶液缠于患部（轻压挤出过多的水），外面包以不透水层、保温层，最后用绷带固定。为了增加疗效，可用药液温敷。湿润层每 $4\sim6\ h$ 更换一次。

（2）酒精温敷法　用 95%或 70%酒精进行温敷，酒精度越高，炎症产物消散吸收也越快。局部有明显水肿和进行性浸润时，禁用酒精温敷。

（3）热敷法　常用棉花热敷法。先将脱脂棉浸以热水轻轻挤出余水后敷于患部，浸水的脱脂棉外包上不透水层及保温层，再用绷带固定。每 $3\sim4\ h$ 更换一次。

（4）热脚浴法　与冷脚浴法操作相同，只是将冷水换成热水或加适量的防腐剂或药液。

（二）石蜡疗法

1. 适应证与禁忌证　适用于亚急性和慢性炎症（如关节扭伤、关节炎、腱及腱鞘炎等）、愈合迟缓的创伤、骨痂形成迟缓的骨折、营养性溃疡、慢性软组织扭伤及挫伤、瘢痕粘连、神经炎、神经痛、消散缓慢的炎性浸润、黏液囊炎及瘢痕挛缩等。禁忌证为有坏死灶的发炎创、急性化脓性炎症以及不能使用温敷的疾患。

2. 方法

（1）在皮肤上做"防烫层"　患部仔细剪毛并洗净、擦干（如局部皮肤有破裂、溃疡及伤口，应先用高锰酸钾溶液洗涤并干燥），包扎一层螺旋绷带，用排笔蘸 65 ℃的融化石蜡，涂于皮肤上，连续涂刷至 0.5 cm 厚的石蜡层为止。

（2）石蜡热敷法　做完"防烫层"后迅速涂布厚层热石蜡达 $1\sim1.5$ cm，外面包上胶布，再包以保温层，最后用绷带或三角巾固定。石蜡热敷法透热深度较浅，常用于小动物。

（3）石蜡棉纱热敷法　做好"防烫层"后，用 $4\sim8$ 层纱布按患部大小叠好，浸于融化的石蜡中，取出后压挤出多余的石蜡，迅速敷于患部，外面包以胶布和保温层并加以固定。常用于四肢以外的其他部位。

（4）石蜡热浴法 做好"防烫层"后，从蹄子下面套上 1 个胶布套，形成距皮肤表面直径 2～2.5 cm 的空囊。用绷带将空囊的下部扎紧，然后将石蜡从上口注入空囊中，让石蜡包围在四肢游离端的周围，将上口扎紧，外面包上保温层加以固定。

3. 注意事项 最好用熔点 50～60 ℃、白色、可塑性与延展性较好的石蜡。治疗时先把石蜡在水浴中加温到 70～85 ℃，切勿超过 100 ℃，否则可使石蜡氧化变质呈酸性而易于刺激皮肤。石蜡加温时勿混入水分，以免引起热伤。石蜡易燃，加温时要注意防火，使用过的石蜡可以再用。

（三）黏土疗法

1. 冷黏土疗法 用冷水将黏土调成粥状，可在每 0.5 kg 水中加食醋 20～30 mL 以增强黏土的冷却作用，调制好的黏土敷于患部，用于马的急性蹄叶炎、挫伤和关节扭伤等。

2. 热黏土疗法 用开水将黏土调成糊状，待其冷却到 60 ℃后，迅速将其涂布于厚布或棉纱上，然后覆于患部，外面敷以胶布或塑料布，然后包上棉垫等加以固定，用于治疗关节僵硬、慢性滑膜囊炎、骨膜炎及挫伤等。

（四）电疗法

1. 直流电疗法 持续直流电疗法可应用于周围神经麻痹、亚急性及慢性神经炎、关节周围炎、肌炎、风湿性关节炎、挫伤、腮腺炎、咽喉炎及肌肉风湿症等；断续直流电疗法可应用于外周运动神经麻痹。禁忌证主要是湿疹、皮炎、溃疡、化脓过程及对直流电特别敏感者。患部剪毛，洗净，把衬垫物浸透生理盐水后敷于患部，其上放置有效电极（即治疗电极），用绷带固定。无效电极可安放在患部附近或相对应部，放置部位也应剪毛，洗净，并加生理盐水衬垫物。剂量按治疗电极下衬垫的面积计算，常用配量为 $0.1～0.5 \ mA/cm^2$；$20～30 \ min/次$，每 1～2 d 1 次，10～20 次为一个疗程。

2. 直流电离子透入疗法 选择有效成分能电离的药物，配成水溶液，用于润湿干燥的衬垫。有效药物成分为阳离子时，将其衬垫与阳极相连；有效药物成分为阴离子时，则将其衬垫与阴极相连。无效衬垫仍用生理盐水湿润。作用极电流剂量 $0.2～0.5 mA/cm^2$，$20～30 \ min/次$。适应证与禁忌证基本同直流电疗法，但要考虑透入离子的药理作用，如透入碘离子具有促进炎症产物迅速吸收和消散的作用；透入钙离子有脱敏、消炎的作用；锌离子透入有收敛、抗菌、消炎的作用又能促进肉芽组织增生；促肾上腺皮质激素及氢化可的松透入有抗炎、抗过敏的作用；水杨酸离子有解热、镇痛和抗风湿的作用；芦荟液透入能软化瘢痕等。

3. 感应电疗及低频脉冲电疗

（1）应用 治疗外周神经麻痹和不全麻痹、肌萎缩、肌无力、跛行及牛的前胃弛缓等，还可用于止痛和麻醉。不能用于痉挛性麻痹、出血性疾病、急性炎症、化脓性炎症和局部有湿疹、皮炎者。

（2）方法

感应电疗法：感应电疗机的无效电极通过衬垫安置在靠近患病肌肉附近或一端，治疗电极则安置在患部或肌肉的另一端，治疗时断续地通以感应电流，感应电流的强弱以能引起肌肉明显收缩为度。$20～60 \ min/次$，1 次/d。

低频脉冲电疗法：首先选好穴位进行针刺（应成对地应用针刺），把电针治疗机上的输出插口用带夹子的导线与针相连，然后选择波形与工作状态，调节输出电压到所需程度。弱刺激用于促进神经的再生及功能恢复、止痛，中等刺激用于消炎、消肿、促进血液循环、改善组织营养；强刺激少用，有时用于电针麻醉。

4. 共鸣火花电疗 对改善组织营养有良好作用，用于治疗营养性溃疡、皮肤病、冻伤、局部瘙痒、湿疹及神经痛等。治疗时先打开电源，火花发生器上发出吱吱的声音，再调节旋钮使玻璃电极内产生紫光，然后电极与患部接触。若要得到较强的刺激，可将电极稍稍离开患处，3～5 min/次，每日或隔日治疗 1 次。玻璃电极有多种形状，可根据患部需要选择。

5. 中波透热电疗 主要用于风湿病，各种损伤，神经、肌肉、骨和关节的疾病，韧带、腱和腱鞘的疾病，乳房炎、胸膜炎、支气管炎和肺炎等，但有化脓腐败过程、肿瘤和出血倾向者禁用。患部剪毛，洗净，常用 0.5～1 mm 的铅板作电极，根据体表形状进行弯曲，贴在患部，用绷带固定，不加衬垫，按说明书操作；通常电极电流不超过 10mA/cm²，20～30 min/次，每 1～2 d 1 次。

6. 短波透热电疗 适用于各种炎症，如神经炎、关节炎、肌炎、支气管炎和肺炎等；化脓性炎症和伴有出血性倾向的肿瘤禁用。按对置法或并置法装置板形电极（也可用缆形电极环绕身体 1～3 圈，环绕时在腹背部、腹部和胸部面积较大的部位将缆形电极盘成长条形或圆盘状，用特制的胶水固定以保持其形状，用绷带固定好），电极与机器输出插口连接好后开机，按说明书操作。治疗时间 20～30 min/次，期间人员应离开机器 2 m。

7. 超短波治疗 对化脓性炎症如蜂窝组织炎、化脓性腱鞘炎等有很好疗效。肿瘤、有出血性倾向及严重循环紊乱时禁用。动物确实保定，安装电极板并固定，接通电源，按说明书操作。治疗时间 15 min/次，1 次/d。操作人员要离开机器 2 m。

（五）光疗法

1. 紫外线疗法 使用波长 320～275 nm 的紫外线，可用于内科病如骨软症、佝偻病、牛前胃弛缓等的治疗，此外对慢性和急性支气管炎、渗出性胸膜炎、纤维素性肺炎末期也有良好效果。对外科疾病如长期不愈合的创伤、软组织和关节的扭伤、溃疡、骨折、关节炎、垫伤、冻伤、褥疮、皮肤疾患、风湿病、神经炎、神经痛及腱鞘炎等均有良好的疗效（如以杀菌为主，则选择波长 280～180 nm 的紫外线）。禁忌证有进行性结核、恶性肿瘤、出血性素质、心脏代偿机能减退等。全身照射时，要根据被毛密度、动物个体特点而不同，全身照射的距离一般是 1 m，每日或隔日照射 10～15 min。局部照射时先剃毛，然后在距离 50 cm 处照射，在最初 5～6 d 内照射 5 min，而后可适当延长照射时间。

2. 红外线疗法 400～760 nm 的红外线可用于治疗创伤、挫伤、肌炎、湿疹、各种亚急性及慢性炎症过程、神经炎、物质代谢紊乱、胸膜炎及肺炎等。急性炎症、恶性肿瘤、急性血栓性静脉炎等禁用红外线疗法。确实保定动物，把红外线灯头对准治疗部位，距体表 60～100 cm，调节距离使光线在体表处温度为 45 ℃。1～2 次/d，20～40 min/次。

3. 激光照射疗法

（1）适应证

外科疾病：急性化脓性炎症、慢性非化脓性炎症、急慢性扭伤、创伤、骨折、冻伤及烧伤的创面、炎性水肿、溃疡、关节疾病、腱及腱鞘疾病、蹄钉伤、面神经麻痹、肌肉及关节风湿病、湿疹及皮炎等。

内科疾病：犊牛消化不良、羔羊下痢、支气管炎及胃肠功能失调等。

产科疾病：照射阴蒂和地户穴可治疗子宫及卵巢疾病等。穴位照射可治疗乳房炎。

传染病：照射仔猪的交巢穴可治疗仔猪白痢。

其他：氦氖激光照射马、牛、羊、犬浅表外周神经干的径路（胫神经及正中神经）可获得良好的全身性镇痛效果，适用于各部位手术的麻醉。CO_2 激光照射牛的夹脊穴，可取得良好的镇痛效应，适用于牛、羊的瘤胃手术。

（2）方法

离焦照射：用激光器的原光束或散焦后的光束对患部直接进行照射的一种治疗方法。使用氦氖激光器，输出功率 1～25mW，照射距离 50～80 cm，照射时间 10～30 min，1 次/d，10～14 次一个疗程。照射时根据激光器输出功率和光斑大小准确计算出功率密度和能量密度，但目前尚无剂量标准。或使用 CO_2 激光器，输出功率 6～30W，用其连续波离焦照射，以被照部皮温不超过 45 ℃为宜，照射时间 10～30 min，1 次/d，10～14 次一个疗程。

穴位照射：将激光器的原光束或经聚焦后对准传统穴位进行照射的一种治疗方法。常用氦氖激光光针，输出功率多为几毫瓦，做激光针刺用的激光最好经透镜使光斑更小，能量密度更大，以增强其穿透力并有一定强度的针感；治疗时可取一穴或数穴，每穴照射 10～20 min，可同时照射，也可分别照射。其他与离焦照射同。用 CO_2 激光器进行光针治疗时，因其为不可见光波段，操作应慎重，其作用似火针，照射时间一般为数秒钟。

（六）特定电磁波疗法（T. D. P. 疗法）

1. 适应证

（1）外科疾病　炎性肿胀、扭伤、挫伤、关节创伤、关节滑膜炎、黏液囊炎、屈腱炎、腱鞘炎、神经麻痹、创伤、风湿痛，骨折特别是难愈合的陈旧性骨折、久不愈合的创伤、溃疡及马的副鼻窦炎等有显著的治疗效果。对结膜炎、脊髓挫伤也有一定的疗效。

（2）内科疾病　仔猪下痢、牛腹泻、羔羊腹泻、牛瘤胃臌气、胃肠卡他、咽喉炎、痉挛疝及肾炎等。

（3）产科疾病　乳牛不育症、乳牛卵巢疾病、慢性子宫内膜炎、胎衣停滞、乳房炎等。

2. 方法

（1）按说明书操作机器。

（2）照射部位　病灶区直接照射或经络、穴位照射。一般用一个辐射头，如病灶面积大可用数个辐射头。

（3）辐射距离　辐射头板面距离病灶皮肤或穴位 30～40 cm，或以见到动物舒适感为准，皮肤表面温度可保持 40 ℃左右。

（4）照射时间　30～60 min/次，1～2 次/d，7～10 d 为一个疗程。两疗程之间间隔 3～5 d，若病情所需，可连续长期照射。

（七）冷冻疗法

1. 接触法　根据病灶来选择冷冻头的大小和形状，接在冷冻治疗器输液管前端，治疗时将冷冻头轻轻接触患部即可引起组织坏死。对较大的病灶应分段分区进行冷冻。

2. 喷射法　从贮液器内经输液管直接向病变部位喷射液氮，不接冷冻头。适用于形状特殊和高低不平的病变，且不受治疗范围大小限制。为防止冻伤周围健康组织可涂以保护剂。

3. 倾注法　将液氮直接倾注于病变部位进行直接冷冻，适用于面积较大的化脓创及肿瘤等。

4. 灌注法　将囊腔或创腔切开后，排除内容物，清洁内腔后，从切口插入导管，再将液氮灌注入腔内，适用于治疗某些深部瘘管、飞节内肿及黏液囊炎等。

5. 传导冷冻　将乳导管、针头或不锈钢丝先放入液氮缸内，待出现白霜后取出，插入瘘管或乳头管内，然后再冷冻针柄或不锈钢丝。适用于瘘管、窦道、乳头管狭窄及乳头管闭塞等。

二、激素疗法

(一) 肾上腺皮质激素

1. 应用　临床用于牛酮病和羊妊娠毒血症的治疗；对感染性疾病，一般不主张使用皮质激素，但当感染对机体生命带来严重危害时，也可用它来控制过度的炎症反应，如当各种败血症、肺炎、中毒性菌痢、腹膜炎、子宫内膜炎（产后感染）、乳房炎等时，为控制感染给予大剂量抗生素的同时，应用皮质激素可取得更好的疗效；对皮肤的非特异性或变态反应性疾病有较好疗效，用药后痒觉很快停止，炎症反应消退，如荨麻疹、湿疹、脂溢性皮炎、化脓性皮炎以及蹄叶炎等；对各种休克有较好疗效，在对抗血管衰竭和脑水肿方面有特殊价值；也可用于关节炎、眼科病（可全身用药或局部用药）及母畜引产等。

2. 不良反应

（1）可使患病动物出现水肿和低血钾症、血糖升高、肌肉萎缩、骨质疏松、糖尿病等现象。

（2）抑制肾上腺皮质机能，患病动物表现发热、软弱无力、精神沉郁、食欲不振、血糖下降，重者呈现休克。

（3）抑制免疫过程，使患病动物对感染的易感性增高。

（4）长期应用可引起肝损害，并引起流产。

(二) 胰岛素

临床应用于糖尿病和马肌红蛋白尿症的治疗，对肝病、幼龄动物营养不良及衰竭症也有一定的治疗意义。此外，在应用胰岛素的同时应配合给予葡萄糖，实行胰岛素葡萄糖疗法，可在一定程度上增强机体的代谢过程，改善其营养状况。

(三) 肾上腺素

临床上用于急性心力衰竭和各种休克，也可作为胃、鼻、膀胱及子宫等出血时的止血剂。还可用于解除支气管平滑肌痉挛，治疗支气管哮喘，对制止其急性发作效果更佳。

(四) 生殖激素

1. 促性腺激素释放激素　临床应于治疗不排卵及卵巢囊肿，在繁殖上可提高受胎率。

2. 垂体前叶促性腺激素

（1）促卵泡激素（FSH）　用于治疗卵泡停止发育或两侧卵泡交替发育等卵巢疾病，也可用于同期发情及超数排卵，以提高繁殖率。

（2）促黄体激素（LH）　临床上用于治疗卵巢囊肿以及由卵巢囊肿引起的慕雄狂；在生产上用来提高同期发情的效果，加速排卵，提高受胎率。

3. 非垂体促性腺激素

（1）孕马血清（PMS）　临床上常用于促进发情和治疗长期不发情或发情反常的许多卵巢疾病。对雄性动物可提高性兴奋。

（2）人绒毛膜激素（HCG）　临床上用于促进排卵以提高受胎率；也可用于治疗有慕雄

狂症状的卵巢囊肿；生产上也可用于同期发情。

4. 性腺激素

（1）雌激素　用于治疗子宫内膜炎、胎衣不下或排出死胎及人工流产。

（2）孕激素（黄体酮）　临床上常用于预防流产或治疗先兆性流产。

（3）雄激素　临床上用于治疗雄性动物睾丸发育不全以及睾丸机能减退（性欲低下），或用于治疗衰弱性疾病和贫血等。

（五）前列腺素

PGE_2 及 $PGF_{2\alpha}$ 可诱发分娩或流产和破坏黄体；PGA_1 可抑制胃酸分泌；PGE_1 及 PGE_2 可使气管扩张；$PGF_{2\alpha}$ 具有很强的破坏黄体和使子宫收缩的作用。

（六）垂体后叶激素

临床上用于产科病的治疗。如胎位正常、产道无障碍但呈阵缩微弱难产时，可给予小剂量的催产素和垂体后叶素用以催产；较大剂量垂体后叶素肌内注射可起到产后出血的止血作用，但作用时间短，需 $2\sim3$ h 重复给药。此外，适用于中小动物的胎衣不下，但需较大剂量。

三、输血疗法

（一）适应证及禁忌证

输全血适应于大失血、各种贫血和休克、血友病、白血病、败血症、白细胞减少症、低红细胞性疾病、恶病质、一氧化碳中毒等疾病。对于血容量正常但红细胞不足或红细胞携氧能力不足、红细胞生成不足或破坏过多等疾病，适宜输入红细胞。对于非贫血性低血容量性疾病，如烧伤、急性或持久性腹泻、凝血紊乱疾病（如香豆素中毒、弥散性血管内凝血）等，适宜输入血浆。严重心脏疾病、肾脏疾病、肝病、肺水肿、肺气肿、血管栓塞症、脑水肿等均不宜输血。

（二）供体选择

供血动物应为健康无病的同种动物，血红蛋白和血浆蛋白含量正常。动物首次输血一般不会发生严重危险。无论何种动物，当其接受同种动物血液后，在 $3\sim10$ d 内均可产生免疫抗体，若再以同一供血动物血液重复输血则易产生输血反应，需多次输血时应准备多头（只）供血动物；当不得已需用同一供血动物时，输血应在 3 d 内进行。输血前进行血液相合试验更为安全。

（三）血液的采集与贮存

1. 采血　临床上常用的抗凝剂为 3.8% 柠檬酸钠、10% 氯化钙，与血液的比为 $1:9$；10% 水杨酸钠，与血液的比为 $1:5$。先吸入抗凝剂，再按比例采血至所需数量。

2. 血液保养液　常用的是柠檬酸葡萄糖合液（即 ACD 液：柠檬酸钠 1.33，柠檬酸 0.47，葡萄糖 3，重蒸馏水加至 100，灭菌后备用），每 100 mL 全血加入 ACD 液 25 mL，4 ℃贮存 29 d 其红细胞存活率可达 70%。

（四）输血方法

可取颈静脉、隐静脉、头静脉、腹腔或骨髓内输血。腹腔输血吸收慢，部分细胞不能复活，适用于不必立即增加红细胞容量的病例。髓内注射适用于小犬、猫，可用 20 号带针芯针头从股骨滑车窝直接注入骨髓腔。常取静脉输入，输血前轻轻晃动输血瓶，使血浆与血细胞充分混合均匀。输血过程中要随时晃动输血瓶以防止血细胞沉降而堵塞输血针。输血速度应尽量缓慢，一般为 $20\sim25$ mL/min；当急性大失血时，速度应加快，$50\sim100$ mL/min。输血的剂量及次数需按病情确定。

（五）输血反应及其预防

1. 发热反应　输血后 $15\sim30$ min，受血动物出现寒战和体温升高。预防措施是在每 100 mL 血液中加入 2% 盐酸普鲁卡因 5 mL 或氢化可的松 50 mg，输入速度宜慢，若反应剧烈，应立即停止输血。

2. 过敏反应　受血动物表现为呼吸急促、痉挛、皮肤见有荨麻疹等。出现过敏反应时立即停止输血，肌内注射苯海拉明或 0.1% 肾上腺素 $5\sim10$ mL，必要时进行对症治疗。

3. 溶血反应　受血动物在输血过程中突然出现不安，呼吸和脉搏急促，肌肉震颤，不时排尿、排粪、高热，可视黏膜发绀，并有休克症状。出现溶血反应时立即停止输血，改注射含糖盐水后再注入 5% 碳酸氢钠溶液，必要时配用强心、利尿剂。

四、给氧疗法

（一）适应证

适用于任何原因引起的缺氧。

（二）给氧方法

1. 经导管给氧法

（1）鼻导管给氧法　由给氧装置输出导管插入患病动物鼻孔内，放出氧气，供动物吸入。

（2）气管内插管法　大动物倒卧保定，开口器打开口腔并将头颈伸展，舌向前拉出，经口将导管送入咽部，趁吸气时将导管插入气管或用细小的导管经下鼻道插入气管。小动物一般经口直接插入气管。

（3）导管插入咽头部给氧法　将导管插入患病动物咽头部给氧。

2. 皮下给氧法　把氧气注入皮下疏松结缔组织中，经毛细血管内的红细胞逐渐吸收。大动物 $6\sim10$ L；中小动物每次 $0.5\sim1$ L，可选取数点进行。注入速度 $1.0\sim1.5$ L/min。

3. 经鼻直接给氧法　在给氧装置输出导管的一端，连接活瓣面罩，将面罩套在患病动物的面鼻上，并固定于头部和鼻梁上，打开氧气瓶，动物即可自由吸入氧气。

4. 静脉注射 3% 过氧化氢给氧法　用 10%～25% 葡萄糖 10 倍稀释未启封的 3% 过氧化氢配成 0.3% 过氧化氢溶液，马、牛每次 $50\sim80$ mL；猪、羊每次 $5\sim20$ mL，缓慢静脉注射。

五、封闭疗法

（一）肾区封闭法

适用于某些腹腔、盆腔及后躯炎症，对胃扩张、肠膨胀、肠便秘也有效。严重心脏病、肾脏病、全身衰竭等不宜应用。将盐酸普鲁卡因溶液注入肾脏周围的脂肪囊内，封闭该区域的交感神经干、神经丛、通向腹壁以及内脏器官表面的传导神经干。注入时应根据动物肾脏的解剖位置来确定刺入点、刺入方向及刺入深度。刺针前要保定动物，术部剪毛、消毒。进针正确时有落空感，推药时感觉如同皮下注射。注射剂量一般为 0.25% 盐酸普鲁卡因溶液每千克体重 1 mL。可分成两份分别注于两侧，采取左右交替注射法，也可将全量注于一侧，每 1～3 d 1 次，5 次为一疗程。若 3 次无效则停用。

（二）四肢环状封闭法

治疗四肢和蹄的疾病及慢性溃疡等。在患肢病灶上方约 3～5 cm 的健康组织上，前肢不超过前臂部、后肢不超过小腿部，分别从皮下到骨膜进行环状注射药液，边退针边注射 0.25%～0.5% 盐酸普鲁卡因液。注射总量大动物 50～150 mL，小动物 5～15 mL，每 1～2 d 1 次。

（三）病灶封闭法

治疗创伤、溃疡、蜂窝织炎、乳房炎、淋巴管炎、各种急性、亚急性停留在浸润期的炎症等。将 0.25%～0.5% 盐酸普鲁卡因分点注射到病灶周围健康组织内的皮下、肌内或病灶基底部以包围整个病灶。药液内加入 100 万～160 万 IU 青霉素效果更好。

（四）静脉内封闭法

治疗挫伤、烧伤、去势后水肿、久不愈合的创伤、湿疹及皮肤炎等。用 0.25% 盐酸普鲁卡因生理盐水稍加温后缓慢静脉滴注，大动物每千克体重 1 mL，小动物每千克体重 2 mL，每 1～2 d 1 次。

（五）穴位封闭法

用 0.25%～0.5% 盐酸普鲁卡因按针灸的穴位注射，治疗四肢带痛性疾病。注射液中加入 0.1% 盐酸肾上腺素可提高疗效。大动物 50～150 mL，小动物 5～15 mL。每 1～2 d 1 次，3～5 次一个疗程。

六、血液疗法

（一）自家血液疗法

治疗各种亚急性及慢性病、贫血、眼科病、营养不良、慢性皮肤病、支气管炎、腹膜炎、胸膜炎等。对急性扩散性疾病、体温显著升高、心脏、肝脏及肾脏疾病和特别衰弱的动物禁用。站立保定，无菌条件下由患病动物的颈静脉（猪从耳静脉或前腔静脉）采取所需的血液，立即注射于颈部、胸部或臀部及皮下，注射量大时，作分点注射。注射剂量，牛、马 60～120 mL，猪、羊 10～30 mL。注射量由少到多，大动物一般第 1 次注射 60 mL，以后每次增加 20 mL，但最多不超过 120 mL，每 3 d 1 次，4～5 次为一个疗程。注射部位可在左右两侧交替进行。

（二）血液绷带疗法

对愈合迟缓的肉芽创、久不愈合的溃疡、瘘管、窦道、头部皮炎、化脓创、营养性溃疡均有疗效。首先用外科方法清洁创面，根据病变大小准备 4～5 层灭菌纱布，无菌条件下由患病动物颈静脉采血，将纱布层浸透，敷在创面上；对创腔深、存在窦道的创伤可直接将血液缓慢注在创面上或创腔内；然后在上面敷以湿性防腐纱布，再敷一层油纸，而后包扎绷带；根据创面变化决定换绷带时间，一般 2～3 d 换一次，生长良好的创伤可延长换绷带时间。

（三）干燥血粉疗法

对关节透创、难愈合的窦道、瘘管、上皮形成缓慢的外伤有显著疗效；对化脓创、肉芽创可加速愈合。将创面、窦道、瘘管进行彻底外科处理，根据创面大小撒布适量干燥血粉，覆盖整个创面，或将血粉撒在纱布上敷在创面，然后包扎。每隔 1～2 d 更换一次。随肉芽生长可适当延长更换时间。

七、蛋白疗法

用于疖病、蜂窝织炎、脓肿、胸膜炎、乳房炎、亚急性和慢性关节炎及皮肤病的治疗；对幼龄动物胃肠道疾病、营养不良、卡他性肺炎等也有一定疗效。当传染病恶化、心功能紊乱、肾炎及妊娠时禁用。一般用血清、脱脂乳、自家血液、同种或异种动物的血液等作为蛋白剂，临床上常用的是健康动物的血清，大动物 50～100 mL/次，中小动物 10～30 mL/次，每 2～3 d 1 次，2～5 次为一个疗程。

八、药物气雾疗法

（一）药物熏蒸法

在对动物进行群体治疗时，可采用室内熏蒸法。治疗室应密闭，面积以 10～12 m² 为宜。治疗室内设药物蒸汽锅，将药物加水倒入锅内，加热煮沸，让蒸汽弥漫室内。将待治疗动物迁入室内。每次治疗时间为 15～30 min。每日或隔日 1 次。此疗法适用于流行性感冒、支气管炎、肺炎以及某些皮肤病的治疗。

对个体病例也可采用上述室内熏蒸疗法，但治疗室不宜太大，以免影响疗效。也可采用喷熏疗法，即用自制的小型蒸汽发生器，用时先将药液放于蒸汽发生器内，加热使喷出药物蒸汽，将喷头对准所需治疗部位进行喷熏，每次 20 min 左右。此疗法用于咽喉炎、支气管炎、乳腺炎、关节炎等病例。

（二）超声波雾化器疗法

1. 临床应用 超声波雾化器广泛应用于治疗上呼吸道、气管、支气管感染、肺部感染如支气管肺炎，通过稀释痰液，具有湿化气道、祛痰等作用。因药物能直接作用于患病部位，见效快，对于改善呼吸道疾病症状、消炎、抗菌以及止咳祛痰具有独到的治疗功能，也可作为抗过敏和脱敏疗法的一种途径，吸入抗过敏药或疫苗接种等，适于在小动物临床工作中推广应用。

2. 操作方法 使用超声波雾化器，先将药液加入药杯中，盖紧药杯盖，再将面罩给动物戴上，或不用面罩而直接将波纹管口对准动物口、鼻部。插上电源，开机即可。雾化量开关可调节出雾量大小，以不引起动物不适为宜。

3. 注意事项 注意雾化药液温度，最好接近正常体温；治疗中注意观察雾化罐内药液消耗情况，如消耗药液过快，应及时添加；水槽内蒸馏水及雾化罐内药液均不能过少，以免声头空载工作；治疗后呼吸罩和导气管要清洁消毒。

第三节　　液体疗法

一、水、电解质代谢紊乱

（一）脱水程度

不同种类动物对脱水的耐受力差异甚大，如马缺水占体重的 5% 以下时，并不出现明显临床症状，骆驼缺水即使高达体重的 25%，实际上仍没有不适的表现，驴和绵羊脱水即使高达体重 30%，经合理救治后尚能生存。所以，兽医临床上对脱水程度的估计，不应一概而论。一般轻度脱水与中度脱水的主要区别在于皮肤弹性是否显著下降，而重度脱水时往往伴有明显休克的表现。

1. 轻度脱水　体液丢失量占体重 5% 以下，或细胞外液量 1/5。动物可表现为精神欠活跃，脉稍快而弱，口腔稍干、欲饮，尿量减少等。PCV 增加约 5%。

2. 中度脱水　体液丢失量占体重 6%～8%，或约占细胞外液 1/3。动物主要表现为精神萎靡，皮肤干燥、弹性减弱，口干唾液少，眼窝下陷，眼球弹性下降，脉细弱，末梢循环不良，齿龈毛细血管再充盈时间 4～8 s，肢端等末梢部位感凉，尿量少。PCV 增加约 5%～10%。

3. 重度脱水　体液丢失量占体重 10% 以上，或占细胞外液 1/2。除上述症状更为明显外，由于血容量更加减少，微循环灌流不足，动物可出现休克，四肢冰凉，血压明显下降，脉细弱或不感于手，可视黏膜紫绀，尿量显著减少或无尿等循环衰竭现象。PCV 增加约 10% 以上。

（二）脱水类别及救治

1. 低渗性脱水　体液的丢失以电解质为主，特别是盐类，细胞外液渗透压低于正常体液。

（1）原因　见于严重腹泻、呕吐、反复洗胃、大量出汗、反复使用利尿剂以及大量放腹水或大面积烧伤等，使大量电解质丢失或单纯补充水分或葡萄糖溶液而未及时补充所丧失的电解质等。

（2）特征　初期表现厌食、消化功能紊乱、软弱无力，尿量不减或增多，但尿比重下降；后期表现脉细速、血压下降、浅表静脉塌陷、少尿或无尿等循环衰竭症状以及酸中毒，并可由此导致氮质血症；严重时可引起脑水肿、肺水肿、心力衰竭等一系列临床表现。血 Na^+ 值低于 130 mmol/L，严重时低于 100 mmol/L。

（3）输液原则　首先应恢复血容量，改善血液循环，增加体液渗透压，解除细胞内水胀。在病因治疗的同时，一般以补给等渗含钠液为主，必要时可根据缺钠的程度，适当补给 3%～10% 的高渗盐水；补钠的量可按下式估算：补 Na^+ 的 mmol 数 =（140－血 Na^+ 测定值）×体重×0.3。有脑水肿、肺水肿等表现时，在补 Na^+ 的同时，可酌量使用盐酸山莨菪碱加以控制；有酸中毒表现时，可同时补给含钠碱性液。应注意的是，高渗盐液治疗低渗脱水，特别是对轻度低渗脱水者，有一定的危险性，因急剧地增加血容量有导致心力衰竭而使动物发生死亡的危险。

（4）注意事项　血 Na^+ 偏低，不一定都是 Na^+ 的丢失过多。外伤引起的急性失血、大手术、严重感染、某些恶性肿瘤和脑部疾病可引起 ADH 分泌增加；在急性肾衰竭或尿毒症的少尿期大量补液；顽固性充血性心力衰竭、肝硬化时的腹水等，都可造成水的潴留大于钠的潴留，导致血 Na^+ 下降。

2. 高渗性脱水　以丧失水为主的脱水，电解质丢失相对地减少。

（1）原因　水的摄入量不足（见于给水不足，或饮食欲减少、废绝，昏迷，口腔与咽喉炎症、食道炎症或阻塞、肿瘤等病例），排水量过多（见于中暑、各种原因引起的大量出汗、高温或大量使用利尿剂等），以及饲养管理性或各种医源性摄入盐过多。

（2）特征　早期表现口渴喜饮，可视黏膜及口腔干燥，尿少、尿比重高；严重高渗性脱水的突出表现为细胞脱水症状，皮肤干燥无弹性，眼球深陷，显著口渴，进而体温升高、沉郁、昏迷或狂躁，严重可导致死亡。化验室检查，血 Na^+ 值高于 150 mmol/L，Hb 升高，

PCV 可达 40%～80%。

（3）输液原则 在治疗原发病的同时，按"高渗脱水补低渗"的治疗原则补给低渗液，补给液体的渗透压应以血 Na^+ 上升的程度为依据，即血 Na^+ 值越高，补给含钠液的浓度就越低。当血 Na^+ 值大于 170 mmol/L 时，一般可用 1/5～1/6 张液体补给。补液量的估算可任选下列方法之一（仅指累积损失量，不包括生理需要量与继续丢失量）：补液量（L）＝体重（kg）×脱水程度，或补液量（mL）＝血 Na^+ 实际上升值（mmol）×体重（kg）×3，或补液量（L）＝体重（kg）×20%×4%×PCV 实际上升值，式中 20% 指细胞外液量，PCV 每上升 1 个刻度，则细胞外液约损失 4%。

（4）注意事项 由于高渗性脱水时，血浆渗透压高，一般血容量下降多不显著，因而静脉补液的速度不宜过快过急，以免血容量迅速上升而加重心脏负担，或导致水分迅速弥散进入细胞内引起脑水肿或肺水肿。对于盐过多引起的高渗性脱水的治疗，应有别于一般的高渗性脱水，在使动物自由饮用清水和静脉输注 5% 葡萄糖的同时，给予速尿等利尿剂，以加速体内电解质和水的排泄，预防充血性心力衰竭的发生。

3. 等渗性脱水 丧失等渗体液，即丢失的水与电解质相平衡，是临床上较常见的一种脱水类型。

（1）原因 胃肠消化液的急性丢失、大面积烧伤的早期或大量排放胸腹腔积液、肾上腺皮质机能不全、肾小管损伤等均可导致等渗性脱水。此外，也可由其他类型的脱水，经机体自身调节代偿后转化产生。

（2）特征 动物既有口渴、口干、尿少等缺水症状，又有厌食、四肢软弱无力、木僵甚至昏迷等缺盐症状。血 Na^+ 值在 130～150 mmol/L 之间。严重时，可导致氮质血症和酸中毒；血容量严重不足时，血压下降，心搏弱而快，甚至可导致低血容量性休克。

（3）输液原则 病理现象虽表现为水与盐的等比例丢失，但由于从皮肤、呼吸蒸发的水不含电解质，所以输液的原则是"等渗性脱水补低渗，等渗不能补等渗"，一般以 1/3～1/2 张液补给。具体补液的量可参照高渗脱水的有关方法计算。

（三）钾的代谢紊乱

1. 低钾血症 一般当动物血钾低于 3.4 mmol/L 时，即可认为是低钾血症。任何动物只要能正常吃食，在生理状态下就不会缺 K^+。由于影响血 K^+ 代谢的原因较为复杂，血 K^+ 的高低有时并不能真正反映体内总体 K^+ 的水平。例如，输入葡萄糖、胰岛素、碱性液等，可使 K^+ 进入细胞而呈现低血 K^+，但机体总体 K^+ 并不缺乏；脱水使细胞外液浓缩、体液 pH 降低、软组织大面积损伤、肌红蛋白尿血症等，可使细胞内液中的 K^+ 释放到细胞外液中，导致机体总体 K^+ 缺乏，但血 K^+ 可能正常甚至稍高；有时可能与血样放置时间的长短有关。判断机体总体 K^+ 是否缺乏，要认真分析病史和临床表现。

（1）原因 钾的摄入不足多见于长期不能进食而未补钾的病例；钾的丢失过多常见于各种原因所致腹泻、呕吐、胃肠麻痹等，使大量钾随消化液丢失，乳汁中含钾量很高，泌乳动物在不能进食时，应特别重视乳汁中 K^+ 的丢失。使用利尿剂后未及时补钾；长期或大剂量使用皮质激素，既不补钾又未限制钠盐摄入，或大量输给含钠液等，均可促进肾小管对钾的排泄；各种以肾小管损害为主的慢性肾炎及肾盂肾炎、肾小管性酸中毒等。

（2）特征 心肌兴奋性增高、心肌舒张不全，表现心音细弱，心率失常，心输出量减少，外周血回流受阻，体表、末梢血管舒张，内脏淤血，血压下降。神经肌肉的兴奋性下降，当血钾低于 3 mmol/L 时，动物表现神情疲惫、淡漠，对刺激反应迟钝，下唇松弛而使饮水困难，咬肌松弛而使咀嚼无力，四肢软弱无力，乳牛可卧地不起，犬可先呈后躯麻痹；当血钾低于 2.5 mmol/L 时，动物多呈软瘫，卧地嗜睡，神志昏迷不清，但马属动物有的尚可站立，一旦卧地则心搏迅速停止；此外，若呼吸肌受累，则动物表现呼吸困难甚或呼吸麻痹。消化功能紊乱，表现厌食，犬、猫可伴发呕吐，重症病例可表现为肠音消失、肠臌胀，幼龄动物可导致肠套叠或肠梗阻。低钾血症时间稍长，可因肾远曲小管 H^+ 排泌过多而导致碱中毒。

（3）输液原则　积极处理原发病的同时，应及时补钾，特别对严重病例，切不能死搬"尿畅补钾"的原则，以免贻误抢救时机。对轻症病例且口服能吸收者，可用氯化钾粉稀释成 10% 以下浓度口服，大动物 10～30 g，中小动物酌减，3 次/d。氯化钾对胃肠道刺激性较大，特别在胃肠炎时，有引起小肠穿孔的可能，所以对合并有胃肠道炎症病例，可改用枸橼酸钾，其剂量、用法同氯化钾。对重症病例，特别是血钾值低于 2.5 mmol/L 者，一般在 100 mL 的 10% 葡萄糖中加入 10% 氯化钾 3 mL，静脉滴注，大动物不超过 10 g/h，并随时观察病情变化，必要时 2 h 后重查一次血钾值，待心功能和全身状况有所改善后，降低含钾液的浓度和滴入速度，并加入适量胰岛素；伴随有酸中毒者，在补钾时可适当补碱，以促进 K^+ 进入细胞内。需补给 10% 氯化钾的毫升数，可酌情按下式估算：需补 10% 氯化钾毫升数＝体重（kg）×血 K^+ 实际下降值（mmol//L）×0.3/1.34（1.34 为 1 mL 10% 氯化钾中含钾的毫摩尔数）。

2. 高钾血症　血 K^+ 值高于 5.6 mmol/L 时，一般可认为是高钾血症。注意，血钾值偏高不能说明是体钾的总量过多，如酸中毒、溶血、组织大面积挫伤等可促进 K^+ 从细胞内释出或与细胞外液中的 H^+ 等相交换；在某些特定条件下，如脱水、血液浓缩等，其血钾值偏高，不但总体钾不多，甚或可能偏少。

（1）原因

细胞内液中 K^+ 逸出或外移：酸中毒、组织缺氧等，可促进细胞内液中的 K^+ 外移；在高分解代谢状态下，如大面积烧伤、感染、饥饿、高烧、溶血或肌红蛋白血症等，由于组织细胞的大量破坏或糖原的分解代谢增强，其析出的钾离子将与氮和糖原的损失成正比。

钾的排泌障碍或减少：K^+ 主要由肾远曲小管和集合管排泌，其排泌量与肾远曲小管内的尿流速度呈正相关，各种原因导致的急性或慢性肾功能衰竭时（少尿或无尿）或在肾上腺皮质功能不全时，均可导致钾的排泌障碍。此外，服用某些保钾利尿剂，如安体舒通、氨苯喋啶等，都可减少钾的排泌。

钾的摄入过量：如过量服用氯化钾、枸橼酸钾或重复过量应用含钾药物，特别是静脉输注含钾液或大量输入库存血等。

（2）特征　患病动物心搏徐缓和心律紊乱，极度疲倦和虚弱，动作迟钝；肌肉痛、肢体湿冷、黏膜苍白等类似缺血现象，特别是后肢和躯干部麻木、弛缓、肌腱反射消失，甚至发生软瘫。有时呼吸困难，严重者出现心搏骤停，以至突然死亡。

（3）输液原则　总的原则是立即停止钾盐的摄入，特别是静脉补钾时；迅速降低血钾浓度，及时处理原发病和改善、恢复肾功能。

静脉补给钙剂：一般可用 10% 葡萄糖酸钙或 5% 氯化钙直接作静脉注射，大动物用 200～300 mL，若注射后 5～10 min 内病情无改善时，或虽有改善而复发者，可重复应用。

若伴有低钠血症者，可同时补给相应的钠盐。

促进 K^+ 向细胞内转移和排泄：使用钙剂使心脏功能得到改善后，应及时使用碱液和葡萄糖、胰岛素制剂。当血 $K^+ \geqslant 7$ mmol/L 时，大动物静脉补给 5% 碳酸氢钠的量应不少于 1 000 mL，在补碱后 30 min，可重新检测血液碱贮，若无明显碱中毒指征，则可减量重复使用；或以补碱和静脉滴注高渗葡萄糖溶液、胰岛素同时交替应用。但补碱、补糖只能暂时使细胞外液中的部分 K^+ 移入细胞内维持数小时，而难改变体钾的过量。

促进多余体钾的排泄：在肾功能尚好的情况下，经上述处理后，可使用速尿、双氢氯噻嗪或利尿酸等制剂，以抑制肾近曲小管对 Na^+、K^+、Cl^- 的重吸收，促进其随尿液排泄。若由于肾功能衰竭并经上述处理后仍不能排尿时，可考虑实施无钾液的透析疗法。

二、酸碱平衡失调

任何影响血浆中 HCO^- 或 H_2CO_3 浓度的因素，都会使体液的 pH 发生改变，若这种改变超出了机体的调节能力，就可能导致机体的酸碱平衡紊乱。血液 pH < 7.3 时为酸中毒，血液 pH > 7.45 时为碱中毒。由于肺的呼吸机能改变而引起者，称呼吸性酸或碱中毒，由除肺以外的其他因素引起的，统称为代谢性酸或碱中毒。

当机体发生水、电解质平衡紊乱时，往往并发不同程度的酸碱平衡紊乱，而且酸碱平衡紊乱还可以在同一机体、同一疾病的不同病理过程中以两种不同的类型混合存在。例如，由于呼吸功能障碍，血液中 CO_2 滞留，可发生呼吸性酸中毒，但同时又可因组织缺氧、细胞代谢产物氧化不全而发生代谢性酸中毒；又比如，重度急性腹泻的初期，可因失水、失钠和丢失大量碱性肠液，而导致组织灌流不足、缺氧等而发生代谢性酸中毒，后期又可因腹泻液中长期大量丢失 K^+、Cl^-，促进细胞内、外液中的 K^+ 与 H^+ 进行代偿交换，因尿液中排 H^+ 过多，而发生低 K^+、低 Cl^- 性碱中毒。所以，临床上处理酸碱平衡失调时，必须对疾病的病史、病理反应、临床症状和必要的生化指标进行综合分析，制定出合理的治疗方案。

（一）代谢性酸中毒

1. 病因

（1）由于各种原因所诱发的代谢紊乱，产酸过多。例如，由于脱水、组织缺氧，使糖、脂肪、蛋白质等营养物质在代谢过程中氧化不全而产生乳酸、酮体、脂肪酸等；严重感染、大创伤、大面积烧伤、大手术时，由于组织缺氧，产生许多氧化不全的酸性产物及组织分解产物等，被吸收进入血液循环中，导致酸中毒。此外，还可因饥饿，如高产奶牛仅饲以低脂、低蛋白饲料，而碳水化合物饲料又不足时，可因体内贮存的糖原被过度消耗，使体脂的分解代谢加强而导致酮血症；饲养方法、饲料调配不当也可引起酸中毒，如反刍动物一时饲以过量、过细淀粉类饲料，可导致乳酸性酸中毒。

（2）体内的碱液过度丢失。如各种原因所引起的肠炎腹泻（包括不呈现腹泻的肠炎）、肠梗阻、肠麻痹等，使大量碱性肠液丢失或不能被重吸收，造成丢碱过多。

（3）各种原因所引起的肾功能不全、急性肾功能衰竭时，导致 H^+ 排出受阻，使代谢性酸性产物排泄障碍和 $NaHCO_3$ 重吸收受阻。

2. 临床表现　轻度酸中毒常无明显症状或被原发病所掩盖而不易察觉。重症病例可表现为精神萎靡、嗜睡，呼吸加深加快；由于酸性产物可刺激外周毛细血管充血扩张，在酸中毒初期，可视黏膜呈樱桃红色；酸中毒合并脱水时，患病动物尚可呈现口腔干燥，欲饮，血液黏稠，毛细血管再充盈时间延长，血压下降，心率加快或和节律不整等脱水、电解质失调症状。化验室检查，PCV 增高，CO_2CP 下降。

3. 输液原则　矫正水与电解质及酸碱平衡的紊乱的同时消除引起代谢性酸中毒的原因；其次要努力促进肾及肺功能的恢复，对纠正代谢性酸中毒有关键性的作用。轻度酸中毒，在积极控制病因、纠正水和重要电解质紊乱后，一般可自行缓解；是否要及时补给碱液，补多少和如何选择碱液的类型，必须按具体情况作具体分析。

（1）纠正酸中毒必须根据病情的轻重缓急。如由于高热、严重腹泻、各种酮症、重度的乳酸性酸中毒、急性肾功能衰竭、休克等急性病例，大多需及时补碱，必要时可在 CO_2CP 尚未有化验结果前，先用 5％$NaHCO_3$ 溶液按每千克体重 3～5 mL 静脉输入。

（2）根据酸中毒的性质选择碱液类型。如乳酸性酸中毒、休克、肝功受损者等，不使用乳酸钠碱液。

（3）纠正酸中毒时，应注意是否有水肿及血浆中 Na^+、K^+、Cl^-、Ca^{2+}、Mg^{2+} 等电解质浓度的改变，当需大量补给含 Na^+ 的碱液时，应从总补液量中，扣除相应的 Na^+ 量，以免因补给过量的 Na^+ 而造成血液的高渗，增加心脏负荷、细胞内脱水等危险。

（4）几种常用碱液的具体应用

5％$NaHCO_3$ 溶液：作用迅速，效果确实安全，为纠正酸中毒的首选液。补给量可按下列公式估算：补给 5％$NaHCO_3$ 溶液毫升数＝CO_2CP 实际下降值（mmol/L）×体重（kg）×0.3/0.6（0.6 为 1 mL 5％$NaHCO_3$ 溶液中含 Na^+ 与 HCO_3^- 各为 0.6 mmol）。

11.2％乳酸钠溶液：静脉注射时，按 1 份乳酸钠溶液、5 份 5％葡萄糖溶液使用，可抑制酮体的产生，还能补给少量能量，同时也能补充钠。补给量可按下列公式估算：补给 11.2％乳酸钠毫升数＝CO_2CP 实际下降值（mmol/L）×体重（kg）×0.3/1（1 为 1 mL 11.2％乳酸钠溶液经肝氧化后生成约 1 mmol $NaHCO_3$）。

三羟基氨基甲烷（THAM）：为不含钠的强有力的碱性缓冲剂，最适宜用于呼吸性酸中毒和肾性水肿的限钠病例。其优点是，易透入细胞内，可同时在细胞内、外液中起缓冲酸基反应，直接增加血浆中 HCO^-。缺点是碱性太强，大剂量静脉输入时，可导致血浆 PCO_2 突然下降而抑制呼吸中枢，并使血压下降；当血 pH 上升过快时，可使血浆游离钙突然减少，患病动物发生抽搐；此外，还可降低血糖，易伴发高钾血症；应用过量或肾功能不全者，可引起碱血症；不慎漏出血管外时，还可导致组织坏死。注射时可将 3.64％ THAM，加等量 5％～10％葡萄糖溶液稀释后再用。补给量可按下列公式估算：补给 3.64％THAM 毫升数＝CO_2CP 实际下降值（mmol/L）×体重（kg）×0.6/0.3（0.6 为体液总量——因 THAM 能同时在细胞内外液中起作用，0.3 为 1 mL 3.64％THAM 约等于 0.3 mmol THAM）。

4. 注意事项　补碱时应避免纠正过度，一般可用所测量的半量。如果不能测 CO_2CP 时，纠正酸碱平衡紊乱只有根据临床经验，但不能对所有病例都收到满意效果。酸中毒时，大量 K^+ 移出细胞之外，往往体内高度缺钾，但血 K^+ 浓度不低，临床上应特别注意给予补充。糖尿病或剧烈腹泻所致的酸中毒，K^+ 的补充更为重要，但在肾上腺皮质功能不全或合并肾功能不全的代谢性酸中毒，补 K^+ 时必须谨慎，以免发生高血钾症。

（二）代谢性碱中毒

1. 病因

（1）丢失含盐酸的胃液过多　在幽门梗阻、积液性胃扩张、反复持续性呕吐或牛、羊等反刍动物的真胃食滞、扭转、移位等疾病中，由于大量丧失含盐酸的胃液，使血 Cl^- 减少而 HCO_3^- 代偿性增多；又因胃液中含 K^+ 量高，过度大量丢失，还将导致在发生代谢性碱中毒的同时伴发低氯、低钾血症。

（2）投给过量的碱性药物　如纠正酸中毒时过量给予碱性药物，或洗胃、灌肠时反复使用碱性药剂。

（3）各种原因所引起的低钾血症　由于代偿，使肾远曲小管因排 H^+ 过多而导致碱中毒，但这种碱中毒的尿液呈酸性。

2. 临床表现　患病动物的症状常被原发病所掩盖，典型病例可表现为呼吸浅表缓慢，嗜睡，伴发低钾血症者尚可呈现表情淡漠，肌肉松弛，体表静脉怒张，心搏弱而快等现象。因血液 pH 上升，使血浆中游离钙减少，有的患病动物特别是幼龄动物可发生四肢抽搐，类似低钙血症症状。失酸性碱中毒也可能同时引起失水，因而往往还可合并程度不等的脱水症状。化验室检查，尿呈碱性（低钾血症导致的碱中毒尿液呈酸性）、CO_2CP 增高（应注意区别于呼吸性酸中毒）、PCV 增高、血 Cl^- 降低。

3. 输液原则　治疗的关键是控制原发病，至于是否应补酸以纠正碱中毒，需看病情轻重而定。一般病例，经补给等渗盐水、林格氏液和氯化钾溶液后，情况多可改善；重症病例（CO_2CP 超过 31.5 mmol/L 或血 Cl^- 低于 5 mmol/L），可酌用 0.1 mmol/L 稀盐酸进行静脉滴注纠正，其补给量可按每千克体重 0.365% 稀盐酸 1 mL，能提高血 Cl^- 4 mmol/L。

4. 注意事项　碱中毒时血 Cl^- 很低，应补充含 Cl^- 的药物进行纠正。林格尔氏液是纠正碱中毒比较好的药物，因它含有较多的 Cl^-，并含有生理的 K^+ 和一定量的 Ca^{2+}，如在其中加入葡萄糖和维生素，则效果更好。纠正碱中毒过程应随时注意 K^+ 的补充，3 个 K^+ 可与进入细胞内的 2 个 Na^+、1 个 H^+ 进行交换，H^+ 在细胞外体液中与碳酸氢盐结合形成 CO_2 和水，这样血浆内碳酸氢盐的浓度即可降低。

（三）呼吸性酸中毒

1. 病因

（1）呼吸中枢麻痹或抑制　常见于全身麻醉过量、CO 中毒，或因脑出血、脑血管栓塞、痉挛、脑膜脑炎等病而影响脑组织的血流供应者，可因脑缺氧而致使呼吸中枢抑制。

（2）急性呼吸道阻塞或肺的广泛病变　如溺水、气管异物性阻塞、肺炎、胸腔大量积液等，或因胸壁创伤，气胸并发肺不张等，以及肺实质疾病如支气管炎、肺气肿、肺炎、肺水肿等，均可导致 CO_2 排出障碍而发生呼吸性酸中毒。但是，肺实质疾病时，既可因 CO_2 排出受阻而发生呼吸性酸中毒，又可因组织慢性缺氧、失水等导致代谢产物氧化不全而合并代谢性酸中毒。

2. 临床表现　因原发病不同而有所差异。呼吸中枢受抑制或呼吸肌麻痹者，主要表现呼吸浅表，不规则，或呈阵发性痉挛性或潮式呼吸，可视黏膜紫绀，瞳孔散大，心音细弱而快，甚或呈心室纤维震颤，突然发作，患病动物多呈昏迷状态。由气管或支气管阻塞造成者，患病动物则以呼吸困难、挣扎、喘咳、喉和肺部出现啰音、黏膜紫绀等为特征。化验室检查，血液中 CO_2 升高，血浆 H_2CO_3 浓度增高，pH 偏酸性，CO_2CP 上升。

3. 输液原则　呼吸性酸中毒的治疗，关键在于应针对病因，保持呼吸道通畅，尽快改善肺的换气条件，使体内的 CO_2 迅速排出。单纯给氧，有时会因血氧浓度过高，反而会抑制呼吸中枢。呼吸道阻塞者，需及时清除阻塞物，必要时应作气管插管或气管切开；由于胸腔积液或胸壁创伤造成气胸等而发生肺不张者，则应尽快排除积液，或关闭胸壁创口，使肺泡重新开放；由于肺部感染者，应投用足量有效的抗菌类药物，尽快控制感染；由于呼吸中枢抑制麻痹者，应尽早进行人工呼吸，插管给氧，并给予呼吸中枢兴奋剂，如山梗菜碱（洛贝林）、尼可刹米、回苏灵等。严重呼吸性酸中毒，可配合静脉滴注 THAM 或乳酸钠溶液。

（四）呼吸性碱中毒

1. 病因　中暑或高烧伴有过度通气及过度劳役时可发生；注入过量水杨酸盐时，可因血浆中水杨酸浓度过高，刺激呼吸中枢，引起通气过盛；颅脑损伤、肝昏迷、手术后等患病动物可出现呼吸性碱中毒。

2. 临床表现　表现反应迟钝，呼吸浅表，精神萎靡等现象。此外，因血液 pH 上升，使血浆游离钙下降，个别患病动物特别是幼龄动物可出现四肢抽搐现象。CO_2CP 下降。

3. 输液原则　重点是积极治疗原发病和对症处理。如可暂时用布袋等罩住口鼻，限制呼吸以减少 CO_2 排出。轻症常无需特殊治疗，一般在治疗原发疾病过程中，可逐步恢复。严重病例，有四肢抽搐现象者，可酌用钙剂控制。

三、液体疗法的临床应用

动物发生水、电解质和酸碱平衡失调多继发于各类疾病，表现复杂，常同时或先后兼有几个类型，在神经体液调节下，相互联系又互相制约。如严重持续腹泻，由于肠液和电解质成分迅速、大量丢失，组织灌流不足、缺氧等，初期可导致代谢性酸中毒，后期又可因大量丢失电解质，特别是 K^+、Cl^- 的大量持续丢失或救治不当，导致电解质的代偿、交换，由于排 H^+ 过多而转化为低钾、低氯性碱中毒。因此，除尽快控制原发病外，必须从增强机体调节代偿机能入手，有计划，有步骤地恢复和维持体液的容量、渗透压、体液 pH 和电解质成分、含量与分布的稳定，并注意改善毛细血管的灌流，使组织细胞恢复和发挥生理功能。由于动物的种类繁多，疾病的性质与表现又错综复杂，因此补液时必须结合实际情况，掌握好"缺什么，补什么，缺多少，补多少"和"边治疗、边观察，边调整"的总原则。需指出的是，口服补液才是最安全的补液方法，而静脉补液仅是迫不得已时的应急措施。因此，一旦病情好转，患病动物能口服且能被消化吸收时，均应减少或停止静脉输液。

（一）补液方案的制订

制订一个实际病例的补液计划，主要考虑的是"补什么，补多少和如何补"等基本问题。并根据病情的发展和转归，作必要的调整或补充，准确地记录液体和体液的出入量。以患病动物的临床表现、全身各系统，特别是心、肝、肾、肺和中枢系统等重要器官的病理反应情况为依据，仔细地分析症状和体征，结合有关实验室检查，正确地判断患病动物水、电解质与酸碱失调的性质、类型和程度。

1. 输液量　实质是补什么、补多少的具体措施。应从三个方面考虑，即纠正已经丧失量，补充日继续丢失量和供给当天生理需要量。生理需要量与继续丢失量应在当天补足，而已经丧失量（即累积损失量），宜在 $2\sim3$ d 内补充，第一天只补给估算量的1/2 或 1/3。

（1）纠正已失量　已失量实际上是动物脱水程度和水、电解质酸碱平衡失调的性质与类型。

需补液量：按体重（kg）×脱水程度估算。

需补给电解质的量：以脱水的性质和类型而定，其补给量可参照有关公式估算。总的基本原则是"高渗脱水补低渗；等渗脱水补低渗，等渗不能补等渗；低渗脱水补等渗，必要时可部分给高渗"。但应注意的是，5%～10%葡萄糖是零渗液，只能达到补水的作用，而不能维持体液的渗透压。

酸中毒补碱的量：可参照前述有关运算方法补给。

（2）补充日失量　日失量包括患病动物由呕吐、腹泻、导胃、肠瘘、大量排放胸腹腔液、胆汁引流等丧失的体液量。这些内容可酌情按前一天丢失量的记录，以等渗盐水或林格氏液补给。此外，患病动物体温每升高1℃，可加补5%葡萄糖每千克体重3～5 mL；患病动物有大出汗者，用1/2张液，增补每千克体重10～15 mL。

（3）供给当天生理需要量　各种动物大体可按每千克体重25～35 mL计算，用1/3张液补给。一般大动物取低限，中小动物取高限，并注意加适当10%氯化钾，不能进食的大动物每天可用80～150 mL，中小动物10～30 mL，猫、小狗等应酌减。

2. 补液的程序和方法　一般按"先快后慢、先盐后糖、先浓后淡、晶胶相应、尿畅补钾"的原则补给。但应根据病例的具体情况灵活掌握，如因失血过多而发生明显贫血，或血浆蛋白显著下降者，给予先输血或血浆或右旋糖酐等胶体液，以维持血浆胶体渗透压，才能维持有效的血液容量。

（1）扩容　"先快、先盐、先浓和晶胶相应"的目的主要是为了在细胞外液中以有效的Na^+浓度和必要的胶体渗透压来尽快达到提高血容量。足够的血容量是维持正常血液动力和微循环有效灌流的物质基础，是改善组织缺氧、预防和治疗休克、改善全身机能状态的基本手段，但"三先"的程度则应以具体病例的脱水性质与程度、失衡电解质的性质及当时患病动物的机能状态，特别是心、肾、肺功能的具体实际为前提。为达到上述目的，临床补液时，一般多首先静脉输给等渗的平衡盐溶液——乳酸钠林格氏液，其组成近似于细胞外液，或使用5%碳酸氢钠等渗盐溶液（5%～10%葡萄糖3份，等渗盐水2份，5%碳酸氢钠1份），适用于肝功不全或休克病例，以免乳酸在体内蓄积。

（2）调整　恢复和维持血浆的渗透压，纠正重要电解质的缺失。"后慢、后糖、后淡"的作用是在血容量已基本补足（补液致"尿畅"后，说明血容量已基本补足和肾功能基本正常），心功能、组织灌流已得到基本改善和血浆渗透压基本恒定的前提下，有利于水电解质在细胞内外液间进行交换和代谢产物随尿液排除，使缺少的电解质得到逐渐补充，多余的逐渐随尿液排出，最终达到体液中水、电解质的含量、浓度与分布在细胞内外液间逐渐恢复和维持在正常生理水平。但是，纠正某些电解质，如钾、钙、磷、镁等，使在细胞内外液中完全达到正常水平，除需要较长时间外，还需要有一些不可缺少的内在条件，如钙、磷不但要求有一定比例、pH，还需要有维生素D参与等。所以，临床上许多发生水、电解质严重失调的病例，实施液体疗法施治时，往往要持续3～5 d或更长时间。

（3）纠正体液pH　临床实施时，常将体液pH纠正与扩容同步进行。补碱不但可以纠酸、提高血浆渗透压，而且还有利于K^+、HPO_4^{2-}等进入细胞内，改善血液黏度，预防和治疗红细胞凝集而达到改善和疏通微循环等作用。

（4）营养和病因治疗等的需要　从静脉补液或其他途径中加入必要的能量物质，如高渗糖、ATP或维生素及其他有关治疗药物等，但应注意各药物间的合理相互配伍。

（二）输液速度

1. 休克、大面积烧伤或中度以上的低渗或等渗脱水病例，起初的补液速度宜快。大动物在心功能尚好的情况下，开始时的 30～60 min 内应控制在 50～100 mL/min 为宜，以防血容量急骤上升，导致心衰、肺水肿的后果。待血容量逐渐得到补充后，应减慢滴入速度。

2. 有心、脑、肾、肺功能障碍者及补钾时，滴入速度宜慢。

3. 输入甘露醇、山梨醇等脱水利尿剂时，速度宜快。一般可按规定补给量（甘露醇每千克体重 1～4 g、山梨醇每千克体重 1～2 g），以 20～30 min 内输入。

（三）安全输液

一般情况下，有效循环血量的调节，可在 3～8 h 内完成；酸碱平衡的调节，可在 12～36 h 内纠正；细胞内缺水和缺钾等则可在 3～4 d 内予以解决。需要特别注意的是，对于年老体弱或心肾功能不全患病动物，输盐过多过快可导致循环血量骤增，引起心衰和肺水肿；5%～10%糖液输入过多，水易进入细胞内，有可能引起脑水肿为主要表现的水中毒。当需大量快速输液时，为安全计，最好测定中心静脉压（CVP）。临床上常采用的简易方法是：

1. 观察颈静脉的充盈度 正常动物颈静脉沟明显而不怒张，压迫颈静脉后 7 s 左右，颈静脉充盈良好。若颈静脉沟明显塌陷，压迫而不充盈或迟于 7 s 充盈者，提示血容量不足，可以安全输液。反之，若颈静脉明显怒张，则提示输液过量或心衰，应纠正心衰，并减缓或停止输液。

2. 观察尿量及尿色的改变 输液至开始排尿，说明细胞外液量已基本适中，应逐渐减慢输液速度。若尿频量多而色清，兼有心血管现象改变者，则提示输液过量或输入速度过快。

3. 观察肺部是否出现湿啰音 若输液后出现啰音，则说明血容量已过多或输入盐液过多过快，应减缓或停止输液，以防发生肺水肿。

4. 注意四肢末梢或腹下有无水肿 若在输液过程中或输液后上述部位出现水肿，在排除心肾功能不全、血浆蛋白明显不足或针孔漏液等情况后，常提示细胞外液量已大大超出正常量。

（四）输液所需药品

1. 以供给水、电解质为主的溶液

（1）水　饮用常水。由缺水而引起的脱水，可令动物自由饮水或人工经口投给所需要水量。

（2）等渗盐水（生理盐水）　0.85%氯化钠液，含 Na^+、Cl^- 为 154 mmol/L。适用于细胞外液脱水，Na^+、Cl^- 丧失的病例，如呕吐、腹泻、出汗过多等。此溶液与细胞外体液相比，Cl^- 浓度高出 50%左右，最好用于 Cl^- 丢失多于 Na^+ 的病例。因使用不当，可引起水肿及 K^+ 的丢失。如果向此溶液添加 5%葡萄糖，效果更好。

（3）低渗盐水　Na^+、Cl^- 浓度较等渗盐水低 1 倍，用于缺水多于缺盐病例。

（4）高渗盐水　浓度为 10%盐水，含 Na^+、Cl^- 为 1 700 mmol/L。能使细胞脱水，不适合用作补水、电解质为主的溶液，可用于缺盐多于缺水的病例，但用量不宜过大，速度也不能过快。

（5）5%葡萄糖溶液　为等渗的非电解质溶液，适用于因缺水所致的脱水病例。

（6）林格尔氏液（复方氯化钠溶液）　含有 K^+、Ca^{2+}、Na^+、Cl^- 等离子，同细胞外体液相仿，在补液时更合乎生理要求，较等渗盐水优越。但严重缺 K^+、缺 Ca^{2+} 时，因含量小，还需另外补充。

（7）10％氯化钾溶液 含 K^+、Cl^- 为 1.3 mmol/L，用时取 10～15 mL，溶于 500 mL 5％葡萄糖溶液中，浓度不超过 0.3％，常用于低血钾病例。注射速度要慢，过快有引起心跳停止的危险，静脉输入时，必须在尿畅通之后补钾，即所谓"尿畅补钾"，必要时应每日补给，因细胞内缺钾恢复速度缓慢，补钾盐有时需数日才达到平衡。

2. 调节酸碱平衡的溶液 见酸碱平衡失调中"几种常用碱液的具体应用"。

3. 胶体溶液

（1）全血 输血不单纯是补充血容量，还可供给营养物质，使血压尽快恢复。供血动物必须严格检查，确认健康时方可采血（参照输血疗法）。

（2）血浆 本品含有丙种球蛋白的非特异性抗体，能与各种病原相作用，加速疾病的痊愈。又可供蛋白质的来源，提高胶体渗透压，适用于大量体液的丢失。应用时取新鲜血浆，可不考虑血型。

（3）牛血清 用于补充血容量的不足。将血清加热除掉种属特异性，其蛋白质的含量与其他动物相似，可用做各种动物的输液。

（4）右旋糖酐 右旋糖酐是多糖体，不含蛋白质，其分子量与血浆蛋白的分子量接近。临床多用低、中分子右旋糖酐。中分子右旋糖酐的分子量为 5 万～10 万 Da，多制成 6％的生理盐水溶液静脉注射，因分子量较大，不易渗出血管，能提高血浆胶体渗透压，增加血浆容量，维持血压，供出血、外伤性休克及其他脱水状态时使用。低分子右旋糖酐的分子量为 2 万～4 万 Da，多制成 10％的生理盐水溶液静脉注射，能降低血液黏稠度，制止或减轻细胞的凝集，从而改善微循环。一般输入右旋糖酐时，可先输 1 000 mL 低分子的，再输中分子的。输入速度开始宜快，血压上升到正常界限，再减慢速度，维持血压不致下降，然后再考虑补充电解质溶液。

第四节 休克的急救

休克不是一种独立的疾病，而是机体有效循环血容量减少、组织灌注不足、细胞代谢紊乱和功能受损的病理过程在临床上表现出的症候群。氧供给不足和需求增加是休克的本质，产生炎症介质是休克的特征。因此，恢复对组织细胞的供氧，促进其有效的利用，重新建立氧的供需平衡和保持正常的细胞功能是治疗休克的关键环节。

一、休克概述

（一）休克分类

休克的分类方法很多，但尚无一致意见。一般认为按病因分类适用于临床，主要有低血容量性休克、创伤性休克、感染性休克、心源性休克、过敏性休克 5 大类。

（二）休克病因

1. 失血与失液 主要引起低血容量性休克。多见于各种因素导致的大血管破裂，腹部损伤引起的肝、脾破裂，消化道出血，门静脉高压症所致的食管、胃底曲张静脉破裂出血等；但失血性休克的发生取决于失血量和出血速度，慢性出血由于机体的代偿，可使血容量得以维持，一般不发生休克。剧烈呕吐、严重腹泻、肠梗阻等引起大量体液丢失，导致脱水、血容量减少，其中低渗性脱水最易发生休克。

2. 创伤　严重创伤可引起创伤性休克，与出血和疼痛有关。

3. 烧伤　大面积烧伤可引起烧伤性休克。烧伤早期与创面大量渗出液，血容量减少、疼痛有关。烧伤晚期由于继发感染引起感染性休克。

4. 感染　严重感染可引起感染性休克，特别是革兰阴性细菌感染，内毒素起着重要作用，故也称为内毒素性休克或中毒性休克。感染性休克常伴有败血症，故又称为败血症性休克。

5. 心泵功能障碍　急性心肌梗死、急性心肌炎、严重心律失常等急性心泵功能严重障碍可引起心输出量急剧下降，导致心源性休克。

6. 过敏　某些药物（如青霉素）、血清制剂（如破伤风抗毒素）等治疗可引起过敏体质动物的过敏性休克。

7. 强烈的神经刺激及损伤　剧烈疼痛、高位脊髓麻醉或损伤使血管运动中枢抑制或交感缩血管纤维功能障碍，引起血管扩张，以致血管容积增加，导致神经源性休克。

（三）休克临床表现

休克的临床表现随着其病情的发展有不同的表现，按照休克的发病过程可分为休克代偿期和休克抑制期，或称休克早期和休克期。

1. 休克代偿期　在有效循环血容量减少的早期，机体有相应的代偿能力，中枢神经系统兴奋性提高，交感—肾上腺轴兴奋。表现精神无明显变化或是稍有不安；由于流经皮肤、肾脏血液减少，出现可视黏膜苍白，四肢末端、耳尖发凉，排尿减少，心率增快，血压正常或偏高；由于交感神经节后纤维末梢分泌乙酰胆碱，可见腋下、股内排汗。由于此期时间短，症状不典型，临床上容易被忽视。此时，如处理及时、得当，休克可较快得到纠正。否则，病情继续发展，进入休克抑制期。

2. 休克抑制期　由于代偿反应消失，机体出现典型的症候群。临床上表现血压下降，皮温降低，四肢末端厥冷，肌肉软弱无力，齿龈及可视黏膜发绀。由于回心血量的减少，静脉塌陷，心排血量减少，心音低，脉搏细而快，尿量进一步减少甚至无尿。此期脑干也发生缺血缺氧，表现精神沉郁，两眼凝视，瞳孔放大，反应迟钝，多卧地不起，人为驱赶，步态踉跄；严重者发生昏迷，脉细弱甚至不感于手，器官机能障碍加重，可出现严重的出血倾向，如皮肤、黏膜呈现出血斑或广泛性出血，尤以消化道最为严重。

（四）休克诊断

休克是一种危重病症，待休克完全确立之后，根据临床表现，诊断并不困难。但必须了解，休克的治疗效果取决于早期诊断，兽医临床上待休克已发展到明显阶段时再行抢救，为时已晚。若能在休克前期或更早地实行预防或治疗，不但能提高治愈率，同时还可以减少经济上的损失。但理论上强调的早期诊断，在实际临床上要做到很困难。早期诊断要有丰富的临床经验。凡是严重损伤、大量出血、重度感染以及过敏等，兽医人员必须十分细致地观察全面的临床表现和病情的发展变化，注意到并发休克的可能，做出比较符合客观情况的判断，进而为选择治疗措施和判断治疗效果提供依据。

（五）休克监测

1. 一般性监测

（1）观察血液循环状况和精神状态　一般情况下，精神状态可反映脑灌注的情况，如是否发生不安、兴奋、沉郁、昏迷等；肢体温度、黏膜色泽则可反映体表灌注情况；早期微循环障碍表现出体表温度下降、黏膜发绀、齿龈或舌边缘毛细血管再充盈时间过长等，均提示有效循环血量不足、神经中枢缺氧。而且，随着病情的发展，这些症状会加重。特别是可视黏膜苍白或发绀程度的变化、四肢末端及末梢部温度的变冷或回升，都与外周阻力、微循环是否改善有直接关系。

（2）测定血压　在休克治疗中，维持组织器官稳定的灌注压十分重要。一般情况下，休克动物的血压发生降低。但是，血压并不是反映休克程度最敏感的指标，在判断病情时，还应兼顾其他的参数进行综合分析。

（3）检查心率、脉搏及呼吸　休克早期脉搏表现为细速、有力，提示心脏每次跳动时心排血量减少；休克后期脉搏变慢且细弱，甚至不感脉搏，心率加快而血压不断下降，提示心搏无力趋向衰竭。马心率在 110 次/min 以上、牛在 100 次/min 以上，提示预后不良。脉率的变化多出现在血压变化之前。当血压还较低，但脉率已恢复且肢体温暖者，常表示休克病情好转。一般情况下，休克时呼吸次数增加，以补偿酸中毒和缺氧。

（4）观察尿量　尿量可反映肾脏的血液灌注情况及其功能。尿少通常是早期休克和休克复苏不完全的表现，血压正常但尿量仍少且比重偏低者，提示有急性肾衰竭可能。体重 400 kg 左右马的正常尿量是 200 mL/h，休克时肾灌流量减少，尿量减少，当大量投给液体时，尿量能达正常的两倍；在输入异型血、严重烧伤或是创伤时出现血尿，常是溶血的表现；复苏时使用高渗溶液者可能产生明显的利尿作用；涉及垂体后叶的颅脑损伤可出现尿崩现象；尿路损伤可导致少尿与无尿；判断病情时应予注意鉴别。

2. 特殊监测　对于严重的持续性时间很长的低血容量性休克和感染性休克，血流动力学等的变化常常不能从一般性检查中得到充分体现，需要进一步做某些特殊检测项目，如中心静脉压、肺动脉压的监测等，以便更好地判断病情和采取正确的治疗措施。

（1）中心静脉压（CVP）　CVP 代表了右心房或胸腔段腔静脉内压力的变化，可反映全身血容量与右心功能之间的关系，测定 CVP 是了解休克时血流动力状态的一种有效方法。CVP 的高低取决于血容量、静脉血管张力、右心室舒张期压力、静脉回心血量、胸内压、肺循环阻力等因素，尤其是回心血量和右心室的排血力量之间的动态关系最为重要。可以提示是否是低血容量或是心功不全，以利于正常的治疗，防止输液不足或是过量而导致心力衰竭、肺水肿等意外。如果 CVP 低于 588 Pa 而尿量少，表示血容量不足，可以适当加大补液量；如果 CVP 超过 1 470 Pa 而尿甚多，表示心力衰竭和补液量过大，应当减少补液或是减慢输液；如果 CVP 过高，动脉压低而少尿，表示心脏功能不良，输液必须慎重或者停止。总之，在实践中要严密观察补液后 CVP 的动态变化。

（2）肺毛细血管楔压（PCWP）　应用 Swan-Ganz 漂浮导管可测得肺动脉压（PAP）和肺毛细血管楔压（PCWP），可反映肺静脉、左心房和左心室的功能状态。PCWP 正常值与 CVP 无明显差异，肺充血和肺泡水肿时可显著升高。PCWP 低于正常值表示血容量不足；PCWP 增高表示左心房压力增高，例如急性肺水肿时。因此，当临床上发现 PCWP 增高时，即使 CVP 尚属正常，也应限制输液量以免发生或加重肺水肿。另外，肺动脉导管技术是一项有创性检查，临床实施时应严格掌握适应证。

（3）心电监测　心电图可以诊断心律不齐、电解质失衡。酸中毒和休克结合能出现大的 T 波。高血钾症是 T 波突然向上、基底变狭、P 波低平或消失，ST 段下降，QRS 波幅宽增大，PQ 延长。

（4）血液生化分析　测定血清钾、钠、氯，二氧化碳结合力，非蛋白氮，动脉血乳酸盐，动脉血氧分压（PaO_2）等有助于了解休克时水电解质和酸碱平衡的情况，对诊断休克和休克复苏的监测有一定价值。

（六）休克的救治

休克的治疗主要是针对引起休克的原因和休克不同发展阶段的重要生理紊乱采取相应的措施，重点是及时纠正微循环障碍，恢复组织的血液灌注和对组织提供足够的氧，最终目的是防止多器官功能障碍综合征。在治疗的过程中，要深入理解各种休克特有的发病过程，精确判断患病动物血流动力学和血液化学的变化，掌握休克的共同性和特殊性，正确处理局部和整体的关系，遵循积极消除病因、补充血容量、改善周围循环效能、改善心功能、调整代谢障碍等几个原则。

1. 积极消除病因　要根据引起休克的具体原因，给予相应的处置。例如，对发生严重损伤或者骨折的外伤性休克的动物，应装置制动绷带固定，必要时应用镇静、止痛药物；对大量出血的动物，要立即进行彻底的手术止血并应用止血药物，失血过多的可快速输血和输液，以补充血容量；对感染性休克的动物，连续运用大量广谱抗生素控制感染的同时，要积极寻找原发病灶，如深部的脓肿、蜂窝织炎等，要尽快消除感染源；对过敏性休克的动物，要立即停用致敏药物，应用抗过敏药，如肌内注射 0.1% 盐酸肾上腺素，也可选用苯海拉明、异丙嗪、扑尔敏等，还可缓慢静脉注射 10% 的葡萄糖酸钙溶液或 5% 的氯化钙溶液。特别注意，对患有严重腹膜炎、肠扭转、嵌闭性疝、肠梗阻等需要手术的动物，休克可能由疼痛引起，也可能由肠道内有毒物质吸收引起，同时须认识到手术本身对动物就是强刺激；如果不采取抗休克措施，急忙进行手术，动物一般不会得到成功救治；如果单纯治疗休克，不采取手术措施解决原发病，则毒素仍不断产生，休克会继续加重。因此，必须要在抗休克的同时抓住适当时机进行手术，手术中步骤要简化，用药要合理，使手术损伤减小到最低。

2. 补充血容量　恢复正常的循环血量是治疗休克的首要任务，可以用输血、补液的方法来解决。需要注意的是，维持微循环功能所需要的血容量比正常血容量要大得多，补充液体的量要比丧失液体的量大得多。

对失血性休克病例，需要输给全血，补充血量以达到正常 CVP 水平为度，还不足的血容量，根据需要补给血浆、生理盐水或右旋糖酐等。既可防止携氧能力不足，又能降低血液黏稠度，改善微循环。新鲜全血中含有多种凝血因子，可补充由于休克带来的凝血因子不足。

在休克发生时，清蛋白从血管或消化管大量丢失，腹膜炎、大面积烧伤和出血也能丢失大量血浆，补充血浆在兽医临床上是较好的清蛋白来源。右旋糖酐能提高血浆胶体渗透压，是良好的血浆代用品，最为广泛使用的是右旋糖酐 70 和右旋糖酐 40。右旋糖酐 40 不仅具有强大的扩充血容量作用，还对红细胞具有抗积聚作用和抗血栓形成作用，从而改善微循环血管内血液淤滞状态，有疏导微循环和扩充血容量的效用，所以在 CVP 和血液黏稠度很大时是有效的。6% 右旋糖酐 70 和 10% 右旋糖酐 40 是高渗液，能使血容量增加。前者 1 L 能从间质内吸收 200~500 mL 液体，排除速度慢，持续时间 6~7 h；后者扩容作用强，1 L 能吸收间质液 1~1.5 L，排除快，仅 90 min 后扩容作用迅速下降，所以快速注射的扩容作用比缓慢注射大。5% 右旋糖酐 40 是等渗液，无扩容作用，可在输入电解质液之后或二者同时使用。

输液首先应考虑补充电解质溶液，包括生理盐水、平衡盐液、葡萄糖生理盐水等。能补充血管内容量、丢失的离子和导致离子再分配，而且还能达到补充组织间液的目的。对降低血液黏稠度，增进血液流速，维持有效循环，改善微循环都有很重要的作用。多数人主张输入平衡盐溶液——乳酸钠林格氏液，其电解质、酸碱度和渗透压都与正常细胞外液相近似，在近年来的治疗休克中，广泛采用大量平衡盐液来代替或减少输血，取得了较好的效果。心脏功能正常时，快速输入失血量 2～3 倍的乳酸钠林格氏液，一般不会发生心衰和肺水肿，输入量可按每千克体重 20～40 mL 计算。大动物输液速度可达 3～5 L/h，甚至 10 L。以 CVP 作为输液治疗休克的指标，10 min 内以每分钟每千克体重 3 mL 输入。如果 CVP 保持在 1470 Pa 以下和在 10 min 内升高不超过 588 Pa，就可继续输入。轻度脱水的动物可耐受每千克体重每小时 90 mL，并具有极好的安全性，而治疗休克动物的开始 1 h 内需要此剂量的 2～3 倍也不是罕见的。

休克早期，因为儿茶酚胺使得肝糖原分解而出现高血糖症，故少用葡萄糖溶液而多用电解质溶液或是右旋糖酐。当血容量得到适当补充，微循环已有改善后，要适当地静脉滴注高渗葡萄糖溶液，并加入维生素 C 和适量的氯化钾。

补液的量是否合适，临床上可根据精神好转，脉搏逐渐变慢有力，耳、尾、四肢末梢端体表温度回升，以及排尿量开始增多等表现，作为好转的参考依据。有条件的通过 CVP 的测定作为补液量是否得当的依据。

3. 应用血管活性药物改善循环功能　在充分补液的前提下，需应用血管活性药物来维持组织器官的灌注压。提高血压是应用血管活性药物的首要目标，因此，理想的血管活性药物应能迅速升高血压，改善心脏和脑血流灌注以及肾和肠道等内脏器官血流灌注。血管活性药物的选择应用必须结合病情实际，如休克早期主要是毛细血管前微血管痉挛，后期则是微静脉和小静脉痉挛。因此，早期应采用血管扩张剂配合扩容治疗；在扩容尚未完成时，如果有必要，也可适量使用血管收缩剂，但剂量不宜太大、时间不能太长，应抓紧时间扩容。

（1）血管收缩剂　有多巴胺、去甲肾上腺素和间羟胺等。多巴胺是最常用的血管活性药，兼具兴奋 α、β1 和多巴胺受体作用，小剂量时主要是 β1 和多巴胺受体作用，可增强心肌收缩力和增加心排出量，并扩张肾和胃肠道等内脏器官血管；大剂量时则为 α-受体作用，可增加外周血管阻力。抗休克时主要取其强心和扩张内脏血管的作用，宜采取小剂量。为提升血压，可将小剂量多巴胺与其他缩血管药物合用，而不增加多巴胺的剂量。

多巴酚丁胺对心肌的正性肌力作用较多巴胺强，能增加心排出量，降低 PCWP，改善心泵功能，小剂量有轻度缩血管作用。多巴酚丁胺能增加全身氧输送，改善肠系膜血流灌注。通过兴奋 β-受体增加心排出量和氧输送，改善肠道灌注，也明显降低动脉血乳酸水平。

去甲肾上腺素是以兴奋 α-受体为主、轻度兴奋 β-受体的血管收缩剂，能兴奋心肌，收缩血管，升高血压及增加冠状动脉血流量，作用时间短。去甲肾上腺素与多巴酚丁胺联合应用是治疗感染性休克最理想的血管活性药物。

间羟胺（阿拉明）间接兴奋 α、β-受体，对心脏和血管的作用同去甲肾上腺素，但作用弱，维持时间约 30 分钟。

异丙基肾上腺素是增强心肌收缩和提高心率的 β-受体兴奋剂，因对心肌有强大收缩作用和容易发生心律紊乱，故不能用于心源性休克。

（2）血管扩张剂　分 α-受体阻滞剂和抗胆碱能药两类。前者包括酚妥拉明、酚苄明等，能解除去甲肾上腺素所引起的小血管收缩和微循环淤滞，并增强左心室收缩力。其中酚妥拉明作用快，持续时间短。酚苄明是一种 α-受体阻滞剂，兼有间接反射性兴奋 β-受体的作用，能轻度增加心脏收缩力、心排出量和心率，同时能增加冠状动脉血流量，降低周围循环阻力和血压，作用可维持 $3\sim4$ d。

抗胆碱能药物包括阿托品、山莨菪碱和东莨菪碱。临床上较多用于休克治疗的是山莨菪碱（人工合成品为 654-2），可对抗乙酰胆碱所致平滑肌痉挛，使血管舒张，从而改善循环。还可通过抑制花生四烯酸代谢，降低白三烯、前列腺素的释放而保护细胞，是良好的细胞膜稳定剂，尤其是在外周血管痉挛时，对提高血压、改善微循环、稳定病情方面效果较明显。

4. 强心药　包括兴奋 α 和 β 肾上腺素能受体兼有强心功能的药物，如多巴胺和多巴酚丁胺等，其他还有强心苷，如毛花苷丙（西地兰），可增强心肌收缩力，减慢心率。当输液量充分而动脉压仍低，并且 CVP 在 1 470 Pa 以上时，可经静脉注射毛花苷丙行快速洋地黄化。此外，严重休克时应用皮质类固醇可促进心肌收缩力，降低周围血管阻力而改善循环，并且对缺氧细胞有保护作用，能增进机体对创伤的应激能力，抑制炎症的发展。但要注意，动物存在感染、炎症的情况下必须配合足量的抗生素联用，一般主张应用大剂量静脉滴注，为防止多用皮质类固醇后可能产生的副作用，一般只用 $1\sim2$ 次。

5. 调整代谢障碍　休克时组织发生缺血性缺氧，产生大量的乳酸和细胞内酸中毒。因此，给氧是处理休克的一项最基本的措施。采用 $90\%\sim95\%$ 纯氧和 $5\%\sim10\%$ CO_2 配合供给，可直接进行吸氧或采用机械换气（呼吸机）、气管切开等，供氧时间宜长不宜间断，同时保持呼吸道的顺畅；还可静脉缓慢注射经 10 倍稀释的 $3\%H_2O_2$。

酸碱平衡失调时，静脉注射生理盐水或乳酸钠林格氏液可纠正轻度酸中毒；较重的酸中毒用 5% 碳酸氢钠、三羟基氨基甲烷和维生素 C 纠正；休克时间较长，发生细胞坏死时，释放出大量 K^+，造成高血钾症，要注意静脉滴注葡萄糖酸钙予以纠正。

需要特别注意的是，休克早期有可能因过度换气而引起低碳酸血症，导致呼吸性碱中毒。按照血红蛋白氧合解离曲线的规律，碱中毒使血红蛋白氧解离曲线左移，氧不易从血红蛋白释出，可使组织缺氧加重，故不主张在休克早期使用碱性药物；而酸性环境有利于氧与血红蛋白解离，从而增加组织供氧。因此，纠正酸碱平衡失调的根本措施是改善组织灌注。目前对酸碱平衡的处理多主张宁酸毋碱，酸性环境能增加氧与血红蛋白的解离从而增加向组织释氧，对复苏有利。另外，使用碱性药物须首先保证呼吸功能完整，否则会导致 CO_2 潴留和继发呼吸性酸中毒。

6. 治疗 DIC　对诊断明确的 DIC 可用肝素抗凝治疗，有时还使用抗纤溶药如氨甲苯酸、氨基己酸，抗血小板黏附和聚集可用阿司匹林、潘生丁和小分子右旋糖酐。

7. 其他药物的应用　主要包括：①钙通道阻断剂如维拉帕米、硝苯地平和地尔硫等，具有防止钙离子内流、保护细胞结构与功能的作用；②吗啡类颉颃剂纳洛酮，可改善组织血液灌流和防止细胞功能失常；③氧自由基清除剂如超氧化物歧化酶（SOD），能减轻缺血再灌注损伤中氧自由基对组织的破坏作用；④调节体内前列腺素（PGS），如输注前列环素（PGI_2）以改善微循环；⑤应用三磷酸腺苷-氯化镁（ATP-$MgCl_2$）疗法，具有增加细胞内能量、恢复细胞膜钠-钾泵的作用及防治细胞肿胀和恢复细胞功能的效果。

二、失血性休克

1. 原因　多见于各种因素导致的大血管破裂，腹部损伤引起的肝、脾破裂，消化道出血，门静脉高压症所致的食管、胃底曲张静脉破裂出血等。

2. 临床表现　精神异常紧张，出冷汗，可视黏膜苍白，四肢末端发凉，脉细速，血压可正常但是脉压小，尿量减少，若出血量大或是在较晚期时血压下降。

3. 诊断　根据是否有出血病史，结合观察皮肤、黏膜的血管充盈情况以及感觉四肢末端的温度、测量脉压等一般不难诊断。但要注意隐匿的出血，如急性消化道出血（在未发现呕血和便血前，胃肠道内可能已积聚大量血液）、缓慢发展的脾破裂出血等。

4. 治疗　积极处理原发病、制止出血和及时补充血容量，同时监测血压、心率及 CVP、尿量，调整输液量与输液速度，决定是否选用血管活性物质。

（1）止血　创伤性出血应立即包扎止血；消化道出血应静脉滴注重酒石酸去甲肾上腺素、垂体后叶素、安络血等全身性止血药物；有条件者可在内窥镜的帮助下进行止血。上述措施止血无效时，应及早施行手术止血，如结扎，切除出血组织等。

（2）补充血容量　虽然失血性休克时丧失的主要是血液，但补充血容量时并不需要全部补充血液，而应抓紧时机及时增加静脉回流。首先，可经静脉快速滴注平衡盐溶液和人工胶体液，其中，快速输入胶体液更容易恢复血管内容量和维持血液动力学的稳定，同时能维持胶体渗透压，持续时间也较长。输入液体的量应根据病因、尿量和血液动力学进行评估，临床上常以血压结合 CVP 的测定指导补液。

随着血容量补充和静脉回流的恢复，组织内蓄积的乳酸进入循环，应给予碳酸氢钠纠正酸中毒。还可用高渗盐水输注，以扩张小血管、改善微循环、增加心肌收缩力和提高心排出量，但高血钠有引起血压下降、继发低血钾、静脉炎及血小板聚集的危险，应予注意。

三、创伤性休克

1. 病因　见于机体受到严重外力作用导致的创伤或大面积重度烧烫伤等。创伤导致剧烈的疼痛，刺激交感神经兴奋，儿茶酚胺分泌增多，引起血管收缩导致微循环发生缺血性变化。同时，过度的剧烈疼痛，导致心血管中枢抑制，微循环发生血液淤滞。而且，严重的损伤导致组织细胞破坏，大量组织因子释放入血液，加之组织损害可以使血小板激活引发微血栓的形成，故而在微循环淤血期就发生 DIC，从而促进了休克的恶化。

2. 临床表现　可见严重的创伤灶、烧伤灶，伴有剧烈疼痛。由于创伤性休克伴有大量的体液丢失，呈现急性炎症反应综合征。烧伤引发的创伤性休克由于红细胞变形能力降低而阻塞血管，甚至发生溶血，释放出血红蛋白促进肾功能衰竭，导致休克加重。

3. 治疗　由于创伤性休克也属于低血容量性休克，故其急救也需要扩张血容量，与失血性休克时基本相同。但由于损伤可有血块、血浆和炎性渗液积存在体腔和深部组织，必须详细检查以准确估计丢失量。创伤后疼痛刺激严重者需适当给予镇痛、镇静剂；妥善临时固定（制动）受伤部位；对危及生命的创伤如开放性或张力性气胸等，应作必要的紧急处理。手术和较复杂的其他处理，一般应在血压稳定后或初步回升后进行。创伤或手术继发休克后，还应使用抗生素，避免继发感染。

4. 预后　创伤性休克常较单纯的失血失液性休克发病急骤、发展迅速，死亡率高，预后差。此外，创伤性休克的原因一般难以在短期消除，原因的持续性作用会导致休克继续加重。

四、感染性休克

感染性休克主要继发于释放内毒素的革兰阴性杆菌为主的感染，是由内毒素引起的休克。因此，又称为内毒素性休克。常见于全身性感染、大面积烧伤、多发性脓肿、急性蜂窝织炎、弥漫性腹膜炎等。

1. 分类　由于细菌的毒素不同、作用不同，各种感染性休克的表现也不同，根据感染性休克的血流动力学变化不同，可分为 2 种类型。

（1）**低动力型休克**　因其心输出量减少、外周阻力增高的特点，故又称为低排高阻型休克；因其临床上表现为可视黏膜苍白、四肢湿冷、尿量减少、血压下降及乳酸酸中毒，故也称为冷休克。其发生与下列因素有关：①严重感染使交感-肾上腺髓质系统兴奋，缩血管物质生成增多，而扩血管物质生成减少；②细菌脂多糖（LPS）可直接损伤血管内皮，释放组织因子，促进 DIC 形成；③脓毒血症时，血液中 H^+ 浓度增高可直接使心肌收缩力减弱，加上微循环血液淤滞，使回心血量减少，心输出量下降。

（2）**高动力型休克**　因其心输出量增加、外周阻力降低的特点，故又称为为高排低阻型休克；因其临床表现为可视黏膜呈粉红色、体表及四肢温热而干燥、少尿、血压下降等，故也称为暖休克。实际上，暖休克较少见，仅见于部分革兰阳性菌感染引起的早期休克，而且革兰阳性菌感染的休克加重时也成为冷休克。

2. 症状与诊断　有感染灶存在时，感染性休克发病快，常于数小时后出现高热、寒战、血压下降，尿量减少，可视黏膜苍白等。可根据有严重的感染灶存在，明显的外周循环衰竭症候，白细胞计数显著升高，中性粒细胞百分比上升等做出诊断。

3. 治疗　感染性休克治疗比较困难。治疗时应遵循控制感染，补充血容量，纠正酸中毒，使用血管活性药物的原则。在休克未纠正以前，着重治疗休克，同时治疗感染；在休克纠正后，则应着重治疗感染。

（1）**控制感染**　主要措施是应用抗生素和处理原发感染灶。可首先根据临床症状等判断最可能的致病菌种应用抗生素，或选用广谱抗生素，然后根据药敏实验结果选用最敏感的抗生素。在治疗休克的同时，及时手术去除原发病灶，如脓肿切开、引流以及坏死组织的清除等。

（2）**补充血容量**　为了快速改善循环，遏止休克，需大量补液以尽快恢复有效循环血量。一般先输注平衡盐溶液，配合适当的胶体液（如低分子右旋糖酐），必要时输注血浆或全血。在补液过程中，最好监测 CVP 的变化，以维持正常的心脏充盈压、动脉血氧含量和较理想的血黏度。感染性休克的动物常有心肌和肾受损，故也应根据 CVP 值调节输液量和输液速度，防止过多的输液导致不良后果。

（3）**纠正酸中毒**　感染性休克常伴有严重的酸中毒，且发生较早，需及时纠正。一般在补充血容量的同时，经另一静脉通路滴注 5% 碳酸氢钠，并可根据动脉血气分析结果，再做补充。

（4）**选用血管活性药物**　经补充血容量、纠正酸中毒而休克未见好转时，应采用血管扩张药物治疗。可选用莨菪碱、多巴胺等，或者与间羟胺、去甲肾上腺素合用，还可以联合应用去甲肾上腺素和酚妥拉明。感染性休克时，心功能常受损害。改善心功能可给予强心甙、β-受体激活剂多巴酚丁胺。

（5）**皮质激素治疗**　糖皮质激素能抑制多种炎症介质的释放和稳定溶酶体膜，缓解全身炎症反应综合征。但应用要早、用量宜大，可达正常用量的 10～20 倍，维持不宜超过 72 h，否则有发生急性胃黏膜损害和免疫抑制等严重并发症的危险。

（6）其他治疗　主要营养支持和对症治疗，以及对并发的 DIC、重要器官功能障碍的预防和处理等。

第五节　常用外科手术

一、牛脑包虫摘除术

【适应证】凡是多头蚴侵入脑内或脑腔内，出现特有的、持久性的神经症状，经药物治疗无效者。

【术前准备】常规处理局部。为预防或减轻脑血管出血，注射全身性止血剂。

【保定和麻醉】侧卧，头取正位，由助手固定在麻包上。局部浸润麻醉。

【术式】

1. **圆锯部位**　两眶上突后缘间的连线和两角根间的连线分别与头正中线相交于 A、B 两点，AB 间中点距正中线 1～2 cm 处即为左右两圆锯位置（图 2-13）。包囊寄生侧同转圈运动方向相一致。若病牛为直线运动，则任取一侧圆锯部位。

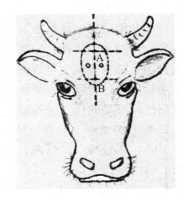

图 2-13　牛脑包虫摘除圆锯位置

2. **皮肤至骨膜一次作直线（或 U 形）切开**。用骨膜剥离器或刀柄连同皮肤一起分离骨膜，充分止血，然后圆锯。圆锯速度应由慢到快，用力均匀且由大逐渐变小。当圆锯下圆形骨片能活动时，取下圆锯，用骨螺丝除去圆骨片。

3. 2 岁以上成年牛，多数因额窦已发育完全，所以颅腔顶壁由双层骨板构成，术前可用超声波确定是否双层骨。在取下外骨板层后，再换以小的圆锯头，以同样的方法取下内骨板层。1 岁半以下小牛常在取下外骨板后即暴露脑硬膜。

4. 当包囊寄生在大脑表面时，切破硬脑膜，包囊可自行脱出。若包囊太大，可用镊子夹住包囊壁，抽出包囊液，然后以牵扭的方式取出包囊。

5. 当包囊寄生在脑组织深部时，可用脊髓穿刺针进行探诊寻找（对单层骨的小牛，可用超声波诊断寄生部位）。探诊时，由浅逐渐入深，感到针刺无阻力或有刺空感，拔出针芯并有无色透明液体呈喷射状涌出，即已找到包囊（注意与刺入脑室内的区别）。探针的方向应根据下述情况进行：大脑纵切面，包囊寄生大脑前端（额叶）时，低头运动，探针方向向前；包囊寄生大脑中部（颞叶）时，平头运动，探针方向向下；包囊寄生大脑后端（顶叶）时，仰头运动，探针方向向后。大脑横切面，包囊寄生距大脑中线越远，转圈直径越小，探针方向偏向外侧；包囊寄生距大脑中线越近，转圈直径越大，接近大脑中线时，直线运动，探针方向偏向大脑中线。

6. 拔出脊髓穿刺针，换上套管针（内径 3 mm），沿原来的方向和深度刺入，拔出针芯，有液体流出即为正确。术者用左手压在牛头上，固定套管针，严防因病牛骚动而移位；助手迅速将带有胶皮管的注射器与套管针接上，抽取包囊液，直至抽完；助手再用力抽吸使包囊壁进入套管内，并固定好注射器活塞，不能有丝毫松动；术者慢慢将套管针拔出，待包囊刚刚露出时，迅速用镊子夹住包囊，去掉套管针，边捻边向外牵引，直至包囊全部拉出；清创后闭锁切口。

【注意事项】取出的包囊应立即烧掉，防治野狗吞食扩大传播。解除保定后，让患病动物原地躺卧休息，不要急于起立行走，避免头部在阳光下暴晒。连用3 d抗生素，缓泻健胃，对症治疗。1周后病牛症状不见减轻，说明脑内还存有包囊；半月后再根据新出现的症状重新确定包囊部位，并用同样方法将其取出。牛、羊的脑脓肿、脑室积水、脑肿瘤，其临床症状与脑包虫非常相似，注意区别。

二、马副鼻窦圆锯术

【适应证】副鼻窦化脓性炎症经保守疗法无效；除去副鼻窦内肿瘤、寄生虫、异物等；牙齿打出术时的手术径路等。

【保定】柱栏内保定，确实固定头部。

【麻醉】局部浸润麻醉，但齿源性上颌窦炎需作牙齿打出术者，则应全身麻醉，侧卧保定。少数烈性马可用少量水合氯醛加以镇静。

【术部】

1. 额窦圆锯部位的确定（图2-14）

（1）额窦后部　在两侧额骨颧突后缘作一连线与额骨中央线（头正中线）相交，在交点两侧1.5~2 cm处为左右圆锯的正切点。

（2）额窦中部　在两内眼角之间作一连线与头正中线相交，交点与内眼角间连线的中点即为圆锯部位。

（3）鼻甲部额窦前部　由眶下孔上角至眼前缘作一连线，由此线中点再向头正中线作一垂直线，取其垂线中点为圆锯孔中心。在额窦蓄脓时，此圆锯孔便于排脓引流。

2. 上颌窦圆锯部位的确定　从内眼角引一与面嵴平行的线，由面嵴前端向鼻中线作一垂线，再由内眼角向面嵴作垂线，这三条线与面嵴构成一长方形，此长方形的两条对角线将其分成4个三角区，距眼眶最近的三角区为上颌窦后窦，距眼眶最远的三角区为上颌窦前窦。上颌窦圆锯孔就在这两个部位，临床多用后窦为手术部位（图2-15）。

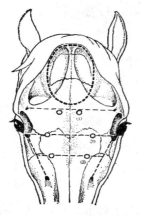

图2-14　马额窦圆锯孔定位

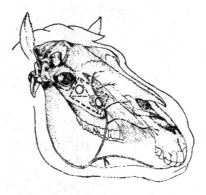

图2-15　马上颌窦圆锯孔定位

【术式】术部瓣形切开皮肤、皮下组织或肌肉，彻底止血后在圆锯中心部位切开骨膜，用骨膜剥离器把骨膜推向四周，将圆锯锥心垂直刺入预做圆锯孔的中心（调整锥心使其突出齿面约 3 mm），使全部锯齿紧贴骨面，然后开始旋转圆锯，分离骨组织。待将要锯透骨板之前彻底去除骨屑，用骨螺子向外提出骨片，除去黏膜，用球头刮刀整理创缘，然后进行窦内检查或除去异物、肿瘤、打出牙齿等治疗措施。若以治疗为目的，皮肤一般不缝合或假缝合，外施以绷带；若以诊断为目的，术后将骨膜进行整理，皮肤结节缝合，外系结绷带。

【术后护理】对化脓性炎症，每日进行冲洗，直至炎性渗出停止。为了加快治疗过程，在冲洗的同时配合青霉素（如灌注 0.25％盐酸普鲁卡因青霉素溶液）或磺胺疗法等，特别在中、后期，能缩短疗程。圆锯孔后期可自行愈合。

三、马浑睛虫穿刺术

【适应证】通过角膜能看到白色浑睛虫游动在眼前房的患马，经驱虫治疗无效者。

【保定和麻醉】栏内保定，将头固定在柱子上。丁卡因表面麻醉。

【术式】

1. 用 5 mL 注射器抽吸 0.1％毛果芸香碱或肾上腺素 1 mL，然后再吸取 1％丁卡因 1 mL，待虫体游动到眼前房时，将药物轻轻滴入结膜囊内，2～5 min 开始进入麻醉。在麻醉的同时，马的瞳孔也缩小，这样可防止在穿刺的过程中虫体游进眼后房（图 2-16）。

2. 术者左手将病眼的上下眼睑分开，右手持针 12 号兽用注射针或普通大号缝衣针（在距针尖 0.4～0.5 cm 处缠以线圈，以控制进针的深度），在角膜最突起的地方或角膜下缘轻手急针刺破角膜，立即拔针，由于病眼的眼内压很高，虫体随着眼前房液一起喷射而出（图 2-17）。

　　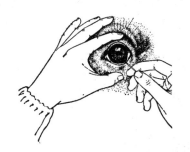

图 2-16　表面麻醉　　　　　　　图 2-17　刺破角膜

3. 有时虫体一部分还在眼前房移动，此时，应立即用镊子将虫夹住（图 2-18），以防再进入眼内。个别情况下，可能在穿刺过程中虫体从眼前房游到眼后房，应隔日以同样方法再次穿刺。

4. 用 0.25％普鲁卡因 5 mL 稀释 40 万 IU 青霉素，混合 10 mL 自家血，分别在上下眼睑皮下注射。最后作眼绷带（图 2-19）。

图 2-18　夹出虫　　　　　　　　　图 2-19　眼部包扎

【注意事项】为预防或消散角膜翳，可在上下眼睑皮下隔日注射一次青霉素自家血（或0.25%普鲁卡因可的松混合液）或每日早晚向眼内喷雾一次退云散或用油剂青霉素点眼，至愈为止。

四、犬耳成形术

【适应证】使垂耳品种犬的耳郭直立，外观更加美观。一般年龄小的犬断耳时可截得稍长些，公犬可比母犬稍长些。

【保定和麻醉】俯卧保定，全身麻醉。

【术式】

1. 将下垂的一个耳尖向头顶方向拉紧伸展，用尺子测量出需保留耳郭的长度，并在耳前缘处刺入一大头针作为标记。将下垂的两个耳尖同时向头顶方向拉紧伸展，合并对齐后用一止血钳固定，然后用剪刀在耳前缘标记处的稍上方剪一小缺口（图 2-20）。注意必须在两耳相同的位置剪出小的缺口。

2. 去除耳尖部的止血钳，分别在两耳从标记点（缺口）到耳屏间肌切迹（耳后缘的下端，耳屏与对耳屏软骨下方耳与头的连接处）之间的位置上装置断耳夹，断耳夹的凸面朝向耳前缘。断耳夹装好后，两耳应保持一致形态（图 2-21）。

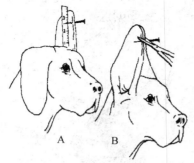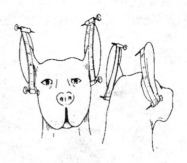

图 2-20　在两耳相同的位置剪出小的缺口　　　　　图 2-21　装置断耳夹后从前、
　　A. 测量保留耳郭的长度，并在耳缘作标记　　　　　　　　　　后观察两耳的形
　　B. 两耳尖对合固定，耳缘标记稍上方剪一缺口

3. 在外耳道中填塞脱脂棉球，沿断耳夹凹面全部切除耳外侧部分（图 2-22），除去断耳夹，彻底止血后皮肤连续缝合。如无断耳夹可利用，可选择大小适当的肠钳代替断耳夹。

【**术后护理**】术后将耳郭拉向头顶，绷带包扎（图2－23）或将两耳尖拉向头顶伸展，合并对齐后作一结节缝合，再用绷带包扎。5～7 d解除绷带，如耳郭仍不能直立，可继续包扎。为防止犬用脚爪抓耳部，可装置颈环。

图2－22　沿断耳夹凹面切除耳外侧　　　图2－23　装置耳绷带

五、犬耳矫形术

【**适应证**】竖耳品种犬（如德国牧羊犬）最常见的不正形耳郭是耳郭不能直立，向头顶或头外侧偏斜、弯曲（图2－24），影响犬的美观。本手术的目的就是使发生偏斜、弯曲的耳郭重新直立。

【**保定和麻醉**】俯卧保定，全身麻醉。

【**术式**】

1. 耳郭向头顶部偏斜的手术矫形　在耳基部与颅骨连接处皮肤上作一纵向切口，切口距耳后缘约0.6 cm，耳前缘1.2～1.6 cm，暴露盾形软骨，将它与相连的肌肉分离后向头顶中央稍偏向耳前缘的方向牵引（图2－25A）并用水平褥式缝合把盾形软骨固定到颞肌筋膜上（图2－25B）；缝合的位置依缝合后耳郭位置恢复正常或稍偏向头外侧而决定；皮肤和皮下组织结节缝合。将一个圆锥形的纱布棉拭放在耳腹侧，把耳郭卷到棉拭上并从基部包扎。

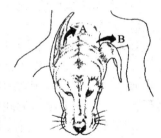

图2－24　常见不正形耳郭

A. 耳郭向头顶偏斜

B. 耳郭向头外侧弯曲

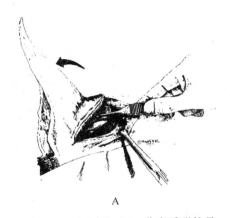 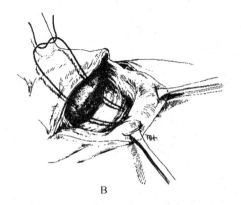

A　　　　　　　　　　　　　B

图2－25　分离盾形软骨，水平褥式缝合其固定到颞肌筋膜上

2. 耳郭向头外侧弯曲的手术矫形　如犬尚能很好地控制耳基部，则在耳背侧弯曲部位切除一椭圆形皮肤块（图2-26A），用改进的垂直褥式或结节缝合闭合皮肤切口（缝合过程中缝针分2～3次穿入耳郭软骨，但不能穿透耳郭软骨）（图2-26B），把圆锥形的纱布棉拭放在耳背侧并将耳郭卷到棉拭上包扎。切除椭圆形皮肤块的大小很关键，如果切除得太小，则耳郭仍向头外侧弯曲，而切除得太多，则可能造成耳郭向头顶偏斜。如耳郭在其基部发生弯曲，则先用与术式1相同的切口和操作方法，把盾形软骨固定到颞肌筋膜上，使耳郭基部更接近头部；再将皮肤切口修整成椭圆形，其大小根据耳郭弯曲的程度决定，大多数犬需切除1.2～1.6 cm宽的皮肤块；然后在皮肤切口处作3～4针改进的垂直褥式缝合（图2-26B），抽紧缝线的同时向上牵引耳郭，缝合时进针的深度和打结时拉力的大小要根据缝线抽紧后耳郭仍向头外侧偏斜10°为宜（图2-26C），如果缝线抽紧后耳郭直立，则术后由于瘢痕收缩可能造成耳郭向头顶部偏斜；结节缝合其余切口部分，同术式1方式包扎。

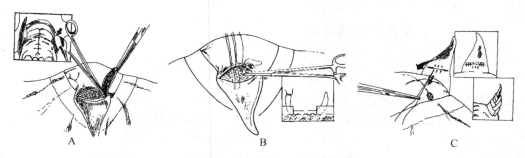

图2-26　耳郭向头外侧弯曲的手术矫形

【术后护理】包扎3～5 d后将绷带拆开更换，重新包扎并保留5 d以上。如果包扎8～10 d耳郭仍不能直立，则可在1个月后，在原来的皮肤切口处重新切除一椭圆形皮肤块，并按上述方法闭合切口。为防止犬用脚爪抓耳部，可装置颈环。

六、犬外耳道外侧壁切除术

【适应证】慢性外耳炎药物治疗无效或反复发作；耳内炎性分泌物不能排出；外耳道壁增厚但未阻塞水平部外耳道时；以及外耳道严重溃疡、听道软骨骨化、听道狭小、肿瘤、先天性畸形等。

【保定和麻醉】侧卧位保定，患耳在上，全身麻醉。

【术式】用钝头探针探明外耳道的方向、垂直范围，并在外耳道垂直与水平交界处的体表皮肤上作好标记。在与直外耳道相对应的皮肤上作一U形切口，U形的两个顶点分别在耳屏间肌切迹和耳轮肌切迹处，切口的长度为直外耳道长度的1.5倍，即U形的底部在外耳道垂直与水平交界处下方（标记处）等于直外耳道深度一半的位置。切除皮瓣，钝性分离皮下组织、部分耳降肌和腮腺背侧顶端，暴露直外耳道软骨（图2-27）。与U形皮肤切口相对应，由耳屏处向下剪开直外耳道外侧壁软骨至外耳道垂直与水平交界处（图2-28）。将软骨瓣向下折转，暴露直外耳道，剪去1/2软骨瓣，使其剩余部分正好与下面的皮肤缺损部分相吻合，并作结节缝合，再将外耳道软骨创缘与同侧皮肤创缘结节缝合（图2-29）。

图 2-27　暴露直外耳道软骨

图 2-28　剪开直外耳道
外侧壁软骨

图 2-29　外耳道软骨创缘与同
侧皮肤创缘结节缝合

【术后护理】全身应用抗生素、止痛剂，局部清洗，除去坏死组织，保持引流畅通。为防止犬用脚爪抓伤，可装置颈环。术后 10~14 d 拆线。

七、犬颌下腺及舌下腺摘除术

【适应证】唾液腺囊肿（颈部或舌下囊肿）的治疗，颌下腺及舌下腺慢性炎症反复发作等。

【保定和麻醉】横卧保定，全身麻醉。

【术式】在舌面静脉、颌外静脉和咬肌后缘之间形成的三角区内对准颌下腺作切口，暴露位于舌面静脉和颌外静脉之间的颌下腺。切开覆盖颌下腺及舌下腺的结缔组织囊壁，露出腺体（图 2-30）。将颌下腺后缘并轻轻向头侧牵引（图 2-31），钝性分离颌下腺后缘及其下面的组织，双重结扎腮腺动脉分支和上颌下腺动脉并切断，分离整个腺体至二腹肌下面。钝性分离二腹肌和茎突舌骨肌，把腺体经二腹肌下拉向另一侧，再分离覆盖腺导管的下颌舌骨肌，露出围绕腺导管的舌下神经分支。双重结扎腺导管及舌静脉并切断，摘出腺体。经二腹肌下插入引流管，并使其顶端位于腺导管断端，连续缝合颈阔肌及颌下腺舌下腺的结缔组织囊壁，结节缝合皮下组织和皮肤（图 2-32）。

图 2-30　暴露腺体

图 2-31　牵引腺体

图 2-32　皮肤缝合

【术后护理】术后第 3 天拔除引流管，引流孔不作处理，5~7 d 内全身应用抗生素。

八、喉室声带切除术（消声术）

【适应证】彻底或部分消除家庭豢养的 4 月龄以上犬、猫的鸣叫声。术前禁食 10~12 h，禁水 2 h。

【保定和麻醉】全身麻醉。对实施口腔内喉室声带切除术的动物，取侧卧保定，肩部放一垫子，放低头部；对实施喉切开喉室声带切除术的动物，取仰卧保定，头颈伸展，保持前低后高体位。

【术式】

1. 口腔内喉室声带切除术　充分打开口腔，用组织钳轻夹会厌软骨尖端并向外向下牵拉，暴露喉腹侧基部 V 形的声带；用弯头止血钳钳夹喉侧室处声带黏膜，注意不要损伤声带背面的喉动脉分支，剪开钳夹处声带黏膜，去除声带（图 2-33）。为防止血液流入气管深部，在切除声带后装气管插管，并将动物头部放低，如已有血液流入气管内，应将其血液吸出。

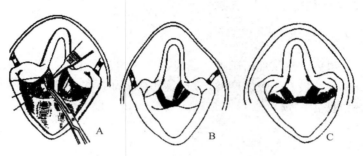

图 2-33　喉室声带切除术

2. 喉切开喉室声带切除术　以甲状软骨突起为切口中心，在喉腹正中线上切开皮肤，钝性分离两条胸骨舌骨肌，充分暴露环甲软骨韧带和喉的甲状软骨。以甲状软骨突起为标记，在喉正中线上切开甲状软骨，如动物发生呛咳，可向喉室内喷入少量 2% 利多卡因溶液，并进行止血。用小创钩牵开甲状软骨切口，暴露喉室、声带，用组织镊夹持喉侧室处声带黏膜，将声带完整地切除。如果声带黏膜切除不彻底，术后动物会出现沙哑、低沉的鸣叫声；剪除声带黏膜时，注意不要损伤声带黏膜背面、后面的喉动脉分支。彻底止血，装置气管内插管。全层结节缝合甲状软骨和喉室黏膜，缝合时创缘要对合良好、紧密，连续缝合胸骨舌骨肌，结节缝合皮肤。

【术后护理】动物在麻醉未完全苏醒前，尽量保持低头体位，以利血液、唾液自口腔排出，在恢复自主吞咽动作后，拔除气管插管。保持环境安静，减少因外界刺激而引起动物鸣叫，以利创口愈合。给予止咳剂和镇静剂，防止咳嗽影响术部愈合。全身给予抗生素。

九、眼睑内翻成形术

【适应证】下眼睑向内侧眼球方向回卷。由于麻醉状态时眼睑紧张度降低，位置发生变化，因此手术修正程度应在动物清醒状态下确认。

【保定和麻醉】俯卧保定，全身麻醉或浸润麻醉。

【术式】用镊子距睑缘 2～4 mm 提起皮肤，并用直止血钳或弯止血钳将其夹住，钳夹的长度与内翻的睑缘相等，宽度依据内翻矫正的程度而定（钳夹时眼睑应有一定程度的外翻）。用力钳压皮肤或用持针钳钳压止血钳，使去除止血钳后皮肤仍皱起，沿止血钳压痕将其剪除，使皮肤切口呈月牙形或椭圆形。最后用 4 号丝线结节缝合皮肤创缘。缝合要密，保持针距 2 mm。

【术后护理】术后患眼应用抗生素眼膏或药水，3～4 次/d。颈部套上颈枷，以防自我损伤病眼。术后 10～14 d 拆除缝线。

十、眼睑外翻成形术

【适应证】下眼睑外翻。分为先天性（限于特定品种）或后天性（眼睑肌麻痹、瘢痕收缩或肿瘤病等）。

【保定和麻醉】俯卧保定，全身麻醉或浸润麻醉。

【术式】距睑外翻下缘 2～3 mm 处切一 V 形切口，并从其尖端向上分离皮瓣，用镊子将皮瓣提起，钝性分离 V 形皮肤切口周围皮下组织，然后从尖端向上作 Y 形缝合。边缝合边向上移动皮瓣，直至外翻矫正为止。

十一、犬、猫拔牙术

【适应证】严重龋齿、化脓性齿髓炎、断齿、齿松动、多生齿、齿生长过长或齿错位等。

【麻醉】全身麻醉，最好用吸入麻醉，因气管内插管后可防止冲洗液或血液被误吸。

【保定】侧卧位保定，颈后及身躯垫高，或头放低，防止异物性吸入。用开口器打开口腔。

【术式】口腔清洗干净，局部消毒。

1. 切齿和犬齿的拔除 拔除切齿，先用牙根起子紧贴齿缘向齿槽方向用力剥离、旋转和撬动等，使牙松动，再用牙钳夹持齿冠拔除。犬齿齿根粗而长，应先切开外侧齿龈（图 2 - 34A），向两侧剥离，暴露外侧齿槽骨，并用齿凿切除齿槽骨（图 2 - 34B），然后用牙根起子紧贴内侧齿缘用力剥离，再用齿钳夹持齿冠旋转和撬动（图 2 - 34C），使牙松动脱离齿槽，最后将其拔除（图 2 - 34D）。清洗齿槽，用可吸收线或丝线结节缝合齿龈瓣。出血时，可填塞棉球止血。

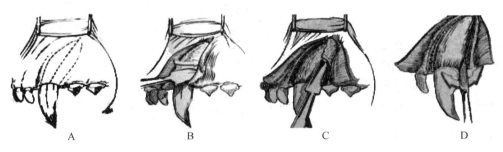

A   B   C   D

图 2 - 34　单齿根牙齿拔除

2. 多齿根齿的拔除 当拔除两个齿根的牙时（如上、下前臼齿），可用齿凿（或齿锯）在齿冠处纵向凿开（或锯开）使之成为两半，再按单齿根齿拔除。对于 3 个齿根的牙（上颌第四前臼齿和第一、二后臼齿），需用齿凿或齿锯在齿冠处纵向分割 2～3 片，再分别将其拔除（图 2 - 35A 和图 2 - 35B）。也可先分离齿周围的附着组织，显露齿叉，牙根起子经齿叉旋钻楔入，迫使齿根松动，然后将其拔除（图 2 - 35C）。

【术后护理】术后全身应用抗生素 2～3 d。犬猫对拔牙耐受力强，多数病例在术后第 2 天即可吃食。术后 21～28 d，齿槽新骨生长而将其填塞。

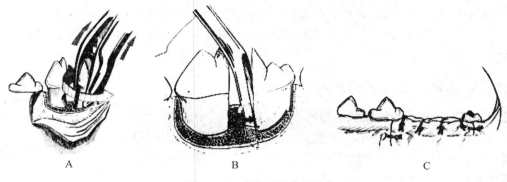

图 2-35 多齿根牙齿拔除

十二、食道切开术

【适应证】食道内腔被团块食物或异物所阻塞，保守治疗无效者。

【术前准备】发生瘤胃臌胀时，术前应放气。食道内有大量唾液时，术前应尽量吸出。

【保定和麻醉】栏内保定或手术台横卧保定。局部浸润麻醉。

【术式】切开部位依据阻塞物的部位而定。在颈静脉与臂头肌之间作平行于颈静脉的皮肤切口，牛、马切口可达 10～15 cm，犬 4～8 cm，对被阻塞的食道进行分离，注意勿切伤颈动脉及神经干。食道分离后，轻轻地尽量向外牵引，再用一金属板或大镊子把柄置于其下方（最好再衬以灭菌塑料薄膜，防止食道液体流进创内）（图 2-36A），借此固定。纵行切开食道壁，切口长短以能顺利取出阻塞物为度。如果食道壁发生明显病变，应移动阻塞物，尽可能在正常食道壁上作切开（图 2-36B）。清理手术创，先以铬制缝线对食道黏膜作全层连续缝合（图 2-36C），再以非吸收线对食道肌肉层作间断对接缝合，食道周围结缔组织、肌肉分别做结节缝合（图 2-36D）。食道复位，清理创腔，皮肤作结节缝合。

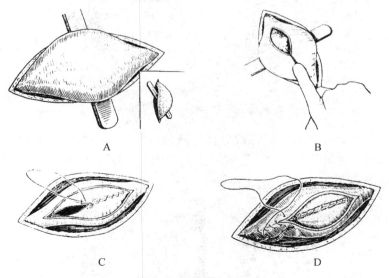

图 2-36 食道切开术

【术后护理】术后护理不当可导致食道瘘，应特别注意。保持局部安静，防止在饲槽上摩擦或啃咬，以免影响愈合。禁食 1 周，每日补给一定量的葡萄糖及复方盐水，喂流食，再由流食到喂给少量青饲草，半月后逐渐向自由采食过渡。如发现创口有感染，应拆除皮肤缝合线，处理伤口，开放治疗；如果创内有唾液或食物时，说明食道缝合不严密或缝线松脱，应立即绝食进行二次缝合。

十三、大动物腹胁部切开术

【适应证】为腹腔内脏疾病的诊断与治疗打开手术通路。

【保定】根据手术的性质，动物的体况，可选用倒卧保定或栏内保定。

【麻醉】腰旁、椎旁神经阻滞麻醉，或采用全身麻醉。

【术式】

1. 切口部位在左侧肷部（图2-37）。由髋结节作一条与脊柱平行的引线，与最后肋骨相交，以此线的中点为起点，向下将皮肤作一长15～20 cm的垂直切口。结扎出血点，分离皮下组织，便可见到由前上方向后下方行走的腹外斜肌（牛有发达的腹黄筋膜覆于腹外斜肌的表面）。

2. 术者用刀柄或止血钳（亦可用手指）顺着肌纤维的方向先分离一个小口，用左右手的食、中二指将该肌肉作全层一次钝性分离，并向两侧扩开；若有横跨切口的血管，可作双重结扎后切断。以同样方式分离由后上方向前下方行走的腹内斜肌。

3. 向两侧扩开腹内斜肌，以暴露由上向下行走的腹横肌。在该肌表面可以见到较大的最后胸神经和第1、第2腰神经的腹侧支。避开神经干，钝性分离腹横肌，显露腹膜。怀孕动物和肥壮动物在腹膜外还有一层发达的脂肪，去掉脂肪后始可见腹膜。

4. 用镊子或止血钳（也可用手指）将腹膜夹起，用刀或剪子先作一个小切口，术者将左手食、中指伸入腹腔保护内脏，右手持钝头剪或敷料剪剪开腹膜（图2-38）。

图2-37　左肷部切开　　　　图2-38　分离肌肉，剪开腹膜

5. 完成腹腔探查或主手术后，螺旋缝合法缝合腹膜，按原解剖层次，用结节连续缝合法分别缝合腹内斜肌和腹外斜肌，结节缝合皮肤（图2-39）。必要时，在切口下方留一个小口，以利创液的排除。

图2-39　依次缝合腹膜、肌肉、皮肤

十四、肠管吻合术

【适应证】因结症、肠扭转、嵌顿疝、肠粘连、去势后的肠脱出以及肠系膜血管栓塞等引起的肠坏死；因直肠检查、按摩所引起的机械性损伤或穿孔；因某种原因引起的粪瘘；新生幼龄动物先天性肠道畸形。

【保定和麻醉】根据原发病的具体情况，可采取站立保定或侧卧保定。全身麻醉。

【术式】

1. 侧侧吻合术

（1）在病变肠管两端以外的健康肠管上，分别用两把肠钳相距3～4 cm夹住肠管（先将这一段肠道内容物挤向两侧），接着在预定作扇形切除肠系膜的通路上结扎血管，最后剪去坏死肠管及相应的系膜。

（2）用可吸收缝线分别将两个肠端作一次全层螺旋缝合（或袋口缝合），然后把浆膜及浆膜肌层另作一次内翻缝合。

（3）在一肠管的底壁和另一肠管的前壁各距盲端1～2 cm处剪开肠管，其长度为原肠管口径的0.5～1倍，将两切口靠拢，并在两端各作一条穿过浆膜肌层的支持线作牵引（或用肠钳作固定）。以螺旋缝合法缝合后壁全层，缝到顶端之后，将针穿出肠壁，接着仍以同样方法缝合前壁（图2-40）。注意在缝合切口两端时，务须谨慎，使其完全密闭。用另一条线，在前壁和后壁作浆膜及浆膜肌层的内翻缝合。

（4）将两个肠管的盲端用结节缝合法固定在相应的肠壁上。用连续缝合法或结节缝合法缝合系膜。

2. 端端吻合术

（1）将两肠管靠拢，在两段肠壁的系膜缘和对侧肠壁上各作一针仅穿过浆膜肌层的牵引线（或者用肠钳固定），离切口缘1 cm处，用内翻缝合法缝合后壁浆膜及浆膜肌层，并留较长的线端，暂不打结。

（2）用螺旋缝合法将两肠管后壁的断端作全层一次缝合。当后壁缝线缝到另一端时，缝针由肠腔内穿出，然后再用螺旋缝合法缝合前壁，最后一针可与原线头打结。

（3）将后壁作浆膜及浆膜肌层缝合的线头重新穿针，并继续用内翻缝合法对前壁进行缝合，最后作一针间断内翻缝合，与后壁缝线打结。吻合后以拇指与食指捏起吻合口，检查其通畅情况（图2-41）。用连续缝合或结节缝合肠系膜裂孔。

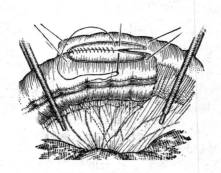

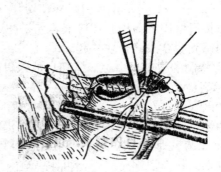

图2-40　侧侧吻合　　　　　　　　　图2-41　端端吻合

【注意事项】解除肠钳，检查吻合部位的缝合质量，吻合确实后，用温生理盐水彻底清洗吻合部位和腹腔内部，盖上大网膜，肠管还纳腹腔，再依次缝合。

【术后护理】常规注射抗生素；输液维持营养，禁食不少于 4 d，随后逐渐给以流食，逐渐过渡至正常饲喂。术后 10～14 d 拆线。

十五、犬小肠套叠整复术

【保定和麻醉】犬仰卧保定，全身麻醉。

【术式】

1. 腹中线切口，打开腹腔，将患病小肠托出腹外，缓缓将套叠的小肠向外牵引整复。如果整复无效，则进行肠切开，在切或剪外鞘肠管时切勿伤及内管。

2. 对被切开的肠管施行连续内翻缝合。如果被套叠的肠管局部炎症严重，为防止术后发生肠梗阻，增大肠管直径，在切口两角先作一水平纽扣状缝合，使纵行切口两角对合，其余部分采用间断内翻缝合法闭合整个切口。

【术后护理】常规注射抗生素；输液维持营养，禁食不少于 72 h，随后逐渐给以流食，逐渐过渡至正常饲喂。术后 10～14 d 拆线。术后早期牵遛运动有助于肠胃机能的恢复。

十六、瘤胃切开术

【适应证】主要用于牛、羊的瘤胃积食、泡沫性瘤胃膨气、创伤性网胃炎及心包炎，瓣胃和真胃阻塞的按摩与冲洗术的手术通路。

【术前准备】术前禁食 1 d。准备 2 套手术器械及其他用品。

【保定和麻醉】柱栏内保定或倒卧保定。腰旁神经干麻醉，或再配合局部浸润麻醉。倒卧保定时，可作腰荐间隙硬膜外腔麻醉。

【术式】

1. 在左侧肷窝最后一个肋骨与髋骨结节连线的中点，距腰横突的末端 5～10 cm 处，向下作 15～20 cm 的皮肤切口。参考腹胁部切开术，打开腹腔。

2. 对于患创伤性网胃炎或心包炎的病牛，首先在横膈膜与网胃之间仔细触摸检查有无瘢痕或粘连，并用手指进行分离寻找异物。如有困难，再进行瘤胃切开。

3. 切开瘤胃前，先衬垫纱布或隔离巾，避开背冠状沟的血管，将胃壁的一部分拉出腹壁切口之外。然后在胃壁预备切口的四角分别作四条牵引线（但不要穿透黏膜层），交助手向四周提起，或将四条牵引线分别缝合固定在彼邻的皮肤上，然后切开瘤胃，切口为15～20 cm（图 2 - 42）。若不作牵引线，在切开瘤胃之后，可交助手用手翻转固定，也可用固定钳或舌钳将胃壁固定在皮肤切口上。如果冲洗按摩网胃或瓣胃阻塞，应将瘤胃切口缘同皮肤切口缘用螺旋缝合法缝合在一起。

4. 将特制的橡皮洞巾经瘤胃切口放入胃内。

5. 术者戴上消毒过的长臂乳胶手套，如为瘤胃积食，将内容物取出 1/3～1/2 即可，如为创伤性网胃炎，在取出大部分内容物之后，将手伸入网胃内仔细寻找有无铁钉、铁丝或其他锐性物体（图 2 - 43）。假如异物的一端仍留在胃内，可顺手将其拔出。

6. 用无菌生理盐水彻底清理和冲洗切口及周围，但切勿流入腹腔。用4～7 号丝线或肠线将胃壁切口作全层螺旋缝合，再作一道内翻缝合，归还腹腔，按解剖层次缝合腹壁。

【术后护理】术后第 1 天绝食，仅给少量饮水。以后给予易消化、营养丰富的鲜嫩青草或青干草。若体质衰弱，或在手术中有污染可能，在术后 3 d 内连续应用抗生素，并考虑应用 0.25％盐酸普鲁卡因 100～200 mL，青霉素 300 万～500 万 IU 腹腔封闭注射，1 次/d，连用 3 d。

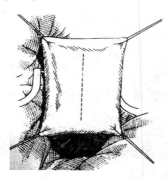
图 2-42　四角固定瘤胃

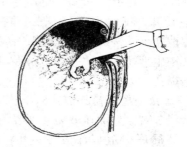
图 2-43　放置洞巾，探查瘤胃

十七、犬肾脏切除术

【适应证】肾脏肿瘤、化脓性肾炎、结石及肾外伤等。

【保定和麻醉】仰卧或侧卧保定，全身麻醉。

【术部】仰卧保定时，术部切口在腹下正中线脐前方；侧卧保定时，术部切口在最后肋骨后方约 2 cm，自腰椎横突向下与肋骨弓平行切口。其中，腹下正中线切口的手术径路较有利于两肾的全面显露、检查。

【术式】

1. 肾脏的显露和分离　将结肠移向右侧，可在降结肠系膜后方显露左肾；将十二指肠近端移向左侧，可在肝脏右叶、十二指肠系膜后方显露右肾；用湿性海绵或纱布隔离，充分显露肾脏。用镊子轻轻提起腹膜和后肾筋膜并用剪刀剪断，从腰椎下附着组织上钝性分离肾脏；在肾的大弯处切开被膜，用手指和纱布从肾脏小心剥下被膜，逐渐使肾脏游离出来；在直视条件下，以食指、中指夹持肾脏，显露肾动脉、肾静脉、输尿管。

2. 肾脏血管的结扎和切断　充分分离肾动脉、肾静脉、输尿管后，首先在肾动脉上放置血管钳，贯穿结扎肾动脉，近心端做三道结扎，远心端做一道结扎。然后，在肾静脉上放置血管钳，近心端与远心端各一道结扎。肾动脉与肾静脉不能集束结扎，因为易发生动、静脉瘘。如果是肾癌瘤，则应首先结扎肾静脉。

3. 输尿管分离　在肾盂找到输尿管，充分分离输尿管到达膀胱。注意结扎伸延到膀胱的输尿管断端，远心端二道结扎，近心端一道结扎，防止形成尿盲管。因为尿盲管能造成感染。输尿管断端结扎切断后，用石炭酸或白金耳烧灼。摘除肾脏。

4. 缝合腹壁切口　缝合前，清除摘除肾脏的脂肪组织中的凝血块，确实止血。逐层缝合腹壁切口。

【术后护理】术后给患犬纠正水、电解质和酸碱平衡紊乱；全身给予抗生素治疗，防止术部感染。

十八、犬肾脏切开术

【适应证】肾结石、肾盂结石、肾盂肿瘤。

【保定和麻醉】仰卧保定和全身麻醉。

【术部】腹下正中线脐前方。

【术式】

1. 肾脏显露　按照"犬肾脏切除术"将肾脏显露后，使用血管钳暂时阻断肾动脉和肾静脉。将肾脏固定在拇指和食指间，充分露出肾的凸面。

2. 肾脏切开　用手术刀从肾脏凸面纵行矢状面切开皮质和髓质部达到肾盂，除去结石。然后使用生理盐水冲洗沉积在肾组织内或肾盂的矿物质沉积物。从肾盂的输尿管口插入纤细柔软插管，用生理盐水轻微冲洗输尿管，证明输尿管畅通。肾切口位置出血量很少，因为该手术切口不损伤主要血管。

3. 肾脏缝合　缝合肾脏前，取下暂时阻断肾动脉、肾静脉的血管钳，观察切面血液循环恢复情况，对小出血点，压迫止血。然后用拇指和食指将切开肾脏两瓣紧密对合，轻轻压迫。肾组织瓣由纤维蛋白胶接起来，只需要肾脏被膜连续缝合，不需要肾组织褥式缝合，该法称为"无缝合肾切开闭合法"。如果不能止血或出现漏尿，用可吸收缝线经过皮质作间断水平褥式缝合，再用可吸收缝线连续缝合肾脏被膜（图2-44）。

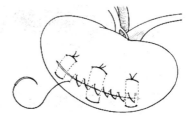

图2-44　肾脏被膜连续缝合

4. 缝合腹壁切口　逐层缝合腹壁切口。

【术后护理】术中和术后均需静脉给予补液，有利于从尿道排出血液凝块。术后给予止血药，直至血尿消除。

【注意问题】由于犬、猫肾盂甚小，如果肾盂结石，不应作肾盂切开，因为肾盂切开术，有损伤血管的危险。

十九、输尿管吻合术

【适应证】输尿管损伤、输尿管结石。

【保定和麻醉】仰卧保定和全身麻醉。

【术部】腹下正中线切口。

【术式】

1. 修整和缝合输尿管断端　将吻合的两个输尿管断端分别修整成三角铲形，使连接的两端呈"尖与底"形状（图2-45）。在6倍放大镜或手术显微镜下，首先在吻合两端放置支持缝线，然后使用纤细聚乙醇酸缝线进行连续缝合。

2. 检查缝合效果　吻合缝合完毕后，向输尿管腔内注入少量灭菌生理盐水，加大腔内压力，观察吻合处是否有泄漏。若吻合处有轻微泄漏，可在吻合处涂布氟化组织黏合剂，使该处形成薄膜，阻止泄漏。

3. 腹壁切口缝合　常规闭合腹壁切口。

【术后治疗】注意观察患犬的排尿情况，并静脉滴注5%葡萄糖溶液，促进动物排尿。全身给予患犬抗生素类药物，防止术后感染。

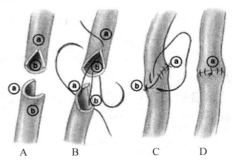

图2-45　输尿管断端缝合

二十、犬、猫膀胱切开术

【适应证】膀胱或尿道结石、膀胱肿瘤。

【保定和麻醉】仰卧保定，全身麻醉或高位硬膜外麻醉。

【术部】雌性犬在耻骨前缘腹中线上切口，雄性犬在腹中线旁 2~3 cm 处作平行于腹中线上切口（包皮侧一指宽）（图 2-46）。

【术式】

1. 腹壁切开　术部常规剪毛、消毒，纵行切开腹壁皮肤 3~5 cm。雌性犬在术部依据组织结构切开腹壁；雄性犬在切开皮肤后，将创口的包皮边缘拉向侧方，露出腹壁白线，在白线切开腹壁。腹壁切开时应特别注意防止损伤充满的膀胱。

2. 膀胱切开　腹壁切开后，如果膀胱膨满，采取穿刺的方法排空膀胱内蓄积的尿液，使膀胱空虚。用手指握住膀胱的基部，小心地把膀胱翻转出创口外，使膀胱背侧向上，然后用纱布隔离，防止尿液流入腹腔。在膀胱背侧选择无血管处切开膀胱壁，在切口两端放置牵引线。有的学者主张在膀胱前端切开膀胱壁，因为该处血管比其他位置少；不主张在膀胱的腹侧面切开膀胱壁，因为在缝线处易形成结石。如果是膀胱肿瘤，切口则应该围绕肿瘤进行环形切开，切缘应在距肿瘤 0.5 cm 以上的位置。

3. 取出结石　使用茶匙或胆囊勺除去结石或结石残渣。特别注意取出狭窄的膀胱颈及近端尿道的结石。为防止小的结石阻塞尿道，在尿道中插入导尿管，用反流灌注冲洗，保证尿道和膀胱颈畅通。

4. 膀胱缝合　在支持缝线之间，首先选用库兴氏缝合法，对膀胱壁浆肌层进行连续内翻水平褥式缝合，然后选用伦勃特氏缝合法，对膀胱壁浆肌层进行连续内翻垂直褥式缝合（图 2-47）。特别注意要保持缝线不露出膀胱腔内，因为缝线暴露在膀胱腔内能增加结石复发的可能性。选择吸收性缝合材料，例如聚乙醇酸缝线。

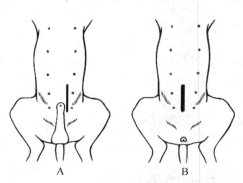

图 2-46　犬膀胱切开腹部切口位置
A. 雄性犬　B. 雌性犬

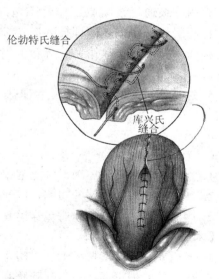

图 2-47　膀胱壁的双层
连续内翻缝合

5. 腹壁缝合　缝合膀胱壁之后，膀胱还纳腹腔内，常规缝合腹壁。

【术后治疗】术后观察患犬、猫排尿情况，特别是在手术后 48～72 h，有轻度血尿或尿中有少量血凝块属正常现象。如果血尿比较多，而且较浓，应采取止血措施。全身应用抗生素类药物治疗，防止术后感染。

二十一、犬、猫膀胱破裂修补术

【适应证】膀胱破裂。

【保定】仰卧保定，后躯稍垫高，后肢伸直向外后方开张保定。

【麻醉】全身麻醉。

【术部】雌犬在耻骨前缘腹中线上切口，雄犬在腹中线旁 2～3 cm 处作平行于腹中线的纵切口。

【术式】

1. 放出尿液　由后向前纵行切开皮肤和肌肉，到达腹膜后，先剪一小口，缓慢、间断地放出腹腔内的尿液。

2. 引出膀胱　切开腹壁后，手指伸入将肠管向前拨动，然后移入骨盆腔入口处，检查膀胱，如果膀胱与周围组织发生粘连，应认真细致地将粘连部剥离。用舌钳固定膀胱轻轻向外牵引，经切口拉出。

3. 缝合膀胱　拉出膀胱后，把膀胱破裂口剪修整齐，然后检查膀胱内部，如有结石、砂石、异物，肿瘤等，将其消除，并用大量生理盐水冲洗。用铬制肠线缝合破裂口，第一层作全层连续缝合，第二层作浆膜肌层间断内翻缝合。

4. 装置导管　原发性下尿道阻塞未解除之前，为了解决病犬排尿问题，应装置导管。导管能随时放出膀胱内积尿，使膀胱保持空虚状态，以减少缝合张力，防止膀胱粘连，有利于膀胱组织的愈合。下尿道通畅，可不用装置导管。导管装置的方法是在膀胱体腹面，先用丝线通过浆膜肌层作一烟包缝合，缝线暂不抽紧打结，用外科刀在烟包缝合圈内，将膀胱切一小口，随即插入医用 22 号蕈状导尿管并抽紧缝线固定。在腹壁切口旁边作一小切口，伸入止血钳夹住导管的游离端将其引出体外，并用结节缝合使之固定在腹壁上。

5. 冲洗腹腔　以大量灭菌生理盐水冲洗腹腔，尽量清除纤维蛋白凝块，缝合腹壁各层。

6. 闭合腹腔。

【注意事项】

1. 查明膀胱破裂的原因，排除下尿道阻塞。

2. 装置导管应在膀胱的腹侧，以便于排尿。

3. 固定导管的缝合丝线避免穿透黏膜层，防止引起膀胱结石。

【术后护理】

1. 术后应用抗生素抗菌消炎，防止感染。

2. 应用尿路消毒药，对消除膀胱和尿道的炎症有一定作用。

3. 原发性尿道阻塞原因排除后，用止血钳暂时关闭导尿管，根据术后膀胱机能恢复与尿道通畅情况，确定拔管时间。

二十二、公犬尿道切开术

【适应证】尿道结石或异物。

【麻醉与保定】全身麻醉或高位硬膜外麻醉，仰卧保定。

【术部】根据导尿管或探针插入尿道所确定的尿道阻塞部位，前方尿道切开术的术部为阴茎骨后方到阴囊之间，后方尿道切开术的术部为坐骨弓与阴囊之间。

【术式】

1. 阴囊前方尿道切开术　适用于阻塞部位在阴茎骨后方。阴茎骨后方到阴囊之间的包皮腹侧面皮肤剃毛、消毒。左手握住阴茎骨提起包皮和阴茎，使皮肤紧张伸展。在阴茎骨后方和阴囊之间正中线作 3～4 cm 切口，切开皮肤，分离皮下组织，显露阴茎缩肌并移向侧方，切开尿道海绵体，使用插管或探针指示尿道。在结石处作纵行切开尿道 1～2 cm。用钝刮匙插入尿道小心取出结石。然后导尿管进一步向前推进到膀胱，证明尿道通畅，冲洗创口，如果尿道无严重损伤，应用吸收性缝合材料缝合尿道。如果尿道损伤严重，不要缝合尿道，进行外科处理，大约 3 周即可愈合。

若在阴茎软骨段尿道发生结石，则需在阴茎软骨正中线切开皮肤、皮肤筋膜，切开软骨部的尿道，取出结石。用 5～0 可吸收性缝线间断缝合尿道外筋膜，用丝线分别结节缝合皮下组织及皮肤。

2. 后方尿道切开术　术前应用柔软的导尿管插入尿道。在坐骨弓与阴囊之间正中线切开皮肤，钝性分离皮下组织，大的血管必须结扎止血，在结石部位切开尿道，取出结石，生理盐水冲洗尿道，清洗松散结石碎块。其他操作同尿道切开术。

手术结束前，安置导尿管，将导尿管外端缝合固定在包皮内。

【术后治疗】全身使用抗菌药物防止创口感染，局部每天涂擦活力碘，同时向导尿管中注入抗菌药物。5～7 d 拔出导尿管，8～10 d 拆除皮肤缝合线。

二十三、公猫尿道切开术

【适应证】尿道结石或由于局部瘢痕收缩造成尿道狭窄。

【麻醉与保定】全身麻醉，仰卧保定。

【术部】阴茎前端到坐骨弓之间阴茎腹侧正中。

【术式】术部皮肤剃毛、消毒。将阴茎从包皮拉出约 2 cm 用手指固定，从尿道口插入细导尿管到结石阻塞部位。在阴茎腹侧正中切开皮肤，钝性分离皮下组织，结扎大的血管。在导尿管前端结石阻塞部切开尿道，取出结石。导尿管向前方推进到膀胱，排出尿液，用生理盐水冲洗膀胱和尿道。如果尿道无严重损伤，应用可吸收性缝线缝合尿道。如果尿道损伤严重，尿道不能缝合，进行外科处理后，经过数日后即可愈合。

对患下泌尿道结石性堵塞的公猫，可实施尿道造口手术。猫俯卧保定，后躯垫高；常规消毒阴茎周围的皮肤；切开阴茎周围的皮肤，分离阴茎与周围的组织，使阴茎暴露于创口外 4～6 cm，插导尿管；在阴茎头的背侧距阴茎头 2 cm 向后纵向切开阴茎组织 3～4 cm，使尿道暴露，将双腔导尿管插入膀胱，并注射 1 mL 液体使双腔导尿管位置稳固；将尿道黏膜与创缘皮肤缝合在一起。导尿管连接尿袋，固定于背部，用纱布小衣服使尿袋固定。创部涂布抗生素软膏；创部冲洗 3 d。建议采用静脉输液 4 d 供应营养并纠正猫体内的酸碱平衡；给猫戴上伊丽莎白颈圈，使猫不能舔咬创部组织和导尿物品。术后 7 d 全身应用抗生素类药物。

二十四、大动物尿道切开术

【适应证】有种用价值的公牛的尿道结石造成排尿困难，公马尿道骨盆部或膀胱结石。但是，施行该手术的前提是尿道没有穿孔和坏死，尿液没有漏入阴茎周围组织的情况下。尿道破裂时，应施行阴茎截断与造口术。

【保定】牛一般采取侧卧保定，后肢转位；也可柱栏内保定。马属动物采用柱栏内站立保定。

【麻醉】硬膜外麻醉，阴部神经传导麻醉或局部浸润麻醉。

公马阴部神经传导麻醉：手术马柱栏内保定之后，固定两后肢。在肛门下方，用手触摸坐骨切迹，然后将阴茎自中线推向左侧，注射针自中线右侧刺入，向着坐骨切迹后缘，以自上向下、自后向前、自左向右的方向达骨组织，深 2~3 cm，注射 3‰盐酸普鲁卡因 20 mL，经 5~7 min 阴茎开始由包皮口脱出。老年公马和去势马阴茎发生萎缩，当阴茎被龟头脂与包皮粘连时，可用手或敷料钳子拉出。

牛阴茎背侧神经传导麻醉：S 状弯曲的会阴部为注射部位。术者在阴囊基部后上方用手抓住阴茎 S 状弯曲部，并将阴囊拉向后方，以右手从阴茎的侧方，将针头刺向阴茎背侧，注入 1‰~3‰盐酸普鲁卡因 30~60 mL，使更多的药液扩散到 S 状弯曲附近。经 10 min 阴茎游离部发生麻醉，阴茎向外脱出并伸展 S 状弯曲。

【术部】在阴囊基部后上方或阴囊和包皮口之间。牛大多数尿道结石位于阴茎 S 状弯曲部的远曲段，可用尿道探子或导尿管确定结石位置，也可通过皮肤触诊（多数尿道阻塞部敏感、肿大，有坚实感，有时能触到黄豆大或较小的结石）确定结石位置。

【术式】

1. 阴囊基部后上方切口　在阴囊后正中线处切开皮肤 10~15 cm，钝性剥离皮下组织，锐性切开阴茎周围的结缔组织膜，注意不得损伤阴囊和鞘膜，分离阴茎缩肌，将 S 状弯曲牵引至皮肤切口外，用手触摸确定结石所在部位，然后再切开尿道，整个手术注意无菌操作（图 2 - 48）。

2. 阴囊和包皮口之间切口　动物必须侧卧保定，在麻醉之后从包皮口将阴茎拉出，充分伸展。准确地摸到结石部位后，在结石部位的中线切开皮肤 12~15 cm，切口应避开包皮黏膜。

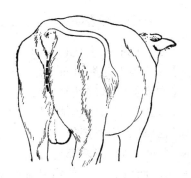

图 2 - 48　公牛尿道切开手术部位

3. 排除结石　有 2 种方法，一是在尿道内压碎结石，另一是切开尿道取出结石。

（1）采用压碎法时，先将结石用手指在尿道外固定，用专门的钳子或巾钳前端置于结石两侧，用力压碎结石，轻轻按摩阴茎，刺激球海绵体肌收缩，如果有尿流出，结石能自行排出，否则用生理盐水冲洗尿道。如果两次压碎动作仍未使结石破碎，应切开尿道壁，否则有损伤阴茎和使尿道穿孔的危险。然后，用细的铬肠线连续缝合皮下组织，用一般缝合线结节缝合皮肤。有人在临床实践中，在尿道内放置导尿管 48~72 h，其优点是有利于尿道损伤的修复，但有可能导致逆行性尿道和膀胱感染。

（2）采用尿道切开去除结石时，用手术刀越过结石或在结石的远侧端切开足够取出结石的切口，取出结石后，用细铬肠线密闭连续缝合尿道，阴茎周围筋膜也用肠线紧密缝合，避免造成死腔，皮肤用丝线结节缝合。

公马的尿道切开和牛基本相同，但马的尿道结石十分稀少，多发存在于膀胱和尿道骨盆部或尿道远端的结石。对于尿道远端结石，可用异物钳或止血钳由尿道外口取出。对于尿道骨盆部或膀胱结石，术前从尿道外口插入导尿管，直达结石部位，作为切开尿道的标志，然后于肛门括约肌直下方的阴茎坐骨弓处做一长 8～10 cm 的中线皮肤切口，在阴茎缩肌之间做锐性分离，经球海绵体肌、海绵体直到尿道，以单纯连续缝合或褥式缝合制止海绵体腔隙出血；切开尿道并去掉导尿管，切口向上延长至能插入碎石钳或抓钳的长度，应细心操作使盆腔尿道扩张，碎石钳插入膀胱后，术者左手或右手伸入直肠帮助将结石置于钳的前部，小结石可完整取出，大结石必须以碎石钳压破，再细心除去所有的碎片，剩下的沙粒充分冲洗和用虹吸法排除。注意不要将结石碎片流入阴茎尿道，确认结石全部取出后，选用可吸收缝合线依次密闭缝合尿道、皮下组织，再用丝线结节缝合皮肤。

【术后护理】给足够的饮水，以利尿道畅通。打上尾绷带，并将尾拉向体侧加以固定，要预防感染。术部有化脓症状时，立即拆线，令其自愈。

二十五、大动物尿道造口术

【适应证】由各种原因所致公马、牛、猪尿道闭塞。临床实践中，有的牛、羊尿道闭塞是由于无血去势时，去势钳造成 S 状弯曲部急性炎症，在短的时期内集中多数发病。

【保定】柱栏内站立保定或侧卧保定。

【麻醉】硬膜外麻醉或局部浸润麻醉。

【术部】马或牛在坐骨弓水平会阴部正中线作切口，牛还可在阴囊基部后上方做切口。

【术式】

1. 公牛　在坐骨弓水平、两后肢间作 10～15 cm 的皮肤切口，钝性或锐性分离皮下结缔组织、会阴筋膜，直达阴茎。用钝性剥离方法分离阴茎周围组织（注意不要把阴茎缩肌误认为阴茎，阴茎被有筋膜，平滑、有光泽、稍带黄色），然后把阴茎拉到皮肤切口，呈屈曲状突出于皮肤切口之外。为防止尿液流入深部组织，应将阴茎加以固定。较为简便的固定方法是用一条粗丝线或不吸收的缝合材料，由皮肤切口的一侧穿过，并穿通阴茎体（不得穿透尿道），再穿过对侧皮肤，固定阴茎弯曲于皮肤切口之间。沿尿道正中切开尿道，尿道黏膜边缘和同侧皮肤切口边缘用丝线结节缝合，造成人工尿道开口，尿液由此向外排出。

另外，可选择阴囊基部后上方为手术切口部位，该部位容易接近阴茎，便于将阴茎拉出皮肤切口之外，且可减少切口部位靠上而引起的尿液浸渍。动物在侧卧保定或站立保定的条件下，在阴囊基部正中线向上切开 15 cm 长的皮肤切口，使成人工尿道。

虽然在站立保定条件下，坐骨后水平切开尿道的手术方法简而易行，但对肥胖牛不利。肥胖牛的阴茎被厚的脂肪覆盖，位置较深，给手术带来一定的困难。此外还由于向后排尿，尿液浸渍会阴部，易造成严重的皮肤炎。

2. 公马　尿道造口部位与牛坐骨弓水平切口相同，马的阴茎比牛容易暴露，故操作方便，不需要用粗缝线固定阴茎。尿道切开之后，将同侧皮肤和黏膜结节缝合，造成人工尿道开口。

3. 肉用牛或猪　也可在肛门下坐骨弓水平切开皮肤，钝性分离阴茎周围结缔组织，固定阴茎，在Ｓ状弯曲上方将阴茎横切断，阴茎背动脉进行结扎，将阴茎切断的近端用结扎的办法控制海绵体出血，再用缝合的方法将阴茎断端固定到皮肤之外，允许向外突出 2～3 cm。但在结扎和固定时不应影响排尿。

【术后护理】　为了保证尿液通过人工尿道口自由排出，要注意清除尿道的血凝块，平时给足够的饮水，不要创造黏膜坏死的条件，保证尿液排出。

二十六、犬、猫尿道造口术

【适应证】　犬、猫尿石症反复发作。

【保定】　俯卧保定。

【麻醉】　全身麻醉。

【术部】　会阴部。

【术式】　术前如有可能，在阴茎内插入导管。将会阴部稍稍抬高，环绕阴囊和包皮作纵椭圆形切口并切除皮瓣。向背侧后翻阴茎并切除其周围结缔组织，向坐骨弓处阴茎附着物的腹侧和外侧扩大切口，锐性分离腹侧的阴茎韧带，横切坐骨处的坐骨海绵体肌和坐骨尿道肌，注意不要损伤阴部神经分支。向腹侧后翻阴茎，暴露其背侧尿道球腺，避免对阴茎的背侧位过度分离，以防损伤供应尿道肌的神经和血管。切除尿道上的阴茎缩肌，纵向切开阴茎尿道，超过尿道球腺水平约 1 cm。使用 4～0 可吸收缝线缝合尿道黏膜和皮肤，直至阴茎的 2/3 组织缝合到皮肤（图 2-49），然后切断末端，间断缝合剩余的皮肤。

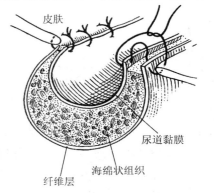

图 2-49　单纯间断缝合尿道黏膜和皮肤

【术后护理】　在麻醉苏醒前，对患猫装以项圈，以防猫拔出导尿管或舔咬尿道造口。术后使用抗生素控制感染，1 周后拔除导尿管。

二十七、阴茎截除术

【适应证】　阴茎远端的新生物、冻伤、深的创伤和阴茎部分坏死等。

【保定】　中小动物可采用仰卧保定；大动物侧卧保定，后上肢转位。

【麻醉】　全身镇静加硬膜外腔麻醉，或阴部内神经传导麻醉、全身麻醉。

【术式】　手术由阴茎截断术和尿道造口术两部分组成。术部常规准备，将麻醉后脱出的阴茎向外拉直，先后用 0.5％高锰酸钾溶液和生理盐水冲洗，切实洗净包皮和阴茎的污垢，确定尿道造口部位（要位于健康的阴茎组织）并按手术要求消毒、隔离，在阴茎预定切口上端做临时性结扎止血。先绕阴茎周缘切除过多的部分包皮（注意不要切除太多），再插入导尿管，沿阴茎腹侧正中线依次纵行切开白膜、尿道海绵体、尿道黏膜，长度约 3 cm，再在尿道切口的远端切除阴茎的坏死部分，注意不要垂直切，要切成凹面，适量保留阴茎两侧和背侧的白膜，然后用可吸收缝线结节缝合白膜，尽可能使海绵体被白膜包住，解除临时性结扎线，将尿道黏膜边缘与同侧皮肤切口边缘用丝线结节缝合，造成人工尿道开口，再结节缝合其余的包皮，注意包皮展平并保持一定的紧张性，最后整理皮缘外翻并消毒。为防止阴茎海绵体出血，可选用适当粗细的橡胶管向上插入尿道，以缝线将其固定在阴茎的余端上，利用压迫尿道海绵体的作用进行止血。公牛宜同时行去势术。

若犬阴茎软骨处发生坏死，则需截除阴茎软骨，并在会阴部或阴囊前做人工尿道造口，手术方法同公犬尿道切开术。

【术后护理】术后几日内作适当的运动，注意局部清洁，每天用抗生素生理盐水冲洗创口，并涂抹抗生素软膏，直到创口愈合；连续注射抗生素 2～3 周，防止尿道感染；术后10 d 拆除造口部及皮肤缝线。

二十八、公马去势术

【适应证】公马去势的适宜年龄是 2～4 岁。年龄过小，则体格发育尚未完成，去势后会影响发育；年龄过大，则因精索太粗，术后容易发生出血和慢性精索炎，且习惯业已形成，术后性情改变缓慢，对饲养管理和调教都不利。去势的时间在一年四季均可进行，但以春末秋初和晚秋最为适宜。

【术前检查和准备】

1. 术前检查 全身检查应注意体温、脉搏、呼吸是否正常，有无全身变化，以及局部有无影响去势的病理变化，如有上述情况，应待恢复正常后再进行去势术；在传染病流行时，也应暂缓去势；骨软症的马在倒马时容易发生骨折，必须引起重视。阴囊的局部检查应检查两侧睾丸是否均降入阴囊内，有无隐睾存在；是否为阴囊疝；两侧睾丸、精索与总鞘膜是否发生粘连；两侧睾丸有无增温、疼痛、增生等病理变化。腹股沟内环的检查应通过直肠检查以确定腹股沟内环的大小；内环能插入 3 个手指指端者，即为内环过大，去势时肠管有可能从腹股沟管脱出的危险，为预防肠管脱出，应进行被睾去势术。此外，还应检查鞘膜有无积水，睾丸及精索与鞘膜有无粘连等。

2. 术前准备 去势前两周左右应注射破伤风类毒素，或手术当日注射破伤风抗血清。术前 12 h 禁饲，不限饮水。术前应对动物体表进行充分刷拭。场地可选在露天场地进行，但应选择沙地或草地上进行，地面清扫并喷洒消毒液，以免手术时尘土飞扬，污染术部。准备好保定绳及附属用品，如铁环、别棍、手术器械和药品等器械和保定物品。待动物保定好后，对阴囊及会阴部进行彻底的术部清洁与消毒，并打以尾绷带，以防马尾污染阴囊部切口。

【麻醉】局部麻醉。但对性情凶猛的马可进行全身麻醉。也可进行精索内神经传导麻醉。

【保定】在露天场地去势时应进行倒马，并施行左侧卧保定，把左后肢与两前肢捆在一起，右后肢向前方转位，并与颈部的倒马绳固定在一起。

【术式】根据去势时是否切开总鞘膜，可分为开放式露睾去势法和被睾去势法 2 种。

1. 开放式露睾去势术

(1) 固定睾丸 术者在马的背腰侧俯蹲于马的腰臀部，左手握住马的阴囊颈部，使阴囊皮肤紧张，充分显露睾丸的轮廓，并使两睾丸与阴囊缝际平行排列，确实固定，防止偏移。如用手固定睾丸有困难时，可用灭菌的结扎带绑扎阴囊颈部固定睾丸。

(2) 切开阴囊及总鞘膜显露睾丸 在阴囊缝际两侧 1.5～2.0 cm 处平行缝际切开阴囊及总鞘膜，切口长度以睾丸能自由露出为度。若睾丸与鞘膜粘连，应仔细分离粘连部。先切开上方（右侧）的睾丸，再切下方（左侧）的睾丸。切开时，若切口过小、切口歪斜、切口过高、切口内外不一致等，都会影响创液的排出，不利于预防切口感染和加速创口愈合。

（3）剪开阴囊韧带，撕开睾丸系膜 睾丸露出后，术者一手固定睾丸，另一手将阴囊和总鞘膜向上推，在附睾尾上方找到附睾尾韧带，由助手用手术剪紧贴附睾尾侧剪断，术者手顺着剪口向上分离撕开睾丸系膜，睾丸即下垂不再缩回（图2-50）。

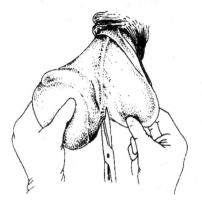

图2-50 剪开附睾尾韧带

（4）除去睾丸的方法

结扎法：术者左手将总鞘膜和皮肤向腹壁方向推动，右手适当地向下牵引睾丸，以充分显露精索。在睾丸上方6～8 cm处的精索上，用弯圆针系10号丝线进行单纯贯穿结扎，结扎精索的结扣要求确实打紧，为此，在第一结扣系紧后，助手用止血钳立即将结扣夹住，术者再打第二结扣，在第二结扣打紧的瞬间，助手迅即将止血钳撤除，这种操作可防止结扣的松脱。在结扎线的下方1.5～2.0 cm处切断精索。在确定精索断端不出血后用碘酊消毒，将精索断端缩回到鞘膜管内。该法的优点是安全、迅速、止血确实。其缺点是如缝合线消毒不确实，无菌操作不严格，易发生精索感染，甚至形成精索瘘。

捻转法：充分显露精索后，先用固定钳在睾丸上方6～8 cm处的精索上紧靠腹壁垂直地钳住精索（注意不要把阴囊皮肤夹在里面），确实固定后，助手在距固定钳下方2～4 cm处装好捻转钳，慢慢地从左向右捻转精索，由慢渐快直至完全捻断为止，但不可强行拉断。断端用碘酒消毒，缓慢地除去固定钳。用同样的方法捻断另一侧精索，除去睾丸。该法安全可靠，止血确实，对精索较粗的马尤为适宜。

挫切法：充分显露精索后，先在精索上装好固定钳，再紧靠固定钳装着锉切钳，钳嘴应与精索垂直，"锉齿"向腹壁侧，"切刀"向睾丸侧。然后逐渐加大压力，徐徐紧闭钳嘴，挫断精索。断端涂碘酊，经过2～3 min取下锉切钳和固定钳。再按同样的操作方法去掉另一侧睾丸。该法切口容易愈合，对2～4岁精索较细的马止血效果确实，但对精索较粗的老马，止血常不够理想，容易引起术后出血。

捋断法：充分显露精索后，术者左手抓持睾丸，使精索处于半紧张状态，右手拇指、中指和食指夹住精索，用拇指和食指的指端反复地刮捋精索，经过反复地刮捋以后，精索逐渐变细变长，直至精索被刮断为止。此法术后不易引起感染，但对老龄和精索较粗的马，常常止血不够确实，容易引起术后出血。

2. 被睾去势法 当腹股沟管内环过大，露睾去势有发生肠脱出危险时，或患有阴囊疝的马进行去势时，可采用此法。该法只切开阴囊而不切开总鞘膜，用钝性分离的方法将总鞘膜与阴囊剥离，摘除睾丸的同时将总鞘膜一同切除。

（1）结扎法 适用于精索较细的3～4岁的公马。在阴囊底部距阴囊缝际2 cm处，与缝际平行分层切开阴囊皮肤和肉膜，显露总鞘膜。阴囊皮肤固定得越紧张，则切开阴囊皮肤和肉膜后总鞘膜显露越容易。必要时可用手术刀或手术剪进行剥离，直至将总鞘膜和肉膜完全分离开，并尽量向上剥离，充分显露被有总鞘膜的精索。用10号丝线贯穿结扎总鞘膜和精索，在结扎线下方1.5～2.0 cm处切断总鞘膜和精索，去掉睾丸。

（2）**榨木去势法** 用消毒的榨木（一端用绳扎住），在被有总鞘膜的睾丸上方 6～8 cm 的精索处，垂直夹住总鞘膜与精索。然后用榨木钳闭合榨木的另一端，使总鞘膜和精索被压成片状，将榨木的另一端用绳扎紧加以牢固地固定。最后在榨木下方 2～2.5 cm 处切断总鞘膜和精索，断端涂以碘酒。榨木可在 3～4 d 后取下，如用在阴囊疝治疗时，可在 7～10 d 后取下。

【术后护理】术后 3～4 h 内，将马拴系在安静场地，注意观察术后出血和腹腔内容物脱出情况。上述二种情况多在术后 1～4 h 内发生，也有的出血发生在术后 36～48 h（由于血凝块的溶解，血管断端再出血）。术后防止马卧地，从术后第 2 d 起，每日早晚测马的体温并作牵遛运动 30～40 min，在此期间严禁骑乘运动和接近母马。一周后可延长牵遛运动时间，10 d 后即可转入正常的饲养与使役。

二十九、公牛、公羊去势术

【适应证】役用公牛去势一般在其 1～2 岁较为适宜，肥育牛则在出生后 3～6 个月去势。公羊的去势在出生后 4～6 周龄，也有在成年时去势的。

【麻醉】一般不麻醉，烈性公牛可用静松灵麻醉。

【保定】无血去势钳去势时，采用六柱栏内站立保定，将后挡带拦住牛股后，以防牛后踢，前挡带紧紧拦住前胸，以防牛前冲，鬐甲带压住颈部以防牛跃起。保定人员一人抓住牛鼻钳控制头部，另一人将牛尾拉向体侧。开放式露睾去势法和捶阉法都采用侧卧保定。

【术式】

1. 开放式露睾去势法 术者左手握住牛的阴囊颈部，将睾丸挤向阴囊底部，在阴囊的后面或前面距阴囊缝际外侧 1.5～2.0 cm 处，平行缝际各作一个纵切口，一刀切开阴囊各层，挤出睾丸。用剪刀剪开附睾尾韧带并分离睾丸系膜，然后对精索用结扎法或捋断法处理后除去睾丸。阴囊切口也可用横切法、横断法，其他操作同公马的露睾去势术。

2. 无血去势法

（1）**无血去势钳去势法** 所用器械为大动物无血去势钳。用去势钳夹住阴囊颈部的精索，破坏血液供应，断绝睾丸的营养，使睾丸逐渐萎缩、吸收而失去性机能，从而达到去势的目的。该法操作简单，节省材料，手术安全，可避免并发症。去势效果常与无血去势钳质量有关，为此，在去势前应检查去势钳的钳嘴对合是否严密，钳轴是否松动。

术者用手抓住牛阴囊颈部，将睾丸挤到阴囊底部，将精索推挤到阴囊颈外侧，并用长柄精索固定钳夹在精索内侧皮肤上，以防精索在皮下滑动。助手将无血去势钳钳嘴张开，夹在长柄精索固定钳固定点上方 3～5 cm 处，助手缓缓合拢钳柄，术者确定精索确实在两钳嘴之间时，助手方可用力合拢钳柄，即可听到清脆的"咯吧"声，表明精索已被挫灭。若在合拢去势钳钳柄过程中，没有听到"咯吧"声，精索可能从钳嘴中滑出，对此情况需重新固定精索，重新钳夹。钳柄合拢后应停留 1～1.5 min，再松开钳嘴，松钳后再于其下方 1.5～2.0 cm 处的精索上钳夹第二道。另侧的精索作同样处理。钳夹部皮肤碘酊消毒。本法特别适用于公牛、公羊的去势，也可用于公马的去势。

（2）**捶阉法** 本法是民间常用的去势法。将睾丸和附睾实质捶碎并用手掌搓成粥状。术后睾丸逐渐吸收，雄性特征也随之消失。

术者用手抓住阴囊颈部，将睾丸挤到阴囊底部，使阴囊皮肤紧张，以木质夹棍（也可用马的木制耳夹子代替）夹住阴囊颈部，使阴囊皮肤紧张。术者左手握紧夹棍一端，另一端抵止于牛的股部，右手持木棒（规格 30 cm×6 cm×6 cm）对准睾丸猛力捶打 2～3 次，也可用术者手掌猛力推挤睾丸实质 3～4 次，即可将睾丸实质击碎。继续用两手掌挤压、揉搓，使睾丸、附睾被揉成粥状感。同法对另侧睾丸进行处理。解除夹棍，阴囊涂碘酊，松解保定。

【术后治疗与护理】开放式露睾去势法手术的当日肌内注射破伤风抗血清，其余的治疗与护理参考公马去势后的护理。公牛、公羊无血去势钳去势法术后无须治疗和特殊护理；用捶阉法去势的牛，在术后一周内应进行牵遛运动，以促进肿胀睾丸的消散与吸收。

三十、公猪去势术

【适应证】公猪去势年龄为 1～2 月龄，体重 5～10 kg 最为适宜。大公猪则不受年龄和体重的限制。在传染病的流行期和阴囊及睾丸有炎症时可暂缓去势；对阴囊疝可结合去势进行治疗。

【麻醉】可不麻醉。

【保定】左侧侧卧，背向术者，术者用左脚踩住颈部，右脚踩住尾部。

【术式】

1. 小公猪去势术　术者用左手腕部按压猪右后肢股后，使该肢向上紧靠腹壁，以充分显露两侧睾丸。用左手中指、食指和拇指捏住阴囊颈部，把睾丸推挤入阴囊底部，使阴囊皮肤紧张，将睾丸固定。右手持刀，在阴囊缝际两侧 1～1.5 cm 处平行缝际切开阴囊皮肤和总鞘膜，显露出睾丸，左手握住睾丸，食指和拇指捏住阴囊韧带与附睾尾连接部，剪断或用手撕断附睾尾韧带，向上撕开睾丸系膜，左手把韧带和总鞘膜推向腹壁，充分显露精索后，用捋断法去掉睾丸，然后按同样操作方法去掉另侧睾丸。切口部碘酊消毒，切口不缝合。

2. 大公猪去势术　左侧卧保定，在阴囊缝际两侧 1～1.5 cm 处平行缝际切开阴囊皮肤和总鞘膜，切断附睾尾韧带，撕开睾丸系膜后充分显露精索，用结扎法除去睾丸。皮肤切口一般不缝合。

三十一、公犬去势术

【适应证】适用于犬的睾丸癌或经一般治疗无效的睾丸炎症，用于良性前列腺肥大治疗和绝育。还可用于改变公犬的不良习性，如发情时的野外游走、和别的公犬咬斗、尿标记等。去势后不改变公犬的兴奋性，不引起嗜睡，也不改变犬的护卫、狩猎和玩耍表演能力。

【术前准备】术前对去势犬进行全身检查，注意有无体温升高、呼吸异常等全身变化，如有，则应待恢复正常后再行去势。还应对阴囊、睾丸、前列腺、泌尿道进行检查。若泌尿道、前列腺有感染，应在去势前一周进行抗生素药物治疗，直到感染被控制后再行去势。去势前剃去阴囊部及阴茎包皮鞘后 2/3 区域内的被毛。

【麻醉】全身麻醉。

【保定】仰卧保定，两后肢向后外方伸展固定，充分显露阴囊部。

【术式】

1. 显露睾丸　术者用两手指将两侧睾丸推挤到阴囊底部，使睾丸位于阴囊缝际两侧的阴囊最低部位。从阴囊最低部位的阴囊缝际向前的腹中线上，作一 5～6 cm 皮肤切口，依次切开皮下组织。术者左手食指、中指推一侧阴囊后方，使睾丸连同鞘膜向切口内突出，并使包裹睾丸的鞘膜绷紧，固定睾丸，切开鞘膜，使睾丸从鞘膜切口内露出。术者左手抓住睾丸，右手用止血钳夹持附睾尾韧带，并将附睾尾韧带从附睾尾部撕下，右手将睾丸系膜撕开，左手继续牵引睾丸，充分显露精索。

2. 结扎精索、切断精索、去掉睾丸 用三钳法在精索的近心端钳夹第一把止血钳，在第一把止血钳的近睾丸侧的精索上，紧靠第一把止血钳钳夹第二、三把止血钳。用4～7号丝线，紧靠第一把止血钳钳夹精索处进行结扎，当结扎线第一个结扣接近打紧时，松去第一把止血钳，并使线结恰好位于第一把止血钳的精索压痕，然后打紧第一个结扣和第二个结扣，完成对精索的结扎，剪去线尾。在第二把与第三把钳夹精索的止血钳之间，切断精索。用镊子夹持少许精索断端组织，松开第二把钳夹精索的止血钳，观察精索断端有无出血，在确认精索断端无出血时，方可松去镊子，将精索断端还纳回鞘膜管内。在同一皮肤切口内，按上述同样的操作，切除另一侧睾丸。在显露另一侧睾丸时，切忌切透阴囊中隔。

3. 缝合阴囊切口 用2～0铬制肠线或4号丝线间断缝合皮下组织，用4～7号丝线间断缝合皮肤，外打以结系绷带。

【术后治疗与护理】 术后阴囊潮红和轻度肿胀，一般不需治疗。伴有泌尿道感染和阴囊切口有感染倾向者，在去势后应给予抗菌药物治疗。

三十二、公猫去势术

【适应证】 防止猫乱交配和对猫进行选育，对不能作为种用的公猫进行去势。公猫去势后可减少其本身特有的臭气和发情时的性行为，如猫在夜间的叫声对周围环境的污染等。

【术前准备】 剃去阴囊部被毛，常规消毒。

【麻醉】 全身麻醉。

【保定】 左侧或右侧卧保定，两后肢向腹前方伸展，猫尾要反向背部提举固定，充分显露肛门下方的阴囊。

【术式】 将两侧睾丸同时用手推挤到阴囊底部，用食指、中指和拇指固定一侧睾丸，并使阴囊皮肤绷紧。在距阴囊缝际一侧0.5～0.7 cm处平行阴囊缝际作一3～4 cm的皮肤切口，切开肉膜和总鞘膜，显露睾丸。术者左手抓住睾丸，右手用剪刀剪断阴囊韧带，向上撕开睾丸系膜，然后将睾丸引出阴囊切口外，充分显露精索。结扎精索和去掉睾丸的方法同公犬去势术。两侧阴囊切口开放。

【术后治疗与护理】 一般不需治疗，但应注意阴囊区有无明显肿胀。若阴囊切口有感染倾向，可给予广谱抗生素治疗。

三十三、隐睾去势术

在正常情况下，动物出生时睾丸即已落入阴囊，但有时睾丸可在腹腔内或腹股沟管内停留数月之久，然后才降入阴囊内。如果经过较长时间，达去势年龄时，一侧或两侧睾丸未能按正常发育过程从腹膜后下降至阴囊内，而滞留于腹腔、腹股沟管、阴囊入口处即称为隐睾，又称睾丸下降不全。临床上根据隐睾发生的个数分为单侧隐睾和双侧隐睾，根据睾丸发生的位置分为腹内型隐睾（又称高位隐睾）、腹股沟管内型隐睾和阴囊上型隐睾。本病可发生于马、牛、羊、猪、犬等各种动物，若发生于种用动物则影响繁殖，发生于肉用动物治疗不及时则影响生产。

马的隐睾发生率较高，一般多为腹股沟管内型隐睾；牛的隐睾多为阴囊上型隐睾，腹内型隐睾很少见；猪的隐睾多为单侧性的，也有双侧性的，而且多为腹内型隐睾。犬的隐睾多为单侧性的，而且右侧隐睾比较多见，也有双侧隐睾的，多为腹内型隐睾和腹股沟管内型隐睾。隐睾比正常睾丸小，发育不全，质地比正常睾丸柔软，不产生精子。

隐睾发生的原因是复杂的，可能由于精索太短、粘连或纤维带阻止睾丸下降；阴囊发育不全；睾丸引带和提睾肌发育异常；作为睾丸鞘膜通路上的腹内压不够；在怀孕后期睾丸体积缩小失败；腹股沟内环扩张不够，以及缺乏脑垂体前叶激素的刺激等。隐睾的发生可能与遗传有关。

（一）公猪隐睾摘除术

隐睾公猪性欲强烈，生长缓慢，肉质低劣，饲养管理困难。猪的隐睾多位于腰区肾脏的后方，有时位于腹腔下壁或下外侧壁，腹股沟内环的稍前方；少数位于腹下壁的脐区或骨盆腔膀胱的下面。任何年龄的隐睾公猪都可去势；术前禁饲 12 h，以减少腹内压。

【麻醉】局部浸润麻醉或不麻醉。

【保定】髂区手术途径取隐睾侧向上的侧卧保定；腹中线切口取倒悬式保定或仰卧保定。

【术式】

1. 髂区手术通路　适用于单侧性腹腔型隐睾。切口位于髂结节向腹中线引的垂线上，在此线上距髂结节 4～5 指处为术部。

（1）切开腹壁　作长度为 3～4 cm 的弧形皮肤切口，术者食指伸入切口内，将肌层和腹膜戳透。

（2）探查隐睾　食指伸入腹腔内，切口外的中指、无名指和小手指屈曲，用力下压腹壁切口创缘，以扩大食指在腹腔内的探查范围。探查应按一定顺序，动作要轻柔，严禁食指在肠系膜间或肠祥间作粗暴动作，以防造成肠损伤。食指伸入肾脏后方腰区、腹股沟区、耻骨区和髂区。当猪体过大而食指无法达到对侧腰区时，可将猪体的对侧腹壁垫高，以增加食指在腹内的探查范围。

（3）外置隐睾、切除隐睾　确定隐睾位置后，术者用食指指端钩住睾丸后方的精索移动至切口处，另一手将大挑刀刀柄伸入切口内，用钩端钩住精索，在食指的协助下拉出隐睾。用 4～7 号丝线对精索进行结扎后切除隐睾。将精索断端还纳腹腔内，清洁创口，检查创内无肠管涌出，然后间断全层缝合腹膜、肌肉与皮肤。

2. 腹白线手术通路　在倒数第 2～3 对乳头之间的腹白线上切开腹壁 5～6 cm，注意避开阴茎。术者食指和中指伸入腹腔内，按照下列顺序进行探查：肾脏后方腰区、腹股沟区、耻骨区、髂区。找到隐睾后将其引出切口外，结扎精索后除去睾丸。如为两侧性隐睾，按同法将另外一个隐睾引出切口外进行结扎和切除。腹壁切口进行全层间断缝合。

【术后护理】注射广谱抗生素 3 d，防止感染；保持栏舍清洁干燥，加强护理；饲喂应少食多餐；破伤风流行地区术后注射破伤风抗毒素。

（二）公马隐睾摘除术

【术前准备】术前经腹股沟区触诊和直肠检查，确定隐睾类型和部位。禁饲 24～36 h。

【麻醉】全身麻醉和术部浸润麻醉。

【保定】腹股沟区手术通路采用健侧卧保定，屈曲健侧后肢跗关节与系部，用绳索作系部与跗关节后方跟骨头处的"8"字缠绕，上后肢向后外方转位，以暴露腹股沟区。欤部手术通路采用侧卧保定。

【术式】

1. 腹股沟区手术通路　当隐睾位于皮下环者，切口对准皮下环切开；当隐睾位于腹股沟管内时，切口为沿皮下环前外方向后内方斜向切开，切口长 10～12 cm，切开皮肤、皮下组织和浅筋膜，继续分离深部脂肪组织，即可找到腹外斜肌腱膜中的裂缝状的腹股沟皮下环。可用食指与中指向腹股沟管内探查包有隐睾的鞘突。有时鞘突恰位于皮下环处。当皮下环处没有隐睾，手指向腹股沟管内伸入，在腹股沟管内可触及到鞘膜突。在鞘突的远端切断睾丸引带，然后切开鞘突即可暴露睾丸和精索。高位结扎精索，除去睾丸。

有时在切开腹股沟管内的鞘突后，只有下降的附睾，而睾丸仍位于腹腔内。这是因为此公马的附睾韧带和睾丸系膜的相应部分发育过长，使得睾丸和附睾分离开。睾丸引带的腹部长 20～25 cm，附睾韧带延长 10～15 cm，因而常常在腹股沟管内仅有附睾而无睾丸。遇此情况，用组织钳钳夹精索向外徐徐牵引，术者食指经鞘膜管直至腹环进入腹腔内进行探查。若因睾丸大于腹环而牵拉不出来时，则需对狭小的腹环扩张或切开，再将其引出切口外，结扎后除去睾丸和附睾。

对于附睾和睾丸均位于腹腔内者，手术暴露皮下环后而未发现鞘突，食指和中指应沿腹股沟管伸入腹环并进入腹腔，触摸睾丸引带、输精管或睾丸并将其引出切口外，经结扎后切除睾丸和附睾。

切口缝合时，在没有切开腹内环的情况下，应连续缝合鞘突与间断缝合皮下环，间断缝合皮下筋膜和皮肤。在腹内环已扩大和剪开的情况下，应间断缝合内环，连续缝合鞘膜管，间断缝合皮下环和皮肤切口。

2. 肷部手术通路　采用左肷部中切口切开腹壁，打开腹腔。术者手进入腹腔内探查隐睾，注意探查骨盆腔、膀胱背侧和尿生殖道褶以及腹股沟管内环附近。发现隐睾将其牵引至腹壁切口外。若隐睾与腹壁粘连，剥离粘连后将睾丸引出切口外，结扎精索，除去睾丸，最后关腹。

（三）牛、羊隐睾去势术

【术前准备】同马的隐睾去势术。

【麻醉】腰旁或椎旁神经传导麻醉，或局部浸润麻醉。

【保定】牛取站立保定或隐睾侧在上的侧卧保定，羊取侧卧保定。

【术式】腹腔型隐睾应做左肷部中切口，切开腹壁，手进入腹腔内探查隐睾。找到后引出切口外，结扎精索，摘除睾丸。若为腹股沟管或皮下环型隐睾，则应对准皮下环切开皮肤和筋膜，显露皮下环，探查鞘膜腔，找到隐睾后，结扎精索，摘除睾丸。

隐睾公羊去势时，可作肷部或腹中线旁切口，探查腹腔内隐睾，其摘除睾丸方法同牛。

（四）隐睾阴囊固定手术

【麻醉】全身麻醉。

【保定】仰卧保定或半仰卧保定。

【术部】在下腹部后方阴茎侧方 3～4 cm 处，距耻骨前缘 10～15 cm。

【术式】按剖腹术的方法打开腹腔。单侧隐睾者则在无睾丸侧切开腹腔。切口长约 10 cm。打开腹腔后寻找隐睾，隐睾多在肾脏的后方或腹股沟内环处，也可在腹股沟管内。找到隐睾后，视其精索的长短，分别采取如下方法：

对精索长者，在同侧腹壁后寻找腹股沟管的内环，待找到内环时，用导尿管从内环插入腹股管内，探查其底部位置。若直通至阴囊底部时，拔出导尿管，术者用手轻轻拉动隐睾从内环向腹股管内推送，直至阴囊底部。切开阴囊后，以1～2针穿过睾丸外膜，将睾丸缝合固定于阴囊底壁上。再以同样方法固定对侧隐睾。

对精索短者或腹股沟管未达到阴囊内，使隐睾无法达到阴囊内者，可将导尿管从腹股沟管内环插入，探至腹股沟管的最末端，将导尿管从腹股沟管内拔出，有时最末端在股内侧距阴囊有段距离，术者用手轻轻拉动隐睾从内环向腹股沟管的最末端推送，送至不能再送时，暂时将睾丸固定在此处。待3～4个月后，再度造管牵引睾丸至阴囊底部，加以固定。

按剖腹术的方法闭合腹腔。手术创部以碘酊消毒，整理创缘。

【术后护理】术后给予抗生素或磺胺类药物治疗1～2周。术后宠物应放在干燥、清洁地方，防止污染。术部按创伤处置。手术时牵拉睾丸时，应轻轻牵拉，以防拉断精索。用导尿管探查腹股沟管时，尽量向管的左右扩大，以便睾丸易于通过。7～10 d后拆线。

三十四、猪卵巢摘除术

【适应证】猪的卵巢摘除术有多种方法，现仅介绍小挑花，即卵巢子宫切除术。本法适用于1～3月龄、体重5～15 kg的小母猪。术前禁饲8～12 h，选择清洁的场地和晴朗的天气进行，用小挑刀进行手术。

【麻醉】不麻醉。

【保定】使猪头部在术者右侧，尾部在术者左侧，背向术者。当猪头部右侧着地后，术者右脚立即踩住猪的颈部，脚跟着地，脚尖用力，以限制猪的活动，与此同时，将猪的左后肢向后伸直，肢背面朝上，左脚踩住猪左后肢跗部，使猪的头部、颈部及胸部侧卧，腹部呈仰卧姿势。此时，猪的下颌部、左后肢的膝关节部至蹄部构成一斜对的直线，并在膝前出现与体轴近似平行的膝皱襞。术者呈"骑马蹲裆式"，使身体重心落在两脚上，小猪则被充分固定。

【手术通路】准确的切口定位是手术成败的重要环节之一。目前常用的切口定位方法有以下2种。

1. 左侧髋结节定位法　术者以左手中指顶住左侧髋结节，然后以拇指压迫同侧腹壁，向中指顶住的左侧髋结节垂直方向用力下压，使左手拇指所压迫的腹壁与中指所顶住的髋结节尽可能的接近，使拇指与中指连线与地面垂直，此时左手拇指指端的压迫点稍前方即为术部。此切口相当于髋结节向左列乳头方向引一垂线，切口在距左列乳头缘2～3 cm处的垂线上。

由于猪的营养、发育和饥饱状况不同，切口位置也略有不同。猪只营养良好、发育早，子宫角也相应地增长快而粗大，因而切口也稍偏前；猪只营养差、发育慢，子宫角也相应增长慢而细小，因而切口可稍偏后；饱饲而腹腔内容物多时，切口可稍偏向腹侧，空腹时切口可适当偏向背侧。即所谓"肥朝前、瘦朝后、饱朝内、饥朝外"，要根据具体情况灵活掌握。

2. 左侧荐骨岬定位法　最后腰椎窝与荐椎结合处的左侧荐骨岬在椎体的腹侧面形成一个小"隆起"，它可以作为定位标志。将小母猪保定后，将膝皱襞拉向术者，俗称"外拨膝皱襞"，然后在膝皱襞向腹中线划的一条假想垂线上，距左侧乳头2～3 cm处，术者左手拇指尽量沿腰肌向体轴的垂直方向下压，探摸"隆起"，俗称"内摸隆起"，左手拇指紧压在隆起上，此时拇指端的压迫点为术部。

　　猪的日龄不同，切口位置稍有不同。生后 20～30 d 的小猪（体重在 5 kg 以内），切口应向后方移动 3～5 mm，生后 1～2 月龄的小母猪（体重在 5～12 kg），切口在"隆起"处。

【术式】

　　1. 切透腹壁 术部消毒后，将皮肤稍向术者方向（外剥）牵引，再用力下压腹壁，下压力量越大，就越离子宫角近，则手术更容易成功。术者右手持小挑刀，用拇指和食指控制刀刃的深度，切口与体轴方向平行，用刀垂直切开皮肤，当刀一次切透腹壁各层组织时，可感到刀下阻力突然消失的空虚感，随之腹水从切口中涌出，停止运刀。在退出小挑刀时，将小挑刀旋转 90°角，以开张切口，子宫角随即自动涌出切口外。一次切透腹壁，子宫角随即涌出切口者称为"透花法"。

　　一刀切透腹壁各层组织时，若下刀用力过猛，下刀过深，则易刺破腹腔内脏器及髂内、外动脉和旋髂深动脉及其静脉，为避免此种情况的发生，术者在切开皮肤后，将下压腹壁的左手拇指向上轻轻一提，刀尖再往下按即可切透腹肌和腹膜。一旦切透腹膜，腹水和子宫角瞬间从切口内自动涌出。若子宫角不能自动涌出，可将小挑刀柄伸入切口内，使刀柄钩端在腹腔内呈弧形划动，子宫角可随刀柄的划动而涌出切口外。

　　2. 摘除子宫角及卵巢 当部分子宫角涌出切口外后，术者左手拇指仍用力下压腹壁切口边缘，防止过早抬手，以免子宫角缩回腹腔内。术者右手拇指、食指捏住涌出切口外的部分子宫角，并用右手的拇指、中指和无名指背部下压腹壁，以替换下压腹壁切口的左手拇指。再用左手拇指、食指捏住子宫角，手指背部下压腹壁，两手交替地导引出两侧子宫角、卵巢和部分子宫体。亦可用两手其他三指的第一、二指节的侧面交换压迫腹壁切口，再用两手拇指、食指交替导引出两侧子宫角、卵巢和部分子宫体。然后用手指钝性挫断或用小挑刀切断子宫体后，术者两手抓住两侧子宫角、卵巢，撕断卵巢悬吊韧带，将子宫角、卵巢一同摘除。切口不缝合，碘酊消毒后，术者提起猪的后肢使猪头下垂，并稍稍摆动一下猪体后松解保定，让猪自由活动。

【注意事项】

　　1. 子宫角不能自动涌出 由于运刀无力，仅切透了皮肤和肌肉，而腹膜没有切透，没有见到腹水涌出，子宫角就无法涌出；刚喂饱的猪，腹内压大，子宫角常常被充满食物的肠管挤到右侧腹腔或骨盆深处，虽然已切透了腹膜，但仍不见子宫角涌出，在这种情况下，术者一方面用左手拇指用力下压腹壁，一方面用小挑刀刀柄伸入切口内，将肠管向前方划动，给子宫角涌出创造条件。子宫角不能涌出的原因还有，保定方法不正确，或在手术过程中由于猪的骚动，保定位置发生了改变；切口位置不正确、创口内外不一致、术者左手下压无力、手脚配合不当等。

　　2. 切口位置不当，切透腹膜后自动涌出膀胱圆韧带和肠管 首先应注意识别。自切口自动涌出膀胱圆韧带的原因多为切口偏后，术者用小挑刀柄将其还纳，将左手拇指抬起重新按压，使切口位置向前移动，以利子宫角的涌出；自切口自动涌出肠管的原因多为切口位置偏前，应立即用刀柄将肠管还纳回腹腔内，左手拇指重新按切口，并尽量使切口位置向后移，使切口的位置接近子宫角的位置，以便子宫角涌出。

　　3. 卵巢遗留在腹腔内 当子宫角从切口涌出后，用两手导引两侧子宫角和卵巢时，没能运用下压腹壁迫使子宫角涌出的原则，而是用力向外牵引子宫角。小母猪子宫角细而柔嫩，很容易将左侧子宫角拉断，而将左侧卵巢及右侧子宫角及卵巢遗留在腹腔内，这是造成俗称"茬高"的原因。此种情况发生后，应停止手术，待猪的卵巢发育较大后，用大挑花或腹白线切开法取出卵巢。

4. 防止切破腹腔内器官的操作方法　术者用右手食指、拇指控制刀刃的深度，在猪嚎叫时（此时腹肌紧张）运刀刺透腹壁各层组织。另外，在确定好切口位置后，拇指尽量下压腹壁切口，使茬腹侧与腹壁之间没有任何器官夹持，刀口下没有肠管，只要入刀不是过深，就不会刺破髂内、外动脉和旋髂深动脉。若手术中一旦有大出血时，应立即停止手术。

三十五、犬、猫卵巢子宫切除术

【适应证】 雌性犬、猫的绝育，5～6月龄是手术适宜时期；成年犬、猫在发情期、怀孕期不能进行手术。卵巢囊肿、肿瘤、子宫蓄脓经一般治疗无效，子宫肿瘤或伴有子宫壁坏死的难产，糖尿病，乳腺增生和肿瘤等的治疗。注意不能与剖腹产术同时进行；单纯的绝育手术只需摘除卵巢而不必切除子宫。

【术前准备】 术前禁饲 12 h 以上，禁水 2 h 以上，进行全身检查；对因疾病进行手术的动物，术前应进行适当的对症治疗。

【保定和麻醉】 全身麻醉，仰卧保定。

【术式】

1. 脐后腹中线切口，切口的大小依动物个体大小而定，显露腹腔；用小创钩将肠管拉向一侧，当膀胱积尿时，可用手指压迫膀胱使其排空，必要时可进行导尿和膀胱穿刺。

2. 术者手伸入骨盆前口找到子宫体，沿子宫体向前找到两侧子宫角并牵引至创口，顺子宫角提起输卵管和卵巢，钝性分离卵巢悬韧带，将卵巢提至腹壁切口处。

3. 在靠近卵巢血管的卵巢系膜上开一小孔，用三钳钳夹法穿过小孔夹住卵巢血管及其周围组织，然后在卵巢远端止血钳外侧 0.2 cm 处用缝线作一结扎，除去远端止血钳（图 2-51），或者先松开卵巢远端止血钳，在除去止血钳的瞬间，在钳夹处作一结扎（图 2-52）；然后从中止血钳和卵巢近端止血钳之间切断卵巢系膜和血管，观察断端有无出血，若止血良好，取下中止血钳，再观察断端有无出血，若有出血，可在中止血钳夹过的位置作第二次结扎，注意不可松开卵巢近端止血钳。

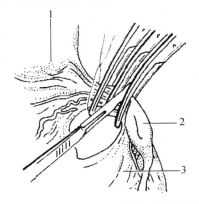

图 2-51　三钳钳夹法结扎卵巢血管

1. 肾脏　2. 卵巢　3. 卵巢系膜

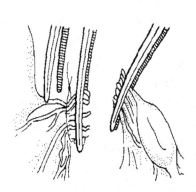

图 2-52　在松钳的瞬间结扎卵巢血管

4. 将游离的卵巢从卵巢系膜上撕开，并沿子宫角向后分离子宫阔韧带，到其中部时剪断索状的圆韧带，继续分离，直到子宫角分叉处。

5. 结扎子宫颈后方两侧的子宫动、静脉并切断（图 2-53），然后尽量伸展子宫体，采用上述三钳钳夹法钳夹子宫体，第一把止血钳夹在尽量靠近阴道的子宫体上。在第一把止血钳与阴道之间的子宫体上作一贯穿结扎，除去第一把止血钳，从第二、三把止血钳之间切断子宫体（图 2-54），去除子宫和卵巢，松开第二把止血钳，观察断端有无出血，若有出血可在钳夹处作第二针贯穿结扎，最后把整个蒂部集束结扎。如果是年幼的犬猫，则不必单独结扎子宫血管，可采用三钳钳夹法把子宫血管和子宫体一同结扎。

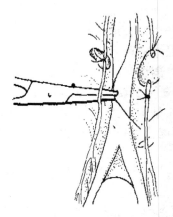
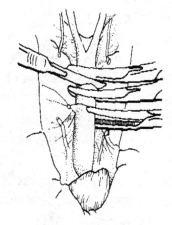

图 2-53　贯穿结扎子宫血管　　　　图 2-54　三钳钳夹法切断子宫体

6. 清创后常规闭合腹壁各层。

【**术后护理**】创口处作保护绷带，全身应用抗生素，给予易消化的食物，1 周内限制剧烈运动。

三十六、犬前列腺摘除术

【**适应证**】前列腺肥大和前列腺肿瘤的外科疗法。

【**保定和麻醉**】仰卧保定，全身麻醉。

【**术部**】阴茎侧方、耻骨前缘。

【**术式**】在阴茎侧方 3～4 cm、距耻骨前缘 5 cm 处向前切开皮肤 10 cm 左右，术者左手握住阴茎头部，右手将导尿管从尿道口插入，直至膀胱内将尿导出。按剖腹术方法切开腹壁，腹壁后静脉用双重结扎后切断。打开腹腔后，将肠管轻轻推向前方，暴露出膀胱、前列腺及尿道，把膀胱和前列腺向前拉至切口部。分布于前列腺的血管从膀胱外侧韧带的后方、左右腹膜皱襞内进入前列腺。将前列腺分支双重结扎后切断。把导尿管从膀胱中向后牵拉退至前列腺前端，在前列腺前端环形切断膀胱颈与前列腺的连接，将膀胱分开固定。在前列腺后端环形切断尿道与前列腺的连接，在未切断前先将尿道用 4 根缝线从上、下、左、右固定，以防切断后尿道退至骨盆腔内。双重结扎前列腺前方与输精管并行血管并切断，使前列腺与其他组织完全分离。将膀胱颈部的断端与尿道断端对接，将导尿管徐徐地插入膀胱内，将两断端用连续缝合法缝合连在一起。按剖腹术方法闭合腹腔。用碘酊消毒术部。

【术后护理】给予抗生素或磺胺类药物治疗1～2周。局部按创伤处置。术后导尿管留置48 h，防止尿闭和尿道粘连。

三十七、犬、猫剖腹产术

【适应证】各种原因所致犬猫的难产，经人工助产，胎儿不能产出。

【保定和麻醉】全身麻醉或硬膜外麻醉，但对全身状况不良、严重衰竭者可采用局部浸润麻醉。侧腹壁切开时，取横卧保定，腹正中线切开时，取仰卧保定。

【术式】有腹白线切口和侧腹壁切口2种手术径路，后者不干扰乳汁分泌，创口粘连机会少；前者破坏肌肉组织少，出血少，子宫暴露充分，愈合后瘢痕形成小，为大多数人所采用。现介绍腹白线切口的手术方法。

1. 在耻骨前缘与脐之间的腹正中线上切开皮肤，切口长度依预计子宫大小而定，一般猫5～7 cm，犬10～15 cm，剪开腱膜和腹膜，暴露妊娠子宫。

2. 把两侧子宫角缓慢牵引至腹壁切口外，并用隔离巾与周围组织隔离。在子宫体背侧或腹侧血管最少的区域内切一小口，再用剪刀把创口扩大到胎儿易取出即可。

3. 切开胎膜，用干灭菌纱布蘸取羊水或用真空泵抽吸，把胎儿连同胎膜一同取出，双重结扎脐血管并切断，如法取出所有胎儿。如胎儿不能被推挤到子宫切口处，可在胎儿就近处再做切口。

4. 检查两侧子宫角及子宫体内有无残留的胎水、血凝块、胎膜碎片等，并将其清除；在子宫内撒布抗生素粉，修整子宫壁切口。

5. 用可吸收缝线连续全层缝合子宫壁，用0.1%雷佛奴耳消毒子宫切口后子宫壁浆膜肌层间断内翻缝合。清创后腹壁各层常规闭合。

【术后护理】一般情况下，一旦取出所有胎儿，子宫将会迅速收缩，如缝合时子宫还未收缩，可注射催产素或麦角新碱。术后5 d内全身投予抗生素或磺胺制剂，腹壁切口处保护绷带，饲喂在安静、干燥、温暖的舍内。

三十八、牛剖腹产术

【适应证】用于助产手术难于救治的任何难产。但要注意，如难产时间已久，胎儿腐败，子宫已经发生炎症以及母牛全身状况不佳时，确定施行剖腹产术时必须十分谨慎。

【保定和麻醉】术前应检查动物的体况，使其左侧卧或右侧卧，分别绑住前、后腿，并将头压住。可行硬膜外麻醉及切口局部浸润麻醉，或盐酸二甲苯胺噻唑肌内注射及切口局部浸润麻醉法或用电针麻醉，一般来说，如果胎儿仍然活着，应尽量少用全身麻醉及深麻醉。

【术式】以腹中线与右乳静脉间的切口为例。

1. 在腹中线与右乳静脉间，从乳房基部前向前作一长25～30 cm的纵行切口，切透皮肤、腹黄筋膜和腹斜肌肌腱、腹直肌，最后切开腹横肌腱膜和腹膜。为操作方便及防止腹腔脏器脱出，可在切开皮肤后使母牛仰卧，再完成其他部分的切开，也可在切开腹膜后由助手用大块纱布防止肠道及大网膜脱出。如果奶牛的乳房很大，为了避免切口过于靠前，难以暴露子宫，可先不把切口的长度切够，切开腹膜后再确定向前或向后延伸。

2. 切开腹膜后，将双手深入切口，紧贴下腹壁向下滑，绕过大网膜，或将大网膜向前推，防止小肠从切口脱出，并暴露子宫。手伸入腹腔后，可隔着子宫壁握住胎儿的某些部分，把子宫孕角大弯的一部分拉出切口外，同时也就把小肠和大网膜挤开了。在子宫和切口之间塞上一大块纱布，以免肠道脱出及切开子宫后其中的液体流入腹腔。如果是子宫捻转，暴露子宫壁有困难，切开子宫壁时出血也多，可先把子宫转正。如果胎儿为下位，背部靠近切口，向外拉子宫壁时无处可握，应尽可能先把胎儿转正为上位。如果在切开皮肤之后让牛仰卧，则此时应使其侧卧。有时子宫内胎儿太沉，无法取出切口外，也可用大纱布充分填塞切口和子宫之间，在腹内切开子宫再取胎，而这通常是不得已而为之。

3. 沿子宫角大弯，避开子叶，切透子宫壁，切口不可过小，以免拉出胎儿时被扯破而不易缝合。将子宫切口附近的胎膜剥离一部分，拉于切口之外，然后再切开，这样可防止胎水流入腹腔，尤其在子宫内容物已受污染时更应如此。胎儿活着或子宫捻转时，切口出血一般较多，需边切边止血。

4. 胎儿正生时，经切口在后肢拴上绳子，倒生时在胎头上拉上绳套，慢慢拉出胎儿，交助手处理。从后肢拉出胎儿时速度宜快，以防止胎儿吸入胎水引起窒息。必须注意防止子宫切口回缩，特别应防止污染的胎水流入腹腔。

5. 拉出胎儿后如有可能，应把胎衣完全剥离拿出，但不要硬剥，可在子宫腔内注入10%氯化钠溶液，停留 $1\sim2$ min 后再剥离。如果剥离很困难，可在子宫中放入 $1\sim2$ g 四环素，术后注射催产素，使它自行排出。有时子宫中未剥离的胎衣可能会妨碍缝合，此时可用剪刀剪除一部分。

6. 将子宫内液体充分蘸干，均匀散布四环素类抗生素 2 g，或者使用其他抗生素或磺胺药。

7. 用丝线或肠线连续缝合子宫壁浆膜和肌肉层的切口，再用内翻缝合法缝第二道。

8. 用加有青霉素的温生理盐水将暴露的子宫表面洗干净（冲洗液不能流入腹腔），蘸干并充分涂以抗生素软膏后，放回腹腔。缝合好子宫壁后，可使牛仰卧，放回子宫后将大网膜向后拉，使其覆盖在子宫上。

9. 常规闭合腹壁切口。

【术后护理】术后注射催产素，以促进子宫收缩和复旧，并按一般腹腔手术常规进行术后护理。若伤口愈合良好，可在术后 $7\sim10$ d 拆线。

三十九、腱断裂碳纤维植入术

【适应证】任何动物的新鲜或陈旧的腱断裂。

【保定和麻醉】横卧保定。马全身麻醉，牛腰荐间隙硬膜外麻醉，小动物局部麻醉。

【术前准备】局部剪毛，消毒，清创，修整创缘。碳纤维每束 1 000 根，纤维直径 $8\sim9$ μm。将两束合成一股长 $20\sim30$ cm，同其他物品一起消毒。

【术式】

1. 用止血钳先将腱断端牵引到创口，用颈静脉注射针头，在离断端约 1 cm 处将针刺入，并从腱断端刺出；把碳纤维的两端浸湿，使每一根碳纤维都合拢在一起，从针尖穿进针管内并穿出 $2\sim3$ cm，然后拔针，用手牵引碳纤维；如此按照水平钮孔状缝合法的线路，将腱两断端穿引在一起；活动患病肢体，使其呈站立时的自然姿势，并根据腱当时的所在位置将碳纤维拉直，打三重结，切勿在打结中折断碳纤维。

2. 结节缝合皮肤，竹帘固定患肢。

【术后护理】保持动物环境的安静；保护好竹帘固定；如果局部化脓感染，采取相应的抗感染措施。正常情况下 15～20 d 即可拆除竹帘固定，进行牵遛运动。

四十、猫断爪术

【适应证】猫断爪术是切除猫第三指（趾）骨和爪壳的一种手术，可使猫主人免遭抓伤之苦，也可保护家具、衣被不被抓破。可应猫主人要求，只断除两前肢爪或者四肢爪全部断除。

【保定和麻醉】全身麻醉，将猫置于手术台上用两手掌保定。

【术式】指（趾）部不必剪毛，但须清洗干净，消毒。用乳胶管或纱布条扎在肘或膝关节上方作止血带。术者左手用止血钳夹住爪壳，拉紧并向指枕曲转，使第二和第三指（趾）间关节处皮肤紧张，右手持手术刀，在背侧爪崤远端、第二和第三指（趾）间关节处向下切割，最好一次将所有组织切断（但必须保留指枕）。若由于切割方向不正确，切开背侧软组织后暴露的不是关节，而是第二指（趾）骨，这时可用刀尖作先向爪尖、再向下的切割，就可把第三指（趾）骨连同爪壳一并取下，皮肤结节缝合 1～2 针。每肢切除完结后，指（趾）部包扎，系上卷轴绷带，直至前臂或小腿中部，最后解除止血带。

【术后护理】术后 24 h 解除绷带，一周内关在房间里不许外出活动，房间内地面要保持清洁。

第六节　安 乐 死

一、安乐死的概念

安乐死是指患病动物在患有不治之症或危重濒死状态时，为了尽其量减小躯体上的极端痛苦，在动物主人的要求下，经兽医师认可，用人道方法使患病动物在无痛苦情况下终结生命过程。

二、安乐死的适应证

动物因意外事故而受伤，且又不能治愈的情况；动物病重，没有治疗价值，又不能救助的情况；为防治动物传染病，根据传染病预防法，必须进行屠杀处理的情况；为医学和生物学研究的目的屠杀实验动物；在人的生活环境中屠杀危及人生命的狂暴动物。

三、安乐致死的方法

（一）二氧化碳气体

适用于小动物，认为这是最好的安乐致死法。将二氧化碳气体充填在容器内。把装动物的笼子放小室或聚乙烯袋中，通入该气体使动物死亡。

（二）氯仿吸入麻醉

可用于小动物安乐致死。本法所用的器械和装置与二氧化碳法相同。

（三）戊巴比妥钠

通常使用麻醉剂量的 3 倍量剂量。犬以每千克体重 75 mg 的剂量快速静脉注射即可。动物因深度麻醉而引起意识丧失，呼吸中枢抑制及呼吸停止，导致心脏迅速停止搏动。

（四）硫酸镁饱和液

硫酸镁的使用浓度约为 400 g/L，以每千克体重 1 mL 的剂量快速静脉注射，可不出现挣扎而迅速死亡。这是因为镁离子具有抑制中枢神经系统使意识丧失和直接抑制延髓的呼吸及血管运动中枢的作用，同时还有阻断末梢神经与骨骼肌结合部的传导使骨骼肌弛缓的作用。

（五）氯化钾法

用 10％氯化钾以每千克体重 0.3～0.5 mL 剂量快速静脉注射，即刻死亡。钾离子在血中浓度增高，可导致心动过缓、传导阻滞及心肌收缩力减弱，最后抑制心肌使心脏突然停搏而致死。

（六）一氧化碳法

可用于群犬的扑杀。把欲扑杀的犬集中到一个房间里，放入一氧化碳使犬窒息死亡。

四、死亡的标准

目前尚未能确立一个为医学、法律学和伦理学都能接受的死亡标准。法国、美国、英国、瑞典、荷兰等国家先后立法将脑死亡作为死亡的标准。所谓脑死亡是指包括大脑、间脑，特别是脑干各部分在内的全脑功能不可逆性丧失而导致的个体死亡。判断死亡可依据以下标准：

1. 出现不可逆性昏迷和对外界刺激完全失去反应。

2. 颅神经反射消失，如瞳孔反射、角膜反射、咳嗽反射、吞咽反射等。

3. 无自主呼吸，施行人工呼吸 15 min 后自主呼吸仍未恢复。

4. 脑电波包括诱发电位消失，出现等电位或零电位脑电图，即大脑电沉默。

5. 脑血管造影证明血液循环停止。

一般认为后两项是判断脑死亡最可靠的指标。

第三章

内　科　病

第一节　消化器官疾病

一、口炎

(一) 诊断要点

1. 口腔黏膜红、肿、热、痛，敏感性增高，采食小心，咀嚼缓慢，食欲减退，或略经咀嚼又成团吐出，常有大量唾液流出，呼出气体有腥臭或恶臭味，局部淋巴结肿大，拒绝检查口腔。

2. 卡他性口炎常见于马、牛，口腔黏膜充血、水肿，大量稠黏液分泌；水泡性口炎常见于牛、马、仔猪、兔、犬、猫等，在口腔黏膜上出现大小不等、内含透明或黄色液体的水泡，破溃后形成糜烂；溃疡性口炎多发生于肉食动物，犬最多见，在口腔黏膜及齿龈上有糜烂、坏死或溃疡，齿龈易出血，口流灰色恶臭唾液，若并发败血症或者其他疾病，则预后不良；霉菌性口炎，在口腔黏膜上形成柔软、灰白色、稍隆起的斑点，口角流出浓稠的唾液。

3. 有流涎症状者应与咽炎、农药中毒、口蹄疫等鉴别；采食、咀嚼困难者应与牙齿疾病、咽炎鉴别；牛、马应与传染性水泡性口炎鉴别，猪应与水疱病鉴别。

(二) 治疗

1. 用1%食盐水或2%～3%硼酸溶液冲洗口腔，2～4次/d；口腔有恶臭，用0.1%高锰酸钾溶液冲洗；不断流涎时，用1%～2%明矾或鞣酸溶液冲洗口腔。

2. 溃疡性口炎或真菌性口炎，病部用硝酸银棒或5%硝酸银腐蚀，然后用生理盐水充分冲洗，再用碘甘油（碘酊与甘油1:9）、龙胆紫、2%硫酸铜、2%硼酸钠甘油或10%磺胺甘油混悬液涂布患部；溃疡面好转后，继续用消毒剂或收敛剂冲洗口腔，并肌内注射维生素B$_6$和维生素C。

3. 大动物重剧性口炎，可用磺胺类药物加明矾装入布袋内，衔于动物口中，饲喂时取出，每天换药1次。若继发全身感染，发生败血症时，全身应用磺胺类药物或抗生素。

4. 清水洗口后，用中药青黛31 g，冰片3 g，研细，涂患部，2～3次/d；或黄柏60 g，青黛20 g，冰片3 g，研细混匀，撒于疮面，2～3次/d；或青黛50 g，白矾50 g，黄柏50 g，冰片25 g，研细混匀，涂于患处或装入布袋后置口内衔之，1袋/d。

二、咽炎

(一) 诊断要点

1. 患病动物头颈伸展、转动不灵活，采食及咀嚼缓慢，吞咽困难，骚动不安；轻症时可咽下稀软食物，重症时常将食团吐出，或食物和液体从鼻腔逆出，唾液分泌增多，并常见有唾液和逆流出的食物污染鼻孔。口腔内常积聚多量唾液，黏稠呈牵丝状流出或在开口时突然大量流出。

2. 触诊，咽部温热，动物疼痛、抗拒、伴发咳嗽。重症病例，炎症蔓延至喉部时，动物呼吸促迫，咳嗽频繁，体温升高，下颌淋巴结肿大。咽黏膜和扁桃体呈暗红色，并常附有白色伪膜。

3. 慢性咽炎，病情发展缓慢，全身症状不明显，吞咽困难，有发作性咳嗽，下颌淋巴结轻度肿胀。

（二）治疗

1. 将动物置于温暖、干净、通风良好的环境中，并给予富有营养、柔软的饲料。有传染病可疑时，应予隔离。对完全不能吞咽的病例，可静脉给予营养液等。

2. 初期可对咽喉部先冷敷，后热敷，20～30 min/次，2～3 次/d；或用樟脑酒精、鱼石脂软膏局部涂擦；或复方醋酸铅散，以醋调成糊状，局部外敷。同时用 0.1％高锰酸钾或 2％硼酸冲洗口腔。

3. 口服六神丸，大动物 50～100 粒，中小动物 10～20 粒，或牛黄解毒片，大动物 20～50 片，中小动物 5～10 片，2 次/d，连用 7 d。小动物还可配合硼酸、碳酸氢钠、明矾的雾化吸入。

4. 对重剧性咽炎，可采用抗生素疗法，并用 0.25％普鲁卡因青霉素行咽喉封闭。异种动物血清（大动物 20～30 mL，中小动物 5～10 mL）或脱脂乳皮下或肌内注射。

5. 给予必要的对症治疗，如呼吸严重困难时，可行气管切开术急救。

三、腮腺炎

（一）诊断要点

1. 常有饲喂带芒刺饲料，或有临近部位炎症的病史。

2. 多为一侧性，腮腺明显肿大，有热痛，头向健侧偏斜，流涎，采食、咀嚼困难，有时在下颌间隙和颈沟出现水肿。化脓性腮腺炎时，体温升高，腺体弥漫性肿胀，热痛明显，后期有波动感，或皮肤破溃而排出恶臭的脓汁。

3. 注意与咽部蜂窝织炎、放线菌病、仔猪传染性腮腺炎相区别。

（二）治疗

1. 初期用 50％酒精热敷，再用鱼石脂软膏或碘-碘化钾-凡士林软膏涂布，并全身应用广谱抗生素治疗。

2. 形成脓肿时，在脓肿成熟后切开排脓，进行彻底的外科处理，同时全身应用抗生素治疗。

3. 慢性腮腺炎并伴有瘘管时，需做手术切除。

四、食道梗塞

（一）诊断要点

1. 动物常在采食过程中突然发病，咽下困难或不能咽下，同时有大量含饲料碎片的白色泡沫从口鼻流出，呈牵缕状。

2. 颈段食道阻塞时，可用手触到异物，在左侧颈沟处有局限性隆起；胸部食道阻塞时，阻塞部上方食道内积有唾液，触诊有波动感；用胃管探诊至阻塞部呈现抵抗。反刍动物食道完全阻塞时，可迅速引起瘤胃臌气；犬食道阻塞时，压迫颈静脉引起头部血液循环障碍而引起头部水肿。

3. 应与食道狭窄、食管炎、食管痉挛和麻痹及食管憩室相区别。

（二）治疗

1. 牛如在排出梗塞物之前已发生臌气，先行瘤胃穿刺排气，并将套管针留置到梗塞物排出后拔出。

2. 梗塞物的排出方法

（1）经口排出法　适于颈部食道梗塞。大动物将头部确实保定，装上开口器，助手在颈部用手将梗塞物推送到咽部固定，术者将舌拉出，手伸入咽部取出梗塞物。犬、猫不完全阻塞时，可试用催吐剂阿扑吗啡等（犬3 mg，猫1 mg，皮下注射）；若阻塞物接近咽喉部，可在颈部用手向外推挤排出异物，或打开口腔，用异物钳取出。

（2）胃管推下法　适于胸部食道梗塞。先将2％～5％普鲁卡因溶液10～20mL注入食道，10 min后将植物油或液状石蜡100 mL注入食道，用食道探子将梗塞物缓慢地向胃内推送。

（3）打气、打水法　先将胃管插入食道抵梗塞物，外端接打气筒，助手打气数次，术者配合推动胃管，可能将梗塞物推入胃中；或外端连接"邦浦"式投药器，急速打水数次，配合推胃管可将梗塞物推下。注意预防食道破裂。

（4）手术法　颈部食道梗塞，各种方法不能排除时，可用食道切开术取出。如梗塞物在胸部食道，可用胃管通过食道切口，将梗塞物推进到胃内；或作胃切开术，通过贲门用钳子取出，或用胃管插入，推送回口腔后取出。

五、前胃弛缓

（一）诊断要点

1. 饲料单一、质量低劣，维生素或矿物质缺乏，饲养管理不当等可引起原发性前胃弛缓。

2. 其他消化器官疾病如瘤胃积食、酸中毒、创伤性网胃炎、瓣胃阻塞、真胃变位及肝脏疾病，一些营养代谢病如骨软症、生产瘫痪、酮病等，某些中毒病、传染病、寄生虫病及外产科病以及用药不当等可引起继发性前胃弛缓。

3. 急性前胃弛缓主要表现食欲减退甚至消失，反刍弛缓甚至停止，瘤胃蠕动音减弱，次数减少。瘤胃充满内容物，坚硬，粪便干硬或下痢，色暗且被覆黏液。重症可出现酸中毒和脱水，患畜鼻镜干燥，眼球下陷，黏膜发绀，反刍、食欲废绝，呼吸、脉搏加快，精神沉郁。

4. 慢性前胃弛缓的症状时轻时重，病程长，食欲不振或不定，有异嗜现象。触诊内容物松软或干硬，排粪多为干稀交替，色暗有恶臭。患畜逐渐消瘦、贫血、被毛粗乱、后卧地不起、体温下降。后期伴发瓣胃阻塞，精神高度沉郁、鼻镜龟裂、全身衰竭，发生脱水和自体中毒。

5. 实验室检查，瘤胃液pH小于5.5，纤维素消化试验时，棉线消化断裂时间大于50 h。

6. 应与酮血症、真胃变位、瘤胃积食等相区别。

（二）治疗

1. 初期绝食 1～2 d，积极治疗原发病，给予易消化草料。

2. 皮下注射毛果芸香碱 0.05～0.15 g，或新斯的明 0.02～0.06 g，或氨甲酰胆碱 1～2 mg，可 2～3 h 重复注射 1 次；内服槟榔末 30～40 g 或酒石酸锑钾 4～8 g（牛），1 次/d，连用 1～3 d。

3. 用 10％氯化钠 300 mL、5％氯化钙 100 mL、10％安钠咖 20 mL，静脉注射，连用 1～2 次。同时皮下注射硝酸士的宁 0.015～0.03 g。

4. 从健康牛的口中取出反刍食团，投予病牛，或用胃管吸取健康牛的瘤胃液，或从屠宰场取得瘤胃内容物（保存于温水桶中）投予病牛。

5. 如因酸中毒出现心衰时，可静脉滴入等渗糖盐水 2 000～4 000 mL、5％碳酸氢钠 1 000～2 000 mL 和 10％安钠咖 20 mL，有良好效果。

6. 内服硫酸镁或碳酸钠 300～500 g、石蜡油或植物油 1 000 mL、鱼石脂 10～20 g 及温水 600～1 000 mL。牛也可内服稀盐酸 15～30 mL、酒精 60 mL、煤酚皂液 10～20 mL 及常水 500 mL。

7. 在病的恢复期内服健胃剂，如酒石酸锑钾 6 g、番木鳖粉 1 g、干姜粉 10 g、龙胆粉 10 g 混合给牛内服，1 次/d；或龙胆粉，干姜粉、碳酸氢钠各 200 g，番木鳖粉 16 g，充分混合，分成 8 份，牛内服 2 次/d，1 份/次。

8. 中药可选四君子汤、八珍散或厚朴温中汤。

六、瘤胃积食

（一）诊断要点

1. 过食大量难消化易膨胀的饲料所引起的瘤胃积食，食欲、反刍、嗳气、瘤胃蠕动减少或停止，腹痛，左腹中下部膨大，触诊硬感如面团样，有时左腹上部有少量气体。排软便或腹泻，恶臭，重则混血液及黏液。压迫膈和胸腔时呼吸困难。后期肌肉震颤，走路摇摆，运动失调。

2. 过食大量豆谷类精料引起的瘤胃积食，食欲、反刍减少或废绝，可从粪便或反刍物中发现大量豆谷粒，有时出现臌气或腹泻，继则出现神经症状：视力障碍，盲目直行或转圈，重则狂躁不安，头抵墙壁或攻击人、畜，或嗜睡，卧地不起。出现严重脱水、酸中毒是本病的特征。

（二）治疗

1. 排除瘤胃内容物

（1）牛可用硫酸钠或硫酸镁 400～800 g、松节油 30 mL、马钱子酊 15 mL、酒石酸锑钾 6 g，加水 4 000～8 000 mL 后 1 次内服；也可用液状石蜡 2 000～4 000 mL、松节油 30 mL、马钱子酊 15 mL、酒石酸锑钾 8 g，1 次内服；或用硫酸钠 400 g、液状石蜡 2 000 mL、松节油 30 mL、马钱子酊 15 mL、酒石酸锑钾 6 g，加水 4 000 mL，1 次内服。

（2）用胃管向胃内灌入大量温水，然后再导出，如此反复进行，直到将胃内食物大部分导出为止。此法可收到良好效果，但体质衰弱，呼吸困难者不宜进行。

（3）将瘤胃切开，掏空内容物，放入少量干草和清水，并接种健康牛的瘤胃液。接种不方便时，不宜掏空，应留 1/3 的瘤胃内容物。

2. 兴奋瘤胃

（1）在牛的左肷部用手掌按摩瘤胃，可刺激瘤胃蠕动，在病后 6～8 h，每 30 min 按摩 1 次，5～10 min/次，同时灌服酵母粉 500 g、温水 4 000 mL，对轻症病例能取得良好效果。

（2）用"促反刍液" 500～1 000 mL，一次静脉注射，同时可用新斯的明 20～60 mg 或氨甲酰胆碱 4～6 mg 或毛果芸香碱 20～50 mg 皮下注射，最好用最小剂量，每 2～3 h 重复 1 次。

3. 解除脱水、酸中毒，尤其对过食豆谷类精料引起的瘤胃积食。

（1）用等渗糖盐水或复方氯化钠注射液 8 000～10 000 mL，分 2～3 次静脉滴入。在每次静脉滴注时可加入 10% 安钠咖 20 mL 和 5% 维生素 C 60 mL。

（2）口服碳酸氢钠 100～200 g，或静脉注射 5% 碳酸氢钠 500～1 000 mL 或 11.2% 乳酸钠 200～400 mL。

4. 高度兴奋时，可肌内注射氯丙嗪 300～500 mg，也可静脉注射水合氯醛酒精注射液 100～250 mL，或水合氯醛硫酸镁注射液 100～200 mL，缓慢注入。

七、瘤胃臌胀

（一）诊断要点

动物采食易发酵饲料后很快发病，左腹迅速膨大，甚至高出脊背；叩诊鼓音，触诊有弹性；患病动物不安，反刍、嗳气、瘤胃蠕动迅速停止；高度呼吸困难，甚至张口呼吸；结膜发绀，心跳亢进，严重者倒地痉挛死亡。

（二）治疗

1. 轻症病例可行洗胃疗法，或使患病动物立于前高后低处，进行瘤胃按摩，促进气体排出，或将涂有松馏油或食用酱的木棒置于患畜口中，并将木棒两端固定于角根处，诱使其嗳气。

2. 重症病例且呼吸极度困难者，立即用套管针放气，但放气速度不易太快，在气体放完后将止酵剂经套管针注入瘤胃；泡沫性瘤胃臌胀宜用表面活性剂二甲基硅油，牛 2～2.5 g，羊 0.5～1 g 或普通食用油如花生油、菜子油 300～500 mL 加温水 100 mL 灌服。

3. 促进瘤胃蠕动，可用酒石酸锑钾 4～8 g，水适量混匀，一次内服；或皮下注射毛果芸香碱 20～50 mg 或新斯的明 10～20 mg，同时静脉滴注 10% 氯化钠 200～300 mL。

4. 上述药物无效时，切开瘤胃，取出内容物，并接种健康牛的瘤胃液。

八、瘤胃酸中毒

（一）诊断要点

1. 有过食富含碳水化合物、酸度过高的青贮玉米或质量低下的青贮饲料的病史。

2. 一般于采食后 8～12 h 发病，最急性病例 3～5 h 不显症状而突然死亡。

3. 轻症病例精神沉郁，结膜充血，食欲、反刍废绝或停止，空嚼磨牙，流涎，粪便细软、色淡而有恶臭味。瘤胃蠕动音减弱或消失，触之有明显波动感，冲击可有震水音。机体脱水，皮肤干燥，眼窝下陷，少尿或无尿。血液暗红、黏稠。呼吸急促，脉搏增数。

4. 重症病例可见有明显的神经症状，兴奋不安，甚至有攻击行为，运步强拘，前奔而以头抵障碍物或作圆圈运动，出现视觉障碍；或精神高度沉郁，卧地呈昏睡状态，可瘫痪或仅有后肢麻痹，角弓反张，各种反射减弱或消失，最后昏迷甚至死亡。

5. 实验室检查，PCV 增高，血液中乳酸含量增高，CO_2CP 降低，瘤胃液、血液、尿液 pH 降低。

（二）治疗

1. 轻症病例用 1∶7 石灰上清液或 5％碳酸氢钠或 1％盐水、自来水反复洗胃多次，至洗出液无酸臭、呈中性或碱性反应为止。同时用 5％碳酸氢钠 2 000～3 000 mL 静脉注射纠正酸中毒。

2. 重症病例可先行瘤胃切开术，排除瘤胃内容物，并用 5％碳酸氢钠溶液冲洗干净，用干草或健康牛的新鲜胃内容物填充，进行外科处理；同时应静脉注射 5％葡萄糖盐水 2 000 mL、生理盐水 1 000 mL、氢化可的松 250 mg、2％盐酸普鲁卡因 30 mL、10％安钠咖 20 mL、3％氨茶碱 40 mL，进行补液、强心。

九、牛创伤性网胃心包炎

（一）诊断要点

1. 初期呈前胃弛缓症状，食欲减退，反刍减少，嗳气增多，间歇性瘤胃臌气，便秘或下痢。病牛行动和姿势异常，站立时肘头外展，呆立，弓腰，磨牙，不愿卧地，肘肌颤抖，躲避触摸甚至不断呻吟；体温升高，脉搏加快，愿走软路，上坡路，而忌下坡路和急转弯。

2. 刺伤心包时，可听到心包击水音和心包摩擦音，叩诊心音界扩大。血液回心受阻时颈静脉怒张，伴有颌下、胸前或腹下水肿，体温先升高后下降。严重消化障碍，逐渐消瘦。

3. 实验室检查，白细胞总数增多，有时达正常的 2～3 倍，嗜中性粒细胞增多，核左移，淋巴细胞减少；应用副交感神经兴奋剂皮下注射可使病情加重。创伤性网胃心包炎时，X 线胸部透视检查显示心脏体积极度增大，可见有铁钉等异物穿透网胃至横膈及心包；心区超声检查显示液平面。金属探测仪检查网胃及心区，呈阳性反应。

4. 应与纤维蛋白性胸膜炎、心内膜炎、肺炎等疾病相区别。

（二）治疗

1. 确诊后尽早施行手术，经瘤胃内入网胃中取出异物；或者经腹腔，在网胃外取出异物，并将网胃与膈之间的粘连分开，同时用大剂量抗生素或磺胺类药物进行注射，预防继发感染。

2. 心包穿刺治疗，在左侧第 4～6 肋间，肩关节水平线下约 2 cm，沿肋骨前缘刺入皮下，再向前下方刺入，接上注射器边抽吸边进针，直到吸出心包渗出液为止，同时要掌握穿刺深度，以免损伤心肌而导致死亡，并要防止空气逸入胸腔；经穿刺排出渗出液后，要注射抗生素防止感染。

3. 对症治疗可用洋地黄、毒毛花苷 K、速尿、盐类泻剂进行强心和利尿。

4. 本病重在预防，加工和饲喂草料时，应清除金属异物。同时，可在牛胃放置磁铁环或定期使用牛胃吸铁器进行吸铁。

十、牛皱胃变位

（一）左方变位

1. 诊断要点

（1）通常在分娩之后或 1 周内发病。病牛精神状态一般，无脱水迹象。心率、呼吸、体温几乎均正常，但在慢性病例，可能出现心率减慢（50 次/min 左右）。

（2）初期表现厌食或食欲时好时坏，大多数病牛拒食精料，但食少量干草或其他块根饲料。产奶量逐日下降，迅速消瘦，发病 1～2 周后，腹部体积大幅度缩小，约有半数的病牛左侧肷窝正前方的倒数第 1～2 肋骨处比右侧膨隆，左肷窝处用力触诊，可知腹壁与瘤胃壁之间有较大的距离。粪便通常量少，有的有一过性腹泻。

（3）直肠检查可感知后部肠段空虚，瘤胃中等度充满，明显右移，但很少能触及变位的皱胃。在左侧腹壁上 1/3（肩关节水平线上方）、第 9～12 肋骨之间区域内，叩诊结合听诊，常可听到特征性的"钢管音"（但在排除瘤胃积液、积气和腹膜炎后，方可将"钢管音"的出现作为确诊指标之一），在"钢管音"最明显区的正下方穿刺，抽出液 pH2～4，镜检无原虫，可确诊为本病，但左方变位时皱胃内的液体往往很少，不易采到。因此，采不到皱胃液也不能排除本病。

（4）尿酮检查常为阳性或强阳性，碱储可由正常的 50%～60%升高到 75%～90%，血清钾、钠、氯含量均比正常值低，粪便潜血阳性。

2. 治疗　二柱栏内站立保定，行腰旁神经传导麻醉与术部浸润麻醉（必要时肌内注射 846 合剂 2～3 mL）。取左右两侧肷部通路，左侧为肷中部切口，右侧切口稍靠前下方，以便网膜固定时便于操作。按手术常规打开左侧腹腔后，皱胃便暴露于创口内或稍前下方。如皱胃内积气较多，可用带胶管的针头穿刺，放气减压。术者以手抵住皱胃，从瘤胃下方将其轻轻推移至右侧，一般这种推移并不困难。此时右侧手术人员可从右腹切口入手，配合左侧术者向右托移皱胃。整复的标志是在左侧腹腔探不到皱胃，右侧十二指肠及网膜的位置恢复正常。如果网膜有撕裂，应予以缝合。在少数病例，皱胃与大网膜、瘤胃壁或左侧腹壁发生粘连，要谨慎地进行剥离，然后整复。当检查腹腔脏器无其他异常后，探取幽门区网膜，做成皱襞，用 18 号缝线将其固定在右侧切口边缘的腹膜、肌层，可作 2～3 针结节缝合。常规关腹。

（二）右方变位

1. 诊断要点

（1）多在产犊后数周内发病。严重的皱胃右方变位属皱胃扭转，发病突然，腹痛，体温、呼吸、脉搏呈一致性上升。饮食欲废绝，右腹明显胀大，右肷窝膨隆。迅速脱水，血液黏稠，黏膜苍白，皮肤及末梢发凉，严重时卧地不起，呈休克状态。变位严重的可在 24 h 内死亡。

（2）在右侧 8～13 肋之间、肩关节水平线处叩诊与听诊结合，可听到清脆的"钢管音"，于该部位稍下方触诊，可听到拍水音，在变位严重或体格较小的奶牛，直检可触及变位的皱胃。在出现"钢管音"的稍下方穿刺，容易抽吸出皱胃内容物。除个别病例瘤胃积液外，大多数左腹不见异常。病至后期，排出的少量粪便多呈血色或黑褐色。

（3）实验室检查同左方变位。

2. 治疗　保定与麻醉同左方变位，作右肷部前下切口，切口长度 20 cm。打开腹腔后，变位的皱胃便暴露于创口内或位于其前上方。大多数病例需要放气、排液。探查皱胃的扭转方向，作与扭转相反方向的整复与复位。十二指肠第一、二弯曲和大网膜在切口内的位置恢复正常，说明复位成功。将幽门部上方的网膜折成双层皱褶，并缝合固定于切口附近的腹膜、肌层上，最后闭合腹壁切口。

十一、胃扩张

（一）诊断要点

1. 有食入不宜消化或易膨胀、发酵草料，或动物极度饥饿后食入过量，且有大量饮水病史。也可继发于小肠阻塞、肠臌胀等。

2. 原发性胃扩张多在采食后不久或 1～3 h 内发病，表现食欲废绝，精神沉郁，持续性剧烈腹痛症状并伴有出汗，腹围变化不大但呼吸急促，结膜发绀，心跳快而有力至微弱，肠音减弱或消失，嗳气、逆呕，胃管探诊流出大量有酸败味气体和混有食糜的液体，重症者可从鼻孔流出胃内容物；大动物直肠检查，可摸到脾后移，胃盲囊膨大。

3. 继发性胃扩张多在原发症呈现之后，表现呼吸急促，急剧腹痛，嗳气，呕吐等症状。插入胃管，也有黄绿色酸臭液体和少量气体排出，两侧鼻孔可流出胃内容物。

4. 严重者，晚期发生胃破裂或膈破裂。胃破裂，腹痛突然停止，全身出汗，呆立。强迫行走，步法蹒跚，心跳快弱，迅速死亡。膈破裂，呼吸困难突然加重，全身症状恶化。

（二）治疗

1. 首先肌内注射盐酸氯丙嗪，每千克体重 0.5～1 mg；马也可静脉注射 5% 水合氯醛酒精注射液 200～300 mL。然后用胃管进行导胃，马可随后经胃管灌服乳酸 20 mL、酒精 150 mL、液状石蜡 1 000 mL 的合剂，或食醋 500～1 000 mL，或乳酸 20 mL、鱼石脂 20 g、酒精 100 mL 的合剂，或乳酸 20 mL、鱼石脂 15 g、酒精 100 mL、芳香氨醑 80 mL 的合剂。中小动物用量酌减。

2. 对积食性胃扩张也可首先导胃，然后灌服液状石蜡 1 000 mL、稀盐酸 20 mL、普鲁卡因粉 3～4 g、福尔马林 20 mL 的合剂（马的用量），疗效显著。

3. 病期较长，发生脱水、酸中毒、心衰等时，静脉滴入等渗糖盐水 3 000～4 000 mL、10% 安钠咖 20 mL、5% 维生素 C 60 mL。如酸中毒明显，可另外静脉注射 5% 碳酸氢钠 500～1 000 mL（马的用量）。

4. 小动物可适量使用催吐剂或盐类泻剂。

十二、犬、猫胃内异物

（一）诊断要点

1. 多数病例有异食癖，或误食了各种物品，或叼咬玩具时主人夺抢造成将异物吞咽下去。猫常因吞食脱落的被毛而在胃内形成毛球。

2. 临床表现食欲不振，有间歇性呕吐，体重逐渐减轻，有腹痛症状，站立或卧地时可见弓腰、肌肉震颤。触诊前腹部敏感，X 线透视或钡剂造影可见胃内有明显异物。严重病例可引起胃出血或胃穿孔。

（二）治疗

1. 异物不大时，皮下注射 0.1% 盐酸阿扑吗啡 5～10 mL，催吐，或灌服油类泻剂，液状石蜡 5～50 mL/次，泻下。

2. 异物较大时，采用手术方法将胃壁切开，取出异物。

十三、犬、猫胃肠炎

（一）诊断要点

1. 以胃炎为主时，体温可能升高；食欲废绝，呕吐和腹痛，口渴贪饮，但一饮即吐；若胃黏膜受损范围较大时，频繁呕吐，且呕吐物中常混有血液。

2. 以肠炎为主时，腹泻是主要症状，粪便呈液体状，腥臭难闻，肠黏膜受损时，粪便可能呈黑色；有不同程度的食欲；体温升高或降到正常以下；

3. 可视黏膜发绀，脱水，严重时四肢感凉、昏睡、抽搐死亡。

（二）治疗

1. 轻度胃肠炎，禁食 24～36 h，喂饮口服补液盐；喂少量易消化的流质食物，并口服胃蛋白酶等促进消化的药物。

2. 过食性胃肠炎可用盐酸阿扑吗啡或稀硫酸铜溶液催吐；以胃炎为主的严重病例，可皮下注射硫酸阿托品 0.1～0.2 mg；以肠炎为主的严重病例，给予鞣酸蛋白或次硝酸铋；同时配合应用抗生素。

3. 根据脱水程度及性质，静脉补液，调节电解质和酸碱平衡，并补充多种维生素。

十四、大动物胃肠炎

（一）诊断要点

1. 原发性胃肠炎多有不良饲养管理或使用刺激性强的药物、滥用抗生素的病史。

2. 继发性胃肠炎多由于一些传染病、寄生虫病、便秘、肠变位、消化不良及腹痛病引起。

3. 腹泻是本病的重要症状之一，排泄含水多的软粪，并混有血液、黏液和黏膜组织，有时混有脓液，恶臭。病至后期，肠音减弱或停止，肛门松弛，排便失禁。腹泻持续时间长的动物，肠音消失，虽有痛苦努责但无粪便排出，呈里急后重表现。牛可继发溃疡性口炎。多数病例呈现不同程度的脱水，体温突然高达 40 ℃以上，腹痛，全身肌肉抽搐、痉挛或昏迷。

（二）治疗

1. 禁食 2～3 d，饮清洁水，静脉补液维持营养。清理肠道可用硫酸钠（镁）300 g、鱼石脂 15 g、酒精 100 mL，加水 3 000 mL，一次内服；或液状石蜡 200 mL，松节油 300 mL，一次内服。

2. 轻症病例可一次内服 0.1％高锰酸钾 2 000～3 000 mL，连用 3～5 d，或一次内服磺胺脒 20～30 g、碳酸氢钾 30 g、次硝酸铋 30 g、药用炭 50 g，3 次/d；重症可内服氟甲砜霉素 2～5 g，2～3 次/d，或庆大霉素、卡那霉素等。粪便或呕吐液带血时可用钙剂，同时配以维生素 C。

3. 调整胃肠功能可用稀盐酸 20 mL、龙胆酊 50 mL，一次内服，或 10％氯化钠 300 mL、10％氯化钙 100 mL、10％安钠咖 20 mL，静脉滴注。

4. 中药可用郁金散或白头翁散。

十五、犬出血性胃肠炎综合征

（一）诊断要点

突然出现呕吐，呕吐物中常混有血液；一般在发生呕吐后 2～3 h 出现腹泻，拉出恶臭的血性胶冻样粪便；患犬精神沉郁，嗜睡，发热，腹痛；血液浓缩，PCV 升高达 60%～80%。

（二）治疗

以对症治疗为主。对 PCV 60% 以上的病犬，静脉滴注乳酸钠林格氏液，速度为每小时每千克体重 13～14 mL，间隔 2～3 h 检查一次 PCV 值，直到其正常，同时使用止血敏等止血药和抗生素。病犬能饮水时，再给予流质食物。

十六、肠阻塞

（一）诊断要点

1. 大动物小肠阻塞，发病快、持续性腹痛剧烈，易继发急性胃扩张，肠蠕动音与排粪逐渐停止，粪便无显著变化。直肠检查可确定阻塞部位。

2. 大动物大肠阻塞，发病慢，腹痛较缓和，呈间歇性，易继发肠臌气，表现腹围膨大、肷部鼓起、呼吸困难、结膜发绀；常有便秘过程，粪球变小，色暗；肠蠕动音与排粪逐渐停止。常发生于盲肠、骨盆曲、胃状膨大部、小结肠、直肠等部位。直肠检查可确定阻塞部位。

3. 犬、猫完全肠梗阻病程较短，食欲不振，从口腔内排出白色泡沫、流涎，常有呕吐和排便动作，严重者出现腹痛，经常变更躺卧地点；犬最突出的症状是顽固性呕吐，有时甚至呕吐出粪便样物。不完全梗阻病程较长，仅在采食固体食物时发生呕吐，腹围膨胀，肠蠕动先亢进后减弱，排出煤焦油样稀粪，以及排粪停止。触摸腹部有时可触及臌气肠管和梗塞的异物，X 线检查可见阻塞前部的肠管扩张，有特征性的气体像，站立位时可见液体与气体之间的水平线，钡剂造影可确定阻塞部位和程度。

4. 严重病例可呈现脱水和自体中毒现象，引起循环衰竭、昏迷和休克。

（二）治疗

1. 肌内注射盐酸氯丙嗪或乙酰丙嗪、20% 安乃近镇痛镇静。大动物可静脉注射 5% 水合氯醛酒精溶液 200～300 mL，也可用水合氯醛 20～20 g 灌肠。

2. 排结通肠

（1）大动物小肠阻塞时，可经胃管导出胃内气体后，灌服液状石蜡 1 000～2 000 mL（或植物油 500 mL）、乳酸 20 mL、鱼石脂 15 g、酒精 100 mL 的合剂；大肠阻塞，可灌服硫酸钠（镁）500 g、鱼石脂 15 g、酒精 100 mL、十滴水 50 mL，加水 500 mL 的合剂，也可灌服硫酸钠（镁）300 g、液状石蜡 1 000 mL、芳香氨醑 50 mL、十滴水 50 mL，加水 300 mL 的合剂。犬猫可灌服 150 mL 左右的液状石蜡或植物油，1 次/d，连用 3～4 次。

（2）大动物可在体外经腹壁或直肠内，用按压法、切压法、顶压法、握压法、掏结法、捶击法和注水法等将结粪破碎，同时按上法使用泻剂。

（3）上述方法无效时，则应立即手术除去阻塞物，肠壁发生坏死时，一并切除坏死肠段。犬、猫功能性阻塞病例，可作肠腔缩窄整复手术。术后禁食 24～36 h，静脉补液和补充维生素等，为控制感染可选用抗生素。

3. 继发脱水、酸中毒病例，静脉滴入复方氯化钠溶液或等渗糖盐水；同时配合液体滴入 10% 安钠咖等强心药物；纠正酸中毒用 5% 碳酸氢钠或乳酸钠溶液。为了促进肠蠕动，增强肠的分泌机能，大动物可用 10% 氯化钙 100 mL、10% 氯化钠 300 mL、10% 安钠咖 20 mL，静脉注射；或皮下注射 2% 毛果芸香碱溶液，或 0.1% 氨甲酰胆碱，或新斯的明。

4. 继发肠臌气或胃扩张病例，及时插入胃管或进行盲肠穿刺排气。

5. 作适当的牵遛运动，防止受凉、滚转摔伤等。

十七、肠痉挛

（一）诊断要点

1. 主要特征是间歇性腹痛，常有受冷的病史。发作时呈现不同程度的腹痛，起卧不安，倒地滚转，耳、鼻发凉，口腔湿润，两侧大小肠音连绵高朗，有的出现金属性肠音，排粪频繁，粪量少且稀软松散带水，持续数分钟后进入间歇期，动物采食和饮水似与健康时无区别；经一定时间后，腹痛再度发作。

2. 治疗不及时的病例可继发肠变位、肠套叠、便秘，腹痛症状加剧，全身症状迅速增重。

3. 动物发生肠道寄生虫病时，也可引起肠管痉挛性收缩。

（二）治疗

1. 中小动物如犬、猫等，可肌内注射安痛定、氯丙嗪、盐酸山莨菪碱（654－2）等。

2. 大动物可用20%安乃近30 mL、10%安钠咖20 mL，混合肌内注射。或用安溴注射液100 mL，或用0.2%盐酸普鲁卡因200～300 mL，缓慢静脉注射。也可用姜酊100 mL、十滴水50 mL、酒精100 mL，加水500 mL内服，或用硫酸钠300 g、姜酊100 mL、十滴水50 mL，加水3 000 mL内服，或用液状石蜡1 000 mL、姜酊100 mL、十滴水50 mL内服。

3. 腹痛停止后，如有消化不良，可内服健胃剂。

十八、肠臌气

（一）诊断要点

1. 原发性肠臌气有一时采食大量易发酵、发霉、冰冻、腐败等饲料或突然更改饲喂方法的病史。

2. 继发性肠臌气多发生于胃扩张、肠便秘、肠阻塞、肠变位、弥漫性腹膜炎的经过中。

3. 原发性肠臌气常在进食后几小时内突然发病，初期呈间歇性腹痛，腹围逐渐增大，以右肷部明显，后迅速转为剧烈而持续的腹痛，全身出汗。可视黏膜暗红，呼吸困难。肠音初期增强，并有金属音，后期逐渐减弱甚至停止；排粪初期频数，后排粪、排尿逐渐停止。

4. 继发性肠臌气在出现原发病症状4～6 h后才出现腹围膨大、肷窝平满、呼吸促迫等肠臌气的典型症状。腹痛加剧时，全身症状也加重。

（二）治疗

1. 初期可采用泻剂和制酵剂，或用针刺穴位进行排气，也可在直肠检查过程中，用检手在直肠内晃动肠管，以促使气体迅速排出；严重肠臌气病例，可进行盲肠放气，或采用直肠带入针头放气，并通过放气针孔注入制酵剂，并于放气后向腹腔内注入抗生素或磺胺类药物以用于抗菌消炎，防止继发腹膜炎等症。

2. 大动物用20%安乃近20～40 mL肌内注射，或水合氯醛硫酸镁200～300 mL静脉注射，或0.25%普鲁卡因300～400 mL，两侧肾脂肪囊内注射，或用普鲁卡因粉1.0～1.5 g，加常水300～500 mL，直肠内灌入。

3. 大动物可用硫酸钠300 g、鱼石脂10～15 g，加水6 000 mL，一次内服，或用氨茴香醋 60 mL、福尔马林 15 mL、松节油 10 mL、水合氯醛 25 g，常水 500 mL，混匀后一次内服。中小动物用量酌减。

十九、犬、猫肠套叠

（一）诊断要点

1. 有受惊、饮冰冷的水、剧烈运动、肠炎、肠梗阻以及寄生虫和异物刺激等病史。此外，患犬瘟热时特别易发肠套叠。

2. 表现拒食，顽固性呕吐，停止排便，有时排出带血的恶臭粪便，腹痛。小肠套叠可继发急性胃扩张。腹部触诊常能摸到一个坚实有弹性、弯曲而能移动的圆柱形物体，压之敏感疼痛。急性病例在几天内即可死亡，慢性病例可持续数周不等。

3. X线检查可见腹腔有粗大的圆柱状的软组织阴影。

（二）治疗

确诊后立即用空气灌肠复位，或用温肥皂水灌肠整复。有时用止痛药和麻醉药，也可使初期肠套叠自然复位。对保守疗法无效和症状明显的犬、猫，应尽快进行手术整复，若套叠部位已发生淤血坏死，须切除套叠肠段，作肠管吻合术；术后禁食 24 h，再喂以易消化的流质食物；对脱水的病例要充分补液，有休克症状的要使用皮质激素。对后期病例，手术往往会促成死亡。

二十、急性盲、结肠炎

（一）诊断要点

1. 多数病例与应激，或抗生素类药物引起肠道内菌群失调有关。

2. 初期表现精神沉郁，食欲废绝，体温升高至 39～40 ℃（甚至以上），齿龈微血管再充盈时间延长，呈进展急速的休克状态。小肠音沉衰，大肠音活泼呈流水样金属音响，腹围下方膨大，重剧腹泻，粪便粥样稀软或水样，恶臭或腥臭，并夹杂有未消化的饲料或混有血液、脓汁。有的动物不腹泻，或排粪迟滞而腹胀。

3. 实验室检查，血液浓缩，白细胞减少，中性粒细胞比例下降，血液中乳酸含量显著增高，CO_2CP 降低，中心静脉压降低。尿液呈酸性。

（二）治疗

1. 控制感染可用庆大霉素每千克体重 1～1.5 mg 或氟甲砜霉素每千克体重 3～5 mg 肌内注射，2 次/d；同时可内服链霉素 3 g，2 次/d；配合应用氢化可的松或地塞米松。

2. 根据脱水、酸中毒及休克的情况，静脉补给葡萄糖、生理盐水、5％碳酸氢钠，2～3 次/d，并加输低分子右旋糖酐 1 000～2 000 mL，连用 2 d；同时用 2.5％盐酸氯丙嗪 10～20 mL肌内注射或 1％多巴胺 10～20 mL 静脉注射，或 0.5％硫酸异丙肾上腺素 2～4 mL 静脉滴注，以扩充血管。

3. 饲喂以易消化日粮，避免应激并正确使用各种抗生素。

二十一、幼畜消化不良

（一）诊断要点

1. 单纯性消化不良时，体温正常，但精神不振，喜卧，腹泻。犊牛先是粥样暗绿色粪便，后变水样、黄色或深黄色；10 日龄以内的仔猪先是黄色黏稠稀粪，后变黄色水样稀粪，10～30 日龄的先是灰色黏性或水样粪便，后变为灰色或灰黄色条状粪便到治愈；羔羊粪便多是灰绿色混有气泡或白色小凝块。此外，粪便有酸败气味，混有凝乳块，肠音高朗；脱水时，则皮肤干燥，失去弹性，眼球凹陷，站立不稳，全身战栗。

2. 中毒性消化不良时，严重腹泻，频排水样粪便，内含大量黏液和血液，有腐败恶臭气味。食欲废绝，精神沉郁，目光无神。全身虚弱无力躺卧于地，犊牛、羔羊头向后仰，仔猪钻入垫草，对刺激无反应，有时全身震颤或痉挛发作。腹泻久时，则肛门松弛，排粪失禁，皮肤弹性下降，眼球凹陷，呼吸浅表，脉快而弱。后期体温突然下降，末梢感凉，昏迷死亡。

3. 应与有关传染病引起的腹泻病进行区别。

(二) 治疗

1. 选用磺胺类、抗生素类或呋喃类药物消除肠道感染，尤其是对中毒性消化不良。氟甲砜霉素 0.5 g、药用炭 3 g、次硝酸铋 3 g、鱼肝油 10 mL，混合给犊、驹 1 次内服，或用土霉素 1 g、硅碳银 3 g、次碳酸铋 3 g、鱼肝油 10 mL，混合给犊、驹 1 次内服，或用磺胺脒 2 g（或黄连素 0.2 g）、硅碳银 3 g、次没食子铋 3 g、鱼肝油 10 mL，混合给犊、驹 1 次内服。根据病情口服，2 次/d。如用于羔羊、仔猪、幼犬猫，各药剂量应酌减。

2. 防止或消除脱水

（1）犊、驹用 50% 葡萄糖 60 mL、0.9% 氯化钠 200 mL、5% 碳酸氢钠 80 mL，混合静脉滴入，2 次/d；或用蒸馏水 1 000 mL、氯化钠 8.5 g、氯化钾 0.2～0.3 g、氯化钙 0.2～0.3 g、氯化镁 0.2～0.25 g、碳酸氢钠 1 g、葡萄糖 10～20 g、安钠咖 0.2 g、青霉素 800 万 IU，混合、溶解、灭菌、静脉滴入，首次剂量为 1 000 mL，维持剂量为 500 mL，2～4 次/d。

（2）羔羊、仔猪用等渗糖盐水 100 mL、黄连素 10 mg，混合后腹腔注入。

（3）犬猫可用等渗糖盐水适量灌肠，可同时加入抗生素。此外，可口服多酶合剂等促消化药。

3. 病初停乳 8～10 h，喂饮口服补液盐，而后给予稀释乳或人工初乳（鱼肝油、氯化钠、鲜鸡蛋、鲜温牛乳，适量混合均匀），同时可配合促消化药如胃蛋白酶、胰蛋白酶、乳酶、复合维生素 B、维生素 C 等。

二十二、犬肛门腺囊肿

(一) 诊断要点

1. 肛门腺的分泌物呈灰色或褐色油脂状，被细菌分解后产生大量的吲哚及粪臭素而呈恶臭。当腺体的排泄管道被堵塞或犬为脂溢性体质时，腺体分泌物发生贮积，即可发生本病。

2. 病犬肛门腺体肿胀，由于局部发痒而常用尾巴擦肛，并试图舌舔和啃咬肛门，排粪困难，拒绝抚拍臀部，走近犬体有腥臭味。当排泄管长期阻塞时，腺体膨胀，向肛门周围隆起，触之有弹性，走路时两后肢向外不自然摆动；严重时，肛门腺化脓、破溃，流出大量黄色稀薄分泌液，有些进一步发展成瘘管。通过直肠探诊可确诊。

3. 病犬由于肛门区发痒，反复摩擦臀部，或者由于持续腹泻，粪便污染肛门周围，可导致肛门周围皮肤发炎，表现皮肤红肿，污秽不洁，病犬神情不安、疼痛和瘙痒难受，频频回视臀部,在墙角或硬物体上不断摩擦臀部,以致擦破皮肤,有渗出液,使局部症状加剧。

(二)治疗

1. 单纯肛门腺排泄管阻塞时,可进行局部治疗,用手指挤出囊内容物,再涂以消炎软膏。当症状较重有脓肿时,在局部处理后,配合全身抗生素治疗。若肛门腺已破溃或形成瘘管时,应手术切除,手术时注意不要损伤肛门括约肌和提举肌,术后 4 d 内喂流汁,减少排便。

2. 并发肛门周围炎时,首先用生理盐水洗净肛门周围,3%过氧化氢或 0.1%雷佛奴耳擦洗,用泼尼松龙喷雾剂喷洒,涂以醋酸可的松或抗生素软膏。

二十三、腹膜炎

(一)诊断要点

1. 初期表现背腰拱起,四肢集于腹下,不愿运动或运动时迈步谨慎,甚至想卧又不敢卧,卧下后又随即站立,不断回顾腹部。腹围蜷缩,随渗出液增多腹围膨大,有时可导致呼吸障碍。神情痛苦,呻吟,体温升高。

2. 急性弥漫性腹膜炎体温可达 40 ℃ 以上,全身症状加剧,呼吸浅表,多显示胸式呼吸;局限性腹膜炎时,全身症状轻微,腹肌紧张,局部腹痛。肠音初期强盛,后期减弱或停止,排粪迟滞或不排粪,进而引起肠臌气。小动物及猪通常还有反射性呕吐。

3. 腹腔穿刺有大量浑浊渗出液流出,直肠检查,腹壁粗糙、敏感。

4. 应与创伤性胃炎、胃肠炎、肠便秘、胸膜炎、肺炎及其他创伤性疾病相区别。

(二)治疗

1. 抗菌消炎 庆大霉素每千克体重 1~1.5 mg,肌内注射,3 次/d,或青霉素、链霉素肌内注射,2 次/d,或 10%磺胺噻唑钠,静脉注射,2 次/d。

2. 制止渗出并促进渗出物的吸收和排出 10%氯化钙或 5%葡萄糖酸钙,配以利尿剂,静脉注射,1 次/d;同时适量补液、补碱、纠正酸中毒,并注意补钾。

3. 防止败血症 静脉注射樟脑酒精注射液或撒乌安注射液,1~2 次/d,为减轻疼痛,可肌内注射安乃近或氯丙嗪等。

二十四、急性实质性肝炎

(一)诊断要点

1. 长期饲喂霉败饲料或采食有毒植物,某些农药或重金属中毒等,侵害肝脏而引发。某些传染病(如传染性胸膜肺炎、出血性败血症、马传染性贫血、钩端螺旋体病等)及某些寄生虫病(如肝片吸虫病、锥虫病等)也可引起。

2. 病初消化不良,黄疸,腹痛,初便秘后下痢,或便秘与下痢交替出现;肝脏叩诊浊音区扩大,触诊有痛感;后躯无力,步态蹒跚。后期严重者发生自体中毒,往往极度兴奋,共济失调,抽搐或痉挛。转为慢性时,长期消化机能紊乱,异嗜,消瘦,颌下、腹下及四肢下端浮肿。如继发肝硬变,则呈肝脾综合征,发生腹水。

3. 实验室检验,血清胆红素增加,重氮试剂定性试验呈双相反应,转氨酶活性、麝香草酚浊度及硫酸锌浊度试验均升高;红细胞脆性增加,凝血酶原降低,血凝时间延长,尿色发暗，有时如油状，病初尿胆素含量增多，尿中含有蛋白质、肾上皮细胞及管型。

4. 应注意与急性胃肠卡他、急性肝营养不良、肝硬变相鉴别。

（二）治疗

1. 改善管理，给予富含糖类和维生素等易消化饲料，并保持畜舍安静，让患畜充分饮食和休息。

2. 保肝利胆，用25％葡萄糖，马、牛等大动物500～1 000 mL，犬、羊等中小动物50～100 mL，静脉注射，2次/d，连用3～7 d，或用5％葡萄糖，大动物2 000～4 000 mL，小动物200～500 mL，静脉注射。同时应用5％维生素C，大动物30 mL，小动物5 mL；5％维生素B$_1$，大动物10 mL，小动物2 mL；配以2％葡醛内酯，大动物50～100 mL，小动物10～20 mL。珍贵动物可皮下注射胰岛素。

3. 增强肝脏解毒功能，用2％蛋氨酸，大动物20～40 mL，小动物2～4 mL，肌内注射，1～2次/d，或使用肌醇、维丙氨等。有出血性素质时，可注射维生素K等止血剂。

4. 对症治疗，用肾上腺皮质激素制剂可抑制短期炎症；脑内压升高可用甘露醇；清肠制酵，可用硫酸镁（钠）；同时进行强心、补液、解毒、驱虫、利尿等措施。

5. 中药可用茵陈汤或四逆汤等。

二十五、肝营养不良

（一）诊断要点

1. 原发性肝营养不良主要是由于动物长期饲以霉败饲料或误食有毒植物直接损害了肝脏；或有毒化学药物中毒使肝脏发生直接中毒损伤而引起。

2. 继发性肝营养不良多见于某些传染病、寄生虫病、妊娠毒血症、牛产后血红蛋白尿等经过中，或过食碳水化合物、缺乏维生素E及硒等各种内科疾病等经过中。

3. 患畜精神沉郁或兴奋，有毒植物中毒引起的全身症状急剧，体温升高至40 ℃以上。妊娠动物在怀孕后期，突然食欲废绝，转圈或卧地不起，瞳孔散大，昏迷。动物常表现为先便秘后下痢，排黑色粪便，尿少呈油状，可视黏膜黄染，水肿。

4. 实验室检查，肝功能试验阳性。

5. 病理剖检可见肝脏初期肿大，后期萎缩。

（二）治疗

1. 立即停喂霉败饲料，并保证不在有毒植物区放牧；同时加强对患畜的护理，增加营养并保证安静的环境和充分的休息。

2. 静脉输注氨基酸混合物（尤其是含有甲硫氨酸的药剂）、葡萄糖、生理盐水、强心剂、维生素C等，维护和增强肝脏解毒功能。也可配合肌内注射肌醇、维丙氨等。

二十六、慢性肝炎

（一）诊断要点

1. 可能与铜在肝组织中大量积聚，引起肝细胞通透性改变有关。多发生于犬，尤其是6～7岁的成年雌犬。

2. 临床表现食欲废绝，时而呕吐，体重减轻，腹水。烦渴喜饮、多尿。可视黏膜黄染。皮肤及可视黏膜出现淤血块或出血点，鼻出血，粪便黑色夹杂血液。

3. 肝脏活组织检查可见肝细胞变性，肝组织坏死或纤维化，细胞内胆色素淤积及其小管内胆汁淤滞。肝组织内铜浓度明显升高，可达肝组织的 0.14% ～ 0.17% （正常为 0.02%）。

（二）治疗

1. 口服氨基糖苷类药物，静脉注射葡萄糖及维生素 C，皮下注射维生素 K 注射液（每千克体重 1 mg，每 8 h 一次），给予 O-青霉胺（每千克体重 10～15 mg，2 次/d）。

2. 用抗生素消炎并配用可的松类药物。

3. 饲喂低蛋白饲料。

二十七、急性胰腺炎

（一）诊断要点

1. 多发于中年肥胖犬、猫。饲喂高脂肪食物，患高脂血症、甲状腺功能减退、糖尿病、胆管疾病、中毒病、某些传染病以及十二指肠液或胆汁返流胰管等可引起。

2. 水肿型胰腺炎主要表现为食欲不振，呕吐和腹泻，进食后腹部疼痛，犬常以双前肘部和胸骨支于地面而后躯抬高呈"祈祷姿势"。早期治疗效果尚好。

3. 出血、坏死性胰腺炎表现为剧烈腹泻至血性腹泻，腹壁紧张，腹部压痛，饮水、进食后立即发生呕吐。严重者昏睡，血压、体温降低，黏膜干燥，直至意识丧失、痉挛而发生休克。

4. X 线检查可见右上腹部密度增加。血清淀粉酶和脂肪酶比正常值增高 2 倍，尿淀粉酶增高，腹水中含有淀粉酶具有诊断意义。白细胞剧烈增高，中性白细胞占多数，淋巴细胞减少。

（二）治疗

1. 抑制胰腺分泌可禁食、禁饮 4 d，直至症状消失，血清淀粉酶和酯酶活性接近正常。同时可口服甲氰咪胍，犬每千克体重 10 mg、猫每千克体重 2.5 mg，2 次/d；或静脉注射高血糖素，每千克体重 0.3 mg，或胰岛素每千克体重 0.5 μg；或口服西胺太林，犬每千克体重 0.5～1 mg，3 次/d，猫 7.5 mg/只，1 次/3 d。

2. 消炎止痛可肌内注射或皮下注射度冷丁（每千克体重 10 mg），肌内注射普鲁卡因青霉素（每千克体重 4×10^4 IU，1 次/d）及链霉素（每千克体重 10 mg，2 次/d）。

3. 防止休克、维持水盐代谢可静脉注射葡萄糖溶液和生理盐水，剂量按每千克体重 20～60 mL，第 1 小时按每千克体重 40～90 mL，以后每小时每千克体重 2～10 mL，连用 24 h。控制酸中毒可加用 5% 碳酸氢钠。

二十八、慢性胰腺炎

（一）诊断要点

1. 一般认为是由急性局限性胰腺炎发展而来，或胆道、幽门、十二指肠感染及胰管狭窄等所致。

2. 本病病程中，胰腺出现脂肪变性、水肿和钙化，最后整个胰腺为纤维组织取代。犬表现腹部紧张、疼痛、呕吐、腹泻，发病间隙则几乎无临床症状。猫多见于公猫，表现厌食、恶病质，精神沉郁，烦渴喜饮，但无疼痛症状，有时伴发间质性肾炎和胆管炎。

3. 粪检发现脂肪颗粒和肌纤维等可以确诊。

（二）治疗

犬治疗方案同急性胰腺炎，也可用胰酶制剂拌料，连日喂服，同时补充多种维生素和钙剂，并喂以低脂肪、易消化的食物，少量多餐。猫目前尚无有效治疗方法。

二十九、腹水

（一）诊断要点

1. 淤血性腹水见于心脏瓣膜病、心包炎、犬心丝虫病、肝硬变、肺气肿等；稀血样腹水见于捻转血矛线虫病、肝片吸虫病、锥虫病、马传染性贫血等；心肾机能不全腹水见于心力衰竭、慢性间质性肾炎、肾病、门静脉或淋巴管肿瘤等。

2. 临床表现四肢下部水肿，腹部向下、向两侧对称性膨胀，腹胁窝下陷，当动物低头或提举后肢时，前腹部臌起最明显。犬腹水极度充满时，腹部呈桶状，呼吸困难。冲击触诊腹部不敏感，可听见击水声。

3. 腹腔穿刺可放出大量淡黄色、淡红色或绿黄色，透明或稍浑浊的漏出液，有少量上皮细胞、红细胞和白细胞，李瓦特氏反应阴性。

（二）治疗

1. 针对病因，积极治疗原发病。

2. 制止漏出，可静脉缓慢注射10％氯化钙或水解蛋白液，并配合25％葡萄糖、强心剂（洋地黄、咖啡因）、复合维生素B、维生素C等。

2. 利尿剂可选用利尿素、双氢克尿噻等；同时可配合使用泻剂以利于渗出液排出。为防止低血钾，可静脉注射10％氯化钾。

3. 腹腔穿刺排出腹水，以缓解呼吸急剧困难的情况，但一次放液量不可过大，一般不超过每千克体重40 mL，以防引起虚脱。

4. 饲喂高蛋白、低钠的食物，限制饮水。

第二节　呼吸器官疾病

一、鼻出血

（一）诊断要点

1. 原发性鼻出血常由外伤、异物、寄生虫、溃疡、肿瘤、具有出血性素质的全身性疾病所引起。

2. 单侧或双侧鼻孔流出鲜红色血液，不含气泡或仅有少量较大的气泡为特征。严重时，可视黏膜苍白，甚至休克。

3. 应与肺出血、胃出血及吐血相区别。

（二）治疗

小出血无需特别治疗，可使动物安静休息，并在额、鼻梁上冷敷，如出血不止，在此基础上向鼻腔滴入1∶50 000盐酸肾上腺素或用浸渍有止血药的纱布条填塞鼻孔，肌内注射止血敏、安络血，静脉注射10％氯化钙；小剂量全血输血疗法均可酌情选用。对维生素C和维生素K缺乏症，则应及时补给维生素C和维生素K。

二、鼻炎

（一）诊断要点

1. 急性原发性鼻炎，鼻黏膜充血、潮红、肿胀，敏感性增高，打喷嚏或摇头，向他物擦鼻，吸气性呼吸困难并可听到鼻塞音或喘鸣音，下颌淋巴结肿胀。鼻液初为浆液性，后为黏液性、黏液脓性，有时混有血液。有的体温升高。

2. 继发性或慢性鼻炎，病程长，临床表现时轻时重。犬发生慢性鼻炎可引起窒息或脑病，猫发生慢性化脓性鼻炎可引起鼻骨肿胀、鼻梁皮肤增厚而呈现丑陋态。

3. 注意与鼻疽、马腺疫及副鼻窦炎等鉴别。

（二）治疗

1. 置动物于温暖、通风良好的圈舍，轻度卡他性鼻炎可不治而愈。

2. 重症有大量鼻液时，用温生理盐水、1％碳酸氢钠、2％～3％硼酸、1％磺胺、1％明矾、0.1％鞣酸或高锰酸钾冲洗鼻腔，1～2次/d，冲洗后涂以青霉素或磺胺软膏，也可注入青霉素溶液。

3. 鼻腔充血肿胀严重时，用可卡因 0.1 g、0.1％肾上腺素 1 mL、蒸馏水 20 mL 混合滴鼻，2～3次/d；鼻液过多时，可用1％克辽林或2％松节油或速尿雾化蒸汽吸入，2～3次/d，15～20 mL/次；也可将青霉素溶于生理盐水中雾化吸入。

4. 对变应性鼻炎动物，用抗组胺疗法，如扑尔敏、苯海拉明等。

5. 有全身症状时，可用抗生素等治疗。

三、感冒

（一）诊断要点

1. 突然受到寒冷侵袭、过度劳累、雨淋等均可引起。某些呈高度接触传染性和明显由空气传播的感冒则可能是病毒引起的流行性感冒。

2. 多数病例体温升高，精神不振，食欲减少；初流浆液性鼻液，后变为黄色黏稠状，鼻黏膜肿胀显著；羞明流泪，可视黏膜潮红、肿胀；脉搏、呼吸增数，咳嗽，胸部听诊肺泡音增强；皮温不匀，四肢末端和耳尖发凉。

（二）治疗

1. 解热镇痛可内服阿司匹林，犬 0.2～2 g，猪、羊及犊牛 2～5 g，马、牛 10～25 g；或肌内注射30％安乃近或安痛定，马、牛 20～40 mL，猪、羊及犊牛 5～10 mL，犬、猫减量，1 次/d；或复方氨基比林，马、牛 20～30 mL，猪、羊 3～10 mL，兔 2 mL，犬、猫 0.5 mL；或肌内注射柴胡注射液。

2. 全身应用抗生素或磺胺类药物，如青霉素、链霉素、庆大霉素等。

3. 止咳祛痰可用氯化铵 15～20 g、远志酊 30～40 mL、复方甘草合剂 50～100 mL，加水内服。猪、羊可用 1/15 量，犬、猫、禽、兔用其 1/25 量。此外，可用2％～3％硼酸或0.1％高锰酸钾溶液洗擦鼻孔，同时用1％黄连素滴鼻。

4. 食欲不振时可使用人工盐、复方龙胆酊等加水内服；增进食欲可用复合维生素 B 或维生素 B_1 注射液。

5. 红枣煮熟浸泡于板蓝根冲剂中治疗猴感冒有效；一枝黄、紫花地丁各 15 g，金银花

15 g，切碎，煎汁，对兔感冒有效。

四、副鼻窦蓄脓

（一）诊断要点

1. 多见于马，有时见于牛，其他动物少见。

2. 一般单侧鼻孔流出脓样鼻液，带有恶臭，当低头、咳嗽以及打喷嚏时，流出量显著增加。严重时，呼吸困难，有鼻塞音，额骨或颌骨隆起，叩诊呈浊音。常见有结膜炎、颌下或咽背淋巴结肿胀、发炎。

3. 应与鼻炎、咽喉炎、喉囊炎、马腺疫等相区别。

（二）治疗

1. 柱栏内站立保定，头部低位，确定患部后进行圆锯术。病初数日应用 0.1% 高锰酸钾或雷佛奴耳、青霉素生理盐水充分洗涤窦腔，1～2 次/d，尽量排除洗液，可用灭菌纱布作引流，皮肤一般不缝合或假缝合，外施以绷带，或洗涤后充填灭菌纱布，防止创口愈合。

2. 根据病情，全身应用抗生素或磺胺制剂等。

五、喉炎

（一）诊断要点

1. 剧烈、疼痛性咳嗽是本病的特征，初为干、短、剧痛的咳嗽，后变为湿、长而痛感稍缓和的咳嗽，饮冷水、食干草以及冷空气吸入时，咳嗽加重；触诊喉部敏感，咳嗽加剧；头颈伸直，有轻度吞咽障碍，呼吸有呼噜音或喉狭窄音；一般体温升高。

2. 慢性喉炎时，动物长期出现弱钝咳，特别是早晚时触诊喉部稍显敏感，当喉部结缔组织增生，黏膜显著肥厚，喉腔狭窄时，则出现持续性吸气性呼吸困难。

3. 注意与咽炎、喉水肿等病相区别。

（二）治疗

1. 查明并清除病因，保持环境温暖、清洁、通风，尽量减少头部活动，给予柔软或流质食物。

2. 缓解疼痛、减轻咳嗽和炎症反应，可用 0.25% 普鲁卡因 20～30 mL、青霉素 4×10^5～10×10^5 IU 混合进行喉头周围封闭，2 次/d，中小动物用量酌减。必要时全身应用抗生素或磺胺类药。

3. 分泌物少而黏稠时，可用 2% 松节油或克辽林、1%～2% 碳酸氢钠等进行雾化蒸汽吸入，2～3 次/d，15 mL/次，喉部涂抹碘甘油；分泌物过多则可用 1%～2% 明矾或鞣酸、速尿进行蒸汽吸入。

4. 频发干痛咳嗽时，可用一溴樟脑 4～8 g、普鲁卡因粉 2～4 g、氟甲砜霉素粉 4～6 g、甘草末 30 g、远志末 30 g，混合后内服，大动物 2 次/d，中小动物用量酌减。

5. 犬、猫有干咳者，可用磷酸可待因，犬每千克体重 1～2 mg 皮下注射，3～4 次/d，猫按每千克体重 0.25～0.4 mg 口服；有湿咳者，可用氯化铵、川贝止咳糖浆、复方甘草片等口服，或内服羧甲基半胱氨酸进行化痰，犬 0.1～0.2 g，猫 0.05～0.1 g，3 次/d。

6. 喉部严重阻塞者，可视其需要施行气管切开术。

六、支气管炎

（一）诊断要点

1. 急性支气管炎

（1）前期主要表现急性支气管炎症状，动物有干短而痛的咳嗽，后则变为深而长的咳嗽，疼痛减轻或无痛。鼻液由浆液性变为黏液性、脓性，咳嗽后鼻液增多。听诊肺泡呼吸音增强或有断续性呼吸音以及干、湿性啰音（多为大中水泡音）。动物一般体温正常或稍有升高。

（2）中期可引起细支气管炎，全身症状有所加剧，呼吸急促，有时呈呼气性呼吸困难。结膜发绀，有弱痛咳嗽，但极少有痰液咳出。听诊肺泡呼吸音增强，可听到干、湿性啰音（小水泡音）。

（3）后期可引起腐败性支气管炎，全身症状加剧，呼出气体有腐败性恶臭，两侧鼻孔有污秽不洁或带腐败臭味的鼻液流出。

（4）X线检查肺部有较粗纹理的支气管阴影。

（5）应与肺充血、肺水肿、肺炎或支气管肺炎相区别。

2. 慢性支气管炎

（1）长期顽固性无痛干咳，尤其在运动、采食、夜间和早晚气温较低时；鼻液少而黏稠，病情时轻时重；胸部听诊，长期有啰音；并发肺气肿时，叩诊肺界后移并呈过清音，表现呼吸困难；全身症状不明显。

（2）X线检查肺部支气管阴影增重而延长，发生支气管周围炎时，肺纹理增多、增粗，阴影变浓。

（3）应与伴发慢性支气管炎的鼻疽、结核病相区别。

（二）治疗

1. 祛痰止咳

（1）痰液黏稠而不易咳出时，可内服氯化铵，马、牛 10～20 g，猪、羊 1～5 g，犬 0.2～1 g，1 次/d，或内服远志酊，马、牛 10～20 g，猪、羊 1～5 g，1～2 次/d，或以 10%～20%痰易净溶液喷雾于咽喉部或 5%溶液气管内滴注，马、牛 3～5 mL，猪、羊 2～4 mL，2～3 次/d，其他还可用桔梗制剂，如桔梗根粉、桔梗酊、桔梗流浸膏等。

（2）频发痛咳而分泌物不多时，可用镇痛止咳剂，如复方樟脑酊，马、牛 30～50 mL，猪、羊 5～10 mL，内服，2～3 次/d，或内服咳必清，马、牛 0.5～1 g，猪、羊 0.05～0.1 g，2～3 次/d，或内服磷酸可待因，马、牛 0.2～2 g，猪、羊 0.05～0.1 g，犬、猫酌减，1～2 次/d，或水合氯醛，马、牛 8～10 g，常水 500 mL，加入淀粉浆适量内服，1 次/d。

（3）犬、猫等动物痛咳不止时，可用盐酸吗啡 0.1 g，杏仁水 10 mL，茴香水 300 mL 混合后内服，2～3 次/d，1 食匙/次。或内服复方甘草片。

2. 消炎抑菌、促进炎性渗出物排除，可用松节油、克辽林、薄荷脑、麝香草酚等行雾化蒸气吸入；抑制细菌生长，促进炎症消散，可将抗生素溶于 1%普鲁卡因中，缓慢注入气管内，1 次/d，连用 3～6 次；同时应用磺胺类药或抗生素进行全身疗法，还可配合糖皮质激素，提高消炎效果。

3. 缓解呼吸困难可肌内注射氨茶碱，马、牛 1～2 g，猪、羊 0.25～0.5 g，犬 0.05～

0.1 g，2 次/d，或皮下注射 5％麻黄素，马、牛 4～10 mL/次。

4. 抗过敏，第 1 天，一溴樟脑粉 4 g（可用樟脑粉 3～4 g 代替），普鲁卡因 2 g，甘草、远志末各 20 g，制成丸剂，早晚各 1 剂；第 2 天，一溴樟脑粉增至 6 g，普鲁卡因 3 g；第 3～4 天，一溴樟脑粉增至 8 g，普鲁卡因 4 g，加氟甲砜霉素粉 6 g，或盐酸异丙嗪，马、牛 0.25～0.5 g，猪、羊 25～50 mg；为制止渗出和促进炎性产物吸收，可适量静脉注射氯化钙。

5. 保持环境安静、温暖，给予柔软易消化的饲料，增加适量的户外运动。

七、肺充血和肺水肿

（一）诊断要点

1. 肺充血和肺水肿是同一病理过程的两个不同阶段。持续的肺充血可发展为肺水肿。

2. 常有炎热天过度运动、运输过挤、吸入热空气或刺激性气体、采食再生草等病史。

3. 共同症状是呈现高度混合性呼吸困难，黏膜发绀，静脉怒张，惊恐不安，呼吸数剧增。

4. 肺充血多在剧烈运动或使役中突然发生，无鼻液，听诊肺泡呼吸音增强，叩诊呈过清音，脉搏增数。在主动性肺充血时，脉搏有力心音增强；被动性肺充血时，脉搏细弱、心音也弱，体温一般无变化。

5. 肺水肿时，两鼻孔流出大量浅黄色或白色的细小泡沫样鼻液，胸部听诊有广泛的湿啰音和捻发音，胸部叩诊，于前下三角区呈明显的浊音。

6. X 线检查，肺视野的阴影加深，肺门血管的纹理明显。

7. 注意与中暑、急性弥散性细支气管炎、急性心力衰竭相鉴别。

（二）治疗

1. 保持环境阴凉、安静、通风，并立即采取有关的治疗措施。

2. 对呼吸严重困难的患病动物，应立即静脉放血，实施急救，大动物放血可达 1 000～1 500 mL，中小动物 100～500 mL。对被动性肺充血和肺水肿，可进行吸氧或皮下注射氧气。对犬、猫等，可静脉滴注小剂量硫酸吗啡（每千克体重 0.1 mg），以缓解呼吸困难和由此引起的不安等症状。

3. 初期静脉注射 10％氯化钙或葡萄糖酸钙，制止渗出；或静脉注射血浆、全血、右旋糖酐等，提高血液的胶体渗透压，预防肺水肿并使肺水肿局限化。后期可配合使用利尿剂，以减小毛细血管压。

4. 为扩张支气管和消除其中的泡沫，可用 40％乙醇或二甲基硅油雾化吸入；或使用氨茶碱（每千克体重 6～8 mg）等。

5. 过敏反应引起的肺水肿可将抗组胺药物、皮质激素、肾上腺素配合使用。

6. 对症治疗，如给予强心、镇静、抗生素等。

八、肺泡气肿

（一）诊断要点

1. 急性肺泡气肿常在劳役、奔跑、挣扎等情况下突然发病；表现呼吸困难但不表现咳嗽，肺部叩诊界向后扩大，并发过清音，听诊时肺泡音减弱或消失，心搏动减弱。X 线检查肺野透明，膈肌后移，且活动性减弱。

2. 慢性肺泡气肿表现持久性呼气困难，尤其在运动后加重，常呈现二段呼气，在呼气末期沿肋骨弓出现息劳沟（喘线），肺部叩诊界显著后移，发过清音，心浊音区缩小或消失，听诊肺泡音减弱或消失，心音减弱。X 线检查肺野整个肺区异常透明，支气管影像模糊，膈肌向后移位。

（二）治疗

1. 急性肺泡气肿的治疗要点是除去病因和缓解呼吸困难。缓解呼吸困难可用 1％硫酸阿托品、2％氨茶碱或用 0.5％异丙肾上腺素雾化吸入，1～4 mL/次，或用 1％硫酸阿托品，大动物 1～3 mL，小动物 0.2～0.3 mL 皮下注射。并发支气管炎的，全身使用抗生素或磺胺类药。出现窒息危象的，则实施氧气疗法。祛痰可用氟甲砜霉素 1～3 g、地塞米松 30～40 mg、1％氨茶碱 20 mL、碘化钠 3～7 g、5％葡萄糖 1 000～2 000 mL，大动物一次静脉注射，中小动物用量酌减。

2. 慢性肺泡气肿无根治方法，一经确诊，立即淘汰。

九、支气管肺炎（小叶性肺炎或卡他性肺炎）

（一）诊断要点

1. 常有因受寒感冒而发生支气管炎的病史。

2. 病初呈现支气管炎的症状，混合性呼吸困难，体温可达 40 ℃以上，弛张热型，但体质衰弱的病例，体温无明显变化。胸部听诊，病灶部位初期肺泡音减弱、捻发音，后期呈干啰音或湿啰音；肺小叶炎灶互相融合后，则肺泡音消失而出现支气管呼吸音；健康部肺泡音增强。胸部叩诊，病灶浅表时，可出现岛屿状浊音区，多位于肺的前下三角区内；病灶深在时则可能无变化，或出现鼓音；炎灶互相融合则可出现大面积浊音区；一侧肺脏发炎，对侧叩诊音高朗。

3. 实验室检查，白细胞总数和嗜中性粒细胞增多，核型左移；单核细胞增多，嗜酸性粒细胞缺乏。尿液常呈酸性，尿中含蛋白质。

4. X 线检查肺纹理增重，散在的炎性病灶呈大小不等的阴影，似云雾状，或扩散融成一片。

5. 应与细支气管炎、大叶性肺炎等疾病相区别。

（二）治疗

1. 排除致病原因，积极治疗各种原发病。

2. 应用抗生素和磺胺类药物，一般青霉素与链霉素联合应用效果好。也可用新霉素、卡那霉素、氟甲砜霉素、庆大霉素、土霉素等（最好根据痰、鼻分泌物、黏液、胸腔渗出物等的药敏试验，选择合适的抗生素）。如病情顽固，可向气管内注射青霉素或链霉素。

3. 当频发咳嗽、分泌物黏稠，咳出困难时，选用溶解性祛痰剂；频发痛咳，分泌物不多时，可用镇痛止咳剂（详见喉炎、支气管炎治疗）。

4. 制止渗出和促进炎性渗出物的吸收，可静脉注射 10％氯化钙或葡萄糖酸钙。

5. 对症处置详见肺充血和肺水肿的治疗。

十、纤维素性肺炎（大叶性肺炎）

（一）诊断要点

1. 动物传染性纤维素性肺炎主要是由肺炎双球菌引起；非传染性纤维素性肺炎是一种

变态反应性疾病。感冒、过劳、吸入刺激性气体、胸部外伤、饲养管理不当等可诱发。

2. 典型病例的发展过程有明显的阶段性，即充血水肿期、红色肝变期、灰色肝变期和溶解吸收期。

3. 起病突然，体温 40～41 ℃以上，并稽留 6～9 d，以后渐退或骤退至常温。患病动物精神沉郁，食欲减退或废绝，但是脉搏加快不明显。呼吸促迫，呈混合性呼吸困难。黏膜发绀、黄染，皮温不整，肌肉震颤。患病动物频发短痛咳，溶解期变为湿咳。肝变初期，流铁锈色或黄、红色鼻液。

4. 胸部叩诊随病程而显现规律性改变。充血渗出期呈鼓音或浊鼓音；肝变期变为大片浊音区，持续 3～5 d；溶解期重新变为鼓音或浊鼓音。肺脏健侧或健区叩诊音高朗。继发肺气肿时，边缘呈过清音，肺界向后下方扩大。

5. 肺部听诊可发现与叩诊规律性改变相应的病理呼吸音。充血渗出期相继出现肺泡呼吸音增强、干啰音、捻发音、肺泡音减弱和湿啰音。肝变期，肺泡音消失，代之以支气管呼吸音；溶解期，支气管呼吸音消失，再次出现啰音、捻发音。

6. 血液学变化，通常白细胞增多，中性粒细胞增多，核型左移，淋巴细胞减少，嗜酸性粒细胞和单核细胞减少。严重病例，白细胞减少。

7. X 线检查，病变部呈现明显而广泛的阴影。

（二）治疗

1. 病初静脉滴注糖皮质激素，并配合使用抗生素或磺胺类药物。或用青霉素 200 万～500 万 IU、醋酸可的松 0.5～0.6 g、2%的普鲁卡因 40～50 mL、生理盐水 100 mL，混合两侧胸腔交替注射，1 次/d，连用 2～3 d（大动物，中小动物酌减）。

2. 制止渗出、促进渗出物吸收，可静脉注射 10%氯化钙或葡萄糖酸钙，以及静脉注射或口服利尿剂。

3. 心力衰竭时，可选用安钠咖等强心剂；防止自体中毒可静脉注射樟脑酒精或撒乌安；呼吸高度困难时，可用氨茶碱或行氧气吸入。

十一、肺坏疽

（一）诊断要点

1. 原发性坏肺疽病例有吸入、误咽或误投入呼吸道异物的病史。

2. 继发性坏疽主要见于大叶性肺炎和化脓性肺炎的经过中，以及巴氏杆菌病、结核病等。

3. 初期，动物呼出气带有腐败性恶臭气味；后期咳嗽或低头时，两侧鼻孔可流出有奇臭的污秽的鼻液，呈灰褐色或暗绿色；体温升高呈弛张热型，呼吸浅表急促，痛性湿咳，伴有寒战和出汗，结膜发绀。重症引起贫血。

4. 将鼻液加 10%氢氧化钾煮沸，离心沉淀后取沉淀物，光镜下可观察到肺组织溶解的弹力纤维。

5. 肺被侵害的面积较大时，胸部叩诊呈半浊音或浊音；肺部已成空洞，叩诊则呈鼓音；空洞周围包有致密组织，洞内充满空气，叩诊呈金属音；空洞与支气管相通则呈破壶音。听诊，初期有支气管呼吸音和水泡音，有时伴有沸腾样杂音或拍水音，或呈现空瓮性呼吸音。

6. 血液检查，白细胞总数显著增多，血沉加快，红细胞减少，血红蛋白降低，严重病例，白细胞数目约为红细胞数目的二倍还多。

7. X线检查，呈局限性阴影，当肺空洞内含脓汁、空气和组织分解产物时，阴影呈圆形。

8. 应与腐败性支气管炎等疾病相区别。

（二）治疗

1. 排除异物，患病动物取前低后高体位，尽量低头，同时皮下注射2%毛果芸香碱，马、牛0.03～0.3 g，羊、猪5～50 mg，犬3～20 mg，并反复注射兴奋呼吸中枢的药物樟脑磺酸钠或氧化樟脑10～20 mL（马、牛），皮下或静脉注射，每4～6 h 1次。严重阻滞，异物不能排出时，可行气管低位切开术。

2. 制止肺组织腐败分解，可全身使用大剂量抗生素或磺胺类药物。

3. 防止自体中毒引起败血症，可静脉注射樟酒糖液（含0.4%樟脑，6%葡萄糖，30%酒精，0.7%氯化钠），马、牛200～250 mL/次，1次/d，连用2～3 d，或静脉注射撒乌安液（10%水杨酸钠，8%乌洛托品，1%安钠咖），马、牛50～100 mL/次，羊、猪、犬用量酌减，1次/d，连用3～5 d。

十二、霉菌性肺炎

（一）诊断要点

1. 有采食发霉饲料或垫草严重发霉的生活史，常具有群发的特点。

2. 大动物具有支气管肺炎的症状，鼻液呈污秽绿色，镜检见霉菌菌丝。黏膜苍白或发绀，咳嗽及呼吸增数，胸部叩诊有啰音，叩诊有较大的浊音区，体温升高，喜卧，日渐消瘦。

3. 禽类流浆液性鼻液，呼吸困难，食欲减少或消失，精神沉郁，羽毛松乱，张口呼吸，颈部气囊一起一伏发出"嘎嘎声"，冠及肉髯发紫，下痢消瘦，闭目昏睡，几日内死亡。

4. 剖检大动物肺脏有大小不等的结节，散在或互相融合，有结缔组织包膜，结节中心为化脓性或干酪样物质。禽类呼吸道有炎症，支气管黏膜和气囊增厚内有黄绿色霉菌菌苔，肺和肋的浆膜表面有黄色或灰白色小结节。

5. 取病灶组织或鼻液显微镜下检查，见有菌丝或孢子。

（二）治疗

1. 制霉菌素，马、牛250万～500万U，猪、羊50万～100万IU，犬10万～20万IU，3～4次/d，拌于饲料中喂给；家禽饲料添加，50万～100万IU/kg，连用1～3周；雏禽每100只1次量为50万～100万IU，2次/d，连用3 d。

2. 两性霉素B，按每千克体重0.12～0.25 mg，溶于5%葡萄糖稀释成0.1 mg/mL浓度，缓慢静脉注射，隔日注射或每周注射2次。

3. 克霉唑，马、牛5～10 g，驹、犊、猪、羊0.75～1.5 g，分2次内服；雏鸡每100只用1 g，拌料。

4. 用1∶3 000硫酸铜饮水，马、牛0.6～2.5 L，羊、猪0.15～0.5 L，禽3～5 mL，1次/d，连饮3～5 d。或内服0.5%碘化钾，马、牛0.4～1 L，猪、羊0.1～0.4 L，鸡1～1.5 mL，3次/d。幼龄畜禽药用量均酌减。

十三、猫呼吸道综合征

(一) 诊断要点

1. 主要由衣原体、呼吸道肠道病毒、杯状病毒、疱疹病毒引起。

2. 猫衣原体肺炎，表现为喷嚏、咳嗽，并伴有黏液、脓性鼻漏和眼分泌物；食欲不振，体温升高，嗜睡；单侧或双侧眼结膜炎、眼睑痉挛、球结膜水肿，呼吸道常有卡他性炎症，肺有明显的灰粉色实变区。

3. 呼吸道肠道病毒感染，临床症状轻微，羞明，少量浆液性眼分泌物。

4. 杯状病毒感染，临床表现呼吸困难，肺炎症状；舌、硬腭、上唇、鼻孔、齿龈及鼻黏膜表面有溃疡形成，流涎；食欲不振，体温升高。

5. 疱疹病毒感染，又称鼻气管炎，临床表现体温稍升高，食欲不振，呼吸困难，流涎，咳嗽，阵发性喷嚏；黏液脓性眼鼻分泌物；肺炎及严重溃疡性口炎少见；小点状舌咽溃疡，但比杯状病毒感染所引起的溃疡轻得多。

(二) 治疗

1. 广谱抗生素应用于大多数病例，氨苄青霉素，每千克体重 $10\sim20$ mg，$2\sim3$ 次/d，口服；羟氨苄青霉素每千克体重 10 mg，$1\sim2$ 次/d，口服；氟甲砜霉素、头孢氨苄等均可选用。

2. 眼部处理，结膜炎可用金霉素、新霉素、红霉素等眼膏局部涂抹，$4\sim6$ 次/d；角膜炎（主要是疱疹病毒侵害组织深部的引起）可用 0.5% 疱疹净眼膏、3% 阿糖腺苷软膏、1% 三氟拉嗪治疗。

3. 伴有大量浆液性鼻分泌物时，用鼻缩血管剂，如 0.25% 脱羟肾上腺素，或 0.025% 羟间唑啉滴鼻。此外，输液疗法，环境的清洁卫生以及精心护理对病猫的康复都是有益的。

十四、猫支气管哮喘（过敏性支气管炎）

(一) 诊断要点

1. 由过敏性因素引起，但具体病因尚不清楚。

2. 急性病例表现严重呼吸困难、心动过速、增强性或强迫性呼气，突然出现不安、喘鸣、窒息或发绀等症状；慢性者为中度到严重的阵发性干咳、频咳伴有喘鸣，气管触诊易诱发咳嗽，呼吸音增强；诱咳后常使喘鸣更加明显。

(二) 治疗

1. 氧气吸入治疗有较好效果。

2. 皮质类固醇，强的松龙每千克体重 2 mg，或地塞米松每千克体重 $0.5\sim1.0$ mg，或醋酸 6-甲基强的松龙每千克体重 1 mg，静脉注射。

3. 抗组胺药，扑尔敏每千克体重 $2\sim4$ mg，$1\sim2$ 次/d，或苯海拉明每千克体重 $2\sim4$ mg，口服，$1\sim2$ 次/d，用于慢性综合征控制咳嗽。

4. 支气管扩张药，氨茶碱每千克体重 5 mg，2 次/d，用于急性的短期治疗和慢性咳嗽的长期治疗。

5. 改善环境，避免接触可能性的致病因子（更换垫料，除去沙子、灰尘等），避开浓重的烟雾、刺激性气体等。

十五、胸膜炎

（一）诊断要点

1. 多因胸部外伤或继发于邻近组织炎症或传染病。

2. 精神沉郁，食欲减退或废绝，体温呈弛张热或不定热型。脉搏初快而有力，后逐渐减弱且节律失常，呼吸浅表迅速，显断续性呼吸和明显的腹式呼吸，有弱干痛咳。患畜站立时肘部外展，触压胸壁有疼痛反应。

3. 胸部叩诊，发病初期及纤维蛋白性胸膜炎时，动物疼痛且咳嗽加剧。渗出液积聚于胸腔发生渗出性胸膜炎时，叩诊呈现浊音区，上界水平。发生粘连性胸膜炎时，叩诊浊音区无变化，但浊音区上方呈现清晰的鼓音。

4. 听诊，初期可听到胸膜摩擦音，随渗出液积聚，摩擦音消失，有时可听到拍水音，肺泡呼吸音减弱或消失，恢复期又逐渐地重新听到摩擦音。

5. 对积有大量渗出液的胸腔进行穿刺，可见有大量黄色或红黄色的渗出液（相对密度1.02以上，总蛋白3％以上），或渗出液有腐败臭味或脓汁；X线检查，可见渗出物水平面随体位而改变，纤维素沉着时，胸腔某一部阴影密度加强，胸膜粘连时，可看到条纹样阴影。

6. 血液白细胞总数和中性粒细胞数增多，核左移，淋巴细胞减少；尿量在渗出期有所减少，密度增大，常有蛋白尿，尿中氯含量减少，吸收期尿量增多，呈现多尿。

7. 应与胸腔积水、传染性胸膜肺炎、心包炎等疾病进行区别。

（二）治疗

1. 对渗出液进行细菌培养和药敏试验，选用敏感抗生素进行全身治疗。同时可在胸壁上涂擦10％樟脑酒精或松节油等刺激剂；或用紫外线照射与透热疗法促进炎症消散。

2. 制止渗出可静脉注射10％氯化钙或葡萄糖酸钙，同时配合应用强心剂或轻泻剂。

3. 胸腔积液过多、呼吸困难时，可行胸腔穿刺排液，并用0.01％～0.02％呋喃西林或0.1％新洁尔灭等消毒液冲洗胸腔，然后注入青霉素、链霉素等抗生素。

4. 疼痛明显时，可给予止痛剂，如度冷丁、麦佩里定等。

十六、胸腔积水

（一）诊断要点

1. 多为两侧胸腔积水，局部血液和淋巴循环障碍或肿瘤压迫时可有单侧胸水。

2. 初期动物胸腔内漏出液少，多无明显临床症状，漏出液积聚达一定程度则出现呼吸困难而浅表，体温正常或稍低，心音减弱。胸部叩诊呈现水平浊音，浊音区随动物体位而改变；听诊浊音区肺泡呼吸音减弱或消失，上部可听到支气管呼吸音。

3. 胸腔穿刺液为漏出液，呈淡黄色或红黄色，清澈或稍有浑浊，相对密度小于1.016，蛋白质含量小于3％。

（二）治疗

1. 积极治疗原发病，保持安静的休息环境，限制饮水，适当运动。

2. 胸腔积液少时，可用利尿剂和强心剂；胸腔积液多量并引起呼吸困难时，可行胸腔穿刺放液。

3. 血液胶体渗透压低时，可采用输血疗法，或皮下注射 10% 的白明胶。

第三节　泌尿生殖器官疾病

一、肾小球肾炎

（一）诊断要点

1. 主要原因是感染和中毒。受寒、感冒、过劳等因素是重要诱因。

2. 急性病例肾区敏感疼痛是特征性症状，表现精神沉郁，体温升高，食欲减退，拱腰、不愿活动、步态强拘。重症病例两后肢不能充分提举而拖曳前进，常见有眼睑、胸腹下、阴囊部位发生水肿，甚至伴发喉水肿、肺水肿和体腔积水。肾区触诊或直肠检查时，肾脏肿大，敏感性增高，疼痛反应明显。少尿或无尿，尿色浓暗，有时呈现血尿。发生尿毒症时，全身衰弱无力，意识障碍或昏迷，呼吸困难，腹泻不止，全身肌肉痉挛，呼出的气体和皮肤带尿臭味。

3. 慢性肾小球肾炎多由急性的发展而来。全身症状较轻微，动物衰弱，疲乏无力，食欲减退、消化不良，渐进性消瘦。初期尿量增多，后期逐渐减少，眼睑、胸腹下或四肢末端出现水肿，严重时导致体腔积水或肺水肿。肾功能极度衰竭，引起慢性氮血症尿毒症，可导致死亡。

4. 尿沉渣检查有多量肾上皮细胞、管型及白细胞、红细胞。尿液蛋白检查阳性，密度增高。

（二）治疗

1. 初期可施行 1～2 d 的饥饿或半饥饿疗法，然后给予富营养、易消化的低蛋白、低盐和高糖饲料，有水肿者限制饮水，加强环境卫生，保证充分休息，防止受寒感冒。

2. 抗菌消炎可选用抗生素、呋喃妥因等制剂。青霉素和链霉素联合使用，剂量可参照全身性疾病的用量；或肌内注射呋喃妥因，犬猫用量为每千克体重 4 mg。也可使用氟甲砜霉素、庆大霉素等。如使用磺胺类药物，应注意多给饮水。对疗程长或肾功能减弱的动物，某些广谱抗生素和磺胺类药物的使用要慎重，或减少使用剂量，延长给药间隔。

3. 使用免疫抑制药物，如醋酸强的松龙、醋酸可的松、氢化可的松或地塞米松等，每千克体重 1.5 mg，静脉注射，1 次/周。

4. 促进排尿，减轻或消除水肿，可用利尿剂。内服双氢克尿噻，马、牛 0.5～2.0 g，猪、羊 0.05～0.2 g，犬、猫 0.02～0.06 g，1 次/d，连用 3～5 d；或内服利尿素，马、牛 5～10 g，猪、羊 0.5～2.0 g，犬、猫 0.1～0.2 g，1 次/d。同时可使用尿路消毒剂乌洛托品、呋喃妥因等。

5. 根据病情进行对症治疗，如心脏衰弱、严重水肿时，配合应用 10% 氯化钙或 25% 山梨醇静脉注射；肌肉痉挛，可选用 25% 的硫酸镁；出现尿毒症时，应用 5% 碳酸氢钠或 25% 硫酸镁或溴化钠静脉注射；出现血尿时，可肌内注射 1% 仙鹤草素及其他止血剂等。

二、慢性间质性肾炎

（一）诊断要点

1. 与机体的慢性感染（布鲁菌病、钩端螺旋体病、猪丹毒、犬瘟热等）、中毒和某些自身免疫反应或长期饲喂霉变饲料等有关。此外，常继发于其他慢性肾脏疾病。

2. 最初可观察到尿量显著增多，尿密度降低，无其他明显症状表现；后期尿量减少，尿密度增加，重症则心力衰竭、皮下水肿、体腔积水，发生胃肠炎而伴发腹泻（犬、猪等常发生呕吐），迅速消瘦，黏膜出血，或皮肤发生湿疹，多因咽喉水肿和肺水肿导致脑出血、肠出血或发生尿毒症。

3. 直肠检查可摸到体积缩小、表面凹凸不平而稍显硬固的肾脏。心脏听诊主动脉瓣第二音增强，血压升高。

4. 尿液检查尿中含少量蛋白质、肾上皮细胞及各种管型，有时含少量白细胞、红细胞。血液检查红细胞数减少，血红蛋白降低，尿素氮升高。

（二）治疗

1. 给动物以营养、易消化的全价饲料，防止对肾脏的刺激，保证充足的休息；犬、猫等小动物应喂以牛乳或酸乳，马、牛、羊等喂给优质青干草或胡萝卜等块根饲料。

2. 其他治疗措施可参照肾小球肾炎和肾衰竭。

三、肾盂肾炎

（一）诊断要点

1. 大多为化脓性细菌经泌尿道上行至肾盂引起感染而发病，常见的病原菌有葡萄球菌、链球菌、大肠杆菌、绿脓杆菌、化脓棒状杆菌和某些霉菌。病原菌也可由体内其他感染灶或邻近器官转移或蔓延至肾盂而致病。此外，机械性刺激，如肾结石、肾寄生虫等和具有强烈刺激性的药物，经肾排出时也能引起本病。

2. 多为重剧的化脓性炎症。动物常有体温升高，精神沉郁，食欲减退，呕吐，腹泻，腹痛等明显的全身症状。直肠检查或肾区触诊可感知肾肿大，局部敏感疼痛，动物拱背站立，行走时背腰僵硬。尿频，初期尿量减少，排尿困难，尿液浑浊，尿内含有黏液、脓液。

3. 尿沉渣检查可见有大量脓细胞、肾盂上皮、肾上皮、红细胞、白细胞、病原菌和少量管型。血液检查可见嗜中性白细胞增多，核左移。

4. 慢性肾盂肾炎多为亚临床型，常无明显症状。当两侧肾盂均受感染时，可导致肾衰竭。

（二）治疗

1. 全身应用青霉素、链霉素、卡那霉素、庆大霉素、先锋霉素等，或尿中浓度高、乙酰化率低、主要以原形从尿中排出的磺胺异恶唑、磺胺二甲基嘧啶、磺胺苯吡唑或增效磺胺片等药物。但肾功能不全的动物应慎用或禁用。最好先进行尿液细菌培养和药敏试验，以选择抑菌效果最好的抗微生物药。治疗常需较长时间，期间应反复进行尿液病原菌的培养，直至阴性时方可认为感染已被消除。

2. 促进炎性产物的排出可用利尿剂，如双氢克尿噻、利尿素、速尿等。尿路消毒可用呋喃妥因，各种动物剂量均为每千克体重 12～15 mg，每天分 2～3 次内服。

四、肾病

（一）诊断要点

1. 主要发生于某些传染病经过中，如马传染性贫血、传染性胸膜炎、口蹄疫、结核病、犬瘟热、猪瘟等。外源性有毒物质及药物如重金属盐类、过量驱虫药和磺胺类药等，以及消化道疾病、化脓性疾病等过程中产生的内源性有毒物质也可引起。此外，也常继发于各类肾脏疾病和心血管疾病。

2. 临床表现与肾炎相似，不同之处是无血尿（尿沉渣中无红细胞和红细胞管型）。轻者仅见尿中有少量蛋白和肾上皮细胞，重者表现渐进性全身水肿，严重时胸、腹腔积水。尿量减少、密度增高，尿蛋白试验强阳性，尿沉渣检查见大量肾上皮及肾上皮管型，透明、颗粒管型。血液检查血清总蛋白量降低，而总胆固醇量增高，后期尿素氮水平增高。动物逐渐消瘦、贫血、衰弱。

3. 根据明显的全身水肿，重度蛋白尿，尿沉渣中出现肾上皮细胞，透明、颗粒管型，而缺乏红细胞和红细胞管型，以及低蛋白血症、高脂血症、无血压升高、无肾区敏感疼痛等特征，可与肾炎相区别。

（二）治疗

1. 消除病因包括用抗生素、呋喃妥因等抗微生物药控制感染，中断毒源，解救中毒和治疗原发病。

2. 保证动物摄入足够的蛋白质，以提高血浆蛋白含量。必须限制饮水和食盐的摄入。

3. 应用利尿剂、脱水剂，如速尿、双氢克尿噻、甘露醇、山梨醇等消除水肿。

4. 口服地塞米松或环磷酰胺，以抑制机体自身免疫抗体的产生。

5. 控制酸中毒用 11.2% 乳酸钠静脉注射，禁用碳酸氢钠。增加血容量可静脉注射低分子右旋糖酐或血浆。

6. 对症治疗可调整胃肠道机能，选用缓泻剂以清理胃肠；使用健胃剂，增强消化。

五、肾功能衰竭

（一）诊断要点

1. 可引起本病的因素主要有：

（1）肾前性因素包括严重脱水、大失血、创伤、烧伤、休克以及胆红素、血红蛋白、肌红蛋白释放过多，电解质平衡失调等。

（2）肾内性因素主要有急性肾小球肾炎、重症肾盂肾炎等免疫性肾损伤；毒物性肾损伤，如汞、砷、铅等毒物，细菌毒素及有毒代谢产物和组织分解产物等中毒；药源性肾损伤，如磺胺类药物、青霉素类药物等。

（3）肾后性因素主要是尿路急性阻塞，如两侧输尿管结石、血凝块阻塞、尿酸盐或磷胺结晶等阻塞，前列腺肥大等。

2. 少尿或无尿，排尿少于每小时每千克体重 0.5 mL，甚至无尿排出。皮下水肿，血压升高，肺水肿，充血性心力衰竭，甚至脑水肿。

3. 血液电解质紊乱，出现高钾低钠血症、高磷低钙血症和高镁低氯血症；患畜表现烦躁不安，呼吸促迫，心律失常、心动徐缓，深反射减退或消失。血中尿素、肌酐、肌酸及其他非蛋白氮增多而发生氮质血症、尿毒症和代谢性酸中毒；患畜表现衰弱无力，精神高度沉郁或呈嗜睡状态，呼吸困难，全身肌肉痉挛，顽固腹泻，严重的呼出气和皮肤有尿臭味。

（二）治疗

1. 因感染所致的急性肾功能衰竭，应迅速应用抗生素，最好是大剂量、多种抗生素协同应用，同时使用肾上腺糖皮质激素。

2. 利尿常用噻嗪类利尿药，双氢克尿噻，大动物 0.5～1 g 内服，1 次/d，连用 3～5 d 停药。此外，还可选用速尿，肌内或静脉注射，马、牛每千克体重 0.5～1 mg。

3. 用高渗葡萄糖溶液与胰岛素纠正高血钾症，一般按葡萄糖 3 g、配合胰岛素 1 U，静脉滴注。禁用含钾的药物，应用钾离子对抗剂，如 10% 葡萄糖酸钙，缓慢静脉注射。

4. 纠正酸中毒可根据动物的中毒程度适量补充 5% 碳酸氢钠溶液。

5. 解除水中毒可用脱水剂，如 20%～25% 甘露醇或山梨醇，快速静脉注射。

6. 缓解尿毒症可采用腹膜透析疗法并配合其他治疗措施。

六、膀胱炎

（一）诊断要点

1. 急性膀胱炎的特征症状是痛性频尿。患病动物常取排尿姿势或频频排尿，每次排出尿量较少或呈点滴状断续流出；严重时引起尿闭，动物疼痛不安（肾性腹痛），呻吟。腹壁或直肠触诊，动物疼痛不安，膀胱一般空虚，但有尿液积留时膀胱过度充盈。轻症时全身症状不明显，重症时体温升高，精神沉郁，食欲减退，严重的出血性膀胱炎时，可见有贫血现象。

2. 慢性膀胱炎临床表现与急性的基本相同，但病程长、程度轻。

3. 尿沉渣检查见有大量白细胞、脓细胞、红细胞、膀胱上皮、组织碎片及病原菌，慢性的多不见血液或仅有少量红细胞。在碱性尿中有磷酸铵镁及尿酸铵结晶。

4. 尿液或成分检测，卡他性膀胱炎时，尿液浑浊，尿中含有大量黏液和少量蛋白；化脓性膀胱炎时，尿液中混有脓液；出血性膀胱炎时，尿中含有大量血液或血凝块；纤维蛋白性膀胱炎时，尿中混有纤维蛋白膜或坏死组织碎片，并有氨臭味。

（二）治疗

1. 用导尿管将膀胱内积尿排出，注入生理盐水进行灌洗，排出后注入消毒或收敛性药液，反复灌洗 2～3 次。常用的消毒收敛药有 2%～4% 硼酸、0.1% 高锰酸钾、0.1% 雷佛奴耳、1%～2% 明矾或 0.5% 鞣酸；慢性病例可用 0.02%～0.1% 硝酸银或 0.1%～0.5% 胶体银。

2. 重症病例可在膀胱冲洗后及时灌注抗生素溶液或尿路消毒剂（乌洛托品、呋喃妥因等）。同时全身应用抗生素或磺胺类药物。在使用青霉素类、呋喃妥因等药物时，可口服氯化铵（犬、猫每千克体重 20～80 mg），使尿液酸化，具有净化作用并可增强上述药物的抗菌作用；使用磺胺类药物时，可口服碳酸氢钠（犬、猫 0.5～2 g/次），使尿液碱化，以增强磺胺类药的作用并能减轻磺胺药对尿路产生的不良反应。

3. 出血严重的膀胱炎，可选用 1% 仙鹤草素或安络血等进行止血，同时静脉注射 10% 硫酸镁。

七、膀胱麻痹

（一）诊断要点

1. 常继发于脑、脑膜和脊髓的疾患以及膀胱炎或与膀胱相邻器官的炎症，或由于尿道阻塞或膀胱括约肌痉挛引起。

2. 脊髓性膀胱麻痹时，排尿反射减弱或消失，排尿时间延长；直肠内或腹壁触诊，膀胱膨满，以手触压时，排尿量增多；膀胱括约肌发生麻痹时，尿液会不断地或点滴状排出，呈现尿失禁，触诊膀胱空虚。

3. 脑性膀胱麻痹时，触诊膀胱高度膨满，按压时尿呈细流状喷射而出。

4. 末梢性膀胱麻痹时，有排尿意图，频呈排尿姿势，但排尿量始终不多。触诊膀胱膨满，但无疼痛表现，按压时膀胱可被动排出尿液。

（二）治疗

1. 针对病因，积极治疗原发病，同时使用抗生素、呋喃妥因等药物，防止继发感染。

2. 膀胱积尿时，可进行膀胱按摩，大动物可进行直肠内按摩，2～4 次/d，犬、猫等小动物可隔腹壁进行按摩。防止膀胱破裂，可进行导尿；尿道阻塞时可用膀胱穿刺法，或通过直肠内穿刺，但不宜重复多次，否则易引起膀胱出血、膀胱炎等继发病。

3. 用 0.2% 硝酸士的宁注射液，马、牛 1～5 mL，猪、羊 0.5～1 mL，犬、猫 0.2～0.6 mg/次，皮下注射，2 次/d，同时使用电针疗法，1～2 次/d，一次 20 min。犬、猫还可口服乌拉坦碱，2.5～20 mg/次，2～3 次/d，连用 10 d。

八、尿道炎

（一）诊断要点

1. 主要由尿道的细菌感染所引起，以及邻近器官炎症的蔓延。

2. 患病动物频频排尿，排尿疼痛，尿液呈断续状流出，尿淋漓，雄性动物阴茎勃起，雌性阴唇不断开张，严重时，可见黏性或脓性分泌物不时从尿道口流出。尿液浑浊，混有黏液、血液或脓液，有时混有坏死、脱落的尿道黏膜。触诊尿道或导尿时，敏感，疼痛不安，抗拒或躲避。

（二）治疗

避免对尿道的刺激，保持动物体和环境的清洁卫生，勤给饮水，促进尿路畅通，轻症病例可自愈。重症病例可全身应用抗生素或磺胺类药物；严重尿闭或膀胱充盈时，可进行膀胱穿刺排尿，或施行阴茎切除术或膀胱切开术。

九、尿石症

（一）诊断要点

1. 共同症状是患病动物频频呈现排尿姿势，表现尿频、尿痛、尿淋漓。直肠内或体外触诊膀胱充满尿液，尿道结石可探查到阻塞部。血液尿素和肌酸酐含量增加。

2. 马的尿结石多阻塞于公马尿道的骨盆终部尿道，腹痛明显，努力排尿时阴茎是松弛的，插入导管可确定阻塞的部位。马的尿道结石继发膀胱破裂的现象较为常见。

3. 猪的尿道结石多为砂粒状或颗粒状，病初排尿困难，后排尿停止，膀胱积尿时则腹部膨大；喜卧，站立时频频出现排尿姿势，触诊阴茎有疼痛点和硬结物。

4. 犬、猫的尿道结石多阻塞于阴茎骨的后端，不完全阻塞时，排尿疼痛，尿液呈点滴状，有时排血尿；触诊肾区有疼痛感，结石移动时，有短时急性疼痛，运步强拘，步态紧张，大声哀叫，不断呈现排尿姿势；完全阻塞时，有尿闭和肾性腹痛表现，不断怒责，拱背缩腰，但无尿液排出，腹部触诊膀胱胀满、疼痛。输尿管结石时，精神沉郁，体温升高，拱背行走，完全阻塞则肾盂积水，腹部触诊膀胱空虚。膀胱结石的发生较为常见，频频排尿，有时是血尿，触诊膀胱敏感，有时可触诊到膀胱结石；结石位于膀胱颈时，疼痛明显，频频呈现排尿姿势，尿量很少或无尿，腹部触诊膀胱轮廓明显，压迫时也不排尿。病程延长可引起尿毒症和膀胱破裂。

5. 反刍动物初期排尿迟细，时间延长，有时尿淋漓，阴茎开口处的被毛有砂粒状物黏着。尿石完全阻塞某段尿道时，患畜烦躁不安，频呈排尿姿势，后肢张开，臀部下沉，尾根和肛门有节律颤动，阴茎抽动。直肠检查，膀胱高度充盈。膀胱破裂后，则患畜突然安静，神情呆滞，腹腔穿刺有大量尿液排出，腹腔内尿液被吸收则迅速呈现自体中毒症状，食欲和反刍废绝，眼球凹陷，唇部肌肉颤抖，四肢发凉，卧地不起。

（二）治疗

1. 尿道结石时，可在麻醉的条件下，从尿道外口插入导尿管，抵达阻塞部后，向导尿管内推注生理盐水，利用水的压力使尿道扩张，并推动结石向膀胱移行，进入膀胱。对粉末状或沙砾状的结石，可通过反复冲洗而被洗出。

2. 尿路未完全阻塞时，应给予充足饮水，使用利尿剂，以冲淡尿液晶体浓度，减少析出，防止沉淀，并可冲洗尿路以使细小尿石排出。

3. 对主要成分是磷酸盐的尿结石，可口服氯化铵，使其尿液酸化，阻止尿石进一步扩大，促进结石溶解（马、牛等）；对主要成分是草酸盐、尿酸盐和胱氨酸的尿结石，可口服碳酸氢钠，使其尿液碱化，也可达到阻止结石形成，促进结石溶解的目的（犬、猫等）。

4. 口服副交感神经兴奋剂，如盐酸东莨菪碱，可使尿道松弛，诱导结石排出。

5. 结石排除后，使用抗生素、呋喃妥因、磺胺类药物，消除尿路黏膜的炎症；对有血尿、膀胱麻痹、膀胱破裂、腹膜炎者，进行对症治疗。

6. 对保守治疗不能治愈的尿石症，可施行尿道切开术和膀胱切开术，将尿石取出。

十、尿毒症

（一）诊断要点

1. 尿毒症不是一种独立的疾病，是泌尿器官疾病晚期的临床综合征。

2. 神经系统症状有精神沉郁、衰弱无力、意识障碍、嗜睡、昏迷或出现兴奋和痉挛。

3. 消化系统症状有消化机能障碍，食欲减退或废绝，渴欲增加，呕吐，腹泻或发生口炎、胃肠炎。

4. 呼吸系统症状有呼吸浅而快，呼吸困难，呼出气体有尿味，严重时出现陈-施二氏呼吸。

5. 循环系统症状有血压增高，心脏扩大，晚期可出现心包炎。

6. 皮肤弹性减退，有氨味，并发生瘙痒。

7. 血液检查，尿素氮明显升高，二氧化碳结合力降低，血钙下降，并有高钾、磷、镁血症和高脂血症；尿液检查，尿沉渣中有红细胞、白细胞和各种管型。

8. 应与过敏反应、神经性酮病、脑炎、肺炎、中毒性胃肠炎等疾病相鉴别。

（二）治疗

1. 积极治疗引起尿毒症的原发病。

2. 减少日粮蛋白质含量并补充足够的维生素；限制食盐的摄入；同时注意给予大量清

洁的饮水。

3. 缓解酸中毒，可用 5%碳酸氢钠或 11.2%乳酸钠静脉注射；纠正水和电解质平衡失调可及时静脉输注葡萄糖溶液、林格氏液。

4. 为促进蛋白质合成，减轻氮质血症，可注射苯丙酸诺龙、丙酸睾丸素等雄性激素，或采用不含钙的液体进行腹膜透析疗法。

5. 对有兴奋、惊厥等症状的可使用氯丙嗪、苯巴比妥钠等镇静剂、抗惊厥剂。

十一、犬、猫前列腺炎

（一）诊断要点

1. 多由泌尿系感染引起，病原菌主要是葡萄球菌、链球菌、大肠杆菌和化脓棒状杆菌等。

2. 体温升高，精神沉郁，食欲减退，便秘，里急后重，频频排尿，血尿和轻度不安表现。

3. 后腹部和直肠指检有疼痛表现，若触及发炎的腺体，可感知有热、肿、痛，脓肿时尚有波动感。

4. 尿液检查见有白细胞、红细胞、脓细胞和病原菌。血液检查急性病例白细胞增多。

（二）治疗

1. 通过按摩前列腺收集前列腺分泌物进行细菌培养和药敏试验，选择敏感的抗微生物药品，连续应用 3～5 d 为一个疗程。

2. 对前列腺脓肿，在脓肿成熟时，手术切开排脓，用 5%碘酊充分处理脓腔，术后注意创液引流。

3. 根据病情，进行镇痛、缓泻等对症治疗。

十二、犬、猫前列腺囊肿

（一）诊断要点

1. 主要病因是前列腺管闭塞。

2. 囊肿较小时可不显示任何症状，囊肿较大时，则对邻近器官产生压迫而出现相应的症状。如压迫直肠时，出现里急后重、便秘等症状；压迫尿道时，出现排尿障碍等症状。若进行囊肿穿刺，抽出囊肿内分泌物后，相应的症状可暂时缓解或消失。

3. 直肠指检或后腹部深部触诊可触及体积较大的前列腺囊肿，肿胀稍软，有波动感，无疼痛。

4. 囊肿若被感染，则可出现化脓性前列腺炎的症状。

5. 采用膀胱充气造影检查或膀胱内窥镜检查可将此病与膀胱疾病相区别。

（二）治疗

1. 囊肿全切除术　耻骨前缘沿腹中线切口常规打开腹腔，分离囊肿周围组织后，将囊肿整个切除，然后闭合腹壁创口。常规术后护理。

2. 外瘘成形术　在耻骨前缘作一腹中线旁小切口（7～7.5 cm），打开腹腔，暴露出囊肿后，将囊肿壁与腹膜、腹直肌作一圈连续缝合，在缝合圈内切开囊肿，排除囊肿液，冲洗囊腔，将切开的囊肿壁切口与皮肤切口缝合在一起，使囊腔与外界相通，形成外瘘，以利引流、处理。

3. 囊肿穿刺排液疗法　腹底壁前列腺解剖投影位置剪毛消毒后，用穿刺针无菌操作刺入腹腔和囊肿腔，排除囊肿内分泌物。但只能暂时缓解症状，腺体分泌物仍会蓄积而复发，而且反复穿刺易导致感染，所以，穿刺排液后应向囊内注入抗生素。

第四节　神经系统疾病

一、脑及脑膜充血

（一）诊断要点

1. 主动性（动脉性）脑充血常在夏季暑热天气时，由剧烈运动、烈日暴晒、拥挤和潮湿闷热、兴奋过度、环境通风不良等引起。突然发病，有的呈现精神高度沉郁，有的狂躁不安、行为粗暴，随后转为高度抑制；呼吸急促、困难，心音亢进，可视黏膜剧烈充血或发绀，体温正常或升高达 40 ℃以上，皮肤灼热，烦渴贪饮，有的动物出现呕吐；四肢无力，共济失调，大量出汗，口吐白沫，倒地呈游泳样动作；常可在痉挛状态下死亡。

2. 被动性（静脉性）脑充血常发生于颈静脉受压及心脏衰竭时，表现精神沉郁，垂头站立，有时抵靠墙壁或饲槽，感觉迟钝不愿采食，黏膜发绀，脉搏细弱，呼吸困难，体温无明显变化，有时呈癫痫样发作，抽搐或痉挛。

3. 应与脑贫血、脑脊髓膜炎、流行性脑炎、结核性脑炎、中毒性脑炎、牛恶性卡他热、狂犬病等疾病予以鉴别。

（二）治疗

1. 主动性脑充血

（1）将动物置于阴凉、通风、安静的环境中，用冷水泼浇动物体、洗冷水浴或用 1% 冷盐水灌肠，头部放置冰袋，也可将动物站立在冷水中，促进散热；或用大蒜、韭菜、生姜汁滴鼻；或用药物降温，如肌内注射氯丙嗪，大动物每千克体重 1～2 mg，中小动物每千克体重 3 mg。

（2）病初伴发肺充血及肺水肿时应泻血，大动物 1 000～2 000 mL，中小动物 300～500 mL，泻血后，静脉注射复方氯化钠溶液或生理盐水。防止肺水肿，可用强心剂，如安钠咖、毒毛花苷 K、氧化樟脑等。为减少毛细血管渗透性，可用氢化可的松等加在 5% 葡萄糖盐水中缓慢静脉注射。

（3）用 5% 碳酸氢钠或 11.2% 乳酸钠静脉注射，纠正酸中毒。

（4）动物出现呼吸不规则，两侧瞳孔大小不同和颅内压升高等脑水肿的症状时，可快速静脉注射 25% 甘露醇或山梨醇、葡萄糖，每 4～6 h 1 次。

（5）兴奋不安时，可用镇静剂，如静脉注射安溴注射液，大动物 100～200 mL，猪、羊 10～50 mL，犬等小动物可用 5～10 mL，或用水合氯醛或氯丙嗪。

（6）病情好转时，大动物可用 10% 氯化钠 300 mL、10% 安钠咖 20 mL、10% 氯化钙 100 mL，混合静脉注射，同时用硫酸钠 200 g、人工盐 100 g、龙胆酊 50 mL 内服，以清理肠道，改善水盐代谢，促进胃肠蠕动。中小动物用量可酌减。

2. 被动性脑充血时，主要时去除致病因素，积极治疗原发病。沉郁期可用安钠咖、氨茶碱，静脉注射，或用番木鳖酊，大动物 5～10 mL，小动物 1～3 mL，内服，不可泻血。

二、脑膜脑炎

(一) 诊断要点

1. 详细了解病史和流行病学情况，区分是传染性的和非传染性的。

2. 一般脑症状只表现为兴奋或抑制。初期呈现精神沉郁，茫然呆立，闭目垂头，甚至昏睡；之后出现兴奋症状，神志不清，狂躁不安，痉挛抽搐，兴奋时间长短不一；有的兴奋与抑制交互发作，兴奋期后又进入抑制状态，神情恍惚，姿势异常，强迫运动步态蹒跚，口含食物而忘咀嚼，鼻孔插入水中而不顾呼吸，不能站立时则横卧，颈部僵硬，四肢呈游泳状晃动，陷入昏睡状态。

3. 局灶性症状表现为局部痉挛和麻痹，眼球震颤，斜视，视神经麻痹，唇向一侧倾斜或弛缓下垂，面神经和三叉神经麻痹。

4. 表现兴奋时体温升高达 40 ℃ 以上，沉郁时下降，兴奋期呼吸疾速脉搏增数，抑制期呼吸缓慢而深长，脉搏有时减少，濒死前多呈现潮式呼吸或毕欧特氏呼吸；犬、猪有呕吐现象，腹壁紧张，肠蠕动音微弱，排粪迟滞，尿量减少，尿中含有蛋白质、葡萄糖。重症可在几日内死亡，恢复后常有慢性脑水肿、肌肉麻痹、失明、听觉失灵等后遗症。

5. 实验室检查，初期血沉加快，中性粒细胞增多，核左移，嗜酸性粒细胞消失，淋巴细胞减少；康复期，嗜酸性粒细胞与淋巴细胞恢复正常，血沉缓慢或恢复正常。脑脊髓穿刺时，流出浑浊的脑脊液，其中蛋白质与细胞的含量显著增多。

6. 应与乙型脑炎、传染性脑脊髓炎、猪传染性麻痹、恶性卡他热、李氏杆菌病、狂犬病等相区别。

(二) 治疗

1. 加强护理，保持环境通风、安静，同时注意加强卫生管理和消毒，防止动物冲撞。

2. 初期体温高可用冷水淋头，全身应用抗生素和磺胺类药物，如 10% 磺胺嘧啶钠，每千克体重 70 mg，静脉注射，或用氟甲砜霉素每千克体重 3～5 mg，深部肌内注射，或青霉素、链霉素联合使用。

3. 降低颅内压，可先泻血，大动物 1 000～2 000 mL，中小动物 200～500 mL，随即用 5%～10% 葡萄糖生理盐水静脉注射，加入 40% 乌洛托品；使用 20% 甘露醇或 25% 山梨醇快速静脉注射，如神经症状改善不明显，可重复用药数次；良种动物必要时可考虑应用 ATP 和辅酶 A 等药物，促进新陈代谢和脑循环。

4. 调整大脑皮质机能，兴奋时可用 2.5% 盐酸氯丙嗪，大动物 10～20 mL，中小动物 2～4 mL，肌内注射；或 10% 溴化钠，或安溴注射液，大动物 50～100 mL，静脉注射，或用 5% 水合氯醛灌肠、内服或进行静脉注射。麻痹时可用藜芦素、士的宁等。

5. 对症治疗，可内服缓泻剂或灌肠以兴奋肠管改善肠弛缓，心力衰竭，可应用强心剂，加适量维生素 C 和复合维生素 B，配合葡萄糖生理盐水，静脉注射。

三、脑震荡及脑挫伤

(一) 诊断要点

1. 有暴力作用于头部的病史。

2. 颅脑部过强暴力作用可导致动物立即死亡。轻症时动物倒地，失去知觉，片刻之后可清醒并恢复常态，或短期内乃至持续地呈现某些脑症状。重症时，可较长时间浅昏迷或深昏迷，意识丧失，肌肉松弛无力，瞳孔散大，呼吸缓慢，大小便失禁，苏醒之后呈现局部脑症状。

3. 触诊头颅局部肿胀、变形、疼痛等。如系颅底受伤，可见有耳或鼻出血；如昏迷逐渐加深，瞳孔大小不等，体温高低不定，并出现角弓反张现象，即表示脑干及丘脑下部受损伤。

（二）治疗

1. 病初，加强护理，保持安静，将头部抬高，用水袋冷敷头部；防止脑出血可用 6 - 氨基乙酸（EACA）或抗血纤溶芳酸（PAMBA），加入 10％葡萄糖溶液中，静脉注射，2～3 次/d。也可酌量使用止血敏、安络血等止血剂。

2. 降低颅内压，防止和消除脑水肿，可用脱水剂如 25％～50％葡萄糖、20％甘露醇、25％山梨醇，按每千克体重 1～2 mL，静脉注射，2～3 次/d。同时尚可应用氨茶碱、安钠咖或双氢克尿噻之类强心、利尿。

3. 全身应用抗生素或磺胺制剂预防感染。可同时应用能量合剂，中小动物用细胞色素 C 0.1～0.3 g、ATP 0.1～0.5 g、维生素 B_6 0.5～1 g、辅酶 A 0.2～0.5 g、25％的葡萄糖 200～500 mL，静脉注射，激活脑组织功能，防止循环虚脱。

4. 肌肉痉挛、兴奋不安的，可用盐酸氯丙嗪，每千克体重 1～2 mg，肌内注射。长时间昏迷的，可用樟脑或咖啡因等中枢神经兴奋剂。

四、脑水肿

（一）诊断要点

1. 新生动物脑水肿时，头部特别大，未闭合的囟门处颅顶肿大；神经症状从轻度抑制到严重惊厥性癫痫发作，多数病例早期表现精神沉郁，意识和运动障碍。

2. 慢性或后天性脑水肿表现特异的意识、运动和感觉障碍。初期神情痴呆，目光凝滞，瞳孔缩小或扩大，站立不动，姿势反常，头抵饲槽或墙壁，无目的地前进或奔跑，有时头高举但极不自然；病情进一步发展则神情淡漠，目光无神，眼睑半闭，似睡，垂头站立；采食、咀嚼、饮水动作异常；皮肤敏感性降低，反射显著减弱；举止拙劣，性情执拗，不服从驱使，呈现无意识的前进或后退症状。

3. 应与慢性脑炎、脑软化症、脑脓肿、脑震荡、多头蚴病及脑炎后遗症等相区别。

（二）治疗

1. 降低颅内压可用山梨醇、甘露醇（每千克体重 1.0～1.5 g）或高渗葡萄糖进行快速静脉注射，用量不宜过大，以防脑组织严重脱水；同时配合抗生素或磺胺类药物进行综合治疗。此外，速尿、乙酰唑胺等利尿剂可直接抑制脑脊液的产生，与地塞米松（每千克体重 0.5～2.0 mg/d）配合使用，抗脑水肿的作用增强。

2. 应用盐类或油类泻剂，调整胃肠机能，防止便秘，减少肠道分解产物的吸收，缓和病情。

3. 促进血脑屏障通透性，大动物可用安钠咖 3 g、乌洛托品 10 g、蒸馏水 150 mL，静脉注射，1～2 次/d，必要时加碘化钾 6 g，以溶解病变组织，同时配用维生素 C、细胞色素 C、辅酶 A 治疗。

五、脊髓炎及脊髓膜炎

（一）诊断要点

1. 首先出现体温的急剧升高，而后出现特征性症状。

2. 脊髓膜炎时，运动障碍，皮肤感觉过敏，轻微刺激即可引起剧烈疼痛不安，触摸、压迫或运动时则引起四肢、呼吸肌、腹肌发生抽搐和痉挛，导致呼吸急速、腹部收缩、膀胱和肛门括约肌痉挛，排尿排粪困难。有的跛行，头向后抑，曲背，四肢挺伸。

3. 脊髓炎时，初期感觉过敏，疼痛不安，呈现抽搐和痉挛状态，脊柱僵硬，步样强拘，发炎部位后方知觉丧失，有的呈现截瘫，支配的肌肉迅速萎缩。脊髓背角损伤时，相应部位的知觉消失；颈髓腹角损伤时，呼吸困难，易窒息死亡；荐髓发炎时，尿淋漓，粪尿失禁；腰荐部发炎时则尿闭和便秘。

4. 应与流行性脑脊髓炎、脑脊髓丝状虫病、多发性神经炎、脑及脑膜炎、脊髓受压迫等鉴别。

（二）治疗

1. 应使患病动物保持安静，避免对脊髓有刺激作用的运动，注意防止褥疮。

2. 炎症初期可用水袋冷敷，后期在麻痹部涂擦刺激剂如樟脑酊、松节油、四三一合剂等，也可用红外线、超短波、热敷等物理疗法，以促进血液循环。

3. 兴奋中枢神经系统，增强脊髓反射可用 0.2% 硝酸士的宁皮下注射；促进脊髓内炎性渗出物吸收，可用盐酸毛果芸香碱和肾上腺皮质激素进行治疗；恢复神经机能，用维生素 B_1，肌肉或静脉注射；消炎止痛可用安乃近、溴化钠、巴比妥钠及水杨酸钠内服，同时应用 40% 乌洛托品以及抗生素和磺胺类药物。

六、犬、猫癫痫

（一）诊断要点

1. 有反复突然发作、意识丧失、肌肉阵发性或强直性痉挛、症状很快消失的病史。

2. 原发性癫痫有四个阶段：①先兆期，表现不安、焦虑、表情茫然或其他行为改变；②前驱症状期，变得安静和知觉丧失；③发作期，所有肌群紧张性突然增加，稍后倒地，随之所有肌群发生有节奏的或阵发性的痉挛，此时大小便失禁，流涎，瞳孔散大，持续几秒至几分钟；④发作后期，知觉恢复，但有的神经机能还不能恢复，如视觉障碍、共济失调、意识模糊、疲劳等，此期可持续数秒至数天。

3. 继发性癫痫的发作可能是原发病的临床症状之一，局部神经障碍表明颅内疾病。颅外疾病一般不表现局部神经障碍。

4. 发作的间隔时间有长有短，有的一天发作数次，有的间隔数天、数月甚至一年以上。在发作期间，其行为同健康动物一样。

5. 应与急性脑及脑膜炎，脑出血，有机磷农药中毒，亚硝酸盐中毒等相鉴别。

（二）治疗

1. 加强饲养管理，并给以营养全价的饲料，特别是无机盐和维生素的含量要足量。

2. 原发性的可用扑癫酮，犬每千克体重 20～40 mg，分 2～3 次皮下注射，猫每千克体重 0.125 mg，分 2 次皮下注射；苯妥因钠，犬每千克体重 2～6 mg、猫每千克体重 0.5～

1.0 mg，2 次/d，口服；犬还可用三溴合剂、安定等肌内注射或口服。

3. 继发性的在对症治疗的同时，要积极治疗原发病。

七、犬、猫肝性脑病

（一）诊断要点

1. 神经症状主要是精神沉郁或倦怠，不愿活动或作转圈运动，低头、运动失调；有的癫痫发作或突发狂躁不安，震颤；有的定向障碍、凝视、失明、昏迷不醒。

2. 多数表现多尿、烦渴、厌食、腹水、生长迟缓、呕吐、腹泻、消化不良、膀胱结石、肾肿大。

3. 病犬、猫对镇静剂、麻醉药的耐受性降低。

（二）治疗

1. 限制蛋白质和脂肪的摄入量，以减少氨的产生和减轻肝脏负担。

2. 口服广谱抗生素，灌服适量硫酸镁或硫酸钠，以清理胃肠道、杀菌。

3. 适量补液，以扩充血容量、维持电解质平衡，防止碱中毒，同时又能促进肾脏排泄氨，以纠正氮血症和降低肠肝氮循环。此外，可配合吸氧，可以提高肝、肾功能。

4. 严禁使用镇静剂、麻醉剂。

第五节　循环器官疾病

一、心力衰竭

（一）诊断要点

1. 心脏负荷过重、心肌病变是引起急性心力衰竭最常见的原因，也常继发于各种疾病的经过中。治疗时输液过快、过量，尤其是对心肌有较强刺激性的药液如钙制剂等，也易引起心力衰竭。

2. 急性心衰的轻度病例表现精神稍沉郁，食欲减退，不耐使役，易于疲劳出汗，呼吸加快，第一心音加强，脉搏细数；中度病例表现精神沉郁，食欲大减，轻微使役就出现呼吸急促、疲劳大出汗现象，同时心搏明显加强，第一心音增强，但第二心音减弱，心律失常且多有心内性杂音，脉搏细数；重度病例表现精神极度沉郁，食欲废绝，黏膜高度发绀，体表静脉怒张，全身出汗，呼吸极度困难，发生肺水肿，听诊有广泛性湿啰音，两侧鼻子流出多量细小泡沫状无色的鼻液，第一心音极为高朗，常有金属音，倒地痉挛，体温下降后，大多趋于死亡。

3. 慢性心衰动物的左心衰竭时，极易发生肺淤血；右心衰竭时，可引起体循环系统淤血。同时动物表现运动后呼吸困难，下颌部、颈部、胸前、腹下、四肢下端皮下水肿，甚至出现腹水和胸水，心音减弱，心率加快，脉搏减弱；可视黏膜发绀，消化障碍，肾淤血时则出现血尿和轻度蛋白尿；动物还常表现有意识障碍，反应迟钝，共济失调等神经症状，跌倒或痉挛而死亡。

（二）治疗

1. 使患病动物保持安静、避免过量运动，给予柔软而易消化的营养全价的饲料，限喂食盐。

2. 增强心肌收缩力可选用洋地黄毒苷、毒毛花苷 K 等强心剂。中枢兴奋剂可用 10％安钠咖或 10％樟脑磺酸钠注射液。

3. 改善心肌营养、调整心肌代谢，可使用维生素 C 注射液，静脉注射，2～3 次/d；或能量合剂，ATP、辅酶 A、细胞色素 C、维生素 B₆、维生素 C 加入 25％～50％葡萄糖中静脉输入，1 次/d；或葡萄糖-胰岛素-氯化钾注射液，静脉缓慢滴注，供应能量。

4. 为减轻心脏负担，根据患病动物体质、静脉淤血程度以及心音、脉搏强弱，酌情放血；或内服硝酸甘油，3～4 次/d；或肌内注射、静脉注射盐酸山莨菪碱每千克体重 1.0～1.5 mg；或肌内注射、静脉注射酚妥拉明。

5. 缓解水肿、利尿可用速尿，犬、猫每千克体重 0.6～0.8 mg，肌内注射或静脉注射，马每千克体重 1.5～3.0 mg，内服；或氨基嘧啶每千克体重 0.5～3.0 mg，内服；或安体舒通内服，每千克体重 0.5～1.5 mg；或使用双氢克尿噻，内服每千克体重 1 mg，2 次/d，静脉注射每千克体重 1 mg。

6. 对症治疗可进行静脉输液、输氧或使用皮质激素，进行镇静或使用缓泻剂和健胃剂来治疗消化不良等。

二、心肌炎

（一）诊断要点

1. 多继发于各种传染病和中毒病。

2. 除具有原发病的症状外，急性心肌炎表现为窦性心动过速，心音高朗，脉搏快速而充实，稍加运动则心跳显著加快，停止运动后也不易恢复；冠状循环障碍和心肌变性时，则多以心力衰竭为主，表现脉搏增强，第二心音减弱，伴发收缩期杂音，出现期前收缩，心律不齐；心脏代偿能力丧失时，出现充血性心力衰竭症状，黏膜发绀、呼吸高度困难，体表静脉怒张，四肢末端水肿等；重症心肌炎可见全身衰竭，精神沉郁，食欲废绝，昏迷，震颤，突然死亡。

3. 慢性心肌炎呈周期性心脏衰竭、体表浮肿，剧烈运动后，出现呼吸困难，黏膜发绀，脉搏加快，节律不齐。

4. 心电图检查可发现不同类型的心律不齐，与心功能从代偿到失偿的过程相一致；初期 R 波增大、T 波增高、P‑Q 和 S‑T 间期缩短；重症 R 波降低、变钝，T 波增高，P‑Q 和 S‑T 间期延长。

5. 应与心包炎，心内膜炎，心肌营养不良等疾病进行鉴别诊断。

（二）治疗

1. 使患病动物保持安静，避免过度兴奋和运动，给予良好的护理，少量多次地饲喂易消化而富有营养和维生素的饲料，并限制过多饮水。积极治疗原发病。

2. 病初不宜使用强心剂，当出现心力衰竭时，可用 20％安钠咖、10％樟脑磺酸钠，皮下注射，同时输注葡萄糖，以维持心肌营养，对心肌炎有良好疗效；也可将 0.1％肾上腺素 3～5 mL 混于 5％～25％葡萄糖 500～1 000 mL 中缓慢静脉注射。注意心肌炎时禁止使用洋地黄类强心剂，因其可延缓心肌传导性并增强兴奋性，使心肌舒张期延长，导致过早心力衰竭而死亡。

3. 给予大剂量维生素 B₁、维生素 C，有助于损伤心肌的修复和改善心肌代谢。皮质类固醇对心肌炎性病变及变性病变均有一定疗效。

4. 当呼吸高度困难时，应吸入氧气治疗；水肿明显且尿量少时，可应用利尿消肿，如内服利尿素或速尿灵，静脉注射速尿、甘露醇等。

三、急性心内膜炎

（一）诊断要点

1. 常继发或伴发于某些传染病或化脓性疾病过程中。此外，新陈代谢异常、维生素缺乏等也易成为本病的诱因。

2. 由于致病菌种类及其毒性强弱、炎症性质、原发病的表现以及有无全身感染情况的不同，急性心内膜炎的临床症状表现不同。病初表现持久或周期性发热，并伴有上呼吸道感染，精神不振、体温升高、食欲减退等常与原发病同时出现；与此同时，心跳显著加快，心音增强，常有持续性心杂音和期外收缩，脉搏初期亢进而强，不久心音微弱、浑浊、心律失常，呼吸加快而困难，黏膜发绀，腹下及四肢水肿。

3. 血液检查表现为贫血，白细胞总数增加，中性粒细胞增加。新鲜尿液检查可见红细胞，尿蛋白弱阳性。

（二）治疗

1. 积极治疗原发病，保持动物安静，避免兴奋或过度运动，给予营养与易消化食物，限制饮水。

2. 对细菌性心内膜炎，早期应用大剂量抗生素，首选药物为青霉素G、链霉素，其次为红霉素、先锋霉素、新青霉素；如为绿脓杆菌感染，可用庆大霉、黏菌素、阿莫西林等；必要时，几种药物联合使用。

3. 维护心脏功能可选用各种强心剂，如安钠咖、樟脑磺酸钠等。

四、慢性心内膜炎

（一）诊断要点

1. 慢性心内膜炎是以心瓣膜及其腱索、乳头肌等的器质性变化为基础，瓣膜闭锁不全和/或瓣孔狭窄以及血液动力学紊乱为特征的一组慢性心脏病，多发于犬和马。

2. 各种瓣膜病单独发生的较少，多是几种合并发生，称为复合性心脏瓣膜病。

3. 临床表现主要包括器质性心内杂音为主的心区体征以及脉搏异常和颈静脉异常、呼吸困难、皮肤浮肿等血液循环紊乱症状。

（1）二尖瓣闭锁不全，发缩期杂音，肺动脉瓣第二音增强。运动时呼吸困难明显，黏膜蓝紫色，能保持一定时间的代偿期。

（2）三尖瓣闭锁不全，三尖瓣第一音减弱，颈静脉阳性搏动，全身静脉淤血明显，肢体下部浮肿，一般无代偿期。

（3）主动脉瓣口狭窄，发缩期杂音，心搏动增强，脉细硬，有时出现稀脉，脉搏升降徐缓。运动时易疲劳，有时因脑贫血而发生眩晕，减轻运动，病情好转。

（4）肺动脉瓣口狭窄，发缩期杂音，肺动脉瓣第二音减弱，弱脉，黏膜蓝紫色，呈持久性呼吸困难，容易疲劳，代偿机能不稳定。

（5）二尖瓣口狭窄，发张期杂音，二尖瓣第一音高朗而短锐，肺动脉第二音增强。较早出现肺循环淤血而引起慢性支气管炎或肺水肿，运动时呼吸极度困难，黏膜蓝紫色，代偿机能多不稳定。

（6）三尖瓣口狭窄，发张期杂音，心搏动微弱，脉搏细小无力，体表静脉怒张，病初即出现呼吸困难，体表浮肿及体腔积水出现较早，代偿机能弱。

（7）主动脉瓣闭锁不全，发张期杂音，心搏动增强，脉强而大，出现特异性跳脉（脉波急剧升降），由于左心适应性肥大，代偿期较长。

（8）肺动脉瓣闭锁不全，发张期杂音，代偿机能较弱。

（二）治疗

一般无治疗价值且难以治愈，个别价格昂贵的珍稀动物或优良品种，可应用洋地黄强心苷维护心脏功能，延长代偿期。

第六节　血液及造血器官疾病

一、贫血

（一）诊断要点

1. 急性出血性贫血见于各种创伤、内脏出血和破裂、某些中毒、出血性肿瘤等；起病急，可视黏膜苍白，体温低于正常，四肢发凉，脉搏细弱，贫血性心脏杂音，出冷黏汗。慢性的见于胃肠寄生虫病及溃疡、血友病、血小板病、血管新生物等；可视黏膜逐渐变苍白，精神不振，易疲劳，喜卧，后期伴有四肢和胸腹下水肿或体腔积水，血液涂片检查可见淡染的红细胞。

2. 溶血性贫血，血管内溶血可由钩端螺旋体病、溶血性梭菌病、溶血性链球菌病、梨形虫病、锥虫病、新生仔畜溶血病、住白细胞原虫病、不相合血输血、化学毒（美蓝、铜、铅）、生物毒（蛇毒、野洋葱、甘蓝）、水中毒、低磷酸盐血症等引起；血管外溶血可由附红细胞体病、传染性贫血、白血病以及猪、牛、犬、猫等的卟啉代谢病等引起。起病快速或较慢，可视黏膜苍白、黄染，常有血红蛋白尿，体温正常或升高，病程短急或缓慢；血涂片可见大量网织红细胞，血清为金黄色，黄疸指数高。

3. 营养性贫血由微量元素（铁、铜、钴）、维生素（叶酸、泛酸、烟酸、维生素 B_{12}、维生素 B_6、维生素 E、维生素 C）、蛋白质缺乏等引起。起病徐缓，可视黏膜逐渐苍白，被毛凌乱无光泽，体温不高，病程较长，其中缺铁性贫血血液涂片可见中心淡染的小红细胞。

4. 再生障碍性贫血由骨髓受到物理性（如放射性损伤）、化学性（如细胞毒类药物抗癌药、磺胺酰胺、保泰松、苯巴比妥、抗癫痫药等）损伤及病毒感染等引起。除继发于急性放射病外，一般起病较缓慢，可视黏膜苍白有增无减，全身症状越来越重，而且伴有出血性素质综合征，常继发感染，一般预后不良，血液检查，全血细胞减少。

（二）治疗

1. 急性出血性贫血主要是制止出血，解除循环衰竭，恢复血容量。采用外科止血技术或药物止血如肌内注射安络血、止血敏、维生素 K_3 等，或静脉注射止血剂如 10％氯化钙等；失血严重时，可输全血或血浆，或静脉注射右旋糖酐、高渗葡萄糖等。

2. 溶血性贫血重点是对因治疗。中毒和感染引起的，重点是抑制感染或排除毒物、解毒治疗；原虫感染引起的应予杀虫；严重病例可进行输血。为防止肾功能衰竭，应尽早输液或应用利尿剂。

3. 营养性贫血在确定病因后，补充所缺乏的造血必需营养物质，如缺铁时可肌内注射 25％葡聚糖铁或其他铁制剂，缺维生素时补充相应的维生素，缺钴时可肌内注射葡聚糖铁钴或维生素 B_{12}。

4. 再生障碍性贫血主要是积极治疗原发病，除去病因，促进骨髓造血功能。雄性激素可刺激红细胞生成，如肌内注射丙酸睾酮（犬 5～10 mg，1 次/d）或口服氟羟甲睾酮（犬 1～5 mg，1 次/d）。同时，尽量避免使用抑制骨髓的药物。

二、仔猪营养性贫血

（一）诊断要点

1. 主要原因是铁不足或缺乏，有在木板或水泥地面封闭式饲养而又不采取补铁措施的生活史。

2. 病猪精神沉郁，离群喜卧，食欲减退，营养不良，被毛粗乱，缺乏光泽，多数有腹泻，可视黏膜黄染或苍白，耳壳呈灰白色，可听到贫血性心内杂音，轻微运动则心搏动强盛，喘息不止。有的外观肥胖，可在奔跑中突然死亡。

3. 血液检查，血液色淡稀薄，不易凝固，红细胞数减少至 3×10^{12}/L 以下，血红蛋白低于 40 g/L，红细胞着色淡，中央淡染区扩大，红细胞大小不均，以小的居多。

（二）治疗

1. 去除病因，仔猪出生后要在舍饲栏中放入红土（含铁质）或泥炭土，以利于仔猪采食，对哺乳母猪应予以富含铁、铜、钴及各种维生素的饲料，以提高母乳抗贫血的质量。

2. 补充铁剂，硫酸亚铁 75～100 mg/d 或焦磷酸铁 300 mg/d，内服，连用 7 d；或 0.05％硫酸亚铁及等量的 0.1％硫酸铜，5 mL/d，内服或涂于母猪乳头上；或含糖氧化铁注射液，1 mL 含铁 20 mg，仔猪 1～2 mL，肌内注射；或葡聚糖铁钴注射液，生后 4～10 d 的仔猪，在后肢深部肌内注射 2 mL，重症隔 2 d 同剂量重复一次。

3. 过量摄入铁对猪有一定的毒性，应严格控制用量。母猪饲料中硫酸亚铁应在 0.5％以下，用于注射的铁注射液中铁元素含量在 0.05％以下。

三、血斑病

（一）诊断要点

1. 病因尚不完全清楚，一般认为是对链球菌蛋白质变态性反应的结果。通常发生于腺疫、传染性胸膜肺炎、流感以及多种化脓坏死性疾病经过中或临床痊愈之后。

2. 病初可视黏膜出现小点状出血斑块，后融合成大的淤血斑，同时黏膜表面分泌淡黄色浆液，浆液干燥时就形成黄色、黄褐色或污秽色的干痂。重症病例出血的黏膜发生坏死，形成溃疡。

3. 皮肤和皮下结缔组织中出现小的浆液性出血性肿胀，一般多数在面部及鼻镜，且不一定呈对称性，既可突然发生，也可经几天逐渐发生，肿胀无热无痛，呈捏粉样硬度，随后肿胀皮肤渗出少量黄色黏稠液体，干燥后形成黄褐色痂块。眼睑肿胀外翻，眼球突出如金鱼眼。

4. 由于各内脏器官发生肿胀和坏死，常出现相应的机能紊乱，常见的有咽下障碍、呼吸困难、腹痛、血尿，或伴发肺坏疽、出血性胃肠炎，甚至引起肠穿孔、腹膜炎。

5. 轻症时体温接近正常，发生并发症则可发生高热。

6. 血液学检查，重症者红细胞和血红蛋白减少，嗜中性白细胞增多症，但血小板数量正常，轻症病例有白细胞增多症，核左移。白细胞减少则表示预后不良。

（二）治疗

1. 给予足量的清洁饮水和柔软易消化的全价饲料，并安置在宽敞、通风良好的舍内。

2. 缓解变态反应可用氢化可的松或 $0.5\%\sim1\%$ 普鲁卡因静脉注射；也可用盐酸苯海拉明，马 $0.2\sim1.0$ g，牛 $0.6\sim1.2$ g，猪、羊、犬等 $0.08\sim0.12$ g，$1\sim2$ 次/d，内服；异丙嗪，马、牛 $0.25\sim1.0$ g，猪、羊、犬等 $0.1\sim0.5$ g，$1\sim2$ 次/d，内服；同时配合使用维生素 C。此外，可静脉注射钙剂，大动物用 10% 氯化钙或葡萄糖酸钙 $100\sim200$ mL、5% 维生素 C $20\sim40$ mL、$5\%\sim10\%$ 葡萄糖生理盐水 $500\sim1\,000$ mL，混合静脉注射，1 次/d，连续使用 3 d，中小动物用量酌减。

3. 输全血对本病有良好效果，马、牛每次 $1\,000\sim2\,000$ mL，1 次/d，连续数日。

4. 防止感染和败血症可使用抗生素或磺胺类药物。

四、血小板减少性紫癜

（一）诊断要点

1. 原发性的临床少见，多发生于某些传染病、寄生虫病经过中，以及临床使用某些具有细胞毒的化学药物，如氮芥、环磷酰胺、二甲磺酸丁酯、磺胺、氨基比林等。

2 临床表现皮肤和眼、口腔、鼻等处黏膜有大小不等的出血点、出血斑；重症时可突然产生广泛的皮肤黏膜出血，致皮肤大片淤斑、血肿或消化道、泌尿道出血，甚至颅内出血。

3. 血小板数明显减少，生存时间明显缩短，出血时间延长，血块回缩不良，骨髓形成血小板巨核细胞减少，与血小板相关的 IgG 增高，白细胞总数正常或稍高。

（二）治疗

1. 查明病因，积极治疗原发病。

2. 使用肾上腺皮质激素，如氢化可的松、地塞米松、泼尼松等，猪、羊、犬 $20\sim80$ mg，马、牛 $200\sim500$ mg 溶于 $500\sim1\,000$ mL 5% 葡萄糖溶液中，缓慢静脉注射，1 次/d，连用 $3\sim5$ d。

3. 严重出血者，可输给新鲜血液或血浆。

4. 应用促进血小板生产的药物，如辅酶 A、ATP、维生素 B_{12}、利血平、核苷酸、肌苷、叶酸、丙酸睾丸酮等。

5. 顽固不愈的病例，可施行脾切除术。

五、犬、猫血友病

（一）诊断要点

1. 主要症状是出血性素质，有不同程度的出血倾向，出血前没有任何征兆，常见部位为黏膜。受轻微的撞击或损伤即可引起严重出血或形成皮下血肿，出血时流血不止，呈水样，不凝固。

2. 有患病家族史或自幼有出血倾向。

3. 血液检查凝血时间显著延长，但血液有形成分，特别是血小板数正常。毛细血管脆性正常。

（二）治疗

1. 输血，猫为每千克体重 10～20 mL，犬为每千克体重 6～10 mL，病情较轻者可用新鲜血浆静脉注射，每千克体重 6～10 mL，2～3 次/d，以补充所缺乏的凝血因子。

2. 静脉输注入医用凝血因子Ⅷ和Ⅸ，每千克体重 5～10 U。由于凝血因子Ⅷ的半衰期 10～18 h，因子Ⅸ为 12～24 h，故需不断补充。

3. 注射抗血友病球蛋白（AHG）剂量为 AHG 单位数＝体重×希望提高 AHG 浓度（%）。

4. 使用抗纤溶药，如 6-氨基己糖（2～3 g），抗血纤溶芳酸（0.05～0.2 g）或止血芳酸（0.1～0.2 g）等，静脉注射，2～3 次/d。

5. 使用肾上腺素，可提高凝血因子Ⅷ的活性和含量，延长半衰期，有颉颃纤维蛋白溶解和改善血管张力的作用。常用泼尼松每天每千克体重 0.6～2.5 mg，分 4 次口服。也可用氢化可的松 5～20 mg 或地塞米松 0.25～1 mg 静脉注射。

第七节　内分泌系统疾病

一、犬、猫尿崩症

（一）诊断要点

1. 垂体源性尿崩症主要是由于肿瘤、囊肿、肉芽肿以及脑外伤和神经胶质增生等原因压抑垂体神经部，使合成和分泌抗利尿激素减少而引起；肾源性尿崩症是由于肾脏疾病和纤维变性等原因，使抗利尿激素对肾小管的作用降低，肾远曲小管和集合小管对肾小球滤过液的重吸收减少，从而使排尿量增多。

2. 最主要的症状是尿多和渴欲增加，限制饮水后尿量仍不减，多尿导致机体脱水、消瘦。饮水量超过每千克体重 100 mL/d，排尿量大于每千克体重 50 mL/d，尿呈水样清亮透明，不含蛋白，尿相对密度降低（1.001～1.006）。

3. 垂体源性尿崩症使用外源性抗利尿激素后，尿量减少、密度升高。

（二）治疗

1. 垂体源性尿崩症可用 1-去氨-8-D-精氨酸加压素（DDAVP），1～4 mg/只，肌内注射；或用单宁酸后叶加压素每千克体重 0.05～1 IU，间隔 2～3 d 肌内注射 1 次。

2. 肾源性尿崩症一般难以取得良好的治疗效果，可口服氯磺丙脲，每千克体重 3 mg，1 次/d；或用氯噻嗪，每千克体重 10～20 mg，分 2 次口服。

二、甲状腺机能亢进

（一）诊断要点

1. 一般认为与自身免疫、遗传因素、内分泌机能紊乱、碘缺乏、过度刺激等有关。甲状腺肿瘤是最主要的原因。多发生于马、犬和老龄猫。

2. 犬初期表现尿频、食欲增加，随后体重减轻，消瘦，排便次数增加，体乏无力；随后出现烦躁不安、易兴奋和易疲劳，眼球不同程度地突出，流泪、结膜充血，心搏和呼吸加快，血压升高。

3. 猫发病缓慢，一般 9 岁以上的老猫才表现临床症状。典型症状是消瘦和食欲旺盛，排粪次数增加和量大，多尿烦渴，走动不安，频频嘶叫，心跳加快，血压升高。

4. 血清中甲状腺素高于 40 μg/L，或三碘甲状腺原氨酸高于 2 000 ng/L。

（二）治疗

1. 抗甲状腺药物治疗，常用丙基硫脲嘧啶，犬 100 mg、猫 50 mg，3 次/d，口服；或甲亢平（新唉苄唑），5～10 mg，3 次/d，口服，连用 3 周；如症状不改善，可适当加大剂量，如好转则适当减量。也可口服复方碘甘油 0.2～0.4 mL 或碘化氢糖浆 1.0 mL，1 次/d，连用 3～10 d。

2. 放射性 ^{131}I 治疗，一般剂量为每克甲状腺组织给予 ^{131}I 2.22×10^6～2.96×10^6 Bq，一次口服。

3. 长期服用抗甲状腺药物无效或停药后复发者，可施行甲状腺部分或全切除术。对重症病例，并伴有心功能合并症者，应先用药治疗一段时间后再手术。若全部切除两个甲状腺，则需终身服用甲状腺粉。

4. 限制动物运动，补充高能量食物和维生素、钙、磷等。

三、甲状腺机能减退

（一）诊断要点

1. 成年犬的早期症状是脱毛，以尾近端和远端背侧最明显。多数病例表现易疲劳、好睡喜暖、对外界刺激反应迟钝、皮毛干枯。此外还表现流产、不育、性欲减退、发情间期延长等全身症状。重症病例的皮肤色素过度沉着，皮肤增厚（眼上方、颈和背侧尤为明显）；体重增加，四肢感觉异常，面神经或前庭神经麻痹，精神兴奋，有攻击行为；运动强拘，体温低下，窦性心动过速。幼犬突出的症状是不对称性侏儒和智力低下。

2. 血液检查，红细胞和血红蛋白减少，呈中度贫血；血清胆固醇、脂蛋白、甘油三酯升高；甲状腺吸 ^{131}I 率明显降低，而尿中 ^{131}I 排泄量增大；血清蛋白结合碘在每 100 mL 2.5 μg 以下。

3. 心电图检查显示低电压，窦性心动过缓，T 波低平或倒置。

（二）治疗

左旋甲状腺素每千克体重 0.02～0.04 mg 或三碘甲状腺原氨酸每千克体重 0.05 mg，口服，3 次/d。伴有肾上腺皮质机能不全时，可同时口服强的松等；伴有贫血时，可同时使用铁剂、叶酸、维生素 B$_{12}$ 等。但甲状腺素剂量过大时，会发生尿频、口渴、烦躁不安等类似甲状腺机能亢进的症状，长期大剂量使用还会出现机体消瘦、心率加快等副作用。

四、甲状旁腺机能亢进

（一）诊断要点

1. 原发性甲状旁腺机能亢进多由甲状旁腺肿瘤或增生引起，主要特征是高钙血症，表现肌无力、心动过缓、食欲不振、呕吐、便秘、多饮、多尿，因骨质脱钙，导致骨骼变软变脆，易跛行和骨折。继发性甲状旁腺机能亢进多由饲料中磷多钙少引起，除具有原发病的症状外，表现骨质疏松，颜面骨肥厚，咀嚼疼痛。肾脏疾病引起的甲状旁腺机能亢进，则表现全身骨吸收，尤其是头部骨骼，成年犬可见下颌骨脱钙，变软，齿尖端弯曲。

2. X 线检查显示骨质脱钙，皮质变薄，骨质呈纤维状或虫蚀状，牙槽骨板吸收和骨囊肿形成。

3. 血液检查，原发性甲状旁腺机能亢进血钙升高达 $3.0\sim3.5$ mmol/L，血磷降低，碱性磷酸酶活性升高，尿中钙升高；但晚期肾功能衰竭时，血钙可降低、血磷可升高。继发性甲状旁腺机能亢进血钙和血磷正常或低下。

（二）治疗

1. 原发性甲状旁腺机能亢进，应先确定肿瘤部位，然后用手术切除，并结合化学疗法、放射线疗法、免疫学疗法及对症治疗，但要注意，术后血液中甲状旁腺素的浓度迅速降低，$12\sim24$ h 内血钙浓度也随之降低，所以术后应特别注意静脉补充 10%葡萄糖酸钙，每千克体重 1 mL，或口服葡萄糖酸钙和维生素 D_3。

2. 继发性甲状旁腺机能亢进，应积极治疗原发病，调整日粮中的钙磷比例，重症者可在日量中添加乳酸钙或碳酸钙（具体措施与骨软症相同）。

五、甲状旁腺机能减退

（一）诊断要点

1. 常见原因是甲状腺手术时损伤或切除了甲状旁腺，或长期大量应用钙制剂造成甲状旁腺萎缩。

2. 临床上突出表现为神经肌肉兴奋性增强，全身肌肉抽搐、痉挛，动物虚弱、呕吐、神态不安、神经质和共济失调，心肌受损而表现心动过速。病程长时，可见皮肤粗糙、色素沉着，被毛脱落，牙齿钙化不全，常并发白内障。

3. 心电图检查 Q-T 间期和 S-T 段延长，T 波矮小。血液检查，血钙明显降低（低于 1.75 mmol/L），血磷严重升高。尿液检查钙、磷浓度降低。

（二）治疗

1. 用 10%葡萄糖酸钙静脉注射以缓解抽搐症状，犬 $10\sim30$ mL，猫 $5\sim15$ mL，2 次/d，或用 5%氯化钙静脉注射，犬 $5\sim18$ mL，猫 $3\sim7$ mL。控制痉挛后，口服葡萄糖酸钙或乳酸钙，$1\sim2$ g/d，分 3 次，同时服用维生素 D_3 25 000$\sim$5 000 μg/d。此外，还可肌内注射双氢速固醇 $0.5\sim1$ mL，有类甲状旁腺素的作用，但用药期间应注意观察血钙和尿钙的变化。

2. 丙磺舒 $1\sim2$ g/d，口服，有抑制肾小管重吸收磷的作用。

3. 氢氧化铝胶 20 mL/d，分 3 次口服，可减少肠道对磷的吸收。

六、肾上腺皮质机能减退

（一）诊断要点

1. 急性型的表现低血容量性休克症候群，动物呈虚脱状态，心动过缓，节律不齐，血压下降，腹痛、腹泻、呕吐。

2. 慢性型的临床症状不明显，表现轻度肌无力，精神沉郁，食欲不振，胃肠机能紊乱时轻时重，全身虚弱。

3. 血液检查白细胞总数及淋巴细胞增多，血液尿素氮浓度升高，血氯、血钠浓度降低，血钾升高。

4. 肾上腺皮质机能试验，血浆中 17-羟皮质类固醇浓度降低，24 h 尿中 17-羟皮质类固醇及 17-酮皮质类固醇显著低于正常；促肾上腺皮质兴奋试验，血浆和尿中 17-羟皮质类固醇均不增高。

（二）治疗

1. 重点是纠正水电解质紊乱和酸中毒，及时补充皮质类固醇激素。

2. 急性型的，地塞米松每千克体重 0.5 mg 或氢化泼尼琥珀酸钠，溶于适量 5% 葡萄糖生理盐水中，一次静脉注射，之后肌内注射醋酸去氧皮质酮，每千克体重 0.2 mg，1 次/d；5% 碳酸氢钠静脉注射，纠正酸中毒；若仍不见好转，可用 2 mL 去甲肾上腺素稀释在 5% 葡萄糖生理盐水中，静脉注射。

3. 慢性的可肌内注射醋酸去氧皮质酮，每千克体重 0.1 mg，1 次/d，直至恢复正常。

七、肾上腺皮质机能亢进

（一）诊断要点

1. 糖皮质激素过多时，主要表现对称性脱毛，皮肤变薄，形成皱襞，食欲异常，腹壁松弛，四肢无力，运步蹒跚。

2. 原发性醛固酮过多时，由于钠与水潴留，钾与氯排出增多，发生水盐代谢紊乱，引起心脏肥大、扩张甚至衰竭，后期呈低钾低氯性碱中毒，具有低血钾症候群，表现肌肉无力，抽搐，烦渴多饮、多尿，持续性高血压。

3. 肾上腺性变态综合征主要表现母犬的公性化，或假性半阴阳。

4. 血液检查见红细胞增多，淋巴细胞减少，嗜酸性粒细胞减少；血糖增高，血钠正常或偏高，血钾和血氯偏低，二氧化碳结合力上升，碱性磷酸酶常偏高。

5. 肾上腺皮质机能试验，血浆中 17-羟皮质类固醇浓度为正常值（每百毫升 3~10 μg）的 2~3 倍，一般可达 20 μg% 以上。昼夜周期性波动消失，对本病的诊断有意义。24 h 尿中 17-羟皮质类固醇和 17-酮类固醇测定值升高。

6. ACTH 激发试验：先禁食，采血测定皮质醇浓度，然后肌内注射肾上腺皮质激素，2 h 后再测定皮质醇浓度，若高于正常，即可确诊为垂体性肾上腺皮质机能亢进，若低于正常值，可确定为机能性肾上腺皮质肿瘤性肾上腺皮质机能亢进。

7. 原发性醛固酮增多症的尿密度降低，pH 升高，尿钾增高，血钾降低，血钠升高，血浆醛固酮增高。

（二）治疗

1. 手术治疗：对肾上腺皮质增生、肿瘤，应进行手术切除，但术后必须应用皮质激素替代疗法。

2. 化学疗法：用双氯苯二氯乙烷（O，P-DDD）每千克体重 50 mg，口服，1 次/d，连服 10 d。显效后每周服药 1 次。也可内服甲吡酮 100~200 mg，3 次/d。

3. 对原发性醛固酮增多症可试用安体舒通 20~30 mg，口服，3 次/d，同时应进行补钾治疗。

八、胰岛素分泌过多症

（一）诊断要点

1. 最突出的特征是间歇性的癫痫发作。轻症者神态不安，四处吠叫，共济失调，晕厥，粪尿失禁，肌肉痉挛。重症者恶心呕吐，心跳加快，神经过敏，视力障碍等。

2. 胰岛素和葡萄糖之比试验（AIGR）：饲喂食物 2 h 后每隔 2～3 h 采血，测到血糖低于 3.4 mmol/L 时为止，测定此时血样中血糖和胰岛素的浓度，按下式计算：

AIGR＝血清胰岛素（μg/mL）×100/血清葡萄糖（每百毫升毫克数）－30，正常犬的 AGIR 比值为 11.36～19.74，大于 30 的为异常，表明有 β 细胞肿瘤存在。

（二）治疗

1. 手术切除肿瘤是根治方法。但因这种 β 细胞肿瘤多为恶性的，故手术难以彻底切除，存活率不高。

2. 提高血糖浓度，静脉注射 10%～25% 葡萄糖；肌内注射糖皮质激素，泼尼松每千克体重 4 mg 或地塞米松每千克体重 0.5～2.0 mg；还可每日口服苯妥因钠每千克体重 10 mg。

九、犬、猫糖尿病（胰岛素分泌减少）

（一）诊断要点

1. 犬糖尿病主要发生在 4～14 岁，其中 7～9 岁最多见，母犬比公犬多发；猫多发生在 5 岁以上的短毛品种，性别与发病无差异。

2. 糖尿病的典型症状是"三多一少"，即多饮、多尿、多食和体重减轻，还有血糖升高。病初表现多尿，引起脱水，代偿性的渴欲增加；随病情发展，食欲亢进，进食量剧增，但体重减轻、进行性消瘦，易疲劳、喜卧，运动耐力下降；严重者发展为酮酸中毒，表现厌食、沉郁、顽固性呕吐、脱水、呼吸急促、呼出气体带有烂苹果味，最后陷入糖尿性昏迷。

3. 血糖升高，可达 8.4 mmol/L 以上（正常值为 3.9～6.2 mmol/L）。

4. 对处于高血糖而无尿糖的潜在性糖尿病的犬、猫，可做葡萄糖耐量试验：禁食 24 h，口服葡萄糖，按每千克体重 1.75 g，口服前和口服后 30、60、90、120 和 180 min 分别测定血糖，正常犬在口服葡萄糖 30～60 min 后血糖达峰值，60～90 min 后恢复正常范围，病犬口服葡萄糖 60 min 后，血糖一般不超过每百毫升 150 mg，并持续较长时间才下降。

（二）治疗

1. 症状较轻时，可饲喂低脂肪食物，禁糖，充分饮水，如果饮水减少，则表明治疗有效。此外，氯磺丙脲能直接刺激胰岛 β 细胞释放胰岛素，降低血糖，用量每千克体重 2～5 mg，1 次/d；降糖灵可促进周围组织对葡萄糖的利用，20～30 mg/d，口服。

2. 重症时，用中性鱼精蛋白锌胰岛素（NPH）和鱼精蛋白锌（PZI），皮下注射，犬的首次剂量为每千克体重 0.5～1.0 μg，猫为每千克体重 0.25 μg，前者注射后 1～3 h 起作用，4～8 h 达血药高峰，可维持 12～24 h，后者注射后 3～4 h 起作用，14～20 h 达血药高峰，可维持 24～36 h。

3. 对糖尿病性昏迷的犬，可用普通胰岛素，首次剂量为每千克体重 1～5 μg，根据用药后的反应，间隔 6～8 h 皮下注射，同时静脉注射葡萄糖加林格氏液，4 h 后加入 5% 碳酸氢钠每千克体重 1.5 mL。

4. 当出现酮酸中毒时（血清碳酸氢根低于 12 mmol/L），应用 5% 碳酸氢钠纠正酸中毒。

5. 为了补充丢失的体液，可静脉补液，补液量应根据体液丢失量和维持需要量来计算。为防止发生脂肪肝，可每天在食物中加入氯化胆碱 0.5～2.5 g，也可添加胰蛋白酶和胆盐。

6. 糖尿病可影响母犬和猫的发情、怀孕，在控制病情后，可全部切除子宫和卵巢。

第四章

营养代谢病和中毒病

第一节 糖、脂肪及蛋白质代谢障碍疾病

一、牛酮病

（一）诊断要点

1. 任何导致碳水化合物摄入不足或营养不平衡、生糖物质缺乏或吸收减少的因素均可引起。常见于营养良好的高产乳牛，给予含蛋白质和脂肪高的饲料，而碳水化合物不足；或营养不良的乳牛，给予低蛋白、低脂肪、低碳水化合物的饲料，引起体脂和体蛋白分解而产生酮体。

2. 神经型 病牛对外界敏感性增高，有的虽对外界刺激无异常反应，但可出现 $1\sim2$ d 的显著兴奋。随病情发展，病牛淡漠，对外界刺激反应减弱甚至消失。

3. 消化型 病牛食欲减退，有的仅采食少量青饲料及块根饲料而拒食精料；反刍减少，瘤胃蠕动音减弱或消失，粪便干硬，外覆黏液；机体逐渐消瘦，泌乳量明显下降；呼出气、汗、尿、乳、粪均有酮味。阴户常有分泌物。

4. 乳热型 病牛先兴奋后抑制，四肢无力，步态不稳，后肢轻度瘫痪，头颈常向下弯曲，反射迟钝，进而后躯麻痹，昏迷；乳房肿胀、浅表静脉怒张，泌乳量下降，乳、尿、汗及呼出气等均有酮味。

5. 亚临床型（隐性型） 病牛无明显临床症状，但呼出气有酮味。临床多见，应予重视。

6. 实验室检查 血酮在 $1.7\sim3.4$ mmol/L 即为亚临床酮病（尿酮呈阳性反应）；乳酮达 0.17 mmol/L，应注意酮病可能；超过 0.26 mmol/L，可诊断为酮病；血酮超过 3.4 mmol/L，即为临床酮病。

（二）防治

1. 提高血糖 可静脉滴注 25% 葡萄糖 $500\sim1\,000$ mL，2 次/d，也可腹腔注射；或 50% 果糖溶液，每千克体重 0.5 g，1 次/d。同时给予生糖物质，如内服丙二醇 $100\sim120$ mL/d，连用 3 d；内服或拌料丙酸钠 $250\sim500$ g/d，连用 $7\sim10$ d；或内服甘油（丙三醇）240 mL/d。对体质较好的牛，肌内注射促肾上腺皮质激素（ACTH）$200\sim600$ U；或肌内注射醋酸可的松 $1\sim1.5$ g，或氢化可的松 0.5 g 加入糖盐水中静脉滴注，1 次/d。

2. 解除酸中毒 可静脉滴注 5% 碳酸氢钠 $300\sim500$ mL，$1\sim2$ 次/d；或内服碳酸氢钠 $50\sim100$ g，1 次/d。

3. 调整瘤胃机能 可内服健牛新鲜胃液 $3\,000\sim5\,000$ mL，$2\sim3$ 次/d；或内服脱脂乳 $2\,000$ mL、葡萄糖 $500\sim1\,000$ g（加水），1 次/d，连用 3 d。

4. 对症治疗，兴奋不安时，用 $20\sim30$ g 水合氯醛、400 g 砂糖，加水内服。为促进病愈，可配合应用维生素 B_1、维生素 B_2、维生素 B_6 等。

5. 氯酸钾 30 g，溶于 250 mL 水中灌服，2 次/d，认为具有特效的抗酮作用。

6. 产前 3 月至产后应给予足够的碳水化合物饲料。也可每天饲喂 240 g 丙酸钠，分 2 次给予，连用 10 d。以适量干草替代青贮，改善环境，适当运动，多晒太阳。注意及时治疗前胃疾病、子宫疾病等。

二、低血糖症

（一）诊断要点

1. 多发生于 7 d 以内的新生仔猪，表现食欲废绝，卧地不起，精神委顿，被毛干枯无光泽，四肢软弱无力。约有 1/2 病猪卧地后可出现阵发性痉挛，头向后仰，四肢作游泳状，眼球不动，瞳孔散大，口微张，口角流出少量泡沫。有的病猪轻瘫，四肢软绵可任人摆弄。痉挛性收缩时，体表感觉迟钝或消失，体表冰冷，体温偏低。

2. 鸽病时表现站立困难，偶尔挣扎站立几秒钟或前移身体，但很快又摔倒，两翅下垂，卧地，眼睛不停看人。喂食欲吃，但吞咽困难而无力食入。欲站不能，两腿及趾部冰凉，体温偏低。

3. 血糖显著降低，仔猪为 0.24 mmol/L，鸽为 10.08～14.0 mmol/L。

（二）防治

1. 仔猪可用 10%～25% 葡萄糖，腹腔或静脉注射，每 5～6 h 1 次，连用 2～3 次；鸽可用 10% 葡萄糖 20～30 mL、复方生理盐水 20 mL、维生素 C 注射液 50 mg，缓慢静脉注射，1 次/d，连用 2 d。

2. 促进糖原异生，仔猪可交替应用 ACTH 和肾上腺皮质激素。ACTH10～15 U 肌内注射；醋酸可的松 0.1～0.2 g，或醋酸氢化可的松 0.025～0.05 g，肌内注射。

3. 维持笼舍温度和卫生。仔猪可于生后 4～12 h 内补给 5% 葡萄糖。防止饥饿，及时人工哺乳或投给乳酸菌乳，可以有效地预防。

三、马麻痹性肌红蛋白尿症

（一）诊断要点

1. 休闲期间的马饲喂富含碳水化合物的饲料，骨骼肌特别是后肢肌肉蓄积大量糖原，突然运动或使役后，肌糖原大量酵解，产生大量乳酸而发病。

2. 长期休闲的马在运动后 15～60 min 发病。表现为大汗淋漓，呼吸急迫，步态僵硬。轻症病例一侧或两侧后肢运动不灵活或呈混合跛行；中度病例肌肉震颤，负重困难，呈"犬坐姿势"，重症则倒地侧卧，极度痛苦、不安骚动，体温可升高达 40.5 ℃ 以上。肌肉损害多发生于两后肢，臀、股部肌肉肿胀、变硬，针刺反应迟钝或丧失。尿呈啤酒色、葡萄酒色乃至酱油色。

3. 亚急性经过者大多症状缓和，可不表现肌红蛋白尿而有蛋白尿。整个臀部触之敏感疼痛，患马蹲伏，后肢运动不自然或出现跛行。

4. 尿中含肌红蛋白（大于 2.34 mmol/L），血清肌酸磷酸激酶（CPK）、天冬氨酸转氨酶（AST）、丙氨酸转氨酶（ALT）活性、乳酸浓度显著升高，CO_2CP 降低。

（二）防治

1. 用 5% 维生素 C 20～40 mL 和 5% 维生素 B_1 20 mL，皮下或静脉注射，1 次/d；或胰

岛素 200～600 U，肌内注射；或 2.5％醋酸可的松 20～40 mL，肌内注射；或氢化可的松 20～40 mL，静脉注射。促进肌肉组织中乳酸的氧化还原。

2. 用 5％碳酸氢钠 500～1 000 mL，静脉滴注，解除酸中毒；体壮患畜可先放血 1 000～3 000 mL，20％亚硫酸钠 100～150 mL 或 5％～10％氯化钠溶液 200～300 mL，一次静脉滴注。也可用 5％碳酸氢钠溶液 1 500～2 000 mL，上午静脉滴注，40％乌洛托品 100 mL、10％水杨酸 50 mL、10％安钠咖 20 mL，混合后下午静脉滴注，1 次/d，5～7d 为一疗程。

3. 依病情进行导尿、强心、灌肠、镇静和抗生素治疗。加强护理，保持安静，多给饮水，防止褥疮。对兴奋不安的病马，可给予 5％水合氯醛酒精 200～300 mL，或 25％硫酸镁 100 mL，静脉滴注。

4. 马在休息期间，日粮精料尤其谷类应为平时的一半，劳役时再逐渐恢复。运动开始前，应先适当运动，并逐渐增加运动量。避免长期休闲和突然服重役。

四、黄脂症

（一）诊断要点

1. 日粮中不饱和脂肪酸过量，B 族维生素、维生素 E 缺乏以及采食脂肪酸败、氧化、变质的动物性饲料等引起。

2. 猪临床表现为衰弱、萎靡不振，被毛粗乱，黏膜苍白，食欲减退，有的跛行，有的可突然死亡。剖检见体脂呈柠檬黄色，骨骼肌和心肌灰白、质脆，淋巴结肿胀，肝脂肪变性而呈黄褐色，肾灰红、横断面髓质浅绿。

3. 猫、犬临床表现为精神不振，常蹲伏于僻静处，皮肤及眼结膜黄染。剖检可见皮下脂肪，特别是腹部脂肪呈黄色或橙黄色。

4. 水貂主要发生于 7～8 月龄。易发于体质肥胖、采食能力强的小公貂。急性型主要表现为腹泻，粪呈绿色或灰褐色，其中混有气泡和血液，最后为煤焦油样，常痉挛而死，死前多排出血红蛋白尿；有的病貂腹围增大，后躯麻痹，鼠蹊部可触及有片状或索状硬固脂肪。最急性者可无任何症状而死亡。慢性型主要表现为肠炎、腹泻，排出黏稠的沥青样粪便，如在妊娠期发病，可导致胎儿死亡、流产、吸收，或子宫破裂而堕胎儿于腹腔等，母貂性器官出血。剖检可见皮下脂肪增生呈柠檬色或黄褐色，头颈部和后臀部皮下有水样或胶样渗出液，腹腔内有浑浊的黄褐色液体，子宫壁水肿，胎儿周围坏死，肝颗粒变性。

5. 毛丝鼠临床表现为拒食，消瘦，孕鼠空怀、流产、死胎。黄疸、黄耳，严重者腹部、会阴部、鼠蹊部皮肤均变黄。剖检与水貂相似。

（二）防治

调整日粮，禁喂鱼粉或蚕蛹，必要时每日补给维生素 E，猪 500～700 mg，水貂 5 mg，犬 50～100 mg，猫 20～50 mg；水貂、毛丝鼠可肌内注射维生素 E。防止给予过多的含不饱和脂肪酸高的饲料，严禁给予腐败、变质鱼类及鱼粉。

五、肥胖母牛综合征（牛脂肪肝病）

（一）诊断要点

1. 主要原因是干乳期饲喂量过多而使母牛在妊娠后期和产犊时过于肥胖。

2. 患牛无明显临床症状。通常是先拒食精料，随后拒食青贮料，但采食干草，有的表现异食癖；体重迅速减轻，皮肤弹性减弱；粪便干而硬，严重的出现稀便；精神中度沉郁，不愿走动和采食，有时有轻度腹痛症状；体温、脉搏和呼吸次数正常，瘤胃运动稍有减弱，病程长时，瘤胃运动可消失；重度病牛如得不到及时治疗，可死于过度衰弱、自体中毒，或死于伴发的其他疾病；轻度和中度病例，约经一个半月的时间可能自愈，但产奶量不能完全恢复，免疫力和繁殖力均受到影响。

3. 患牛常有低钙血症（60～80 mg/L），血清无机磷浓度升高达 6～46 mmol/L（200 mg/L）。开始时呈现低糖血症，但后期呈高糖血症。血液中酮体、谷草转氨酶（GOT）、鸟氨酰基转移酶（OCT）和山梨醇脱氢酶（SDH）活性升高，明显的酮尿和蛋白尿，白细胞总数升高。

4. 剖检可见肝脏轻度肿大，呈黄白色，脆而油润；肾小管上皮脂肪沉着；肾上腺肿大、色黄；真胃内常呈寄生虫侵袭性炎症，霉菌性胃炎和灶性霉菌性肺炎等。

5. 应与生产瘫痪、卧地不起综合征、酮病、真胃变位等相区别。

(二) 防治

1. 静脉滴注 50％的葡萄糖 500 mL，1 次/d，连续 4 d 为一个疗程；也可腹腔内注射 20％的葡萄糖 1 000 mL。同时，肌内注射倍他米松 20 mg，随饲料口服丙二醇或甘油 250 mL，2 次/d,连服 2 d，随后 110 mg/d，再服 3 d，效果较好。

2. 每日口服烟酸 15 g、胆碱 80 g 和纤维素酶 60 g，同时静脉滴注高浓度葡萄糖，效果良好。

3. 水合氯醛能增加瘤胃中淀粉的分解，促进葡萄糖的生成和吸收。因此可投给水合氯醛，开始口服 30 g，随后减为 7 g，2 次/d，连服数日。

4. 限制干乳牛的精料饲喂量，保证日粮中含有充足的钴、磷和碘；妊娠后期适当增加户外运动量。

5. 及时治疗影响消化吸收的胃、肠道疾病；在产后逐渐增加精料，以防出现消化不良。

6. 从产前 14 d 开始，每天每头牛补饲烟酸 8 g、氯化胆碱 80 g 和纤维素酶 60 g，可有效降低脂肪肝发病率。也可从分娩开始补饲丙酸钠 110 g/d，连喂 6 周，或口服丙二醇 350 mL/d，连用 10 d 均可取得良好的效果。

六、犬、猫肥胖综合征

(一) 诊断要点

1. 由于总能摄入超过消耗，使脂肪过度蓄积而引起。与品种、年龄和性别有关，一般 10 岁以上的大、老龄猫肥胖的概率在 60％左右，且母犬、母猫多于公犬、公猫；巴哥犬、比格犬、达克斯猎犬、拉布拉多犬、雷特里弗犬和短毛猫等均为容易肥胖的品种。与遗传因素有关，肥胖犬、猫的后代往往也易肥胖。去势、摘除卵巢和某些疾病（如糖尿病、甲状腺机能减退、肾上腺皮质机能亢进、垂体瘤、下丘脑损伤等）可能引起犬、猫食欲亢进和嗜睡，导致体重逐渐增加而变肥胖。不良的饲养方式是造成肥胖的主要原因，如给予热量极高的食物（如奶油蛋糕等）和过于精细的食物，且在时间和食量上无节制；每天的运动量很少，未养成良好的遛狗、逗猫习惯，使其长期处于贪吃贪睡、嗜暖怕冷状态，机体的新陈代谢减缓，脂肪不断累积而迅速肥胖。

2. 当犬、猫体重超过正常体重 15％以上就可以判定患有该病。患犬、猫体态丰满，皮下尤其是腹下和体两侧皮下脂肪多，用手摸不到肋骨；食欲亢进，不耐热，易疲劳，运动时喘息；不愿活动；易发生骨折，关节炎；易患心脏病、糖尿病，生殖功能低下；寿命短。血浆胆固醇含量升高。

（二）防治

定时定量饲喂，多次少量；加强运动，减食，只喂平时食量的 60%～70%；甲状腺机能减退者，可使用甲状腺素按每日每千克体重 0.02～0.04 mg，分 1～2 次拌入食物中饲喂或甲状腺粉每日 20～30 mg，分 2～3 次拌入食物中饲喂。

七、猫脂肪肝综合征

（一）诊断要点

1. 各种年龄和品种猫均可发病，雌性的发病率高于雄性，并且多见于老龄猫。与日粮食物变更、运动不足、饥饿以及抗脂肝物质不足等有关，也与营养不良、机体代谢异常以及毒素造成肝脏损伤有关；猫自身不能合成精氨酸，当精氨酸缺乏时会导致血氨升高，也可引发猫脂肪肝。

2. 多数脂肪肝患猫体态肥胖，腹围较大。早期可见精神沉郁，嗜睡，全身无力，行动迟缓，食欲下降或突然废绝，之后体重减轻（通常会超过体重的 25%），脱水，患病动物体温略有升高，尿色发暗或变黄，常见间断性呕吐。发病后期可见可视黏膜、皮肤、内耳和齿龈黄染。

（二）防治

1. 提供高蛋白低脂肪食品以扭转机体的代谢性饥饿状态。对于严重厌食的猫，可通过鼻饲管喂食。

2. 药物治疗可用输液疗法，同时服用熊去氧胆酸（帮助胆汁流动并阻止肠道内胆汁产物的毒素吸收）、腺苷蛋氨酸（抗氧化剂，维护肝脏功能）、卡尼丁（转运脂肪）和多种维生素等。

八、犬、猫糖尿病

（一）诊断要点

1. 由于胰岛素相对或绝对缺乏，引起的碳水化合物、脂肪和蛋白质的代谢紊乱引起。犬、猫糖尿病发病率为 0.2%～1%。中龄犬，特别是 8 岁龄犬最易发病，萨摩耶犬和荷兰狮毛犬可遗传发病，凯恩犬、贵宾犬、腊肠犬等易肥胖犬的发病率高，雌性是雄性发病的 2 倍，主要是由于孕酮和孕激素介导的生长激素所致。中龄、老龄猫易发病，而且雄性比雌性多，去势公猫最易发病。

2. 糖尿病分 I 型和 II 型。I 型为胰岛功能损伤，无法分泌胰岛素，依赖补充外源性胰岛素治疗，故又称依赖性糖尿病；II 型糖尿病大多数存在胰岛素抵抗现象，或既有胰岛素分泌功能受损，又有胰岛素抵抗，即机体对自身胰岛素敏感性降低，使血中糖无法进入机体细胞被摄取利用，影响了糖的代谢。在犬、猫糖尿病中，100% 的犬和 50% 的猫都是 I 型（胰岛素依赖性）糖尿病。另 50% 患猫是 II 型（非胰岛素依赖性）糖尿病。

3. 发病后表现多尿、多饮、食欲增加，体重减轻。在所有的雌性犬中，常发生于发情周期的动情后期。表现肝肿大、肌肉损耗、尿道和呼吸道感染。不加治疗，可导致酮体体内积聚，引发代谢性酸中毒，导致精神沉郁、厌食、呕吐、迅速脱水。

4. 患病犬、猫可出现眼白内障，角膜浑浊；尿相对密度高（1.035～1.060）。血糖浓度8.4～28 mmol/L（即每 100 mL 150～500 mg），而正常为每 100 mL 60～100 mg。严重时，由于红细胞比容过高和循环衰竭可导致昏迷和死亡。

（二）防治

1. 口服降糖药物　常用的药物有乙酸苯磺酰环己脲、氯磺丙脲、甲苯磺丁脲、优降糖（格列本脲）等。一般仅限于血糖不超过每 100 mL 200 mg，且不伴有酮血症的病犬。

2. 胰岛素疗法　早晨饲喂前 0.5 h 皮下注射中效胰岛素每千克体重 0.5 μg，1 次/d。对伴发酮酸中毒的病犬，可选用结晶胰岛素或半慢胰岛素锌悬液，采用小剂量连续静脉滴注或小剂量肌内注射，静脉注射剂量为每千克体重 0.1 μg，肌内注射剂量为每 3 kg 体重 1 μg，每 10 kg 体重 2 μg。

3. 液体疗法　可选用乳酸林格氏液、0.45%氯化钠和5%葡萄糖。静脉注射液体量一般不应超过每千克体重 90 mL，可先注入每千克体重 20～30 mL，然后缓慢注射。并适时补充钾盐。

九、家禽痛风

（一）诊断要点

1. 主要是饲喂大量富含核蛋白和嘌呤碱的蛋白质饲料而引起。

2. 关节型痛风病鸡跛行，站立无力，脚趾和腿部关节肿胀，翅关节肿大。剖检可见关节腔流出膏状白色黏稠液体，关节面及周围组织中有白色尿酸盐沉着，甚至关节面出现溃疡、坏死、腐烂。

3. 内脏型痛风临床多见。病鸡食欲不振，逐渐消瘦、衰弱，精神委顿，羽毛蓬乱，贫血；腹泻，粪中含多量尿酸盐；产蛋减少；鸡冠苍白，脱毛。剖检可见肾、输尿管、心包内、胸膜、肠系膜、内脏等表面或管腔有多量白色石灰样尘屑状物质沉积。

4. 注意与传染性支气管炎、传染性法氏囊病引起的尿酸盐沉积相区别。

（二）防治

1. 调整日粮配方，降低蛋白质水平或更换蛋白质饲料品种，增加多种维生素的量，给予充足的饮水；停止使用对肾脏有损害作用的药物和消毒剂等；同时用丙磺舒按 0.05%含量混于饲料中或肾肿解毒药以 0.2%浓度饮水。此外，可试用阿托方或亚磺比拉宗（伴肝肾障碍时禁用），配合维生素 A、维生素 B_{12}、胆碱等进行治疗。

2. 根据饲养标准合理配制日粮，减少动物性饲料的供给。不要长期或大量使用对肾脏有损害作用的药物或消毒剂等。增加维生素 A、维生素 B_{12} 的供给，严格控制各生理阶段中钙磷供给量及其比例。

十、禽脂肪肝综合征

（一）诊断要点

1. 长期饲喂碳水化合物过高的日粮，同时饲料中胆碱、B 族维生素、维生素 E、蛋氨酸含量不足可引起大量脂肪沉积于肝脏。此外，环境高温、受惊等应激因素可诱发本病。

2. 常无明显临床症状而突然死亡，应激、受惊吓时死亡增加。病禽通常体况良好，仅产蛋减少或冠、肉髯贫血、发黄等变化，多由于肝脏破裂所致的内出血而死亡。剖检可见冠、肉髯、肌肉苍白；腹部有多量脂肪；肝脏肿大，表面有出血点，包膜破裂，肝表面和体腔有大凝血块，肝色泽发黄、质脆易碎。

（二）防治

1. 饲料中补加氯化胆碱 22～110 mg/kg，连用 7 d 有效；或每吨日粮中补加氯化胆碱 1 000 g、维生素 E 10 000 U、维生素 B_{12} 12 mg 和肌醇 900 g，连续饲喂；或每吨饲料添加氯化胆碱 550 g、硫酸铜 63 g、维生素 E 5.5 g、维生素 B_{12} 3.3 mg、DL-蛋氨酸 500 g，连用 10 d。

2. 调整日粮配方，以适应不同环境条件下鸡群的需要。由于摄入能量过度是重要原因，因此限制饲料喂量，使体重适当，同时保证日粮中足够的胆碱和蛋氨酸等嗜脂因子。

十一、羊妊娠毒血症

（一）诊断要点

1. 由碳水化合物和脂肪代谢障碍引起，垂体-肾上腺系统平衡紊乱时可诱发本病。常发生于妊娠最后一个月内，以分娩前 10～20 d 居多。

2. 临床表现与牛神经型酮病相似，有明显的神经症状，失明，呼出气中有酮味。

3. 血液检查，血糖可从正常时的 3.33～4.99 mmol/L 降低至 0.14 mmol/L；血清酮体浓度从正常时的 5.85 mmol/L 升高达 547 mmol/L。

（二）防治

1. 缓慢静脉滴注 20％葡萄糖 500 mL，并配合肌内注射胰岛素、口服 50 g 葡萄糖加水 200 mL，2 次/d，连用 3 d。

2. 口服丙酸钠 110 g/d 或丙二醇 20 mL/d 或甘油 20～30 mL/d。

3. 纠正酸中毒可静脉滴注 5％碳酸氢钠。

4. 静脉滴注葡萄糖和钙、磷、镁制剂，同时肌内注射泼尼松 75 mg 和地塞米松 25 mg 或 ACTH 20～60 U。

5. 产前两个月起补喂精料，避免突然更换饲料，增强运动。

十二、肉鸡腹水症

（一）诊断要点

1. 多发于 4～6 周龄肉仔鸡，一切能够加速肉鸡生长和造成供氧不足的原因和条件，都可能成为引起腹水症的病因。此外，硒、维生素 E 或磷的缺乏，日粮或饮水中食盐过量，高油脂饲料，环境消毒药用量不当或过量等（如煤焦油消毒剂和二联苯氯化物中毒，莫能菌素过量），均可诱发腹水症。

2. 病鸡食欲减少，生长滞缓。典型临床症状是腹部膨大，触压有波动感，不愿站立，以腹部着地，行动缓慢，似企鹅状走动。严重病例鸡冠和肉髯呈紫红色，皮肤发绀，抓鸡时可突然抽搐死亡。

3. 剖检可见腹腔积有大量清亮、稻草色样或淡红色液体，液体中可混有纤维素块或絮状物；右心室扩张、肥大；肺呈弥漫性充血、水肿，支气管充血；肝充血肿大，紫红或微紫红，表面附有灰白或淡黄色胶冻样物；有的病例可见肝脏萎缩变硬，表面凸凹不平，胆囊充满胆汁；肾充血，肿大，有尿酸盐沉着；脾脏常萎缩变小。

（二）防治

1. 国内有用中草药、利尿药、健脾利水药、助消化药、饲料中添加维生素 C 和维生素 E、补硒、使用抗生素和磺胺类药物等对症治疗的方法。这些方法对减少发病和死亡有一定帮助，但其效果不尽相同。应以预防为主。

2. 改善鸡群管理及环境条件。调整鸡群密度，防止拥挤；保证鸡舍的通风换气，减少鸡舍内二氧化碳和氨的含量，以能有较充足的氧气流通；严格控制鸡舍温度，防止过冷。

3. 合理搭配饲料，科学用药，严防饲料中毒物或毒素混入。按照肉鸡生长需要供给平衡的优质饲料，减少高油脂饲料，食盐量不能超标，饲料中补充足量的维生素 E、硒和磷，力求钙磷平衡。

4. 早期限饲，控制生长速度可有效降低本病的发生。

十三、家禽猝死综合征

（一）诊断要点

1. 以生长快速的肉鸡多发，肉种鸡、产蛋鸡和火鸡也有发生。全年均可发病，无挤压致死和传染流行规律。

2. 目前，病因尚未清楚，大多数认为与营养、环境、酸碱平衡、遗传及个体发育等因素有关，初步排除了细菌和病毒感染、化学物质中毒以及硒和维生素 E 缺乏。

3. 发病前无明显的征兆，突然发病，病鸡失去平衡，向前或向后跌倒，翅膀扑动，肌肉痉挛，发出尖叫，很快死亡。死后出现明显的仰卧姿势，两脚朝天，颈、腿直伸，少数鸡呈腹卧姿势。病鸡血中钾、磷浓度皆显著低于正常鸡。

4. 剖检可见鸡冠、肉髯及泄殖腔黏膜充血，呈暗红色，肌肉色泽苍白；肺明显肿大，发生弥漫性淤血水肿，呈暗红色；心脏明显扩张，比正常大好几倍，右心房尤其显著，心肌松软，心包液增多；嗉囊和肌胃内充满饲料；肝脏稍肿色淡。

（二）防治

1. 加强管理，减少应激因素。防止密度过大，避免转群或受惊吓时的互相挤压等刺激；改连续光照为间隙光照。

2. 合理调整日粮及饲养方式。提高日粮中肉粉的比例而降低豆饼比例，添加葵花籽油代替动物脂肪，添加牛磺酸、维生素 A、维生素 D、维生素 E、维生素 B_1 和维生素 B_2 等可降低本病的发生。饲料中添加 300 mg/kg 的生物素能显著降低死亡率。用粉料饲喂，对 3～20 日龄仔鸡进行限制饲养，降低生长速度等可减少发病。

十四、异食癖

（一）诊断要点

1. 一般认为是由于代谢机能紊乱、味觉异常和饲养管理不当等引起的一种非常复杂的多种疾病的综合征。家禽有异食癖的不一定都是营养物质缺乏与代谢紊乱，有的属恶癖，因而，从广义上讲，异食癖也包括有恶癖。病因是多种多样的，有的还未弄清，一般认为有以下几种：

（1）饲料中钠、铜、钴、锰、钙、铁、硫、锌等矿物质不足，特别钠盐的不足。

（2）维生素 A、维生素 B_2、维生素 D、维生素 E 及泛酸缺乏，使体内许多与代谢关系密切的酶和辅酶成分缺乏，可导致体内的代谢机能紊乱而发生异食癖。

（3）日粮中某些蛋白质和氨基酸的缺乏。如鸡和鸭啄肛癖、猪吃胎衣和胎儿、鸡啄羽癖可能与含硫氨基酸缺乏有关。

（4）饲养管理不良，如过度拥挤、闷热、饮水不足、光线不适宜等。

（5）鸡群中有疥螨、羽毛虱等外寄生虫病以及皮肤外伤感染等也可成为诱因。

2. 异食癖一般多以消化不良开始，接着出现味觉异常和异食症状。患病动物舔食、啃咬、吞咽被粪便污染的饲草或垫料，舔食墙壁、食槽，啃吃墙土、砖瓦块、煤渣、破布等物。患病动物生长发育受到不同程度的阻滞。

（1）绵羊　可发生在早春饲草青黄不接的时候，且多见于羔羊，食毛后的羊多发生消化道疾病，严重者引起肠道梗阻。

（2）幼驹　特别是初生驹采食母马刚拉下的有热气的新鲜粪便。采食马粪的幼驹，常可引起肠阻塞，严重的，若不及时采取手术治疗，多以死亡告终。

（3）猪　有食胎衣、仔猪和互相啃咬尾巴、耳朵癖。一般认为是由于蛋白质或某些氨基酸缺乏和不足的一种表现。当断奶后仔猪、架子猪相互啃咬对方的耳朵、尾巴和鬃毛时，常可引起互相攻击和外伤。

（4）家禽　在集约化饲养条件下，禽类常出现异食癖（包括恶癖），且表现形式多样；常见有以下几种类型：

啄羽癖：幼鸡、中鸭在开始生长新羽毛或换小毛时易发生；产蛋鸡在盛产期或换羽期也可发生。鸡自食或互啄羽毛，可见背后部羽毛稀疏残缺，新生羽毛更粗硬，品质差。

啄肛癖：多发生于产蛋母鸡和母鸭，尤其是产蛋后期，由于腹部韧带和肛门括约肌松弛，产蛋后不能及时收缩而留露在外，造成互相啄肛。有的鸡、鸭于拉稀、脱肛、交配后发生自啄或其他鸡、鸭啄之，群起而攻之，造成死亡。

啄蛋癖：多见于禽的产蛋高峰期，由于饲料中缺钙或蛋白质不足。

啄趾癖：幼鸡喜欢互啄食脚趾，引起出血或跛行症状。

（二）防治

1. 药物治疗应视病因而定。有人试用氯化钴对异食癖治疗，证明有良好治疗效果，牛的用量为 30～40 mg，马 20 mg，猪、小牛 10～20 mg，山羊 3～5 mg；同时配合使用硫酸铜效果也好，硫酸铜的用量为马、牛 300 mg，小牛 75～150 mg，羊 10～20 mg。

2. 禽类异食癖不仅与营养因素有关，更重要的是管理不当所致，防治禽类异食癖的方法有：

（1）保证日粮配方全价　如果蛋白质和氨基酸（尤其是含硫氨酸）不足，则需添加豆饼，鱼粉，蛋氨酸等；若是因缺乏铁和维生素 B_2 引起的啄羽癖，则每只成年鸡每天给硫酸亚铁 1～2 g 和维生素 B_2 5～10 mg，连用 3～5 d；若暂时弄不清楚啄羽病因，可在饲料中加入 2% 石膏粉，或是每只鸡每天给予 0.5～3 g 石膏粉；若是食盐缺乏引起的恶癖，在日粮中添加 1%～2% 食盐，供足饮水，此恶癖很快消失，随之停止增加的食盐量，以防发生食盐中毒；若缺硫引起啄肛癖，在饲料中加入 1% 硫酸钠，3 d 后即可见效，啄肛停止后，改为 0.1% 的硫酸钠加入饲料内进行经常性预防。

（2）雏鸡断喙　笼养鸡断喙是防止啄癖的一种很好的办法，正确断喙时切去上喙的1/2，下喙的 1/3。

（3）改善饲养管理　消除各种不良因素或应激的刺激，如疏散密度、防止拥挤；调整通风、室温、湿度、光度；防止强光长时间照射；饮水槽和料槽放置合适；饲喂时间安排合理，肉鸡和种禽在饲喂时防止过饱或过饥；防止笼具等设备引起外伤。

（4）隔离　一旦发生啄羽、肛、蛋、趾等现象，应及时隔离治疗，以免发展为恶癖。

第二节　矿物质代谢障碍性疾病

一、佝偻病

（一）诊断要点

1. 维生素 D 缺乏和不足是最主要的原因。犬猫因肾功能衰竭而致肾性骨病时，易引起佝偻病。

2. 先天性佝偻病　动物出生后即表现不同程度的衰弱，数天后仍不能自行站立，扶助站立后，腰背拱起，四肢弯曲不能伸直，躺卧时的姿势也不自然。

3. 后天性佝偻病　病程缓慢，病初食欲减退，消化不良，精神不振，异嗜；喜卧少站，不愿运动，肢体软弱；发育停滞、消瘦；顽固性的胃肠卡他，呼吸、脉搏增数。仔猪尚有嗜睡、突然卧地和短时间痉挛等神经症状。

4. 骨骼明显变形，下颌骨增厚变软，出牙期延长，齿形不规则，齿质钙化不足（有色素沉着，有沟，凸凹不平），常排列不整齐，齿面易磨损、不平整。关节肿胀，骨端粗厚，肋骨和肋软骨连接处出现串珠样肿物。

5. 严重的犊牛和羔羊，口腔不能闭合，舌突出，流涎，吃食困难；两前肢腕关节向外凸出而呈内弧圈状弯曲（O 形），或两后肢跗关节内收而肢下部分开（X 形）。犊牛低头、拱背，甚至以腕关节爬行（亦可见于仔猪）。

6. 幼禽喙、爪、龙骨变软、变形，肋骨与肋软骨连接处显著肿大而形成圆形结节，胸和椎骨连接处内陷，荐尾下弯，胸廓及骨盆变形，大腿和胸肌萎缩，羽毛生长不良。幼鸽龙骨突变为 S 形。产卵母禽产薄壳卵和软壳卵，甚至停产，卵的孵化率下降，鸡胚可在孵化后 10～16 d 死亡。鸽胚可出现所谓"胚胎黏液性水肿病"。

7. X 线检查，骨骼骨化中心出现延迟，骨化中心与骺线间距加宽，骨骺线模糊不清呈毛刷状、纹理不清，骨干末端凹陷成杯形，骨质疏松，骨干内有许多分散不齐钙化区。

（二）防治

1. 内服鱼肝油，犊、驹 20～40 mL，仔猪、羔羊 10～15 mL，犬 20～50 滴，猫 5 滴，连用 10～15 d。

2. 浓缩鱼肝油分点肌内注射，犊、驹 8～15 mL，仔猪、羔羊、犬 1～3 mL，猫 0.5～1 mL，1 次/d，连用 10～15 d。

3. 肌内注射维生素 D_3 制剂，犊、驹每千克体重 0.15 万～0.3 万 U；或肌内注射或皮下注射维生素 D_2，犊、驹每千克体重 2.5 万～10 万 U，羔羊、仔猪每千克体重 0.2 万～2 万 U，犬每千克体重 0.25 万～1.0 万 U，猫每千克体重 100～200 U；或皮下或肌内注射维生素 AD 制剂，犊、驹、猪、羊 2～4 mL，仔猪、羔羊、犬、猫 0.5～1 mL，鸽口服 2 滴，1 次/d，连用 7～10 d。也可用维丁胶性钙（含维生素 D 2.5 万 U/mL），犊、驹 10～16 mL，仔猪、羔羊 1～2 mL，鸽 0.2 mL，犬 0.5～2 mL，猫 0.1～0.5 mL，肌内注射，1 次/d，连用 10～20 d。

4. 应改善饲养管理，供给充足的维生素 D，日粮中钙、磷含量及比例适当。适当日光浴，保持圈舍卫生、通风良好。幼龄动物断乳要适时。

二、纤维性骨营养不良

(一) 诊断要点

1. 主要由于日粮中钙磷比例失调而磷过剩引起。此外，饲料中影响钙吸收的因素可促进本病的发生。主要发生于马，亦见于猪、山羊等。

2. 临床表现消化紊乱、跛行、拱背、异嗜癖、面骨和四肢关节增大、尿液清澄、透明等为特征。卧地打滚时不能以背为轴翻转身体，转弯时呈现直腰（所谓"板腰"）、收腹，后肢伸向腹下；胸廓扁平，肩胛骨隆起，严重时面部呈圆桶状外观；下颌骨增厚，下颌间隙狭窄，臼齿活动转位，咀嚼硬物可使相应臼齿陷入齿槽中，常呈现吐草现象；额骨硬度下降，骨穿刺针很易刺入。

3. X 线检查可见尾椎骨皮质变薄，皮、髓质界限模糊；掌骨外生骨疣及骨端愈着。血清碱性磷酸酶增加。

(二) 防治

1. 调整日粮钙磷比例，马最佳为 （1～1.2）∶1，治疗可在此基础上增加钙的饲喂量，如添加乳酸钙、碳酸钙等。或用钙剂治疗，交替静脉注射 8％水杨酸钙和 8％氯化钙各 100 mL，1 次/d，7～10 d 为一疗程，每 7 d 使用维生素 D 2 400 万 U，连用 2～3 次。

2. 马日粮中钙、磷比不应超过 1∶1.4，给予全价平衡日粮，监测血钙、血磷，发现异及时纠正。

三、骨软症

(一) 诊断要点

1. 马、猪、山羊是由于钙缺乏即纤维素性骨营养不良而发生。牛、绵羊、家禽则主要是磷缺乏，或钙磷都缺乏，或钙磷比例过大所致。

2. 当骨骼受力时易发生病理性骨折。

3. 牛表现异嗜，步态不稳，跛行，站立时拱背、四肢集于腹下，后肢呈 X 形，病重时卧地不起。四肢关节肿大，骨盆变形致使左右不对称。严重者牛尾巴可像绳子一样缠绕弯曲而病牛不感痛苦。

4. 禽表现肋骨变形，胸骨弯曲，肋骨与胸骨、胸骨与椎骨连接处内陷或呈弧形，两腿软弱，常蹲伏，喙、趾、爪变形，产软壳卵甚或无壳卵，卵孵化率下降。

5. 猪、羊表现跛行或后肢瘫痪，常躺卧不动或作匍匐姿势。猪和山羊头骨变形，上颌骨肿胀，硬腭突出，造成口腔闭合困难而影响采食和咀嚼，有的造成鼻道狭窄而呈现拉锯样声音的呼吸困难。病程长者肌肉萎缩，消瘦，贫血等。

6. 貂、狐、毛丝鼠兴奋性增加，异嗜。骨骼发生从前肢开始到后肢的变形，腿骨弯曲，脊柱变形，肋骨与肋软骨连接处有串珠样结节。腹围增大，腹部下垂。跛行，严重者不能起立运步，有的头骨增大，上颚增厚，牙齿松动，采食困难。毛丝鼠可表现全身战栗甚至突发痉挛，四肢强拘，角弓反张，昏迷，但不久又自行恢复，又称"钙惊厥"。

7. 牛血钙升高而血磷下降（我国北方地区乳牛血清无机磷、钙的生理变动范围分别为 1.8 ± 0.5 mmol/L 和 2.49 ± 0.23 mmol/L）。

8. 应与骨折、蹄病、关节炎、肌肉风湿症及氟骨症鉴别。

（二）防治

1. 调整日粮配比，使钙、磷含量和比例能满足动物的需要。

2. 高磷低钙性骨软症以补钙为主，补维生素 D 为辅，治疗可参考纤维素性骨营养不良和佝偻病。

3. 低磷高钙性骨软症以补磷为主，慎用维生素 D。牛、羊早期出现异嗜时，可补饲骨粉、贝壳粉、脱氟磷酸氢钙、青绿饲料、优质干草等，以及适当的日光照射；对重症牛，静脉滴注 20％磷酸二氢钠 $300\sim500$ mL，然后改为多点皮下注射，连用 5 d，可同时配合维生素 D_2 或维生素 D_3 400 万 U 肌内注射，1 次/7 d，用 $2\sim3$ 次，或每周肌内注射 1 000 万 U 维生素 D_3（第一周剂量加倍），连续治疗 8 周。

4. 加强饲养管理，给予全价日粮。维持日粮钙、磷含量及平衡，多晒太阳，保持圈舍卫生。

四、母牛血红蛋白尿

（一）诊断要点

1. 长期缺磷、铜中毒或过量给予十字花科植物饲料是本病的主要原因。天气寒冷和干旱可促使本病发生。

2. 临床典型特征是血红蛋白尿。尿液在病初 $1\sim3$ d 内逐渐由淡红、红色、暗红色，变为紫红色至棕褐色，然后随症状减轻至痊愈，尿色又逐渐由深变淡直至无色。病牛严重贫血，黄疸，衰弱，产乳量显著下降。可视黏膜及皮肤呈淡红色或苍白色，病情好转时又逐渐恢复。严重者食欲减退，精神萎靡，心跳、呼吸增数，颈静脉怒张并常有明显的搏动；也有少数出现胃肠道和肺的并发症。

3. 排尿次数增加而每次量减少，尿潜血阳性，尿沉渣一般无红细胞；血液稀薄，血凝时间延长，血清呈樱红色，血红蛋白含量下降至 $20\sim40$ g/L（正常 $80\sim150$ g/L），红细胞数减少为 $1\times10^{12}\sim2\times10^{12}$/L（正常 $5\times10^{12}\sim6\times10^{12}$/L），有的在红细胞中可发现 Heinz-Ehrlich 小体；血磷低下为 $0.26\sim0.45$ mmol/L（正常 2.26 mmol/L 左右）。

4. 注意与细菌性血红蛋白尿、焦虫病、钩端螺旋体病、中毒性血红蛋白尿、泌尿系统疾病等血尿进行鉴别诊断。

（二）防治

1. 静脉注射 20％磷酸二氢钠，水牛血红蛋白尿用 $300\sim500$ mL，乳牛产后血红蛋白尿用 300 mL，以后间隔 12 h 皮下注射，重症可连续使用 $2\sim3$ 次；或静脉滴注 3％磷酸钙溶液，1 000 mL/次或口服维磷他（艾罗补脑汁）$250\sim500$ mL，1 次/d，连用 $3\sim5$ d。

2. 严重者可输入全血，并口服骨粉（乳牛产后血红蛋白尿 60 g，水牛血红蛋白尿125 g，2 次/d）。

3. 给予全价日粮，保持饲料钙、磷含量和比例的平衡，尤其是泌乳早期。冬季注意牛舍的保温，干旱季节应予补磷。防止采食十字花科植物。

五、躺卧母牛综合征

(一) 诊断要点

1. 分析导致躺卧的原因，排除其他原因引起的瘫痪，同时患牛有低血钙性生产瘫痪的病史，经过 2 次钙剂治疗后 24 h 不能站立者，可认为是躺卧母牛综合征。

2. 持续躺卧是本病的主要表现。病牛神志清醒、反应敏捷，饮食欲无明显变化，体温正常或轻度升高；有局灶性心肌炎，心跳增数达 80～100 次/min，呼吸无明显改变，排粪、排尿正常。如急于继续补充钙剂，可引起突然死亡。多数病牛企图站立，有的几乎无站立欲望。后肢伸展或呈部分屈曲，或仅能使后肢略有抬高，前肢因未受影响，使牛在地面爬行，尤其在地面光滑时表现明显。

3. 严重病例常呈侧卧姿势，头弯向后方，感觉过敏，四肢搐搦，食欲废绝。有的可并发严重的乳房炎，有的在骨骼突出部位发生褥疮，有的心肌炎重症病牛可在发病后 48～72 h 死亡。

4. 有的病牛是发生生产瘫痪治疗之后，钙剂治疗无效或生产瘫痪典型症状消失但仍然卧地不起。

5. 多数病例呈低钙、低磷、低镁血症，但也有的病例血钙、血磷、血镁水平在正常范围内，有的有轻度酮症。血清肌酸磷酸激酶和谷草转氨酶在躺卧 18～20 h 后即可明显升高，并可持续数天，表明肌肉损伤严重。尿蛋白浓度升高（生化检验结果可区别于生产瘫痪）。

(二) 防治

1. 可用 20％硼葡萄糖酸钙（内含 4％硼酸）500～1 000 mL，并配合适量维生素 B$_1$、维生素 C，一次静脉滴注，2～3 次/d；或 13％磷酸二氢钠 200～300 mL；或 10％氯化钾 50 mL、5％葡萄糖 500 mL，缓慢静脉滴注；或 25％硫酸镁 100～200 mL 皮下注射；上述方法可交替使用。在牛可自行站立或人工辅助站立时，用吊带把牛吊起，按摩腿部皮肤，促进局部血液循环，同时应继续治疗 2～3 d，巩固疗效。

2. 加强护理，让牛卧在松软的垫草上，并每天翻身数次，防止牛跌倒或在翻身过程中再受损伤。给予容易消化、富有营养的饲料。

3. 及早诊断和及时治疗生产瘫痪，而且首次钙剂量一定要用足。对难产病例的助产要防止产道损伤。

4. 分娩前 8 d 开始注射维生素 D$_3$ 1 000 万 U，如 8 d 后未分娩，尚需重复注射。预产前 3～5 d，静脉滴注葡萄糖酸钙 500 mL，1 次/d，连用 3～5 d。

六、生产瘫痪

(一) 诊断要点

1. 典型症状多发于产后 12～72 h 内。初期精神兴奋或沉郁，后躯摇晃站立不稳，全身肌肉震颤，四肢及身体末端发凉，皮温降低；不久即开始出现瘫痪症状。患病动物伏卧而不能站立，四肢弯曲于腹下，头前伸置于地上，但很快就弯曲并抵于一侧胸壁，强行拉直头颈，离开后又回到原位。也有的可能侧卧于地。全身各部反射减弱甚至消失。舌伸出口外而不能自行缩回，呼吸时出现明显的喉头呼吸音。体温病初可能正常，然后逐渐降低。

2. 非典型症状多发生于分娩后数日及数周。主要症状是患病动物伏卧，颈部呈 S 状弯曲。有时能勉强站立起来，但行走困难，步态摇摆，后躯不稳。

3. 注意与难产引起的产后截瘫、牛酮血病等相鉴别。

（二）防治

1. 补钙疗法　静脉滴注 10％葡萄糖酸钙，牛为 1 000～2 000 mL，羊为 50～100 mL（或按每千克体重 20 mg 纯钙计算），可重复注射，但一般不超过 3 次；3 次补钙无效时，说明钙疗法对此病没有作用，且继续补钙可能发生不良后果；然而，钙疗法无反应或反应不明显，必须排除诊断错误或有其他并发病以及每次补钙量不足的可能。补钙时应监听心脏，初期心跳由快变慢，补到足量时就恢复到补钙前的水平，不能继续再补；如发现心律失常，说明补钙过快，应停止补钙，注意补注糖盐水，改善心脏机能后，才能再补钙。怀疑有血磷及血镁也降低的病例，第二次补钙时，可同时静脉滴注 40％葡萄糖溶液和 15％磷酸钠溶液 200 mL 及 25％硫酸镁溶液 50～100 mL。

犬可用 10％葡萄糖酸钙 20 mL，混于 200 mL 5％葡萄糖溶液中，按 1～3 mL/min 缓慢静脉滴注；为防止复发，第 2 天可补充静脉滴注 10％葡萄糖酸钙 10 mL、5％葡萄糖 200 mL，或口服维丁胶钙片。

猪可静脉滴注 10％葡萄糖酸钙 50～150 mL 或 5％葡萄糖氯化钙 25～100 mL。

2. 乳房送风法　适于钙疗法无效的病例，缺点是影响泌乳量，且易引起乳腺损伤或感染，目前不常用，在补钙疗法无条件时，可用此法急救。用乳房送风器或打气筒连上乳导管，向乳房内打入适量气体（四个乳头均要打气），拔出乳导管后用纱布条结扎乳头，1～12 h 后解除布条，大多数病例在 30 min 内好转。同时应对症处理。

3. 使用肾上腺皮质激素及其他药物治疗　用钙剂治疗疗效不明显或无效时，也可应用胰岛素和肾上腺皮质激素，同时配合应用高糖和 2％～5％碳酸氢钠，静脉滴注。

4. 产后 3 d 内初乳不可挤得太净，以防止血钙排得过多；对有既往病史的动物，分娩前后补充钙剂，有预防再发的作用。

七、笼养蛋鸡疲劳综合征

（一）诊断要点

1. 饲料中钙、磷和维生素 D 缺乏或钙磷比例不当是主要原因，高温、严寒、疾病、噪声、不合理的用药、光照和饲料突然改变等应激均可成为本病的诱因。主要发生在母鸡，尤其是在产蛋高峰期发生，发病率 2％～20％。

2. 发病初期产软壳蛋、薄壳蛋，鸡蛋的破损率增加，产蛋数量下降，但食欲、精神、羽毛均无明显变化。之后病鸡出现站立困难、爪弯曲、运动失调，躺卧、侧卧、麻痹，两肢伸直，骨骼变形，胸骨凹陷，肋骨易断裂，瘫痪。

3. 剖检可见血液凝固不良，翅骨、腿骨易碎，喙、爪、龙骨变软，胸骨、肋骨均易弯曲，肋骨和胸骨接合处形成串珠状，股骨和胫骨自发性骨折。

4. 病鸡血钙水平往往降至每 100 mL 9 mg 以下（正常产蛋鸡的血钙水平为每 100 mL 19～22 mg），同群无症状鸡往往也低于正常值。血清碱性磷酸酶活性升高。

（二）防治

1. 改善饲养环境，加强光照，保证全价营养和科学管理，使育成鸡性成熟时达到最佳的体重和体况。

2. 改善饲料配方，补钙或调整钙、磷比例，在蛋鸡开产前 2～4 周饲喂含钙 2％～3％的专用预开产饲料，当产蛋率达到 1％时，及时换用产蛋鸡饲料，笼养高产蛋鸡饲料中钙的含量不要低于 3.5％，并保证适宜的钙磷比例。给蛋鸡提供粗颗粒石粉或贝壳粉，粗颗粒钙源可占总钙的 1/3～2/3。钙源颗粒大于 0.75 mm，既可以提高钙的利用率，还可避免饲料中钙质分级沉淀。炎热季节，每天下午按饲料消耗量的 1％左右将粗颗粒钙均匀撒在饲槽中，既能提供足够的钙源，还能刺激鸡群的食欲，增加进食量。

3. 适当补充维生素 D，平时要做好血钙的监测，当发现产软壳蛋时就应做血钙的检查。

4. 将症状较轻的病鸡挑出，单独喂养，补充骨粒或粗颗粒碳酸钙，一般 3～5 d 可治愈。有些停产的病鸡在单独喂养、保证其能吃料饮水的情况下，一般不超过 1 周即可自行恢复。同群鸡饲料中添加 2％～3％粗颗粒碳酸钙，每千克饲料添加 2 000 U 维生素 D，经 2～3 周，鸡群的血钙就可上升到正常水平，发病率明显减少。钙耗尽的母鸡腿骨在 3 周后可完全再钙化。粗颗粒碳酸钙及维生素 D_3 的补充需持续 1 个月左右。如果病情发现较晚，一般 20 d 左右才能康复，个别病情严重的瘫痪病鸡可能会死亡。

八、青草搐搦

（一）诊断要点

1. 由于血镁浓度降低而引起，而血镁浓度降低与牧草镁含量缺乏或不足（如采食低镁幼嫩青草和生长茂盛的牧草等）或存在干扰镁吸收的成分或疾病有直接相关。

2. **急性型**　突然停止采食，惊恐不安，耳朵煽动，甩头、哞叫，肌肉震颤，有的出现盲目急走或狂奔乱跑。行走时步态跟跄，前肢高抬，四肢僵硬，易跌倒。倒地后，全身肌肉强直，口吐白沫，牙关紧闭，咬齿，眼球震颤，瞳孔散大，瞬膜外露，期间有阵挛。脉搏可达 150 次/min，心悸，心音强盛，甚至在 1m 之外都能听到亢进的心音。体温升高达 40.5 ℃，呼吸加快。这种类型的病牛多因来不及救治，很快死亡。

3. **亚急性型**　病程 3～5 d，患病动物食欲减退或废绝，泌乳牛产奶量下降，病牛常保持站立姿势，频频排粪、排尿，头颈回缩，频频眨眼，对声响敏感，受到剧烈刺激时可引起惊厥。行走时步样强拘，肌肉震颤，后肢和尾僵直。重症病例有攻击人的行为。

4. **慢性型**　患病动物呆滞，反应迟钝，食欲减退，泌乳减少。经数周后，呈现步态强拘，后躯跟跄，头部、尤其是上唇、腹部及四肢肌肉震颤，感觉过敏，施以微弱的刺激亦可引起强烈的反应。后期感觉丧失，陷入瘫痪状态。

（二）防治

1. 成年牛静脉缓慢注射 25％硫酸镁 50～100 mL，及含 4％氯化镁的 25％葡萄糖 100～150 mL。也可将硼葡萄糖酸钙 250 g、硫酸镁 50 g 加蒸馏水 1 000 mL，制成注射液，牛 400～800 mL 静脉注射。

2. 绵羊和犊牛的用量为成年牛的 1/10 和 1/7。一般在注射后 6 h 血清镁即恢复至注射前的水平。或在饲料中加入氯化镁 50 g，连喂 4～7 d。狂躁不安时，可给予镇静药后再进行其他药物治疗。

第三节　微量元素缺乏性疾病

一、铜缺乏症

（一）诊断要点

1. 多见于放牧牛、羊、鹿等，因此往往大群发生或呈地方性流行，是一种慢性地方性疾病。

2. 牛营养不良，常见眼眶周围毛褪色，黄毛变灰、变白等，还表现癫痫症状，不断哞叫，作圆圈运动，重者肌颤倒地，很快死亡。犊牛生长发育缓慢，关节变形，运动障碍，持续腹泻，排黄绿色乃至黑色水便（称"泥炭泻"）。

3. 羊运动障碍，羊毛弯曲度下降，变平直，黑毛褪色变为灰白色。羔羊后躯摇摆，重者后躯瘫痪。

4. 猪四肢发育不良，关节不易固定，呈犬坐姿势，个别出现共济失调。

5. 马幼驹生长受阻，四肢僵硬，关节肿大，运动障碍。

6. 鸡长期缺铜产蛋明显下降，孵化率低，胚胎易出血死亡。

7. 实验室检查：成年绵羊肝铜 200 mg/kg（干重）以上、牛肝铜 100 mg/kg 以上是正常的。如绵羊肝铜小于 80 mg/kg、牛小于 30 mg/kg 为缺铜。牛毛铜大于 6 mg/kg 为正常，低于此为缺乏。

（二）防治

内服硫酸铜，每千克饲料牛 250～300 mg、犊牛 50～150 mg、羊 10～20 mg、猪 20～30 mg，1 次/d，每服 14～21 d 停药 7～14 d，直到症状消失。饲料中铜的需要量，牛、羊为 5～10 mg/kg，小猪为 12～15 mg/kg，大猪 6～10 mg/kg，鸡 5 mg/kg。饲料铜不足上述指标时可添加到此量。低铜牧区怀孕母羊可定期内服硫酸铜，也可用复合含铜长效丸，一次投入瘤胃，有效期可达 1 年左右。注意，硫酸铜有一定的毒性，量大可引起中毒。

二、锌缺乏症

（一）诊断要点

1. 生长发育受阻　动物味觉减退、进食减少，增重下降或停止。特别是快速生长的鸡、猪对锌缺乏敏感。

2. 皮肤角化不全或角化过度　猪主要见于口、眼周围以及阴囊等部位，有时皮肤发生炎症、湿疹，反刍动物还可见脱毛、搔痒，角的环状结构消失，牛蹄叉腐烂、蹄皮炎、蹄变形等。禽类皮肤出现鳞屑或发生皮炎。

3. 骨质发育异常　主要表现骨骼变形，长骨变短、变粗，关节肿大僵硬。

4. 繁殖机能障碍　公畜睾丸萎缩，精子生成障碍，第二性征抑制；母畜不易受胎、早产、流产、死胎等。鸡产蛋率及孵化率显著降低，死亡率高。

5. 毛羽质量改变　绵羊羊毛丧失弯曲，且易大面积脱落，家禽羽毛蓬乱无光，换羽缓慢。

6. 创伤不易愈合　皮肤黏蛋白、胶原及脱氧核糖核酸合成能力下降，致使伤口愈合缓慢。

7. 实验室检查 猪、牛、羊血锌 $800\sim1\,200\ \mu g/L$，严重缺锌时，可下降到 $400\sim200\ \mu g/L$，甚至更低。饲料锌在 $20\sim100\ mg/kg$ 为正常，$10\sim20\ mg/kg$ 稍低，低于 $10\ mg/kg$ 易引起锌缺乏症。

(二) 防治

口服硫酸锌、碳酸锌、氧化锌均可取得满意防治效果。可根据实际缺锌程度适当用量。饲料锌参考值牛 $40\sim80\ mg/kg$，肉牛 $40\sim100\ mg/kg$，猪 $40\sim80\ mg/kg$，羊 $20\sim40\ mg/kg$，鸡 $50\sim100\ mg/kg$。日粮中钙以 $5\sim6\ g/kg$ 为好，再高就要影响锌的吸收。

三、锰缺乏症

(一) 诊断要点

1. 主要特点是骨骼变短变粗，又称骨短粗症、滑腱症，以鸡最具特征，表现跗关节粗大、变形、胫骨扭转、弯曲，长骨短缩变粗以及腓肠肌腱从其踝部滑脱。产蛋鸡蛋壳硬度下降，孵化率低乃至鸡胚畸形。

2. 猪表现腿短粗，弯曲，跗关节肿大，跛行。牛、羊四肢变形，关节肿大，运动障碍。

3. 可引起繁殖机能障碍，如发情期延长，不易受精等。

4. 实验室检查，鸡开始产蛋后，血浆锰不断上升，19 周龄为 $30\sim40\ \mu g/L$，25 周龄为 $85\sim91\ \mu g/L$。牛血锰 $180\sim190\ \mu g/L$，肝锰 $8\sim10\ mg/kg$。高锰日粮鸡羽毛锰 $11.4\ mg/kg$，低锰日粮仅 $1.2\ mg/kg$；高锰日粮鸡蛋 $10\sim15\ \mu g/kg$，低锰日粮 $4\sim5\ \mu g/kg$。牛、羊毛锰正常为 $8\sim15\ mg/kg$，低锰可降到 $3\sim8\ mg/kg$。

5. 注意与缺锌引起的骨短粗相区别。

(二) 防治

在 $100\ kg$ 饲料中添加硫酸锰 $10\sim20\ g$，或用 $1:3\,000$ 的高锰酸钾饮水。其他动物对锰要求不高，一般每千克饲料 $20\sim30\ mg$ 即可满足。给予富锰饲料，一般青绿、块根饲料有良好作用。干饲料以小麦、大麦、糠麸为佳。

四、硒缺乏症

(一) 诊断要点

1. 动物对硒的要求是 $0.1\sim0.2\ mg/kg$ 饲料，低于 $0.05\ mg/kg$，就可出现硒缺乏症。土壤硒低于 $0.5\ mg/kg$ 时，该土壤上种植的植物含硒量便不能满足动物的要求。

2. 白肌病

(1) 共有症状 急性型往往不表现症状突然死亡，剖检主要是心肌营养不良，多见于羔羊、犊牛及仔猪；如出现症状，主要表现兴奋不安，心动过速，呼吸困难，有泡沫血样鼻液流出，$10\sim30\ min$ 后死亡。亚急性型以机体衰弱、心衰、运动障碍、呼吸困难，消化不良为特点。慢性型生长发育停滞，心功能不全，运动障碍，并发顽固性腹泻。

(2) 一羔羊以 $14\sim28$ 日龄发病为多，全身衰弱，行走困难，共济失调，可视黏膜苍白、黄染，有结膜炎，角膜浑浊，心搏达 200 次/min 以上，呼吸达 $80\sim100$ 次/min，腹泻。

(3) 犊牛精神沉郁，喜卧，站立不稳，共济失调，肌颤。心跳 140 次/min，呼吸 80 次/min，结膜炎，角膜浑浊、软化。最后卧地不起，心衰、肺水肿死亡。

(4) 仔猪多发于 $3\sim5$ 周龄，急性的突然搐搦，嚎叫，倒地而死。亚急性、慢性则运动障碍，跪地或犬坐姿势。最后衰竭死亡。

（5）雏鸡、雏鸭多在 21～28 日龄发病，表现无力，贫血，冠苍白，眼半闭，角膜变软，行走困难，卧地不起。

（6）剖检主要是骨骼肌变性、色淡，似煮肉样，呈灰黄色条状、片状等。心扩张、心肌内外膜有黄白、灰白与肌纤维方向一致的条纹状斑。猪、鸡脑软化。

（7）实验室检查，牛、羊、马 CK 正常在 100 U/L 以下，猪在 300 U 以下，肌营养不良时，CK 可达 1 000 U/L 以上。AST 对草食动物肝脏较特异，正常情况下低于 100 U/L，急性白肌病犊牛可升到 300～900 U/L，羔羊可达 2 000～3 000 U/L。GSH‑PX 在硒缺乏时，活力下降。鸡肝硒在 1.0 mg/kg 以上安全，低于此易发本病。牛毛硒大于 0.25 mg/kg 安全，低于 0.06～0.23 mg/kg 时易发。

3. 仔猪肝营养不良与桑葚心

（1）仔猪肝营养不良　多见于 21 日龄至 4 月龄小猪，发病急，往往无症状死亡。慢性者呼吸困难，黏膜发绀，贫血，消化不良，腹泻等。冬末、春初易发，死亡率高。

（2）桑葚心　猪外表健康，在几分钟内搐搦，大声嚎叫而死。皮肤可出现紫红色斑点（白猪）。

（3）剖检肝脏呈现红褐色正常小叶和红色出血坏死小叶及白色淡黄色缺血性坏死小叶混合在一起，形成"花肝"，表面隆起，粗糙不平。心扩张，沿心肌纤维走向发生多发性出血呈紫红色外观似桑葚样。

4. 小鸡渗出性素质　临床上主要在胸腹下出现淡蓝色水肿，精神沉郁，闭目缩颈，伏卧不动，出现运动障碍，共济失调，贫血，最后衰竭死亡。剖检变化主要见皮下胶冻样淡绿色渗出物。

（二）防治

1. 白肌病

（1）用 0.1% 亚硒酸钠皮下注射或肌内注射，羔羊、仔猪 2～4 mL，犊牛 5～10 mL，根据情况 7～14 d 重复一次；鸡可用 1% 亚硒酸钠饮水。同时可配合维生素 E，犊牛 300～500 mg，羔羊、仔猪减量。

（2）近期预防，冬春注射 0.1% 亚硒酸钠，猪、羊 4～6 mL，牛、马 10～20 mL。同时应注意整体营养水平，特别是对草食动物应补充适当的精料。

（3）远期预防，应保证饲料含硒在 0.1～0.2 mg/kg，如达不到这一水平，可采取下述措施：①将 20～30 mg 硒加到 1 kg 食盐中，定期舔食。目前美国 FDA 规定的最大限量为 120 mg/kg 盐。注意一定要混合均匀，这种方法适合牛羊补硒。②根据饲料含硒分析结果，将硒添加到总量达 0.1～0.2 mg/kg 即可。这种方式适合舍饲猪、禽。如饲料中鱼粉比例高时，补硒应适当提高。饲料加硒特别要注意混合均匀，以防中毒。③对放牧动物，可采取瘤胃中投放硒丸的办法补硒。④对于高产牧场或专门从事牧草生产的草地，可将硒盐加入肥料中施肥，或在牧草收割前进行硒盐喷洒。⑤将 10～20 mg 亚硒酸钠植入牛的肩后疏松组织中。必须注意动物不能提前屠宰，否则植入部位硒吸收不全造成高硒残留，不符合食品卫生要求。⑥可定期在人工饮水条件下，将所给的硒盐加入。

2. 仔猪肝营养不良与桑葚心　病区可给仔猪肌内注射 0.1% 的亚硒酸钠 1 mL；饲料硒不足，添加无水亚硒酸钠，每 100 kg 饲料 0.022 g，相当于硒剂量 0.1 mg/kg 饲料。每猪产前注射 5 mg 硒、维生素 E 500～1 000 U。

3. 小鸡渗出性素质 日粮添加硒维生素 E，效果良好。

五、钴缺乏症

（一）诊断要点

1. 以放牧反刍动物多见，羔羊对钴缺乏最敏感，其次是绵羊、犊牛、成牛。当牧草钴低于 0.07 mg/kg 时，绵羊出现临床症状，低于 0.04 mg/kg，牛出现临床症状。

2. 表现为慢性过程，病程可长达数月至 2 年。主要表现食欲减退，营养不良，异嗜，消瘦；被毛粗乱无光，毛质脆而易折断；生产性能如泌乳等降低。严重者贫血、黄疸，瘤胃功能不全，出现恶病质时，持久顽固腹泻。晚期病羊最突出的症状是大量流泪。

（二）防治

1. 口服钴盐制剂，同时配合维生素 B_{12}，疗效更好，不主张注射钴制剂。口服硫酸钴，羊 1 mg/d，连服 7 d，间隔 14 d 重复用药；或 2 次/7 d，2 mg/次；或每周 1 次，7 mg/次。氧化钴、硫酸钴、硝酸钴、硫酸钴添加剂，成年牛 30～40 mg/kg，可连用 30～45 d。内服含钴食盐是治疗和预防钴缺乏的理想方法，可长期饲喂，配制方法是在每 100 kg 食盐中加入硫酸钴 40～50 g。严重贫血时，可配合应用维生素 B_{12} 注射液，羔羊 100～300 μg/次，每 7 d 1 次。

2. 如果饲料中钴含量低于 0.06～0.07 mg/kg 干物质，可将钴添加于食盐或矿物质混合料内，剂量为 0.3～1 mg/d。或把这种混合料做成舔砖，让其自由舔食，或掺入水中饮用。在缺钴病区的草地上，用 300～375 g/km² 硫酸钴喷洒草地，每年或每两年喷洒 1 次，可以改善植物中的含钴量。或者按 1.5～1.8 kg/hm² 的硫酸钴肥料施肥，可在 3～6 年内，使牧草保持足够的钴浓度。在缺钴地区，用含 90% 的氧化钴丸投入瘤胃内，羊 5 g，牛 20 g，最后沉入网胃，药效可维持 5 年以上。但年龄太小的犊牛或羔羊（2 月龄以内），效果不明显。

六、碘缺乏症

（一）诊断要点

1. 典型的临床特征是甲状腺肿大，生长发育缓慢，颈部甚至全身皮肤和皮下组织出现黏液性水肿，皮肤干燥、角化、多皱褶、弹性差，被毛脆弱。生殖机能障碍，母畜不孕、胎儿吸收、流产、产死胎、胎衣不下，公畜性欲降低、精液品质差。

2. 剖检可见皮肤和皮下结缔组织水肿，甲状腺明显肿大、增生。当实质性增生时，甲状腺坚实，肉厚，呈淡褐色；胶性甲状腺肿时，表面平坦，呈淡黄灰色，甲状腺内因有大量胶体存在而呈半透明状。

3. 检测血液和乳汁中的蛋白结合碘含量（PBI），如血液中 PBI 小于 24 μg/mL、牛乳中小于 8 μg/mL，即可确诊为碘缺乏症。

4. 应与传染性流产、遗传性甲状腺增生和小马的无腺体增生性甲状腺腺区肿大相区别。

（二）防治

1. 内服碘盐是常用的治疗方法。成年牛补充碘 100～150 mg/d、成羊 20～50 mg/d、羔羊 5～10 mg/d，鸡日粮中添加 0.25% 碘化钾，或者用 0.023% 碘化钾加入普通食盐水中，让其自由饮用。或口服复方碘溶液（5%I，10%KI），牛 10～20 滴/d，成羊 5～10 滴/d，羔羊 1～3 滴/d，20 d 为一疗程，每隔 2～3 月再重复一个疗程。

2. 当甲状腺肿大硬固时，可涂擦碘软膏；腺体化脓后，手术切开用稀碘液冲洗。

3. 预防本病应注意饲粮中碘含量满足动物需要。用含碘的盐砖让动物自由舔食，或者饲料中掺入海藻、海草之类物质，或把碘掺入矿物质补充剂中。或定期喂服碘，母羊在生后 4 周，一次给予 280 mg 碘化钾或 360 mg 碘酸钾，另一次在妊娠 4 月龄或产羔前期 2～3 周时，以同样剂量给母羊一次口服，能较好地预防新生羔羊死亡。母羊还可在产羔前一次性注射 1 mL 碘化樱粟油（含碘 40%），亦可有效地防止甲状腺肿和新生羔羊死亡。妊娠、泌乳牛饲料中应含碘 0.8～1.0 mg/kg（干重计），空怀牛、犊牛饲料中应含碘 0.1～0.3 mg/kg，或在肚皮、四肢间，每周一次涂擦碘酊（牛 4 mL，猪、羊 2 mL）。

4. 正常生理状况下，动物对碘的需要量是：鸡（2～2.5 kg）5～9 μg/d，猪 80～160 μg/d，产乳牛（奶产量在 18 kg/d 以上）400～800 μg/d，干乳期非产乳牛 100～400 μg/d，绵羊 50～100 μg/d。

七、铁缺乏症

（一）诊断要点

1. 由动物体内铁含量不足引起的一种营养缺乏病。主要发生于幼龄动物，多见于仔猪，其次为犊牛、羔羊、仔犬和禽等。

2. 共同的症状是贫血。临诊表现为生长缓慢，食欲减退，异嗜，嗜睡，喜卧。可视黏膜苍白，呼吸频率加快。稍加运动，则心搏动亢进、喘息不止。血清铁、血清铁蛋白含量低于正常。

（二）防治

补铁是本病治疗的关键措施，补铁可采用口服铁剂的方法，可将硫酸亚铁配成 0.2%～1%水溶液口服，肌内注射的铁制剂有葡聚糖铁或葡聚糖铁钴注射液等。

第四节　维生素缺乏症

一、维生素 A 缺乏症

（一）诊断要点

1. 主要发生于冬春青饲料不足的季节，我国北方地区尤其是高纬度地区多发。

2. 各种动物均可不同程度地表现下列临床症状：

（1）生长发育缓慢　幼龄动物生长缓慢，发育不良；成年动物营养不良，贫血，衰弱乏力，生产性能低下。

（2）视力障碍　夜盲症是早期症状之一（猪除外），后继发干眼病，甚至角膜软化、穿孔、失明。禽类初期可表现眼睑粘着，有干酪状分泌物积聚，羞明流泪。

（3）皮肤病变　皮肤干燥、脱屑、皮炎，被毛蓬乱无光泽，脱毛。蹄（脚）生长不良，蹄表有纵行龟裂或凹陷。马典型症状是蹄角质脆弱易碎裂，角质层发育不匀，釉质消失，蹄壁出现裂隙和凹沟，上角质层生长过度。

（4）神经症状　颅内压增高时，共济失调、痉挛、惊厥、瘫痪；外周神经根损伤引起运动障碍或肌麻痹；视神经管狭窄引起失明。雏鸡初期表现感觉过敏、头颈扭转或呈后退动作。

（5）繁殖力下降　公畜精液不良；母畜发情扰乱，受胎率下降，胎儿发育不全，先天性缺陷或畸形，胎儿吸收、早产、流产、死亡，所产仔畜生活力低下，体质屠弱，易死亡。

（6）抗病力低下　由于黏膜上皮角质化，腺体萎缩，极易继发鼻炎、支气管炎、肺炎、胃肠炎等疾病，或因抵抗力下降而继发感染某些传染病。

3. 实验室检查，一般正常动物血液中维生素 A 含量为 100 $\mu g/L$，临界水平为 70～80 $\mu g/L$，低于 50 $\mu g/L$ 则出现症状；胡萝卜素含量受饲料种类的影响，牛以 15 mg/L 为最佳水平，降至 90 $\mu g/L$ 则出现症状，羊含量极微。采取黏膜上皮作涂片，检查脱落的角化上皮细胞数，健康牛每个视野只有 2～3 个，而缺乏症牛多达 11～16 个甚至更多。检眼镜观察犊牛视网膜绿毯部，发现由正常时的绿色至橙黄色变成苍白色。

（二）防治

饲料中添加维生素 A，最好现加现喂，目前先进技术是将维生素 A 酯化后作微型胶囊包装，这样防止或减慢了维生素 A 的氧化速度。对北方地区的牛，应尽量在冬春补给胡萝卜以补充维生素 A。不同动物维生素 A 要求每天至少要每千克体重 30 U，胡萝卜素每千克体重 75 U，要使维生素 A 在肝脏有所贮存，量应加倍。小鸡对维生素 A 缺乏敏感，饲料至少要加到 1 200 U/kg，产蛋鸡、肉鸡加倍。牛冬春枯草期应加 10 000 U/kg。如出现症状可皮下注射维生素 A 25 000～50 000 U，或鱼肝油 5～10 mL。

二、维生素 E 缺乏症

（一）诊断要点

1. 禽主要表现脑软化、渗出性素质及肌营养不良等。临床上表现出共济失调、皮下组织水肿（外观呈蓝色），肌营养不良主要以胸肌为主。

2. 仔猪生长缓慢或停滞；母猪流产、死胎，产下的仔猪肌肉无力、贫血、共济失调、肌营养不良，甚至四肢麻痹；生长猪肌营养不良，心衰，肝坏死，突然死亡。公猪生殖力下降。

3. 反刍动物肌营养不良，白肌病，肌萎缩，心肌变性可致突然死亡。

4. 犬骨骼肌萎缩，睾丸萎缩，雄犬不能交配，母犬妊娠胎儿被吸收或不孕。猫缺乏维生素 E 时，尤其食物中含有大量不饱和脂肪酸时，可引起黄脂病。

5. 维生素 E 缺乏对实验动物的影响更能看到典型症状。如大鼠、小鼠、豚鼠不育，雄性可致永久性不育、肌营养不良、肝营养不良等。

6. 实验室检查，血清天门冬氨酸转氨酶（AST）在肌营养不良时升高，正常牛、羊在 100 U 以下，肌营养不良时，牛可达 300～900 U，羔羊可达 2 000～3 000 U。肌酸激酶（CK）是特异酶，牛、羊一般在 10～80 U，急性肌营养不良高达 1 000 U 以上。

（二）防治

1. 大剂量补充维生素 E，产前母牛 1 g/d，犊牛 150 mg/d，产前母羊 75 mg/d，羔羊 25 mg/d。犬猫可皮下注射或肌内注射三联维生素，犬 0.5～1.0 mL，猫 0.01 mL。补维生素 E 与补硒常结合进行，具体方法可见硒缺乏症。

2. 对急性出血的动物，立即输入新鲜血液，并补以凝血酶原，同时给予维生素 K，并配合使用多种维生素。

3. 长期饲喂高水平维生素 E 食物，对甲状腺活力和血液凝集将产生不良影响。

三、维生素 B_1 缺乏症

（一）诊断要点

1. 雏鸡表现多发性神经炎，头向背后极度弯曲呈角弓反张状，以跗关节和尾部着地，呈现"观星"姿势。成年鸡病初食欲减退，羽毛松乱无光泽，腿软无力，鸡冠常呈蓝紫色，随后脚趾的屈肌麻痹，腿、翅膀和颈部的伸肌明显地出现麻痹。有些病鸡出现贫血和拉稀，体温下降至 35.5 ℃。

2. 鸭常发生阵发性神经症状，头歪向一侧或仰头转圈，发作次数逐渐增多，全身抽搐或角弓反张。

3. 猪易发生呕吐、腹泻、后肢跛行、步态不稳、痉挛、抽搐甚至瘫痪，间或出现强直、痉挛、麻痹。

4. 犬、猫可引起对称性脑灰质软化症，小脑和大脑皮质损伤。表现为厌食，平衡失调，惊厥，头向腹侧弯，感觉过敏，瞳孔扩大，运动神经麻痹，四肢呈进行性瘫痪。

5. 成年草食动物一般不会发生原发性维生素 B_1 缺乏。犊牛、羔羊在母乳中维生素 B_1 缺乏时可发病，初期表现兴奋，最后倒地抽搐，昏迷死亡。

6. 马属动物因采食蕨类植物中毒而继发维生素 B_1 缺乏，可见咽麻痹，共济失调，痉挛或惊厥，昏迷死亡。

7. 实验室检查，血液丙酮酸浓度从 20～30 $\mu g/L$ 升高至 60～80 $\mu g/L$；血浆维生素 B_1 浓度从正常时 80～100 $\mu g/L$ 降至 25～30 $\mu g/L$；脑脊液中细胞数量由正常时 0～3 个/mL 增加到 25～100 个/mL。

（二）防治

1. 草食动物应立即提供充足的富含维生素 B_1 的饲料，如优质草粉、麸皮、米糠和饲料酵母；犬、猫应增加肝、肉、乳的供给；幼龄动物和雏鸡应补充维生素 B_1，每千克饲料 5～10 mg，或每千克体重 30～60 μg。当饲料中含有磺胺或抗球虫药氨丙啉时，应多供给维生素 B_1，以防止颉颃作用。目前普遍采用复合维生素 B 预防本病。

2. 当严重维生素 B_1 缺乏症时，用盐酸维生素 B_1 注射液，每千克体重 0.25～0.5 mg，肌内注射或静脉注射，1 次/3 h，连用 3～4 d。

3. 大剂量使用维生素 B_1 可引起酥软，呼吸困难，进而昏迷等不良反应，一旦出现上述反应，及早使用扑尔敏、安钠咖和糖盐水抢救，大多能治愈。

四、维生素 B_2 缺乏症

（一）诊断要点

1. 雏鸡生长缓慢，消瘦衰弱，特征性症状是足趾向内蜷曲，不能行走，以跗关节着地，开展翅膀维持身体的平衡，腿部肌肉萎缩和松弛，皮肤干而粗糙。

2. 母鸡产蛋量下降，种蛋孵化率低，死胚皮肤呈结节状绒毛、颈部弯曲、躯体短小、关节变形水肿、贫血和肾脏变形等。孵出的雏鸡多数带有先天性麻痹症状。火鸡除发生上述症状外，脚、小腿、口角、眼睑等部位皮炎，雄火鸡生长缓慢，喙交叉，慢性者两肢发炎，腿关节水肿，有时皮下出血。

3. 猪生长缓慢，腹泻，被毛粗乱无光，鬃毛脱落，跛行，眼结膜损伤、眼睑肿胀、卡他性炎症，甚至晶状体浑浊、失明。怀孕母猪缺乏维生素 B_2，仔猪出生后不久死亡。

4. 犊牛厌食、生长不良、腹泻、流涎、流泪、掉毛、口角炎、口周炎。但眼疾不明显。

5. 剖检病鸡，坐骨神经及其分支的终板及肌肉本身变性，神经干肿胀，是正常鸡的 4～5 倍，色淡黄。应与禽类神经型马立克氏病相区别。

（二）防治

1. 应用维生素 B_2 混于饲料中，雏禽饲料中应含 4 mg/kg，产蛋禽、鹅、鸭、成年鸡、仔猪给予 6 mg/kg，犊牛 30～50 mg/头，大猪 50～70 mg/头，连用 8～15 d。也可补充饲用酵母，仔猪 10～20 g/头，育成猪 30～60 g/头，2 次/d，连用 7～15 d，犬每千克体重 5 mg，猫每千克体重 8 mg。

2. 预防草食动物维生素 B_2 缺乏主要预防和治疗引起维生素 B_2 缺乏的原发性疾病。猪、禽类饲料中应含足量维生素 B_2，饲料中配以含较高维生素 B_2 的带叶蔬菜、酵母粉、鱼粉、肉粉等，必要时可补充复合维生素 B 制剂。

五、泛酸（维生素 B_3）缺乏症

（一）诊断要点

1. 小鸡泛酸缺乏时特征性表现为羽毛生长阻滞和松乱，病鸡头部羽毛脱落，头部、趾间和脚底皮肤发炎，表层皮肤脱落，并产生裂隙，以致行走困难。种蛋孵化率低，死胚短小，皮下出血或严重水肿，肝脏有脂肪变性，出壳后的鸡有呼吸衰竭、不能站立，几天内死亡。

2. 猪的典型特点是后腿踏步动作或呈正步走，高抬腿，鹅步，并常伴有眼、鼻周围痂状皮炎，被毛呈灰色，严重者可发生皮肤溃疡、神经变性，并发生惊厥。

（二）防治

1. 对缺乏泛酸的母鸡所孵出的雏鸡，虽然极度衰弱，但立即腹腔注射 200 μg 泛酸，可以收到明显疗效。

2. 使用泛酸钙拌料，猪每 1 000 kg 饲料 10～12 g，雏鸡饲料中应含维生素 B_3 6～10 mg/kg，雏火鸡 10.5 mg/kg，雏鸭 11 mg/kg，野鸡 10 mg/kg，产蛋鸡 15 mg/kg，肉仔鸡 6.5～8 mg/kg，成年火鸡 16 mg/kg，犬、猫按每千克体重 50 mg 给予。

3. 平时注意饲料中含有足够的泛酸，饲料中可添加富含维生素 B_3 食物，如酵母、干草粉、贻糖浆、花生粉等。

六、胆碱（维生素 B_4）缺乏症

（一）诊断要点

1. 雏鸡和幼火鸡表现生长停滞，突出的症状是骨短粗症，跗关节初期轻度肿胀，后期转位，致胫跗关节变为平坦，严重时可与胫骨脱离，双腿不能支撑体重，跟腱滑脱。青年鸡极易发生脂肪肝，因肝破裂致急性出血死亡。母鸡产蛋量减少，有时几乎不产蛋。蛋孵化率低下，即使出壳，也长成弱雏，关节韧带、肌腱往往发育不良。剖检病死鸡可见肝脏肿大，色泽变黄，表面有出血点、质脆，有的肝被膜破裂，甚至发生肝破裂，肝表面和体腔中有凝血块。

2. 仔猪表现生长发育缓慢，衰弱，被毛粗糙，腿关节屈曲不全，运动不协调，有的呈

先天性八字形腿。常因肝脂肪变性引起消化不良，死亡率升高。

（二）防治

立即供给胆碱丰富的全价饲料，并供给含蛋氨酸、丝氨酸丰富的食物，如骨粉、肉粉、鱼粉、麦麸、油料、豆粕、豆类及酵母等。平时饲料中胆碱一般应占 0.1%，通常用氯化胆碱拌入饲料中，按 0.15% 添加，同时加 0.1% 肌醇和维生素 E 10 U/kg。

七、烟酸（维生素 B_5）缺乏症

（一）诊断要点

1. 雏鸡、青年鸡、鸭均以生长停滞，发育不全及羽毛稀少为特有症状。多见于幼禽发病，皮肤发炎，有化脓性结节，腿部关节肿大，骨短粗，腿骨弯曲，与滑腱症有些相似，但其跟腱极少滑脱。雏鸡口黏膜发炎，消化不良和下痢。火鸡、鸭、鹅的腿关节韧带和腱松弛，成年鸭的腿呈弓形弯曲。产蛋鸡脱毛，有时能看到足和皮肤有鳞状皮炎。

2. 猪食欲下降，严重腹泻，皮屑增多性发炎，呈污秽黄色，后肢瘫痪，胃、十二指肠出血，大肠溃疡，与沙门菌性肠炎类似；回肠、结肠局部坏死，黏膜变性。

3. 犬、猫烟酸缺乏症称黑舌病，舌部开始是红色，后是蓝色素沉着，同时分泌发黏有臭味的唾液。口腔溃疡，拉稀。雄性生殖能力下降。有神经症状，虚弱、惊厥、昏迷。严重者可引起脱水、酸中毒、骨髓再生不良，红细胞发育停滞于成红细胞阶段，常伴发贫血。皮肤发红，对光反射敏感。

（二）防治

1. 调整日粮中玉米比例，添加色氨酸、啤酒酵母、米糠、麸皮、豆类、鱼粉等富含烟酸的饲料。鸡对烟酸的需要量为每千克饲料 25～70 mg；猪生长期每天每千克体重为 0.6～1 mg，维持量每千克体重为 0.1～0.4 mg；犬每千克体重 25 mg，猫每千克体重 60 mg；兔每千克体重 50 mg；貂、狐每千克体重 30 mg。

2. 猪、禽日粮中应经常添加烟酸，特别是以玉米为主食的动物。一般按每吨饲料中加 10～20 g 烟酸。但烟酸过多后可出现脸、颈发红；对热敏感，头昏、眩晕、头疼、恶心、呕吐、短暂腹疼，甚至出现荨麻疹、心肌无力、心舒张增强、血管扩张等。

八、维生素 B_6 缺乏症

（一）诊断要点

1. 小鸡表现食欲下降，生长不良，贫血及特征性的神经症状。病鸡双脚神经性颤动，多以强烈痉挛抽搐而死亡。有些小鸡发生惊厥时无目的地乱撞、翅膀扑击，倒向一侧或完全翻仰在地上，头和腿急剧摆动，有些病鸡无神经症状而发生严重的骨短粗病。成年病鸡食欲减退，产蛋量和孵化率明显下降。病死鸡皮下水肿，内脏器官肿大，脊髓和外周神经变性，有些出现肝变性。

2. 猪呈周期性癫痫样惊厥，呈小细胞性贫血和泛在性含铁血黄素沉着，肝脂肪浸润。犊牛表现厌食，生长不良，被毛粗乱，掉毛，严重者呈致死性癫痫发作，异形红细胞增多性贫血。犬、猫呈小红细胞、低染性贫血，血液中铁浓度升高，含铁血黄素沉着。

（二）防治

各种动物对维生素 B_6 的需要量：雏鸡每千克饲料 6.2～8.2 mg，青年鸡、育肥肉鸡每

千克饲料 4.5 mg，鸭每千克饲料 4 mg，鹅每千克饲料 3 mg，猪每千克饲料 1 mg，犬、猫每千克饲料 3～6 mg，幼犬、幼猫加倍量。动物发生缺乏症时，应使饲料中的维生素 B_6 满足上述需要量。

九、生物素（维生素 H）缺乏症

（一）诊断要点

1. 雏鸡生长迟缓，食欲不振，羽毛干燥、变脆，趾爪、喙底和眼睛周围皮肤发炎和结痂，骨短粗等症状。成年鸡和火鸡则种蛋孵化率低，胚胎发生先天性骨短粗症。肉仔鸡出生后 10～20 d 时发生"脂肪肝和肾综合征"。

2. 猪表现为耳、颈、肩部、尾的皮肤炎症、脱毛，蹄底、蹄壳出现裂缝，口腔黏膜炎症、溃疡。

3. 犬、猫表现紧张、无目的地行走，后肢痉挛和进行性瘫痪。皮肤炎症和骨骼变化与其他动物相似。

4. 应与烟酸缺乏、锌缺乏或硫缺乏引起的掉羽或掉毛相区别。

（二）防治

饲料中应有足够量的有效生物素，鸡 150 $\mu g/kg$ 以上，猪 200 $\mu g/kg$，雏鸡 350～500 $\mu g/kg$。富含生物素的饲料有黄鱼粉、玉米粉、干乳清、啤酒酵母、鱼粉等。

十、叶酸（维生素 M）缺乏症

（一）诊断要点

1. 雏鸡和雏火鸡的特征是生长停滞、贫血、羽毛生长不良或色素缺乏。火鸡表现特征性的颈部麻痹，若不立即投给叶酸，在症状出现后 2 d 内死亡。病雏有严重的巨幼红细胞性贫血或白细胞减少症，有些还出现腿软弱症或骨短粗症。成年鸡和火鸡产蛋率、孵化率明显下降。死亡的鸡胚喙变形和跗骨弯曲。病死家禽剖检可见肝、脾、肾贫血，腺胃有小点状出血，肠黏膜有出血性炎症。

2. 犬、猫缺乏叶酸与维生素 B_{12} 缺乏相似，可引起贫血、厌食，幼仔脑水肿较多。在外周血液中可同时见到红细胞母细胞和髓母细胞，称为红白血病和巨母红细胞血症。

（二）防治

1. 临床上使用叶酸制剂治疗，猪每千克体重 0.1～0.2 mg，禽 10～100 μg/只，内服或肌内注射，1 次/月。使用叶酸的同时给予维生素 B_{12} 效果更佳。

2. 平时注意日粮中叶酸含量应满足动物需要量：1～60 日龄鸡每千克饲料 0.6～2.0 mg，蛋鸡每千克饲料 0.12～0.42 mg，肉鸡每千克饲料 0.3～1.0 mg，火鸡每千克饲料 0.4～0.7 mg，犬、猫每千克体重 0.3～0.4 mg，貂、狐每千克体重 0.6 mg，赛马和赛犬每千克体重 15 mg，工作马每千克体重 10 mg。草食动物日粮中尽量增加多叶的蔬菜或青草粉，如苜蓿、豆谷或青绿饲料。

十一、维生素 B_{12} 缺乏症

（一）诊断要点

1. 雏鸡表现生长缓慢，食欲降低，贫血。若同时缺乏胆碱、蛋氨酸，则可能出现骨短

粗病。成年母鸡产蛋量下降，肌胃糜烂，肾上腺肿大。种蛋多在孵化到第 16～18 天出现胚胎死亡高峰，鸡胚生长缓慢、体型缩小，皮肤呈现弥漫性水肿，肌肉萎缩，心脏肿大并形态异常，甲状腺肿大，肝脏脂肪变性，心、肺等胚胎内脏均有广泛出血。

2. 猪厌食，生长停滞，神经性障碍，应激增加，运动失调以及后腿软弱，皮肤粗糙，背部有湿疹样皮炎，偶有局部皮炎，胸腺、脾脏以及肾上腺萎缩，肝脏和舌头常呈现肉芽瘤组织的增殖和肿大。成年猪易发生流产、死胎，胎儿发育不全，畸形，产仔数减少，仔猪活力减弱。

3. 成年牛很少发病，当给小牛喂不含维生素 B_{12} 的牛乳，同时不能接触到牛粪便时，表现生长停止和神经疾病，如纵向不等同运动、行走时摇摆不稳，运动失调。

4. 犬、猫可引起厌食，生长停滞，贫血。幼仔可发生脑水肿。在外周血液中可同时看到红细胞母细胞和髓母细胞。

（二）防治

1. 查明原因，调整日粮组成，给予富含维生素 B_{12} 的饲料，如全乳、鱼粉、肉粉、大豆副产品等。

2. 通常用氰钴胺或羟钴胺治疗，猪日需量为每千克饲料 20～40 μg，治疗量为每千克饲料 300～400 μg，雏鸡每千克饲料 15～27 μg，雏火鸡每千克饲料 2～10 μg，蛋鸡每千克饲料 7 μg，肉鸡每千克饲料 1～7 μg，火鸡、鸭每千克饲料 10 μg，犬、猫每千克体重 0.2～0.3 mg。反刍动物不需补加维生素 B_{12}，只要口服硫酸钴即可。另外，马、兔食物性贫血也只要在食物中添加钴即可。

十二、维生素 C 缺乏症

（一）诊断要点

动物表现出血性素质，在皮肤、黏膜、皮下结缔组织有出血，齿龈出血并肿胀，口黏膜、舌、胃肠道形成溃疡，机体抵抗力下降，易继发传染病或其他感染性疾病。

（二）防治

1. 饲料中增加富含维生素 C 的青绿饲料，如绿叶蔬菜、三叶草等。

2. 猪、羊、犬经皮下或静脉注射维生素 C 0.2～1 g，连用 7 d，或口服维生素 C 片剂，仔猪 0.1～0.2 g。

3. 在兽医临床实践中，即使没有明显的维生素 C 缺乏症，对某些溶血性疾病、消化道疾病、创伤和手术后创伤愈合等，配合维生素 C 治疗会取得较好效果。特别是输液，改善血液循环状况时，常加入适量维生素 C，有助于多种疾病治疗。

十三、维生素 D 缺乏症

（一）诊断要点

1. 病初表现发育迟滞，严重异食癖，喜卧而不愿站立或走动，强行站立和运动时表现紧张、肢体软弱，甚至呻吟痛苦，心跳和呼吸增数；顽固性胃肠卡他；在仔猪尚有嗜睡、步态蹒跚、突然卧地和短时间的痉挛等神经症状。进而骨骼明显变形，关节肿胀，骨端粗厚，尤以肋骨和肋软骨的连接处明显出现佝偻性念珠状物，两前肢腕关节向外侧凸出而呈内弧圈状弯曲（O 形）或两后肢跗关节内收而呈"八"字形分开（X 形）；在仔猪和牛犊，还可见到以腕关节爬行；幼禽喙、爪、龙骨变软和变形（S状），肋骨与软骨连接处显著肿大而形成圆形结节，胸骨和椎骨连接处内陷，所有肋骨沿胸廓呈内弧形。

2. 牙齿排列不整、松动，齿质不坚而易磨损或折断，尤以下颌骨明显，严重时影响到呼吸和采食。病程继续发展，可引起营养不良，贫血，甚至危及生命。

3. X线检查，骨化中心出现较晚，骨化中心与骺线间距离加宽，骨骺线模糊不清呈毛刷状，纹理不清，骨干末端凹陷或呈杯状，骨干内有许多分散不齐的钙化区，骨质疏松等。

（二）防治

1. 调整日粮组成，在饲料中添加维生素D，增加户外运动和晒太阳时间。

2. 药物治疗，一般补充鱼肝油或鱼肝油丸（浓缩鱼肝油），剂量按每100 kg体重4～6 mL，口服；维生素A、维生素D复合注射液，猪、驹、犊牛2～4 mL，仔猪、羔羊0.5～1 mL，肌内注射，或按每千克体重2.75 μg剂量一次性肌内注射，可保持动物3～6个月内不发生维生素D缺乏。

3. 禽舍中安装紫外灯，从10日龄开始，照射10 min/d，可防止维生素D缺乏。

4. 饲料中钙、磷比例保持在（1～2）：1之间。妊娠、泌乳母畜除保证全价饲料外，可补给钙、磷和维生素D。

第五节　中毒性疾病

一、硝酸盐和亚硝酸盐中毒

（一）诊断要点

1. 当用小白菜、芥菜、菠菜、韭菜、甜菜、椰菜以及玉米秆、萝卜叶、甘薯藤、燕麦秸等作饲料时，若饲喂过量、调制不当，如置闷热环境或霉烂变质、霜冻、枯萎等，动物食入后即可引起中毒。

2. 猪采食后可在1～3 h内发病，短者10～15 min。最急性的可能仅显不安，倒地而死，多发生于生前精神良好、食欲旺盛的猪。急性者表现不安，严重呼吸困难，全身发绀，体温正常或偏低，四肢末梢冰凉，肌肉震颤，倒地，末期出现强直性痉挛。

3. 牛可在采食后1～5 h发病，呈现类似于猪的临床症状，并见有流涎，腹痛，腹泻，甚或呕吐，呼吸困难，肌肉震颤，步态不稳，倒地，全身痉挛等。

4. 剖检特征变化是血液呈酱油状，紫黑色，不易凝固。胃肠道各部有程度不同的充血、出血，黏膜脱落或溃疡。肺充血，气管、支气管黏膜充血、出血，管腔内充满红色泡沫。肝、肾呈乌紫色。心外膜出血。淋巴结轻度充血。

5. 取中毒动物血液少许，加1%氰化钾数滴，振摇后立即转为鲜红色，或加0.5%美蓝数滴，在37 ℃下静置1 h，血液变为鲜红色，即可确诊。

（二）防治

1. 立即用1%～2%美蓝缓慢静脉注射，猪的剂量为每千克体重1～2 mg，牛为每千克体重20 mg，同时用25%～50%高渗葡萄糖，加入维生素C静脉注射，严重中毒，美蓝可加倍使用；也可用5%甲苯胺蓝静脉、肌内注射或腹腔注射，剂量为每千克体重5 mg。配合使用强心剂、呼吸中枢兴奋剂。

2. 青绿饲料应鲜喂，一旦发霉、霜冻、腐烂、枯萎，即应废弃不用，且应限制连续应用时间。熟喂此饲料时，切勿闷在锅里过夜或将熟料趁热闷在缸里。对于可疑饲料、饮水，应于喂前进行毒物检测。

二、生氰糖苷类饲料中毒（氢氰酸中毒）

（一）诊断要点

1. 采食了高粱及玉米的新鲜幼苗（尤其是再生幼苗）、木薯、亚麻子（饼）、豆类（如狗爪豆等），以及蔷薇科植物李、杏、桃、梅等的种子和叶等均可引起中毒。

2. 急性中毒发病突然并迅速毙命，病程稍长者表现呼吸极度困难，但可视黏膜色鲜红，站立不稳，肌肉震颤，体温下降，瞳孔散大，反射机能减弱或消失。心动徐缓，昏迷死亡。

3. 剖检可见血液呈鲜红色，肌肉暗红色，肺和气管黏膜充血、出血，胃、小肠、心包、心内膜出血。胃内可闻到苦杏仁味。

4. 采集可疑植物和胃内容物用苦味酸试纸法作氢氰酸测定，使滤纸呈橙红色或砖红色。

（二）防治

1. 立即静脉注射 3%～10% 亚硝酸钠，5～10 mL/min，剂量为牛 2 g，猪、羊 0.1～0.2 g，随后注入 5%～10% 硫代硫酸钠（猪、羊 20～60 mL，牛、马 100～200 mL），或硫代硫酸钠 15 g、亚硫酸钠 3 g、蒸馏水 200 mL，混合，牛一次静脉注射；或硫代硫酸钠 2.5 g、亚硫酸钠 1 g、蒸馏水 50 mL，混合，猪、羊一次静脉注射。当病情有反复时，还需重复应用。同时对症治疗，如兴奋呼吸中枢、强心等。

2. 勿在含有氰苷配糖体植物的地区放牧。含氰苷配糖体饲料，宜在流水中浸渍 24 h 以上或漂洗加工后利用。亚麻子饼可用 0.12%～0.15% 盐酸煮沸 10 min 后利用。

三、棉叶及棉子饼中毒

（一）诊断要点

1. 动物长期或大量饲喂未经去毒处理的棉叶或棉子饼而发生的中毒。

2. 轻度中毒，出现轻度胃肠炎的症状。重度中毒，多数出现出血性胃肠炎，排黑褐色粪便，混有黏液或血液，先便秘后拉稀，粪便恶臭，呼吸急促，心搏增快，有嗜睡现象；个别在病初有兴奋不安和腹痛现象（以马为明显），以后则全身无力，卧而不站；后期皮下、四肢、颈下、胸前出现水肿，尿呈现红色、暗红色或酱红色，可视黏膜发绀，心力衰竭。

3. 牛常伴有视力障碍（类似维生素 A 缺乏的夜盲症）。家禽体重下降，孵化率降低，蛋黄颜色变淡或略显绿色。犬有后肢运动失调，经过几天后发呆，嗜睡和昏迷。

4. 剖检可见肝脂肪变性，凝血时间缩短，腹水，肺水肿，胃肠黏膜出血，全身淋巴结肿大，心肌松弛、肿胀，肾脂肪变性，脾萎缩。

5. 取棉子饼粉少许，研成细末，加硫酸数滴，振荡 1～2 min，显深胭脂红色，将其煮 1～1.5 h，若红色消失，表明有棉酚存在。

（二）防治

1. 无特效解毒药。立即停喂棉叶或棉子饼，可内服稀盐酸，牛 10～20 mL，马 8～15 mL，猪 1～15 mL，3 次/d，加少量水投服。用 0.05% 高锰酸钾、2%～3% 碳酸氢钠或 3% 过氧化氢（加 10～15 倍水）反复洗胃，然后内服硫酸镁或硫酸钠导泻。

2. 为阻止渗出、增强心脏功能、补充营养和解毒，可用高渗葡萄糖、安钠咖、10% 氯化钙静脉滴注，配以维生素 C、维生素 A、维生素 D 更好一些，特别是对视力减弱的患畜，维生素 A 疗效明显。

3. 食草动物长期饲喂棉子或其副产品时，应搭配豆科干草或其他优良粗饲料或青饲料；对反刍动物应同时补充维生素 A 和钙，猪可与豆饼等量混合或豆饼 5%、鱼粉 2% 与等量棉子饼混合，或鱼粉 4% 与等量棉子饼混合。将棉子饼粉热炒或蒸煮 1 h 后再喂。

4. 用 0.1%～0.2% 硫酸亚铁浸泡棉子饼，或给喂棉子饼的动物同时喂硫酸亚铁，其剂量为铁与棉酚（游离）之比为 1：1，但需注意应使铁与棉子饼充分混合接触。猪饲料中的铁含量不得超过 500 mg/kg。

5. 增加饲料中维生素 A、维生素 D 含量，限制棉子饼的饲喂量，牛每天不超过 1～1.5 kg，猪不得超过 0.5 kg，雏鸡不超过日粮的 2%～3%，成年鸡不超过 5%～7%，妊娠母畜最好停喂，以防流产。

四、菜子饼中毒

（一）诊断要点

1. 由于摄入过多未经适当处理的菜子饼而引起的中毒。

2. 兔轻度腹痛，下痢，尿色发黄。严重病例卧地不动。

3. 猪多为急性经过。精神不振，站立不稳，排尿次数增加甚至血尿；腹痛，粪便带血；蹄部、耳尖冰凉，可视黏膜发绀，两鼻孔流出泡沫状粉红色液体，呼吸困难、频数，心率加快，体温正常或偏低。怀孕母猪可发生流产。

4. 牛肺水肿、急性肺气肿。食欲减退，瘤胃蠕动音减弱，腹痛，腹泻或便秘。长期视觉障碍，狂躁不安，血红蛋白尿，尿液落地时常溅起许多泡沫。

5. 小鸡、猪、豚鼠还呈现生长抑制和甲状腺肿胀。

（二）防治

1. 立即停喂菜子饼，用 0.05% 高锰酸钾饮水或灌服 0.1% 高锰酸钾或蛋清、牛奶等，并给予对症治疗。无特效解毒药，可试用樟脑。

2. 应采用发酵中和法（将碎菜子饼置于有 40 ℃ 温水的缸内或池内，饼水比例为 1：4，每 2 h 搅拌 1 次，24 h 后弃水，再加清水搅拌后沉淀 2 h 弃水）、坑埋法（将碎菜子饼与水以 1：1 浸透，埋入 1m³ 坑内 2 个月）或热水浸泡 24 h 再换水煮沸 1～2 h 去毒。饲喂时先经少数动物试喂认为安全后，方可供大群使用。

五、酒糟中毒

（一）诊断要点

1. 由于酒糟饲喂不当，长期饲喂或突然大量饲喂酒糟引起的中毒。

2. 急性中毒初期兴奋不安，进而出现胃肠炎症状，食欲减退或废绝，腹痛，腹泻。呼吸促迫，心动过速，脉搏细弱。步态不稳或卧地，四肢麻痹，最终死于呼吸中枢麻痹。

3. 慢性中毒消化不良，血尿，可视黏膜潮红、黄染，发生皮炎或皮疹，病部皮肤肿胀，病牛牙齿松动甚至脱落，骨质脆弱，孕畜可发生流产。

（二）防治

立即停喂酒糟，用 5% 碳酸氢钠溶液静脉注射、口服或灌肠，并静脉滴注葡萄糖生理盐水。采取相应对症治疗。酒糟喂量不宜超过日粮的 1/3，并与其他饲料搭配使用。妥善保管酒糟，防止酸败变质。轻度酸败酒糟，可加石灰水中和后使用，严重变质发霉酒糟应废弃。

六、马铃薯中毒

（一）诊断要点

1. 动物摄入了发芽或腐烂的马铃薯而引起的中毒。

2. 轻度中毒有明显胃肠炎症状，病初食欲减退或废绝，口腔黏膜肿胀，流涎，呕吐，便秘。进而剧烈腹泻，粪中带血。极度衰弱，精神沉郁，皮温不整，间或体温升高，肌肉松弛。孕畜常发生流产。

3. 严重中毒以神经症状为主，初兴奋不安，狂暴，前冲不避障碍。进而沉郁，后肢衰弱无力，步态不稳，运步困难，共济失调，或后肢麻痹。最后呼吸无力，心力衰竭，全身痉挛而死。

4. 猪胃肠炎症状明显，而神经症状较轻，腹部皮下湿疹，眼睑、头、颈部常发生水肿。

5. 牛、羊常在口唇周围、肛门、阴道、乳房、后肢、尾根、四肢系凹部、头、颈侧等处出现疹块，患部肿痛。间或前肢皮肤发生深层组织的坏疽性病灶。

（二）防治

1. 牛、马可用 0.05% 高锰酸钾或 0.5% 鞣酸洗胃，猪可用 1% 硫酸铜 20～50 mL 灌服催吐，或用阿扑吗啡 0.01～0.02 g，皮下注射；也可用盐类或油类泻剂导泻。

2. 注意保护胃肠道、镇静等，皮疹者可按湿疹治疗。可用溴化钠，马、牛 15～50 g，猪、羊 5～15 g，灌服；或用 2.5% 盐酸氯丙嗪，牛、马 10～20 mL，猪 1～2 mL，肌内注射，或马、牛 5～10 mL 静脉注射；或用 25% 次亚硫酸钠静脉注射，马、牛 50 mL，驹、犊、猪、羊 10～20 mL，2～3 次/d，疗效较好。对胃肠炎患畜，可用 1% 鞣酸，牛、马 500～2 000 mL，猪、羊 100～400 mL；或应用黏浆剂、吸附剂灌服。对皮肤湿疹，可应用消毒药液洗涤或涂擦软膏。

3. 严禁用发芽、腐烂、霜冻或带绿皮的马铃薯喂动物。

七、黑斑病甘薯中毒

（一）诊断要点

1. 动物采食了有黑斑病的甘薯而引起的一类中毒。

2. 一般在采食后次日发病。病初食欲减退或废绝，精神不振，体温无变化。严重病例 3～4 d 后体温升高，食欲废绝，胃肠蠕动减弱，便秘，粪球干黑，带有黏液或血液。呼吸困难、气喘是本病的临床特征，严重者呼吸增数达 80～100 次/min，呼吸音强烈，腹肌收缩显著。胸部听诊有强烈的支气管呼吸音和破裂性啰音。此后出现间质性肺气肿。晚期，颈部、鬐甲部、臀部，特别是肩后两侧出现皮下气肿，触之呈捻发音。病猪晚期多有阵发性痉挛、头抵墙、盲目行进等神经症状。羊多死于窒息。

3. 实验室检查血液呈紫色，白细胞数增加。病初中性粒细胞稍有增加，恢复期和濒死期减少。尿糖阳性。

（二）防治

1. 用 0.5%～1% 过氧化氢高渗葡萄糖、维生素 C，缓慢静脉注射，牛 60～100 mL/次，每天 1～2 次。或 5%～20%硫代硫酸钠、维生素 C，静脉注射，牛、马 1～3 g，猪、羊 0.2～0.5 g。

2. 内服中药白矾散治疗。

八、食盐中毒

（一）诊断要点

1. 由于饲喂酱油渣、臭咸鱼或鱼粉等含盐较多饲料，或直接食入大量食盐，或配合饲料中误加过量的食盐或混合不均匀等而引起的中毒。临床上以猪、禽中毒为多见。

2. 猪极度口渴，呕吐，口唇肿胀，可视黏膜潮红，进而出现神经机能紊乱，异常兴奋，全身震颤，可视黏膜发绀，呼吸困难。后期后肢或四肢麻痹，昏迷。血液、脑脊液嗜酸性粒细胞显著增加。

3. 禽烦渴，极度兴奋，雏鸭鸣叫，头后仰，站立不稳或突然身体后翻，两腿在空中前后摆动，头颈不断旋转，嗉囊扩张，腹泻。死后剖检可见心包积液、肺水肿等病理变化。

4. 牛流涎，食欲废绝，反刍停止，下痢，粪便带黏液或血液。鼻流清涕，双目失明，瞳孔散大，后肢麻痹，排尿增加。孕牛可流产。

5. 毛皮动物主要表现神经兴奋、腺体分泌增加。兴奋不安，口渴，腹泻，呕吐。背腰拱起，被毛粗乱，全身衰弱，结膜充血，瞳孔散大。兔惊跳不安，头颈伸直，惊叫，头向前向上猛撞墙壁，倒地后四肢强直痉挛，呼吸困难。水貂嘶叫，癫痫，排尿失禁，运动失调，四肢麻痹。

（二）防治

立即停喂含盐饲料并控制饮水。猪、毛皮动物可用催吐药。轻度中毒可供给饮水或灌服多量温水；能导胃者，可用清水反复洗胃。然后用植物油导泻。鸭群轻度中毒时，可放入小河或池塘中观察动态。静脉滴注 10%～15%葡萄糖和适量钾、钙剂，25%山梨醇溶液。为缓解兴奋和痉挛发作，可用溴化钾、硫酸镁等镇静剂。

九、光敏性饲料中毒

（一）诊断要点

1. 动物采食了含有光敏物质的饲料（如金丝桃属植物、荞麦、灰灰菜、野胡萝卜、多年生黑麦草、龙舌兰属植物等）而引起的中毒，主要发生于白色的猪、羊、驴等，在日光照射的无色皮肤处发生炎症。

2. 轻症者皮肤无毛及无色素部充血、肿胀、疼痛，面、耳、眼睑、颈部等处出现红斑性皮疹，猪和剪过毛的羊背部和颈部大面积发生，牛多在乳头、乳房、四肢、胸腹部、颌下、口周围出现疹块。患病动物奇痒，痒感在曝晒后加重，夜间减轻。

3. 重症者皮肤肿胀显著、疼痛，形成脓疮，破溃后结痂，有的痂下化脓，皮肤坏死。常伴发结膜炎、鼻炎、口炎、阴道炎等。有的出现兴奋、痉挛、麻痹等神经症状；有的发生呼吸困难，心律不齐，体温升高，黄疸。运动失调，后躯麻痹，双目失明。

4. 应与锌缺乏、真菌性皮炎相区别。

（二）防治

应即停喂致敏饲料，病初可用中性盐类或油类泻剂。及时应用抗组胺药，口服苯茚胺，羊 50～100 mg/次；肌内注射苯海拉明，羊 40 mg/次；静脉滴注葡萄糖酸钙或氯化钙溶液。

为防止感染，可用明矾水洗患部，再用碘酊或龙胆紫药水涂擦患部，同时肌内注射抗菌药物。大群猪、羊发病还可灌服中药，用土茯苓 30 g，牛膝 15 g，蒲公英 15 g，银花 10 g，野菊花15 g，钻地风 9 g，赤芍 9 g，地肤子 20 g，生甘草 5 g，按比例配伍，煎汤灌服。

十、蓖麻子中毒

（一）诊断要点

1. 动物采食了蓖麻叶或饲料中添加了未经处理的蓖麻子饼而引起的中毒。

2. 马轻症时肠音亢进，腹胀腹痛，口吐白沫；重症时肠音亢进，排粪停止或下痢，剧烈腹痛，狂躁不安，全身战栗，抽搐痉挛，血尿或尿闭；后期全身反应迟钝，昏迷，休克。

3. 牛精神沉郁，脉搏、呼吸增数，食欲、反刍减退或废绝，肠音亢进，排水样恶臭粪便，后期肠音消失。乳牛泌乳量减少，孕牛常发生流产。

4. 猪精神沉郁，呕吐，腹痛，黄疸，血红蛋白尿，出血性胃肠炎等。严重者倒地痉挛，下垂部位及躯体末梢部位发绀，尿闭。

5. 禽突然倒地，痉挛，体温下降，结膜苍白，于昏迷、抽搐中死亡。

6. 兔拒食，流涎，腹泻，粪中带血，痉挛，鸣叫，冲撞。

（二）防治

理想方法是应用抗蓖麻毒素血清。一般采取排毒、维护心功能及对症治疗原则。勿用未处理的蓖麻叶、饼作饲料。蓖麻子饼可密封发酵 4～5 d 或 100 ℃以上干蒸 2 h 去毒，去毒后的蓖麻饼喂量应限在日粮的 10%以下。去毒亦可用 6 倍的 10%食盐水浸渍 6～10 h，然后倾去浸液。

十一、禽劣质鱼粉中毒

（一）诊断要点

1. 由于禽饲料中添加了过量劣质鱼粉而引起的中毒性疾病。

2. 临床特征性的表现为发育不良，鸡冠苍白，食欲不振，精神委顿，脱水，头下垂，嗜睡，全身羽毛逆立，偶见有暗黑色液体经病禽或死禽口鼻中流出。

3. 剖检可见肌肉苍白，嗉囊变黑色，整个消化道存有暗黑色液体（镜检其中有多量红细胞），肌胃黏膜皱襞排列紊乱，腺胃松弛无弹性，黏膜增厚，有 1～2 mm 大的溃疡；腺胃与肌胃结合部、十二指肠开口附近有程度不同的糜烂及散在性溃疡。

（二）防治

发病 2～3 d 内用弱消毒剂饮水，如 0.03%福尔马林、0.01%高锰酸钾、0.2%硫酸铁或硫酸铜。也可用磺胺类制剂拌饲，如用 0.1%～0.2%磺胺二甲嘧啶等。

十二、水中毒

（一）诊断要点

1. 有突然大量饮水病史，多发于幼龄动物。共同症状是久渴狂饮，排红尿；尿少而频，伴有嗜睡、震颤。

2. 犊牛可出现阵发性红色尿，四肢骚动，目直视，上下牙磕碰有声，流涎，拉水样粪便，肺呈啰音。肌肉无力、震颤、不安、共济失调、惊厥、昏迷等。

3. 马可表现全身颤抖，头颈背仰，喘促，腹胀，肺出现啰音，衰竭，死亡等。

4. 猪饮食欲废绝，腹围增大呈圆鼓状，四肢无力，行动迟缓，呕吐，呼吸急促，随病情发展而肌肉痉挛，四肢呈游泳状，并逐渐昏迷。

5. 鸡常出现饮水后突然死亡，病情较轻者两肢软瘫，昏睡，有些在昏睡中渐渐死亡。

6. 应与肾及尿道疾病、钩端螺旋体病、焦虫病、麻痹性肌红蛋白尿和药物（如磺胺药、庆大霉素类）中毒等引起的血红蛋白尿相区别。同时，还应与脑水肿和肺水肿相区别。

（二）防治

立即限制其饮水，或采取少量多次饮水，配合对症治疗，如强心、利尿，可用25％葡萄糖，10％安钠咖。牛、马25％葡萄糖1 000 mL，安钠咖2.0～4.0 g。如调整晶体渗透压浓度，可静脉滴注10％氯化钠溶液300 mL，并配合维生素C；如缓解脑水肿，可用20％甘露醇或山梨醇等。

十三、黄曲霉毒素中毒

（一）诊断要点

1. 有采食霉变饲料病史，中毒动物均以肝脏疾患为特征，也有出血性素质、水肿和神经症状。

2. 猪主要表现渐进性食欲减退，口渴，血便，异嗜，生长迟缓，发育停滞，皮肤充血、出血。进而出现黄疸，过度兴奋，间歇性抽搐，角弓反张、共济失调等。后期，红细胞数减少30％～45％，白细胞增数达$35×10^9～60×10^9/L$。剖检可见肝严重肿大、色黄、质脆、变性、坏死、小叶中心出血、间质明显增宽；胸腹腔积液；肾弥漫性出血；全身黏膜、皮下、肌肉出血。

3. 牛多为慢性。厌食，消瘦，贫血，精神委顿，角膜浑浊，腹水，间歇性腹泻；有的表现中枢神经兴奋症状，转圈运动，昏厥，死亡。

4. 幼禽多表现急性中毒。幼鸡多发于2～6周龄，食欲不振，生长不良，衰弱，贫血，冠苍白，排红色稀粪；幼鸭食欲废绝、跛行、脱毛、鸣叫，死于角弓反张。成禽急性中毒与幼禽相似，慢性中毒主要表现食欲减退，衰弱，消瘦，贫血，恶病质。剖检主要是肝脏坏死、癌变，胆管增生。

5. 貂食欲减退或废绝，精神沉郁，鼻镜干燥，呕吐，流涎，衰弱无力，粪带黏液或血液，呼吸、心跳加快，耳后、胸前、腹侧皮肤淤血，可视黏膜黄染。病至后期，痉挛，阵发性抽搐，腹水，麻痹，昏迷，因心力衰竭而死。

6. 将可疑饲料用紫外灯365 nm照射，暗处观察，凡显蓝光者为B_1、B_2毒素，显绿光者为G_1、G_2毒素。

（二）防治

无有效疗法，一般多取对症治疗，促使毒物排出，保护肝脏，制止出血，保护胃肠等措施。关键是阻断霉菌孳生产毒条件，如晒干、通风贮存、适当使用化学制剂熏蒸。

十四、磺胺类药物中毒

（一）诊断要点

1. 急性"药物性休克"　多见于静脉注射磺胺药速度快或剂量太大。主要表现急性神经症状，如共济失调、肌无力、痉挛性麻痹、惊厥等现象，严重者可迅速死亡。牛还可出现失明、散瞳等视力障碍。有些动物，尤其是单胃动物，在内服大剂量磺胺药后也会出现中枢神经兴奋，感觉过敏，痉挛性麻痹、昏迷、呕吐、厌食、腹泻，癫痫样惊厥等。

2. 慢性中毒　常见于用药剂量较大，或连续用药超过一周以上者。

（1）泌尿道反应　主要表现为结晶尿、血尿、蛋白尿和尿闭，还会引起肾水肿和肾积水，一般用药后 5～7 d 才能引起致死性泌尿道中毒。临诊上引起泌尿道毒性反应的磺胺药以磺胺噻唑较为常见，磺胺嘧啶次之，长效磺胺药很少引起泌尿道反应。中毒病例大多数是在供水不足或腹泻引起失水过多的情况下发生的。剖检可见肾小管和肾盂中有磺胺药结晶。

（2）消化道反应　主要表现为食欲不振，便秘，呕吐，腹泻或间歇性疝痛。

（3）血液学变化　颗粒性白细胞缺乏，红细胞减少，血红蛋白降低或溶血性贫血，并使凝血时间显著延长和出血性变化。

3. 过敏反应　磺胺类药物能与体内蛋白质结合成为抗原，故能发生过敏反应。

4. 其他反应　长期应用治疗量或低于治疗量的磺胺类药物能干扰碘代谢，引起动物甲状腺增生、甲状腺功能减退和动物生长率降低；引起正铁血红蛋白血症并抑制碳酸酐酶，导致酸中毒和多尿。

5. 鸡磺胺类药物中毒　4 周龄以内的雏鸡表现不活泼，吃食减少，生长发育缓慢，皮肤、肌肉和内部器官出血；产蛋鸡产蛋量明显下降，而且长久不能康复，软蛋、蛋壳变薄且粗糙、棕色蛋壳褪色。

（二）防治

1. 立即停药，出现结晶尿或血尿时，口服或静脉滴注碳酸氢钠、5%葡萄糖、维生素 C，供给充足的新鲜饮水；出现神经症状时，使用巴比妥类药物；出现过敏反应时，使用抗组胺药；当发生气喘反应时，可皮下或静脉注射肾上腺素。当药物投服量过大时，尽早洗胃，家禽可取嗉囊切开冲洗。也有的用甘草绿豆汤代替饮水，并加碳酸氢钠作为群鸡治疗药。

2. 严格控制剂量和疗程，并在用药期间适当增加饮水量使尿量增加，以降低尿中药物的浓度。幼龄动物可同时并用两种以上的磺胺药，尤其是肉食及杂食动物，尿多呈酸性，当应用磺胺噻唑（ST）或磺胺嘧啶（SD）时，最好同时应用碳酸氢钠，以使尿液碱化，提高磺胺药的溶解度。

3. 对特别瘦弱，肝、肾功能不全以及少尿、脱水、酸中毒和休克的患病动物，用药时应谨慎。

4. 对 4 周龄以内雏鸡和产蛋鸡应避免使用磺胺药物。

十五、呋喃类药物中毒

（一）诊断要点

1. 中毒雏禽表现神经症状，精神沉郁或兴奋，有的头颈反转，扇动翅膀，作转圈运动，有的运动失调，倒地后两腿伸直作游泳姿势，或痉挛、抽搐而死亡。成年家禽食欲减少，呆立不动或行走摇晃，有的兴奋，头颈伸直或头颈反转作回旋运动，不断地点头或头颤动，作转圈运动，出现痉挛、抽搐、角弓反张等症状。剖检可见口腔充满黄色黏液，嗉囊扩张，肌胃角质部分脱落，病程较长有程度不同的出血性肠炎，整个消化道内容物呈黄色或混有药物。肝脏充血肿大，胆囊扩张，心肌稍坚硬和失去弹性。

2. 仔猪轻度中毒表现肌肉震颤，但尚能吃食；中度中毒表现后肢无力站起，呈犬坐姿势；严重中毒者出现角弓反张，四肢呈游泳状。病死猪尸僵完全，眼结膜苍白，食道黏膜充血，胃内容物积有黄色内容物，从幽门经胃底到贲门有一条炎症区，区内有散在出血点，肝肿呈土黄色。

3. 犊牛初期兴奋不安，眼神凶猛，随后精神沉郁，兴奋与抑制交替发生，瞳孔散大，窒息死亡。剖检可见真胃和小肠黏膜出血，膀胱充满棕色尿液，底部出血，肝脾肿大，胆囊充满浓稠且色深的胆汁。

（二）防治

1. 禽类在立即停止用药后，灌服 10％葡萄糖水，配合维生素 C、复合维生素 B 肌内注射，2 次/d。维生素 B_1 治疗痢特灵中毒有良效，剂量 50～200 mg/只，依鸡的大小而定。

2. 猪急性中毒可使用硫酸铜催吐，0.25～0.5 g 加水适量，一次内服，或用硫酸钠导泻，每千克体重 1 g。慢性中毒可使用 50％葡萄糖、维生素 B_1、维生素 C 混合后作静脉或腹腔注射，同时灌服豆浆作对症治疗。

3. 犊牛可用 10％葡萄糖，配合维生素 C，维生素 B_1 作静脉注射，并用氯丙嗪等作镇静处理，配合对症治疗。

十六、喹乙醇中毒

（一）诊断要点

1. 鸡表现精神沉郁，饮食减少或废绝，排稀黑色粪便，冠暗红，重症鸡渐进性瘫痪，昏迷，死前扑翅、挣扎、尖叫。公鸡症状较母鸡轻，头甩动频繁。剖检可见仔鸡腺胃壁增厚，十二指肠黏膜和浆膜有大小不等的出血斑，肝肿大，色暗红质脆，切面糜烂、多血，心肌出血，心包粘连，母鸡卵巢变形，小的卵膜有黄白色坏死小点，稍大的卵膜破裂，卵黄溢出。

2. 鸭中毒时，个体大、采食多的先发病死亡，病鸭极易受惊吓，频频喝水，眼结膜潮红，死前尚可行走，突然倒地死亡。初期死亡少，但至 10～20 d（从过量采食起），死亡量持续增多，即使停药后仍在死亡，剖检无特征性变化。

（二）防治

本病几乎无法治疗，发病即使停止饲喂原饲料，鸡、鸭死亡仍可继续发生。因此，购进饲料时，一定要问明是否添加了喹乙醇及添加量。自己添加时，一定要拌匀。喹乙醇用作预防和治疗某些细菌性疾病时，常用每千克饲料 80～100 mg，连用 7 d 后，应停药 3～5 d，治疗量每千克体重 20～30 mg，1 次/d，连用 2～3 d，间隔几天再用。

十七、牛蕨中毒

（一）诊断要点

1. 由于牛采食大量蕨类植物所致中毒，主要发生在放牧或靠收割山野杂草饲养的牛。

2. 病初精神较差，进行性消瘦，全身虚弱，放牧途中掉队或离群呆立，然后卧地难起。当病情急剧恶化时，体温可突然升高达 40～42 ℃，食欲大减或废绝，反刍停止，瘤胃蠕动消失，腹痛，狂暴不安，频频努责，排出少量稀软并带有血糊状粪便，甚至排出血凝块。努责加剧时，仅排出少量带黄褐色黏液，有的病牛直肠部分外翻。可视黏膜有出血斑点、贫血、黄染。病的后期，呼吸加快，甚至出现心功能不全及呼吸困难。犊牛常因咽喉发炎、水肿、麻痹而伴有高度呼吸困难。

3. 实验室检查呈再生障碍性贫血症，白细胞减少在 5×10^9 个/L 以下，甚至少于 2×10^9 个/L；中性粒细胞大幅度减少，而淋巴细胞相对增多，占 $80\% \sim 90\%$，甚至达 98%；血小板减少到 50×10^9 个/L；红细胞减少到 3×10^{12} 个/L 以下，严重的仅有 1×10^{12} 个/L。

（二）防治

1. 尚无特效解毒药，成年牛可输入健康牛鲜血 $1\,000 \sim 2\,000$ mL，或输入含血小板血浆，1 次/周，连用 3 次。

2. 应用骨髓刺激剂鲨肝醇，促进血细胞生成。鲨肝醇 1 g、橄榄油 10 mL，溶解后一次皮下注射，1 次/d，连用 5 d。

3. 应用肝素颉颃剂，在配合输血时，用 1‰硫酸鱼精蛋白 10 mL 静脉注射，或用甲苯胺 250 mg，溶于 250 mL 生理盐水中，静脉注射可提高疗效。

4. 应用维生素制剂、止血剂、强肝营养剂、强心利尿剂以及胃肠调整剂等对症治疗。

十八、牛栎树叶中毒

（一）诊断要点

1. 牛采食过量栎树叶引起的中毒，我国主要发生于栎属植物自然分布地区的 $3 \sim 5$ 月份。

2. 牛病初精神沉郁，食欲减退，不吃青草，爱吃干草，瘤胃蠕动减弱，粪便干硬，呈柿饼状，表面附有黏液或纤维素性黏稠物及褐色血丝，随后精神萎靡，反刍停止，瘤胃蠕动消失，腹痛。后期排尿频数，尿量增多，不久尿量减少直至完全无尿。同时在躯体下垂部位的皮下发生水肿，有的体腔积液，最后因肾功能衰竭而死亡。

3. 实验室检查，尿相对密度 $1.008 \sim 1.017$，pH $5.5 \sim 7.0$，尿蛋白阳性；尿沉渣中有肾上皮细胞，白细胞及管型等，血液尿素氮可达 $14.28 \sim 124.95$ mmol/L，高磷酸盐血症（$2.4 \sim 6.8$ mmol/L），低钙血症（$1.75 \sim 2.10$ mmol/L），挥发性游离酚可高达 $2.8 \sim 18.6$ mg/L，SGPT 和 SGOT 活性均升高。

4. 剖检可见躯体的下垂部位皮下积聚数量不等的胶冻样液体，腹腔积水，瘤胃及瓣胃充满内容物，真胃空虚，真胃底、十二指肠、盲肠底黏膜下有出血点，肠系膜水肿。肾脏周围脂肪水肿，有出血斑点，肝肿大，心脏周围脂肪浸润，心包有积液，心内外膜有出血斑点，肺小叶性气肿。

（二）防治

1. 立即停止饲喂栎树叶，禁止在栎树林区放牧，改喂青草或青干草供应新鲜饮水。

2. 无特效解毒药治疗。中毒较轻的牛采用硫代硫酸钠解毒，同时应用灌肠、强心、利尿、输液等对症治疗。硫代硫酸钠，成年牛 $8 \sim 15$ g/次，配成 10%溶液，一次静脉注射，1 次/d，连用 $2 \sim 3$ d。为促进毒物排泄，防止酸中毒，尿液 pH 在 6.5 以下的，可静脉滴注 5‰碳酸氢钠溶液 500 mL，$1 \sim 2$ 次/d。

十九、羊黄花菜根中毒

（一）诊断要点

羊误食或采食了黄花菜根而引起的中毒，多发生于春夏放牧季节。羊病初精神较差，食欲减退，多数无明显全身症状。稍后病羊瞳孔扩大，双目失明，步态不稳，离群呆立，或向一侧作圆圈运动，或盲目前冲，头抵障碍物。然后排尿困难，颈、胸部肌肉震颤，直至肢体瘫痪。最后则不断磨牙或牙关紧闭，头颈僵硬，侧弯或伸直，四肢呈游泳状运动，一般3～5 d死亡。

（二）防治

无特效解毒药，通常只作对症治疗，包括输糖补液、强心利尿、镇静抗痉等措施。

二十、有毒紫云英中毒

（一）诊断要点

1. 动物吃了混杂在饲草中的有毒紫云英而发生的中毒。急性者多突然发生，2～3 d内死亡，慢性者可拖延数月至数年。

2. 牛、马表现为惊恐、兴奋、狂暴不安。怀孕牛常致流产。马在吃食及饮水时，可见咬肌痉挛，后肢无力，步态蹒跚，有时性情狞恶，突然咬人，死前无目的地踉跄奔走，突然倒地。

3. 绵羊多发生急性中毒，全身衰弱，步态不稳，重度中毒时，卧地难起，在3～5 d内死亡，母羊流产、死胎，可产出畸形胎儿，病羊常有听觉和视力障碍。

4. 猪最初口吐白沫，步态踉跄，弓腰发抖，兴奋不安，盲目前冲或后退。有的精神不振，头抵障碍物呆立不动。随后四肢肌肉松弛无力，有的两前肢跪地爬行，有的则两后肢在地面拖行。多数病猪饮食停止，鼻盘及皮肤发紫色，呼吸浅而快，四肢皮肤厥冷，体温下降至35.5 ℃以下。

（二）防治

首先要清除牧草地丛生的毒草和饲草中混杂的毒草。当牛、羊、猪中毒时，可应用硫代硫酸钠解毒，补液用葡萄糖氯化钠溶液，强心利尿可用安钠咖等。

二十一、蛇毒中毒

（一）诊断要点

1. 由于动物被毒蛇咬伤而引起的中毒。我国较常见且危害较大的毒蛇主要有：眼镜蛇科的眼镜蛇、眼镜王蛇、银环蛇、金环蛇，海蛇科的海蛇，蝰蛇科的蝰蛇，蝮蛇科的蝮蛇、五步蛇、竹叶青蛇、龟壳花蛇。

2. **神经毒类** 金环蛇、银环蛇均属神经毒类。

（1）局部反应不明显，但被眼镜蛇咬伤后，局部组织坏死、溃烂，伤口长期不愈。

（2）全身症状首先是四肢麻痹而无力，呼吸困难，脉搏不整，瞳孔散大，吞咽困难，最后全身抽搐，呼吸肌麻痹，血压下降，休克以至昏迷，常因呼吸麻痹，循环衰竭而死亡。

3. **血循毒类** 竹叶青、龟壳花蛇、蝰蛇、五步蛇等均属这一类。

（1）局部伤口及其周围很快出现肿胀、发硬、剧痛和灼热，且不断蔓延，并有淋巴结肿大、压痛，皮下出血，有的发生水泡、血泡以至组织溃烂及坏死。

（2）全身战栗，继而发热，心动快速，脉搏加快。重症者血压下降，呼吸困难，不能站立，最后倒地，由于心脏停搏而死亡。

4. 蝮蛇、眼镜蛇和眼镜王蛇等蛇毒中既含有神经毒，也含有血循毒，其中毒表现包括对神经系统和血液循环系统两个方面的损害，但以神经毒的症状为主。一般是先发生呼吸衰竭而后发生循环衰竭。

（二）防治

1. 防止蛇毒扩散　当被毒蛇咬伤后，就地取材，用绳子、野藤或将衣服撕下一条，扎在伤口的上方。结扎紧度以能阻断淋巴、静脉回流为限，但不能妨碍动脉血的供应，结扎后每隔一定时间放松一次，以免造成组织坏死。经排毒和服蛇药后结扎即可解除。

2. 冲洗伤口　结扎后可用清水、冷开水，在条件许可则用肥皂水、过氧化氢或1∶5 000高锰酸钾冲洗伤口以清除伤口残留蛇毒及污物。

3. 扩创排毒　经冲洗后，用清洁的小刀或三棱针挑破伤口，使毒液外流，并检查伤口内有无毒牙，如有毒牙应取出。若肢体有肿胀时，经扩创后进行压挤排毒，也可用拔火罐等抽吸毒液。在扩创的同时向创内或其周围局部点状注入1%高锰酸钾、胃蛋白酶，也可用0.5%普鲁卡因100～200 mL局部封闭。

4. 解毒　内服和外用季德胜蛇药片，及内服蛇药等。

二十二、铅中毒

（一）诊断要点

1. 由于食入铅污染的饲草和饮水而引起的中毒。急性中毒少见，大多为慢性或亚急性中毒，牛以神经症状为主，羊以消化道症状为主。

2. 牛亚急性或慢性中毒表现食欲减少或废绝，失明，共济失调，步态蹒跚，大量流涎，磨牙，瘤胃弛缓，先便秘后拉稀，血象检查有典型的点彩红细胞，数量可达到0.15%以上，呈正红细胞性贫血。尿中δ-氨基乙酰丙酸含量升高。羊的症状与牛类似，但消化系统症状更明显，食欲废绝，初便秘后拉稀，腹痛、流产，偶发兴奋或抽搐。

3. 禽表现厌食、嗜睡、腹泻，粪呈淡绿色，头水肿，下颌肿胀，消瘦迟钝和麻痹，实验室检查与牛类似。

4. 犬、猫有明显的神经症状和胃肠症状，牙龈上可出现铅线，常有腹痛，散在性呕吐、脚爪发麻等，特别是睡醒后明显，实验室检查与牛类似。

（二）防治

用6.6%的依地酸二钠钙缓慢静脉注射，每天每千克体重1 mL，分2～3次注射，连用3～5 d，或在500 mL 5%葡萄糖中加入10%氯化钙8 mL，再加依地酸二钠钙80 g，每天每3.0～3.5千克体重按1 mL缓慢静脉滴注，方法同上。出现神经症状的可使用镇静剂。

二十三、砷中毒

（一）诊断要点

1. 由于误食了喷洒有砷制剂农药的作物、青饲料或用砷制剂驱虫时剂量过大而引起中毒。

2. 急性中毒主要呈现重剧胃肠炎症状和腹膜炎体征。患病动物呻吟、流涎、呕吐、腹痛不安、胃肠臌胀、腹泻、粪便恶臭。口腔黏膜潮红、肿胀，齿龈呈黑褐色，有蒜臭样砷化氢气味；表现兴奋不安、反应敏感，随后转为沉郁，衰弱乏力，肌肉震颤，共济失调，呼吸迫促，脉搏细数，体温下降，瞳孔散大。病程稍长的出现巩膜重度黄染，四肢末梢厥冷，有时排血尿或血红蛋白尿。

3. 慢性中毒时主要表现为消化机能紊乱和神经功能障碍等。患病动物消瘦，被毛粗乱逆立、容易脱落，黏膜和皮肤发炎，食欲减退或废绝，流涎，便秘与腹泻交替，粪便潜血阳性。四肢乏力，皮肤感觉减退。

4. 急性病例剖检见胃、小肠、盲肠黏膜充血、出血、水肿乃至糜烂、坏死，产生伪膜。牛、羊真胃糜烂、溃疡甚至发生穿孔。脾增大、充血。胸膜、心内外膜、肾、膀胱有点状或弥漫性出血。慢性病例除胃肠炎症外，见有支气管黏膜炎症及全身水肿变化。

5. 肝和肾砷含量（湿重）超过 $10\sim15~\mu g/g$，即可确定为砷中毒。

（二）防治

1. 急性中毒时，首先应用 2％氧化镁或 0.1％高锰酸钾，或 5％～10％药用炭，反复洗胃。为防止毒物进一步吸收，可将 40 g/L 硫酸亚铁和 60 g/L 氧化镁等量混合，振荡成粥状灌服，1 次/4 h，马、牛 500～1 000 mL，猪、羊 30～60 mL，鸡 5～10 mL。也可使用硫代硫酸钠，马、牛 25～50 g，猪、羊 5～10 g 溶于水中灌服。

2. 应用巯基酶复活剂、二巯基丙醇（BAL），马、牛 15～20 mL，猪、羊 2～5 mL，鸡 0.1 mL/kg，分点肌内注射，1 次/4 h，以后 1 次/d，连用 6 d 为一疗程。也可应用二巯基丙磺酸钠或二巯基丁二酸钠，肌内注射或静脉注射，马、牛 5～8 mg/kg，猪、羊 3～5 mg/kg，第 1 天注射 3～4 次，以后酌减。或者注射 5％～10％硫代硫酸钠（1～2 mL/kg），牛、马 100～300 mL/次，每 3～4 h 1 次。

3. 根据病情实施补液、强心、保肝、利尿、缓解腹痛等对症疗法。为保护胃肠黏膜，可用黏浆剂，但忌用碱性药剂，以免形成易溶性亚砷酸盐，而利于砷的吸收，使症状恶化。

二十四、铜中毒

（一）诊断要点

1. 饲料中添加铜盐过多或长期食用含铜较多的猪粪、鸡粪肥料的农作物秸秆，食用刚喷洒硫酸铜的牧草或农作物秸秆等，均可引起中毒。其中绵羊最多见，牛次之。

2. 羊急性中毒有明显腹痛、腹泻、惨叫，频频排出水样粪便，有时排出淡红色尿液。猪出现呕吐，粪及呕吐物中含有绿色至蓝色黏液，呼吸增快，脉搏频数，后期体温下降，休克。剖检真胃、十二指肠充血、出血，甚至溃疡，间或真胃破裂；胸、腹腔黄染，并有红色积液；膀胱出血，内有红色以至褐红色尿液。

3. 绵羊慢性中毒早期除体重增重减慢、SGOT 和 SDH、ARG 等酶活性短暂升高外，不显其他症状。中期肝功能明显异常，SGOT、SDH、ARG 活性迅速升高，但精神食欲变化轻微。后期表现呼吸困难，极度干渴，卧地不起。血液呈酱油色，血红蛋白浓度下降至 52 g/L，可视黏膜黄染，血红蛋白尿，红细胞形态异常，红细胞内出现 Heinz 小体，PCV 下降至 10％～19％，血浆铜浓度急剧升高达 1～7 倍。

4. 猪食欲下降，消瘦，粪稀，有时呕吐，可视黏膜淡染、贫血，后期部分猪死亡。剖检可见肝脏肿大，胆囊扩大，肾、脾脏肿大、色深。肠系膜淋巴结弥漫性出血，胃底黏膜出血，食道和大肠黏膜溃疡。

5. 犬呈现呼吸困难，昏睡，可视黏膜苍白、黄染，肝脏变小，体重下降，腹水增多。剖检肝脏呈灶性坏死，中等程度炎症，后期呈慢性活动期肝炎和肝纤维素性增生。

6. 鹅生活在含 100 mg/L 铜的池塘内可急性中毒并死亡。剖检可见腺胃和肌胃坏死，肺呈淡绿色。

7. 当肝铜浓度在 500 mg/kg，肾铜浓度在 80～130 mg/kg 或以上（干重），血浆铜浓度从正常时的 0.7～1.2 mg/L 上升 1 倍甚至数倍，为溶血现象先兆。反刍动物饲料中铜浓度大于 30 mg/kg，猪、鸡饲料中铜浓度大于 250 mg/kg，均可引起中毒。血清 SGOT、ARG、SDH 等酶活性稳步上升、PCV 值下降、血清胆红素浓度增加，血红蛋白尿，许多红细胞内出现 Heinz 小体。

（二）防治

立即中止铜供给，促进铜排出。三硫钼酸钠按每千克体重 0.5 mg 钼的剂量，稀释成 100 mL 溶液，缓慢静脉滴注，3 h 后，根据病情还可追加等剂量。四硫钼酸钠有同样效果，剂量与三硫钼酸钠相同。对亚临床铜中毒及用三硫钼酸钠抢救已脱险的动物，在日粮中每天补充钼酸铵 100 mg、无水硫酸钠 1 g，拌匀饲喂数周，直至粪便中铜排泄量下降至正常排泄量。

二十五、硒中毒

（一）诊断要点

1. 急性型　通常是在一次采食足够的聚硒植物或注射过量的硒制剂后突然发病，表现为神经、消化、心血管及呼吸机能异常。

（1）牛、羊姿势和行为异常，食欲废绝，目光呆滞，结膜发绀，两鼻流泡沫样鼻液，呼吸困难，腹部膨胀，顾腹不安，尿频，心跳加快，心搏动减弱，运动障碍，尤以注射硒的肢体跛行明显，体温正常或升高，临死前意识丧失，有的瞳孔散大。在临床上，牛以中枢神经机能障碍的症状为主，绵羊则主要表现为迷走神经紊乱的症状。

（2）马体温可达 40 ℃，食欲废绝，精神沉郁，呼吸困难，流涎，腹痛，腹泻，尿频，有的狂暴不安，最后昏迷，死于呼吸衰竭。

（3）猪体温升高至 41～42 ℃，呕吐，腹泻，精神沉郁乃至昏迷，呼吸困难，流泡沫样鼻液；有的腹肌紧张，触摸时发出尖叫。白色猪的蹄部因淤血而发蓝，末梢发凉。临死前卧地不起，体温低下，角弓反张，四肢呈游泳样运动。

（4）鸡精神萎靡，冠、肉髯发绀，拒绝采食，排白色水样便，有的突然倒地死亡。

2. 亚急性型　多见于在数日或数周内连续采食高硒植物性饲料的反刍动物。主要表现进行性视力丧失，体重减轻，步样蹒跚，离群；后期圆圈运动或盲目运动，舌不全或完全麻痹，吞咽障碍，流涎，两眼流出水样分泌物，有的表现剧烈腹痛；最后衰竭，死于窒息。

3. 慢性型　常发生在较长时间采食富硒植物的动物。

（1）马、骡突出的症状是鬃毛和尾部的长毛脱落，姿势异常，运步强拘，高跷步样。蹄轮紊乱，蹄壁有横向皱纹，蹄冠下 3 cm 左右处蹄壁环状龟裂，然后蹄壳脱落。

（2）牛在鬃和尾毛脱落的同时，蹄冠真皮发炎、肿胀，跛行明显。蹄壁逐渐与蹄冠真皮分离，并有新生角质长出。旧蹄或脱落或与新生角质相连，以致蹄变形、变硬、生长过度。

（3）猪先表现为脱毛和蹄损伤，而后呈现不同程度的麻痹。

（4）鸡、鸟孵化率降低，胚胎异常，如死胎、短喙胎、球形头、鹦鹉喙、头颈水肿、舌和眼发育异常。

4. 实验室检查，血硒和毛硒含量增加。在肉用动物，血硒＜1.0 mg/L，毛硒＜5.0 mg/kg，可排除慢性硒中毒；血硒 1.0～2.0 mg/L，毛硒 5.0～10 mg/kg，为慢性硒中毒的临界值；血硒＞2.0 mg/L，毛硒＞10.0 mg/kg，指示硒摄入过多。马慢性硒中毒时，血硒为 1～4 mg/L，毛硒为 17～45 mg/kg，蹄硒为 8～20 mg/kg；急性硒中毒时，毛硒和蹄硒可能升高不明显，但血硒和肝硒含量显著增加。血清谷胱甘肽过氧化物酶活性初期升高，而后降低。

（二）防治

尚无有效的治疗方法。亚急性和慢性病例可饮用含 5 mg/L 砷的亚砷酸钠或含 25 mg/L 砷的砷酸盐水溶液，或皮下注射 0.1％砷酸钠生理盐水，猪 2 mL，1 次/d，连用 2 d。亚急性硒中毒病马，可皮下注射硫酸士的宁，每 275～375 千克体重 4～6 mg，每 2～3 h 1 次，5 d 为一疗程，间隔 5 d 后重复用药。

二十六、钼中毒

（一）诊断要点

1. 在一定的富钼土壤上，牧草钼含量达 20～100 mg/kg（一般牧草仅 1～3 mg/kg），通常牧草在枯草时钼含量低，青草期含量高。在钼、铅、钨等矿区周围或冶炼厂附近，由于工业钼污染牧草或含钼废水浇地，均可使牧草含钼升高。人为施钼肥过量可致牧草或饲料高钼。

2. 在高钼地区，钼中毒的发生还与饲料中铜含量有关。一般认为饲料铜正常为 8～11 mg/kg，钼为 1～3 mg/kg，反刍动物日粮铜钼比为（6～10）：1，若铜不足或钼过多，使比值降至 2：1 时，就可引起钼中毒。此外，促进植物吸收钼的因素往往不利于铜的吸收，因此临床上钼中毒同时又是铜缺乏症，二者症状相似。

3. 钼中毒最早出现的特征是腹泻，且持久存在。当动物连续在高钼牧场放牧 8～10 d 后，便可出现腹泻症状，如牧草钼太高，1～3 d 便可出现腹泻。粪便呈粥状、液状、有气泡。此后动物消瘦、行走无力、被毛退色。首先退色的是眼圈周围，形似戴白框眼镜一样，以后逐渐发展到全身。绵羊毛的弯曲度消失，变为直毛。严重者，动物骨质营养不良，运动障碍，起立困难，贫血，心衰，突然死亡。

4. 实验室检查，血钼由正常 0.05 mg/L 上升至 0.1 mg/L，中毒牛血钼可达 10 mg/L，粪钼 100 mg/kg，血铜由 1 mg/L 下降至 0.016～0.06 mg/L。

（二）防治

硫酸铜内服，按每 100 kg 体重 1 g 给药，连用 3 d，以后增加日粮铜 5 mg/kg 作为长期治疗或预防。对于工业污染性钼中毒在治理基础上，可施硫酸亚铁，以减少钼的吸收。

二十七、有机磷农药中毒

（一）诊断要点

1. 有机磷农药常作为农作物杀虫剂或作为驱除动物体内外寄生虫的药物，以及环境卫生方面消灭蚊蝇等昆虫的杀虫药，常用的有对硫磷（1605）、内吸磷（1059）、马拉硫磷（4049）、敌百虫等。动物食入被有机磷农药污染的饲料（草）或饮水，或有机磷驱虫药使用量过大，而引起的中毒。

2. 轻度中毒以毒蕈碱样（M-胆碱能神经过度兴奋）症状为主。表现精神沉郁，略显不安，食欲减退，流涎，心率较慢，肠音亢进，排稀软粪便。

3. 中度中毒除上述症状加重外，主要出现烟碱样（N-胆碱能神经过度兴奋）症状。表现骨骼肌兴奋，发生肌纤震颤，严重的全身抽搐，痉挛，继而发展为麻痹。最后呼吸肌麻痹，窒息死亡。

4. 重度中毒通常以中枢神经中毒症状为主要特征。表现全身战栗，经短时间兴奋后，倒地昏睡，瞳孔缩小呈线状，全身肌肉痉挛，大小便失禁。心跳急速，呼吸高度困难，结膜发绀，末梢厥冷。反刍动物瘤胃弛缓，臌气。

5. 胃内容物有大蒜气味，胃黏膜充血、出血，肠系膜淋巴结出血，肠管多处于收缩状态。气管、支气管腔中有泡沫状液体，肺淤血或水肿。肝、肾、脑有淤血现象。

（二）防治

1. 经口服引起中毒，用2％～3％碳酸氢钠（对敌百虫禁用）或0.2％～0.5％高锰酸钾（对1605禁用）溶液洗胃，越早越快越好。经皮肤引起中毒的，可用5％碱水，或5％石灰水，或肥皂水洗刷皮肤（勿用热水）。

2. 投服盐类泻剂，禁用油类泻剂。

3. 特效解毒剂：生理对抗剂可用阿托品，马、牛50 mg，羊、猪20 mg，皮下注射；胆碱能复活剂主要有解磷定（PAM）、氯磷定（PAM-CL）及双复磷（DMO₄）等。解磷定按每千克体重20～50 mg，加适量葡萄糖溶液或生理盐水静脉滴注（不宜皮下或肌内注射），氯磷定剂量同解磷定，可静脉、皮下或肌内注射，双复磷按每千克体重40～60 mg，可静脉、皮下或肌内注射。双复磷对各种有机磷农药中毒均有较好的解毒效果，解磷定与氯磷定对敌敌畏、敌百虫、乐果及马拉硫磷中毒的解毒作用较差。阿托品和解磷定两药合并效果最佳。家禽皮下注射阿托品，0.2～0.5 mL/只，隔30 min后，再注射0.5 mL，氯磷定0.2～0.5 mL/只。

4. 对症治疗，当患病动物烦躁不安、兴奋、痉挛抽搐时，可用巴比妥类等，忌用吗啡和氯丙嗪；当患病动物出汗或严重腹泻时，要补糖输液，但有肺水肿时，不能大量补液，可注射高糖或山梨醇或甘露醇等。为维护心肌功能可注射安钠咖等。

5. 犬中毒时，用阿托品每千克体重0.2～0.5 mg，其中1/2量静脉注射，另外1/2量皮下或肌内注射，可采取多次注射，直到病犬不再流涎，瞳孔散大不再缩小，病情逐渐好转，不再恶化为止。当病犬缺氧严重，呼吸困难时，暂不宜先用阿托品，应先用10％葡萄糖10倍稀释3％过氧化氢，按每千克体重0.2～0.5 mL静脉注射，等症状缓解后，再注射阿托品，当呈现严重神经症状和肌肉震颤时，使用解磷定，按每千克体重20 mg静脉注射，或用氯磷定肌内注射，必要时12 h重复一次，直至痊愈。

二十八、氟乙酰胺中毒

（一）诊断要点

1. 氟乙酰胺又名敌蚜胺、氟素儿，曾用作农业杀虫剂和灭鼠剂，我国于20世纪70年代就禁止生产、销售和使用。但至今仍有不法商贩生产、销售以氟乙酰胺为主要成分的灭鼠药。动物因采食了被氟乙酰胺污染的饲料、饮水，或误食含有氟乙酰胺的毒饵或已被毒死的鼠尸而中毒。

2. 犬表现精神沉郁，无目的地徘徊，怪叫，不断排粪和排尿，口鼻流泡沫，呼吸用力，并呈间歇性惊厥，发作的间歇期越来越短，最后几乎没有间歇期，逐渐衰竭，长时间昏迷。

3. 猫一旦出现肌肉痉挛，卧地不起，很少有治愈希望。排粪，排尿频繁，对外界刺激几乎没有反应。

4. 猪表现突然猛跑，猛冲，不避障碍物，倒地抽搐，流涎呕吐，呼吸急促，心跳加快，瞳孔散大。

5. 鸡初期乱跑，进而精神沉郁，闭眼，羽毛蓬乱，两翅下垂，腿麻痹，站立不稳，呼吸困难，喉部发"呼噜"声，鸡冠边缘发绀，心跳加快，嗉囊充满食物，较软。

6. 牛、羊通常无明显前驱症状，仅一般性消化不良，全身无力。脉快而弱，节律不齐，心室纤维性颤动。因脑缺氧，可发生阵发性痉挛，最急性者，可出现倒地抽搐，角弓反张，立即死亡。

7. 剖检见严重的胃肠炎，心肌松软，心包及心内膜出血，胃肠黏膜出血斑并部分脱落，肝肿大，切面流暗红色血液，肾弥漫性出血，脑水肿，脑充血等。

(二) 防治

1. 立即脱离中毒现场，更换可疑的饲料和饮水。

2. 经口服中毒者，先用 1：500 的高锰酸钾溶液洗胃，然后灌服鸡蛋清，保护胃黏膜，用硫酸钠（镁）导泻。对禽类应及早切开嗉囊，取出内容物，用生理盐水冲洗。

3. 及早应用特效解毒剂——解氟灵（乙酰胺），剂量为每千克体重 0.1～0.3 g，3～4 次/d；或用醋精（乙二醇乙酸酯）100 mL 溶于 500 mL 水中，大动物一次口服或按每千克体重 0.125 mg 一次注射；或灌酒或酒精，犬、猫 50°以下白酒 20～30 mL，加食醋 20～30 mL，胃管投服，2 次/d。

4. 对症治疗，包括强心补液，防止脑水肿。镇静可用氯丙嗪或水合氯醛，解除呼吸抑制可用尼可刹米、山梗菜碱，解除肌肉痉挛可静脉注射葡萄糖酸钙，防止或治疗脑水肿可静脉滴注甘露醇或山梨醇。

二十九、敌鼠钠中毒

(一) 诊断要点

1. 敌鼠钠是一种抗凝血灭鼠剂，动物因误食含有敌鼠钠的毒饵或已被敌鼠钠毒杀的鼠尸而中毒。

2. 犬、猫病初表现兴奋不安，继而站立不稳，精神高度沉郁，食欲废绝，恶心呕吐；结膜苍白并有出血点，尿呈酱油色，粪中带血。猫除上述症状外还表现嚎叫、不安、阵发性痉挛、衰竭。

3. 牛、羊、猪除有流涎、呕吐、食欲废绝等症状外，表现虚弱无力，喜钻草垛，前肢跪地，后肢蹬直。可视黏膜有出血斑点，皮肤有大块青紫斑，鼻流鲜血，粪便带血，皮肤紫斑，最后倒地死亡。

4. 禽可视黏膜出血，排粪先干后稀，恶臭难闻，产蛋停止。

5. 兔可视黏膜、粪、尿出血，多在 1～2 d 内死亡。仔兔吮吸了中毒母兔的乳汁，也在 1 d 内死亡。

6. 剖检可见胸、腹腔内有多量不凝固的血水，胃内有出血。牛、羊真胃内容物呈煤焦油样黏稠液体，内脏表面遍布出血。消化道、膀胱黏膜淤血、出血，部分黏膜脱落，肠壁菲薄，肝肿大，脾呈紫褐色，质脆，肾包膜易剥落，表面呈蜂窝状损伤。

7. 对胃肠内容物用乙醇抽提后，用三氯化铁定性，呈红色者为阳性，量多者可出现红色沉淀。

（二）防治

进行催吐或洗胃，然后投服盐类泻剂；肌内注射维生素 K，猪、羊 8～40 mg，马、牛100～200 mg，2～3 次/d，持续 3～5 d；皮下、肌内注射或静脉注射维生素 C 及氢化可的松等激素；严重贫血者可进行输血。

三十、磷化锌中毒

（一）诊断要点

1. 磷化锌是最常见的毒鼠药。动物常因摄入磷化锌诱饵或被磷化锌污染的饲料造成中毒。

2. 动物表现厌食，精神委顿，呕吐，腹痛，反刍动物瘤胃臌气。呕吐物有蒜臭味，于暗处可见荧光。有的腹泻，粪便带血并具荧光。动物衰弱，共济失调，心动徐缓，节律不齐。呼吸促迫，伴喘鸣声或鼾声。病至后期，感觉过敏甚或痉挛，呼吸极度困难，张口伸舌，昏迷而死。

3. 剖检时，切开胃散发带有蒜味的特异臭气，将其内容物移置在暗处时可见有磷光。尸体的静脉扩张；胃肠道充血、出血，肠黏膜脱落。肝、肾淤血、肿胀。肺间质水肿，气管内充满泡沫状液体。

（二）防治

无特效解毒药。病初可用 5% 碳酸氢钠溶液洗胃或催吐剂（如 0.2%～0.5% 硫酸铜溶液等）。亦可用 0.1% 高锰酸钾洗胃。体况好者，可用硫酸钠导泻，但禁用硫酸镁和油类泻剂。亦可试用 10% 硫代硫酸钠静脉滴注解毒。并配合对症治疗。

三十一、呋喃丹中毒

（一）诊断要点

1. 动物采食了施用过呋喃丹农药的牧草或误食呋喃丹拌过的作物种子而中毒。

2. 临床症状与有机磷农药中毒相似，表现瞳孔缩小，呈线条状，视力模糊；走路蹒跚；流涎，口吐白沫；流涕，鼻涕呈线状；腹痛，胃肠蠕动增强，腹泻；肌肉震颤，尤其是四肢肌肉颤动明显。重度中毒发生脑水肿、肺水肿样症状和中毒性心肌炎及肾机能障碍等现象。

3. 剖检可见消化道前部和中部有大量黏液附着，食道黏膜有出血斑，肠黏膜充血、出血，实质脏器及其浆膜表面有不同程度的出血点。

（二）防治

首选药为阿托品，不能用解磷定、氯磷定解毒。牛轻度中毒时，首次为 50 mg，随后 1 d内口服或肌内注射 15～20 mg，并尽快用 2% 碳酸氢钠洗胃。对中度或严重中毒的牛，阿托品可加大到 50～100 mg，或按每千克体重 0.25～1 mg，其中 1/3 剂量用作静脉注射，其余肌内注射，随后每 0.5 h 一次，待病情稳定后，改为每 2～3 h 1 次。

三十二、玉米赤霉烯酮中毒

（一）诊断要点

1. 动物采食了被禾谷镰刀菌、粉红镰刀菌、拟枝孢镰刀菌等霉菌产生的玉米赤霉烯酮污染的玉米、大麦、高粱、水稻、豆类以及青贮饲料、配合饲料等而引起。猪最易发生，当饲料中玉米赤霉烯酮的含量超过 1 mg/kg 时，有时仅 0.1 mg/kg，即可引起猪雌激素过量分泌症。

2. 临床特征是雌激素综合征或雌激素亢进症。猪中毒时拒食和呕吐；阴道黏膜瘙痒，阴道与外阴黏膜淤血性水肿，分泌混血黏液，外阴肿大，阴门外翻，往往因尿道外口肿胀而排尿困难，甚至继发阴道脱（占 30％～40％）、直肠脱（占 5％～10％）和子宫脱。青年母猪，乳腺过早成熟而乳房隆起，出现发情征兆，发情周期延长并紊乱。成年母猪生殖能力降低，多数第一次配种或授精不易受胎（假妊娠）或者每窝产仔头数减少，仔猪虚弱、后肢外展（八字腿）畸形、轻度麻痹、免疫反应性降低。妊娠母猪易发早产、流产、胎儿吸收、死胎或胎儿木乃伊化。公猪和去势公猪，显现雌性化综合征，如乳腺过早成熟似泌乳状肿大，包皮水肿，睾丸萎缩和性欲明显减退，有时还继发膀胱炎、尿毒症和败血症。

3. 剖检主要见生殖系统病变：阴唇和乳腺肿大，乳腺导管发育不全，乳腺间质性水肿；阴道水肿、坏死；子宫颈水肿，子宫增大，蓄积水肿液，子宫壁增厚，子宫角变粗变长。发情前期小母猪，卵巢发育不全，部分卵巢萎缩，常无黄体形成，卵泡闭锁，卵母细胞变性。已配母猪，子宫水肿，卵巢发育不全。公猪睾丸萎缩。

（二）防治

当怀疑玉米赤霉烯酮中毒时，应立即停喂霉变饲料，改喂多汁青绿饲料一般在停喂发霉饲料 7～15 d 后中毒症状可逐渐消失，不需药物治疗。

第五章

外科病

第一节 损伤性疾病

一、创伤

(一) 诊断要点

1. 新鲜污染创表现不同程度的创口裂开、出血、疼痛和机能障碍。严重时，可引起全身反应，如可视黏膜苍白、呼吸急促、冷汗淋漓等。

2. 化脓创的创缘、创面肿胀，疼痛；创围皮肤增温、肿胀；创内流出脓性分泌物。根据脓汁的颜色、气味和稠度，可鉴别引起化脓性感染的细菌种类，如葡萄球菌为主所致的脓汁，多为黏稠、黄白色或微黄色，且无不良气味；以链球菌为主所致的脓汁，呈淡红色液状；以绿脓杆菌所致的脓汁，呈浓稠的黄绿色或灰绿色，且有生姜气味；以大肠杆菌所致的脓汁，呈淡褐色黏稠样，且有粪臭味。

3. 肉芽创表现化脓性炎症逐渐消退，创围急性炎症缓解，创内出现新生肉芽组织，呈红色、平整颗粒状，较坚实，肉芽组织表面附有少量黏稠的灰白色的脓性分泌物。创缘周围生长新生上皮，呈灰白色。当机械、物理、化学因素经常刺激或创伤发生于肢的下部背面、关节部背面时，易形成赘生肉芽组织，高出于周围皮肤表面，易出血，久治不愈。

(二) 治疗

1. 新鲜污染创的治疗

(1) 首先采用压迫、钳夹、结扎方法止血；如创腔较大，可用填塞止血法，或于扩创后进行结扎止血；弥漫性出血时，可用浸有肾上腺素的灭菌纱布压迫。必要时使用全身性止血药。

(2) 用数层灭菌纱布覆盖创面后，剪除创围被毛，用温肥皂水和消毒液清洗干净，严防异物、药液流入创内，之后用5%碘酊或0.1%新洁尔灭消毒。

(3) 用生理盐水或0.1%新洁尔灭反复清洗，之后修整创缘，扩大创口，消除创囊，充分显露创底，除去异物、血凝块以及挫灭的、变色的组织，切除不出血、刺激无收缩性的组织。最后用消毒液冲洗创内，除去凝血块和组织碎片。

(4) 在创面或创腔内撒布或灌注、涂布磺胺类药物和抗生素，或撒布防腐生肌散（枯矾、陈石灰各30 g，没药、煅石膏各24 g，血竭、乳香各15 g，黄丹、冰片、轻粉各3 g，共研极细末）。对清创后适合缝合的创伤，可在用药后进行部分或密闭缝合或2～3 d后再进行密闭缝合，一次完全缝合的创伤要进行包扎，部分缝合的创伤不做严密包扎。如有厌氧性或腐败性感染可疑时，则应任其开放治疗。

2. 化脓创的治疗

(1) 清洁创围同新鲜污染创。

(2) 用3%过氧化氢或0.1%新洁尔灭等冲洗创腔，清除脓汁；除去异物、坏死组织等；

扩大创口，消除创囊，必要时可做反对孔。最后再用 0.1％高锰酸钾或雷佛奴耳等冲洗创内。

（3）急性化脓阶段的创伤，可用 20％硫酸镁或 10％氯化钠、10％硫酸钠进行灌注或纱布引流；急性炎症减退、化脓减少时，可用魏氏流膏（松馏油 5 份、碘仿 3 份、蓖麻油 100 份）、碘仿蓖麻油（碘仿 1 份、蓖麻油 100 份加碘酊成浓茶色）和 5％～10％敌百虫甘油等，进行灌注或纱布引流。如清创彻底，可使化脓创变为新鲜创，按新鲜创处理。

（4）对全身反应明显、局部损伤严重者，全身应用抗生素或磺胺类药物。用静脉内注射氯化钙或葡萄糖酸钙制止渗出和用碳酸氢钠防止酸中毒。

3. 肉芽创的治疗

（1）创面涂布鱼肝油凡士林（1∶1）、碘仿鱼肝油（1∶9）、碘仿软膏、磺胺乳剂和魏氏流膏等，对肉芽生长有利；水杨酸氧化锌软膏、水杨酸鞣酸软膏、水杨酸磺胺软膏（水杨酸 4 份，10％磺胺软膏 96 份）等，对上皮生长有利。中药可用生肌散（制乳香、制没药、煅象皮各 6 g，煅石膏 12 g，煅珍珠 1 g，血竭 9 g，冰片 3 g，共研极细末）。必要时，可对肉芽创进行缝合。

（2）肉芽面积较大时，可行皮肤矫形术或皮肤移植术，促进肉芽创的愈合。

（3）对过度生长的肉芽，可手术剪除或切除，或用硝酸银棒、苛性钠、苛性钾烧灼。也可用普鲁卡因进行病灶周围封闭，配合紫外线局部照射；或使用 CO_2 激光烧灼。

二、挫伤

（一）诊断要点

局部皮肤出现挫伤痕迹（被毛逆乱、脱落，皮肤擦伤等）、溢血、肿胀、增温、疼痛等，出现相应部位器官的机能障碍。

（二）治疗

1. 病初用冷疗法，经过 24 h 后改用温热疗法、红外线疗法或病灶周围普鲁卡因封闭疗法。

2. 炎症慢性化时，局部涂擦刺激性药物，如樟脑酒精、5％鱼石脂软膏、5％～10％碘酊，或外敷栀子粉糊剂。

3. 内服中药，活血镇痛散，大动物剂量：元胡 100 g，川芎 75 g，红花 50 g，白芷 25 g，共为细末，开水冲调，候温灌服；或八钱散，大动物剂量：土虫 10 g，乳香 5 g，没药 5 g，血竭 10 g，当归 3 g，自然铜 5 g，南星 3 g，川断 5 g，共为细末，酒 50 mL 为引，开水冲调，候温灌服。

三、血肿

（一）诊断要点

局部肿胀发展迅速，呈波动性或饱满有弹性；数日后，肿胀周围呈坚实感，且有捻发音，中央部有波动，局部增温；穿刺肿胀部血液流出。

（二）治疗

对刚发生的血肿，采用压迫止血法，或注射止血剂，并配合干冷疗法。经 4～5 d 后，可穿刺或切开血肿，排除积血或凝血块及挫灭组织，如发现继续出血，可结扎已断裂的血管。清理创腔后，皮肤创口可进行密闭缝合或用开放疗法。对发生感染的血肿则应及时切开治疗。

四、淋巴外渗

(一) 诊断要点

多发生于淋巴管丰富的皮下结缔组织内，于受伤后 3~4 d 逐渐形成肿胀，没有明显的界限，呈明显的波动感，皮肤不紧张，如淋巴液大量积聚时，呈饱满状，有弹性。局部炎症反应轻微，无明显的全身症状。穿刺肿胀部，流出橙黄色稍透明的液体，有时混有少量的血液。时间久者，淋巴液析出纤维素块。如继续刺激局部，则形成结缔组织增生，呈明显的坚实感。若因轻微而经常性的刺激引起本病者，局部增温、疼痛均不明显。

(二) 治疗

1. 保持动物安静，除去病因。

2. 小的肿胀可先抽出淋巴液，之后注入 95% 酒精，停留药液 3~5 min，抽出注入的酒精。较大的淋巴外渗，可行切开，排出淋巴液及纤维素，用酒精福尔马林（95% 酒精 100 mL、福尔马林 1 mL、碘酊数滴）冲洗，并将浸有上述药液的纱布填塞于创腔内作假缝合，待淋巴管断端完全闭合后按创伤治疗。

3. 禁止使用冷却、温热疗法以及按摩疗法。

五、烧伤

(一) 诊断要点

1. 确定烧伤深度

(1) Ⅰ度烧伤　表皮层被损伤，局部有轻微热、肿、疼。一般 7 d 左右自愈，不留疤痕。

(2) Ⅱ度烧伤　伤达真皮的浅层，部分生发层健在，称浅Ⅱ度烧伤；伤达真皮深层，有皮肤的附件残留，称深Ⅱ度烧伤。伤面被毛烧光，或留有短毛，表皮易脱落。局部血浆大量渗出，积聚于表皮与真皮之间，呈现水疱或带痛性水肿。深Ⅱ度伤面有皮岛出现，逐渐扩大而愈合。浅Ⅱ度伤面多不留疤痕，深Ⅱ度伤面常留有轻度疤痕。

(3) Ⅲ度烧伤　皮肤全层或深层肌膜、肌肉和骨组织受伤。伤面呈焦痂状，无痛，皮温降低。经 1~2 周伤面溃烂、脱落，露出高低不平的伤面，易感染，整个伤面被覆肉芽组织，老化后形成严重的疤痕。小面积的Ⅲ度创面可自行修复，伤面较大时需行皮肤移植术，以缩小疤痕的形成。

2. 确定烧伤面积　临床上常采用估计法和测量法。也可用单耳估计法，马单耳外表面积占全身总面积的 0.4%，以此来估计烧伤面积。

3. 确定烧伤程度

(1) 轻度烧伤　Ⅰ、Ⅱ度烧伤面积在 10% 以内；Ⅲ度烧伤面积在 3% 以内；烧伤总面积在 10% 以内，其中Ⅲ度不超过 2%。

(2) 中度烧伤　Ⅰ、Ⅱ度烧伤面积在 11%~30%；Ⅲ度烧伤面积在 4%~5%；烧伤总面积为 11%~20%，其中Ⅲ度烧伤面积不超过 4%。

(3) 重度烧伤　Ⅰ、Ⅱ度烧伤面积为 31%~50%；Ⅲ度烧伤面积为 6%~10%；烧伤总面积为 21%～50%，其中Ⅲ度烧伤面积不超过 6%；头部、受鞍部、四肢关节等部位发生Ⅲ度烧伤，呼吸道烧伤并伴有重度休克等并发症者，均为重度烧伤。

（4）特重烧伤　烧伤面积在 50% 以上；Ⅲ度烧伤面积在 10% 以上。

（二）治疗

1. 现场急救　立即灭火和清除动物身体上的致伤物质，同时防止动物啃咬伤部。

2. 防治休克　尽量使动物安静，注意保温。早期肌内注射氯丙嗪、皮下注射度冷丁、吗啡，或静脉注射 0.25% 盐酸普鲁卡因每千克体重 1 mL。维护心脏功能，静脉注射强尔心、安钠咖等。如动物能饮水，尽量经口补充水分，在水中加适量食盐和碳酸氢钠，以减少输液量；如动物不能饮水，可经静脉补充大量液体，其数量可根据临床和血液化验决定。对中度以上的烧伤动物烧伤后第 1 d 输液总量为：每烧伤面积 1% 按每千克体重 2 mL 计算，输入液最好是胶体液（全血、血浆或 6% 右旋糖酐）和晶体液（生理盐水或其他电解质溶液）各半。烧伤后第一个 8 h 应输入一天总量的一半，第 2 天输入第 1 天总量的一半即可。以后输液量依据全身状态而定，不需大剂量输液。伤后若有毒血症可疑时，应输入 5% 碳酸氢钠，同时应用大剂量的抗生素，以控制伤面感染。

3. 处理伤面　首先用生理盐水、0.1% 新洁尔灭清洗创面（眼部烧伤用 2%～3% 硼酸水洗眼）。Ⅰ度烧伤不必用药，保持伤面干燥即可自愈。Ⅱ度烧伤的伤面可用 5%～10% 高锰酸钾或 3% 紫药水涂布，使伤面形成痂皮，防止细菌侵入。在脱痂时，可用 2% 食盐水内加 0.1% 新洁尔灭，进行湿敷，促进脱痂，也可涂布油膏类药物，如紫草膏、磺胺乳剂、消毒过的菜油等，也有利于脱痂。脱痂后的伤面，每天涂布烧伤膏剂，以促进肉芽组织和上皮的生长。Ⅲ度烧伤的伤面，按Ⅱ度烧伤处理，保持干燥，防止感染，经 1～2 周当焦痂脱落时，及时剪除坏死的焦痂，以促进肉芽组织生长，同时涂布药膏。常用的膏剂有：

（1）紫草膏　紫草、当归、白芷、忍冬藤各 50 g，白蜡 35 g，冰片 10 g，香油（或其他植物油）500 g。制法是先将香油加热至 130 ℃，加入前 4 味药，待药炸焦，白芷变焦黄时，滤除药渣。向滤液中加入白蜡，溶化后候温，最后加入冰片，搅匀备用。

（2）大黄地榆膏　大黄、地榆等量，再加入少量冰片、黄连，共研为极细末，香油调匀。

（3）蜂鱼膏　新鲜蜂蜜 70 g，鱼肝油 50 mL，普鲁卡因 2 g。制法是先将普鲁卡因粉加入鱼肝油中，充分搅拌，最后加入蜂蜜搅匀。

（4）烧伤膏　大黄、地榆炭、五倍子、赤石脂、炉甘石（水飞）各 250 g，冰片 25 g，香油（或其他植物油）2 500 g，蜂蜡 250～300 g。制法是先将香油和蜂蜡放在一起加热溶化至沸点，候温至 50～60 ℃ 时，再将上述各药研为极细末加入油内搅匀，装瓶备用。

4. 控制感染和败血症　早期大剂量应用青霉素和链霉素，也可选用广谱抗生素或药敏试验敏感药物。及时处理伤面是预防败血症的重要措施，如发生败血症，应进行全身疗法。

5. 护理　动物应放在清洁干燥的厩舍内，防止伤部摩擦和压迫。经常给予饮水，不能采食时应人工补饲。夏季防蚊蝇，冬季要保暖。

六、窦道

（一）诊断要点

1. 有一个或数个窦口与体表相通、呈盲管状的经久不愈的病理性通道。

2. 体表窦口不断流出数量不等的脓汁。窦道口多有肉芽组织赘生，久之窦道壁疤痕化，光滑，内腔狭窄，窦口呈凹陷，漏斗状。

（二）治疗

1. 对疖、脓肿、蜂窝织炎自溃或切开排脓后形成的窦道，可灌注 10％碘仿醚、3％过氧化氢等，以减少脓汁的分泌和促进组织再生。

2. 当窦道内有异物和组织坏死块等时，必须用手术方法将其除去。在手术前最好向窦道内注入除红色、黄色以外的防腐液，使窦道管壁着色或向窦道内插入探针以利于手术的进行。

3. 当窦道口过小、管道弯曲，排脓困难而潴留脓汁时，可扩开窦道口，或根据情况造反对孔或作辅助切口，导入引流物以利于脓汁的排出。

4. 窦道管壁有不良肉芽或形成瘢痕组织者，可用腐蚀剂腐蚀，或用锐匙刮净或用手术方法切除窦道。

5. 当窦道内无异物和坏死组织块，脓汁很少且窦道壁的肉芽组织比较良好时，可填塞铋碘蜡泥膏（次硝酸铋 10 g，碘仿 20 mL，石蜡 20 g）。

七、瘘

（一）诊断要点

1. **分泌性瘘** 在采食时，有大量的唾液由瘘口滴出，或呈线状射出。经久的病例，瘘口很小，呈漏斗状，瘘口长期不愈。

2. **排泄性瘘** 可从瘘口流出各种瘘内相应的内容物，如食物、尿液、食糜和粪水等。

（二）治疗

1. 对肠瘘、胃瘘、食道瘘、尿道瘘等排泄性瘘管必须采用手术疗法。其要领是用纱布堵塞瘘管口，扩大创口，剥离粘连的周围组织，找出通向空腔器官的内口，除去堵塞物，检查内口的状态，根据情况对内口进行修整手术、部分切除术或全部切除术，密闭缝合，修整周围组织，缝合。手术中一定要尽可能防止污染新创面，以争取第一期愈合。

2. 对腮腺瘘等分泌性瘘，可向管内灌注 20％碘酊、10％硝酸银等，或先向瘘内滴入甘油数滴，然后撒布高锰酸钾粉少许，用棉球轻轻按摩，一次不愈合者可重复应用。上述方法无效时，对腮腺瘘可先向管内用注射器在高压下灌注溶解的石蜡，后装着胶绷带。也可先注入 5％～10％甲醛或 20％硝酸银 15～20 mL，数日后当腮腺已发生坏死时进行腮腺摘除术。

第二节　外科感染

一、脓肿

（一）诊断要点

1. **浅在性脓肿** 肿胀部增温、疼痛，初期与周围组织界线不清，后逐渐肿胀界线逐渐清晰，边缘呈坚实样硬度，中央部逐渐软化，皮肤变薄，被毛脱落，自行破溃流出脓汁。

2. **深在性脓肿** 局部肿胀不明显，肿胀部皮下出现水肿，触诊疼痛明显，指压留痕，局部增温。脓肿膜破坏时，引起感染扩散，呈现明显全身症状，甚至败血症。

3. 穿刺检查流出脓汁或于针尖部带出干酪样的脓汁。

（二）治疗

1. 局部肿胀处于急性炎性细胞浸润阶段时，用冷疗法或局部涂擦樟脑软膏；当炎性渗出停止后，用温热疗法或局部敷雄黄散（雄黄 10 g、黄柏 100 g、冰片 5 g，研细末，醋调）和金黄散（雄黄 50 g、白芥子 25 g、黄柏 30 g、栀子 50 g、白及 40 g、大黄 50 g、官桂 30 g，研细末，醋调）。必要时配合全身应用抗生素或磺胺类药物。

2. 用热敷法或局部涂布 5‰鱼石脂软膏，以促进脓肿的成熟。

3. 对成熟的脓肿采用手术治疗。

（1）脓汁抽出法　适用于关节部脓肿膜形成良好的小脓肿。常规对局部进行剪毛消毒后，用注射器将脓肿腔内的脓汁抽出，然后用生理盐水反复冲洗脓腔，抽净腔中的液体，最后灌注混有抗生素的溶液。

（2）脓肿切开法　切口选在波动最明显且容易排脓的部位，按手术常规对局部进行剪毛消毒，为防止脓肿内脓汁向外喷射，可先用粗针头将脓汁排出一部分；深在性脓肿切开时，于麻醉状态下逐层切开，并彻底止血，以防引起转移性脓肿。脓肿切开后，切忌用力压挤脓肿壁，或用力擦拭脓肿膜里面的肉芽组织，如一个切口不能彻底排空脓汁时亦可根据情况作必要的辅助切口；用 0.1‰高锰酸钾、1‰新洁尔灭、5‰碳酸氢钠、5‰硫酸镁等反复清洗脓腔，创内按化脓创用药和引流。

（3）脓肿摘除法　用以治疗脓肿膜完整的浅在性小脓肿。注意勿刺破脓肿膜，预防新鲜手术创被脓汁污染。

二、蜂窝织炎

（一）诊断要点

1. 皮下蜂窝织炎　病初局部出现弥漫性渐进性肿胀，明显热、痛、机能障碍，肿胀由捏粉状变为坚实感。当局部出现溶解时，有波动感，可自溃流出脓汁；体温升高，局部淋巴结肿大。

2. 筋膜下蜂窝织炎　多发生于前臂筋膜下、小腿筋膜下和股阔筋膜下。肿胀不如皮下蜂窝织炎明显，呈坚实感；热痛剧烈，机能障碍显著，全身症状严重。局部易发生广泛性坏死，不易自溃，易发生全身性感染。

3. 肌间蜂窝织炎　常继发于开放性骨折、化脓性骨髓炎、关节炎等，也可由皮下或筋膜下蜂窝织炎发展而来。局部肌肉肿大，呈坚实感，界限不清；全身症状严重，精神沉郁，疼痛剧烈，机能障碍显著，有引起败血症的可能。

（二）治疗

1. 局部疗法

（1）最初 24～48 h 以内，当炎症继续扩散，组织尚未出现化脓性溶解时，可用高渗中性盐溶液冷敷，涂以醋调制的醋酸铅散；当炎性渗出停止时，可用上述溶液温敷，局部涂布消肿药剂金黄散、雄黄散等。同时应用普鲁卡因进行四肢环状封闭或病灶周围封闭。

（2）当炎性渗出不止时，应在形成化脓性坏死之前，在局部或全身麻醉条件下进行早期广泛切开，并尽快引流。切口部位在炎症最明显处，切口数量依据肿胀范围大小而定，可多处切开，切口的长度应利于引流又利于愈合；创内用 10‰～20‰硫酸镁冲洗，用硫酸镁新洁尔灭溶液（硫酸镁 100～200 g、新洁尔灭 1 mL，加水至 1 000 mL）、魏氏流膏纱布引流。当炎性渗出停止时，按创伤治疗用药。

（3）如经上述治疗后体温暂时下降复而升高，肿胀加剧，全身症状恶化，则说明可能有新的病灶形成，或存有脓窦及异物，或引流纱布干涸堵塞因而影响排脓，或引流不当所致，应针对具体原因进行相应处理。

2. 全身疗法 早期应用青霉素、链霉素、头孢菌素类、喹诺酮类抗生素或磺胺类药物，直至肿胀消失为止。对患病动物要加强饲养管理，特别是多给些富有维生素的饲料。

三、败血症

（一）诊断要点

1. 有化脓性感染源 创面组织坏死溶解，腐败化脓，病灶周围组织显著肿胀、疼痛剧烈，肉芽组织肿胀、发绀、生长停滞。病原菌多为溶血性链球菌，其次是葡萄球菌、大肠杆菌和厌氧性病原菌等。临床表现为脓血症、败血症和脓毒败血症。

2. 脓血症 病初精神沉郁，恶寒战栗，食欲废绝，但喜饮水，呼吸加速，脉弱而频，出汗；体温升高（马可达 40 ℃以上），有时呈典型的弛张热型，有时则呈间歇热型或类似间歇热型；在体温显著升高前常发生战栗，体温下降后则出汗；当肝脏发生转移性脓肿时眼结膜高度黄染，肠壁发生转移性脓肿时可出现剧烈的腹泻，肺内发生转移性脓肿时呼气带有腐臭味并有大量的脓性鼻漏，脑组织内发生转移性脓肿时出现痉挛。血液检查，血沉加快，白细胞数增加，核左移，幼稚型中性粒细胞占优势。在血检时如见到淋巴细胞及单核细胞增加，常为康复的标志；但如红细胞及血红蛋白显著减少，而白细胞中的幼稚型中性粒细胞占优势，此时淋巴细胞增加是病情恶化的象征。

3. 败血症 体温明显增高（马可达 40 ℃以上），一般呈稽留热，恶寒战栗，四肢发凉，脉搏细数，常躺卧，起立困难，运步时步态蹒跚，有时能见到中毒性腹泻，在马还出现疝痛症状。随病程发展，可出现感染性休克或神经系统症状，食欲废绝，结膜黄染，呼吸困难，脉搏细弱，烦躁不安或嗜睡，尿量减少并含有蛋白或无尿，皮肤黏膜有时有出血点，血液学指标有明显的异常变化，死前体温突然下降。

4. 局部病灶 创面触片的脓汁象检查，严重病例见不到巨噬细胞及溶菌现象，但脓汁内却有大量的细菌出现；如脓汁象内出现游走细胞和巨噬细胞，则表明机体尚有较强的抵抗力和反应能力。

（二）治疗

1. 对原发性感染病灶进行彻底外科处理，按化脓性感染创进行治疗。创围用青霉素普鲁卡因溶液封闭。

2. 早期大剂量应用抗生素。兽医临床上常用的有增效磺胺嘧啶注射液、增效磺胺甲氧嗪注射液、增效磺胺−5−甲氧嘧啶注射液。头孢菌素类、喹诺酮类作为广谱抗菌药，已被广泛应用。

3. 静脉给予5％碳酸氢钠、葡萄糖溶液、葡萄糖盐水、维生素等。

4. 及时应用止痛、强心、解热药物。肾机能紊乱时可应用乌洛托品、呋喃妥因，败血性腹泻时静脉内注射氯化钙。

四、厌氧性感染

（一）诊断要点

1. 创伤具备厌氧环境，多发于肌肉丰满的部位，创口小且深。多由产气荚膜梭菌、恶性水肿梭菌及溶组织梭菌等引起。也常见与化脓性细菌混合感染。

2. 创伤突然发生剧烈的疼痛，严重时，疼痛消失；突然脉搏变快而弱，体温升高。肿胀蔓延迅速，渗出物内含气泡，出现捻发音。

3. 局部变化

（1）气性脓肿　脓肿内充满红褐色脓样渗出物，并含有很多气体，叩诊呈鼓音，脓肿局限。

（2）气性坏疽　肿胀呈增进性扩大，疼痛剧烈。初期创内有带泡沫的血样液，恶臭味，创部皮下有捻发音，不出现脓汁。创面高度水肿。常呈黄绿色，肌肉呈煮肉样，后变为黑褐色。

（3）恶性水肿　创围呈大面积水肿，皮下出现捻发音，流出红棕色液体，其内混有少量气体，有恶臭味。

（4）厌氧性蜂窝织炎　肿胀部出现捻发音，产气较多，不侵害肌肉，侵害失活的结缔组织，流出少量带泡沫的脓样液。局部与全身症状明显。

4. 晚期出现严重毒血病、溶血性贫血和脱水，出现黄疸、败血性腹泻等。

（二）治疗

1. 及时、彻底的清创，同时配合大剂量抗生素。

2. 正确运用包扎技术，严禁过紧。

3. 采用全身麻醉（禁用局部麻醉法），对患部进行广泛而深入的切开，充分显露伤口，除去坏死组织、异物、脓窦等，以减轻组织内压、改善局部血液循环，创造不利于厌氧菌生长繁殖的条件，实施开放疗法。

4. 创内冲洗可选用3％过氧化氢、0.25％～1％高锰酸钾、高渗盐溶液等。引流用3％过氧化氢、0.1％雷佛奴耳、5％碘酊。创内撒布碘仿磺胺（1∶9），或氨苯磺胺高锰酸钾（9∶1）。患部肌内或皮下注射1/1500高锰酸钾，创内滴注3％过氧化氢。

5. 配合静脉补液，大剂量应用抗生素，如青霉素、氨苄青霉素、强力霉素、头孢曲松钠等。防止酸中毒可用5％碳酸氢钠。强心用安钠咖、强尔心。

第三节　风　湿　病

一、诊断要点

（一）病因

风湿病是一种变态反应性疾病，与溶血性链球菌感染有关。机体内曾有过溶血性链球菌在上呼吸道感染的病史，过劳、感冒，受风寒、潮湿等为诱因。

（二）临床症状

1. 肌肉风湿病

（1）主要发生于活动性较大的肌群，其特征是患部肌肉疼痛，表现运动不协调，步态强拘不灵活，常发生1～2肢的轻度支跛、悬跛或混合跛行，跛行随运动量的增加和时间的延长而有减轻或消失的趋势。

（2）常有游走性，一个肌群好转而另一个肌群又发病。触诊患部肌群有痉挛性收缩，肌肉表面凹凸不平而有硬感、肿胀。急性经过时疼痛症状明显。多数肌群发生急性风湿性肌炎时可出现明显的全身症状，精神沉郁，食欲减退，体温升高 1～1.5 ℃，结膜和口腔黏膜潮红，脉搏和呼吸增数，血沉稍快，白细胞数稍增加。重者出现心内膜炎症状，可听到心内性杂音。

（3）急性病程较短，一般经数日或 1～2 周即好转或痊愈，但易复发。转为慢性经过时，全身症状不明显，肌肉及腱的弹性降低，重者肌肉僵硬、萎缩，肌肉中常有结节性肿胀。患病动物容易疲劳，运步强拘。

2. 关节风湿病

（1）最常发生于活动性较大的关节，对称关节同时发病，有游走性。

（2）急性期呈现风湿性关节滑膜炎的症状。关节囊及周围组织水肿，滑液中有的混有纤维蛋白及颗粒细胞。患病关节外形粗大，触诊温热、疼痛、肿胀。运步时出现跛行。跛行可随运动量的增加而减轻或消失。患病动物精神沉郁，食欲不振，体温升高，脉搏及呼吸均增数。有的可听到明显的心内性杂音。

（3）慢性经过时呈现慢性关节炎的症状。关节滑膜及周围组织增生、肥厚，因而关节肿大且轮廓不清，活动范围变小，运动时关节强拘。他动运动时能听到噼啪音。

3. 心脏风湿病　主要表现为心内膜炎的症状。听诊时第一、二心音增强，有时出现期外收缩性杂音。

4. 犬风湿性关节炎　病初出现游走性跛行，患病关节周围软组织肿胀，数周乃至数月后出现特征性的 X 线摄影变化，即患病关节的骨小梁密度降低，软骨下见有透明囊状区和明显损伤并发生渐进性糜烂，随着病程的进展，关节软骨消失，关节间隙狭窄并发生关节畸形和关节脱位。

（三）实验室诊断

1. 水杨酸钠皮内反应试验　用新配制的 0.1％水杨酸钠 10 mL，分数点注入颈部皮内。注射前和注射后 30 min、60 min 分别检查白细胞总数。其中白细胞总数有一次比注射前减少 1/5，即可判定为风湿病阳性。本法对从未用过水杨酸制剂的急性风湿病病马的检出率较高。

2. 血常规检查　风湿病患马血红蛋白含量增多，淋巴细胞减少，嗜酸性粒细胞减少（病初），单核细胞增多，血沉加快。

3. 纸上电泳法检查　病马血清蛋白含量百分比的变化规律为清蛋白降低最显著，β-球蛋白次之；γ-球蛋白增高最显著，α-球蛋白次之。清蛋白与球蛋白的比值变小。

4. 类风湿性关节炎的诊断，除根据临床症状及 X 线摄影检查外，还可作类风湿因子检查。

（四）鉴别诊断

临床上注意与骨质软化症、肌炎、多发性关节炎、神经炎，颈和腰部的损伤及牛的锥虫病等疾病做鉴别诊断。

二、治疗

（一）应用解热、镇痛及抗风湿药

在这类药物中以水杨酸类药物的抗风湿作用最强，包括水杨酸、水杨酸钠及阿司匹林等。临床经验证明，应用大剂量的水杨酸制剂治疗风湿病，特别是治疗急性肌肉风湿病疗效较好，而对慢性风湿病疗效较差。马、牛可用 10％水杨酸钠 100～200 mL、5％葡萄糖钙 200～300 mL，分别静脉滴注，1 次/d，连用 1 周；也可用 10％水杨酸钠 100～150 mL，与等量的自体血液混合后静脉滴注。犬、猫可口服水杨酸钠 0.1～0.2 g/次或注射 0.1～0.5 g/次，1 次/d，连用 5～7 次。也可将水杨酸钠与乌洛托品、樟脑磺酸钠、葡萄糖酸钙联合应用。

（二）应用皮质激素类药物

临床上常用的有：氢化可的松、地塞米松、醋酸泼尼松、氢化泼尼松等，都能明显地改善风湿性关节炎的症状，但容易复发。保泰松、羟保泰松的用法和剂量是：保泰松片剂（每片 0.1 g），口服马每千克体重 4～8 mg，猪、羊每千克体重 33 mg，犬每千克体重 20 mg，2 次/d，3 d 后用量减半；羟保泰松，马前 2 d 为每千克体重 12 mg，后 5 d 为每千克体重 6 mg，连用 7 d。

（三）应用抗生素控制链球菌感染

风湿病急性发作期，无论是否证实机体有链球菌感染，均需使用抗生素。首选青霉素，肌内注射，2～3 次/d，一般应用 10～14 d。不主张使用磺胺类抗菌药物，因为磺胺类药物虽然能抑制链球菌的生长，却不能预防急性风湿病的发生。

（四）应用碳酸氢钠、水杨酸钠和自家血液疗法

马、牛每日静脉注射 5％碳酸氢钠溶液 200 mL，10％水杨酸钠溶液 200 mL，自家血液的注射量为第 1 天为 80 mL，第 3 天为 100 mL，第 5 天为 120 mL，第 7 天为 140 mL，7 d 为一疗程。每疗程之间间隔 1 周，可连用 2 个疗程。该方法对急性肌肉风湿疗效显著，对慢性风湿病可获得一定的好转。

（五）中兽医疗法

1. 针灸　对治疗风湿病有一定效果。根据不同的发病部位，可选用不同的穴位。颈风湿病针九委穴；肩臂风湿病针抢风、冲天、天宗、膊尖等穴；背腰风湿病针肾俞、肾棚、肾角及腰部 6 穴；臀股部风湿病针巴山、大胯、小胯、邪气和汗沟等穴。醋酒灸法（火鞍法）适用于腰背风湿病，但对瘦弱、衰老或怀孕的患病动物应禁用此法。

2. 中药　常用的方剂有通经活络散，其处方为：黄芪 50 g、当归 35 g、白芍 35 g、木瓜 30 g、牛膝 30 g、巴戟 40 g、藁本 40 g、补骨脂 40 g、木通 40 g、泽泻 40 g、薄荷 40 g、桑枝 50 g、威灵仙 50 g，共为末，开水冲调，候温灌服。

（六）应用物理疗法

物理疗法对风湿病，特别是对慢性经过者有较好的治疗效果。

1. 局部温热疗法　将酒精加热至 40 ℃左右，或将麸皮与醋按 4∶3 的比例混合炒热装于布袋内进行患部热敷，1～2 次/d，连用 6～7 d。也可使用热石蜡及热泥疗法等。

2. 光疗法　可用红外线局部照射，20～30 min/次，1～2 次/d，至明显好转为止。

3. 电疗法　中波透热疗法、中波透热水杨酸离子透入疗法、短波透热疗法、超短波电场疗法、周林频谱疗法及多元频谱疗法等对慢性经过的风湿病均有较好的治疗效果。

4. 冷疗法　在急性蹄风湿的初期，可用冷蹄浴或用醋调制的冷泥敷蹄等局部冷疗法。

5. 激光疗法　用 6～8 mW 的 He‐Ne 激光做局部或穴位照射，20～30 min/次，1 次/d，连用 10～14 次为 1 个疗程，必要时可间隔 7～14 d 进行第二个疗程的治疗。

（七）局部涂擦刺激剂

局部可应用水杨酸甲酯软膏（处方：水杨酸甲酯 15 g、松节油 5 mL、薄荷脑 7 g、白色

凡士林 15 g），水杨酸甲酯莨菪油擦剂（处方：水杨酸甲酯 25 g、樟脑油 25 mL、莨菪油 25 mL），也可局部涂擦樟脑酒精及氨擦剂等。

三、预防

在风湿病多发的冬、春季节，要特别注意动物的饲养管理和环境卫生，要做到精心饲养，注意使役，勿使其过度劳累。使役后出汗时不要系于房檐下或有穿堂风处，免受风寒。厩舍应保持卫生、干燥，冬季时应保温以防动物受潮湿和着凉。对溶血性链球菌感染后引起的动物上呼吸道疾病，如急性咽炎、喉炎、扁桃体炎、鼻卡他等疾病应及时治疗。如能早期大量应用青霉素等抗生素彻底治疗，对风湿病的发生和复发起到一定的预防作用。

第四节 皮肤疾病及常见肿瘤

一、湿疹

（一）诊断要点

出现典型的多型性皮疹症状，如红斑、丘疹、水疱、脓疱、溃烂和鳞屑。有的病例呈现不典型症状，即出现某期的特征后而终止病程。湿疹的局部伴发痒感，动物啃咬、搔扒和摩擦发痒部。慢性湿疹时，皮肤肥厚，弹力减退或消失，或形成皱襞而皲裂。

（二）治疗

1. 除去发病原因，给予易消化的饲料，补充维生素，禁喂霉败饲料。保护患部，防止局部感染。及时治疗湿疹的原发病。

2. 对水疱、脓疱和溃烂患部，涂布 3%～5% 龙胆紫、美蓝或 2% 硝酸银，或撒布滑石粉、氧化锌、次没食子酸铋等粉剂，或涂布水杨酸氧化锌软膏、氧化锌软膏。当炎症缓解之后，可涂布可的松软膏、地塞米松软膏或碘仿鞣酸软膏（1：5）。还可配合应用自体血液疗法、普鲁卡因疗法，并补充维生素 B_1。

二、脓皮病

（一）诊断要点

1. 动物皮肤不洁、毛囊口被污物堵塞、局部皮肤过度摩擦以及引起皮脂腺机能障碍等因素都可引起，葡萄球菌是主要的致病菌。犬脓皮病中凝固酶阳性的中间型葡萄球菌是主要的致病菌，金黄色葡萄球菌、表皮葡萄球菌、链球菌、化脓性棒状杆菌、大肠杆菌、绿脓杆菌和奇异变形杆菌等也是常引起动物脓皮病的致病菌。临床上以北京犬、德国牧羊犬、大丹犬、腊肠犬等患病比例高。影响皮肤微生态环境的因素可能是脓皮病发生的诱因。

2. 9 月龄内犬的病变主要出现在前、后肢内侧的无毛处；成年犬的发病部位不确定，以口唇部、眼睑和鼻部为主；因跳蚤或者螨感染引起细菌性继发感染的病犬，其病变部位以背部、腹下部最多；大型犬的四肢外侧（深部脓皮病）脓痂多、比较顽固；病变处皮肤上出现脓疱疹、小脓疱和脓性分泌物，多数病例为继发的。

3. 实验室诊断以细菌学检查为主，浅层脓皮病的诊断主要是做皮肤脓疱疹、脓疱或者皮肤的直接涂片，红疹以刮取物涂片，然后染色、镜检，必要时做细菌分离培养和药敏试验。

（二）治疗

1. 继发感染的病例，应积极治疗原发病。

2. 对于犬的浅层脓皮病，使用抗菌香波有助于确保药效，外用洗液可以选择甲硝唑、洗必泰、聚烯吡酮碘等。全身应用抗生素可以选择先锋Ⅳ、克拉维酸-阿莫西林、克林霉素、红霉素、林可霉素、苯甲异噁唑青霉素、磺胺增效剂等。

3. 深部脓皮病的治疗用药疗程长，药物剂量大，顽固性病例应根据药敏试验结果选择抗菌药。再发性脓皮病可使用抗菌性香波、免疫调节治疗和扩大抗菌范畴。

4. 长期应用广谱抗生素可导致机体正常菌群紊乱，应补充复合维生素 B。

三、激素性皮肤病

（一）库兴氏综合征（肾上腺皮质机能亢进）

犬的发生率比猫高，且纯种犬的发病率高。主要由肾上腺皮质肿瘤引起，表现为对称性脱毛，食欲异常，腹部膨大和多饮多尿。常见病犬肥胖、脱毛和代谢异常。四肢肌肉无力，运步蹒跚。严重时，皮肤表面有钙化、结痂，而且恢复困难。详见内科病部分。

（二）甲状腺机能低下症

中年犬易患此病，德国牧羊犬、爱尔兰赛特、金色猎犬、拳师犬和阿富汗猎犬等纯种犬发病率高。详见内科病部分。

（三）公猫种马尾病

1. 诊断要点　繁殖期公猫的整个尾背部皮脂腺和顶浆腺分泌旺盛，在尾背部出现黑头粉刺，可能发展成为毛囊炎、疖、痈，甚至于蜂窝织炎，皮肤溃烂并且向周围健康组织扩散。

2. 治疗　尾部剪毛后，用 70% 酒精涂擦黑头粉刺发生的部位，将黑头粉刺挤出，涂布抗生素软膏，尾部用绷带包扎或者不包扎。如果出现皮下蜂窝织炎，先用 3% 过氧化氢清洗患部，再用生理盐水冲洗干净，然后局部涂布抗生素软膏，全身应用抗生素。此类型的公猫在几年之内常有复发性，去势是根治的措施。

（四）犬卵巢囊肿

1. 诊断要点　常见躯干背部慢性对称性脱毛，皮肤增厚，皮肤色素过度沉着。卵泡囊肿时母犬持续发情、性欲亢进、阴门红肿，有时有血样分泌物，常爬跨其他犬、玩具或者人的裤腿等处，但拒绝交配；黄体囊肿的母犬在此期间不发情，也拒绝公犬的交配。

2. 治疗　卵泡囊肿的母犬可肌内注射促黄体激素 20～50 μg，一周后不见效则再次注射并且剂量稍大些，或者肌内注射绒毛膜促性腺激素 50～100 μg。对于黄体囊肿的母犬可以肌内注射黄体酮 2～5 mg，1～2 次/d，连用 2～5 d，或者口服 17-α 羟孕酮每千克体重 3～4 mg。如果激素疗法无效时，可以手术摘除卵巢。

四、寄生虫性皮肤病

（一）跳蚤感染性皮炎

1. 诊断要点　犬、猫最容易发现跳蚤的部位是在腹下部、背部和腹股沟。跳蚤刺激皮肤，使感染犬、猫因瘙痒而自己抓咬或摩擦患部。跳蚤感染还可能出现跳蚤过敏性皮炎，此时，犬、猫感到非常瘙痒，并脱毛，患部皮肤上有粟粒大小的结痂。可观察到跳蚤或跳蚤粪便的存在。

2. 治疗　常用的药物是杀蚤喷剂或者滴剂，如"福来恩"滴剂或者喷剂；戴项圈、使用相应的药粉或者口服驱杀跳蚤的药物也有一定的临床效果。发现跳蚤寄生动物后，一定要同时给予驱绦虫的药物，可肌内注射伊维菌素。

（二）蠕形螨性皮肤病

分全身性和局部性两种，造成被感染动物皮肤毛囊炎，继发细菌感染。在兽医临床病例中，犬的蠕形螨性皮肤病是顽固性、复发性的疾病，与品种、环境温度和接触有关。在夏季多发，沙皮犬、北京犬、腊肠犬等品种患蠕形螨性皮炎的概率高。详见寄生虫病部分。

（三）疥螨感染性皮炎

详见寄生虫病部分。

（四）犬、猫耳痒螨感染

详见寄生虫病部分。

（五）犬姬螯螨感染

1. 诊断要点　表现轻度瘙痒，犬背部、臀部、头部和鼻上有黄灰色的鳞片，运动时掉下。也有的犬带虫但无临床症状。

2. 治疗　先洗净并除去鳞片，止痒可用皮质类固醇。杀虫可用伊维菌素等。

（六）犬蜱病

1. 诊断要点　蜱通常附着在犬的头、耳、脚趾上吸血，其附着部的皮肤可能出现炎症反应。一般只有幼犬被蜱严重侵袭时才出现贫血，而因蜱造成的贫血和蜱麻痹的现象在家庭养犬中非常少见。

2. 治疗　蜱数量少时，用手把蜱剥下即可。如果大量蜱寄生时，应进行药浴，或清洗被毛后撒药粉进行治疗。在屋内养犬，应定期喷药以预防蜱。院内养犬，注意犬窝，割掉或烧掉周围杂草使蜱无栖息之地。

（七）犬虱病

1. 诊断要点　犬毛虱以毛和表皮鳞屑为食，造成犬瘙痒和不安，犬啃咬瘙痒处引起皮肤自体损伤，脱毛，继发湿疹、丘疹、水泡、脓疱等；严重时食欲差，影响犬的睡眠，造成犬的营养不良。长颚虱吸血时分泌有毒的液体，刺激犬的神经末梢，产生痒感。大量感染时引起化脓性皮炎，可见犬脱毛或掉毛，患犬精神沉郁，体弱，因慢性失血而贫血，对其他疾病的抵抗力降低。

2. 治疗　预防犬虱病可用相应的浴液定期洗澡。治疗时应隔离病犬，皮下注射埃弗霉素每千克体重 0.2 mg，患部皮肤涂擦 0.1％林丹或 0.5％西维因。许多杀虫剂对虱均有效。

五、犬、猫过敏性皮炎

（一）诊断要点

主要症状是红疹和瘙痒。临床上药物过敏的现象时常出现，例如皮下注射维丁胶性钙、维生素 K_1、维生素 K_3，静脉注射鱼腥草等药物，会使动物发生皮肤红疹，流涎，眼部、口唇或者腹部肿、瘙痒和动物搔抓等症状。食物过敏在犬比较常见，也属于变态反应性疾病，需要改变食物成分才能克服皮肤脱毛、瘙痒的症状。细菌性过敏必须经过实验室诊断才能确诊。因瘙痒使得动物搔抓皮肤，引起继发性细菌性皮肤病。过敏性皮肤病的确诊需要做过敏原的免疫学诊断实验。

（二）治疗

1. 除去可能的致敏因素，消除食物和环境中可能的致敏源。杀灭蚊虫，清扫犬、猫窝舍，除尘防异物污染。

2. 局部病灶可用皮质类固醇激素涂擦，或用水杨酸酒精等止痒消炎药涂布，防止患病犬、猫的啃咬。

3. 抗组胺药，苯海拉明每千克体重 2～4 mg，口服，3～4 次/d。

4. 投予钙制剂，10％葡萄糖酸钙 10～30 mL 稀释后缓慢静脉注射，1 次/2 d。

5. 治疗跳蚤可用"福来恩"滴剂或者喷剂，同时使用抗生素软膏，严重者全身使用抗生素。

六、黑色棘皮症

（一）诊断要点

1. 小动物中主要见于犬，尤其是德国猎犬。病因包括局部摩擦、过敏、各种引起瘙痒的皮肤病、激素紊乱等，黑色棘皮症中有些是自发性的，还有些是遗传性的。

2. 主要症状是皮肤瘙痒和苔藓化，患病的犬、猫搔抓皮肤引起红斑、脱毛、皮肤增厚和色素沉着，皮肤表面常见油脂多或者出现蜡样物质。黑色棘皮症发生的部位因病因不同而不确定，主要患病部位是背部、腹部、前后肢内侧和股后部。

（二）治疗

自发性的病例，给予褪黑色素制剂，犬 1 U/次，1 次/d，连续使用 3 d，或者根据需要决定使用方法，但是治疗效果不一定十分理想；口服 1～2 个月的维生素 E，200 U/次，2 次/d，对某些自发性黑色棘皮症病例有效。减肥和外用抗皮脂溢洗发剂对患黑色棘皮症的肥胖犬有益处。

七、瘙痒症

（一）诊断要点

1. 一般因变态反应、外寄生虫、细菌感染和某些特发性疾病（如脂溢性皮炎等）引起。

2. 最主要的临床症状是瘙痒。注意区分真菌、细菌、变态反应原等病因，必要时做活组织检查。注意瘙痒症有原发性和继发性的，如内分泌失调出现皮肤病后，可能继发细菌性脓皮病或者脂溢性皮炎，引起皮肤的继发性瘙痒。

（二）治疗

1. 注意改善饲养管理，尽早找出潜在性疾病及时予以治疗。

2. 肾上腺皮质激素治疗，泼尼松每千克体重 0.5～2 mg 或地塞米松每千克体重 0.15～0.25 mg 肌内注射或口服。

3. 抗组胺药物治疗，苯海拉明每千克体重 5～20 mg 肌内注射。

4. 剧痒的病例可局部注射麻醉剂或静脉注射氯化钙。

5. 局部用药，1％～10％水杨酸、樟脑酊和薄荷酒精（薄荷 2 g 加 6％乙醇 100 mL）等局部涂擦。猫可试用眼镜蛇毒治疗。

八、犬、猫真菌性皮肤病

（一）诊断要点

1. 患部断毛、掉毛或出现圆形脱毛区，皮屑较多。也有不脱毛、无皮屑而患部有丘疹、脓疱或脱毛区皮肤隆起、发红、结节化。须发癣感染时，患部多在鼻部，位置对称。患病犬的面部、耳朵、四肢、趾爪和躯干等部位易被感染，病变处被毛脱落，呈圆形或椭圆形，有时呈不规则状。慢性感染的犬猫病患处皮肤表面伴有鳞屑或呈红斑状隆起，有的结痂，痂下因细菌继发感染而化脓。痂下的皮肤呈蜂巢状，有许多小的渗出孔。

2. 在暗室里用 Wood's 灯照射病患部位的毛、皮屑或皮肤缺损区，出现荧光为犬小孢子菌感染，而石膏样小孢子感染不易看到荧光，须发癣菌感染则无荧光出现。

3. 刮取患部鳞屑、断毛或痂皮置于载玻片上，加数滴 10％氢氧化钾于载玻片样本上，微加热后盖上盖玻片。显微镜下见到真菌孢子即可确诊。

（二）治疗

1. 轻症、小面积感染可外敷克霉唑或癣净等软膏，以特比萘酚的临床疗效好。患部周围剪毛，洗去皮屑、痂皮等污物，用硫黄香皂洗患部，再将软膏涂在患部皮肤上，2 次/d，直到病愈。

2. 重症或慢性感染的病犬，应外敷软膏配合内服特比萘酚效果好；也可口服灰黄霉素，每千克体重 40～120 mg，拌油腻性食物（可促进药物吸收），连用 2 周。怀孕犬忌服灰黄霉素，避免空腹给药，以防呕吐。

3. 患病犬应隔离。由于犬的用具，如被病犬污染的笼子、梳子、剪刀和铺垫物等能传播癣病，所以，犬的用具不能互相用，而且应消毒处理。注意环境的消毒。

九、观赏鸟皮肤病

观赏鸟的皮肤病主要有吸血虱寄生、疥螨病、痘病、虎皮鹦鹉幼稚病、鹦鹉啄羽病、肿瘤、维生素 A 缺乏和羽毛囊肿。

1. 吸血虱 可以寄生于很多鸟类，主要见于金丝雀和澳大利亚玄凤鹦鹉，症状一般不明显，但可引起并发症。除虫菊酯喷雾或喷洒西维因 1～2 次（间隔 7～10 d）有效。

2. 球柱脚螨 主要侵害虎皮鹦鹉和雀科鸣禽。虎皮鹦鹉的口角、蜡膜、眼睑和喙部出现白色多孔状增生性痂，有的虎皮鹦鹉的喙异常地向外生长。欧洲金丝雀的趾骨跖面上形成长而光滑的痂。从虎皮鹦鹉面部刮屑中可以发现螨，但是不要揭皮痂，以免引起出血。局部涂抹少量矿物油、配合皮下注射伊维菌素等抗螨虫药（每 1～2 周 1 次）可以治愈。

3. 痘病 主要包括金丝雀痘、鹦鹉痘和鸽痘等。皮肤型痘病：在无羽处出现散在性丘疹、脓疱或者结痂。多数患病的鸟眼周围组织均受到侵害，并且造成眼炎和眼闭合。发生金丝雀痘时，患病鸟的爪周围有增生。外鼻孔周围的鳞状丘疹比较常见。分离病毒和组织学检查可以诊断。治疗采用眼药、非口服性给予维生素 A 和抗生素，同时保湿、保暖，每日清洁眼部，注意饮食。预防主要采用疫苗免疫。

4. 虎皮鹦鹉幼稚病 由多孔病毒-多瘤病毒引起的综合征，被感染的幼鸟羽毛发育迟缓、腹水、脱水、皮肤红斑、皮下出血甚至死亡。

5. 鹦鹉啄羽病 主要发生于葵花鸟和虎皮鹦鹉，典型症状是羽毛脱落、针羽异常、成羽羽干内有血液出现、喙过度增生或断裂。注意卫生是预防该病传播的有力措施之一，对患病鸟可能不得不实施安乐死。

6. 观赏鸟纤维肉瘤　发生在翅膀、腿部和面部，应当手术切除。

7. 观赏鸟维生素 A 缺乏　典型症状是在嘴部、眼部和窦的里面出现表皮角化性白斑。肌内注射维生素 A 有效。

8. 羽毛囊肿　由于向内生长的羽毛导致肉芽肿块，造成羽毛囊肿，该病主要为病毒引起。手术切除患部包括囊肿在内的羽毛可以治疗羽毛囊肿。

十、常见肿瘤

（一）诊断要点

1. 良性肿瘤有包膜，界限明显，呈膨胀性生长，移动性较大，不浸润邻近组织，生长缓慢，有时中止生长，不溃烂，无转移性，不引起全身性反应。恶性肿瘤无包膜，界限不清楚，呈浸润性生长，移动性小或无移动性，生于表皮时呈菜花样、蕈伞状或结节状，生长迅速，瘤体中央发生坏死或溃疡，易转移。感染、手术或其他刺激因素，可加速瘤细胞的转移，残留和转移的瘤细胞是再发的原因。

2. 兽医临床常采用病理组织学检查法、X 线检查法、超声波检查法、CT 检查法、MRI 检查法、内窥镜检查法和化验室检查法等诊断。常采用手术切取小块肿瘤组织，做病理组织切片检查，或对胸水、腹水、阴道分泌物和肿瘤组织内的液体涂片，染色检查，发现其中的肿瘤细胞。

3. 常见肿瘤的临床特点

（1）**纤维瘤**　常发生于皮下富有疏松结缔组织的部位，呈球形、半球形，有包膜等是良性肿瘤的特征。瘤体质硬或质软，有的瘤体内有黏液。黏膜的纤维瘤称息肉，有根蒂，呈粉红色，常发生于鼻腔、食管、乳管、直肠和阴道内。

（2）**脂肪瘤**　是一种常见的良性肿瘤，主要发生于富有脂肪组织的部位，如肠管浆膜、大网膜上、唇、鼻翼、眼睑、颈腹侧和胸腹侧，牛阴道黏膜上。瘤体较小，质软而轻，易扯碎，出血较少，呈圆形、椭圆形、棒状、结节状或不规则的分叶状，常有较细的根蒂，移动性较大，易发生黏液性软化和坏死。体表脂肪瘤，有的无皮肤覆盖，露出柔软光滑的红黄色脂肪样组织，摘除不彻底则往往再发。

（3）**乳头状瘤**　发生于皮肤、黏膜和分泌腺的管壁上，具备良性肿瘤的特征。最常发生于乳腺，呈球形、椭圆形、结节状、分叶状、绒毛状和树枝状，大小不等，数目不定，小的似米粒大，大的可达数千克，可单个存在，也能多个丛集生长。皮肤的乳头状瘤称皮肤疣，见于较薄及被毛发育不良的部位，表面呈颗粒状，后为菜花样，根部宽大或细小，具坚实感，不向深部生长，反复刺激和摘除不彻底时，生长较迅速。

（4）**腺瘤**　腺体器官上皮形成的良性肿瘤，在腺体上，多呈结节状。犬和猪的乳腺多于泌乳期发生腺瘤，表面呈青紫色，凹凸不平，形如桑葚，可发展到拳头大或人头大，触诊软硬不均，有移动性。往往与地面接触引起瘤体出血、溃疡，易摘除，根部有粗大的血管通入瘤体。

（5）**皮肤癌**　常见为鳞状上皮癌，多发生于阴茎、包皮、乳腺、腹侧壁、眼眶周围和鼻腔等处，是一种较少转移的恶性肿瘤。生长较迅速，无定形增长，大小不等。最初是一个结节或一片浸润，后变为溃疡，高出皮肤表面，触之坚实。发生于包皮、阴茎和乳房部者，有的很大，垂至跗关节稍上方；发生于头部者，呈多个结节样增长，表面破溃及腐烂。

（6）黑色素瘤及黑色素肉瘤 黑色素瘤是由含黑色素的细胞构成的肿瘤，一般为良性。主要见于白毛色或青毛色老龄马骡，多发生于肛门周围、尾根及会阴部，也可见于头部、肩胛部、腮腺部和内脏。瘤体成串发生，呈黑色或灰黑色结节状隆起，多少、大小不等。切开瘤体流出墨汁样液体。恶变时，成为黑色素肉瘤，具备恶性肿瘤的特点。黑色素肉瘤的动物血液、肉及内脏等不得食用。

（二）治疗

1. 摘除法 对较小的肿瘤采用瘤体全部摘除的方法，之后缝合皮肤创口。术中止血要充分，可采用结扎血管断端、压迫法止血，也可向创内撒布止血粉或高锰酸钾粉。对较大的肿瘤摘除时，尽量多留健康的皮肤，以利缝合和创伤修复。

2. 切除法 对根蒂很小、皮肤侵害严重的肿瘤，只能连同皮肤切除肿瘤。有的不易彻底切除，则需用烧烙法、高锰酸钾粉腐蚀法等配合，有的病例需较长时间压迫方能止血。

3. 结扎法 对有根蒂的肿瘤进行结扎，使瘤体失去血液供应而萎缩、脱落。可用粗缝合线、细线绳或胶皮带等结扎，如发现松动、滑脱，重新结扎，一般1次或数次结扎即可治愈。结扎前，患部与结扎材料均应消毒处理。

4. 烧烙法 常与切除法配合应用。对恶性肿瘤不易彻底切除，可用烧烙法破坏残留的瘤组织，又能达到止血的目的。

第五节 眼 病

一、眼睑内翻

（一）诊断要点

眼睑内翻因睫毛刺激角膜而引起结膜充血、流泪、怕光和疼痛。角膜在睫毛的不断摩擦下，可发生上皮剥脱，角膜浑浊和溃疡。常严重影响视力。

（二）治疗

1. 捏起发生内翻眼睑部的皮肤成皱襞，使眼睑边缘保持正常位置，在皮肤皱襞处缝合1～2针。或向内翻眼睑皮下注射足量灭菌的液状石蜡，使眼睑肿胀，将眼睑拉至正常位置，肿胀逐渐消失后，常可获得永久性治愈。

2. 最好的方法是手术疗法（见眼睑内翻成形术）。

二、眼睑外翻

（一）诊断要点

眼睑外翻，结膜外露，眼睑闭合不全而产生泪溢。结膜充血、肥厚，角膜浑浊甚至干燥。经久的病例，由于泪液的经常刺激常发生眼睑湿疹。

（二）治疗

在麻痹性外翻时，应治疗面神经麻痹。如为肿瘤引起时，应进行肿瘤摘除。当外翻是由于瘢痕性或先天性时，可施行手术疗法（见眼睑外翻成形术）。

三、结膜炎

(一) 诊断要点

1. 黏液性结膜炎病初结膜轻度充血，呈红色，眼睑结膜稍肿胀，有少量浆液性分泌物。表现怕光、眼睑肿胀、增温、充血，甚至结膜表面有出血斑，分泌物常为黏液性，量显著增多，蓄积于结膜囊内或附着于眼内角部。当炎症波及角膜上皮呈现表层性角膜炎时，角膜周围有树枝状新生血管，发生云雾状弥漫性角膜浑浊。病程较久的病例，一般症状减轻，结膜轻度充血，呈暗红色，眼睑结膜肥厚。

2. 继发于颌窦炎、马腺疫等疾病经过中的结膜炎，其症状较轻，分泌物多为浆液黏液性，但也有呈黏液脓性。

3. 化脓性结膜炎症状较重，肿胀明显，疼痛剧烈，眼裂变小，由结膜囊内流出多量黄色脓性分泌物，脓汁浓稠时，上下眼睑常粘在一起。

4. 不论黏液性或化脓性结膜炎，当炎症侵害结膜下组织时，结膜出现重度肿胀，疼痛剧烈，呈紫红色肉块样露出于上下眼睑之间，时间较长，往往可发生坏死，干涸后呈黑褐色。

(二) 治疗

1. 冲洗　选用无刺激性的微温药液，如 $2\%\sim3\%$ 硼酸、生理盐水或 0.01% 新洁尔灭等洗眼，或通过鼻泪管冲洗结膜囊。洗眼时不可强力冲洗，也不可用棉球擦拭，以免损伤结膜。

2. 消炎、镇痛　在急性炎症时，用数层纱布浸洗眼药液，敷于患眼，$2\sim4$ 次/d。黏液性结膜炎时可用温敷。点眼时，可选用醋酸可的松眼药水、青霉素溶液，$3\sim4$ 次/d。疼痛剧烈时，可用 3% 盐酸普鲁卡因点眼。转为慢性时，可应用 $0.2\%\sim2\%$ 硫酸锌点眼，$2\sim3$ 次/d。化脓性结膜炎时，首先应用 3% 硼酸洗眼，再用青霉素、新霉素等眼药水点眼。用青霉素普鲁卡因（青霉素 20 万～40 万 IU、0.5% 普鲁卡因溶液 20 mL）作眼封闭。对顽固性结膜炎，可用硝酸银棒腐蚀结膜（注意勿损伤角膜），然后立即用生理盐水冲洗。

3. 球结膜下注射青霉素和氢化可的松（并发角膜溃疡时，不可用皮质固醇类药物）　用 0.5% 盐酸普鲁卡因 $2\sim3$ mL 溶解青霉素 5 万～10 万 IU，再加入氢化可的松 2 mL（10 mg），作球结膜下注射，1 日或隔日 1 次。或以 0.5% 盐酸普鲁卡因 $2\sim4$ mL 溶解氨苄青霉素 10 万 IU 再加入地塞米松磷酸钠注射液 1 mL（5 mg）作眼睑皮下注射，上下眼睑皮下各注射 $0.5\sim1$ mL。用上述药物加入自家血 2 mL 眼睑皮下注射，效果更好。

4. 病毒性结膜炎时，可用 5% 乙酰磺胺钠眼膏涂布眼内。

5. 中药疗法　在上述治疗的同时，配合中药治疗效果较好。常用清热祛风、平肝明目的药物，如苍术 35 g、菊花 25 g、柴胡 35 g、栀子 25 g、黄连 25 g、草决明 25 g、旋覆花 25 g、青葙子 25 g、白药子 35 g、木贼 25 g、生地 25 g，共为末，开水冲调，候温 1 次灌服。

6. 某些病例可能与机体的全身营养或维生素缺乏有关，因此，应改善动物的营养并给予维生素。

四、角膜炎

(一) 诊断要点

1. 外伤性角膜炎　角膜损伤的程度决定于致伤物体的种类和力量，一般可发生角膜的浅创、深创和穿透创。浅创时，角膜上皮剥脱，出现缺损，以后呈点状浑浊，易吸收。深创时，角膜损伤部周围呈弥漫性浑浊，有时波及全角膜，并有血管新生，浑浊不易完全吸收，往往遗留疤痕。穿透创时，伤及角膜的全层，并与前房贯通，流出眼房液，易伴发虹膜和睫状体炎，甚至感染而继发化脓性全眼球炎。

2. 表层性角膜炎 局限性的表现为角膜上皮肿胀，患部的角膜面粗糙不平，透明度减退，浑浊部呈淡蓝褐色、灰白色。弥漫性浑浊常从角膜周围开始，渐渐蔓延到中央。病程较久时，角膜出现血管新生，呈树枝状分布于角膜面。

3. 深层性角膜炎 触诊眼球疼痛，角膜浑浊，呈白色不透明。角膜血管自巩膜缘伸入角膜内，角膜周缘的毛细血管呈细帚状，稍带紫色。

4. 化脓性角膜炎 触诊眼球疼痛剧烈，眼内排出脓性分泌物，结膜和巩膜充血肿胀，角膜浑浊为淡灰黄色或纯黄色，表面粗糙无光，有时角膜出现溃疡，重剧者可造成角膜穿孔，引起化脓性全眼球炎。

（二）治疗

1. 急性期的冲洗和用药与结膜炎的治疗基本相同。

2. 为促进角膜浑浊的吸收，可向患眼吹入等份的甘汞和乳糖（白糖也可以）；40%葡萄糖或自家血点眼；也可用自家血眼睑皮下注射；1%～2%黄降汞眼膏涂于患眼内。大动物每日静脉注射5%碘化钾20～40 mL，连用1周；或每日内服碘化钾5～10 g，连服5～7 d。疼痛剧烈时，可用10%颠茄软膏或5%狄奥宁软膏涂于患眼内。

3. 角膜穿孔时，应严密消毒防止感染。对于直径小于2～3 mm的角膜破裂，可用眼科无损伤缝针和可吸收缝线进行缝合。对新发的虹膜脱出病例，可将虹膜还纳展平；脱出久的病例，可用灭菌的虹膜剪剪去脱出部，再用第三眼睑覆盖固定予以保护；溃疡较深或后弹力膜膨出时，可用附近的球结膜做成结膜瓣，覆盖固定在溃疡处，这时移植物既可起生物绷带的作用，又有完整的血液供应。经验证明，虹膜一旦脱出，即使治愈，也严重影响视力。若不能控制感染，就应行眼球摘除术。

4. 用1%三七液煮沸灭菌、冷却后点眼，对角膜创伤的愈合有促进作用，且能使角膜浑浊减退。

5. 用5%氯化钠每天3～5次点眼，有利于角膜和结膜水肿的消退。

6. 可用青霉素、普鲁卡因、氢化可的松或地塞米松作结膜下或作患眼上、下眼睑皮下注射，对小动物外伤性角膜炎引起的角膜翳效果良好。

7. 中药成药如拨云散、决明散、明目散等对慢性角膜炎有一定疗效。

五、白内障

（一）诊断要点

特征是晶状体及其囊浑浊、瞳孔变色、视力消失或减退。浑浊明显时，肉眼检查即可确诊，眼呈白色或蓝白色。否则，需要做烛光成像检查或检眼镜检查。当晶状体全浑浊时，烛光成像看不见第三个影像，第二个影像反而比正常时更清楚。检眼镜检查时，可见到的眼底反射强度是判断晶状体浑浊度的良好指标，眼底反射下降得越多，晶状体的浑浊越完全。浑浊部位呈黑色斑点。白内障不影响瞳孔正常反应。

（二）治疗

1. 早期针对原因进行对症治疗，晶状体一旦浑浊就不能被吸收，只能进行手术治疗。

2. 晶状体摘除术 全身或局部麻醉，在角膜缘或巩膜边缘作一个较大的切口（15 mm），将晶状体从眼内摘出，缺点是手术时发生眼球塌陷，晶状体周围的皮质摘除困难和角膜切口较大。目前国外已有用于马、犬、猫的人工晶状体，白内障摘除后将其植入空的晶状体囊内。

3. 晶状体乳化白内障摘除 用高频率声波使晶状体破裂乳化，然后将其吸出。在整个手术过程中，用液体向眼内灌洗以避免眼球塌陷。角膜切口小，术后可保持眼球形状，晶状体较易摘出，术后炎症较轻。

4. 术后治疗包括局部应用醋酸泼尼松，每 4～6 h 1 次，炎症消退后，减少用药次数，连续用药数周或数月；按每千克体重 2～5 mg 口服阿司匹林，2 次/d，用药 7～10 d；局部应用抗菌药物 7～14 d；若术后瞳孔缩小，可用散瞳剂。

六、青光眼

（一）诊断要点

1. 不见炎症病状，眼内压急剧上升，眼球增大，视力高度减退。运步时，患病动物高抬头，步态蹒跚，在暗厩或阳光下，常可见患眼表现为绿色或淡青绿色。初期角膜透明，后则变为浑浊，并比正常的角膜要凸出些。眼前房变小，眼房液仍透明，瞳孔散大，对缩瞳药反应迟钝甚至无反应，晶状体前囊可出现灰白色点状、条状和斑点状浑浊。

2. 检眼镜检查可见视乳头萎缩和凹陷，中心部血管不清楚，边缘部血管较易看见。较晚期病例的视乳头呈苍白色。指压眼球有坚实感。

（二）治疗

1. 高渗疗法 静脉注射 40％～50％葡萄糖 300～400 mL，或静脉滴注 20％甘露醇（每千克体重 1 g）。限制饮水，并尽可能给以无盐的饲料。用噻吗心安点眼，20 min 后即可使眼压降低。

2. 缩瞳药的应用 针对虹膜根部堵塞前房角致使眼内压升高，可用 1％～2％毛果芸香碱频频点眼，也可用 0.5％毒扁豆碱滴于结膜囊内，10～15 min 开始缩瞳，30～50 min 作用最强，3.5 h 后作用消失。

3. 内服碳酸酐酶抑制剂 如乙酰唑胺（醋唑磺胺，醋氮酰胺），每千克体重 3～5 mg，3 次/d，症状控制后可逐渐减量；内服氯化铵可加强乙酰唑胺的作用。应用槟榔抗青光眼药水滴眼，每 10 min 1 次，共 6 次，再改为每 30 min 1 次，共 3 次，然后，再按病情，每 2 h 1 次，以控制眼内压。

4. 手术疗法 角膜穿刺排液可用于治疗急性青光眼病例的一种临时性措施。

（1）虹膜切除术 用药后 48 h 尚不能降低眼内压，可作周边虹膜切除术。对另侧健眼也应作预防性周边虹膜切除术。患病动物全身浅麻醉，1％可卡因滴眼，然后在眼的 12 点处（正上方）球结膜下，注射 2％普鲁卡因，在距角膜边缘向上 1～1.5 cm 处，横行切开球结膜并下翻。在距角膜 2 mm 左右的巩膜上先轻轻作一条 4 mm 左右的切口（不切破巩膜），然后用针在酒精灯上烧红，把针尖在切口上点状烧烙连成一条线（目的是防止术后愈合），然后切开巩膜放出眼房水。用眼科镊从切口中轻轻伸入，将部分虹膜拉出，在虹膜和睫状体的交界处，剪破虹膜 3 mm 左右，将虹膜纳入切口，缝合球结膜。术后要适当应用抗菌消炎药物。一旦出现神经萎缩，血管膜变性等，治疗困难。

（2）巩膜周边冷冻术 用冷冻探针（2～25 mm）在角膜缘后 5 mm 处的眼球表面作 2 次冻融，使睫状上皮冷却到 -15 ℃。操作时可选 6 个点进行冷冻，避开 3 点钟和 9 点钟的位置。每一个点的两次冻融应在 2 min 内完成。

七、马浑睛虫病

（一）诊断要点

眼内寄生多为一虫，在后房时可游出于眼前房活动。因此，眼内呈刺激症状及炎症，结膜及巩膜表层的血管充血，角膜和房液浑浊，瞳孔散大，怕光流泪。病马不安，时时摇头，或于马槽及系马桩上摩擦患眼。由于角膜及房水的浑浊而妨碍视力。

（二）治疗

1. 根治方法是应用角膜穿刺术（见马浑睛虫穿刺术）取出虫体。眼分泌物多时，可用 2％硼酸清洗。穿刺的创口一般在 1 周左右即可愈合。穿刺点的白斑经 2～3 周即可吸收。

2. 用 5％驱虫净 10～30 mL，肌内注射，12 h 后可见虫体死亡。或用 15％左旋咪唑溶液点眼，每 4～6 h 1 次，2～3 滴/次，虫体可死亡。

八、瞬膜腺突出

（一）诊断要点

1. 多发于小型犬，如北京犬、西施犬、沙皮犬、哈巴犬以及以上各种犬的杂交后代，性别不限，年龄为 2 月龄至 1 岁半，个别有 2 岁。缅甸猫也有发病的报道。发生该病的犬多以高蛋白、高能量动物性饲料为主，如多喂牛肉、牛肝，有的喂以卤鸭肉、卤鸭肝，个别病例发现在饲喂猪油渣（新鲜）后 2～3 d 即发病。

2. 呈散发性，未见明显传染性，病程短的在一周左右长成 0.6 cm×0.8 cm 的增生物。多数增生物位于内侧眼角，增生物长有薄的纤维膜状蒂与第三眼睑相连；有的发生在下眼睑结膜的正中央，纤维膜状蒂与下眼睑结膜相连，增生物为粉红色椭圆形肿物，外有包膜，呈游离状，大小（0.8～1）cm×0.8 cm，厚度为 0.3～0.4 cm，多为单侧性，也有先发生于一侧，间隔 3～7 d 另一侧也同样发生而成为双侧性。有的病例在一侧手术切除后的 3～5 d，另一侧也同样发生。

3. 发生该病的一侧眼睑结膜潮红，部分球结膜充血，眼分泌物增加，有的流泪，病犬不安，常因眼接触笼栏或家具而引起继发感染，造成不同程度的角膜炎症、损伤，甚至化脓。也有眼部其他症状不明显的。一般无全身症状。

（二）治疗

先以噻胺酮复合麻醉剂作浅麻醉，再以加有青霉素的注射用水（每 10 mL 加青霉素 10 万 IU）冲洗眼结膜，然后用组织钳夹住增生物包膜外牵引使充分暴露，以小型弯止血钳钳夹蒂部，再以小剪刀或外科刀剪除或切除。手术中尽量不损伤结膜及瞬膜，用青霉素溶液冲洗创口，3～5 min 后去除夹钳，以灭菌干棉球压迫局部止血。也可剪除增生物后立即烧烙止血，但要用湿灭菌纱布保护眼球，以免灼伤。以青霉素 40 万 IU 肌内注射抗感染。术后也可用新霉素眼药水点眼 2～3 d。

第六节 头颈部疾病

一、鼻旁窦蓄脓

（一）诊断要点

1. 临床常见额窦和上颌窦蓄脓，前者多见于牛，后者多见于马。

2. 通常从一侧或两侧鼻孔不断流出鼻液。初期为浆液性或黏液性，无臭味。以后逐渐变为脓性，呈黄白色有臭味。当患病动物低头或强力呼吸、咳嗽、头部剧烈活动时，则流出多量鼻液。

3. 初期对呼吸影响不大，窦腔内分泌物潴留及长期刺激鼻腔黏膜，鼻黏膜肥厚时，引起呼吸困难，并出现鼻狭窄音。

4. 触诊局部敏感，增温。窦壁骨骼膨隆，当骨质软化时，指压有时呈颤动感。叩诊患部一般呈浊音。

5. 必要时，可用消毒螺锥打孔诊断。注意与鼻疽相鉴别。

（二）治疗

1. 中药辛夷散对本病有较好疗效，尤其在发病初期。处方：辛夷 75 g、酒知母 50 g、酒黄柏 50 g、沙参 35 g、木香 15 g、郁金 25 g、明矾 15 g，共为细末，开水冲调，候温灌服。或据病情加减，病初加荆芥、防风、薄荷，热盛加双花、连翘，脓多且腥臭加桔梗、贝母，局部肿痛加乳香、没药。重症者，重用辛夷，可加 1 倍药量，其他药物可酌量增用。此外，也可用加味知柏散：酒知母 60～120 g、酒黄柏 60～120 g、广木香 15～30 g、制乳香 30～60 g、制没药 30～60 g、连翘 24～45 g、桔梗 15～30 g、金银花 15～30 g、荆芥 9～15 g、防风 9～15 g、甘草 9～15 g，水煎灌服，每 2 d 1 剂，可服 3～5 剂。

2. 如果应用上述疗法不见效，可施行圆锯手术（见马副鼻窦圆锯术）。根据病情需要，全身应用抗生素等疗法。

二、下颌骨骨折

（一）诊断要点

一般症状为患部疼痛、肿胀、变形、流涎、采食及咀嚼困难。有的有骨摩擦音和骨片移位。沿矢正中线骨折时，沿矢状线可确定颌骨支的活动。骨体横骨折或受衔部两侧性横骨折时，下颌骨体下垂。下颌支臼齿部骨折常发于一侧，呈斜骨折或横骨折。

（二）治疗

1. 下颌骨骨体正中矢状线骨折时，可在口腔内用金属丝套住两侧的隔齿进行固定。

2. 下颌骨体横骨折时，可在口腔内用金属丝分别将两侧的犬齿和隔齿进行固定。

3. 下颌骨体正中矢状线骨折和下颌骨体一侧骨折时，可用金属丝缠在下颌骨体周围进行固定，并使金属丝位于骨折侧犬齿的前面和健侧犬齿的后面，必要时可在骨上钻孔后再环扎。或用接骨板或髓内针做内固定。

4. 颌骨支臼齿部骨折可不行固定，于每次饲喂后，洗涤口腔，装上一侧附有四条皮带的帆布制下颌绷带，以固定下颌骨。

5. 注意补充钙剂，防止感染，加强护理。

三、牙齿磨灭不整

（一）诊断要点

1. 锐齿及剪状齿 上臼齿的外缘及下臼齿的内缘形成尖锐的牙釉质缘，上臼齿外缘常损伤颊黏膜，下臼齿的内缘则损伤舌的侧面，有的病例可见到较大的黏膜溃疡。患病动物咀嚼时，常将头部偏斜于一侧，混有唾液的饲料团常吐于口外，并有带泡沫的唾液从口腔内流出，缺乏正常的咀嚼音，颌的运动谨慎而受到限制，饲喂后有饲料块蓄积于臼齿和颊部之间。经久不治时，消化不良、营养障碍而逐渐消瘦。

2. 过长齿 上下臼齿中的某一齿过度增长而突出于咀嚼面。临床上较多见于上颌第一臼齿及下颌第六臼齿。当下颌臼齿过度增长时，往往能损伤硬腭，甚至有的能穿通硬腭而开口于鼻腔。患病动物采食、咀嚼障碍，经久时则引起营养不良。开口检查可见到高出于咀嚼面的过长齿，用手触诊也可摸到。

3. 波状齿 上下颌臼齿齿列失去其水平状态而呈波状，通常为两侧同时发生。轻微时，常不影响咀嚼机能，若短齿磨至齿龈部以下时，可引起疼痛，咀嚼不全，并可诱发牙髓炎、牙槽骨膜炎和颌窦炎。

4. 阶状齿 齿列中某臼齿突然变高，多由于相对牙脱落，或因病牙的硬度减退所引起。因阶状齿影响咀嚼的侧方运动，或损伤相对的软组织，致使咀嚼障碍。

5. 滑齿 由于牙釉质过度磨灭，致使牙面成光滑状态。老龄动物因磨至无釉质的牙根部，壮龄动物因牙质构造上的缺陷，幼龄动物则由于先天性牙釉质坚硬度不足而引起。少数牙患病时，对咀嚼影响不大，但多数牙患病时，则妨碍正常的咀嚼运动，并使患病动物营养不良。

（二）治疗

1. 对锐齿、剪状齿及波状齿，可用牙锉、牙刨或凿子，将其尖锐部分和突出部分进行修整。对过长齿，先用牙剪或线锯、铁锯等除去其过长部分，再用牙锉进行修整。阶状齿的过长部分，可用牙剪、锉将其剪断和锉平。

2. 用牙锉或牙刨修整牙咀嚼面后，应用 0.1% 高锰酸钾洗涤口腔。如颊黏膜或舌侧面有损伤时，可涂布碘甘油。如发现牙坏疽时，可用牙钳拔除病牙，然后撒入碘仿磺胺粉，再用浸湿防腐消毒药液的纱布或棉球填充，直至炎症消退并充满肉芽。

3. 对滑齿尚无有效的治疗方法。可给患病动物饲喂柔软易消化的饲料。

四、齿周炎

（一）诊断要点

1. 齿龈炎、口腔不洁、齿石、食物的机械性刺激、菌斑的存在和细菌的侵入使炎症由牙龈向深部组织蔓延是齿周炎的主要原因，不适当饲养和全身疾病，如甲状腺机能亢进、慢性肾炎以及钙、磷代谢失调和糖尿病等均易继发齿周炎。

2. 急性期齿龈红肿、变软，转为慢性时，齿龈萎缩、增生。由于炎症的刺激，牙周韧带破坏，使正常的齿沟加深破坏，形成蓄脓的牙周袋，轻压齿龈，牙周有脓汁排出。由于牙周组织的破坏，出现牙齿松动，影响咀嚼。突出的临床症状是口腔恶臭。其他症状包括口腔出血、厌食、不能咀嚼硬质食物、体重减轻等。X线检查可见牙齿间隙增宽，齿槽骨吸收。

（二）治疗

局部治疗主要应刮除齿石，除去菌斑，充填龋齿和矫治食物阻塞。无法救治的松动牙齿应拔除。用生理盐水冲洗齿周，涂以碘甘油。切除或用电烧烙器除去肥大的齿龈组织，消除牙周袋。如牙周形成脓肿，应切开引流。术后全身给予抗生素、复合维生素 B、烟酸等。数日内喂给软食。

五、齿槽骨膜炎

（一）诊断要点

1. 非化脓性齿槽骨膜炎时，动物只发生暂时性采食障碍，咀嚼异常，经 6～8 d 症状减轻或消失，但多数转为慢性，继发骨膜炎时，齿根部齿的骨质增生而形成骨赘，由此而发生齿根与齿槽完全粘连。

2. 弥散性齿槽骨膜炎可见饲草或饲料和坏死组织混合，发出奇臭气味，病齿在齿槽中松动，严重者甚至可用手拔出，有时病齿失位。

3. 患化脓性齿槽骨膜炎时，齿龈水肿、出血、剧痛，并有恶臭，病齿四周还有化脓性瘘管，并由此排出少量脓汁；下颌臼齿瘘管开口于下颌间隙，下颌骨边缘或外壁；上颌齿瘘管则通向上颌窦，引起化脓性窦炎及同侧鼻孔流出脓汁；齿根部化脓用 X 线检查时，可见到齿根部与齿槽间透光区增大呈椭圆形或梨形。若欲判断瘘管的通道，可先用造影剂碘油灌注瘘管，再进行 X 线摄片。

（二）治疗

1. 非化脓性齿槽骨膜炎可给予柔软饲料，每次饲喂后用 0.1% 高锰酸钾冲洗口腔，齿龈部涂布碘甘油。

2. 弥散性齿槽骨膜炎则宜尽早拔齿，术后冲洗，填塞抗生素纱布条于齿槽内，直至生长肉芽为止。

3. 化脓性齿槽骨膜炎应在齿龈部刺破或切开排脓，对已松动的病齿则应拔除，但不应单纯考虑拔牙，应注意其瘘管波及的范围。发生在上臼齿时往往因从口腔来的饲料、饲草等进入上颌窦而造成上颌窦蓄脓，如不配合圆锯术则治疗效果不佳。发生在下颌骨骨髓炎的瘘管则应扩大瘘管孔，尤其是骨的部分，剔除死骨，用锐匙刮净腔内感染物，骨腔内用消毒药冲洗后填上油质纱布条引流，或用干纱布外压以吸脓，消毒后用火棉胶封闭，这样可防止杂菌感染。随着脓汁的逐渐减少而延长换药时间，直至伤口愈合为止。当有全身症状时配合全身性应用抗生素。

六、耳血肿

（一）诊断要点

耳郭外面或内面呈现圆形肿胀，有波动和疼痛反应。急性炎症可在短时间内消退，但血液长时间不被吸收，穿刺肿胀部有血液流出。放血后往往再发，有时也可感染化脓。

（二）治疗

压迫绷带结合干性冷敷的治疗效果较好。大血肿不宜过早手术切开治疗，一般在肿胀形成数日后，可于肿胀明显处切开，排出血肿内容物，创缘严密消毒后进行密闭缝合，并注射止血剂或配合压迫绷带，但应使耳保持绝对安静。

七、中耳炎

（一）诊断要点

单侧性时，头倾斜向患病侧，使患耳朝下，有时出现转圈运动；两侧性时，低头伸颈。化脓性炎时，常呈现体温升高，食欲不振，精神沉郁，有时横卧或出现阵发性痉挛等，如有脓汁积蓄，听觉迟钝。

（二）治疗

首先局部和全身应用抗生素治疗。充分清洗外耳道后滴入抗生素药液，并配合全身应用抗生素，以便药物进入中耳腔，用药前最好能对耳分泌物做细菌培养和药敏试验。如果临床症状未能改善，可采用中耳腔冲洗治疗。动物全身麻醉，充分清洗外耳道后用耳镜检查鼓膜，若鼓膜已穿孔或无鼓膜，可将细吸管插入中耳深部冲洗，若鼓膜未破，用细长的灭菌穿刺针穿通鼓膜，放出中耳内积液，用普鲁卡因青霉素反复洗涤，直至排出液清亮透明。

八、舌下囊肿

（一）诊断要点

在舌下或颌下出现无炎症、逐渐增大、有波动的肿块，大量流涎，舌下囊肿有时可被齿磨破，此时有血液进入口腔或饮水时血液滴入饮水盘中。囊肿的穿刺液黏稠，呈淡黄色或黄褐色，呈线状从针孔流出。可用糖原染色法试验与因异物所致的浆液血液囊肿相区别。

（二）治疗

1. 定期抽吸可促使囊肿瘢痕组织形成，阻止唾液漏出，但多数病例6～8周后复发。也可在麻醉条件下，大量切除囊肿壁，排出内容物，用硝酸盐、氯化铁酊剂或5％碘酊等腐蚀其内壁；或者施行造袋术，即切除舌下囊肿前壁，用金属线将其边缘与舌基部口腔黏膜缝合，以建立永久性引流通道。

2. 上述疗法无效时，可采用腺体摘除术（见犬颌下腺及舌下腺摘除术）。

九、咽后脓肿

（一）诊断要点

1. 主要发生于犬、猫，常因鸡骨、鱼刺、缝针等异物刺破咽部或置留在舌下、咽部软组织而引起局部感染和形成脓肿。

2. 急性发作时，颈前下方（咽部）肿胀、灼热、疼痛、硬实，全身发热；慢性咽后脓肿多因药物治疗和局部有效的防御机制而使异物稳定在结缔组织内所致，但由于组织对异物持续产生反应，故咽部积聚多量血清样渗出物，触诊肿胀物硬实或柔软，一般无痛。

3. X线检查对诊断咽后脓肿有重要意义。

（二）治疗

1. 急性咽后脓肿时，动物镇静后，切开脓肿，冲洗和引流，并用手指探明腔内有无异物和小脓肿，若有，应将异物取出或撕破脓肿膜。若有全身反应，需全身使用抗生素。

2. 慢性脓肿时，切开脓肿，撕破间隔，彻底刮除脓肿壁。如未能找到异物，切口保持开放，腔内填入浸有防腐剂的纱布，促进肉芽组织生成，防止皮肤创缘闭合。每日换药1次，直到肿胀消退、肉芽组织形成及创口收缩为止，一般需2～3周治愈。

十、扁桃体炎

(一) 诊断要点

1. 多发生于犬 发生化脓性扁桃体炎时，溶血性链球菌和葡萄球菌是最常见的病原菌。

2. 急性扁桃体炎 以1～3岁犬易发，表现体温突然升高，流涎，精神沉郁，吞咽困难或食欲废绝，下颌淋巴结肿大，有时发生短促而弱的咳嗽、呕吐、打哈欠。有的病犬表现抓耳、频频摇头。扁桃体视诊，可发现其肿大、突出，呈暗红色，并有小的坏死灶或坏死斑点，表面被覆有黏液或脓性分泌物。

3. 慢性扁桃体炎 多发生于幼犬，表现精神沉郁，食欲减退，有时呕吐、咳嗽。反复发作数次后，全身状况不良，对疾病抵抗力差，扁桃体视诊呈"泥样"，隐窝上皮纤维组织增生，口径变窄或闭锁。慢性扁桃体炎以反复发作为特征，间隔时间不定。

(二) 治疗

1. 保守疗法 细菌性扁桃体炎应及时全身使用抗生素。以青霉素最有效，连用5～7 d，也可用2%碘溶液擦拭扁桃体和腺窝，咽喉部热敷，在吞咽困难消失前几日，饲喂柔软可口的食物。不能采食的动物应进行补液。

2. 手术疗法 慢性扁桃体炎反复发作，药物治疗无效、急性扁桃体肿大而引起机械性吞咽困难、呼吸困难等宜实施扁桃体摘除术。

(1) 术前准备 全身麻醉，俯卧保定，安置开口器，行气管内插管。口腔清洗干净，局部消毒，并浸润肾上腺素溶液于扁桃体组织。拉出舌头，充分暴露扁桃体。

(2) 手术方法

直接切除法：用扁桃体组织钳钳住其隐窝的扁桃体向外牵引，暴露深部扁桃体组织，然后用长的弯止血钳夹住其基部，再用长柄弯剪由前向后剪除之。可用结扎、指压、电凝等方法止血。最后用可吸收线闭合所留下的缺陷。

结扎法：用小弯止血钳钳住扁桃体基部，用4号或7号丝线在其基部全部结扎或穿过基部结扎即可，将其切除。

勒除法：先将扁桃体勒除器放在腺体基部，再用组织钳提起扁桃体，勒除器收紧即将其摘除。最后修剪残留部分。

十一、腮腺炎

(一) 诊断要点

1. 急性腮腺炎在局部呈现热痛性肿胀，触之敏感。若两侧腮腺同时发炎，头颈伸直，低头困难。一侧发病时，头偏向健侧，肿胀较大，蔓延附近组织时，咀嚼缓慢，吞咽困难。若感染化脓菌时，常在患部形成小的脓肿，破溃后流出混有唾液的脓汁。

2. 慢性腮腺炎呈坚实性、无痛性肿胀，其他症状均不明显。

(二) 治疗

急性腮腺炎可应用普鲁卡因青霉素于肿胀周围封闭，注射时针头勿伤及腺体，1次/d，5～6次为1疗程。慢性腮腺炎可用醋调制的复方醋酸铅散涂患部，或用热敷法或局部涂布鱼石脂软膏、1%樟脑软膏等。如全身症状明显时，可应用抗生素。

十二、颈静脉炎

（一）诊断要点

1. 单纯性颈静脉炎 静脉管壁增厚、硬固、有疼痛，患病动物嫌忌接触患部，压迫静脉近心端，患病静脉怒张不明显。

2. 颈静脉周围炎 沿颈静脉沟出现不同程度的急性炎症现象，患部肿胀，热痛明显。其后炎症现象逐渐消失，沿颈静脉经路出现结节状条索样肿胀。

3. 血栓性颈静脉炎 颈沟皮下血管周围蜂窝织呈现显著炎性浮肿，颈沟外形变平，局部温热疼痛，颈部皮肤活动性减低，血栓形成和炎症消退后，可触摸到患病血管呈结节状肥厚、硬结。栓塞部以上血管怒张，患侧结膜淤血，甚至头颈浮肿，栓塞部以下血管有空虚感觉。

4. 化脓性血栓性颈静脉炎 患部视诊及触诊时有弥漫性热痛性的炎性浮肿（蜂窝织炎症状）。不能触知发炎的静脉，患病动物精神沉郁，食欲减退，体温升高，口鼻黏膜和眼结膜呈现淤血，头活动不自由，有时可见到浮肿。以后在患部出现1个或多个小脓肿，破溃之后排出带有坏死组织碎块的脓汁。

（二）治疗

1. 停止使役，安静休养，以防止炎症扩散，避免血栓破裂。

2. 对无菌性血栓性颈静脉炎，局部可应用温热疗法或涂敷醋调复方醋酸铅散，但不宜涂布具有分解性和刺激性强的软膏。对颈静脉周围蜂窝织炎，应早期切开，切口不得小于6～8 cm，深度必须切透皮肤、筋膜及受侵害的肌肉层，才能有效地排出有毒物质和渗出液。

3. 化脓坏死性血栓性颈静脉炎，宜采用颈静脉切除术。

（1）术部剃毛、消毒，站立或侧卧保定，局部浸润麻醉或全身麻醉。

（2）沿颈沟经路作皮肤及皮下组织切口，深达静脉并小心分离颈静脉血管与周围组织，然后用带双线的大弯针由静脉下面穿过，把线套端剪断，先在血管末梢端，而后在血管中枢端施行结扎，末梢端血管最好是行穿刺结扎两次，间隔1 cm。

（3）将位于结扎之间的静脉病变切除，撒布青霉素粉，用结节缝合使创缘接近或开放治疗。

（4）当静脉病变很长时，为避免手术创广阔哆开及缩短术后治疗期限，可作数个间断切开，切口间隔约4 cm，然后经这些切口将病变静脉切除，按创伤疗法进行治疗。

4. 防止颈静脉炎的发生，要严格遵守静脉注射和采血的无菌操作规程，注射药物准确无误。误漏药液和感染引起的肿胀，均应及时切开患部，切口应有足够的长度和深度，防止发展成为化脓、坏死性颈静脉炎。

第七节 胸腹壁疾病

一、胸壁透创

（一）诊断要点

1. 闭合性气胸 在受伤时由于疼痛和空气进入胸腔，患病动物表现短时间的不安，一般无明显的呼吸、循环功能紊乱，空气可在数周内吸收。

2. 开放性气胸　患病动物表现严重的呼吸困难，不安，心跳加快，可视黏膜发绀，休克。胸壁创口处随呼吸可听到"呼呼"的声音。

3. 张力性气胸　临床上表现颈静脉怒张，呼吸困难，心跳快而弱。可视黏膜发绀，休克。伤侧胸内气体过多，则胸廓膨隆，叩诊呈鼓音，呼吸时胸廓运动减弱或消失。如空气来源于胸壁创口，空气常逸于皮下，形成皮下气肿；肺和支气管损伤，气体也可进入纵隔，形成纵隔气肿，此种气肿有时可扩延于颈部气管周围或肌间。

4. 胸壁透创如伴发心脏、大血管损伤时，患病动物常因内出血很快死亡；胸部食管损伤时，食物进入胸腔，患病动物常因腐败性胸膜炎而死亡。

(二) 治疗

1. 现场急救　创围涂布碘酊，除去可见异物，迅速用大块数层纱布或干净的毛巾等，在患病动物呼气结束时，紧紧盖住创口，再在外面盖以大块敷料或布块，然后用腹带或竹帘绷带紧密、牢固包扎固定，以确实不漏气为度。如有条件，立即注射强心剂、镇痛剂、止血剂及抗生素等，之后迅速送往医疗单位进行治疗。

2. 手术

（1）术前给予补液、输血、给氧、强心及抗休克药物。站立保定，肋间神经传导麻醉。

（2）创围剪毛消毒，取下包扎的绷带，用3%盐酸普鲁卡因对胸膜面进行喷雾。除去异物、破碎的组织及游离的骨片，注意防止异物在吸气时落入胸腔。对出血的血管进行结扎，对下陷的肋骨予以整复，并锉去骨折端尖缘。骨折端污染时，用刮匙将其刮净。对胸腔内易找到的异物应立即取出，但不宜进行较长时间的探摸。在手术中如患畜不安、呼吸困难时，应立即用大块纱布盖住创口，待呼吸稍平静后再进行手术。

（3）从创口上角自上而下对肋间肌和胸膜作一层缝合，边缝边取出部分敷料，待缝合仅剩最后1～2针时，将敷料全部撤离创口，关闭胸腔。胸壁肌肉和筋膜作一层缝合。最后缝合皮肤。缝合要严密，以保证不漏气为度。较大的胸壁缺损创，闭合困难时可用手术刀分离周围的皮肌及筋膜，造成游离的筋膜肌瓣，将其转移，以堵塞胸壁缺损部并缝合，以修补肌肉创口。

（4）在病侧第7、8肋间的胸壁中部（侧卧时）或胸壁中1/3与背侧1/3交界处（站立或俯卧时），用带胶管的针头刺入，接注射器或胸腔抽气器，不断抽出胸腔内气体，以恢复胸内负压。

3. 对急性失血的患病动物，肌内或静脉注射止血药物，同时要迅速找到出血部位进行彻底止血，必要时给予输血、补液，以补充血容量。输血可利用胸膜腔的血液，其方法是在严格无菌的条件下穿刺回收血液，经四层灭菌纱布过滤后，再回注于静脉内。

4. 全身使用足量抗菌药物控制感染，并根据病情的变化进行对症治疗。

二、脓胸

(一) 诊断要点

患病动物体温升高，心跳加快，往往节律不齐，呼吸频数，可视黏膜发绀黄染，血检白细胞增数。胸腔穿刺时有脓性分泌物流出，且带有恶臭味。慢性经过的脓胸，常导致顽固性贫血（血红蛋白可减至 $40\sim45$ g/dL）。

（二）治疗

主要是排除胸腔的脓汁，防止衰竭和败血症的发生。为此，需行胸膜腔穿刺术，以排除脓汁，然后用防腐液（0.1％雷佛奴耳或新洁尔灭）反复冲洗胸腔。也可使用青霉素溶液清洗或灌注，并选用各种全身疗法。

三、肋骨骨折

（一）诊断要点

无转位的单纯性皮下骨折，仅局部有炎性肿胀。折断的肋骨发生转位时，则患部平坦或凹陷变形。多数肋骨骨折时，患侧的胸壁凹陷显著，呼吸浅表疼痛。当第一肋骨骨折时，常使患侧的前肢呈现跛行，因而易误诊为运动器官疾病。开放性骨折的病例，应用视诊及触诊，可发现创内的骨折端，若有死骨片残留时，则可形成肋骨窦道。

（二）治疗

1. 单纯闭锁性肋骨骨折不需特殊的治疗，使患病动物安静休养，至骨折断端愈合止，患部可按挫伤进行治疗。

2. 对有较大面积的创伤，局部进行外科处理，将游离的肋骨片除去，但不要将与骨膜保有紧密结合的大骨片除去。对深陷于胸膜腔内的肋骨断端，必须牵引整复于原位。若有肋间动脉损伤时，可进行结扎或钳压止血，但应注意不要引起气胸和创伤感染。彻底清创后，分层缝合创口。如创伤污染严重，皮肤创可不缝合，按创伤进行治疗。

四、腹壁透创

（一）诊断要点

1. 单纯性腹壁透创（腹腔脏器无损伤）与一般创伤相同。

2. 腹壁创口较大时，腹腔脏器易经创口脱出。

3. 伴发胃、肠损伤时，主要表现是腹膜炎和休克症状。伴发肝、脾、大血管损伤时，主要表现是内出血。当肾及膀胱损伤时，可发生血尿和尿中毒症状。

4. 根据创伤部位、创道方向、临床症状及腹腔穿刺等，确定有无内脏损伤和哪一种脏器损伤。腹腔穿刺物的性质对确诊有无内脏损伤有重要意义。

（二）治疗

1. 单纯性腹壁透创的治疗与一般创伤的治疗基本相同。注意在行清创术时，创面的异物、破碎组织以及清洗创腔的药液等，不可落入腹腔；腹壁创口应行分层缝合；闭合腹腔前向腹腔内灌注青霉素，术后应持续应用抗生素疗法，以防发生腹膜炎。

2. 伴发腹腔脏器脱出或损伤时，应尽快行手术治疗。

（1）首先对患病动物进行全身检查，注意有无休克，而后行全身麻醉，将患病动物侧卧保定，除去包扎的绷带，创围剃毛消毒。

（2）如脱出的为肠管，将脱出的肠管拉出一部分，用浸以温生理盐水的大纱布在腹壁创口处围绕脱出的肠管，再用大量温生理盐水清洗肠管。如肠管无坏死或破裂，可将肠管还纳于腹腔。如肠管已坏死和破损时，应在健康部将坏死和破损的肠段切除，然后行肠管断端吻合术。如肠管无坏死现象而仅有破口，修整肠创口成菱形后行横的缝合，以免肠腔变狭。除去围绕肠管的纱布，再清洗肠管后送回腹腔。

（3）如脱出的为网膜、且被污染，可将网膜向外拉出一部分，在健康部结扎，在结扎的下方将脱出的网膜剪除，缝合网膜缺口后将其送回腹腔。

（4）如腹腔被胃肠内容物污染，可用温生理盐水纱布尽量蘸出。腹腔内灌注青霉素。

（5）如是实质脏器的损伤，主要是制止出血，清除腹腔内积血，治疗失血性休克。此时可应用止血剂，输血，根据患病动物情况进行强心补液等，并使其保持安静。

（6）修整腹壁创口，分层缝合腹膜及肌层，皮肤创可行部分缝合，如腹壁肌层创口缺损较大，可用转移的筋膜片修补肌层创口。

3. 术后每日必须做详细的全身检查，按需要进行一系列的全身治疗。 为了控制感染，防治急性腹膜炎，应用足量的抗生素药物，直到体温、食欲基本正常为止。为了减轻疼痛，可应用止痛剂或镇静剂。根据需要进行输血或补液，应用强心、利尿等药物。给予易消化富含维生素的饲料，全身情况好转后，宜早期作牵遛运动。

五、腹壁疝

（一）诊断要点

1. 腹壁受伤部位出现局限性肿胀，触诊柔软、疼痛，并可压缩于腹腔内，同时用手指可触摸到大小不等的疝轮，其形状多数为圆形、卵圆形或不正形，也有呈裂隙状。通常在肿胀部可发现脱毛或皮肤擦伤。

2. 随着炎症的发生，肿胀逐渐增大，稍硬，增温，疼痛显著；外部触诊疝轮模糊不清，有时很难确定诊断，行直肠检查，能触摸到疝轮时，即可确诊。

3. 外伤性炎性肿胀，通常经过1周即开始减轻，2～3周消失。此时，疝囊大小与疝轮大小有密切关系，疝轮越大，脱出的内容物也越多，疝囊就越大。也有的疝轮很小，脱出大量小肠和网膜，致疝囊很大。疝囊的形状，随各病例而不同。新发者，多呈半球形或不规则的扁平隆起状；陈旧者，特别是发生粘连时，常变为圆柱状、锥形或梨形。

4. 腹壁疝有时由于粪性嵌闭而发生疝痛。疝痛的程度随各病例而不同，有的比较轻微，仅呈现稍稍不安或以前肢刨地，有的比较重剧，致患病动物卧地滚转，甚至有的因肠坏死而死亡。

（二）治疗

1. 保守疗法 适于疝轮小、未发生粘连及新发的腹壁疝。先将脱出的内容物从疝囊外部压迫还纳于腹腔内，局部擦伤部涂擦碘酊消毒，再用适当大小的棉垫置于疝轮部，并用压迫绷带固定住，其后随着炎症及浮肿的消退而疝轮即可自行修复，解除绷带后也不再发。但须注意，在应用绷带压迫固定后，应严密观察，如有疝痛出现，应迅速解除绷带，重新整复，以免因整复不彻底而压迫肠管，或做直肠检查，确定疝囊内是否有肠管存在。同时应经常检查，发现绷带松弛或移位时应立即整理，以保证压迫绷带的作用。

2. 手术疗法

（1）**术前准备** 术前补液，纠正水、电解质紊乱和注射强心剂等，对腹胀明显的病例进行胃肠减压，术前1 d绝食（可饮水）。术部常规剪毛消毒。

（2）**保定与麻醉** 侧卧保定，当病变发生于靠近腹股沟部时，需行患侧后肢的后外方转位。采用腰旁神经干传导麻醉或全身麻醉配合局部浸润麻醉。

（3）**手术径路** 仔细触诊患部或进行直肠检查，精确地判定疝轮的部位。如疝内容物与疝囊未发生粘连，在相当于疝轮部切开疝囊；如疝内容物与疝囊发生粘连，选择其未粘连部切开疝囊，判定未粘连部的方法是助手经直肠由腹腔内通过疝轮向外触诊，而术者由疝囊外向内触诊，两者手指能互相感到触摸处，即为未粘连部位。切开疝囊之前，应先将疝内容物还纳于腹腔内，然后将疝囊提起行皱襞切开，先做一小切口最后再扩大至所需要的长度；如疝内容物与疝囊发生粘连，在切开后，仔细分离粘连的部分，不可切破疝内容物。切开的方向一般与体轴垂直，在膝褶部则以与体轴平行为宜。

（4）判断肠的活力 疝囊壁切开后，用温生理盐水纱布轻拭肠管上的血液，或用温生理盐水纱布围绕肠管进行温敷，观察肠管的颜色、蠕动及肠系膜血管的搏动。

（5）还纳疝内容物于腹腔内 助手托起疝囊底部，使内容物集聚于疝轮附近，然后术者从肠曲的一端，有次序地向内还纳，还纳时须注意防止肠捻转和肠管损伤。当将肠管还纳至最后一部分时，常因肠管内有气体或食物的存在，致使还纳困难，此时可进行适度的均匀压迫，将肠管的内容物慢慢驱散，即可达到还纳的目的。不得已时也可用外科刀将疝轮扩大后，再进行还纳，或用针头穿刺肠管的膨胀部，放出气体、液体后，再进行还纳，但要注意防止肠内粪水从穿刺孔流出而发生污染。

（6）修补疝轮

新发性腹壁疝：当疝轮小、腹壁张力不大时，若腹膜已破裂，用2号或3号铬制肠线缝合腹膜和腹肌，然后用丝线作内翻缝合法闭锁疝轮，皮肤结节缝合。当疝轮较大、腹壁张力大时，腹膜与腹肌依然用肠线缝合，然后用双股10号或16号粗丝线和大缝针先从疝轮右侧皮肤外方刺透皮肤，再刺入腹外斜肌与腹内斜肌（勿伤及已缝好的腹横肌与腹膜），将缝针拔出后再从对侧（左侧）由内向外穿过腹内斜肌、腹外斜肌将针拔出，相距1 cm左右处在左侧由外向内穿过腹外斜肌和腹内斜肌再回到右侧，由内向外将缝针穿过腹内斜肌和腹外斜肌及皮肤，将线头引出作为一个纽孔暂不打结。用相似方法从左侧下针通过右侧面又回到左侧，与前面一个纽孔相对才成为双纽孔缝合法。根据疝轮的大小作若干对双纽孔缝合。所有缝线完全穿好后逐一收紧，助手要使两边肌肉及皮肤靠拢，分别在皮肤外打结并垫上圆枕，皮肤结节缝合。

陈旧性腹壁疝：其疝轮大部分已瘢痕化，肥厚而硬固，必须作修整手术。在切开皮肤后先将疝囊的皮下纤维组织用外科刀将其与皮肤囊分离，然后切开疝囊。将瘢痕化的结缔组织用外科刀切削成新鲜创面，如果疝轮过大还需用邻近的纤维组织或筋膜做成瓣以填补疝轮。根据疝轮的大小作若干个纽孔缝合，将一侧的纤维组织瓣用纽孔缝合法缝合在对侧的疝轮组织上；再将另一侧的组织瓣用纽孔缝合法覆盖在上面，最后用减张缝合法闭合皮肤切口。

（7）术后护理 术后加强护理，高吊头部，禁止伏卧，注意观察全身及局部状态，每日检查体温、脉搏、呼吸、食欲等变化，尤其注意有无疝痛出现。术后出现疝痛的病例，多半是因缝线部断裂，使肠管脱出后被绞榨而引起，也可能因肠管整复不当而发生肠变位，应及时检查处理。根据病情，术后的3～5 d内，进行适当补液。为预防创伤感染和腹膜炎，可应用抗生素类药物。为了增强患病动物的体质，促进伤口愈合，应多给青饲料及富有蛋白质的饲料等。术后5～7 d可行缓慢牵遛运动。

六、脐疝

（一）诊断要点

在脐部出现局限性、柔软无痛性肿胀。其大小可由鸡蛋大到拳头大，甚至有的可达小孩头大。通常容易整复还纳，整复后易于触知疝轮。当内容物为肠管时，听诊可听到肠蠕动音。一般无全身症状，脐疝发生嵌闭时，则呈现显著不安、腹痛等全身症状。

（二）治疗

1. 术前绝食或减食 24 h，但可饮水。患病动物仰卧保定，患部剃毛消毒，局部麻醉或在全身麻醉下进行手术。沿疝囊纵轴将囊的皮肤切开，剥离疝囊内层（腹腱膜及腹膜）使其游离，并沿疝轮的周围将皮肤与腹壁分离 4～5 cm；将疝囊及其内容物还纳于腹腔内，按新发生的腹壁疝闭合疝轮的方法将疝轮闭锁。缝合疝轮后，对皮肤行结节缝合，并装以结系绷带。

2. 当疝囊的皮肤层与腹膜层紧密粘连，以致很难将其剥离时，可按奥立夫柯夫氏第二法沿疝囊的周围在没有发生粘连的地方做皮肤切口，然后将皮肤剥离到疝轮部，并沿疝轮的周围将皮肤和腹壁分离若干距离，将疝内容物还纳于腹腔内后，用丝线在疝囊的根部结扎住，并在结扎部下方数厘米处将疝囊切断。最后缝合疝轮及皮肤创。

3. 当为嵌闭性疝时，将疝囊切开后，沿疝轮的纵径以球头外科刀，将疝轮扩大，以便还纳。若嵌闭部分已发生坏死时，则将此坏死肠管切除，行断端吻合术，再行还纳，最后缝合疝轮及皮肤创。

七、腹股沟阴囊疝

（一）诊断要点

1. 先天性可复性阴囊疝时，患侧阴囊肿大，其皮肤高度紧张，触之柔软而有弹力，疼痛不明显。听诊时可听到肠蠕动音，一般无全身症状，仅在饲养失宜或过度使役时，才呈现腹痛症状。侧卧或仰卧时，其内容物还纳于腹腔内，且从外部可触知大的腹股沟轮。直肠检查可发现腹股沟内环扩大，可插入 3～4 个手指，甚至更大些。

2. 嵌闭性阴囊疝时，患病动物因腹痛而呈现全身不安，精神委靡，食欲不振，呼吸增数。增大的阴囊紧张、浮肿，触摸阴囊皮肤变冷而湿润。运动时，呈现向外开张后肢、步法紧张、显著疼痛的特殊步样。

3. 腹股沟疝时，一般不易看出，仅在脱出的小肠发生嵌闭时，由于肠梗塞、臌胀，患病动物呈现疝痛，食欲停止，排粪困难，此时进行直肠检查才发现肠管经腹股沟内环脱出，用手牵拉，患病动物表现疼痛。

（二）治疗

1. 可复性疝的治疗　一般行被睾式去势术即能达到目的。

（1）全身麻醉或沿手术切口部作皮下浸润或向总鞘膜腔内注射盐酸普鲁卡因。保定、消毒同去势术。

（2）与阴囊缝际相平行将患侧的阴囊皮肤及肉膜切开，剥离总鞘膜使其游离至腹股沟外轮处，并将疝内容物隔着总鞘膜还纳于腹腔内。若腹股沟轮狭窄或内容物膨大不能还纳时，助手将手伸入直肠，内外协同进行还纳。

（3）内容物还纳后，睾丸及精索不动，仅将总鞘膜稍向上牵引，并沿精索纵轴捻转数周，在靠近腹股沟轮处的总鞘膜上装上榨木，距榨木以下 2～3 cm 处将总鞘膜、精索和睾丸共同切除。在装着榨木及切除总鞘膜和睾丸之前，必须进行鞘膜管的检查，可先将总鞘膜管切一小口，检查管内确无肠管时，再装着榨木和切除。将榨木结系在创缘上，以防其脱落，一般在术后 8 d 除去榨木；如术部化脓时应立即除去，但必须在此榨木上方对鞘膜用丝线强力结扎，并将结扎线缝于鞘膜上防其滑脱。

（4）若不用榨木法，可用缝针带单线从精索中央刺过，分别结扎闭锁腹股沟轮，此法结扎必须确实，否则缝线有松脱的危险。

2. 嵌闭疝的治疗 应早期施行手术，若时间较长，嵌闭部肠管坏死时则治疗困难。

（1）仰卧保定、充分麻醉。在腹股沟外轮部位，与阴囊基部平行，将皮肤、肉膜切开约10 cm，露出总鞘膜，将其剥离至腹股沟内轮处，再将总鞘膜做一小切口。总鞘膜切开后，在新发病例，可由鞘膜腔内流出少量浆液性液体；如为嵌闭晚期时，则有血样液体流出。

（2）经鞘膜切口沿着精索插入手指，检查肠管被挤压部位，然后将球头外科刀插入腹股沟内轮向前外角扩大，切开腹股沟内轮后，肠嵌闭部即被解除。用生理盐水清洗肠管后，即可将肠管还纳（若嵌闭的肠管已发生坏死时，则须将坏死部切除并行肠管吻合术）。

（3）为保留优良的种畜而要保留睾丸时，可对腹股沟内轮施行几针结节缝合，以不发生肠脱为度，以后分别缝合总鞘膜及皮肤创口，并装着结系绷带。将患病动物系留于后躯垫高的柱栏内，加强护理，禁止伏卧，给予富有营养的饲料。

第八节　直肠及肛门疾病

一、肛门和直肠垂脱

（一）诊断要点

1. 脱肛时在肛门后面出现暗红色半球状突出物，初期常能自行缩回；如经常反复出现，则黏膜发炎、水肿、干裂，水肿液流出并形成褐色纤维素薄膜附在表面。脱出的黏膜易受损伤，发生感染和坏死。

2. 直肠垂脱时由肛门内突出圆柱状肿胀，脱出的肠管被肛门括约肌嵌压而发生水肿，暴露的直肠黏膜被尾毛、粪便和垫草污染，表面干燥，呈暗红色或紫黑色，常出现裂口、出血或溃烂。严重病例可发生败血症。

3. 前段直肠连同小结肠套入脱出的直肠内时，在肛门后面形成的圆柱状肿胀比单纯性直肠脱硬而厚，手指伸入脱出的肠腔内，可摸到套入的肠管。有时套入的肠管突出于脱出的直肠外。

4. 直肠前段脱出或小结肠脱出时，直肠前段或连同小结肠套入直肠后段易脱出于肛门外。此时脱出的肠管由于后肠系膜的牵张，其圆柱状肿胀向上弯曲，当肠系膜撕裂，脱出的肠管下垂时，常发生急性贫血。在脱出的肠管与肛门之间向内可插入手指。

（二）治疗

1. 整复 应尽可能在直肠壁及肠周围蜂窝组织未发生水肿以前施行，适用于发病初期或黏膜性脱垂的病例。先用温的 0.25％高锰酸钾或 1％明矾清洗患部，除去污物或坏死黏膜，然后用手指谨慎地将脱出的肛门或肠管还纳原位。整复时，猪和犬等可将其两后肢提起，马、牛可使躯体后部稍高。最好给患病动物施行荐尾硬膜外腔麻醉或直肠后神经传导麻醉。在肠管还纳复原后，可在肛门处给予温敷以防再脱。整复后仍继续脱出的病例，可在距肛门孔 1～3 cm 处，做一肛门周围的荷包缝合，收紧缝线，保留 1～2 指大小的排粪口（牛2～3 指），打成活结，以便根据具体情况调整肛门口的松紧度，经 7～10 d 不再努责时，则将缝线拆除。

2. 剪黏膜法 适用于脱出时间较长，水肿严重，黏膜干裂或坏死的病例。其操作方法是按"洗、剪、擦、送、温敷"五个步骤进行。先用温水洗净患部，继以温防风汤（防风、荆芥、薄荷、苦参、黄柏各 12 g，花椒 3 g，加水适量煎沸两次，去渣，候温待用）冲洗患部。之后用剪刀剪除或用手指剥除干裂坏死的黏膜，再用消毒纱布兜住肠管，撒上适量明矾粉末揉擦，挤出水肿液，用温生理盐水冲洗后，涂 1%～2% 的碘石蜡油润滑，然后从肠腔口开始，谨慎地将脱出的肠管向内翻入肛门内。在送入肠管时，术者应将手臂（猪、犬用手指）随之伸入肛门内，使直肠完全复位。最后在肛门外进行温敷。

3. 直肠周围注射酒精或明矾溶液 在整复的基础上，在距肛门孔 2～3 cm 处，肛门上方和左、右两侧直肠旁组织内分点注射 95% 酒精 3～5 mL（猪和犬）或 10% 明矾溶液 5～10 mL，另加 2% 盐酸普鲁卡因溶液 3～5 mL。注射的针头沿直肠侧直前方刺入 3～10 cm。为了使进针方向与直肠平行，避免针头远离直肠或刺破直肠，在进针时应将食指插入直肠内引导进针方向，操作时应边进针边用食指触知针尖位置并随时纠正方向。

4. 直肠部分截除术 用于脱出过多、整复有困难、脱出的直肠发生坏死、穿孔或有套叠而不能复位的病例。

（1）麻醉 荐尾间隙硬膜外腔麻醉或局部浸润麻醉。

（2）手术方法

直肠部分切除术：在充分清洗消毒脱出肠管的基础上，取两根灭菌的兽用封闭针头或细编织针，紧贴肛门外交叉刺穿脱出的肠管将其固定。若是马、牛等大动物，最好先插入直肠一根橡胶管或塑料管，然后用针交叉固定。对于仔猪和幼犬，可用带胶套的肠钳夹住脱出的肠管进行固定，且兼有止血作用。在固定针后方约 2 cm 处，将直肠环形横切，充分止血后（应特别注意位于肠管背侧痔动脉的止血），用细丝线和圆针把肠管两层断端的浆膜和肌层分别做结节缝合，然后用单纯连续缝合法缝合内外两层黏膜层。缝合结束后用 0.25% 高锰酸钾溶液充分冲洗、蘸干，涂以碘甘油或抗生素药物。

黏膜下层切除术：适用于单纯性直肠脱。在距肛门周缘约 1 cm 处，环形切开达黏膜下层，向下剥离，并翻转黏膜层，将其剪除，最后顶端黏膜边缘与肛门周缘黏膜边缘用肠线作结节缝合。整复脱出部，肛门口作荷包缝合。当并发套叠性直肠脱时，采用温水灌肠，力求以手将套叠肠管挤回盆腔，若不成功，则切开脱出直肠外壁，用手指将套叠的肠管推回肛门内，或开腹进行手术整复。为防止复发，应将肛门固定。

5. 普鲁卡因溶液盆腔器官封闭，效果良好。

二、直肠麻痹

（一）诊断要点

直肠内有大量宿粪，不能自行排粪，尾力完全消失，肛门弛缓，尾常被粪便污染，如并发膀胱麻痹时，常有尿淋漓。

（二）治疗

定时人工排粪，如同时有膀胱麻痹，应插入导尿管导尿，2 次/d。给予各种神经兴奋药，如 0.1% 硝酸士的宁，马、牛 5～10 mL，脊髓硬膜外注射，每 4 d 1 次，连用 6～7 次为1 个疗程。

三、锁肛

（一）诊断要点

通常发生于新生动物，肛门被皮肤所覆盖和无肛门孔，出生几天后动物腹围逐渐增大，频频作排粪动作。猪常发出刺耳的叫声，吮乳停止，肛门部皮肤向外隆突，触诊可摸到胎便硬块。如并发阴道、直肠瘘时，则稀便可从阴道排出。如排泄孔道被粪块堵塞，则出现肠阻塞症状，最后常以死亡而告终。

（二）治疗

施行锁肛造孔术。锁肛部局部浸润麻醉，站立或侧卧保定，在肛门突出部位或相当于正常肛门的部位，行外科常规处理，然后按正常肛门大小切割并剥离一圆形皮瓣，暴露并切开直肠盲端，将肠管的黏膜缝在皮肤创口的边缘上。为便于排粪和防止粪便污染术部，可在切口周围涂以抗生素软膏。锁肛伴发直肠阴道瘘时，如能闭合直肠下壁瘘口，有可能治愈。护理上要保持术部清洁，防止感染。在创口愈合之前，于每次排便后需用防腐液洗干净。并注意饲养管理，防止便秘影响愈合。

四、犬肛周瘘

（一）诊断要点

瘘管外口持续不断地向外流脓，局部皮肤受刺激而引起瘙痒、肿胀、疼痛。严重感染者会继发全身症状，病犬出现发热、精神沉郁、食欲下降等表现。

（二）治疗

1. 非手术疗法 用 0.1% 新洁尔灭消毒肛周区域，自然晾干。然后使用消毒棉签擦拭干净瘘管口的脓汁，涂抹或创内敷抗菌药物。局部可以使用普鲁卡因封闭治疗。减少对伤口的污染。

2. 手术疗法 用探针从外口向内口穿出，在探针引导下切开瘘管并刮除其表面的肉芽组织，压迫止血。剪去两侧多余的皮肤，创腔用凡士林纱布条引流。若伤口较大，可先部分缝合，严禁完全缝合伤口。术后，口服广谱抗生素，禁用皮质激素类药物，保持局部清洁干燥、直肠空虚，局部应用抗生素软膏。对炎症反应轻微、瘘管少且较细的情况下，可以施行瘘管切除术，瘘管内口切除后直肠壁作内翻缝合，创腔内放置纱布引流条后再对瘘管外口的刀口做部分缝合，术后 3～5 d 取出引流条，继续护理、用药至痊愈。若瘘管数量多，导致肛门周围大量皮肤缺损，可实施肛门再造手术（瘘管全切除术）。

3. 其他疗法 有冷冻疗法和激光疗法。冷冻疗法是通过冷冻使瘘管里感染的组织变性坏死。激光疗法是使用高能激光的热效应、压强效应将瘘管破坏、切开或者切除，常用的有 CO_2 激光和 Nd - YAG 激光等。

第九节　泌尿生殖器官疾病

一、膀胱破裂

（一）诊断要点

患病动物无排尿现象，腹围逐渐增大，开始下腹部膨大，经 2～3 d 后肷部变为扁平，触诊腹部有波动感。公畜由于腹腔液体流入鞘膜腔内而呈现阴囊肿大。腹腔穿刺时，流出大量淡黄色液体。患病动物精神沉郁，脉搏增数，呼吸促迫，呈胸式呼吸，体温升高。直肠检查时，膀胱空虚。用灭菌的 2％复红、2％红汞、1％龙胆紫等从尿道注入膀胱内 15～20 mL，然后腹腔穿刺，若穿刺液呈现注入药物的颜色时，即可确诊为膀胱破裂。

（二）治疗

手术治疗是唯一有效的方法。取侧卧、后躯半仰卧保定，全身麻醉或 0.5％盐酸普鲁卡因浸润麻醉。在耻骨前缘 3～5 cm 处，避开阴囊或乳房做斜向外方的切口，分层切开软组织和腹膜；将膀胱牵引到创口处，用青霉素生理盐水溶液清洗，然后用小号直圆针缝合，第一层用肠线连续缝合黏膜，第二层用 5、6 号缝合线连续缝合浆膜肌层，最后包埋缝合；缝合后膀胱复位，排除腹腔内液体，用青霉素生理盐水冲洗，然后依次闭合腹壁创口，装着结系绷带。

二、膀胱结石

（一）诊断要点

结石小而数量少时，动物常不显症状。若结石大或数量较多时，患病动物常出现腹痛症状，频频作排尿姿势；排尿时疼痛，有时最后排出的尿液中带血，或尿中发现潜血。直肠检查，触摸膀胱敏感，膀胱壁肥厚，并可触到结石，同时排出少量尿液。尿常规检查，可见红细胞、蛋白及膀胱上皮细胞。

（二）治疗

1. 除去病因，加强饲养，喂给含无机盐少的饲料和饮水，禁喂麸皮和谷类饲料，在饲料和饮水中可增加食盐，提高饮欲，降低尿盐浓度，以减少沉淀的机会。

2. 结石不大数量又不多的病例，可在饮水中加入醋酸钾 15 g、碳酸氢钠 30 g 服用，并用 1％～2％稀盐酸 30 mL，蒸馏水 270 mL 注入膀胱内（注入前要先行导尿），然后通过直肠按摩膀胱内的结石，使结石部分溶解，以便随水排出。

3. 结石较大时，母畜可用异物钳或碎石钳经尿道口插入膀胱内，直接取出或将结石钳碎后，取出碎块。公畜可行尿道切开术：

（1）全身麻醉，侧卧或后躯半仰卧保定。术部为会阴部中央线坐骨弓的直上方。术前先插入导尿管，若插入困难时，可向尿道内灌入消过毒的温水，使其扩张。

（2）分层切开皮肤、皮下组织、阴茎退缩肌、球海绵体肌、尿道海绵体和尿道黏膜。充分止血后，用结石钳或异物钳经切口插入膀胱内，由助手或术者一只手伸入直肠内，协助结石钳捕捉结石，若结石较大时，需钳碎后取出。若结石呈沙粒状游动时，可用膀胱匙取出。

（3）若结石过大，可于耻骨前缘、乳房或阴茎侧方斜向外方切开腹壁，然后将膀胱拉向腹壁切口处，用大纱布块将膀胱固定住，穿刺排尿后切开膀胱壁，取出结石。

（4）结石取出后，用含硼酸的温生理盐水冲洗，用肠线连续缝合膀胱黏膜或浆膜肌层，再做浆膜肌层包埋缝合。用青霉素生理盐水清拭后，再将膀胱还纳原位，闭合腹壁创口。术后全身应用抗生素和尿道防腐消毒药。

三、尿道结石

（一）诊断要点

1. 雄性马属动物尿道结石多发生于会阴部的尿道；公牛尿道结石多发生于阴茎的 S 状弯

曲部，尤其是前一弯曲处更为多见；公猪尿道结石常发生于 S 状弯曲及其以后的阴茎尿道中。

2. 马的尿道结石多呈颗粒状、球形、椭圆形及多角形。当结石引起不全阻塞时，仅见排尿不畅，尿流变细，有时呈滴状流出；全阻塞时，频频作排尿姿势，而不见尿液排出，有时用力努责并呻吟，阴茎下垂，可排出几滴尿液。患病动物呈站立不安、前肢刨地、卧地滚转等腹痛症状。沿尿道经路触诊，有时可在坐骨海绵体或其下方发现坚硬的结石，结石上部尿道常被尿液充满而扩张，触之有波动感。尿道探诊时，可确定结石的部位。直检时，膀胱充满尿液而膨大。排尿初期，尿液中常混有鲜血。若长期完全阻塞，可发生膀胱破裂。

（二）治疗

1. 结石较小而又不完全阻塞的病例，可用尿道探子推动结石移位，再经尿道探子注入 3％盐酸普鲁卡因 20～30 mL，使尿道黏膜表面麻醉松弛，便于结石排出。

2. 结石大、完全阻塞的病例，可在结石处行尿道切开术。

（1）结石位于坐骨弓附近时，可站立保定，若结石位于腹下部的阴茎尿道时，则侧卧保定、后躯半仰卧。局部浸润麻醉或阴部神经传导麻醉。

（2）插入导尿管，直达结石部，以确定切口的位置；切口大小以利于取出结石为度，逐层切开皮肤、皮下组织、阴茎退缩肌、球海绵体，露出尿道。结石上方尿道内有尿液时，可先行穿刺排尿。切开尿道，取出结石，切口应外大内小，这样可防止尿液蓄积于创口内。

（3）彻底止血后，用生理盐水青霉素溶液清洗术部，然后连续缝合尿道全层，结节缝合肌层和皮肤。必要时，术后可应用抗生素和尿道防腐剂。

四、包皮龟头炎

（一）诊断要点

包皮内常存有暗灰色片状或较厚的垢块，坚硬如石，患部有热痛。排尿时，阴茎不敢向外伸出，尿流不整齐，有时可呈喷洒样流出。重者排尿困难，包皮口高度肿胀，甚至于包皮内形成溃疡。

（二）治疗

首先除去原因，保持厩床和褥草清洁和干燥，防止继续浸渍患部。对患部要彻底清除污垢，可用 0.1％新洁尔灭、0.2％高锰酸钾溶液清洗患部。若有溃疡时，可涂布龙胆紫和氧化锌软膏。有时由于炎症发生，包皮鞘开口狭窄时，必须将其开口扩大。即在包皮鞘腹面的皮肤上做一个底朝前的三角形切口，长达包皮黏膜为止，移去皮肤后，再在中线黏膜上做一直行切口，然后将每边的黏膜分别与同边的皮肤做结节缝合。最后撒布碘仿磺胺粉。

五、犬阴茎骨骨折

（一）诊断要点

犬站立时，背腰弓起，两后肢外展。行走时，运步缓慢，严重弓背，随运动加快而症状加重。排尿时，时排时断尿不连续。阴囊肿胀。触诊时，阴茎肿胀较坚实，热痛明显。背腰肌肉紧张，凹腰反应阳性。阴茎部行 X 线检查时，可发现骨折部。

（二）治疗

初期，肿胀部应用 0.1％高锰酸钾溶液温敷，也可涂敷复方醋酸铅散。如有条件时，可行红外线照射，必要时全身应用抗生素和尿路消毒药物。

六、睾丸炎

（一）诊断要点

1. 急性睾丸炎，站立时两后肢开张，运动时两后肢运步缓慢并外展。睾丸实质肿胀，触诊时，温度增高、疼痛并较硬固，阴囊皮肤呈炎性浸润，压诊时有指压痕。精索粗大、疼痛。患病动物多伴有全身症状，体温升高，脉搏增数，精神沉郁，食欲减退。

2. 化脓性睾丸炎，上述症状更为明显。睾丸逐渐出现软化灶，由于脓汁的浸渍而破溃排脓。有时脓汁可沿鞘膜管向腹腔蔓延，继发化脓性腹膜炎。

3. 慢性睾丸炎，睾丸实质坚硬，温热、疼痛不明显，睾丸与鞘膜常愈着，后肢运步缓慢。

（二）治疗

对急性无菌性睾丸炎，可选用高渗中性盐溶液、酒精等湿敷，或用复方醋酸铅散涂布。对化脓性睾丸炎可行去势。对慢性睾丸炎，可涂布 10％樟脑软膏，也可用红外线照射。由其他疾病引起的，除局部治疗外，要针对原发病进行治疗。全身治疗可选用抗生素。

七、鞘膜积水

（一）诊断要点

主要特征是阴囊显著肿胀。阴囊皮肤皱褶展平，光滑，触诊时阴囊底部稍具冷感而无疼痛，并感知鞘膜腔内有波动。穿刺时，流出大量的淡黄色透明液体。若将患病动物仰卧，积水经鞘膜管流入腹腔而使膨大的阴囊变小。病程经久者，有的可见睾丸萎缩。

（二）治疗

1. 局部可用复方醋酸铅散、雄黄散外敷，或用 20％高渗中性盐溶液湿敷，或涂布樟脑软膏，并装以提举绷带。也可用 2％盐酸普鲁卡因 20～30 mL 加入青霉素 40 万～80 万 IU，注入鞘膜腔内（先放出积水，然后再注入）；或用 0.5％氢化可的松 40～50 mL 加青霉素 40 万～80 万 IU，注入鞘膜腔内。并可应用 10％氯化钙、25％硫酸镁静脉滴注。

2. 上述方法无效时，可穿刺鞘膜腔，放出积水，并向鞘膜腔内注入新配制的 2％碘液 15～20 mL，按摩 5～10 min，然后再抽出药液，有时可收到较好的治疗效果。在按摩时不可将阴囊向基部挤压，以防止药液进入腹腔而引起腹膜炎。

3. 当治疗无效时，可行去势术。

八、精索瘘

（一）诊断要点

患侧阴囊体积增大，温热及疼痛不甚明显，触压精索下端坚实，断端常有蕈状增生。管壁光滑呈灰白色，其管内有一个或数个腔洞，蓄积坏死组织和脓汁，有时可发现结扎线等异物。患侧后肢呈明显的僵硬及跛行。

（二）治疗

1. 对因切口小，分泌物蓄积而形成者，要扩大创口，排出分泌物，然后用 0.2％高锰酸钾、碘过氧化氢（3％过氧化氢 100 mL，5％碘酊 1 mL）等清洗创腔，后灌注魏氏流膏、磺胺乳剂、碘仿醚等药物。伴有全身症状时，可应用抗生素及碳酸氢钠溶液等药物。

2. 因结扎线污染而形成瘘管的，将患病动物行站立保定，用止血钳伸入管内，夹住线端，用尖头外科剪剪开结扎线并取出。其管壁用锐匙搔扒后，按化脓创治疗。

3. 精索断端肉芽肿、坏死或总鞘膜坏死时，应扩大创口，彻底切除增生组织和坏死组织，并要破坏其管壁。若创口过大时，可做几针缝合，但不要完全闭合。

第十节 骨的疾病

一、骨膜炎

(一) 诊断要点

1. 急性骨膜炎 患部骨膜肥厚，触压有疼痛，增温，皮肤及皮下有轻微的压痕。骨膜肿胀不明显，只能感到骨膜部粗糙，稍突出健康的骨膜面。此时出现明显的机能障碍，如跛行、咀嚼障碍等。如不细心检查，易漏诊和误诊。

2. 慢性骨膜炎

(1) 急性期过后，局部出现坚实而稍具弹性的肿胀，紧贴骨面而无明显的移动性，热痛轻微，此为纤维性骨膜炎过程。

(2) 骨化性骨膜炎 在局部形成软骨样组织，沉着钙盐，形成骨赘，呈坚硬、无痛性肿胀，大小不等，形状不一，表面平坦或粗糙不平，通常不影响机体功能，如骨赘影响关节活动或局部诱发急性炎症时，则影响功能。发生掌骨骨化性骨膜炎时，骨赘多发生于第二、三掌骨之间，称为侧骨赘；发生于第二掌骨后面，称后骨赘；发生于第三掌骨上端后面，称深骨赘。骨赘的大小与跛行不成正比，跛行于坚硬、不平地行走或随运动时间的增长而加重。向骨赘周围组织注射3%～5%盐酸普鲁卡因10 mL，如跛行消失或减轻，即可证明跛行是由骨赘所引起。

(二) 治疗

1. 急性骨膜炎 采用温热疗法或行局部普鲁卡因封闭能取得良好的疗效。0.25%普鲁卡因加青霉素40万 IU，局部注射10 mL。局部也可选用可的松、强的松龙和氟美松等注射。

2. 慢性骨膜炎 若不影响机体功能，则不必治疗。如出现跛行时，局部应用1∶12升汞酒精、斑蝥软膏或赤色碘化汞软膏等强刺激剂或用烧烙疗法，诱发起急性炎症后再按急性炎症治疗。应经常观察局部的变化，不可长期应用，以防皮肤坏死。还应防动物啃咬，保护唇舌不受损伤。上述疗法都不能使骨赘消失，只能使局部愈着，达到消除疼痛的目的。对能引起跛行的骨赘，又不能用其他方法解除跛行时，可行骨赘切除手术。

二、骨折

(一) 诊断要点

1. 局部出血、肿胀、疼痛，并表现相应的、不同程度的机能障碍。骨裂时，沿骨裂线压迫有疼痛，称线状痛。

2. 肢体变形，常见的有成角移位、侧方移位、旋转移位、纵轴移位等。此外，还有肢体变长或缩短等异常姿势。不全骨折时则无此症状。

3. 出现骨摩擦音和异常活动，全骨折时，肢远侧端出现异常活动，出现骨摩擦音。不全骨折无此症状。

4. X线检查可清楚地了解到骨折的移位、形状等。大动物还可借助直肠检查。

(二) 闭合性骨折的治疗

1. 复位与固定 侧卧保定，选用局部浸润麻醉或神经阻滞麻醉、硬膜外麻醉、全身麻醉。

（1）闭合复位与外固定 适于大部分四肢骨骨折。首先伸直病肢，轻度移位时，助手将病肢远端适当牵引，术者对骨折部托、压、挤、按，使断端对齐、对正；骨折部肌肉强大，断端重叠而整复困难时，可在骨折段远、近两端稍远离处各系上一绳，远端也可用铁丝系在蹄壁周围，牛可在第三、四指（趾）的蹄壁角质部，离蹄底高 2 cm 处，与蹄底垂直，各钻两个孔（相距约 2.5 cm）穿入铁丝，按"欲合先离，离而复合"的原则，先轻后重，沿着肢体纵轴作对抗牵引，整复力求达到骨折前的原位。在相同的肢势下，按解剖位置与对侧健肢对比，根据肢体外形、抚摸骨折部轮廓等观察移位是否已得到矫正。有条件的最好用 X 线判定。

临床常用的外固定方法有：

夹板绷带固定法：采用竹板、木板、铝合金板、铁板等材料，制成长、宽、厚与患部相适应，强度能固定住骨折部的夹板数条。清洁患部，包上衬垫，于患部的前、后、左、右放置夹板，用绷带缠绕固定。包扎的松紧度以不使夹板滑脱和不过度压迫组织为宜。为防止夹板两端损伤患肢皮肤，里面的衬垫应超出夹板的长度或将夹板两端用棉纱包裹。

石膏绷带固定法：对大、小动物的四肢骨折均有较好固定作用。但用于大动物的石膏管型最好夹入金属板、竹板等加固。

改良的 Thomas 支架绷带：用小的石膏管型，或夹板绷带，或内固定固定骨折部，外部用金属支架像拐杖一样将肢体支撑起来，以减轻患部承重。该支架用铝或铝合金管制成，管的粗细应与动物大小相适应。支架上部为环形，可套在前肢或后肢的上部，舒适地托于肢与躯体之间，连于环前后侧的支杆（可根据需要和肢的形状做成直的或弯曲的）向下伸延，超过肢端至地面，前后支杆的下部要连接固定。使用时可用绷带将支架固定在肢体上。这种支架也适用于不能做石膏绷带外固定的桡骨及胫骨的高位骨折。

（2）切开复位与内固定 适于骨折断端间嵌入软组织，闭合复位困难时；整复后的骨折段有迅速移位的倾向时，特别是四肢上部的骨折、陈旧性骨折或骨不愈合时，以及用闭合复位外固定不能达到功能复位的要求时，用手术的方法暴露骨折段进行复位。复位后用金属内固定物，或用自体或同种异体骨组织，将骨折段固定。正确地选用内固定方法并结合外固定以增强支持、最大限度地保护骨膜并使骨折部的血液循环少受损害、严格按无菌技术进行手术、控制感染是提高治愈率的必要条件。

临床常用的内固定方法有：

髓内针固定法：临床上常用髓内针固定臂骨、股骨、桡骨、胫骨的骨干骨折，适用于骨折端呈锯齿状的横骨折或斜面较小又呈锯齿形的斜骨折等，特别是对骨折断端活动性不大的安定型骨折尤为适用。尽可能选用与骨髓腔内径粗细大致相同的针，安定型骨折选用断面呈圆形的髓内针，不安定型骨折可选择带棱角的，也可使用 Rush 针。如单用髓内针得不到充分固定时，可并用金属针作全周或半周缝合。用于非开放性骨折时，一般从骨的一端造孔，将髓内针插入。用于开放性骨折时，既可从骨的一端插入，也可从骨断端插入，先做逆行性插入后，再做顺行性插入。

接骨板固定法：适用于长骨骨体中部的斜骨折、螺旋骨折、尺骨肘突骨折，以及严重的粉碎性骨折、老龄动物骨折等。应根据骨折类型选用接骨板的种类和长度，特殊情况下需自行设计加工。固定接骨板的螺丝钉的长度以刚能穿过对侧骨密质为宜，过长会损伤对侧软组织，过短则达不到固定目的。螺丝钉的钻孔位置和方向要正确。为了防止接骨板弯曲、松动甚至毁坏，绝大部分病例需加用外固定，特别是对大动物，并用外固定是必需的。

贯穿术固定法：适于小动物和体重不大的牛、马的桡骨、胫骨中部的横骨折或斜骨折。在X线透视下，在骨折段远、近两端皮肤先切一小口，用手动骨钻钻透两层骨密质，于对侧皮肤作同样切开，然后插入带有螺丝帽的骨栓，再分别装上螺丝帽固定，在骨折段远、近两端各插入2～3根不锈钢骨栓，在同一轴线上的螺丝帽间用特制的金属连杆连接固定，经6周至3个月不等，待骨痂形成后拔除骨栓。在治疗中要定时处理创口，更换绷带。

骨螺丝固定法：适于骨折线长于骨直径2倍以上的斜骨折、螺旋骨折和纵骨折及干骺端的部分骨折。骨密质用螺钉的全长上均有螺纹，主要用于骨干骨折；骨松质用螺钉的螺纹只占全长的1/2～2/3，螺纹较深，螺距较大，多用于干骺端的部分骨折。用于骨干的斜骨折时，螺钉插入的方向为把骨表面的垂线与骨折线的垂线所构成的角度分为二等分的方向插入。必要时，用两根或多根螺丝才能将骨折段确实固定或并用其他内固定或外固定法。使用骨螺丝时，先用钻头钻孔，钻头的直径应较螺丝钉直径略小，以增强螺丝钉的固定力。

钢丝固定法：根据骨折的具体情况，使用不锈钢丝缠绕或钻孔后缝合的方法固定骨折部。

移植骨固定法：适于有较大骨缺损或坏死骨被移除后造成骨缺失。带血管蒂的同体骨移植可以使移植骨真正成活，不发生骨吸收和骨质疏松现象。新鲜的同种异体骨移植的排异问题尚未解决，但经冷冻法或冷冻干燥法、脱蛋白和脱蛋白高压灭菌法、脱钙法、钴射线照射法等特殊处理后，其被排斥的可能性大大减低，而效果较好的是冷冻法和几种方法的综合应用。

2. 功能锻炼　包括早期按摩、对未固定关节作被动的伸屈活动、牵行运动等。

（1）血肿机化演进期　伤后1～2周内，在绷带下方进行搓擦、按摩，对肢体关节作轻度的伸屈活动。也可同时涂擦刺激药。这一时期的最初几天，牛通常要协助起卧，马大部固定在柱栏内，要十分注意对侧健肢的护理。

（2）原始骨痂形成期　一般正常经过的骨折，2周以后可开始逐步作牵行运动，根据患病动物情况，10～15 min/次，2～3 次/d，10～15 d后，逐渐延长到1～1.5 h。一般在最初几天牵行运动后，大多数患病动物可出现全身性反应，而且跛行常加重，但以后可逐渐好转。

（3）骨痂改造塑型期　当患病动物能开始正常地用病肢着地负重时，可逐步进行定量的运动，以加强患肢的主动活动，促使各关节能迅速恢复正常功能。

（三）开放性骨折的治疗

1. 新鲜而单纯的开放性骨折　麻醉确实后，及时进行彻底的清创手术，正确复位骨折端，创内撒布抗菌药物，然后对皮肤进行密闭或部分缝合，尽可能使开放性骨折转化为闭合性骨折；装着夹板绷带或有窗石膏绷带暂时固定。逐日对患病动物的全身和局部作详细观察。按病情需要更换外固定物或作其他处理。

2. 软组织损伤严重的开放性骨折或粉碎性骨折　可按扩创术和创伤部分切除术的要求进行外科处理。手术要细致，尽量少损伤骨膜和血管。分离筋膜，清除异物和无活力的肌、腱等软组织以及完全游离并失去血液供给的小碎骨片；用骨钳或骨凿切除已污染的表层骨质和骨髓，尽量保留与骨膜和软组织相连，且有部分血液供给的碎骨片，大块的游离骨片应在彻底清除污染后重新植入，以免造成大块骨缺损而影响愈合；然后将骨折端复位。如果创内已发生感染，必要时可作反对孔引流。局部彻底清洗后，撒布大量抗菌药物，如青霉素鱼肝油等。按照骨折具体情况，作暂时外固定，或加用内固定，要露出窗孔，便于换药处理。

(四) 骨折的药物疗法和物理疗法

镇痛消炎时，注射安痛定、安乃近，或用 25％硫酸镁、氯丙嗪等。防止感染时，每天用大剂量的抗生素，连用 7 d。防止便秘时，定期给予缓泻药物、助消化药物。在饲料中加喂骨粉、碳酸钙和增加青绿饲草等，补充维生素 A、维生素 C 或鱼肝油，必要时可以静脉补充 10％氯化钙或 5％葡萄糖酸钙。也可辅以中药接骨方剂：乳香 30 g、没药 30 g、骨碎补 30 g、土虫 30 g、血竭 15 g、自然铜 15 g、牛膝 15 g、川芎 15 g、刘寄奴 15 g、制川乌 15 g，共为细末，开水冲调，候温灌服，1 剂/d，连用 5～7 d；或用红花 60 g、黄瓜子 300 g、自然铜（煅）30 g，共为细末，开水冲调，候温灌服，前 3 d 每天 1 剂，以后隔日 1 剂，连用 7 d。

三、骨髓炎

(一) 诊断要点

1. 多由创伤、开放性骨折特别是粉碎性骨折引起，通常取化脓性经过，由骨髓感染葡萄球菌或混合性感染而发生，之后逐渐侵害骨组织和骨膜。

2. 急性化脓性骨髓炎时，经过急剧，体温突然升高，局部迅速出现局限性或弥散性的肿胀，有疼有热，呈硬固感。局部淋巴结肿胀，压迫局部和淋巴结，疼痛显著。脓肿形成并自溃，流出带有骨屑的黄色脓汁。病情严重时，可继发败血症。慢性经过时，创内流出脓汁，无自愈倾向，形成窦道，其内有腐骨。骨髓炎时，机能障碍明显，如跛行、咀嚼障碍、流涎和口臭等。

(二) 治疗

早期应用大剂量抗生素、磺胺类药物，有明显的治疗效果。采取防治败血症的措施。外伤性骨髓炎，应及时扩创、清创，彻底除去腐骨，消灭死腔，以利患部的修复。

第十一节　关节疾病

一、关节透创

(一) 诊断要点

关节部具有创伤的症状，从创口内流出淡黄色、透明的、带黏性的滑液。当创口小时，有胶冻样纤维素块堵塞创口。向关节腔内注射 0.25％普鲁卡因青霉素，如能从创口流出，可排除腱鞘和黏液囊损伤，确诊为关节透创。不得进行关节腔内探诊。

(二) 治疗

按创伤治疗方法处理创口，清除异物，除去坏死组织。向关节伤口撒布碘仿磺胺粉、碘仿硼酸粉，或向关节腔内注射抗生素溶液。包扎创口，如无感染不必更换绷带。如创口被纤维素块堵塞，不必除去，全身用抗生素疗法，有利于创口愈合。必要时关节部装着石膏绷带，以防止关节活动，促进愈合。创口化脓性分泌物多时，按化脓创治疗。

二、关节扭伤

（一）诊断要点

1. 有间接外力作用于关节，使关节超过生理范围的屈曲、伸展、扭转等病史，如滑走、踏着不确实、失足踏空、急速回转、跳跃、跌倒等。

2. 关节部出现轻微的肿胀，有压痛点，患侧紧张时疼痛明显。注意与关节挫伤作鉴别诊断。

（二）治疗

1. 初期患部装压迫绷带，或用冷却疗法；全身应用 10％氯化钙、止血敏、维生素 K，以制止渗出。之后行温热疗法、刺激剂疗法，以促进吸收，可局部涂擦扭伤膏，或用中药外敷（大黄 4 份、雄黄 3 份、冰片 1 份，共为细末，蛋清调敷），涂敷扭伤散（桃仁、杏仁、红花、栀子各等份，共为细末，白酒或醋调敷，每 1～2 d 1 次），或内服舒筋活血散（乳香、自然铜、骨碎补、川断、红花、土虫各 50 g，延胡索 75 g，桂枝 75 g，共为细末，开水冲调，候温内服）。

2. 镇痛、消炎可用安痛定、安乃近、水杨酸钠等药液注射，或用四肢环状封闭疗法，或穴位注射普鲁卡因青霉素溶液。静脉注射普可安注射液，处方为盐酸普鲁卡因 1.5 g，氢化可的松 0.2 g，安钠咖 2 g，葡萄糖 10～20 g，加蒸馏水至 100 mL，混合除菌后 1 次静脉注射，每 1～2 d 1 次，注射时要缓缓注入或滴注效果更好。

3. 关节韧带断裂或骨折、脱位时，可装石膏绷带，限制关节活动。

4. 治疗过程中要使动物保持静养。

三、关节脱位

（一）诊断要点

1. 有突然遭受直接与间接的强烈外力作用的病史，如跌打、冲撞、蹴踢、蹬空、扭转、剧伸等。某些传染病、代谢病、维生素缺乏或关节发育不良可诱发。

2. 临床特点是关节变形，异常固定，患肢缩短或延长，肢势发生改变和机能障碍，其中异常固定是本病的示病症状。膝盖骨上方脱位，膝盖骨转位于股骨内侧滑车嵴的上端，不能自行复位，患肢向后方伸张，运动时呈拖拉样前进，如为习惯性者，在运动中能突然发生，走几步又自行复位。膝盖骨外方脱位时，患肢呈极度屈曲状态，膝直韧带向外上方倾斜。髋关节内方脱位，患肢变短向外展，拖拉样迈步，髋关节部出现凹陷，大、中转子位置改变，肢外展活动范围增大，内收受限制，股骨头移位于闭孔内时，直肠检查可在闭孔处发现股骨头。髋关节上外方脱位时，患肢显著缩短，呈内收及伸展状态，肢外旋，大转子明显向上突出，运动时拖拉样运步。下颌关节脱位时，下颌下垂，口腔张开不能随意闭合，不能咀嚼，流涎。

3. 注意与骨折相区别。下颌关节脱位与三叉神经麻痹相区别。

（二）治疗

1. 复位 在麻醉情况下，用拉、按、揉、端等方法，或用绳牵拉，尽早将脱位的关节头通过关节囊的破口复回原位。膝盖骨上方脱位，采用后退运动或用绳向前牵引患肢，推压膝盖骨或侧卧保定，用后肢转位方法，进行整复；采用削蹄疗法可取得肯定的疗效，将患肢的蹄外侧负缘削低，或垫高内侧负缘，如削蹄合适，于运动中可自行复位，此法对习惯性脱位者也有好的疗效；对顽固性脱位者，可行患肢的膝内直韧带切断术。膝盖骨外方脱位时，采用向前下方推压膝盖骨的方法复位，或行局部热敷或涂擦消炎药剂，全身用镇痛药，并行牵遛疗法，数天后易复位。髋关节上外方脱位整复较困难，试用健侧卧位保定，全身麻醉，用绳向前及向下牵引患肢，用木杠置于股内侧向上抬举，术者用力从前向后按压大转子进行转复。

2. 固定 如伴有关节韧带断裂时，应装石膏固定绷带。不易装绷带的部位可皮下注射5％氯化钠溶液、自体血液，皮肤涂布芥子泥、红色碘化汞软膏（1∶5），行皮肤烧烙等，以诱发炎症达到固定的目的。

四、浆液性关节炎

（一）诊断要点

1. 急性浆液性关节炎 关节部肿胀，有波动感，局部增温，有痛。跛行较重。穿刺液较浑浊、黏稠，微黄色，易凝固。

2. 慢性浆液性关节炎 关节外形改变明显，局部热痛不明显。跛行较轻。穿刺液稀薄，无色或微黄色，不易凝固。

（二）治疗

1. 急性炎症初期，应用冷却疗法，装压迫绷带，之后改用温热疗法，或装关节加压绷带，如布绷带或石膏绷带。全身应用磺胺制剂，1次/d，有良好的效果。关节也可装湿绷带（饱和盐水、10％硫酸镁、樟脑酒精等）。用10％氯化钙、10％水杨酸钠静脉注射。

2. 慢性炎症时，无菌操作放出关节液，注入普鲁卡因青霉素或可的松，并装着压迫绷带。

五、化脓性关节炎

（一）诊断要点

1. 化脓性滑膜炎 关节肿胀明显，呈波动感，热痛明显，跛行重剧，全身反应重剧。穿刺流出脓汁。透创则从关节腔内流出脓汁。

2. 化脓性全关节炎 全身症状及局部症状较化脓性滑膜炎均重剧。关节腔内蓄脓或流出脓汁，关节周围软组织高度肿胀，形成局限性脓肿，自溃或形成窦道，或发生软骨缺损、剥脱，骨坏死，继发脓毒败血症。患肢呈重度跛行，三肢跳跃前进。

（二）治疗

关节腔内蓄脓时，采用关节腔穿刺的方法抽出脓汁，用5％碳酸氢钠、0.1％新洁尔灭、0.1％高锰酸钾、生理盐水等反复冲洗关节腔，直至抽出的药液变透明为止。抽净药液后，再向关节腔内注入普鲁卡因青霉素30～50 mL，1次/d。如有创口按化脓创处理，有脓肿应及时切开排脓。对蜂窝织炎切开的创口要大一些，但不得伤及关节囊及韧带。全身应用抗生素、磺胺疗法控制感染。

六、髋部发育异常

（一）诊断要点

1. 多见于大型、快速生长品种的犬，如圣伯纳、德国牧羊犬等，但在小型犬（比格犬、博美犬）和猫也有报道。4～12月龄的病犬常见活动减少、关节疼痛。小犬摇摆、运步不稳，后肢拖地、以前肢负重，后肢抬起困难，运动后病情加重。股骨头外转对疼痛，触摸可见髋关节松弛。负重时出现跛行，髋关节活动范围受限制。后肢肌肉可见萎缩。

2. X线检查，轻度时变化不明显；中度以上时可见髋臼变浅，股骨头半脱位到脱位（是本病的特征），关节间隙消失，骨硬化，股骨头扁平，髋变形，有骨赘。但X线检查所见不一定与临床征候成正相关。

（二）治疗

1. 控制运动，减小体重，给予镇痛药。

2. 手术治疗，可用髋关节成形术。切断耻骨肌可减轻疼痛。

3. 限制小犬的生长速度、避免高能量的食物是预防本病发生的基础。

七、犬累-卡-佩氏病

（一）诊断要点

1. 以股骨头血液供应中断和骨细胞死亡为特征的综合征。最常见于4～11月龄小型犬。

2. 临床表现一侧或两侧后肢出现跛行，后肢肌肉可见萎缩。用手做髋关节他动运动时，动物有疼痛反应，并可听到哔啪音。

3. X线检查可见股骨头软骨下面不规则或变平，股骨骨骺和干骺区放射学密度不规整，干骺区股骨颈的宽度明显增加，关节间隙宽度增加。

（二）治疗

1. 股骨头尚无解剖畸形的犬，可用窄笼控制饲养6～12周。口服阿司匹林每千克体重10～25 mg，2～3次/d，以控制疼痛。

2. 股骨头有解剖畸形的犬，或已经出现变性关节病的犬，需要切除股骨头和股骨颈，术后72 h，髋部开始被动活动，15～20 min/次，2次/d。缝线拆除后，可开始运动，拉着步行10～20 min，2次/d。

第十二节　腱、腱鞘及黏液囊疾病

一、腱炎

（一）诊断要点

1. **急性无菌性腱炎**　突发程度不等的跛行，腱部肿胀、肥厚，增温，疼痛。指（趾）深屈腱炎时，肿胀发生于掌部上半部的后侧；指（趾）浅屈腱炎时，肿胀发生于掌部的下1/3处；副腱头炎时则于前臂的下1/3处，桡骨内缘的后方出现疼痛性肥厚。系韧带炎时，于其分叉处，或一支与两支同时出现肿胀，常与浅屈腱炎合并发生。如治疗不及时，则转为慢性炎症。

2. 慢性增殖性腱炎　主要由急性腱炎转来，其次为反复的机械性作用所引起。腱肥厚、硬固及短缩，有时与周围组织粘连。有的腱组织不平滑，或有灶性钙化。热、痛不明显，机能障碍明显。

3. 化脓性腱炎　多由创伤时带入细菌，或周围组织化脓性炎症蔓延所致。腱肿胀、渗出轻微，严重时腱部坏死。

4. 寄生性腱炎　由蟠尾丝虫引起，腱呈结节状肥厚，具极坚实感，有时局部形成小脓肿，内含寄生虫。跛行明显。

（二）治疗

1. 首先使患病动物安静，对肢势不正或护蹄、装蹄不当的病例，必须在药物治疗的同时进行矫形装蹄（装厚尾蹄铁或橡胶垫）和削蹄。

2. 急性炎症初期用冷疗法，利用江、河、池塘水冷浴，也可使用冰囊、雪囊、凉醋、明矾水和醋酸铅溶液冷敷，或用凉醋泥贴敷。

3. 急性炎症减轻后，使用酒精热绷带、酒精鱼石脂温敷，或涂擦复方醋酸铅散加鱼石脂等。或使用中药消炎散（处方：乳香、没药、血竭、大黄、花粉、白芷各 100 g，白及 300 g，研细加醋调成糊状）贴在患部，包扎绷带，药干时可浇以温醋。

4. 封闭疗法，将盐酸普鲁卡因注射液注于炎症患部。

5. 对亚急性和转为慢性经过时间不久的患病动物，应当使用热疗法，如电疗、离子透入疗法、石蜡疗法，或用可的松 3～5 mL 加等量 0.5% 盐酸普鲁卡因注射液在患肢两侧皮下进行点注，每点间隔 2～3 cm，每点注入 0.5～1 mL，每 4～6 d 1 次，3～4 次为一疗程。对慢性经过时间较久的腱炎，可涂擦碘汞软膏（处方：水银软膏 30 g、纯碘 4 g）2～3 次，用至患部皮肤出现结痂为止，但在每次涂药后，应包扎厚的绷带。或涂擦强刺激性的红色碘化汞软膏（处方：红色碘化汞 1 g、凡士林 5 g），为了保护系凹部，应在用药同时涂以凡士林，然后包扎保温绷带，用药后注意护理，预防咬舐患部。经过 5～10 d 换绷带。

6. 对顽固的病例可使用点状或线状烧烙，在烧烙的同时涂强刺激剂，注意包扎保温绷带，加强护理。在治疗过程中应保持患病动物的适当运动。

7. 腱挛缩时可进行切腱术。

8. 对化脓性腱炎，应按照外科感染疗法治疗。

二、腱断裂

（一）诊断要点

1. 屈腱断裂　突然出现支跛，蹄尖呈现不同程度的上翘，以深屈腱完全断裂或屈腱于骨附着部撕裂时为重。局部有时触到缺损处，从创口内能触及到回缩的腱断端。

2. 跟腱断裂　驻立时，跗关节过度屈曲，跟腱明显弛缓，损伤处有时出现缺损。

（二）治疗

1. 腱断裂的治疗关键是固定，只有在充分固定的基础上，使创伤部保持安静，腱的断端紧密结合，才有利于腱的再生。腱断裂的固定方法有石膏绷带、夹板绷带等。效果较好的是在包扎石膏固定绷带时结合使用镫状支架、支撑蹄铁以及长尾连尾蹄铁。

2. 腱的全断裂（包括开放性腱断裂）在一般外科处理后，进行腱缝合术，缝合法有皮外和皮内缝合 2 种。皮外缝合应在充分剃毛消毒的基础上，使用粗的缝线，从腱的侧面穿线，进针部位距断端3～4 cm，作单扣绊或双扣绊将两断端拉近打结固定，使断端尽量接近，然后包扎石膏绷带。创内（皮内）缝合法，用粗线（18号线）作双交叉扣绊缝合，进针部位距离断端5～8 cm，交叉穿线，然后拉紧打结，撒布青霉素粉，缝合皮肤，然后包扎石膏绷带。为了增加抗拉强度，防止缝线拉断，可先实行皮内缝合，再行皮外缝合。

3. 对任何部位的不全断裂、球节以下的完全断裂，一般不做腱缝合，只做患肢的固定即可。

三、屈腱挛缩

（一）诊断要点

1. 屈腱挛缩可发生于幼驹和成年马、骡。幼驹屈腱挛缩多发生于两前肢，属先天性。成年马、骡屈腱挛缩，多为慢性屈腱炎引起深屈腱挛缩。

2. 先天性者于生后就以蹄尖着地，蹄踵不能接触地面，重者可见以蹄前壁着地。后天性者，浅屈腱挛缩时，呈现不同程度的腱性突球；深屈腱挛缩时，蹄前壁前倾，久者蹄尖壁过度磨灭由栽蹄变为滚蹄。

（二）治疗

1. 幼驹屈腱挛缩，一般采取装着固定绷带的方法就能矫正，少数病例需要手术切腱治疗。

2. 成年马、骡屈腱挛缩，轻症者可装镫状蹄铁进行矫正。严重者可行深屈腱切断术、屈腱延长术，常用"工"形切断法和斜形切断法。手术时，无菌操作，创内撒布磺胺粉或青霉素粉，缝合皮肤创口，装保护绷带。手术中严防伤及血管、神经。

四、腱鞘炎

（一）诊断要点

1. 急性腱鞘炎

（1）急性浆液性腱鞘炎　较多发，有的在皮下肿胀达鸡蛋大乃至苹果大，有的呈索状肿胀，温热疼痛，有波动。有时腱鞘周围出现水肿，患部皮肤肥厚；有时与腱鞘粘连，患肢机能障碍。

（2）急性浆液纤维素性腱鞘炎　患部除有波动外，在触诊和他动患肢时，可听到捻发音，患部的温热疼痛和机能障碍都比浆液性严重。有的病例渗出液或纤维素过多，不易迅速吸收，转为慢性经过，常发展为腱鞘积水。

（3）急性纤维素性腱鞘炎　较少见，多为亚急性与慢性经过，局部肿胀较小，而热痛严重，触诊腱鞘壁肥厚，有捻发音。

2. 慢性腱鞘炎

（1）慢性浆液性腱鞘炎　滑膜腔膨大充满渗出液，有明显波动，温热疼痛不明显，跛行较轻，仅在使役后出现跛行。

（2）慢性浆液纤维素性腱鞘炎　腱鞘各层粘连，腱鞘外结缔组织增生肥厚，严重者并发骨化性骨膜炎。患部仅有局限的波动，有明显的温热疼痛和跛行。

（3）慢性纤维素性腱鞘炎　滑膜腔内渗出多量纤维素，因腱鞘肥厚、硬固而失去活动性，轻度肿胀，温热，疼痛，并有跛行。触诊或他动患肢时，表现明显的捻发音，纤维素越多，声音越明显。病久常引起肢势与蹄形的改变。

3. 化脓性腱鞘炎　患病动物体温升高，疼痛，跛行剧烈；如不及时控制感染，可引起蜂窝织炎，出现严重的全身症状，表现严重的跛行并有剧痛，进而引起周围组织的弥散性蜂窝织炎，甚至继发败血症。有的病例引起腱鞘壁的部分坏死和皮下组织形成多发性脓肿，最终破溃。

4. 症候性腱鞘炎　由结核杆菌引起的牛、猪的结核性腱鞘炎，类似纤维素性炎，肿胀逐渐增大，周围呈弥散肿胀，硬而疼痛。马、骡有时因腺疫、布鲁菌病以及传染性胸膜肺炎导致多数腱鞘同时或先后发病。

（二）治疗

1. 急性炎症初期应用冷疗，如 2% 醋酸铅溶液冷敷，硫酸镁或硫酸钠饱和溶液冷敷，同时包扎压迫绷带，以减少炎性渗出，患病动物应安静休息。急性炎症缓和后，可用温热疗法，如酒精温敷，复方醋酸铅散用醋调温敷等。如腱鞘腔内渗出液过多不易吸收时，可做穿刺，同时注入 1% 盐酸普鲁卡因青霉素 10～50 mL，注后慢慢运动 10～15 min，同时配合热敷 2～3 d。如未痊愈，可间隔 3 d 后，再穿刺 1～2 次，在穿刺后要包扎压迫绷带。

2. 亚急性或慢性腱鞘炎可用鱼石脂、鱼石脂酒精外敷，涂擦水银软膏、樟脑水银软膏，也可采用热浴、热泥疗法、透热疗法、石蜡疗法、碘离子透入疗法，还可以应用醋酸氢化可的松 50～200 mg 加青霉素 20 万～40 万 IU，注入腱鞘内，每 3～5 d 注射 1 次，连用 2～4 次。如腱鞘腔内纤维凝块过多而不易分解吸收时，可手术切开排除，切开部位应在下方。注意防止局部感染。对慢性患病动物应进行适当运动。

3. 化脓性腱鞘炎初期可行穿刺排脓，然后使用盐酸普鲁卡因青霉素溶液冲洗，伤口用 0.1% 高锰酸钾溶液湿敷。手术疗法效果较好，应根据病情，不失时机早期在患病腱鞘的下方切开，充分排脓，切除坏死组织和瘘管。

五、黏液囊炎

（一）诊断要点

1. 急性无菌性黏液囊炎　皮下黏液囊炎时，局部出现圆形肿胀，温热，疼痛，皮肤可动；囊腔内液体增量，有波动感，当出现纤维素时，有捻发音；无明显的全身变化，一般不影响运动机能。腱下黏液囊炎时，肿胀不明显，在侧方触诊有时能感到有液体存在，触压与被动运动，出现疼痛反应，引起明显的跛行。

2. 慢性无菌性黏液囊炎　黏液囊积液时，肿胀明显，无热痛表现，量较多时，囊壁平滑、坚实而有弹性。当有纤维素出现时，囊壁、皮肤逐渐增厚，失去活动性，囊腔变小，贮液量减少。除黏液囊体积很大影响举肢外，一般不影响运动机能。

3. 化脓性黏液囊炎　肿胀呈急性炎症过程，增温，疼痛，皮肤与周围组织水肿。囊壁增厚，破溃后流出带有黏液的脓性分泌物，不易愈合，或形成黏液囊窦道。体温升高，出现明显的跛行。

（二）治疗

1. 急性病例采用冷却疗法、温热疗法，或涂刺激性较小的消炎软膏，如 5% 鱼石脂、5%～10% 樟脑软膏等。

2. 慢性病例可采用黏液囊切开，剔除黏液囊腔内膜，或于切开后用 5% 碘酊或 10% 硝酸银纱布引流。也可先向囊腔内注入 5％硫酸铜、5％碘酊、10％硝酸银，待囊壁内膜发生坏死后，再切开并除去坏死组织，行开放疗法。也可将黏液囊完整地摘除，之后按创伤治疗。

3. 化脓时，应扩大创口，剔除或腐蚀囊内膜，按创伤治疗。

4. 对腱下黏液囊炎，一般不行手术疗法。可让动物休息，全身进行抗生素疗法，或行烧烙疗法、红外线疗法等。

第十三节　外周神经疾病

一、外周神经损伤

（一）诊断要点

1. 神经部分或完全截断时，出现神经不全麻痹或全麻痹的症状。局部痛觉迟钝或消失，肌肉弛缓、萎缩，运动机能障碍。

2. 神经挫伤时，压迫损伤的远端，能引起疼痛反应，有时出现神经过敏现象。

3. 神经干震荡时，出现一时性神经麻痹；神经干受压迫时，出现似神经部分或完全截断的症状；神经牵张时，出现似神经挫伤的症状，所支配的肌肉或肌群弛缓无力，感觉减退或丧失。

4. 神经完全断裂时，呈完全麻痹症状，神经机能丧失不可恢复，相关肌肉弛缓、无弹性，萎缩，感觉丧失，针刺无反应。久者麻痹部出现营养性溃疡、骨质疏松和蹄匣脱落等。

（二）治疗

1. 保守疗法

（1）兴奋神经可应用电针疗法。促进机能恢复、提高肌肉紧张力和促进血液循环可进行按摩疗法，病初 2 次/d，15～20 min/次，在按摩后配合涂擦刺激剂，同时配合使用维生素 B_1、维生素 B_{12} 等。

（2）防止瘢痕形成和组织粘连，可在局部应用透明质酸酶、链激酶或链道酶。透明质酸酶 2～4 mL 神经鞘外一次注射。链激酶 10 万 U、链道酶 2.5 万 U，溶于 10～50 mL 灭菌蒸馏水中，神经鞘外一次注射。必要时，24 h 后可再注射一次。

（3）预防肌肉萎缩可试用低频脉冲电疗、感应电疗、红外线。兴奋骨骼肌可肌内注射氢溴酸加兰他敏注射液，每天每千克体重 0.05～0.1 mg，此外，可在注射兴奋剂后，每天用生理盐水 150～300 mL 分数点注入患部肌肉内。进行主动运动（牵遛运动）有助于肌肉萎缩的恢复。

2. 手术治疗

（1）神经松解术　适于神经损伤后连续性未中断，功能仅部分丧失者。神经内血肿，神经外膜或束膜因外伤、炎症、放射、药物注射而瘢痕化者。

神经外松解术：在肉眼或手术放大镜下将神经干从周围的瘢痕中或骨痂中游离出来，并将附着于神经干表面的瘢痕组织予以清除，必要时尚应将神经外膜切开减压，同时将神经周围软组织中的瘢痕切除，使松解减压后的神经干处于比较健康的软组织中。

神经内松解术：在手术放大镜或手术显微镜下将神经外膜切除，再用锐利器械将束膜间瘢痕组织切除，使每条神经束全部游离。手术中应注意神经束丛形结构不被破坏，以免损伤神经束。神经松解减压后，应在局部放置醋酸氢化可的松 5 mL，以减少神经干周围疤痕增生。

（2）神经外膜缝接法　适于急性外伤中，即期修补神经者；神经缺损在 3 cm 以内者。在肉眼或显微镜下进行外膜缝合，要对合正确，防止神经束外露、扭曲、重叠、错开。

（3）神经束膜或束组缝合法　常规处理神经断端，使神经束充分外露。切除 1～2 cm 神经外膜，按神经束大小多寡分成 4～5 束组。分辨神经断端束的性质，神经近端一般根据神经束大小标志进行对合，因此处大多为混合神经束；神经干中段一般应用显微感应电刺激进行鉴别；神经下段应用神经束图进行定位；组织化学鉴别法测定神经断端乙酰胆碱酯酶含量为标记，以运动束含量多、感觉束含量少来鉴别。

（4）神经内缝合法（单线组扣缝合）　缝合线两端各穿一根针，分别从断端刺入神经干，然后又从两侧穿出，在两针穿出部位各加一筋膜或硅胶片，拉紧线后分别打结。注意一端打方结，另一端先打滑结，然后再打成三叠结，以避免过度紧张或神经干的位置偏离。

（5）神经袖套法　神经袖套法不是一种独立的方法，而是在神经缝合的基础上，在其周围加上一个袖套进行保护和固定。选择壁薄、柔软、直径均匀的硅胶管，浸泡于灭菌的玻璃管内保存；在进行神经断端吻合术前，应先把硅胶管套到神经干的一端，并用组织镊或小止血钳暂时固定；在神经吻合术完成后，将套管移到中间，包裹损伤，并在套管的两端各缝合一针进行固定，以免套管移动或扭曲。

（6）神经移植　按常规处理神经断端，使神经束充分显露。根据神经缺损长短取移植神经材料，在犬、猫等小动物一般常用的移植材料为腿外侧皮神经和前肢的正中神经。所取长度一般是缺损长度的 2～5 倍，分成 2～5 束进行移植。移植神经间可用尼龙单丝固定数针。缝接方法与束膜缝接法相同。

二、神经炎

（一）诊断要点

外伤性神经炎时，于损伤部下方神经支配区出现进行性运动和知觉障碍，肌肉弛缓无力或机能消失，营养障碍。运动神经发炎时，无疼痛，呈运动障碍。急性浆液性或化脓性神经炎时症状明显，奇痒、不安，有知觉降低区和知觉过敏区，触摸过敏区时，动物呈剧烈反抗或吼叫、呻吟。

（二）治疗

除去发病原因，控制感染，及时治疗原发疾病，更换饲料。内服镇痛、镇静剂，注射维生素 B_1、水杨酸钠。

三、四肢外周神经麻痹

（一）诊断要点

1. 肩胛上神经麻痹　患肢提举无异常变化，只是于落地负重的一瞬间出现肩关节外偏与胸壁离开，胸前出现掌大的凹陷部，久之冈上肌、冈下肌萎缩。此时应与冈下肌腱断裂相鉴别，断裂的特点是冈下肌腱部出现缺损。

2. 桡神经麻痹　患肢提举、伸扬均不充分或丧失，落地负重出现负重时间短或完全不能负重。臂三头肌、腕与指的伸肌弛缓无力，感觉减退或消失，或出现肌肉萎缩。

3. 股神经麻痹　患肢提举缓慢，于落地负重的瞬间，出现膝、跗关节立即屈曲，臀部显著下沉，呈软腿现象。若两后肢同时患病，臀下沉，呈蹲式前进。股四头肌萎缩。

4. 胫神经麻痹 患肢于运动时，各关节过度屈曲，蹄向上抬举很高，然后以痉挛样运动迅速向后及向下落下轻击地面。久者腓肠肌与趾深屈肌萎缩明显。

5. 腓神经麻痹 站立时，趾关节过度屈曲，以蹄前壁接触地面。患肢提举伸扬时，趾关节不能伸展，以蹄前壁接地拖拉样前进。跗关节的屈肌和趾关节的伸肌弛缓无力。

（二）治疗

参照外周神经损伤的保守疗法。

1. 早期应用针灸、电刺激疗法有明显的疗效。应在患部周围选穴，电针疗法时，电流应从患部通过，每次不得少于 20 min，1～2 次/d。

2. 中药疗法有良好的治疗效果，可用舒筋活血的方剂：续断 40 g、当归 25 g、川芎 40 g、乳香 40 g、没药 40 g、红花 20 g、血竭 20 g、生蒲黄 100 g、苍术 40 g、黄柏 30 g、连翘 50 g、牛膝 40 g、杜仲炭 40 g、双花 50 g、公英 50 g、甘草 25 g、骨碎补 50 g、补骨脂 50 g，共研细末，开水冲调，候温灌服，每 2 d 1 次，用 4～8 次（马、牛）。

3. 局部按摩疗法对恢复神经传导机能有良好效果。

四、面神经麻痹

（一）诊断要点

1. 中枢性面神经麻痹多由骨赘、脓肿、血肿、肿瘤等压迫脑部神经，或由马腺疫、流行性感冒、马媾疫、毒草中毒、无机盐中毒及饲料中毒所引起。末梢性面神经麻痹的原因与外周神经损伤相同，腮腺炎、中耳炎和喉囊炎等也能引起。

2. 两侧性面神经全麻痹时，两侧的耳、上眼睑和唇下垂，鼻孔塌陷。采食、饮水困难及吸气性呼吸困难，流涎，不能用唇采食，咀嚼音低，两颊腔内蓄积食块。一侧性面神经全麻痹时，只表现患侧的耳、上眼睑下垂，鼻孔狭窄，上下唇斜于健侧，呈现歪嘴。

3. 两侧性颊背神经麻痹时，整个上唇及两鼻翼麻痹，表现上唇下垂、两鼻孔狭窄。一侧性者仅见患侧的上唇倾斜于健侧，患侧鼻孔狭窄。一侧颊腹神经麻痹仅表现患侧的下唇下垂并倾斜于健侧。

4. 牛面神经麻痹时，因唇厚而致密，故上唇倾斜、下唇下垂均不明显，多于反刍时呈一侧性流涎。猪面神经麻痹时，见鼻镜歪斜，鼻孔大小不一致。犬面神经麻痹时，上唇一侧下垂，舌脱出口外，丧失活动性，耳壳不能主动运动。

（二）治疗

1. 除去直接致病原因，如摘除肿瘤，切开脓肿和血肿，肿胀部减压，去掉笼头等。

2. 采用电针疗法，选开关、锁口或分水、抱腮穴，1 次/d，每次 1 组穴或 2 组穴，电针 20～30 min/次，10 d 为 1 疗程。或选患侧耳根下四横指处，针刺入 2.5 cm，另一针刺锁口或分水穴，通电 20 min，1 次/d（马、牛）。

3. 局部涂擦刺激剂，于面神经径路上涂擦 10% 樟脑酒精，并按摩 10 min。或涂布芥子泥后包扎，局部出现急性炎症后，停用此药。或用 20% 樟脑油 10 mL，注射于患侧耳下四横指处的皮下，1 次/2 d。或于患侧颊黏膜与面神经走向相对应的部位上，实行针刺黏膜数针，然后颊部皮肤上涂芥子泥或其他刺激剂。也可用硝酸士的宁皮下注射。

4. 中药对面神经麻痹有较好的效果。牵正散：白附子、僵蚕、全蝎各等份，共为细末，黄酒为引，每次服 50 g。加味牵正散：制白附子、僵蚕、当归、川芎、白术、防风各 25 g，党参 20 g，全蝎 10 g，黄酒 250 mL 为引，开水冲调，候温灌服。

5. He - Ne 激光穴位照射，1 次/d，10 min/次。红外线疗法，1 次/d，15～20 min/次。

6. 鼻孔狭窄影响吸气时，可用手术方法使鼻孔开张。

第十四节　蹄部疾病

一、蹄钉伤

（一）诊断要点

1. 直接钉伤　发生在装蹄当时，下钉时马、骡出现疼痛反应，拔出蹄钉钉尖有血迹，或从钉孔流出血液，下桩后表现支跛。

2. 间接钉伤　在装蹄后 2～3 d 出现跛行，伤部钉节位置高，常见于内蹄踵部，压迫及敲打钉节有疼痛反应，拔出蹄钉见钉身湿润。伤部蹄温增高，指动脉亢进。

（二）治疗

1. 直接钉伤的治疗　拔出蹄钉，向孔内滴入 5% 碘酊或填入高锰酸钾粉或涂松馏油。

2. 间接钉伤的治疗　取下蹄铁，未发生化脓时，可行 2% 来苏儿蹄浴，行抢风穴或百会穴普鲁卡因封闭，每穴注射 0.25% 盐酸普鲁卡因 70 mL。化脓时，在钉孔处造一漏斗状凹坑，直达真皮，彻底排除脓汁，清除坏死组织，之后用 0.1% 高锰酸钾或 3% 过氧化氢、5% 碘酊、0.1% 新洁尔灭等冲洗创内，然后撒布磺胺粉、碘仿磺胺粉等，或填充磺胺乳剂、碘仿醚、魏氏流膏、松馏油纱布条，最后装蹄绷带保护，3～4 d 更换 1 次。如局部处理彻底，可装铁板蹄铁，1 周检查 1 次。

3. 有全身反应者，应用抗生素、磺胺类药物，同时应用抗破伤风血清或破伤风类毒素注射。

二、蹄底、蹄叉刺创

（一）诊断要点

突然发生支跛。蹄部检查时，能发现未脱落或未折断的刺入物，或无刺入物而有血迹、刺伤痕迹，或于压痛处削蹄，发现刺入物或刺入孔。刺创感染时，刺入孔流出脓汁，或脓汁不能排出时，蹄球间沟、蹄球部出现热痛性肿胀，破溃后排出脓汁。炎症可向蹄内部蔓延至趾枕部、深屈腱、蹄关节、下籽骨黏液囊部，严重者可出现败血症。蹄内部化脓严重时，呈重度支跛，钳压剧痛，体温升高等变化。

（二）治疗

先清理蹄底，用 1% 高锰酸钾洗蹄底，局部涂 5% 碘酊或 5% 福尔马林酒精消毒，然后拔出异物，最后再涂碘酊。如刺入物深在，可于局部清洗、消毒后，在异物周围造一凹坑，拔出异物，创内撒布磺胺粉及填塞松馏油绷带，装蹄绷带。创内无异物，感染严重，全身反应明显，参照钉伤及败血症治疗。

三、蹄叉腐烂

（一）诊断要点

蹄叉中沟或侧沟的角质分解、腐烂排出腐臭味的黑灰色液体。当蹄叉角质全部溃烂时，整个蹄叉真皮显露，易出血。真皮受损害时出现跛行。重度的蹄叉腐烂，真皮乳头层呈疣状增殖，呈菊花瓣状或菜花样赘生，易出血，疼痛明显。病程久者，蹄踵部出现波纹样的特异蹄轮。

（二）治疗

清洁蹄底，3%来苏儿泡蹄。然后用蹄刀彻底清除腐烂角质，扩开裂隙，或用锐匙刮除赘生组织，直达健康部。再行局部消毒处理。出血时，可撒布高锰酸钾粉，装压迫绷带，或撒布高锰酸钾粉剂及松馏油纱布覆盖，装保护绷带或铁板蹄铁，3～5 d更换1次。

四、白线裂

（一）诊断要点

白线角质脆弱、脱落，呈粉末状或块状。白线裂缝处充满泥土、沙石，裂至真皮时出现跛行。幼驹发生白线裂时多有跛行。病久者，于蹄壁下部有凹弯，蹄壁负缘向外扩张，能引起蹄底下沉。

（二）治疗

局部清洁、消毒，白线裂隙内填充松馏油或磺胺乳剂纱布，装蹄铁时，避开伤部下钉，在患部设铁唇保护蹄壁，使健康的白线新生。

五、蹄叶炎

（一）诊断要点

1. 临床上常见于长期饲喂过量含蛋白质的精料、长期休闲而突然重役、长途重载、车船运输、风寒侵袭和发汗后暴饮冷水，也可继发于胃肠炎、肠便秘和产后疾病等。

2. 突然发生，症状重剧，喜卧。站立时，高抬头，两前肢前伸且以蹄踵着地，体重移向后肢，后躯下沉。强迫运动时，运步急速短促，呈紧张步样。指动脉亢进，蹄壁增温，叩压蹄尖壁有痛反应。体温升高，心跳加快，呼吸促迫，肌肉颤抖，出汗。

（二）治疗

1. 病初用冷水浇蹄 30 min，或置于水池中浸泡，1～2 h/次，2 次/d，连用 2～3 d，或颈静脉放血 2 000～4 000 mL，蹄头放血 100～300 mL。同时可静脉注射盐酸苯海拉明（每千克体重 0.55～1.1 mL）、10%氯化钙、维生素 C，或皮下注射 0.1%肾上腺素，或应用可的松疗法脱敏。还可静脉内缓缓注射 0.25%盐酸普鲁卡因 100～150 mL，1 次/2 d，连用3～4 次，或普鲁卡因与 10%水杨酸钠 100 mL 或自体血液混合应用，或静脉注射 10%水杨酸钠 100～150 mL，1 次/2 d，连用 4～5 次，或用普鲁卡因进行神经干封闭。

2. 中药治疗

（1）因过劳引起者，可服茵陈散：茵陈 40 g，当归 50 g，川芎 25 g，桔梗 35 g，柴胡、红花、紫菀、青皮、陈皮各 30 g，乳香、没药各 20 g，杏仁（去皮）25 g，白芍、白药子、黄药子各 25 g，甘草 15 g，共为细末，开水冲调，候温灌服，1 剂/d，连用 3～5 剂；或没药散：没药 10 g，乳香 10 g，白药子、黄药子各 25 g，当归 50 g，红花 40 g，柴胡 40 g，甘草 25 g，共为细末，开水冲调，候温灌服，1 剂/d，连用 4～5 剂。

（2）因饲料引起者，服用红花散：红花、没药、焦山楂、莱菔子各 40 g，神曲、炒麦芽各 50 g，桔梗、当归、炒枳壳、川厚朴、陈皮各 30 g，白药子、黄药子各 25 g，甘草 15 g，共为细末，开水冲调，候温灌服。

3. 为加速蹄部渗出物的吸收，可用温热疗法。如渗出液多，症状不改善时，在患处的白线部造沟，直达真皮，以利渗出液的排除。

六、指（趾）间皮炎

（一）诊断要点

指（趾）间皮肤出现损伤，红肿，表面湿润，并有恶臭气味，呈湿疹性皮肤炎。病久者患部逐渐肥厚，表面被覆有绒毛状或小疣状物，有时呈菜花样。步样强拘。

（二）治疗

1. 病初用 1%～2% 高锰酸钾或来苏儿温蹄浴，之后涂擦 5% 碘酊，或 3% 龙胆紫、5%～10% 福尔马林、10% 硫酸铜等。也可撒布收敛性粉剂，如氧化锌滑石粉（3∶7）合剂，鞣酸氧化锌滑石粉（2∶3∶5）合剂，之后包扎，每天或隔日更换 1 次。

2. 局部增生物可用外科手术的方法切除，或用冷冻疗法，用棉球蘸取液氮，迅速放在赘生物上，使整个病变部接触液氮，1 次/d，连续 2～3 次，病变会逐渐自行脱落。

3. 保持厩舍卫生、干燥，保护蹄部不受损伤，定期削蹄和蹄形修整，经常洗刷蹄部。

七、指（趾）间蜂窝织炎

（一）诊断要点

1. 牛 病初起于蹄间裂的后下方，逐渐扩展到蹄冠上方和蹄球，以致整个蹄间隙发生急性皮肤炎，局部红肿，出现溃疡，有恶臭味，病变侵害深部组织时，跛行较重剧。肿胀可蔓延至系部、球节或掌（趾）部。当出现深部化脓坏死过程时，可自溃排出脓汁，呈稀薄、黄红色，具恶臭味。可继发化脓性腱鞘炎、关节炎、腱或韧带或骨的坏死。此时全身症状重剧，卧地不起，体温升高，食欲大减，泌乳量明显下降。

2. 羊 蹄球、蹄壁角质出现腐败性破坏，跛行，病变多从蹄间裂的角质与皮肤结合处开始，很快蔓延至外侧蹄冠，发生广泛的蹄角质与蹄真皮分离。

3. 猪 与牛相同。

4. 可取蹄部的病组织涂片、染色、镜检确定。

（二）治疗

1. 对原发病灶清洗、消毒，扩创或削修蹄角质，显露出深部组织，用 3% 过氧化氢、0.1% 高锰酸钾溶液等冲洗后涂布 10% 酒石酸锑钾或 5%～10% 硫酸铜、5% 碘酊，最后撒布碘仿磺胺粉，于包扎绷带的表面涂松馏油、鱼石脂等，以防止粪尿、雨水等的浸湿。

2. 局部肿胀较严重时，行温蹄浴，或于柔软部位切开，排除脓汁，清除坏死组织，之后按化脓创处理。

3. 应用抗生素及磺胺疗法控制感染及感染的扩散。抵抗坏死厌氧梭杆菌，按每千克体重 50 mg 静脉注射磺胺嘧啶或磺胺二甲嘧啶，或用金霉素，每千克体重 0.01 g，或用土霉素，每千克体重 5～10 mg，1 次静脉注射用。也可用青霉素，或青霉素和磺胺嘧啶钠同时应用，或将四环素或金霉素按每千克体重 2 mg 混入饲料中，连喂 1 周。或将磺胺噻唑或磺胺二甲嘧啶加入水中（1∶1 000），2 d 后用更稀的浓度饮水（0.5∶1 000）。对二次化脓性感染，用青霉素有良好效果。局部感染严重，按蜂窝织炎治疗，或与口服磺胺二甲嘧啶相配合。

4. 羊腐蹄病时，修整蹄壁，除去分离的角质，涂以抗生素软膏。也可涂布 10% 甲醛。

第六章

产科病及新生仔畜病

第一节　妊娠期疾病

一、流产

（一）诊断要点

1. 配种后经检查确诊已妊娠，但经过一段时间后妊娠现象消失，且无明显临床症状而妊娠中断，再次出现发情。

2. 出现与正常分娩相似的征兆过程，产出不足月的胎儿。

3. 产出死亡而未发生变化的胎儿。妊娠初期产出死胎时，常不易被发现，妊娠后期往往伴发难产，直肠检查触摸不到胎动，妊娠脉搏变弱，阴道检查子宫颈口开张，黏液稀薄。

4. 妊娠期胎儿死亡后长久不排出体外，发生胎儿干尸化和胎儿浸溶。早期不易被发现，但妊娠现象不见进展而逐渐消退，不发情。胎儿干尸化后，直肠检查可触摸到子宫内有硬固胎体存在。胎儿浸溶时，可表现出败血症和腹膜炎症状，经常努责并从子宫排出污秽不洁带恶臭的液体，有时含胎儿碎片或骨片，有时排出脓液，直肠检查时常能触摸到参差不齐的骨片。

5. 如果胎儿死亡后未能排出，被腐败菌侵入死胎体内，可使其腐败分解，直肠检查子宫壁紧张、胎体膨大，表现全身症状，易发生败血症。

（二）治疗

1. 先兆性流产

（1）肌内注射孕酮，大动物 50～150 mg，中、小动物 10～30 mg，每 1～2 d 1 次，连用数次，或皮下注射 1%硫酸阿托品 1～3 mL（马、牛）；同时可给予镇静剂，如氯丙嗪、溴剂等，禁止阴道检查，尽量控制直肠检查，可适当牵遛，以抑制努责。为防止习惯性流产，也可在妊娠的一定时期内使用孕酮。

（2）经上述处理后，如阴道排出物继续增多、起卧不安加剧，阴道检查时，子宫颈口已开放，胎囊已进入阴道或已破水，流产已不可避免，应尽快促使胎儿排出，可肌内注射垂体后叶素或麦角新碱；必要时，进行助产，如引产困难，可行截胎术。引出胎儿后，进行子宫冲洗，并向子宫内注入抗生素。

2. 胎儿干尸化　如母体子宫颈已开张，可向子宫内灌入大量温肥皂水，然后抽出干尸化胎儿；如子宫颈尚未开张，可肌内注射雌二醇 20～30 mg（马、牛），多数病例于 2～5 h 后可排出胎儿。经处理无效时，应反复注射，或用手指将子宫颈扩张，再抽出胎儿；最后用消毒液冲洗子宫，或投入抗生素。猪、犬一般不需处理，可随分娩排出。

3. 胎儿浸溶　肌内注射雌二醇，扩张子宫颈，必要时隔日重注一次。子宫颈扩张后向子宫内注入温的 0.1%高锰酸钾，反复冲洗，并用手指取出骨头。最后再用 5%～10%盐水等冲洗子宫，并注射子宫收缩药，促使液体排出，投入抗生素。必要时采取适当的对症疗法。

4. 胎儿腐败分解 可切开胎儿皮肤放气，取出胎儿。必要时，可行截胎术。用消毒液反复冲洗子宫，并投入抗生素。

二、妊娠动物水肿

（一）诊断要点

妊娠动物后肢、腹下、乳房及会阴部发生水肿，有时可蔓延到胸前，无热无痛，皮温稍低，触之柔软而有压痕；多发生于分娩前 30 d 左右，产前 10 d 最显著，通常无全身表现，但严重时可出现食欲减退、步态强拘等症状。

（二）治疗

动物妊娠后期每天应有适量运动。对已发病的动物，给予富含蛋白质、维生素、矿物质的饲料，减少多汁饲料，加强运动，可使水肿停止发展或消失。症状剧烈时，可肌内注射 20% 安钠咖强心和静脉注射利尿剂（如甘露醇、速尿等）。水肿部涂以用食醋调成泥膏剂的复方醋酸铅散，或涂樟脑酒精。

三、子宫出血

（一）诊断要点

出血量少则血液蓄积于子宫内，不向外流出，妊娠动物表现不安和努责，出现先兆性流产的症状。随出血量的增多，则每隔一段时间从阴道流出含有凝血块的血液。阴道检查可发现血液从子宫颈外口流出。出血过多时会出现急性贫血的症状。

（二）治疗

1. 冷敷腰荐部，皮下注射 0.1% 肾上腺素溶液，马、牛 5～10 mL，猪、羊、犬 0.5～0.8 mL，或注射其他止血药如止血敏、止血芳酸等。

2. 对症治疗，动物不安时，可静脉注射 10% 溴化钠 50～100 mL，或内服水合氯醛 20～30 g（马、牛），同时肌内注射孕酮，也可给牛内服白酒 500 mL，羊 100 mL。发生急性贫血时，必须补液或输血。

3. 出血不易制止，危及动物生命时，应施行人工流产。排出胎儿后，肌内注射垂体后叶素或麦角新碱，使子宫收缩。

4. 禁止使用强心剂和输注低浓度的液体。避免不必要的阴道和直肠检查。

四、胎水过多

（一）诊断要点

1. 多发生于牛，马、犬、羊偶有发生，常发生于怀双胎或多胎和患有子宫疾病、心脏病、肾脏病、贫血及维生素 A 缺乏时。

2. 腹部明显增大，且发展迅速（尿水过多较羊水过多发展快）。病重时，腹下部向两侧扩张，腹壁紧张，背腰凹陷。触诊腹壁可感到有液体存在。站立时，四肢外展，迈步困难，不愿卧倒，卧下时表现呼吸困难，甚至久卧不起而发生瘫痪。有时腹肌破裂，全身症状明显加重且恶化。

3. 直肠检查可感知腹内压增高，子宫壁变薄，子宫内液体波动明显。牛尿水过多时摸不到子叶，羊水过多时，虽可摸到子叶，但不清楚，一般摸不到胎儿。瘤胃空虚或摸不到瘤胃。

4. 注意与瘤胃臌气、真胃变位或扩张、腹水、腹膜炎等区别。

（二）治疗

1. 轻症且距离分娩较近者，给予富含营养的精料、增加运动、限制饮水，同时给予利尿剂或轻泻剂；重症者分娩时子宫收缩无力，子宫颈不能开张，可行剖腹术，术前 1 d 在膝皱襞前的腹壁处用套管针穿刺放出胎水，同时配合强心和补液。

2. 距分娩较远且全身症状严重者，及早进行人工引产，可肌内注射苯甲酸雌二醇 10 mg/d，妊娠在 6 个月以上的牛，可一次肌内注射地塞米松 40～50 mg。但这两种方法均有一定的副作用。

3. 治疗可肌内注射氯前列烯醇 0.5～0.7 mg，在妊娠的任何阶段使用均有较好的效果。

4. 引产后应设法排出子宫内存留的全部液体，否则易引起败血症。

五、阴道脱出

（一）诊断要点

1. 部分脱出时，动物卧下后，在阴唇之间或阴门外突出粉红色、湿润并有光泽的球状物，站立后可自行缩回；但随病情的发展，突出部分逐渐增大，站立后也不能缩回，时间稍长，脱出的阴道黏膜常被感染，表现充血、淤血、水肿、损伤，黏膜表面干燥，由粉红色变为暗红或紫色，甚至黑色。

2. 完全脱出时，有红色球状物从阴道脱出，末端可发现子宫颈外口，其下壁前端有尿道外口，有时甚至膀胱也脱出。时间长，球状物淤血、水肿，变成紫红色或黑色，严重坏死，甚至穿孔。一般无全身症状，常由于脱出部位的阴道炎而不断努责，冬季则易发生冻伤。严重时，可继发全身感染。

（二）治疗

1. 轻度阴道部分脱出，在发情结束后常可自行恢复。处理措施是适当增加运动，给予易消化的饲料，及时治疗便秘、腹泻等能使腹内压升高的疾病；保持后躯，尤其是外阴部的清洁卫生，防止尾及其他刺激物对脱出阴道黏膜的刺激；动物站立时，取前低、后高的体位；必要时对脱出部分涂以抗生素油膏或软膏；每日肌内注射孕酮 50～100 mg（牛）。

2. 对不能缩回的部分或全部阴道脱，需进行阴道整复手术。

（1）动物取前低后高体位，努责强烈时，行荐尾或尾椎间隙的轻度硬膜外腔麻醉。小动物可提起后肢，以减少骨盆腔内的压力。

（2）用 0.1％高锰酸钾或新洁尔灭对脱出的阴道进行清洗和清理，除去坏死组织，创口较大时可进行缝合。若黏膜水肿严重，用 3％～5％明矾进行冷敷，以消除水肿。

（3）在脱出的阴道黏膜上涂以抗生素油膏或碘甘油，用灭菌纱布包裹拳头，抵于脱出部的末端，趁动物不努责时将脱出的阴道推回阴道内复位；也可用灭菌纱布包裹住脱出的阴道，再用双手将脱出的阴道托住，逐渐推回原位。推回后，手臂最好再放置一段时间，或将阴道托或者装有温水的酒瓶放置其中，以防止再脱出。最后在阴道内注入消毒液或在阴门两旁注入抗生素，热敷阴门，以消炎、减轻努责；如努责强烈，也可在阴道内注入 2％普鲁卡因 10～20 mL，或行尾荐部硬膜外麻醉。

（4）对复发的病例，可采取缝合阴门的方法进行固定，尤其是妊娠最后 2～3 周的母牛。用粗缝线在阴门上作 2～3 道间断褥式缝合或圆枕缝合、双内翻缝合，牛采用双内翻缝合法较好。阴门下 1/3 部分不缝合，以免影响排尿。为减小阴门张力，应在外露缝线上套以胶管。缝合后定期消毒，以防感染。拆线不宜过早，最好先拆掉下方一结，无再脱出现象时，于第 2 天再拆除余下线结。对妊娠后期、临近分娩的阴道脱出实行缝合后，一旦出现临产症状，应立即拆线。

3. 对顽固性阴道脱出或阴道黏膜广泛水肿、坏死的病例，可进行阴道黏膜下层部分切除术。术前行硬膜外腔麻醉，阴道黏膜用 0.25% 普鲁卡因局部浸润麻醉；在子宫后部至尿道外口的阴道段，将病变的黏膜切除，切除阴道背面时要宽，腹面时要窄；用 3～4 号铬肠线将正常的黏膜切口缝合，一般是切除一段缝合一段，以减少出血。只能切除黏膜和肌层，不能伤及浆膜。膀胱扩张并突入阴道、3～4 周内即将分娩或有流产迹象的病例，不能应用此法。

六、假孕

（一）诊断要点

1. 犬多发生于发情未配种或配种而未受孕后的 2～3 个月期间，猫则发生于发情配种而未能受孕的 1～1.5 个月期间。

2. 母犬、猫腹部逐渐增大，敏感不安，尤其小品种犬可能变得神经质，兴奋，有攻击性，甚至出现呕吐反应；假孕末期表现筑窝、蹲窝等母性行为，腹部触诊可感知增粗变长的子宫，乳腺增大并排乳，愿为其他母犬、猫所产的仔哺乳；犬正常发情周期和非妊娠期的血清催乳素（PRL）水平为 2～4 ng/mL，假孕时可高达 9 ng/mL，测定猫血清孕酮水平升高，最高可达 15～90 ng/mL。

3. 兔假孕时，在交配后 23～25 d 乳腺增大，表现不安，蹲窝，扯毛，搭窝。

（二）治疗

1. 猫、兔、猪一般可不治自愈。

2. 肌内注射睾酮，犬每千克体重 1～2 mg，猫每千克体重 1 mg，或口服二甲诺酮。

3. 犬按每千克体重 2 mg 口服甲地孕酮，1 次/d，连用 8 d，有一定效果，但个别犬会复发。

4. 口服溴隐停，可显著降低 PRL 水平，但有副作用，犬表现精神沉郁，不愿走动。

5. 对反复发生假孕的犬猫，可施行卵巢子宫切除术。

七、马属动物妊娠毒血症

（一）诊断要点

1. 胎儿过大是最主要原因，特别是在怀骡驹时。此外，与缺乏运动、饲养管理不当等有密切关系。

2. 产前食欲不佳并发展到顽固性食欲废绝，可视黏膜呈红黄色或橘红色。口干舌燥，苔黄腻，严重时苔色青黄或淡白。初期腹胀、便干燥，粪球硬小量少，表面有淡黄色黏液，后期呈稀糊状或黑水。肠音微弱或完全消失。

3. 尿浓色黄，呈酸性和酮尿，血脂高，淋巴细胞减少，嗜酸性粒细胞下降；马血浆为暗黄色奶油状（正常为淡黄色），驴血浆呈程度不同的乳白色、浑浊、表面带有灰蓝色；麝香草酚浊度试验阳性，谷草转氨酶、黄疸指数、胆红素总量明显升高；血糖和白蛋白减少，球蛋白增多。

4. 少数病例伴发蹄叶炎。

（二）治疗

1. 驴用 10％葡萄糖 1 000 mL、12.5％肌醇 20～30 mL、维生素 C 2～3 g，静脉注射，1～2 次/d；马将肌醇用量增加 0.5～1 倍；坚持用药，直至食欲恢复，不宜频繁更换药物，否则导致不良后果。

2. 马用复方胆碱片（0.15 g/片）40～60 片、酵母粉 20～30 g、磷酸酯酶片（0.1 g/片）15～20 片、稀盐酸 15 mL，混合后灌服，1～2 次/d；用于驴时，前两种药用量减半。

3. 病初可视黏膜呈橘红黄色、口干、苔黄腻、粪球硬小、尿少色黄时，用龙胆泻肝汤加味：茵陈 60 g、栀子 30 g、柴胡 30 g、胆草 60 g、黄芩 20 g、半夏 15 g、陈皮 20 g、苍术 30 g、厚朴 30 g、车前 20 g、藿香 30 g、甘草 15 g、滑石 30 g（另包），煎汤去渣，加滑石及蜂蜜 25 g，灌服。

4. 病的中后期，可视黏膜严重黄染、苔白、舌色淡，用强肝汤：党参 60 g、黄芪 45 g、当归 30 g、白芍 25 g、生地 30 g、山药 30 g、黄精 25 g、丹参 30 g、郁金 30 g、泽泻 25 g、茵陈 45 g、板蓝根 30 g、山楂 60 g、神曲 60 g、秦艽 20 g，煎服。

八、孕畜截瘫

（一）诊断要点

1. 牛一般在分娩前 1 个月左右逐渐出现运动障碍。最初仅见站立时无力，两后肢经常交替负重；行走时后躯摇摆，步态不稳；卧下时起立困难。以后症状增重，后肢不能起立。

2. 临床检查，后躯无可见的病理变化，触诊无疼痛表现，反应正常。如距分娩时间尚久，患病时间长，可能发生褥疮及患肢肌肉萎缩；有时伴有阴道脱出。通常无明显全身症状，但有时心跳快而弱。分娩时，母牛可能因轻度子宫捻转而发生难产。

3. 注意与胎水过多、子宫捻转、损伤性胃炎、风湿病、酮血病、骨盆骨折、后肢韧带及肌腱断裂等鉴别。

（二）治疗

1. 对缺钙引起的截瘫，牛可静脉注射 10％葡萄糖酸钙 200～500 mL 及 5％葡萄糖 500 mL，隔日 1 次，有良好效果；也可隔日 1 次静脉注射 10％氯化钙 100～300 mL 及 5％葡萄糖 500 mL。为了促进钙盐吸收，可肌内注射骨化醇（维生素 D_2），牛 10～15 mL（1 mL 含 40 万 U）；或维生素 AD，牛 10 mL（1 mL 含维生素 A 5 万 U，维生素 D 5 000 U），猪、羊 3 mL，隔两日 1 次。肌内注射维丁胶性钙，猪 1～4 mL，隔日 1 次，有良效，2～5 d 后运动障碍症状即有好转。如有消化紊乱、便秘、瘤胃膨气等，应对症治疗。

2. 对缺磷的患病动物可静脉注射磷酸二氢钾。

3. 如距分娩已近，且因发生褥疮而有引起全身感染的危险时，可人工引产，以挽救母畜。

4. 治疗常需较长的时间，必须耐心护理，并给以含矿物质及维生素丰富的易消化饲料，给患病动物多垫褥草；每日翻转数次，并用草把等摩擦腰荐部及后肢，促进后肢的血液循环。患病动物有可能站立时，每日应抬起几次；马可用吊床吊起，以便四肢能够活动，促进局部血液循环，防止发生褥疮。抬牛的方法是在胸前及坐骨粗隆之下围绕四肢捆上一条粗绳（拉紧），由数人站在病牛两旁，用力抬绳，只要牛的后肢能够站立，就能把它抬起。

第二节　分娩期疾病

一、阵缩及努责微弱

（一）诊断要点

1. 原发性病例表现为已到分娩期，并具有分娩前症候，但阵缩及努责弱而短，长时间排不出胎儿，有时分娩现象很不明显。阴道检查，子宫颈完全开张，黏液塞已完全软化，在子宫前可摸到胎儿。

2. 继发性病例表现为已出现正常分娩的阵缩和努责，但由于某种原因造成难产而长时间排不出胎儿。致使动物过度疲劳，阵缩及努责逐渐减弱。通过外部及阴道检查，确定子宫内有胎儿。

（二）治疗

1. 子宫颈完全开张的原发性病例，按助产的一般方法，缓缓拉出胎儿，猪、羊、犬还可配合腹部按摩。小动物在子宫颈开张，胎儿无异常胎势、胎位、胎向时，可肌内或皮下注射催产素，猪 10～20 U，犬 5～10 U，猫 4～5 U，羊 10 U；如子宫收缩无效，又无法拉出胎儿，可行剖腹术。大动物不宜用药物催产。

2. 继发性病例，如果继发在难产过程中，即按难产原则助产，除去病因和抽出胎儿。

二、阵缩及努责过强

（一）诊断要点

分娩时动物强烈努责，有时过早排出胎儿，但常发生子宫脱。胎势、胎向及胎位不正或胎儿头过大、产道狭窄时，会使胎儿窒息，或造成子宫或阴道破裂。

（二）治疗

最简单的方法是慢慢牵遛 15 min，或用指端掐其背部皮肤。动物卧地时，可提高后躯，减少子宫与骨盆部的接触和对骨盆部的压迫。也可使用镇静剂，马、牛静脉注射 5％水合氯醛 200～400 mL，牛可口服白酒 1 000 mL 左右。如果胎儿异常或产道狭窄造成难产，宜进行助产。

三、阴门及阴道狭窄

（一）诊断要点

1. 阴门狭窄时，分娩时阴门扩张不大，在强烈努责下，胎儿唇部和蹄尖出现在阴门外而不能通过，外阴部被顶出，在努责间歇期，外阴部又恢复原状。努责过强时，可引起会阴破裂。

2. 阴道狭窄时，阵缩及努责正常，但胎儿久不露出产道。阴道检查可发现狭窄的部位及其原因，并在其前部可摸到胎儿。

（二）治疗

在阴门黏膜涂布或向阴道内灌注润滑油或温肥皂水，然后用产科绳缓缓牵拉胎头及前肢；尽量用手扩张阴门或在胎儿与阴道之间扩张阴道；拉出胎儿无效时，应切开狭窄部，胎儿排出后按常规手术处理；或施行截胎术。阴门及阴道内有较大的肿瘤，妨碍胎儿产出时，须切除肿瘤。

四、子宫颈狭窄

（一）诊断要点

具有全部分娩表现和正常的阵缩、努责，但不露出胎膜及胎儿。产道检查发现产道柔软而有弹性，但与子宫颈之间有明显界限。如果努责强烈，可引起阴道脱出。

（二）治疗

1. 子宫颈扩张不全时，如果阵缩与努责不强、胎囊未破，应稍加等待，同时用穿刺针在子宫颈分点注射苯甲酸雌二醇或5%可卡因或涂擦颠茄软膏，以扩张子宫颈。达到一定程度后，可用产科绳缓慢地拉出胎儿。

2. 子宫颈不能扩张时，根据实际情况选择剖腹产或子宫颈切开术。

五、子宫扭转

（一）诊断要点

1. 发生在妊娠末期时，动物表现不安，腹痛，食欲废绝，脉搏及呼吸加快，但体温正常。发生在分娩时，阵缩及努责正常，但久不露出胎膜及流出胎水。

2. 一侧阴唇稍缩入阴道内及有皱襞、阴道腔变窄呈漏斗状、深处有螺旋状的黏膜皱襞（有时胎膜及胎儿一部分被扭在皱襞中）是本病的特征。

3. 在子宫颈之前发生扭转时，阴道变化不明显。直肠检查可摸到子宫体上扭转的皱襞和紧张的子宫襞；一侧子宫系膜紧张，其中血管怒张，搏动异常强盛。在扭转严重时，血管搏动可消失。

4. 根据阴道皱襞走向判定子宫扭转的方向。如果阴道皱襞从左后上方向前下方并向右行，是子宫向右侧扭转，反之则向左侧扭转。

（二）治疗

1. **产道矫正法**　适于分娩过程中扭转程度较小并且手能够通过产道握住胎儿的情况。站立保定，取前高后低体位，必要时行后海穴麻醉；手握胎肢，向相反方向扭转胎儿，可扭正子宫。如有困难，可用肩在右下腹部往上顶数次（右侧扭转时）。

2. **翻转母体法**　动物取侧卧位，子宫向哪一侧扭转，哪一侧着地；将两前肢及后肢分别缚在一起，分别系上长绳，以便牵拉翻转。术者统一指挥，每转一次，必须检查子宫是否复位。

3. **剖腹法**　在上述方法无效时，可使用剖腹矫正或剖腹取胎术。

六、胎儿性难产

（一）胎儿过大

1. **诊断要点**　动物阵缩及努责正常，有时尚见两蹄尖露出阴门外，但胎儿不能娩出。

胎儿胎势、胎向、胎位及母体产道均无异常，只是胎儿过大，充塞于产道内。

2. 治疗　无论是正生或倒生，当胎儿过大而不能拉出时，可选择截胎术或剖腹产术。

（二）双胎难产

1. 诊断要点　双胎或多胎妊娠的动物，有时两个胎儿的各一部分同时挤入产道，通常是一个正生和一个倒生，要将2个胎儿分辨清楚，才能做出正确的诊断。应与双胎畸形、胎儿竖腹向相鉴别，可用牵引术帮助鉴别。

2. 治疗　原则上先推回一个胎儿，再拉出另一个，然后再将推回的胎儿拉出。如有胎位不正者，先拉出胎位正者，然后矫正，再拉出另一个。在助产过程中，必须将2个胎儿的肢体分辨清楚，在推回胎儿时要注意不使子宫破裂。产程过长、矫正及牵引困难时，行截胎术或剖腹术。

（三）胎儿畸形

1. 胎儿水肿

（1）诊断要点　产道检查可发现胎儿前置器官充满产道中，呈面团状，在皮肤较松的地方，有波动感。

（2）治疗　对全身性水肿的胎儿，可先在肿胀的部分作多处切口，排除积水，缩小胎儿体积后拉出，如拉出困难，立即施行截胎术或剖腹术。对局部性水肿的胎儿，可在截除水肿的肢体后拉出。

2. 胎儿腹腔积水

（1）诊断要点　产道检查，倒生时可摸到胎儿因腹水过多而使腹壁非常紧张，腹围增大；正生时，只有在助产过程中才能做出诊断。

（2）治疗　切开胎儿腹腔，排除积水，缩小胎儿体积后拉出；如为正生胎儿，可先截除一前肢，再摘除内脏，排除腹水后牵引出胎儿。

3. 胎儿裂腹畸形

（1）诊断要点　牛最常见，典型的裂腹畸形是胎儿下腹壁沿中线裂开，腹内甚至胸内器官位于体外，后躯折于背部，头部与荐部互相靠在一起；非典型的裂腹畸形是胃肠道暴露于腹部外面。产道检查可摸到胎儿的内脏和硬结的关节、躯干，有的甚至可见到胎儿的内脏突出于阴门外。注意与子宫破裂相区别。

（2）治疗　先除去畸形胎儿的内脏，用牵引术将其拉出，特别注意防止胎儿的骨质部分损伤产道。胎儿不能拉出时，行截胎术或剖腹术。

4. 胎头积水

（1）诊断要点　临床常见于猪、牛和犬。胎儿脑腔内大量积水，颅骨变薄，触诊时，胎头异常增大，头顶部柔软而波动。

（2）治疗　先切开颅部皮肤及脑膜，排出积水，颅骨即塌陷，然后拉出胎儿。

（四）胎势异常

1. 头颈姿势异常

（1）诊断要点　主要有头颈侧弯、头颈下弯、胎头后仰和头颈捻转，其中以头颈侧弯最为常见。

头颈侧弯：从阴门伸出一长一短的两前肢，不见胎头露出；在骨盆前缘或子宫内，可摸到转向一侧的头颈，通常是转向前肢伸出较短的一侧。

头颈下弯：阴门外仅能看到两前蹄尖，胎头在耻骨前缘的两前肢间弯于胸前；由于下弯程度不同，可摸到额部、枕部或颈部。临床较少发生，常为错误的牵引所致。

胎头后仰：在产道内可摸到两前肢和后仰的颈部气管轮，再向前可摸到下颌向上的胎头。临床少见。

头颈捻转：两前肢进入产道，在产道内可摸到处于两前肢之间或下方、下颌向上的胎头。常见于头颈侧弯时的助产错误。

（2）治疗　矫正胎势异常时，母体取前低后高的保定体位；如胎水丢失严重，向子宫内注入润滑剂；将润滑过的手臂伸入产道内进行；单独用手无法矫正时，最好行硬膜外麻醉并借助器械进行矫正。

头颈侧弯：较轻的，用手握住胎儿唇部、下颌骨体或眼眶，稍推胎头，即可拉正胎头；也可用手推胎儿的颈基部，腾出一些空间后，立即握住唇部、下颌或眼眶拉出胎头。较重的，把产科柽叉顶在胎儿胸前和对侧前腿（如头颈弯于自身右侧时是左前腿）之间，向前并向对侧推动胎儿，用手拉住胎儿唇部或下颌骨支将胎头扳正；也可在推动胎儿的同时，用手的中间三指将单绳套带入子宫，套住下颌骨体拉紧，由助手拉绳扳正胎头。头颈侧弯严重的，借助绳导，使用双绳套，将绳子绕在颈部，并拉出产道外，将两绳端穿于绳套内，并稍拉紧，即成一单滑结；然后将颈部的两段绳子之一用手推移至胎儿颜面部或口角内，在用手或产科柽向前推动胎儿的同时，由助手配合拉绳可拉正胎头。胎儿死亡的，可用产科长钩钩住眼眶拉头矫正。以上方法不能奏效时，可行截胎术或剖腹术。

头颈下弯：较轻时，用手钩住胎儿唇部或下颌，向前推或向上抬，再向后牵拉胎头即可。严重时，可用产科柽抵于颈部向前推动胎儿，同时用手握住下颌，上抬后拉胎头。无法矫正时，可行截胎术。

胎头后仰：动物取站立保定易于矫正。先用产科柽叉在胎儿胸前向前推进胎儿，同时用手握住下颌部，左右摇动，先将胎头变为头颈侧弯；也可用单绳套套住下颌，或用带绳的产科短钩钩住眼眶，在推动胎儿的同时，拉成头颈侧弯，再行矫正。如矫正无效且胎儿死亡，宜行截胎术。

头颈捻转：先将胎头推入子宫内，然后用手扭正胎头，再拉入产道。胎儿死亡和无法矫正时，宜行胎头缩小术和截胎术。

2. 前肢姿势异常

（1）诊断要点

腕关节屈曲：一侧腕关节屈曲时，从产道伸出一前肢；两侧腕关节屈曲时，两前肢均不能伸出产道。在产道内或骨盆前缘可摸到正常的胎头及弯曲的腕关节。

肘关节屈曲：肘关节未充分伸直，致肘关节及肩关节同时屈曲。在产道内可发现不正肢的蹄位于胎头颌下，肘关节位于肩关节之下或后方。

肩关节屈曲：在阴门外可能看到胎儿唇部或蹄尖，如已向外拉过胎儿头部，则可能在阴门外看到部分或全部胎头；产道检查可摸到胎头及屈曲的肩关节。

足顶位：在产道内可发现两前肢位于胎头上面，努责过强时，蹄子易损伤阴道。

（2）治疗

腕关节屈曲：动物取前低后高的姿势，使胎儿前移；助手用产科柽抵在胎儿胸前和不正肢的肩端之间向前推，将胎儿推回子宫后，术者用手钩住蹄尖或握住系部尽力往上抬，或握住掌部上端向前向上推，并向后向外侧拉，将蹄拉入产道。上述方法有困难时，可将绳套套在系部或借导绳器绕在系部，术者用手握住掌部上端向上并向里推的同时由助手拉绳子，将屈曲肢拉直，注意避免损伤产道。马和羊胎儿不太大、矫正有困难时，可将屈曲的腕关节尽力推向子宫，使之向后伸，变为肩部前置，然后拉头及正常肢，将胎儿拉出。

肘关节屈曲：用手或产科梃向前推动异常前肢的肩端，用另一手或绳子拉动蹄部，即可将异常肢拉直。

肩关节屈曲：一侧肩关节屈曲且胎头进入骨盆不深时，用产科梃叉顶在胎儿胸前与对侧前腿之间向前推入胎儿，术者同时用手握住腕部稍上方后拉，使之变成腕关节屈曲；也可借绳导将绳子缚在前臂下端，术者用手向前推动胎儿，由助手牵绳将其拉成腕关节屈曲，再按腕关节屈曲进行矫正；如果胎头已露出阴门，不易推回且胎儿较小或骨盆腔较大，可不加矫正，用绳拉出胎儿。两侧肩关节屈曲时，按上述方法分别矫正；若胎儿已死，肩端楔入盆腔较深，且胎头已露出或被拉出阴门外，肿胀严重，可先将头截除，推回胎儿，再矫正为腕部前置。

足顶位：向旁拉前肢并向下压，同时上抬下颌，就可拉正前肢。如遇到困难，可用绳缚在系部，先将胎儿向前推入，然后向旁拉绳，就可拉下该肢。

3. 后肢姿势异常

（1）诊断要点

跗关节屈曲：一肢跗关节屈曲时，从产道伸出一后肢，蹄底向上，而双侧跗关节屈曲在阴门处什么也看不到。产道检查时可摸到尾巴、肛门、臀部及屈曲的跗关节。

髋关节屈曲：一侧髋关节屈曲，从阴门伸出一蹄底向上的后蹄，检查时可摸到尾巴、肛门、臀部及向前伸直的一后肢。两侧髋关节屈曲，可摸到尾巴、肛门、坐骨结节及向前伸的两后肢。

（2）治疗

跗关节屈曲：助产方法与正生时腕关节屈曲基本相同。用产科梃抵在坐骨弓与尾根之间，向前推入胎儿，助产者顺次握住系部及至蹄子尽力向上抬，然后使蹄部伸入产道。也可将绳子缚在异常肢的系部，术者用手握住跗关节下方向上向前推，由助手拉绳可拉直该肢。当矫正有困难时，也可推动跗关节使之变为髋关节屈曲，然后不经矫正即拉正常肢及套在屈曲肢的绳子，可拉出胎儿。上述方法不能奏效且胎儿死亡时，行截胎术，截断屈曲的跗关节。

髋关节屈曲：方法大致与正生时肩关节屈曲相同。在用力推动胎儿后，用手握胫骨下端或用绳缚住胫骨下端往后拉，使之变为跗关节屈曲。如果胎儿不大，无论一侧性的或两侧性的都不经矫正，可强行拉出；一侧性的，可拉缚在正常肢及套在屈曲肢的绳子；两侧性的，可用两条绳子分别在两侧大腿与骨盆之间，并将两侧的绳子扭在一起，用力拉绳子拉出胎儿。当胎儿已死，而且不易矫正或拉出时，宜截除不正肢。

（五）胎位异常

1. 侧胎位

（1）诊断要点 进入产道的两蹄底向着左侧或右侧，有正生和倒生之分。正生时，下颌向着一侧，且多数病例两前肢和头颈是屈曲的，不伸入骨盆；倒生时，两后肢常屈曲，偶有伸入产道的，根据跗关节确定后肢，可摸到臀部向着侧面。要特别注意胎位异常是否与子宫捻转有关。

（2）治疗　正生侧位时，先用绳缚好两前肢，助产者用手拉下颌的同时，由两助手分别牵绳拉两前肢，拉上侧肢的要向胎儿腹部一侧的侧下方用力拉，拉下侧肢的少用力，在胎儿通过产道时就可转成上胎位而顺利通过产道；在拉胎儿的过程中，术者用手握住下侧肢的前臂向上抬，更有利于胎儿转变胎位。倒生侧胎位时，一般不需矫正；术者可向上抬位于下面的一个髋结节或膝关节，同时助手用力拉上部的后肢。

2. 下胎位

（1）诊断要点　胎儿仰卧于子宫及产道内。正生时两前肢蹄底向上，倒生时两后肢蹄底向下，向前可摸到胎儿胸骨或下腹。

（2）治疗　首先要使胎儿变为上胎位。如果头部和两前肢或后肢是屈曲的，先将头部和两前肢或后肢扳直拉入盆腔，用绳子缚好头及前肢，倒生时缚好两后肢，然后将胎儿推回子宫；把右前肢或右后肢拉直伸入产道，然后用手钩住胎儿鬐甲部或尾根部向上抬，使胎儿变为左侧位，再钩住下面的左前肢肘部或左后肢的跗部向上抬，即可使胎儿基本上变为上胎位；正生时，将胎头逆时针转正拉入骨盆腔，最后把左前肢拉入盆腔，即可拉出胎儿。此外，倒生时可于两后肢间插入木棒，并用绳缚好，然后两手握木棒扭转胎儿，即可将胎儿扭成侧胎位乃至上胎位。再有，可采用翻转母体矫正下胎位的方法，适于站立保定翻转胎儿困难或动物不愿站立和难产时间较长、胎水流失、子宫缩小、胎儿挤在盆腔入口处而使矫正困难的病例；先向产道内灌入大量润滑剂，将胎儿一前肢变为腕关节屈曲或一后肢变为跗关节屈曲后，紧握掌部或跗部固定，然后将母体向一侧迅速翻转，未能矫正时，可重复进行。

（六）胎向异常

1. 横背向

（1）诊断要点　在骨盆入口的前缘，胎儿横卧于子宫内，其背部对向骨盆入口。手在骨盆入口处可摸到胎儿背腰部脊椎棘突的顶端，沿脊柱向前、后及两侧触诊，可触摸到肋骨、鬐甲、腰横突、髋结节、荐部，即可做出诊断。

（2）治疗　如果后躯靠近骨盆入口，宜用锐钩钩于荐骨下肌肉内，然后一面推入前躯，一面将胎儿拉向产道，再将后肢拉正，拉出胎儿。如果前躯靠近骨盆入口，就应拉头及两前肢，推入后躯。无法拉出胎儿时，宜行截胎术或剖腹产术。

2. 纵背向

（1）诊断要点　产道检查时发现胎儿背部对向产道，头及前肢在上，后肢在下。

（2）治疗　一般应先拉前躯，推入后躯。先用助产绳缚好头部及两前肢，由助手牵拉，助产者以手将胎儿推入子宫深部，使之变成正生下胎位；如果后躯靠近骨盆入口，应先推前躯，并牵拉两后肢，使之变成倒生，然后矫正，拉出胎儿。无效时宜行截胎术和剖腹产术。

3. 横腹向

（1）诊断要点　产道检查时，可发现胎儿横卧于子宫内，腹部对向骨盆入口，四肢均进入产道。

（2）治疗　如果头及两前肢接近产道，可推入后躯，拉头及两前肢，使之变成正生侧胎位。如后躯进入产道较多，则先用助产绳缚好两后肢，再以手或产科桄推入胎儿前躯，同时拉拴于后肢的绳子使胎儿变成倒生的侧胎位，然后矫正，拉出胎儿。上述方法无效时，宜行截胎术或剖腹产术。

4. 纵腹向

（1）诊断要点　头及两前肢进入产道，胎如正常正生姿势，但其两后肢也进入产道，呈犬坐姿势。沿胎儿腹下向内可摸到进入产道的两后肢。

（2）治疗　将进入产道而置于胎儿腹下的两后肢推回耻骨前缘之下，进入子宫内，然后按正生顺产，拉头及两前肢。如无法推回两后肢，在胎头、个体不甚大的情况下，可将两后肢拉直，或推回一后肢，拉直一后肢，然后由助手拉头、两前肢及后肢，可拉出胎儿。此时应将后肢尽力上抬，以免挫伤产道。

七、子宫破裂

（一）诊断要点

1. 子宫不完全破裂时不易被发现，有时可发现经产道流出鲜红血液，通过产道仔细触诊可发现损伤处。

2. 分娩中发生子宫完全破裂时，努责突然停止或减弱，有时从阴道流出血液，如流入腹腔则不易发现；失血过多时，出现贫血症状，经产道检查可发现破裂口。

3. 子宫穿孔较小时不易发现，但可发生严重的弥散性腹膜炎。

（二）治疗

1. 在分娩时，如为不完全破裂，需立即取出胎儿及胎衣，肌内注射缩宫素或麦角注射液，同时全身应用止血药，向子宫内投入抗生素。产后禁止冲洗子宫。

2. 完全破裂而破裂口不大时，可从产道带入针及缝线进行缝合，缝线要长，在产道外打结，然后将结推入拉紧；缝好后向子宫内投入抗生素。破裂口较大时，行剖腹产术。

3. 出现急性贫血症时，进行输液和输血。为预防发生腹膜炎及败血症，全身应用抗生素和磺胺类药。

第三节　产后期疾病

一、胎衣不下

（一）诊断要点

1. 整个胎衣不下时，从阴门垂下带状胎衣，马通常为灰白色，表面光滑，绒毛膜部分外露时，呈暗红色，上密布绒毛；牛、羊胎衣脱出的部分呈土红色，表面有许多大小不等的胎儿子叶，无子叶区为灰白色，表面光滑。

2. 部分胎衣不下不常见，仔细检查排出的胎衣，根据绒毛膜破口的断端不相吻合及胎囊子宫角部分不完整，即可诊断。必要时，将手伸入子宫触摸残留的胎膜。

3. 胎衣不下经 1～2 d 后，可因胎衣腐败、子宫内膜炎、毒物被吸收而呈现全身中毒现象，严重者可并发产后败血症。牛和羊对胎衣不下不很敏感，马和犬敏感，猪居中。

4. 犬胎衣不下偶见于小品种犬。如犬在产后 12 h 内持续排出黑绿色液体，触诊子宫内有一个鸡蛋样的团块，即应怀疑发生了胎衣不下。

（二）治疗

在确诊胎衣不下之后要尽早进行药物治疗。对于阴门处悬吊有胎衣者，不可在胎衣上拴重物扯拉，也不能将胎衣从阴门处剪断。

1. 药物疗法

（1）全身疗法　早期肌内注射抗生素；出现体温升高、产道创伤或坏死情况时，还应根据临床症状的轻重缓急，增大药量，或改为静脉注射，并配合应用支持疗法。特别是对于小动物，全身用药是治疗胎衣不下必不可少的。

（2）局部疗法　向子宫腔内投放磺胺类或其他抗生素，药物应投放到子宫黏膜和胎衣之间。每次投药前应轻拉胎衣，检查胎衣是否已经脱落，并将子宫内聚集的液体排出。隔日投药1次，共1～3次。子宫颈口如已缩小，可先肌内注射雌激素，使子宫颈口开放，排出腐败物，然后再放入防止感染的药物，可每日或隔日注射1次，共2～3次。

（3）辅助疗法　向子宫内投入天花粉蛋白，可促进胎盘变性和脱落；或胰蛋白酶，可加速胎衣溶解过程；或食盐，能减轻胎盘水肿和防止子宫内容物被机体吸收，并且刺激子宫收缩。

（4）促进子宫收缩　肌内或皮下注射垂体后叶素或催产素，牛40～80 U，猪、羊5～10 U，2 h后重复一次；马可缓慢地静脉滴注40～50 U。这类制剂应在产后尽早使用，对分娩后超过24 h或难产后继发子宫弛缓者，效果不佳。猪可皮下注射0.2～0.4 mg麦角新碱；牛可静脉注射200～300 mL 10%盐水。另外，给牛灌服3 L羊水，也可促进子宫收缩，6 h内不能排出胎衣时可重复应用。马如没有出现全身症状，从产后12 h起每隔2～3 h注射40～100 U催产素。注射后马常出现腹痛症状，特别是在胎衣排出之前腹痛比较剧烈，可用镇静剂进行缓解。

（5）内服中药　参灵汤：黄芪30 g、党参30 g、生蒲黄30 g、五灵脂30 g、当归60 g、川芎30 g、益母草30 g、共为末，开水冲，灌服；淤血而有腹痛时，加醋香附25 g、泽兰叶15 g、生牛膝30 g。活血祛瘀汤：当归60 g、川芎25 g、五灵脂10 g、桃仁20 g、红花20 g、枳壳30 g、乳香15 g、没药15 g、共为末，开水冲，黄酒200～400 mL为引，灌服；适于体温升高、努责不安的动物。

2. 手术疗法　在剥离胎衣之前，如无特殊需要，不要进行阴道检查。病牛体温超过39.4 ℃时，不可进行剥离，应采用药物疗法。马如果食欲、体温和脉搏正常，在注射过抗生素之后，就应立即进行剥离，不可等待自行排出，以免延误时机。

（1）一般方法　首先将阴门外悬吊着的胎衣理顺，并轻拧几圈后握于左手，右手沿着它伸进子宫进行剥离。剥离要按顺序，由近及远螺旋前进；并且先剥完一个子宫角，再剥另一个。在剥胎衣的过程中，左手要把胎衣扯紧，以便顺着它去找尚未剥的胎盘，尤其是达到子宫角尖端时更要这样做。为防止已剥出的胎衣过于沉重把胎衣拽断，可先剪掉一部分。位于子宫角尖端的胎盘最难剥离，可轻拉胎衣，使子宫角尖端向后移或内翻以便于剥离。

（2）牛胎盘的剥离方法　在母体胎盘与其蒂交界处，用拇指及食指捏住胎儿胎盘的边缘，轻轻将它自母体胎盘上撕开一点，或者用食指尖把它抠开一点，再将食指或拇指伸入胎儿胎盘与母体胎盘之间，逐步把它们分开，剥得越完整效果越好。辨别一个胎盘是否剥过的依据是：剥过的胎盘表面粗糙，不和胎膜相连；未剥过的胎盘和胎膜相连，表面光滑。如果一次不能剥完，可在子宫内投放抗菌防腐药物，等待1～3 d再剥或留下让其自行脱落。

（3）羊胎衣的剥离方法　握住母体胎盘将胎儿胎盘向外挤。羊个体较小，手进入子宫有困难，不便操作。

（4）马胎衣的剥离方法　在子宫颈内口，找到尿膜绒毛膜破口的边缘，把手伸进子宫黏膜与绒毛膜之间，用手指尖或手掌边缘向胎膜侧方轻轻用力向前伸入，即可将绒毛膜从子宫黏膜上分离下来。另一办法是将手伸进胎膜囊中，轻轻按摩尚未分离的部位，使胎衣脱离。当子宫体部分的尿膜绒毛膜剥下之后，其他部分可随之而出，而且粘连往往仅限于这一部分。此外，也可以拧紧露在外面的胎衣，然后把手沿着它伸入子宫，找到脐带根部，握住后轻轻扭转拉动，这样绒毛即逐渐脱离腺窝，使胎衣完全脱落下来。马部分胎衣不下时，应仔细检查已脱落的胎衣，确定未下的是哪一部分，然后在子宫找到相应部位将它剥下来。如果不能一次将胎衣全部剥离，可继续进行抗生素和支持疗法，等待 4～12 h 后再行剥离。

（5）猪胎衣不下处理　猪对催产素不敏感，而剥离胎衣又有困难。使用抗生素疗法可以防止感染，避免引起死亡，使其保持繁殖能力可试行剖腹，在腹中隔着子宫将胎衣推到子宫颈处取出；为挽救病猪生命，也可进行子宫切除术。

（6）犬胎衣不下处理　当怀疑犬发生胎衣不下时，可伸一手指进入阴道内探查，找到脐带后轻轻向外牵拉，在多数情况下可将胎衣取出。也可用包有纱布或药棉的镊子在阴道中旋转，将胎衣缠住取出。或将病犬前身提起加大腹腔压力，按摩腹壁，也可能使胎衣排出。无效时，可间隔几小时重复 1 次。上述尝试失败时，及早进行剖腹术。

二、子宫内翻及脱出

（一）诊断要点

1. 子宫内翻时，产后动物表现不安，努责举尾，并有起卧等腹痛症状，产道内检查可发现子宫角套叠于子宫或阴道内，触摸时，动物疼痛加剧；直肠检查可发现肿大的子宫角似肠套叠，子宫阔韧带紧张；发生子宫坏死及败血性子宫炎时，全身症状明显。

2. 子宫全脱时，子宫脱垂于阴门外，呈椭圆形袋状物，一般是孕角脱出，有时为一大一小两角。

（二）治疗

1. 动物取站立保定，使其后肢站于高处；对不能站立的动物，尽可能垫高后躯。保定前应排空直肠内粪便，防止整复时排粪，污染脱出的子宫。

2. 子宫内翻时，消毒手臂，将手伸入子宫内，手指蜷曲呈半握拳式，在动物不努责时，轻轻向前推压套叠的子宫角，使之复位。复位后的感觉是凸出的圆柱状物消失，腹痛不安症状消失。

3. 子宫全脱时，用 0.1% 高锰酸钾或新洁尔灭溶液冲洗脱出的子宫及阴门部（有胎衣附着时，先剥离胎衣，如剥离困难且易引起母体组织损伤时，可不剥离，整复后按胎衣不下处理）。子宫黏膜受损时，可涂以抗菌防腐药，但对大的创伤，应缝合并涂碘甘油。子宫黏膜肿胀严重时，可先用 3%～5% 明矾溶液清洗或直接撒布明矾粉，使肿胀减轻，便于整复。然后用无菌绷带将脱出的子宫自下而上缠绕起来，由一助手将其托起。在动物不努责时，一面将脱出的子宫缓缓地推入阴道，一面松解绷带，使其恢复原位。犬猫整复时，可由助手提起其后肢，由术者进行整复。

4. 整复后，向子宫内投入防腐抑菌药物，并注射催产素等促进子宫收缩的药物。能站立的动物应给予适量的运动。

5. 对无法整复的子宫脱出，可实施剖腹术，通过腹腔整复。

6. 对子宫脱出时间已久，无法送回，或者有严重损伤及坏死，整复后有引起全身感染、导致死亡的危险，可将脱出的子宫切除。

三、产后截瘫

（一）诊断要点

分娩后，母畜后肢不能站立，即使抬起也不能站立，表现后躯无力，或后肢站立困难，行走时有跛行症状。通常无全身症状，皮肤痛觉反射也正常，临床检查无髋关节及股胫关节脱位，骨盆骨折及腰椎损伤等。

（二）治疗

1. 对难产引起的截瘫，用针灸及药物穴位注射疗法有较好的效果。针灸或电针百会、肾俞、肾棚、巴山、大胯、小胯、汗沟、邪气等穴，大动物皮下或穴位注射 0.2% 硝酸士的宁 5～10 mL，或维生素 B_1 注射液 10 mL；同时，再用糖皮质激素药物，肌内注射地塞米松 10～30 mg 或氢化可的松 0.2～0.5 mg，加入 5% 葡萄糖静脉注射，能加速疾病的恢复。

2. 因缺钙或缺磷引起的产后截瘫，可按孕畜截瘫处理。

3. 一般要经过较长时间才能看出治疗效果，加强护理特别重要。护理内容参见孕畜截瘫。

四、产后败血症

（一）诊断要点

动物除有局部感染症状外，精神高度沉郁，食欲减损或废绝。体温突然升高，呈稽留热。结膜初呈黄红色，后发绀，有时可见小的出血点。常表现有腹膜炎症状，腹壁紧缩，触诊敏感。后期出现腹泻，脱水症状。濒死时不能站立，体温下降。

（二）治疗

1. 对生殖器官的原发病灶，可按急性子宫内膜炎、阴道炎、乳房坏疽等处理。为使子宫内容物排出，可注射雌激素或子宫收缩剂。禁止冲洗子宫。全身应用抗生素或磺胺类药物。

2. 为了增强机体抵抗力，促使血中有毒物质排出和维持组织所必需的水分。大动物可静脉输入 5% 糖盐水 3 000～6 000 mL，5% 碳酸氢钠 1 000～2 000 mL（消除酸中毒）、维生素 C、葡萄糖、钙剂等，同时肌内注射复合维生素 B。

五、阴道及阴门损伤

（一）诊断要点

动物表现不安、举尾及努责。阴道检查可发现损伤的部位及程度。阴道后上壁完全破裂时，盆腔脂肪组织脱出，经久会由于炎症刺激使结缔组织增生充塞阴道；阴道下壁破裂时，易伴发膀胱脱出；破裂发生在阴道侧壁时，易损伤大血管而发生大出血；阴道前端破裂时，往往发生肠管及网膜的脱出，易继发腹膜炎。

（二）治疗

1. 阴道非透创性损伤时，按一般外科方法处理（胎儿尚未产出时，应先设法取出胎儿），并向阴道内注入抗生素或磺胺类药物，或者在阴门两侧注射抗生素；如形成脓肿，应待其成熟后切开排脓，并按化脓创进行外科处理。阴门撕裂时，在清除坏死和损伤严重的组织后，进行缝合。

2. 阴道破裂并伴有大失血时，应立即结扎止血。对从破裂口脱出的膀胱、肠管、网膜等，先用青霉素生理盐水或消毒液进行彻底清洗，涂以抗菌药液，然后还纳腹腔并向腹腔注入大量抗生素；膀胱脱出时，应先穿刺排尿；脂肪脱出时，可将其剪掉。将脱出的组织或器官复位后，立即缝合阴道创口。如操作中动物挣扎不安或努责过强，可镇静或全身麻醉。另外，缝合前不可进行阴道冲洗，缝合后除局部外科处理外，连续大剂量肌内注射抗生素 4～5 d。

六、阴道炎

（一）诊断要点

1. 阴道内流出黏液性或脓性分泌物，严重时流出污红腥臭的稀薄液体。

2. 动物努责、拱背、频繁作排尿动作，重剧的伴有体温升高等全身症状。

3. 阴道内检查可见阴道黏膜肿胀、充血、疼痛等，有时见有阴道黏膜的创伤、糜烂或溃疡。

（二）治疗

1. 用温热的 2％碳酸氢钠、0.1％高锰酸钾洗涤阴道，以排出渗出物。阴道黏膜水肿及渗出物过多时，可用温热的碘溶液、2％～5％高渗氯化钠、3％双氧水、0.1％～0.5％新洁尔灭冲洗阴道。冲洗时应开张阴道，便于冲洗液及时流出，以免引起感染扩散。

2. 洗涤后，黏膜上涂布黄甘油、磺胺软膏、青霉素软膏等。

3. 阴道壁发生脓肿时，可切开排脓，冲洗后注入磺胺乳剂。另外，用 He-Ne 激光每日照射 1 次，可收到良好的效果。

4. 在阴门两侧肌内注射抗生素，效果良好。

5. 伴有全身症状的重剧炎症，采用抗菌、消炎、强心、补液、解毒等对症处置措施。

七、犬、猫产后子痫

（一）诊断要点

1. 直接原因是分娩后血钙浓度急剧下降。健康犬的血钙浓度为 2.1～2.8 mmol/L，如果母犬血钙浓度下降到 1.75 mmol/L 以下，就可发病。

2. 多见于小型易兴奋犬，发生于产后 6～13 d，尤其是产仔多的哺乳犬。发病初期，站立不稳、运动失调，精神高度兴奋，眼结膜潮红；很快出现全身僵直性痉挛症状，体温升高（42 ℃），呼吸短促（150 次/min），心跳加快（180 次/min），头、颈、胸、腹、腰部肌肉强直性痉挛，站立不稳、倒地，呈现角弓反张姿势；眼球持续震颤，口不断地张合，口角处有白色泡沫，反复表现出咀嚼和吞咽动作，舌不停地外伸；触摸时表现出极度恐惧的神态。

（二）治疗

1. 加强护理，保证呼吸道畅通，防止误咽。

2. 用 10％葡萄糖酸钙 5～20 mL，缓慢静脉注射，也可与 5％葡萄糖盐水 250 mL 混合静脉注射。

3. 经补钙后症状无明显缓解时，用戊巴比妥钠按每千克体重 20～30 mg 静脉注射或腹腔内注射。

4. 在 24 h 内将母犬与幼犬隔离，每天口服乳酸钙 0.5～1 g 和维生素 D 0.25 万～

0.5万U;出现消化障碍时,可酌用健胃药。

5. 口服强的松龙每千克体重0.5 mg,1次/12 h,直到断奶为止,可减少复发。

第四节　非传染性疾病所致不孕症

一、子宫颈炎

(一)诊断要点

子宫颈口黏膜弛缓、水肿、充血,并附有絮状黏液或脓液,颈口稍开张。转为慢性时,黏膜肥厚,直肠检查时,可发现子宫颈变粗并坚硬。

(二)治疗

1. 用0.1%高锰酸钾冲洗子宫颈,然后涂以碘甘油或复方碘溶液。

2. 冲洗子宫颈后,向子宫颈或子宫内注入抗生素,或用CO_2激光对子宫颈进行烧灼。

3. 对继发性子宫颈炎,宜及时治疗原发病。

二、子宫弛缓

(一)诊断要点

1. 产后发情迟缓或久不发情,有时虽发情但屡配不孕。全身无明显变化。

2. 产后恶露排出时间延长,卧下时排出较多。慢性时则无恶露。

3. 子宫颈外口弛缓、开张,直肠检查子宫壁厚而软,呈弛缓状态,触之无收缩反应。

4. 由于感染、恶露腐败,易继发子宫内膜炎。

(二)治疗

肌内注射雌二醇20～30 mg(牛),隔日1次,连用2～3次,再配合应用缩宫素或麦角注射液8～10 mL(牛)。此外,可用益母草150～200 g加适量水(牛),煎成黄褐色,灌服,1次/d,连用数次即可。

三、子宫内膜炎

(一)诊断要点

1. 急性子宫内膜炎　多发于产后及流产后,可能出现全身症状。常拱背、努责、取排尿姿势,从阴门中排出黏液性或黏液脓性分泌物,卧下时排出量多;病重者分泌物呈污红色或棕色;在犬和猫,有时分泌物呈黄绿色或黑色,且有臭味;体温升高,精神沉郁,牛、羊反刍减弱或停止,猪常不愿哺乳;犬、猫的体温可升高至39.4～40.5 ℃,表现毒血症症状。直肠检查时,子宫角增大、疼痛,呈面团样硬度,有时有波动,子宫收缩减弱或消失。

2. 慢性子宫内膜炎　可见从阴门经常排出炎性分泌物,并附着在尾根及阴门处;发情正常,但屡配不孕或表现发情异常,不能配孕;阴道检查子宫颈充血、肿胀、松弛,颈口蓄积有炎性分泌物;直肠检查子宫角变粗、壁厚柔软、弹性收缩减弱,或子宫软硬不一致,子宫内有炎性分泌物蓄积时,有波动感。

3. 实验室诊断

(1) 子宫回流液检查　冲洗子宫,镜检回流液,可见脱落的子宫内膜上皮细胞、白细胞或脓球。子宫回流液检查对诊断隐性子宫内膜炎有决定性的意义,可将首次观察未发现异常的回流液静置后检查，如发现有沉淀，或见到有蛋白样或絮状浮游物，即可做出诊断。

（2）发情时分泌物的化学检查　4%氢氧化钠 2 mL，加等量分泌物，煮沸冷却后无色者为正常，呈微黄色或柠檬色者为阳性。

（3）分泌物的生物学检查　在加温的载玻片上分别加两滴精液，一滴中加被检分泌物，另一滴加盐水作对照，镜检精子的活动情况，精子很快死亡或被凝集者为阳性。

（4）尿液化学检查　检查尿液中的组胺含量，形成黑色沉淀者为阳性，褐色或淡褐色者为阴性。

（5）细菌学检查　无菌操作采取子宫分泌物，分离培养细菌，鉴定病原菌。

（二）治疗

1. 子宫冲洗法　常用 0.1%高锰酸钾、0.2%新洁尔灭、1%～5%氯化钠等溶液冲洗子宫。应使用小剂量反复冲洗，直至冲洗液透明为止。充分排出冲洗液后，向子宫内投入抗生素类药物。当子宫颈收缩，冲洗管不易通过时，可注射雌激素。牛产后头几天慎用冲洗法。当子宫壁全层炎、全身症状明显时，不应冲洗子宫，可用抗生素类药物注入，并配合全身治疗。猪、犬、猫等多胎动物，冲入的液体很难排出，一般不提倡冲洗子宫。牛慢性子宫内膜炎时也不提倡冲洗子宫。

2. 药液注入法　在不宜进行子宫冲洗时或冲洗子宫后，向子宫内注入广谱抗菌消炎剂，如青霉素和链霉素、庆大霉素、氟甲砜霉素、卡那霉素、红霉素、氟哌酸等。

3. 中药子宫注入剂　用黄柏、苦参、龙胆草、穿心莲、益母草各等量，制成浸膏。1 次注入量，大动物 40 mL、中小动物 5～10 mL，隔 2 日 1 次，连用 2～3 次。也可用纯中药制剂——宫炎净。

4. 激素疗法　肌内注射雌二醇 20～30 mg，可隔日再注入 1 次。此外，15 -甲基前列腺素 F_{2a}（PGF_{2a}）也有较好的效果，其用量为：马 2～5 mg/次，牛 2～4 mg/次，猪 2～5 mg/次，肌内或子宫内注入。其他 PGF_{2a} 的类似物均可应用。

5. 胸膜外封闭疗法　主要用于治疗牛的子宫内膜炎、子宫复旧不全，对胎衣不下及卵巢疾病也有一定疗效。方法是在倒数第一、二肋间、背最长肌之下的凹陷处，用长 20 cm 的针头与地面呈 30°～35°角进针，当针头抵达锥体后时，稍微退针，使进针角度加大 5°～10°向锥体下方刺入少许。刺入正确时，回抽无血液或气泡，针头可随呼吸而摆动；注入少量液体后取下注射器，药液不吸入并可能从针头内涌出。确定进针无误后，用 0.5%普鲁卡因，按每千克体重 0.5 mL，等分注入两侧。

6. 其他疗法

（1）将乳酸杆菌或人的阴道杆菌接种于 1%葡萄糖肝汁肉汤培养基，在 37～38 ℃培养 72 h，使每毫升培养物中含菌 40 亿～50 亿。每头病牛子宫注入 4～5 mL，经 10～14 d 可见临床症状消失，20 d 后恢复正常发情和配种。

（2）采自体血浆 100 mL 注入子宫，1 次/d，连续 4 次，发情后配种，可使马的受胎率达到 60%以上。

（3）人工诱导泌乳　对患子宫内膜炎而不泌乳的乳牛，人工诱导泌乳可使子宫颈口开张，子宫收缩增强，促进子宫炎症产物的清除和子宫机能的恢复。病程在 1 年以上的慢性子宫内膜炎，在人工诱导泌乳后 2.5～6 个月内，绝大部分可恢复配种受胎能力。

四、子宫积液及子宫积脓

（一）诊断要点

1. 牛的典型症状是乏情。子宫积脓时，一般不表现全身症状，大多数牛在躺下或排尿时从子宫中排出脓液，尾根或后肢黏有脓液或其干痂；阴道检查发现阴道内积有黄、白或灰绿色脓液；直肠检查子宫壁变厚，有波动感，大小与妊娠 6 周至 5 个月的牛相似，但查不到子叶、胎膜、胎体。子宫积液时，阴道中排出黄、红、白、褐、灰白色异常液体，直肠检查子宫壁较薄，有波动感，积液可出现在一个子宫角或两个子宫角中，其数量变化不定。

2. 犬在发情后期出现临床症状，体温升高、心跳加快、厌食、精神沉郁、衰弱、被毛粗乱，子宫和阴道中流出黏液脓性分泌物流出。有的犬发情周期紊乱，发情行为异常，并出现假孕。

3. 应注意与正常妊娠、胎儿干尸化或胎儿浸溶相区别。

（二）治疗

1. 肌内注射前列腺素（PGF_{2a}），马 2.5～5 mg，牛 5～10 mg，或按每千克体重 9 μg；犬每千克体重 0.02～1 mg，猫每千克体重 0.22～1 mg。其他类似物有氟前列烯醇、氯前列烯醇、15 -甲基前列腺素 F_{2a} 等。子宫内容物排空后，可灌注抗生素溶液。

2. 用高渗盐水、0.02％～0.05％高锰酸钾、0.1％～0.5％新洁尔灭等冲洗子宫，也可将抗生素溶于大量生理盐水中作冲洗液；冲洗后将抗生素注入子宫内。

3. 肌内注射雌二醇，4～6 h 后注射催产素。

4. 对非种用犬、猫可施行卵巢子宫切除术进行根治。

五、输卵管炎

（一）诊断要点

1. 两侧输卵管炎时，常表现屡配不孕。

2. 黏液性输卵管炎时，输卵管形成囊泡，直肠检查可在卵巢和子宫角之间摸到黄豆大到卵巢大的囊泡，略有波动。

3. 化脓性输卵管炎时，直肠检查输卵管变粗，如铅笔或更粗些的细管，带有弹性，有时扩大为略有波动的囊状；偶见有因结缔组织增生，输卵管被结缔组织阻塞，触诊时硬如铁丝。

（二）治疗

1. 一侧性输卵管炎，可肌内注射雌二醇，1 次/3 d，可在注射雌激素后的第 2 天肌内注射缩宫素。同时积极治疗原发病。确诊为两侧输卵管炎时，应予以淘汰。

2. 对于膘情好、发情、排卵正常而屡配不孕的母马，如果怀疑或确诊患有输卵管炎或粘连时，可试行子宫内人工吹气法。方法是将公马导尿管插入子宫内，用手握紧子宫颈外口，用二连球打气，使子宫膨胀，然后放出一半气体，再用 1％生理盐水冲洗子宫，并注入青霉素 80 万 IU，链霉素 50 万 U。

六、卵巢机能减退及萎缩

（一）诊断要点

1. 卵巢机能减退时，发情周期延长或长期不发情，发情的外表症状不明显，或者出现发情症状，但不排卵。直肠检查卵巢的形状、质地没有明显变化。

2. 卵泡萎缩时，发情正常或微弱或延长，卵巢中有发育到不同阶段的发育停滞的卵泡，并逐渐缩小，常形成闭锁卵泡。

3. 卵泡交替发育时，发情期延长，一侧卵巢中有发育到一个阶段的卵泡发育停滞，开始萎缩，而在对侧卵巢中又有新卵泡发育，但发育至某种程度又开始萎缩，最终也可能有一个卵泡获得优势，达到成熟而排卵，暂时再无卵泡发育。

4. 隐性发情时，卵巢有卵泡发育，并能成熟排卵，但动物无发情的外在表现。

5. 卵巢萎缩时，动物久不发情，卵巢变硬，体积显著缩小，无卵泡和黄体，母马卵巢小如鸽卵，母牛卵巢小如黄豆。随着卵巢组织的萎缩，子宫往往也缩小。

（二）治疗

1. 加强饲养管理，改善饲料质量，增加日粮中蛋白质、维生素、矿物质的含量，适当运动，减少使役和泌乳等。同时积极治疗原发病。

2. 用健康无种用价值的公畜（最好是做过输精管结扎术的，马可行阴茎后转术，公羊可带试情兜布）放入畜群中。公猪的声音和气味对母猪有较强的刺激作用，可利用公猪的刺激作用使母猪恢复发情。

3. 产后不发情的母马，在每日上午将幼驹隔离，一般情况下隔离 1 周左右，卵巢就有卵泡开始发育。哺乳母猪如需在断奶前促其发情，可将仔猪提前断奶。

4. 激素疗法

（1）促卵泡素（FSH） 马 200～300 U，牛 100～200 U，隔日 1 次肌内注射，连用 2～3 次，至出现发情为止。适用于卵巢静止，卵泡发育停滞，卵泡交替发育和萎缩。

（2）促黄体素（LH） 适用于卵泡发育接近成熟或已成熟，而排卵延迟或不排卵。马 1 次肌内注射 200～400 U，牛 100～200 U，可促其排卵。

（3）绒毛膜促性腺激素（HCG） 作用类似 LH，能促进卵泡成熟、排卵和形成黄体。马、牛静脉注射 2 500～5 000 U 或肌内注射 10 000～20 000 U，猪、羊 500～1 000 U。必要时间隔 1～2 d 重复注射 1 次。少数病例，特别是重复注射可引起过敏反应，应慎用之。

（4）孕马血清（PMS） 马、牛肌内注射 1 000～2 000 U，猪、羊 200～1 000 U，其适应证同促卵泡素。

（5）雌激素 可引起明显的发情症状，但卵巢中无卵泡发育，能诱导以后出现正常的发情周期，一般在用药后第二次发情时，可有卵泡发育和排卵。用量过大可诱发卵巢囊肿。常用雌激素有苯甲酸雌二醇或戊酸雌二醇，牛、马肌内注射 4～10 mg，羊 1～2 mg，猪 2～8 mg。

（6）维生素 A 对牛卵巢机能减退的疗效有时优于雌激素，特别是对于缺乏青饲料引起的卵巢机能减退。一般每次给予 100 万 U，每 10 d 注射 1 次，注射 3 次后的 10 d 内卵巢上即有卵泡发育，且可成熟排卵。

（7）冲洗子宫 对产后不发情的马，用 37 ℃温生理盐水或 1：1 000 碘甘油水溶液 500～1 000 mL 隔日冲洗子宫 1 次，共用 2～3 次，可促进发情。

七、卵巢炎

（一）诊断要点

1. 急性卵巢炎，卵巢显著增大，光滑而柔软，触之有疼痛感，卵巢上无黄体和卵泡。

2. 慢性卵巢炎，卵巢增大变硬，表面不平，无疼痛或疼痛轻微。最后常形成无疼痛、无功能的卵巢硬结。

3. 化脓性卵巢炎，在卵巢上发生豌豆大至鸡卵大脓肿，触之似卵泡，有波动感，但疼痛明显。体温升高，精神沉郁，食欲减退。

（二）治疗

大动物可静脉注射氯化钙酒精溶液 100 mL，2 次/d，连用 2～3 d；或静脉注射樟脑酒精液 300 mL，1 次/d，连用数天；同时配合全身应用抗生素。慢性病还可配合按摩卵巢，1 次/d，5 min/次，连续十几次，有较好效果。

八、卵巢囊肿

（一）诊断要点

1. 卵泡囊肿　动物表现持续发情、频繁发情，牛有时出现发情亢进的慕雄狂症状。直肠检查可发现卵巢体积增大，卵巢上有 1～2 个大的囊肿，或有许多小的卵泡存在，但不能排卵。马的囊肿卵泡能达 6～10 cm，牛常在 3～5 cm，波动明显。血浆孕酮浓度降低。

2. 黄体囊肿　主要症状是不发情。直肠检查可发现卵巢体积增大，黄体囊肿多为 1 个，大小与卵泡囊肿差不多，但壁厚而软，不那么紧张。囊肿化黄体与正常黄体大小差不多，只是不坚实或有波动感。血浆孕酮升高。

（二）治疗

1. 促黄体素释放类似物，奶牛肌内注射 400～600 μg/次，连用 2～4 次，但总量不超过 3 000 μg。

2. 绒毛膜促性腺激素，马、牛静脉注射 5 000～10 000 U/次，也可通过腹壁或阴道穹隆部注入囊肿腔内。

3. 促黄体素，马肌内注射 200～400 U/次，牛为 100～200 U/次，一般 3～6 d 囊肿形成黄体，15～30 d 恢复正常发情周期，但没有受胎或配种延误的牛有可能再次发生卵巢囊肿。

4. 对卵泡囊肿，也可用黄体酮 50～100 mg 肌内注射，连用 14 d，有较好效果。

九、持久黄体

（一）诊断要点

1. 动物发情周期停止，长时间不发情。直肠检查可发现卵巢增大，牛的黄体呈圆锥状或蘑菇状突出于表面，比卵巢实质稍硬些；检查子宫无妊娠现象，但有时发现有子宫疾病。

2. 超过了应当发情的时间而不发情，间隔 5～7 d，进行 2～3 次直肠检查。若黄体的位置、大小、形状及硬度均无变化，即可确诊为持久黄体。但应注意与妊娠黄体相鉴别。

3. 母马的黄体通常位于卵巢内部，所以诊断较为困难。只能根据母马长期不发情、卵巢增大、其内部有硬固的球状物但子宫无怀孕的变化而确诊。

（二）治疗

1. 消除病因，积极治疗子宫疾病，以促使黄体自行消退。根据具体情况改进饲养管理。

2. 药物治疗 PGF_{2a}，肌内注射，马 2.5～5 mg，牛 5～10 mg，或按每千克体重 9 μg 用药，也可向子宫内投入此药。氟前列烯醇，肌内注射，马 0.125～0.25 mg，牛 0.5～1 mg。氯前列烯醇，主要用于牛和猪，一次肌内注射，牛 500 μg，猪 175 μg，必要时间隔 7～10 d

再注射一次。15-甲基前列腺素 F_{2a}，牛肌内注射 2～3 mg。此外，还可使用胎盘组织液、促卵泡素、孕马血清及雌激素，用法及用量可参考卵巢机能减退的用药。

第五节 乳房疾病

一、乳头管狭窄及闭锁

（一）诊断要点

乳池充满乳汁，外观乳头无异常，但挤奶不畅，乳流很细，或者挤不出奶来；触诊乳头末端可发现乳头括约肌粗硬，或管内有增生物形成结节，或有增厚变硬部分。可用细探针或导乳管插入乳头管内协助诊断或用 B 超探查诊断。

（二）治疗

主要采用手术方法扩张乳头管的狭窄或切除增生物，通常选用组合式乳头手术器械。用导乳管扩张乳头管，一般先用细的导乳管扩张，插入乳头管内停留 10～30 min，经数日后再用粗导乳管扩张；用隐刃刀切割增生物或切开乳头管瘢痕；用锐匙管清创，并插入导乳管，直至痊愈。

二、乳池狭窄及闭锁

（一）诊断要点

部分狭窄或闭锁时，乳汁虽易挤出，但乳池充乳很慢，影响挤奶速度；触诊乳头基部或乳池壁的其他部分，可摸到结节状物，插入导乳管会遇到障碍。整个乳池狭窄或完全闭锁时，挤奶困难，触诊乳头壁增厚变硬，或乳头内有一硬索状物，插入导乳管感觉很困难。

（二）治疗

1. 乳池黏膜炎引起的轻度狭窄，可于乳头上涂碘化钾软膏或黄色素软膏（黄色素 0.5 g、碳酸钙 25 g、石蜡油 4 g、羊毛脂 5 g、凡士林 16 g），并经常按摩和热敷乳头。

2. 乳池棚的局部狭窄及闭锁，用导乳管或套管针穿破，可收到暂时性效果。

3. 乳池棚、乳池内局部的肿瘤或赘生物，用眼科小锐匙进行反复刮削，常可除掉，但不可损伤健康黏膜。为便于刮削，向乳池内注入 0.5％盐酸普鲁卡因 30～50 mL；刮削后向乳池内注入青霉素溶液或乳池内放一涂有磺胺软膏的纱布条，纱布条露在乳头孔外。

4. 整个乳池狭窄及闭锁时，治疗不易收效。可暂用导乳管排出乳汁或废弃患叶乳房。

三、无乳及泌乳不足

（一）诊断要点

动物乳汁逐渐减少或无乳，乳房松软缩小，幼仔吃乳次数增加，并且经常用头抵撞乳房。仔猪常因饥饿而嚎叫。

（二）治疗

1. 改善饲养管理，给予富含营养的饲料；乳腺发育不健全的要经常按摩乳房。

2. 中药治疗

（1）川芎 100 g、当归 100 g、通草 25 g、白术 100 g、续断 50 g、补骨脂 50 g、黄芪 50 g、党参 50 g、杜仲 50 g、阿胶 50 g、炙甘草 25 g、王不留行 50 g，文火煎后去渣，加烧

酒 200 g 灌服。此药可连煎两次服用（马、牛）。

（2）当归 180 g、黄芪 135 g、天花粉 90 g、王不留行 100 g、通草 75 g、山甲珠 75 g、炙甘草 90 g，共为细末，开水冲之温服（马、牛）。

（3）王不留行 40 g、天花粉 60 g、漏芦 40 g、僵蚕 30 g，猪蹄两副，水煎后分两次拌料中喂服（猪）。

（4）王不留行 40 g，通草、山甲珠、白术各 15 g，白芍、当归、黄芪、党参各 20 g，共为末，拌料喂服（猪）。

四、乳房浮肿

（一）诊断要点

1. 一般发生在开始泌乳之前一周左右，有时发生在产后数日之内，但不影响乳的质和量。

2. 无全身症状，仅乳房呈现皮下浸润性肿胀。局部皮肤紧张，发红光亮，无热无痛，指压留有指印，稍晚则皮肤增厚、发硬。

3. 较为严重的水肿可波及乳房基底前端、会阴部、下腹部及四肢上部。少数乳房皮肤坏死或继发浆液性乳房炎。

4. 注意与浆液性乳房炎相鉴别。

（二）治疗

1. 轻度浮肿时，可用饱和硫酸镁溶液进行热敷，每日做数次局部按摩，增加挤奶次数也可，经 1~2 周可痊愈。

2. 严重时，可涂布弱刺激诱导药，如樟脑软膏、碘软膏、鱼石脂软膏、松节油等；或于产后 1~2 d 用 200 mg 雌二醇加 10 mL 玉米油涂擦局部。

3. 牛每日肌内注射速尿 500 mg，也可静脉注射 250 mg/次，2 次/d；或每日口服氯地孕酮 1 g 或肌内注射 40~300 mg，连用 3 d；或口服氢氯噻嗪，2.5 g/次，2 次/d；配合全身应用可的松类药物可显著提高疗效，但可引起产奶量的下降。

五、牛乳房炎

（一）诊断要点

1. 隐性乳房炎　无明显临床症状，仅乳汁的质和量发生潜在性改变，如乳中白细胞数增多、乳汁 pH 升高、泌乳量减少。通常需通过物理化学检查才能确诊，常用的方法有烷基硫酸盐试验法（CMT 法）、乳汁电导率测定（各种乳腺炎诊断仪和乳腺炎电子检测仪等）、乳汁体细胞计数、乳汁抗胰蛋白酶活性测定以及 B 型超声影像检查等。

2. 临床型乳房炎

（1）乳房表现不同程度的红、肿、热、痛，乳汁稀薄或呈水样，含有絮状物、乳凝块、脓汁或血液，乳量减少或停止。重症时出现精神沉郁、食欲减退、体温升高等全身症状。

（2）浆液性乳房炎时，乳房红、肿、热、痛明显，乳房上淋巴结肿大。乳汁稀薄，含絮片，通常有全身症状，主要发生在产后几天内。

（3）黏液性乳房炎时，如为乳管及乳池炎症，先挤出的奶含絮片，后挤出的奶不见异常；如部分乳腺发生炎症，触诊患叶可摸到局灶性肿块，乳汁稀薄，含絮片和凝块；如全乳腺发生炎症，整个患叶硬固肿胀，乳汁变水样，分解成乳清、乳渣及絮状物。

（4）纤维素性乳房炎时，患叶肿大、坚硬，增温而有剧痛。乳房上淋巴结肿胀。产乳量显著降低或停止，经 2～3 d 后，只能挤出极少量黄色的乳清。全身症状加重。常与产后子宫急性化脓性炎症并发。

（5）化脓性乳房炎时，如为黏液脓性乳房炎，可由黏液性炎症发展而来，患区有炎症反应，其渗出物为含有脓汁的混合物，多有明显的全身症状，数日后转为慢性，最后患叶萎缩而硬化，乳汁稀薄或黏液样，乳量渐减，直至无乳；如为乳房脓肿，乳房中有多个小米粒大至豆大脓肿，个别有大脓肿充满患区，有时向皮肤外破溃，乳房上淋巴结肿胀，乳汁呈黏性脓样，含絮片；如为乳房蜂窝织炎，乳房皮下组织和间质结缔组织有各种化脓性和化脓坏死性炎症，多继发于浆液性乳房炎。

（6）出血性乳房炎时，主要是腺泡、输乳管内及深部组织出血。被侵害乳房的局部或整个乳房体积增大，乳房上淋巴结肿胀，皮肤可看到红色或紫红色斑点。乳汁稀薄，含有小絮状物，呈淡红色或血色。全身症状重剧。

（7）坏疽性乳房炎时，最初患区皮肤出现紫红斑，乳房硬、痛，皮肤冷湿暗褐。不久病灶组织腐败分解，形成坏疽性溃疡，有臭味。严重时整个患叶坏死脱落。患牛全身症状重剧，有时发生剧烈腹泻。治疗不当常于发病 7～9 d 死于败血症。

（二）治疗

1. 挤乳及按摩疗法　每 2～3 h 挤乳一次，夜间 5～6 h 一次。每次挤乳时按摩乳房 15～20 min。浆液性乳房炎从下向上按摩，黏液及黏液脓性乳房炎需自上而下按摩。其他性质的乳房炎一律禁止按摩。

2. 冷敷、热敷及涂擦刺激剂　对浆液性、黏液性及纤维素性炎症病例，在炎症初期行冷敷，2～3 d 后行热敷，也可用红外线照射。涂擦樟脑醋、樟脑软膏或食醋调制的复方醋酸铅散糊剂等刺激性药物。

3. 乳房内注入药液　通常用青霉素 80 万～160 万 IU 和链霉素 100 万 U，溶于 0.25% 盐酸普鲁卡因或蒸馏水 100 mL，在挤净乳汁或炎性蓄积物后，借助导乳管经乳头注入，然后抖动乳头基部和乳房，2 次/d，连续 2～4 d。或在挤净乳汁或炎性蓄积物后，先注入 5% 碳酸氢钠 100～200 mL，抖动乳头基部和乳房，放出液体后再按上法注入青霉素和链霉素溶液。

4. 乳房基部封闭疗法　封闭前叶时，需将乳叶向下方推压，充分暴露乳房和腹壁的间隙，在乳房侧面转向前方的交界处，将封闭针头朝向对侧膝关节刺入 8～10 cm，每叶注入 0.25% 盐酸普鲁卡因溶液 150～200 mL，注射时注意扩大浸润面。后叶刺针点在乳房中线旁开 2 cm，乳房基部的后缘，将针头对向同侧腕关节方向刺入。

5. 全身疗法　除局部用药外，对较重乳房炎还应肌内注射广谱抗生素，如为链球菌感染，用青霉素和链霉素；如为金黄色葡萄球菌感染，用青霉素、头孢菌素、红霉素等；如为大肠杆菌，用氟甲砜霉素、庆大霉素、新霉素、双氢链霉素等；并给予强心、补液、解毒等对症治疗措施。为减少和避免乳中抗生素残留，可选用中药制剂，如六茜素，蒲公英制剂（双丁注射液等）。

6. 手术疗法　乳房浅在脓肿宜切开排脓，并行外科疗法。深在性脓肿，可先用注射器抽出脓汁，然后向脓肿腔内注入抗生素水溶液或防腐消毒药。已形成坏疽性溃疡时，宜用

10％硫酸铜或硝酸银棒腐蚀，并用0.1％高锰酸钾或3％过氧化氢洗涤。坏疽部分较大时宜切除乳房患部。

第六节 新生仔畜疾病

一、窒息

（一）诊断要点

轻度窒息时，仔畜软弱无力，发绀，舌脱出口外，呼吸微弱，不均匀，有时张口喘气，心跳快而弱，口鼻腔内充满黏液，肺部有湿啰音，喉气管最明显。严重窒息时，仔畜呈假死状态，全身松软，呼吸停止，可视黏膜苍白，反射消失，卧地不动，仅有微弱心跳。

（二）治疗

将头部放低，立即用布擦净或用导管、洗耳球吸净口鼻、咽喉的黏液和羊水。有节律地轻压胸部进行人工呼吸，中小动物可倒提轻压胸部，贵重动物可及时输氧或口对口人工呼吸。注射尼可刹米、山梗菜碱、安钠咖等。窒息严重者还应纠正酸中毒，可静脉注射5％碳酸氢钠。为预防继发肺炎，可肌内注射抗生素。

二、脐炎

（一）诊断要点

病初脐带残段潮湿、变粗、变黑；脐孔周围肿胀变硬，充血发红，发热、疼痛。仔畜收腹弓腰，多卧少动。脐带残段脱落后脐孔形成溃疡，肉芽增生，有的有脓性渗出物或形成脓肿。严重者引起败血症或破伤风，出现体温升高，呼吸、心跳加快、脱水，代谢紊乱，全身体况急剧恶化。

（二）治疗

剪除脐孔周围被毛，用青霉素普鲁卡因做分点或环状封闭，创内涂以碘酊。已化脓或局部坏死严重者，先用3％双氧水冲洗，再用0.2％～0.5％雷佛奴耳液反复冲洗，最后涂上抗菌药。局部形成脓肿涂以鱼石脂，成熟后切开排脓冲洗。形成溃疡时，应涂上抗菌油剂或软膏。为防止炎症扩散或已有全身感染，应全身给予抗菌药和对症处理。

三、胎粪停滞

（一）诊断要点

仔畜频作排便姿势而无粪便排出，表现起卧不安、摇尾努责、刨地、踢腹等腹痛症状。听诊肠音减弱或消失，不吃乳，后期卧地不起。手指直肠检查，肛门前方可摸到干硬的粪块。

（二）治疗

1. 用温肥皂水深部灌肠，必要时经2～3 h后再灌肠1次，也可灌液状石蜡。

2. 胎便黏稠不易便出时，可用手指涂油徐徐取出胎便。如有困难时，可与灌肠配合进行。

3. 胎便停滞在前部肠道中，可内服缓泻剂，如食用植物油、液状石蜡或硫酸钠。同时可配合按摩和温敷腹部，以增加胃肠蠕动。

4. 根据仔畜的机体状况及时配合补液、解毒、强心、止痛、抗感染等措施。

四、幼仔膀胱破裂

（一）诊断要点

1. 初期症状不明显，发现持续不排尿，无排尿姿势，1～2 h 后精神沉郁，心跳呼吸加快，腹围渐增大。腹部叩诊呈水平浊音，触之腹壁紧张，内有波动感。穿刺腹腔则流出多量淡黄色液体。病程较长者，可出现腹膜炎及尿中毒症状。

2. 如不能确诊，可经尿道和膀胱内注入 0.1% 红汞或红色百浪多息或 2% 龙胆紫，然后穿刺腹腔，穿刺出相应颜色即可确诊。

3. 早期测定血钠和血钾，膀胱破裂的马驹血钠降低，血钾升高。正常血钠值为 134～140 mmol/L，血钾值为 2.2～4.5 mmol/L，发病后血钠和血钾值分别为 105～123 mmol/L 和 4.9～7.0 mmol/L。

（二）治疗

确诊后应立即进行手术，缝合膀胱裂口。手术部位可在脐部后方 4～5 cm 处，斜向后方做切口，切口长 7～8 cm 为宜。术后应着重治疗尿毒症、腹膜炎及局限性膀胱炎，并防止腹壁创口化脓。另外，应注意观察排尿状态是否正常，如不能正常排尿，说明膀胱破裂口仍漏水，应重新手术。

五、新生仔畜溶血病

（一）诊断要点

1. 初生仔畜在吃初乳前一切正常，活泼健壮。吸吮初乳后，出现以贫血、黄疸、血红蛋白尿为主要特征的症状。

2. 将新生仔畜的红细胞与母体的初乳或血清做凝集试验，初乳抗体凝集反应效价高于 1：32，驴生骡驹高于 1：128 时，均判为阳性。

（二）治疗

1. 立即停食母乳，实行人工哺乳或代养。坚持挤弃母乳，当测定抗体效价降至 16 倍以下后，再恢复吃母乳。如无条件测定时，经过 3～4 d，进行少量试吃，无异常反应，即可正常哺乳。

2. 必要或有条件时，可给仔畜输血。临床实践中常因血源困难而选用母体血输血，方法是采血后把采血瓶静置一定时间，待红细胞向下沉积后，抽出上面的血浆，再加入生理盐水输给仔畜。

3. 为防止输血反应可配合注射氢化可的松等皮质激素；防止输血感染应肌内注射抗生素；促进造血和尽快恢复健康可使用维生素 B_{12}、维生素 C 等。为了维持酸碱平衡可每天静脉注射 5% 碳酸氢钠；还应补充营养，可静脉注射 10%～25% 葡萄糖等。

第七章

动 物 传 染 病

第一节　牛传染病

一、牛口蹄疫

(一) 诊断要点

1. 由口蹄疫病毒引起。可感染多种动物，以偶蹄兽最易感，尤其是黄牛和奶牛。传播迅速，流行范围广。一年四季均可发病，但以春、秋两季易流行。

2. 病牛体温升高达40～41℃，食欲不振，精神沉郁；流涎，1～2 d后，在唇内面、齿龈、舌面和颊部黏膜上发生蚕豆至核桃大的水疱并很快破裂，形成边缘整齐的红色糜烂，如继发细菌感染，即发生溃疡。在口腔发生水疱的同时，趾间和蹄冠皮肤红、肿，进而色苍白，形成水疱，水疱破溃后留下红色糜烂面，以后结痂，如有细菌感染，则发生化脓，蹄不能着地，甚至蹄壳脱落。乳头也常发生水疱，进而出现烂斑，有继发感染时，引起乳房炎，泌乳停止。犊牛症状不明显，主要表现出血性肠炎和心肌麻痹，病死率很高；死后剖检可见心内外膜出血，心肌质地松软，有淡黄色斑纹或见不规则斑点，俗称"虎斑心"。

3. 确诊时，可无菌抽取水疱液或剪取水疱皮，装于灭菌小瓶，冷藏保存，送有关部门鉴定；或者在康复后不久采取血清，进行补体结合试验或乳鼠血清保护试验、间接血凝试验、琼脂扩散试验等测定血清抗体。

4. 应与牛病毒性腹泻/黏膜病、牛恶性卡他热等病鉴别。

(二) 防治

1. 发生疫情后，应立即上报，划定疫区，严格执行封锁、隔离、消毒、紧急接种等综合性扑灭措施。厩舍及用具用2%火碱溶液、生皮用饱和生理盐水加0.2%火碱、毛及干皮用福尔马林消毒。病牛的粪便、残余饲料、垫草应销毁，或在指定地点堆积发酵。最后一头病牛痊愈或死亡14 d后，再无病例出现，经彻底消毒后，报上级批准解除封锁。

2. 无病地区严禁从有病地区或国家购进动物及其产品、饲料、生物制品等。对来自无病地区的动物及其产品应加强检疫。常发地区需用口蹄疫疫苗定期预防接种。

二、牛流行热

(一) 诊断要点

1. 由牛流行热病毒引起，又称三日热或暂时热。主要侵害黄牛和奶牛。多发于蚊蝇活动频繁的季节（6～9月份）。

2. 病牛突然高热（40℃以上），一般维持2～3 d；流泪，眼睑和结膜充血、水肿；呼吸急促，发出哼哼声，流鼻液；食欲废绝，反刍停止，多量流涎，粪干或下痢；四肢关节肿痛，呆立不动，呈现跛行；孕牛可流产；奶牛泌乳量下降或停止。发病率高，病死率低，常取良性经过，2～3 d 即可恢复正常。

3. 剖检可见上呼吸道黏膜充血、水肿和点状出血；间质性肺气肿以及肺充血、肺水肿；淋巴结充血、肿胀、出血；真胃、小肠和盲肠黏膜肿胀、充血或出血。

4. 确诊可于发热初期采血进行病毒分离鉴定；或采取发热初期和恢复期血清进行中和试验、补体结合试验测定抗体效价变化情况。

5. 应与传染性鼻气管炎、茨城病、牛副流感、牛恶性卡他热等鉴别。

（二）防治

1. 病牛应立即隔离并进行治疗，假定健康牛和受威胁牛可用高免血清进行紧急预防注射。病牛高热时，肌内注射复方氨基比林 20～40 mL，或 30％安乃近 20～30 mL。重症病牛给予大剂量的抗生素，如青霉素、链霉素；并用葡萄糖生理盐水、林格氏液、安钠咖、维生素 B_1 和维生素 C 等药物，静脉注射，2 次/d。四肢关节疼痛，可静脉注射水杨酸钠溶液。

2. 加强消毒，搞好消灭蚊蝇等吸血昆虫工作。疫区应用牛流行性热疫苗进行免疫接种。

三、牛恶性卡他热

（一）诊断要点

1. 由恶性卡他热病毒引起。各种年龄的牛均易感，以 2 岁左右的小牛最易感。鹿和绵羊呈隐性感染，牛发病与接触绵羊有关。一年四季均可发生，但以冬季、早春和秋季多发。

2. 病牛突然高热稽留（41～42 ℃），全身迅速虚弱。不久口、鼻、眼出现炎症，口腔流出带臭味的涎液；鼻腔流出脓样鼻液；双目羞明，眼睑肿胀，流泪，有脓性分泌物，角膜浑浊甚至溃疡，最终导致失明；额窦、角窦、鼻窦发炎，角根松动或角脱落；鼻镜干裂、糜烂或坏死。少数病例伴发神经症状，沉郁或昏迷，有时兴奋，鸣叫，磨牙，攻击人、畜。

3. 剖检可见鼻腔、喉头、气管、支气管、口腔、食道、真胃和小肠等部位的黏膜充血、水肿、糜烂或溃疡；肝、脾、肾肿胀变性；心包及心外膜出血，心肌变性；全身淋巴结充血、出血和水肿。

4. 注意与牛病毒性腹泻/黏膜病、口蹄疫、蓝舌病、传染性角膜结膜炎加以鉴别诊断。

（二）防治

1. 发现病牛，立即隔离，严格消毒牛舍及用具，并采取对症治疗，如用 0.1％高锰酸钾冲洗口腔，用 2％硼酸冲眼，然后涂擦红霉素软膏等；注射抗生素控制继发感染。

2. 加强饲养管理，搞好牛舍卫生，尽可能将牛、羊分开饲喂和管理。

四、牛病毒性腹泻/黏膜病

（一）诊断要点

1. 由牛病毒性腹泻病毒（又称牛黏膜病病毒）引起。不同品种、性别、年龄的牛均易感，多见于 6～8 月龄犊牛。常发生于冬、春季节，在老疫区以隐性感染和慢性病例为主，在新疫区传染迅速，突然发病，发病率和病死率变动较大。

2. 病牛体温升高（40～42 ℃），鼻、眼有浆液性分泌物，口流涎，呼吸有臭味；腹泻，带有胶冻样黏液和血液；跛行；孕牛发生流产，或产下先天性缺陷的犊牛，因小脑发育不全而呈现共济失调或盲目运动。

3. 剖检可见鼻镜、齿龈、上腭、舌面、颊部黏膜糜烂，食道黏膜糜烂呈线形排列，胃黏膜糜烂、水肿，肠黏膜水肿、增厚，集合淋巴结肿胀、出血，小肠黏膜特别是空肠、回肠黏膜肿胀、出血、溃疡、坏死，黏膜脱落。蹄冠和趾间糜烂、溃疡。运动失调的犊牛出现小脑发育不全和两侧脑室积水。

4. 应与口蹄疫、恶性卡他热、蓝舌病、肠结核、牛副结核病等鉴别。

（二）防治

1. 病牛及时隔离或急宰，对同群牛和可疑牛进行反复检疫，及时发现带毒牛；对持续感染牛应坚决淘汰。要严格消毒，并限制牛群活动，以防扩大传染。对病牛进行对症治疗（止泻、补液），防止继发感染。

2. 引进种牛、羊时，必须严格检疫，防止引进带毒牛、羊。流行区的牛可用黏膜病弱毒疫苗或猪瘟弱毒疫苗进行预防接种。

五、牛传染性鼻气管炎

（一）诊断要点

1. 由传染性鼻气管炎病毒引起，又称坏死性鼻炎、红鼻病。各年龄、品种的牛均可感染发病，肉牛比奶牛易感，其中以 20～60 日龄犊牛最易感。主要在秋、冬季节流行，舍饲和密集饲养可促进本病的传播。

2. 呼吸道型表现高热，精神极度沉郁，拒食，鼻腔有大量黏液或脓性分泌物，鼻镜发红，眼流泪，咳嗽，呼吸高度困难。生殖道型出现尿频，从阴道流黏液脓性分泌物，外阴部肿胀，有散在多量的脓疱颗粒；公牛龟头、包皮、阴茎上发生脓疱，包皮肿胀及水肿。流产型主要以母牛流产为特征。脑膜脑炎型主要发生于犊牛，病初流涕流泪、呼吸困难，之后共济失调，沉郁，兴奋、惊厥，口吐白沫，倒地抽搐，角弓反张。肠炎型多见于犊牛，表现呼吸道症状，出现腹泻，排血便。结膜角膜型轻者结膜充血、眼睑水肿、流泪；重者表现为结膜出现灰色假膜，呈颗粒状外观，角膜呈云雾状，流黏脓性眼泪。

3. 剖检可见鼻腔、咽喉、气管黏膜严重充血、肿胀，有浅溃疡，被覆黏脓性腐臭的渗出物，肺有成片的化脓灶；真胃黏膜充血、肿胀、有溃疡，大、小肠黏膜充血、肿胀、有黏液；流产胎儿皮下水肿，肝、脾有局灶性坏死。

4. 应与牛流行热、茨城热、牛副流感、牛恶性卡他热等鉴别。

（二）防治

1. 发病时，立即隔离、封锁，对孕牛以外的牛紧急接种弱毒疫苗，老疫区只对 5～7 月龄犊牛接种疫苗。病牛辅以抗生素或抗菌药物，防止继发感染。

2. 引种时，隔离检疫 3 周，种公牛采精检疫，以确保健康；在无病区搞好一般性防疫措施，在疫区和受威胁区要用疫苗接种预防。

六、牛白血病

（一）诊断要点

1. 由牛白血病病毒引起。主要发生于成年牛，尤以 4～8 岁牛多见，呈地方流行性，1～2 岁和 3～6 月龄犊牛多呈散发。

2. 病牛消瘦，白细胞数目显著增多。骨髓受侵害时，出现贫血；心脏受侵害时，有心律异常；脊髓和神经受侵害时，出现共济失调、麻痹；皱胃受侵害时，拉黑色稀粪；胸腺受侵时，形成肿瘤，体积明显增大，可引起呼吸困难；皮肤型表现肿瘤结节。

3. 剖检主要见淋巴结和某些器官肿瘤样病变，大牛多见于心脏和骨髓，小牛一般见于胸腺、肾、肝、脾等脏器和体表淋巴结。

4. 应与结核病鉴别。

(二) 防治

1. 发现本病时，禁止与其他牛群接触，病牛应屠宰。加强检疫，淘汰阳性牛，逐步净化污染牛群。

2. 防止引进病牛、带毒牛和染毒精液。加强消毒，驱杀吸血昆虫。杜绝因注射、手术引起的交叉传染。

七、牛传染性角膜结膜炎

(一) 诊断要点

1. 主要是由牛莫拉菌（又名牛嗜血杆菌）引起，俗称"红眼病"。多发于炎热潮湿的夏秋季节，传播迅速，呈地方流行性。

2. 病初多为单眼，然后发展为双眼。病初畏光，大量流泪，眼睑肿胀，其后角膜凸起，巩膜充血，瞬膜红肿，角膜上出现白色或灰色小点。严重者，角膜增厚，发生溃疡，形成疤痕，有时眼前房积脓或角膜破裂，晶状体脱落。一般无全身症状，痊愈后往往失明。

3. 应与传染性鼻气管炎和恶性卡他热等鉴别。

(二) 防治

1. 先用 2% 硼酸水溶液冲眼，再涂以妥布霉素地塞米松眼膏或四环素眼膏或利福平滴眼液等。如出现角膜浑浊或角膜翳时，可涂抹 1%～2% 黄降汞软膏。

2. 防止引入病牛，进行杀虫，特别是蝇类，以控制该病的传播。

八、牛海绵状脑病

(一) 诊断要点

1. 由朊病毒引起，又称"疯牛病"。多发于 3～11 岁的母牛，公牛、羊、野生反刍兽也可感染。呈散发或地方流行性，无明显季节性。

2. 病牛烦躁不安，行为反常，对触摸、声音敏感，常表现攻击性、共济失调、乱踢乱蹬、站立困难、虚弱易摔跤；少数病牛头部和肩部肌肉颤抖和抽搐；后期出现强直性痉挛，耳朵活动困难；产奶量下降，体温升高，粪便坚硬，极度消瘦。

3. 肉眼病变不明显，实质脏器未见异常，组织学检查可见脑干灰质两侧呈对称性海绵状变性。

4. 应与神经性酮血症、低镁血症加以鉴别。

(二) 防治

1. 尚无有效治疗办法。发现病牛一律屠宰销毁，严禁食用，并进行彻底消毒；对可疑病牛应进行神经组织病理学检查，以杜绝本病的存在。

2. 加强海关检疫，严禁从有病国家和地区进口种牛、精液、胚胎、牛肉及其制品、骨粉等动物性饲料，加强对入境船舶、旅客和国际邮包的检疫。禁止使用反刍动物蛋白饲料添加剂、反刍动物加工制成的肉骨粉。

九、牛炭疽

(一) 诊断要点

1. 由炭疽杆菌引起。呈地方性流行或散发，且以夏季多发。

2. 最急性型多见于流行初期，突然发病，行走摇摆，全身颤抖，呼吸困难，体温升高，眼结膜发紫，天然孔流血，猛然倒地，几小时死亡。

3. 急性型最为常见，体温升高达 42 ℃ 左右，呼吸急促，心跳加快，眼结膜发紫，腹围膨胀，有的兴奋不安，哞叫，天然孔流血，后期精神高度沉郁、体温下降、痉挛而死，病程 1～2 d。

4. 亚急性型症状类似急性型，病情较轻，病程较长，常于颈、胸、腰、直肠、外阴部水肿或发生炭疽痈，颈部水肿波及咽喉时，加重呼吸困难，病程 3～5 d。

5. 疑似和确诊病例一般禁止解剖检查，可耳尖采血涂片、染色镜检，或从尸体左侧最后一根肋骨后侧小心切开取小块脾脏涂片、染色镜检，可见带有荚膜的单个、成双或短链的粗大杆菌。必要时可在防止病菌散布条件下进行剖检，可见尸体迅速腐败、膨胀、尸僵不全、血液煤焦油样、凝固不良，皮下及浆膜下有出血性胶样浸润，脾脏显著肿大、松软青紫色。

6. 应与急性中毒、巴氏杆菌病、气肿疽和恶性水肿、梨形虫病等加以鉴别。

(二) 防治

1. 急性病例往往来不及治疗即死亡。病程稍长的病例，立即隔离进行治疗。青霉素肌内注射，4 次/d，连用 3 d，也可配合静脉注射抗炭疽血清；链霉素肌内注射，2～3 次/d，同时与青霉素、磺胺类药、抗血清配合使用，效果更好；此外，也可用氟苯尼考（氟甲砜霉素）、土霉素、四环素等治疗。

2. 治疗痈型炭疽时，除静脉注射抗炭疽血清外，同时在肿胀部位给予分点注射，但不可对肿胀部位切开或乱刺。

3. 禁止从疫区购买饲料，并注意牧场和水源的安全。常发生炭疽或二三年内曾发生过炭疽的地区，对全区所有易感动物每年进行炭疽疫苗预防注射。发生炭疽地区的健康动物应先用青霉素或抗炭疽血清预防，7 d 后接种炭疽疫苗；受威胁区的健康动物则只接种炭疽疫苗。

十、牛气肿疽

(一) 诊断要点

1. 由气肿疽梭菌引起。多见于 2 岁以下的小黄牛，炎热潮湿季节多发，常呈地方流行性。

2. 突然发病，体温升高（41～42 ℃），食欲废绝，反刍停止，出现跛行。不久在臀、腰、荐、肩等肌肉丰满部出现炎性气性水肿，并迅速向四周扩散；肿胀部初有热痛，后变冷无痛；肿胀部皮肤干燥，呈暗红色或黑色，压之有捻发音，叩诊呈鼓音；肿胀破溃或切开后，流出污红色带泡沫的酸臭液体。呼吸困难，脉搏细弱。

3. 切开肿胀部位可见肌肉内有暗红色坏死，有小空隙，切面呈海绵状，有酸臭味；肝、肾暗黑色，有大小不等的坏死灶；淋巴结充血、水肿或出血。

4. 取肿胀部位肌肉、水肿液涂片或肝脏表面压片，染色镜检，可见单个或两个连在一起的无荚膜、有芽孢的气肿疽梭菌。

5. 应与恶性水肿、牛炭疽、牛巴氏杆菌病等加以鉴别。

（二）防治

1. 早期大剂量使用抗菌药物，如青霉素肌内注射，4 次/d，或 10％磺胺嘧啶钠溶液静脉注射，2 次/d。必要时配合强心解毒疗法。

2. 早期可在局部肿胀的周围分点注射 0.25％普鲁卡因青霉素；如出现组织坏死，应进行外科手术切除，并用 2％高锰酸钾或 3％双氧水冲洗。

3. 对疫区及受威胁区，每年春天给牛接种气肿疽菌苗，小牛长到 6 个月时再加强免疫 1 次。非疫区发病时，立即对全群进行检疫，健康牛注射疫苗并转移牧场；假定健康牛隔离观察，1 周后再注射疫苗；病牛和可疑牛就地隔离治疗。

十一、牛巴氏杆菌病

（一）诊断要点

1. 由多杀性巴氏杆菌引起，又称牛出血性败血症。秋末、冬初及天气骤变时容易发病。

2. 急性败血型表现突然发病，体温升高达 40～42 ℃，精神沉郁，食欲废绝，呼吸困难，鼻流带血泡沫，腹泻，粪便带血，多在 12～48 h 内死亡；肺炎型表现痛性干咳，叩诊胸部浊音，听诊有支气管啰音，胸膜摩擦音；水肿型表现胸前、头颈部水肿，舌咽高度肿胀，呼吸困难，眼红肿，流泪，有时出现血便。

3. 剖检可见黏膜和内脏表面广泛点状出血，胸腔内有纤维素样液体，肺与心包、胸膜等处粘连，肺组织肝样变，有小坏死灶；肿胀部位呈出血样胶样浸润。

4. 病变部位采取组织或渗出液涂片，用碱性美蓝染色镜检，可见两极浓染的短杆菌。

5. 应与气肿疽、恶性水肿、炭疽等鉴别。

（二）防治

1. 病牛和疑似病牛，要严格隔离。早期应用青霉素、链霉素肌内注射，3 次/d，连用 3 d；或 20％磺胺嘧啶钠，肌内或静脉注射，2 次/d，连用 3 d。并注意强心、补液等对症治疗。

2. 发病地区，每年定期接种牛出血性败血症氢氧化铝菌苗，体重 100 kg 以上的牛 6 mL，100 kg 以下的小牛 4 mL，皮下或肌内注射。

十二、犊牛大肠杆菌病

（一）诊断要点

1. 由致病性大肠杆菌引起。多发于 10 日龄以内的犊牛，冬、春季节多发。气候骤变、阴冷潮湿、饲料和饲养条件变更，卫生不良，母乳过浓或不足，均可促进本病的发生与传播。

2. 败血型发生于 2～3 日龄的犊牛，呈急性经过，发热、沉郁，间有腹泻，迅速死亡。

3. 肠毒血型常突然死亡，但有的表现先兴奋，后沉郁甚至昏迷，腹泻。

4. 白痢型多发于 1～2 周龄的犊牛，初排黄色粥样稀便，后呈水样、灰白色，混有凝乳块、泡沫或血丝，恶臭，病末期肛门失禁，常腹痛，可继发肺炎和关节炎。

5. 急性死亡的病犊剖检无明显病变。白痢型死亡者，见真胃内有凝乳块、黏膜充血、水肿，有出血点；小肠黏膜充血、出血及部分黏膜脱落，腔内有血液和气泡；肠系膜淋巴结肿大，切面多汁；心内膜出血；肝、肾苍白，有出血点，胆囊内充满黏稠暗绿的胆汁；病程长者，可见肺炎及关节炎的变化。

6. 应与犊牛副伤寒、新生犊牛病毒性腹泻、牛球虫病、牛冬痢等腹泻疾病鉴别。

（二）防治

1. 发病后及时治疗，内服高锰酸钾水，4～8 g/次，配成 0.5％的水溶液灌服，2～3 次/d，也可内服磺胺脒（每千克体重 100～200 mg，2～3 次/d）。下痢不止者，内服次硝酸铋或活性炭，同时进行静脉内补液、强心等对症治疗。

2. 保证牛舍和牛体的卫生，让犊牛在 12 h 内吃上初乳，防止接触粪便。母牛怀孕期间要给予足够的营养，产前 1 个月时注射相应血清型的大肠杆菌菌苗，以提高初乳中特异性抗体的含量。保证水质清净，可让犊牛自由饮用 0.1％～0.5％的高锰酸钾水。

十三、牛沙门菌病

（一）诊断要点

1. 由鼠伤寒沙门菌和都柏林沙门菌引起。多见于 10～30 日龄犊牛，呈流行性，未喂初乳、乳汁不良、断奶过早、寒冷潮湿、寄生虫侵袭可诱发本病。

2. 病初体温升高（40～41 ℃），排黄色稀便，继而混有黏液、带血或纤维素性絮片；腹痛，脱水而死亡；未死亡者可能发生关节炎或支气管肺炎；成年牛多呈隐性感染，少数下痢、腹痛；孕牛可发生流产。

3. 剖检可见胃肠黏膜、浆膜出血斑，肠系膜淋巴结水肿、出血；脾肿大，质地坚硬如橡皮样，有散在坏死灶；肝脏有小坏死点；胆囊壁增厚；关节、腱鞘有胶样浸润。

4. 应与牛球虫病、大肠杆菌病等鉴别。

（二）防治

1. 治疗首选药物为氟苯尼考，口服每千克体重 20 mg，4 次/d，或剂量减半肌内注射，1 次/d，连用 5～7 d。也可用硫酸新霉素，2～3 g，分 2～4 次内服，或金霉素每千克体重 30～50 mg，分 2～3 次内服。如产生耐药性，可换另一种抗菌药如恩诺沙星或环丙沙星（每千克体重 2.5 mg，肌内注射，2 次/d）等。下痢较重时，应对症治疗。

2. 加强对母牛和犊牛的饲养管理，保持牛舍空气新鲜、清洁干燥，注意乳汁、饲料、饮水的质量和卫生，经常消毒。对疫区的犊牛，出生后口服抗菌药物进行预防；10～14 d 后注射副伤寒菌苗。

十四、牛布鲁菌病

（一）诊断要点

1. 由布鲁菌引起。多发于成年牛，犊牛有一定抵抗力。

2. 妊娠母牛主要表现流产，且多发生于妊娠 6～8 个月，流产前可发生阴道炎，排出污红色黏液，流产后多伴发胎衣不下或子宫内膜炎；流产胎儿多为死胎，若为活胎，则体质虚弱，行动不便，不久死亡；公牛常见睾丸炎、附睾炎。此外，也可见乳房炎、关节炎和滑液囊炎。

3. 剖检可见胎盘呈淡黄色胶样浸润，表面有豆腐渣样絮状物和脓汁；胎儿真胃中有淡黄色或白色絮状黏液，胸、腹腔积液，脾、淋巴结肿大、坏死；公牛精囊、睾丸、附睾可见坏死、化脓灶；关节肿胀，内有积液。

4. 取母牛阴道分泌物、胎衣、羊水，最好是胎儿胃内容物涂片，柯兹洛夫斯基（沙黄-孔雀绿）染色，镜检可见红色的球杆菌；也可取可疑牛的血清作凝集试验、补体结合反应及全乳环状试验等进行确诊。

5. 应与牛弯杆菌病、牛黏膜病、毛滴虫病等加以鉴别。

（二）防治

1. 病牛一般不进行治疗，若治疗可选用四环素族抗生素、链霉素等。

2. 提倡自繁自养，引进种牛时要严格检疫；牛群定期检疫，阳性者坚决淘汰，多次可疑者也要淘汰。控制牛群发病可用牛布鲁菌19号苗，5～8月龄免疫1次，必要时18～20月龄再免疫1次。

十五、牛支原体肺炎

（一）诊断要点

1. 由牛支原体引起。多发生于肉牛及奶牛，与长途运输、气候骤变、饲料更换等应激因素有关。

2. 病牛体温升高达42℃，精神沉郁，食欲减退，咳嗽，气喘，清晨及半夜或天气转凉时咳嗽剧烈，有清亮或脓性鼻汁，严重者食欲废绝，病程稍长时患牛明显消瘦，被毛粗乱无光。有的继发腹泻，粪便水样或带血。有的继发关节炎，表现跛行、关节肿胀等症状。也有的继发结膜炎，眼结膜潮红，有大量浆液性或脓性分泌物。

3. 剖检可见肺有不同程度的实变，轻者肺尖叶、心叶及膈叶有红色肉变，或有化脓灶散在分布，严重者肺部广泛分布有干酪样或化脓性坏死灶；气管、支气管内有干酪样分泌物或乳白色泡沫，肺和胸膜发生不同程度粘连，胸腔积液，心包积水，液体黄色澄清。

（二）防治

1. 病牛应隔离、治疗，可用四环素类、喹诺酮类、泰乐菌素、壮观霉素等药物治疗。

2. 加强牛群引进的管理，不从疫区或发病区引进牛，引进牛群应隔离、检疫；加强饲养管理，保持牛舍通风、清洁、干燥，避免过度拥挤，不同年龄及不同来源的牛分开饲养，减少应激因素，育肥牛群采用全进全出制度。

十六、牛结核病

（一）诊断要点

1. 由牛分支杆菌引起。以牛（特别是奶牛）最易感，多为散发，厩舍拥挤、卫生不良、营养不足等均可诱使本病的发生与传播。

2. 由于牛分支杆菌侵害部位不同，症状表现也有差异。肺结核以长期顽固的干咳为特点，清晨咳嗽明显，食欲正常，渐进性消瘦；乳房结核一般以乳房上淋巴结肿大、乳房出现局限性的或弥漫性的硬结为特点，硬结无热无痛，凸凹不平，泌乳量下降，乳汁变稀，严重者泌乳停止；肠结核以消瘦和持续性下痢或便秘下痢交替发生为特点，粪便中常带血、带脓汁，味腥臭；此外，牛分支杆菌还可侵害其他器官而发生睾丸结核、子宫结核、脑结核、淋巴结核等。

3. 剖检可见肺、乳房、淋巴结、肠、脑等部位有小米粒大至鸡蛋大，灰白色或黄白色坚实干硬的结节，胸膜和腹膜有串状结节。

4. 采取病灶组织涂片、抗酸染色，镜检可见红色杆菌；也可用结核菌素作变态反应检查。

5. 应与牛副结核、牛慢性黏膜病、牛白血病等鉴别。

（二）防治

1. 发现病牛，立即进行全群检疫，扑杀有明显症状的开放性病牛，内脏销毁或深埋，肌肉经高温处理或充分煮熟方可食用。对结核菌素阳性牛，如数量少或是犊牛，立即淘汰。对价值高的牛可用异烟肼、链霉素、对氨基水杨酸等药物进行治疗。

2. 目前，无理想疫苗可供预防接种，主要依靠检疫、隔离和卫生消毒。补充牛时，应严格检疫。结核病人不得担任饲养员或直接管理牛群。

十七、牛坏死杆菌病

（一）诊断要点

1. 由坏死梭杆菌引起。夏季多发，呈散发或地方性流行。

2. 成年牛表现腐蹄病，病初跛行，无创口，但发热、肿胀，以后趾间或蹄后部皮肤出现坏死区，并向上蔓延，甚至波及关节，或引起蹄匣脱落。犊牛呈现坏死性口炎（犊白喉），病初体温升高，厌食，流涎，有时发生咳嗽和呼吸困难，口腔及喉头有界限明显的硬肿，上覆坏死物，脱落后露出溃疡面。

3. 成年牛坏死灶内充满黄色恶臭的脓汁；犊牛在肺内形成圆而硬的灰黄色坏死结节，肝、肠道也有坏死灶。此外，还有坏死性脐炎和腹膜炎。

4. 可疑牛，由病、健组织交界处采取病料涂片，用石炭酸复红-美蓝染色，镜检可见着色不匀、浅蓝色长丝状杆菌。

5. 应与蹄部外伤等区别。

（二）防治

1. 对犊白喉，小心除去口腔内的假膜，用鲁戈尔氏液或3%过氧化氢冲洗，然后涂擦碘甘油，1~2次/d，直至痊愈。对腐蹄病，应彻底清除坏死组织，用0.1%高锰酸钾或3%来苏儿冲洗，然后涂擦10%福尔马林或大黄石灰末（大黄、石灰等量混配），用纱布绷带包扎，涂布石膏。重症者，辅以抗生素类药或磺胺类药物及必要的对症治疗。

2. 避免皮肤、黏膜的损伤，避免在崎岖不平和碎石凌乱的道路上驱赶，加强环境卫生和护蹄，发生外伤要及时处理，补充钙源，防止犊牛异嗜乱啃。

十八、牛冬痢

（一）诊断要点

1. 由空肠弯杆菌引起。成年牛病情严重。易在冬季舍饲牛群中流行，呈一定地区性。气候恶劣和饲养管理不良可诱发本病。发病率很高，病死率极低。

2. 牛群突然发病，迅速传播，严重腹泻，排出腥臭的水样棕色粪便，混有血液；体温、食欲、呼吸、脉搏一般正常。病情严重时，表现精神不振，食欲不佳，被毛蓬乱，寒战、虚弱、不能站立。病程 2～3 d。

3. 腹泻死亡牛剖检可见肠黏膜增厚，某些器官浆膜苍白。

4. 采取直肠粪便进行病原体检查，可发现大量螺旋状的弯杆菌。

5. 应与大肠杆菌、沙门菌、病毒、球虫等引起的腹泻加以鉴别。

（二）防治

1. 内服松节油和克辽林的等量混合剂，25～50 mL/次，2 次/d，一般 2 次即可治愈；或磺胺脒、苏打粉各 50 g，1 次内服；亦可选用四环素族抗生素、链霉素、庆大霉素等治疗。病情严重者，要及时补液。

2. 严格管理、加强消毒，防止饲料、水源的污染。

十九、牛弯杆菌性流产

（一）诊断要点

1. 由胎儿弯杆菌引起。母牛易感性高，呈地方流行性。厩舍及饲草、饮水卫生条件差，饲养管理不良，可促使本病的发生。苍蝇等是重要传播媒介。

2. 母牛主要表现暂时性不孕、流产和发情不规则；流产多见于妊娠后 5～7 个月，流产前无特殊症候，流产后胎衣滞留。公牛感染后无症状，精液也正常，但是带菌。

3. 剖检可见流产胎儿的肝脏显著肿大、硬固，多数呈黄红色或被覆灰黄色较厚的假膜；胎盘肿胀。

4. 取流产胎盘的绒毛叶作涂片，染色，镜检可见大量的螺旋状弯杆菌；也可取流产胎儿的胃液、心血、肺、羊水等进行细菌分离鉴定；或在休情期取子宫颈、阴道黏液作凝集反应诊断。

5. 应与牛胎毛滴虫、布鲁菌病、钩端螺旋体病、牛病毒性腹泻/黏膜病等疾病加以鉴别。

（二）防治

1. 病牛进行隔离、治疗，流产母牛子宫内投入链霉素和四环素，连续 5 d。公牛以淘汰为宜。污染场地及环境用 3% 来苏儿、20% 漂白粉或 3% 火碱彻底消毒。

2. 加强饲养管理，搞好环境卫生，切实管理好粪便，保证饲料、饮水清洁；要严格检疫，淘汰阳性带菌牛；可选用地方多价疫苗进行预防接种，于配种前注射 2 次，青年母牛在初次配种前 10 d 免疫接种，可获得较高的保护力。

二十、牛副结核病

（一）诊断要点

1. 由副结核分支杆菌引起。主要侵害牛，以幼牛和奶牛最易感，羊、猪、骆驼等也可感染；多呈散发，偶见地方流行性。

2. 病初呈间歇性腹泻，后呈顽固性下痢，喷射状排出；病牛日渐消瘦，臀部变尖，形成狭尻；下颌及胸部浮肿。病牛食欲良好，精神活泼，体温、脉搏、呼吸均无变化，但泌乳量降低。

3. 特征性病变是空肠、回肠和结肠高度肥厚，黏膜增厚 3～20 倍呈脑回样皱褶，粉红色，表面有胶冻样黏液；肠系膜淋巴结肿大、苍白，切面多汁，有黄白色的病灶，但无干酪样变。

4. 生前用棉拭子取直肠蘸取物，死后取回肠黏膜涂片，抗酸性染色，镜检可见成团成丛的红色细长杆菌。群体检疫可用变态反应和血清补体结合反应。

5. 应与肠型结核病、内寄生虫病、慢性营养性不良等疾病加以鉴别。

（二）防治

1. 发病后立即扑杀病牛；对无症状但变态反应阳性的母牛可参照牛结核的办法隔离管理，培育健康犊牛；加强对牛舍及用具的消毒。

2. 加强饲养管理，严格检疫，防止病牛或带菌牛的引入。可用疫苗进行免疫预防。

二十一、牛放线菌病

（一）诊断要点

1. 由多种放线菌引起。以 2～5 岁的牛易感。一般呈散发。

2. 病菌侵害颌骨时，上下颌骨肿大，界限明显，引起咀嚼、吞咽困难；侵害舌肌时，舌组织肿胀变硬、不灵活，流涎，咀嚼困难；侵害乳房时，出现硬块或整个乳房肿大、变形，排出黏稠、混有脓的乳汁；侵害肺脏时，多形成慢性肉芽肿。病程缓慢者皮肤破溃形成经久不愈的瘘管。

3. 脓液呈乳黄色，其中有坚硬光滑的、黄白色的细小菌块，似硫黄样颗粒；肉芽肿呈圆形、隆起、黄褐色、蘑菇状，表面偶见溃疡。受损骨骼骨体肥大，骨质疏松。

4. 取脓汁中的"硫黄颗粒"，压片镜检，或取病变组织做成切片镜检即可确诊。

5. 应与其他局部慢性增生性炎症加以鉴别。

（二）防治

1. 硬结小者，在硬结周围注射一定量的青霉素和链霉素；硬结大者，外科手术切除后，创内撒布等量混合的碘仿和磺胺粉，然后缝合，创围注射 10% 碘仿醚或 2% 鲁戈尔氏液，同时内服碘化钾，成年牛 5～10 g/d，犊牛 2～4 g/d，连用 2～4 周；重症者，可静脉注射 10% 碘化钠，每次 50～100 mL，每 2 d 1 次，共 3～5 次；若出现碘中毒现象，暂停用药 5～6 d。骨骼受侵时，由于骨质改变，难以治愈。

2. 防止皮肤、黏膜创伤，不饲喂过长过硬的干草、料，伤口及时处理。

二十二、钱癣

（一）诊断要点

1. 由皮肤真菌引起。冬季舍饲牛易发，幼龄牛比成年牛易感。潮湿、污秽、阴暗有利于本病在牛群中的传播。

2. 在头、颈、肛门等处出现癣斑，初期仅有豌豆粒大小的结节，逐渐向四周呈环状蔓延，呈现界限明显的秃毛圆斑，如古钱币。癣斑上被覆灰白色或黄色鳞屑，有时保留一些残毛。患牛瘙痒不安，日渐消瘦。

3. 在病、健交界处刮取一些毛根或少许鳞屑，放在载玻片上，加几滴 10% 氢氧化钠，在弱火焰上微热，待其软化透明后，覆以盖玻片，进行显微镜检查，可见菌丝及孢子。

4. 应与牛螨病加以鉴别。

（二）防治

1. 发现病牛后，进行全群检查，及时隔离病牛并治疗。局部剪毛，用5%克辽林洗去痂块，涂擦10%碘酒，或10%水杨酸酒精，或5%～10%硫酸铜溶液等，初期1次/d，以后每2～3d1次，直至痊愈为止。此外，还可按水杨酸6、苯甲酸12、石炭酸2、敌百虫5、凡士林100的比例混合做成软膏涂擦。

2. 搞好牛体清洁卫生，经常刷洗被毛，对厩舍、用具经常性消毒，厩舍保持干燥和通风。

第二节　马传染病

一、马传染性贫血

（一）诊断要点

1. 由马传染性贫血病毒引起。马的易感性最强，骡、驴次之，常呈地方流行性或散发，在吸血昆虫多的季节（7～9月）发生较多。

2. 病马发热（稽留热或间歇热），黏膜苍白、贫血和黄染，齿龈、舌下和阴道黏膜散在出血点；心悸亢进，心律不齐，缩期杂音，脉增数；四肢、胸前、腹下、包皮、阴囊等处浮肿。病马易疲劳，后躯无力，步态不稳。

3. 血液稀薄，血浆蛋白减少，红细胞 5×10^{12}/L 以下，血红蛋白5.8g以下，血沉加快，15 min 60刻度以上，白细胞（4～5）$\times 10^9$/L，淋巴细胞多，血涂片中出现吞铁细胞，肝穿刺组织活检可见枯否氏细胞吞噬含铁血黄素增多。

4. 急性、亚急性型全身黏膜、浆膜（如眼睑、阴道、舌下、膀胱、输尿管、盲、结肠、胸、腹腔浆膜）散见出血点；脾脏、淋巴结肿大，脾白髓增生；肝脏肿大呈槟榔或豆蔻状花纹；肾脏肿大，皮质有出血点；心肌变性，心内、外膜出血。长骨黄骨髓中出现红色骨髓增生灶，或骨髓呈乳白色胶冻状。

5. 应与马焦虫病、锥虫病、营养性贫血等疾病相鉴别。

（二）防治

1. 坚持自繁自养，禁止盲目引进和交换马匹，引进后需严格隔离、检疫1个月。消灭蚊、蝇，定期注射疫苗。老疫区应每年检疫。

2. 发生马传染性贫血后，要划定疫区或疫点进行封锁；将病马和可疑马与健康马分别隔离；对病马和可疑污染的场所应彻底消毒；粪便应堆积发酵；病马集中捕杀处理。对假定健康马可接种马传染性贫血驴白细胞弱毒疫苗；自疫点隔离出最后一匹病马之日起，经一年再未检出病马时，方可解除封锁。

二、马流行性感冒

（一）诊断要点

1. 由流感病毒引起。常突然发生，传播迅速，流行猛烈，呈流行性，多发生于天气骤变的晚秋、早春以及寒冷的冬季，阴雨、潮湿、寒冷、贼风、运输、拥挤、营养不良和内外寄生虫侵袭可促使本病的发生和流行。

2. 轻型流感比较多见，表现轻度咳嗽，流水样鼻液，体温正常或稍高，精神、食欲无明显变化，经1周后可恢复健康。重型流感，突然高热，呼吸、脉搏加快，剧烈咳嗽，初为干咳，后为湿咳，严重时呈痉挛性咳嗽，鼻黏膜潮红，鼻孔有浆液性至黏液脓性分泌物，病马流泪、羞明，眼睑肿胀，还可继发细菌感染。

3. 下颌、颈部及肺门淋巴结肿大，鼻、喉、气管及小支气管黏膜均有卡他性炎症。肺充血、出血、水肿，甚至出现肺炎和肺气肿，肠道有卡他性乃至出血性炎症。

4. 应与马腺疫、马动脉炎、马鼻肺炎、马支气管炎等疾病相区别。

（二）防治

1. 立即隔离和治疗病马，对污染的场地、用具进行彻底消毒。轻者可自然耐过；重病马应施行对症治疗，如解热、止咳、通便等，必要时应用抗菌药物，防止并发症和继发感染。

2. 加强饲养管理，尤其是在秋、冬天气骤变时注意保温，防止过于拥挤。搞好环境卫生，定期消毒。对已流行过流感的地区，可应用马流感灭活油苗进行预防接种。

三、马日本乙型脑炎

（一）诊断要点

1. 由日本乙型脑炎病毒引起。3岁以下驹最易感，成年马常为隐性感染。主要通过蚊子叮咬而传播，有明显的季节性，多发于7~9月份，一般呈散发。

2. 病初体温升高达39.5~41.0℃，可视黏膜潮红或轻度黄染；精神不振，食欲减退，头颈下垂，畏光。有的病马经1~2 d体温恢复正常并逐渐康复。有的病马出现神经症状，表现沉郁，全身反射迟钝或消失，呆立不动，低头耷耳，运动失调，严重时站立不稳，后肢麻痹；或表现兴奋，狂暴不安，乱冲乱撞，最后因过度疲劳，倒地衰竭而死；一般病马多为沉郁和兴奋症状交替出现。个别病马颜面神经麻痹，眼球震颤，最后陷入昏睡状死亡。

3. 病死马剖检可见脑脊髓液增多，软脑膜和实质充血、出血和水肿；肺水肿，肝脏及肾脏肿胀和心内外膜出血等。

4. 应与马传染性脑脊髓炎和马狂犬病相鉴别。

（二）防治

1. 对病马加强护理，防止发生外伤和褥疮，不食或少食的马应灌服稀粥或注射葡萄糖溶液。重症马从颈静脉放血1 000~2 000 mL，静脉注射25%山梨醇或20%甘露醇，每千克体重1~2 g，2~3次/d；还可注射10%~25%高渗葡萄糖液500~1 000 mL，后期血液黏稠时，可再注射10%浓盐水100~300 mL。兴奋时用氯丙嗪或异丙嗪肌内注射，200~500 mg/次，或用10%溴化钠液50~100 mL，或用水合氯醛灌肠，20~50 g/次，心脏衰弱时可用安钠咖或樟脑水强心。还可用40%乌洛托品50 mL注射，同时用青、链霉素或磺胺类药物防止并发或继发感染。

2. 在常发地区，尤其是对新购入的马匹，可用乙型脑炎弱毒疫苗预防接种，每次皮下注射1 mL，同时注意加强饲养管理，增强马的抵抗力。消灭蚊虫。

四、马传染性支气管炎

（一）诊断要点

1. 由病毒引起，又称马传染性咳嗽。多在晚秋突然暴发，2~3 d可感染全群，发病率很高。

2. 病初出现轻度结膜炎和鼻卡他，随后发生剧烈的短、干、痛咳。轻者 2～3 周后完全康复，重者可并发支气管肺炎、脓性结膜炎，部分马呈现腹痛、腹泻。

3. 剖检可见鼻腔中充满大量脓性鼻液；肺脏支气管有充血、出血和水肿；胃、小肠均有不同程度充血、出血。

4. 应与马流感、马传染性鼻肺炎、马病毒性动脉炎相鉴别。

（二）防治

1. 发现病马，隔离治疗，加强护理，应用抗生素或磺胺类药物，防止继发感染。

2. 应加强饲养管理，邻近地区发生流行，要严防马匹接触和人、畜传播。外来马匹隔离饲养 10 d 后，无病时方可混群。

五、马腺疫

（一）诊断要点

1. 由马腺疫链球菌引起。马最易感，驴、骡次之，多发于春、秋季节，常呈地方流行性。

2. 一过型马腺疫鼻黏膜潮红，流浆液性或黏液性鼻液，体温稍微升高，下颌淋巴结轻度肿大。

3. 典型马腺疫体温升高达 39～41 ℃，精神沉郁，食欲减少，结膜潮红、黄染，呼吸、脉搏增数，心跳加快；流浆液性、黏液性甚至脓性鼻液；下颌淋巴结迅速肿大，初期硬固热痛，以后液化变成脓汁，触摸有波动感，继而破溃，流出大量黄白色黏稠乳脂状脓汁。

4. 恶性型马腺疫是由病原从下颌淋巴结化脓灶转移到其他器官和淋巴结，发生脓肿。因极度衰弱或继发脓毒败血症而死亡。

5. 剖检可见鼻黏膜和淋巴结急性化脓性炎症。发生脓毒败血症时，可在肝、肺、肾、脾、心肌、乳房、肌肉和脑等处，见有大小不一的化脓灶和出血点，有时有化脓性心包炎、胸膜炎和腹膜炎。

6. 应与鼻腔鼻疽和鼻炎区别。

（二）防治

1. **局部治疗**　急性肿胀期涂擦樟脑酒精、复方醋酸铅散。化脓期涂擦松节油（或鱼石脂）软膏。脓肿成熟后，切开按化脓创处理。

2. **全身疗法**　应用青霉素，4 次/d，或 10% 磺胺二甲嘧啶钠，2 次/d，连用 3 d。

3. **预防**　厩舍、用具等应进行定期消毒。新引进的幼龄马属动物，要隔离观察 2 周。在有马腺疫流行时，对未发病的幼驹，可用磺胺类药物预防，第 1 天每匹驹 10 g，以后 2 d 每匹驹 5 g，拌入饲料或做成丸剂投服。也可用当地分离菌株制成多价疫苗，进行预防接种。

六、马破伤风

（一）诊断要点

1. 由破伤风梭菌经伤口感染引起。常表现零星散发。

2. 患马初期咀嚼和吞咽缓慢，运动强拘。随后肌肉强直性痉挛，从头部开始向后扩展，表现牙关紧闭，不能采食和饮水，流涎，两耳竖立，瞬膜外露，瞳孔散大，鼻孔开大，头颈伸直，腹部紧缩，尾根翘起，四肢强直如木马。外界轻微刺激即可引起病马强直性痉挛，出汗。临死前体温升高，最后由于呼吸肌痉挛、窒息而死。

3. 剖检可见肺充血、水肿，实质器官变性，骨骼肌有变性或坏死灶，肌间结缔组织水肿。

4. 病初症状不明显时，应与急性肌肉风湿病、马前子中毒、脑炎及狂犬病等相鉴别。

（二）防治

1. 将病马置于安静、较暗的厩舍内，发病初期静脉注射破伤风抗毒素血清，同时用外科方法处理感染创，全身应用抗生素类药物（如青霉素等）。镇静可肌内注射氯丙嗪与水合氯醛灌肠交替使用，解痉可用25％硫酸镁，牙关紧闭者可用1％普鲁卡因于开关、锁口穴位封闭。

2. 防止受伤，严重的创伤要严格伤口消毒和外科处理，或及时注射破伤风抗毒素血清。断脐、阉割、断尾及外科手术时，要严格消毒。在发病较多地区，每年定期接种精制破伤风类毒素。

七、马鼻疽

（一）诊断要点

1. 由鼻疽杆菌引起。驴、骡感染后常取急性经过，马以慢性经过者居多。

2. 肺鼻疽病初无明显症状，病情恶化时，体温逐渐升高，消瘦无力，皮毛焦躁，下颌淋巴结肿胀。常突然发生鼻出血，或咳出带血黏液，同时常发生干性无力短咳，呼吸次数增加，肺部可听到干性或湿性啰音。

3. 鼻腔鼻疽病初鼻黏膜潮红，一侧或两侧鼻孔流出浆液性或黏液性鼻液，后期鼻黏膜上有小米粒至高粱米粒大的小结节，呈黄白色，其周围有红晕。结节迅速坏死破溃形成溃疡，边缘不整且稍隆起。溃疡愈合后可形成放射性或冰花状疤痕。同时下颌淋巴结肿胀，初期有痛感而能移动，后变硬无痛，一般很少化脓或破溃。

4. 皮肤鼻疽主要发生于四肢、胸侧及腹下，尤以后肢较多见。病初患部皮肤突然发生有热、有痛的炎性肿胀，3～4 d后在肿胀中心出现结节，破溃后可见深陷的溃疡，边缘不整，不易愈合。病肢常同时出现浮肿。

5. 剖检可见鼻腔、喉头、气管等黏膜及皮肤上有鼻疽结节、溃疡及疤痕，有时可见鼻中隔穿孔。肺鼻疽病变主要是鼻疽结节和鼻疽性肺炎。

6. 可用鼻疽菌素点眼反应和皮下热反应来进一步确诊。

7. 应与流行性淋巴管炎、马腺疫、鼻炎及颌窦炎等进行鉴别。

（二）防治

1. 治疗可用土霉素3 g，溶于15～30 mL的5％氯化镁溶液中，分3处肌内注射，每2 d 1次，共用6～7次。也可用磺胺类药物、链霉素、庆大霉素及四环素等治疗。

2. 严格执行兽医卫生制度，不从疫区购买马属动物，必须购买时要检疫；每年定期对马匹进行点眼检疫，并及时隔离阳性病马，限制活动范围。用10％～20％漂白粉、3％来苏儿或10％石灰乳定期消毒。

八、马副伤寒

（一）诊断要点

1. 由马流产沙门菌引起。常发生于6月龄以内的幼驹和怀孕中后期的第一胎母马。

2. 孕马以流产为特征，流产前症状不明显，多数突然流产；有的病马在流产前几小时内表现不安，阴道内流出黄白色黏液；流产后，有的母马体温升高，食量减少，精神沉郁，于 2～3 d 内，常由阴道流出带红色或灰白色黏液。

3. 幼驹体温升高达 40 ℃以上，精神沉郁，食欲减退或废绝，呼吸、脉搏增数；有的下痢；有的发生多发性关节炎；有的在臀、背、腰或胸侧等处发生热痛性肿胀。

4. 公马多为隐性经过，有时发生睾丸炎。

5. 流产胎儿皮下水肿，黏膜有出血斑点。胎膜出血、水肿，绒毛膜及羊膜水肿，并有多量出血点。羊水浑浊，呈暗红色或红黄色。

6. 取胎儿的胃内容物、肝、脾、肺等和流产母马的血液，进行细菌分离和凝集反应予以确诊。

（二）治疗

1. 选用药敏有效的抗菌药物如卡那霉素、庆大霉素、磺胺类等进行治疗，并辅以对症治疗。

2. 平时应加强饲养管理，消除诱发病因，保持环境卫生，定期消毒。饲喂含抗生素的饲料添加剂。可用马流产沙门菌弱毒冻干苗定期预防注射。

九、马流行性淋巴管炎

（一）诊断要点

1. 由流行性淋巴管炎囊球菌引起。马、骡的易感性最强，驴次之，牛、猪及人偶能感染。厩舍潮湿、马匹拥挤和存在有引起体表外伤的条件时，能促进本病的发生和发展。

2. 主要症状是在皮肤、皮下组织及黏膜上发生结节和溃疡；淋巴结肿大，淋巴管呈绳索状肿胀，形成串球状，结节大小不等，初硬固，后化脓，继而破溃，形成蘑菇状溃疡。病马全身症状不明显。

3. 剖检可见皮下淋巴管肿胀，皮肤增厚，内充满黏稠、干酪样凝块。淋巴结肿大有化脓灶，鼻腔有结节等。

4. 选择有波动但未破溃的结节，穿刺或切开采取脓汁，压片、镜检可见运动的双层膜爪子状小颗粒。

5. 应与皮肤鼻疽、溃疡性淋巴管炎鉴别。

（二）防治

1. **局部治疗** 手术切除患部坏死组织，创面烧烙，涂 20％碘酊，大面积可用 1％高锰酸钾溶液洗涤。

2. **全身治疗** 用盐酸土霉素 2～3 g，分数点深部肌内注射，1 次/d，连用 5 d，休药期 2 d，为 1 疗程。或用碘化钾 5 g、蒸馏水 100 mL 制成溶液，灭菌，静脉注射。

3. **消毒** 治疗期间严格隔离病马，并以 4％热氢氧化钠或 5％甲醛环境消毒。

4. **预防** 消除各种可能发生外伤的因素，搞好环境卫生。在常发地区可用弱毒菌苗进行免疫接种。新引进的马匹，应隔离检疫。

十、马传染性胸膜肺炎

（一）诊断要点

1. 由病毒引起，又称马胸疫。以 4～10 岁的壮龄马、骡最易感。多发于秋冬和早春气候骤变时。

2. 病马体温突然升高达 39～40 ℃，精神沉郁，食欲减退，呼吸、脉搏增速，结膜潮红、微黄染，咳嗽、流鼻液、肺泡音粗厉，有的出现湿性啰音。有的病马仅表现短期发热，其他症状不明显。

3. 剖检可见胸腔有多量淡黄白色或红黄色渗出物，其中混有纤维素凝块；肺与胸膜、心包、膈等发生粘连；肺间质水肿，增厚、增宽；肺实质变硬，切面呈大理石样花纹；有的肺坏疽、肺空洞、浆膜、黏膜出血。心脏、肝脏、肾脏可见实质变性，脾脏、淋巴结中等急性肿胀。胃肠有炎症。

4. 应与马流行性感冒、马传染性支气管炎相鉴别。

（二）防治

1. 发病早期可选用青霉素、链霉素、土霉素、卡那霉素或磺胺嘧啶钠连续注射，防止继发感染。同时进行对症治疗，加强护理。

2. 平时加强饲养和卫生管理。定期用 2%～4% 氢氧化钠或 3% 来苏儿消毒，粪便堆积发酵后利用。

第三节　羊传染病

一、羊口蹄疫

（一）诊断要点

1. 由口蹄疫病毒引起。症状与牛大致相同，表现口腔黏膜、蹄部皮肤、乳房、乳头、鼻端、鼻孔形成水疱或溃疡。但绵羊蹄部症状明显，口腔变化较轻；山羊多见弥漫性口腔炎，水疱发生于硬腭和舌面，蹄部病症较轻；羔羊表现胃肠炎和心肌炎。

2. 除口腔、蹄部和乳房等部位出现水疱或烂斑外，严重者咽喉、气管、支气管和前胃黏膜也有烂斑和溃疡，心包膜有散在出血点，心肌切面呈鱼肉样或水煮样，称"虎斑心"。

3. 采集水疱液和水疱皮，置于 50% 甘油生理盐水中，迅速送有关部门鉴定；也可采集患羊恢复期血清进行乳鼠中和试验或病毒中和试验、琼脂扩散试验、间接血凝试验等检测抗体水平变化。

4. 应与羊传染性脓疱和蓝舌病等加以鉴别。

（二）防治

1. 一旦发病，病羊及同群羊按有关规定处理；羊舍、用具、场地用 2% 火碱溶液进行彻底消毒；粪便、饲料要烧毁或在指定地点堆积发酵。

2. 无病区严禁从疫区购进羊只及其产品、饲料、生物制品等；必须引进时，要严格检疫；在常发区要选用与当地或附近流行血清型相同的疫苗进行预防接种。

二、小反刍兽疫

（一）诊断要点

1. 由小反刍兽疫病毒引起，又称羊瘟或伪牛瘟。山羊、绵羊、羚羊、美国白尾鹿等小反刍动物易感，其中 3～8 月龄的山羊最易感；以多雨季节和干燥寒冷季节多发。

2. 患病动物多呈急性经过，体温升高达 41 ℃ 以上，持续 3～5 d。初期精神沉郁，食欲减退，鼻镜干燥，流黏液脓性鼻液，呼出气体恶臭；口腔黏膜充血、溃疡、坏死，大量流涎。后期出现带血水样腹泻，严重脱水，消瘦；咳嗽、胸部听诊啰音、腹式呼吸。死前体温下降。幼年动物发病率和病死率都很高。

3. 剖检可见口腔和鼻腔黏膜糜烂、坏死；鼻甲、喉、气管等处有出血斑；肺脏有暗红或紫色病变区，质地坚硬；皱胃出现规则的、有轮廓的糜烂，其创面呈红色；肠道糜烂或出血，尤其盲肠、结肠近端和直肠出现线状充血、出血，呈斑马状条纹；淋巴结特别是肠系膜淋巴结肿大；脾脏肿大、坏死。

4. 应与蓝舌病、口蹄疫、羊口疮、羊传染性胸膜肺炎、巴氏杆菌病等鉴别。

（二）防治

严禁从疫区引进相关动物，引进动物必须隔离观察 30 d 以上，确认健康无病后方可混群饲养。发病后，应采取紧急、强制性的控制和扑灭措施，扑杀患病和同群动物；疫区及受威胁区的动物进行紧急预防接种。

三、羊痘

（一）诊断要点

1. 由痘病毒引起。绵羊以细毛羊、羔羊易感，山羊痘少发。多发于冬末春初。

2. 病羊体温升高，呼吸、脉搏增速，结膜潮红，有浆性、黏脓性鼻液，持续 1～4 d 后，在无毛或少毛部位出现红斑，次日红斑中央出现丘疹，经 1～2 d 形成水疱，再经 3～4 d 变成脓疱，1 周后脓疱结痂慢慢脱落。山羊痘多发生于乳房皮肤和乳头上，重者遍布全身。

3. 皮肤上见到各期痘疹，呼吸道、胃肠道黏膜也见出血性炎症，特征性病变是在咽喉、气管、肺和真胃等部位出现不同阶段的痘疹。

4. 应与羊传染性脓疱、丘疹性湿疹和螨病加以鉴别。

（二）防治

1. 发病时，将病羊隔离，注意护理，保持羊舍干燥、通风良好。搞好消毒和尸体处理工作。

2. 加强饲养管理。不从疫区引进羊及其产品，必须引进时，隔离检疫 21 d，证明健康方可混群。疫区和受威胁区，定期进行预防接种，常用羊痘鸡胚化弱毒疫苗，免疫期可维持1 年。

四、羊传染性脓疱病

（一）诊断要点

1. 由羊口疮病毒引起。羔羊、幼羊（3～6 月龄）最易感，呈流行性；成年羊发病较少，多为散发。主要通过损伤的皮肤、黏膜感染。

2. 病羊首先在唇、口角、鼻等皮肤上出现散在的小红斑，很快形成黄豆大小的结节，继而形成水疱和脓疱，脓疱破溃形成疣状硬痂，若是良性经过，经 1～2 周，痂皮脱落而痊愈。严重病例患部附近继续发生丘疹、水疱、脓疱、痂垢，并相互融合，形成大面积痂垢，有时整个口唇肿大外翻呈桑葚状隆起，影响采食。有些病例危害到口腔黏膜，病羊采食、咀嚼、吞咽困难。在绵羊，通常在蹄叉、蹄冠或系部皮肤上形成水疱、脓疱，破溃后形成覆脓的溃疡。病羔吃乳时，还可使母羊的乳房皮肤发生丘疹、脓疱、烂斑和痂垢。此外，有时在阴唇及其附近的皮肤、阴鞘和阴茎上也可发生小脓疱和溃疡。

3. 应与羊痘、溃疡性皮炎、坏死杆菌病和蓝舌病等加以鉴别。

（二）防治

1. 发现病羊立即隔离治疗，对污染的羊舍、用具用 2％氢氧化钠或 10％石灰乳彻底消毒。治疗时先用水杨酸软膏将痂垢软化，除去痂垢后再用 0.1％高锰酸钾溶液冲洗创面，再涂 2％龙胆紫、碘甘油或抗生素软膏，1～2 次/d。蹄部损伤则先将蹄部置于 5％～10％福尔马林溶液中浸泡 1 min，连泡 3 次；或隔日用 3％龙胆紫溶液、1％苦味酸或抗生素软膏涂擦患部。

2. 防止外伤，不从疫区引进羊及其产品，必须购进时，应隔离检疫 2～3 周，并彻底清洗蹄部和进行多次消毒；在经常发病的牧场，用羊口疮疫苗或当地流行毒株自制疫苗进行预防接种。

五、羊蓝舌病

（一）诊断要点

1. 由蓝舌病病毒引起。主要发生于绵羊，1 岁左右的绵羊最易感，牛、山羊、羚羊等也可感染发病。发病与库蠓活动有关，具有严格的季节性和地区性，多发于湿热夏季、早秋以及池塘、河流较多的湿洼地区。

2. 病羊体温升高达 40～42 ℃，持续 6～8 d；精神沉郁，食欲丧失，上下唇水肿及充血；口、舌、颊黏膜表面溃疡；有的头、耳、颌间、咽喉水肿，使舌头动来动去，并轻微流涎，后舌呈青紫色；鼻分泌物初为浆液性后呈黏脓性，并带血，结痂于鼻孔四周。有时头部症状好转时，乳房及蹄部上皮脱落，蹄冠蹄叶发炎而引起跛行。部分病例见胃肠道炎症，发生便秘或腹泻。病羊被毛易折，下肢或体躯两侧被毛大片脱落。孕羊可出现流产、死胎或胎儿先天异常（如脑积水、小脑发育不全等）。

3. 剖检可见颈部皮下胶样浸润、口腔黏膜溃烂、出血；呼吸道、胃肠道、泌尿系统黏膜均有出血点；各脏器及淋巴结充血、水肿和出血；乳房和蹄冠部上皮脱落但未见水疱；蹄叶发炎并常有溃烂。

4. 应与口蹄疫、羊传染性脓疱病、羊溃疡性皮炎加以鉴别。

（二）防治

在购买绵羊及其他反刍动物时，应严格检疫。非疫区一经发现该病，扑杀病羊群及所有与其接触过的羊群和其他易感动物，并彻底消毒；疫区防止蚊蠓对羊的叮咬，定期药浴或喷洒杀虫药；在流行区可用与当地流行血清型相一致的疫苗进行预防接种。

六、绵羊溃疡性皮炎

（一）诊断要点

1. 由羊溃疡性皮炎病毒引起。通过损伤的皮肤感染，多发生于秋、冬季节。

2. 病羊在面部、蹄部、包皮、阴茎及阴门等部位的皮肤上形成脓疱，脓疱周围组织发生坏死，脓疱破溃后形成溃疡，溃疡表面常附着痂皮。往往影响采食、排尿或造成跛行。成年羊多发生生殖道损伤。一般呈良性经过，极少死亡。

3. 注意与羊口疮、口蹄疫等鉴别诊断。

（二）防治

1. 发现病羊要立即隔离、治疗，选用土霉素软膏（3%）、金霉素软膏（1%）或其他抗生素软膏涂擦患部。

2. 加强羊群的饲养管理，防止外伤，搞好环境卫生，羊舍经常消毒；对配种的羊，在配种前逐头检查其生殖器有无病变。

七、羔羊大肠杆菌病

（一）诊断要点

1. 由致病性大肠杆菌引起。多发于数日至 6 周龄的羔羊，有时 3～8 月龄的羊也发生，呈地方流行性或散发。放牧季节少发，而冬、春舍饲期间常发。气候不良、营养不足和羊舍污秽可诱发。

2. 败血型主要发生于 2～6 周龄羔羊，体温升高达 41～42 ℃，全身虚弱，并出现明显的中枢神经系统紊乱症状如步态失调、视力障碍、磨牙、角弓反张等。

3. 肠型主要发生于 7 日龄以内的羔羊，病羊排黄色、灰色、带有气泡或混有血丝的液体粪便。

4. 死于败血型的病变可见体腔内大量积液，内有纤维蛋白絮状凝块；脑膜充血，有出血点；关节肿大。死于下痢的羔羊剖检可见真胃和肠黏膜充血、出血，肠内混有血液和气泡，呈黄灰色，肠系膜淋巴结肿胀发红。

5. 应与羔羊痢疾、羊快疫、羊猝疽等相鉴别。

（二）防治

1. 病程缓慢的可选用土霉素，每千克体重 10～25 mg，口服，2～3 次/d，新生羔应加胃蛋白酶 0.2～0.3 g，或按每千克体重 5～10 mg，肌内注射，2 次/d，连用 3～5 d；或环丙沙星，每千克体重 2.5 mg，肌内注射，2 次/d，连用 3～5 d；或庆大霉素，每千克体重 2～4 mg，肌内注射，2 次/d，连用 3 d。同时注意对症疗法，补液可静脉注射 5% 葡萄糖生理盐水，强心选用 10% 安钠咖。

2. 加强母羊的饲养管理，做好抓膘、保膘工作，护理新生羔羊；搞好环境卫生，定期消毒；选择符合当地血清型的大肠杆菌灭活疫苗进行预防接种。

八、羊沙门菌病

（一）诊断要点

1. 由羊流产沙门菌、鼠伤寒沙门菌和都柏林沙门菌引起。可发生于不同年龄的羊。

2. 羔羊下痢多发生于 15～30 日龄，体温升高达 40～41 ℃，食欲减退，腹泻，排黏性带血粪便，恶臭；精神委顿，虚弱，低头，弓背，继而倒地。孕羊流产多见于妊娠期最后 2 个月，病羊体温升至 40～41 ℃，厌食，精神沉郁，部分羊有腹泻症状，病羊产出的活羔体质虚弱、站立不稳、腹泻、卧地而死，也见病母羊在流产后或无流产的情况下死亡。

3. 下痢型病羔羊尸体消瘦，真胃与小肠黏膜充血，肠内容物稀薄如水，肠系膜淋巴结水肿，脾脏充血，肾脏皮质与心外膜点状出血；流产、死产胎儿或生后 1 周内死亡羔羊表现败血症变化，组织水肿、充血，肝、脾肿胀，有灰色病灶，胎盘水肿、出血，母羊表现急性子宫内膜炎。

4. 应与李氏杆菌病、大肠杆菌病、弯杆菌病、链球菌病、布鲁菌病等加以鉴别。

（二）防治

1. 病羊隔离治疗或淘汰处理。治疗可用环丙沙星，每千克体重 2.5 mg，肌内注射，2 次/d，连用 3~5 d；或庆大霉素，每千克体重 2~4 mg，肌内注射，2 次/d，连用 3 d。也可选用土霉素、新霉素等按说明服用。

2. 加强饲养管理，消除不良因素，搞好羔羊护理。可进行药物预防，饲料中添加土霉素或磺胺二甲嘧啶。在发病严重的牧场，可由本场分离沙门菌菌株制备自家菌苗进行预防接种。

九、绵羊巴氏杆菌病

（一）诊断要点

1. 由多杀性巴氏杆菌引起。绵羊多发于幼龄羊，山羊不易感，呈散发。

2. 最急性型多见于哺乳羔羊，突然发病，寒战，虚弱，呼吸困难，数分钟至数小数死亡。

3. 急性型表现精神不佳，食欲废绝，体温升高达 41~42 ℃；呼吸急促，咳嗽，鼻孔常有出血，有时混于鼻液中；初便秘，后腹泻，有时粪似血水。

4. 慢性型病程长达 3 周，病羊食欲不振，日渐消瘦，流黏脓性鼻液，咳嗽，呼吸困难，有时颈部和胸下发生水肿，角膜炎，濒死期极度虚弱，四肢厥冷，体温下降。

5. 剖检可见皮下浆液性浸润和小点状出血；胸腔内积有黄色渗出物；肺淤血，点状出血和肝变，偶见黄豆粒大至核桃大的坏死灶；胃肠道出血性炎症；其他脏器呈水肿和淤血，间有小点状出血，脾不肿大。病程长者，尸体消瘦，皮下胶样浸润，常见纤维素性胸膜肺炎，肝有坏死灶。

6. 采取病死羊的肺、肝、脾及胸腔液，涂片，美蓝或瑞氏染色，可见两极浓染的短杆菌。

7. 应意与肺炎链球菌病鉴别。

（二）防治

1. 发现病羊及可疑羊要立即隔离，对羊舍及用具进行彻底消毒。治疗时可选用氟苯尼考每千克体重 20 mg、环丙沙星每千克体重 2.5 mg、20% 磺胺嘧啶钠每千克体重 0.25~0.5 mL、链霉素每千克体重 10~15 mg、青霉素每千克体重 2 万~3 万 IU，肌内注射，2 次/d，直至痊愈。

2. 加强饲养管理，避免受寒感冒等。健康羊群可用疫苗作预防接种。

十、羊布鲁菌病

（一）诊断要点

1. 由羊布鲁菌引起。母羊较公羊易感性高，性成熟后易感最高。

2. 多数呈隐性感染。怀孕羊发生流产是主要特征，但不是必要的症状。流产多发于怀孕 3~4 个月，而且初配母羊流产为多，一般只流产 1 次。有时患羊发生关节炎和滑液囊炎而跛行。公羊表现睾丸炎，睾丸肿大。

3. 剖检可见流产死胎或木乃伊胎的胎衣部分或全部呈黄色胶样浸润，部分覆有纤维蛋白和脓液，胎衣增厚，有出血点；流产胎儿皮下肌间浆液性浸润，浆膜和黏膜有出血点和出血斑，肝脏有坏死灶，脾和淋巴结肿大。公羊发生化脓性坏死性睾丸炎和附睾炎，睾丸肿大，后期萎缩。

4. 应与绵羊地方性流产、弯曲杆菌病、弓形虫病、沙门菌病等加以鉴别。

（二）防治

1. 尚无特效药，一般不予治疗。对检出的病羊一律淘汰，流产胎儿、胎衣深埋或烧毁，被污染的用具彻底消毒。对贵重病羊可选用链霉素、氨苄青霉素、庆大霉素、卡那霉素、金霉素、四环素等治疗。

2. 坚持自繁自养，不从疫区引进羊，必须引进时，要严格检疫，确认健康方可混群。每年定期用试管凝集反应或平板凝集反应对羊群进行检疫，发现阳性者坚决淘汰。非安全区的健康羊群要进行免疫接种，常用布鲁菌羊型五号苗（M5）气雾免疫，布鲁菌猪型二号苗（S2）饮水免疫，冻干布鲁菌羊型五号苗皮下注射，免疫期1年。

十一、羊支原体性肺炎

（一）诊断要点

1. 由支原体引起，又称羊传染性胸膜肺炎。山羊、绵羊均易感，多见于早春、秋末冬初寒冷、潮湿季节。呈地方流行性。

2. 病初体温升高达 $41\sim42\,℃$，精神沉郁，食欲减退，随即咳嗽，流浆液性鼻液，4～5 d后咳嗽加重，干而痛苦，鼻液变成黏脓性，呈铁锈色；触诊胸壁有疼痛感；听诊出现支气管呼吸音、湿性啰音和摩擦音；叩诊肺部有浊音。最后因呼吸困难，黏膜发绀，窒息而死。孕羊流产，肚胀腹泻，口腔溃烂，唇部、乳房皮肤发疹，眼睑肿胀，濒死期体温下降至正常。

3. 病变多局限于胸部，胸腔大量积液，呈淡黄色；肺炎多为一侧性，间或两侧，肺实质肝变，切面呈大理石样，肺小叶间质变宽，界限明显；胸膜变厚而粗糙，与肋膜和心包膜粘连；支气管淋巴结和纵隔淋巴结肿大，切面多汁，有出血点；心包积液，心肌松弛，变软；肝、脾、肾肿大，病程久者肺脏肝变区机化形成包囊。

4. 应与羊巴氏杆菌病等鉴别。

（二）防治

1. 治疗可选用恩诺沙星每千克体重2.5 mg，肌内注射，2 次/d，连用3 d，或泰乐菌素每千克体重5～15 mg，肌内注射，1～2 次/d，连用5～7 d。

2. 加强饲养管理。引进种羊时，隔离检疫1个月，证明健康方可混群；疫区可用羊传染性胸膜肺炎疫苗接种。

十二、羊肠毒血症

（一）诊断要点

1. 由D型魏氏梭菌引起。绵羊多发，山羊较少见，且以1岁左右和膘情好的羊发病较多。

2. 突然发病，很少能见到症状，或在出现症状后很快死亡。病羊腹胀腹痛，常离群呆立、卧地或独自奔跑；临死前步态不稳，心跳、呼吸加快，全身颤抖，磨牙，口流泡沫，头颈后弯，倒地后四肢剧烈划动，昏迷而死。慢性病例则表现拉稀粪，混有血液或黏液，委顿和昏睡。

3. 剖检可见真胃内残留未消化的饲料，肠道（尤其小肠）黏膜充血、出血，严重者整个肠壁呈血红色，有的还有溃疡；肾脏软化如泥，稍压即碎烂；体腔积液；心脏扩张，心内、外膜有出血点；全身淋巴结肿大，呈黑褐色。

4. 采集小肠内容物、肾脏及淋巴结，制片镜检，可见有荚膜的魏氏梭菌。

5. 注意与羊猝狙、炭疽、巴氏杆菌病、大肠杆菌病等鉴别。

（二）防治

1. 发病急，死亡快，多来不及治疗，若病程缓慢者，可用免疫血清或投给 10～20 g 磺胺脒进行治疗，也可灌服 10％石灰水，大羊 200 mL，小羊 50～80 mL。

2. 加强饲养管理，防止过食，春、夏之际少抢青、抢茬；秋季避免过食结籽饲草；在疫区于发病季节前，注射羊肠毒血症菌苗或"羊肠毒血症、快疫、猝狙"三联苗或"羊快疫、猝狙、肠毒血症、羔羊痢疾、黑疫"五联苗；发病季节可给羊群服用土霉素、金霉素等预防。

十三、羊快疫

（一）诊断要点

1. 由腐败梭菌引起。多发于 6～18 月龄营养中等以上的绵羊，山羊少见。

2. 病羊往往突然死亡，常在放牧时死在牧场或早晨发现死于圈内。病程稍长的，可见其精神沉郁，离群独处，不愿走动，继而磨牙抽搐，腹痛臌气，排粪困难或里急后重等，最后衰弱昏迷、口流带血泡沫、衰竭而死。

3. 死尸迅速腐败膨胀，可视黏膜充血呈暗紫色；鼻孔流出血样带泡沫的液体，头颈部皮下可有血性胶样浸润，胸腹腔和心包积液；真胃黏膜有大小不等的出血斑块及坏死区，黏膜下组织水肿；心、内外膜有出血点；肝脏肿大变性；胆囊肿胀。

4. 采取病死羊肝脏被膜触片，瑞氏染色，镜检可见两端钝圆，单在或短链状的粗大菌体，或无关节的长丝状菌体。

5. 应与羊肠毒血症、羊黑疫、羊炭疽等进行鉴别诊断。

（二）防治

1. 病程短促，往往来不及治疗。病程长者，可选用青霉素肌内注射或内服磺胺嘧啶，或内服 10％新鲜石灰乳，50～100 mL/次，连服 1～2 次。病死羊只深埋，严禁剥皮吃肉。

2. 加强饲养管理，防止严寒袭击，严禁吃霜冻饲料；疫区禁饮死水，改饮溪河流水；常发区，应定期预防注射羊厌氧菌五联苗或三联苗或羊快疫单苗，或在发病季节给羊群投服土霉素、磺胺类药物。

十四、羊猝狙

（一）诊断要点

1. 由 C 型魏氏梭菌引起。主要发生于 1～2 岁的成年绵羊，呈地方流行性。

2. 病程短促，常未见症状即突然死亡；有时可见病羊掉群卧地，不安，衰弱或痉挛，常在数小时内死亡。

3. 病死羊剖检可见十二指肠和空肠黏膜严重充血、糜烂，个别区段可见大小不等的溃疡灶；体腔积液；死后数小时可见骨骼肌间积聚血样液体，有气性裂孔。

4. 注意与炭疽、巴氏杆菌病、羊快疫等鉴别。

（二）防治

常来不及治疗。流行区每年用三联苗或五联苗预防接种 2 次。

十五、羔羊痢疾

（一）诊断要点

1. 由 B 型魏氏梭菌引起。主要发生于 1 周内羔羊，尤以 2～5 日龄羔羊。以纯种细毛羊发病率和病死率最高。

2. 病羊发热，腹痛，排黄绿、黄白色稀便，或暗红色、恶臭、粥样粪便，磨牙，哞叫。有的表现腹胀而不下痢或排少量血便，主要表现神经症状，四肢瘫痪，呼吸急促，口鼻流沫，最后昏迷而死。

3. 尸体严重脱水；真胃内有未消化的凝乳块；小肠尤以回肠黏膜充血发红，可见到直径 1～2 mm 的溃疡，溃疡周围有一出血带环绕；肠系膜淋巴结充血肿胀或出血；后腹部皮下水肿，腹腔积液；心包积液，心内膜点状出血；肝肿大；肾稍柔软；肺有充血区或淤斑。

4. 应与沙门菌病、大肠杆菌病和肠球菌病等引起的下痢鉴别。

（二）防治

1. 西药疗法 病初用轻泻剂，如硫酸镁 2～3 g、福尔马林 0.2～0.3 mL，溶于 30～40 mL 温水中，一次内服，6～8 h 后，再用 1% 高锰酸钾溶液 15～20 mL 内服，首次按 2 次/d，以后 1 次/d，连用 2～3 d；土霉素 0.2～0.3 g 加等量胃蛋白酶，加水内服，2 次/d；或用磺胺脒 0.5 g、鞣酸蛋白 0.2 g、次硝酸铋 0.2 g、碳酸氢钠 0.2 g，水调内服，3 次/d；青霉素、链霉素联合肌内注射。

2. 中药疗法 白头翁 10 g，黄连 10 g，秦皮 10 g，生山药 10 g，山萸肉 12 g，诃子肉 10 g，茯苓 10 g，白术 5 g，白芍 10 g，干姜 5 g，甘草 6 g，将上述药煎两次，每次 300 mL，混合后每只羔羊内服 10 mL，2 次/d。

3. 对症疗法 补液可用 5% 葡萄糖盐水 20～100 mL 静脉注射，强心可用 10% 安钠咖 1～5 mL，食欲不佳的可用人工胃液（胃蛋白酶 10 g，稀盐酸 5 mL，水 1 L）10 mL，内服，1 次/d。

4. 预防 增强孕羊体质，注意产羔季节的保暖；合理哺乳；做好消毒、隔离工作，每年产前定期注射五联苗。

十六、羊黑疫

（一）诊断要点

1. 由 B 型诺维氏梭菌引起。一般发生于 1 岁以上的绵羊，以 2～4 岁、体况较好的绵羊多发，山羊也可发病。在春、夏季肝片吸虫流行的低洼潮湿地区多发。

2. 病程短促，突然死亡。少数病程稍长的病羊，表现不食，不反刍，呆立，行动不稳，呼吸困难，流涎，体温 41.5 ℃左右，昏睡而死。

3. 病羊死后迅速腐败，皮下静脉严重淤血，羊皮外观呈暗黑色（故称羊黑疫）；胸部皮下水肿，体腔积液；肝脏表面和深层有大小不一的灰黄色坏死病灶，界限明显，周围有一鲜红的充血带环绕，切面呈半圆形；心内膜有出血点；脾肿大，呈紫黑色；真胃幽门部和小肠充血、出血。

4. 采集肝脏坏死灶边缘的组织涂片染色镜检，可见革兰阳性、粗大、两端钝圆的杆菌。

（二）防治

1. 病程稍长的病羊，肌内注射青霉素 80 万～160 万 IU，2 次/d。

2. 严格控制肝片吸虫的感染；流行地区可定期用五联苗预防接种。

十七、羊链球菌病

（一）诊断要点

1. 由溶血性兽疫链球菌引起。绵羊易感性高，山羊次之。新疫区常呈流行性，老疫区则呈地方流行或散发。

2. 病羊体温升高达 41 ℃以上，精神不振，食欲低下，呼吸困难；流涎；流浆液性、黏脓性鼻液；流泪，眼有脓性分泌物；粪便松软，带有黏液或血液；有时可见眼睑、嘴唇、面部肿胀；咽喉部及下颌淋巴结肿大；濒死前磨牙、抽搐、惊厥而死。孕羊流产。

3. 剖检可见各脏器广泛出血，以膜性组织（大网膜、肠系膜等）最为明显；咽、扁桃体水肿、出血、坏死；头颈部淋巴结肿大，出血、坏死；肺脏水肿、气肿，实质出血、肝变，呈大叶性肺炎；胆囊肿大；肾脏变脆、变软、肿胀、梗死；各脏器浆膜有纤维素性渗出。

4. 采集心血、脏器组织涂片染色镜检；可见单个、短链或长链的革兰阳性球菌。

5. 应与羊炭疽、羊快疫、羊巴氏杆菌病等鉴别。

（二）防治

1. 发病早期可用青霉素肌内注射，2 次/d，连用 2～3 d；磺胺嘧啶，每千克体重 70～100 mg，内服，2 次/d，首次加倍，或肌内注射，每千克体重 50～100 mg，1～2 次/d，连用 3 d。

2. 加强饲养管理，做好防寒保暖工作；无病区严禁从疫区购进羊及其产品；疫区搞好隔离、消毒工作，每年发病季节到来之前，用羊链球菌氢氧化铝菌苗进行预防接种。

十八、羊弯杆菌病

（一）诊断要点

1. 由胎儿弯曲菌引起。主要侵害母羊，公羊不易感染，呈地方流行性。

2. 怀孕母羊多于怀孕后第 4～5 个月发生流产，流产前阴道内可流出分泌物，产出死胎、死羔或弱羔，流产后阴道排出黏脓性分泌物。大多数流产母羊很快痊愈，在下一次配种正常怀孕；少数母羊由于死胎滞留而发生子宫炎、腹膜炎或子宫脓毒症，最后死亡。

3. 流产胎儿皮下水肿，肝脏有坏死灶。病死母羊可见子宫炎、腹膜炎和子宫蓄脓。

4. 取新鲜胎衣子叶和流产胎儿胃内容物，涂片，染色，镜检，可见革兰阳性弯杆菌。

5. 应与羊布鲁菌病、羊衣原体病、羊沙门菌病等流产疾病鉴别。

（二）防治

1. 治疗可用四环素每千克体重 10～25 mg，内服，2 次/d，连用 3～5 d。也可用红霉素、庆大霉素、复方新诺明、黄连素等药物按说明使用。

2. 严格执行兽医卫生措施，定期进行消毒，防止饲料、饮水被污染，加强检疫，淘汰带菌种羊，选用多价疫苗进行预防接种。

十九、羊衣原体病

（一）诊断要点

1. 由鹦鹉热衣原体引起。绵羊、山羊均易感。

2. 流产型 常发生于妊娠的中后期，主要表现流产、死产或娩出生命力不强的弱羔羊，流产后往往胎衣滞留，阴道排出分泌物。公羊患有睾丸炎、附睾炎等。剖检可见流产母羊胎膜水肿、增厚，子叶呈黑红色或土黄色；流产胎儿水肿，皮肤、皮下组织、胸腺及淋巴结等处有点状出血，肝脏充血、肿胀，表面可能有针尖大小的灰白色病灶。

3. 关节炎型 多见于羔羊，病初体温升高达 41～42 ℃，食欲减退，掉群，不适，肢关节（尤其腕关节、跗关节）肿胀、疼痛，一肢或四肢跛行；患病羔羊肌肉僵硬，或弓背而立，或长期卧地，体重减轻，生长发育受阻。剖检可见关节囊扩张，关节囊内积聚有炎性渗出物，滑膜覆有疏松的纤维素性絮片。

4. 结膜炎型 主要发生于绵羊（特别是肥育羔和哺乳羔），一眼或双眼结膜充血、水肿，大量流泪；病后 2～3 d 角膜发生不同程度的浑浊，出现血管翳、糜烂、溃疡或穿孔；数天后，在瞬膜、眼结膜上形成直径 1～10 mm 的淋巴滤泡。

5. 应与布鲁菌病、弯杆菌病、沙门菌病等疾病鉴别。

（二）防治

1. 发病后及时隔离，流产胎盘、产出的死羔羊应予销毁；污染的羊舍、场地等用 2% 氢氧化钠溶液、2% 来苏儿溶液等进行彻底消毒。治疗可肌内注射青霉素 80 万～160 万 IU/次，2 次/d，连用 3 日；也可将四环素族抗生素混于饲料中喂给，连用 1～2 周。结膜炎可用土霉素软膏点眼。

2. 加强饲养管理，搞好消毒，消除各种诱发因素；疫区可用羊流产衣原体灭活疫苗对母羊和种公羊进行免疫接种。

二十、羊坏死杆菌病

（一）诊断要点

1. 由坏死梭杆菌引起。绵羊患病多于山羊，在多雨、潮湿、炎热的夏季多发，且以皮肤、黏膜损伤的情况下更多见，呈散发或地方性流行。

2. 成年绵羊常侵害蹄部，引起腐蹄病，多为一肢患病，呈跛行，蹄间隙、蹄踵和蹄冠开始红肿、热痛，而后溃烂，有发臭的脓样液体流出，有时蹄匣脱落。绵羊羔可发生唇疮，在鼻、唇、眼部甚至口腔发生结节和水疱，随后成棕色痂块；轻症者，迅速恢复；重症者不及时治疗，往往由于内脏形成转移性坏死灶而死亡。

3. 剖检可见皮肤、皮下组织和消化道黏膜坏死，及内脏上出现转移性坏死灶。

4. 应与羊痘、传染性脓疱病、口蹄疫等加以鉴别。

（二）防治

1. 治疗蹄部时，首先清除坏死组织，用食醋、3％来苏儿、1％高锰酸钾溶液冲洗，或用 6％福尔马林或 5％～10％硫酸铜浴蹄，再涂以抗生素软膏，用纱布包扎患部。重者需全身治疗，选用磺胺嘧啶每千克体重 0.1 g，深部肌内注射或静脉注射；或土霉素每千克体重 7～15 mg，肌内或静脉注射；或氨苄青霉素每千克体重 10～20 mg，肌内注射。

2. 保护皮肤、黏膜免受损伤，发现外伤及时处理；保持羊舍、环境、用具的清洁与干燥；正确护蹄，防止在碎石凌乱的道路上奔跑、驱赶。

二十一、羊炭疽

（一）诊断要点

1. 由炭疽杆菌引起。羊的易感性最高，多发生于炎热的夏季，呈散发或地方流行性。

2. 病羊呈最急性经过，数分钟内突然发生抽搐和天然孔流血而死亡。病程稍长的，兴奋不安，行走不稳，呼吸加快，脉搏增速，黏膜发绀，全身痉挛，天然孔出血，数小时内死亡。

3. 外观尸体迅速腐败，腹部极度膨胀，天然孔流血，血凝不良，呈黑色似煤焦油，尸僵不全。死于炭疽的羊，严禁解剖。

4. 生前采取静脉血、水肿液或血便，死后采取末梢血或脾，涂片，用瑞氏染液或美蓝染液染色，镜检可见带有荚膜的单个、成双或短链的粗大杆菌。

5. 应与羊快疫、羊肠毒血症、羊猝疽、羊黑疫等发病急、死亡快的疾病鉴别。

（二）防治

1. 在严格隔离的条件下可进行治疗。对于病程短者，常来不及治疗；对病程稍长的可采用特异血清疗法，注射抗炭疽血清 30～60 mL，12 h 后再注射 1 次，并结合药物治疗，选用青霉素肌内注射，1 次/8 h，或用土霉素和磺胺类药物。

2. 对原因不明的突然死亡羊，不要擅自剖检，更不能扒皮吃肉，待查明原因，再作处理；发生炭疽后，要上报疫情，划定疫区，实行封锁和其他兽医卫生防疫措施；对污染的用具、场地要彻底消毒，饲料要焚烧；在炭疽流行区，应每年接种 1 次炭疽芽孢苗。

第四节　猪传染病

一、猪瘟

（一）诊断要点

1. 由猪瘟病毒引起。各种年龄猪均可发病，且病死率高。

2. 最急性型　突然发病，高热稽留（41～42 ℃），无明显症状，很快死亡。剖检常缺乏明显病变，一般仅见浆膜、黏膜和内脏有少数出血点。

3. 急性型　体温升高达 40.5～42 ℃，稽留热，精神沉郁、嗜睡、怕冷；有脓性结膜炎（眼流脓性分泌物）；病初便秘，粪便干燥呈小球状，后腹泻；病猪耳后、腹部、四肢内侧等毛稀皮薄处，出现大小不等的红点或红斑，指压不褪色；公猪包皮积有尿液，挤压时有恶臭浑浊液体流出。小猪有神经症状。剖检可见皮肤或皮下有出血点，全身浆膜、黏膜，尤其是喉头黏膜、会厌软骨、膀胱黏膜、胆囊、心外膜、肺及肠等有大小不等、多少不一的出血点或出血斑；淋巴结肿大、出血，呈暗红色，切面呈大理石样花纹；肾不肿大，呈土黄色，有针尖大小的出血点，切面肾皮质、肾盂、肾乳头也有出血点；脾不肿大，边缘有突出于表面的黑褐色的出血性梗死灶；扁桃体出血、坏死。

4. 慢性型　体温时高时低，食欲时好时坏，便秘与腹泻交替发生；病猪消瘦、贫血、全身衰弱，行走不稳或不能站立；有的病猪耳尖、尾端或四肢下部呈蓝紫色或坏死。剖检可见盲肠、结肠、回盲口处黏膜上形成纽扣状溃疡，或互相融合呈较大的溃疡坏死灶。

5. 温和型　临床症状轻微、不典型，病情缓和，病程长，发病率和病死率都低，死亡的多为仔猪，成年猪或架子猪一般能耐过，常见于免疫接种不及时的猪群，以断奶后的仔猪及小猪多发。剖检病变不典型。

6. 繁殖障碍型　妊娠母猪感染后，不表现任何症状，但病毒可通过胎盘感染胎儿，引起流产、早产、木乃伊胎、死胎、畸形胎，或产出弱仔或外表健康的感染仔猪（多在生后15～20 d发病、死亡）。出生后不久死亡的仔猪，皮肤和内脏器官（尤其是肾脏）有出血点。

7. 急性猪瘟应与败血症型猪丹毒、猪肺疫、猪副伤寒等鉴别。

（二）防治

1. 对发病猪场及附近尚未发病的猪，立即用猪瘟兔化弱毒疫苗进行紧急免疫接种。

2. 发病猪舍、运动场、饲养管理用具，用消毒药液进行消毒。粪、尿及垫草等污物，堆积发酵后作肥料利用。死猪深埋或销毁、化制。病猪急宰。

3. 加强饲养管理，做好经常性的卫生工作，定期消毒。选择和制定适合本场（地）的免疫程序，种公猪于每年春、秋季用猪瘟兔化弱毒疫苗各免疫接种一次；种母猪于配种前免疫接种一次，或春、秋两季各免疫接种一次；仔猪于20日龄、70日龄各免疫接种一次，或仔猪出生后不吃初乳前立即用猪瘟兔化弱毒疫苗接种一次，免后2 h可哺乳（即常称的乳前免疫或超免）；后备母猪于留作种用时免疫接种一次。

二、猪口蹄疫

（一）诊断要点

1. 由口蹄疫病毒引起。多发生于秋末、冬季和早春，尤其春季达到高峰。呈流行性或大流行性。

2. 以蹄部发生水疱和糜烂为特征。病初体温升高达40～41 ℃，精神不振、减食。继而在蹄冠、蹄叉、蹄踵发红、形成水疱和溃烂，有继发感染时，蹄壳可能脱落，病肢不能着地，病猪不愿行走，常卧地不起；有的在鼻盘、口腔、齿龈、舌、乳房也可见到水疱和烂斑。仔猪可因心肌炎和急性肠炎死亡，大猪多呈良性经过。

3. 死亡仔猪剖检可见胃、小肠、大肠黏膜有出血性炎症；心肌松软似煮熟样，切面有淡黄色斑或条纹，有"虎斑心"之称。

4. 应与猪水疱病、猪水疱疹、猪水疱性口炎鉴别。

（二）防治

1. 发现病猪，立即向上级有关部门报告疫情，按照"早、快、严、小"的原则，实行封锁，对污染的猪舍、环境及用具严格消毒，对病猪按国家有关规定处理。

2. 平时做好预防工作，严禁从疫区购买生猪及其产品，必须购买时应严格检疫；常发地区可用与该地流行同型的口蹄疫灭活疫苗免疫接种。

三、猪水疱病

（一）诊断要点

1. 由猪水疱病病毒引起。仅感染猪，无明显季节性；饲养密度大的猪场易发病，而分散饲养的农村和农户少见。

2. 病猪体温升高达 40～42 ℃，全身症状明显，在蹄冠、蹄叉、蹄踵或副蹄出现水疱和溃烂，病猪跛行，喜卧；重者继发感染，蹄壳脱落；部分病猪在鼻端、口腔黏膜出现水疱和溃烂；部分哺乳母猪乳房上也出现水疱。

3. 应与猪口蹄疫、猪水疱性疹、水疱性口炎相区别。

（二）防治

1. 发现疫情后，立即报有关部门，迅速确诊。按"早、快、严、小"的原则划定疫区，隔离封锁。病猪的粪尿堆积发酵。污染的环境、用具严格消毒。对疫区和受威胁区的猪只，可采用被动免疫或疫苗接种。

2. 坚持自繁自养，不从疫区调入猪只及其产品。搞好猪舍及环境的清洁卫生和消毒工作。在疫区和受威胁地区可用弱毒疫苗免疫接种。

四、猪繁殖与呼吸综合征

（一）诊断要点

1. 由猪繁殖与呼吸综合征病毒引起。只感染猪，以妊娠母猪和 2～28 日龄仔猪最易感；无明显季节性，呈地方流行性。

2. 病猪体温升高，食欲减少，精神不振，少数病猪耳部发绀，呈蓝紫色，故称"蓝耳病"，妊娠母猪可见大批流产或早产，产死胎、木乃伊胎、弱仔，死产率可达 80%～100%；仔猪出生后发生呼吸困难，体温升高，全身症状明显，病死率可达 80%～100%；成年公猪和青年猪发病后也可出现全身症状，但较轻。

3. 剖检可见肺脏充血、淤血，呈深红色，肺小叶间质增宽，肺小叶明显，质地坚实。有的可见胸腔积液，肾周围、皮下、肠系膜淋巴结水肿。

4. 应与猪细小病毒病、伪狂犬病、日本乙型脑炎、繁殖障碍型猪瘟、布鲁菌病、猪衣原体病等相鉴别。

（二）防治

1. 发病后，限制猪群流动，防止疫情扩大；及时清洗和消毒猪舍及环境，特别是处理好流产胎儿及胎衣等。

2. 加强饲养管理，搞好消毒工作；禁止从疫区引进猪，引进猪时要隔离检疫；疫区可用猪繁殖与呼吸综合征疫苗免疫接种。

五、猪伪狂犬病

（一）诊断要点

1. 由伪狂犬病毒引起。猪、牛、羊等动物均可感染，多发生于冬、春季节。

2. 新生仔猪及 4 周龄以内仔猪常突然发病，精神委顿，不食、呕吐或腹泻，兴奋不安，步态不稳，运动失调，全身肌肉痉挛，或倒地抽搐；有时呈不自主地前冲、后退或转圈运动；随病程进展，出现四肢麻痹，倒地侧卧，头向后仰，四肢划动，病死率很高。

3. 4月龄左右的猪多表现轻微发热，流鼻液，咳嗽，呼吸困难，有的出现腹泻，几天可恢复，也有部分出现神经症状而死亡。

4. 妊娠母猪主要发生流产、产死胎或木乃伊胎。产出的弱仔多在2～3 d死亡；流产率可达50%。

5. 成年猪一般呈隐性感染，有时可见发热、咳嗽、鼻腔流出分泌物，精神委顿等。

6. 剖检可见鼻腔卡他性或化脓性炎症，咽喉部黏膜水肿，有纤维素性坏死性假膜覆盖；肺水肿，淋巴结肿大，脑膜充血水肿，脑脊髓液增多；胃肠卡他或出血性炎症。流产胎儿的肝、脾、淋巴结及胎盘绒毛膜有凝固性坏死。

7. 采取脑、脾制成1∶10悬液，加抗生素处理、离心，取上清液1 mL皮下或肌内注射家兔，2～3 d后注射部奇痒。

8. 应与猪日本乙型脑炎、猪细小病毒病、猪繁殖与呼吸综合征等相鉴别。

（二）防治

1. 发病时，应扑杀病猪，消毒猪舍及环境，粪便发酵处理；必要时给猪注射弱毒疫苗，乳猪注射0.5 mL（断奶后再注射1 mL），断奶猪注射1 mL，成年猪和妊娠母猪（产前1个月）注射2 mL。

2. 引进猪只严格检疫；搞好环境卫生和消毒工作，消灭鼠类；疫区或受威胁区，用猪伪狂犬疫苗免疫接种。

六、猪传染性胃肠炎

（一）诊断要点

1. 由猪传染性胃肠炎病毒引起。只感染猪，以10日龄以内哺乳仔猪发病率和病死率最高，随年龄增长病死率逐渐下降，症状轻微，可自然康复。多流行于冬、春寒冷季节。新发病猪场几乎全群感染，呈流行性发生；老疫区呈地方性流行，猪群中不断发生。

2. 仔猪突然呕吐，继而发生频繁水样腹泻，粪便呈黄色、淡绿或白色，其中常有未消化的乳凝块，迅速脱水、体重下降，精神沉郁，皮毛粗乱无光，吃奶减少或停止，于2～5 d内病亡，病愈仔猪多生长发育不良。

3. 生长猪、育肥猪和种猪主要表现食欲减退或消瘦，水样腹泻，呈黄绿或灰褐色粪便并混有气泡，哺乳母猪泌乳减少或停止，3～7 d病情好转，极少死亡。

4. 剖检可见胃内充满乳块或食物，胃底黏膜充血，甚至小点出血；小肠壁变薄、充满黄绿色或灰白色液体，含有气泡和凝乳块，肠系膜充血、淋巴结肿胀。

5. 应与仔猪红痢、仔猪黄痢、仔猪白痢、仔猪副伤寒、仔猪低血糖及猪轮状病毒感染等疾病鉴别。

（二）防治

1. 立即隔离病猪，猪舍、环境、用具等以碱性消毒液进行严格消毒；尚未发病猪只应立即隔离到安全地方饲养；病猪采取对症治疗，口服补液盐、抗菌药物（磺胺脒、氟哌酸等），以减轻失水、酸中毒和防止细菌感染。

2. 平时不从疫区或病猪场引进猪只，加强猪群饲养管理，搞好猪舍的清洁卫生和消毒，经常清除粪便。疫区可用猪传染性胃肠炎弱毒疫苗免疫接种。

七、猪流行性腹泻

（一）诊断要点

1. 由猪流行性腹泻病毒引起。各年龄猪均易感，多发生于寒冷冬季。

2. 仔猪体温正常或稍高，精神沉郁，食欲减退或废绝；呕吐，水样腹泻，1周龄内新生仔猪腹泻后2～4 d内因严重脱水而死亡，病死率可达50%。断奶猪、母猪精神委顿、厌食，持续腹泻1周，逐渐恢复正常。肥育猪腹泻，1周后康复，病死率1‰～3%。成年猪精神沉郁、厌食、呕吐，水样腹泻3～4 d自愈。

3. 剖检可见小肠扩张，内充满黄色液体，肠系膜充血，肠系膜淋巴结水肿，小肠绒毛缩短。

4. 应与猪传染性胃肠炎、猪轮状病毒感染相鉴别。

（二）防治

1. 病猪及时口服补液盐防止脱水；用肠道抗菌药物防止继发感染。

2. 加强饲养管理，搞好猪舍卫生和消毒，注意通风保暖，实行全进全出制度。在发病季节前给母猪接种猪流行性腹泻疫苗或猪流行性腹泻-猪传染性胃肠炎二联苗，使仔猪通过初乳获得被动免疫。

八、猪轮状病毒感染

（一）诊断要点

1. 由猪轮状病毒引起。多发生于8周龄以内的仔猪，主要发生在冬季，呈地方流行性。

2. 病初精神沉郁、食欲不振、不愿走动，有些仔猪吃奶后发生呕吐。继而腹泻，粪便呈黄色、灰色或黑色，多为水样或糊状。

3. 剖检可见胃内充满凝乳块和乳汁，肠壁变薄、呈半透明，其内容物呈液状。

4. 应与仔猪白痢、仔猪黄痢、仔猪红痢、传染性胃肠炎、仔猪副伤寒等鉴别。

（二）防治

1. 病猪应立即隔离到清洁、干燥、温暖的圈舍内进行治疗，加强护理，及时清除粪便，对被污染的环境及用具进行消毒。病猪采取对症治疗，口服补液盐、抗菌药物（磺胺脒、氟哌酸等），以减轻失水、酸中毒和防止细菌感染。

2. 加强饲养管理。定期消毒，清除病原。母猪分娩前用轮状病毒疫苗接种。保证新生仔猪及时吃到足够的初乳。

九、猪细小病毒病

（一）诊断要点

1. 由猪细小病毒引起。主要发生于初产母猪，一般呈地方流行性或散发，但初次感染的猪群呈急性暴发。

2. 同一时期内有多头母猪（特别是初产母猪）发生久配不孕、流产，产死胎、畸形胎、木乃伊胎、弱仔猪及健康仔猪，而母猪本身没有明显临床症状。

3. 剖检可见母猪子宫内有轻微炎症，胎盘有部分钙化；感染胎儿可见充血、水肿、出血、体腔积液、脱水（木乃伊化）及坏死等病变。

4. 应与猪繁殖与呼吸综合征、伪狂犬病、猪乙型脑炎、布鲁菌病、衣原体病和弓形虫病等相鉴别。

（二）防治

发病后无有效治疗方法，对流产胎儿中的幸存者不能留作种用。引进猪只时加强检疫；对初产母猪在配种前一个月用猪细小病毒疫苗进行免疫接种。

十、猪圆环病毒病

（一）诊断要点

1. 主要由圆环病毒 2 型引起。常与其他病原体继发或混合感染。各年龄猪均易感，多发于 5～12 周龄猪。

2. 常见临床类型

（1）**断奶仔猪多系统衰弱综合征** 多发于 5～16 周龄的猪，主要表现被毛粗糙，皮肤苍白，发育迟缓，体重减轻，进行性消瘦，呼吸过速或呼吸困难，嗜睡，有时腹泻、黄疸、咳嗽以及中枢神经系统紊乱，体表淋巴结，特别是腹股沟淋巴结肿大，常突然死亡。剖检可见尸体消瘦、不同程度贫血和黄疸；淋巴结肿大 2～5 倍，尤其是腹股沟淋巴结、肺门淋巴结、肠系膜淋巴结和下颌淋巴结等最明显，切面呈均质苍白色；肺部有散在隆起的橡皮状硬块；肝脏发暗，肝小叶间结缔组织增生；脾肿大，肾苍白有散在白色病灶，被膜易于剥落，肾盂周围组织水肿；胃在靠近食管区常有大片溃疡形成；盲肠和结肠黏膜充血和出血点。

（2）**猪皮炎与肾炎综合征** 多发于 12～14 周龄的猪；病猪皮肤，尤其是后躯、后肢和腹部等皮肤出现圆形或不规则隆起、周边呈红色或紫色、中央黑色病灶；轻者体温正常，常自行康复，严重者表现跛行、发热、厌食和体重减轻等症状。剖检可见双侧肾脏肿大、苍白，表面出现白色斑点，皮质红色点状坏死，肾盂水肿；有时可见淋巴结水肿，切面苍白；脾脏肿大并出现梗死；混合感染时，会出现胸腔积水，肺脏有胶冻状渗出等。

（3）**新生仔猪先天性震颤** 震颤由轻微到严重不等，震颤是两侧性的，仔猪躺卧或睡眠时颤抖减轻或停止，外部刺激如突然声响或寒冷等能引发或增强颤抖，严重颤抖的仔猪常在出生后 1 周内因吃不到乳而饥饿致死，耐过 1 周的乳猪能存活，3 周龄时康复。

（二）防治

1. 目前尚无有效疗法，病猪及时隔离，加强消毒，使用抗菌药物预防控制并发或继发感染。

2. 加强饲养管理，实行严格的全进全出制，从无病猪场引进猪时加强检疫；使用猪圆环病毒病疫苗进行免疫接种；做好猪场主要传染病的免疫接种。

十一、猪流行性感冒

（一）诊断要点

1. 由 A 型流感病毒引起。有明显季节性流行，多发生于气候骤变的晚秋、冬季和初春，呈暴发。发病率高，病死率较低。

2. 猪群几乎同时突然发病，体温升高达 40.5～41.5 ℃，精神沉郁，饮食减少或停止；呼吸急促，呈腹式呼吸，阵发性咳嗽，打喷嚏；眼结膜潮红，眼、鼻有黏液性分泌物，鼻盘干燥；粪便干硬。肌肉和关节疼痛，常卧地不愿走动，捕捉时发出惨叫声。如无继发感染，一般多于 4～6 d 后康复。如果继发感染，发生大叶性肺炎或肠炎，则病势加重，甚至死亡。

3. 病变主要在呼吸系统，鼻、喉、气管和支气管黏膜充血，表面有大量泡沫状黏液，有时混有血液；胸腔常有积水；肺部病变轻重不一，轻者可见肺边缘有炎症区或肺水肿，重者肺的病变部呈紫红色如鲜牛肉状，肺膨胀不全，周围组织气肿，呈苍白色，界限分明。颈部、肺部和纵隔淋巴结明显肿大、充血、水肿。脾肿大，胃肠黏膜有卡他性炎症。

4. 应与猪瘟、猪肺疫、猪传染性胸膜肺炎、猪气喘病等相鉴别。

（二）防治

1. 立即将病猪隔离于温暖、干净的猪舍内，喂以易消化的青绿多汁饲料，提供清洁饮水，并对污染场地和用具进行消毒；病猪可用抗生素或磺胺类药物防止继发感染，用 30%安乃近 3～5 mL 或复方奎宁 5～10 mL，或 1%～2%氨基比林溶液 5～10 mL，肌内注射，以解热镇痛。

2. 平时注意猪舍清洁卫生，圈舍干燥，当天气变化剧烈时应特别注意防寒保暖；尽量不在寒冷、多雨、气候多变季节长途运输猪群。

十二、猪日本乙型脑炎

（一）诊断要点

1. 由日本乙型脑炎病毒引起。多呈隐性感染，主要通过蚊子叮咬传播，多发生于 7～9 月份。

2. 猪常突然发病，体温升高达 40～41 ℃，稽留热，精神委顿，食欲减少或废绝，粪干呈球状，表面附着灰色黏液；有的猪后肢呈轻度麻痹，步态不稳，关节肿大、跛行，有的病猪视力障碍，最后麻痹死亡。妊娠母猪多在妊娠后期突然发生流产，产出死胎、木乃伊和弱胎，弱胎产出后表现震颤、抽搐、癫痫等病状，同胎也见正常胎儿，发育良好；母猪流产后症状很快减轻，不影响下一次配种。公猪除有一般症状外，常发生一侧或两侧睾丸急性肿大，触之热痛，3～5 d 后肿胀消退，多数睾丸变小变硬，失去配种繁殖能力。

3. 剖检可见流产胎儿脑水肿，皮下血样浸润，肌肉水煮样，腹水增多；木乃伊胎儿从拇指大小到正常大小；肝、脾、肾有坏死灶；全身淋巴结出血；肺淤血、水肿。子宫黏膜充血、出血和有黏液。胎盘水肿或见出血。公猪睾丸实质充血、出血和小点坏死；睾丸硬化者体积缩小，与阴囊粘连。

4. 应与布鲁菌病、伪狂犬病等鉴别。

（二）防治

1. 尚无有效治疗方法，确诊后最好淘汰，但要做好死胎、胎盘及分泌物等的处理和猪舍、用具等的消毒。

2. 加强饲养管理，搞好环境卫生，积极开展防蚊灭蚊工作；在流行地区猪场，在蚊虫开始活动前 1～2 个月（即 4～5 月份）用乙型脑炎弱毒疫苗对 4 个月龄以上猪进行免疫接种。

十三、猪大肠杆菌病

（一）仔猪黄痢

1. 诊断要点

（1）多发生于 1 周龄以内的哺乳仔猪，以 1～3 日龄最多见，7 日龄以上很少发生；同窝仔猪发病率高达 100%，病死率也高达 90%。

（2）临床表现排黄色或黄白色浆状稀便、不吃奶、脱水、消瘦、昏迷死亡。

（3）剖检可见胃膨胀，胃内充满酸臭凝乳块，胃黏膜红肿；小肠壁薄、松弛、充气，肠内充满黄色、黄白色稀薄内容物，肠黏膜肿胀、充血或出血；肠系膜淋巴结充血、肿大，切面多汁；心、肝、肾有时可见出血点。

（4）应与猪传染性胃肠炎、猪流行性腹泻、仔猪红痢等相区别。

2. 防治

（1）最好通过药敏试验选择最敏感的药物进行治疗。一旦发现病猪，立即对全窝给药，常用氟苯尼考、庆大霉素、新霉素、氟哌酸等。

（2）做好圈舍及环境的卫生及消毒工作；产前对母猪乳房和后躯清洗、擦拭；仔猪出生后全窝口服抗生素、调痢生等。怀孕母猪产前可用大肠杆菌疫苗预防接种。

（二）仔猪白痢

1. 诊断要点

（1）多发生于 10～30 日龄的仔猪，以 10～20 日龄最多；一年四季均可发生，但以严冬、炎热及阴雨连绵季节较多，气候骤变、卫生条件不良可使发病率上升。

（2）临床表现体温升高，排白色或灰白色粥状稀粪，有腥臭味，死亡很少。

（3）剖检可见胃内有少量凝乳块，胃黏膜充血、出血、水肿，肠内空虚，有大量气体和少量稀薄的黄白或灰白色酸臭味稀粪；肠系膜淋巴结水肿。

（4）应与传染性胃肠炎、猪流行性腹泻相区别。

2. 防治　可参考仔猪黄痢。此外，还可用白龙散、大蒜甘草液、金银花大蒜液、硅碳银、活性炭、调痢生、促菌生等治疗，也可补充硫酸亚铁或硒。

（三）仔猪水肿病

1. 诊断要点

（1）由溶血性大肠杆菌引起。多发生于断奶前后的仔猪，发病多是营养良好和体格健壮的仔猪，且与饲料和饲养方式改变等有关。

（2）临床上突然发病，精神高度沉郁、食欲废绝、体温不高；眼睑、头部、下颌间发生水肿，严重者可引起全身水肿；行走无力，共济失调，转圈，抽搐，四肢作游泳状，触摸皮肤异常过敏，常发出嘶哑尖叫，最后衰竭死亡。

（3）剖检可见眼睑、颜面、额部、头顶部皮下呈灰白色胶样水肿；胃大弯、贲门部水肿，胃的黏膜层与肌层之间呈胶冻样水肿，整个结肠系膜呈胶冻样水肿，切开流出多量液体；肠系膜淋巴结水肿，体腔有积液。

（4）应与猪瘟、伪狂犬病、猪脑脊髓灰质炎、李氏杆菌病、食盐中毒、贫血性水肿、缺硒性水肿等疾病相鉴别。

2. 防治

（1）尚无特效治疗方法，应立即停喂精料，内服盐类泻剂（如人工盐），及时应用抗菌药物（如庆大霉素、恩诺沙星等），并对全窝或同群小猪进行药物预防。

（2）加强断奶前后仔猪的饲养管理，提早补料；断奶不要太突然，不要突然改变饲料和饲养方法；猪舍应保持清洁干燥，幼猪应适当运动以增强抗病力。

十四、仔猪副伤寒

（一）诊断要点

1. 由猪霍乱和猪伤寒沙门菌引起。多发生于 1～4 月龄仔猪，常在寒冷、气候多变及阴雨连绵季节发生，呈地方流行或散发，流行缓慢。

2. 急性型多见于断奶后不久仔猪，表现体温升高（41～42 ℃）、食欲不振、精神沉郁、先便秘后下痢、皮肤（鼻端、耳和四肢末端）发紫、气喘。慢性型体温正常或稍高，食欲不振，持续腹泻，粪便呈灰白、浅黄或暗绿色，恶臭，常混有血，逐渐消瘦。

3. 急性型剖检可见脾脏显著肿大，紫红色，散在小坏死灶；全身淋巴结肿大，呈弥漫性出血；肾、肝不同程度肿大，散见坏死点；盲、结肠严重出血。慢性型剖检可见大肠黏膜上有糠麸样假膜；肠壁变厚，失去弹性；肝、淋巴结等有干酪样坏死。

4. 急性副伤寒应与猪瘟、猪丹毒、猪肺疫等相区别。慢性副伤寒应与传染性胃肠炎、流行性腹泻及猪痢疾等相区别。

（二）防治

1. 用药前最好通过药敏试验，选择最敏感的药物。常用药物有氟苯尼考、新霉素、磺胺类药物、喹诺酮类药物等。氟苯尼考每千克体重 20～30 mg，口服，2 次/d，或每千克体重 20 mg，肌内注射，1 次/d，连用 3～5 d。新霉素每千克体重 10～15 mg，口服，2 次/d，连用 2～3 d。磺胺二甲嘧啶每千克体重 0.1 g，口服，2 次/d，连用 7～10 d。

2. 常发地区，1 月龄以上哺乳或断奶仔猪用仔猪副伤寒冻干弱毒疫苗预防接种。肌内注射时用 20％氢氧化铝生理盐水稀释，1 mL/头，免疫期 9 个月；口服时，按瓶签说明，服前用冷开水稀释成每头份 5～10 mL，掺入料中喂服；或将每头份疫苗稀释于 5～10 mL 冷开水中灌服。

十五、猪气喘病

（一）诊断要点

1. 由猪肺炎支原体引起。以哺乳仔猪和幼猪最易感，其次是妊娠后期及哺乳母猪，成年猪多为隐性感染。新疫区可呈急性暴发，老疫区大多为慢性或隐性经过。气候骤变、饲料质量差等可促使隐性感染猪出现症状。

2. 以咳嗽和气喘为特征，一般体温、精神和食欲正常，病程较长。随着不良因素的影响，症状明显或加剧。

3. 剖检可见两侧肺的心叶、尖叶、中间叶和膈叶的前下缘呈对称性的实变，肺门淋巴结肿大，其他器官无明显变化。

4. 应与猪传染性胸膜肺炎、猪肺丝虫和蛔虫引起的咳嗽相区别。

（二）防治

1. 治疗可用泰乐菌素每千克体重 5～10 mg，肌内注射，2 次/d，连用 5 d，或恩诺沙星或环丙沙星每千克体重 2.5 mg，肌内注射，2 次/d，连用 3～5 d。也可用泰妙菌素、土霉素、氟苯尼考等治疗。

2. 坚持自繁自养，新引进的猪必须隔离观察 1～2 个月后方可混群饲养；加强饲养管理，做好经常性的防疫卫生和消毒工作，常发地区可选用猪气喘病疫苗预防接种。

十六、猪肺疫

（一）诊断要点

1. 由特定血清型的多杀性巴氏杆菌引起。以春初、秋末及气候骤变季节发生最多，南方多发于潮湿闷热及多雨季节。由于部分猪只呼吸道带菌，所以长途运输、饲养管理不当、卫生极差及环境突变是重要应激因素。我国北方大多为散发或继发性猪肺疫，南方为流行性猪肺疫。

2. 最急性型常无明显症状而突然死亡，其典型病例表现体温升高达 41～42 ℃，食欲废绝，咽喉部发热红肿，呼吸困难，结膜发绀，腹侧、耳根和四肢内侧皮肤出现红斑，1～2 d 死亡。急性型表现体温升高达 40～41 ℃，食欲废绝、咳嗽、气喘、鼻流脓涕，皮肤出现红斑，先便秘后腹泻。慢性型表现持续性咳嗽，呼吸困难，食欲不振，体温时高时低、拉稀、消瘦。

3. 剖检时，最急性型可见咽喉部及周围组织有出血性胶样浸润，全身淋巴结肿大、出血，肺水肿；急性型可见肺脏呈不同程度肝样变，外观呈大理石样花纹，支气管和气管内有多量泡沫状液体，胸腔和心包积液，含有大量纤维性渗出物，胸膜与肺粘连；慢性型可见肺有多处坏死灶，肺与胸膜、心包粘连。

4. 采取心血、渗出液和各实质脏器，涂片，美蓝染色，镜检可见两极浓染的卵圆形杆菌。

5. 急性型猪肺疫应与猪瘟、猪丹毒、仔猪副伤寒、猪弓形虫病、猪败血型链球菌病、猪流行性感冒等区别。

（二）防治

1. 病猪在隔离条件下，用抗生素、磺胺类药物和喹诺酮类药物治疗。氨苄青霉素每千克体重 10～20 mg，或链霉素每千克体重 10～15 mg，肌内注射，2 次/d，直到体温下降，食欲恢复。10%～20% 磺胺二甲嘧啶钠注射液 10～30 mL，肌内或静脉注射，2 次/d，连用 3～5 d。环丙沙星或恩诺沙星每千克体重 2.5 mg，肌内注射，2 次/d，连用 3 d。氟苯尼考每千克体重 20 mg，1 次/d，连用 3 d。

2. 每年春秋两季定期进行预防接种。使用的疫苗有：猪肺疫氢氧化铝甲醛菌苗，断奶后的大小猪一律皮下注射 5 mL，注射后 14 d 产生免疫力，免疫期为 6 个月；口服猪肺疫弱毒冻干菌苗，按瓶签说明的头份，用冷开水稀释后，混入饲料或水中喂猪，免疫期 6 个月。

十七、猪丹毒

（一）诊断要点

1. 由猪丹毒杆菌引起。多发生于夏、秋炎热季节，一般呈散发或地方流行性。

2. 急性败血型猪丹毒以体温升高达 42～43 ℃，突然发病和死亡，皮肤（耳、颈、背等）上有红斑、指压褪色及呕吐、呼吸加快等症状为特征。

3. 亚急性（疹块型）猪丹毒以病猪皮肤上出现界限明显、稍隆起的菱形或圆形等形状的红色疹块为特征。

4. 慢性型猪丹毒常表现四肢慢性关节炎、皮肤坏死和慢性心内膜炎等。

5. 剖检可见淋巴结肿大，切面多汁；脾肿大，呈樱桃红色，切面结构不清，易刮脱；肾肿大，呈紫红色（"大红肾"）；胃底部及小肠（十二指肠及空肠前段）出血性卡他性炎；慢性病例，可见左心二尖瓣有菜花样赘生物，或有关节炎。

6. 采取脾、肾或心内膜、关节液等病料制备抹片，革兰染色镜检，可见纤细的单在或成堆排列的革兰阳性小杆菌。

7. 急性猪丹毒应与猪瘟、猪肺疫、仔猪副伤寒、炭疽等区别。

（二）防治

1. 治疗可用青霉素、链霉素、土霉素、泰乐菌素等，其中最敏感的药物为青霉素。青霉素每千克体重 2 万～3 万 IU，肌内注射，2～3 次/d，直到体温和食欲恢复正常，不宜停药过早，以防复发或转为慢性；链霉素每千克体重 10～15 mg、土霉素每千克体重 5～10 mg，或泰乐菌素每千克体重 5～10 mg，肌内注射，2 次/d，连用 3～5 d；10％～20％磺胺二甲嘧啶钠注射液 10～15 mL，肌内注射，2 次/d，连用 3～5 d。

2. 加强饲养管理，搞好防疫卫生工作；引进猪时应隔离检疫；定期消毒、杀虫、灭鼠；常发区每年定期用猪丹毒菌苗进行免疫接种。

十八、仔猪梭菌性肠炎

（一）诊断要点

1. 由 C 型魏氏梭菌引起，又称仔猪红痢。主要发生于 3 日龄以内的新生仔猪。

2. 病猪体温不高，精神沉郁，食欲废绝，排出浅红或红褐色稀粪，粪便很臭，常混有坏死组织碎片及多量小气泡。

3. 剖检可见小肠特别是空肠呈紫红色，肠内容物呈红褐色并混杂小气泡，黏膜弥漫性出血，肠壁黏膜下层、肌层及肠系膜有灰色成串的小气泡，肠系膜淋巴结肿大或出血。胸腔、腹腔、心包积有红色或黄色液体。心外膜、肝、脾、肾可见出血点。

4. 应与仔猪黄痢、传染性胃肠炎等鉴别。

（二）防治

1. 病程急，发病后用药物治疗效果不佳。必要时可用硫酸链霉素每千克体重 10～15 mg，肌内注射，2 次/d，或新霉素每千克体重 10～15 mg，口服，2 次/d，连用 3 d；或链霉素 1 g、胃蛋白酶 3 g，混合后给 5 头仔猪分服，1～2 次/d，连服 2～3 d。

2. 产房、猪舍、环境、母猪乳头进行经常性的消毒工作。疫区怀孕母猪在临产前免疫接种 C 型魏氏梭菌疫苗。仔猪出生后可口服 2～3 次抗生素进行预防。

十九、猪痢疾

（一）诊断要点

1. 由猪痢疾短螺旋体引起。无明显季节性，流行缓慢，一旦发病，可常年持续不断发生。

2. 最急性病例往往突然死亡。急性病例病初精神稍差，食欲减少，粪便变软，表面附有条状黏液；以后迅速下痢，粪便黄色柔软或水样，严重者 1～2 d 内粪便充满血液和黏液及坏死组织碎片，同时体温稍高达 40～40.5 ℃，腹痛，精神沉郁；最后因脱水、衰弱而死亡，病程约 1 周。亚急性和慢性病例症状较轻，下痢，粪便中黏液及坏死组织碎片较多，进行性消瘦，生长发育受阻，病死率低，病程长，达 1 个月。

3. 剖检急性病猪可见大肠黏膜肿胀、充血和出血，肠腔内充满黏液和血液；病程稍长的病例可见黏膜上有点状、片状或弥漫性坏死，坏死常限于黏膜表面，肠内混有多量黏液和坏死组织碎片；大肠系膜淋巴结水肿，其他脏器常无明显异常。

4. 采取病猪新鲜粪便或大肠黏膜涂片，用姬姆萨、草酸铵结晶紫或复红染色液染色，镜检可见有 3～4 个弯曲的较大螺旋体；或将病料制成压片，用暗视野显微镜检查，可见每个视野内有 3～5 条蛇样运动的螺旋体。

5. 应与猪传染性胃肠炎、猪流行性腹泻、沙门菌病等相区别。

(二) 防治

1. 药物治疗有较好的效果，但易复发，难于根治。痢菌净每千克体重 5～10 mg，口服；或每千克体重 2.5～5 mg，肌内注射，2 次/d，连用 3 d。或痢立清 1 000 kg 饲料 50 g，连续使用。或二硝基咪唑 0.025％浓度饮服，连服 5 d。或甲硝咪乙酰胺 0.06％浓度，连续饮用 3～5 d。或土霉素，每千克体重 10～25 mg，内服，2 次/d，5～7 d 为 1 个疗程，连用 3～5 个疗程。或硫酸新霉素 1 000 kg 饲料 300 g，连用 3～5 d。

2. 坚持自繁自养，必须引进时，应从非疫区引入，引入后应隔离检疫 2 个月，猪场实行全进全出制；加强饲养管理与消毒工作；猪场一旦发病最好全群淘汰，对猪场彻底清扫和消毒，空舍 2～4 个月，经严格检疫后，再引进新猪。

二十、猪传染性萎缩性鼻炎

(一) 诊断要点

1. 由支气管败血波氏杆菌Ⅰ相菌和/或产毒素的多杀性巴氏杆菌（主要为 D 型）引起。常见于 2～5 月龄的猪。

2. 病初出现鼻炎症状，表现打喷嚏、鼾声、流鼻液，有时流鼻血，常摇头、拱地、摩擦鼻部；流泪，常在眼眶下的皮肤上形成半月形的泪斑；经 2～3 个月后，出现面部变形，表现鼻歪斜、翘嘴、上下牙齿错开、两眼间距变窄。

3. 剖检可见鼻甲骨萎缩，卷曲变小而钝直，甚至消失，形成空洞，鼻中隔弯曲。

4. 应与坏死性鼻炎和佝偻病区别。

(二) 防治

1. 彻底治好本病有一定的难度，预防和治疗可用磺胺二甲嘧啶 1 000 kg 饲料 100 g、青霉素 1 000 kg 饲料 50 g，或泰乐菌素 1 000 kg 饲料 100 g、磺胺嘧啶 1 000 kg 饲料 100 g，或土霉素 1 000 kg 饲料 100，连喂 4～5 周。鼻腔可用复方碘溶液、1％～2％硼酸水、0.1％高锰酸钾、2％明矾、10％～20％大蒜浸液、链霉素溶液滴鼻或冲洗。仔猪出生后 3、6、12 d 各注射卡那霉素或磺胺制剂，可减少本病的发生。

2. 加强检疫，严防从外购进病猪或带菌猪；对病猪及可疑猪坚决淘汰，对贵重种猪实行剖腹取胎，隔离饲养，培养无此病的健康猪群；发病猪场可对种母猪和仔猪用灭活菌苗或二联灭活苗免疫接种。

二十一、猪传染性胸膜肺炎

（一）诊断要点

1. 由胸膜肺炎放线杆菌引起。冬、春季发病率较高；饲养环境突变、饲养密度过大、猪舍通风不良、气候骤变及长途运输等都可诱发本病。

2. 最急性型病猪突然发病，体温升高达 41.5 ℃以上，精神沉郁，食欲废绝，腹泻；后期呼吸高度困难，常呈犬坐姿势，张口伸舌，从口鼻流出血色带泡沫的分泌物，心跳加快，口、鼻、耳、四肢皮肤呈暗紫色，一般在 48 h 内死亡；个别猪见不到明显症状即死亡。

3. 急性型病猪体温达 40.5～41 ℃，不食，咳嗽、呼吸困难，心跳加快，受饲养管理条件和气候影响，病程长短不定。

4. 亚急性或慢性病例，体温不高，全身症状不明显，有间歇性咳嗽，生长迟缓。

5. 剖检可见气管和支气管内有大量血色液体和纤维素，黏膜水肿、出血和增厚；肺脏充血、肿大、出血、水肿和肝变，病程久者有大小不等的坏死灶和脓肿；胸腔积液，胸膜表面覆有纤维素，病程较久者，胸膜与肺发生粘连。

6. 从气管或鼻腔采取分泌物或采取肺炎病变部，涂片，染色，镜检可见革兰阴性球杆菌。

7. 应与猪肺疫、猪气喘病等相区别。

（二）防治

1. 早期治疗是提高疗效的关键。氟苯尼考，每千克体重 20 mg，肌内注射，1 次/d，连用 3～5 d。能正常采食者，可在饲料中添加土霉素或泰妙菌素等抗生素，土霉素每千克饲料 0.6 g，连服 3～5 d；泰妙菌素每 1 000 kg 饲料 50～100 g，连用 5～10 d。为防止耐药菌株出现，应更换药品，或几种药物联合使用。

2. 加强饲养管理，减少各种应激因素；严格隔离检疫引进猪，无病方可混群饲养；对断奶仔猪可试用灭活疫苗免疫接种；感染猪群，可用血清学方法检查，清除隐性猪或带菌猪。

二十二、猪链球菌病

（一）诊断要点

1. 由链球菌引起。急性败血型主要发生于哺乳仔猪，架子猪次之，成年猪更少；淋巴结化脓主要发生于架子猪，传播缓慢，发病率低。

2. 急性败血型突然发病，体温升高达 41～43 ℃，不食；结膜潮红、流泪、流鼻液，便秘；有的病猪在耳尖、四肢下端、腹下呈紫红色或出血性红斑，后期呼吸困难。剖检可见鼻、喉头、气管黏膜充血、出血、有大量泡沫，肺充血、肿胀；全身淋巴结肿大、出血；心包积液，心内膜出血；脾、肾肿大、出血；胃肠黏膜充血、出血；关节囊内有胶样液体或纤维素脓性物。

3. 脑膜脑炎型多见于哺乳和断奶仔猪，除全身症状外，主要表现神经症状，四肢共济失调、转圈、磨牙、仰卧、后肢麻痹、爬行、侧卧时四肢作游泳状；有的病猪出现关节炎。剖检可见脑膜充血、出血，脑脊髓液增多、浑浊，脑脊髓白质和灰质有小点出血；心包、胸腔、腹腔有纤维素性炎症变化，淋巴结肿大、出血。

4. 关节炎型见一肢或几肢关节肿胀、疼痛、跛行，重者不能站立；精神和食欲时好时坏。

5. 淋巴结脓肿型多见于下颌淋巴结，有时见于咽部和颈部淋巴结；淋巴结肿胀，有热痛，破溃后流脓，一般不引起死亡。

6. 败血型链球菌病应与猪瘟、猪丹毒、猪肺疫、仔猪副伤寒、弓浆虫病等相区别。脑膜脑炎型的应与伪狂犬病、神经型猪瘟等相区别。

（二）防治

1. 早期使用大剂量抗生素或磺胺类药物治疗。青霉素每千克体重 2 万～5 万 IU，或庆大霉素每千克体重 10～15 mg，肌内注射，2 次/d，也可用土霉素、四环素或磺胺类药物等。对淋巴结化脓性病例，若脓肿成熟后，切开脓肿，排除脓汁，局部按外科方法处理，如用 3% 双氧水或 0.1% 高锰酸钾冲洗后，涂以碘酊。

2. 消除外伤引起感染的因素，做好猪舍、环境、用具的消毒卫生工作；必要时，可用猪链球菌氢氧化铝菌苗免疫接种。

二十三、副猪嗜血杆菌病

（一）诊断要点

1. 由副猪嗜血杆菌引起，又称多发性纤维素性浆膜炎和关节炎或格拉泽氏病。多发生于 2 周龄至 4 月龄的猪，与猪群密度大、环境卫生不良、应激、混合和继发感染有关。

2. 急性型体温升高达 40.5～42.0 ℃，精神沉郁，食欲下降或厌食，咳嗽、呼吸困难、腹式呼吸、心跳加快，部分病猪流鼻液，行走缓慢或不愿站立，出现跛行或一侧性跛行，腕关节、跗关节肿大，共济失调，临死前侧卧或四肢呈划水样。慢性型表现食欲下降，咳嗽，呼吸困难，皮毛粗乱，四肢无力或跛行，生长不良，甚至衰竭而死亡。

3. 剖检可见胸水、腹水、心包液增多，呈淡黄色，含有纤维素性物质；有的肺脏肿胀、出血、淤血，与胸膜发生粘连；全身淋巴结肿大，尤其是下颌、髂下、肺门等处，切面呈灰白色。

4. 应与猪传染性胸膜肺炎鉴别。

（二）防治

1. 病猪及时隔离，用大剂量的抗菌药物（如头孢菌素、氟苯尼考、磺胺类、强力霉素、喹诺酮类等）进行治疗。同时全群口服抗菌药物进行预防。

2. 加强饲养管理，改善环境条件，定时清洁环境卫生、消毒，消除应激因素、强化生物安全措施。用自家苗或副猪嗜血杆菌多价灭活疫苗进行免疫接种。

二十四、猪附红细胞体病（猪嗜血支原体病）

（一）诊断要点

1. 由猪嗜血支原体寄生于猪红细胞表面及血浆中引起。无明显季节性，多在温暖季节，尤其是吸血昆虫活动的夏秋季节感染；多表现隐性感染，有应激因素存在时，可使隐性感染猪发病，甚至大批发生，呈地方流行。

2. 病猪突然发病，体温升高达 39.5～42 ℃，精神委顿，饮食减退或废绝，卧地不起；随病情发展，病猪表现贫血、消瘦；后期病猪耳朵、颈下、胸前、腹下、四肢内侧等部位皮肤红紫，指压不退色，有时整个猪皮肤呈红色，成为"红皮猪"；最终因治疗无效死亡或淘汰。感染附红细胞体后，新生仔猪可因过度贫血而死亡；断奶仔猪不能发挥最佳生长性能；育肥猪生长缓慢，出栏延迟；母猪常流产、死胎、不发情或发情后屡配不孕；公猪性欲减退，精子活力降低。

3. 剖检可见血液稀薄，呈淡红色，凝固不良或不凝；皮下脂肪黄染，全身肌肉色泽变淡；肝、脾肿大，有灰白色坏死点或坏死灶；淋巴结肿大，切面外翻、多汁；心包、胸腔、腹腔有积液；肾、肠道有出血点。

4. 采取猪耳静脉血压片镜检可发现红细胞表面和血浆中有嗜血支原体。

5. 应与猪瘟、猪弓形虫病等进行鉴别。

（二）防治

1. 治疗可用土霉素每千克体重 50～100 mg，分 2～3 次口服，或每千克体重 40 mg，一次肌内注射，连用 4～6 d；或卡那霉素每千克体重 10～15 mg，肌内注射，2 次/d，连用3～5 d；或四环素每千克体重 7～15 mg，口服，2 次/d，直到体温、食欲正常。

2. 加强饲养管理，减少应激因素；加强灭蚊、蝇的工作，高发季节要经常喷撒驱除吸血昆虫的药物等以杜绝感染；认真搞好医疗器械的消毒工作，以免造成传播；母猪产前喂服四环素，仔猪定期喂服四环素。

二十五、猪增生性肠炎

（一）诊断要点

1. 由胞内劳森菌引起。主要发生于断奶猪和生长肥育猪，6～20 周龄的断奶后仔猪多呈慢性型，4～12 月龄青年猪多呈急性型。发病与应激因素有关。

2. 病猪无继发感染，体温一般都正常。急性型主要表现突然严重腹泻，排沥青样黑色粪便或血样粪便，不久虚脱死亡，也有的仅表现皮肤苍白，未发现粪便异常，突然死亡。慢性型临床表现轻微，间歇性下痢，粪便呈糊状或不成形，混有血液或坏死组织碎片；厌食；精神萎靡，弓背弯腰，皮肤苍白，消瘦，生长不良，甚至生长停止或下降，有的形成僵猪，有的衰竭死亡。

3. 剖检可见小肠后部（回肠）肠壁明显增厚、肠管直径增加、肠黏膜增生呈发枝状皱褶，严重时似脑回状，但很少波及大肠；小肠内有血凝块，结肠内含带血液的粪便；浆膜下和肠系膜水肿。

4. 应与猪痢疾相鉴别。

（二）防治

1. 治疗可用泰乐菌素（每 1 000 kg 饲料 40～100 g）、卡巴氧（每 1 000 kg 饲料 50 g）、四环素（每 1 000 kg 饲料 400 g），也可用恩诺沙星、氟苯尼考、金霉素、林可霉素、泰妙菌素等。

2. 加强饲养管理，严格消毒，减少应激，采用全进全出。口服接种无毒活疫苗或肌内注射灭活疫苗。

二十六、猪钩端螺旋体病

（一）诊断要点

1. 由致病性钩端螺旋体引起。呈散发，有时呈地方流行性。

2. 急性黄疸型　多发于育肥猪，皮肤和黏膜发黄，尿呈浓茶样或血尿，有时无明显症状而突然死亡，病死率很高。

3. 水肿型　多发生于仔猪，头部、颈部发生水肿，病初有短暂发热、黄疸、便秘、食欲不振、精神委顿，尿像浓茶。

4. 神经型　病猪出现抽搐、肌肉痉挛、行动僵硬、摇摆不定、运动失调等症状。

5. 流产型　怀孕母猪出现流产，死胎腐败，有的呈木乃伊胎。

6. 剖检可见皮肤、皮下组织、浆膜、黏膜有不同程度的黄染，心肌膜、肠系膜、肠黏膜、膀胱黏膜出血；切开水肿部位有黄色渗出液，胸腔和心包有黄色积液；肾肿大，皮质有白色散在的坏死灶等，膀胱积有血尿或血红蛋白尿。

7. 在病猪发热期采血液，在无热期采尿液或脑脊髓液，死后采肾和肝，进行暗视野活体检查或镀银染色检查，可见到菌体纤细呈螺旋状、两端钩状或弯曲的病原体。

8. 应与猪瘟、仔猪水肿病、附红细胞体病等鉴别。

（二）防治

1. 猪群中发现感染猪应视为全群感染，进行全群治疗。各种抗生素对本病均有较好疗效。如土霉素按每千克饲料 0.75～1.5 g，连喂 7 d；或庆大霉素每千克体重 2～4 mg，2 次/d，肌内注射；或链霉素每千克体重 10～15 mg，2 次/d，肌内注射，连用 3～5 d。

2. 防止水源、饲料、用具污染，大力灭鼠；母猪在产前一个月连续饲喂土霉素可防止流产，常发地区应间隔 1 周注射两次钩端螺旋体菌苗，免疫期约为 1 年。

二十七、猪坏死杆菌病

（一）诊断要点

1. 由坏死梭杆菌引起，呈散发或地方流行。猪舍脏污、潮湿，饲养密度大，互相咬斗，喂乳时小猪争乳头造成创伤，猪圈有尖锐物体，以及仔猪生齿时，均可造成感染发病。

2. 临床上可见 4 种类型：

（1）**坏死性口炎**　在唇、舌、咽和附近的组织发生坏死，或扁桃体有溃疡。

（2）**坏死性鼻炎**　在鼻软骨、鼻骨、鼻黏膜表面出现溃疡与化脓。

（3）**坏死性皮炎**　以成年猪为主，常于皮下脂肪较多部位如颈部、臀部、胸腹侧等处发生不热、不痛硬肿与溃疡。

（4）**坏死性肠炎**　多发生于仔猪，病猪表现腹泻、虚弱等，死亡较多。剖检可见肠黏膜有坏死性溃疡。

3. 在病变边缘取病料涂片，石炭酸复红或碱性美蓝加温染色、镜检，可见染色不均细长的丝状菌和单个菌体。

（二）防治

1. 病猪隔离治疗，用 0.1%高锰酸钾或 2%～3%来苏儿冲洗病灶，清除坏死组织直到露出肉面为止，然后用 1∶1 或 2∶1 木焦油福尔马林合剂或碘甘油、或抗生素软膏等涂抹，

2～3 次即可治愈。

2. 猪舍要清洁、卫生、干燥；猪群不宜过大；按个体大小分群饲养；按时喂料，喂料量要适中；强弱猪分开喂，以免争食斗咬；消灭蚊、蝇。

二十八、猪李氏杆菌病

（一）诊断要点

1. 由单核细胞增多症李氏杆菌引起。仔猪和妊娠母猪较易感染，多呈散发，冬季和早春多发。

2. 败血症和脑膜脑炎混合型多发生于哺乳仔猪，突然发病，体温升高达 41～42 ℃，不吮乳，粪干尿少，后期体温下降；多数表现兴奋、共济失调、肌肉震颤、无目的跑动或转圈，或后退、或以头抵地，有的头颈后仰、呈观星姿势，严重者倒地、抽搐、口吐白沫、四肢乱划、给予刺激则惊叫。

3. 单纯脑膜脑炎型多发生于断奶后的猪或哺乳仔猪，病势缓和，体温、食欲等一般无明显异常，脑炎症状与混合型相似，病程较长，多数死亡，血液检查时，白细胞总数升高，单核细胞达 8％～12％。

4. 剖检可见脑和脑膜充血或水肿，脑脊髓液增多、浑浊、脑干变软、有小化脓灶。

5. 采取血液、肝、脾、脑组织或有病变的脑组织等涂片，革兰染色，镜检，可见革兰阳性、呈 V 字排列或栅形的小杆菌。

6. 注意与猪伪狂犬病、猪传染性脑脊髓炎区别。

（二）防治

1. 病猪立即隔离治疗，严格消毒；用大剂量的广谱抗生素和磺胺类药物治疗可获得满意的效果。庆大霉素每千克体重 2～4 mg，或氨苄青霉素每千克体重 10～20 mg，或 20％磺胺嘧啶钠 5～10 mL，肌内注射，2 次/d，连用 3 d。

2. 不从病场购入种猪；驱除场内鼠类；定期进行消毒；可选用多价菌苗进行预防接种。

第五节　禽传染病

一、鸡新城疫

（一）诊断要点

1. 由新城疫病毒引起。以鸡最易感，鸽、鹌鹑、火鸡、鸵鸟、珠鸡、野鸡及鹦鹉等也可感染发病。

2. 最急性型突然发病，无特殊症状，迅速死亡。

3. 急性型体温升高达 43～44 ℃，精神委顿，减食或不食，缩颈闭眼，冠和肉髯变暗红色或紫色。母鸡产蛋停止或产软壳蛋。流鼻涕，呼吸困难，伸颈张口，发出"咯咯"叫声或突发怪叫声。口角流出黏液，时常甩头或吞咽，嗉囊积液，倒提时常从口角流出大量酸臭液体。病程稍长的出现腿和翅膀麻痹、颈略弯曲等神经症状。

4. 亚急性或慢性型病初症状似急性，后逐渐减轻，并出现神经症状，如跛行或站不稳，头颈向后或向一侧扭转，常伏地旋转；不发作时貌似正常，受惊或抢食时又突然发作。

5. 非典型性主要表现张口伸颈，呼吸困难，有喘鸣声，咳嗽，口含黏液，有甩头和吞咽动作，产蛋鸡产蛋率下降，少数鸡有神经症状。

6. 典型鸡新城疫剖检可见嗉囊充满酸臭味的稀薄液体或气体；腺胃乳头及乳头间有明显的出血点或溃疡和坏死；肌胃角质层下的黏膜面有点状或斑状出血；在十二指肠末端、卵黄蒂下端空肠及两盲肠之间的回肠黏膜集合淋巴滤泡组织水肿、出血、坏死、溃疡；直肠及泄殖腔黏膜有点状或片状出血；盲肠扁桃体肿大、出血和坏死。气管通常有卡他性的渗出物，严重时也有出血灶。心冠脂肪有细小如针尖大的出血点。产蛋母鸡的卵泡和输卵管显著充血，卵泡膜极易破裂以致卵黄流入腹腔引起卵黄性腹膜炎。

7. 非典型新城疫剖检可见喉头和气管黏膜充血、肿胀、黏液增多，气囊浑浊，并有干酪样渗出物。盲肠扁桃体肿胀、充血或轻微出血。十二指肠末端、卵黄蒂下端空肠及两盲肠之间的回肠黏膜上有枣核状或岛屿状肿胀和轻度出血，腺胃黏膜水肿和轻微出血。

8. 应注意与禽流感、禽霍乱、传染性支气管炎、传染性喉气管炎等相区别。

（二）防治

1. 目前对本病尚无特效治疗方法。60 日龄以下雏鸡如发生典型新城疫，可用高免血清或卵黄液紧急注射；如为非典型新城疫，可用弱毒疫苗加倍饮水。60 日龄以上鸡如发生典型新城疫，可用Ⅰ系疫苗加倍肌内注射；如发生非典型新城疫，非产蛋鸡可用Ⅰ系疫苗加倍肌内注射，产蛋鸡可用弱毒疫苗加倍饮水免疫。同时使用抗菌药物如青霉素、链霉素或环丙沙星等防止继发感染，并在饲料或饮水中增加维生素 C 等，以提高鸡抗应激能力。

2. 做好免疫接种，增强鸡群的特异性免疫力。大型鸡场可根据免疫监测结果确定免疫程序。一般鸡场可于 7～9 日龄用弱毒疫苗首免，24～26 日龄用弱毒疫苗二免，60 日龄用新城疫Ⅰ系疫苗肌内注射，110～120 日龄用新城疫油苗肌内注射。

二、禽流感

（一）诊断要点

1. 由 A 型流感病毒引起。各种家禽和野禽均可感染本病。家禽中以鸡和火鸡最易感，其次是雉鸡和孔雀。鸭、鹅和鸽则感染较少，可成为带毒者。

2. 高致死性禽流感　最急性病例突然暴发，无任何临床症状，突然死亡。病程稍长的精神委顿，不食，呼吸困难，体温升高达 43 ℃；冠和肉髯呈紫红色、肿胀，头部出现水肿，结膜发炎，因两眼睛突出，肉垂张开，正面观看呈金鱼头状；有些病例可见神经症状及下痢；蛋鸡产蛋下降，甚至停产，病程短，病死率高，可达 50％～100％。剖检可见冠和肉髯显著肿大，冠内蓄积黄色干酪样坏死物质，腿部皮肤鳞片出血，胸部皮下水肿呈胶冻样，口腔黏膜、腺胃黏膜及肌胃角质层下出血，实质器官有数量不等的出血点或出血斑，有些病鸡的肝、脾、肾及肺有灰黄色的坏死小点，心室扩张，心肌弛缓，有可见的纤维素性心包炎，气囊、腹膜和输卵管也有灰黄色的纤维素性渗出物。

3. 低致病性禽流感　病鸡除精神及食欲较差、消瘦等一般症状外，主表现为明显的呼吸道症状、咳嗽、啰音、喷嚏和鼻窦肿胀。发病率高，病死率低。剖检可见结膜炎、鼻窦炎、气管黏膜和气囊增厚水肿，并有浆液性或干酪性渗出物；可能有卡他性、纤维素性或卵黄性腹膜炎；卡他性、纤维素性肠炎；卵巢退化、出血和卵泡破裂，输卵管水肿，内有白色黏稠分泌物。

4. 隐性禽流感　主要发生于野鸟，感染后不表现症状，成为最危险的传染源。

5. 应与鸡新城疫、传染性支气管炎、传染性喉气管炎、传染性鼻炎等鉴别。

（二）防治

1. 目前没有确实的治疗方法。发病鸡群应迅速做出诊断，对于高致病性禽流感，立即向上级兽医部门报告，对发病鸡群（场）进行封锁、隔离、销毁；对低致病性禽流感，可用一些抗菌药物治疗，以防止继发感染。

2. 养鸡场应阻止所有野鸟和珍禽与鸡群发生直接或间接接触。做好消毒工作。疫区可使用与当地流行毒株血清型一致的多价疫苗进行免疫接种。

三、鸡传染性法氏囊病

（一）诊断要点

1. 由传染性法氏囊病病毒引起。多侵害 2～15 周龄的幼龄鸡，以 3～6 周龄雏鸡最易感。

2. 病初可见鸡啄自身泄殖腔，随后突然发病，精神不振，羽毛蓬乱，采食减少，闭眼呆立，步态不稳，畏寒发抖，排白色黏稠或水样粪便，泄殖腔周围羽毛被粪便污染；严重者头垂地，闭眼呈昏睡状态；后期体温下降、脱水、极度衰弱而死亡。一般发病后 1～2 d 开始死亡，3～4 d 病死率最高，5～7 d 停止死亡，呈尖峰式死亡曲线。

3. 剖检可见皮下干燥，胸部和腿部肌肉条状或斑状出血，肾肿大苍白、有尿酸盐沉积，肌胃和腺胃交界处有出血带或出血点。法氏囊先肿大后萎缩，病初法氏囊肿大 2～3 倍，浆膜水肿呈淡黄色胶冻样，有时出血呈暗紫色，黏膜皱褶面有点状、斑状甚至整个出血，并有奶油样、棕红色黏液性分泌物，有时囊内有干酪样物，后期法氏囊萎缩，颜色变为深灰色。

4. 应与肾型传染性支气管炎、马立克病、住白细胞原虫病等加以区别。

（二）防治

1. 可用高免血清或高免卵黄液肌内注射，同时在饮水中加入 0.2% 的肾肿解毒药、0.1% 维生素 C、抗菌药（如环丙沙星、恩诺沙星等）进行治疗，也可在饲料中加入具有清瘟败毒作用的中药等，连用 4～5 d。注射高免血清或卵黄抗体 10 d 后，用中等毒力苗饮水免疫一次。

2. 建立严格的卫生消毒措施，防止早期感染。

3. 根据饲养管理条件、疫苗毒株的特点和鸡群母源抗体状况制定免疫程序。一般于 10～14 日龄、24～28 日龄分别用法氏囊弱毒疫苗免疫一次；种鸡于 18～20 周龄和 40～42 周龄各免疫一次法氏囊油剂灭活苗。

四、鸡马立克病

（一）诊断要点

1. 由疱疹病毒引起的肿瘤性传染病。多在 2～5 月龄发病。鹌鹑、火鸡、山鸡、乌鸡等也可感染。

2. **神经型**　坐骨神经受侵害时可引起腿麻痹，步态不稳，一腿向前伸，一腿向后伸，呈现"大劈叉"姿势；臂神经受侵害时，翅膀下垂；支配颈部肌肉的神经受侵害时，头颈下垂或歪斜；迷走神经受侵害时，可引起嗉囊麻痹和扩张等。剖检可见坐骨神经、臂神经等，呈灰色或淡黄色、水肿样，横纹消失，比正常粗 2～3 倍，此病变常为单侧性，将两侧神经对比可以区别。

3. 内脏型 常见于 50～70 日龄鸡，缺乏特征性症状，主要表现精神沉郁，不吃不饮，不爱活动，排黄白色或绿色稀粪，迅速消瘦，腹部增大、下垂，突然死亡。剖检可见在卵巢、肝、脾、肺、心、肾、肠、胰腺等内脏器官以及肌肉和皮肤上出现肿瘤，其中肝、脾、肾、卵巢及睾丸肿大特别明显和多见，法氏囊呈不同程度萎缩，偶尔呈弥漫性肿大，但不形成结节状肿瘤。

4. 眼型 眼睛的虹膜褪色，呈同心环状、斑点状或弥漫状的灰白色，称为"白眼病"；严重时瞳孔缩小、仅有粟粒大，甚至双眼失明。

5. 皮肤型 常无明显症状，屠宰后拔毛时，在颈部、背部、翅膀等处有结节或瘤状物，毛囊增大呈肿瘤样。

6. 应与禽白血病、鸡新城疫、鸡传染性法氏囊病等进行鉴别。

（二）防治

1. 无特效药物治疗。发现病鸡，立即淘汰。

2. 雏鸡在 1 日龄注射马立克病弱毒疫苗。严格搞好鸡群的消毒卫生工作，特别是孵化室和种蛋的消毒工作，防止早期感染。幼鸡和成年鸡分开饲养。

五、禽痘

（一）诊断要点

1. 由禽痘病毒引起。多发生于鸡、火鸡、鸽。无明显季节性，但以秋、冬两季最易流行。

2. 皮肤型痘主要在鸡体的无毛或少毛部分，特别是鸡冠、肉髯、眼睑和喙角形成痘疹，严重时在爪、腿、泄殖腔周围和腹部等处也可见痘疹。痘疹初期为灰白色的小结节（丘疹），很快形成大结节，并与邻近的结节相融合；约经 2 周，融合的结节变成棕褐或赤褐色的结痂，剥去痂块可露出出血病灶，痂块存留 3～4 周后逐渐脱落，留下一个灰白色的疤痕。病重雏鸡可表现精神不振，食欲消失，生长发育迟缓等现象，产蛋鸡则产蛋下降或完全停止。

3. 黏膜型（白喉型）痘多发于雏鸡和育成鸡。病初为鼻炎症状，厌食，精神迟钝，流鼻液，若炎症蔓延至眶下窦和眼结膜，则眼睑肿胀，结膜充满脓性或纤维素性渗出物，甚至引起角膜炎而失明。鼻炎出现后 2～3 d，口腔、咽喉、气管、食管等处黏膜发生痘疹，初期呈圆形乳白色斑点，逐渐扩大成为大片的黄白色干酪样的假膜覆盖在黏膜上，假膜不易剥离，若强行剥离易形成出血的溃疡面，假膜扩大增厚可使气管狭窄而引起呼吸困难，病鸡常发出"嘎嘎"的声音，较大的脱落假膜可阻塞喉裂或气管而使病鸡窒息死亡，口腔和食管痘疹及溃疡可导致鸡采食和吞咽困难，体重迅速减轻，生长不良。

4. 混合型痘在皮肤和黏膜同时发生痘疹，病情严重，病死率高。

5. 黏膜型鸡痘应与传染性喉气管炎、维生素 A 缺乏症以及念珠菌病区别。

（二）防治

1. 无特效治疗药物，通常采用对症疗法，以减轻病禽的症状和防止其他并发症。皮肤型的一般不治疗，必要时可用洁净的镊子小心剥离结痂，伤口涂擦碘酒或紫药水；白喉型鸡痘可用镊子或小刀剥离口腔和喉黏膜上的假膜，黏膜伤口涂敷碘甘油；病鸡眼部如果发生肿胀，眼球尚未损坏时，可把蓄积在眼内的脓液或干酪样物取出，用 2% 硼酸冲洗干净，再滴入 5% 蛋白银溶液。饮水或拌料中加入抗生素，防止继发感染，并补充维生素 A 或鱼肝油等。

2. 加强鸡群的卫生、消毒及消灭吸血昆虫。

3. 定期接种疫苗，可用鸡痘疫苗于鸡翅膀内侧无毛无血管处皮肤刺种，一般 30 日龄左右首免，开产前二免。高发季节和高发鸡场，也可在 1 日龄免疫接种。

六、鸡传染性支气管炎

（一）诊断要点

1. 由冠状病毒引起。各年龄的鸡均可感染发病，但以 1～4 周龄的雏鸡最易感。一年四季均可发生，但以秋、冬季多发。小雉（野鸡）也可感染发病。

2. 呼吸型　4 周龄以下鸡表现伸颈、张嘴呼吸、打喷嚏、咳嗽、气管啰音或发出"普其普其"的声音；病鸡精神不振，羽毛松乱，翅膀下垂并常挤在一起，个别鸡眶下窦肿胀，流黏性鼻液。5～6 周龄以上的鸡表现气管啰音，气喘和微咳，夜间明显，同时伴有减食，精神不振，排黄白色或绿色稀粪。产蛋母鸡除轻微呼吸道症状外，可见产蛋率降低，产软壳蛋、沙皮蛋、畸形蛋，蛋清稀薄如水，且蛋黄和蛋清分离。剖检主要病变是气管、支气管、鼻腔和窦内有浆液性、黏液性和干酪样渗出物，气管下 1/3 段黏膜充血、出血，管腔内有黏稠透明的液体，肺淤血，气囊浑浊，有时气囊内含黄色干酪样物质，产蛋鸡卵泡充血、出血、变形、破裂，引起卵黄性腹膜炎，部分鸡输卵管中 1/3 处局限性增生和囊肿。

3. 肾型　多发于 4～8 周龄仔鸡，除表现呼吸道症状外，常见剧烈腹泻。病鸡精神沉郁，持续排白色或水样稀粪，迅速消瘦，饮水量增加。病鸡死亡前因失水而肌肉干燥，冠、肉髯和皮肤发绀。剖检主要特征为肾肿大，色泽苍白，肾小管或输尿管充满尿酸盐结晶，气管呈卡他性炎症，气囊浑浊增厚，并有肠炎变化。

4. 腺胃型　多发生于 30～80 日龄的鸡，精神沉郁，食欲减退，水样下痢、排出一些黄绿色的粪便，消瘦、体重减轻、衰竭死亡。病死率约为 25%。剖检可见病鸡极度消瘦；腺胃显著肿大，变成球状；胃壁增厚，黏膜有出血和溃疡；腺胃乳头平整、融合，轮廓不清楚，腺胃乳头可挤出分泌物。

5. 呼吸型传染性支气管炎应与新城疫、传染性喉气管炎、传染性鼻炎、慢性呼吸道病、禽脑脊髓炎和减蛋综合征等相区别；肾型传染性支气管炎应与传染性法氏囊病、中毒引起的肾脏变化相区别。

（二）防治

1. 将发病鸡严格隔离，注意保暖、通风换气和进行鸡舍带鸡消毒，增加多种维生素饲用量。为了补充钠、钾损失和消除肾脏炎症，可以给予复方口服补液盐或肾肿解毒药，同时使用对症治疗药和抗菌类药，以减少损失。

2. 免疫接种，一般在 5～7 日龄用 H_{120} 疫苗首免，25～30 日龄用 H_{52} 疫苗二免；种鸡于 120～140 日龄用油苗三免。肾型传染性支气管炎疫苗可于 1 日龄及 15 日龄各免疫一次，或用灭活苗于 10 日龄、21 日龄各免疫一次。

七、鸡传染性喉气管炎

(一) 诊断要点

1. 由疱疹病毒引起。各种日龄鸡均可感染，以成年鸡多发并且症状典型。野鸡、孔雀、幼火鸡也可感染发病。

2. 喉气管型　主要发生于成年鸡。初期鸡群中有少数鸡突然死亡，继而部分病鸡眼睛流泪，鼻腔流出半透明渗出物，伴有结膜炎；1 d后病鸡呼吸困难，喷嚏，张嘴伸颈吸气，并发出"咯喽咯喽"音、咳嗽、甩头、甩出带血黏液，病鸡鸡冠和头部呈紫红或紫黑色；产蛋鸡产蛋量下降，出现软壳蛋、褪色蛋及粗壳蛋。剖检可见喉和气管黏膜充血、出血，喉黏膜肿胀，有出血点，并覆盖含有血液的黏液性分泌物，有时渗出物呈干酪样假膜，容易剥离，可能会将气管完全堵塞；产蛋鸡出现软卵泡、出血卵泡等。

3. 结膜型　多发于30～40日龄的雏鸡。病初眼内有泡沫状分泌物聚集，流泪，不断用脚抓眼；随病情的发展，眼内分泌物逐渐增多，并发生眼结膜炎，眼睑肿胀，上下眼睑粘连、闭眼、失明，眼内聚有干酪样物质，眶下窦肿胀，流鼻液。剖检可见眼结膜和眶下窦水肿充血，结膜囊和眶下窦内有干酪样渗出物。

4. 应与黏膜型鸡痘、传染性支气管炎、传染性鼻炎等区别。

(二) 防治

1. 尚无有效疗法，可采取对治疗法和应用抗菌药物防止继发感染，也可投服牛黄解毒丸、喉症丸或其他清热解毒利咽的中药。

2. 加强饲养管理，做好兽医卫生防疫工作。疫区在35～45日龄和80～100日龄用传染性喉气管炎疫苗免疫。

八、鸡减蛋综合征

(一) 诊断要点

1. 由禽腺病毒感染引起。主要发生于鸡，以产褐壳蛋的母鸡最易感，主要发生于24～30周龄产蛋高峰期的鸡群。鸭、火鸡、鹅及野禽也可感染病毒。

2. 病鸡一般无明显临床症状，主要表现为鸡群突然发生群体性产蛋下降。病初蛋壳的色泽变淡，很快出现蛋壳变薄、变软，甚至出现小蛋、畸形蛋、沙皮蛋，异常蛋占10%以上。蛋的蛋白稀薄，蛋黄颜色变浅，蛋的孵化率明显下降。产蛋下降可持续4～10周。

3. 主要病变是卵巢萎缩变小，出血，成熟卵泡部分软化；输卵管子宫部黏膜潮红、水肿，管腔内有白色渗出物或干酪样物积存。其他内脏器官常无病变。

4. 应与鸡脑脊髓炎、传染性支气管炎等区别。

(二) 防治

1. 无特效治疗办法，一旦发病，可用疫苗紧急接种，以缩短病程。另外，在产蛋恢复期，可在饲料中添加一些增加蛋量的中药，同时增加维生素用量，以加速产蛋的恢复。

2. 从无该病的种鸡场购进鸡苗。严格执行检疫制度，加强消毒工作。

3. 免疫接种，一般在110～130日龄用油乳剂灭活苗肌内注射，免疫期为1年。

九、禽白血病

（一）诊断要点

1. 由禽白血病病毒引起。自然条件下只感染鸡，一般母鸡对淋巴性白血病的易感性比公鸡高，大多发生于 18 周龄以上的成年鸡。

2. 淋巴细胞性白血病　主要表现渐进性消瘦，精神沉郁，鸡冠苍白，皱缩，间或呈蓝紫色，下痢，产蛋停止，后期可触摸到肿大的肝脏、法氏囊。剖检可见肝、脾、法氏囊、肾、肺等器官上形成大小不一、数量不等的肿瘤，肝脏可比正常增大好几倍，故又称作"大肝病"。

3. 成红细胞性白血病　分为增生型和贫血型两种。病鸡均表现为消瘦，鸡冠苍白，下痢，多数毛囊发生出血。剖检增生型表现为肝、脾显著肿大，肾轻度肿胀，呈樱桃红色或暗红色，质脆而软；骨髓增生，呈水样，颜色呈暗红色到樱桃红色，常有出血。贫血型以严重贫血为特征，内脏器官萎缩，骨髓苍白呈胶冻样，骨髓间隙被疏松骨质代替。

4. 成髓细胞性白血病　表现为贫血、消瘦、下痢及部分毛囊出血。剖检实质器官肿大，有灰色斑点。骨髓呈苍白色。

5. 骨化石病　表现为长骨特别是腿部变粗，外观似穿长靴样。剖检长骨病变常两侧对称，骨膜增厚，疏松骨质增生呈海绵状，易被折断；后期骨质变成石灰样，骨质坚硬。

6. 血管瘤　见于皮肤或内脏器官表面，瘤壁破裂后引起流血不止，表现贫血，因失血过多死亡。

7. 淋巴细胞性白血病应与鸡马立克病、网状内皮组织增生症区别。

（二）防治

病鸡没有治疗价值，应着重做好预防工作。对产蛋的种鸡群进行严格检疫，坚决淘汰阳性鸡和可疑鸡；种蛋应来自无白血病的健康鸡场；搞好消毒工作；雏鸡与成年鸡分群隔离饲养。

十、禽脑脊髓炎

（一）诊断要点

1. 由禽脑脊髓炎病毒引起，又称流行性震颤。鸡最易感，多发于 1～6 周龄的雏鸡，以 12～21 日龄雏鸡最易感。无明显的季节性。野鸡、鹌鹑和火鸡也可感染。

2. 雏鸡发病后表现精神迟钝，不愿走动、运动失调、步态不稳，部分病鸡头颈部震颤，有时翅膀和尾部也出现震颤，最后瘫痪。病雏耐过后，生长发育迟缓，在育成阶段出现一侧或两侧眼球的晶状体浑浊或呈浅蓝色褪色，眼内有絮状物，瞳孔光反射弱，眼球增大，最后失明。产蛋鸡出现一过性产蛋下降，蛋重变小，有的可能表现轻微腹泻症状。

3. 病雏肌胃的肌层中有白色小病灶，部分病鸡脑充血。成年鸡无明显肉眼可见病变。

4. 应与鸡新城疫、鸡马立克病、硒-维生素 E 缺乏症等区别。

（二）防治

1. 尚无特效疗法，应淘汰病雏。发病种鸡群 30 d 内种蛋不能用于孵化。

2. 严禁从疫区引进种鸡和种蛋。种鸡群于 70～90 日龄用禽脑脊髓炎活毒疫苗进行刺种或饮水免疫。

十一、鸡传染性贫血

（一）诊断要点

1. 由鸡传染性贫血病毒引起。自然感染常见于 2～4 周龄雏鸡，1 周龄以内雏鸡的易感性最高，公鸡比母鸡易感，肉鸡比蛋鸡易感。

2. 病鸡精神沉郁，瘦弱，行动迟缓，羽毛松乱，喙、肉髯、冠、面部和可视黏膜苍白，生长不良，临死前可见腹泻。

3. 剖检可见病鸡消瘦，肌肉、内脏器官苍白，肝、脾、肾肿大褪色，有时肝表面有坏死灶；血液稀薄如水，凝血时间延长；骨髓萎缩呈黄色，胸腺、法氏囊和胰脏萎缩，局部皮下、肌肉、腺胃黏膜出血；翅膀皮下常见出血，呈蓝紫色，故称"蓝翅病"；若继发感染，则导致严重的皮肤炎。

4. 应与马立克病、传染性法氏囊病相区别。

（二）防治

1. 无特异治疗方法，发病时饲料中应添加抗菌药物防止继发感染。

2. 种鸡在 90～100 日龄时，用鸡传染性贫血活毒疫苗进行饮水免疫。

十二、病毒性关节炎

（一）诊断要点

1. 由呼肠孤病毒引起，又称病毒性腱鞘炎。只感染鸡和火鸡，但主要发生于 4～6 周龄的肉鸡，开产后的种鸡群和蛋鸡群也可发病。

2. 急性病鸡表现跛行、跗关节肿胀、患腿伸展困难、趾屈曲、不愿走动、蹲伏。慢性病鸡跛行更明显，步态不稳，常蹲伏不动，在日龄较大的鸡可见腓肠肌断裂，导致顽固性跛行。后期病鸡头部苍白、消瘦、生长停滞，最后衰竭死亡。产蛋鸡产蛋量下降。种蛋受精率下降。

3. 剖检跗关节肿胀、充血或有点状出血，关节腔内有大量淡黄色或血色渗出液，趾屈肌腱和跖伸肌腱发生炎性水肿，腓肠肌腱出血、坏死或断裂。炎症进一步发展，腓肠肌腱部可见增生的结节状物或腱鞘硬化与粘连，关节软骨糜烂溃疡。骨膜增生，使骨干增厚，有时可见肝、脾、肾充血及心肌上有小坏死灶。

4. 应与传染性滑膜炎、细菌性关节炎等相鉴别。

（二）防治

1. 无特效的治疗方法，可在饲料中添加抗菌药物，以控制继发或并发感染。

2. 建立健全兽医卫生管理制度。采取全进全出的饲养制度。1～7 日龄和 4 周龄各接种 1 次油佐剂灭活苗。

十三、网状内皮组织增生症

（一）诊断要点

1. 由网状内皮组织增生症病毒引起，可发生于火鸡、鸡、鸭、鹅和一些鸟类，其中火鸡最易感，多发生于 80 日龄左右。

2. 急性网状细胞瘤病例无明显症状，突然死亡。矮小综合征病例表现生长停滞、消瘦、苍白、羽毛粗乱和稀少，并出现肠炎症状，常发生免疫抑制。慢性肿瘤的病鸡常无明显症状。

3. 剖检急性网状细胞瘤病死鸡的肝、脾肿大，表面有局灶性或弥漫性白色浸润病灶；矮小综合征的病死鸡的胸腺和法氏囊萎缩，末梢神经肿大，腺胃炎、肠炎、贫血、肝和脾坏死；慢性肿瘤病死鸡的肝、法氏囊、脾、性腺、肾脏等可见肉瘤。

4. 应与鸡马立克病、淋巴细胞性白血病相区别。

（二）防治

尚无特效治疗方法。种鸡场应定期检疫，淘汰阳性鸡。

十四、鸡包涵体肝炎

（一）诊断要点

1. 由禽腺病毒引起。主要发生于鸡，尤其是 5～7 周龄的肉仔鸡，也可见于青年母鸡和产蛋鸡。鹌鹑和火鸡也可感染发病。

2. 病鸡精神沉郁，羽毛无光泽，蹲伏，嗜睡，白色水样腹泻，冠、肉髯及颜面苍白或黄染，多数呈急性死亡。

3. 剖检病鸡肝肿大，色变淡呈淡黄白色，质脆易碎，表面和切面上可见大小不等的出血斑点，并有胆汁淤积的斑纹。严重病例可见肾脏也肿大，色泽苍白，常见尿酸盐沉积，全身浆膜、皮下、肌肉等广泛性出血，有时黄染，血液稀薄，骨髓变为灰白或黄色，法氏囊萎缩变小。

4. 应与鸡传染性法氏囊区别。

（二）防治

1. 无特效疗法，发病时饲料中加倍量使用多种维生素、维生素 K_3，并添加抗菌药物，以防并发或继发感染。

2. 禁止从疫区引进种蛋、种鸡。加强新城疫、传染性法氏囊病、传染性贫血、大肠杆菌病等疾病预防。

十五、小鹅瘟

（一）诊断要点

1. 由鹅细小病毒引起。常发于 1～4 周龄雏鹅，30～55 日龄中小鹅偶然发病，成年鹅感染不发病。

2. 病雏表现精神委顿，缩头闭眼，步行艰难，常离群呆立；食欲废绝，严重腹泻，排出黄白色水样和混有气泡的稀粪；喙前端色泽变深，鼻液增多，病鹅甩头，口角有液体甩出；嗉囊中充满气体和液体。有些病鹅出现神经症状，颈部扭转，全身抽搐或瘫痪。日龄较大的病鹅症状较轻，主要以食欲不振和严重腹泻为特征症状。

3. 剖检急性死亡的病鹅可见肠道黏膜表面附着多量黏液，10 日龄以上病鹅肠病变特征是在小肠，特别是靠近卵黄柄和回盲肠部的肠段，外观变得极度膨大，体积比正常肠段增大2～3 倍，质地结实似香肠一样，切开膨大部分，可见肠壁紧张，变薄，肠腔中充满一种淡黄色或灰白色的凝固的栓状物，栓子很干燥，切开后在切面中心为深褐色干燥的肠内容物，外面包裹着灰白色的厚厚的假膜，肠壁不形成溃疡；肝肿大，质地脆弱、易碎，胆囊膨大充满暗绿色胆汁；心肌苍白，脾脏和胰脏充血并偶见灰白色坏死小结节。

（二）防治

1. 用小鹅瘟高免血清或高免卵黄液治疗病鹅。

2. 对孵化器、育雏室、运输器具等进行彻底消毒。预防接种可用小鹅瘟弱毒疫苗和灭活疫苗接种成年母鹅。雏鹅 2～3 日龄时皮下注射小鹅瘟高免血清 0.5 mL/只。

十六、鸭瘟

（一）诊断要点

1. 由鸭瘟病毒引起。可感染鸭、鹅、天鹅和雁等雁行目禽类，以成年鸭的发病率较高，1 月龄以下雏鸭发病较少。一年四季都可发生，但以春夏之际和秋季流行最严重。

2. 病初表现精神沉郁，食欲不振，体温升高达 43 ℃以上，高热稽留，其特征性症状是怕光、流泪和眼睑水肿。病初眼内流出透明的浆液性分泌物，逐渐变成黏稠或脓样；鼻中流出稀薄或黏稠的分泌物，呼吸困难，叫声粗厉；腹泻，粪便呈绿色，肛门周围羽毛沾污和结块，肛门肿胀和扩张，翻开肛门可见泄殖腔黏膜充血、水肿，有出血点，严重时黏膜表面形成黄绿色假膜。有些病鸭的头部和颈部发生不同程度的肿胀、严重时头和颈一样粗细，拨开颈部羽毛，可见皮肤呈紫红色、浮肿，触之有波动感，故又叫"大头瘟"。

3. 主要病变是头颈部的皮肤下有不同程度的炎性水肿，切开流出淡黄色透明液体；口腔黏膜常有淡黄褐色假膜覆盖，刮落后可见形状不规则的出血浅溃疡；食管黏膜表面可见有灰黄色或草黄色的坏死物质形成的假膜结痂覆盖，呈小的斑块状或与黏膜纵皱襞相平行的条索状，或是黏膜表面覆盖大片假膜，或是黏膜上同时出现大小不一的出血溃疡和出血点；肝脏表面和切面可见针头至小米大的大小不一的灰黄色或灰白色坏死灶；胆囊扩张肿大，充满墨绿色胆汁；脾不肿大，质地松软，也可见灰黄色或灰白色坏死灶；心外膜和心内膜上有出血点；整个肠道呈急性卡他性炎症病变，以十二指肠、盲肠、直肠最明显，肠壁黏膜可见黄色、针尖状坏死灶；泄殖腔黏膜上覆盖一层绿褐色的坏死结痂，不易刮落，黏膜上有散在出血点；法氏囊充血、出血，有针尖大小黄色斑点。产蛋母鸭卵巢病变明显，卵泡充血、出血，切开时流出血红色浓稠卵黄物质，卵泡形态不齐，破裂后引起卵黄性腹膜炎。

4. 应和鸭霍乱区别。

（二）防治

1. 发病后，将病区隔离、封锁，场地严格消毒，病死鸭淘汰、焚烧或深埋处理。

2. 不从病区或疫区引进鸭，不到病区或疫区放牧。定期注射预防疫苗，可用鸭瘟弱毒疫苗进行免疫接种，接种前将疫苗加灭菌蒸馏水作 1∶200 倍稀释，20 日龄以上的鸭肌内注射 1 mL，5 日龄雏鸭肌内注射 0.2 mL。

十七、鸭病毒性肝炎

（一）诊断要点

1. 由鸭肝炎病毒引起。主要发生于 3 周龄以下的雏鸭，以冬季和早春多发。

2. 雏鸭突然发病，病初精神沉郁、闭眼、呆立不动，随后出现明显的神经症状，运动失调，转圈、扭头、倒向一侧，或腹部朝天，两腿痉挛，临死前频频痉挛，抽搐，双脚蹬直，头向后仰，呈角弓反张姿态，常在出现神经症状后几小时内死亡。

3. 特征性病变是肝肿大，土黄色或淡褐色，质地脆弱易碎，尤其是肝脏表面有出血点或出血斑，病程长时肝表面可能有一些坏死点，或形成肝周炎；胆囊扩张，充满淡绿色胆汁；脾脏肿大，外观呈斑驳状；胰脏可能有坏死灶；肾脏肿大充血等。

4. 应与鸭瘟、鸭传染性浆膜炎、鸭球虫病等区别。

(二) 防治

1. 用康复病鸭的血清或高免血清或鸭高免蛋黄液治疗病鸭。

2. 坚持自繁自养和严格消毒制度。

3. 免疫接种可用鸭病毒性肝炎弱毒疫苗。雏鸭皮下注射，1头份/只；若雏鸭体内不含有母源抗体，接种日龄为1日龄，若雏鸭体内含有母源抗体，接种日龄为6～8日龄。母鸭产蛋前25 d注射1次，1～2头份/只；产蛋前15 d加强注射1次，2～4头份/只；产蛋中期再注射1次，2～4头份/只。为进一步提高母源抗体水平，可在母鸭产蛋前15～20 d和产蛋中期注射鸭病毒性肝炎I型油乳剂灭活疫苗，1 mL/只。

4. 雏鸭被动免疫，可用鸭病毒性肝炎高免血清或卵黄抗体，对1日龄雏鸭作皮下注射，1 mL/只，以后若发病，再及时注射1次。

十八、雏番鸭细小病毒病

(一) 诊断要点

1. 由番鸭细小病毒引起。只在雏番鸭中发病流行，以1～3周龄的雏番鸭最易感。

2. 患雏表现精神不振，食欲废绝，怕冷，腹泻，两脚无力、蹲伏，张口急促喘气，常伴有腹式呼吸；部分番鸭迅速消瘦，濒死前角弓反张及腿部瘫痪。

3. 特征性病变是在小肠卵黄柄前后一段形成假膜性纤维素性肠炎，轻者可见内容物混有较多白色黏液，黏膜充血，严重者可见内容物表面被覆一层灰白色的纤维素性假膜，最严重和典型者肠管膨大，浆膜面趋于干酪化，肠管硬实，肠管内容物白色栓状；胰脏肿大苍白，表面和实质有或多或少针尖大小的白色坏死点；心脏色泽苍白，心肌松软；肝脏稍肿大，胆囊肿大；肺脏可能淤血、水肿；并可能伴发心包炎、肝周炎和气囊炎。

4. 应与雏鸭病毒性肝炎、小鹅瘟、沙门菌病等相区别。

(二) 防治

1. 用抗番鸭细小病毒血清治疗，并用庆大霉素、环丙沙星等药物预防和控制继发感染。

2. 种番鸭在产蛋前15～20 d及产蛋中期应用雏番鸭细小病毒油乳剂灭活疫苗作免疫接种，产蛋前1 mL/只，产蛋中期2 mL/只。

3. 携带母源抗体的雏番鸭于2～3日龄注射雏番鸭细小病毒病高免卵黄抗体，1 mL/只，或高免血清，0.6 mL/只，以后若发病，全群再皮下注射番鸭细小病毒病高免卵黄抗体1.5 mL/只或高免血清，1 mL/只。

4. 无母源抗体的雏番鸭于1日龄经皮下注射雏番鸭细小病毒病弱毒疫苗，若以后发病，补注雏番鸭细小病毒病高免卵黄抗体1～1.5 mL/只，或高免血清1 mL/只。

十九、鹌鹑支气管炎

(一) 诊断要点

1. 由禽腺病毒引起。鹌鹑和鸡、火鸡均可感染，以1～8周龄鹌鹑易发病。

2. 幼鹑表现突然发病，精神沉郁、怕冷、结膜发炎、流泪，但无鼻液；气管啰音、咳嗽、打喷嚏；偶见神经症状。

3. 剖检可见气管上有增厚的不透明的白色区域，气管和支气管有过量黏液，气囊膜浑浊，有时有黏液性渗出物。眼角膜浑浊，结膜发炎，鼻窦或眶上窦充血，有时在肝脏可见散在的灰白色坏死灶。

4. 应与鹌鹑曲霉菌病相区别。

(二) 防治

无特效药物治疗。一旦发病，立即隔离病群，饲料中添加抗生素以防止继发感染。并加强饲养管理和消毒卫生工作。

二十、禽霍乱

(一) 诊断要点

1. 由多杀性巴氏杆菌引起。各种家禽和多种野鸟都能感染，鸭最易感，雏鸡发病较少，3～4 月龄的鸡和成年鸡较易感染发病。呈散发或流行性。

2. 最急性型多见于肥胖、高产的家禽，几乎不见任何症状，突然死亡。急性型病禽体温升高，精神不振、缩颈闭眼，离群呆立、食欲废绝，冠髯呈黑紫色；口鼻内有黏液流出，呼吸困难，有时发出"咯咯"声；剧烈腹泻，粪便呈灰黄或铜绿色。慢性病禽日渐消瘦，冠和肉髯苍白、水肿；关节肿胀或化脓，跛行，以及慢性肺炎和胃肠炎表现。

3. 剖检最急性型病禽心外膜、心冠脂肪或肠黏膜有少量出血点，肝脏有针尖大黄白色坏死点。急性型病禽心包积有较多黄色液体；心冠脂肪、心外膜有洒水样的点状出血；龙骨内侧浆膜、肠浆膜、肺胸膜、腹腔脂肪可见出血点；肝肿大、质脆，表面有灰白色针尖大坏死点；十二指肠弥漫性出血，黏膜肿胀，呈紫红色，肠内容物血样；肺高度淤血水肿。慢性病例无明显败血症变化，通常有鼻炎、关节炎、腹膜炎、气囊炎、结膜炎、卵变形等病变。

4. 应与鸡新城疫、鸭瘟相区别。

(二) 防治

1. 抗生素治疗 链霉素每千克体重 20～30 mg、青霉素每千克体重 3 万～5 万 IU，注射，2～3 次/d，连用 2 d，或环丙沙星或恩诺沙星每千克体重 5 mg，2 次/d 注射，连用 2 d，或氟苯尼考每千克体重 20 mg，1 次/d 注射，连用 2 d。大群治疗时，可按 1 000 kg 饲料中加入 200～600 g 金霉素、土霉素混合喂给，连用 3～5 d，或环丙沙星或恩诺沙星按 50～75 mg/L 饮水，连用 3～5 d。

2. 磺胺类药物治疗 磺胺二甲嘧啶按 0.2%～0.5%混饲 3 d，或按 0.1%～0.2%用量混水饮用 3 d。

3. 发病严重的禽场，可用禽霍乱疫苗进行预防接种。

二十一、鸡白痢

(一) 诊断要点

1. 由鸡白痢沙门菌引起。最常发生于鸡，也可见于火鸡、珠鸡、野鸡、孔雀和芙蓉鸟等。

2. 雏鸡 5～6 日龄开始发病，在 2～3 周龄达到高峰。最急性病雏不表现任何症状而突然死亡。病情稍缓和病雏表现精神沉郁、羽毛蓬松、翅膀下垂、两眼闭合、低头缩颈打瞌睡，怕冷挤在一起，不食或少食，出现软嗉囊；特征表现是病雏排出白色糊状的稀粪，肛门周围的绒毛粘着白色、石灰样的粪便，有时粪便干涸堵塞肛门，雏鸡排便努责时疼痛而发出尖叫声；有的病雏呼吸困难，有的关节肿大、跛行、伏地不动，最后因心力衰竭死亡。剖检可见肝脏肿大、充血，有出血斑点或条纹，有大小不一的灰色或淡黄色局灶性变性及坏死；胆囊扩张，充满胆汁；卵黄吸收不良，内容物呈淡黄色奶油样或干酪样；脾脏肿大而质脆；肾脏色泽暗红色或苍白，肾小管和输尿管中充满尿酸盐；盲肠部肿大，内容物呈干酪样；在肺、肝、心、肌胃、肠上有灰黄色或灰白色坏死点或小结节。

3. 青年鸡　精神、食欲差和下痢等。剖检可见肝脏肿大，肝被膜下有散在小红点或小白点；脾也肿大；心脏变形、变圆，心肌有黄色坏死灶。

4. 成年鸡　表现不同程度的产蛋率、受精率下降。鸡冠发育不良，萎缩发干，有白膜。极少数鸡腹泻，停止产蛋。剖检可见卵巢内仅有少数成熟的卵子，已发育成熟的卵子变色（呈灰色、黄灰色、黄绿色、灰黑色等）、变形（呈梨形、三角形或不规则形等）、变性（呈水样、菜汤样、油脂状等），有的卵泡破裂，卵黄流入腹腔内，引起卵黄性腹膜炎。

5. 应与雏鸡的曲霉菌病、鸡伤寒区别。

（二）防治

1. 治疗常用的药物有：氟哌酸 100 mg/L 饮水，连用 5 d；或环丙沙星 50～75 mg/L 饮水，连用 5 d；或庆大霉素饮水，2～3 mg/只，连饮 4 d。此外，还可用一些生物制剂防治鸡白痢，如促菌生、乳酸菌等。

2. 加强雏鸡的饲养管理和消毒工作。消除鸡群中的带菌鸡，培育健康鸡群。育雏早期可用有治疗作用药物进行预防。

二十二、禽伤寒

（一）诊断要点

1. 由鸡伤寒沙门菌引起。鸡、火鸡、珠鸡、鹅、鸽、鹌鹑、麻雀及一些玩赏禽均可感染，但以鸡和火鸡最易感，尤以 1～5 月龄的青年鸡表现高度的敏感性。

2. 雏鸡表现精神不振，拥挤成堆，食欲废绝，排白色粪便，肺部受到侵害时则出现呼吸困难和喘气症状。年龄较大的鸡和成年鸡发病时表现饲料消耗量突然下降，精神沉郁，翅膀下垂，离群呆立，冠和肉髯苍白，体温升高达 43～44 ℃，食欲废绝，饮水增加，排出淡黄色或淡绿色粪便，沾污肛门周围羽毛。

3. 雏鸡伤寒病变与雏鸡白痢病变基本相同，在肺和心肌中可看到灰白色结节状小病灶。青年鸡最急性病例通常无明显的病理变化；急性型病鸡可见肝、脾充血肿大，表面见灰白色坏死灶或坏死点，胆囊膨大，里面充满胆汁；亚急性或慢性病例，肿大的肝脏变为淡绿棕色或古铜色，质脆，肝脏和心肌可见散在的灰白色小坏死灶，脾和肾充血肿大。成年鸡卵巢、卵泡可见充血、出血、变形、变色，常因卵泡和卵黄囊破裂而引起腹膜炎；肠道出现轻重不等的卡他性肠炎。

4. 应与鸡白痢、禽副伤寒相区别。

（二）防治

治疗用药物与鸡白痢基本相同。磺胺类药物在发病时口服，可以降低病死率。抗生素可用金霉素、强力霉素投入饲料和饮水中，或用庆大霉素、卡那霉素注射，每千克体重 10～15 mg，注射 1～2 d 后，继续在饲料或饮水投药，连用 4～5 d。

二十三、禽副伤寒

（一）诊断要点

1. 由除鸡白痢沙门菌和鸡伤寒沙门菌以外的其他血清型沙门菌引起。在各种禽均可发生，但多见于 1 月龄内的雏鸡。

2. 雏鸡在孵出后的几天内无明显症状而死亡。10 日龄后发病的雏鸡精神不振，头翅下垂、拥挤成堆、打瞌睡、不吃、饮水增加、拉水样稀粪，肛门周围常有稀粪沾污；有些病鸡流泪，呈脓性结膜炎使眼睑粘连，甚至引起失明。成年鸡感染一般无明显症状，只表现下痢、消瘦、产蛋率下降。

3. 雏鸡病变为消瘦、脱水、卵黄凝固、肝脾淤血并伴有条纹状出血斑或有针尖大灰白色坏死点，胆囊扩张充满胆汁；心包膜和心外膜发生粘连，心包液呈黄色，含有纤维素性渗出物；小肠，特别是十二指肠有出血性炎症；盲肠扩张，肠腔中有时有淡黄色干酪样物。成年鸡可见肠道坏死性溃疡，肝、脾、肾肿大，心脏有坏死小结节、卵泡偶有变形。

4. 应与鸡白痢、鸡伤寒加以区别。

（二）防治

1. 治疗可在饲料中添加 0.06％土霉素，连用 7 d；链霉素或卡那霉素肌内注射，每千克体重 20～30 mg，2 次／d，连用 3 d；或环丙沙星 50～75 mg/L 饮水，连用 5 d。

2. 严格控制种蛋来源，重视种蛋及孵化的卫生管理。

二十四、鸡大肠杆菌病

（一）诊断要点

1. 由致病性大肠杆菌引起。各种品种及不同日龄的鸡均可感染发病。

2. 卵黄囊炎和脐炎 主要发生于孵化后期的胚胎及 1～2 周龄雏鸡。表现腹部胀大、柔软、下垂；脐孔闭合不全，周围皮肤呈褐色；卵黄吸收不良，囊壁充血、出血，内容物黄绿色、黏稠或稀薄水样。

3. 急性败血症 任何年龄的鸡都可发生。一般不表现明显的症状而突然死亡，或有部分病鸡精神沉郁、呆立、挤堆、羽毛松乱、食欲减退或废绝，拉黄白色稀便、肛门周围的羽毛被其污染。主要剖检变化是：

（1）纤维素性心包炎 心包液增多，心包膜浑浊、增厚、不透明，内有纤维素性渗出物，常与心肌粘连。

（2）纤维素性肝周炎 肝脏不同程度肿大，表面有不同程度的纤维素性渗出物，甚至整个肝脏为一层纤维素性薄膜所包裹。

（3）纤维素性腹膜炎 腹腔液增多，腹膜及腹腔内器官表面附有多量黄白色渗出物，致使各器官组织粘连。

4. 气囊炎 多发于 5～12 周龄的幼鸡，6～9 周龄为发病高峰。表现精神沉郁，呼吸困难，咳嗽，有啰音。剖检可见气囊膜增厚、浑浊，囊腔内常含有淡黄色干酪样物，有的病鸡只见肺水肿，肺青绿色、液化。

5. 大肠杆菌性肠炎 病鸡羽毛粗乱，翅膀下垂，精神委顿，腹泻，肛门下方羽毛潮湿、污秽、粘连。剖检可见肠道上 1/3～1/2 肠黏膜充血、增厚，严重者血管破裂出血，形成出血性肠炎。

6. 卵黄性腹膜炎 发生在产蛋期的成年母鸡。表现精神沉郁，食欲减退，不愿行动，仔细检查其肛门和腹部，可见肛门周围沾有污秽发臭的排泄物，腹部外观膨胀或重坠，最后完全不采食，眼球凹陷，中毒而死。剖检可见腹腔内积有大量卵黄，有的呈凝固状，有恶臭味；有的呈广泛性腹膜炎，整个腹腔中脏器和肠道等相互粘连；卵泡膜充血，卵泡变性萎缩，局部或整个卵泡红褐色或黑褐色，有的卵黄液化或凝固；输卵管充血、出血；有多量分泌物，有的有黄色絮状或块状干酪样物；有的伞部粘连不能正常排卵，致使卵子落入腹腔，因腐败而发生内源性中毒。

7. 输卵管炎 多见于产蛋期母鸡。表现产蛋停止，腹部膨大，精神、食欲不佳，并渐进性消瘦。剖检可见输卵管局部高度扩张，管壁变薄，内积异形蛋样物，表面不光滑，切面呈轮层状，输卵管黏膜充血、粗厚；1～2 月龄雏鸡患此病时，输卵管明显增粗，内积黄白色干酪样渗出物。

8. 大肠杆菌性肉芽肿 病鸡精神沉郁，食欲减退，羽毛蓬乱无光，体重下降，体弱无力，冠和肉髯苍白，有的拉黄白色稀粪，有的无症状突然死亡。剖检可见十二指肠、盲肠及肠系膜、肝脏、脾脏、心脏有典型的肉芽肿，病变可从很小的结节到大块组织坏死。

9. 全眼球炎 病鸡精神、食欲变化不明显，多侵害一只眼睛，眼睛呈灰白色，角膜浑浊变为不透明，眼前房积脓、失明。

10. 关节炎 病鸡精神不振，羽毛蓬乱，行走困难，关节及足垫肿胀，跛行，触之有波动感，局部温度较高。剖检关节腔内积液或有干酪样物，关节磨面粗糙，凸凹不平。

11. 大肠杆菌性脑炎 病鸡表现昏睡、神经症状、下痢及不吃不喝，难以治愈。

(二) 防治

1. 加强饲养管理，注意通风、温度、湿度和饲养密度。加强卫生、消毒工作，及时清理粪便，注意饲料品质及全价营养，做好种蛋、孵化器的消毒。

2. 由于大肠杆菌极易产生耐药性，应根据药敏试验，选择敏感药物进行预防和治疗。常用药物有庆大霉素、卡那霉素、新霉素、氟哌酸等。如庆大霉素每千克体重 5～7.5 mg，肌内注射，2 次/d，连用 3～4 d；新霉素按 1 000 kg 饲料 77～154 g，氟哌酸按 0.05％左右拌料或饮水、恩诺沙星、环丙沙星、氧氟沙星按 0.01％拌料或饮水，连用 4～5 d。

3. 可试用从本场分离大肠杆菌制备的灭活菌苗，或与本场大肠杆菌血清型相同的菌苗和多价大肠杆菌油佐剂苗免疫接种，一般在育雏或幼年阶段接种 1 次，至育成开产前再接种 1 次。

二十五、鸡毒支原体病

(一) 诊断要点

1. 由鸡败血支原体引起，又称慢性呼吸道病。各年龄的鸡和火鸡都能感染。但主要发生于 4～8 周龄的幼鸡。珍珠鸡、鸭、鸽、松鸡、野鸡和孔雀也可感染发病。一年四季均可发生，但以寒冷季节较严重。

2. 幼鸡病初表现流鼻涕，打喷嚏，常见到一侧或两侧鼻孔前冒出气泡，炎症蔓延到下呼吸道时，则咳嗽，气管啰音，病鸡食欲减少，生长停滞，逐渐消瘦；后期，眼睑肿胀，鼻腔和眶下窦中蓄积干酪样的渗出物，眼部突出如肿瘤状。成年鸡表现流鼻涕、咳嗽、啰音、少食、产蛋量下降。

3. 剖检可见眶下窦黏膜水肿、充血、出血，窦腔内充满黏液或干酪样渗出物；喉头、气管内充满透明或浑浊的黏液，气管黏膜增厚；胸腹部气囊壁增厚、浑浊，附着黄色干酪样渗出物呈念珠状；肺脏水肿、充血，并见有支气管肺炎。

4. 应与传染性支气管炎、传染性喉气管炎、传染性鼻炎等常见呼吸道传染病相区别。

（二）防治

1. 治疗可用链霉素每只雏鸡 2 mg 滴鼻，1 次/d，连用 3 d，或用 0.1％溶液饮水，连用 2～4 d；泰妙菌素 125～250 mg/L，饮水，连用 5 d；泰乐菌素 500 mg/L，饮水，连用 3～5 d。此外，也可用红霉素、洁霉素、恩诺沙星等药物进行治疗。

2. 建立无病种鸡群和定期检疫制度。加强消毒工作，特别是种蛋、孵化器等的消毒。

3. 预防接种，可用鸡毒支原体疫苗免疫接种。

二十六、鸡传染性鼻炎

（一）诊断要点

1. 由副鸡嗜血杆菌引起。主要发生于育成鸡和产蛋鸡，且产蛋鸡发病时症状最典型。以秋冬、初春多发。

2. 轻症病鸡仅表现流稀薄鼻液，无全身症状。严重病鸡流黏稠鼻液，并有难闻的臭味，干燥后凝结成黄色结痂；时常打喷嚏；眼结膜潮红、肿胀、流泪，严重时可失明，眼睑和脸部肿胀；食欲减少，幼鸡生长发育不良，育成鸡开产期延迟，产蛋鸡产蛋减少或停止，公鸡肉髯常见肿大；若炎症蔓延到下呼吸道，则呼吸困难，并有啰音。

3. 剖检可见鼻腔和窦黏膜充血、肿胀，表面有大量黏液和炎性渗出物凝块，严重时可见气管黏膜也有同样的炎症表现，早期死亡病例可见肺炎、气囊炎，眼结膜充血、肿胀，内有干酪样凝块，脸和肉髯皮下水肿。

4. 应与慢性禽霍乱、鸡痘、鸡毒支原体病等区别。

（二）防治

1. 治疗可用链霉素，成年鸡每千克体重 20～30 mg，肌内注射，2 次/d，或庆大霉素每千克体重 5～7.5 mg，肌内注射，2 次/d，连用 3 d。大群治疗时，可用 0.5％磺胺噻唑或磺胺二甲嘧啶拌料，连喂 3～4 d，间隔 2～3 d，再喂 3～4 d；或环丙沙星、恩诺沙星按 50～75 mg/L，饮水，连用 3～5 d。

2. 用副鸡嗜血杆菌疫苗接种，35～40 日龄首免，110～120 日龄鸡进行第 2 次免疫。

二十七、鸡葡萄球菌病

（一）诊断要点

1. 由金黄色葡萄球菌引起。主要发生于鸡，以 40～60 日龄幼鸡发病最多。鸭、火鸡及野鸡也可发病。皮肤损伤是主要传播途径。

2. **败血型及坏疽性皮炎型**　病鸡颈、胸、腹及大腿内侧，特别是翅膀下的皮肤出现广泛的炎性浮肿，外观为蓝紫色，触摸有波动感，局部羽毛脱落；有的病鸡皮肤自然溃烂，流出绿茶色或紫红色胶冻状渗出液，周围羽毛被污染。部分病鸡翅膀背侧和腹侧、翅尖、尾、背及腿等不同部位的皮肤出现大小不等的斑点，炎性坏死。剖检可见病鸡胸腹部皮下充血、溶血，呈弥漫性紫红色或黑红色，有大量胶冻样黄红色水肿液；肝脏肿大，淡紫色，有花纹样变化，病程稍长者肝上有白色坏死点；脾脏肿大呈紫红色有白色坏死点；心包积液，心冠脂肪及外膜有时出血。

3. 关节炎型　病鸡关节肿胀，特别是跖、趾关节肿胀，呈紫红色或紫黑色，有的破溃结成黑色痂，有的出现趾瘤，脚底肿大，有的趾尖发生坏死，呈黑紫色，较干涩。病鸡表现跛行，多伏卧，因采食困难常饥饱不匀，常被其他鸡踩踏，后衰竭死亡。剖检关节囊内有浆液性或脓性物，后期为干酪样物质，关节周围结缔组织增生和结构畸形。

4. 脐炎型　多见于刚出壳不久的雏鸡，表现为腹部膨大，脐孔肿大发炎，触摸发硬，局部呈黄红色或紫黑色。剖检脐部呈紫红色或紫黑色，有暗红色或黄红色液体，病程长时变为脓性干酪样物，卵黄吸收不良。

（二）防治

1. 金黄色葡萄球菌易产生耐药性，治疗前最好通过药敏试验，选择敏感药物进行治疗。可选用磺胺类药、青霉素、庆大霉素、卡那霉素、红霉素、恩诺沙星等抗菌药治疗，同时用0.3%过氧乙酸消毒。青霉素每千克体重5万IU，或庆大霉素每千克体重5～7.5 mg，或卡那霉素每千克体重10～15 mg，肌内注射，2次/d，连用3 d。大群治疗可用磺胺类药物0.02%～0.04%拌料，连用3 d；红霉素125 mg/L或恩诺沙星50～75 mg/L，饮水，2次/d，连用3～5 d。

2. 饲料中要合理地添加必要的营养物质，防止鸡互啄。做好鸡舍、场地、用具的清洁及常规消毒工作。常发鸡场，可用葡萄球菌多价灭活苗免疫接种。

二十八、鸡绿脓杆菌病

（一）诊断要点

1. 由绿脓假单胞菌引起。各年龄鸡都可感染发病，但以1～5日龄的幼雏多发，因马立克病疫苗接种时，疫苗、器械污染引起，2～3日龄出现死亡高峰。

2. 病雏精神不振，缩头、闭眼、卧地不起，食欲废绝，羽毛蓬松，两翅下垂，有的鸡表现震颤；有的鸡呈腹式呼吸，从口鼻流出黏液；多有腹泻，拉白色或红色水样稀粪，最后衰竭死亡；有的病鸡可见眼周湿润，眼角有泡沫样分泌物，角膜呈灰白色浑浊。

3. 剖检可见头颈部、胸腹部及大腿内侧皮下水肿，有淡黄色胶冻样液体；脐孔收缩不良，周围有胶冻样渗出物；脾肿大，淤血；肝质脆，呈棕黄色，有淡色条纹，有时可见出血点及针尖大坏死灶；心包积液，心外膜可见出血点；肺充血、水肿，气管内积有泡沫状液体；卵黄吸收不良，呈黄绿色；小肠黏膜充血、出血，有时腹腔内腹水增多，浑浊，呈绿色。

4. 应与缺氧、雏鸡脱水、雏鸡水中毒区别。

（二）防治

1. 发病后及时选择敏感药物进行治疗，庆大霉素为首选药物。此外还可用卡那霉素、氟哌酸、羧苄青霉素、多黏菌素B治疗。

2. 改善鸡场、孵化场的环境卫生条件，加强对种蛋、孵化环境和设备、注射器具的消毒工作。雏鸡可在饲料或饮水中加入氟哌酸、庆大霉素、卡那霉素等进行预防。

二十九、鸡弧菌性肝炎

（一）诊断要点

1. 由弯曲菌属细菌引起。各种日龄的鸡均可感染，但以开产初期或已产蛋数月的鸡最易感。多在转群、注射疫苗和气候突变等应激情况下发生。

2. 病鸡表现为精神不振，逐渐消瘦，鸡冠苍白、干燥、萎缩，呈鳞片状。初产母鸡群，常达不到期望的产蛋高峰；成年鸡则不能维持正常产蛋量，产蛋可下降 25%～50%。病鸡常腹泻，排黄白色水样粪便。雏鸡发育缓慢或停滞，腹围增大，出现贫血和黄疸。

3. 剖检可见肝肿大，色淡，质地脆弱，局部或整个肝脏出现星状或菜花样的黄色坏死灶，被膜下有出血点和血肿，有时被膜破裂，血流入腹腔凝成血块；病程长时肝萎缩硬化，同时引起心包及腹腔积液；肾脏肿大苍白，卵巢滤泡干瘪退化；脾脏肿大偶有黄白色梗死；肠扩张，蓄积黏液和水样液。

4. 应与脂肪肝、住白细胞原虫病、球虫病等区别。

（二）防治

1. 治疗可用金霉素、强力霉素、红霉素、庆大霉素、卡那霉素、磺胺二甲嘧啶等药物加入饲料或饮水中，每个疗程不少于 5 d，并且必须反复多次用药；有时为降低病死率，可先用庆大霉素或卡那霉素注射 1～2 d，然后在饲料或饮水中投放有效抗菌药物。

2. 采取"全进全出"的饲养管理制度。保持鸡舍的清洁卫生，特别是饲料和饮水卫生。加强消毒工作。尽量避免各种应激因素。

三十、鸡坏死性肠炎

（一）诊断要点

1. 由魏氏梭菌引起。肉鸡、蛋鸡均可发生，多发生于 2～8 周龄地面平养的鸡。

2. 急性病鸡往往无明显症状突然死亡，病程稍长者可见精神沉郁，羽毛蓬乱，蹲伏，食欲减退或废绝，排黑色间或混有血液的粪便，临死前有的吐水。成年鸡呈慢性经过，表现消瘦和贫血。

3. 新鲜病死鸡打开腹腔后即可闻到一般疾病少有的腐臭味。肠道，尤其是小肠的中后段表面呈污灰黑色或污黑绿色；肠腔充气扩张，为正常肠管的 2～3 倍，肠壁增厚，肠内容物呈液状，有泡沫，为血样或黑绿色；肠壁充血，有时见有出血，黏膜坏死，呈大小不等、形状不一的麸皮样坏死灶，有的形成假膜，易剥脱。肝脏充血，出现 2～3 mm 大的界限明显的坏死灶。肾肿大褪色。慢性病例可见骨髓显著褪色。

4. 应与溃疡性肠炎相区别。

（二）防治

1. 治疗用庆大霉素每千克体重 1～1.5 mg 饮水，2 次/d，连用 4～6 d；或土霉素 1 000 kg 饲料 200～600 g，连用 4～5 d。也可用青霉素、红霉素、林可霉素、甲硝唑等治疗。

2. 加强饲养管理，注意垫草和饮水卫生。饲料中加入青霉素、土霉素等抗生素进行预防。做好球虫病的预防减少各种并发病。

三十一、鹌鹑溃疡性肠炎

（一）诊断要点

1. 由 C 型魏氏梭菌引起，又称鹌鹑病。鹌鹑最易感，鸡、火鸡、松鸡、雉、鸽、鹧鸪等也易感，常发生于幼龄禽，以 4～12 周龄的鹌鹑和鸡、3～8 周龄的火鸡最常见。

2. 急性死亡的病禽不表现明显症状。鹌鹑常发生腹泻，呈白色水样，病程稍长的病禽食欲减退、精神不振、拱背、闭眼、羽毛松乱、动作迟钝，病程 1 周以上者食欲废绝，胸肌萎缩，极度消瘦。幼鹑发病后 2～3 d 内几乎 100％死亡。

3. 急性死亡的病禽剖检可见十二指肠肠壁增厚，黏膜上有小点出血；慢性病例整个肠道（小肠和盲肠）散布有许多深陷的溃疡，数量多时发生融合，溃疡呈圆形或透镜状凸起，有时溃疡可穿透肠壁而引起腹膜炎，肠腔中可能有血。肝脏肿大，形成黄色或浅黄色的坏死小灶或坏死区。脾脏肿大，充血、出血。

4. 应与禽球虫病、盲肠肝炎等区别。

（二）防治

1. 可用链霉素、杆菌肽及土霉素治疗。链霉素 1 000 kg 饲料 60 g，杆菌肽 1 000 kg 饲料 50～100 g，连服 30 d。链霉素还可加入饮水中，第 1 天每 4.5 kg 饮水加 5 g，后减为每 4.5 kg 饮水加 1 g，连用 20 d，或土霉素 1 000 kg 饲料加 200～600 g，连用 4～5 d。也可用青霉素、红霉素、林可霉素、甲硝唑等治疗。

2. 加强饲料、垫草的卫生管理。控制球虫病。

三十二、禽衣原体病

（一）诊断要点

1. 由鹦鹉热衣原体引起，又称鸟疫。各种家禽和野生鸟类、人类和哺乳动物都可感染，在禽类中以火鸡、鸭和鸽最为常见，幼龄禽比成年禽易感。

2. 病火鸡轻者不表现任何症状；重者表现精神沉郁、羽毛松乱、厌食、体温升高，腹泻呈黄绿色、呼吸困难、咳嗽，喙周围和鼻孔有分泌物，母鸡产卵减少或停产。

3. 病鸭表现步态不稳、震颤、食欲废绝、消瘦、腹泻、排出绿水样粪便，眼和鼻孔周围有浆液性或脓性分泌物，随病程发展，病鸭瘦弱衰竭和肌肉萎缩，到后期常发生惊厥而死亡。

4. 病鸽表现精神沉郁、羽毛松乱、停食、拉稀，部分发生眼结膜炎及鼻炎，呼吸困难，发出"咯咯"声，逐渐衰竭消瘦。

5. 剖检可见结膜炎、眶下窦炎、鼻炎及偶见全眼球炎和眼球萎缩等；胸腔、腹腔及气囊覆有厚层的纤维蛋白性渗出物，其中以纤维蛋白性心包炎和肝周炎最常见；胸肌萎缩，肝和脾肿大，偶有灰色或黄色的小坏死灶。

6. 应与禽霍乱、支原体病、大肠杆菌病、沙门菌病等区别。

（二）防治

1. 可用青霉素、红霉素、金霉素、土霉素和强力霉素等治疗。

2. 引进家禽时要进行严格的血清学检测，以防引进病禽。加强卫生、消毒工作。

三十三、鸭传染性浆膜炎

（一）诊断要点

1. 由鸭疫里默氏杆菌引起。主要感染鸭，多发生于 2～8 周龄的幼鸭，尤其以 2～3 周龄的鸭最易感，8 周龄以上的很少发病。也可感染鸡、火鸡、鹅和某些野禽。一年四季都可发生，但以冬、春季节多发。

2. 最急性型无明显症状突然死亡。急性病例表现精神委顿，离群呆立、嗜睡，食欲废绝，体温升高；呼吸急促，眼和鼻腔流出黏性或浆液性分泌物；摇头、缩颈、运动失调；粪便稀薄，呈淡绿色或黄绿色，濒死出现痉挛、头颈后仰、两腿伸直。亚急性或慢性病鸭表现精神沉郁、不食或少食、伏卧、腿软、不愿走动，站立呈犬坐姿势、前仰后翻，翻倒后仰卧不易翻转，少数出现头颈歪斜、转圈或倒退。

3. 最急性型的病变为全身脱水，喙充血，肝和脾肿大。病程长时可见全身内脏浆膜纤维渗出性炎症，表现纤维素性气囊炎、纤维素性心包炎、纤维素性肝周炎，腹部气囊的后部含有黄白色的干酪样渗出物，并可能发生干酪性输卵管炎和关节炎；脾脏肿大，表面有灰白色坏死灶，常见有肺炎的病变。

4. 应与鸭病毒性肝炎、大肠杆菌病相鉴别。

（二）防治

1. 在饲料中添加磺胺类和抗生素药物，对发病的鸭群有一定的疗效。如饲料添加 0.2%～0.25% 的磺胺二甲嘧啶，连喂 3 d；或氟苯尼考按 0.2% 拌料，连用 3 d；或土霉素按 0.04% 拌料，连喂 3～4 d。

2. 在饲料或饮水中添加磺胺类药物、庆大霉素、卡那霉素、林可霉素和氟哌酸等进行预防。

3. 免疫接种可用鸭疫里默氏杆菌灭活疫苗，母鸭产蛋前 15～20 d 和产蛋中期肌内注射，每次每只 1～1.5 mL；雏鸭 2～4 日龄时皮下注射，每只 0.5 mL。

三十四、鸡曲霉菌病

（一）诊断要点

1. 由曲霉菌引起。各种家禽均可感染，以 6 周龄以下雏鸡、火鸡易感，尤其是 4～15 日龄雏鸡。饲养管理条件差是造成本病流行的主要原因。

2. 病鸡表现精神不振，食欲废绝，翅膀下垂，羽毛松乱，眼半闭，呆立不动，呼吸困难，气喘。眼、鼻流浆液性分泌物，口渴，后期下痢，逐渐消瘦而死亡。有的病雏发生霉菌性眼炎，眼睑肿胀，瞬膜下出现绿豆大灰白色或黄色干酪样物，使眼睛鼓起或角膜溃疡。成年鸡产蛋下降，但死亡很少。

3. 剖检可见肺水肿，坚实，缺乏弹性，切面流出红色泡沫状液体；在肺、气囊、胸腹腔散布数量不等的灰白或淡黄色小米大至大豆大的颗粒状结节，结节内部呈黄白色干酪样，有时结节呈同心轮层状团块，有时互相融合成大片，有时气囊或内脏浆膜面见到数量不等的霉菌斑块，斑的边缘白色，中间绿色，表面呈毛绒状。

4. 应与鸡白痢、传染性支气管炎区别。

（二）防治

1. 治疗用制霉菌素，每 100 只雏鸡 50 万 U，混入饲料，2 次/d，连用 5～7 d；或用克霉唑，每 100 只雏鸡 1 g 拌料，连喂 5～7 d，同时配合用 1：（2 000～3 000）的硫酸铜溶液饮水，连用 2～3 d，或每 4 kg 饮水用碘化钾 5～10 g，供鸡饮用。鸡场一旦发病，应立即对环境和用具等进行消毒。

2. 加强对鸡舍、育雏舍、孵化室熏蒸消毒。禁止使用发霉的垫草和饲料。

三十五、念珠球菌病

（一）诊断要点

1. 由白色念珠菌引起。发生于多种家禽，尤以鸡和火鸡最易感，幼禽的易感性高于老龄家禽。

2. 病禽表现精神沉郁，羽毛松乱，食欲降低，生长不良；嗉囊膨大，触摸有波动感，挤压时从口腔流出酸臭的气体和内容物。

3. 剖检可见嗉囊黏膜增厚，形成灰白色、稍隆起的圆形溃疡，黏膜表面常见假膜性的斑块和容易刮落的坏死物质；口腔、食管和咽也可形成溃疡，口腔黏膜上面常形成黄色、干酪样的典型"鹅口疮"；腺胃黏膜出血、肿胀，表面覆盖一种黏液性或坏死性渗出物，肌胃角质层发生糜烂。

（二）防治

1. 个别治疗时，在口腔黏膜的溃疡病灶上涂敷碘甘油，也可灌服 1％硼酸液。大群治疗时饮水中添加 0.05％硫酸铜，同时在每千克饲料中添加制霉菌素 50 万～100 万 U，连喂 5～7 d，并穿插投喂适量"促菌生"等微生态制剂。

2. 种蛋孵化前搞好消毒。禁止滥用抗菌药物，以免破坏家禽消化道的微生态平衡。

三十六、禽结核病

（一）诊断要点

1. 由禽分支杆菌引起。各种禽类都可感染，以鸡、火鸡和鸽易感性高，饲养管理条件差、密度过大是本病的诱因。

2. 病鸡精神萎靡，营养不良，进行性消瘦；胸肌萎缩，胸骨凸出；冠和肉髯苍白；有时因关节和骨髓发生结核而表现一足或两足跛行；有的病鸡严重腹泻，排黄绿粪。

3. 病变特征是肝、脾、肠等内脏器官形成灰白色或黄白色的结核结节，结节大小不一、界限明显。切开结节，可见结节外面包裹一层纤维组织性的包膜，里面充满黄白色干酪样物质，通常不发生钙化。其中肝和脾脏中结节特别多，稍稍突出于器官表面，肝、脾体积肿大，比正常增大 1～2 倍，肠壁、腹壁上也常见有灰白色结核结节。

（二）防治

1. 药物治疗没有实际价值，一旦发病，应淘汰病鸡。

2. 做好消毒工作。

第六节　兔传染病

一、兔病毒性出血症

（一）诊断要点

1. 由兔病毒性出血症病毒引起，俗称"兔瘟"。以长毛兔最易感染，2 月龄以上的青壮龄兔发病率和病死率高达100％，2月龄下的幼兔和哺乳仔兔很少发病。北方地区一般发生于冬、春寒冷季节，夏季少见。

2. 最急性型多发生于流行初期，几乎没有明显症状，突然发病倒地、抽搐、尖叫，数分钟内死亡；有的濒死时鼻孔出血、阴门流血。

3. 急性型多发生于流行中期，病兔体温上升达41℃以上，精神委顿，食欲减退，渴欲增加，皮毛无光泽，迅速消瘦；死前有短期兴奋、挣扎、狂奔、咬笼架，继而前肢俯伏，后肢支起，全身颤抖，倒向一侧，四肢划动，惨叫几声而死；少数病死兔鼻孔中流出泡沫样血液。病程1～2 d。

4. 慢性型多发生于老疫区或流行后期，病兔体温升高，精神委顿，食欲不振，最后消瘦、衰弱而死；有的病兔可以耐过，但生长迟缓，发育较差，仍排毒。

5. 剖检可见鼻腔、喉头、气管黏膜严重淤血及散在点状出血，管腔内有血样泡沫和液体；肺严重淤血、水肿，有明显的粟粒大至黄豆大出血斑点，切开肺组织流出多量红色泡沫状液体；心脏扩张淤血，心内外膜有出血点，少数病例心肌有灰白色坏死灶；肝淤血肿大，呈深红色或紫红色，有出血点或出血斑，表面有灰白色坏死灶，切面外翻、粗糙，肝小叶间质增宽，流出多量凝固不良的暗红色血液；胆囊胀大，充满稀薄胆汁；部分患兔脾脏淤血、肿大，呈暗紫色，切面结构模糊，实质易于刮脱；肾肿大2～3倍，皮质有散在的针尖大小出血点或灰白色、黄白色坏死灶；胃黏膜脱落，十二指肠和空肠黏膜有出血点；胸腺、淋巴结水肿，有针尖大出血点。

6. 应与兔巴氏杆菌病、魏氏梭菌病等相区别。

（二）防治

1. 目前尚无有效治疗方法，应用高免血清有一定疗效。发病时，封锁兔场，隔离病兔，禁止出售病兔，病死兔及其皮毛一律深埋或销毁；兔笼、用具、污染的饲料、饮水、粪便等用2％火碱水或3％过氧乙酸消毒；必要时对场内无症状的兔和疫区的兔用兔出血症灭活疫苗进行紧急接种。

2. 无本病地区的兔场，要坚持自繁自养，严禁从疫区引进种兔及对外配种；健全卫生防疫制度，兔舍定期消毒；定期接种疫苗；必需购进种兔时，对新购入的家兔必须隔离饲养观察1个月以上，健康无病时方可混群饲养。

二、传染性水疱性口炎

（一）诊断要点

1. 由水疱性口炎病毒引起。主要侵害1～3月龄的幼兔，多见于断奶后1～2周龄的仔兔，成年兔较少发生。多发生于春、秋两季。饲喂霉烂和有刺的饲料、口腔损伤等可诱发本病。

2. 病初口腔黏膜潮红、充血，随后在唇、舌、硬腭及口腔黏膜等处出现粟粒大至扁豆大的水疱，水疱内充满含纤维素的清澈液体，破溃后形成烂斑和溃疡，同时大量流涎，局部皮肤由于经常浸润和刺激而发生炎症和脱毛。常由于细菌继发感染而引起唇、舌、口腔及其他部位黏膜坏死，并伴有恶臭。病兔食欲减退或不食，随病情加重，表现发热、沉郁、腹泻、日渐消瘦、虚弱。多数病兔生殖器也可见溃疡性病变。

3. 病死兔消瘦，除口腔黏膜有水疱、脓疱、糜烂、溃疡外，咽喉部有大量泡沫样唾液，唾液腺肿大发红，胃扩张，充满黏稠液体，肠黏膜特别是小肠黏膜有卡他性炎症。

（二）防治

1. 目前无特效治疗方法。发现病兔立即隔离治疗。兔舍、兔笼及用具等用 0.5% 过氧乙酸或 1%～2% 过氧化氢或 1%～2% 氢氧化钠液消毒。口腔黏膜先用 2% 硼酸溶液，或 0.1% 高锰酸钾溶液，或 2% 明矾溶液，或 1% 食盐水冲洗，然后涂以碘甘油或磺胺软膏；同时可用磺胺类药物或抗生素控制继发感染，如用磺胺二甲嘧啶，每千克体重 0.1～0.15 g 内服，2 次/d，连服 3 d，并用苏打水作为饮水。给予优质柔嫩易消化饲料，避免使用粗硬饲料再损伤口腔黏膜。

2. 禁止饲喂带有芒刺的饲草，清除饲料中的尖锐物，以防损伤口腔黏膜；防止引进病兔，引入种兔必须隔离观察 1 个月以上，证明健康才可混养；定期用 2% 氢氧化钠或 2.5% 过氧乙酸对兔舍、兔笼及其他用具消毒。

三、兔痘

（一）诊断要点

1. 由兔痘病毒引起。只有家兔自然感染发病。

2. 病初体温升高达 41 ℃，厌食，流鼻液，呼吸困难，全身淋巴结肿大，特别是腘淋巴结和腹股沟淋巴结肿大而坚硬；以后全身尤其是耳、唇、眼睑、躯干、肛门和外生殖器皮肤出现痘疹，鼻腔与口腔黏膜也可见痘疹。病兔眼睛常受侵害，引起眼睑炎、角膜炎和结膜炎。有的病兔可并发支气管肺炎、喉炎、鼻炎和胃肠炎等。有的病兔出现神经症状，表现运动失调、痉挛、麻痹等神经症状。最急性病例死前仅有体温升高、不食和眼睑炎症状，无皮肤痘疹。

3. 剖检除皮肤有痘疹外，口腔、上呼吸道及内脏器官也形成数量不等的丘疹或结节。肺有灰白色坏死结节，肝、脾常有坏死灶。睾丸水肿和坏死。子宫常有坏死灶和脓肿。卵巢、肾上腺、淋巴结、甲状腺和心脏等也可见坏死灶。腹膜和网膜也可见到丘疹。

4. 应与兔传染性水疱性口炎鉴别。

（二）防治

1. 目前尚无特效药物治疗，可采取对症治疗和控制继发感染。

2. 无兔痘疫苗用于免疫预防，主要是加强兽医卫生防疫工作，避免引入传染源。兔群受到本病威胁时，可用牛痘疫苗作紧急预防接种。

四、兔轮状病毒病

（一）诊断要点

1. 由轮状病毒引起。主要发生于 2～6 周龄仔兔，青年兔、成年兔呈隐性感染。新发病兔群常呈暴发，迅速传播。兔群一旦发病，不易根除。恶劣的气候、饲养管理不良、卫生条件差是本病的重要诱因。

2. 青年兔、成年兔多数不表现症状，仅有少数呈短暂的食欲不振和不定型的软粪。仔兔发病后昏睡，很少吮乳，食欲大减或绝食，排出流质或水样粪便，体温一般不高，若发热可能伴有细菌性继发感染。多数病兔在出现下痢后 3 d 左右死亡，只有少数可逐渐康复。

3. 病变主要在小肠，特别是空肠和回肠，肠壁扩张，内容物呈液状、黄色或灰黄色，肠黏膜有出血斑点。

（二）防治

1. 发病后，立即进行隔离消毒，死兔和排泄物一律深埋或烧毁。对病兔进行对症治疗，服用收敛止泻剂或用抗菌药物防止细菌继发感染，可减少死亡。

2. 目前尚无疫苗；严禁从有本病流行的兔场引种，必须引进时要严格检疫并隔离观察；保证新生仔兔及早吃到初乳，提高肠道抵抗疫病的能力。

五、兔黏液瘤病

（一）诊断要点

1. 由黏液瘤病毒引起。自然条件下侵害家兔和野兔，在蚊虫大量孳生季节发病较多。

2. 多数病例在发病后 5～7 d 眼睑水肿、下垂，肛门、生殖器、口和鼻孔周围发炎、水肿。由于皮下组织的黏液性水肿，头部呈"狮子头"特征。第 9～10 天皮肤出血和死前惊厥。少数活到 10 d 以上的兔则出现脓性眼结膜炎和耳根部水肿等症状。最急性的严重病例呈现耳聋，体温升高至 42 ℃，眼睑水肿，48 h 死亡。

3. 特征性病变是皮肤肿瘤和皮肤以及皮下显著水肿，特别是颜面部和天然孔周围的水肿。皮肤充血、出血、肿胀或呈结节状、肿块状，肿胀部皮下呈淡黄色胶样水肿，也可见充血、出血。胃肠道浆膜下、心内外膜下出血。脾与淋巴结肿大、出血等。

4. 应与兔病毒性出血症、兔痘进行鉴别。

（二）防治

1. 目前无特效药物治疗。兔群一旦发病，应坚决采取捕杀、消毒、烧毁等措施，对假定健康群，立即用疫苗进行紧急接种。对污染场所可用 2％～5％福尔马林彻底消毒。

2. 严禁从有黏液瘤病流行的国家或地区引进兔和兔产品；从国外引进兔或兔产品要严格检疫。在流行本病的国家和地区，可采取免疫接种、控制传播媒介等措施进行预防。

六、兔纤维瘤病

（一）诊断要点

1. 由兔纤维瘤病毒引起。主要侵害东方白尾灰兔、欧洲家兔、美洲野兔。

2. 自然感染发病的东方白尾兔主要在四肢皮下形成一至数个圆形、坚实、可以移动的肿瘤，直径 1～2 cm 至 6～7 cm 大的肿块；偶尔在口、眼周围也可见到肿瘤。肿瘤可保持数月，个别兔可保持一年左右而后消退，无热、无痛。有的兔外生殖器充血、水肿。食欲和其他功能多无异常。

3. 病初皮下组织轻度增厚，有界限清楚的软肿；随后形成质地坚实的肿瘤，肿瘤呈结节状，质硬切面淡红色。

4. 应与兔黏液瘤病、兔乳头状瘤病鉴别。

（二）防治

1. 目前尚无特效疗法，检出的病兔和可疑病兔应隔离饲养 2 个月以上，待完全康复后才能混群；兔笼、用具及场地必须彻底消毒。

2. 目前尚无疫苗，预防本病的主要措施是严格控制传染源，做好兔舍和兔场的消毒、防虫灭蚊工作。

七、兔乳头状瘤病

（一）诊断要点

1. 由乳头状瘤病毒引起。各种年龄的家兔均易感，通过蚊虫叮咬传播。

2. 在皮肤或口腔黏膜形成肿瘤，皮肤肿瘤呈黑色或暗灰色，表面有厚层角质，口腔肿瘤呈灰白色、结节状。病兔精神、食欲正常，肿块最后多自行消退。有的病兔不能自行消退，大多数良性乳头状瘤会转化成恶性瘤。

（二）防治

1. 目前尚无有效治疗方法，发现病兔立即淘汰。带有乳头状瘤的兔子对再感染有部分或完全的免疫力。应用灭活肿瘤悬浮液乳剂接种正常兔可能会产生主动免疫力。

2. 加强饲养管理，严禁引进病兔，做好兔舍和兔场的防虫灭蚊工作。

八、兔巴氏杆菌病

（一）诊断要点

1. 由多杀性巴氏杆菌引起。无明显季节性，但以冷热交替、气候多变的春、秋两季以及多雨闷热潮湿的季节发病较多，呈散发或地方性流行。

2. 败血症型　多呈急性经过。急性型病兔表现精神萎靡，废食，呼吸急促，体温 40 ℃以上，鼻腔有浆液性、黏液性分泌物，有时出现腹泻；临死前体温下降，四肢抽搐；剖检主要表现为全身性充血、出血和坏死。亚急性型病兔表现呼吸困难、急促、鼻腔有黏液性或脓性分泌物，常打喷嚏，体温升高，食欲减退，有时腹泻，关节肿胀，结膜发炎，病程持续 1～2 周或更长，最后消瘦衰竭死亡；剖检主要表现肺炎和胸膜炎病变，胸腔积液，胸膜和肺常有乳白色纤维素性渗出物附着，淋巴结肿大。

3. 鼻炎型　比较常见，病程可达数月或更长。主要症状为流浆液性、黏液性或黏脓性鼻液。病兔经常打喷嚏、咳嗽，并用前爪抓擦鼻部，使局部被毛潮湿、缠结，甚至脱落，上唇和鼻孔皮肤黏膜红肿、发炎。黏脓性鼻液在鼻孔周围结痂和堵塞鼻孔时致使呼吸困难。如病菌侵入眼、耳、皮下等部位，可引起结膜炎、角膜炎、中耳炎、皮下脓肿和乳腺炎等。

4. 肺炎型　很难发现肺炎症状，有的很快死亡，有的仅食欲不振，体温较高，精神沉郁。剖检多见肺的尖叶、心叶和膈叶前下部实变，肺实质可能有出血，胸膜面可能有纤维素覆盖，严重时可能有脓肿存在，后期主要表现脓腔或整个肺叶发生空洞。

5. 中耳炎型　也称斜颈病。单纯的中耳炎可以不出现症状。病菌如蔓延至内耳及脑部，则病兔呈现斜颈症状。如感染扩散到脑膜和脑组织，则可能出现运动失调和其他神经症状。剖检可见一侧或两侧鼓室内有奶油状的白色渗出物，病初鼓膜和鼓室内壁变红，有的鼓膜破裂，脓性渗出物流出外耳道。

6. 生殖系统感染　多见成年兔。母兔感染后通常没有明显症状，但有时表现不孕、子宫炎和子宫积脓，并伴有黏液性脓性分泌物从阴道流出。公兔感染后表现一侧或两侧睾丸肿大，质地坚硬，有的伴有脓肿。

7. 结膜炎型　主要表现眼睑中度肿胀，结膜发红，在眼睑处经常有浆液性、黏液性或黏液脓性分泌物存在。炎症转为慢性时，红肿消退，而流泪不止。

8. 脓肿型　可在皮下和任何内脏器官发生脓肿。

9. 采取心、肝、脾或体腔渗出物等病料，涂片，染色，镜检可见两极浓染的短杆菌。

10. 应与兔瘟、兔支气管败血波氏杆菌病、葡萄球菌病、李氏杆菌病、野兔热等鉴别。

（二）防治

1. 发现病兔尽快隔离治疗，用链霉素，每千克体重 10 mg，肌内注射，2 次/d，连用 5 d；也可用磺胺嘧啶，每千克体重 0.05～0.2 g，2 次/d，肌内注射或口服，连用 5 d。此外，也可用四环素、土霉素、长效磺胺、磺胺二甲嘧啶、恩诺沙星、环丙沙星等治疗。

2. 对鼻炎型病例可用青霉素、链霉素滴鼻，2 次/d，连用 5 d，同时配合口服土霉素，每千克体重 25～40 mg，混料饲喂，2 次/d，连用 5 d。

3. 兔舍、兔笼及场地用 20％石灰乳或 3％来苏儿溶液定期消毒，用具用 2％火碱水消毒。

4. 兔群应自繁自养，禁止随便引进种兔；必须引进时，应先检疫并观察 1 个月，健康者方可进场。加强饲养管理和卫生防疫工作，严禁畜禽和野生动物入场。对有本病的兔场可用兔巴氏杆菌苗预防接种。

九、兔沙门菌病

（一）诊断要点

1. 由鼠伤寒沙门菌和肠炎沙门菌引起。以幼兔和怀孕后期母兔最易感。

2. 病兔表现腹泻，排出带有泡沫的黏液性粪便，体温升高，精神沉郁，食欲丧失，渴欲增加，消瘦；母兔从阴道排出黏液或脓性分泌物，阴道黏膜潮红、水肿；孕兔常发生流产，流产胎儿体弱，皮下水肿，很快死亡；孕兔常于流产后死亡，流产后康复兔将不易受孕。哺乳幼兔常由带菌母兔传染，多突然死亡。

3. 突然死亡兔剖检可见脏器充血、出血，胸、腹腔内有多量浆液或纤维素性渗出物。流产病兔子宫肿大，浆膜和黏膜充血，并有化脓性子宫炎，局部黏膜覆有一层淡黄色纤维素性污秽物；有的子宫黏膜出现溃疡；未流产的病兔子宫内有木乃伊或液化的胎儿，阴道黏膜充血，腔内有脓性分泌物。肝脏有弥漫性或散在性淡黄色针头至芝麻大的坏死灶。胆囊肿大，充满胆汁。脾脏肿大 1～3 倍，呈暗红色。肾脏有散在性针头大的出血点。消化道黏膜水肿，聚合淋巴滤泡有灰白色坏死灶。

4. 应与兔李氏杆菌病、兔伪结核病鉴别。

（二）防治

1. 治疗可选用氟苯尼考、土霉素、链霉素、环丙沙星等。氟苯尼考每千克体重 20 mg，肌内注射，1 次/d，连用 3～4 d，或口服，每千克体重 20～30 mg，2 次/d，连用 3～5 d。土霉素每千克体重 40 mg，肌内注射，2 次/d，连用 3 d，或口服，100～200 mg/只，分 2 次内服，连用 3 d。链霉素每千克体重 20 mg，肌内注射，2 次/d，连用 3 d，或口服，0.1～0.5 g/只，2 次/d，连用 3～4 d。环丙沙星每千克体重 5 mg，肌内注射，2 次/d，连用 3 d。磺胺脒每千克体重 50～100 mg，口服，2 次/d，连用 3 d。此外，也可用大蒜疗法，取洗净的大蒜充分捣烂，制成 20％大蒜汁，内服 5 mL/只，3 次/d，连用 5 d。

2. 做好兔舍、兔笼和用具等消毒工作。对怀孕前和怀孕前期的母兔注射鼠伤寒沙门菌灭活菌苗。疫区养兔场可用鼠伤寒沙门菌灭活疫苗预防接种，每年 2 次。

十、兔大肠杆菌病

（一）诊断要点

1. 由致病性大肠杆菌引起。主要侵害断奶前后的仔兔和幼兔。

2. 最急性病兔未见任何症状即突然死亡。多数病兔初期精神沉郁，食欲不振，腹部膨胀，粪便细小、两头尖、成串，外包有透明、胶冻状黏液；随后出现水样粪便，肛门、后肢、腹部的被毛被黏液及黄色水样稀粪污染。病兔四肢发冷、磨牙、流涎、眼眶下陷，迅速消瘦。

3. 尸体消瘦、脱水，可视黏膜苍白。胃膨大，充满多量液体和气体，胃黏膜有出血点。十二指肠充满气体和染有胆汁的黏液。空肠、回肠、盲肠充满半透明胶样黏液。肠黏膜和浆膜充血、出血、水肿。胆囊扩张，黏膜水肿。肝脏及心脏有点状坏死灶。

4. 应与兔沙门菌病、兔泰泽氏病、球虫病鉴别。

（二）防治

1. 病兔立即进行隔离治疗；对笼具和用具进行彻底消毒；最好是以病兔或可疑病兔分离大肠杆菌作药敏试验，选用敏感药物进行治疗。治疗使用的药物有：庆大霉素每千克体重 5～10 mg，或多黏菌素 2.5 万 U/只，或恩诺沙星每千克体重 2.5 mg，肌内注射，2 次/d，连用 3～5 d。也可将磺胺脒每千克体重 0.1～0.2 g、干酵母 1～2 片，混合口服，3 次/d，连用 3～5 d。另外，也可每只兔口服促菌生 2 mL（含 10 亿活菌），1 次/d，一般服用 3 次可治愈；或每只兔每次口服大蒜酊 2～3 mL，2 次/d，连用 3 d 可治愈。对腹泻严重的病兔，可同时腹腔注射葡萄糖生理盐水 50 mL 或口服生理盐水及收敛药等，防止脱水，保护肠黏膜，促进治愈。

2. 保持兔舍卫生，定期进行消毒。仔兔断乳后，要逐渐更换饲料。常发本病的兔场，可用本场分离的大肠杆菌制成氢氧化铝甲醛菌苗进行预防接种，或在断奶前后口服新霉素或氟哌酸等，连用 3～5 d。

十一、兔魏氏梭菌病

（一）诊断要点

1. 由 A 型魏氏梭菌及其毒素引起。除哺乳兔外，家兔均易感，但 1～3 月龄幼兔发病率最高。以冬春季节多发。

2. 病兔精神沉郁，不食，排水样粪便，有特殊腥臭味，体温不升高，在水泻的当天或次日死亡，少数病例病程约 1 周或更久。

3. 剖检可见胃底黏膜脱落，有大小不一的出血斑或黑色溃疡；肠黏膜弥漫性出血，小肠充满气体，肠壁薄而透明，盲肠和结肠内充满气体和黑绿色稀薄内容物，有腐败气味；肝脏质地变脆；脾呈深褐色；心脏表面血管怒张呈树枝状。

4. 应与兔球虫病、兔沙门菌病、兔病毒性出血症、兔大肠杆菌病、泰泽氏病等相鉴别。

（二）防治

1. 对病兔及早应用特异性高免血清配合抗菌药物治疗和对症治疗。高免血清 5～10 mL/只，皮下或肌内注射，1 次/d，连用 3 d；金霉素或土霉素每千克体重 40 mg，肌内注射，1 次/d，连用 5 d，或卡那霉素每千克体重 20 mg，肌内注射，2 次/d，连用 3 d；也可口服磺胺类药物。对症治疗可腹腔注射 5% 葡萄糖生理盐水进行补液，内服食母生和胃蛋白酶等。

2. 严禁引进病兔，有本病史的兔场定期用 A 型魏氏梭菌疫苗预防接种。

十二、兔泰泽氏病

（一）诊断要点

1. 由毛样芽孢杆菌引起。3～12 周龄兔多发，秋末至春初多发。

2. 发病急，严重腹泻，粪便呈褐色糊糊状或水样，并有腹胀、迅速脱水，精神沉郁，食欲废绝，常在出现症状后 12～48 h 死亡，也有无腹泻症状而突然死亡的，还有少数病兔耐过而成为生长发育停滞的僵兔。

3. 病兔尸体严重脱水，回肠后段、盲肠及结肠前段浆膜充血、出血，呈暗红色，盲肠壁水肿增厚，黏膜弥漫性充血、出血，盲肠充满气体和褐色糊状或水样内容物，蚓突部有暗红色坏死灶。肝脏肿大，有许多针尖状白色坏死灶；心肌有条状灰白色坏死灶。脾脏萎缩，肠系膜淋巴结水肿。

4. 用肝坏死区、心肌或肠道病变部病料涂片，染色镜检可见到成丛的毛发状芽孢杆菌。

5. 应与兔魏氏梭菌病、兔沙门菌病、兔大肠杆菌病鉴别。

（二）防治

1. 目前尚无理想治疗药物，早期应用抗生素治疗有一定效果。青霉素每千克体重 2 万～4 万 IU、链霉素每千克体重 20 mg，肌内注射，2 次/d，连用 3～5 d；红霉素每千克体重 10 mg，口服，2 次/d，连用 3～5 d。也可用土霉素、金霉素、林可霉素等治疗。

2. 搞好环境卫生，定期进行消毒，消除各种应激因素。在饲料或饮水中添加土霉素或青霉素，对控制本病的发生有一定的作用。

十三、兔葡萄球菌病

（一）诊断要点

1. 由金黄色葡萄球菌引起。各年龄兔均可发生，无季节性。

2. 常见临床表现类型有：

（1）仔兔脓毒败血症　仔兔出生 2～3 d 皮肤出现粟粒大的乳白色脓疱，2～5 d 因败血症而死亡。其母兔也可患病。

（2）仔兔急性肠炎　又称仔兔黄尿症，一般全窝发生，粪便稀而腥臭，尿呈黄色，病兔昏睡。病程 2～3 d，病死率很高。

（3）脓肿　原发性脓肿常位于皮下或某一脏器，以后在肺、肝、肾、脾、心等部位发生转移性脓肿或化脓性炎症；脓肿大小不一、数量不等，病初呈红色硬结，后增大变软，有明显包囊，内含乳白色糊状脓汁。

（4）乳房炎　常见于分娩后数天之内的母兔。急性型病兔体温升高，精神沉郁，不食，乳房肿胀，乳汁中混有脓液或血液。慢性型乳头或乳房实质局部形成硬块，后变为脓肿。

（5）脚皮炎　常见于后肢内侧面皮肤。开始充血、肿胀、脱毛，继而出现脓肿形成经久不愈的溃疡。病兔行动困难、食欲减退、消瘦。

（6）鼻炎　病兔常打喷嚏，流出大量浆液性或脓液性分泌物，结痂，呼吸困难，常并发或继发肺脓肿、肺炎和胸膜炎。

（7）外生殖器炎 孕兔感染后常表现流产；母兔发病主要是阴户周围和阴道溃烂或脓肿；公兔主要是包皮上有小脓肿、溃烂或结棕色痂。

3. 病兔剖检可见不同部位皮下和内脏器官有数量不等、大小不一的脓疱。脓疱膜完整，内含浓稠的乳白色脓液，或破溃而流出脓汁。

4. 无菌取脓液或小肠内容物涂片、染色、镜检，可见革兰阳性、葡萄状的球菌。

5. 应与兔巴氏杆菌病、兔支气管败血波氏杆菌病、兔绿脓杆菌病相鉴别。

（二）防治

1. 全身疗法 青霉素每千克体重3万～4万IU或卡那霉素每千克体重10～30 mg，肌内注射，2次/d，连用4 d。恩诺沙星每千克体重2.5 mg，2次/d，连用3 d。红霉素50～100 mg/只，肌内注射，2次/d，连用3～5 d。也可用磺胺嘧啶或长效磺胺、土霉素、林可霉素等治疗。

2. 局部疗法 局部脓肿或溃疡按常规外科处理，涂擦5%龙胆紫酒精，或碘酒、5%石炭酸、青霉素软膏、红霉素软膏等药物。

3. 搞好兽医卫生措施 保持笼舍清洁卫生，定期消毒，消除兔舍内锋利物品；哺乳母兔笼内要用柔软、干燥的垫草。患病兔场母兔在分娩前3～5 d，于饲料中添加一些对葡萄球菌敏感的抗菌药，或用金黄色葡萄球菌苗预防接种。

十四、兔链球菌病

（一）诊断要点

1. 由溶血性链球菌引起。一年四季均可发生，但春、秋两季多见。

2. 病兔体温升高，不食，精神沉郁，呼吸困难，间歇性下痢，呈脓毒败血症而死亡。

3. 皮下组织呈现血性浆液浸润，脾脏肿大，肠黏膜弥漫性出血，肝和肾脂肪变性。

4. 采取病变组织、化脓灶、呼吸道分泌物等涂片、染色、镜检可见革兰阳性链状球菌。

5. 应与兔葡萄球菌病、肺炎球菌病相鉴别。

（二）防治

1. 治疗可选用青霉素5万～10万IU/只，肌内注射，2次/d，连用3 d；或红霉素50～100 mg/只，肌内注射，2次/d，连用3 d；或先锋霉素Ⅴ每千克体重20 mg，肌内注射，2次/d，连用5 d；或磺胺嘧啶钠每千克体重0.2～0.3 g，内服或肌内注射，2次/d，连用4 d。如发生脓肿，应切开排脓，用2%洗必泰溶液冲洗，涂碘酒或碘仿磺胺粉，1次/d。

2. 加强饲养管理，兔舍、兔笼及用具定期消毒。受威胁的兔可用磺胺类药物预防。

十五、兔肺炎球菌病

（一）诊断要点

1. 由肺炎双球菌引起。怀孕兔和成年兔多发，且常为散发；幼兔可呈地方流行。

2. 病兔精神沉郁、减食、体温升高，咳嗽、流黏液性或脓性鼻液，幼兔患病常突然死亡。

3. 剖检可见气管和支气管黏膜充血、出血，管腔内有粉红色黏液和纤维素性渗出物；肺部有大片的出血斑或水肿。多数病例呈纤维素性胸膜炎和心包炎；肝脏肿大；脾脏肿大；

子宫和阴道黏膜出血。

4. 采取病变器官及分泌物涂片、瑞氏染色、镜检，可见带有荚膜、两端矛状的双球菌。

5. 应与兔巴氏杆菌病、兔支气管败血波氏杆菌病鉴别。

(二) 防治

1. 治疗可用青霉素 5 万～10 万 IU/只或卡那霉素每千克体重 10～30 mg，肌内注射，2 次/d，连用 4 d；或磺胺二甲嘧啶每千克体重 50～100 mg，肌内注射，2 次/d，连用 4 d，或磺胺嘧啶每千克体重 0.1～0.15 g，内服，1 次/d，连用 4 d。

2. 加强饲养管理，严格执行兽医卫生防疫制度，受威胁兔群可用药物进行预防。

十六、兔棒状杆菌病

(一) 诊断要点

1. 由鼠棒状杆菌和化脓棒状杆菌引起。主要通过外伤感染。

2. 病兔无明显症状而逐渐消瘦，食欲不佳，出现皮下脓肿和变形性关节炎等。

3. 剖检可见病兔肺和肾脏有小脓肿病灶，皮下也有脓肿病灶，切开脓肿后流出淡黄色干酪样脓液。

4. 以脓液涂片染色镜检，可见多形态的一端较大呈棒状的革兰阳性杆菌。

5. 应与兔波氏杆菌病相鉴别。

(二) 防治

1. 病兔用青霉素、链霉素、红霉素等治疗有效。青霉素每千克体重 2 万～4 万 IU、链霉素每千克体重 20 mg，肌内注射，2 次/d，连用 5～7 d。红霉素 50～100 mg/只，肌内注射，2 次/d，连用 3 d。恩诺沙星每千克体重 2.5 mg，肌内注射，2 次/d，连用 3 d。

2. 严格执行兽医卫生防疫制度，防止发生外伤感染。发生外伤后应立即涂碘酒或龙胆紫，以防伤口感染。

十七、兔绿脓杆菌病

(一) 诊断要点

1. 由绿脓假单胞菌引起。多呈散发，无明显季节性。

2. 病兔突然减食或不食，精神高度沉郁、呼吸困难、气喘、体温升高，下痢，排出血样的稀粪，24 h 左右死亡，有的病兔生前无任何症状。

3. 剖检可见病兔胃内有血样液体，肠道内尤其是十二指肠、空肠黏膜出血，肠腔内充满血样液体，腹腔有多量液体；脾脏肿大，呈樱桃红色；肺有点状出血；有的病例肺肿大，呈深红色，肝样变；有些病例在肺部以及其他器官形成淡绿色黏稠的液体，有特殊的芳香气味。

4. 应与兔魏氏梭菌病、兔泰泽氏病相鉴别。

(二) 防治

1. 治疗可用多黏菌素每千克体重 2 万 U，加磺胺嘧啶每千克体重 0.2 g，混于饲料内喂服，连用 3～5 d。庆大霉素每千克体重 5 mg，肌内注射，2 次/d，连用 3 d。氟哌酸每千克体重 20 mg，内服，2 次/d，连用 3 d。由于本菌易产生耐药性，治疗时最好通过药敏试验选药。

2. 搞好饮水和饲料卫生，做好防鼠与灭鼠工作；有本病史的兔场，可用绿脓假单胞菌单价或多价灭活菌苗进行免疫接种。

十八、兔坏死杆菌病

（一）诊断要点

1. 由坏死梭杆菌引起。多为散发，幼兔比成年兔易感。

2. 病兔停止采食，流涎，体重迅速减轻。唇部、口腔和齿龈黏膜、脚底部、四肢关节及颌下、面部、颈部以及胸前等处的皮肤和皮下组织发生坏死性炎症，形成脓肿、溃疡。病灶破溃后散发恶臭气味。

3. 剖检见口腔黏膜、齿龈、舌面、颈部和胸前皮下、肌肉坏死。皮下脓肿。淋巴结尤其是下颌淋巴结肿大，并有干酪样坏死病灶。多数病例在肝、脾、肺等处见有坏死灶，有时见胸膜炎、心包炎等。四肢有深层溃疡。坏死组织有特殊臭味。

4. 应与葡萄球菌病、绿脓杆菌病、传染性水疱口炎等疾病鉴别。

（二）防治

1. 局部治疗　首先彻底去除坏死组织，口腔以 0.1％高锰酸钾冲洗，然后涂以碘甘油，2 次/d。其他部位可用 5％来苏儿或 3％过氧化氢，然后涂 5％鱼石脂酒精或鱼石脂软膏。当患部出现溃疡时，在清理创面后，涂擦土霉素软膏或青霉素软膏。

2. 全身治疗　可用磺胺二甲嘧啶每千克体重 0.15～03 g，肌内注射，2 次/d，连用 3 d；或青霉素每千克体重 4 万 IU，肌内注射，2 次/d，连用 4 d；或土霉素每千克体重 20～40 mg，以专用溶媒溶解后肌内注射，2 次/d，连用 3 d。

3. 预防　兔舍干燥、光线充足、空气流通、清洁卫生，除去兔笼内的锐利物，防止损伤皮肤。如皮肤已损伤，应及时进行治疗，防止感染。引进种兔要严格检疫，隔离观察。

十九、野兔热

（一）诊断要点

1. 由土拉弗朗西斯氏菌引起。常呈地方性流行，多发生于春末夏初。主要通过吸血昆虫的叮咬传播。

2. 急性病例常不表现明显症状而呈败血症死亡。多数病例病程稍长，呈高度消瘦、衰竭，体温升高，体表淋巴结肿大、化脓；鼻腔发炎，浆液性鼻液，偶尔伴有咳嗽。

3. 急性败血死亡的病例剖检无明显病变。病程稍长的可见淋巴结显著肿大，切面呈深红色，有灰白色、针头状干酪样的坏死灶；脾脏肿大，呈深红色，表面和切面有灰白色或乳白色的粟粒至豌豆大的坏死灶；肝、肾肿大，有多发性灶性坏死或粟粒状坏死结节；肺充血并有块状的实变区。

4. 采取病变淋巴结、脾、肝和肺等组织涂片镜检，可见革兰阴性、多形态的小球杆菌。

5. 应与兔李氏杆菌病、兔伪结核病相鉴别。

（二）防治

1. 病初可用链霉素、金霉素、土霉素、卡那霉素等治疗。链霉素每千克体重 20 mg，或卡那霉素每千克体重 10～30 mg，肌内注射，2 次/d，连用 4 d。金霉素每千克体重 20 mg，用 5％葡萄糖溶解后静脉注射，2 次/d，连用 3 d。土霉素每千克体重 20 mg，用溶媒溶解后肌内注射，2 次/d，连用 3 d。后期治疗效果不佳。

2. 注意灭鼠、杀虫和驱除体外寄生虫，做好卫生防疫工作，经常消毒。

二十、兔李氏杆菌病

（一）诊断要点

1. 由产单核细胞李氏杆菌引起。多呈散发，有时呈地方流行性，无明显季节性。发病率低，但病死率高。

2. 急性型多发生于幼兔，体温升高可达 40 ℃以上，精神沉郁、不食，伴有结膜炎和鼻炎、流出浆液性或黏液性分泌物，几小时或 1～2 d 死亡。

3. 亚急性型主要表现中枢神经机能障碍，作转圈运动，头颈偏向一侧，运动失调，怀孕母兔流产，胎儿干尸化。一般经 4～7 d 死亡。

4. 慢性型病兔表现子宫炎，发生流产，并从阴道流出红色或棕色的分泌物。有时出现中枢神经机能障碍等症状。病程可长达几个月。

5. 剖检急性或亚急性死亡兔，可见肝脏有散在性弥漫性、针尖大的淡黄色或灰白色的坏死点，心肌、肾、脾也有类似变化；淋巴结肿大或水肿；胸、腹腔内有多量清澈的液体；皮下水肿；肺出血性梗死或水肿。慢性病例除上述病变外，子宫内积有化脓性渗出物或暗红色的液体，子宫壁增厚，有坏死病灶。有神经症状的病例，脑膜和脑组织充血或水肿。

6. 注意与兔巴氏杆菌病、野兔热、兔沙门菌病相区别。

（二）防治

1. 早期应用大剂量抗菌药物可以治愈，但对出现神经症状的病兔疗效不佳，应及早淘汰。增效磺胺嘧啶每千克体重 25 mg，或庆大霉素每千克体重 1～2 mg，或青霉素每千克体重 2 万～4 万 IU，肌内注射，2 次/d；四环素 200 mg/只，口服，1 次/d。病兔群可用青霉素混合于饲料中，2 万～4 万 IU/只，3 次/d，能有效控制本病的发生与流行。

2. 严格执行兽医卫生防疫制度。正确处理粪便，消灭鼠类。防止野兔及其他畜禽进入兔场，引进种兔要隔离观察。

二十一、兔支气管败血波氏杆菌病

（一）诊断要点

1. 由支气管败血波氏杆菌引起。多发生于气候易变的春、秋季节。鼻炎型呈地方性流行，支气管肺炎型多散发。仔兔、青年兔多呈急性支气管败血型，成年兔多发生慢性支气管肺炎型。

2. 支气管肺炎型较少见，流黏液性或脓性鼻液，呼吸加快，食欲不振，逐渐消瘦，病程数周至数月，有的死亡。剖检支气管黏膜充血、出血，管腔内有黏液性或脓性分泌物；肺有小不等、数目不一的脓肿，有时胸腔浆膜及肝、肾、睾丸也有脓肿，此外尚可见化脓性胸膜炎、心包炎。

3. 鼻炎型比较多发，流浆液性或黏液性鼻液，病程一般较短，多能康复。剖检鼻黏膜潮红，覆有浆液性或黏液性分泌物。

4. 取鼻咽部黏液、分泌物及病变器官脓疱的脓液涂片，美蓝染色，镜检可见两极浓染的小杆菌。

5. 应与兔巴氏杆菌病、兔葡萄球菌病、绿脓杆菌病等鉴别。

（二）防治

1. 早期药物治疗有一定效果。卡那霉素每千克体重 10～30 mg，或庆大霉素每千克体重 1～2 mg，肌内注射，2 次/d，连用 3～5 d。也可用磺胺类药物，每千克体重 0.2～0.3 g，内服，2 次/d。治疗时应注意停药后的复发。

2. 兔场坚持自繁自养，严禁随意引种；必须引进时，必须隔离观察 1 个月以上。加强兽医卫生防疫工作，定期消毒。疫场可用分离到的支气管败血波氏杆菌制成氢氧化铝甲醛灭活菌苗进行预防接种，每年 2 次。

二十二、兔肺炎克雷伯氏菌病

（一）诊断要点

1. 由肺炎克雷伯氏菌引起。各种年龄、品种、性别的兔均易感，但以断奶前后的仔兔、怀孕母兔发病率最高。多散发，常呈地方流行性。

2. 青年、成年患兔表现食欲逐渐减少和渐进性消瘦，被毛粗乱，行动迟钝，呼吸时而急促，打喷嚏，流稀水样鼻液。剖检可见肺部或其他器官、皮下、肌肉有脓肿，脓液呈灰白色或白色黏稠状。

3. 幼年患兔剧烈腹泻，迅速衰弱，死亡。剖检肠道黏膜充血，腔内有多量黏稠物和少量气体。

4. 用心血、肝脏、肠内容物涂片，革兰染色，镜检，可见革兰阴性粗短圆形或杆状成双或短链细菌。

（二）防治

1. 病兔治疗可选用链霉素，每千克体重 20 mg，或庆大霉素，每千克体重 3～5 mg，或卡那霉素每千克体重 2 万 IU，肌内注射，2 次/d，连用 3 d。也可用氟苯尼考，每千克体重 20 mg，或环丙沙星，每千克体重 10 mg，肌内注射，2 次/d，连用 3 d。

2. 加强饲养管理，做好卫生消毒工作，灭鼠，妥善保管饲料，尽量避免应激因素刺激。幼兔断奶前后可用克雷伯氏菌灭活疫苗预防接种。

二十三、兔伪结核病

（一）诊断要点

1. 由伪结核耶尔森氏菌引起。多呈散发性。

2. 病兔食欲不振，被毛粗乱，行动迟缓，逐渐消瘦，病程较长，最后衰竭死亡。有的病初粪便变细，后腹泻，体温升高，呼吸困难，少数病例呈急性败血症经过而死亡，触诊可感到回盲部圆小囊、盲肠蚓突和脾脏变硬变粗。

3. 慢性病例剖检见回盲部圆小囊肿大，蚓突肿大发硬，状似腊肠；黏膜、浆膜以及脾脏、肝脏、肾脏、肺脏有无数灰白色乳脂样和干酪样粟粒大的小结节，呈单个存在或几个小结节合成片状；脾脏肿大数倍，呈紫红色；淋巴结，尤其是肠系膜淋巴结可肿大数倍，有灰白色结节。死于败血症的病兔可见全身脏器充血、淤血和出血。

4. 采取淋巴结、内脏器官及粪便作为病料，涂片镜检，可见革兰阴性、多形态的小杆菌。

5. 应与兔结核病、兔沙门菌病、兔球虫病、野兔热、兔李氏杆菌病相鉴别。

（二）防治

1. 病兔初期使用抗生素有一定的疗效。如链霉素每千克体重 20 mg，或卡那霉素每千克体重 10～25 mg，肌内注射，2 次/d，连用 3～5 d；或四环素 100～250 mg/只，口服，2 次/d，连用 5 d；磺胺类药物也有一定疗效。

2. 加强饲养管理，定期消毒、灭鼠，防止饲料、饮水及用具的污染。引进兔要隔离检疫，严禁带入传染源。定期进行检疫，淘汰阳性兔，消除传染源，培养健康兔群。常发地区可用伪结核耶尔森氏菌多价灭活疫苗进行免疫接种，每年 2 次。

二十四、兔结核病

（一）诊断要点

1. 由结核分支杆菌引起。呈慢性经过，多为散发，见于成年兔。

2. 病兔食欲不振或废食，衰弱，消瘦，被毛粗乱，咳嗽气喘，呼吸困难，黏膜苍白，眼睛虹膜变红，体温稍高，患肠结核时呈腹泻。有的病例常见肘关节、膝关节和跗关节肿大，甚至脊椎炎和后躯麻痹。

3. 剖检病尸消瘦，呈淡黄色及灰色；结核结节通常发生在肝、肺、肾、肋膜、腹膜、心包、支气管淋巴结、肠系膜淋巴结等部位，脾脏结核很少见，结核结节具有坏死干酪样中心和纤维组织包囊，肺结核病灶可发生融合，形成空洞。

4. 采取新鲜结核结节病灶触片，用抗酸染色法染色镜检，可见细长丝状、稍弯曲的红色结核分支杆菌。

5. 应与兔伪结核病相区别。

（二）防治

1. 治疗意义不大，发现可疑病兔要立即淘汰，污染场所彻底消毒。

2. 加强饲养管理，严格兽医卫生防疫制度。严禁用结核病牛、病羊的乳汁喂兔，结核病人不能当饲养员。新引进的兔经检疫无病，并通过一段时间的隔离观察，方能放入兔群。

二十五、兔类鼻疽

（一）诊断要点

1. 由类鼻疽杆菌引起。兔高度易感。

2. 病兔体温升高，鼻腔内流出大量分泌物，鼻黏膜潮红，在眼角也有浆液性或脓液性分泌物，呼吸急促，甚至窒息而死，颈部和腋窝淋巴结肿大。公兔睾丸红肿、发热。母兔可能出现子宫内膜炎或造成孕兔流产。

3. 剖检鼻黏膜潮红，有结节，结节可能破溃形成溃疡；肺脏出现结节或弥漫性斑点，在慢性病例可见肺脏实变；腹腔和胸腔的浆膜上有许多点状坏死灶；全身淋巴结，特别是颈部和腋窝淋巴结内有干酪样的小结节。

4. 应与兔巴氏杆菌病、兔结核病、兔伪结核病、兔沙门菌病相鉴别。

（二）防治

1. 病兔用链霉素、卡那霉素治疗有一定效果。链霉素每千克体重 20 mg，或卡那霉素每千克体重 10～25 mg，肌内注射，2 次/d，连用 3～5 d。

2. 定期消毒，做好灭鼠工作。

二十六、兔密螺旋体病

（一）诊断要点

1. 由兔密螺旋体引起，又称兔梅毒病。只发生于成年家兔和野兔，幼兔少见。

2. 病初可见外生殖器（阴茎包皮、阴囊皮肤及阴户边缘）和肛门周围红肿，继而形成粟粒大的小结节和溃疡，表面流出黏液性、脓性渗出物，并形成棕色痂皮。剥去痂皮，可露出溃疡面，周围组织水肿。腹股沟、腘淋巴结肿胀。由于搔抓可蔓延至其他部位如鼻、眼睑、唇和爪等。慢性感染部位多呈干燥鳞片状，稍有突起。病兔一般体况无异常，母兔失去配种能力，受胎率下降，所生仔兔活力差，对公兔影响不大。

3. 采取病变部的黏膜或溃疡面的渗出液等涂片，暗视野镜检，可见有密螺旋体。

（二）防治

1. 全身治疗可用红霉素，每千克体重 5～10 mg，深部肌内注射，2 次/d，连用 2～3 d；或口服，每千克体重 10～20 mg，2 次/d，连用 3～5 d。也可用青霉素治疗，50 万 IU/d，分 2 次肌内注射，连用 5 d。

2. 局部用 2％硼酸、0.1％高锰酸钾冲洗后，涂以碘甘油或青霉素软膏，溃疡面冲洗后涂擦 25％甘汞软膏，可加快愈合。

3. 采取自繁自养，必需引进的种兔应严格隔离饲养观察 1 个月；定期检查外生殖器官，如发现病兔或可疑病兔，停止其配种，隔离饲养，进行治疗或淘汰，并进行彻底消毒。

二十七、兔体表真菌病

（一）诊断要点

1. 由真菌毛癣霉与小孢霉感染所引起。幼龄兔比成年兔易感，多呈散发，潮湿、多雨、污秽的环境条件、兔舍及兔笼卫生不好，可促使本病的发生。

2. 病初多发生在头部、口周围及耳朵，继而感染肢端和腹下。患部以环形、突起、带灰色或黄色痂为特征，3 周左右痂皮脱落，呈小的溃疡，造成毛根和毛囊的破坏，如继发其他细菌，常引起毛囊脓肿，另外在皮肤上也可出现环状、被覆珍珠灰（闪光鳞屑）的秃毛斑，以及皮肤炎症等变化。

3. 患部用 75％酒精擦洗消毒，拔取感染部被毛并刮取皮肤及皮屑，滴加 10％氢氧化钠，镜检，可见孢子和丝菌体。

4. 应与兔疥癣、营养性脱毛相鉴别。

（二）防治

1. 患部剪毛，用软肥皂或硫化物溶液洗拭后涂擦 10％水杨酸软膏或碘化硫油剂、制霉菌素软膏、10％木馏油软膏或 2％福尔马林软膏，每日涂 2 次。全身治疗可用灰黄霉素，按每千克体重 25 mg 制成水悬剂内服，1 次/d，连用 14 d。

2. 加强饲养管理，搞好兔舍、兔笼及用具的清洁卫生，定期用 2％碳酸钠溶液消毒，经常检查兔体被毛及皮肤状态，发现病兔立即隔离、治疗或淘汰。

二十八、兔念珠菌病

（一）诊断要点

1. 由白色念珠菌引起。幼兔比成年兔易感性高。营养不良，长期应用广谱抗生素、卫生条件差及其他疾病导致机体抵抗力降低时，可促使本病发生。

2. 无特征性临床症状，主要表现生长发育不良，精神沉郁，被毛松乱，逐渐消瘦而死亡。

3. 剖检可见颊黏膜、舌背、咽部及食管黏膜有片状的白色假膜被覆，用力撕脱后可见红色的溃疡面。

4. 采取病变组织或渗出物涂片，镜检见革兰阳性，有芽生酵母样细胞和假菌丝。

（二）防治

1. 发现病兔，及时隔离、消毒。大群治疗可按每千克饲料添加 50～100 mg 制霉菌素，连喂 1～3 周。此外，也可应用克霉唑、两性霉素 B。个别治疗可将兔口腔假膜刮去，涂碘甘油，同时用上述药物治疗。

2. 消除各种诱因，注意饲料的合理配制，避免长期使用广谱抗生素，消毒时以碘制剂较好，也可用 2%甲醛溶液或 1%氢氧化钠。

二十九、兔曲霉菌病

（一）诊断要点

1. 由曲霉菌引起。幼龄兔较易感，常成窝发生，呈慢性经过。自然感染一般发生于潮湿、闷热、通风不良的兔舍。窝箱内越温暖发病越快。

2. 通常无明显症状，急性病例往往在剖检时才能发现。慢性病兔表现逐渐消瘦，呼吸困难，多数在明显症状出现后的几周内死亡，大多数在亚临床经过中自然痊愈，也有的毛囊感染引起皮炎。

3. 剖检可见肺表面、胸膜和肺组织内均有散在黄色或灰白色结节，结节内容物呈干酪样，结节周围有红色晕圈，有时结节较为扁平，互相融合为不规则的、边缘呈锯齿状坏死灶。

4. 取病变组织（最好是结节中心）少许，镜检，见有特征性的菌丝体和孢子。

（二）防治

1. 发现病兔时，应迅速查明原因，同时对环境和用具等彻底消毒。治疗可用制霉菌素每千克体重 10～20 mg，拌料喂服，连用 7～10 d；或 1：（2 000～3 000）的硫酸铜溶液饮水，连用 3～4 d；或用 0.5%～1.0%的碘化钾溶液饮水，连用 3～5 d；也可用两性霉素 B、克霉唑治疗。

2. 保持兔舍内和窝箱内的垫料清洁、干燥、通风、不含霉菌孢子，不喂发霉饲料。

第七节　貂传染病

一、貂阿留申病

（一）诊断要点

1. 由阿留申病病毒引起。各品系的貂均易感，以阿留申貂最敏感。有明显的季节性，以秋季发病率和病死率高。

2. 急性型病貂食欲减退或消失，精神沉郁，抽搐、痉挛，共济失调、后肢麻痹，经 2～3 d 后多死于肾衰竭。慢性型病貂食欲减退，渴欲增加，可视黏膜苍白，齿龈出血和溃疡；排煤焦油样粪便，进行性消瘦，最后多死于尿毒症。隐性型母貂发情不正常，空怀、流产或产弱仔。

3. 剖检可见口腔黏膜有小溃疡灶；肝脏肿大，呈红肉桂色或土黄色，有灰白色散在的坏死灶；肾肿大 2～3 倍，呈灰色或淡黄色，表面有出血点或灰白色坏死点；脾肿大 2～5 倍，呈紫红色，慢性型脾萎缩；淋巴结肿胀，切面多汁，呈淡灰色；胃肠黏膜有点状出血。

（二）防治

无特效药物可治疗。加强饲养管理，定期进行全面消毒；引进种貂时应隔离检疫，阴性者才能混群饲养；建立定期检疫制度，发现阳性貂淘汰。

二、貂传染性脑病

（一）诊断要点

1. 由朊病毒引起。主要感染 1 岁以上的成年貂。常呈散发。

2. 病貂食欲不振，行动迟缓，日渐消瘦，皮毛粗乱，知觉过敏；随后出现共济失调，嗜睡、尾向上弯于背上、僵硬、反射性运动等。最后全身衰竭而死。

3. 剖检不见肉眼变化，确诊需采取脑组织作组织学检查。

（二）防治

1. 无特异治疗方法，可试用强心、补液、注射维生素 B_{12} 和维生素 C 等对症疗法，并加强护理。

2. 建立严格的检疫制度，从无本病的地区引入种貂。发现病貂必须全群淘汰。

三、貂病毒性肠炎

（一）诊断要点

1. 由貂肠炎病毒引起。仔貂和幼貂的易感性强，成年貂多呈慢性或隐性经过，常呈地方性、周期性流行，多发于夏季。

2. 病初表现精神沉郁、食欲减退、渴欲增加，有的呕吐，不愿走动，体温升高达 40 ℃以上。随后腹泻，粪便稀软，含有肠黏膜、纤维蛋白、红细胞和黏液组成的灰红色管柱状物。后期出现严重腹泻，粪便内混有大量肠黏膜上皮、黏液和血液，病貂极度衰弱。

3. 剖检可见胃内空虚，幽门部充血、溃疡；肠内有血液、脱落的黏膜上皮和纤维蛋白样物，肠壁有出血点；肠系膜淋巴结充血、水肿；肝肿大，质脆，胆囊膨胀，充满胆汁；脾肿大，呈暗紫色。

（二）防治

1. 无特效药物治疗。一旦发病，应用抗生素和补液以减少死亡。

2. 定期用水貂病毒性肠炎疫苗进行免疫接种，仔貂在每年 6～7 月份分窝后 2～3 周进行接种，成年貂每年 12 月至翌年 1 月份与 6～7 月份进行 2 次接种。

四、貂犬瘟热

（一）诊断要点

1. 由犬瘟热病毒引起。断奶后幼貂及育成貂易感性最高，无明显季节性，但多发于寒冷季节。

2. 临床上可见以下类型。

（1）最急性型　发病急、病程短，病貂狂暴、咬笼、抽搐、吐白沫及尖叫，突然死亡。

（2）急性型　病初出现浆液性结膜炎，随后成为脓性结膜炎，眼睑肿胀、高热、精神委顿、拒食、呼吸困难。病后期下痢，粪便呈煤焦油状。趾肿胀，有水疱或溃疡。肛门外翻，后肢麻痹，甚至拖地向前爬行。

（3）慢性型　表现皮炎，趾掌红肿达 3～4 倍，鼻、唇、趾、掌皮肤出现水疱，继而化脓、破溃、结痂，全身皮肤发炎变厚、失去弹性，有糠麸样皮屑脱落。

3. 剖检可见胃、肠黏膜出血，有溃疡；呼吸道黏膜有卡他性炎及脓性渗出液，肺水肿、出血；肝淤血、质脆，胆囊膨胀，充满胆汁；脾肿大；脑水肿、出血；皮肤见有水疱性或脓疱性皮炎，趾掌表皮角质层增厚。

（二）防治

1. 无特效药物治疗。一旦发病，可用抗血清配合广谱抗生素、对症疗法进行治疗。

2. 引进种貂要隔离检疫，定期用水貂犬瘟热疫苗进行预防接种，种貂在配种前 1 个月进行免疫。

五、水貂伪狂犬病

（一）诊断要点

1. 由伪狂犬病病毒引起。各年龄、性别、品种的水貂均易感；夏、秋季多发，常呈暴发流行。

2. 病貂平衡失调，常仰卧并用前脚蹭鼻面、颈部和腹部，但不引起皮肤损伤；食欲废绝、体温升高（40.5～41.5 ℃）；兴奋与沉郁交替进行，兴奋时病貂冲撞笼子，转圈，躺下后抽搐，头举起；下颌麻痹，舌伸出口外，有咬伤，从口内流出大量血样黏液，有呕吐和腹泻；公貂阴茎麻痹；常见眼裂缩小和斜向，后肢麻痹，死前不久胃臌气。常于 20 h 内死亡。

3. 剖检可见舌肿胀、有咬伤，肠、胃臌胀，胃黏膜充血并覆有煤焦油样液体，有暗红色溃疡，小肠黏膜呈急性卡他性炎症。

（二）防治

1. 无特效疗法，在发病初期可用抗伪狂犬病高免血清进行治疗。

2. 杜绝其他动物与貂直接或间接接触。搞好卫生、消毒，消灭鼠类及吸血昆虫。疫区可用伪狂犬疫苗免疫接种。

六、貂冠状病毒感染

（一）诊断要点

1. 由貂冠状病毒引起，又称貂冠状病毒性肠炎。多发于冬、春季节。初期呈散发，3～5 d 发病率上升，10～20 d 达到流行高峰，30 d 左右逐渐平息，发病率可达 90%，但病死率很低。

2. 病貂精神沉郁，食欲废绝，呕吐，腹泻，初期排稀粪，带有白色团块，中期排血便有脱落的肠黏膜，后期粪便呈煤焦油样。

3. 剖检可见肠黏膜充血、脱落，内有暗红色血样物；肠系膜淋巴结肿大，切面呈暗红色；肝肿大，呈土黄色，质脆易碎。

（二）防治

1. 发现病貂立即隔离，可采用对症疗法，如静脉注射葡萄糖、生理盐水及维生素等。内服肠道收敛止泻剂。庆大霉素 0.2～0.3 mL/只，肌内注射，2 次/d。

2. 保暖防寒，消除各种应激因素。引进种貂隔离观察 1 个月。加强消毒卫生工作。

七、貂巴氏杆菌病

（一）诊断要点

1. 由多杀性巴氏杆菌引起。幼貂易感，各种应激因素均可诱发本病。呈散发或地方流行性。

2. 病貂体温升高（41～41.5 ℃），食欲废绝、渴欲增加，呼吸困难、次数增加。鼻孔流出黏液性无色或略带红色分泌物。下痢，粪便灰绿色、液状、常混有血液和未消化饲料。贫血，消瘦，常痉挛性发作后死亡。

3. 剖检可见肺暗红色，肺门淋巴结肿大，有小出血点，气管黏膜充血、出血；胸腔有浆液性或纤维素性渗出物。甲状腺肿大，表面点状出血；肝脾肿大；小肠有卡他性或出血性炎症，内有含血的黏性内容物。慢性病例，各内脏器官有不同程度的坏死区。

4. 确诊需采取病料进行涂片染色镜检，可见两极浓染、革兰阳性小杆菌。

（二）防治

1. 治疗可选用青霉素每千克体重 1 万～2 万 IU、链霉素每千克体重 10～15 mg，肌内注射，2 次/d，连用 5 d；或土霉素每千克体重 30 mg，肌内注射，2 次/d，连用 5 d；或长效磺胺每千克体重 0.15 g，内服，3 次/d，连用 3～5 d。此外，注意补液、强心，注射维生素 B_1 及维生素 C 等。

2. 严禁鸡、猪、兔进入水貂场；对肉类及屠宰副产品要蒸煮消毒后喂给。加强消毒卫生工作。可用巴氏杆菌苗免疫接种。

八、貂肉毒梭菌中毒症

（一）诊断要点

1. 由于食入含有肉毒梭菌毒素的动物性饲料引起。貂特别敏感，呈群发。多发于夏季，有饲喂腐败、变质的鱼或肉料饲料的病史。

2. 病貂突然发病，很快死亡，肌肉进行性麻痹。首先见后肢肌肉麻痹，然后前肢麻痹，呈全瘫，卧地不起，呼吸困难，眼球凸出，瞳孔散大。咽部肌肉麻痹时采食和吞咽困难，流涎。颈部肌肉麻痹时头颈下垂。濒死前口吐白沫，大小便失禁，血便，血尿，最后窒息而死。

3. 剖检可见口内有残留物，恶臭味。胃内空虚，肠道充血、出血。全身黏膜和浆膜出血。实质脏器和淋巴结充血、质软。肺充血、水肿。心肌松软，心包积液呈紫红色。血液常呈黑色。脑血管怒张。

（二）防治

1. 对症疗法可用 5‰碳酸氢钠或 0.1‰高锰酸钾灌肠、洗胃；静脉注射 5%葡萄糖生理盐水、维生素 B_1 及维生素 C 等，同时肌内注射广谱抗生素，2 次/d。

2. 禁喂霉变饲料。每年用肉毒梭菌 C 型明矾菌苗进行免疫接种。

九、貂大肠杆菌病

（一）诊断要点

1. 由致病性大肠杆菌引起。多发于断奶前后的幼貂，1 月龄的仔貂和当年幼貂最易感，多呈暴发性流行，北方多见于 6～10 月份，南方多见于 6～9 月份。

2. 病貂精神沉郁、食欲废绝、体温升高达 41 ℃以上，呼吸浅而快，鼻镜干燥。腹泻，粪便起初为灰白色带有黏液和泡沫，或呈水样稀便，后粪便中带血，呈煤焦油样，并伴有呕吐。后期病貂拱背缩腹、极度消瘦，有的出现抽搐、痉挛、角弓反张等神经症状。

3. 剖检可见尸体消瘦，肝肿大、出血，脾肿大 2～3 倍，肾脏充血柔软，心肌变性；胃肠道呈卡他性或出血性炎症，尤以大肠明显，肠壁变薄，黏膜脱落，内充满气体似鱼鳔样，肠内容物混有血液。肠系膜淋巴结肿大、出血。

（二）防治

1. 治疗可参考兔大肠杆菌病。

2. 在日粮中添加抗生素以预防发病。可用当地分离的大肠杆菌制苗，进行预防接种。

十、貂副伤寒

（一）诊断要点

1. 由副伤寒沙门菌引起。主要侵害 1～2 月龄仔貂，有明显季节性，多发于 6～8 月份，呈地方流行性。

2. 病貂精神沉郁，食欲废绝、体温升高达 42 ℃。被毛蓬乱无光泽、咳嗽、眼有脓性分泌物，抽搐。腹泻，初期排粥状或水样便，后期带黏液，有时排血便。病貂迅速衰竭，后躯失控，步态不稳。

3. 剖检可见尸体极度消瘦，胃肠黏膜肿胀、出血；肝肿大 2～3 倍；脾肿大 6～8 倍；肠系膜淋巴结肿大 2～3 倍；膀胱空虚，黏膜有小出血点；肺有散在性小出血点；脑血管充盈，脑实质水肿。

（二）防治

1. 可用抗生素和磺胺类药物治疗。如卡那霉素每千克体重 10 mg，肌内注射，2 次/d，连用 3 d；或新霉素，幼貂每天 5～10 mg，成貂每天 20～30 mg，混于饲料中喂给，连用7～10 d；或磺胺嘧啶每千克体重 0.1～0.2 mg，2 次/d，连用 3 d。同时应使用维生素 A 和强心剂。

2. 加强饲养管理，搞好卫生，定期消毒。不用患过病的貂作种貂。

十一、貂假单胞菌病

（一）诊断要点

1. 由绿脓假单胞菌引起，又称貂绿脓杆菌病。以 6 月龄左右的幼貂最易感，老龄貂很少发生。常呈地方性流行。

2. 大部分感染貂未见明显症状而死亡，仔细观察时，见有昏睡、厌食、呼吸困难，惊厥和口鼻流出血色液体。急性病例表现腹式呼吸，听到啰音，口鼻周围有血样污染物，笼箱下常见有血迹，病程短的几个小时，长的 1～2 d，病死率几乎 100％。

3. 剖检可见肺充血、出血，呈暗红色，有小叶性炎症，严重者呈大理石样外观；胸腔积液，胸膜有纤维素性渗出物；胸腺有出血点；脾肿大呈桃红色，有出血点；淋巴结出血水肿；肾脏有针尖大出血点；胃及肠内有血样液体。

（二）防治

1. 发病早期可应用抗生素或磺胺类药物来进行治疗。如多黏菌素 B（每千克体重 6.6 mg）和庆大霉素（每千克体重 3～5 mg），新霉素（每千克体重 5～8 mg）治疗。或以每千克体重多黏菌素 2 万 U 与磺胺噻唑 0.2 g 混于饲料中喂服。

2. 严格执行兽医卫生防疫措施。可使用本场分离菌株制备的甲醛灭活疫苗预防接种。

十二、貂双球菌病

（一）诊断要点

1. 由肺炎双球菌引起。成年貂多发于妊娠期，幼龄貂常见暴发流行。

2. 新生幼貂发病时常无特征性症状而死亡。日龄较大的仔貂表现精神委顿、食欲废绝；步态不稳，前肢屈曲，拱背，呻吟，躺卧不起；摇头、呼吸困难，腹式呼吸，鼻和口腔内流出带血的分泌物；有的下痢。孕貂流产，但死亡较少。

3. 剖检可见肺充血、肿大，气管及支气管内含有出血性、纤维素性和黏液性渗出物；心包及胸腹腔有化脓性渗出物；脾脏稍肿大；肝脏肿大，表面有土黄色条纹；淋巴结充血、肿大。

4. 确诊需采取肝、心血、淋巴结等病料进行涂片镜检，可见革兰阳性排列成对的双球菌。

（二）防治

1. 病貂可用抗生素及磺胺类药物治疗。对症治疗可肌内注射樟脑磺酸钠，0.3～0.4 mL/只，防止心脏衰弱；静脉注射葡萄糖溶液及维生素等，以提高治愈率。

2. 消除各种不良因素。在饲料内添加抗生素（金霉素、新霉素、多黏菌素等）进行预防。

十三、貂气单胞菌病

（一）诊断要点

1. 由嗜水气单胞菌引起，又称貂出血性败血症。水貂的易感性极高，常呈地方流行性，且多见于夏、秋两季。

2. 病貂体温升高达 40.5 ℃以上，有的突然抽搐惊叫，于发病后 36 h 死亡。一般表现精神沉郁，不食，鼻镜干燥，眼结膜充血发黄，眼角有黏脓性分泌物；呼吸困难；腹下皮肤有丘疹；腹泻，粪初呈灰黄色，后便血，呈黑色；消瘦，被毛粗乱，间歇性抽搐，死前惊叫，口吐白沫，病程 3～7 d。

3. 剖检可见肺脏有大小不等的出血斑点，部分肺叶肉变；气管、支气管内有淡红色泡沫样液体；肋膜、心肌和心内膜上有大小不同的出血点；肝脏肿大，呈土黄色，有出血点；脾脏肿大，有出血点，髓质软化如泥；肾脏呈灰白色，有出血点；胃黏膜部分脱落，黏膜上散在有针头大出血点；淋巴结出血肿大；有的病例在脑膜和脑实质可见少量出血点。

（二）防治

1. 发病早期可用氟苯尼考、链霉素、卡那霉素、庆大霉素、新霉素等治疗，有一定的疗效。

2. 加强水貂的饲养管理，搞好卫生，不喂污染的饲料及饮水，海杂鱼应煮后喂貂，切记不要使用江海河塘水，应用自来水或井水。在夏秋季节于饲料内补加抗生素以防止感染。剔除烂尾、烂鳃、烂鳍鱼。当疑似本病时，应立即更新饲料，并喂服抗生素进行紧急预防，同时全面的彻底消毒。

十四、貂丹毒

（一）诊断要点

1. 由猪丹毒杆菌引起。以阿留申貂的易感性最高，多散发。

2. 幼貂病后多呈急性经过，有的无明显症状而突然死亡，有的病貂食欲减退、甚至废绝，精神萎靡，呼吸急促、困难，体温升高达 42 ℃以上。成貂感染后多呈慢性经过，食欲减退，后肢关节肿胀，行动不灵，严重的大小便失禁，有的甚至瘫痪。

3. 剖检可见脾脏淤血肿大，呈樱桃红色；肾脏有大小不等的出血点；胃和十二指肠严重充血、出血；肺充血、出血、水肿；淋巴结充血、肿大，切面多汁；心包积液，心肌变性，心外膜有出血点。

4. 采取肝、脾、淋巴结或心血，涂片染色镜检，可见革兰阳性长短不等的丝杆菌。

（二）防治

1. 病初用大剂量青霉素和红霉素进行治疗，成年貂青霉素 10 万 IU/次，仔幼貂 5 万 IU/次，肌内注射，2 次/d，连用 3～5 d。

2. 严格执行兽医卫生防疫措施。应特别注意鱼肉类饲料的来源，并进行严格的检查，对猪、鸡等下脚料更应注意。

十五、貂李氏杆菌病

（一）诊断要点

1. 由李氏杆菌引起。多见于春夏季节，常呈散发。

2. 病貂突然拒食，躲于笼内，运动障碍，共济失调，后肢不全麻痹，最后死亡。

3. 剖检可见心外膜有出血点；肝脏变性，呈土黄色，被膜下有点状或斑状出血；脾肿大、出血；脑实质软化和水肿。

（二）防治

1. 可用抗生素及磺胺类药物治疗。青霉素 20 万 IU/只、链霉素 100 mg/只，或庆大霉素 250 mg/只，肌内注射，2 次/d；或新霉素 100 mg/只，混饲料中，3 次/d；或长效磺胺 0.1～0.2 g/只，内服，3 次/d。同时进行对症治疗，补液，注射维生素 B_1 及维生素 C 等。镇静可肌内注射盐酸氯丙嗪，0.3～0.5 mL/只，2 次/d。

2. 加强饲养管理和消毒卫生工作。严禁从疫区引进种貂。

第八节　狐传染病

一、狐病毒性肠炎

（一）诊断要点

1. 由犬细小病毒引起。流行迅速，传染性强，无明显季节性。

2. 病狐体温升高达 40～41.5 ℃，拒食，鼻镜干燥；剧烈腹泻，粪便呈灰白色、黄绿色水样，恶臭，混有黏液和气泡，或脓样血便；后期粪便呈酱油状，混有血丝，尿呈黏浓茶色，卧笼不起，消瘦衰竭，麻痹痉挛而死；濒死期腹部膨胀，口流血水，个别新生狐和老狐，因病毒侵害心肌，未见症状而突然死亡。

3. 剖检可见空肠、回肠，有时波及十二指肠，明显的充血、水肿，黏膜脱落，肠内空虚，有黏液或血性液体；严重者，肠管外观紫红，内充满果酱样黏液；死于心肌炎的病例，可见心肌红黄相间，心内膜有出血点，肺局部充血、水肿。

4. 应与狐出血性胃肠炎鉴别诊断。

（二）防治

1. 发现病狐立即隔离，加强护理，采取强心、补液、止泻等对症疗法；支持疗法，注射抗血清 10～30 mL；防止并发症，肌内注射硫酸庆大霉素 20～40 mg/只，饲料中投给氟哌酸，或其他抗菌和抗病毒的药物。

2. 严格管理制度，防止猫、犬等动物进入笼舍；定期清毒；预防接种狐病毒性胃肠炎疫苗。

二、狐脑炎

（一）诊断要点

1. 由犬Ⅰ腺病毒引起。8～10 周龄幼狐易感，夏秋季节较多发生，呈地方流行性。

2. 急性病例表现兴奋性增高，短时间癫痫发作，痉挛，步态不稳，瞳孔散大。少数病例仅表现拒食、精神沉郁或委顿，缺乏典型的脑炎症状。慢性母狐流产、难产和产后最初几天仔狐死亡。

3. 急性经过的病例尸体营养良好，各内脏器官，特别是在心内膜、甲状腺、肺脏、肾上腺、脑及脊髓等有出血；肝呈樱桃红色；脑水肿，脑室积液，脑膜和脑干血管高度充血，有时血管破裂，可见血凝块。慢性经过病例尸体消瘦，常见胃肠炎症。

（二）防治

1. 发现病例和血检阳性者，一律隔离观察，并进行彻底消毒；一窝中发现病例者，均应淘汰，不得留种。本病无特效疗法。

2. 严格管理，防止传染源进入；被污染的兽场要经常作临床检查和检疫；健康狐可用甲醛灭活疫苗进行预防接种。

三、狐肉毒梭菌中毒

（一）诊断要点

1. 由肉毒梭菌产生的毒素引起。多为群发，越是健康、食欲好的育成狐发病越重，多发于温暖季节，多是因饲喂腐败尸体、腐烂饲料引起。

2. 典型症状是肌肉进行性麻痹，先为后肢，患狐拖拉向前爬行，进而向前躯发展，出现呼吸困难和前肢麻痹，以致全瘫；眼球突出或斜视，瞳孔散大；咽部肌肉麻痹，采食、吞咽困难、流涎；颈部肌肉麻痹、头下垂；濒死期，口吐白沫，大小便失禁，腹泻便血，血尿，昏迷，最后窒息而死。

3. 剖检可见胃内积有酸臭腐败的液体，咽喉、会厌有灰黄色覆盖物，下有出血点；脑膜充血；肺充血、水肿；肠道有卡他性、出血性炎症。

（二）防治

1. 首先是更换饲料，使用泻剂和灌肠，注射抗生素或磺胺类药物以防继发感染。

2. 保证饲料新鲜、不变质，注意环境卫生，消除动物尸体和残骸；防治异嗜癖；在非安全区，于发病季节前，皮下注射 C 型肉毒梭菌明矾菌苗。

四、狐巴氏杆菌病

（一）诊断要点

1. 由多杀性巴氏杆菌引起。幼狐易感，发病急，大群发生，夏、秋多见。

2. 突然发病，精神沉郁，食欲不振，呕吐，下痢，粪中带血和黏液。可视黏膜发绀，迅速消瘦，步态摇摆，全身痉挛，磨牙，体温升高达 40.5～41.5 ℃，脉搏增速，呼吸急促，最终痉挛而死。

3. 剖检可见败血症变化，甲状腺水肿、出血，脾肿大，皮下组织呈淡黄色胶样浸润，内脏器官有不同程度的坏死区，胆囊肿胀。

4. 应与副伤寒、肉毒梭菌中毒病加以鉴别。

（二）防治

1. 一般发病急，来不及治疗。病程稍长者，可用抗生素治疗，链霉素每千克体重 10～15 mg，或土霉素每千克体重 10～30 mg，肌内注射，2 次/d；长效磺胺每千克体重 0.1～0.3 g，内服，3 次/d，连用 3～5 d。

2. 健全卫生制度，防止传染源进入饲养场；定期消毒；饲料及肉品要蒸煮消毒后饲喂；疫区和受威胁区要进行预防接种。

五、狐大肠杆菌病

（一）诊断要点

1. 由致病性大肠杆菌引起。多发于断奶前的狐，成年狐少发，常呈暴发流行。管理不善、卫生不良、乳量不足等均可诱使本病的发生。

2. 仔狐病初表现不安，后尖叫，被毛无光泽，肛门污秽，排黄绿色乃至黑褐色的粪便，粪中混有气泡，严重的呈煤焦油状，有的病例可见头颈肿大，四肢痉挛。

3. 尸体不洁；肝、脾肿大，有出血点；肾充血，柔软；心肌变性；胃肠道卡他性炎，大肠肠壁变薄，黏膜脱落，充气且积有混血的黏液，肠系膜淋巴结肿大、充血、出血。

（二）治疗

1. 一般选用抗生素、磺胺类等药物，或经过药敏试验筛选最佳药物进行治疗。

2. 做好平时的卫生管理，产前对舍、笼、用具进行一次大消毒，产后要尽快保证幼狐吃到初乳，疫区要用当地分离的菌株制备的浓缩灭活菌苗进行预防接种。

六、狐沙门菌病

（一）诊断要点

1. 由猪霍乱沙门菌、肠炎沙门菌、鼠伤寒沙门菌等引起。1～2月龄的幼狐易感，具有明显的季节性，夏秋季节多发。

2. 急性型呈败血症经过，拒食、腹泻。慢性型粪便稀而恶臭呈绿或茶色。

3. 病尸体质消瘦，剖检可见脾显著肿大，肝脏变性，胃肠道卡他性、出血性炎症。

（二）治疗

1. 发现病狐，迅速隔离，对污染的笼舍、用具要彻底消毒，治疗可选用新霉素，按每千克饲料 150 mg 拌料服用；或氟哌酸每千克体重 10～20 mg，内服，1～2 次/d，连用 3～5 d。

2. 加强饲养管理，减少应激，防止饲料和饮水的污染，接种多价的甲醛疫苗进行预防。

七、狐结核病

（一）诊断要点

1. 由分支杆菌引起。银黑狐易感，北极狐少发，呈地方流行性。

2. 病狐表现衰竭，被毛蓬乱无光泽。肺结核时，咳嗽，呼吸困难，运动少；肠结核时，腹泻或便秘，腹腔积水；淋巴结核时，溃疡，经久不愈，或形成结节。

3. 剖检可见相应脏器上出现大小不等的结核结节，有的已钙化。

（二）治疗

1. 发现患狐，一般不予治疗，及时淘汰。特别优良的品种，可选用链霉素每千克体重 10 mg，肌内注射；或异烟肼每千克体重 0.2 g，配合链霉素内服；或用对氨基水杨酸钠、环丝氨酸等进行治疗。

2. 严格卫生制度，防止笼舍阴暗潮湿；定期消毒；谢绝参观，避免其他动物入场；及时检疫，淘汰阳性，阴性者要进行预防接种。

八、狐李氏杆菌病

（一）诊断要点

1. 由产单核细胞李氏杆菌引起。银黑狐、北极狐均可感染发病，尤以幼狐的易感性更高。

2. 北极狐感染后表现兴奋、共济失调，后躯不灵及麻痹，头颅歪斜或后仰，转圈，后期也出现下痢便血，眼结膜潮红、发绀；银黑狐表现虚弱、萎靡，食欲欠佳，不喜运动，行动摇摆，出现结膜炎和鼻炎，严重的伴发肺炎症状，呼吸困难，病后期下痢，粪便呈煤焦油状。

3. 部检可见卡他性、出血性肺炎和肠炎，脑实质软化、水肿，硬脑膜下有点状出血。

4. 采取病死狐的肝、肺、肾、脑等病变组织涂片、染色、镜检，可见革兰阳性小杆菌，呈 V 形或栅状排列。

（二）治疗

1. 治疗可口服长效磺胺，或注射链霉素、庆大霉素，或两种抗菌药物联合应用。

2. 加强防疫和饲养管理，驱杀鼠类，消灭体外寄生虫，定期消毒。

第九节 鹿传染病

一、鹿口蹄疫

(一) 诊断要点

1. 由口蹄疫病毒引起。

2. 突然发病，初期体温升高达 40.5 ℃ 以上，精神沉郁、肌肉震颤、流涎、反刍停止；1～2 d 后，在舌背、齿龈、嘴唇、口黏膜和鼻镜出现大小不同的水疱，破溃后呈边缘整齐的红色糜烂面，大量流涎，成线性黏稠的唾液悬挂于嘴边；常在趾间和蹄冠发生水疱，破溃糜烂，甚至蹄匣脱落。在春末流行时，母鹿大量流产和胎衣滞留，发生子宫炎与子宫内膜炎；有的发生皮下、腕关节和跗关节蜂窝织炎等，四肢肿胀，或发生产后瘫痪、褥疮，甚至死亡。

3. 剖检除口腔黏膜和蹄部、皮肤的变化外，可见心肌有坏死区、呈带血色的条纹，瘤胃有无数小坏死性溃疡，网胃蜂窝间见有细小的黄褐色痂块，肠黏膜有溃疡灶，如有并发症可见脓性或纤维素性肺炎、化脓性胸膜炎或心包炎等病变。

4. 无菌采取病鹿舌面或蹄部水疱皮或水疱液，或血清送有关单位检查。

5. 应与水疱性口炎相鉴别。

(二) 防治

对引进的种鹿、鹿产品和饲料等应进行严格检疫。对可疑发病鹿场，除及时诊断外，应上报疫情，实施封锁疫区、隔离病鹿、紧急消毒的防疫措施。对假定健康者用口蹄疫高价灭活疫苗紧急接种。

二、鹿出血性肠炎

(一) 诊断要点

1. 由溶血性大肠杆菌引起。以断乳前后仔鹿多发，公鹿比母鹿易感。

2. 病鹿体温升高达 41 ℃ 左右，精神沉郁、食欲减退、渴欲增加；腹痛、腹泻，开始排稀软至水样粪便，后排血便，里急后重，离群呆立，鼻镜干燥，呼吸加快，角弓反张，1～2 d 死亡。

3. 剖检可见皮下组织出血，有胶冻样水肿；腹腔积液，呈橘红色，并有恶臭；胃浆膜及黏膜上有点状出血，大网膜广泛出血，小肠内容物为暗红色，肠系膜淋巴结肿大，呈暗紫色；肝肿大，表面有点状出血；心包液增多，心冠脂肪和心外膜有出血点和出血斑；肺脏有点状出血；肾脏有针头大出血点。

(二) 治疗

1. 发现病鹿立即隔离治疗。磺胺脒拌料，每头鹿 5 g/次，或链霉素 4 g/次，2 次/d，连喂 7 d；庆大霉素每千克体重 6～12 mg 或卡那霉素每千克体重 10～15 mg，内服，2 次/d，连用 7 d。同时应注意对症疗法。

2. 严格执行兽医卫生制度，定期消毒，定期检疫，严禁饮用不洁水和饲喂发霉饲料。

三、鹿流行性出血热

（一）诊断要点

1. 由鹿流行性出血热病毒引起。只感染鹿，1 岁以内的幼鹿和成年鹿发病率和病死率最高。

2. 突然发病，体温升至 41 ℃左右，呈复相热。病鹿精神沉郁、不食、对人恐惧、流涎，有时唾液带血，心跳加快，呼吸急促而困难，可视黏膜出血。眼结膜及口腔黏膜蓝紫色或暗红色。粪尿中带血，病鹿昏迷衰弱，于发病后 8～36 h 休克而死。

3. 剖检可见肝、脾、肾、肺和消化道等有出血点和出血斑，并有水肿，慢性病例可见胃肠炎和蹄叶炎等病变。

（二）防治

1. 发现病鹿及时隔离并进行对症治疗，并用抗生素和磺胺类药物防止继发感染。彻底消毒，尤其是鹿舍、活动场及用具的消毒。

2. 平时加强对鹿的饲养管理，搞好环境卫生；消灭吸血昆虫；圈舍场地及用具要定期用石灰乳、福尔马林或火碱进行全面消毒。

四、鹿黏膜病

（一）诊断要点

1. 由黏膜病病毒引起。新疫区呈急性发病，老疫区多呈隐性感染。

2. 病鹿表现精神沉郁，体温升高达 40～42 ℃，听觉和视觉明显下降，脱水及消瘦，有的流泪，角膜浑浊。粪便含有大量黏液和血液，内唇、齿龈、上颚、颊部、舌面及鼻镜等处发生浅层的糜烂或溃疡，蹄趾间、蹄冠表皮充血与坏死，呈现跛行。

3. 剖检可见口腔、食道黏膜出血、水肿、糜烂，皱胃和肠黏膜糜烂，有出血点。鼻腔、气管和肺有卡他性或出血性炎症，有的病例皮内、瘤胃底部及心外膜出血。

（二）防治

1. 对病鹿应立即隔离，加强护理，对症治疗。为防止继发感染，可应用抗生素或磺胺类药物。应用收敛剂和补液以缩短病程，减少损失。

2. 严格执行兽医卫生防疫措施，定期消毒。在常发地区可用弱毒疫苗预防接种。

五、鹿恶性卡他热

（一）诊断要点

1. 由恶性卡他热病毒引起。一般呈散发，以秋末至春初多见。

2. 病鹿突然发热、精神沉郁、食欲减退或废绝；结膜发炎，流泪，角膜浑浊；流鼻液，鼻镜干燥、龟裂、糜烂；口腔充血，黏膜坏死、糜烂；腹泻，尿呈红色，个别有神经症状，急性 36 h 死亡，慢性 2 周内死亡。

3. 剖检时可见鼻、咽喉和气管黏膜充血、出血，覆有脓样渗出物。真胃及小肠黏膜充血、出血、溃疡及糜烂。心肌变性，肝、脾、肾肿大，淋巴结肿大。脑脊髓膜充血、出血，脑实质有小出血点。

（二）防治

发病后，及时隔离病鹿并进行对症治疗。为防止继发感染可用抗生素或磺胺类药物。严格执行兽医卫生检疫措施，尤其是禁止与绵羊接触。

六、鹿巴氏杆菌病

（一）诊断要点

1. 由多杀性巴氏杆菌引起。6～8 岁成年鹿易感性高，公鹿多见于锯茸或配种后。多发于炎热潮湿季节，5～8 月份多见，呈散发，有时呈流行性暴发。

2. 败血型病鹿体温升高达 41 ℃以上，精神沉郁，呼吸困难，心跳加快，皮肤和黏膜充血，出血，不食，反刍停止，有的卧地不起，鼻镜干燥，口腔和鼻腔流出血样泡沫液体，初便秘后便血。剖检可见腹部膨大，咽部及胸下组织水肿，腹部皮下组织有黄色浆液性浸润，胸腔内及支气管附近有淡红色胶样水肿；心外膜有大小不一的出血，心房、心室积有淡红色或淡黄色液体；血液呈暗红色，凝固不良；淋巴结肿大、出血；胃肠黏膜肿胀、充血、出血。

3. 肺炎型病鹿精神沉郁，体温升高达 41 ℃以上，行走摇晃；咳嗽，呼吸粗厉，鼻镜干燥，流鼻涕，口吐白沫；后期头颈伸直，呼吸高度困难。剖检可见胸膜与肺粘连，胸腔积液，有纤维性渗出物；肺有不同程度的肝变，切面呈大理石样；支气管内充满泡沫样淡红色液体，支气管淋巴结和纵隔淋巴结水肿。

4. 采取病料进行涂片染色镜检，可见两极浓染的巴氏杆菌。

（二）治疗

1. 及早发现，及时治疗。可用抗菌药物，如链霉素、金霉素或磺胺噻唑钠、磺胺二甲嘧啶和磺胺嘧啶等治疗，同时注意强心、补液、补糖，调整呼吸机能，注射维生素 C 等对症治疗。

2. 平时对鹿群加强饲养管理，搞好鹿舍、运动场、用具的清洁、消毒工作。尤其在流行期间，更要注意鹿舍卫生、通风。定期消毒，做好防暑降温工作，还可用磺胺类药物注射或拌入饲料中喂服，也可用菌苗接种。

七、鹿坏死杆菌病

（一）诊断要点

1. 由坏死梭杆菌引起。仔鹿和公鹿的易感性高，多发生于夏、秋两季，呈散发，有时呈地方性流行。饲养条件恶劣、饲料营养不全、四肢皮肤外伤均能促进本病的发生。

2. 病初在四肢，特别是蹄部和系部，局部形成脓肿，发展为坏死，并向周围深部健康组织蔓延；坏死灶破溃后，流出脓汁及血液，并有特殊恶臭；如果坏死侵害到关节韧带及骨组织，则蹄壳脱落、跛行、蹄发生变形；病鹿精神不佳，食欲减退，消瘦，常卧地。有的还可引起坏死性肺炎、化脓性肝炎和心包炎等，病鹿两耳下垂，呆立不动，体温升高，心率加快，呼吸困难，最终死亡。

3. 病死鹿尸体消瘦，四肢及其他部位有不同程度的坏死灶，患部周围静脉呈紫黑色；胸腔积液、有腥臭，内含灰黄色纤维素样渗出物；肺呈坏死性肺炎变化；肝肿大，有大小不一的坏死灶；心包积液、浑浊，心包及心肌上附有纤维素性渗出物；腹膜发炎。

4. 采取病健交界处深部组织涂片染色镜检，可见典型的长丝状革兰阴性杆菌。

（二）治疗

1. 发现病鹿及时隔离治疗。患部要彻底清除坏死组织及脓液，用1％高锰酸钾或3％过氧化氢冲洗，再涂以鱼石脂软膏、磺胺软膏或抗生素软膏等，包以绷带，隔天换药1次。全身疗法可用抗生素及磺胺类药物。四环素、金霉素每千克体重5～10 mg，肌内或静脉注射，2次/d；红霉素每千克体重2～4 mg，溶于5％葡萄糖注射液内，静脉注射，2次/d；10％磺胺嘧啶钠100～150 mL，静脉注射，2次/d。

2. 鹿舍保持清洁干燥，定期消毒，地面要平整，圈舍应无铁钉、铁丝等尖锐物品。发生外伤要及时进行外科处理。公鹿配种时防止发生意外。消灭吸血昆虫。

八、鹿快疫

（一）诊断要点

1. 由腐败梭菌引起。多发生于夏秋放牧季节，呈散发或地方性流行。阴雨天气，气候突变，卫生条件不好等可促使本病的发生和流行。

2. 急性病例多见突然发病死亡。病程延至1～2 d的病鹿离群呆立，拱背缩腹，两耳下垂，鼻镜干燥，步态蹒跚；腹痛、腹泻，粪如牛粪样，并带有血液；死前运动失调，后肢麻痹，呈昏迷状态死亡。

3. 剖检可见胃黏膜充血、出血，有许多大小不等的溃疡灶，盲肠和结肠充血、出血、水肿，粪稀并带有血液。

4. 采取心血、肝、脾等病料涂片、染色镜检，可发现腐败梭菌。

（二）治疗

1. 病初可肌内注射青霉素或用磺胺二甲嘧啶拌入精料中喂服，2次/d，连用7 d。

2. 加强鹿群的饲养管理，特别是发病季节要避免到低洼草地及沼泽地放牧。防止鹿受寒感冒，严禁采食受污染的饲料和饮水。每年春、秋用羊厌氧菌五联苗进行免疫接种。

九、鹿肠毒血症

（一）诊断要点

1. 由C型魏氏梭菌引起。北方多发生于春、秋两季，南方常见于夏季，呈散发或地方性流行。

2. 最急性病例仅见腹部膨胀，口吐白沫，突然倒地痉挛而死；有的死前尖叫，排出血便，表现惊恐，麻痹。急性型表现精神沉郁，食欲减退或废绝，鼻镜干燥，反刍停止，口鼻流出带沫液体，腹部膨大，腹痛不安；体温升高，呼吸急促，肌肉颤抖，排血便，肛门突出；可视黏膜发绀，死前角弓反张，呈昏迷状态，多数于发病后1～2 d内死亡。

3. 病死鹿尸僵不全，腹部膨胀。皮下组织呈现出血性胶样浸润，胸腔和腹腔积有多量暗红色血样液体。真胃、小肠有出血性炎症，肠内容物混有血水。浆膜、黏膜及肠系膜染成暗红色。肠系膜淋巴结肿大、出血。肾肿大，软如泥状，变形、出血。肝肿大、出血，心内外膜，膀胱黏膜有出血点，尿呈红色。

（二）治疗

1. 药物治疗效果不佳，可参照羊肠毒血症。

2. 加强饲养管理，定期消毒，尽量在干燥高地放牧。适当减少青嫩富有蛋白质饲料，含水分多的饲草应晾干后再喂。污染地区的鹿群可用鹿魏氏梭菌灭活苗免疫接种或用羊厌氧菌五联疫苗免疫接种。

十、鹿诺卡氏菌病

(一) 诊断要点

1. 由星形卡氏菌引起。鹿主要由于在采食时被污染的芒刺、草料损伤口腔及锯茸、配种时创伤发生感染，多发生于夏秋季节。

2. 病初鹿精神沉郁，食欲减退，喜躺卧，不愿站立，体质消瘦，被毛蓬松无光泽。而后精神高度沉郁，低头垂耳，步态蹒跚。体温 40 ℃左右，心跳加快，呼吸急促。

3. 剖检可见肺、气管、支气管充血，管腔内有大量黄白色黏液。心包内蓄积有浑浊液体。肝肿大，边缘钝圆，质脆易碎。在肝、肺表面有广泛的如豆粒大小不等的黄白硬结，切开后流出脓汁。

(二) 治疗

1. 磺胺类药物为首选治疗药物，以复方磺胺甲基异噁唑疗效好。二甲胺四环素、强力霉素、红霉素、庆大霉素等有较好的治疗作用。

2. 平时应加强饲养管理，最好不要到长满芒刺的地区放牧，发生创伤后应立即进行外科处理，并防止继发感染。

第十节　犬、猫传染病

一、犬瘟热

(一) 诊断要点

1. 由犬瘟热病毒引起。以 3 月龄至 1 岁的犬易感性最高，多发于寒冷季节（10 月份至翌年 4 月份）。水貂、雪貂、狐、狼、貉、浣熊等动物也可感染发病。

2. 病犬体温突然升高达 39.5～41 ℃，精神萎靡，食欲不振，鼻流水样分泌物，打喷嚏、咳嗽，持续 1～2 d 后体温降至正常；2～3 d 后出现第 2 次发热，此时发生呕吐和腹泻，眼结膜充血水肿，角膜浑浊，眼鼻分泌脓性分泌物，严重者出现水样粪便，混有黏液和血液；呼吸道的炎症常发展为肺炎。

3. 约有半数病例后期在腹壁和股内侧少毛区出现皮疹，即出现小红点、水肿及脓性丘疹。

4. 有 10%～30%的病犬在末期出现神经症状。神经症状为痉挛性发作，表现全身性敏感，癫痫，转圈运动和肌肉强直等，局部痉挛发作多见于面部。有时痉挛可逐渐转变成瘫痪，常见后肢单侧或双侧性瘫痪。

5. 硬足底病是犬瘟热另一种较少见的类型，主要为足底皮肤角质化，发生跛行。随后往往神经受害而表现出神经系统并发症。

6. 剖检可见淋巴结特别是肠系膜淋巴结肿大；胃肠黏膜肿胀，有时出血，内容物含有黏液和血液；肺充血、水肿；肝稍肿，质脆；膀胱黏膜充血，出血；心肌扩张，心外膜出血等。

7. 应与犬传染性肝炎鉴别。

（二）防治

1. 在病毒感染初期，大剂量使用特异性抗血清或 γ-球蛋白，或紧急接种弱毒疫苗，或肌内注射转移因子 3～5 U，2 次/d，但临床症状明显时则无效。

2. 出现症状时，全身应用抗生素控制并发感染，配合对症治疗。磺胺嘧啶钠每千克体重 60 mg 静脉注射，1 次/d；或氨苄青霉素每千克体重 20 mg 静脉注射、红霉素每千克体重 5～10 mg 静脉注射、卡那霉素每千克体重 5～10 mg 肌内注射，1 次/6 h；配合地塞米松 5～32 mg 肌内注射，1 次/d，静脉补充葡萄糖生理盐水、维生素 C、维生素 B_1、胃复安、安钠咖等。

3. 严格执行兽医卫生防疫措施，引进种犬应隔离观察。定期用犬瘟热弱毒疫苗或犬五联疫苗（狂犬病、犬瘟热、副流感、传染性肝炎、细小病毒病）按说明书进行免疫接种。

二、犬传染性肝炎

（一）诊断要点

1. 由犬 Ⅰ 型腺病毒引起。无年龄和品种差异，多发于 1 岁以内的幼犬，刚断奶的幼犬发病率和病死率高，成年犬较少发病且多为隐性感染，以冬季多发。

2. 最急性型　幼犬突然出现呕吐、腹泻和腹痛症状，间或呕血和血性腹泻，往往在症状发作后数小时至 24 h 内死亡，常易误认为中毒死亡。

3. 急性型　病初精神委顿，食欲减退，渴欲增加；流泪、流鼻液，体温升高达 40～41 ℃，持续 1 d，降至常温，持续 1 d，再次升高，呈马鞍形体温曲线；然后呼吸、心跳加快，步态不稳，拱背；触诊病犬剑突部或肝区，表现剧烈疼痛，呻吟；尿液呈深黄色或红茶色，有时呕吐和腹泻，粪便间或带血；黏膜有不同程度的黄疸，明显贫血，血凝时间延长，白细胞减少。有些病犬头、颈、眼睑及腹部皮下水肿。恢复期约 20% 的犬单侧或双侧角膜浑浊，似被淡蓝色薄膜覆盖（称为肝炎性蓝眼），持续 2～3 d 后缓慢恢复，角膜转为透明，也有角膜损伤而造成永久视力障碍。病愈犬有持久的免疫力。

4. 亚急性型　一般无特定的临床症状，轻度或中度食欲不振，精神沉郁，流泪和浆液性鼻汁，体温升高。有的病犬狂躁不安，持续 2～3 d。

5. 隐性型　无临床症状出现，仅在血清中可测出特异性抗体。

6. 剖检可见皮下水肿，腹腔积有多量浆液性或血样液体；肝脏肿大，有出血点或斑，肝小叶清楚，胆囊黑红色，胆囊壁水肿、增厚、出血；脾肿大；胃肠道有出血；全身淋巴结肿大、出血。

7. 应与犬瘟热、钩端螺旋体病等相区别。

（二）防治

1. 发现病犬应立即隔离饲养和护理，消毒污染的环境和用具等。

2. 病初用犬传染性肝炎高免血清皮下或肌内注射，每千克体重 2 mL，连用 3 d；防止继发感染可用广谱抗生素；全身疗法可每日静脉注射 50% 葡萄糖 20～40 mL、维生素 C 250 mg、三磷酸腺苷（ATP）和辅酶 A 等，连用 3～5 d，同时口服葡醛内酯片。

3. 严格执行兽医卫生防疫措施，定期用犬传染性肝炎疫苗或二联苗（犬传染性肝炎与细小病毒病）或五联苗进行免疫接种。

三、犬病毒性肠炎

(一) 诊断要点

1. 由犬细小病毒引起。不同年龄的犬感染后表现的症状不同。3～4周龄的犬表现急性致死性心肌炎；5～6周龄的犬以肠炎症状为主，表现剧烈腹泻，继而出现心肌炎病状；成年患犬突然发作，呕吐，随之表现肠炎症状；老龄犬感染后多为隐性，很少出现症状。

2. 主要临床特征是呕吐、腹泻，粪便先呈灰黄色液状，后为水样带有血液，有浓重的恶腥臭，体温升高达40～41℃，鼻镜干燥，机体虚弱，几天后即出现脱水，呼吸困难。心肌炎病例濒死前心电图R波降低，S-T波升高，最后酸中毒死亡。

3. 血象特征性变化是白细胞显著减少，尤其在发病4～5 d可减到3×10^9/L以下，重症病例仅有 (0.5～1) $\times10^9$/L，有些病例还有血小板减少。

4. 剖检可见空肠和回肠，有些波及十二指肠，明显充血、水肿，肠黏膜坏死脱落，肠内空虚，有黏液或血性液体，外观呈暗红色。

(二) 防治

1. 目前尚无特效疗法。病初可用抗犬细小病毒高免血清腹腔注射，30～50 mL/只，1次/d，连用3 d；防止继发感染可选用庆大霉素、卡那霉素；同时按每千克体重40～60 mL静脉补给葡萄糖生理盐水，青年犬可增至60～80 mL，并补给碳酸氢钠调节体液 pH，可的松类防止休克。

2. 对病犬污染的场地、用具可用2%苛性钠、1%福尔马林、0.5%过氧乙酸等进行消毒。对无治愈希望的病犬，应尽早扑杀，尸体焚烧或深埋。

3. 作好免疫接种，可用犬细小病毒灭活苗于6、8和14周龄连续免疫3次，每次注射2～3 mL，免疫期1年；或用五联苗30～90日龄的犬注射3次，90日龄以上的犬注射2次，每次间隔2～3周，每次肌内注射2 mL，免疫期1年。

四、狂犬病

(一) 诊断要点

1. 由狂犬病病毒引起。病毒通过咬伤、吸入以及眼和口腔黏膜侵入。

2. 临床表现分3个时期：

(1) 前驱期　犬表现恐惧、忧虑和孤独，轻度刺激就可引起兴奋，有时望空扑咬，有些病例可能变得更温顺和柔情，瞳孔扩大或两瞳孔大小不一，眼睑与角膜反射迟钝，唾液分泌物增多。猫的行为变化同犬，但猫反常行为更典型，而持续期仅1 d。

(2) 狂暴期　犬烦躁不安、易激动，对听、视刺激的反应增强，高度兴奋，怕光；进一步发展为不听呼唤、逃出不归，无目的游荡，攻击咬伤人、畜，有异嗜现象；常发生肌肉不协调，定向能力障碍或全身性癫痫发作。猫表现怪癖和不寻常行为，易抓咬物体；肌肉震颤和不协调，有些猫狂跑不停，直至体力耗尽而死亡。

(3) 麻痹期　犬的麻痹有时可从损伤处开始，进行性发展，主要表现喉头和咬肌麻痹，口腔内流出大量的唾液，吞咽困难，用力呼吸，随后发展至后躯麻痹，昏睡。猫的表现同犬相似，肌肉不协调，后躯麻痹，上行性至全身麻痹，最后昏睡死亡；有些猫直接从前驱期进入麻痹期而不表现兴奋期的症状。

3. 应与破伤风、伪狂犬病、犬瘟热等相鉴别。

（二）防治

1. 患病犬、猫无治疗价值，应果断扑杀。

2. 实行"管、免、灭"综合防治措施，"管"即有关部门互相配合严加管理，按规定登记、注册、挂牌；"免"即使用灭活苗或弱毒苗每年定期预防接种；"灭"即消灭无免疫证的野犬。

五、伪狂犬病

（一）诊断要点

1. 由伪狂犬病病毒引起。几乎所有哺乳动物都有易感性。多发于冬春两季，常呈散发或地方流行性。

2. 病初精神沉郁，拒食，蜷缩，呆坐，呕吐；而后皮肤奇痒，起初舔啃皮肤发痒或受伤处，稍后搔抓、啃咬痒处，使破伤处糜烂，周围肿胀。有的无奇痒症状，但表现有疼痛呻吟、嚎叫。有的表现兴奋、咬、跳等神经症状，继而又转为麻痹，表现吞咽困难、流涎、呼吸困难、反应迟钝。

3. 应与狂犬病、犬瘟热等鉴别。

（二）防治

1. 尚无特效疗法。早期注射大剂量伪狂犬病抗血清有一定的疗效。

2. 加强灭鼠，禁止饲喂病猪肉，严格消毒，定期用伪狂犬病弱毒疫苗免疫接种。

六、犬疱疹病毒感染

（一）诊断要点

1. 由犬疱疹病毒引起。3周龄以内的幼犬感染后致死率极高，成年犬多呈隐性感染。

2. 病仔犬体温正常或略低，反应迟钝，食欲不振，呼吸困难，呕吐，排绿黄色稀粪，触诊腹部有痛感，有时腹下皮肤出现红斑，形成水疱，皮下水肿。3～5周龄以上仔犬及成年犬感染后主要表现喷嚏、干咳、流鼻液等呼吸道症状，持续2周后可自愈。怀孕母犬发病可发生流产、难产，外生殖器可见水疱。

3. 死亡仔犬剖检可见实质器官如肾、肝、肺等表面散在有许多小的灰白色坏死灶和小出血点，胸腔、腹腔积留带血的浆液性液体，肝脾肿大，肠黏膜有出血点。

4. 应与犬瘟热、病毒性肠炎等鉴别。

（二）防治

1. 无特效疗法，早期用高免血清，并进行对症治疗和防止继发感染。卡那霉素15 mg每千克体重，肌内注射，2次/d，或螺旋霉素每千克体重50 mg，口服，1次/d，或交沙霉素100 mg/次，口服，3次/d。止血用维生素K_3 3 mL、维生素C 100～200 mg，肌内注射，2次/d。止吐用爱茂尔注射液1 mL皮下注射，补液用5%葡萄糖生理盐水静脉或腹腔注射。流鼻涕者用滴鼻净滴鼻。

2. 尚无有效的弱毒疫苗，但多次接种灭活佐剂疫苗，能产生一定水平抗体，并通过母源抗体保护仔犬。

七、犬冠状病毒感染

（一）诊断要点

1. 由犬冠状病毒引起。仅发生于犬，以幼犬多发。寒冷冬季多发，传播迅速，常同窝暴发。

2. 幼犬感染后主要表现胃肠炎，病初持续数天呕吐，出现腹泻后呕吐减轻或停止，腹泻粪便呈糊状、半糊状及至水样，橙色或绿色，常含有黏液和血液；精神沉郁，喜卧，厌食，但体温不高，脱水，体重减轻。成年犬症状轻微。

3. 尸体严重脱水，肠壁变薄，肠管扩张，内含有黄白色至黄绿色液体，混有气体和血液。肠黏膜充血和出血，肠系膜淋巴结肿大。

4. 应与犬细小病毒病、轮状病毒感染鉴别。

（二）防治

1. 发现病犬立即隔离治疗，停止喂食，改服葡萄糖甘氨酸溶液（配方：葡萄糖 43.2 g、NaCl 9.2 g、甘氨酸 6.6 g、柠檬酸 0.52 g、柠檬酸钾 0.13 g、无水磷酸钾 4.35 g，溶于 2 000 mL 水中）或补液盐（NaCl 3.5 g、氯化钾 1.5 g、碳酸氢钠 2.5 g、葡萄糖 20 g，溶于 1 000 mL 水中），同时参照犬病毒性肠炎的治疗办法。

2. 目前尚无有效疫苗，主要是加强饲养管理，犬舍防寒保温，作好清洁卫生。

八、犬副流感

（一）诊断要点

1. 由犬副流感病毒引起。主要侵害仔犬和体弱并处于应激状态的犬。

2. 病犬突然发病，精神沉郁，食欲减少，体温升高，结膜炎，流大量浆液、黏液或脓性鼻汁，剧烈咳嗽，扁桃体红肿，有的出现出血性肠炎及后躯麻痹。

3. 鼻孔周围可见有黏液甚至脓性分泌物附着，结膜炎，扁桃体、气管、支气管有炎症，肺部有出血点。少数可见肠炎和脑室积水、脑脊髓发炎的变化。

4. 应与犬瘟热相区别。

（二）防治

1. 发现病犬，隔离治疗。可用高免血清、抗生素、化痰止咳剂等治疗。卡那霉素每千克体重 15 mg，肌内注射，2 次/d；氨茶碱每千克体重 10 mg，肌内注射，2 次/d；地塞米松每千克体重 0.5～2 mg，肌内注射。同时使用维生素 C 2～4 g/次，可促进康复。

2. 加强饲养和卫生措施，减少诱发因素；定期免疫接种犬五联弱毒冻干疫苗。

九、犬轮状病毒感染

（一）诊断要点

1. 由轮状病毒引起。以幼犬多发，成年犬为隐性感染，冬季多发。

2. 1 周龄以内的幼犬突然发生腹泻，严重时便中可见黏液和血液，精神沉郁，虚弱，脱水，心跳加快，体温降低。

3. 小肠特别是下 2/3 处的空肠和回肠部，黏膜脱落、坏死，部分肠段有弥漫性出血，肠内容物黄绿色甚至混有血液。

4. 应与病毒性肠炎、犬瘟热、冠状病毒感染相鉴别。

（二）防治

1. 将病犬立即隔离到清洁、干燥、温暖的场所，采取对症治疗。补液用乳酸林格氏液和 5％葡萄糖按 1：2 混合补给，防止细菌继发感染可用青霉素每千克体重 3 万～4 万 IU、链霉素每千克体重 10 mg，混合肌内注射，2 次/d，或庆大霉素每千克体重 2.5～4.4 mg，肌内注射，2 次/d，还可用先锋霉素或卡那霉素。

2. 目前尚无疫苗，自然感染母犬乳汁中含有保护性抗体，新生仔犬应哺乳充足的初乳。

十、犬病毒性呼吸道病

（一）诊断要点

1. 由多种病毒引起，如犬瘟热病毒、犬Ⅱ型腺病毒、犬副流感病毒、疱疹病毒和呼肠孤病毒等。

2. 有些病犬只表现两侧鼻孔有一时性的水样分泌物，单纯感染的轻症犬表现为干咳，咳后常有呕吐。轻微触诊气管可引起咳嗽，咳嗽往往随运动或气温变化而加重。当分泌物堵塞部分呼吸道时，听诊气管和肺门区常有粗厉的呼吸音和干性啰音。混合感染的重症犬，精神不振，体温升高，食欲下降，脓汁鼻漏，痛性咳嗽后持续干呕或呕吐。

3. 混合感染严重的犬，X 线检查可见病变肺部纹理增强。

（二）防治

无特殊的治疗方法，一般只能采取对症治疗，应用镇咳药和祛痰剂以及抗生素治疗。为防止病毒性病原体的感染，接种常规的犬瘟热和Ⅰ型腺病毒疫苗，可控制犬瘟热病毒和Ⅰ型腺病毒的呼吸道感染。有些国家还应用犬副流感病毒疫苗和支气管败血波氏杆菌疫苗。此外，要加强饲养管理，犬舍区要经常消毒。

十一、猫泛白细胞减少症

（一）诊断要点

1. 由猫细小病毒引起，又称猫瘟热。可感染家猫、野猫、虎、豹、山猫、豹猫、水貂和浣熊。主要发生于 1 岁以下的幼猫。多发生在冬末至春初。

2. 最急性病猫不见任何症状而突然死亡。急性病猫精神沉郁，食欲减退或废绝，体温升高达 40 ℃，持续 1 d 后体温又恢复到常温，经 2～3 d 后又可上升，呈明显的双相热；顽固性剧烈呕吐，严重腹泻，排带血的水样便，严重脱水，体重迅速下降。妊娠猫有时流产。年龄较大的猫感染后，症状轻微，体温轻度上升，食欲不振。

3. 血液检查白细胞数大量减少，主要是淋巴细胞和中性粒细胞减少，如白细胞减少到 $8×10^9$/L 左右［正常猫为（15～20）×10^9/L］，可怀疑本病，减少到 $5×10^9$/L 以下就应视为重症，减少到 $2×10^9$/L 以下则预后不良。

4. 剖检可见小肠黏膜增厚、水肿，有时肠黏膜上附有假膜。回肠有明显的出血性肠炎病变。肠系膜淋巴结肿胀、出血、坏死。长骨红髓呈多脂样和胶冻样。

（二）防治

尚无有效治疗办法，病猫立即隔离，重者扑杀淘汰，轻者对症治疗，精心护理，如补液、给予广谱抗生素和维生素等。加强消毒工作，用组织培养的灭活苗或弱毒疫苗预防接种。

十二、猫传染性腹膜炎

(一) 诊断要点

1. 由猫冠状病毒引起　以 1～2 岁的猫发病率最高。

2. 渗出型　病猫食欲减退，消瘦，腹部膨大，体温升高可达 40 ℃。肝部受损时出现黄疸，有时还可见运动障碍等神经症状。剖检可见腹腔积聚多量腹水，呈无色透明或浅黄色；腹膜及肝、脾、肾等脏器表面浆膜有纤维样渗出物，肝脏可出现坏死灶。

3. 干燥型　一般不伴发腹水，常损害机体的一定器官。眼受损害时，表现角膜水肿，虹膜睫状体炎，眼前房出血，角膜有沉淀物，虹膜与角膜粘连；中枢神经系统受损害时，表现眼球震颤，肌肉强直，共济失调，后期发生麻痹。公猫发生睾丸炎或附睾炎。剖检除眼病变外，也可见脑水肿，肝脏表面有大小不一的坏死灶，肝脏、肾脏、肠道有肉芽肿。

(二) 防治

尚无有效疗法。为缓解症状和防止继发感染，可用氨苄青霉素、泰乐菌素，氢化可的松等，并配合一定的维生素进行治疗。也可用环磷酰胺或苯基丙氨酸氮芥治疗。加强饲养管理，提高猫的抗病能力；注意环境卫生，加强消毒、杀虫、灭鼠工作。

十三、猫病毒性鼻气管炎

(一) 诊断要点

1. 由猫疱疹病毒Ⅰ型引起。主要侵害仔猫，成年猫一般不死亡。

2. 临床表现多种多样。有的以发热性全身性症状为主；有的主要是呼吸道症状和结膜炎；有的发生生殖器官受损害的症状，如子宫炎、流产等；有的慢性经过或隐性感染。严重病例表现为结膜炎、鼻炎、支气管炎和溃疡性口炎等。

3. 应与猫杯状病毒感染相区别。

(二) 防治

无特效疗法，可采取对症疗法来减轻症状或降低病死率。引进的小猫必须进行隔离观察 2 周以上。少数国家已应用弱毒疫苗，效果较好。

十四、猫杯状病毒感染

(一) 诊断要点

1. 由猫杯状病毒引起。仅感染猫科动物，多发于 8～12 周龄的猫，发病率高而病死率低。

2. 病猫精神沉郁、打喷嚏、口腔和鼻腔及眼有浆液性分泌物，有的病例还有流涎和角膜炎。舌和上腭有溃疡，当侵害的病毒毒力强时，可发生肺炎而引起呼吸困难。

3. 剖检可见口腔及鼻腔的炎症，有时可见肺部有炎症。

4. 应与猫病毒性鼻气管炎、猫泛白细胞减少症区别。

(二) 防治

无特异治疗方法，可用广谱抗生素防止继发感染来减少病死率。

十五、猫白血病

（一）诊断要点

1. 由猫白血病病毒引起。主要发生在 4 月龄以内的仔猫，随着年龄的增长其易感性降低。

2. 病猫表现慢性消耗性疾患，贫血、嗜睡和食欲不振等，其他症状随肿瘤发生部位而异。

（1）消化器官型　最多见，约占全部病例的 30％，发病突然，在腹部能摸到肿瘤块，病猫表现下痢、肠闭塞、血尿、贫血和黄疸等症状。剖检可见回肠、肾、肝、肠系膜淋巴结等处形成肿瘤。

（2）胸腺型　在胸腔腹侧前部形成大肿瘤块，呼吸、吞咽困难。剖检可见胸腺或纵隔淋巴结形成大肿瘤块，胸腔积液。

（3）弥散型　体表大部分淋巴结肿大，形成肿瘤。剖检在多数体内和体表淋巴结肿大形成肿瘤，肝脏、肺脏、肾脏和消化道也可出现肿瘤。

3. 生前 X 线检查、胸腹腔穿刺检查脱落细胞及活组织检查有助于诊断。

（二）防治

尚无有效的方法治疗，病猫立即扑杀。加强检疫，及早发现病猫。

十六、猫艾滋病

（一）诊断要点

1. 由猫免疫缺陷病毒引起，又称猫获得性免疫缺陷综合征。只感染猫，撕咬是主要传播方式。

2. 病猫发热、消瘦、流产、口炎、齿龈炎和呼吸道症状。有些出现神经症状。逐渐衰弱而死亡。剖检可见全身淋巴结肿大，胃肠炎、鼻窦炎等。

3. 确诊可用免疫荧光抗体法和 ELISA 法。

（二）防治

目前尚无有效疗法，重在防止继发感染和支持疗法，以及延长寿命。有报道，使用治疗艾滋病的药物有效。预防主要是限制猫的活动范围，防止猫的咬架；定期检疫，及早发现病猫。

十七、猫流行性感冒

（一）诊断要点

1. 由流行性感冒病毒引起。

2. 病猫精神沉郁，食欲减少，结膜潮红、肿胀、流泪、流鼻涕、喷嚏、咳嗽、流涎。体温升高达 40 ℃左右，呼吸快而浅。有的继发鼻窦炎和肺炎。

3. 剖检可见鼻、气管和口腔有坏死及溃疡，有的病例可见肝及肺组织坏死。

（二）防治

目前尚无特效治疗方法。发病后给予抗菌药物控制继发感染，同时配合对症疗法。

十八、猫肠道冠状病毒感染

（一）诊断要点

由猫肠道冠状病毒引起。主要发生于 3 月龄以下的小猫。病初体温升高，精神沉郁，食欲减退，呕吐，12～48 h 后呈轻度下痢，持续 48～96 h。剖检时可见肠道呈卡他性、出血性炎。

（二）防治

目前尚无特效治疗方法，在严重呕吐和下痢期间，停止喂食和饮水，给予大量输液，以调节体液中电解质的平衡和防止酸中毒。

十九、犬、猫沙门菌病

（一）诊断要点

1. 主要由鼠伤寒沙门菌引起。幼龄犬、猫比成年犬、猫易感。

2. 临床表现有以下几个类型：

（1）胃肠炎型　大多呈急性经过，体温升高至 40～41.1 ℃，精神委顿；食欲下降、呕吐、腹痛，剧烈腹泻，粪便初为水样，逐渐变成黏液状，后期为带血的粪便；体重减轻，黏膜苍白，虚弱，脱水，直至休克。有的在死亡前出现黄疸。有的表现神经症状，如后肢瘫痪，抽搐等。有的出现肺炎症状。

（2）菌血症和内毒素血症　多发于幼犬和幼猫，精神极度沉郁，全身衰弱，体温下降等症状。

（3）其他　犬猫发生流产、死胎，子宫内感染引起新生出的幼犬猫衰弱。

3. 剖检可见脾脏肿大，肝、脾表面散在针尖大小白色点状结节；肠系膜淋巴结肿大，肠黏膜充血，含有黏性泡沫状黄色内容物。

4. 应与犬细小病毒病、冠状病毒感染、猫泛白细胞减少症相区别。

（二）防治

1. 抗感染可用卡那霉素每千克体重 1 mg，3 次/d，或庆大霉素每千克体重 4 mg，皮下或肌内注射，2 次/d，连用 7 d。也可内服大蒜泥或大蒜酊。

2. 保护心功能可肌内注射 0.5% 强尔心，成年犬 1～2 mL，幼犬 0.5～1 mL。

3. 纠正脱水可静脉补充糖盐水或复方氯化钠。制止肠道出血可口服安络血，5～10 mg/次，4 次/d。保护肠黏膜、清肠止酵，可用 0.1% 高锰酸钾或活性炭和次硝酸铋的混悬液进行深部灌肠。

4. 禁喂不卫生的肉、蛋、乳，加强消毒卫生工作，保持犬、猫房舍的清洁卫生。

二十、犬、猫大肠杆菌病

（一）诊断要点

1. 由致病性大肠杆菌引起。多发生于出生后 1 周内的幼犬、幼猫，以春、秋多见。

2. 患病犬猫表现精神沉郁，食欲废绝，虚弱，体温降低，四肢末梢发冷，可视黏膜发绀，剧烈腹泻，粪便中有特殊的臭味，死亡前出现神经症状。

（二）防治

发病后可用抗菌药物治疗。口服葡萄糖电解质溶液，纠正脱水，补充维生素等。预防应加强饲养管理，搞好环境卫生，加强消毒工作。

二十一、犬、猫皮肤真菌病

（一）诊断要点

由真菌引起。在面部、耳朵、四肢和躯干等部位皮肤出现环形的鳞屑斑，病灶残留有被破坏的毛根或形成脱毛斑，但瘙痒症状不明显。继发细菌感染时，出现水疱、脓疱和痂皮。猫的病变差异很大，轻的仅在面部和耳周围出现毛发折断，较重的可见鳞屑和痂皮，严重的有脱毛和脓癣病灶。

（二）防治

1. 全身治疗用灰黄霉素每千克体重 10～20 mg，1 次/d 或分 2 次口服，连用 1 个月。

2. 局部外用复方水杨酸软膏或复方十一烯酸软膏涂擦，1 次/d。50％硫酸铜涂擦，2 次/d。

3. 加强管理，注意清洁卫生工作。

二十二、犬、猫念珠菌病

（一）诊断要点

1. 由念珠菌引起。在机体抵抗力降低的情况下发病。

2. 临床表现为口腔的鹅口疮和口炎，口腔溃疡糜烂，进行性消瘦，伴有呕吐、腹泻；外阴和阴道黏膜发生溃疡、糜烂；在摩擦部或趾间发生增生性皮炎。

3. 取病变部黏膜，经 10％氢氧化钾处理后制片，革兰染色，镜检，可见革兰阳性菌丝及孢子。

（二）防治

1. 治疗可用制霉菌素每千克体重 5 万 U，口服，3 次/d，或两性霉素 B 每千克体重 0.5 mg，静脉注射，2 次/d；外用 1％龙胆紫涂擦外阴部糜烂和明显破溃处，或克霉唑每千克体重 10～20 mg 口服或外用，3 次/d。

2. 避免长期使用广谱抗菌药物或肾上腺皮质激素类药。

3. 加强消毒卫生工作，2％甲醛、碘制剂和 1％氢氧化钠是首选消毒药。

二十三、犬、猫曲霉菌病

（一）诊断要点

1. 犬多发一侧性鼻曲霉菌病，有长期多发性喷嚏史，流黏液性或脓性鼻液。重症曲霉菌病临床见有神经症状，体温升高达 40 ℃以上，一般预后不良。肠道感染曲霉菌表现为腹泻，体重减轻。

2. 猫在患传染性胃肠炎时，常继发曲霉菌病，出现腹泻加重。在患有猫泛白细胞减少症时，可继发曲霉菌病，表现为呼吸困难、咳嗽和高热等。

3. 剖检可见在肺、肠形成黄色干酪样结节的病斑。

4. 确诊可采取结节中心或霉菌斑，置玻片上，滴加 10％氢氧化钠，镜检，可见带隔的菌丝及孢子。

(二) 防治

1. 应用两性霉素 B 治疗，用法参照其他真菌病的治疗。

2. 加强饲养管理，禁用各种霉变的食物喂犬或猫，犬和猫窝舍要保持干燥及清洁，潮湿季节注意防霉。不要长期使用抗生素和肾上腺皮质激素。

二十四、犬布鲁菌病

(一) 诊断要点

1. 主要由犬种布鲁菌引起，而感染流产布鲁菌、马耳他布鲁菌及猪布鲁菌则多呈隐性。

2. 母犬怀孕 40～50 d 后流产，流产后阴道长期排出污秽的分泌物。雄犬睾丸、附睾肿大；慢性病例则睾丸萎缩；有些雄犬外观正常，但交配时射精不适，性欲降低。此外，还可能出现关节炎、腱鞘炎、跛行等症状。

3. 成年犬及早产的幼犬其病变主要是淋巴结肿大、坏死等；雄犬附睾肿大，睾丸萎缩，阴囊肿大并有炎性渗出物积蓄；流产胎衣肿胀、出血，胎儿皮下出血。

4. 确诊可从流产的胎儿、胎衣、阴道分泌物、精液、乳汁等取病料，直接涂片，抗酸染色，镜检，可见红色球杆菌；用平板凝集试验和试管凝集试验检查时呈阳性反应。

(二) 防治

1. 难以治疗。可使用庆大霉素、卡那霉素、链霉素、土霉素等治疗。

2. 搞好卫生消毒工作；引进种犬时严格检疫，淘汰阳性犬。

二十五、犬肉毒梭菌中毒症

(一) 诊断要点

主要是由于采食腐肉及生肉，由肉毒梭菌毒素引起。病犬表现为反应迟钝，肌肉张力减弱，瞳孔散大，呼吸困难，麻痹而死。剖检可见胃内有杂物，黏膜出血；肺水肿、充血，咽喉部覆有灰黄色物，中枢及外周神经系统一般无肉眼变化。

(二) 治疗

1. 早期应用多价及同型抗毒素，肌内或静脉注射，5 mL/次，同时用 0.1% 高锰酸钾洗胃或深部灌肠，内服盐类泻剂，促进胃肠道内毒素的排出。

2. 全身治疗应抗菌（抗生素）、补液（用葡萄糖生理盐水按每千克体重 20～40 mL）、强心（安钠咖等）、补充维生素 B_1 和维生素 C。

3. 不给犬饲喂腐败饲料、肉品，常发病地区可进行肉毒梭菌菌苗的预防接种。

二十六、犬钩端螺旋体病

(一) 诊断要点

1. 由出血黄疸型和犬型钩端螺旋体引起。各种犬均易感，公犬发病率高，我国长江以南发生较多。

2. 感染犬型钩端螺旋体后，大部分犬仅表现亚临床症状或慢性经过，少数呈亚急性型。亚急性型主要表现肾炎、出血性胃肠炎和溃疡性口腔炎，病初体温升高，肌肉疼痛，然后精神沉郁，呕吐，粪便带血和蛋白尿，发展至尿毒症时临床上无尿；触诊肾肿大，多数死于尿毒症。慢性型主要由亚急性型转化而来，主要表现慢性肾炎。亚临床感染仅有不同程度的肾炎，长时期后变为肾萎缩。

3. 感染出血黄疸型钩端螺旋体后，犬的症状比感染犬型钩端螺旋体要严重。急性型病例突然体温升高，极度虚弱，震颤及颈腹部肌肉弛缓，口唇部出现血性疱疹，齿龈及口腔黏膜出血，呕吐，淋巴结肿大，结膜炎，但无黄疸。黄疸型病犬一开始体温升高，出现黄疸，尿呈豆油色，呕吐物里混有血液，便秘，尿内含有胆色素和血红蛋白，结膜炎，齿龈发黄，能耐过 1 周以上者，多数转归良好。

4. 猫临床上发病不多见。患猫的临床症状较温和，表现慢性肾炎的变化。

5. 血清学检查常用微量凝集试验和补体结合试验。在第一次测定可疑病例的血清抗体效价的 2~4 周后再进行第二次测定，若抗体效价比上一次增高 4 个滴度时，就可基本确诊了。若再进行第三次测定，则准确率可达 100%。补体结合反应对诊断慢性病例更有价值。

（二）治疗

1. 青霉素有效，每千克体重 2 万 IU，肌内注射，2 次/d，连用 5 d；链霉素在消除肾脏病原菌和防止排菌方面有良好效果，每千克体重 45 mg，2 次/d，肌内注射，连用 5 d。另外，还可静脉注射 50%葡萄糖 10~30 mL 或 40%乌洛托品 10 mL，或口服呋喃坦啶。同时配合强心、利尿、补液等。

2. 加强灭鼠，防止水源污染；对犬群进行普查，发现阳性立即隔离治疗，并对环境、用具进行彻底的消毒；处于疫源地的犬群，可接种出血黄疸型和犬型钩端螺旋体的多价灭活疫苗。

二十七、犬葡萄球菌病

（一）诊断要点

1. 由葡萄球菌引起。多经破损的皮肤和黏膜感染。

2. 患犬表现皮肤化脓性炎症，局部搔痒，患部毛皮中绒毛脱落，皮肤表面出现点状丘疹，病犬不安，用力蹭擦，使皮肤破损，流出黄色渗出物，病灶疼痛，溃疡难以自愈，周围形成光滑的堤状疤痕，长时间长不出被毛。

3. 剖检可见皮下淋巴结肿胀、化脓。

（二）防治

1. 局部治疗 患部用过氧化氢处理后，用 75%酒精消毒，涂以红汞复合擦剂，1 次/d，连用 5~7 d。

2. 全身治疗 选用氨苄青霉素或乙氧萘青霉素钠每千克体重 10~15 mg，肌内注射；或庆大霉素每千克体重 2~4 mg，或卡那霉素每千克体重 5 mg，肌内注射，2 次/d。

3. 保证犬体清洁，勤扫笼舍，经常消毒，防止外伤、咬伤，及时处理创口。

二十八、犬弯曲菌病

（一）诊断要点

1. 由空肠弯曲菌引起。病犬嗜睡，精神沉郁，饮欲降低，腹泻，有的表现软便，有的呈血样腹泻。一般病情较轻，严重者出现血便时常引起死亡。

2. 剖检可见轻微的肠炎变化。死于出血性肠炎的病犬除见出血性肠炎变化外，还可见腹水和肝充血等变化。

（二）治疗

1. 用庆大霉素每千克体重 2.2 mg，或红霉素每千克体重 10 mg，2 次/d，连用 5～7 d 即可治愈。

2. 加强饲养管理和消毒工作，保证幼犬食物清洁卫生。

二十九、犬、猫放线菌病

（一）诊断要点

1. 皮肤型 病灶多见于四肢、后腹部和尾部皮肤，在皮肤及皮下结缔组织发生慢性化脓性肉芽肿，易形成瘘管，渗出液为灰黄到红褐色，常有恶臭气味。

2. 胸腔型 犬发生率最高。由吸入放线菌或外物穿透胸腔引起肺脏或胸腔发病。表现为体温稍高、咳嗽，体重减轻和慢性胸膜炎性呼吸困难，胸腔液增多。

3. 脊髓炎型 多见于犬，猫也可发生。放线菌侵入第 2 与第 3 腰椎及其邻接的脊椎。椎间腔扩大，发生髓膜炎或髓膜脊髓炎，甚至脑膜炎，脊髓液中蛋白质和多叶核细胞增多，表现明显的运动障碍。

4. 腹腔型 较少见。从肠壁侵入的放线菌引起局部腹膜炎及肠淋巴结和肝肿大，表现发热和体重减轻。

5. 采取脓汁，加水稀释，找到"硫黄颗粒"，滴加 10%氢氧化钠，压片，镜检可见菌体。

6. 应与诺卡氏菌病相鉴别。

（二）治疗

1. 青霉素等长期治疗有效，每千克体重 10 万～20 万 IU，1 次/d，肌内注射。其他还有链霉素、四环素、林可霉素和磺胺类药物。

2. 胸腔感染的要开胸引流，用生理盐水稀释的青霉素和蛋白溶解剂清洗，2 次/d，直至无菌和无渗出物。硬结大的可外科手术摘除，硬结小的可内服碘化钾或静脉注射碘化钠，硬结周围注射青、链霉素，1 次/d，连用 5 d。

3. 皮肤型放线菌病容易治愈，胸腔型、腹腔型和扩散型的只有 50%左右的治愈率。治疗前 10 d 疗效显著时才有治愈的希望。

4. 预防主要是防止外伤，发现外伤及时消毒、处理，避免给予过干、过硬的食物。

三十、犬附红细胞体病

（一）诊断要点

1. 由附红细胞体引起。多呈隐性经过，在机体免疫力下降时发生该病。

2. 急性型 患犬精神沉郁、食欲废绝、体温升高至 39～40 ℃，但较少超过 41 ℃，心跳加快至 130～200 次/min，呼吸增快，被毛粗乱，明显消瘦，皮肤缺乏弹性；眼结膜苍白或黄染，有的可见散在的小出血点；四肢无力，喜卧嗜睡而不愿走动，强令其行走，步态不稳。常伴有呕吐、腹泻、便稀带血；尿少色深黄，不同程度脱水等一系列出血性胃肠炎症状。

3. 慢性型 多呈隐性感染而不出现明显症状。

4. 血常规检查红细胞减少，白细胞增多，血红蛋白浓度降低，红细胞压积减少，血液压片、涂片镜检可发现附红细胞体。

5. 注意与焦虫病、边虫病等的区别。

（二）防治

1. 治疗可用四环素类抗生素。土霉素每天每千克体重 10～30 mg，分 2～3 次内服，或每千克体重 10～20 mg/d，1 次肌内注射，连用 4～6 d；或卡那霉素每千克体重 20～30 mg，分 3～4 次内服，或每千克体重 5 mg，肌内注射，2 次/d，连用 3～5 d；血虫净按每千克体重 5～10 mg，0.5%黄色素按每千克体重 2～3 mg 静脉注射，连用 3 次即可。

2. 加强饲养管理，减少应激因素。加强杀虫、灭蚊、蝇工作和消毒工作。

三十一、猫血巴尔通氏体病

（一）诊断要点

1. 由猫血巴尔通氏体引起。1～3 岁猫易感，公猫比母猫多发。多呈隐性感染，只有在各种因素刺激而使抵抗力降低时才呈现一定临床表现。

2. 急性发作时，体温升高达 39～41 ℃，精神沉郁、厌食、消瘦、呼吸加快、脉搏增数、贫血、轻度黄疸及血红蛋白尿。

3. 慢性病例体温正常或稍偏低、衰弱、沉郁和消瘦。黄疸及脾肿大少见。

4. 剖检可见脾脏和肠系膜淋巴结肿大，骨髓增生。

5. 血液涂片检查可发现红细胞内或表面有球型或短杆状的颗粒小点时，即可确诊。

（二）防治

1. 对急性病例应输血，输全血 30～80 mL/次，必要时反复输血或每 2～3 d 输 1 次。

2. 青霉素每千克体重 4 万 IU、链霉素每千克体重 10～20 mg，分两次肌内注射；或土霉素每千克体重 10 mg，肌内或静脉注射；10～20 d 为一疗程。

3. 氯丙嗪，首次每千克体重 4～6 mg，静脉注射，随后每千克体重 2～3 mg，8 d 为一疗程，但应加强护理。

4. 补充铁剂及维生素 B_{12}。

5. 防止猫的打斗、抓咬，搞好猫体清洁卫生，消灭体外寄生虫如蚤、螨等。

第十一节　野生及观赏动物传染病

一、痘病毒感染

（一）诊断要点

1. 多数由正痘病毒感染引起。狼、大象、美洲虎、美洲狮、黑豹、猎豹、猴、水貂、北极狐、食蚁兽、孔雀、雉鸡、画眉、百灵以及海狮、海豹等几十种动物均可感染。

2. **猫科动物和食蚁兽**　临床上呈现肺型和皮肤型两种。肺型表现为严重的纤维素性胸膜炎、气管炎和肺炎变化；皮肤型以在体表皮肤形成水疱、痘疹为特征。严重者可引起死亡。

3. **大象**　病初咀嚼困难，大量流涎，出现结膜炎。之后，在足、腿、会阴、后躯皮肤以及口腔和舌面黏膜上出现典型的痘疹。

4. **猴**　皮肤出现痘疹，口腔出现溃疡，全身淋巴结肿大。

5. **毛皮动物**　主要侵害胎儿和仔兽，母兽以空怀、流产、产死胎、产弱胎为特征。仔兽以脱脚病为特征，表现指（趾）和垫部发生痘疹，溃烂后形成结痂，尾也可发生坏死和脱落。剖检可见患部皮下水肿，心包积液，心肌变性，肝、肾肿大、出血，肝有坏死灶，全身黄疸。

6. 观赏鸟　常在头部皮肤，有时在腿、肛门周围和翅内侧形成痘疹。严重病例，在胸、腹、背部皮肤可见大量痘疹。痘疹可由口腔黏膜蔓延至咽喉部，引起白喉型痘。

7. 海洋哺乳动物　以引起结节性增生性皮肤病为特征。水痘样结节多出现于鳍足和头部，圆形或卵圆形，初期硬实，以后化脓，皮肤开裂，形成环状溃疡。多数病程经久，局部皮肤增生，表面角化过度，形成增生性结节。

（二）防治

加强日常消毒、杀虫，不喂患病动物的肉，防止接触传染源。发现病兽，立即隔离治疗。治疗方法参见本章其他动物痘病。

二、猴流行性囊状疹

（一）诊断要点

1. 由疱疹病毒引起。多见于饲养猴群，以平顶猴、日本猴和食蟹猴易感。

2. 病猴出现程度不同的全身性囊状疹，有时口腔内也有病变。

3. 剖检可在多种器官的浆膜面上见到点状或斑状出血，肝、脾和淋巴结内出现局灶性坏死。组织学检查，病变皮肤上皮细胞呈气球状变性，在囊状疹内常见合胞的多核巨细胞。病变细胞内有核内包涵体。

（二）防治

1. 加强猴群的卫生和窝舍的消毒。发现病猴应及时隔离和治疗。

2. 皮肤病变可用2％龙胆紫、1％樟脑或5％雄黄炉甘涂擦。继发感染者，可涂敷0.5％新霉素软膏。必要时，可全身应用广谱抗生素。

三、猴B病毒感染症

（一）诊断要点

1. 可感染B病毒的有恒河猴、红面猴、食蟹猴、台湾猴、日本猴等多种猴。

2. 病初，在患猴的舌面、口黏膜、唇部出现许多红色小疱疹，很快破裂形成溃疡，并在溃疡表面形成纤维素性坏死性痂皮。多在2周内自愈。一般无全身症状，口部严重感染可影响采食。有的鼻内排出黏液性或脓性分泌物。有时还并发结膜炎和腹泻。

3. 从病猴采血清作中和试验，可见抗B病毒中和抗体效价升高。

（二）防治

患猴一般无全身症状，2周内自愈。但B病毒也感染人，并致人死亡，故工作人员要严格消毒，对伤口要及时处理，以防被感染。

四、牛假块状皮病

（一）诊断要点

1. 由牛疱疹病毒2型引起。可感染角马、长角羚、薮羚、水羚、高角羚、长颈鹿、大羚羊、河马、野牛及有袋类动物等野生动物。

2. 病兽的皮肤、上消化道及呼吸道黏膜上皮发生条块状变。在母兽则引起乳房、乳头皮肤局部发生水疱或形成溃疡，有的还出现外阴道黏膜损伤。感染皮肤表层布有广泛皮疹，有的形成皮肤深层坏死。

3. 剖检可见动物的舌面、腭、颊部、食道及瘤胃表层糜烂和形成溃疡。

（二）防治

目前尚无有效疗法，可对症治疗和防止继发感染。另外，加强饲养管理，搞好环境卫生，消灭吸血昆虫，以预防本病流行传播。

五、猫科动物呼吸道病综合征

（一）诊断要点

1. 主要由鼻气管炎病毒和猫杯状病毒引起。发生于雪豹、云豹、美洲虎、亚洲豹、非洲豹、猎豹和山狮等多种猫科动物。

2. 病兽发热，排出黏液脓性鼻液和泪液，咳嗽，呼吸不畅，大量流涎，不食，脱水并迅速消瘦。感染猫杯状病毒者，其口腔有溃疡形成，并发生肺炎。

3. 剖检可见鼻腔、支气管及肺部有充血、出血。

（二）防治

主要采取对症疗法和支持疗法，以减轻症状和防止继发性细菌感染。

六、海狮杯状病毒感染症

（一）诊断要点

1. 由杯状病毒科的圣米吉尔海狮病毒、猪水疱疹病毒感染引起。可感染海狮、海豹、海象、灰鲸、抹香鲸、长须鲸等海洋哺乳动物。对新生幼海狮具有高度的致死性。

2. 怀孕母海狮感染后多发生流产。海豹等感染后在鳍足等部位出现许多大小不一的水疱疹，并形成溃疡。

（二）防治

饲养海洋哺乳动物的水池要定期换水，加强卫生消毒工作，不喂污染有该病毒的鱼或其他动物性饲料。发现患病海兽要及时隔离治疗，在其患部表面涂以紫药水、5％硫酸铜等，必要时注射抗生素，以防继发性细菌感染。

七、猴脊髓灰质炎

（一）诊断要点

1. 由脊髓灰质炎病毒Ⅱ型引起。猴和猩猩均易感。

2. 病初可见前后肢麻痹或躯干肌和面部表情肌麻痹，发热，嗜睡，呕吐，腹泻，有的发生局灶性肺炎。主要病变在脊髓细胞，尤其是颈部、胸部和腰部的脊髓膨大区的前角细胞普遍受害。脑组织充血，有神经胶质细胞、白细胞浸润。脑皮层动力区有神经细胞死亡。神经细胞内尼氏小体和染色质溶解。受损伤神经所支配的肌纤维萎缩，在正常肌纤维中呈岛状分布。有的淋巴结和肠道淋巴组织增生和发生炎症。出现症状后可持续 1～8 d，大部分以死亡而告终。

（二）防治

在流行期，关闭动物园，停止观赏，以防带毒游览者把病毒带入猴群。在疫区可试用人的脊髓灰质炎病毒疫苗给猴群接种。目前无有效疗法。

八、猴出血热

（一）诊断要点

1. 由猴出血热病毒引起。

2. 病初体温升高达 40 ℃以上，精神委顿，嗜睡，身体无力；继而出现神经症状，表现运动失调，四肢和头频频颤抖，有的颈部僵硬发直，肌肉张力下降，腱反射降低，排尿失禁，面部水肿。发病后约 1 周左右，皮肤、齿龈出血，鼻和肠道出血，排便带血。皮肤易碰破，血凝时间延长。中后期，病猴呕吐，脱水，面部发绀，严重贫血，不食不饮，衰竭而死亡。

3. 剖检特征为胃肠道黏膜广泛出血，肠壁水肿、坏死。心内、外膜、肺、脑膜出血。脾肿大变硬。肾表面有出血斑。

4. 病初 1 周，外周白细胞上升到（30～40）×10^9/L；红细胞在病初 2～5 d 为（8～10）×10^{12}/L，以后降至正常水平或更低。血小板减少。

（二）防治

目前对本病尚无有效疗法。主要采取对症和支持治疗。

九、猴科萨努尔森林热

（一）诊断要点

1. 由科萨努尔森林热病毒引起。主要见于灵长类动物，人也可感染。

2. 患猴发热，腹泻，稀便中混有血液。精神高度沉郁，心搏迟缓，贫血，可视黏膜苍白。红细胞压积降低，白细胞、血小板减少。后期，出现瘫痪和脑炎症状。最终因衰竭而死亡。

3. 剖检可见猴肛门有血凝块；肾肿大，呈苍白色；肠黏膜、脑、肾和肾上腺点状出血；肝脏有局灶性坏死；脑组织有非化脓性脑炎变化。

（二）防治

目前尚无有效疗法。现已研制出弱毒疫苗和亚单位疫苗，用于猴群定期预防接种。在流行季节要做好灭蜱工作。

十、猴黄热病

（一）诊断要点

1. 由黄热病毒引起。可感染吼猴、栗鼠猴、夜猴、蜘蛛猴、卷尾猴、绿猴、红猴、食叶猴、眼镜猴、黑猩猩、狒狒等灵长类动物。人也可感染。

2. 猴类发病症状与人类相似，发热，头痛，呕吐，肌肉疼痛，精神不振，心动徐缓。在中期发生出血、黄疸和肾功能衰竭；胃肠道出血，蛋白尿，鼻衄。

3. 剖检可见胃肠道、子宫及其他组织广泛出血。

4. 用免疫荧光试验检查白细胞中的病毒抗原，或用标准血清学方法检测抗黄热病病毒抗体。

（二）防治

目前尚无有效疗法。主要是灭蚊、驱蚊，及时隔离病猴，对环境彻底消毒，工作人员及灵长类动物可接种疫苗。

十一、细小病毒性肠炎

（一）诊断要点

1. 可发生细小病毒性肠炎的野生动物有东北虎、华南虎、云豹、雪豹、豹猫、猎豹、金猫、狮子和小熊猫等。多发于 8～10 月。动物园内一旦发生，常呈暴发流行。

2. 虎、豹等猫科动物发病后，临床症状基本相似，可分为最急性型和急性型两种。

（1）最急性型 突然发病，精神高度沉郁，体温升高，频频呕吐，常于 12～24 h 内死亡。剖检仅见回肠和空肠段充血或出血。

（2）急性型 病初体温升高，虎和豹可达 40 ℃以上。精神不振，饮、食欲消失，呕吐。呕吐物初期为未消化的胃内容物，并混有灰白色泡沫，以后变为黄褐色或褐绿色水样。初期排灰白色稀软便，后期排便呈暗紫色的血样，恶臭。体温降至常温以下。有的病例表现双相热型，病初体温升高，经 24 h 后体温降至或接近正常，经 1～2 d 后体温又升高，病情急剧恶化。剖检小肠和大肠的肠内容物为紫红色，胃肠黏膜呈局限性以至弥漫性出血，并附着有纤维素性渗出物，部分肠段肠黏膜剥脱，小肠壁增厚，肠系膜淋巴结出血、肿胀。肝、脾肿大。肾肿大，被膜下有出血斑点。

3. 白细胞总数急剧下降，1 d 内白细胞总数可减少至 4×10^9/L。

（二）防治

参见本章"犬病毒性肠炎"。

十二、猴艾滋病

（一）诊断要点

1. 由猴免疫缺陷病毒引起的一种高度致死性免疫抑制性传染病，又称猴获得性免疫缺陷综合征。

2. 病猴体重下降（超过 10%），贫血（PCV 低于 30%），持续性腹泻，发热，机会性感染增多，易发生恶性肿瘤（肉瘤、淋巴瘤、腹膜后纤维瘤）等，最终衰竭而死亡。

3. 常用间接免疫荧光试验、酶联免疫吸附试验检测病猴血清抗体效价变化进行诊断。

（二）防治

无确切治疗措施，对本病的防治处于研究阶段。

十三、海豚肝炎

（一）诊断要点

1. 由人甲型肝炎病毒感染海豚引起，甲型肝炎患者是主要传染源。

2. 临床表现精神高度沉郁，废食，黄疸，不愿活动，血清转氨酶显著升高。海豚往往在发病后 48 h 内死亡，致死率几乎达 100%。

（二）防治

尚无特效疗法。发现病海豚应尽早隔离，给予对症治疗和支持疗法；对新引进的海豚要严格检疫，确证无病者方可混群饲养；对海豚养殖场的工作人员应定期体检，凡甲型肝炎病毒抗原阳性者应调离岗位。对用来喂海豚的水生动物饲料要检查是否含甲型肝炎病毒，阳性带毒饲料应废弃，不能用来喂海豚。

十四、猴麻疹

（一）诊断要点

1. 由麻疹病毒引起。猴在其天然居住地并未见发生麻疹，一旦被人捕捉饲养，可因感染了人麻疹病毒而发病。

2. 隐性麻疹 感染麻疹病毒后不出现临床症状，但血清学检查为麻疹抗体阳性。此类麻疹可见于恒河猴、食蟹猴和非洲绿猴。

3. 显性麻疹 病猴体表皮肤发红，出现斑丘疹性皮疹，以身体腹面最严重，但手掌和足底无此病变。同时发生眼结膜炎，内、外眼角皮肤和眼睑发红，眼睑和面部下方水肿。多数病猴流出浆液性或脓性卡他性鼻液，偶有咳嗽。对流鼻液皮疹期死亡猴剖检可见肺发生变性，小肠和结肠充血。

4. 前驱期外周血白细胞总数增多，但出疹期却减少。

（二）防治

1. 目前尚无有效疗法，重点是加强护理、对症处理和预防细菌性感染，可使用抗生素以防继发肺炎。也可选用中药治疗，如宣毒发表汤、升麻葛根汤、清热透表汤、三黄石膏汤或加减犀牛地黄汤等。

2. 猴舍应保持空气新鲜，阳光充足，并定期消毒。发现病猴要及时隔离治疗，并对猴群试用人用麻疹弱毒疫苗接种。

十五、松鼠纤维素瘤病

（一）诊断要点

1. 由松鼠纤维素瘤病毒感染引起。易感动物有灰松鼠、土拨鼠、野兔等啮齿动物。

2. 自然感染的幼龄松鼠体表布满直径为 $2\sim25$ mm 的肿瘤块，皮肤增厚并角化。剖检可见肺部有肿瘤。组织学检查可发现病变皮肤细胞有核内包涵体，在真皮，偶尔在皮下组织，可见成纤维细胞病灶，其内有浆细胞和淋巴细胞浸润。

（二）防治

目前尚无可行的防治措施。

十六、鸽新城疫

（一）诊断要点

1. 由新城疫病毒引起。幼鸽的发病率及病死率均高于成鸽，赛鸽季节为发病高峰期。

2. 病鸽精神沉郁，嗜睡，食欲减少或废绝，渴欲增加，羽松翼垂，体温升高；腹泻，肛周围有污染，粪呈黄绿色；眼睑水肿，鼻有分泌物，气喘，呼吸困难；共济失调，并伴有斜颈扭曲、头向后仰或僵直、阵发性痉挛、震颤、旋转、翅膀麻痹等神经症状。

3. 剖检可见食道前段、腺胃、肌胃及肠道的黏膜下呈淤点状或淤斑状出血变化，小肠时有溃疡灶；肝肿大、有小出血点，有的淤血呈紫红色；脾肿大、质软；气管内充满黏液，有小出血点；脑组织有非化脓性脑炎变化。

（二）防治

1. 发病期间，多饮用多维葡萄糖水及奶粉液（稀释为 10％浓度），有利于病鸽康复。

2. 坚持自繁自养，必须引进时，不从疫区（场）引种，引进后先隔离免疫，确认健康后方可混群。

3. 定期注射鸽新城疫灭活疫苗，如无鸽新城疫疫苗，可用鸡新城疫灭活疫苗代替，间隔 4 周后再注射 1 次。也可用美国生产的 PMV－1 系灭活疫苗。

十七、火鸡出血性肠炎

（一）诊断要点

1. 由腺病毒引起。主要发生于 6～12 周龄火鸡，多见于夏季，干热气候放养的火鸡发病率最高。

2. 急性病例发病迅速，最快在 24 h 内出现症状，肠道出血，常在数小时内死亡。温和型病例精神沉郁，下痢血便，肛门周围污染有血液，冠及肉髯苍白贫血，呈嗜睡状。亚临床感染病鸡不显症状，但仍是传染源。

3. 剖检可见肠道膨胀，腔内充满血染黏液，肠黏膜充血出血，偶有坏死灶。脾、肝、肾肿大，表面时有出血，脾切面呈大理石外观，白髓肿大隆起。

（二）防治

1. 应用抗生素治疗不显直接效果，但补充电解质、维生素对温和型病例有辅助疗效。

2. 康复血清治疗本病有价值，每只火鸡按 0.5 mL 给予。

3. 美国已研制出灭活疫苗，以饮水法免疫 4～5 周龄火鸡，可明显降低病死率。

4. 保持火鸡舍的清洁卫生和良好的饲养管理，尽量减少应激因素。

十八、雉鸡大理石脾病

（一）诊断要点

1. 由腺病毒引起。易在家养雉中发生，常隔年发病 1 次；各年龄的雉雏均可感染，其中 10～12 周龄以上的生长雉鸡病死率最高。

2. 急性病例突然死亡，基本不显症状。一般病雉仅表现呼吸加快，消化道机能紊乱，粪便时干时稀；随病情发展，精神欠佳，最后因肺功能衰竭而死亡。病程 1～3 周。

3. 典型肉眼病变是脾肿大约 3 倍，呈大理石状外观；肺出血水肿；肝肿大，布满小的坏死灶。

（二）防治

1. 可用雉或火鸡出血性肠炎高免血清治疗，每只背、颈部皮下注射 0.5 mL。

2. 应用抗菌药物控制继发感染。

3. 可用火鸡出血性肠炎疫苗预防接种。

4. 改善饲养管理，搞好雉舍的环境卫生，供给新鲜饲料和饮水。

十九、大肠杆菌病

（一）诊断要点

1. 各种野生动物均可发生大肠杆菌病，观赏动物以犀牛、象、大熊、猫及其他猫科动物发生较多。

2. 犀牛　腹泻次数频繁，粪便稀薄带有黏液和血液、腥臭，体温升高，食欲下降，饮欲增加，精神萎靡，不愿活动，逐渐消瘦；心跳呼吸加快。后期出现脱水及中毒症状。

3. 象　病初体温有时升高，精神委顿，食欲下降或不食，数小时后发生腹泻，排出粥样或夹带有血液、肠黏膜的水样稀便，腹痛，严重者很快发生脱水，甚至导致死亡。

4. 大熊猫　体温升高达 40 ℃以上，精神沉郁，水样腹泻频繁，腹痛，食欲减少或废绝，喜饮水；呕吐，多呈黄绿色液体，眼球凹陷，表现脱水；呼吸加快；粪便检查潜血阳性。

5. 猫科动物

（1）患病虎、金钱豹和雪豹体温升高达 40 ℃以上，呼吸加快，精神沉郁，常在地上爬卧不动，厌食，心跳加快，头震颤，口流涎，不时呕吐，病初吐肉块，后期呕吐物呈豆油样。频繁排出带血稀便，初期为红褐色粥样稀便，其内混有未消化的小肉粒，后期排红褐色水样稀便，恶臭。急性病例未出现明显症状即突然死亡。

（2）患病荒漠猫，表现呕吐，气喘，但多不出现腹泻症状。

（二）防治

参见本章"大肠杆菌病"。

二十、志贺氏菌病

（一）诊断要点

1. 虎　主要感染幼虎，表现精神不振，不愿活动，腹痛爬卧在地，频繁排出带脓血的稀便，粪便呈鲜红色或黄红色，腥臭。体温升高达 40 ℃以上，拒食，心跳和呼吸加快，眼结膜苍白，出现贫血和脱水症状。血常规检查，血红蛋白下降，白细胞增多。剖检病变主要为胃肠黏膜水肿、充血、出血和脱落。

2. 猴急性菌痢　多见于新引进猴群。表现突然发病，高热，剧烈腹痛，呕吐，每日多次排带有脓血的稀便，有的为峻泻，很快脱水。病程 1～2 d，多数死亡。剖检可见大肠尤其是盲肠黏膜表面有大量暗紫色出血斑及大小不一的溃疡灶。结肠和直肠内容物呈红色胶冻样。肠系膜淋巴结充血、肿大。

3. 猴慢性菌痢　多见于本地猴群。多由急性型转变而来。发作时可表现急性菌痢的症状，经治疗症状可消失，但常反复发作，排稀糊状或水样便，有时带少量黏液。腹泻停止后又常发生便秘，排羊粪样颗粒粪便。剖检可见大肠黏膜增厚，有散在的出血点和溃疡灶，黏膜下层稍有水肿。粪潜血检查阳性。

（二）防治

1. 治疗原则为消炎、止血、补液、止泻。治疗药物有氟苯尼考、链霉素肌内注射；土霉素、黄连素口服。止血可用安络血、止血敏等。

2. 预防关键是加强饲养管理，保持环境、笼舍、饲料、饮水和饲具的卫生，不喂变质饲料，注意做好寒冷季节的保暖工作。

二十一、沙门菌病

（一）诊断要点

1. 可发生沙门菌病的野生哺乳动物主要有象和灵长类动物，观赏禽类有火鸡、珍珠鸡、雉鸡、斗鸡、松鸡、孔雀、鸵鸟、雏鸭、鹌鹑、鹦鹉、鹧鸪、鸽、金丝鸟、麻雀等。

2. 临床表现和病变与家畜、家禽相似。

（二）防治

参见本章"沙门菌病"。

二十二、巴氏杆菌病

（一）诊断要点

1. 虎　精神委顿，乏力，卧地不起，体温升高，眼、鼻有多量黏性分泌物，头颈伸直，张口呼吸，偶有咳嗽，呼吸加快。食欲废绝，心跳频数，先便秘、后腹泻，尿少色黄，可视黏膜发绀。剖检可见肺水肿，气管、支气管内有少量黏液流出，肺表面有暗红色结节分布，肺门淋巴结肿大充血，肝脏边缘有出血点，胃黏膜出血，肾脏轻度肿大，肠道病变不明显。

2. 海豚　主要表现出血性肠炎，精神不振，腹部不适，常在拉血后数小时内死亡。如被溶血性巴氏杆菌感染，则引起出血性气管炎。

3. 海豹、海狮　主要表现出血性肠炎和坏死性腹膜炎，病死率高。

4. 袋鼠　对巴氏杆菌极为敏感，常未发现明显临床症状而突然死亡。口鼻流出少量暗红色血水，血液凝固不全。剖检多见胸腔和心包积水，心肌柔软，心室扩张，肺呈暗紫色，切开肺和支气管常有多量暗红色泡沫状液体流出，肺门及支气管淋巴结严重淤血，全身实质器官淤血、水肿。

5. 观赏禽类　共同的症状是突然发病，羽毛松乱，失去光泽，缩头拱背，冠呈现暗红色；呼吸急促，有的口鼻流液，喜饮水、不采食，体温升高，严重腹泻，粪便呈灰绿色或灰白带绿色。鸵鸟可见脚掌、胫跗关节局部肿胀。剖检主要呈败血症变化，肝脏肿大，质硬，有许多针尖至粟粒大的灰白色坏死灶，心外膜有出血点。

（二）防治

参见本章"巴氏杆菌病"。

二十三、丹毒

（一）诊断要点

1. 可感染发病的野生动物有水貂、黑貂、水獭、狐狸、棕熊、狼、驯鹿、黄麂、叉角羚、野牛、野猪、海狗、海狮、斑海豹、灰海豚、太平洋斑纹海豚、长尾猴等。

2. 海豚和灵长类动物常呈急性败血症，致死率高。患病海豚的躯体皮肤上出现许多特征性灰色菱形斑块，拒食，精神高度沉郁，皮肤发生梗死性坏死；发生急性败血症，体温升高（40 ℃以上），在数小时内死亡。

3. 野牛、鹿、羚羊主要表现关节炎，可见关节肿大和跛行。剖检见心内膜炎及非化脓性关节炎变化。

4. 野猪丹毒症状与家猪丹毒症状相似。

（二）防治

参见本章"猪丹毒"。

二十四、变形杆菌感染症

（一）诊断要点

1. 猴的临床表现类型

（1）急性肠炎或胃肠炎型　精神萎靡，拒食，排稀糊状或有血液和黏液的恶臭粪便，病初体温升高，3～5 d后体温下降而低于正常温度。剖检可见结肠有卡他性出血性炎症，胃和小肠有卡他性炎症，肝等实质器官明显萎缩和淤血。

（2）中毒性菌痢型　主要表现厌食，喜饮，呕吐，肚胀，腹泻症状有的出现、有的不出现。发病后均在短期内死亡。剖检可见胃和小肠呈卡他性病变，黏膜上有许多出血点。急性死亡猴的胃和十二指肠出血更严重。

2. 鹤　雏鹤精神不振，食欲大减，羽毛蓬松，行动迟缓，两翅下垂，轻度腹泻，不及时治疗即死亡。剖检可见肝表面布满灰白色粟粒样坏死灶，肝呈暗灰色，胆囊肿大。

（二）防治

1. 可用卡那霉素、庆大霉素治疗，并辅以对症治疗。

2. 加强饲养管理，保持饲料饮水卫生，防止污染。

二十五、河马嗜水气单胞菌病

（一）诊断要点

在颈、肢、臀、胸腹侧多处皮肤感染化脓，伤口感染后形成大面积溃疡，病兽表现痛苦，四肢无力，行动困难，不愿下水，厌食，肌肉抽搐，精神萎靡。

（二）防治

1. 可用庆大霉素、丁胺卡那霉素、妥布霉素、多黏菌素 B、新霉素肌内注射。对体表化脓创，除去脓汁和坏死组织后用 0.1％高锰酸钾冲洗，再涂布碘甘油，每日处理 1 次。

2. 防止发生外部创伤，有外伤时要及时治疗，勤换河马活动水池中的水，保持池水与地面的卫生，定期消毒。

二十六、李氏杆菌病

（一）诊断要点

1. 由产单核细胞李氏杆菌引起。可感染的野生动物有猴、猿、狒狒、驼鹿、马鹿、野山羊、浣熊、獾、狐狸、水貂、啮齿类动物等。

2. 猴　孕猴多发生流产，并伴发坏死性子宫炎和坏死化脓性胎盘炎。

3. 鹿　病初精神沉郁，行动迟缓，离群独立于一隅，食欲减退，流涎，流泪，流鼻涕；中期拒食，出现神经症状，表现盲目游走，转圈或呆立，运动时遇到障碍物，常以头抵靠而不动，有的鹿唇、咽喉麻痹，并出现视力障碍；到后期，视力丧失，后肢交叉行走，或共济失调，或卧地不起；濒死期，体温下降，呈角弓反张状。在公鹿还可见化脓性睾丸炎。

4. 狐　幼狐发病后食欲减退或废绝，出现结膜炎、角膜炎、鼻炎，后期呕吐，排带血粪便，兴奋与沉郁交替出现，兴奋时共济失调，后躯摇摆或后肢麻痹；咬肌、颈部和枕部肌肉震颤、痉挛性收缩，头上仰或向前伸展或向一侧弯曲或转圈运动；采食中发生颈、颊肌痉挛时，口流黏液。成年狐除上述症状外，咳嗽、呼吸困难，胸部可听到湿啰音。

5. 毛丝鼠 当病原侵害内脏器官特别是肝脏和肠道时，出现腹泻等消化机能紊乱症状；中枢神经系统受害时，表现失明、惊厥。

（二）防治

参见本章兔、貂"李氏杆菌病"。

二十七、土拉杆菌病

（一）诊断要点

1. 由土拉杆菌引起。貂、银黑狐、北极狐、海狸鼠、麝鼠等均可发病，呈暴发流行，一般在春、秋季节多发。

2. 貂 流行早期多为急性经过，表现突然拒食，体温升高，精神沉郁，呼吸困难，气喘，后肢麻痹。流行后期多为慢性，表现食欲不振，极度消瘦，精神萎靡，四肢无力，步态不稳，喜卧少动，鼻镜干燥，眼角有大量脓性分泌物，皮肤出现溃疡。有的排带血稀粪，体表淋巴结肿大，有时化脓或破溃向外排脓。

3. 海狸鼠、麝鼠 结膜充血，口黏膜发炎，咳嗽，流脓性或浆液性鼻液，下痢。颈浅淋巴结肿大，触诊肝部有疼痛反应。后期拒食，极度虚弱，爪浮肿。死前不安、痉挛，继而痴呆。剖检可见淋巴结肿大和干酪性坏死，在肝、脾、肺等内脏器官也常有干酪样坏死灶。

（二）防治

1. 链霉素每千克体重 10 mg，肌内注射，2 次/d，连用 7～14 d；手术切除坏死淋巴结。

2. 禁止用患土拉杆菌病的畜禽、兔肉及下脚料饲喂动物，来自疫区的饲料需进行细菌学检查，可疑饲料必须煮熟后饲喂。

3. 定期灭鼠、灭蝇，消灭疫源和传播媒介；防止饲料、水源被啮齿动物污染。

二十八、熊钱癣

（一）诊断要点

1. 由犬小孢子菌引起。在患熊的头部及腹部可见许多直径 1～8 cm 大小不一的圆形皮肤损伤，患处脱毛、脱皮，但缺乏红斑疹。

2. 从病健皮肤交界处刮去皮屑，置玻片上滴加 10％氢氧化钾溶液，镜检可见特征性菌丝体和孢子。

（二）防治

1. 内服灰黄霉素 500 mg/d，或酮康唑每千克体重 5 mg，分 2 次口服，连用 30～60 d。也可选用克霉唑软膏或咪康唑软膏局部涂擦。

2. 加强饲养管理，保持熊舍的卫生、通风、干燥。对新引进的熊要检疫，确认无病者，才能混群饲养。发现病熊要及时隔离，并实行专圈、专人饲养和治疗，防止病情扩大。

二十九、孔雀白色念珠菌病

（一）诊断要点

1. 由白色念珠菌引起。多发生于冬末、春初天气逐渐转暖的季节。新引进孔雀、幼龄孔雀易感性强。

2. 病雀精神沉郁，羽毛蓬松，两翅下垂，头颈卷缩，常蹲立于墙之一隅。体温升高。食欲递减，嗉囊胀满。频排稀粪，一昼夜可达 20 次以上，粪内混有泡沫，有时稀便中夹有黑绿色细条状软粪，粪便多呈瓷白色或淡黄色。出现体温下降、头颈强直、全身痉挛、两肢麻痹时，多预后不良。

（二）防治

早期诊断并隔离病雀，应用制霉菌素治疗。同时，改善饲养管理条件，消毒饲具。饲料中可加入制霉菌素进行预防。平时应避免长期应用广谱抗生素和激素类药物。当发生内脏型白色念珠菌病，出现严重的全身感染时，多无治疗价值。

三十、鹦鹉热

（一）诊断要点

1. 由鹦鹉热衣原体引起。除鹦鹉外，火鸡、鸽、野鸭、雉、鹌鹑、八哥、海鸥、白鹭、麻雀、金丝鸟、燕雀、食米鸟等均易感，其中雏禽最易感。

2. 病禽精神委顿，不愿行走，出现不同程度的结膜炎。食欲废绝，口腔内吐出黏性积液。排黄绿色水样稀粪，泄殖腔周围羽毛被污染。有的病鸟体温升高，喜饮水。鼻腔阻塞，呼吸急促，听诊有啰音。排泄物尿酸盐阳性。多呈急性经过，一般 1～2 d 死亡。

3. 剖检可见气囊壁增厚、浑浊。心包膜浑浊增厚，心肌变性。腺胃和肌胃有斑块状出血，十二指肠、小肠呈散在出血斑点。肝包膜上有白色假膜包裹，有斑点状出血，并有点状乳白色坏死灶。脾、肾肿胀、出血、坏死。

（二）防治

1. 口服氟苯尼考 20 mg/次，2 次/d；或庆大霉素 10 mg/次，肌内注射，2 次/d，同时口服土霉素 60 mg/次；或青霉素 1 万～3 万 IU/次，肌内注射，2 次/d。

2. 加强饲养管理，隔离病鸟，用具和排泄物要彻底消毒。在饮水中加入土霉素，以控制疫病流行。平时建立严格的检疫制度，并做好饲养员和兽医等工作人员的防护。

第八章

寄 生 虫 病

第一节 反刍兽寄生虫病

一、毛圆线虫病

（一）诊断要点

1. 由毛圆线虫寄生于反刍动物的真胃和小肠引起。多发生于春季。

2. 急性病例少见，多发生于羔羊，常呈突然发病、迅速发展的进行性贫血。慢性病例常见，以贫血和消化紊乱为主；患病动物被毛粗乱，消瘦，精神委顿，可视黏膜苍白，下颌间隙和体下部发生水肿，放牧时离群，常出现便秘，粪中带黏液，出现下痢的少见，最后多因极度虚弱而死亡。

3. 用饱和盐水漂浮法检查粪便虫卵，可发现大量毛圆线虫卵。病死动物剖检可在第四胃、小肠发现大量毛圆线虫的成虫或幼虫。

（二）防治

1. 根据当地的流行情况给全群牛、羊进行驱虫，一般春、秋各进行 1 次，冬季可用高效驱虫药驱杀黏膜内的休眠幼虫，以消除春季排卵高潮；在转换牧场时应进行驱虫。可选用驱虫药有：左咪唑每千克体重 8 mg，可混于饲料内喂给，也可作皮下注射；或丙硫咪唑每千克体重 10～15 mg，拌入饲料中喂服或配成 10% 混悬液灌服，或甲苯咪唑每千克体重 10～15 mg，1 次口服；或伊维菌素每千克体重 0.2 mg，皮下注射。

2. 在严重流行地区，可将硫化二苯胺混于精料或食盐内自行舔服，持续 2～3 个月，有较好预防效果。

3. 尽可能避开潮湿草地和幼虫活跃时间放牧；建立清洁的饮水点，合理地补充精料和无机盐；全面规划牧场，有计划地进行分区轮牧，适时转移牧场，控制载畜量。

二、食道口线虫病（结节虫病）

（一）诊断要点

1. 由毛圆科食道口线虫的幼虫寄生于反刍动物肠壁（从幽门到直肠之间任何部位）引起，成虫主要寄生于大肠内。主要发生于春秋季节，主要侵害羔羊和犊牛。

2. 羔羊初期的急性症状是顽固性下痢，粪便呈黑绿色，多黏液，有时混血，呈现伸展后肢、弓背、翘尾等腹痛症状。转为慢性时，变为间歇性下痢，逐渐消瘦，贫血，生长受阻，常因极度衰弱而死亡。

3. 粪便可检出虫卵，但食道口线虫卵和其他一些圆线虫卵很相似，不易鉴别。根据剖检时发现肠壁上有大量幼虫结节和肠腔内的多量虫体做出判断。

（二）防治

1. 驱虫参照毛圆线虫病。可用左咪唑、丙硫咪唑、伊维菌素、噻苯唑等药驱虫，并对重症病羊进行对症治疗。

2. 定期驱虫，加强营养。保护饲草、饮水清洁，粪便热处理，避免牛羊摄入大量感染性幼虫等。

三、仰口线虫病（钩虫病）

（一）诊断要点

1. 由仰口线虫寄生于牛、羊小肠内引起。临床表现渐进性贫血，消瘦，下颌水肿，下痢，排黑色稀粪，体重下降，最后多因恶病质而死亡。

2. 可采用饱和盐水浮集法检查粪便中的虫卵，但仰口线虫卵与其他圆线虫卵在形态上很难区别，因此，确诊主要根据死后剖检发现十二指肠和空肠中有大量虫体，黏膜发炎，有出血点和小啮痕。

（二）防治

1. 驱虫参照毛圆线虫病。可用左咪唑、丙硫咪唑、噻苯唑、伊维菌素等药驱虫。

2. 舍饲时应保持厩舍清洁干燥，严防粪便污染饲料和饮水，避免牛、羊在低湿地放牧或休息。

四、毛尾线虫病（鞭虫病）

（一）诊断要点

1. 由毛尾线虫寄生于反刍动物的盲肠引起，主要感染羊，牛、骆驼、鹿较少见，主要危害幼龄动物。

2. 轻度感染时，有间歇性腹泻，轻度贫血，影响生长发育；严重感染时可出现下痢，贫血，消瘦，粪中常带黏液和血液，食欲不振，发育障碍等。

3. 采用饱和盐水浮集法可检出粪便中的虫卵。剖检可见盲肠和结肠内有多量虫体，黏膜有出血性坏死、水肿和溃疡。

（二）防治

参考毛圆线虫病。还可选用羟嘧啶（驱除毛首线虫的特效药），每千克体重 2～4 mg，1 次口服。

五、犊新蛔虫病

（一）诊断要点

1. 由牛新蛔虫寄生于犊牛小肠内引起。流行于我国南方各省，主要危害 2～5 月龄犊牛。

2. 出生后两周的犊牛症状严重，表现精神沉郁、嗜睡，食欲不振，吮乳无力或停止吮乳，贫血，消瘦，腹胀，排稀糊样、灰白色腥臭粪便，有时腹痛、血便，口腔发出刺鼻的酸味。

3. 采用饱和盐水浮集法，可检出粪便中的蛔虫卵。

（二）防治

1. 在本病疫区，对出生 10 d 的犊牛全部进行 1 次预防性驱虫；对 6 月龄以内的犊牛，全部进行普查，粪检发现蛔虫卵的犊牛全部进行 1 次驱虫。可选用：枸橼酸哌嗪（驱蛔灵）

每千克体重 200～250 mg，左咪唑每千克体重 8 mg，混入饲料或饮水中给药；或丙硫咪唑每千克体重 10～15 mg，混入饲料或配成混悬液给药，伊维菌素每千克体重 0.2 mg，皮下注射或口服。

2. 搞好环境卫生，及时清除粪便并堆肥发酵。

六、网尾线虫病

（一）诊断要点

1. 由胎生网尾线虫和丝状网尾线虫寄生于反刍兽支气管和细支气管内引起，又称大型肺虫病。主要危害幼龄动物。

2. 主要症状是咳嗽，在被驱赶后或夜间休息时最为明显。病羊流鼻涕，常干涸于鼻孔周围形成痂皮，常打喷嚏，逐渐消瘦、贫血，头胸部和四肢水肿，呼吸困难，体温一般不升高。

3. 剖检肺部见有不同程度的膨胀不全和肺气肿，有虫体寄生的部位肺表面稍隆起，呈灰白色，切开可发现支气管内含有大量混有血丝的黏液和成团的虫体。

4. 粪便检查应采集新鲜粪便，用幼虫分离法检查有无幼虫。如果粪便陈旧，则一些肠胃内寄生的圆形目线虫卵内的幼虫也先后孵出，在检查时必须加以区别。

（二）防治

1. 流行严重的牧场，由放牧改为舍饲的前后进行 1～2 次驱虫。发现患病动物或疑似患病动物应立即隔离，进行治疗。可选用的驱虫药有：左咪唑每千克体重 8～10 mg，口服，或丙硫咪唑每千克体重 10～15 mg，口服；或伊维菌素每千克体重 0.2 mg，口服或皮下注射。

2. 幼龄动物与成年动物分开饲养，搞好卫生，保持牧场清洁干燥，防止潮湿积水，注意饮水卫生，粪便堆肥发酵。

3. 由放牧改为舍饲的前后进行 1～2 次驱虫。还可接种致弱幼虫疫苗。

七、羊原圆线虫病

（一）诊断要点

1. 由原圆线虫寄生于羊的肺泡、细支气管和肺实质等处引起，又称小型肺虫病。

2. 主要症状是咳嗽，消瘦，贫血，被毛粗乱无光，严重者喘气，呼吸困难，甚至窒息死亡。

3. 剖检可见胸膜和肺有粟粒大硬结，膈叶尤其是膈叶后部有豌豆大至拇指大硬结，肺小叶气肿及小区实变。硬结和支气管、细支气管黏液内，可见细小的成虫。

4. 检查粪便有无幼虫，参考大型肺虫病。

（二）防治

1. 驱虫参照大型肺线虫，可用左咪唑、丙硫咪唑、噻苯唑等药驱虫。

2. 避免低湿地段放牧，避开雾天、清晨、傍晚放牧，进行计划性驱虫。

八、牛吸吮线虫病（牛眼虫病）

（一）诊断要点

1. 由吸吮线虫寄生于牛的眼结膜囊、第三眼睑和泪管引起。多发于温暖、潮湿、蝇类活动的季节。各种年龄的牛均可发生。

2. 临床表现结膜角膜炎，病牛摇头不安，羞明流泪，结膜潮红，角膜浑浊和溃疡。继发细菌感染时病情加剧，可引起失明。

3. 在眼内发现虫体即可确诊。虫体有时游动到眼球表面，容易发现，一般情况下，需用手指轻压内眼角区，然后用镊子把瞬膜提起，即可发现虫体在其中活动。

（二）防治

在本病流行区的冬、春季节进行 2～3 次全群的预防性驱虫，每次间隔 1 个月。可选用的药物：左咪唑每千克体重 8 mg，1 次/d，连服 2 d；90% 美沙立定 20 mL，1 次皮下注射；10% 左咪唑滴眼；或 1% 敌百虫溶液点眼，3% 硼酸溶液、1/1 500 碘溶液（碘 1、碘化钾 2、水 1 500）、0.2% 的海群生或 0.5% 的来苏儿强力冲洗眼结膜囊和第三眼睑，可杀死和冲出虫体。但并发结膜炎或角膜炎时，应同时使用青霉素软膏或磺胺类药物治疗。

九、片形吸虫病

（一）诊断要点

1. 由肝片吸虫和大片吸虫寄生于牛、羊、鹿、骆驼等动物的肝脏和胆管引起。其发生与中间宿主——椎实螺密切相关，多发于低洼地、湖泊草滩、沼泽地带。干旱年份流行轻，多雨年份流行重；夏季为主要感染季节。

2. 轻度感染往往不显症状，而幼龄动物即使寄生很少虫体也能呈现有害作用。急性型多见于羊，多发生于夏末和秋季，由于幼小虫体大量集中侵入而引起腹膜炎和创伤性肝炎，精神沉郁，体温升高，食欲减退，偶有腹泻现象，有时突然死亡。慢性型最多见，此时虫体已寄居于胆管内，临床上表现为贫血和水肿，食欲不振，体态消瘦，衰弱，步行缓慢，产乳量显著减少，孕畜流产，严重时极度消瘦而死亡。

3. 病理剖检，急性病例肝肿大、质软，包膜有纤维素沉积，有长 2～5 mm 的暗红色虫道，虫道有凝固的血液和很小的童虫；腹腔中有血色的液体，有腹膜炎病变。慢性病例肝实质萎缩、退色、变硬，胆管肥厚、扩张呈绳索样突出于肝表面，胆管内壁粗糙，内含大量血性黏液和虫体及黑褐色或黄褐色磷酸盐结石。

4. 生前诊断常采用水洗沉淀法检查虫卵。也可采用皮内变态反应、间接血凝试验或酶联免疫吸附试验等方法诊断。

（二）防治

1. 疫区每年春、秋各驱虫 1 次，常用药品有：碘醚柳胺（重碘柳胺），对肝片形吸虫 6 周龄以上的童虫和成虫有较好效果，每千克体重 7.5 mg（泌乳期禁用），灌服；三氯苯唑，对肝片形吸虫 1 周龄童虫和成虫有效，牛每千克体重 10 mg，羊每千克体重 12 mg，灌服；溴酚磷（蛭得净）每千克体重 12 mg，1 次口服，对肝片形吸虫童虫及成虫均有效；硝氯酚，牛每千克体重 3～4 mg，羊每千克体重 4～6 mg，1 次口服，对成虫有效；丙硫咪唑每千克体重 10 mg，口服，对成虫有效。也可用氯氰碘柳胺钠、双乙酰胺苯氧醚等药物驱虫。

2. 粪便发酵处理，杀死虫卵，对驱虫后排出的粪便尤应严格处理。定期驱虫，消灭中间宿主螺类，避免在低湿地放牧，确保饲草和饮水卫生。

十、前后盘吸虫病（胃吸虫病）

（一）诊断要点

1. 肠道内幼虫可经小肠黏膜移行至胆管、胆囊和真胃，在瘤胃发育为成虫。幼虫移行时危害严重，表现为顽固性拉稀，粪便恶臭呈粥样或水样，有时粪中带鲜血并含有幼小的虫体。颌下水肿，逐渐消瘦。

2. 急性幼虫移行期病例，往往在粪便中找不到虫卵，可取大量粪便，采取反复水洗沉淀法，可在沉淀物中发现未成熟的幼小吸虫。慢性病例可用水洗沉淀法检查粪便，发现大量虫卵即可确诊。注意与肝片形吸虫卵相区别。

（二）防治

参考肝片形吸虫病。

1. 氯硝柳胺对前后盘吸虫幼虫有良好效果，羊每千克体重 70～80 mg，牛每千克体重 50～60 mg；溴羟苯酰苯胺，牛每千克体重 65 mg，口服；吡喹酮，奶牛每千克体重 60 mg，口服。也可应用硫双二氯酚，羊每千克体重 80～100 mg，牛每千克体重 40～50 mg，1 次灌服。

2. 改良土壤，使潮湿地区干燥，不在低洼潮湿之地放牧，舍饲期间进行预防性驱虫，利用水禽或化学药物灭螺。

十一、阔盘吸虫病

（一）诊断要点

1. 由阔盘吸虫寄生于牛羊等动物的胰腺胰管内引起。患病动物消瘦，贫血，颌下和胸前水肿，腹泻，严重者可引起死亡。

2. 剖检可见胰腺肿大，表面不平，颜色不匀，有小出血点，胰管增粗，管腔黏膜上有乳头状小结节，并有点状出血，内含大量虫体。

3. 采用粪便水洗沉淀法可检出虫卵。

（二）防治

1. 可用吡喹酮进行治疗，口服，每千克体重 60～70 mg；腹腔注射，每千克体重 30～50 mg，注射剂可用灭菌液状石蜡或植物油以 1∶5 配合。也可用血防 846（即六氯对二甲苯）驱虫，羊每千克体重 200～400 mg，牛每千克体重 300 mg，口服，1 次/d，3 次为 1 疗程。

2. 定期驱虫，消灭病原体；消灭中间宿主，实施计划地放牧，并加强饲养管理。

十二、双腔吸虫病

（一）诊断要点

1. 由双腔吸虫寄生于牛羊等动物肝脏和胆囊内引起。严重感染时见黏膜黄染，逐渐消瘦，水肿和腹泻，最后因恶病质而死亡。

2. 剖检可见肝肿大，胆管增粗，管壁增厚，虫体充塞于细胆管。虫体数量多时，可在胆囊内发现虫体。采用粪便水洗沉淀法可检出虫卵。

（二）防治

参考胰阔盘吸虫病。

1. 可选用的药物有：海托林（三氯苯丙酰嗪），绵羊每千克体重 40～50 mg，山羊每千克体重 20～100 mg，牛每千克体重 30～40 mg，配成 2％悬浮液，口服；或吡喹酮，绵羊每千克体重 50～70 mg，口服；或血防 846（六氯对二甲苯），牛、羊每千克体重 200～300 mg，口服；丙硫咪唑，羊每千克体重 30～40 mg，牛每千克体重 10～15 mg，口服。吸虫灵（六氯乙烷），牛、羊均按每千克体重 200～400 mg，间隔 2～3 d，分 2 次口服。

2. 定期驱虫，灭螺灭蚁，加强饲养管理，合理放牧。

十三、脑多头蚴病

（一）诊断要点

多头蚴是寄生于犬、狼、狐小肠内的多头带绦虫的幼虫，主要寄生于反刍动物（牛、羊）的脑、脊髓。患病动物有特殊的强迫运动，如转圈、前冲、后退等，一般根据病羊旋回情况可初步判定病灶的部位和深浅，即"小圈浅，大圈深，低头前，仰头后，平头中"，以及痉挛症状；有视力减退或失明，视神经乳突有充血或萎缩；细心触诊头骨有变软和压痛部位。应注意与莫尼茨绦虫病、羊鼻蝇蚴病及其他脑病相鉴别。有些病例需剖检后才能确诊。

（二）防治

1. 犬应定期进行驱虫，尤其是牧羊犬，具体方法参阅犬绦虫病。

2. 捕杀野犬、狼、狐等终末宿主；患病动物的脑和脊髓应予销毁，以防被犬吞食而感染多头绦虫病。

3. 可口服吡喹酮治疗，羊每千克体重 50～70 mg，连用 3 d；还可用丙硫咪唑和羟溴酸槟榔碱。在头前部脑髓表层寄生的囊体可施行手术摘除。

十四、棘球蚴病

（一）诊断要点

生前诊断比较困难。在尸体剖检时发现肝、肺等脏器组织有棘球蚴，棘球蚴为一个近似球形的囊，由豌豆大至小儿头大，囊内充满囊液。家畜可应用皮内变态反应检查法，采取棘球蚴囊液作为抗原，给动物皮内注射 0.1～0.2 mL，5～10 min 后如出现 0.5～2 cm 的红斑并有肿胀时即为阳性，但常和牛囊尾蚴、羊多头蚴等发生交叉反应，具有 70％左右的准确性。也可应用间接血球凝集试验和酶联免疫吸附试验，有较高的特异性和敏感性。

（二）防治

1. 治疗可用吡喹酮，每千克体重 25～30 mg，1 次/d，连用 5 d；丙硫咪唑，每千克体重 90 mg，连服 2 次。

2. 捕杀野犬、狼、狐，严格管理家犬，定期驱虫，以消灭感染源。可应用吡喹酮或氢溴酸槟榔素进行驱虫，具体方法参阅犬、猫"绦虫病"。驱虫后的犬粪应深埋或堆肥发酵无害化处理。妥善处理患病动物脏器，只有在煮熟无害化处理后方可作为犬饲料。保持畜舍、饲草料和饮水卫生，防止被犬粪污染。此外，目前国外已研制出细粒棘球蚴基因工程疫苗，可进行免疫预防。

十五、绦虫病

(一) 诊断要点

1. 由绦虫的成虫寄生于牛、羊等动物的小肠引起。莫尼茨绦虫主要感染 1.5 月龄到 8 月龄的羔羊或犊牛，无卵黄腺绦虫常见于成年牛、羊，曲子宫绦虫幼龄或成年动物均可感染。

2. 严重感染时，幼龄动物消化不良，便秘，腹泻，慢性臌气，贫血，消瘦，最后衰竭而死。有时有神经症状，呈现抽搐和痉挛及旋回病样症状。有的由于大量虫体聚集成团，引起肠阻塞、肠套叠、肠扭转，甚至肠破裂。

3. 检查粪便中的绦虫节片，特别是在清晨清扫羊舍时，查看新鲜粪便，如在粪球表面发现孕卵节片即可确诊。用饱和盐水浮集法检查粪便，有时可以发现莫尼茨绦虫卵。曲子宫绦虫和无卵黄腺绦虫卵较难检出。

(二) 防治

1. 首选驱虫药丙硫咪唑，按每千克体重 5～6 mg，口服，投药后灌服少量清水，驱虫前应禁食 12 h 以上，驱虫后留圈不少于 24 h，以免污染牧地。农区放牧的羊，6 月底至 7 月中旬驱虫 1 次，11 月份入冬前再驱虫 1 次；淘汰羊于当年 8 月份驱虫 1 次；山区冬、夏牧场放牧的羊，应于第 2 年 3 月底至 4 月初转场前补驱虫 1 次。为防止长期应用产生抗药性，连续使用 3 年后可与吡喹酮（每千克体重 12 mg）交替使用；也可应用硫双二氯酚，按每千克体重 60～80 mg，口服；甲苯咪唑，牛每千克体重 10 mg，羊每千克体重 15 mg。

2. 合理调整放牧时间，为避开清晨甲螨数量高峰，夏秋一般以太阳露头，牧草上露水消散时进入牧地；冬季、早春甲螨钻入腐殖层土壤中越冬，故可按常规时间放牧。充分利用农作物茬地和耕翻地放牧，逐步扩大人工牧地的利用，建立科学的轮牧制度。实行轮牧。

十六、巴贝斯虫病

(一) 诊断要点

1. 由巴贝斯虫寄生于反刍动物红细胞内引起。流行与传播媒介蜱的孳生和消长密切相关，有一定的地区性和季节性。

2. 临床多为急性，体温高达 40～41.5 ℃，呈稽留热，精神沉郁，喜卧，食欲减退，肠蠕动及反刍弛缓，常有便秘现象。发病 2～3 d 后，迅速消瘦、贫血、黄疸，排恶臭的褐色粪便及特征性的血红蛋白尿。

3. 剖检可见黏膜苍白、黄染，血液稀薄如水，肝、脾肿大，胆囊肿大，第三胃干硬，似足球状，膀胱内充满红色尿液。

4. 确诊主要依据血液涂片检出虫体。体温升高后 1～2 d，耳尖采血涂片检查，可发现少量圆形和变形虫样的虫体；血红蛋白尿出现期，虫体较多，且大部分为梨籽形虫体。

(二) 防治

1. 根据流行地区蜱的活动规律，实施有计划、有组织的灭蜱措施。常用的灭蜱药有：1%马拉硫磷、0.2%辛硫磷、0.2%杀螟松、0.2%害虫敌、0.25%倍硫磷乳剂或 25 mg/L 溴氰菊酯乳油剂。

2. 牛、羊群应避免到大量孳生蜱的牧场放牧，必要时可改为舍饲。

3. 流行地区放牧的牛、羊，在发病季节，可用咪唑苯脲按每千克体重 2 mg 配成 10%溶液肌内注射；输入或外运牛羊必须进行检查，发现血液内有虫体时，应用抗梨形虫药进行治疗。

4. 应尽量做到早确诊、早治疗。除应用特效药物杀灭虫体外，还应针对病情给予对症治疗，如健胃、强心、补液等。常用的特效药有：咪唑苯脲每千克体重 1～3 mg，配成 10% 溶液，肌内注射；或三氮脒每千克体重 3.5～3.8 mg，配成 5%～7% 溶液，深部肌内注射，黄牛偶尔出现起卧不安、肌肉震颤等副作用，但很快消失，水牛对本药较敏感，一般用药 1 次较安全，连续使用易出现毒性反应，甚至死亡；或锥黄素每千克体重 3～4 mg，配成 0.5%～1% 溶液静脉注射，症状未减轻时，24 h 后再注射 1 次，在治疗后数日内，避免烈日照射；或阿卡普林每千克体重 0.6～1 mg，配成 5% 溶液皮下注射，有时注射后数分钟出现起卧不安、肌肉震颤、流涎、出汗、呼吸困难等副作用（妊娠牛可能流产），一般于 1～4 h 后自行消失，严重者可皮下注射阿托品，每千克体重 10 mg。国外有应用抗巴贝斯虫弱毒虫苗，1 次免疫接种后，3～4 周内可产生免疫保护力，并能维持数年。

十七、牛泰勒虫病

(一) 诊断要点

1. 由泰勒虫寄生于反刍动物的巨噬细胞、淋巴细胞和红细胞内引起。环形泰勒虫传播者残缘璃眼蜱生活在牛圈内，故环形泰勒虫病在舍饲条件下发生于 6～8 月份，7 月份为高峰；瑟氏泰勒虫传播者长角血蜱生活在山野或农区，故瑟氏泰勒虫病在放牧条件下发生于 5～10 月份，6～7 月份为高峰。

2. 临床表现体温 40 ℃以上，结膜和全身可视黏膜贫血、黄染及有粟粒到高粱粒大的出血点，异食癖，尤以体表淋巴结肿胀为本病特征。

3. 剖检可见血液稀薄，全身性出血，脾、肝、肾肿大；全身淋巴结肿大，切面多汁，有暗红色病灶和灰白色结节；真胃黏膜充血、肿胀，有帽针头至黄豆大、黄白色或暗红色的结节，结节部上皮细胞坏死后形成糜烂或溃疡，具有诊断意义。

4. 血片、淋巴结穿刺涂片检查可发现虫体。

(二) 防治

1. 根据环形泰勒虫传播者残缘璃眼蜱的生活习性，12 月份至翌年 1 月份用杀虫剂消灭在牛体越冬的若蜱，4～5 月份用泥土堵塞牛圈墙缝，闷死在其中蜕皮的饱血若蜱，6～7 月份用杀虫剂消灭寄生在牛体的成蜱，8～9 月份可再用堵塞墙洞的方法消灭在其中产卵的雌蜱和新孵出的幼蜱。瑟氏泰勒虫传播者长角血蜱生长于山地农区，可参阅牛巴贝斯虫病防治措施。

2. 环形泰勒虫病可应用环形泰勒虫裂殖体胶冻细胞苗，接种后 20 d 即产生免疫，但该虫苗对瑟氏泰勒虫病无交叉免疫保护作用。瑟氏泰勒虫病在发病季节可应用三氮脒进行药物预防，每千克体重 7 mg，配成 7% 溶液深部肌内注射。新鲜黄花青蒿，每日每牛 2～3 kg，切碎，用冷水浸泡 1～2 h，连渣分 2 次灌服，2～3 d 后染虫率下降。

3. 治疗可用磷酸伯氨喹啉，按每千克体重 0.75～1.5 mg，口服，1 次/d，连续给药 3 次为 1 疗程；布帕伐醌，5% 注射剂按每千克体重 2.5 mg，肌内注射。对重危病例应根据临床症状给以强心、补液、止血、补血、健胃、缓泻、舒肝、利胆等对症治疗。

十八、羊泰勒虫病

（一）诊断要点

1. 发生于 4～6 月份，5 月份为高峰，1～6 月龄羔羊发病率高，1～2 岁羊次之，3～4 岁羊很少发病。病羊精神沉郁，食欲减退，体温升高到 40～42 ℃，稽留 4～7 d，呼吸促迫，反刍及胃肠蠕动减弱或停止。有的病羊排恶臭稀粥样粪，混有黏液或血液。个别羊尿液浑浊或血尿。可视黏膜充血，继而出现贫血和轻度黄疸，有时有小点状出血。体表淋巴结肿大，有痛感。肢体僵硬，行走困难。

2. 剖检可见尸体消瘦，血液稀薄、凝固不全，皮下脂肪胶冻样、有点状出血。全身淋巴结呈不同程度肿胀，以颈浅、肠系膜、肝、肺等处较为显著，切面膨隆多汁、充血、出血，有些淋巴结呈灰白色，有时在表面可见颗粒状突起。肝、脾及胆囊肿大。肾呈黄褐色，表面有结节和点状出血。真胃黏膜上有溃疡斑，肠黏膜上有少量出血点。

3. 血片、淋巴结穿刺涂片或脾脏涂片可发现虫体。

（二）防治

1. 预防，应做好灭蜱工作，在疫区，发病季节，对羔羊用 2％三氮脒溶液进行药物预防注射，每千克体重 5 mg 肌内注射，每隔 10～15 d 注射 1 次，还可用咪唑苯脲每千克体重 1.5～2 mg，肌内注射。

2. 治疗用三氮脒每千克体重 7～10 mg，配成 1～5％溶液肌内注射，用 1～2 次；或咪唑苯脲每千克体重 1.5 mg，配成 10％溶液肌内注射，间隔 1 d 再注射 1 次；或 5％阿卡普林每 10 kg 体重 0.2 mL，皮下或肌内注射，如心搏加快时将总量分 3 次注射，1 次/2 h，必要时 24 h 后可重复使用，或磷酸伯氨喹啉，每千克体重 3～6 mg，口服，1 次/d，连用 3 d。

十九、牛球虫病

（一）诊断要点

1. 由艾美耳属的球虫寄生于牛的小肠、盲肠和结肠引起。临床多取急性经过，病初主要表现为精神沉郁，减食，粪便表面附有数量不等的鲜红血液和血凝块，在肛门周围还残留有新鲜血液。约1周后表现消瘦，食欲废绝，反刍停止，排恶臭带血稀便，其中混有纤维素性薄膜样物。末期高度贫血，粪便黑色，几乎全为血液，最后因高度衰弱死亡。慢性型一般在发病后 3～5 d 逐渐好转，下痢和贫血症状可能持续数月，粪便中常带少量血液，如饲养管理不良，可逐渐衰弱死亡。

2. 剖检可见小肠和大肠广泛性卡他性炎症，小肠后段、盲肠和结肠内充满半流动性的血样内容物，肠黏膜肥厚，有广泛性出血性炎症，淋巴滤泡肿大突出，有白色和灰白色的小病灶，同时常常可见直径 4～15 mm 的溃疡，其表面覆有凝乳样薄膜。直肠内容物呈褐色，恶臭，有纤维素性薄膜和黏膜碎片。

3. 在病变部刮取物中发现有大量裂殖体、裂殖子或卵囊具有诊断意义。仅根据粪便检查有无卵囊做出判断是不确切的。急性球虫病一般发生在球虫的无性繁殖阶段，此时尚无卵囊形成，反之粪便中存在少量卵囊常常是隐性感染带虫者的特征。

（二）防治

1. 圈舍应保持干燥、通风，消除积水，勤于打扫，定期消毒。饲料和饮水应保持清洁，严防粪便污染。及时发现、隔离、治疗病牛。犊牛应与成年牛分开饲养，哺乳母牛的乳房要经常擦洗。

2. 治疗可内服磺胺二甲嘧啶，犊牛每天每千克体重 100 mg，连用 2 d，也可配合使用酞酰磺胺噻唑；或氨丙啉内服，每天每千克体重 25 mg，连用 45 d；盐霉素，每千克体重 2 mg，连用 7 d。临床上应结合止泻、强心和补液等对症治疗。

二十、羊球虫病

（一）诊断要点

1. 由艾美耳属的球虫寄生于羊的肠道引起。对羔羊的危害较大。

2. 病羊精神不振，食欲减退或消失，体重下降，被毛粗乱，可视黏膜苍白，腹泻，粪便中常混有血液、脱落的黏膜，粪便中含有大量卵囊。体温有时升至 40～41 ℃，严重者可导致死亡，死亡率约为 10%。

3. 剖检可见小肠黏膜上有淡白、黄色圆形或卵圆形结节，大小如粟粒到豌豆大。

4. 饱和盐水漂浮法检查新鲜羊粪，能发现大量球虫卵囊。

（二）防治

1. **治疗**　氨丙啉，每千克体重 20 mg，口服，1 次/d，连用 5 d；氯苯胍，每千克体重 20 mg，1 次/d，连服 7 d；盐霉素，每天每千克体重 2 mg，连用 7 d；磺胺二甲嘧啶或磺胺六甲氧嘧啶，每天每千克体重 100 mg，灌服，连用 3～4 d。

2. **预防**　圈舍应保持清洁和干燥，饮水和饲料要卫生；放牧的羊群应定期更换草场；将羔羊和成年羊分开饲养。

二十一、犊牛隐孢子虫病

（一）诊断要点

1. 由小隐孢子虫引起，主要寄生于犊牛的回肠，其次是十二指肠和大肠。大量感染时，可引起犊牛腹泻，食欲缺乏，精神委顿，虚弱无力，体重下降，一般病程为 6～14 d，有的可复发。本病常可合并感染其他肠道病原体，使病情趋于复杂化。

2. 采用饱和盐水或食糖溶液浮集法浓集粪便中的卵囊，由于卵囊极小，多采用涂片染色在 1 000 倍显微镜下检查。常用的染色方法为抗酸染色法或沙黄-美蓝染色法。

（二）防治

1. 目前尚无特效药物，螺旋霉素、盐霉素、多黏菌素、呋喃西林对犊牛隐孢子虫病有一定疗效。

2. 加强饲养管理和卫生措施，提高免疫力，阻断传播途径。50% 氨水 5 min 及 10% 福尔马林 120 min 和 30% 过氧化氢 30 min 有杀灭卵囊的作用，可用于牛舍消毒。

二十二、牛贝诺孢子虫病

（一）诊断要点

1. 由贝诺孢子虫的包囊寄生于牛的皮下、结缔组织、浆膜和呼吸道黏膜等处引起。病初发热，首先于阴囊及后肢内侧皮肤增厚而有皱褶，无明显境界；继而胸下、腹下、四肢、颈侧、口鼻周围、眼眶周围的皮肤也逐渐增厚；最后全身各部皮肤呈现不同程度的变厚、缺乏弹性、脱毛，蓄积多量灰白色皮屑，外观似螨病，但痒觉不明显。关节屈面皮肤皲裂，流出浆液血性渗出液。病牛步样强拘，不愿运动。体表淋巴结肿大。眼羞明流泪、角膜浑浊、巩膜充血，巩膜上可见白色针尖大的结节状包囊。轻症感染，临床症状不明显，仔细检查，有些病例眼巩膜可发现包囊；有些病例四肢水肿，不愿行动。

2. 重症病例，可在病变部剪取皮肤表面的乳突状的小结节，剪碎压片镜检，发现虫体包囊或慢殖子即可确诊。轻症病例，可详细检查眼巩膜上是否有针尖大白色结节状的包囊。

（二）防治

目前尚无有效的治疗药物，国外报道应用1‰锑制剂有一定疗效。氢化可的松对急性病例有缓解作用。国外利用从蓝羚羊分离到的虫体，组织培养制成疫苗用于免疫。加强肉品检验工作，严禁用生牛肉喂猫，严防猫粪污染牛的饲草、饮水等。

二十三、伊氏锥虫病

（一）诊断要点

1. 由伊氏锥虫寄生在动物的血液（包括淋巴液）和造血器官引起，牛、羊、驼易感性较弱，虽有少数在流行之初因急性发作而死亡，但多数呈带虫状态而不发病，但机体抵抗力低时，特别是天冷、枯草季节则开始发作，并呈慢性经过。本病流行于热带和亚热带地区，发病季节与传播昆虫的活动季节相关。

2. 临床多呈慢性经过或带虫而不发病。发病时体温升高，经1～2 d后下降，经2～6 d间歇后，再度上升。发病后症状发展较慢，水肿可由胸腹下垂部延伸到四肢下部。在发生水肿后，皮肤常龟裂，并流出淋巴液或血液。牛的特有症状是耳、尾的干性坏死。

3. 剖检体表淋巴结肿大充血；脾肿大，表面有出血点；肝肿大淤血，表面粗糙，质脆，有散在性脂肪变性；肾肿大，浑浊肿胀，有点状出血，被膜易剥离；第三、四胃黏膜上有出血斑；心脏肥大，有心肌炎，心包膜有点状出血；有神经症状的患病动物，脑腔积液，软脑膜下充血或出血，侧脑室扩大，室壁有出血点或出血斑。

4. 用血压滴标本法、血涂片法、试管集虫法、毛细管集虫法检查血液中虫体。但由于虫体在末梢血液中的出现有周期性，且血液中虫体数忽高忽低，因此即使是患病动物也必须多次检查，才能发现虫体。

5. 血清学诊断常采用补体结合反应和间接血凝试验。

（二）防治

1. 必须贯彻预防为主的方针，着重抓好消灭病原、扑灭蝇虻和防护畜体三个环节。

2. 药物预防较实用的是喹嘧胺，该药注射1次有3～5个月的预防效果；萘磺苯酰脲用药1次有1.5～2个月的预防效果；盐酸氯化氮氨菲啶（沙莫林）预防期可达4个月。

3. 治疗本病要早，药用量要足，观察时间要长，防止过早使役引起复发，可选用下列特效药：萘磺苯酰脲、喹嘧胺、三氮脒（以注射用水配成7%溶液，深部肌内注射，每千克体重3.5 mg，1次/d，连用2～3 d）、盐酸氯化氮氨菲啶（沙莫林）。锥虫患病动物经以上药物治疗后，易产生抗药虫株，因此，在治疗后复发的病例，常建议改用其他药物。

4. 根据病情进行强心、补液、健胃、缓泻等治疗。尤其重要的是加强护理，改善饲养管理条件，以增强机体抵抗力，促进早日康复。

二十四、牛胎儿毛滴虫病

（一）诊断要点

1. 由胎儿三毛滴虫寄生于牛生殖器官引起，主要寄生于母牛的阴道、子宫，公牛的包皮腔、阴茎黏膜、输精管及流产胎儿、羊水和胎膜中。公牛发生阴茎、包皮、尿道及前列腺等处的炎症；母牛为阴道炎、子宫颈炎及子宫内膜炎等。化脓菌混合感染则发生化脓性子宫内膜炎。成群不发情、不妊娠或妊娠后 1～3 个月的早期流产为本病的特征。

2. 刮取生殖器官病变部的黏液或采取阴道分泌物，直接滴在载玻片上或以生理盐水 2～3 倍稀释后滴在载玻片上，加盖片，200 倍暗视野显微镜下检查；或离心沉淀（1 500～2 000 r/min）生殖器黏膜冲洗液，胎儿羊水和胸、腹腔液，200 倍暗视野显微镜下检查沉渣。胎毛滴虫在新鲜病料中呈西瓜籽形或长卵圆形，在白细胞与上皮细胞之间活泼地进行蛇行活动。病料存放时间稍长时，虫体收缩得很小，失去鞭毛和波动膜，可根据虫体柠檬状外形和体内有明显的颗粒与上皮细胞和白细胞区别。也可将病料制作涂片，甲醇固定，姬姆萨染色后油镜检查。

3. 应注意与布鲁菌病作类症鉴别。

（二）防治

1. 开展人工授精是较有效的预防措施，但应仔细检查公牛精液，确认无毛滴虫感染才可利用。无本病的健康牛群，在引进牛只时，应特别注意搞好检疫。病牛群应与健牛群分开饲养，不得混群，一切用具也应分开用，并严格消毒。患病公牛要严格隔离治疗，直至症状消失后，还需用 5～10 头低产母牛与之交配，交配后观察 15 d，每隔 1 天检查 1 次阴道分泌物，如无发病迹象，方可证实该公牛确已治愈，再供配种用。

2. 治疗可用 0.2% 碘液、0.1% 黄色素或 1% 血虫净溶液冲洗患畜生殖道，连用数天，还可内服灭滴灵。在发现新病例时应淘汰公牛。

二十五、牛皮蝇蛆病

（一）诊断要点

由牛皮蝇和纹皮蝇的幼虫寄生于牛的背部皮下组织引起，幼虫出现于背部皮下时易于确诊。最初可在背部摸到长圆形的硬结，过一段时间后可以摸到瘤状肿，瘤状肿中间有 1 小孔，可挤压出幼虫。此外，剖检时在食道浆膜下、皮下和脊椎管内可发现第一、二期幼虫。

（二）防治

1. 消灭寄生于牛体的幼虫，尤其是一、二期幼虫，在防治牛皮蝇蛆病上具有极重要的作用。

2. 可选用下述药物杀虫：

（1）倍硫磷每千克体重 5～7 mg，肌内注射，以 11～12 月份用药为好（对一、二期幼虫杀虫率为 95% 以上，注射 2 次可达 100%），或按每千克体重 4～10 mg 泼背（自肩后至尾根，沿脊背倾泼于皮肤上）。

（2）伊维菌素每千克体重 0.2 mg，皮下注射或口服。

（3）皮蝇磷每千克体重 100 mg，制成丸剂内服。

（4）乐果用酒精配成 50％溶液，成年牛 4～5 mL，育成牛 2～3 mL，犊牛 1～2 mL，在 2～3 月份肌内注射，对二、三期幼虫有良好的杀灭作用。

（5）敌百虫用温水（20 ℃）配成 2％溶液，在牛背穿孔处涂擦，300 mL/头。涂擦前应剪毛露出穿孔处。一般从 3 月中旬至 5 月底，每隔 30 d 处理 1 次，共处理 2～3 次。

（6）亚胺硫磷乳油每千克体重 30 mg，泼洒或滴于病牛背部皮肤，杀虫效果比敌百虫好。

二十六、羊鼻蝇蛆病

（一）诊断要点

由羊狂蝇的幼虫寄生于羊的鼻腔及其附近的腔窦内引起。病羊呈现慢性鼻炎（鼻窦炎和额窦炎）症状，表现打喷嚏、摇头、甩鼻、磨牙、磨鼻等，鼻孔流出浆液性、黏液性或黏脓性鼻液。剖检在鼻腔及邻近腔窦发现羊鼻蝇幼虫而确诊。病羊呈现神经症状时应与羊多头蚴病、莫尼茨绦虫病鉴别。

（二）防治

1. 确定适当的驱虫时间是防治的关键，应根据各地不同的气候条件，摸清羊狂蝇的生物学特性后确定（一般在每年 11 月份用药）。

2. 治疗可选用以下药物：

（1）伊维菌素，每千克体重 0.2 mg，配成 1％的溶液皮下注射。

（2）精制敌百虫，每千克体重 75 mg，配成水溶液口服，或以 5％溶液肌内注射，或以 2％溶液喷入鼻腔。

（3）氯氰柳胺，每千克体重 2.5 mg，皮下注射。或每千克体重 5 mg，口服。

二十七、牛、羊螨病

（一）诊断要点

1. 绵羊痒螨病多发于背、臀部密毛部位，然后波及全身。在羊群中首先引起注意的是羊毛结成束和体躯下部泥泞不洁，而后看到零散的毛丛悬垂于羊体，好像披着破棉絮样，甚至全身被毛脱光。

2. 水牛痒螨病多发于角根、背部、腹侧及臀部。体表形成很薄的"油漆起爆"状的痂皮，此种痂皮薄似纸，干燥，表面平整，一端稍微翘起，另一端与皮肤紧贴，若轻轻揭开，则在皮肤相连端痂皮下，可见许多黄白色痒螨在爬动。

3. 牛疥螨病常发生于牛的头部、颈部、尾根等被毛较短的部位，严重时可遍及全身。

4. 绵羊疥螨病主要在头部明显，嘴唇周围、口角两侧、鼻孔边缘和耳根下面也有。发病后期病变部位形成坚硬白色胶皮样痂皮。

5. 症状不够明显时，在患部与健部交界处用锐匙或外科刀刮取表皮，装入试管内，加入 10％苛性钠（或苛性钾）溶液煮沸，待毛、痂皮等固形物大部溶解后，静置 20 min，吸取沉渣，滴载玻片上，用低倍显微镜检查，有时还能发现幼螨、若螨和虫卵。

（二）防治

1. 药浴疗法 最常用于羊，既可用于治疗，也可用于预防。山羊在抓绒后、绵羊在剪毛后 5～7 d 进行。可根据具体条件选用木桶、旧铁桶、大铁锅、帆布浴池或水泥浴池进行药浴。可选用下述药品进行药浴：500 mg/L辛硫磷，或250 mg/L二嗪农，或150～250 mg/L巴胺磷，或300～500 mg/L双甲脒，或50 mg/L溴氰菊酯等。大群药浴前应先做小群安全试验。药液温度应保持在36～38 ℃，最低不能低于30 ℃。大群药浴时，应随时补充药液，以免影响药效。应选择无风晴朗天气进行。老、弱、羔羊和病羊应分群分批进行。药浴前应让羊饮足水，以免误饮中毒。药浴时间为1 min左右，注意浸泡羊头。药浴后应注意观察，发现羊只精神不好、口吐白沫，应及时治疗。如一次药浴不彻底，过7～8 d后可进行第2次。

2. 内用药　伊维菌素每千克体重0.2 mg，皮下注射，严重感染病羊间隔7～10 d重复注射1次，个别羊须进行第3次注射；5％敌百虫溶液患部涂擦，50～100 mg/L溴氰菊酯喷淋。

3. 畜舍宽敞、干燥、透光，通风良好。引入家畜时事先了解有无螨病存在，经常注意畜舍中有无发痒、掉毛现象。

第二节　马主要寄生虫病

一、马副蛔虫病

（一）诊断要点

1. 由马副蛔虫寄生于马属动物的小肠引起。临床表现消瘦、贫血、发育停滞、消化障碍，常有腹痛症状。虫体大量寄生时，可发生肠堵塞或肠穿孔而导致腹膜炎。幼驹有时还出现癫痫等神经症状。当肺部有大量幼虫移行时，患驹呈现短暂的体温升高、咳嗽、流鼻液。

2. 采用饱和盐水浮集法检查粪便中的马蛔虫卵，也可根据在粪便中发现有自然排出的虫体或进行诊断性驱虫后检出的虫体确诊。

（二）防治

1. 每年春、冬各进行1次预防性驱虫，妊娠母马在分娩后1周左右进行驱虫。驱虫时，应将马圈留在指定地点进行，驱虫后3～5 d粪便应集中堆肥发酵处理。驱虫后1～2 d（特别是驱虫后5 h之内）应详细观察马匹变化，发现因驱虫药中毒时，立即解救。

2. 可选用下述药品驱虫：

（1）敌百虫每千克体重40～75 mg，配成10～20％溶液灌服。敌百虫驱虫后，常发生肠音增强，排稀便，乃至轻度腹痛，流涎，肌肉震颤，呼吸促迫，心跳加快等副作用，一般经4～6 h可恢复正常，如症状重剧，长时间不恢复，则应采用阿托品进行解救。

（2）丙硫咪唑或甲苯咪唑每千克体重10 mg，口服。

3. 搞好环境卫生，坚持日常的厩舍和马场清扫工作，将粪便运到远离厩舍和草场的地方堆肥发酵。保持饮水、草料的清洁，防止被马粪污染，必须用水桶、草架、饲槽饮马、喂草料，防止马匹在地面采食。

二、马圆线虫病

（一）诊断要点

1. 由圆线虫寄生于马属动物的盲肠和结肠引起。常为幼驹发育不良的原因。马匹感染大量各种圆形线虫时，呈现发育不良，渐进性消瘦、贫血以及长期反复地呈现慢性消化不良和腹痛症状，尤其当幼虫移行时引起血栓性腹痛、腹膜炎、胰腺炎，可导致死亡。经一般治疗效果不显著时，就应考虑是否为圆形线虫病。

2. 剖检可见盲肠、结肠黏膜散在大量出血点和大圆虫叮咬脱落后形成的溃疡。肠壁上有大小不等的结节，有时在其中可发现蜷缩的幼虫。在肠壁上或肠腔中可发现大量成虫。普通圆虫病马在前肠系膜动脉和回盲结肠动脉上可见到大小、数目各不相同的动脉瘤，动脉瘤由豆大至小孩头大，切开可找到幼虫；无齿圆虫病马腹腔内蓄有淡黄或红色液体，腹膜下有许多红黑色斑块状结节，内含幼虫；马圆虫病可在有炎症的胰腺中发现虫道和幼虫。

3. 可疑为圆形线虫病时，可采取新鲜马粪，用饱和盐水浮集法检查虫卵。

（二）防治

1. 可用丙硫咪唑、噻苯唑、伊维菌素等药物驱虫。

2. 定期驱虫，加强卫生管理，合理放牧。

三、马尖尾线虫病（马蛲虫病）

（一）诊断要点

1. 由马蛲虫寄生于马属动物的盲肠和结肠内引起。患马肛门部剧痒，常以臀部抵于其他物体上擦痒，使尾毛蓬乱倒立，甚至使尾根部形成胼胝，皮肤破溃，有的进而发生湿疹。

2. 当症状可疑为蛲虫病时，用蘸 50% 甘油水溶液的湿棉球涂擦肛门周围和会阴部皱襞上的黄色污垢物，在显微镜下检查有无虫卵。

（二）防治

使用丙硫咪唑、甲苯咪唑均有显著效果。敌百虫每千克体重 $30\sim50$ mg，内服效果很好。同时用消毒液洗刷肛门周围皮肤，清除卵块，以防止再感染。主要搞好厩舍卫生及马体卫生，发现病马及时驱虫，并搞好用具和周围环境的消毒及杀虫灭卵的工作。

四、马胃线虫病（马柔线虫病）

（一）诊断要点

1. 由柔线虫的成虫寄生于马属动物的胃内引起慢性胃肠炎，表现渐进性消瘦，食欲不振，消化不良，周期性腹痛。幼虫可引起皮肤柔线虫病，主要发生于四肢、下腹部、颊部、臀腰部、跗关节等部位，伤口难愈合，并有颗粒性肉芽增生，伤口周围变硬；常发于春末，夏季加重，秋季好转，冬季平息，来年夏季可复发，故称为夏疮。

2. 让病马饥饿 36 h，然后用 15 L 左右的 2% 重碳酸钠洗胃，$5\sim10$ min 后用胃管吸出洗胃的液体，检查最后吸出的那部分液体是否有虫体或虫卵存在。在皮肤溃疡面有时可发现柔线虫的幼虫或其碎片。

（二）防治

1. 在秋冬两季定期进行预防性驱虫，可选择下述驱虫方法：

（1）绝食 16 h 后先用 2% 重碳酸钠 $3\sim5$ L 除去胃中过量的黏液，皮下注射吗啡 $0.2\sim0.3$ g，引起幽门括约肌收缩，$15\sim20$ min 后用胃管投服碘溶液（碘 1、碘化钾 2、水 1 500）$4\sim4.5$ L。

（2）成年马绝食 10 h 后投服二硫化碳 $10\sim15$ mL 制成黏浆剂。

（3）对皮肤柔线虫病可用台盼蓝或甘油合剂进行治疗。

2. 搞好卫生，每天清除厩舍内的马粪，运往贮粪场堆肥发酵；注意防蝇、灭蝇。

五、马网尾线虫病（马肺丝虫病）

（一）诊断要点

寄生于支气管内。主要症状为咳嗽，呼吸加快，精神萎靡，食欲减少，渐进性贫血和消瘦。诊断可采用贝尔曼氏法检出粪便中的幼虫或根据死后剖检在支气管中发现大量成虫而确诊。

（二）防治

参考马副蛔虫病，可应用甲苯咪唑进行治疗，每千克体重 15～20 mg，口服，1 次/d，连用 5 d。还可用噻苯唑。保持牧场清洁干燥，幼驹与成年马分开放牧。

六、马副丝虫病（血汗症）

（一）诊断要点

1. 由多乳突副丝虫寄生于马的皮下组织和肌间结缔组织引起。每年 4 月份开始发生，7～8 月份达高潮，冬季完全消失，翌年又可再发。病马的颈部、肩部、体侧等处皮肤出现蚕豆大结节，中午炎热时，结节破溃出血，持续 2～3 h，犹如血汗，出血停止后凝成血痂。白天炎热时出血多，而早、晚及阴天则减少或停止。第 2 天可重复出现。

2. 采取患部血液，或压破皮肤结节，在显微镜下检查虫卵和微丝蚴。

（二）防治

主要是保持厩舍及马体清洁，扑灭各种吸血昆虫，及时治疗病马。可试用海群生（内服）、伊维菌素进行治疗。酒石酸锑钾 1%～2% 溶液 100 mL 静脉注射，每隔 1～2 d 一次；局部可用 1%～2% 石炭酸溶液涂擦，每天 1～2 次或试用 5% 敌百虫溶液 0.5～2 mL 在病灶周围分点注射。

七、马脑脊髓丝虫病

（一）诊断要点

1. 由寄生于牛腹腔的指状丝虫的晚期幼虫迷路侵入马、羊的脑或脊髓的硬膜或实质中引起。多发于夏末秋初，流行于长江流域和华东沿海地区。

2. 临床主要表现为后躯或后肢的运动失调或障碍，多无明显的原因而突然发病。病初腰背僵硬，后肢无力，运动不灵活，运步时后蹄捻转或蹄尖拖地，逐渐出现后躯摇摆，步行不稳或向一侧歪斜，横行。凹腰反应迟钝，后躯感觉迟钝或消失。阴茎脱出下垂，尿淋漓。体温、呼吸、脉搏、食欲均无明显变化。

3. 剖检可见在脑脊髓的硬膜、蛛网膜有浆液性、纤维素性炎症和胶样浸润病灶，以及大小不等的暗红色出血灶，在其附近有时可发现虫体。

4. 早期诊断可用牛腹腔丝虫提纯抗原，进行皮内反应试验。

（二）防治

1. 预防

（1）马厩应建在高燥、通风，远离牛舍的地方。有条件时普查病牛，对带微丝蚴的牛，可每日给予海群生内服，每千克体重 10 mg，每月连服 10 d，可减少病原。

（2）搞好环境、厩舍卫生，铲除蚊子孳生地；采用杀蚊药物喷洒、烟熏，灭蚊驱蚊。

（3）疫区对新引进的马及幼龄马在发病季节用 20％海群生注射液，肌内注射 50 mL，1 次/月，连用 4 个月；或按每千克体重 40 mg，口服，连服 5 d。

（4）搞好饲养管理，提高机体抗病能力。

2. 治疗　早期（仅皮内反应阳性，或仅有后肢蹄尖轻微拖地症状的病马）应用海群生治疗可收到较好效果。剂量为每千克体重 50～100 mg，内服，或每千克体重 50 mg，制成 20％～30％注射液肌内多点注射，连续用药 4 d 为 1 疗程。一般的马第 1 天肌内注射 50 mL，后 3 d 内服 10～15 g/d，共进行 3 个疗程，每个疗程间隔 5 d。

八、马绦虫病

（一）诊断要点

1. 由裸头绦虫寄生于马属动物的小肠和大肠引起。临床表现渐进性消瘦、贫血，消化不良，间歇性腹痛和下痢。

2. 用饱和盐水浮集法检查粪便，发现大量虫卵或在粪中检出绦虫的孕卵体节而确诊。

（二）防治

在本病流行的牧区，主要进行预防性驱虫，驱虫后的粪便应集中堆肥发酵。其他措施可参考莫尼茨绦虫病。驱虫可选用硫双二氯酚，每千克体重 7～25 mg，口服；或氯硝柳胺，每千克体重 88～100 mg，口服。南瓜子 400 g，槟榔 50 g，给药前绝食 12 h，先投服炒熟碾碎的南瓜子粉末 400 g，经 1 h 后灌服槟榔末 50 g，再经 1 h 后投服硫酸钠 250～500 g。

九、马梨形虫病

（一）诊断要点

1. 由巴贝斯虫寄生于马属动物的红细胞内引起。患驽巴贝斯虫病的病马，体温升高达 39.5～41.5 ℃，呈稽留热；精神高度沉郁，结膜及其他可视黏膜明显黄染，有时出现大小不等的出血点；尿色深黄，黏稠如豆油状，很少有血红蛋白尿；肺泡音粗厉，呼吸促迫，末期鼻孔流出多量黄色泡沫状液体。马巴贝斯虫病急性型的症状与驽巴贝斯虫病基本相似，但热型不定；亚急性型症状缓和，病程较长。

2. 虫体检查一般在病马发热时进行，但有时体温不高也可检出虫体。一次血液检查未发现虫体，不能立即肯定不是梨形虫病，应反复检查或改用集虫法检查。若病马血液中确实发现虫体，而应用特效药物治疗 2 次，效果也不明显的，就应考虑是否为马梨形虫病与马传染性贫血或其他疾病混合感染。

（二）防治

参阅牛巴贝斯虫病。咪唑苯脲，每千克体重 2 mg，配成 10％溶液，1 次肌内注射或间隔 24 h 再用 1 次；三氮脒，每千克体重 3～4 mg 配成 5％溶液深部肌内注射；阿卡普林，每千克体重 0.6～1 mg 配成 5％水溶液皮下或静脉注射，48 h 后重复 1 次。

十、伊氏锥虫病

（一）诊断要点

1. 伊氏锥虫主要寄生于血浆、淋巴液内，并可随血液进入其他组织和脏器中。临床呈现进行性消瘦，贫血，间歇高热，结膜出血，黄疸，心机能衰退，伴发体表水肿和神经症状。牛和骆驼多呈慢性经过或带虫状态，表现类似衰竭症的症状，即逐渐消瘦，被毛粗乱，皮肤干裂，耳、尾常干枯坏死脱落，四肢浮肿，起卧困难，直至卧地不起。

2. 在患病动物体温升高时采血，立即做成压滴标本，显微镜下检查血浆内有无如泥鳅样活泼游动的虫体。也可采用血液涂片染色，在油镜下检查。镜检呈阴性结果时，还可用血液、穿刺液或集虫后的病料皮下或腹腔接种于小鼠和犬，隔离观察症状、检测体温及做血液压滴标本，犬需观察 30 d，小鼠需 15 d。

3. 锥虫在患病动物血液中出现常无一定规律，尤其慢性病例，故常采用血清学反应作为辅助诊断。目前国内常用的方法为间接血凝试验、琼脂扩散试验、补体结合反应和酶联免疫吸附试验。

（二）防治

1. 加强饲养管理，搞好环境和畜舍卫生，在虻、蝇活跃季节定期用杀虫药处理畜体。

2. 药物预防一般仅用于当年或上一年发生过锥虫病的地区，常用安锥赛，有 3.5 个月预防效力。也可用拜耳 205 或锥灭定进行预防。

3. 及时发现和治疗患病动物，常用抗锥虫药有：

（1）萘磺苯酰脲配成 10％溶液静脉注射，马属动物每 100 kg 体重 1 g（极量 4 g），1 个月后再治疗 1 次；牛每 100 kg 体重 1～1.5 g（每头用量 3～5 g），骆驼 5 g，均为 1 周后再治疗 1 次。三氮脒，用水配成 7％溶液，深部肌内注射，每千克体重 3.5 mg，1 次/d，连用 2～3 d。盐酸氯化氮氨菲啶（沙莫林），每千克体重 1 mg，用生理盐水配成 2％溶液，深部肌内注射。

（2）甲基硫酸喹嘧胺配成 10％溶液皮下或肌内注射，每 100 kg 体重 0.3～0.5 g，每 2 d 1 次，连用 2～3 次。

（3）异甲脒氯化物，马每千克体重 0.5 mg，使用 20％溶液深部肌内注射，或使用 0.5％溶液缓慢静脉注射；牛每千克体重 1 mg，使用 20％溶液深部肌内注射，骆驼每千克体重 0.5 mg，使用 0.5％溶液缓慢静脉注射，间隔 6～14 d 进行第 2 次注射。

4. 加强一般性预防工作。易感动物进入疫区前应进行药物预防注射，利用熏烟、喷药，减少虻蝇叮咬。在受威胁地区，长期外出的役畜或由疫区调入的家畜，需隔离观察 20 d，确认健康后，方能使役或混群。

十一、马胃蝇蛆病

（一）诊断要点

由胃蝇属幼虫寄生于马属动物胃肠道内引起。病马高度贫血、消瘦，使役能力降低，严重感染时甚至引起衰竭死亡。了解当地是否为本病流行地区或马匹是否由流行地区引进。在夏秋成虫飞行期间可根据马体被毛上发现胃蝇卵或病马咀嚼、吞咽困难时在口腔、齿龈、舌、咽喉找到幼虫而确诊。在春季可注意观察马粪中有无幼虫，尤其对尾毛逆立、频频排粪的马匹应详细检查肛门和直肠上有无幼虫寄生，必要时可应用有效药物进行诊断性驱虫，也可根据剖检时在胃、十二指肠和咽部找到大量幼虫确诊。

（二）防治

在秋末、冬初有计划地连续进行大面积驱虫。可选用精制敌百虫每千克体重 30～40 mg

或成马 9～15 g、幼驹 5～8 g，配成 10～20％水溶液，1 次灌服，服药后 4 h 禁饮；或二硫化碳，成年马 20 mL，2 岁内幼驹 9 mL，分 3 次用胶囊或胃管投服，投药前 2 h 停喂。对口腔内的幼虫，可涂擦 5％敌百虫豆油（敌百虫加在豆油内加温溶解），涂 1～3 次即可。伊维菌素，每千克体重 0.2 mg，皮下注射。敌敌畏，每千克体重 40 mg，1 次投服。杀灭体表第一期幼虫，可用 1％～2％敌百虫水溶液喷洒或涂擦马体，6～10 d 重复 1 次。

第三节　猪寄生虫病

一、猪蛔虫病

（一）诊断要点

1. 由猪蛔虫寄生于猪小肠引起。大量幼虫移行至肺时引起蛔虫性肺炎，表现咳嗽、呼吸增快、体温升高、食欲减退、卧地不起及嗜酸性粒细胞增多。成虫寄生小肠时，仔猪发育不良、生长缓慢、被毛粗乱，常形成僵猪。大量寄生时，可引起肠堵塞、肠破裂。有时蛔虫进入胆管，造成堵塞，引起黄疸症状。还有少数病例呈现荨麻疹、兴奋、痉挛、角弓反张等神经症状。

2. 对 2 月龄以上仔猪可用直接涂片法或饱和盐水浮集法检查粪便中的猪蛔虫卵来确诊，但未受精卵比重较大，饱和盐水浮集法难检出。2 月龄以内仔猪有肺炎病变时，用贝尔曼法分离肺组织中的幼虫做出判断。剖检时可在小肠发现虫体，或在肺脏发现蛔虫幼虫进行诊断。

（二）防治

1. 在蛔虫病流行猪场，每年定期进行 2 次全面驱虫。仔猪在断奶后驱虫 2 次，最好每隔 20 d 驱虫 1 次。

2. 药物驱虫　左咪唑，每千克体重 8～10 mg，拌料或饮水或肌内注射；或 10％左咪唑涂擦剂，每千克体重 0.1～0.12 mL，耳根部皮肤涂擦；或丙硫咪唑每千克体重 10～20 mg 混入饲料或配成混悬液给药；或伊维菌素，每千克体重 0.3 mg，皮下注射；或多拉菌素，每千克体重 0.3 mg，1 次肌内注射；或枸橼酸哌嗪（驱蛔灵）每千克体重 0.3 g，混料；或噻嘧啶，每千克体重 20 mg，混料。

3. 猪粪堆肥发酵处理，保持猪舍通风良好、阳光充足，搞好环境消毒。怀孕母猪在怀孕中期进行 1 次驱虫。

4. 保持饲料和饮水清洁，减少断乳仔猪拱土和饮污水的机会。大小猪分群饲养。引入猪应先隔离饲养，进行 1～2 次驱虫后再并群饲养。在饲料中加入驱虫性抗生素添加剂，如潮霉素 B、越霉素 A。

二、猪食道口线虫病（结节虫病）

（一）诊断要点

1. 由食道口线虫寄生于猪的结肠内引起。大量感染时，肠壁增厚有大量结节，结节破溃后形成溃疡，造成顽固性结肠炎。患猪表现腹痛，不食，拉稀，日渐消瘦和贫血。

2. 用饱和盐水浮集法检查粪便有猪结节虫卵或发现自然排出的虫体即可确诊，必要时进行诊断性驱虫。

（二）防治

参阅猪蛔虫病。应用敌百虫、左咪唑、异丙苯咪唑、噻嘧啶或伊维菌素驱虫，均有良好效果。注意猪舍和运动场的清洁卫生，及时清理粪便，保持饮水和饲料清洁。

三、仔猪类圆线虫病（杆虫病）

（一）诊断要点

1. 由兰氏类圆虫寄生于仔猪的小肠黏膜内引起。多发于温暖多雨季节。3～4 周龄仔猪症状最严重，消瘦、贫血、消化障碍、腹痛、腹泻，粪中带有血液和黏液。有时可见湿疹和支气管肺炎。

2. 采用饱和盐水浮集法检查虫卵，供检查的粪便必须新鲜（夏季不得超过 5～6 h），最好由直肠取粪。

3. 剖检可见小肠黏膜卡他性炎症，有时出现点状、带状出血或有糜烂性溃疡。由于虫体较细小，又深藏在小肠黏膜内，必须用刀刮取黏膜，并在清水中仔细检查，才能发现虫体。

（二）防治

1. 保持猪舍和运动场清洁、干燥、通风良好，及时清除猪粪并堆肥发酵。

2. 患猪应及时驱虫，并给怀孕母猪和泌乳母猪驱虫，仔猪与母猪应分开饲养。可口服左咪唑每千克体重 10 mg，或丙硫咪唑每千克体重 40 mg，或氟苯咪唑每千克体重 5 mg，或甲苯咪唑每千克体重 30 mg，也可用伊维菌素每千克体重 0.3 mg，皮下注射。

四、猪毛尾线虫病（猪鞭虫病）

（一）诊断要点

1. 由猪毛尾线虫寄生于猪的盲肠引起。严重感染时，虫体布满盲肠黏膜，因吸血而损伤肠黏膜，引起消瘦、贫血、顽固性下痢，粪中带血和脱落的黏膜。可引起断奶期仔猪死亡。

2. 生前诊断用饱和盐水浮集法检查粪便中的虫卵。死后剖检可见盲肠、结肠黏膜有出血性坏死、水肿和溃疡，并叮有大量的虫体。

（二）防治

参考猪蛔虫病。还可选用敌百虫每千克体重 100 mg，口服；或羟嘧啶（驱除鞭虫的特效药）每千克体重 2～4 mg，口服或拌料。还可用左咪唑、苯硫咪唑等药驱虫。

五、猪胃线虫病

（一）诊断要点

1. 引起猪胃线虫病的线虫主要有：红色猪圆虫、螺咽胃虫、环咽胃虫、奇异西蒙线虫及刚棘颚口线虫。

2. 轻度感染常不表现症状；严重感染时病猪出现消瘦、贫血、营养障碍、食欲不振、渴欲增加、腹痛、呕吐等症状。

3. 由于虫卵不易在粪中发现，生前确诊较困难，可根据剖检病变及从胃内找出大量虫体做出确诊。

（二）防治

1. 可用丙硫咪唑每千克体重 5～10 mg，口服。红色猪圆虫可用伊维菌素每千克体重 0.3 mg，皮下注射。还可用左咪唑。防止猪饮用含剑水蚤的水和吃到中间宿主。

2. 猪粪堆肥发酵，改放牧为舍饲。

六、猪后圆线虫病（猪肺线虫病）

（一）诊断要点

1. 由后圆线虫寄生于猪的支气管和细支气管引起。轻度感染时症状不明显，感染虫体较多的瘦弱幼猪症状严重。病猪消瘦，发育不良，被毛干燥无光，阵发性咳嗽，尤其在早晚、运动后或遇冷空气刺激时，鼻孔流出脓性黏稠分泌物。严重病例呈现呼吸困难。病程长者常成僵猪，有的在胸下、四肢和眼睑部出现浮肿。

2. 剖检可见虫体寄生部位多在肺膈叶后缘，形成灰白色、隆起呈肌肉样硬变的病灶，切开后从支气管流出黏稠分泌物及白色丝状虫体，有的肺小叶因支气管腔堵塞而发生局限性肺气肿及部分支气管扩张。

3. 用沉淀法或饱和硫酸镁溶液浮集法检查粪便中的虫卵。

（二）防治

1. 流行区猪群春、秋各进行 1 次预防性驱虫，可用左咪唑每千克体重 8 mg，拌料或饮水，或伊维菌素每千克体重 0.3 mg，皮下注射。也可用苯硫咪唑、丙硫咪唑等药驱虫。

2. 防止猪吃到蚯蚓，流行地区用 1% 氢氧化钠或 30% 草木灰水淋湿猪运动场，既能杀灭虫卵，又能促使蚯蚓爬出，以便消灭它们。按时清除粪便，进行堆肥发酵。

七、猪冠尾线虫病（猪肾虫病）

（一）诊断要点

1. 在我国南方各省常呈地方性流行。有齿冠尾线虫寄生在肾脏周围的脂肪组织及输尿管周围的包囊中，有时在肾盂、肝脏及胸腔脏器中也可见到。

2. 轻症仅表现营养不良，受胎率低，腰部痿弱，不能交配等症状。重症病猪呈现弓背，后躯无力，走路摇晃，有的则后躯强拘，甚至麻痹，站立困难。母猪不发情、不孕或流产。尿黏稠，含有絮状物。

3. 对 5 月龄以上可疑病猪采尿进行虫卵检查，早晨第 1 次尿的最后排出部分检出率较高，可采用自然沉淀、肉眼检查的方法。5 月龄以下猪，只能依靠剖检时在肝、肺等处发现虫体而确诊。

（二）防治

1. 安全场应自繁自养，必须引进猪时，应隔离观察，经尿检确认无病后方能合群饲养。

2. 调教猪群在固定点大小便，防止病原污染猪舍及运动场等是预防工作的首要环节。

3. 选择在高燥、阳光充足的地点修建猪舍，猪舍及运动场应经常保持干燥。对不易保持干燥，常受猪尿污染的水泥、石板等不透水材料砌成的猪舍或运动场，可用火焰喷射消毒，或采用含有效氯 25%～30% 的漂白粉，配制成含 1% 有效氯溶液（应现用现配）喷洒，运动场喷药 500 mL/m² 左右，夏季每隔 3～4 d 喷 1 次，春秋季 1 次/周，冬季 1 次/月。

4. 发现病猪应严格隔离治疗或肥育后屠宰处理。治疗可用丙硫咪唑每千克体重 20 mg，口服，也可配成5％玉米油混悬液（5 g丙硫咪唑、2 mL吐温-80，加精制玉米油至100 mL，250型超声仪处理20 min，流通蒸汽灭菌1 h），按每千克体重5～20 mg腹腔注射，或用伊维菌素每千克体重0.3 mg，皮下注射。

5. 可利用寒冷的冬季，培育"无肾虫猪"，并逐步建立康复猪场；对在非安全季节出生的仔猪，可在断奶后将它们移到安全场地。自75日龄起喂服丙硫咪唑或氟苯咪唑。

八、猪旋毛虫病

(一) 诊断要点

1. 成虫寄生在小肠时引起肠炎。主要危害是幼虫进入肌肉时，在临床上可出现体温升高、肌肉疼痛或僵硬、水肿、嗜酸性粒细胞增多等症状，由于缺乏特异性症状，往往误诊为其他疾病。

2. 猪旋毛虫大多在宰后肉检中发现。采两侧膈肌角各30～50 g，撕去肌膜，肉眼观察是否有细小的白点；然后在肉样上顺肌纤维方向剪取24块小肉片（约麦粒大）摊平在载玻片上，排成两行，用另一载玻片压上，两端用橡皮筋缚紧，在低倍显微镜下顺序进行检查。新鲜屠体中的虫体及包囊均清晰，若放置时间较久，幼虫较模糊，包囊可能完全看不清，此时用美蓝溶液染色，染色后肌纤维呈淡蓝色，包囊呈蓝色或淡蓝色，虫体不着色。对钙化包囊的镜检，可加数滴5％～10％盐酸或5％冰醋酸使之溶解，1～2 h后肌纤维透明呈淡灰色，包囊膨胀轮廓清晰。

3. 生前诊断可采用酶联免疫吸附试验和间接血凝试验，可在感染后17 d测得特异性抗体。

(二) 防治

1. 加强肉品卫生检验，不仅要检验猪肉，还应检验犬肉及其他兽肉，对检出的屠体，应遵章严格处理。严禁人吃生猪肉，禁用泔水、废肉渣喂猪。

2. 可用丙硫咪唑（首选药）每千克饲料0.3 g拌料，连续饲喂10 d，能彻底杀死肌旋毛虫。还可用甲苯咪唑。

九、猪棘头虫病

(一) 诊断要点

1. 棘头虫寄生于小肠，主要是空肠。重度感染时（虫体数量15条以上）病猪食欲减退，刨地，互相对咬或出现匍匐爬行，腹痛，下痢，粪便带血。随后日益消瘦和贫血，生长发育迟缓，有的成为僵猪，有的因肠穿孔引起腹膜炎而死亡。

2. 剖检可见小肠壁附着的成虫及被虫体破坏的炎性病灶。

3. 用直接涂片法或水洗沉淀法检查粪便中的虫卵。

(二) 防治

1. 及时治疗病猪，流行地区每年春、秋应定期驱虫1次，常用驱虫药品有：左咪唑每千克体重10 mg，口服或肌内注射，对成虫有效；丙硫咪唑每千克体重100 mg，口服；或丙硫咪唑、吡喹酮各每千克体重50 mg，口服；硝硫氰醚，每千克体重80 mg，1次口服，间隔2 d重复喂1次，连喂3次。

2. 猪粪要发酵处理。在猪场以外的适宜地点设置诱虫灯，用以捕杀金龟子等。

十、猪姜片吸虫病

（一）诊断要点

1. 布氏姜片吸虫寄生于小肠，主要是十二指肠。主要流行于长江流域以南地区。病猪精神沉郁，低头拱背，消瘦，贫血，眼部、腹部较明显水肿，食欲减退，腹泻，粪便带有黏液，幼猪发育受阻，增重缓慢。

2. 剖检可见姜片吸虫吸附在十二指肠及空肠上段黏膜上，肠黏膜有炎症、水肿、点状出血及溃疡。大量寄生时可引起肠管阻塞。

3. 常采用水洗沉淀法或直接涂片法检查虫卵，注意与肝片形吸虫卵区分。

（二）防治

1. 每年对猪进行 2 次预防性驱虫，驱虫后的粪便应集中处理。常用的驱虫药有：敌百虫每千克体重 100～120 mg，早晨空腹混在少量精料中 1 次喂服，大猪每头极量不超过 8 g，1 次/2 d，2 次为 1 疗程，服药后观察 1 h，个别猪有流涎、肌肉震颤等副作用，一般 30 min 后可消除，如呕吐等反应较重时，可皮下注射阿托品；或硫双二氯酚，50～100 kg 以下猪，每千克体重 100～150 mg，100～150 kg 以上猪，每千克体重 50～60 mg，混在少量精料中喂服，一般服后出现拉稀，1～2 d 后可自然恢复；或吡喹酮每千克体重 50 mg，拌料内 1 次喂服；硝硫氰胺，每千克体重 3～6 mg，1 次拌入饲料喂服；硝硫氰醚 3‰油剂，每千克体重 20～30 mg，1 次喂服。

2. 猪粪应堆肥发酵，应杜绝猪舍内的粪尿直接流入水生饲料池塘内。

十一、猪囊尾蚴病

（一）诊断要点

1. 猪囊尾蚴寄生部位以舌肌、咬肌、肩腰部肌肉、股内侧肌及心肌较为常见。一般无明显症状。极严重感染的猪可能有营养不良、生长迟缓、贫血和水肿等症状，并常呈两肩显著外展，臀部不正常的肥胖宽阔的哑铃状或狮体状体型。检查舌、眼可发现囊虫。

2. 死后在肌肉中发现囊虫便可确诊，主要检验部位为咬肌、深腰肌和膈肌，其他可检部位为心肌、肩胛外侧肌和股部内侧肌。

3. 应用间接血球凝集试验和酶联免疫吸附试验作猪囊虫病的生前诊断。

（二）防治

1. 加强肉品卫生检验，对有囊虫寄生的猪肉应严格按国家规定处理。

2. 治疗用吡喹酮每千克体重 30～60 mg，口服，1 次/d，连用 3 d，或混以 5 倍液状石蜡作肌内注射，1 次/d，连用 2 d；或丙硫咪唑每千克体重 30 mg，以橄榄油或豆油做成 6‰悬液肌内注射，或以每千克体重 20 mg 口服 1 次，隔 48 h 再服 1 次，共服 3 次，可治愈。

十二、细颈囊尾蚴病

（一）诊断要点

1. 细颈囊尾蚴主要寄生在猪及牛、羊、骆驼等的网膜、肠系膜及肝脏。严重感染时可寄生于肺脏。

2. 严重感染急性发作的病猪呈现减食或不食、黄疸、尿黄、耳尖发紫等症状，有的病猪臀部也发紫。慢性病例，寄生数量少时不显病状，大量寄生时，呈现消瘦、衰弱、腹围增大等症状。

3. 急性死亡病猪可见腹腔内充满血样腹水，其中悬浮有大量白色米粒样虫体，肝脏肿大，呈斑状出血，有的虫体自肝表面逸出。慢性病例剖检时，在肝脏、网膜、肠系膜上可发现鸡蛋大水泡状虫体。

（二）防治

1. 防止犬进入猪、羊舍内散布虫卵、污染饲料和饮水，对犬进行定期驱虫，勿用猪、羊屠宰废弃物喂犬。

2. 治疗。吡喹酮，按每千克体重 50 mg 内服，连用 5 d，或将吡喹酮与灭菌液状石蜡按 1∶6 的比例混合研磨均匀，按每千克体重 50 mg 吡喹酮分 2 次深部肌内注射，1 次/2 d。氯硝柳胺，每千克体重 100～150 mg。硫双二氯酚，每千克体重 100 mg。氢溴酸槟榔碱，每千克体重 2 mg，用药前应隔夜禁食。

十三、猪绦虫病

（一）诊断要点

1. 寄生于小肠。对幼猪危害较大，呈现毛焦、消瘦、生长发育迟缓，严重时可引起肠道梗阻。

2. 生前诊断可根据粪检发现孕节或虫卵便可确诊。死后诊断可根据剖检在小肠内找到虫体而确诊。

（二）防治

1. 可用吡喹酮每千克体重 20～40 mg，或硫双二氯酚每千克体重 80～100 mg，口服。

2. 猪粪应及时清除，并经堆肥发酵后再作肥料。

十四、弓形虫病

（一）诊断要点

1. 由弓形虫引起。3～5 月龄的猪多呈急性发作，症状与猪瘟相似，体温升高至 40～42 ℃，呈稽留热，精神沉郁；食欲减退或废绝，便秘，有时下痢，呕吐；呼吸困难，咳嗽；体表淋巴结，尤其腹股沟淋巴结明显肿大；身体下部及耳部有淤血斑或大面积发绀；孕猪发生流产或死胎。

2. 剖检可见肺稍膨胀，暗红色带有光泽，间质增宽，有针尖至粟粒大出血点和灰白色坏死灶，切面流出多量带泡沫液体；全身淋巴结肿大，灰白色，切面湿润，有粟粒大、灰白色或黄白色坏死灶和大小不一的出血点；肝、脾、肾也有坏死灶和出血点；盲肠和结肠有少数散在的浅溃疡，淋巴滤泡肿大或有坏死，心包、胸腹腔液增多。

3. 可采取胸、腹腔渗出液或肺、肝、淋巴结等作涂片检查虫体。

4. 取肺、肝、淋巴结等病料，研碎后加 10 倍生理盐水（加青霉素 1 000 IU 和链霉素 100 mg/mL），室温中放置 1 h，振荡并待重颗粒沉底后，取上清液 0.5～1 mL 接种小鼠腹腔，接种后观察 20 d。若小鼠出现被毛粗刚、呼吸促迫或死亡，取腹腔液及脏器作抹片染色镜检。初代接种小鼠可能感染而不发病，可于 2～3 周后，用被接种小鼠的肝、淋巴结、脑等组织按上法制成乳剂，盲传 3 代，如仍不发病，则判为阴性。

5. 应用间接血凝试验，猪间接血凝价达 1∶64 时判为阳性，1∶256 表示最近感染，1∶1 024 表示活动性感染。猪感染弓形虫 7～15 d 后，间接血凝抗体滴度明显上升，20～30 d 后达高峰，最高可达 1∶2 048，以后逐渐下降，阳性反应可持续半年以上。

（二）防治

1. 猪场发病时，应全面检查，对检出的患猪和隐性感染猪进行登记和隔离；对良种病猪采用有效药物进行治疗；对治疗耗费超过经济价值，隔离管理又有困难的病猪，可屠宰淘汰处理。

2. 对病猪舍、饲养场用 1％煤酚皂或 3％苛性钠或火焰等进行消毒。

3. 磺胺类药对本病有较好疗效，可选用的配方有：磺胺嘧啶每千克体重 70 mg、甲氧苄氨嘧啶每千克体重 14 mg，口服，2 次/d，连用 3～4 d；或磺胺甲基苯吡唑每千克体重 30 mg、甲氧苄氨嘧啶每千克体重 10 mg，口服，1 次/d，连用 3～4 d；或 12％复方磺胺甲基苯吡唑注射液每千克体重 50～60 mg，肌内注射，1 次/d，连用 4 次；或磺胺间甲氧嘧啶每千克体重 60～100 mg，单独口服或配合甲氧苄氨嘧啶每千克体重 14 mg 口服，1 次/d，连用 4 次，首次量加倍。

4. 猪场内应开展灭鼠活动，同时禁止养猫。勿用未经煮熟的屠宰废弃物作为猪的饲料。不用生肉喂猫，控制或消灭鼠类。

十五、猪疥螨病

（一）诊断要点

1. 幼猪多发。病初从眼周、颊部和耳根开始，以后蔓延到背部、体侧和股内侧。剧痒，病猪到处摩擦或以肢蹄搔擦患部，甚至将患部擦破出血，以致患部脱毛、结痂，皮肤肥厚，形成皱褶和龟裂。

2. 对症状不够明显的可疑病例，可刮取患部与健部交界处的皮屑进行显微镜检查。在夏季，对带虫病猪作诊断时，应从耳壳内采取病料，则较易找到虫体。

（二）防治

1. 引进猪时应隔离观察，防止引入螨病病猪。

2. 发现病猪应立即隔离治疗，同时用杀螨药物彻底消毒猪舍和用具。先用肥皂水或煤酚皂溶液彻底洗刷患部，清除硬痂和污物，再用药治疗。可选用：2％敌百虫洗擦患部或用喷雾器喷淋猪体；500 mg/L 双甲脒（特敌克）水乳液药浴或喷雾，10 d 后再进行 1 次；50 mg/L 溴氰菊酯间隔 10 d 喷淋 2 次，每头猪每次用 3 L 药液；250 mg/L 二嗪农（螨净）水乳溶液间隔 7～10 d 喷淋两次；伊维菌素注射液每千克体重 0.3 mg，1 次皮下注射；伊维菌素饲料预混剂，每千克体重 0.1 mg，连用 7 d。烟叶或烟梗 1 份，加水 20 份，浸泡 24 h，再煮 1 h 后涂擦患部；废机油涂擦患部，1 次/d。

第四节　禽寄生虫病

一、禽蛔虫病

（一）诊断要点

1. 由蛔虫寄生于鸡、鹅和鸽等多种禽类的小肠引起。对雏鸡危害大，大量幼虫进入十二指肠黏膜时，可引起急性出血性肠炎。常见的慢性症状为消瘦、贫血、精神沉郁、食欲减退、生长发育阻滞，腹泻，有时可造成肠堵塞。成年鸡一般不呈现症状，严重感染时呈现腹泻和产蛋减少。

2. 可采用饱和盐水浮集法检出粪便中的虫卵来确诊，也可根据粪中发现自然排出的虫体或剖检时在小肠内发现大量虫体而确诊。

（二）防治

1. 鸡群进行定期驱虫，1～2 次/年，病鸡及时治疗。驱虫可用左咪唑每千克体重 25 mg，或丙硫咪唑每千克体重 10 mg，拌料或饮水；或枸橼酸哌嗪每千克体重 250 mg，1 次口服。

2. 将 4 月龄以内雏鸡与成年鸡分群饲养。改善环境卫生，粪便堆肥发酵。

二、异刺线虫病（盲肠虫病）

（一）诊断要点

1. 寄生于鸡、火鸡、鸭、鹅的盲肠内。病鸡食欲不振，下痢，消瘦，贫血，雏鸡发育停滞，母鸡产蛋下降。鸡异刺线虫卵是鸡黑头病病原体——火鸡组织滴虫的传播者，这种病原体侵入异刺线虫卵后，随粪便排到外界，在异刺线虫卵的保护下，火鸡组织滴虫能存活较长时间，当鸡吃了含有组织滴虫的虫卵后，可并发黑头病。

2. 实验室检查与禽蛔虫病相同。剖检可见盲肠黏膜肥厚，有时形成结节或溃疡，盲肠尖部有大量虫体。

（二）防治

参考禽蛔虫病。

三、禽胃线虫病

（一）诊断要点

寄生于禽类食道、腺胃、肌胃和小肠内。临床特征为消瘦、贫血、衰弱、下痢，严重时可使幼雏死亡。剖检见虫体即可确诊。

（二）防治

驱虫可用甲苯咪唑每千克体重 30 mg，1 次口服。丙硫咪唑每千克体重 10～15 mg，1 次口服。搞好环境卫生，粪便发酵处理，消灭中间宿主（蚱蜢、甲虫、象鼻虫等）和作预防性驱虫。

四、禽比翼线虫病

（一）诊断要点

1. 寄生于鸡、雉、珍珠鸡、鹅和多种野禽的气管内。幼禽感染后症状严重，虫体叮在气管黏膜上吸血，引起黏膜发炎，分泌多量黏液，因而病鸡时常仰头，开口呼吸，有时竭力摇头或头部痉挛性抽动或咳嗽、喷嚏，似欲将蓄积在气管内的虫体和黏液排出来。有时出现异常呼吸音（喘鸣音）。后期病禽消瘦，贫血，精神不振，食欲废绝。

2. 剖检可见气管内有大量混有血液的黏液，气管黏膜发炎，有时可见有小结节和寄生在黏膜上的虫体。

3. 采用饱和盐水浮集法检查粪便中的虫卵进行诊断。

（二）防治

1. 加强饲养管理，禽舍和运动场应保持清洁干燥，粪便堆肥发酵。防治野鸟进入鸡舍。

2. 发现病禽及时隔离治疗或捕杀。用噻苯唑每千克体重 300～500 mg，也可按 0.1％比例加入饲料中喂服，连用 2～3 周，能有效地抑制交合虫；左咪唑每千克体重 5 mg，连用 3 d；甲苯咪唑每千克体重 100 mg，口服，连用 3 d；二碘硝基酚每千克体重 7.7 mg，混于饲料内连用 5 d。

五、禽毛细线虫病

（一）诊断要点

1. 寄生于鸽、斑鸠、鸡、火鸡的小肠内。严重感染时，病鸽消瘦，下痢，粪便红色带黏液。肛门周围羽毛污秽而粗乱。精神委顿，常离群呆立于屋角或栖架上。体重下降，最后衰弱而死亡。

2. 可用饱和盐水浮集法检查虫卵，剖检死鸽可在小肠内发现大量虫体。

（二）防治

鸽舍保持清洁干燥，定期抽样检查粪便，发现虫卵，及时驱虫。可用左咪唑每千克体重 25 mg，1 次口服；甲苯咪唑每千克体重 70～100 mg，1 次口服。

六、鸭龙线虫病

（一）诊断要点

1. 主要侵害 3～8 周龄雏鸭，多在干旱季节发病。虫体寄生于颌下、腿部、颈部、眼周围等处皮下结缔组织，形成瘤样肿胀，开始柔软可推动，其内蓄积大量血液，随着雌虫成熟逐渐变硬，瘤肿大小为豆大、鸽蛋大至胡桃大，而引起病鸭吞咽、呼吸和步行障碍，常因采食困难而吃不饱，逐渐消瘦，以致营养不良或窒息而死，如危及眼睛可引起失明。

2. 必要时可剖视患部虫体，或以手指按压肿胀部，从小孔内流出液滴，将其作压滴标本镜检，可见到活跃的微丝蚴，即可确诊。

（二）防治

1. 加强雏鸭饲养管理，育雏场地必须建立在终年流水不断的清洁溪流上，不致形成中间宿主——剑水蚤孳生聚集的疫水环境。不要到有可疑病原存在的稻田、河沟等处放养雏鸭。

2. 对病鸭进行早期治疗，可用 0.5％高锰酸钾溶液或 1％碘溶液，按结节大小，局部注射 1～3 mL。

七、鸭棘头虫病

（一）诊断要点

1. 寄生于鸭、鹅、天鹅、野生游禽和鸡的小肠内。主要表现下痢、消瘦、生长和发育受阻。大量感染，并且饲养条件较差时可引起死亡。幼禽死亡率高于成年禽。

2. 可采用水洗沉淀法检查鸭粪中的虫卵。剖检在肠管浆膜面上可见突出的黄白色结节，肠管内大量虫体聚集在肠壁上，固着部位出现不同程度的创伤。

（二）防治

在流行本病的鸭场，应坚持定期检查，并进行预防性驱虫，在驱虫 10 d 后应转入安全池塘放养。雏鸭应与成年鸭分开饲养。设法消灭中间宿主，每年干塘 1 次。加强饲养管理，给以充足全价饲料，增强抗病能力。治疗可用硝硫氰醚每千克体重 100 mg，1 次口服，隔 3 d 重复 1 次。

八、禽前殖吸虫病

（一）诊断要点

1. 寄生于输卵管、法氏囊、泄殖腔及直肠内。表现产各种畸形蛋（软壳蛋、无壳蛋、无卵黄蛋、无蛋白蛋及变形蛋）或排出石灰质、蛋白质等半液状物质。严重感染时可引起输卵管破裂或逆蠕动，致使管内的炎性物质或蛋白、石灰质等进入或逆入腹腔，导致腹膜炎而死亡，呈现体温升高，渴欲增加，腹部疼痛，泄殖腔突出，肛门潮红。

2. 剖检可见输卵管发炎，黏膜变厚、充血、出血。有时可见腹膜炎，腹腔内积有多量浑浊的渗出液，或混有脓液、卵黄块等。

3. 刮取输卵管或腔上囊黏膜，用水洗沉淀法或将刮取物直接压于两载玻片间镜检，找到虫体即可确诊。

（二）防治

1. 在春末、夏初流行季节普查鸡群，发现病鸡及时隔离驱虫或淘汰。治疗可用丙硫咪唑每千克体重 100～120 mg，一次口服。亦可试用吡喹酮治疗。

2. 在蜻蜓及其若虫出现的季节里，尤其在阴暗的雨天，不宜放鸡至池塘边、灌木丛或树林里觅食。

九、鸡绦虫病

（一）诊断要点

1. 寄生于小肠前段。严重感染时呈现消化障碍，粪便变稀或混有血液。食欲减退，渴欲增加。两翅下垂，羽毛蓬乱，消瘦，贫血。雏鸡生长发育迟缓，母鸡产蛋减少。节片戴文绦虫病有时发生麻痹，从两腿开始，逐渐波及全身。

2. 生前诊断可通过粪便检查，以发现节片或虫卵为根据，但由于赖利绦虫孕卵节片排出无规律性，节片戴文绦虫每天仅排出 1 个孕卵体节而且很小，因此检出率不高。剖检是最可靠的诊断方法。棘沟赖利绦虫感染除可在小肠内发现虫体外，肠黏膜呈结核样结节病变，中央凹陷，结节内可找到虫体或黄褐色干酪样栓塞物。检查节片戴文绦虫时，可将剖开的肠管在水中漂洗，孕卵节片明显地突出于十二指肠绒毛上。

（二）防治

1. 鸡场每年进行 2～3 次定期驱虫。可选用：氯硝柳胺（灭绦灵）每千克体重 80～100 mg，或硫双二氯酚每千克体重 80～100 mg，或丙硫咪唑每千克体重 10～20 mg，拌料 1 次喂服。

2. 鸡舍要保持干燥，及时清除粪便。对鸡舍定期进行舍内外灭蝇、灭虫。雏鸡与成年鸡分开喂养，新鸡驱虫后合群。

十、鸭、鹅绦虫病

（一）诊断要点

1. 寄生于小肠内。幼禽感染表现较重，常见症状为腹泻，食欲减退，生长发育受阻，贫血，消瘦等。有的行走摇晃不稳，突然摔倒。有的夜间时而伸颈、张口，如钟摆样摇头，然后仰卧，做划水动作。常可因气候或饲料剧变等不良因素，短期内引起大批死亡。

2. 粪便内检出孕节和虫卵可确诊，也可通过剖检发现虫体来确诊。

（二）防治

1. 每年春季必须及时给成年鹅、鸭彻底驱虫后才能放入水塘。在幼禽放入水塘后半个月应全群进行 1 次成虫期前驱虫。可用硫双二氯酚每次 70 mg，制成小丸投服，间隔 4 d，连用 2 次；或吡喹酮每千克体重 10～20 mg，口服；或丙硫咪唑每千克体重 10～25 mg，口服。

2. 水禽场应尽可能设在靠近流动的水塘，或在流动水面放养，以减少与剑水蚤接触的机会。对已被污染的池塘，应干塘 1 次，以便杀死水塘中的剑水蚤。

3. 幼鸭与成年鸭分开饲养与放养；新购入的禽，应隔离观察是否有绦虫病或驱虫后方可合群。

十一、鸡球虫病

（一）诊断要点

1. 柔嫩艾美耳球虫引起的盲肠球虫病多发于 15～50 日龄的幼雏，病雏羽毛松乱，翅下垂，眼半闭，缩颈呆立或挤成一堆，不食，嗉囊充满液体，粪极稀、带血，后排血液，明显贫血，自血便后 1～2 d 内大批死亡。毒害艾美耳球虫引起小肠球虫病，多见于大雏到仔鸡阶段，成年产蛋鸡往往也可成群发病，症状与柔嫩艾美耳球虫相似，但排泄的血便混有黏液，色泽稍黑。

2. 剖检是确诊的重要依据。柔嫩艾美耳球虫急性死亡病例可见盲肠肿胀，充满血液，发病 2～3 d 后，盲肠硬化变脆充满凝血和干酪状物质，发病 4～6 d 后，盲肠显著萎缩，内容物极少，全部呈樱红色。毒害艾美耳球虫急性死亡病例，小肠中段气胀，粗细达 2 倍以上，肠道内含有大量血液黏液，黏膜上有无数粟粒大的出血点和灰白色病灶，虽然盲肠中往往也充满血液，但这是小肠出血流入盲肠的结果。

3. 镜检粪便或肠管病变部刮屑物，但在急性血便症状时镜检粪便往往找不到卵囊，而取病变部刮屑物涂片，姬姆萨染色，常可发现大量裂殖体、裂殖子和宿主的脱落上皮细胞等，待血便停止后即可检出无数卵囊。不能单纯根据粪检发现卵囊就确诊为球虫病，因为鸡群中无症状有卵囊的隐性感染极为普遍，因此必须结合症状和病变进行综合判断。

（二）防治

1. 应用抗球虫药的注意事项

（1）正确诊断，有针对性地用药　各种球虫对抗球虫药的敏感性不同，应及早确定主要致病虫种，以便选用针对性的抗球虫药。虽然现有的抗球虫药大多数是作用于球虫发育的无性阶段，但各种抗球虫药的活性高峰期各不相同，了解抗球虫药的活性高峰期对防治球虫病大有帮助。

（2）根据不同预防对象合理用药 肉鸡生长周期短，不可采用与球虫接触产生自然免疫的办法来防病，而是要求在整个生长期中持续应用抗球虫药。蛋鸡、种鸡生长周期长，可考虑建立球虫的自然免疫力，即在饲料中加入低于肉鸡用药浓度的抗球虫药，连用 6～22 周，一般为 14 周后停药，使雏鸡经历一次"控制性"球虫感染，使其在不发病、不致死情况下产生足够的免疫力。对于一直饲养在金属网上的后备母鸡和蛋鸡，一般不需采用药物预防。对于从平养移至笼养的后备母鸡，在上笼前需使用常规用量的抗球虫药进行预防，但在上笼后一般就不再使用药物预防。

（3）穿梭用药或轮换用药 穿梭用药（反复换药、全进全出给药方案）是指在同一批鸡进出中更换抗球虫药。轮换用药（变更换药、调换给药方案）是指在两批鸡进出中更换抗球虫药。这样可以预防抗药性的产生。但更换的药物必须是不同作用方式的药物，即具有不同抗球虫活性高峰期的药物，以免产生交叉抗药性。

（4）配合用药 即将两种或多种抗球虫药按最佳比例配合使用，既可提高疗效，又可降低药残和耐药性。可使用盐霉素和氯吡啶、球痢灵和大蒜素、磺胺间甲氧嘧啶和二甲氧苄氨嘧啶、地克珠利和氨丙啉等。

（5）减少药物残留 在蛋、肉品中往往残留微量抗球虫药及其代谢产物，国际有关组织对畜产品中抗球虫药及其代谢产物的含量有限制性规定，并根据用药后不同时间的残留量规定了各种抗球虫药的停药期。

2. 国内常用的抗球虫药

（1）氯吡多（氯吡醇、氯甲吡啶酚、氯羟吡啶、可爱丹、克球粉等） 对 9 种球虫均有效，对柔嫩艾美耳球虫作用最强。主要是抑制球虫子孢子发育，因此应在感染前混入饲料内投服，同时应在整个育雏期间连续使用，中止用药可引起球虫病暴发。预防每千克饲料 125 mg、治疗每千克饲料 250 mg 给药；应用治疗量时应在鸡屠宰前 5 d 停药，预防量则不需停药。

（2）盐霉素 对各种球虫以及已产生抗药性的虫株均有效。作用于球虫子孢子和第 1 代裂殖体，不易产生耐药性。可影响球虫免疫力形成。治疗每千克饲料 50～70 mg 给药；预防按每千克饲料 50～60 mg 添加，无休药期。

（3）氯苯胍 对多种鸡球虫以及已产生抗药性的虫株有效。主要抑制第 1 代裂殖体的发育增殖。对鸡球虫免疫力形成无影响。但连续饲喂可使鸡肉、鸡蛋产生异味，应在鸡屠宰前 5～7 d 停药。剂量为每千克饲料 33 mg，急性球虫病暴发时可用每千克饲料 66 mg，1～2 周后改用每千克饲料 33 mg。预防按每千克饲料 33 mg 添加，休药期 5 d。

（4）硝苯酰胺 对多种鸡球虫有效，尤其对柔嫩艾美耳球虫和毒害艾美耳球虫效果最好，但对堆型艾美耳球虫效果稍差。主要作用于第 1 代裂殖体。不影响鸡对球虫产生免疫力，并能迅速排出体外，无需停药期。预防量每千克饲料 125 mg，治疗量每千克饲料 250 mg 每千克饲料。

（5）氨丙啉 主要作用于球虫第 1 代裂殖体，阻止形成裂殖子。对柔嫩艾美耳球虫和堆型艾美耳球虫作用较强，对毒害艾美耳球虫等其他球虫作用较差，故常采用配合制剂（含 20%盐酸氨丙啉，12%磺胺喹噁啉，1%乙氧酰胺苯甲酯），预防按每千克饲料 0.125 g 添加，从雏鸡出壳第 1 d 用到屠宰上市为止，无休药期。治疗按每千克体重 0.12～0.24 g 混入饮水，连用 3 d，休药期 7 d。

（6）尼卡巴嗪（球虫净） 对柔嫩艾美耳球虫等致病性强的球虫均有较好效果。作用于第 2 代裂殖体，其杀灭球虫的作用比抑制球虫的作用更为明显。不易产生抗药性，不影响对球虫产生免疫力。预防量每千克饲料 125 mg，连续饲喂。产蛋鸡群禁用，肉鸡宰前 4～7 d 停止给药。

（7）溴氯常山酮 对各种鸡球虫均有较好预防效果。作用于子孢子和第 1、第 2 代裂殖体，主要为杀死作用。预防量为每 1 000 kg 饲料中加入 500 g。在肉品中无残留。

（8）地克珠利 作用峰期可能在子孢子和第 1 代裂殖体早期阶段，每千克饲料 1 mg 能完全有效地控制鸡、鸭、兔球虫病的发生和死亡。本品药效期较短，停药 2 d 后作用基本消失，必须连续用药。

（9）马杜霉素 对鸡各种球虫的子孢子、滋养体及第 1 代裂殖体均有良好的抑杀作用，每千克饲料 5 mg 的抗球虫效应优于盐霉素、尼卡巴嗪和氯吡多等。安全范围较窄，必须严格控制剂量，以免引起中毒。只能用于肉鸡，而且屠宰上市前 5 d 应停止使用。

（10）磺胺类药 主要作用于第 2 代裂殖体，对第 1 代裂殖体也有一定作用，因此当鸡群中开始出现球虫病症状时，用磺胺药往往有效，尤其配合应用适量维生素 K 及维生素 A 更有助于鸡群康复。但由于磺胺类长期连续应用具有毒性和产生抗药性，故少用于预防。磺胺间二甲氧嘧啶每升水 500 mg 或每千克饲料 2 000 mg，连用 6 d。磺胺喹噁啉，每千克体重 1 g 混入饲料，连用 2～3 d，停药 3 d 后用每千克体重 0.5 g 混入饲料，喂药 2 d，停药 3 d，再给药 2 d，休药期为 10 d。磺胺二甲嘧啶，每千克体重 1 g 混入饮水，连用 2 d，或每千克体重 0.5 g 混入饮水连用 4 d，休药期 2 d。

（11）百球清 2.5% 溶液，治疗按 0.025% 混饮，连用 3 d，休药期 8 d。

3. 防止鸡舍潮湿，并将鸡粪堆肥发酵，以杀死鸡粪中的卵囊。

4. 免疫预防 即使用球虫疫苗，一种是利用少量未致弱的活卵囊制成的活虫苗，包在藻珠中，混入饲料或直接将活虫苗喷入鸡舍的饲料或饮水中服用。另一种是连续培育的早熟弱毒虫株制成的虫苗。

十二、鸭球虫病

（一）诊断要点

1. 雏鸭发病严重，缩脖，喜卧，不食，渴欲增加，排暗红色的血便等症状，此时常常出现急性死亡。耐过的病鸭生长受阻，增重缓慢。

2. 毁灭泰泽球虫病急性型呈严重出血性卡他性小肠炎，肠黏膜严重肿胀，密布针尖大出血点，有的有红白相间的小点，有的黏膜上覆盖一层糠麸状或奶酪状黏液，或有淡红色或深红色胶冻状黏液。菲莱氏温扬球虫仅在回肠后部和直肠呈现轻度充血，偶尔在回肠后部黏膜上有散在出血点，直肠黏膜红肿。

3. 刮取病变部少量黏膜，做成涂片，姬姆萨染色，常可发现大量裂殖体、裂殖子。或用饱和盐水浮集法检查粪便，如发现大量卵囊即可确诊。

（二）防治

1. 鸭舍应保持清洁干燥，定期清除粪便，防止饲料和饮水被鸭粪污染。流行严重时应定期更换垫草，铲除表土，换垫新土。

2. 在本病流行季节、雏鸭由网上饲养转为地面饲养时，可用下述药物连用 4～6 d 进行预防。磺胺甲基异噁唑每千克饲料 100 mg，或复方磺胺甲基异噁唑按每千克饲料 200 mg，或复方磺胺间甲氧嘧啶按每千克饲料 200 mg，或氯嗪苯乙腈按每千克饲料 1 mg。发生球虫病时，用预防量的 2 倍进行治疗，连用 7 d，停药 3 d，再用 7 d。

十三、组织滴虫病

（一）诊断要点

1. 寄生于盲肠和肝脏。临床表现精神委顿，食欲减退，翅下垂，怕冷，瞌睡。排带有多量泡沫的硫黄色或淡绿色的恶臭的糊状稀便。急性严重病例粪便带血或完全是血液。有的粪便中可发现盲肠坏死组织的碎片。病的末期有些病鸡特别是病火鸡面部皮肤变成紫蓝色或黑色。

2. 剖检可见特征性的盲肠和肝脏病变，一般仅一侧盲肠发生病变，少数为两侧。最急性病例盲肠有严重的出血性炎症，肠腔中含有血液。典型病例盲肠肿大似香肠样，内充满干燥、坚硬、干酪样的凝固栓子，剥离时肠壁只剩下菲薄的浆膜层，黏膜层、肌层均遭破坏，有的病例可见盲肠黏膜出血、增厚及溃疡。肝脏病变为圆形或不规则形，边缘隆起、中央凹陷的坏死灶，呈黄色或淡绿色，大小不一。

3. 在有病变盲肠芯和肠壁之间刮取少量新鲜内容物，加温生理盐水做成压滴标本，镜检可发现急速旋转运动的虫体。

（二）防治

1. 加强环境卫生和饲养管理，定期给鸡群驱除异刺线虫，这对预防本病具有极重要的意义。鸡和火鸡隔离饲养，成年禽和幼禽单独饲养。利用阳光照射和干燥可最大限度地杀灭异刺线虫卵。

2. 发现病鸡应立即隔离治疗，重病鸡宰杀淘汰，鸡舍地面用 3% 苛性钠溶液消毒。甲硝唑，预防每千克饲料 200 mg，3 次/d，3 d 为 1 疗程，停药 3 d 后开始下 1 疗程，连用 5 个疗程；治疗每千克饲料 250 mg，对少食或拒食病禽可灌服悬浮液（1.25%），1 mL/只，3 次/d。洛硝达唑，预防每千克体重 500 mg 的比例混于饲料中，休药期 5 d。

十四、鸽毛滴虫病

（一）诊断要点

1. 寄生于消化道上段。多发生于夏季，病鸽停止吃食，精神倦怠，羽毛松乱，消瘦，从嘴角流出浅绿色或浅黄色黏液，反复做吞咽动作。

2. 剖检可见口腔、食道、嗉囊黏膜上有黄色、界限分明的干酪样坏死病灶，呈小点状或融成一片。有时腺胃也出现病变。肝的病变开始在表面，后扩展至实质，有白色至黄色、硬的圆形病灶。

3. 注意与维生素 A 缺乏和念珠菌病相鉴别。

（二）防治

保持鸽舍清洁卫生，供给清洁、新鲜的饮水。清除已知病鸽和所有可疑的带虫者。甲硝唑或二甲硝咪唑可用于治疗或预防，配成 0.05% 水溶液饮水，连用 7 d，停药 3 d，再饮用 7 d。

十五、鸡住白细胞虫病

(一) 诊断要点

1. 寄生于白细胞（主要是单核细胞）和红细胞内。3～6 周龄雏鸡发病严重，体温升高，精神沉郁，鸡冠和肉垂苍白，食欲不振，流涎，下痢，粪呈绿色，两翅轻瘫。严重病例因咯血、出血、呼吸困难而突然死亡。死前口流鲜血是卡氏住白细胞虫的特异性症状。中鸡和成鸡一般死亡率不高，仅鸡冠苍白，消瘦，排水样白色或绿色稀粪，发育受阻，产蛋率下降。

2. 剖检特点是白冠，口流鲜血，全身皮下出血，肌肉尤其是胸肌、腿肌、心肌有大小不等的出血点，各内脏器官大出血，尤其肾、肺出血最严重，胸肌、腿肌、心肌及肝、脾等器官上有灰白色或稍带黄色、针尖至粟粒大白色裂殖体小结节。

3. 由病鸡翅静脉或鸡冠采取 1 滴血，涂片、染色、镜检发现配子体即可确诊。

(二) 防治

1. 消灭蠓、蚋是预防本病的重要环节。在流行季节，可用杀虫药喷洒禽舍及其周围。

2. 在流行季节，可用下列药品进行预防和治疗：

（1）磺胺间二甲氧嘧啶，预防每千克饲料或饮水 25～75 mg；治疗每千克饮水 500 mg，连饮 2 d，再每千克饮水 300 mg，饮用 2 d。

（2）磺胺喹噁啉，预防用每千克饲料或饮水 50 mg。

（3）乙胺嘧啶，预防每千克饲料 1 mg；治疗每千克饲料 4 mg 配合磺胺间二甲氧嘧啶 40 mg，连续服用 1 周后改用预防剂量。

（4）泰灭净，预防每千克体重 25～75 mg 拌料，连用 5 d 为 1 疗程；治疗每千克体重 100 mg 拌料，连用 2 周，或 0.5% 连用 3 d，再 0.05% 连用 2 周。

（5）克球多，预防每千克饲料 125～250 mg，治疗每千克饲料 250 mg，连续服用。

十六、突变膝螨病

(一) 诊断要点

寄生于鸡和火鸡腿部无羽毛处及脚趾的鳞片下。虫体刺激鸡胫部、趾部皮肤而发炎，炎性渗出物干后，在鳞片下面形成一种灰白色或灰黄色的结痂，使鳞片的结构变疏松和隆起，鸡脚肿大，外观似涂了一层厚厚的石灰。严重时可引起关节肿胀，趾骨变形，脚呈畸形，行走困难。病鸡食欲减退，生长受阻，产蛋量下降。

(二) 防治

将病鸡爪泡入温肥皂水中，使痂皮泡软后除去，涂 20% 硫黄软膏或 2% 石炭酸软膏，2 次/d，连用 3～5 d。也可将鸡脚浸泡在 0.1% 敌百虫液或 0.1%～0.2% 三氯杀螨醇液中 4～5 min，一边用小刀刮去结痂，一边用小刷子刷爪，使药液能渗入组织内，以杀死虫体，间隔 2～3 周后，可再药浴 1 次。

十七、鸡羽虱

(一) 诊断要点

羽虱以羽毛和皮屑为食，使鸡发生奇痒不安，因啄痒而伤及皮肉、羽毛脱落并引起消瘦和产蛋量降低。以鸡头虱和鸡体虱对雏鸡危害最大，严重时可引起死亡。

（二）防治

1. 用 12.5 mg/L 溴氰菊酯或 10～20 mg/L 杀灭菊酯直接向鸡体喷洒或药浴。对鸡舍、笼具亦应同时喷洒消毒。鸡场的运动场里建一方形浅池，在每 50 kg 细砂内加入硫黄粉 5 kg，充分混匀，铺成 10～20 cm 厚度，让鸡自行砂浴。

2. 用含 40％烟草碱的烟叶浸汁，涂刷鸡舍栖木，用量为每 50m 用 400 g，密闭式鸡舍时仅密闭一部分，以免蒸发太强。全部的鸡都应在经过这样处理的鸡舍内宿居两夜。由于鸡的体温使烟草碱蒸发，杀死所有的羽虱。为了根治，应在第 1 次治疗后的 10 d 内再治疗 1 次。

第五节　犬、猫寄生虫病

一、蛔虫病

（一）诊断要点

1. 寄生于小肠中。临床表现渐进性消瘦，营养不良，黏膜苍白，食欲不振，异嗜，呕吐，消化障碍，先下痢而后便秘。幼龄动物腹部膨大，生长发育受阻，偶见有癫痫性痉挛。

2. 可采用饱和盐水浮集法，检出粪便中的虫卵来确诊。

（二）防治

1. 幼犬、幼猫每月检查 1 次，成年犬、猫每 3 个月检查 1 次，一旦发现患病立即进行驱虫。可选用：左咪唑或甲苯咪唑每千克体重 10 mg，口服，连服 2 d；或双羟萘酸噻嘧啶每千克体重 5 mg，口服；或枸橼酸哌嗪每千克体重 100 mg，1 次口服，对成虫有效，每千克体重 200 mg 则可驱除 1～2 周龄小犬体内的未成熟蛔虫。伊维菌素，每千克体重 0.2～0.3 mg，皮下注射或口服，柯利犬禁用。

2. 注意环境、食槽、食物的清洁卫生，及时清除粪便，并进行发酵处理。对犬、猫定期驱虫。

二、钩虫病

（一）诊断要点

1. 寄生于小肠内，主要是十二指肠，多发于夏季，特别是狭小潮湿的犬、猫窝更易发生。严重感染时黏膜苍白，消瘦，被毛粗刚无光泽，易脱落。食欲减退，异嗜，呕吐，消化障碍，下痢和便秘交替出现。粪便带血或呈黑色柏油状，并带有腐臭气味。如幼虫大量经皮肤侵入，皮肤发炎，奇痒。有的四肢浮肿，以后破溃，或出现口角糜烂等。经胎内或初乳感染犬钩虫的出生 3 周龄内的仔犬，可引起严重贫血，导致昏迷和死亡。

2. 可采用饱和盐水浮集法检查粪便内的虫卵进行确诊。

（二）防治

治疗同蛔虫病。

1. 定期检查犬猫粪便，至少每 3 个月检查 1 次，检出虫卵，立即进行驱虫。常用药物有：4.5％二碘硝基酚每千克体重 0.22 mL，皮下注射，给药时不需禁食，不引起应激反应，可用于幼犬和猫；或左咪唑每千克体重 10 mg，口服，连服 2 d；或甲苯咪唑每千克体重 22～100 mg，口服，连服 3 d；或双羟萘酸噻嘧啶每千克体重 6～25 mg，口服，如按每天每千克体重 2.5 mg，连用 30 d，对蛔虫和钩虫的感染有明显预防作用。

2. 对严重贫血的犬猫，口服或注射含铁的滋补剂或输血。

3. 保持犬舍清洁干燥，及时清理粪便。对笼舍的木制部分用开水浇烫，铁制部分或地面用喷灯喷烧，可搬动的用具可移到户外暴晒，以杀死虫卵。用硼酸盐处理动物经常活动的路面，成年犬和幼犬分开饲养。

三、犬毛尾线虫病（犬鞭虫病）

（一）诊断要点

由狐毛尾线虫寄生于犬的盲肠引起，主要危害幼犬，严重感染时可引起死亡。轻度感染，一般无临床症状；严重感染，可出现精神不佳、贫血、体重下降、腹泻和便血。

（二）防治

参考蛔虫病。可选用酚嘧啶每千克体重 2 mg 或甲苯咪唑每千克体重 100 mg，口服，2 次/d，连服 3～5 d；或甘苯肿铋每千克体重 220 mg，口服，连用 5 d，用药前不必禁食，用药后不必服泻药；或甲戊炔酰酸酯（专门用于治疗犬鞭虫感染），每千克体重 200 mg，口服，用药前 24 h 必须禁食，为减少呕吐，可分 2 次给药，每次用药后喂给少量饲料。也可用左咪唑。及时清理粪便，注意饮水和环境卫生，定期驱虫。

四、犬食道线虫病

（一）诊断要点

1. 成虫在食道壁、胃壁或主动脉壁中形成肿瘤，病犬出现咽下困难、呼吸困难、循环障碍和呕吐等症状。偶有因血管破裂而导致急死的病例。

2. 寄生消化道时，因其肿瘤向胃肠腔开口，检查粪便或呕吐物中可见虫卵，注意与犬胃线虫卵相区别。

3. 剖检特征性的变化是犬胸主动脉瘤和含有虫体的、大小不同的反应性肉芽肿和后胸椎骨变形性脊椎炎。

4. 胃窥镜检查可能会在胃壁上看到结节或虫体。放射自显影或钡餐造影有助于发现食道部存在的块状物。

（二）防治

目前尚无理想的疗法。可试用丙硫咪唑，按每千克体重 50 mg，口服；六氯对二甲苯，按每千克体重 120～200 mg，连服 7～10 d；乙胺嗪（海群生），按每千克体重 10 mg，连续服用；二碘硝基酚，按每千克体重 10 mg，皮下注射。病犬粪便应进行无害化处理。注意饮食卫生，定期驱虫。

五、猫胃线虫病

（一）诊断要点

1. 由于虫体牢固地附着在胃黏膜上吸血，常更换部位，因此胃黏膜留下许多小伤口，并持续出血。病猫消瘦、贫血，被毛粗乱，食欲缺乏，呕吐带血，重症的粪呈柏油色。

2. 粪中发现大量虫卵或胃中发现虫体即可诊断。

（二）防治

双羟萘酸噻嘧啶每千克体重 8 mg，1 次口服。海群生每千克体重 55 mg，1 次口服。粪便堆积发酵，做好清洁卫生，消灭蟑螂。

六、犬心丝虫病

（一）诊断要点

1. 由犬心丝虫寄生于犬的右心室及肺动脉（少见于胸腔、支气管内）引起。最早出现的症状是慢性咳嗽，但无上呼吸道感染的其他症状，运动时加重或易疲劳。随着病情发展，病犬出现心悸亢进，脉细弱并有间歇，心内有杂音，肝区触诊疼痛，肝肿大，胸腹腔积水，全身浮肿，呼吸困难。长期受到感染的病例，肺源性心脏病十分明显。末期，由于全身衰弱或运动时虚脱而死亡。病犬常伴发结节性皮肤病，以瘙痒和倾向破溃的多发性灶状结节为特征，皮肤结节为以血管为中心的化脓性肉芽肿，在其周围的血管内常见有微丝蚴。X 线摄影可见右心室扩张，主动脉、肺动脉扩张。

2. 于夜晚采外周血液镜检，发现微丝蚴即可确诊。

（二）防治

1. 先驱除已存在的成虫，再驱除微丝蚴，最后应用预防药以防再感染。

（1）驱杀成虫　硫乙胂胺钠，每千克体重 2.2 mg，缓慢静脉注射，2 次/d，连用 2 d，药液不可漏出血管外，肝、肾功能不全者禁用，中毒表现为持续性呕吐、黄疸或橙色尿，此时应停止疗程，可应用二巯基丙醇解毒。用菲拉松，每次每千克体重 1 mg，3 次/d，连用 10 d。酒石酸锑钾，每千克体重 2~4 mg，溶于生理盐水静脉注射，1 次/d，连用 3 d。

（2）驱除微丝蚴　一般于驱除成虫之后 6 周进行。碘化噻唑青胺，每千克体重 6.6~11 mg，拌料喂给，1 次/d，连用 7 d，如微丝蚴检验仍为阳性，可加大剂量为每千克体重 13.2~15.4 mg，直至微丝蚴检验转为阴性为止。左咪唑，每千克体重 10 mg，1 次/d，口服，连用 6~12 d，治疗第 6 d 检验血液，检不出微丝蚴时停止治疗。伊维菌素，每千克体重 0.05~0.1 mg，1 次皮内注射。

2. 防止和消灭蚤、蚊是预防本病的重要措施。也可采用药物预防，乙胺嗪按每千克体重 6.6 mg 混于饲料中给药，在蚊蝇活跃季节，应连续用药。对微丝蚴阳性犬，严禁使用乙胺嗪，避免发生过敏反应引起死亡。必须先用药杀死成虫和微丝蚴，再进行预防。

3. 预防。海群生每千克体重 6.6 mg，苯乙烯吡啶海群生合剂每千克体重 6.6 mg，1 次/d，连续应用。伊维菌素，低剂量至少使用 1 个月可达到有效的预防作用。

七、肝吸虫病

（一）诊断要点

寄生于胆管和胆囊内。在本病流行区，有以生鱼、虾喂犬、猫的历史。临床上出现消化不良、下痢、消瘦、贫血、黄疸、水肿等症状时，可怀疑为本病。采用水洗沉淀法或甲醛乙醚沉淀法进行粪便检验，发现虫卵即可确诊。

（二）防治

1. 在疫区禁止以生的或未煮熟的鱼虾喂养犬、猫。禁止在鱼塘边盖猪圈或厕所。鱼塘应改用牛粪为肥料。疫区应消灭淡水螺。对犬、猫的粪便进行堆积发酵。

2. 在流行地区，对犬、猫进行全面检查和治疗。吡喹酮每千克体重 50～60 mg，或六氯对二甲苯每千克体重 50 mg，3 次/d，连服 5 d；或丙硫咪唑每千克体重 30 mg，口服，1 次/d，连用 8～12 d。

八、肺吸虫病

（一）诊断要点

寄生于肺、胸膜和气管中。常见的临床症状为咳嗽，并可伴有咯血、气喘、发热和腹泻，粪便为黑色。结合临床症状和流行病学资料分析，于痰液和粪便中检出虫卵可确诊。

（二）防治

1. 驱虫可用：吡喹酮，每千克体重 50 mg，口服，连用 3～5 d；或用硫双二氯酚每千克体重 100 mg，口服，每日或隔日给药，10～20 日为 1 个疗程；或用硫苯咪唑每千克体重 100 mg，2 次/d，连服 10～14 d。

2. 在本病流行地区，应禁止以新鲜的蟹或喇蛄作为犬、猫的饲料。

九、绦虫病

（一）诊断要点

1. 寄生于小肠内。轻度感染除偶尔排出成熟节片外，通常不引起注意。严重感染时呈现食欲反常（贪食、异嗜），呕吐，慢性肠炎，腹泻与便秘交替发生，肛门瘙痒，贫血，消瘦，容易激动或精神沉郁，有的发生痉挛或四肢麻痹。虫体成团时可堵塞肠管，导致肠梗阻、肠套叠、肠扭转和肠破裂等急腹症。

2. 发现病犬肛门口夹着尚未落地的绦虫孕卵节片或粪便中夹杂短的绦虫节片，均可帮助确诊。

（二）防治

1. 每季度进行 1 次预防性驱虫，繁殖犬应在配种前 3～4 周内进行。驱虫时应把犬、猫隔离在一定范围内，以便收集排出的虫体和粪便，彻底销毁，防止散布病原。

2. 防止犬、猫采食带有绦虫蚴的中间宿主脏器。保持犬、猫舍和犬、猫体清洁，经常用杀虫剂杀灭犬猫身体上的蚤与虱，消灭啮齿动物。

3. 治疗性驱虫。氢溴酸槟榔素，绝食 12～20 h 后按每千克体重 1～2 mg，口服，为防止呕吐，服药前 15～20 min 给予稀碘酊（水 10 mL，碘酊 2 滴）。吡喹酮，犬每千克体重 5 mg，猫每千克体重 2 mg，1 次口服。盐酸丁萘脒，每千克体重 25～50 mg，口服；驱除细粒棘球绦虫用每千克体重 50 mg，间隔 48 h 再用 1 次。丙硫咪唑，犬每千克体重 10～20 mg，口服，1 次/d，连用 3～4 d。硫双二氯酚，犬每千克体重 200 mg，1 次内服，对带绦虫病有效。

十、犬巴贝斯虫病

（一）诊断要点

1. 观察病犬是否有遭到蜱叮咬的病史或在病犬体上是否发现过蜱。

2. 寄生于红细胞内。吉氏巴贝斯虫病常呈慢性经过，病初发热，持续 3～5 d 后，有 5～10 d 体温正常期，呈不规则的回归热型；病犬高度贫血，但常无黄疸；食欲减退，高度消瘦；触诊脾脏明显肿大，有肝损害时，可视黏膜黄染；尿中含蛋白质或兼有微量的血红蛋白。犬巴贝斯虫病高热达 40 ℃以上，黏膜发绀和黄疸，呼吸困难，食欲废绝，有时出现腹泻，肝和脾肿大，尿中含蛋白质或含血红蛋白。

3. 采病犬耳尖血作涂片，姬姆萨染色后检查，如发现典型虫体即可确诊。

（二）防治

1. 特效药物治疗：蒿甲醚每千克体重 7 mg，肌内注射，1 次/d，连用 2 d；或磷酸伯氨喹每千克体重 0.8 mg，加复方磺胺甲氧吡嗪每千克体重 28 mg，口服，1 次/d，连用 2 d；或三氮脒 1％溶液每千克体重 11 mg，皮下或肌内注射，1 次/d，连用 2 d；或阿卡普林每千克体重 0.5 mg，肌内注射，1 次/d，连用 2 d。咪唑苯脲每千克体重 5 mg，10％溶液皮下或肌内注射，间隔 24 h 再用 1 次。

2. 对高度贫血病犬，应采用输血疗法，同时肌内注射维生素 B_{12}。对有黄疸并发肝损害的，应用保肝药物及能量合剂。

3. 其他治疗参阅牛巴贝斯虫病。应先灭蜱，消灭犬体、犬舍及运动场上的蜱。

十一、犬等孢球虫病

（一）诊断要点

1. 以 1～2 月龄仔犬感染发病率高，生长停滞，消瘦，黏膜苍白，食欲下降，粪便暗褐色不成形，有时带血丝及黏膜。重症患犬体温轻度升高，废食，排暗色有黏液腥臭稀粪，脱水、衰竭，甚至死亡。

2. 采用饱和盐水浮集法检查粪便中有无卵囊，但必须结合临床症状方可确诊，否则仅为隐性感染带虫者。

3. 剖检可见小肠有出血性肠炎，黏膜增厚或有溃疡，或有出血。

（二）防治

1. 严格的卫生措施可有效地预防球虫病，用具应经常清洗，并用沸水或火焰消毒。

2. 可选用下述药物进行预防和治疗：氨丙啉，按每千克饮水或饲料 110～220 mg，连喂 7～12 d，或磺胺二甲嘧啶按每千克体重 55 mg、甲氧苄氨嘧啶按每千克体重 10 mg，口服，2 次/d，连用 5 d。

十二、犬黑热病

（一）诊断要点

1. 由寄生于内脏的杜氏利什曼原虫引起。潜伏期数周、数月乃至 1 年以上。病犬早期无明显症状，晚期则常出现皮肤损害，表现为脱毛、皮脂外溢、结节和溃疡，以头部尤其是耳、鼻、脸面、眼睛周围及趾部最为显著，并伴有食欲不振，精神萎靡，贫血、消瘦，体温升高，声音嘶哑及鼻衄等症状。有的病例呈现足关节肿胀和强直。

2. 可采取病犬皮肤未破溃结节的内容物，或由髂骨抽取骨髓或肿胀淋巴结穿刺物，制作涂片，瑞氏液染色后镜检，发现利杜体即可确诊。

（二）防治

流行区定期对犬进行检查，除特别珍贵的犬种进行隔离治疗外，其他病犬以捕杀为宜。在流行季节，消灭白蛉孳生地，应用菊酯类等杀虫药定期喷洒犬舍及犬体。治疗用葡萄糖酸锑钠，每千克体重 150 mg，总量不超过 5 g，把总量分成 6 份，配成 10％注射液，肌内或静脉注射，1 次/d；如 1 个疗程未能治愈，可继续进行第 2 疗程，第 2 疗程总剂量按第 2 疗程剂量增加 1/6。用药后患犬常有发热、呕吐、咳嗽、腹泻等不良反应，一般不需治疗即可自行消失。也可用二脒替等其他芳香双脒类药物治疗。由于本病为人畜共患，且已基本消灭，因此一旦发现新病犬，以扑杀为宜。

十三、螨病

（一）诊断要点

1. 犬疥螨病，幼犬症状严重，常开始于鼻梁、颊部、耳根及腋间等处，后扩散至全身，起初出现红色小结节，以后变成水疱，水疱破溃后，流出黏稠黄色油状渗出物，渗出物干燥后形成鱼鳞状痂皮。局部剧痒，患犬时常抓挠患部或在地面以及各种物体上摩擦，因而出现严重脱毛。

2. 犬耳痒螨寄生于犬外耳道，引起大量的耳脂分泌和淋巴液外溢，且往往继发化脓。有痒感，病犬不停地摇头、抓耳、鸣叫，在器物上摩擦耳部，甚至引起外耳道出血，有时向病变转重的一侧做旋转运动，后期病变可能蔓延到额部及耳壳背面。

3. 猫背肛螨寄生于犬的耳部、猫的头部，可使皮肤增厚，发生龟裂和黄棕色痂皮。

4. 实验室检查参阅牛、羊螨病。

（二）防治

1. 治疗犬疥螨病和猫背肛螨病时应先用温肥皂水刷洗患部，除去污垢和痂皮后，再选下列药物的一种涂擦：50 mg/L 溴氰菊酯，250 mg/L 巴胺磷，500 mg/L 双甲脒，750 mg/L 螨净。

2. 治疗犬耳痒螨时，先向耳内滴入石蜡油，轻轻按摩，以溶解并消除耳内的痂皮，再用加有杀螨药的油剂（雄黄和硫黄各 10 g，豆油 100 mL，将豆油烧开加入研细的雄黄和硫黄，候温）局部涂擦。

3. 用 20％碘硝酚注射液每千克体重 10 mg，皮下注射；或伊维菌素每千克体重 0.2 mg，皮下注射，间隔 10 d 再注射一次或用其浇泼剂局部或耳郭内侧涂擦，治疗犬螨病有较好的疗效。由于犬的品种和个体差异，以及用药剂量不同，少数犬出现过敏反应，表现为注射局部疼痛、硬结、肿胀或出现无菌性炎性坏死，患犬 1～2 d 食欲减退或废绝，严重者昏睡 1～2 d，故临床用药宜慎重。对第 1 次用药者，可先以常量以下剂量注射，如患犬无反应，第 2 次再增至常量。对苏格兰牧羊犬（科利牧羊犬）严禁使用。

4. 经常保持犬、猫舍清洁、干燥、通风。隔离受感染的动物。

十四、犬蠕形螨病

（一）诊断要点

1. 寄生于皮脂腺或毛囊内。鳞屑型多发生于眼睑及其周围、口角、额部、鼻部及颈下部、肘、趾间等处。患部脱毛，并伴以皮肤轻度潮红和银白色具有黏性的皮屑，皮肤显得略微粗糙而龟裂，或者带有小结节，后来皮肤呈蓝灰白色或红铜色，患部几乎不痒，有时长时间保持不变，有的转为脓疱型。

2. 脓疱型多发生于颈、胸、股内侧及其他部位，后期蔓延全身。体表大片脱毛、红斑，皮肤肥厚，往往形成皱褶。有弥漫性小米至麦粒大脓疱疹，脓疱呈蓝红色，压挤时排出脓汁，内含大量蠕形螨和虫卵，脓疱破溃后形成溃疡，结痂，有难闻的恶臭。若有剧痒，可能是疥螨病混合感染。

3. 切开皮肤上的结节或脓疱取其内容物，置载玻片上，加甘油水，再加盖片，镜检发现虫体即可确诊。

（二）防治

隔离治疗病犬，并用杀螨药对被污染的场所及用具进行消毒。治疗前，先将患部剪毛，用消毒液清洗干净，然后进行治疗。患部涂抹 5% 碘酊，6～8 次/d。全身治疗可选用：2% 硫黄石灰水溶液用于猫，既安全又经济，可药浴几次，每次相隔 5～7 d；双甲脒只用于犬，用 9% 的剂型以每千克体重 500～1 000 mg 饲喂，每周 1 次，共 8～16 周；也可用伊维菌素治疗。有深部化脓时，选用高效抗菌药物治疗。

第六节　兔寄生虫病

一、兔蛲虫病

（一）诊断要点

1. 兔蛲虫寄生在盲肠和大肠，家兔中寄生较普遍，致病力不强，通常不引起严重的临床症状。

2. 粪中找到虫卵或剖检时在盲肠、结肠找到虫体而确诊。

（二）防治

由于新排出的虫卵即可直接感染，故对本病的防治较为困难，主要应搞好兔笼卫生，不论全群或个别家兔发生兔蛲虫寄生时，均应进行驱虫治疗和消毒灭虫处理。治疗可用哌嗪嗪混于水或饲料中，成年兔每千克体重 0.5 g，幼兔每千克体重 0.75 g，1 次/d，连用 2 d；也可用丙硫咪唑每千克体重 10 mg。为彻底消灭本病，可通过剖腹取胎，建立无虫兔群。

二、兔球虫病

（一）诊断要点

1. 寄生于肠上皮细胞或胆管上皮细胞。常发于温暖多雨季节，4 月龄内的幼兔发病率和死亡率均高。病兔食欲骤减，精神沉郁，眼、鼻分泌物及唾液分泌增多，口周围被毛湿润；腹泻、便秘交替出现，腹泻一般在夏季喂青绿饲料多时较多见；尿频或常呈排尿姿势，有时兔笼内的粪便被尿液软化，污染后肢和肛门周围；由于肠胀气、膀胱充满尿液和肝脏肿大而呈现腹围增大，肝区触诊疼痛。病的后期，幼兔虚弱消瘦，结膜苍白，常出现神经症状，头后仰，四肢抽搐，尖叫，极度衰弱而死。

2. 剖检可见肝肿大，表面和切面散布有许多淡黄色或灰白色、粟粒大至豌豆大脓样结节病灶，慢性经过时肝变硬体积缩小。肠腔充满气体，最常受侵害的是十二指肠，肠壁增厚，黏膜潮红肿胀，散布点状出血，被覆多量黏液。慢性经过时肠壁肥厚，呈淡灰色，在盲肠，尤其是蚓突部，常见黄白色、细小硬结节。

3. 用直接涂片法或饱和盐水浮集法检查病兔粪便或肝、肠病变部刮屑物，镜检发现大量卵囊即可确诊。

（二）防治

1. 兔舍保持清洁、干燥。兔笼、饲槽至少每周用热碱水、蒸汽或火焰消毒 1 次，也可放日光下暴晒。雨季每隔 3 d 对笼舍地面进行火焰消毒 1 次，食盆每天清洗和煮沸消毒。兔粪堆肥发酵。

2. 选作种用的公、母兔，必须经过多次粪便检查，确认非球虫病者方可留作种用。购进新兔需经隔离饲养 15～21 d，确认无球虫病时才可进入兔群。发现病兔应立即隔离治疗或淘汰。合理安排母兔繁殖季节，使幼兔断乳期避开梅雨季节。断乳后至 4～5 月龄的幼兔应与成兔分开饲养，最好实行单笼饲养。

3. 在本病流行季节，可在饲料中添加下述药物预防和治疗：

（1）氯苯胍，以精料为主的离乳仔兔，按每千克体重 30 mg 混入饲料，连续 4～5 d，3 d 后再重复一次；以青饲料为主的离乳仔兔则按每千克体重 6～10 mg 喂给。在本病暴发时，可按每千克饲料 300 mg 紧急治疗，1 周后改用每千克饲料 150 mg。

（2）磺胺二甲嘧啶，按每千克饲料 1 000 mg 或每升水 2 000 mg，连续喂饮 2～4 周，也可与二甲氧苄氨嘧啶按 5∶1 比例混合，按每千克饲料 120～130 mg，连用 7 d，停药 3 d，连用 3 个周期。

（3）磺胺间二甲氧嘧啶，按每天每千克体重 50～70 mg 拌料，连用 3 d，停药 1 周，以此方式在 1 月内 3 次循环用药，能有效地控制兔球虫病。同时配合氟甲砜霉素每千克体重 20 mg，混饲 1 次/d，连用 7～10 d，效果更好。

（4）磺胺氯吡嗪，按每天每千克体重 30 mg 拌料，连用 10 d，必要时停药 1 周后再用 10 d，或按每千克饲料 300 mg 或每升水 200 mg，连续喂饮 1 个月。

（5）氯嗪苯乙腈，按每千克饲料 1 mg 拌料，连用 1 个月。

三、兔螨病

（一）诊断要点

1. 兔痒螨病主要发生于外耳道内，可引起外耳道炎，渗出物干燥成黄色痂皮，塞满耳道如纸卷样。病耳发痒和化脓，变重下垂，不断摇头和用脚搔抓耳朵；有时还可延至筛骨及脑部，引起癫痫发作。

2. 兔疥螨病一般先由嘴、鼻周围及脚爪部发病。奇痒，病兔不停用嘴啃咬脚部或用爪搔抓嘴、鼻等处，严重发痒时前后脚抓地。病变向鼻梁、眼圈、前脚底面和后脚跟部蔓延，病变部出现灰白色结痂，使患部变硬，造成采食困难，迅速消瘦，甚至死亡。

3. 兔背肛螨多寄生于兔的头部（嘴、上唇、颔下和眼周围）和掌部毛较短部分，也可蔓延至生殖器部分。

4. 兔足螨常在头部皮肤、外听道及脚掌下面寄生，传播较慢，易于治愈。

5. 实验室检查参阅牛羊螨病。

（二）防治

1. 经常保持兔舍清洁、干燥、通风。在引进兔时要仔细检查并隔离观察一段时间，确认无螨病时再合群。

2. 螨病有高度的接触传染性，发现病兔应及时隔离治疗。治疗前应详细检查所有病兔，找出所有患部，全面治疗，以免遗漏。为使药物能和虫体充分接触，最好用温肥皂水、煤酚皂溶液（来苏儿）刷洗，除掉硬痂和污物。治疗病兔同时，应用杀螨剂把笼具、用具等彻底消毒。由于治螨药物对螨卵效果差，故需间隔 7～10 d 治疗 2～3 次。可选用伊维菌素每千克体重 0.2 mg，皮下注射；或浓度为 0.05％ 的双甲脒水乳溶液，涂擦或浸浴；或 500～750 mg/L 螨净水乳溶液，涂擦或浸浴；或碘甘油（碘酊 3 份、甘油 7 份）或硫黄油（硫黄、植物油等量）或雄黄油（豆油 100 mL 煮沸，加入雄黄 20 g 搅匀，候凉）滴入兔痒螨患耳，1 次/d，连用 3 d。也可用溴氰菊酯、敌百虫、倍硫磷等药物涂擦、喷洒、药浴和注射等。

第七节　野生及观赏动物寄生虫病

一、天鹅肾球虫病

（一）诊断要点

1. 由寄生于肾小管内截形艾美耳球虫引起。病鹅厌食，精神萎靡，反应迟钝，呈嗜睡状，扭颈贴背，两翅下垂，步态蹒跚，排白色稀便。

2. 剖检可见肾肿大，颜色灰黄，有出血点和灰白色病灶；肾小管肿胀变粗 5～10 倍，内含球虫、上皮细胞和尿酸盐。

（二）防治

加强饲养管理，保持笼舍清洁，经常消毒。发现病雏及时隔离治疗。常用药物有磺胺二甲嘧啶、氯苯胍、氨丙啉、克球粉、盐霉素等。

二、鸟类兰克斯特虫病

（一）诊断要点

1. 由兰克斯特虫引起，虫体寄生于淋巴细胞和单核细胞内，金丝鸟及家雀感染较普遍，幼鸟最敏感。

2. 病鸟精神不安，食欲减少，羽毛蓬松，体况不佳。肝肿大，脾稍肿大。

3. 取外周血液涂片，在淋巴细胞或单核细胞中发现无色素的虫体。病死鸟的脾压片镜检，更易发现虫体。

（二）防治

消灭鸟的体外寄生虫是预防本病的关键措施。治疗可试用磺胺二甲氧嘧啶或磺胺喹噁啉。

三、鸟类拉氏等孢球虫病

（一）诊断要点

1. 主要寄生于禽的肠上皮细胞内，可感染鸡形目、鹦形目、雀形目、佛法僧目等鸟和禽类。

2. 严重感染时，可引起食欲减退，腹泻。剖检见肠黏膜增厚，或有溃疡灶形成。

3. 取粪便检查可发现拉氏等孢球虫卵囊（1 个卵囊内含 2 个孢子囊，每个孢子囊内含 4 个子孢子）。

（二）防治

参见"鸡球虫病"。

四、锥虫病

（一）诊断要点

1. 狮、虎、象等可感染。临床表现体温升高，贫血，黄疸，呼吸急促，脉搏加快，精神沉郁，逐渐消瘦和出现水肿，末期出现神经症状。

2. 剖检可见皮下水肿，血液稀薄、凝固不良，肝、脾及体表淋巴结肿大，脑膜充血、出血。

（二）防治

参见"马锥虫病"。

五、猴疟疾

（一）诊断要点

1. 对疟原虫易感的猴有食蟹猴、平顶猴、恒河猴、戴帽猴、台湾猴、银灰叶猴、苏拉威西黑猿、灰黑叶猴等。患猴脸色苍白，身体发抖，体重下降，反应迟钝，周期性发热、发冷，精神沉郁，食欲下降或废绝。触诊肝、脾肿大。后期患猴昏睡于笼内，抽搐，四肢末端发凉或发生呕吐，大小便失禁，腹泻，尿液呈酱油色，巩膜和皮肤出现黄疸。临死前患猴四肢划动如游泳样，瞳孔散大，口吐白沫而死亡。

2. 血液检查，在发热期血沉加快，红细胞下降到 $2.0 \times 10^{12}/L$ 以下，白细胞增多到 $10.0 \times 10^{9}/L$ 以上；严重贫血病例的外周血中出现幼稚型红细胞、有核红细胞和多染性红细胞。

3. 剖检可见脾肿大，色灰暗，切面充血；肝肿大，色暗红。患恶性疟疾的猴，脑受损，剖检可见脑组织水肿、充血，大脑白质内有散在出血点；心肌松软色淡，心外膜有散在出血点。有的病例的肾、胃肠、肺、肾上腺等亦有程度不同的充血、出血、变性及疟疾色素沉着。

4. 取血涂片作姬姆萨或瑞氏染色镜检，可见疟原虫以确诊。血清学诊断方法有间接荧光抗体试验、血凝试验、ELISA 等。

（二）防治

1. 患猴发冷时要注意保暖，发热时要及时降温退热。同时辅以支持疗法，加强营养供给。

2. 消灭媒介蚊虫，切断传播途径；在流行季节，预防性服用抗疟药如乙胺嘧啶、氯喹等。

3. 治疗药物有：氯喹，每千克体重 5 mg，连用 4 d；伯胺喹啉每千克体重 0.75 mg；注意：两种药物须分别喂给，否则可增加毒性作用。也可根据感染疟原虫的不同发育期选用 4-氨基喹啉类、8-氨基喹啉、乙胺嘧啶、磺胺类药和奎宁等治疗。

六、华支睾吸虫病

（一）诊断要点

1. 可感染的野生动物有虎、狐、獾、貂、鼬、水獭和海豹等，因饲喂含华支睾吸虫的鱼、虾而感染。

2. 虎表现消化不良，食欲下降，腹泻，呕吐，逐渐消瘦，贫血，有的还发生水肿。大量虫体寄生可发生黄疸。

3. 海豹表现精神委顿，逐渐消瘦，弓背卷腹似有腹痛，下水游泳无力，腹泻，排出带血稀便，呕吐，食欲下降或废食，贫血，有的发生黄疸。

4. 采新鲜粪便，用涂片法或水洗沉淀法检查虫卵。

（二）防治

1. 患病海豹按每千克体重 0.1～0.2 g 硫双二氯酚，口服，早期治疗效果好。丙酸哌嗪每千克体重 50～60 mg 或吡喹酮每千克体重 50～75 mg 拌于鲜肉中投喂虎，1 次/d。丙硫咪唑每千克体重 30～40 mg，口服；六氯对二甲苯每千克体重 50 mg，1 次/d，连用 10 d。

2. 不要将来自疫区的鱼虾生喂海豹、虎等易感动物，如要使用，必须煮熟后再喂。消灭中间宿主淡水螺。鱼塘边禁盖猪舍和厕所，不用生粪喂鱼。

七、海洋哺乳动物吸虫病

（一）诊断要点

1. 海狮普赖斯吸虫、纺锤形海豹吸虫、空肠隐叶吸虫等均寄生在海狮、海豹的肠道；肝海狮吸虫寄生在海狮、海豹的肝脏；鼻腔吸虫寄生在海豚的翼状窦、耳道；心形布郎吸虫寄生在海豚的胃内；长椭圆曲肠吸虫寄生在海豚的肝脏。

2. 吸虫少量寄生时一般不出现明显症状；严重感染时，病兽发生消化紊乱，腹泻，逐渐消瘦，贫血，便血，精神萎靡，虚弱乏力，不愿下水游泳。海豚感染鼻腔吸虫，从鼻孔流出黄灰色渗出物，鼻窦发炎，鼻腔黏膜肿胀，致呼吸不畅，食欲下降，不活泼，有的出现神经症状，引起突然死亡；感染心形布郎吸虫、长椭圆曲肠吸虫严重时，患海豚可出现慢性消化紊乱，腹泻，逐渐消瘦，贫血。

3. 剖检可见肠道充血、出血或形成溃疡灶，肝肿大，其内有多量虫体寄生。如果发生肠穿孔，会引起腹膜炎病变。感染鼻腔吸虫的病例，可见头部各窦室及耳道内有虫体寄生，大脑出血和坏死；感染心形布郎吸虫的病例，可见胃内有虫体附着，胃黏膜充血、出血和水肿；感染长椭圆曲肠吸虫的病例，肝肿大、出血，其中寄生有虫体。

4. 采集新鲜粪便、鼻拭子等检查虫卵。

（二）防治

可用硫双二氯酚、海托林、硝氯酚等，内服驱虫治疗。

八、鹈鹕东方次睾吸虫病

（一）诊断要点

1. 东方次睾吸虫的囊蚴寄生于鱼的肌肉中，成虫寄生于水禽的胆管和胆囊内，鹈鹕感染率低，但危害严重。

2. 患病鹈鹕精神沉郁，食欲废绝，卧地不起，行走困难，排白绿色稀粪。常因机体极度衰竭、并发感染而死亡。严重病例黏膜呈现黄疸。

3. 剖检皮下浆液性浸润，脂肪消失。有腹水，肝呈现黄褐色、肿大、硬变、坏死。胆囊壁增厚，胆管阻塞。胆汁中有白色高粱粒大小的活虫体。其他实质器官均有不同程度的病变。

4. 水洗沉淀法检查粪便中的虫卵。

（二）防治

吡喹酮每千克体重 10 mg 有明显治疗效果；丙硫咪唑的疗效也良好。预防注意在饲喂的泥鳅中需剔除混杂的麦穗鱼。

九、海洋哺乳动物胃线虫病

（一）诊断要点

1. 病原有接合对盲囊线虫、异尖线虫和迷惑地新线虫，寄生在海豹、海象、海狮、海豚、海狗等的胃内。

2. 严重感染的病兽表现消化不良，食欲下降，呕吐，腹泻、便秘交替发生，贫血，体衰。胃溃疡发展为胃穿孔则引起腹膜炎、败血症而导致死亡。

3. 剖检可见胃黏膜充血、水肿，形成溃疡，并以溃疡为中心形成突出于胃黏膜层的肉芽肿，切开肉芽肿内有寄生的虫体。

4. 采集新鲜粪便，检查虫卵。

（二）防治

用左旋咪唑、噻苯唑、丙硫咪唑等口服驱虫。

第九章

兽用药品的临床应用

第一节 抗 生 素

一、β-内酰胺类抗生素

（一）青霉素类

1. 青霉素 G（青霉素钠、钾）

（1）应用 常作为治疗革兰阳性和阴性球菌、革兰阳性杆菌、放线菌和螺旋体等感染的首选药。对青霉素敏感的病原菌有链球菌、葡萄球菌、肺炎球菌、脑膜炎球菌、丹毒杆菌、化脓棒状杆菌、炭疽杆菌、破伤风梭菌、李氏杆菌、产气荚膜梭菌、牛放线杆菌和钩端螺旋体等。大多数革兰阴性杆菌对青霉素不敏感。

（2）用法与用量 肌内注射，马、牛每千克体重 1 万～2 万 IU，羊、猪、驹、犊每千克体重 2 万～3 万 IU，犬、猫每千克体重 3 万～4 万 IU，禽每千克体重 5 万 IU，2～3 次/d，严重感染时可每 4～6 h 1 次。乳管内注入，牛每次每乳室 10 万 IU，1～2 次/d。

（3）不良反应 除局部刺激外，主要是过敏反应。出现过敏反应时可静脉或肌内注射肾上腺素，马、牛 2～5 mg/次，羊、猪 0.2～1 mg/次，犬 0.1～0.5 mg/次，猫 0.1～0.2 mg/次，必要时可加用糖皮质激素和抗组胺药。

2. 长效青霉素

（1）普鲁卡因青霉素 用于非急性、非重症轻度感染，或作维持剂量用。肌内注射，马、牛每千克体重 1 万～2 万 IU，羊、猪、驹、犊每千克体重 2 万～3 万 IU，犬、猫每千克体重 3 万～4 万 IU。

（2）苄星青霉素 主要用于预防。肌内注射，马、牛每千克体重 2 万～3 万 IU，羊、猪每千克体重 3 万～4 万 IU，犬、猫每千克体重 4 万～5 万 IU，必要时 3～4 d 重复 1 次。

3. 青霉素 V 钾片 与青霉素相似，但抗菌活性比青霉素稍差，耐胃酸但不耐 β-内酰胺酶。一般不用于敏感菌的严重感染。内服，一次量，马每千克体重 40～70 mg，犬、猫每千克体重 5.5～11 mg，3～4 次/d，连用 2～3 d。

4. 苯唑青霉素（苯唑西林、新青霉素Ⅱ） 主要用于对青霉素耐药的金黄色葡萄球菌感染。内服或肌内注射，马、牛、羊、猪每千克体重 10～15 mg，犬、猫每千克体重 15～20 mg，2～3 次/d，连用 2～3 d。

5. 氯唑西林（邻氯青霉素） 主要对耐药金黄色葡萄球菌有很强的杀菌作用，常用治疗动物的骨、皮肤和软组织的葡萄球菌感染，以及耐青霉素葡萄球菌感染，如奶牛乳腺炎等。内服，马、牛、羊、猪每千克体重 10～20 mg，犬、猫 20～40 mg/次，2～3 次/d，连用 2～3 d。肌内注射，马、牛、羊、猪每千克体重 5～10 mg，犬、猫 20～40 mg/次，2～3 次/d，连用 2～3 d。乳管注入，奶牛每乳室 200 mg，1 次/d，连用 2～3 d。

6. 氨苄青霉素（氨苄西林）

（1）应用　用于敏感菌所致的肺部、尿道感染和革兰阴性杆菌引起的某些感染。对大多数革兰阳性菌的效力不及青霉素，对革兰阴性菌如大肠杆菌、变形杆菌、沙门菌、嗜血杆菌、布鲁菌、巴氏杆菌等有较强的作用，对耐药金黄色葡萄球菌、绿脓杆菌无效。严重感染时，可与氨基糖苷类抗生素合用以增强疗效。不良反应同青霉素。

（2）用法与用量　内服，家畜、禽每千克体重 20～40 mg，2～3 次/d，连用 2～3 d。肌内注射或静脉注射，家畜、禽每千克体重 10～20 mg，2～3 次/d（高剂量用于幼龄动物、禽和急性感染），连用 2～3 d。乳管内注入，奶牛每乳室 200 mg，1 次/d，连用 2～3 d。

7. 羟氨苄青霉素（阿莫西林）　与氨苄青霉素基本相似，对肠球菌属和沙门菌的作用较氨苄青霉素强 2 倍。细菌对本品和氨苄青霉素有完全的交叉耐药性。内服，家畜每千克体重 10～15 mg，禽每千克体重 20～30 mg，2 次/d，连用 2～3 d。肌内注射，家畜每千克体重 5～10 mg，2 次/d，连用 2～3 d。乳管内注入，奶牛每乳室 200 mg，1 次/d，连用 2～3 d。

8. 羧苄青霉素（羧苄西林）　与氨苄青霉素相似，特点是对绿脓杆菌、变形杆菌和大肠杆菌有较好的抗菌作用，对耐青霉素的金黄色葡萄球菌无效。肌内注射，家畜每千克体重 10～20 mg，2～3 次/d，连用 2～3 d。静脉注射或内服，犬、猫每千克体重 55～110 mg，3 次/d，连用 2～3 d。

9. 美西林（氮脒青霉素）　对革兰阴性菌，包括大肠杆菌、志贺氏菌、沙门菌、克雷伯氏菌、枸橼酸杆菌和部分沙雷杆菌等有良好的抗菌作用；对革兰阳性菌作用较弱；对假单胞菌、吲哚阳性变形杆菌、奈瑟菌属、厌氧杆菌和肠球菌等无效。对 β-内酰胺酶的耐受性较氨苄西林强。与其他青霉素或头孢菌素联合可起协同作用，如与氨苄西林、哌拉西林、头孢唑林、头孢孟多、头孢西丁等联合，在体外均显示协同作用。口服不吸收，必须注射给药。主要用于敏感菌所致的泌尿系统感染以及败血症、伤寒、菌痢等。静脉或肌内注射，每千克体重 10～20 mg，2～3 次/d，连用 2～3 d。

（二）头孢菌素类

1. 应用　头孢菌素具有杀菌力强、抗菌谱广（尤其是第三、四代），主要用于耐药金黄色葡萄球菌及某些革兰阴性杆菌如大肠杆菌、沙门菌、痢疾杆菌、巴氏杆菌等引起的消化道、呼吸道、泌尿生殖道感染，牛乳腺炎和预防术后败血症等。头孢噻呋特别适合于牛的支气管肺炎，尤其是溶血性巴氏杆菌或多杀性巴氏杆菌引起的支气管肺炎，以及猪放线杆菌性胸膜肺炎。对革兰阳性菌引起的疾病，使用第一代强于第二、三代、四代。

2. 用法与用量

（1）头孢氨苄（第一代，先锋霉素Ⅰ）　内服，马每千克体重 22 mg，犬、猫每千克体重 10～30 mg，3～4 次/d，连用 2～3 d。乳管注入，奶牛每次每乳室 200 mg，2 次/d，连用 2 d。

（2）头孢唑啉钠（第一代，先锋霉素Ⅴ）　静脉或肌内注射，马每千克体重 15～20 mg，3 次/d；犬、猫每千克体重 20～25 mg，3～4 次/d，连用 2～3 d。

（3）头孢羟氨苄（第一代）　内服，犬、猫每千克体重 22 mg，2～3 次/d。

（4）头孢西丁钠（第二代）　静脉或肌内注射，犬、猫每千克体重 10～20 mg，2～3 次/d。

（5）头孢噻肟钠（第三代）　静脉注射，驹每千克体重 20～30 mg，4 次/d。静脉、肌内或皮下注射，犬、猫每千克体重 25～50 mg，2～3 次/d。

（6）头孢噻呋钠（第三代）　肌内注射，牛每千克体重 1.1 mg，猪每千克体重 3～5 mg，犬每千克体重 2.2 mg，1 次/d，连用 3 d。1 日龄雏鸡，每羽 0.1 mg。

（7）硫酸头孢喹肟（第四代） 肌内注射，牛每千克体重 1 mg，1 次/d，连用 3 d；猪每千克体重 2 mg，1 次/d，连用 3 d。乳管内注入，奶牛每次每乳室 75 mg，2 次/d，连用 2 d。

3. 不良反应 过敏反应主要是皮疹。与青霉素偶尔有交叉过敏反应。肌内注射给药时对局部有刺激作用。对肾功能不良的动物用药剂量应注意调整。

（三）β-内酰胺酶抑制剂

1. 克拉维酸 可抑制 β-内酰胺酶对青霉素、头孢菌素类的破坏。不单独用于抗菌，通常与其他 β-内酰胺抗生素合用，以克服细菌的耐药性。内服，阿莫西林-克拉维酸钾片，家畜每千克体重 10～15 mg（以阿莫西林计），鸡每千克体重 20～30 mg，2 次/d，连用 3～5 d。肌内或皮下注射，牛、猪、犬、猫每千克体重 7 mg（以阿莫西林计），1 次/d，连用 3～5 d。

2. 舒巴坦 可抑制 β-内酰胺酶对青霉素、头孢菌素类的破坏。与氨苄西林联合，应用于葡萄球菌、嗜血杆菌、巴氏杆菌、大肠杆菌、克雷伯氏菌等所致的呼吸道、消化道及泌尿道感染。内服，氨苄西林-舒巴坦甲苯磺酸盐，家畜每千克体重 20～30 mg（以氨苄西林计），2 次/d，连用 3～5 d。肌内注射，氨苄西林钠-舒巴坦钠，家畜每千克体重 10～15 mg（以氨苄西林计），2 次/d，连用 3～5 d。

二、氨基糖苷类抗生素

（一）链霉素

1. 应用 主要用于治疗大肠杆菌、巴氏杆菌、布鲁菌、沙门菌、变形杆菌、痢疾杆菌、鼠疫杆菌、鼻疽杆菌等引起的感染。易产生耐药性，临床上常与青霉素合用。链霉素耐药菌株对其他氨基糖苷类仍敏感。

2. 用法与用量 肌内注射，家畜每千克体重 10～15 mg，家禽每千克体重 20～30 mg，2～3 次/d，连用 2～3 d。

3. 不良反应

（1）过敏反应 可出现皮疹、发热、血管神经性水肿、嗜酸性粒细胞增多等。

（2）第八对脑神经损害 造成前庭功能和听觉的损害。家畜中少见。

（3）神经肌肉的阻断作用 为类似箭毒样的作用，出现呼吸抑制、肢体瘫痪和骨骼肌松弛等症状。严重者肌内注射新斯的明或静脉注射氯化钙即可缓解。只有在用量过大并同时使用肌松药或麻醉剂时，才可能出现。

（二）庆大霉素

1. 应用 内服难吸收，肌内注射后吸收快而完全。用于革兰阴性菌如大肠杆菌、变形杆菌、嗜血杆菌、绿脓杆菌、沙门菌和布鲁菌等引起的感染治疗，特别是对肠道菌及绿脓杆菌感染有高效。在革兰阳性菌中，对耐药金黄色葡萄球菌的作用最强，对耐药的葡萄球菌、溶血性链球菌、炭疽杆菌等也有效。此外，对支原体也有一定作用。

2. 用法与用量 肌内注射，马、牛、羊、猪每千克体重 2～4 mg，犬、猫每千克体重 3～5 mg，家禽每千克体重 5～7.5 mg，2 次/d，连用 2～3 d。休药期猪为 40 d。静脉滴注（严重感染），用量同肌内注射。内服，驹、犊、羔羊、仔猪每千克体重 5～10 mg，2 次/d，连用 2～3 d。

3. 不良反应 与链霉素相似。对肾脏有较严重的损害作用，临床应用不要随意加大剂量及延长疗程。

（三）卡那霉素

内服吸收不良，肌内注射吸收迅速且完全。抗菌谱与链霉素相似，但抗菌活性稍强，主要用于治疗多数革兰阴性杆菌和部分耐青霉素金黄色葡萄球菌所引起的感染，如呼吸道、肠道和泌尿道感染、乳腺炎、禽霍乱和雏鸡白痢等。也可用于治疗猪萎缩性鼻炎。对绿脓杆菌感染无效。不良反应与链霉素相似。肌内注射，家畜每千克体重 10～15 mg，2 次/d，连用 2～3 d。

（四）阿米卡星（丁胺卡那霉素）

内服吸收不良，肌内注射吸收迅速且完全。作用、抗菌谱与庆大霉素相似。其特点是对庆大霉素、卡那霉素耐药的绿脓杆菌、大肠杆菌、变形杆菌、克雷伯氏菌等有效。不良反应与链霉素相似。肌内注射，马、牛、羊、猪、犬、猫、家禽每千克体重 5～7.5 mg，2 次/d，连用 2～3 d。

（五）新霉素

抗菌谱与链霉素相似。在氨基糖苷类中毒性最大，一般禁用于注射给药。内服给药后很少吸收。用于治疗畜禽肠道大肠杆菌感染；子宫或乳管内注入，治疗奶牛、母猪的子宫内膜炎和乳腺炎；局部外用（0.5%溶液或软膏），治疗皮肤、黏膜化脓性感染。内服，家畜每千克体重 10～15 mg，犬、猫每千克体重 10～20 mg，2 次/d，连用 2～3 d。混饮，禽每升水 50～70 mg，连用 3～5 d，休药期鸡为 5 d。混饲，禽每 1 000 kg 饲料 77～154 g，连用 3～5 d，肉鸡、火鸡休药期分别为 5 d、14 d。蛋鸡产蛋期禁用。

（六）大观霉素（壮观霉素）

对革兰阴性菌（如布鲁菌、克雷伯氏菌、变形杆菌、绿脓杆菌、沙门菌、巴氏杆菌等）有较强作用，对革兰阳性菌（链球菌、葡萄球菌）作用较弱。对支原体也有一定作用，临床上常与林可霉素联合用于防治仔猪腹泻、猪支原体性肺炎（猪气喘病）和败血支原体引起的鸡慢性呼吸道病。混饮，禽每升水 500～1 000 mg，连用 3～5 d，肉鸡休药期 5 d。蛋鸡产蛋期禁用。内服，猪每千克体重 20～40 mg，2 次/d，连用 3～5 d。

（七）安普霉素

用于革兰阴性菌（如大肠杆菌、沙门菌、变形杆菌、克雷伯氏菌等）、革兰阳性菌（某些链球菌）、短螺旋体和某些支原体引起的感染治疗。内服给药后吸收差，肌内注射后吸收迅速。猫较敏感，易产生毒性。肌内注射，家畜每千克体重 20 mg，2 次/d，连用 3 d。内服，家畜每千克体重 20～40 mg，1 次/d，连用 5 d。混饮，禽每升水 250～500 mg，连用 5 d，休药期 7 d，蛋鸡产蛋期禁用。混饲，猪每 1 000 kg 饲料 80～100 g（用于促生长），连用 7 d，休药期 21 d。

三、四环素类抗生素

（一）土霉素

1. 应用　内服吸收不规则、不完全。不宜与含多价金属离子的药品或饲料、乳制品共服。反刍兽不宜内服给药。除用于治疗革兰阳性菌和阴性菌感染外，还可用于立克次氏体、衣原体、支原体、螺旋体、放线菌和某些原虫感染的治疗。

2. 用法与用量　内服，猪、驹、犊、羔每千克体重 10～25 mg，犬每千克体重 15～

50 mg，禽每千克体重 25～50 mg，2～3 次/d，连用 3～5 d。混饲，猪每 1 000 kg 饲料300～500 g（治疗量），连用 3～5 d。混饮，猪每升水 100～200 mg，禽每升水 150～250 mg，连用 3～5 d。静脉注射，家畜每千克体重 5～10 mg；肌内注射，家畜每千克体重 10～20 mg；1～2 次/d，连用 2～3 d。

3. 不良反应　本品盐酸盐水溶液属强酸性，刺激性大，最好不采用肌内注射给药。成年草食动物内服剂量过大或疗程过长时，易引起肠道菌群紊乱，导致消化机能失常，造成肠炎和腹泻，并形成二重感染。

（二）多西环素（脱氧土霉素、强力霉素）

内服后吸收迅速，抗菌谱与其他四环素类相似，体内、外抗菌活性较土霉素、四环素强。主要用于治疗畜禽的支原体病、大肠杆菌病、沙门菌病、巴氏杆菌病和鹦鹉热等。内服，猪、驹、犊、羔每千克体重 3～5 mg，犬、猫每千克体重 5～10 mg，禽每千克体重15～25 mg，1 次/d，连用 3～5 d。混饲，猪每 1 000 kg 饲料 150～250 g；禽每 1 000 kg 饲料100～200 g，混饮，猪每升水 100～150 mg；禽每升水 50～100 mg，连用 3～5 d。

四、酰胺醇（氯霉素）类抗生素

（一）甲砜霉素

1. 应用　主要用于肠道感染的治疗，特别是沙门菌感染如仔猪副伤寒、幼驹副伤寒、禽副伤寒、雏鸡白痢、仔猪黄痢、仔猪白痢、幼驹大肠杆菌病等。也可用于防治水生类生物（鱼、蟹、虾、蛙等）的细菌性疾病。

2. 用法与用量　内服，畜、禽每千克体重 5～10 mg，2～3 次/d，连用 2～3 d。

3. 不良反应　不产生再生障碍性贫血，但可抑制红细胞、白细胞和血小板生成；有较强的免疫抑制作用；长期服用可引起消化机能紊乱，可出现维生素缺乏或二重感染；有胚胎毒性，妊娠期及哺乳期家畜慎用。

（二）氟苯尼考（氟甲砜霉素）

属动物专用广谱抗生素，内服和肌内注射吸收快。抗菌谱与甲砜霉素相似，但抗菌活性优于甲砜霉素。主要用于牛、猪、鸡和鱼类的细菌性疾病的治疗。内服，猪、鸡每千克体重20～30 mg，2 次/d，连用 3～5 d。肌内注射，猪、鸡每千克体重 20 mg，1 次/2 d，连用 2 次；鱼每千克体重 0.5～1 mg，1 次/d，连用 3～5 d。混饲，猪每 1 000 kg 饲料 20～40 g，连用 7 d；混饮，鸡每升水 100 mg，连用 3～5 d。本品不引起骨髓抑制或再生障碍性贫血，但有胚胎毒性，妊娠动物禁用。

五、大环内酯类抗生素

（一）红霉素

1. 应用　内服吸收良好，抗菌谱与青霉素相似，用于治疗革兰阳性菌如金黄色葡萄球菌、链球菌、肺炎球菌、猪丹毒杆菌、梭状芽孢杆菌、炭疽杆菌、棒状杆菌等引起的感染；对某些革兰阴性菌感染如巴氏杆菌病、布鲁菌病作用较弱。对大肠杆菌、克雷伯氏菌、沙门菌等感染无效。也可用于支原体、立克次氏体和螺旋体感染的治疗。主要用于对青霉素耐药的金黄色葡萄球菌感染和对青霉素过敏的病例。

2. 用法与用量　内服，仔猪、犬、猫每千克体重 10～20 mg，2 次/d，连用 2～3 d。混饮，鸡每升水 125 mg，连用 3～5 d。静脉注射，马、牛、羊、猪每千克体重 3～5 mg，犬、猫每千克体重 5～10 mg，2 次/d，连用 2～3 d。

3. 不良反应　刺激性强，宜采用深部肌内注射。静脉注射速度应缓慢并避免漏出血管外。犬猫内服可引起呕吐、腹痛、腹泻等症状，应慎用。

（二）泰乐菌素

1. 应用　内服可吸收，肌内注射后吸收迅速。用于治疗革兰阳性菌、支原体、螺旋体等引起的感染；对大多数革兰阴性菌感染治疗效果差。其特点是对支原体有较强的抑制作用，主要用于防治动物的支原体感染。与其他大环内酯类有交叉耐药现象。欧盟从 2000 年开始禁用本品作促生长剂。

2. 用法与用量　混饮，禽每升水 500 mg，连用 3～5 d；猪 200～500 mg（治疗猪痢疾），连用 3～5 d。混饲，猪每 1 000 kg 饲料 35.2～70.4 g，鸡每 1 000 kg 饲料 26.4～52.8 g。内服，猪每千克体重 7～10 mg，2 次/d，连用 5～7 d。肌内注射，牛每千克体重 10～20 mg，猪每千克体重 5～13 mg，猫每千克体重 10 mg，1～2 次/d，连用 5～7 d。

3. 不良反应　肌内注射时可导致局部刺激。不能与聚醚类抗生素合用，否则导致后者的毒性增强。

（三）替米考星

1. 应用　畜禽专用抗生素，内服和皮下注射吸收快，但不完全。具有广谱抗菌作用，对革兰阳性菌、某些革兰阴性菌、支原体、螺旋体等均有抑制作用；用于治疗胸膜肺炎放线杆菌、巴氏杆菌及支原体感染，效果优于泰乐菌素。禁止静脉注射。

2. 用法与用量　混饮，鸡每升水 75 mg，连用 5 d，用于鸡支原体病的治疗（蛋鸡除外）。混饲，猪每 1 000 kg 饲料 200～400 g，用于防治胸膜肺炎放线杆菌、巴氏杆菌引起的肺炎。皮下注射，牛、猪每千克体重 10 mg，1 次/d。乳管内注入，奶牛每次每乳室 300 mg，用于治疗急性乳腺炎。

（四）吉他霉素（北里霉素）

1. 应用　抗菌谱与红霉素相似。对革兰阳性菌的抗菌作用比红霉素弱，对耐药金黄色葡萄球菌的效力强于红霉素，对某些革兰阴性菌、支原体、立克次氏体也有抗菌作用。主要用于革兰阳性菌（包括耐药金黄色葡萄球菌）所致的感染、支原体病及猪痢疾等。

2. 用法与用量　混饮，禽每升水 250～500 mg，蛋鸡产蛋期禁用，肉鸡休药期 7 d；猪每升水 100～200，连用 3～5 d。混饲，猪每 1 000 kg 饲料 5～50 g、鸡每 1 000 kg 饲料 5～10 g（用于促生长），宰前 7 d 停药。内服，猪每千克体重 20～30 mg，禽每千克体重 20～50 mg，2 次/d，连用 3～5 d。

（五）螺旋霉素

1. 应用　抗菌谱与红霉素相似，但效力较红霉素差。与红霉素、泰乐菌素之间有部分交叉耐药性。主要用于防治葡萄球菌感染和支原体病。欧盟从 2000 年开始禁用本品作促生长剂。

2. 用法与用量　混饮，禽每升水 400 mg，连用 3～5 d。内服，马、牛每千克体重 8～20 mg，猪、羊每千克体重 20～100 mg，禽每千克体重 50～100 mg，1 次/d，连用 3～5 d。皮下或肌内注射，马、牛每千克体重 4～10 mg，猪、羊每千克体重 10～50 mg，禽每千克体重 25～55 mg，1 次/d，连用 3～5 d。

六、林可胺类抗生素

（一）林可霉素（洁霉素）

1. 应用 内服吸收不完全，肌内注射吸收良好。抗菌谱与大环内酯类相似。用于治疗敏感的革兰阳性菌如葡萄球菌（包括耐药金黄色葡萄球菌）、溶血性链球菌和肺炎球菌等感染。对破伤风梭菌、产气荚膜梭菌、支原体感染也有一定的治疗作用。对革兰阴性菌感染无效。与大观霉素合用，对鸡支原体病或大肠杆菌病的效力超过单一药物。

2. 用法与用量 内服，马、牛每千克体重 6～10 mg，羊、猪每千克体重 10～15 mg，犬、猫每千克体重 15～25 mg，1～2 次/d，连用 3～5 d。混饮，猪每升水 40～70 mg，连用 7 d；鸡每升水 20～40 mg，连用 5～10 d。混饲，猪每 1 000 kg 饲料 44 g，禽每 1 000 kg 饲料 22～44 g，连用 1～3 周。静脉或肌内注射，猪每千克体重 10 mg，1 次/d；犬、猫每千克体重 10 mg，2 次/d，连用 3～5 d。休药期猪 2 d；蛋鸡产蛋期禁用，休药期 5 d。

3. 不良反应 大剂量内服有胃肠道反应。肌内给药有疼痛刺激，或吸收不良。家兔敏感，易引起严重反应或死亡，不宜使用。

（二）克林霉素

内服吸收比林可霉素好，抗菌作用、应用与林可霉素相同，抗菌效力比林可霉素强 4～8 倍。内服或肌内注射，犬、猫每千克体重 10 mg，2 次/d。

七、多肽类抗生素

（一）多黏菌素 B

1. 应用 内服不吸收。主要用于革兰阴性杆菌的感染，主要敏感菌有大肠杆菌、沙门菌、巴氏杆菌、布鲁菌、弧菌、痢疾杆菌、绿脓杆菌等，尤其对绿脓杆菌具有强大的杀菌作用。与黏菌素之间有交叉耐药性，但与其他抗菌药物间没有交叉耐药性。与增效磺胺药、四环素类有协同作用。易引起对肾脏和神经系统的毒性反应，现多局部应用于治疗创面、眼、耳、鼻部的感染等。

2. 用法与用量 内服，犊牛每千克体重 0.5 万～1 万 U，2 次/d；仔猪 2 000～4 000 U，2～3 次/d。

（二）黏菌素（多黏菌素 E、抗敌素）

1. 应用 抗菌谱与多黏菌素 B 相同。内服不吸收，用于治疗动物的大肠杆菌性下痢和对其他药物耐药的菌痢。外用于烧伤和外伤引起的绿脓杆菌局部感染和眼、耳、鼻等部位敏感菌的感染。注射已少用。

2. 用法与用量 内服，犊牛、仔猪每千克体重 1.5～5 mg，家禽每千克体重 3～8 mg，1～2 次/d，连用 3～5 d。混饮，猪每升水 40～200 mg；鸡每升水 20～60 mg，连用 5 d，休药期 7 d。混饲（用于促生长），牛（哺乳期）每 1 000 kg 饲料 5～40 g、猪（哺乳期）每 1 000 kg 饲料 2～40 g、仔猪和鸡每 1 000 kg 饲料 2～20 g，宰前 7 d 停药。乳管内注入，奶牛每次每乳室 5～10 mg。子宫内注入，牛 10 mg，1～2 次/d。

（三）杆菌肽

1. 应用 内服几乎不吸收，肌内注射易吸收，但对肾脏毒性大，不宜用于全身感染。对革兰阳性菌有杀菌作用，包括耐药的金黄色葡萄球菌、肠球菌、链球菌，对螺旋体和放线菌也有效，但对革兰阴性杆菌无效。临床上可局部应用于革兰阳性菌所致的皮肤、伤口感染，眼部感染和乳腺炎等。欧盟从 2000 年开始禁用本品作促生长剂。

2. 用法与用量 混饲，3 月龄以下犊牛每 1 000 kg 饲料 10～100 g、3～6 月龄小牛每 1 000 kg饲料 4～40 g、4 月龄以下猪每 1 000 kg 饲料 4～40 g、16 周龄以下禽每 1 000 kg 饲料 4～40 g（以杆菌肽计）。内服，犊牛、仔猪每千克体重 1.5～5 mg。混饮，家禽每千克体重 3～8 mg，1～2 次/d，连用 3～5 d。治疗用，鸡每升水 50～100 mg，连用 5～7 d；预防用，每升水 25 mg。

八、其他抗生素

泰妙菌素（泰妙灵、支原净）

1. 应用 内服易吸收，抗菌谱与大环内酯类相似。用于治疗革兰阳性菌（如金黄色葡萄球菌、链球菌）、支原体、猪胸膜肺炎放线杆菌及猪痢疾短螺旋体等感染。

2. 用法与用量 混饮，猪每升水 45～60 mg，鸡每升水 125～250 mg，连用 3～5 d。混饲，猪每 1 000 kg 饲料 40～100 g，连用 5～10 d。

3. 不良反应 能影响莫能菌素、盐霉素等的代谢，合用时导致中毒。因此，禁止本品与聚醚类抗生素合用。

第二节 化学合成抗菌药

一、磺胺类及其增效剂

（一）磺胺类药物

1. 应用

（1）**全身感染** 常用药有磺胺嘧啶（SD）、磺胺二甲嘧啶（SM₂）、磺胺甲噁唑（SMZ）、磺胺对甲氧嘧啶（SMD）、磺胺间甲氧嘧啶（SMM）、磺胺地索辛（SDM）等，可用于巴氏杆菌病、乳腺炎、子宫内膜炎、腹膜炎、败血症和呼吸道、消化道及泌尿道感染，一般与甲氧苄啶（TMP）合用，可提高疗效，缩短疗程。病情严重病例或首次用药，可用钠盐肌内注射或静脉注射给药。

（2）**肠道感染** 选用肠道难吸收的磺胺类，如磺胺脒（SG）、酞磺胺噻唑（PST）、琥珀酰磺胺噻唑（SST）等，常与二甲氧苄啶（DVD）合用以提高疗效。

（3）**泌尿道感染** 选用抗菌作用强，尿中排泄快，乙酰化率低，尿中药物浓度高的磺胺药，如 SMM、SMD 和 SM₂ 等。与 TMP 合用，可提高疗效，克服或延缓耐药性的产生。

（4）**局部软组织和创面感染** 选外用磺胺药，如氨苯磺胺（SN）、磺胺嘧啶银（SD-Ag）等。

（5）**原虫感染** 选用磺胺喹噁啉（SQ）、磺胺氯吡嗪、SM₂、SMM、SDM 等，用于禽和兔球虫病、鸡卡氏住白细胞虫病、猪弓形虫病等。

（6）**其他** 治疗脑部细菌性感染，宜采用在脑脊液中含量较高的 SD；治疗乳腺炎宜采用在乳汁中含量较多的 SM₂。

2. 用法与用量

（1）**磺胺噻唑、磺胺嘧啶、磺胺二甲嘧啶** 内服，家畜首次量每千克体重 140～

200 mg，维持量每千克体重 70～100 mg，2～3 次/d，连用 3～5 d。

（2）磺胺噻唑钠、磺胺嘧啶钠、磺胺二甲嘧啶钠注射液　静脉或肌内注射，家畜每千克体重 50～100 mg，1～2 次/d，连用 2～3 d。

（3）磺胺甲噁唑、磺胺对甲氧嘧啶、磺胺间甲氧嘧啶、磺胺多辛、磺胺地索辛　内服，家畜首次量每千克体重 50～100 mg，维持量每千克体重 25～50 mg，2～3 次/d，连用 3～5 d。

（4）磺胺间甲氧嘧啶钠注射液　静脉或肌内注射，家畜每千克体重 50 mg，1～2 次/d，连用 2～3 d。

（5）磺胺氯吡嗪钠可溶性粉　混饮，肉鸡、火鸡每升水 300 mg（以磺胺氯吡嗪钠计）。混饲，肉鸡、火鸡、兔每 1 000 kg 饲料 600 g，连用 3～5 d。蛋鸡产蛋期禁用。火鸡、肉鸡休药期分别为 4 d 和 1 d。

（6）磺胺喹噁啉钠可溶性粉　混饮，禽每升水 300～500 mg（以磺胺喹噁啉钠计）。蛋鸡产蛋期禁用。休药期 10 d。

（7）磺胺脒　内服，家畜每千克体重 100～200 mg，2 次/d，连用 3～5 d。

（8）琥珀酰磺胺噻唑　内服，家畜每千克体重 100～200 mg，2 次/d，连用 3～5 d。

（9）酞磺胺噻唑片　内服，家畜每千克体重 100～150 mg，2 次/d，连用 3～5 d。

（10）酞磺醋胺片　内服，犊、羔羊、猪、犬、猫每千克体重 100～150 mg，2 次/d，连用 3～5 d。

（11）磺胺醋酰　15％滴眼液，用于眼部感染。

（12）磺胺嘧啶银　外用，撒布于创面或配成 2％混悬液湿敷。

（13）醋酸磺胺米隆　外用，5％～10％溶液湿敷。

3. 不良反应　静脉注射速度过快或剂量过大可引起急性中毒，剂量较大或连续用药超过 1 周以上可引起慢性中毒。为防止磺胺类药的不良反应，除严格掌握剂量与疗程外，可采取下列措施：

（1）充分饮水，以增加尿量、促进排出。

（2）选用疗效高、作用强、溶解度大、乙酰化率低的磺胺类药。

（3）幼龄动物、杂食或肉食动物使用磺胺类时，宜与碳酸氢钠同服，以碱化尿液，促进排出。

（4）蛋鸡产蛋期禁用磺胺药。

（二）抗菌增效剂

1. 甲氧苄啶（TMP）

（1）应用　内服吸收迅速而完全，抗菌谱广，与磺胺类相似而效力较强，单独使用易产生耐药性，常以 1∶5 比例与 SMD、SMM、SMZ、SD、SM₂、SQ 等磺胺药合用。可用于多种革兰阳性菌及阴性菌感染的治疗，其中较敏感的有溶血性链球菌、葡萄球菌、大肠杆菌、变形杆菌、巴氏杆菌和沙门菌等。TMP 对绿脓杆菌、结核分支杆菌、丹毒杆菌、钩端螺旋体无效。

（2）用法与用量

复方磺胺嘧啶预混剂：混饲，猪每千克体重 15～30 mg（以磺胺嘧啶计），连用 5 d；鸡每千克体重 25～30 mg，2 次/d，连用 10 d，蛋鸡产蛋期禁用。猪、肉鸡休药期分别为 5 d、10 d。

复方磺胺嘧啶混悬液：混饮，鸡每升水 160～320 mg（以磺胺嘧啶计），连用 5 d，蛋鸡产蛋期禁用。休药期 1 d。

复方磺胺嘧啶钠注射液：肌内注射，家畜每千克体重 20～30 mg（以磺胺嘧啶钠计），1～2 次/d，连用 2～3 d。休药期牛、羊、猪分别为 12 d、12 d、20 d。

复方磺胺甲噁唑片：内服，家畜每千克体重 20～25 mg（以磺胺甲噁唑计），2 次/d，连用 3～5 d。产蛋期禁用。

复方磺胺对甲氧嘧啶片：内服，家畜每千克体重 20～25 mg（以磺胺对甲氧嘧啶计），1～2 次/d，连用 3～5 d。蛋鸡产蛋期禁用。

复方磺胺对甲氧嘧啶钠注射液：肌内注射，家畜每千克体重 15～20 mg（以磺胺对甲氧嘧啶钠计），1～2 次/d，连用 2～3 d。蛋鸡产蛋期禁用。

复方磺胺氯达嗪钠粉：内服，猪每千克体重 20～30 mg（以磺胺氯达嗪钠计），1～2 次/d，连用 5～10 d；鸡每千克体重 20～30 mg，1～2 次/d，连用 3～6 d。蛋鸡产蛋期禁用。休药期猪为 4 d、鸡为 2 d。

复方磺胺甲氧达嗪钠注射液：肌内注射，家畜每千克体重 15～20 mg（以磺胺甲氧达嗪钠计），1～2 次/d，连用 2～13 d，蛋鸡产蛋期禁用。

复方磺胺喹噁啉钠可溶性粉：混饮，禽每升水 150 mg（以磺胺喹噁啉钠计），连用 5～7 d。蛋鸡产蛋期禁用。休药期 10 d。

（3）不良反应　偶尔引起白细胞、血小板减少等。但孕畜和初生仔畜应用易引起叶酸摄取障碍，宜慎用。

2. 二甲氧苄啶（DVD）

（1）应用　内服吸收很少，作用比 TMP 弱，但作用机理相同，常以 1∶5 比例与 SQ 等合用。复方制剂主要用于防治禽、兔球虫病及畜禽肠道感染等。

（2）用法与用量　磺胺喹噁啉、二甲氧苄啶预混剂，混饲，禽每 1 000 kg 饲料 100 g（以磺胺喹噁啉计），连用 3～5 d。蛋鸡产蛋期禁用。肉鸡宰前 10 d 停止给药。

二、喹诺酮类

（一）恩诺沙星

1. 应用　本品为动物专用的杀菌性广谱抗菌药，内服和肌内注射吸收迅速和较完全。治疗支原体感染有特效，效力比泰乐菌素和泰妙菌素强，对耐泰乐菌素、泰妙灵的支原体也有效。用于各种动物大肠杆菌、克雷伯氏菌、沙门菌、变形杆菌、绿脓杆菌、嗜血杆菌、多杀性巴氏杆菌、溶血性巴氏杆菌、副溶血性弧菌、金黄色葡萄球菌、链球菌、化脓棒状杆菌、丹毒杆菌等感染的治疗。

2. 用法与用量　内服，反刍前犊牛、猪、犬、猫、兔每千克体重 2.5～5 mg，禽每千克体重 5～7.5 mg，2 次/d，连用 3～5 d。混饮，禽每升水 50～75 mg，连用 3～5 d。肌内注射，牛、羊、猪每千克体重 2.5 mg，犬、猫、兔每千克体重 2.5～5 mg，1～2 次/d，连用 2～3 d。

（二）诺氟沙星（氟哌酸）

1. 应用　具有抗菌谱广，作用强的特点，内服及肌内注射吸收均较迅速。对革兰阴性菌如大肠杆菌、沙门菌、巴氏杆菌、绿脓杆菌的作用较强；对革兰阳性菌有效；对支原体亦有一定的作用；对大多数厌氧菌不敏感。主要用于敏感菌引起的消化系统、呼吸系统、泌尿道感染和支原体病等的治疗。

2. 用法与用量　混饮，禽每升水 1 g，出壳时鸡连用 3～5 d，停药 5 d 后继续饮 3～5 d。内服，猪、犬每千克体重 10～20 mg，1～2 次/d。肌内注射，猪每千克体重 10 mg，2 次/d，连用 2～3 d。

（三）环丙沙星

1. 应用　对革兰阴性菌的抗菌活性是目前兽医临床应用的氟喹诺酮类中最强的一种，对革兰阳性菌的作用也较强。此外，对支原体、厌氧菌、绿脓杆菌亦有较强的抗菌作用。内服、肌内注射吸收迅速，用于全身各系统的感染，对消化道、呼吸道、泌尿生殖道、皮肤软组织感染及支原体感染等均有良效。

2. 用法与用量　内服，猪、犬每千克体重 5～15 mg，2 次/d；混饮，禽每升水 25～50 mg；肌内注射，家畜每千克体重 2.5 mg，家禽每千克体重 5 mg，2 次/d，连用 3～5 d。

（四）达氟沙星

1. 应用　内服、肌内注射和皮下注射的吸收较迅速和完全。主要用于牛溶血性巴氏杆菌、多杀性巴氏杆菌、牛支原体感染，猪胸膜肺炎放线杆菌、猪肺炎支原体感染，鸡大肠杆菌、多杀性巴氏杆菌、败血支原体等感染的治疗。

2. 用法与用量　内服，鸡每千克体重 2.5～5 mg，1 次/d，连用 3 d。混饮，鸡每升水 25～50 mg，连用 3 d。肌内注射，牛、猪每千克体重 1.25～2.5 mg，1 次/d，连用 3 d。

（五）二氟沙星

1. 应用　本品为动物专用的广谱杀菌药，与恩诺沙星相似。对畜禽呼吸道致病菌有良好的抗菌活性，尤其对葡萄球菌有较强作用。常用于敏感菌引起的畜禽消化系统、呼吸系统、泌尿道感染和支原体病等的治疗。

2. 用法与用量　内服，猪、犬、鸡每千克体重 5～10 mg，2 次/d，连用 3～5 d。肌内注射，猪每千克体重 5 mg，1 次/d，连用 3 d。

三、喹噁啉类

（一）乙酰甲喹（痢菌净）

1. 应用　内服和肌内注射给药均易吸收。治疗猪痢疾的首选药。对革兰阴性菌的作用强于革兰阳性菌，临床用于大肠杆菌、巴氏杆菌、猪霍乱沙门菌、鼠伤寒沙门菌、变形杆菌等感染的治疗，也可用于某些革兰阳性菌如金黄色葡萄球菌、链球菌感染的治疗。不能用作生长促进剂。

2. 用法与用量　内服，牛、猪、鸡每千克体重 5～10 mg，2 次/d，连用 3 d。肌内注射，牛、猪每千克体重 2.5～5 mg，鸡每千克体重 2.5 mg，2 次/d，连用 3 d。

3. 不良反应　用药剂量高于治疗量的 3～5 倍时，或长时间应用，可致中毒或死亡。家禽尤为敏感。

（二）喹乙醇

1. 应用　内服吸收迅速，为抗菌促生长剂。用于革兰阴性菌如巴氏杆菌、大肠杆菌、鸡白痢沙门菌、变形杆菌等感染的治疗；对革兰阳性菌（如金黄色葡萄球菌、链球菌等）和猪痢疾短螺旋体感染也有一定的治疗作用。

用法与用量　混饲，猪每 1 000 kg 饲料 50～100 g，体重超过 35 kg 的猪禁用，休药期 35 d。禁用于禽。

3. 不良反应　添加剂量过大、混料不均匀易引起中毒。鸡、鸭对本品较敏感。

四、其他

（一）硝基呋喃类

1. 呋喃妥因（呋喃坦啶）　内服吸收迅速而完全。主要用于肠道、泌尿道感染的治疗，特别适用于大肠杆菌、粪链球菌所致的泌尿道感染。内服，每千克体重家畜 10 mg，2～3 次/d；犬每千克体重 4.4 mg，3 次/d。肌内注射，家畜每千克体重 5 mL，2 次/d。

2. 呋喃西林　主要作为外用消毒防腐，用于各种局部炎症和化脓性感染的处理，如伤口感染、结膜炎、膀胱炎、子宫内膜炎时的冲洗，对创口及黏膜无刺激性。外用，配成 0.01%～0.02% 水溶液。

（二）硝基咪唑类

1. 甲硝唑（灭滴灵、甲硝咪唑）

（1）应用　内服吸收迅速，但程度不一致，对大多数专性厌氧菌具有较强的作用，主要用于外科手术、创伤后的厌氧菌感染；肠道和全身的厌氧菌感染；本品易进入中枢神经系统，是防治脑部厌氧菌感染的首选药物。也可用于治疗滴虫和阿米巴原虫感染。

（2）用法与用量　内服，牛每千克体重 60 mg，犬每千克体重 25 mg，1～2 次/d。混饮，禽每升水 500 mg，连用 7 d。静脉滴注，牛每千克体重 10 mg，1 次/d，连用 3 d。外用，配成 5% 软膏涂敷，配成 1% 溶液冲洗尿道。

（3）不良反应　剂量过大时，可出现以震颤、抽搐、共济失调、惊厥等为特征的神经系统紊乱症状。可能对啮齿动物有致癌作用，对细胞有致突变作用，不宜用于孕畜。

2. 地美硝唑（二甲硝唑、二甲硝咪唑）

（1）应用　具有广谱抗菌和抗原虫作用。用于治疗厌氧菌、大肠弧菌、链球菌、葡萄球菌和螺旋体感染，以及组织滴虫、纤毛虫、阿米巴原虫感染等。

（2）用法与用量　混饲，猪每 1 000 kg 饲料 200～500 g、鸡每 1 000 kg 饲料 80～500 g。蛋鸡产蛋期禁用。连续用药，鸡不得超过 10 d。猪、肉鸡宰前 3 d 停药。

（3）不良反应　鸡对本品较为敏感，大剂量可引起平衡失调，肝肾功能损害。产蛋鸡禁用。

第三节　抗真菌药与抗病毒药

一、抗真菌药

（一）全身性抗真菌药

1. 两性霉素 B

（1）应用　内服及肌内注射均不易吸收，肌内注射刺激性大，一般以缓慢静脉滴注治疗全身性真菌感染，对隐球菌、球孢子菌、白色念珠菌、芽生菌等都有抑制作用，是治疗深部真菌感染的首选药。

（2）用法与用量　静脉注射，犬、猫每千克体重 0.15～0.5 mg，每 2 d 1 次或 3 次/周，总剂量 4～11 mg；马开始用每千克体重 0.38 mg，1 次/d，连用 4～10 d，以后可增加到每千克体重 1 mg，再用 4～8 d；临用前，先用注射用水溶解，再用 5％葡萄糖注射液（切勿用生理盐水）稀释成 0.1％的注射液，缓缓静脉注入。外用，0.5％溶液，涂敷或注入局部皮下，或用其 3％软膏。

（3）不良反应　在静脉注射过程中可引起寒战、高热和呕吐等。在治疗过程中可引起肝、肾损害，贫血和白细胞减少等。在使用两性霉素 B 治疗时，应避免使用氨基糖苷类（肾毒性）、洋地黄类（两性霉素 B 使此类药物的毒性增强）、箭毒（神经肌肉的阻断）、噻嗪类利尿药（低钾血症、低钠血症）。

2. 酮康唑　内服易吸收，但个体间变化很大。对全身及浅表真菌均有抗菌活性，用于治疗球孢子菌病、组织胞浆菌病、隐球菌病、芽生菌病；也可防治皮肤真菌病等。对白色念珠菌感染无效。内服，一次量，家畜每千克体重 5～10 mg，1～2 次/d；犬每千克体重 5～10 mg，2 次/d，连用 1～6 个月。

（二）浅表应用的抗真菌药

1. 灰黄霉素

（1）应用　内服易吸收，主要用于小孢子菌、毛癣菌及表皮癣菌引起的各种皮肤真菌病，对其他真菌病无效。应用时要注意本品无直接杀真菌作用，只能保护新生细胞不受侵害，因此，必须连续用药至受感染的角质层完全为健康组织所替代为止。

（2）用法与用量　内服，马、牛每千克体重 10 mg；猪每千克体重 20 mg；犬、猫每千克体重 40～50 mg，1 次/d，连用 4～8 周。

（3）不良反应　有致癌和致畸作用，禁用于怀孕动物，尤其是母马及母猫。有些国家已将其淘汰。

2. 制霉菌素

（1）应用　抗真菌作用与两性霉素 B 基本相同，但其毒性更大，不宜用于全身感染。内服几乎不吸收，内服给药治疗胃肠道真菌感染；局部应用治疗皮肤、黏膜的真菌感染。

（2）用法与用量　内服，马、牛 250 万～500 万 U/次；羊、猪 50 万～100 万 U/次；犬 5 万～15 万 U/次，2～3 次/d。混饲，家禽鹅口疮（白色念珠菌病），每千克饲料 50 万～100 万 U，连喂 1～3 周；雏鸡曲霉菌病，每 100 羽 50 万 U，2 次/d，连用 2～4 d。乳管内注入，牛每次每乳室 10 万 U。子宫内灌注，马、牛 150 万～200 万 U。

3. 克霉唑　对浅表真菌的作用与灰黄霉素相似，对深部真菌作用较两性霉素 B 差。主要用于体表真菌病的治疗。内服，马、牛 5～10 g，驹、犊、猪、羊 1～1.5 g，2 次/d。混饲，每 100 只雏鸡 1 g。外用，1％或 3％软膏。

二、抗病毒药

近年来使用过的抗病毒药物有金刚烷胺、利巴韦林、吗啉胍、阿昔洛韦及干扰素、黄芪多糖等，其中金刚烷胺、利巴韦林、吗啉胍和阿昔洛韦等化学抗病毒药物因缺乏科学规范、安全有效的实验数据等原因，目前已被农业部禁止在兽医临床上使用。

（一）干扰素

具有广谱抗病毒作用，几乎能抑制所有病毒的繁殖，但具有种属特异性。可用于预防和治疗动物各种病毒感染性疾病。按照说明书使用。

（二）黄芪多糖

为中草药黄芪的一种提取物，主要通过免疫增强、刺激和诱生干扰素达到抗病毒作用。可用于预防和治疗动物各种病毒感染，如猪病毒性腹泻、病毒性感冒、伪狂犬病、猪繁殖与呼吸综合征、圆环病毒感染、鸡传染性法氏囊病、传染性喉气管炎、犬细小病毒病等。按每千克体重2 mg肌内或皮下注射，1次/d，连用2 d。

第四节　抗蠕虫药

一、驱线虫药

（一）阿维菌素类

1. 伊维菌素　具有广谱、高效、用量小和安全等优点的新型大环内酯类抗内外寄生虫药，对各种动物感染的线虫、昆虫、螨和虱等均具有高效驱杀作用。皮下注射，一次量，牛、羊每千克体重0.2 mg，猪每千克体重0.3 mg，犬、猫每千克体重0.05～0.1 mg，牛、羊泌乳期禁用。休药期，牛35 d，羊21 d，猪28 d。

2. 阿维菌素　阿维菌素是一种高效、广谱的抗体内外寄生虫药，其作用、应用、剂量等均与伊维菌素相同，但其毒性比伊维菌素强。

3. 多拉菌素　作用、应用、用法与用量与其他阿维菌素类基本相同，只是对线虫和节肢动物具有长效作用。除可驱杀宿主动物已感染的内外寄生虫外，由于有效血药浓度持续时间较长，可以在一定时间内保护宿主不受环境中寄生虫的再感染，故有一定的预防效果。皮下注射，牛每千克体重0.2 mg，犬每千克体重0.6 mg，每周1次，连续4周。肌内注射，猪每千克体重0.3 mg。

（二）苯并咪唑类

1. 阿苯达唑（丙硫咪唑）

（1）应用　对动物线虫、吸虫、绦虫均有驱除作用。

羊：低剂量对血矛线虫、奥斯特线虫、毛圆线虫、细颈线虫、食道口线虫、夏伯特线虫、马歇尔线虫、古柏线虫、网尾线虫、莫尼茨绦虫成虫均具良好效果，高限治疗量对多数胃肠线虫幼虫、网尾线虫未成熟虫体及肝片吸虫成虫也有明显驱除效果。

牛：对牛大多数胃肠道线虫成虫及幼虫均有良好效果。如对毛圆线虫、古柏线虫、牛仰口线虫、奥斯特线虫、乳突类圆线虫、捻转血矛线虫的成虫及幼虫均有极佳的驱除效果。高限治疗量对辐射食道口线虫、细颈线虫、网尾线虫、肝片吸虫、莫尼茨绦虫也有良效。通常对小肠、真胃未成熟虫体效果优良，而对盲肠及大肠未成熟虫体效果较差。对肝片吸虫童虫效果不稳定。

马：对马的大型圆线虫如普通圆形线虫、无齿圆形线虫、马圆形线虫及多数小型圆形线虫的成虫及幼虫均有高效。

猪：对猪蛔虫、食道口线虫、六翼泡首线虫、毛首线虫、刚棘颚口线虫、后圆线虫（肺线虫）均有良好效果。对蛭状巨吻棘头虫效果不稳定。

犬、猫：每天每千克体重20 mg，连用3 d，对犬蛔虫及犬钩虫、绦虫均有高效，对犬肠期旋毛虫也有良好效果。感染克氏肺吸虫的猫，内服每千克体重5 mg，3次/d，连用14 d，能杀灭所有虫体。

家禽：对鸡蛔虫成虫及未成熟虫体有良好效果，对赖利绦虫成虫亦有较好效果。但对鸡异刺线虫、毛细线虫作用很弱。每千克体重 25 mg 对鹅剑带绦虫、棘口吸虫疗效为 100%，每千克体重 50 mg 对鹅裂口线虫、棘口吸虫有高效。

野生动物：对白尾鹿捻转血矛线虫、奥斯特线虫、毛圆线虫、细颈线虫疗效甚佳。对肝片吸虫成虫及童虫效果极差。

（2）用法与用量 内服，一次量，马每千克体重 5～10 mg，牛、羊每千克体重 10～15 mg，猪每千克体重 5～10 mg，犬每千克体重 25～50 mg，禽每千克体重 10～20 mg。牛、羊妊娠 45 d 内禁用，产奶期禁用。马较敏感，不能连续给予大剂量。休药期牛 27 d，羊 7 d。

2. 芬苯达唑（苯硫苯咪唑或硫苯咪唑）

（1）应用 不仅对胃肠道线虫成虫及幼虫有高度驱虫活性，而且对网尾线虫（肺线虫）、片形吸虫和绦虫也有良好效果，还有极强的杀虫卵作用。

羊：对羊血矛线虫、奥斯特线虫、毛圆线虫、古柏线虫、细颈线虫、仰口线虫、夏伯特线虫、食道口线虫、毛首线虫、网尾线虫的成虫及幼虫均有高效。对扩展莫尼茨绦虫、贝氏莫尼茨绦虫有良好驱除效果。对吸虫需用大剂量，如每千克体重 20 mg，连用 5 d，对矛形双腔线吸虫有效率达 100%；每千克体重 15 mg，连用 6 d，对肝片吸虫有高效。

牛：对牛的驱虫谱大致与羊相似，对吸虫需用较高剂量，如每千克体重 7.5～10 mg，连用 6 d，对肝片吸虫成虫及牛前后盘吸虫童虫均有良好效果。

马：对马副蛔虫、马尖尾线虫的成虫及幼虫、胎生普氏线虫、普通圆形线虫、无齿圆线虫、马圆形线虫、小型圆形线虫均有优良效果。

猪：对猪蛔虫、红色猪圆线虫、食道口线虫的成虫及幼虫有良好驱虫效果。按每千克体重 3 mg，连用 3 d，对冠尾线虫（肾虫）也有显著杀灭作用。

犬、猫：犬内服每千克体重 25 mg，对犬钩虫、毛首线虫、蛔虫作用明显。每千克体重 50 mg，连用 14 d，能杀灭移行期犬蛔虫幼虫，连用 3 d 几乎能驱净绦虫。猫用治疗量 3 d，对猫蛔虫、钩虫、绦虫均有高效。

野生动物：给感染奥斯特线虫、古柏线虫、细颈线虫、毛圆线虫、毛首线虫、肺线虫的鹿内服每千克体重 5 mg，连用 3～5 d，具有良好效果，此外对莫尼茨绦虫也有一定作用。对严重感染禽蛔虫、锯刺线虫、毛细线虫及吸虫的各种食肉猛禽，每千克体重 25 mg，连服 3 d，对上述虫体几乎全部有效。

（2）用法与用量 内服，一次量，马、牛、羊、猪每千克体重 5～7.5 mg，犬、猫每千克体重 25～50 mg，禽每千克体重 10～50 mg。牛在用药后 3 d 内乳禁止上市，山羊产奶期禁用；休药期，牛 8 d，羊 6 d，猪 5 d。

3. 噻苯唑（噻苯达唑） 对大多数胃肠道线虫均有高效，对未成熟虫体也有较强作用，对旋毛虫早期移行幼虫的作用与成虫相似，还能杀灭排泄物中虫卵及抑制虫卵发育。主要用于家畜胃肠道线虫病，对反刍动物和马的安全范围大，妊娠母羊对本品耐受性较差。内服，家畜每千克体重 50～100 mg，休药期牛 3 d，羊、猪 30 d。

4. 奥芬达唑（砜苯咪唑） 驱虫谱与芬苯达唑相同，其作用比芬苯达唑强 1 倍。内服适口性极差，混饲给药时应注意防止因摄入量少而影响驱虫效果。禁用于妊娠早期母羊和产奶期牛、羊，休药期牛 11 d，羊 21 d。内服，一次量，马每千克体重 10 mg，牛每千克体重 5 mg，羊每千克体重 5～7.5 mg，猪每千克体重 3 mg，犬每千克体重 10 mg。

5. 甲苯咪唑 目前主要作为抗绦虫药和抗旋毛虫药。内服，马每千克体重 8.8 mg，羊每千克体重 15～30 mg，犬、猫体重不足 2 kg 的每千克体重 50 mg，2～3 kg 的每千克体重 100 mg，大于 3 kg 的每千克体重 200 mg，2 次/d. 连用 5 d。混饲，禽每 1 000 kg 饲料60～120 g，连用 14 d。休药期，羊 7 d，弃奶期为 24 h，家禽 14 d。

（三）咪唑并噻唑类（左旋咪唑）

1. 应用 左旋咪唑为广谱、高效、低毒驱虫药，内服、肌内注射吸收迅速和完全。对牛、羊主要消化道线虫和肺线虫有极佳的驱虫作用。虽对多数寄生虫幼虫的作用效果不明显，但对毛首线虫、肺线虫、古柏线虫幼虫仍有良好驱除作用。对苯并咪唑类耐药的捻转血矛线虫和类毛圆线虫，应用左旋咪唑仍有高效。左旋咪唑还具有明显的免疫调节功能。

2. 用法与用量 内服、皮下和肌内注射，一次量，牛、羊、猪每千克体重 7.5 mg，犬、猫每千克体重 10 mg，家禽每千克体重 25 mg。

3. 不良反应 临床应用特别是注射给药，时有发生中毒死亡，其中毒症状表现为 M-胆碱样和 N-胆碱样作用，可用阿托品解毒。因此，单胃动物除肺线虫宜选用注射给药外，一般宜内服给药。局部注射对组织有较强刺激性，尤以盐酸左咪唑为甚，磷酸左咪唑刺激性稍弱。马慎用，骆驼禁用，泌乳期禁用。休药期，内服，牛 2 d，羊、猪 3 d；皮下注射，牛 14 d、羊 28 d。

（四）四氢嘧啶类

主要包括噻嘧啶、甲噻嘧啶和羟嘧啶，现已较少应用。

1. 噻嘧啶 主要用于治疗动物消化道线虫病，对呼吸道线虫无效。对马、灵长类动物还能发挥良好的驱虫作用。内服，一次量，马每千克体重 7.5～15 mg，犬、猫每千克体重 5～10 mg。极度虚弱动物禁用。休药期，猪 1 d。

2. 甲噻嘧啶 驱虫谱与噻嘧啶近似，作用较之更强。忌与含铜、碘的制剂配伍。食品动物休药期 14 d。内服，一次量，马、牛、羊、骆驼每千克体重 10 mg，猪每千克体重 15 mg，犬每千克体重 5 mg，象每千克体重 2 mg，狮、斑马、野猪、野山羊每千克体重 10 mg。

（五）有机磷化合物

1. 敌百虫 用于驱杀消化道线虫以及某些吸虫（如姜片吸虫、血吸虫），对鱼鳃吸虫和鱼虱也有效。外用可做杀虫药。内服，一次量，马每千克体重 30～50 mg（极量 20 g），牛每千克体重 20～40 mg（极量 15 g），猪、绵羊每千克体重 80～100 mg，山羊每千克体重 50～7 mg。

2. 哈罗松 主要驱除牛、羊真胃和小肠寄生线虫，对大肠寄生线虫作用极弱。也可用作马、猪、禽的驱虫药。鹅对哈罗松极敏感，禁用，其他家禽应用高剂量时也应慎重。因在乳汁中有微量残留，乳牛及奶羊慎用；休药期 7 d。内服，一次量，马每千克体重 50～70 mg，牛每千克体重 40～44 mg，羊每千克体重 35～50 mg，猪每千克体重 50 mg，禽每千克体重 50～100 mg。

（六）其他驱线虫药

1. 乙胺嗪 临床上常用枸橼酸乙胺嗪（海群生），主要用于马、羊脑脊髓丝状虫病（连用 5 d）、犬心丝虫病，也可用于家畜肺线虫病和蛔虫病。心丝虫的微丝蚴阳性犬禁用。大剂量对犬、猫的胃有刺激性，宜喂食后服用。内服，一次量，马、牛、羊、猪每千克体重 20 mg，犬、猫每千克体重 50 mg（预防犬心丝虫病每千克体重 6.6 mg）。

2. 硫胂铵钠　主要用于杀灭犬心丝虫成虫，对微丝蚴无效。有强刺激性，静脉注射宜缓慢，并严防漏出血管。在治疗后 1 个月内，务必使动物绝对安静，因此时虫体碎片栓塞能引起致死性反应。有显著肝毒、肾毒作用，肝、肾功能不全动物禁用。硫胂铵钠注射液静脉注射，一次量，犬每千克体重 2.2 mg，2 次/d，连用 2 d（或 1 次/d，连用 15 d）。

3. 碘噻青胺（碘二噻宁）　主要用于杀犬心丝虫微丝蚴，对犬钩虫、蛔虫、鞭虫、类圆线虫，甚至对狼旋尾线虫也有良好效果。内服，一日量，犬每千克体重 6.6～11 mg，分 1～2 次，连用 7～10 d。

二、驱绦虫药

（一）吡喹酮

内服后在肠道吸收迅速，为较理想的新型广谱驱绦虫药、抗血吸虫药和驱吸虫药。当前首选的抗血吸虫药，主要用于动物血吸虫病，也用于绦虫病和囊尾蚴病。内服，一次量，牛、羊、猪每千克体重 10～35 mg，犬、猫每千克体重 2.5～5 mg，禽每千克体重 10～20 mg。

（二）氯硝柳胺（灭绦灵）

用于畜禽绦虫病、反刍动物前后盘吸虫病。还有较强的杀钉螺（血吸虫中间宿主）作用，对螺卵和尾蚴也有杀灭作用。内服，一次量，牛每千克体重 40～60 mg，羊每千克体重 60～70 mg，犬、猫每千克体重 80～100 mg，禽每千克体重 50～60 mg。

（三）硫双二氯酚

用于治疗肝片形吸虫病、前后盘吸虫病、姜片吸虫病和绦虫病。马属动物较敏感，用时慎重。禁用乙醇或增加溶解度的溶媒配制溶液内服。不宜与四氯化碳、吐酒石、吐根碱、六氯乙烷、六氯对二甲苯联合应用，否则毒性增强。内服，一次量，马每千克体重 10～20 mg，牛每千克体重 40～60 mg，羊、猪每千克体重 75～100 mg，犬、猫每千克体重 200 mg，鸡每千克体重 100～200 mg。

（四）丁萘脒

各种丁萘脒盐都有杀绦虫特性。盐酸丁萘脒主要用作犬、猫驱绦虫药，羟萘酸丁萘脒主要用于羊的莫尼茨绦虫。盐酸丁萘脒对眼有刺激性，还可引起肝损害和胃肠道反应。盐酸丁萘脒内服，一次量，犬、猫每千克体重 25～50 mg。羟萘酸丁萘脒内服，一次量，羊每千克体重 25～50 mg，鸡每千克体重 400 mg。

三、驱吸虫药

（一）硝氯酚（拜耳-9015）

内服后可经肠道吸收，但在瘤胃内可逐渐降解灭活。广泛应用于驱除牛、羊肝片吸虫，对肝片吸虫成虫驱虫率几乎达 100%，对未成熟虫体无实用意义。对各种前后盘吸虫移行期幼虫也有较好效果。内服，一次量，黄牛每千克体重 3～7 mg，水牛每千克体重 1～3 mg，羊每千克体重 3～4 mg，猪每千克体重 3～6 mg。深层肌内注射，一次量，牛、羊每千克体重 0.5～1 mg。

（二）碘醚柳胺（碘柳醚）

主要广泛应用抗牛、羊片形吸虫，对不同周龄虫体其杀虫效果差异明显，对羊大片形吸虫成虫和 8 周龄、10 周龄未成熟虫体均有 99% 以上疗效，但对 6 周龄虫体有效率仅为 50%

左右，临床上用药 3 周后，再重复用药 1 次。内服，一次量，牛、羊每千克体重 7～12 mg。

（三）氯生太尔（氯氰碘柳胺）

主要用于防治牛羊肝片吸虫病、胃肠道线虫病及羊鼻蝇蛆病，也可用于预防或减少马胃蝇蛆和普通圆形线虫的感染。对阿维菌素类、苯并咪唑类、左咪唑、甲噻嘧啶和氯苯碘柳胺具抗性的虫株，本品仍有良好驱虫效果。用药后 28 d 内乳禁止上市；休药期 28 d。内服，一次量，牛每千克体重 5 mg，羊每千克体重 10 mg。皮下注射，一次量，牛每千克体重 2.5 mg，羊每千克体重 5 mg。

（四）硝碘酚腈

较新型杀肝片吸虫药，注射给药较内服更有效。对阿维菌素类和苯并咪唑类药物有抗性的羊捻转血矛线虫虫株的驱虫率超过 99%。药液能使羊毛黄染，泌乳动物禁用；休药期 60 d。皮下注射，一次量，牛、猪、羊、犬每千克体重 10 mg。

（五）海托林

治疗牛羊矛形双腔吸虫较安全、有效的药物。乳牛用药后 30 d 内乳汁有异味，不宜供人食用。内服，一次量，牛每千克体重 30～40 mg，羊每千克体重 40～60 mg。

（六）三氯苯达唑（三氯苯咪）

新型苯并咪唑类驱虫药，对各种日龄的肝片吸虫均有明显杀灭效果，是比较理想的杀肝片吸虫药。对牛羊前后盘吸虫也有良效。内服，一次量，牛每千克体重 12 mg，羊、鹿每千克体重 10 mg。

四、抗血吸虫药

（一）硝硫氰酯

新型广谱驱虫药，国外多用于犬、猫驱虫，我国主要用于耕牛血吸虫病和肝片吸虫病治疗。对弓首蛔虫、各种带绦虫、犬复孔绦虫、钩口线虫有高效。对细粒棘球绦虫未成熟虫体也有良好效果。硝硫氰酯对猪姜片吸虫也有较好效果。临床上内服杀虫效果较差，多采用第三胃注入法。耕牛血吸虫病必须用第三胃注射法才能获得良好效果。对牛肝片吸虫应用第三胃注射法的驱虫效果也明显优于内服法。内服，一次量，牛每千克体重 30～40 mg，猪每千克体重 15～20 mg，犬、猫每千克体重 5 mg，禽每千克体重 50～70 mg。第三胃注射，一次量，牛每千克体重 15～20 mg。

（二）硝硫氰胺

对血吸虫病与线虫病均由良好疗效。用于治疗耕牛血吸虫病，对肝片吸虫、钩虫、蛔虫、姜片吸虫亦有良好疗效。内服，一次量，牛每千克体重 60 mg。

（三）六氯对二甲苯（血防-846）

治疗血吸虫病，内服，黄牛每千克体重 120 mg，水牛每千克体重 90 mg，1 次/d（每日极量，黄牛 28 g，水牛 36 g），连用 10 d。治疗肝片吸虫病，内服，一次量，牛每千克体重 200 mg，羊每千克体重 200～250 mg。

（四）呋喃丙胺

对日本血吸虫的成虫和童虫均有驱杀作用。单独使用效果不佳，对慢性血吸虫病宜与敌百虫合用。内服，一次量，黄牛每千克体重 80 mg，每日下午内服，每日上午先内服敌百虫每千克体重 1.5 mg，连用 7 d。

第五节　抗原虫药

一、抗球虫药

（一）聚醚类离子载体抗生素

1. 莫能菌素　对鸡常见的柔嫩、毒害、堆型、巨型、布氏、变位艾美耳球虫均有高效杀灭作用，主要杀灭鸡球虫生活周期中之早期（子孢子）阶段，作用峰期为感染后第 2 天。其预混剂添加于肉鸡或育成期蛋鸡饲料中，用于预防鸡球虫病。混饲，禽每 1 000 kg 饲料 90～110 g、兔每 1 000 kg 饲料 20～40 g。产蛋期禁用，鸡休药期为 3 d。马属动物禁用。禁与泰妙菌素、竹桃霉素及其他抗球虫药并用。

2. 盐霉素　与莫能菌素相似，用于预防禽球虫病。对巨型和布氏艾美耳球虫作用较弱，对尚未进入肠细胞内的球虫子孢子有高度杀灭作用，对无性生殖的裂殖体有较强抑制作用。混饲，禽每 1 000 kg 饲料 60 g。配伍禁忌与莫能菌素相似。安全范围较窄，应严格控制混饲浓度。成年火鸡和马禁用。休药期禽为 5 d。

3. 拉沙菌素　用于预防禽球虫病。对常见的鸡球虫均有杀灭作用，其中对柔嫩艾美耳球虫的作用最强，对毒害和堆型艾美耳球虫的作用稍弱。对子孢子、早期和晚期无性生殖阶段的球虫有杀灭作用。可与泰妙菌素配伍应用。混饲，鸡每 1 000 kg 饲料 75～125 g。严格按规定剂量用药，饲料中药物浓度超过 150 mg/kg 会导致生长抑制和动物中毒。产蛋期禁用。休药期 5 d。

4. 那拉菌素（甲基盐霉素）　用于预防禽球虫病。与尼卡巴嗪配伍用，可增强药效。混饲，每千克饲料 50～80 mg。

5. 马杜霉素　用于预防鸡、鸭球虫病。对子孢子和第一代裂殖体具有抗球虫活性。与化学合成抗球虫药之间不存在交叉耐药性，也能有效控制对其他聚醚类离子载体抗生素具有耐药性的虫株。安全范围很窄，以每千克饲料 7 mg 混饲，即可引起鸡不同程度的中毒。混饲，鸡 1 000 kg 饲料 5 g。产蛋期禁用；休药期 5～7 d。

（二）化学合成抗球虫药

1. 二硝托胺（球痢灵）　对多种球虫有抑制作用，主要作用于鸡球虫第一和第二代裂殖体。25％二硝托胺预混剂混饲，鸡每千克饲料 0.5 g。休药期 3 d。产蛋期禁用。

2. 尼卡巴嗪　用于预防鸡和火鸡球虫病，对球虫第二代裂殖体有效。混饲浓度超过每千克饲料 0.8～1.6 g，可引起轻度贫血。高温季节慎用，产蛋期禁用。混饲，禽每千克饲料 125 mg。尼卡巴嗪、乙氧酰胺苯甲酯预混剂，鸡每千克饲料 0.5 g，休药期 9 d。

3. 氨丙啉　用于禽、牛和羊球虫病。主要作用于球虫第一代裂殖体，对有性繁殖阶段和子孢子也有一定程度的抑制作用。产蛋期禁用。治疗鸡球虫病以每千克饲料 125～250 mg 混饲，连喂 3～5 d；接着按每千克饲料 60 mg 混饲再喂 1～2 周。也可混饮，每升水 60～240 mg。预防球虫病常与其他抗球虫药一起制成预混剂。盐酸氨丙啉、乙氧酰苯甲酯预混剂混饲，鸡每千克饲料 0.5 g，休药期 9 d。盐酸氨丙啉、乙氧酰胺苯甲酯、磺胺喹噁啉预混剂混饲，鸡每千克饲料 0.5 g，休药期 7 d。

4. 氯羟吡啶　用于预防禽、兔球虫病，不用于治疗。主要作用于子孢子，其抑制作用超过杀灭作用，作用峰期是感染后第 1 天。能抑制鸡对球虫产生免疫力，过早停药往往导致球虫病暴发。氯羟吡啶预混剂（含氯羟吡啶 25%）混饲，鸡每千克饲料 0.5 g、兔每千克饲料 0.8 g。

5. 常山酮　新型广谱抗球虫药。主要作用于第一代和第二代裂殖体。对鸡常见艾美耳球虫以及对火鸡危害最大的 2 种艾美耳球虫均有较强的抑制作用。对兔艾美耳球虫也有抑制作用。与其他抗球虫药无交叉耐药性。常山酮预混剂（含常山酮 0.6%）混饲，鸡每千克饲料 0.5 g（务必混合均匀，否则影响药效）。

6. 地克珠利　抗球虫效果优于莫能菌素、氨丙啉、拉沙菌素、那拉菌素、尼卡巴嗪和氯羟吡啶等抗球虫药。抗球虫作用峰期可能在子孢子和第一代裂殖体早期阶段。长期用药可能出现耐药性，因此，可与其他药交替使用。地克珠利预混剂混饲，禽 1 000 kg 饲料 1 g（按原料药计）。地克珠利溶液混饮，鸡每升水 0.5～1 mg（按原料药计）。

7. 托曲珠利（百球清）　作用于鸡、火鸡所有艾美耳球虫在机体细胞内的各个发育阶段；对鹅、鸽球虫也有效，而且对其他抗球虫药耐药的虫株也十分敏感。对哺乳动物球虫、住肉孢子虫和弓形虫也有效。混饮，鸡每升水 25 mg，连用 2 d。

8. 磺胺喹噁啉　用于鸡、火鸡球虫病的治疗。主要作用于无性繁殖期第二代裂殖体，故在感染后第 3～4 天作用最强。与氨丙啉或抗菌增效剂合用可产生协同作用。预防给药浓度为每千克饲料 120 mg 或每升水 66 mg，治疗药浓度为预防给药的 4～5 倍。连续使用不得超过 5 d；产蛋期禁用。磺胺喹噁啉、二甲氧苄氨嘧啶预混剂混饲，鸡每千克饲料 0.5 g，休药期 10 d。磺胺喹噁啉钠可溶性粉混饮，每升水 3～5 g，休药期 10 d。

9. 磺胺氯吡嗪钠　此类药为磺胺类抗球虫药，多在球虫暴发时短期应用，同磺胺喹噁啉。混饮，家禽每升水 0.3 g，连用 3 d，不得超过 5 d。休药期，鸡为 3 d；肉鸡为 1 d。产蛋鸡以及 16 周龄以上鸡禁用。

二、抗锥虫药

（一）苏拉明

1. 应用　对伊氏锥虫病有效，对马媾疫的疗效较差，用于早期感染，效果显著。马属动物对本品较敏感，静脉注射治疗量，病马常出现不良反应，同时使用钙剂可提高疗效并减轻其不良反应。

2. 用法与用量　临用前以生理盐水配成 10% 溶液煮沸灭菌。治疗伊氏锥虫病时，应于 20 d 后再注射一次；马媾疫时，于 1～1.5 个月后重复注射；静脉注射，一次量，马每千克体重 10～15 mg，牛每千克体重 15～20 mg，骆驼每千克体重 8.5～17 mg。预防可采用一半治疗量，皮下或肌内注射。

（二）喹嘧胺（安锥赛）

1. 应用　甲基硫酸盐（甲硫喹嘧胺）常用于治疗；氯化物（喹嘧氯胺）多用于预防。主要用于治疗马、牛、骆驼的伊氏锥虫病以及马媾疫。马属动物较为敏感，注射后 15 min 至 2 h 可出现兴奋不安、肌肉震颤、疝痛、呼吸迫促、排便、心率增数、全身出汗等不良反应，一般在 3～5 h 消失。

2. 用法与用量　肌内、皮下注射，一次量，马、牛、骆驼每千克体重 4～5 mg。有刺激性，能引起局部肿胀和硬结，大剂量时应分点注射。

（三）三氮脒（贝尼尔）

1. 应用　主要用于治疗由锥虫引起的伊氏锥虫病和马媾疫。

2. 用法与用量　肌内注射，一次量，马每千克体重 3～4 mg；牛、羊每千克体重 3～5 mg，犬每千克体重 3.5 mg。

3. 不良反应　毒性大、安全范围较小，应用治疗量有时会出现起卧不安、频频排尿、肌肉震颤等不良反应。骆驼敏感，不用为宜；马较敏感，忌用大剂量；水牛较敏感，连续应用时应谨慎；大剂量能使乳牛产奶量减少。注射液对局部组织有刺激性，宜分点深部肌内注射。

三、抗梨形虫药（抗焦虫药）

（一）双脒苯脲

1. 应用　用于巴贝斯虫病和泰勒虫病的治疗，为兼有预防和治疗作用的新型抗梨形虫药。

2. 用法与用量　配制 10％无菌水溶液，皮下、肌内注射，一次量，马每千克体重 2.2～5 mg，牛每千克体重 1～2 mg（锥虫病 3 mg），犬每千克体重 6 mg。休药期 28 d。

3. 不良反应　应用治疗量时，约有半数动物出现类似抗胆碱酯酶作用的不良反应，小剂量阿托品能缓解症状。对注射局部组织有一定刺激性。禁止静脉注射。马属动物较敏感，忌用高剂量。

（二）间脒苯脲

新型抗梨形虫药，其疗效和安全范围优于三氮脒，而逊于双脒苯脲。能根治马驽巴贝斯虫病，但对马巴贝斯虫病无效。具有一定刺激性，可引起注射局部肿胀。皮下、肌内注射，一次量，马、牛每千克体重 5～10 mg。

（三）硫酸喹啉脲（阿卡普林）

对巴贝斯属虫所引起的各种巴贝斯虫病均有效，早期应用一次显效。对牛早期的泰勒虫病也有一些效果。毒性较大，家畜用药后出现不良反应，常持续 30～40 min 后消失。为减轻不良反应，可将总剂量分成 2 或 3 份，间隔几小时应用，也可在用药前注射小剂量阿托品或肾上腺素。皮下注射，一次量，马每千克体重 0.6～1 mg，牛每千克体重 1 mg，猪、羊每千克体重 2 mg，犬每千克体重 0.25 mg。

四、抗滴虫药

（一）甲硝唑

用于牛毛滴虫病、犬贾第鞭毛虫病的治疗。用药后常出现不良反应，停药后自行消失。哺乳及早期妊娠母畜不宜使用。内服，一次量，牛每千克体重 60 mg，犬每千克体重 25 mg，兔每千克体重 40 mg。静脉注射，牛每千克体重 75 mg，马每千克体重 20 mg，10 次/d，连用 3 d。混饮，禽 300～500 kg 水加 100 g，连用 3～5 d，重症加倍。

（二）地美硝唑

地美硝唑具有极强抗滴虫和螺旋体，主要用于防治禽组织滴虫病、鸽毛滴虫病和猪痢疾。连续用药鸡不得超过 10 d；产蛋期禁用。休药期，猪、禽 3 d。混饲，禽预防每千克饲料100～200 mg，治疗每千克饲料 500 mg；猪预防每千克饲料 200 mg，治疗每千克饲料 500 mg。

第六节　杀　虫　药

一、有机磷类杀虫药

（一）二嗪农

新型有机磷杀虫、杀螨剂，具有触杀和胃毒和较弱内吸作用。主要用于驱杀家畜体表寄生的虱、蜱、疥螨及痒螨。对禽、猫、蜜蜂较敏感，毒性较大。药浴，初浴，绵羊每升水250 mg，补充药液每升水750 mg。牛初浴每升水625 mg，补充药液每升水1 500 mg。喷淋，牛、羊每升水600 mg，猪每升水250 mg。

（二）倍硫磷

广谱低毒有机磷杀虫剂，是防治畜禽外寄生虫的主要药物，杀灭作用是敌百虫的5倍，对牛皮蝇蚴效果极佳。喷淋，牛每千克体重5～10 mg，混于液状石蜡中制成1%～2%溶液应用。喷洒时配成0.25%溶液。休药期，牛35 d。

（三）皮蝇磷

又称芬氯磷，是专供兽用的有机磷杀虫剂。对双翅目昆虫有特效，内服或皮肤给药有内吸杀虫作用，主要用于牛皮蝇蛆。喷洒用药对牛羊蝇蛆、蝇、虱、螨等均有良好的效果。母牛产犊前10 d和泌乳期乳牛禁用。内服，一次量，牛每千克体重100 mg；喷淋，每100 L水加24%皮蝇磷乳油溶液1 L。休药期，肉牛10 d。

（四）氧硫磷

低毒、高效，对家畜各种外寄生虫均有杀灭作用，对蜱的作用尤佳，一次用药对硬蜱杀灭作用可持续10～20周。药浴、喷淋、浇淋，配成0.01%～0.02%溶液。

（五）敌百虫

用于杀灭蝇蛆、螨、蜱、蚤、虱等。每千克体重50～75 mg内服或24%溶液喷雾，对羊鼻蝇第一期幼虫均有良好杀灭作用。每千克体重40～75 mg饲料给药，对马胃蝇蛆有良好杀灭作用。2%溶液涂擦背部，对牛皮蝇第三期幼虫有良好杀灭作用。杀螨可配成1%～3%溶液局部应用或0.2%～0.5%溶液药浴。杀灭虱、蚤、蜱、蚊和蝇，配成0.1%～0.5%溶液喷淋。

二、拟菊酯类杀虫药

（一）胺菊酯

最常应用的拟菊酯类杀虫药，对蚊、蝇、蚤虱、螨等虫体都有杀灭作用，多与苄呋菊酯并用。胺菊酯、苄呋菊酯喷雾剂，用于环境杀虫，使用时稀释不同倍数。

（二）氯菊酯

常用的卫生、农业、畜牧业杀虫药。对蚊、厩螯蝇、秋家蝇、血虱、蜱均有杀灭作用。一次用药能维持药效1个月左右。对鱼剧毒。氯菊酯乳油，配成0.2%～0.4%乳液，喷洒，杀外寄生虫；氯菊酯气雾剂，环境喷雾。

（三）溴氰菊酯

对虫体有胃毒和触毒，无内吸作用。应用与氯菊酯相似。溴氰菊酯对有机磷、有机氯耐药的虫体仍然有高效。对皮肤、呼吸道有刺激性。5%溴氰菊酯乳油，药浴或喷淋，每1 000 L水加100～300 mL。

三、大环内酯类杀虫药

阿维菌素类药物可同时驱杀体内外寄生虫。大环内酯类抗生素中的米尔倍霉素类药物也具有驱杀动物内外寄生虫的作用，尤其莫西菌素（对某些寄生虫的驱杀作用强于伊维菌素）和米尔倍霉素肟（又名杀螨菌素肟）在世界上已被广泛应用。这类药物与阿维菌类药物相同。

四、其他杀虫药

（一）双甲脒（虫螨脒）

对牛、羊、猪、兔的体外寄生虫的各阶段虫体均有极佳杀灭效果。但产生作用较慢，用药后 24 h 才使虱、蜱等寄生虫解体，48 h 使螨寄生部位皮肤自行松动脱落。一次用药能维持药效 6～8 周。马较敏感，应慎用。高浓度双甲脒会引起家禽中毒反应；对鱼剧毒。药浴、喷淋或涂擦动物体表，配成 0.025％～0.05％溶液。喷雾，蜜蜂，浓度为 50 mg/L。休药期，牛 1 d，羊 21 d，猪 7 d。牛弃奶期为 2 d。

（二）氯苯甲脒（杀虫脒）

用于防治动物的各种螨病，并有较强的杀螨卵作用。擦洗、喷淋或药浴，配成 0.1％～0.2％溶液。

（三）非泼罗尼

对多种害虫具有极佳防治效果的广谱杀虫剂。主要通过胃毒和触杀起作用，也有一定的内吸传导作用。用于杀灭犬、猫体表跳蚤、犬蜱及其他体表害虫。喷雾，犬、猫每千克体重 3～6 mL。

第七节　特效解毒药

一、金属络合剂

（一）依地酸钙钠

主要用于治疗铅中毒，对无机铅中毒有特效。也可用于镉、锰、铬、镍、钴和铜中毒。对各种肾病和肾毒性金属中毒动物应慎用，对少尿、无尿和肾功能不全的动物应禁用。静脉注射，马、牛 3～6 g/次，猪、羊 1～2 g/次，2 次/d，连用 4 d。皮下注射，犬、猫每千克体重 25 mg。

（二）二巯丙醇

主要用于治疗砷中毒，对汞和金中毒也有效。与依地酸钙钠合用，可治疗幼小动物的急性铅脑病。对急性金属中毒有效，对动物慢性中毒疗效不佳。本品内服不吸收。肌内注射，家畜每千克体重 3 mg，犬、猫每千克体重 2.5～5 mg。用于砷中毒，第 1～2 天，每 4 h 1 次，第 3 天，每 8 h 1 次，以后 10 d 内，2 次/d，直至痊愈。对肝、肾具有损害作用，过量使用可引起动物呕吐、震颤、抽搐、昏迷，甚至死亡。

（三）二巯丙磺钠

作用基本与二巯丙醇相同，但对急性汞中毒效力较好，毒性较小。除对砷、汞中毒有效外，对铋、铬、锑也有效。静脉或肌内注射，牛每千克体重 5～8 mg，猪每千克体重 7～10 mg，第 1～2 天，每 4～6 h 1 次，第 3 天开始 2 次/d。

（四）二巯丁二钠（二巯琥珀酸钠）

广谱金属解毒剂，对锑的解毒作用最强，用于锑、汞、砷、铅中毒，也可用于铜、锌、镉、钴、镍、银等金属中毒，但不用于铁中毒。一般用灭菌生理盐水稀释成 5％～10％溶液，缓慢静脉滴注，家畜每千克体重 20 mg。慢性中毒，1 次/d，5～7 d 为 1 疗程；急性中毒，4 次/d，连用 3 d。

（五）青霉胺

主要用于铜中毒，能络合铜、铁、汞、铅、砷等，可供轻度重金属中毒或其他络合剂有禁忌时选用。内服吸收迅速，副作用较小。内服，家畜每千克体重 5～10 mg，4 次/d，5～7 d 为 1 疗程，间歇 2 d。

（六）去铁胺

主用于急性铁中毒的解毒药，不适于其他金属中毒的解毒。用药后可出现腹泻、心动过速、腿肌震颤等症状；严重肾功能不全的动物禁用；老年动物慎用。肌内注射，一次量，开始量每千克体重 20 mg，维持量每千克体重 10 mg，总日量不超过每千克体重 120 mg。静脉注射，剂量同肌内注射，注射速度应保持每千克体重 15 mg/h。

二、胆碱酯酶复活剂

（一）碘解磷定

可用于解救多种有机磷中毒，对内吸磷（1059）、对硫磷（1605）、特普、乙硫磷中毒的疗效较好，而对马拉硫磷、敌敌畏、敌百虫、乐果、甲氟磷、丙胺氟磷和八甲磷等中毒的疗效较差；对氨基甲酸酯类杀虫剂中毒则无效。对轻度有机磷中毒，可单独应用本品或阿托品以控制中毒症状；中度或重度中毒时，则必须合并应用阿托品。静脉注射，一次量，家畜每千克体重 15～30 mg。

（二）氯解磷定

作用较碘解磷定强、作用产生快、毒性较低。其注射液可供肌内或静脉注射。

（三）双复磷

作用同碘解磷定，较易透过血脑屏障。有阿托品样作用，对有机磷所致烟碱样和毒蕈碱样症状均有效，对中枢神经系统症状的消除作用较强，其注射液可供肌内或静脉注射。

（四）双解磷

作用较碘解磷定强且持久，不易透过血脑屏障，有阿托品样作用。常用其粉针剂。

三、高铁血红蛋白还原剂

亚甲蓝

内服不易吸收。低剂量使用可用于解救高铁血红蛋白症；高剂量使用时，则可使血红蛋白氧化为高铁血红蛋白，可用于解救氰化物中毒。禁忌皮下或肌内注射，不得与其他药物混合注射。静脉注射，一次量，解救高铁血红蛋白血症每千克体重 1～2 mg，解救氰化物中毒每千克体重 10 mg（最大剂量 20 mg）。应与硫代硫酸钠交替使用。

四、氰化物解毒剂

（一）亚硝酸钠

主要用于氰化物中毒的解救，仅能暂时性地延迟氰化物对机体的毒性。内服后吸收迅速；静脉注射立即起作用。由于亚硝酸钠容易引起高铁血红蛋白症，不宜重复给药。目前一般采用亚硝酸钠与硫代硫酸钠联合解毒。静脉注射，每千克体重 15～25 mg。

（二）硫代硫酸钠

主要用于氰化物中毒，也可用于砷、汞、铅、铋、碘等中毒。不易由消化道吸收，静脉注射后可迅速分布到各组织的细胞外液。解毒作用产生较慢，应先静脉注射作用产生迅速的亚硝酸钠（或亚甲蓝）后，立即缓慢注射本品，不能将两种药混合后同时静脉注射。静脉或肌内注射，马、牛 5～10 g/次，羊、猪 1～3 g/次，犬、猫 1～2 g/次。

五、其他解毒剂

乙酰胺（解氟灵）

本品为有机氟杀虫药和灭鼠药氟乙酰胺、氟乙酸钠等动物中毒的解毒剂。常用乙酰胺注射液，静脉或肌内注射，家畜每千克体重 50～100 mg。本品酸性强，肌内注射时有局部疼痛，可配合应用普鲁卡因或利多卡因，以减轻疼痛。

第八节　作用于消化系统的药物

一、健胃药

（一）苦味健胃药

1. 应用　作用于舌味觉感受器，通过神经反射促进胃液与唾液的分泌，加强消化，提高食欲。适用于治疗消化不良、食欲不振、前胃弛缓、瘤胃积食等。

2. 用法与用量

（1）龙胆酊　内服，一次量，马、牛、骆驼、鹿 50～100 mL，猪 3～8 mL，羊 5～15 mL。

（2）马钱子酊　内服，一次量，马 10～20 mL，牛 10～30 mL，羊和猪 1～2.5 mL，犬 0.1～0.6 mL。

（3）马钱子流浸膏　内服，一次量，马 1～2 mL，牛 1～3 mL，羊和猪 0.1～0.25 mL，犬 0.01～0.06 mL；连续用药不超过 1 周。

（二）芳香性健胃药

1. 应用　具有健胃、制酵、祛风、祛痰作用。适用于消化不良、食欲不振、积食气胀、前胃弛缓等。

2. 用法与用量

（1）陈皮酊　内服，一次量，马、牛 30～100 mL，羊、猪 10～20 mL，犬、猫 1～5 mL。

（2）桂皮粉　内服，一次量，马、牛 15～45 g，羊、猪 3～9 g。

（3）桂皮酊　内服，一次量，马、牛 30～100 mL，羊、猪 10～20 mL。

（4）豆蔻粉　内服，一次量，马、牛 15～30 g，羊、猪 3～6 g，兔、禽 0.5～1.5 g。

（5）复方豆蔻酊　内服，一次量，马、牛 10～30 mL，羊、猪 10～20 mL。

（6）姜流浸膏　内服，一次量，马、牛 15～30 g，羊、猪 3～10 g，犬、猫 1～3 g，兔、禽 0.3～1 g。

（7）大蒜酊　内服，一次量，马、牛 30～90 g，羊、猪 15～30 g，犬、猫 1～3 g；家禽

2～4 g；鱼每千克饲料 10～30 g（拌饵投喂）。

（三）盐类健胃药（人工盐）

1. 应用　内服小量人工盐可增加胃肠分泌、蠕动，促进物质消化吸收。内服大量人工盐，并大量饮水，有缓泻作用。常配合制酵药应用于便秘初期。马属动物较多用于一般性消化不良、胃肠弛缓、便秘等。禁与酸性物质或酸类健胃药、胃蛋白酶等药物配合应用。

2. 用法与用量

（1）健胃　内服，一次量，马 50～100 g，牛 50～150 g，羊、猪 10～30 g，兔 1～2 g。

（2）缓泻　内服，一次量，马、牛 200～400 g，羊、猪 50～100 g，兔 4～6 g。

二、助消化药

（一）稀盐酸（10%盐酸）

主要用于因胃酸减少造成的消化不良，胃内发酵，马、骡急性胃扩张，牛前胃弛缓，食欲不振，碱中毒等。忌与碱类、有机酸盐类等配伍。内服，一次量，马 10～20 mL，牛 15～20 mL，羊 2～5 mL，猪 1～2 mL，犬、禽 0.1～0.5 mL。用前需加水 50 倍稀释（即成 0.2%溶液）。

（二）稀醋酸（5.5%～6.5%醋酸）

用于马、骡急性胃扩张，消化不良，牛瘤胃臌胀等。忌与苯甲酸盐、水杨酸盐、碳酸盐、碱类等配伍。内服，一次量，马、牛 10～40 mL，羊、猪 2～10 mL。临用前稀释成 0.5%左右。

（三）乳酸

多用于幼龄动物消化不良、马属动物急性胃扩张及牛、羊前胃弛缓，也可外用（1%溶液冲洗阴道，治疗滴虫病）。禁与氧化剂、氢碘酸、蛋白质液及重金属盐配伍。内服，一次量，马、牛 5～25 mL，羊、猪 0.5～3 mL（用前稀释成 2%溶液）。

（四）胃蛋白酶

常用于胃液分泌不足及幼龄动物胃蛋白酶缺乏引起的消化不良。与稀盐酸同用效果突出。禁与碱性药物、鞣酸、金属盐等配伍。宜饲前服用。内服，一次量，马、牛 4 000～8 000 IU，羊、猪 800～1 600 IU，驹、犊 1 600～4 000 IU，犬 80～800 IU，猫 80～240 IU。

（五）胰酶

主要用于消化不良，食欲不振及肝、胰腺疾病所致的消化障碍。不宜与酸性药物同服。与等量碳酸氢钠同服疗效好。内服，一次量，猪 0.5～1 g，犬 0.2～0.5 g。

（六）乳酶生

主要用于胃肠异常发酵和腹泻、肠臌气等。不宜与抗菌药物、吸附药、收敛药、酊剂配伍。内服，一次量，驹、犊 10～30 g，羊、猪 2～4 g，犬 0.3～0.5 g，禽 0.5～1 g，水貂 1～1.5 g，貂 0.3～1 g。

（七）干酵母

含多种 B 族维生素、肌醇及转化酶、麦糖酶等生物活性物质。用于食欲不振、消化不良和 B 族维生素缺乏的辅助治疗。用量过大，可致腹泻。内服：一次量，马、牛 30～100 g，羊、猪 5～10 g。

三、止吐药与催吐药

（一）止吐药

1. 氯苯甲嗪（敏可静）　用于犬、猫等动物呕吐症。内服，一次量，犬 25 mg，猫 12.5 mg。

2. 甲氧氯普胺（胃复安）　用于胃肠胀满，恶心呕吐及用药引起的呕吐等。犬、猫妊娠时禁用。忌与阿托品、颠茄制剂等配合。内服，一次量，犬、猫 10～20 mg。肌内注射，一次量，犬、猫 10～20 mg。

3. 舒必利（止呕灵）　常用于犬的止吐，止吐效果好于胃复安。内服，一次量，犬每 5～10 kg 体重 0.3～0.5 mg。

（二）催吐药

常用中枢反射性催吐药——阿扑吗啡（去水吗啡），常用于驱出犬胃内毒物，猫不用。皮下注射，一次量，猪 10～20 mg，犬 2～3 mg。

四、瘤胃兴奋药

1. 氨甲酰甲胆碱　内服不易吸收，不易被胆碱酯酶水解，临床上应用较安全，主要用于胃弛缓等，但肠道完全阻塞、创伤性胃炎及孕畜禁用。皮下注射，一次量，马、牛每千克体重 0.05～0.1 mg。

2. 浓氯化钠注射液（10％氯化钠溶液）　用于反刍动物前胃弛缓、瘤胃积食、马属动物胃扩张和便秘疝等。心力衰竭和肾功能不全患畜慎用。静脉注射，一次量，牛、马每千克体重 1 mL。

五、制酵药与消沫药

（一）制酵药

常用的有甲醛溶液、鱼石脂、大蒜酊等。鱼石脂，常用于瘤胃臌胀、前胃弛缓、急性胃扩张；外用有温和刺激作用，可消肿促使肉芽新生，10％～30％软膏用于慢性皮炎、蜂窝织炎等；内服时，先用倍量的乙醇溶解，然后加水稀释成 2％～5％溶液，一次量，马、牛 10～30 g，羊、猪 1～5 g，兔 0.5～0.8 g。

（二）消沫药

常用的消沫药有二甲硅油、松节油、各种植物油（如豆油、花生油、菜子油、麻油、棉子油等）。二甲硅油，用于瘤胃泡沫性臌胀病，临用时配成 2％～3％酒精溶液或 2％～5％煤油溶液，最好采用胃管投药，灌服前后应灌小量温水，以减轻局部刺激，一次量，牛 3～5 g；羊 1～2 g。

六、泻下药

（一）容积性泻药

1. 硫酸钠

（1）应用　小剂量内服可发挥盐类健胃药作用。大剂量内服有泻下作用，主要用于马属动物大肠便秘，反刍动物瓣胃及皱胃阻塞；排出消化道内毒物、异物，配合驱虫药排出虫体等。此外，10%～20%高渗液外用治疗化脓创、瘘管等。不适用小肠便秘治疗，禁与钙盐配合应用。

（2）用法与用量 健胃内服，一次量，马、牛 15～50 g，羊、猪 3～10 g，犬 0.2～0.5 g，兔 1.5～2.5 g，貂 1～2 g。导泻内服，一次量，马 200～500 g，牛 400～800 g，羊 40～100 g，猪 25～50 g，犬 10～25 g，猫 2～5 g，鸡 2～4 g，鸭 10～15 g，貂 5～8 g。

2. 硫酸镁 应用基本同硫酸钠。导泻内服，一次量，马 200～500 g，牛 300～800 g，羊 50～100 g，猪 20～50 g，犬 10～20 g，猫 2～5 g，配成 6%～8%溶液。

（二）润滑性泻药

1. 液状石蜡 用于小肠阻塞、便秘、瘤胃积食等。肠炎患病动物、怀孕动物也可应用。内服，一次量，马、牛 500～1 500 mL，驹、犊 60～120 mL，羊 100～300 mL，猪 50～100 mL，犬 10～30 mL，猫 5～10 mL，兔 5～15 mL，鸡 5～10 mL。

2. 植物油 适用于大肠便秘、小肠阻塞、瘤胃积食等，不用于排出脂溶性毒物。慎用于怀孕、肠炎患病动物。内服，一次量，马、牛 500～1 000 mL，羊 100～300 mL，猪 50～100 mL，犬 10～30 mL，鸡 5～10 mL。

（三）刺激性泻药

1. 大黄 小剂量内服呈现苦味健胃作用，中等剂量可产生收敛作用，大剂量时产生致泻作用。经验证明，大黄与硫酸钠配合应用，可产生较好的下泻效果。兽医临床主要做健胃剂，与硫酸钠配合做泻剂。作为撒布剂外用治疗创伤、火伤及烫伤。健胃内服，一次量，马 10～25 g，牛 20～40 g，羊 2～4 g，猪 2～5 g，犬 0.5～2 g。止泻内服，一次量，马 25～50 g，牛 50～100 g，猪 5～10 g，犬 3～7 g。导泻内服，一次量，马 60～100 g，牛 100～150 g，驹、犊 10～30 g，仔猪 2～5 g，犬 2～7 g。大黄酊，健胃内服，一次量，马 25～50 mL，牛 40～100 mL，羊 10～20 mL。

2. 蓖麻油 主要用于幼龄动物及小动物小肠便秘。但不宜用于排除毒物及驱虫，孕畜、肠炎患病动物不得用本品作为泻剂，不能长期反复应用。内服，一次量，马、牛 200～300 mL，驹、犊 30～80 mL，羊、猪 20～60 mL，犬 5～25 mL，猫 4～10 mL，兔 5～10 mL。

七、止泻药

（一）鞣酸

内服作为收敛止泻药。外用 5%～10%溶液或 20%软膏治疗湿疹、褥疮等。1%～2%鞣酸液洗胃或灌服，用于士的宁、奎宁、洋地黄等生物碱和重金属铅、银、铜、锌等中毒时的解毒，但需及时用盐类泻药排除。对肝有损害作用，不宜久用。内服，一次量，马、牛 10～20 g，羊 2～5 g，猪 1～2 g，犬 0.2～2 g，猫 0.15～2 g。

（二）鞣酸蛋白

内服无刺激性，常用于急性肠炎与非细菌性腹泻。内服，一次量，马、牛 10～20 g，羊、猪 2～5 g，犬 0.2～2 g，猫 0.15～2 g，兔 1～3 g，禽 0.15～0.3 g，水貂 0.1～0.15 g。

（三）碱式硝（碳）酸铋

内服用于肠炎和腹泻。撒布剂或 10%软膏用于湿疹、烧伤的治疗。对由病原菌引起的腹泻，应先用抗微生物药控制其感染后再用本品。在肠内溶解后产生亚硝酸盐，量大时能引起吸收中毒。内服，一次量，马、牛 15～30 g，羊、猪、驹、犊 2～4 g，犬 0.3～2 g，猫、兔 0.4～0.8 g，禽 0.1～0.3 g，水貂 0.1～0.5 g。

（四）药用炭

用于腹泻、肠炎和阿片及马钱子等生物碱类药物中毒的解救药。外用作为创伤撒布剂。内服，一次量，马、牛 100～300 g，羊、猪 10～25 g，犬 0.3～5 g，猫 0.15～0.25 g。

（五）盐酸地芬诺酯（止泻宁）

主要用于急慢性功能性腹泻、慢性肠炎等对症治疗。内服，犬 2.5 mg/次，3 次/d。

（六）高岭土（白陶土）

主要成分为硅酸铝，内服呈吸附性止泻药作用，用于幼龄动物腹泻。内服，一次量，马、牛 100～300 g，羊、猪 10～30 g。

第九节　作用于呼吸系统的药物

一、祛痰药

临床上祛痰药主要有 2 大类：刺激性祛痰药，如氯化铵、碘化钾、酒石酸锑钾等；黏痰溶解药，如乙酰半胱氨酸、盐酸溴己新等。

（一）氯化铵

主要用于急性呼吸道炎症。还可用于预防或帮助溶解某些类型的尿石；促进某些毒物的排出；泌尿道感染时，提高某些抗微生物药的药效（如四环素类、青霉素 G、呋喃妥因）；当有机碱（苯丙胺等）中毒时，可促进毒物的排出。内服，一次量，马 8～15 g，牛 10～25 g，羊 2～5 g，猪 1～2 g，犬、猫 0.2～1 g，2～3 次/d。

（二）碘化钾

主要用于治疗痰液黏稠而不易咳出的亚急性和慢性支气管炎，不适用于急性支气管炎。内服，一次量，马、牛 5～10 g，羊、猪 1～3 g，犬 0.2～1 g。

（三）乙酰半胱氨酸

适用于黏痰阻塞气道、咳嗽困难的患畜。主要用作呼吸系统和眼的黏液溶解药，也用于小动物（犬、猫）扑热息痛中毒的治疗。喷雾法给药，最适 pH 为 7～9，中等动物一次用 25 mL，2～3 次/d，连用 7 d；犬、猫 25～50 mL，2 次/d。气管滴入，以 5%溶液滴入，一次量，马、牛 3～5 mL，2～4 次/d。

二、镇咳药

（一）可待因

适用于慢性和剧烈的刺激性干咳，不适用于呼吸道有大量分泌物的患畜。不良反应主要有呼吸中枢抑制和便秘作用，还有成瘾性，慎用。内服或皮下注射，马、牛 0.2～2 g，犬每千克体重 1～2 mg，猫每千克体重 0.25～4 mg。

（二）喷托维林（咳必清）

适用于伴有剧烈干咳的急性上呼吸道感染，常与氯化铵合用。不良反应轻，有时表现为腹胀与便秘（阿托品样作用）。对心功能不全并有肺淤血患畜忌用。内服，一次量，马、牛 0.5～1 g，羊、猪 0.05～0.1 g。

三、平喘药

（一）氨茶碱

内服易吸收，具有松弛支气管平滑肌、兴奋呼吸、强心等作用。主要用作支气管扩张药。常用于带有心功能不全及肺水肿的患畜。内服，一次量，马每千克体重 5～10 mg，犬、猫每千克体重 10～15 mg。肌内、静脉注射，一次量，马、牛 1～2 g，羊、猪 0.25～0.5 g，犬 0.05～0.1 g。

（二）异丙阿托品

药效学优于阿托品。支气管松弛作用是阿托品的 2 倍，但对唾液分泌影响很小，也不改变黏膜纤毛的运动速率。

（三）麻黄碱（麻黄素）

主要用于治疗支气管哮喘；外用治疗鼻炎，以消除黏膜充血肿胀（0.5％～1％溶液滴鼻）。内服，一次量，马、牛 50～500 mg，羊 20～100 mg，猪 20～50 mg，犬 10～30 mg，猫 2～5 mg。皮下注射，一次量，马、牛 50～300 mg，羊、猪 20～50 mg，犬 10～30 mg。

第十节　利尿药与脱水药

一、常用利尿药

（一）呋塞米（速尿）

1. 应用　内服易从胃肠道吸收。可用于各种动物的利尿剂，主要适应证包括充血性心力衰竭、肺充血、水肿、腹水、胸水、尿毒症、高钾血症和其他任何非炎性病理积液。此外，牛还用于治疗产后乳房水肿，马还用于预防和减少鼻出血和蹄叶炎的辅助治疗。

2. 用法与用量　肌内、静脉注射，一次量，马、牛、羊、猪每千克体重 0.5～1 mg，犬、猫每千克体重 1～5 mg。内服，一次量，马、牛、羊、猪每千克体重 2 mg，犬、猫每千克体重 2.5～5 mg。应用剂量必须根据个体的效应情况加以调整，严重的水肿或难治的病例，剂量可以加倍。在慢性病例需连续应用利尿药时，要经常反复测定脱水症状和电解质平衡情况，包括血液尿素氮、肌酐、钾、钠或其他电解质，要注意补钾或与保钾利尿药合用。禁用于无尿症。

3. 不良反应　主要不良反应有代谢性碱中毒、脱水和电解质紊乱，其他潜在不良反应包括耳毒性（尤其猫用高剂量静脉注射）、胃肠道扰乱和血液学扰乱（贫血和白细胞减少）。

（二）噻嗪类

1. 应用　本类药物利尿的效价从弱到强的顺序依次为氯噻嗪、氢氯噻嗪、氢氟噻嗪、苄氟噻嗪、环戊氯噻嗪。常用氢氯噻嗪，用于各种类型水肿，对心性水肿效果较好，对肾性水肿的效果与肾功能有关，轻者效果好，严重肾功能不全者效果差，还用于牛的产后乳房水肿。

2. 用法与用量　内服，一次量，马、牛每千克体重 1～2 mg，羊、猪每千克体重 2～3 mg，犬、猫每千克体重 3～4 mg。用药期间注意补钾。

3. 不良反应　低钾血症是最常见的不良反应，还可能发生低血氯性碱中毒、胃肠道反应等。

(三) 螺内酯 (安体舒通)

利尿作用不强,起效慢而作用持久,属保钾利尿药。兽医临床应用很少,可用于应用其他利尿药后发生低钾血症的患畜。常与噻嗪类或强效利尿药合用。内服:一次量,犬、猫每千克体重 2～4 mg。

二、常用脱水药

(一) 甘露醇

内服不吸收,主要用于急性少尿症、肾衰竭,以促进利尿作用;降低眼内压、创伤性脑水肿;还用于加快某些毒物的排泄 (如阿司匹林、巴比妥类和溴化物等)。静脉滴注,一次量,马、牛 1 000～2 000 mL,羊、猪 100～250 mL;犬、猫每千克体重 0.25～0.5 mg,一般稀释成 5%～10% 溶液缓慢静脉滴注,4 mL/min。

(二) 山梨醇

作用与应用和甘露醇相似。常配成 25% 注射液静脉滴注,一次量,马、牛 1 000～2 000 mL,羊、猪 100～250 mL。

第十一节 作用于生殖系统的药物

一、性激素类药物

(一) 雄激素类药物

1. 甲基睾丸素 治疗雄性动物雄激素缺乏所致的隐睾症,成年公畜雄激素分泌不足的性欲缺乏,诱导发情;治疗雌性动物乳腺囊肿,抑制泌乳,母犬的假妊娠,抑制母犬、母猫发情。孕畜、前列腺肿患犬和泌乳母畜禁用。内服,一次量,家畜 10～40 mg,犬 10 mg,猫 5 mg。

2. 苯丙酸诺龙 用于组织分解旺盛的疾病,如严重寄生虫病、犬瘟热、糖皮质激素过量的组织损耗;组织修复期,如大手术后、骨折、创伤等;营养不良动物虚弱性疾病的恢复及老年动物的衰老症。肌内或皮下注射,一次量,马、牛 200～400 mg,驹、犊 50～100 mg,猪、羊 50～100 mg,犬 25～50 mg,猫 10～20 mg,1 次/2 周。

3. 丙酸睾丸素 与甲基睾丸素相似。不良反应见甲基睾丸素。肌内或皮下注射,一次量,马、牛 100～300 mg,猪、羊 100 mg,犬 20～50 mg,每周 2～3 次。

(二) 雌激素类药物

常用天然激素——雌二醇。人工合成品己烯雌酚和己烷雌酚等已禁用。

1. 应用

(1) 治疗胎衣不下,排出死胎。配合催产素可用于分娩时子宫肌无力。

(2) 治疗子宫炎和子宫蓄脓,可帮助排出子宫内的炎性物质。

(3) 在牛发情征象微弱或无发情征象时,可用小剂量催情。

(4) 治疗前列腺肥大,老年犬或阉割犬的尿失禁,母畜性器官发育不全,母犬过度发情,假孕犬的乳房胀痛等。

(5) 诱导泌乳。

2. 用法与用量 肌内注射,一次量,马 10～20 mg,牛 5～20 mg,羊 1～3 mg,猪 3～

10 mg，犬、猫 0.2～0.5 mg。

3. 不良反应　大剂量使用、长期或不适当使用，可致牛发生卵巢囊肿或慕雄狂，流产，母畜卵巢萎缩，性周期停止等。

（三）孕激素类药物（孕酮）

主要用于治疗习惯性或先兆性流产，尤其是非感染性因素引起的流产和怀孕早期黄体机能不足所致的流产；卵巢囊肿引起的慕雄狂；牛、马排卵延迟。此外，还用于母畜的同期发情和抑制发情。泌乳期奶牛不用。肌内注射，一次量，马、牛 50～100 mg，羊、猪 15～25 mg，犬 2～5 mg，间隔 48 h 注射一次。休药期 30 d。

二、促性腺激素和促性腺激素释放激素类药物

（一）卵泡刺激素（FSH）

主要用于促进母畜发情、超数排卵和治疗持久黄体、卵泡发育停止、多卵泡等卵巢疾病。不良反应是引起单胎动物多发性排卵。静脉、肌内或皮下注射，一次量，马、牛 10～50 mg，猪、羊 5～25 mg，犬 5～15 mg，临用时用灭菌生理盐水溶解。

（二）黄体生成素（LH）

可促进排卵、提高受胎率。用于治疗卵巢囊肿、幼龄动物生殖器官发育不全、精子生成障碍、性欲缺乏、产后泌乳不足或缺乏等。静脉或皮下注射，一次量，马、牛 25 mg，羊 2.5 mg，猪 5 mg，犬 1 mg，可在 1～4 周内重复使用。

（三）马促性素（PMSG）

主要用于诱导发情和排卵，用于母畜同期发情可提高受胎率。还可引起超数排卵，用于胚胎移植。重复使用会产生抗马促性腺激素抗体而减低效力，甚至偶尔产生过敏性休克。皮下或静脉注射，催情，马、牛 1 000～2 000 IU，猪、羊 200～1 000 IU，犬、猫 25～200 IU，猫 25～200 IU，兔、水貂 30～50 IU；超排，母牛 2 000～4 000 IU，母羊 600～1 000 IU。临用时用灭菌生理盐水 2～5 mL 稀释。

（四）人绒膜促性腺激素（HCG）

主要作用与黄体生成素相似，主要应用于诱导排卵，提高受胎率；增强同期发情的排卵效果；治疗患卵巢囊肿并伴有慕雄狂症状的母牛；治疗公畜性机能减退。多次应用可引起过敏反应，并降低疗效。肌内或静脉注射，一次量，马、牛 1 000～10 000 IU，猪 500～1 000 IU，羊 100～500 IU，犬 100～500 IU，猫 100～200 IU。

（五）促性腺激素释放激素（GnRH）

对于非繁殖季节的公羊，每日肌内注射可使睾丸重量增加，精子活力增强，精液品质改善。大剂量或长期应用，可抑制排卵，阻断妊娠，引起睾丸或卵巢萎缩，阻止精子形成。静脉或肌内注射后 1～2 d 内，持续 4～6 d 不排卵的母马即可排卵。也用于诱发水貂排卵，还用于治疗卵巢卵泡囊肿。静脉或肌内注射，一次量，奶牛 100 μg，水貂 0.5 μg。

三、子宫收缩药

（一）缩宫素（催产素）

1. 应用　用于临产前子宫收缩无力母畜的引产。治疗产后出血、胎盘滞留和子宫复原不全，在分娩后 24 h 内使用。产道阻塞、胎位不正、骨盆狭窄等临产家畜忌用。

2. 用法与用量　静脉、肌内或皮下注射，用于子宫收缩，一次量，马 75～150 IU，牛 75～100 IU，猪、羊 10～50 IU，犬 5～25 IU，猫 5～10 IU，如果需要，可间隔 15 min 重复使用；用于排乳，马、牛 10～20 IU，猪、羊 5～20 IU，犬 2～10 IU。

（二）麦角新碱

用于子宫需要长时间强烈收缩的情况，如产后出血、产后子宫复原和胎衣不下。与缩宫素的区别是对子宫体和子宫颈都兴奋，剂量稍大即引起强直性收缩，故不宜用于催产或引产，否则会使胎儿窒息及子宫破裂。静脉或肌内注射，一次量，马、牛 5～15 mg，猪、羊 0.5～1 mg，犬 0.2～0.5 mg，猫 0.07～0.2 mg。

（三）垂体后叶素

含催产素和加压素（抗利尿素），对子宫的作用与缩宫素相同，但有抗利尿、收缩小血管引起血压升高的副作用。在催产、引产、子宫复原等方面的应用，与缩宫素相同。静脉、肌内或皮下注射，一次量，马、牛 50～100 IU，猪、羊 10～50 IU，犬 5～30 IU，猫 5～10 IU。

第十二节　皮质激素类药物

一、应用

（一）母畜的代谢病

糖皮质激素对牛酮血病、羊妊娠毒血症有显著疗效。

（二）感染性疾病

一般感染性疾病不得使用糖皮质激素，但当感染对动物的生命或未来生产力可能带来严重危害时，用糖皮质激素控制过度的炎症反应很必要，但要与足量有效的抗菌药物合用。感染发展为毒血症时，用糖皮质激素治疗更为重要。对各种败血症、中毒性肺炎、中毒性菌痢、腹膜炎、产后急性子宫炎等，应用糖皮质激素可增强抗菌药物的治疗效果。

（三）关节炎疾患

用糖皮质激素治疗马、牛、猪、犬的关节炎，能暂时改善症状。糖皮质激素对关节的作用可因剂量不同而变化，小剂量保护软骨，大剂量则损伤软骨并抑制成骨细胞活性，引起所谓的"激素性关节病"。因此，用糖皮质激素治疗关节炎，应使用小剂量。

（四）皮肤疾病

糖皮质激素对皮肤的非特异性或变态反应性疾病有较好疗效。对于荨麻疹、急性蹄叶炎、湿疹、脂溢性皮炎和其他化脓性炎症，局部或全身给药，都能使病情明显好转。对伴有急性水肿和血管通透性增加的疾病，疗效尤为显著。

（五）眼、耳科疾病

对于眼科疾病，糖皮质激素可防止炎症对组织的破坏，抑制液体渗出，防止粘连和疤痕形成，避免角膜浑浊。对于外耳炎症，可用糖皮质激素配合化疗药物应用，但应随时清除或溶解炎性分泌物。

（六）引产

地塞米松已被用于母畜的同步分娩。在怀孕后期的适当时候（牛一般在怀孕第 286 天后）给予地塞米松，牛、羊、猪一般在 48 h 内分娩。对马没有引产效果。

（七）休克

糖皮质激素对于各种休克都有较好的疗效。

（八）预防手术后遗症

糖皮质激素可用于剖腹产、瘤胃切开、肠吻合等外科手术后，以防脏器与腹膜粘连，减少创口瘢痕化，但同时它又会影响创口愈合。这要权衡利弊，审慎用药。

（九）其他

糖皮质激素还可用于免疫介导的溶血性贫血和血小板减少症的治疗药。

二、不良反应与注意事项

（一）不良反应

1. 糖皮质激素长期使用后突然停药可引起急性肾上腺功能不全。

2. 糖皮质激素过量使用可引起多尿和饮欲亢进。

3. 糖皮质激素的保钠排钾作用，常致动物出现水肿和低钾血症。加速蛋白质异化和钙、磷排泄的作用，则致动物出现肌肉萎缩无力、骨质疏松等，幼年动物出现生长抑制。

4. 糖皮质激素能使血中三碘甲腺原氨酸（T_3）、甲状腺素（T_4）和促甲状腺激素浓度降低。糖皮质激素还引发应激性白细胞血象，增加血中碱性磷酸酶的活性以及一些矿物元素、尿素氮和胆固醇的浓度。

5. 糖皮质激素长期使用易致细菌入侵或原有局部感染扩散，有时还引起二重感染。

（二）注意事项

1. 糖皮质激素禁用于病毒性感染和缺乏有效抗菌药物治疗的细菌感染。

2. 对于非感染性疾病，应严格掌握适应证。特别对于重症病例，应采用高剂量静脉或肌内注射方法给药。一旦症状改善并基本控制，应立即开始逐渐减量、停药。

3. 糖皮质激素禁用于原因不明的传染病、糖尿病、角膜溃疡、骨软化及骨质疏松症，不得用于骨折治疗期、妊娠期、疫苗接种期、结核菌素或鼻疽菌素诊断期，对肾功能衰竭、胰腺炎、胃肠道溃疡和癫痫等应慎用。

三、常用药物

1. 氢化可的松　多用作治疗严重的中毒性感染或其他危险病症。肌内注射吸收很少，常作静脉注射。局部应用有较好疗效，故常用于乳腺炎、眼科炎症、皮肤过敏性炎症、关节炎和腱鞘炎等。静脉注射，一次量，马、牛 0.2～0.5 g，羊、猪 0.02～0.08 g。关节腔内注入，马、牛 0.05～0.1 g，1 次/d。

2. 泼尼松（强的松）　抗炎作用和糖原异生作用比天然氢化可的松强 4～5 倍。常用于某些皮肤炎症和眼科炎症。肌内注射可治疗牛酮血症。内服，一日量，牛 200～400 mg，猪、羊首次量 20～40 mg，维持量 5～10 mg。皮肤涂擦或点眼，适量。

3. 地塞米松　应用同其他糖皮质激素，对牛的同步分娩有较好的效果。作用比氢化可的松强 25 倍，抗炎作用甚至强 30 倍。本品可增加钙从粪中排出，故可引起负钙平衡。肌内或静脉注射，一日量，马 2.5～5 mg，牛 5～20 mg，羊、猪 4～12 mg，犬、猫 0.125～1 mg。关节腔内注入，一次量，马、牛 2～10 mg。乳房内注入，一次量，每乳室 10 mg。内服，一日量，马 5～10 mg，牛 5～20 mg，犬、猫 0.125～1 mg。

4. 倍他米松　抗炎作用及糖原异生作用强于地塞米松。应用与地塞米松相同，也可用于母畜的同步分娩。内服，一次量，犬每千克体重 0.175～0.35 mg（0.25～1 mg）。

5. 泼尼松龙（强的松龙）　作用与泼尼松基本相似，特点是可静脉注射、肌内注射、乳管内注入和关节腔内注射等。内服的功效不如泼尼松确切。静脉注射或静脉滴注、肌内注射，一次量，马、牛 50～150 mg，猪、羊 10～20 mg。严重病例可酌情增加剂量。关节腔内注入，马、牛 20～80 mg，1 次/d。

6. 曲安西龙　抗炎作用为氢化可的松的 5 倍，其他全身作用与同类药物相当。内服，一次量，犬 0.125～1 mg，猫 0.125～0.25 mg，2 次/d，连服 7 d。肌内或皮下注射，一次量，马 12～20 mg，牛 2.5～10 mg；犬、猫每千克体重 0.1～0.2 mg。关节腔内或滑膜腔内注射，一次量，马、牛 6～18 mg，犬、猫 1～3 mg，必要时 3～4 d 后再注射一次。

7. 醋酸氟轻松（肤轻松）　外用疗效最显著、副作用最小；显效迅速，止痒效果好。常用膏剂，外用适量，3～4 次/d。

第十三节　自体活性物质与解热镇痛抗炎药

一、抗组胺药

（一）苯海拉明

适用于皮肤黏膜的过敏性疾病，如荨麻疹、血清病、湿疹、接触性皮炎；小动物运输晕动、止吐；组织损伤伴有组胺释放的疾病，如烧伤、冻伤、湿疹、脓毒性子宫炎。还可用于过敏性休克、因饲料过敏引起的腹泻和蹄叶炎、有机磷中毒的辅助治疗。对过敏性胃肠痉挛和腹泻也有一定疗效，但对过敏性支气管痉挛的效果差。肌内注射，一次量，马、牛 100～500 mg，猪、羊 40～60 mg；犬每千克体重 0.5～1 mg。内服，一次量，牛 600～1 200 mg，马 200～1 000 mg，猪、羊 80～120 mg，犬 30～60 mg；猫每千克体重 4 mg。

（二）异丙嗪（非那根）

抗组胺作用比苯海拉明强，还有降体温、止吐作用，较强的中枢抑制作用。可加强麻醉药、镇静药和镇痛药的作用。应用同苯海拉明。有刺激性，不宜皮下注射。肌内注射，一次量，马、牛 250～500 mg，猪、羊 50～100 mg，犬 25～100 mg。内服，一次量，马、牛 250～1 000 mg，猪、羊 100～500 mg，犬 50～200 mg。

（三）马来酸氯苯拉敏（扑尔敏）

作用比苯海拉明强而持久，但中枢抑制和嗜睡的副作用较轻。应用同苯海拉明。肌内注射，一次量，马、牛 60～100 mg，猪、羊 10～20 mg。内服，一次量，马、牛 80～100 mg，猪、羊 12～16 mg。

（四）阿斯咪唑（息斯敏）

抗组胺作用强而持久，无中枢镇静作用，有较强的抗胆碱作用。主要用于过敏性鼻炎、过敏性结膜炎、荨麻疹以及其他过敏反应的治疗。内服，小动物，一次量，2.5～10 mg，1 次/d。

（五）西咪替丁

主要用于治疗胃肠的溃疡、胃炎、胰腺炎和急性胃肠（消化道前段）出血。本品能与肝微粒体酶结合而抑制酶的活性，降低肝血流量，并能干扰其他许多药物的吸收。内服，一次量，猪 300 mg；牛每千克体重 8～16 mg，3 次/d，犬、猫每千克体重 5～10 mg，2 次/d。

（六）雷尼替丁

应用同西咪替丁。内服，一次量，驹 150 mg；马、犬每千克体重 0.5 mg，2 次/d。

二、前列腺素

（一）地诺前列素（黄体溶解素）

用于同期发情，马、牛、猪催情，增加公畜精液射出量和提高人工授精效果，催产、引产、排出死胎或子宫蓄脓、慢性子宫内膜炎。治疗持久性黄体和卵巢黄体囊肿。肌内注射，一次量，牛 25 mg，猪 5～10 mg；马每千克体重 0.02 mg，犬每千克体重 0.05 mg。

（二）氯前列醇

对母畜具有溶解黄体和收缩子宫的作用，主要用于牛同期发情，子宫蓄脓，母畜催情配种、催产、引产。肌内注射，一次量，牛每千克体重 500 μg，猪每千克体重 175 μg，山羊、绵羊每千克体重 62.5～125 μg。

（三）氟前列醇

可用于高效地管理马群，使母马按计划在有效的配种季节内发情和受孕。对胚胎早期死亡或重吸收的母马，可使黄体溶解，使之不发生持久黄体性乏情和不孕症，并能终止假妊娠。对卵巢静止期引起的真乏情和各种原因引起的垂体机能不足的母马，无催情作用。肌内注射，一次量，马每千克体重 0.55 μg。

（四）甲基前列腺素

主要用于同期发情、同期分娩；也用于治疗持久黄体、诱导分娩和排除死胎以及治疗子宫内膜炎等。妊娠母畜忌用，以免引起流产。肌内或宫颈内注射，一次量，马、牛每千克体重 2～4 mg，羊、猪每千克体重 1～2 mg。

三、解热镇痛抗炎药

（一）水杨酸类

药物有阿司匹林和水杨酸钠。常用阿司匹林，内服后在胃肠道前部吸收，犬、猫、马吸收快，牛、羊慢；对急性风湿病有特效。常用于发热，风湿病，神经、肌肉、关节疼痛，软组织炎症和痛风症的治疗。本品连续使用可发生出血倾向。对消化道有刺激性，不宜空腹投药。长期使用可引发胃肠溃疡。对猫毒性大。内服，一次量，马、牛 15～30 g，羊、猪 1～3 g，犬 0.2～1 g。

（二）苯胺类

1. 非那西汀 内服易吸收，主要用作解热药。使用剂量过大或长期使用，可致高铁血红蛋白血症，引起组织缺氧、发绀。对猫易引起严重毒性反应，不宜应用。内服，一次量，马、牛 10～20 g，猪 1～2 g，羊 1～4 g，犬 0.1～1 g。

2. 扑热息痛 主要用作中小动物的解热镇痛药。不良反应同非那西汀。内服用量同非那西汀。肌内注射，一次量，马、牛 5～10 g，羊 0.5～2 g，猪 0.5～1 g，犬 0.1～0.5 g。

（三）吡唑酮类

1. 氨基比林（匹拉米洞） 内服吸收迅速，与巴比妥类合用能增强镇痛作用，对急性风湿性关节炎的疗效与水杨酸类相似。广泛用于神经痛、肌肉痛、关节痛，急性风湿性关节炎，马骡的疝痛。长期连续使用，可引起粒性白细胞减少症。内服，一次量，马、牛8～20 g，猪、羊2～5 g，犬0.13～0.4 g。肌内或皮下注射，一次量，马、牛0.6～1.2 g，猪、羊50～200 mg。

2. 保泰松 主要用于马、犬的肌肉骨骼系统抗炎，如关节炎、风湿病、腱鞘炎、黏液囊炎，也用于痛风和睾丸炎等。血象异常，胃肠溃疡，心、肾、肝病患畜，食品生产动物，泌乳奶牛等禁用。内服，一次量，马每千克体重2.2 mg（首日加倍），犬每千克体重22 mg。静脉注射，一次量，马每千克体重3～6 mg。

3. 安乃近 肌内注射吸收迅速，有一定的消炎和抗风湿作用。应用同氨基比林。长期应用可引起粒细胞减少，还有抑制凝血酶原形成，加重出血的倾向。内服，一次量，马、牛4～12 g，羊、猪2～5 g，犬0.5～1 g。肌内注射，一次量，马、牛3～10 g，羊1～2 g，猪1～3 g，犬0.3～0.6 g。

（四）吲哚类

1. 吲哚美辛（消炎痛） 对炎性疼痛的效果优于保泰松、安乃近和水杨酸类。对痛风性关节炎和骨关节炎的疗效最好。主要用于慢性风湿性关节炎、神经痛、腱炎、腱鞘炎及肌肉损伤等。犬、猫可见恶心、腹痛、下痢等消化道症状，有的出现消化道溃疡。可致肝和造血功能损害。肾病及胃肠溃疡患畜慎用。内服，一次量，马、牛每千克体重1 mg，羊、猪每千克体重2 mg。

2. 苄达明（消炎灵） 对炎性疼痛的镇痛作用比吲哚美辛强，抗炎作用强度与保泰松相似，对急性炎症、外伤和术后炎症的效果显著。主要用于手术伤、外伤和风湿性关节炎等炎性疼痛。有食欲不振副作用，偶见恶心、呕吐。内服，一次量，马、牛每千克体重1 mg，羊、猪每千克体重2 mg。

（五）丙酸类

1. 萘洛芬（消痛灵） 具有镇痛、消炎或解热作用，药效比保泰松强。用于解除肌炎和软组织炎症的疼痛及跛行和关节炎。犬对本药敏感，可见出血或胃肠道毒性。内服，一次量，马每千克体重1 mg，犬每千克体重2 mg。首量加倍。

2. 布洛芬 犬内服后迅速吸收，具有较好的解热、镇痛、抗炎作用。镇痛作用不如阿司匹林，但毒副作用比阿司匹林少。主要用于犬的肌肉、骨骼系统功能障碍伴发的炎症和疼痛。犬用2～6 d可见呕吐，2～6周可见胃肠受损。内服，一次量，犬每千克体重10 mg。

3. 酮洛芬 内服后吸收迅速，其最大特点是抗炎、镇痛和解热作用强。目前主要用于马和犬。马静脉注射一次量，每千克体重2.2 mg，1次/d，连用5 d。

（六）芬那酸类

1. 甲芬那酸（扑湿痛） 具有镇痛、消炎和解热作用。用于解除犬肌肉、骨骼系统慢性炎症如骨关节炎，马急慢性炎症如跛行。长期服用可见嗜睡、恶心和腹泻等。内服，一次量，马每千克体重2.2 mg，犬每千克体重1.1 mg。

2. 甲氯芬酸（抗炎酸） 消炎作用比阿司匹林、氨基比林、保泰松和消炎痛均强，镇痛作用与阿司匹林相似，不如氨基比林。用于治疗风湿性关节炎、类风湿性关节炎及其他骨骼、肌肉系统障碍。内服，一次量，马每千克体重2.2 mg，犬每千克体重1.1 mg，奶牛每千克体重1 mg。肌内注射，一次量，奶牛每千克体重20 mg。真胃注入，一次量，奶牛每千克体重10 mg。

第十四节 作用于外周神经系统药物

一、拟胆碱药

（一）氨甲酰胆碱

用于治疗胃肠积食、前胃弛缓、分娩时与分娩后子宫弛缓、胎衣不下及子宫蓄脓、母猪催产等。切勿肌内和静脉注射；为避免不良反应，可将一次剂量分作 2～3 次注射，每次间隔 30 min 左右。中毒时可用阿托品作解毒药，但效果不理想。皮下注射，一次量，马、牛 1～2 mg，羊、猪 0.25～0.5 mg，犬 0.025～0.1 mg。

（二）毛果芸香碱

主要适用于大动物的不全阻塞性肠便秘、前胃弛缓、瘤胃不全麻痹、猪食道梗塞等。用 1%～3% 溶液滴眼，与扩瞳药交替应用治疗虹膜炎。禁用于年老龄、瘦弱、妊娠、心肺有疾患的动物；当便秘后期机体脱水时，在用药前最好酌情补液及先注射强心药，以缓解循环障碍；忌用于完全阻塞的便秘，以防因肠管剧烈收缩，导致肠破裂；应用本品后，如出现呼吸困难或肺水肿时，可注射氨茶碱扩张支气管，注射氯化钙制止渗出。皮下注射，一次量，马、牛 50～150 mg，羊、猪 10～50 mg，犬 3～20 mg。兴奋瘤胃，牛 40～60 mg。

（三）新斯的明

口服难吸收且不规则。适用于重症肌无力，箭毒中毒，术后腹气胀或尿潴留，牛、羊前胃弛缓或马肠道弛缓，子宫收缩无力和胎衣不下等；1% 溶液用做缩瞳药。机械性肠梗阻、胃肠完全阻塞或麻痹、痉挛疝及孕畜等禁止使用。用药过量中毒时，可用阿托品解救。肌内、皮下注射，一次量，马 4～10 mg，牛 4～20 mg，羊、猪 2～5 mg，犬 0.25～1 mg。

（四）吡啶斯的明

作用、应用与应用注意同新斯的明。内服，一次量，猪、犬每千克体重 1～2 mg。

二、抗胆碱药

（一）阿托品

主要用于胃肠道及支气管平滑肌过度痉挛，有机磷酸酯类、毛果芸香碱中毒的急救。用于麻醉前给药，以防腺体分泌过多而引起呼吸道堵塞或误咽性肺炎，以及用于虹膜炎、周期性眼炎的治疗及眼底检查。内服，一次量，犬、猫每千克体重 0.02～0.04 mg。肌内、皮下或静脉注射，一次量，麻醉前给药，马、牛、羊、猪、犬、猫每千克体重 0.02～0.05 mg；解有机磷中毒，马、牛、羊、猪每千克体重 0.5～1 mg，犬、猫每千克体重 0.1～0.15 mg，禽每千克体重 0.1～0.2 mg。散瞳用 0.5%～1% 溶液或 3%～4% 眼膏点眼。

（二）东莨菪碱

主要用于有机磷酸酯中毒的解救，也可用于麻醉前给药。注意马属动物常出现中枢兴奋。皮下注射，一次量，牛 1～3 mg，羊、猪 0.2～0.5 mg。

（三）琥珀胆碱（司可林）

肌松性保定药，如用于梅花鹿、马鹿等在锯茸或运输时进行保定；手术时用做麻醉辅助药。年老体弱、营养不良及妊娠动物忌用；反刍兽用药前应停食半日；用药过程中如发现呼吸抑制或停止时，宜立即拉出舌头，同时进行人工呼吸、输氧；心脏衰弱时，可立即注射安钠咖，严重者可应用肾上腺素。肌内注射，一次量，马每千克体重 0.07～0.2 mg，牛每千克体重 0.01～0.016 mg，猪每千克体重 2 mg，犬、猫每千克体重 0.06～0.11 mg，鹿每千克体重 0.08～0.12 mg。

（四）泮库溴铵

非除极化型肌松药，可配合全身麻醉药，使肌肉松弛，利于手术。麻醉前宜先用阿托品制止腺体分泌。中毒或手术后造成神经肌肉麻痹时可用新斯的明解救。静脉注射，一次量，猪每千克体重 0.11 mg，犬、猫每千克体重 0.044～0.11 mg。

三、拟肾上腺素药

（一）去甲肾上腺素

内服无效，皮下或肌内注射很少吸收。用于神经源性休克、药物中毒等引起的休克治疗。现主张与酚妥拉明合用，以颉颃缩血管作用。静脉滴注，一次量，马、牛 8～12 mg，羊、猪 2～4 mg。临用前稀释成 4～8 μg/mL 药液。

（二）间羟胺

可作为去甲肾上腺素代用品，用于各种休克的早期治疗。肌内注射或静脉滴注，一次量，马、牛 50～100 mg，犬 2～10 mg。静脉滴注时应与等渗葡萄糖溶液或生理盐水稀释。

（三）去氧肾上腺素

主要用于休克的治疗。溶于 100 mL 等渗葡萄糖溶液中静脉滴注，一次量，犬、猫每千克体重 0.15 mg。

（四）肾上腺素

可用作心脏骤停的急救药；适用于急性的、严重的各种过敏反应；与普鲁卡因等局麻药配伍，以延长局麻药作用，减少局麻药吸收。外用局部止血。皮下注射，一次量，马、牛 2～5 mL，羊、猪 0.2～1 mL，犬 0.1～0.5 mL。静脉注射，一次量，马、牛 1～3 mL，羊、猪 0.2～0.6 mL，犬 0.1～0.3 mL。

（五）异丙肾上腺素

主要用做平喘药，以缓解急性支气管痉挛所致的呼吸困难。也可用于心脏房室阻滞、心脏骤停和休克的治疗（必须在及时补液，使血容量充足的情况下使用）。肌内、皮下注射，一次量，犬、猫 0.1～0.2 mg，每 6 h 1 次。静脉滴注（等渗葡萄糖溶液），一次量，马、牛 1～4 mg，羊、猪 0.2～0.4 mg，犬、猫 0.05～0.1 mg，可加入中滴注。

四、抗肾上腺素药

（一）酚妥拉明

主要用于犬休克治疗，但必须补充血容量，最好与去甲肾上腺素配伍使用。静脉滴注，一次量，犬、猫 5 mg，以 5% 葡萄糖注射液 100 mL 稀释滴注。

（二）普萘洛尔（心得安）

主要用于抗心律失常。如犬心节律障碍（早搏），猫不明原因的心肌疾患。内服，马每 450 kg 体重 150～350 mg，犬 5～40 mg，猫 2.5 mg，3 次/d。静脉注射，一次量，马每 100 kg 体重 5.6～17 mg，2 次/d；犬 1～3 mg（以 1 mg/min 速度注入），猫 0.25 mg（稀释于 1 mL 生理盐水中注入）。

第十五节　作用于中枢神经系统的药物

一、镇静药

（一）氯丙嗪

内服、注射均易吸收，但内服吸收不规则，并有个体和种属差异。多用于动物的镇静、麻醉前给药、抗应激反应等。不用于屠宰动物，因排泄缓慢产生药物残留。静脉注射时宜稀释后缓慢滴注；用量过大引起血压降低时，禁用肾上腺素解救，可选用去甲肾上腺素；有黄疸、肝炎及肾炎的患畜应慎用；对体弱年老动物、马不主张使用本品；犬、猫等剂量过大时出现心律不齐、四肢与头部震颤，甚至四肢与躯干僵硬等不良反应。内服，一次量，犬、猫每千克体重 2～3 mg。肌内注射，一次量，马、牛每千克体重 0.5～1 mg，羊、猪每千克体重 1～2 g，犬、猫每千克体重 1～3 mg，虎每千克体重 4 mg，熊每千克体重 2.5 mg，单峰骆驼每千克体重 1.5～2.5 mg，野牛每千克体重 2.5 mg，恒河猴、豺每千克体重 2 mg。

（二）乙酰丙嗪

具有镇静、降低体温、降低血压及镇吐等作用，但镇静作用强于氯丙嗪，故增强催眠药与麻醉药的作用较氯丙嗪强。应用基本同氯丙嗪。与哌替啶配合治疗痉挛疝，呈良好的安定镇痛效果，此时用药量为各药的 1/3 量即可。内服，一次量，犬每千克体重 0.5～2 mg，猫每千克体重 1～2 mg。肌内、皮下或静脉注射，一次量，牛、羊、猪、犬每千克体重 0.5～1 mg，猫每千克体重 1～2 mg，象每千克体重 0.03～0.07 mg。

（三）地西泮

内服吸收迅速。可用于各种动物的镇静、催眠、保定、抗惊厥、抗癫痫、基础麻醉及术前给药。治疗犬癫痫、破伤风及士的宁中毒、防止水貂等野生动物攻击、牛和猪麻醉前给药等。静脉注射宜缓慢，以防造成心血管与呼吸抑制。内服，一次量，犬每千克体重 5～10 mg，猫每千克体重 2～5 mg，水貂每千克体重 0.5～1 mg。肌内、静脉注射，一次量，马每千克体重 0.1～0.15 mg，牛、羊、猪每千克体重 0.5～1 mg，犬、猫每千克体重 0.6～1.2 mg，水貂每千克体重 0.5～1 mg。

（四）水合氯醛

常用于马属动物急性胃扩张、肠阻塞、痉挛性腹痛，子宫及直肠脱出，食道、膈肌、肠管、膀胱痉挛等。破伤风、脑炎、士的宁及其他中枢兴奋药中毒所致的惊厥可用本品对抗。用于抗惊厥时，剂量应酌情增加。对局部组织有强烈刺激性，不可皮下或肌内注射，静脉注射时勿漏于血管外；内服或灌肠时，浓度宜为 1%～3%，并加 1%～5%黏浆剂；牛、羊用药前应注射阿托品。一般在使用前用生理盐水或等渗葡萄糖溶液为溶媒，配成 5%～10%溶液。内服、灌肠，一次量，马、牛 10～25 g，羊、猪 2～4 g，犬 0.3～1 g。静脉注射，一次量，马、牛每千克体重 0.08～0.12 g，水牛每千克体重 0.13～0.18 g，猪每千克体重 0.15～0.17 g，骆驼每千克体重 0.1～0.11 g。

二、抗惊厥药

（一）硫酸镁

用于缓解破伤风、脑炎、士的宁等中枢兴奋药中毒所致的惊厥；治疗膈肌痉挛、胆管痉挛等；缓解胆管痉挛；缓解分娩时子宫颈痉挛，尿潴留，慢性汞、砷、钡中毒等。静脉注射速度宜缓慢，否则易致呼吸抑制。若发生呼吸麻痹时，应立即静脉注射钙剂解救。肌内、静脉注射，一次量，马、牛 10～25 g，羊、猪 2.5～7.5 g，犬、猫 1～2 g。

（二）苯巴比妥

内服、肌内注射均易吸收。用于脑炎、破伤风等疾病及中枢兴奋药中毒的解救，犬、猫的镇静以及马、犬、猫的癫痫治疗。内服，一次量，犬、猫每千克体重 6～12 mg。肌内注射，一次量，羊、猪 0.25～1 g；犬、猫每千克体重 6～12 mg。

三、镇痛药

（一）吗啡

用于犬麻醉前给药，可减少全麻药的药量的 1/3～1/2。做镇痛药，用于创伤、烧伤等止痛。阿片酊、复方樟脑酊等阿片制剂用于止泻、止咳等。本品对牛、羊、猫易引起强烈兴奋，必须慎用。胃扩张、肠阻塞及膨胀者禁用吗啡。肝、肾功能异常，慎用。幼龄动物对本品敏感，宜慎用或不用。皮下、肌内注射，一次量，镇痛：马每千克体重 0.1～0.2 mg，犬 0.5～1 mg 每千克体重；麻醉前给药：犬每千克体重 0.5～2 mg。

（二）哌替啶

内服吸收良好，作用与吗啡相似，但较弱。用于治疗家畜痉挛性疝痛、手术后疼痛及创伤性疼痛等；猪、犬、猫等的麻醉前给药；与氯丙嗪、异丙嗪配伍成复方制剂，用于抗休克和抗惊厥等。对局部有刺激性，一般不做皮下注射。过量中毒时，除用纳络酮对抗呼吸抑制外，尚须配合使用巴比妥类，以对抗惊厥。皮下、肌内注射，一次量，马、牛、羊、猪每千克体重 2～4 mg，犬、猫每千克体重 5～10 mg。

（三）芬太尼

作用与吗啡、哌替啶相似，但镇痛效力强、起效快、持续时间短。对呼吸抑制作用弱，成瘾性及其他副作用较小。与巴比妥类药物或吩噻嗪类药物配伍使用时，可增强镇痛效果。用做各种剧痛的镇痛药。可与全麻药或局麻药合用于外科手术，以减少全麻药的用量和毒性，并增强本品的镇痛作用。也可单用于外科小手术。还用于有攻击性动物及野生动物的化学保定、动物捕捉、长途运输及诊断检查等。中毒时，可用纳络酮对抗。静脉注射宜缓慢，以免呼吸抑制。皮下、肌内或静脉注射，一次量，犬、猫每千克体重 0.02～0.04 mg，猫应与地西泮合用，防止兴奋。

（四）埃托啡

各种动物对埃托啡的敏感性不同，最敏感的是象，其次为熊、长颈鹿、河马、犀牛、灵长类等。中等剂量可使多种动物制动，失去攻击性。对啮齿类动物、犬、猫、猿类的作用类似吗啡。可使马产生心动过速，血压升高。埃托啡与中枢抑制药如赛拉嗪等合用于狩猎或作野生动物的保定药。肌内注射，一次量，马、骡、驴每 100 kg 体重 0.98 mg，黑熊、灰熊、北极熊每 100 kg 体重 1.1 mg，鹿科动物每 100 kg 体重 2.2 mg，羚羊科动物每 100 kg 体重 0.2 mg。

（五）盐酸二氢埃托啡

适用于吗啡、哌替啶无效的慢性顽固性疼痛；用于诱导麻醉或静脉复合麻醉。还可用于内窥镜检查前用药。二氢埃托啡所致呼吸抑制中毒时，可用烯丙吗啡或纳络酮解救。肌内注射，一次量，马每千克体重 0.01～0.015 mL，牛每千克体重 0.005～0.015 mL，羊、犬、猴每千克体重 0.1～0.15 mL，猫、兔每千克体重 0.2～0.3 mL，熊每千克体重 0.02～0.05 mL，鼠每千克体重 0.5～1 mL。

（六）赛拉嗪（隆朋）

主要用于马、牛、羊、犬、猫及鹿等野生动物的镇静与镇痛药，也用于复合麻醉及化学保定，以便于长途运输、去角、锯茸、去势、剖腹术、穿鼻术、子宫复位等。易引起心率及血压失常；对牛易造成呼吸抑制；常引起犬、猫呕吐；可使牛、马妊娠后期的子宫收缩。能降低血清中 γ-球蛋白，从而有抑制免疫系统作用。肌内注射，一次量，马每千克体重 1～2 mg，牛每千克体重 0.1～0.3 mg，羊每千克体重 0.1～0.2 mg，犬、猫每千克体重 1～2 mg，鹿每千克体重 0.1～0.3 mg。

（七）赛拉唑（静松灵）

基本同赛拉嗪，具有镇静、镇痛与中枢性肌肉松弛作用。治疗剂量范围内，往往表现唾液增加、汗液增多。另外，多数动物呼吸减慢、血压微降，可逐渐恢复。用于家畜及野生动物的镇痛、镇静、化学保定和复合麻醉等。肌内注射，一次量，马、骡每千克体重 0.5～1.2 mg，驴每千克体重 1～3 mg，黄牛、牦牛每千克体重 0.2～0.6 mg，水牛每千克体重 0.4～1 mg，羊每千克体重 1～3 mg，鹿每千克体重 2～5 mg。

四、中枢兴奋药

（一）咖啡因

主要用于对抗中枢抑制状态，如麻醉药与镇静催眠药过量，严重传染病和过度劳役引起的呼吸循环衰竭等；用于日射病、热射病及中毒引起的急性心力衰竭，做强心药，增强心脏收缩，增加心输出量。与溴化物合用，调节皮层活动，恢复大脑皮层抑制与兴奋过程的平衡。剂量过大易引起中毒，可用溴化物、水合氯醛、戊巴比妥等对抗兴奋症状，但不能使用麻黄碱或肾上腺素等强心药物，以防毒性增强。内服，一次量，马 2～6 g，牛 3～8 g，羊、猪 0.5～2 g，犬 0.1～0.3 g，猫 0.05～0.1 g。皮下、肌内、静脉注射，一次量，马、牛 2～5 g，羊、猪 0.5～2 g，犬 0.1～0.3 g，鸡 0.025～0.05 g，鹿 0.5～2 g。一般 1～2 次/d，重症每 4～6 h 1 次。

（二）尼可刹米

内服或注射均易吸收，通常以注射给药。常用于各种原因引起的呼吸抑制。在解救中枢抑制药中毒方面，本品对吗啡中毒效果好于对巴比妥类中毒。静脉、肌内或皮下注射，一次量，马、牛 2.5～5 g，羊、猪 0.25～1 g，犬 0.125～0.5 g。

（三）回苏灵

可直接兴奋呼吸中枢，药效强于尼可刹米。主要用于中枢抑制药过量、一些传染病及药物中毒所致的中枢性呼吸抑制。本品过量易引起惊厥，可用短效巴比妥类解救。孕畜禁用。肌内、静脉注射，一次量，马、牛 40～80 mg，羊、猪 8～16 mg。静脉注射时用葡萄糖注射液稀释后缓慢注入。

（四）多沙普伦

兴奋呼吸作用类似尼可刹米，但比后者强。可用于吸入性麻醉药与巴比妥类药物所致呼吸中枢抑制的专用兴奋药；难产或剖腹产后新生仔畜呼吸刺激药；马、犬、猫等动物麻醉中或麻醉后加强呼吸机能、加快苏醒及恢复反射等。静脉注射或静脉滴注，一次量，马每千克体重 0.5～1 mg（每 5 min 1 次），驹（复苏时）每千克体重 0.02～0.05 mg（每分钟 1 次），牛、猪每千克体重 5～10 mg，犬每千克体重 1～5 mg，猫每千克体重 5～10 mg。

（五）士的宁

用小剂量治疗脊髓性不全麻痹，如后躯麻痹、膀胱麻痹、阴茎下垂等。士的宁毒性大，安全范围小，若剂量过大或反复应用，易造成蓄积性中毒。中毒时可用水合氯醛或巴比妥类药物解救，并应保持环境安宁，避免光、声音等各种刺激。皮下注射，一次量，马、牛15～30 mg，羊、猪 2～4 mg，犬 0.5～0.8 mg。

第十六节　作用于血液循环系统的药物

一、强心苷类

（一）应用

适应于充血性心力衰竭，心房纤维性颤动和室上性心动过速。常见于马属动物，尤其赛马；牛、犬也可发生。

（二）用法与用量

首先在短期内（24～48 h）应用足量的强心苷，使血中迅速达到预期的治疗浓度，称为"洋地黄化"，所用剂量称全效量。然后每天继续用较小剂量以维持疗效，称为维持量。具体给药剂量参见洋地黄毒苷。由于患病动物对强心苷的治疗作用或毒性反应存在显著的个体差异，不能预先绝对准确地计算好洋地黄化的剂量甚至维持量，因此，每次患畜的洋地黄化应考虑制定个体化的给药方案，以确定不会诱导毒副作用的有效剂量。

1. 洋地黄毒苷　全效量，内服，马每千克体重 0.03～0.06 mg，犬每千克体重 0.11 mg，2 次/d，连用 24～48 h。维持量，内服，马每千克体重 0.01 mg，犬每千克体重 0.011 mg，1 次/d。

2. 地高辛　全效量，内服，马每千克体重 0.06～0.08 mg，每 8 h 1 次，连续 5～6 次，犬每千克体重 0.025 mg，每 12 h 1 次，连续 3 次；静脉注射，一次量，猫每千克体重 0.005 mg，分为 3 次剂量（首次为 1/2，第 2、3 次为 1/4），1 次/h，快速静脉注射。维持量，内服，马每千克体重 0.01～0.02 mg，犬每千克体重 0.011 mg，每 12 h 1 次，猫每千克体重 0.007～0.015 mg，1～2 次/d。

3. 毒毛花苷 K　用于急性心功能不全或慢性心功能不全的急性发作。对用过洋地黄的患畜，需经 1～2 周后才能使用。临用时以 5% 葡萄糖注射液稀释，缓慢静脉注射，一次量，马、牛每千克体重 0.25～3.75 mg，犬每千克体重 0.25～0.5 mg。

（三）不良反应

强心苷有几种特征性的不良反应，依毒性反应程度可表现为胃肠道扰乱、体重减轻和心律失常。厌食和腹泻是最常见的副作用；呕吐在静脉注射后常见，内服后则更为严重。严重中毒则表现心律失常，也是致死的主要原因。

二、抗心律失常药

（一）奎尼丁

1. 应用　主要用于小动物或马的室性心律失常的治疗，不应期室上性心动过速、室上性心律失常伴有异常传导的综合征和急性心房纤维性颤动。奎尼丁治疗大型犬的心房纤维性颤动比小型犬的疗效好，这可能与小型犬的病理情况比较严重有关，也可能与使用不同剂量与给药方法有关。

2. 用法与用量　内服，一次量，犬每千克体重 6～16 mg，猫每千克体重 4～8 mg，3～4 次/d。马第 1 天 5 g（试验剂量，如无不良反应可继续治疗），第 2、3 天 10 g（2 次/d），第 4、5 天 10 g（3 次/d），第 6、7 天 10 g（4 次/d），第 8、9 天 10 g（1 次/5 h），第 10 天后 15 g（4 次/d）。

3. 不良反应　在犬，胃肠道反应有厌食、呕吐或腹泻，心血管系统可能出现衰弱、低血压和负性心力作用。在马可出现消化扰乱、伴有呼吸困难的鼻黏膜肿胀、蹄叶炎、荨麻疹，也可能出现心血管功能失调，包括房室阻滞、循环性虚脱，甚至突然死亡，尤其在静脉注射时容易发生。所以，最好能作血中药物浓度监测，犬的治疗浓度范围为 2.5～5.0 μg/mL，在小于 10 μg/mL 时一般不出现毒性反应。

（二）普鲁卡因胺

1. 应用　适用于室性早搏综合征、室性或室上性心动过速的治疗，本品控制室性心律失常比房性心律失常效果好。

2. 用法与用量　内服，一次量，犬每千克体重 8～20 mg，4 次/d。静脉注射，一次量，犬每千克体重 6～8 mg（在 5 min 内注完），然后改为肌内注射，一次量，每千克体重 6～20 mg，每 4～6 h 1 次。肌内注射，马 0.5 mg 每千克体重，每 10 min 1 次，直至总剂量为 2～4 mg。

3. 不良反应　与奎尼丁相似。静脉注射速度过快可引起血压显著下降，故最好能监测心电图和血压。肾衰患畜应适当减少剂量。

（三）异丙吡胺

与奎尼丁相似，属广谱抗心律失常药。不良反应较小，为奎尼丁和普鲁卡因胺的代用品。内服，犬每千克体重 6～15 mg，4 次/d。

三、促凝血药

（一）维生素 K

适用于维生素 K 缺乏症，出血性疾病如抗凝血性杀鼠药中毒、反刍动物饲喂甜苜蓿引起双香豆素类中毒和磺胺喹恶啉中毒，其他出血性疾病在对因治疗的同时，可用维生素 K 作辅助治疗。肌内、静脉注射，一次量，家畜每千克体重 0.5～2.5 mg，犊每千克体重 1 mg，犬、猫每千克体重 0.2～2 mg。混饲，每 1 000 kg 饲料，雏禽 400 mg，产蛋鸡、种鸡 2 000 mg。

（二）酚磺乙胺（止血敏）

适用于各种出血，如手术前后止血、消化道出血等，也可与其他止血药合用。肌内或静脉注射，一次量，马、牛 1.25～2.5 g，猪、羊 0.25～0.5 g。

（三）氨甲苯酸（止血芳酸）与氨甲环酸（凝血酸）

主要用于纤维蛋白溶酶活性升高引起的出血，如产科出血，肝、肺、脾等内脏手术后的出血。对纤维蛋白溶解活性不增高的出血则无效，故一般出血不要滥用。静脉注射，一次量，马、牛 0.5～1 g，羊、猪 0.2～0.5 g，以 1～2 倍量的葡萄糖注射液稀释后，缓慢静脉注射。

（四）安特诺新（安络血）

主要作用于毛细血管，常用于因毛细血管损伤或通透性增高引起的出血，如鼻出血、血尿、产后出血、手术后出血等。肌内注射，马、牛 5～20 mL，羊、猪 2～4 mL，2～3 次/d。

四、常用抗凝血药

（一）肝素

1. 应用　主要用于马和小动物的弥散性血管内凝血的治疗；血栓栓塞性或潜在的血栓性疾病，如肾综合征、心肌疾病等；低剂量给药可用于减少心丝虫杀虫药治疗的并发病和预防性治疗马的蹄叶炎；体外血液的抗凝。

2. 用法与用量　高剂量方案（治疗血栓栓塞症），静脉或皮下注射，犬每千克体重 150～250 U，猫每千克体重 250～375 U，3 次/d。低剂量方案（治疗弥散性血管内凝血），马每千克体重 25～100 U，小动物每千克体重 75 U。

3. 不良反应　过度的抗凝血可导致出血；不能作肌内注射，可形成高度血肿；马连续应用几天可引起红细胞的显著减少。肝素轻度过量，停药即可，不必作特殊处理，如因过量发生严重出血，除停药外，还需注射肝素特效解毒剂鱼精蛋白，每 1 mg 鱼精蛋白可中和 100 U 肝素，一般用 1% 硫酸鱼精蛋白溶液缓慢静脉注射。

（二）华法林

主要用于内服作长期治疗（或预防）血栓性疾病，通常用于犬、猫或马。增强其作用的药物主要有保泰松、肝素、水杨酸盐、广谱抗生素和同化激素；减弱其作用的药物主要有巴比妥类、水合氯醛、灰黄霉素等。副作用是可能引起出血，因此要定期作凝血酶原试验，根据凝血酶原时间调整剂量与疗程，当凝血酶原的活性降到 25% 以下时，必须停药。内服，马每 450 kg 体重 30～75 mg，犬、猫每千克体重 0.1～0.2 mg，1 次/d。

第十七节　兽医生物制品

一、灭活疫苗

利用物理或化学方法处理微生物，使其丧失感染性或毒性而保持有良好的免疫原性，并结合相应佐剂而制成的疫苗，称为灭活疫苗，又称死苗。其优点是安全，不返祖，不返强，便于储存运输，对母源抗体的干扰作用不敏感，易制成联苗和多价苗；其缺点是不易产生局部黏膜免疫，引起细胞介导免疫能力较弱，用量大成本高，免疫途径必须注射，需免疫佐剂来增强免疫应答，产生保护力慢，2～3 周后才能刺激机体产生免疫保护力。

1. 作用与用途　用于预防某种（或某些）特异传染病。

2. 用法与用量　按照说明书提供的方法和剂量使用。

3. 贮藏　一般在 2～8 ℃避光保存，具体参照说明书。

4. 注意事项

（1）切忌冻结，冻结的疫苗严禁使用。

（2）疫苗使用前应恢复到室温并充分振摇。

（3）只用于接种健康动物。

（4）接种用器具应无菌，注射部位应严格消毒。

（5）对妊娠动物应慎用，避免引起机械性流产。

（6）接种后，个别动物可能出现体温升高、减食等反应，一般在 2 d 内自行恢复，重者可注射肾上腺素，并采取辅助治疗措施。

（7）疫苗开封后，应限当日用完。

（8）剩余疫苗、疫苗瓶及注射器具等应无害化处理。

二、弱毒疫苗

对微生物的自然毒通过物理、化学方法处理和生物的连续继代，使其对原宿主动物丧失致病力或只引起轻微的亚临床反应，但仍保存良好的免疫原性的毒株或从自然界筛选的自然弱毒株，制备的疫苗，称为弱毒疫苗，又称活苗。其优点是免疫效果好，免疫力坚强，免疫期长；其缺点是存在散毒和造成新疫源的问题。

1. 作用与用途　用于预防某种（或某些）特异传染病。

2. 用法与用量　参照说明书使用。

3. 贮藏　一般在－20 ℃以下保存，具体方式参见说明书。

4. 注意事项

（1）疫苗在运输、保存、使用过程中应防止高温和阳光照射。

（2）使用疫苗前应仔细检查包装，如发现破损、标签不清、过期或失真空现象时禁止使用。

（3）免疫动物必须健康，如体质瘦弱、有病、食欲不振者均不应使用。

（4）必须使用规定的稀释液稀释，应随用随稀释，并保证在稀释后 2 h 内用完。

（5）接种后，如发生过敏反应，应立即肌内注射盐酸肾上腺素注射液。

（6）免疫所用器具均应事先消毒，用过的疫苗瓶、器具和未用完的疫苗等应及时消毒处理。

三、抗病血清

1. 作用与用途　含高效价特异性抗体的动物血清，又称高免血清。用于治疗、紧急预防相应病原体所致的疾病，如破伤风抗毒素等。

2. 用法与用量　具体使用参见说明书。

3. 贮藏　一般 2～8 ℃保存。

4. 注意事项

（1）应防止冻结。如有沉淀，用前应摇匀。

（2）注射时，应作局部消毒处理。

（3）个别动物可能会出现过敏反应，可注射肾上腺素或地塞米松缓解。

（4）用过的疫苗瓶、器具和未用完的抗体等应进行无害化处理。